Grundriss der Allgemeinen Botanik

Ulrich Kull

Grundriss der Allgemeinen Botanik

Spektrum Akademischer Verlag   Heidelberg · Berlin

Anschrift des Verfassers:

Professor Dr. Ulrich Kull
Biologisches Institut der Universität
Pfaffenwaldring 57
70550 Stuttgart

Die Deutsche Bibliothek – CIP-Einheitsaufnahme

Kull, Ulrich:
Grundriss der allgemeinen Botanik / Ulrich Kull. –
Heidelberg ; Berlin : Spektrum, Akad. Verl., 2000
   ISBN 3-8274-0163-1
   ISBN 3-8274-0166-6

© 2000 Spektrum Akademischer Verlag GmbH Heidelberg · Berlin

Alle Rechte, insbesondere der Übersetzung in fremde Sprachen, sind vorbehalten. Kein Teil des Buches darf ohne schriftliche Genehmigung des Verlages photokopiert oder in irgendeiner Form reproduziert oder in eine von Maschinen verwendbare Sprache übersetzt werden.

Lektorat: Dr. Ulrich G. Moltmann
Produktion: Ute Amsel
Umschlaggestaltung: Kurt Bitsch, Birkenau
Gesamtherstellung: Konrad Triltsch, Print und digitale Medien GmbH, 97199 Ochsenfurt-Hohestadt

Titelbild: *Victoria amazonica*

Vorwort

Aus dem Vorwort zur ersten Auflage

Das vorliegende Buch wendet sich in erster Linie an Biologiestudenten der Anfangssemester, insbesondere an jene, die ihre Schwerpunktsgebiete außerhalb der Botanik wählen. Auch für Studenten anderer Fächer mit Botanik als Nebenfach sollte es ein nützlicher Begleiter sein können.

In einem einführenden Lehrbuch ist es sinnvoll, unter Verzicht auf eine eingehende Darstellung aller Teilgebiete übergreifende Themen wie Zellbiologie, Genetik oder Evolution relativ ausführlich, aber unter Wahrung des Einführungscharakters zu behandeln. Mit der Pflanzenanatomie und -morphologie kommen Studierende infolge der Zunahme des Umfangs vieler heute forschungsrelevanter Bereiche oft nur noch in der Anfängervorlesung in Berührung. Andererseits sind anatomische und morphologische Grundkenntnisse noch immer für jeden biologisch Tätigen unabdingbar. Dies macht eine vergleichsweise umfangreiche Darstellung erforderlich. Die Pflanzenphysiologie ist hingegen eher knapp gehalten. Hier erschien es wichtig, die engen Verknüpfungen mit den physikalischen und chemischen Grundlagen aufzuzeigen. In der Entwicklungsphysiologie bot sich die Möglichkeit, deren immer enger werdende Verbindung zur molekularen Genetik deutlich zu machen.

Die einzelnen Abschnitte des Buches wurden – soweit dies möglich und sinnvoll war – unabhängig voneinander gehalten, sodass sie auch in anderer Reihenfolge lesbar sind. Dies soll den Gebrauch neben Vorlesungen erleichtern. Jede Gliederung zerreißt irgendwelche Zusammenhänge; es wird versucht, die Verknüpfung durch zahlreiche Querverweise zu erreichen. Auf methodische Einzelheiten wird – wie in einführenden Lehrbüchern üblich – verzichtet; experimentelle Beweisführungen sind schon wegen des begrenzten Umfangs auf einige Beispiele beschränkt.

Dem Einzelnen ist heute ein vollständiger Überblick über alle Bereiche der Allgemeinen Botanik kaum mehr möglich. Das Buch wird also Fehler und Ungenauigkeiten enthalten. Dennoch schien eine knappe Darstellung aus einer Hand eine brauchbare Ergänzung zu vorhandener Lehrbuch-Literatur zu bieten.

Um die Darstellung nicht zu einseitig werden zu lassen, wurde der gesamte Text schon während der Entstehung von Herrn Prof. Dr. Berthold Schwemmle (Tübingen) durchgesehen und ausführlich kritisiert. Herr Schwemmle hat zahlreiche Ergänzungen und Verbesserungsvorschläge eingebracht. Ihm habe ich daher ganz besonders zu danken. Die Verantwortung für den Inhalt liegt aber ausschließlich bei mir.

Stuttgart, im August 1992   Ulrich Kull

Vorwort zur zweiten Auflage

Für die vorliegende Neuauflage war infolge der großen Fortschritte der Botanik eine gründliche Überarbeitung und die Erweiterung einiger Abschnitte, insbesondere der Physiologie, erforderlich. Für eine immer mehr technisch orientierte Biologie hat sich allmählich ein Kanon der Anforderungen in den Grundlagen-Disziplinen herausgebildet. Diesem war Rechnung zu tragen und Verknüpfungen zu den späteren Studienschwerpunkten waren herauszustellen. Das zum Verständnis moderner Biologie unerlässliche chemische und physikochemische Basiswissen ist komprimiert wiedergegeben; an diesen Abschnitten lässt sich prüfen, ob die erforderlichen Vorkenntnisse vorhanden sind. Die Darstellung der Molekularbiologie beschränkt sich auf die für das Verständnis der Physiologie notwendigen Grundlagen. Insbesondere die Entwicklungsphysiologie geht zunehmend von der molekularen Genetik aus und wird ihrerseits zu einer entscheidenden Basisdisziplin der «grünen Biotechnologie»; eine ausführliche Darstellung war daher geboten. Auch in anderen Abschnitten zur Physiologie und der Cytologie waren viele Themenbereiche neu zu fassen. Die moderne Zellbiologie allerdings kann in einem einführenden Lehrbuch nur unvollständig behandelt werden. Auf eine knappe und klare Darstellung wurde in allen Kapiteln großer Wert gelegt.

Zu danken hat der Verfasser vielen Nutzern des Buches – nicht zuletzt zahlreichen Studierenden – für Verbesserungsvorschläge, Anregungen und Hinweise auf Fehler oder Ungenauigkeiten.

Ausführliche Besprechungen, zum Teil noch ergänzt durch schriftliche Erläuterungen, die für die Neubearbeitung von hohem Wert waren, verdanke ich den Herren D. P. Häder (Erlangen), Ch. Körner (Basel) und Ch. Wilhelm (jetzt Leipzig). Für kritische Anmerkungen bzw. Ergänzungen gilt mein besonderer Dank den Herren P. Gräber (Freiburg), ferner R. Ghosh (Stuttgart), D. Hülser (Stuttgart), H. Jeske (Stuttgart) sowie Frau Christina Wege (Stuttgart), die auch wichtige aus der Praxis resultierende Vorschläge zur Verbesserung von Abbildungen beigetragen hat.

Für die sorgfältige und engagierte Computer-Bearbeitung von Abbildungsvorlagen habe ich Frau cand. biol. Anja Winter zu danken, für das Schreiben der neugefassten Abschnitte Frau Sabine Pfafferott und für die umfangreiche Hilfe beim Lesen der Korrekturen meiner Frau.

Dem Spektrum-Verlag, insbesondere Herrn Dr. Ulrich G. Moltmann und Frau Ute Amsel gilt mein besonderer Dank für die stets gute Zusammenarbeit.

Stuttgart, im Juni 2000   Ulrich Kull

Inhalt

1	**Botanik: Die Pflanzen und ihre Lebenserscheinungen**	**1**
1.1	Eigenschaften der Lebewesen	1
1.2	Teilgebiete der Botanik	2
1.3	Die Pflanzenwelt und ihre Gliederung	3
1.3.1	Prinzipien der Systematik	3
1.3.1.1	Evolution	3
1.3.1.2	Verwandtschaftsforschung	4
1.3.1.3	Grundlagen der Namengebung: Taxonomie	5
1.3.2	Abteilungen (Stämme) und Organisationstypen	5
1.4	Pflanze und Tier	9
2	**Moleküle der Zelle**	**11**
2.1	Lipide	12
2.2	Kohlenhydrate	15
2.2.1	Monosaccharide und ihre Derivate	15
2.2.2	Oligosaccharide	17
2.2.3	Polysaccharide	17
2.3	Aminosäuren und Proteine	20
2.3.1	Aminosäuren und ihre peptidische Verknüpfung	20
2.3.2	Proteine	23
2.4	Nucleotide und Nucleinsäuren	26
2.4.1	Nucleotide	26
2.4.2	Nucleinsäuren	27
2.5	Porphyrine	30
2.6	Aromaten	30
2.7	Aufgaben der verschiedenen Moleküle im Stoffwechsel	32
3	**Cytologie**	**35**
3.1	Die Zelle als Grundbaustein der Lebewesen	35
3.1.1	Gestalt der Zellen	35
3.1.2	Größe der Zellen	36
3.1.3	Protocyte und Eucyte	36
3.1.4	Genetische Information und epigenetisches System	36
3.1.5	Grundeigenschaften von Zellen	37
3.1.6	Charakterisierung der Pflanzenzelle	37
3.1.7	Polyenergide, Plasmodium, Symplast	39
3.2	Bau der Pflanzenzelle	39
3.2.1	Methoden der Cytologie	39
3.2.1.1	Mikroskopie und Elektronenmikroskopie	39
3.2.1.2	Isolierung von Organellen und Makromolekülen	40
3.2.1.3	Zellfreies System und Zellkultur	40
3.2.1.4	Wachstum einer Zellkultur	40
3.2.2	Übersicht über den Bau der Pflanzenzelle	41
3.2.3	Plasmatische und nichtplasmatische Räume der Zelle	43
3.2.4	Protoplast	43
3.2.4.1	Grundstrukturen des Cytoplasmas (Grundplasma)	43
3.2.4.2	Membran	44

3.2.4.3	Organellen ohne Membran	46
3.2.4.4	Kleine Organellen	50
3.2.4.5	Zellkern (Nucleus, Karyon)	55
3.2.4.6	Mitochondrien und Plastiden	61
3.2.5	Ergastische Gebilde	66
3.2.5.1	Vakuom	66
3.2.5.2	Kristalle	69
3.2.5.3	Stärke als Reservestoff	69
3.2.5.4	Zellwand	70
3.3	Bau der Prokaryoten-Zelle (Protocyte)	79
3.4	Entstehung der Eucyte; Endosymbionten-Theorie	83
3.5	Wasserhaushalt der Pflanzenzelle	85
3.5.1	Diffusion	85
3.5.2	Osmose und Osmometer; Wasserpotenzial	86
3.5.3	Das Osmometermodell der Pflanzenzelle	87
3.5.4	Quellung	88
3.5.5	Plasmolyse	89
3.5.6	Zellen im Verband	89
3.5.7	Osmotische Regulation in der Zelle	90

4 Organisationsstufen der eukaryotischen Pflanzen — 91

4.1	Evolution der Vielzeller und der Landpflanzen	91
4.1.1	Vom Einzeller zum Vielzeller	91
4.1.2	Von den Thallophyten zu den Landpflanzen	92
4.2	Protophyten	93
4.2.1	Organisation der Protophyten	93
4.2.2	Endosymbiosen	93
4.2.3	Übergänge zum Vielzeller	95
4.3	Thallophyten	95
4.3.1	Coenoblast	95
4.3.2	Fadenthallus	96
4.3.3	Gewebethallus	97
4.3.4	Organisation der Moose	97
4.4	Kormophyten	98
4.4.1	Anpassung ans Landleben	98
4.4.2	Telomtheorie	98
4.4.3	Regressionen	99

5 Histologie (Gewebelehre) — 101

5.1	Bildungsgewebe oder Meristeme	101
5.2	Dauergewebe	102
5.2.1	Grundgewebe	102
5.2.2	Abschluss- und Absorptionsgewebe	103
5.2.2.1	Epidermis	103
5.2.2.2	Spaltöffnungen (Stomata)	104
5.2.2.3	Haare (Trichome) und Emergenzen	105
5.2.2.4	Hypodermis	106
5.2.2.5	Rhizodermis	106
5.2.2.6	Exodermis	106
5.2.2.7	Endodermis	106
5.2.2.8	Periderm (Sekundäres Abschlussgewebe)	107
5.2.2.9	Spezielle Absorptionsgewebe	107
5.2.3	Festigungsgewebe (Mechanisches System)	107
5.2.3.1	Kollenchym	108
5.2.3.2	Sklerenchym	108

5.2.4	Leitgewebe	109
5.2.4.1	Phloem	109
5.2.4.2	Xylem	111
5.2.4.3	Leitbündel	111
5.2.4.4	Transferzellen	112
5.2.5	Ausscheidungsgewebe (Exkretionsgewebe)	113
5.2.5.1	Exkretionsgewebe s. str. (Absonderungsgewebe)	113
5.2.5.2	Drüsen	113
6	**Anatomie und Morphologie des Vegetationskörpers**	**117**
6.1	Keimung bei Blütenpflanzen	117
6.2	Sprossachse	118
6.2.1	Phylogenie der Sprossachse	118
6.2.2	Ontogenie der Sprossachse	118
6.2.2.1	Vegetationskegel	118
6.2.2.2	Determination	119
6.2.2.3	Differenzierungszone	119
6.2.2.4	Entstehung der Leitbündel	119
6.2.2.5	Primäres Dickenwachstum (Erstarkungswachstum)	120
6.2.2.6	Längsdifferenzierung der Sprossachse	120
6.2.3	Anatomie der Sprossachse	121
6.2.3.1	Dicotyle und Coniferen	121
6.2.3.2	Monocotyle	123
6.2.3.3	Mechanische Bauprinzipien der Sprossachse	123
6.2.3.4	Stelärtheorie	123
6.2.4	Sekundäre Veränderungen der Sprossachse	125
6.2.4.1	Sekundäres Dickenwachstum	125
6.2.4.2	Bau des Holzes	125
6.2.4.3	Bau der sekundären Rinde	130
6.2.4.4	Sekundäre und tertiäre Abschlussgewebe	131
6.2.4.5	Abweichende Formen sekundären Dickenwachstums	133
6.2.4.6	Wundheilung	133
6.2.5	Morphologie der Sprossachse	133
6.2.5.1	Längenwachstum der Sprossachse	133
6.2.5.2	Symmetrie und Dickenwachstum der Sprossachse	134
6.2.5.3	Blattstellung (Phyllotaxis)	134
6.2.5.4	Verzweigung der Sprossachse	136
6.3	Blatt	137
6.3.1	Phylogenie des Blattes	137
6.3.2	Ontogenie des Blattes	138
6.3.2.1	Blattanlagen	138
6.3.2.2	Blattwachstum	138
6.3.3	Anatomie des Blattes	139
6.3.3.1	Blattspreite (Lamina)	139
6.3.3.2	Blattstiel	144
6.3.4	Morphologie des Blattes	144
6.3.5	Blattfolge am Spross	147
6.3.6	Lebensdauer der Blätter, Blattfall	148
6.4	Wurzel	149
6.4.1	Ontogenie und primäre Anatomie der Wurzel	149
6.4.1.1	Wurzelanlage	149
6.4.1.2	Wurzelhaube (Calyptra)	151
6.4.1.3	Rhizodermis	151
6.4.1.4	Wurzelrinde	151
6.4.1.5	Zentralzylinder	152

6.4.1.6	Wurzelhals	152
6.4.2	Sekundäre Veränderungen der Wurzel	152
6.4.2.1	Sekundäres Dickenwachstum	152
6.4.2.2	Seitenwurzelbildung	154
6.4.3	Morphologie der Wurzel	154
6.4.4	Bewurzelungsformen	155
6.5	Anpassungen des Kormus	155
6.5.1	Ökologische Potenz und ökologische Nische	156
6.5.2	Anatomisch-morphologische Anpassungen an Standortbedingungen	156
6.5.2.1	Anpassungen an die Wasserverfügbarkeit	156
6.5.2.2	Anpassungen an die Überdauerung ungünstiger Zeiten	160
6.5.2.3	Anpassungen an die Lichtverhältnisse und zur Erhöhung der mechanischen Stabilität	163
6.5.2.4	Anpassungen an besondere Ernährungsbedingungen	167
6.5.2.5	Anpassungen als Schutz vor Tierfraß	169
6.5.2.6	Anpassungen an Feuer (Pyrophyten)	170
6.5.3	Lebensformen	170
7	**Fortpflanzung**	**173**
7.1	Fortpflanzungssysteme	173
7.1.1	Vegetative Fortpflanzung durch Zerfall oder Zerteilung	173
7.1.1.1	Einzeller	173
7.1.1.2	Vielzeller	173
7.1.2	Ungeschlechtliche Fortpflanzung durch besondere Zellen	175
7.1.3	Geschlechtliche Fortpflanzung	176
7.1.3.1	Formen der Syngamie	176
7.1.3.2	Meiose	177
7.1.3.3	Zeitpunkt der Meiose; Generationswechsel	179
7.1.3.4	Generationswechsel bei Landpflanzen (Moose und Kormophyten)	181
7.2	Blüte	186
7.2.1	Aufbau der Angiospermen-Blüte	186
7.2.2	Blütenbildung und Lebensdauer der Pflanze	188
7.2.3	Blütenstände (Infloreszenzen)	188
7.2.3.1	Aufbau von Blütenständen	188
7.2.3.2	Pseudanthien	188
7.2.3.3	Synfloreszenzen	189
7.2.3.4	Wichtige Infloreszenz-Formen	189
7.2.4	Phylogenie der Blüte	191
7.2.4.1	Phylogenie der Blütenhülle	191
7.2.4.2	Phylogenie der Staubblätter	191
7.2.4.3	Phylogenie der Fruchtblätter	191
7.2.5	Ontogenie der Blüte	192
7.2.6	Blütenhülle	192
7.2.7	Androeceum	192
7.2.7.1	Staubblätter	192
7.2.7.2	Staminodien	193
7.2.7.3	Pollensack und Bildung der Pollenkörner	193
7.2.7.4	Pollenkorn	193
7.2.8	Gynoeceum	194
7.2.8.1	Bau der Fruchtknoten	194
7.2.8.2	Placentation	195
7.2.8.3	Bau der Samenanlage	195
7.2.8.4	Lage des Fruchtknotens	196
7.2.9	Geschlechterverteilung und Bestäubung	196
7.2.9.1	Geschlechterverteilung in Blüten	196
7.2.9.2	Bestäubung	197

7.3.	Entwicklung der Gametophyten, Befruchtung	199
7.3.1	Entwicklung des Pollenkorns zum Mikrogametophyten	199
7.3.2	Entwicklung des Embryosacks zum Megagametophyten	200
7.3.3	Befruchtung	200
7.4	Same und Frucht	201
7.4.1	Bildung von Embryo und sekundärem Endosperm	201
7.4.2	Samenbildung	201
7.4.3	Samenanhängsel	203
7.4.4	Apomixis	203
7.4.5	Fruchtbildung	204
7.4.6	Fruchtformen	205
7.4.6.1	Einzelfrüchte	205
7.4.6.2	Sammelfrüchte	205
7.4.6.3	Zusammengesetzte Früchte	207
7.4.7	Verbreitung der Diasporen	207
7.4.7.1	Autochore Verbreitung	208
7.4.7.2	Allochore Verbreitung	208
8	**Grundlagen der Genetik**	**211**
8.1	Grundbegriffe	211
8.2	Variabilität und Vererbung, Modifikationen	212
8.3	Gesetzmäßigkeiten der Vererbung	213
8.3.1	Kreuzungsversuche	213
8.3.2	Kreuzung von Haplonten	213
8.3.3	Kreuzung von Diplonten: MENDEL'sche Regeln	215
8.3.3.1	Intermediäre Vererbung	215
8.3.3.2	Dominante Vererbung	216
8.3.3.3	MENDEL'sche Regeln	216
8.3.3.4	Abweichungen von den MENDEL'schen Regeln	217
8.4	Geschlechtsbestimmung und -vererbung	217
8.4.1	Haplogenotypische Geschlechtsbestimmung	217
8.4.2	Diplogenotypische Geschlechtsbestimmung; Geschlechtschromosomen	218
8.4.3	Inkompatibilität	218
8.4.4	Abweichende Geschlechtsverhältnisse	218
8.5	Chemische Natur der Gene	219
8.5.1	Genetischer Code	219
8.5.2	Viren und Phagen	220
8.5.3	Struktur der DNA	222
8.5.3.1	DNA der Prokaryoten	223
8.5.3.2	DNA der Eukaryoten	223
8.5.3.3	Information der DNA	223
8.5.4	Replikation der DNA	224
8.5.5	Rekombination	226
8.5.5.1	Konjugation und Rekombination bei Bakterien	226
8.5.6	Untersuchung von Genen	227
8.5.7	Mutation	229
8.5.7.1	Genmutationen	229
8.5.7.2	Chromosomenmutationen	231
8.5.7.3	Genom-Mutationen	232
8.5.7.4	Transposons	232
8.5.7.5	Vererbung epigenetischer Muster	233
8.6	Realisierung der genetischen Information	233
8.6.1	Gene als Funktionseinheiten	233
8.6.2	Transkription	233
8.6.3	Reverse Transkriptasen und Struktur der Gene bei Eukaryoten	234

8.6.4	Funktion der Ribonucleinsäuren	235
8.6.4.1	Kleinmolekulare Ribonucleinsäuren	235
8.6.4.2	Ribosomale Ribonucleinsäuren (rRNA)	236
8.6.5	Posttranskriptionale Veränderung der Ribonucleinsäuren (*processing*)	236
8.6.6	Translation	238
8.6.7	Proteinfaltung	240
8.6.8	Lokalisierung und posttranslationale Veränderung der Proteine	242
8.7	Extrachromosomale Vererbung	245
8.8	Transgene Pflanzen	246
8.8.1	Einbringung rekombinanter DNA	247
8.8.2	Nachweis der Genübertragung	247
8.8.3	Genexpression	247
8.8.4	Protoplasten-Technik	247
8.9	Protein-Engineering	248
8.10	Genomik und Proteomik	248

9 Grundprinzipien der Stoffwechselphysiologie — 251

9.1	Grundlagen der Energetik	251
9.2	Energetische Kopplung; Bedeutung von ATP	253
9.3	Energetik der Redoxreaktionen	255
9.4	Biologische Katalyse: Enzyme	256
9.4.1	Katalysator-Funktion der Enyzme	256
9.4.2	Kinetik der Enzymreaktionen	258
9.4.3	Regulation von Enzymreaktionen	259
9.4.4	Enzyme im Stoffwechsel	260
9.5	Lebewesen als offene Systeme	260
9.6	Membrantransport	261
9.6.1	Permeation	261
9.6.2	Spezifischer Transport	261

10 Energiestoffwechsel der Pflanze — 265

10.1	Photosynthese	265
10.1.1	Primärreaktionen der Photosynthese	267
10.1.1.1	Photosynthetische Farbstoffe, Absorptions- und Wirkungsspektren	267
10.1.1.2	Physikalische Vorgänge: Lichtabsorption und Energiewanderung	270
10.1.1.3	Chemische Primärreaktionen	272
10.1.1.4	Photoprotektive Reaktionen	279
10.1.2	Sekundärreaktionen der Photosynthese (CO_2-Fixierung und Reduktion)	279
10.1.3	Photosynthese und Umweltfaktoren	283
10.1.3.1	Anpassungen der Photosynthese an Standortverhältnisse	283
10.1.3.2	Abhängigkeit der Photosynthese von Umweltfaktoren	287
10.1.4	Bakterielle Photosynthese	289
10.2	Chemosynthese	290
10.3	Assimilationsprodukte und deren weitere Umsetzungen	291
10.3.1	Photosyntheseprodukte	291
10.3.2	Umsatz der Monosaccharide	292
10.4	Dissimilation, Übersicht	293
10.5	Monosaccharid-Abbau	296
10.5.1	Oxidativer Pentosephosphatzyklus (Hexosemonophosphat-Abbau)	296
10.5.2	Glykolyse	296
10.5.3	Gärungen	299
10.6	Dissimilation durch Citratzyklus und Endoxidation	300
10.6.1	Citratcyclus	300
10.6.1.1	Ablauf des Citratzyklus	301
10.6.1.2	Synthesen vom Citratzyklus aus	302

10.6.1.3	Porphyrin-Synthese	302
10.6.1.4	Anaplerotische CO_2-Fixierung	302
10.6.2	Glyoxylat-Zyklus und Gluconeogenese	302
10.6.3	Speicherung von Carbonsäuren	303
10.6.4	Endoxidation	304
10.6.4.1	Elektronentransportkette	304
10.6.4.2	Atmungskettenphosphorylierung	306
10.6.4.3	Regulation der Atmungskette	306
10.6.4.4	Anaerobe Atmung (Nitrat- und Sulfatatmung)	306
10.7	Nebenatmung	307
10.8	Dissimilation und Umweltfaktoren	308
10.8.1	Untersuchung der Atmungsvorgänge	308
10.8.2	Einflüsse verschiedener Umweltfaktoren	309
11	**Stoffwechsel der Kohlenhydrate, Lipide und Stickstoffverbindungen**	**311**
11.1	Kohlenhydrat-Stoffwechsel: Oligo- und Polysaccharide	311
11.1.1	Oligosaccharide	312
11.1.2	Stärke	313
11.1.3	Zellwand-Polysaccharide	314
11.1.4	Glykoside (Heteroside)	315
11.2	Lipid-Stoffwechsel	316
11.2.1	Fettsäuren: Synthese und Abbau	316
11.2.1.1	Fettsäure-Biosynthese	316
11.2.1.2	Bildung ungesättigter Fettsäuren	318
11.2.1.3	Abbau der Fettsäuren	318
11.2.2	Fette (Reservelipide)	319
11.2.3	Polare Lipide (Membran- oder Strukturlipide)	319
11.2.4	Oberflächenlipide	321
11.2.5	Terpenoide (Isoprenoide)	322
11.3	Stoffwechsel der Stickstoff-Verbindungen	324
11.3.1	Stoffwechsel des anorganischen Stickstoffs	325
11.3.1.1	Stickstoff-Fixierung	325
11.3.1.2	Nitrat-Reduktion	327
11.3.2	Stoffwechsel der Aminosäuren	327
11.3.2.1	Primäre Aminierung (Ammoniumassimilation)	327
11.3.2.2	Transaminierung	328
11.3.2.3	Aufbau des Kohlenstoff-Gerüstes der Aminosäuren	329
11.3.2.4	Abbau von Aminosäuren	329
11.3.2.5	Ammoniak-Entgiftung (Stickstoffspeicherung)	332
11.3.2.6	Sulfat-Reduktion	332
11.3.3	Stoffwechsel der Peptide und Proteine	334
11.3.3.1	Oligopeptide	334
11.3.3.2	Eigenschaften und Klassifizierung der Proteine	335
11.3.3.3	Stoffwechsel der Proteine	336
11.3.4	Nucleotidstoffwechsel	337
11.3.5	Alkaloide	338
11.3.6	Glucosinolate und cyanogene Verbindungen	340
11.4	Stoffwechsel der Aromaten	340
12	**Wasser- und Ionenhaushalt; Transportvorgänge**	**345**
12.1	Wasserhaushalt der Pflanze	345
12.1.1	Wasserabgabe	345
12.1.2	Wasseraufnahme	347
12.1.3	Wassertransport	348
12.2	Assimilat-Transport im Phloem	349

12.3	Stoffausscheidung (Exkretion)	350
12.4	Ionenhaushalt	351
12.4.1	Funktion der Ionen	351
12.4.2	Aufnahme und Transport der Ionen	352
12.4.3	Spaltöffnungsbewegung	354
12.4.4	Das Membranpotenzial als Folge der Ionenverteilung	354
12.4.5	Ionen als Standortfaktoren	356

13	**Heterotrophe Ernährung**	**357**
13.1	Saprophytismus	358
13.2	Parasitismus	358
13.3	Symbiose	359
13.3.1	Flechten	359
13.3.2	Mykorrhiza	360
13.4	Carnivorie	361

14	**Entwicklung und Wachstum**	**363**
14.1	Wachstum und Differenzierung	363
14.1.1	Wachstum der einzelnen Zellen	363
14.1.2	Wachstum der Organe	364
14.1.3	Differenzierung	364
14.1.3.1	Differenzierung und Totipotenz	364
14.1.3.2	Dedifferenzierung und Restitution	365
14.1.3.3	Determination und Musterbildung	365
14.1.3.4	Korrelationen	366
14.1.4	Polarität	366
14.1.5	Positionseffekt	367
14.2	Regulationsvorgänge	368
14.2.1	Differentielle Genaktivität	368
14.2.2	Voraussetzungen der Regulationsvorgänge in der Zelle	369
14.2.3	Intrazelluläre Regulation	369
14.2.3.1	Regulation der Art und Anzahl der Proteine	370
14.2.3.2	Posttranslationale Regulation	376
14.2.3.3	Regulation der Aktivität von Enzymen	376
14.2.3.4	Metaboliten-Regulation	378
14.2.4	Signaltransduktion in der Zelle	378
14.2.4.1	Proteine in der Signaltransduktion	378
14.2.4.2	Intrazelluläre Botenstoffe	379
14.2.4.3	Metabolit-Signale	380
14.2.4.4	Regulation des Zellzyklus	380
14.2.4.5	Zelluläre Regulation	380
14.3	Innere Entwicklungsfaktoren	381
14.3.1	Phytohormone	381
14.3.1.1	Auxine	381
14.3.1.2	Gibberelline	384
14.3.1.3	Cytokinine	384
14.3.1.4	Abscisinsäure	385
14.3.1.5	Ethen (Ethylen)	385
14.3.1.6	Octadecanoide und Jasmonate	386
14.3.1.7	Brassinosteroide	386
14.3.1.8	Weitere hormonartige Stoffe	386
14.3.1.9	Zusammenarbeit der Hormone	387
14.3.2	Morphoregulatoren	388
14.3.3	Gallbildungen	388
14.3.4	Gegenseitige Erkennung von Zellen	388

14.4	Äußere Entwicklungsfaktoren	389
14.4.1	Licht	389
14.4.1.1	Phytochrome und ihre Wirkungen	389
14.4.1.2	Wirkungen von Blaulicht und UV-Strahlung	392
14.4.2	Temperatur	392
14.4.3	Schwerkraft	393
14.4.4	Chemische Einflüsse auf die Entwicklung	393
14.4.5	Mechanische Wirkungen	393
14.4.6	Stressphysiologie	393
14.4.6.1	Temperaturstress	395
14.4.6.2	Dürrestress	397
14.4.6.3	Andere abiotische Stressfaktoren	397
14.4.6.4	Stress durch Parasitenbefall	397
14.5	Entwicklung und Rhythmik	399
14.5.1	Vegetative Entwicklung	399
14.5.2	Blütenbildung	399
14.5.2.1	Blühinduktion	399
14.5.2.2	Vernalisation	399
14.5.2.3	Photoperiodismus und Blütenbildung	400
14.5.2.4	Weitere photoperiodisch gesteuerte Vorgänge	401
14.5.2.5	Regulation der Blüten- und Embryobildung	401
14.5.3	Bildung der Samen und Früchte	402
14.5.4	Aktivitätswechsel ausdauernder Arten	403
14.5.5	Programmierter Zelltod	403
14.5.6	Keimruhe und Keimung	403
14.5.6.1	Keimfähigkeit	403
14.5.6.2	Umweltfaktoren und Keimung	404
14.5.6.3	Mobilisierung der Reservestoffe	404
14.5.7	Rhythmik	404
14.5.7.1	Circadiane Rhythmik	405
14.5.7.2	Molekularer Mechanismus der inneren Uhr	406
14.6	Tumoren	406
14.6.1	Infektionstumoren	407
14.6.2	Anwendung des T_i-Plasmids	407
15	**Bewegungen**	**411**
15.1	Bewegung und Reizbarkeit bei Pflanzen	411
15.2	Intrazelluläre Bewegungen und Bewegungen von Zellen	412
15.2.1	Intrazelluläre Bewegungen	412
15.2.2	Mechanismen der Zellbewegungen	412
15.2.3	Freie Ortsbewegungen (Taxien)	413
15.3	Bewegungsmechanismen der vielzelligen Pflanzen	415
15.3.1	Mechanische Bewegungen	415
15.3.1.1	Quellungsbewegungen	415
15.3.1.2	Kohäsionsbewegungen	416
15.3.2	Bewegungen unter Beteiligung der Protoplasten	417
15.3.2.1	Wiederholbare Turgorbewegungen	417
15.3.2.2	Schleuder- und Explosionsbewegungen	418
15.3.2.3	Wachstumsbewegungen	419
15.4	Reizbewegungen vielzelliger Pflanzen	419
15.4.1	Wirkungen von Strahlung	419
15.4.2	Wirkungen der Schwerkraft	420
15.4.3	Chemische Wirkungen	422
15.4.4	Mechanische Wirkungen	422
15.4.5	Wirkungen der Temperatur	423

16	**Evolution**	**425**
16.1	Nachweis der Evolution	425
16.1.1	Baupläne der Lebewesen und ihr Vergleich	425
16.1.2	Beobachtungen an Populationen	425
16.1.3	Stammbaumforschung	426
16.2	Evolutionsfaktoren	428
16.2.1	Mutationen	428
16.2.2	Genetische Rekombination	429
16.2.3	Selektion	429
16.2.4	Gendrift	430
16.2.5	Aufspaltung von Genpools (genetische Separation)	430
16.3	Einige Prinzipien des Evolutionsvorgangs	432
16.4	Transspezifische Evolution	433
16.4.1	Indizien für die transspezifische Evolution	433
16.4.2	Entstehung und Ausbreitung neuer Organisationsformen	433
16.4.3	Anagenese (Höherentwicklung)	435
16.5	Entstehung des Lebens und Evolution des Pflanzenreiches	437
16.5.1	Entstehung des Lebens auf der Erde (Biogenese)	437
16.5.1.1	Chemische Evolution	437
16.5.1.2	Von Makromolekülen zu Protobionten	438
16.5.2	Evolution des Stoffwechsels	439
16.5.3	Evolution des Pflanzenreichs	439

Weiterführende Literatur **443**

Register **449**

1 Botanik: Die Pflanzen und ihre Lebenserscheinungen

Die Botanik ist ein Teilgebiet der Biologie. Biologie ist die Naturwissenschaft, die sich mit Lebewesen und Lebenserscheinungen befasst.

Die Botanik ist jener Teil der Biologie, der sich den pflanzlichen Organismen widmet. Der Begriff «Leben» kann nicht in strenger Weise allgemein definiert werden, da wir ausschließlich das Leben auf unserer Erde kennen und nicht wissen, ob es auch andernorts Leben gibt. Man kann deshalb nur diejenigen Eigenschaften aufzählen, die gemeinsam ausschließlich bei Lebewesen vorkommen und die vorhanden sein müssen, damit von einem Lebewesen (Organismus) gesprochen werden kann.

Die Pflanzen bilden einen wesentlichen Teil der **Biosphäre**. Darunter versteht man den von Lebewesen besiedelten Teil der Erde, also die Festlandsoberfläche mit dem Boden, den oberflächennahen Luftraum, das Süßwasser und das Meer bis in die Tiefsee. Bei Einbeziehung der Wechselwirkungen mit der unbelebten Umgebung und dem Untergrund wird der Ausdruck Biogeosphäre verwendet.

Die Botanik ist hervorgegangen aus der Kräuterkunde (Heilpflanzenkunde; gr. *botánē* = Weide, Gras, Kraut, Gewächs, Ertrag), die sich schon im Altertum entwickelte und in den Kräuterbüchern des 16. und 17. Jahrhunderts umfangreiche Darstellungen erfuhr. Vom 17. Jahrhundert an traten immer mehr Untersuchungen über die Verbreitung der Pflanzen hinzu und die Erfordernis, Ordnung in die Vielfalt zu bringen, führte zur Entwicklung der Systematik. Bis um die Mitte des 19. Jahrhunderts herrschte die Beschreibung von Gestalten vor. Zur Untersuchung der äußeren Pflanzengestalt kamen nach der Erfindung des Mikroskops Untersuchungen mit diesem Hilfsmittel. Sie führten in der ersten Hälfte des 19. Jahrhunderts zur Entwicklung der **Zellentheorie** (alle Lebewesen sind aus Zellen aufgebaut); sie war die erste vereinheitlichende Theorie in der Biologie.

1.1 Eigenschaften der Lebewesen

Die allgemeinen Eigenschaften und Lebenserscheinungen von Lebewesen lassen sich durch Untersuchung möglichst vieler Organismen erkennen. Alle Lebewesen sind abgegrenzte Einheiten (Individuen), die in der Regel eine charakteristische Gestalt aufweisen. Die kleinsten Einheiten eines Lebewesens, die alle Lebenserscheinungen zeigen, sind die Zellen. Leben ist stets an zelluläre Strukturen gebunden. Die einfachsten Lebewesen bestehen aus nur einer Zelle. In den Zellen findet man Strukturen, die als Zellorganellen bezeichnet werden; diese bestehen ihrerseits aus ganz bestimmten molekularen Bausteinen.

Mehrzeller (Vielzeller) bestehen aus einer größeren Zahl von Zellen; zwischen diesen erfolgt eine Arbeitsteilung (Spezialisierung). Viele Zellen im Verband und mit gleichartigen Aufgaben nennt man ein Gewebe; mehrere Gewebe treten zu einem Organ zusammen. Jedes Organ hat eine bestimmte Gestalt. Den erwähnten Strukturen kommen jeweils charakteristische Funktionen zu. Die Strukturen der Organismen sind offensichtlich hierarchisch geordnet (Abb. 1.1). Ein Gebilde, das aus Teilen (Elementen) zusammengesetzt ist, die miteinander in Beziehung stehen, nennt man ein System. Es kann belebt oder unbelebt sein. Entsprechend ihrer hierarchischen Ordnung sind Lebewesen stets Systeme, die aus Untersystemen bestehen usf. Ein System zeigt oftmals Eigenschaften, die seinen Teilen nicht zukommen; dies gilt insbesondere auch für lebende Systeme.

In den Zellen erfolgen chemische Umsetzungen, die in ihrer Gesamtheit als **Stoffwechsel** bezeichnet werden. Als Katalysatoren der Stoff-

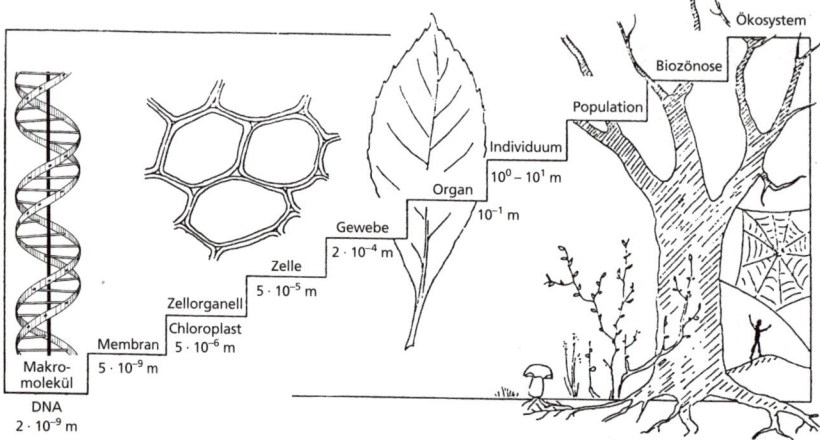

Abb. 1.1: Hierarchische Ordnung der Strukturen von Pflanzen mit ungefähren Angaben der Größe (nach KÖRNER, verändert).

wechselvorgänge sind zahlreiche Proteine wirksam; sie werden als Enzyme bezeichnet. Da mit jeder chemischen Reaktion ein Energieumsatz einhergeht, ist der Stoffwechsel mit einem Energiewechsel verknüpft. Bei der Ausbildung der Gewebe und Organe der Vielzeller erfolgt eine Arbeitsteilung (**Differenzierung**). Ihr liegen Entwicklungsvorgänge zugrunde, die auf der Ebene der Zelle beginnen. Die Vermehrung der Zellen ist ein Vorgang des Wachstums; die Strukturen der Zellen (und damit die des ganzen Organismus) werden durch Stoffwechselvorgänge aufgebaut.

In Lebewesen können geordnete Strukturen aller Systemebenen nur unter dauernder Energiezufuhr aufrecht erhalten werden. Die Energie muss als chemische Energie zur Verfügung stehen. Grüne Pflanzen wandeln bei der **Photosynthese** die Lichtenergie in chemische Energie um; alle anderen Organismen nutzen dann die chemische Energie in verschiedener Weise.

Die Fähigkeit zur Produktion von Nachkommen nennt man **Fortpflanzung:** sie dient der Erhaltung der Art. Normalerweise führt dies zu einer Zunahme der Individuenzahl (**Vermehrung**); ein Teil der Organismen geht vor einer erneuten Fortpflanzung zugrunde, so dass die Zahl der Individuen gemittelt über längere Zeit ziemlich konstant bleibt.

Der Bildung gleichartiger Nachkommen muss eine Weitergabe der Information für den Aufbau und Funktionen des Organismus zugrunde liegen. Die Information wird weitergegeben durch identische Vermehrung und gleichmäßige Verteilung von informationstragenden Nucleinsäure-Molekülen (Desoxyribonucleinsäure, DNA), die in allen Zellen enthalten sind. Dies führt zur Ausbildung gleichartiger Merkmale bei den Nachkommen (**Vererbung**).

Infolge der Fortpflanzung und Vermehrung der Lebewesen treten diese bei jeder Art in größerer Zahl auf; sie bilden eine Population. Die Populationen stehen auch untereinander in Wechselbeziehung und bilden in einem bestimmten Lebensraum eine Lebensgemeinschaft (**Biozönose**). Bei Einbeziehung der Wechselwirkungen mit den Gegebenheiten des Lebensraums spricht man von einem Ökosystem (vgl. Abb. 1.4).

1.2 Teilgebiete der Botanik

Der hierarchische Aufbau der lebenden Systeme führt dazu, dass eine Anzahl von Teildisziplinen der Botanik dieser Hierarchie entsprechen. Dabei kann die Betrachtung der Struktur (Form, Gestalt) oder die Untersuchung der Funktionen im Mittelpunkt stehen, obwohl beide einander wechselweise bedingen.

Mit den Zellen und ihrem Bau beschäftigt sich die **Cytologie**, mit den Strukturen der Vielzeller die Anatomie im weiteren Sinn. Man unterteilt sie in die Gewebelehre oder **Histologie** und die mit dem Bau der Organe sich befassende **Anatomie** im engeren Sinn. Die Gestalt der Organe wird von der **Morphologie** (im engeren Sinn) beschrieben.

Die Untersuchung der Funktionen und deren Zurückführung auf chemische und physikalische Vorgänge ist Thema der **Physiologie**, die man üblicherweise in Stoffwechsel-, Entwicklungs- und Bewegungsphysiologie einteilt. Infolge der engen Beziehungen zu den Grundlagendisziplinen sind die Grenzen der Physiologie zur Biochemie und Biophysik fließend.

Die Verknüpfung zwischen Struktur und Funktion ist bisher vor allem auf den Ebenen der einfacheren Systeme genauer untersucht. Außerdem werden die Unterschiede zwischen den einzelnen Organismengruppen um so geringer, je weiter man in der Systemhierarchie zu den molekularen Dimensionen vordringt. So ist die klassische beschreibende Genetik (Vererbungslehre) in der **Molekularbiologie** – von der die Molekulargenetik ein wichtiger Teil ist – aufgegangen, die ihrerseits sich nur unscharf gegen die **Zellbiologie** (hervorgegangen aus Cytologie und Zellphysiologie) abgrenzen lässt. Eine Trennung zwischen Pflanzen und Tieren ist in diesen Disziplinen nicht sinnvoll. Durch die angewandte Genetik (**Pflanzenzüchtung**) besteht eine enge Verbindung der **Biotechnologie** zur Molekularbiologie.

Die Beziehungen zwischen der Pflanze und ihrer Umwelt wird von der **Ökologie** untersucht. Ist diese physiologisch orientiert, so spricht man von Ökophysiologie. Die Pflanzenverbreitung auf der Erde ist Gegenstand der **Arealkunde** (Chorologie); die Beschreibung von Vegetationseinheiten erfolgt durch Vegetationskunde und Pflanzensoziologie. Die Entstehung der Vegetation im Laufe der Erdgeschichte ist Thema der Vegetationsgeschichte. Alle diese Bereiche werden als **Geobotanik** zusammengefasst. Die Vegetationsgeschichte hat auch enge Beziehungen zur **Paläobotanik**, welche die Untersuchung fossiler Pflanzen zum Gegenstand hat.

Die Ordnung der Vielfalt der Pflanzen und die Gliederung des Pflanzenreichs erfolgen durch die **systematische Botanik**. Sie ist also die spezielle Gestaltlehre. Man kann ihr die Morphologie im weitesten Sinn als allgemeine Gestaltlehre gegenüberstellen. Funktionen werden in der Physiologie und der Ökologie behandelt. Eine Verknüpfung von Gestalt- und Funktionsbeschreibung auf allen Ebenen liefert die **Evolutionslehre**.

1.3 Die Pflanzenwelt und ihre Gliederung

Voraussetzung für die Beschäftigung mit den allgemeinen Gesetzmäßigkeiten der Botanik ist eine Grundkenntnis der Pflanzenwelt. Um die Gestalt und den Bau der Pflanzen zu verstehen, muss man beide auf eine doppelte Weise zu erklären versuchen: zum einen ist jede Pflanze durch eine gesetzmäßige individuelle Entwicklung (**Ontogenese**) aus einer Zelle hervorgegangen und zum anderen ist sie mit ihren Erbmerkmalen im Verlauf der Erdgeschichte durch den **Evolutionsvorgang** entstanden.

1.3.1 Prinzipien der Systematik

1.3.1.1 Evolution

Die Nachkommen einer Pflanze sind ihren Vorfahren in hohem Maße ähnlich, wenn auch geringe Abweichungen (z.B. in der Blattgröße) stets vorkommen. Um Samen zu bilden, bedürfen die Blüten einer Bestäubung mit Pollen («Blütenstaub»), der von gleichartigen Pflanzen stammen muss. Die Pflanzen, die durch eine Konstanz von Merkmalen über die Generationen hinweg gekennzeichnet sind, bilden also jeweils Fortpflanzungsgemeinschaften.

Schon lange bevor die Biologie als Wissenschaft entstand, fasste man Pflanzen, die untereinander eine so große Übereinstimmung zeigen wie Vorfahren und Nachkommen und die eine Fortpflanzungsgemeinschaft bilden können, unter einer Bezeichnung (z.B. Kulturhafer, Sommerweizen) zusammen.

In der Biologie nennt man sie eine Art. Die Vielfalt der Lebewesen – über 500 000 Pflanzenarten und über 2 Millionen Tierarten dürften derzeit auf der Erde existieren – ist also diskontinuierlich in Arten gegliedert.

Weitere Beobachtung zeigt, dass die Gliederung hierarchisch ist: die Arten Kulturhafer, Flughafer, Barthafer können zum Oberbegriff «Hafer» zusammengefasst werden; Hafer, Weizen, Roggen, aber auch Trespe, Knäuelgras usw. sind Gräser. Diese haben etliche Merkmale gemeinsam, an denen man sie als solche erkennen kann, vor allem den immer gleichartigen Bau von Blüte und Frucht (Korn).

Die Merkmale der Pflanzenarten sind erblich, also in den Genen festgelegt. Gelegentlich treten als Zufallsereignisse kleinere oder auch größere

Veränderungen von Merkmalen ein, die ihrerseits dann wieder erblich sind, also auf bleibende Änderungen in den Genen zurückgehen. Durch solche **Mutationen** und durch die Neukombination von väterlichem und mütterlichem Erbgut bei der Fortpflanzung entstehen genetisch etwas unterschiedliche Individuen. In den Fortpflanzungsgemeinschaften oder Populationen der Art besteht somit eine gewisse Variabilität (vgl. 16.2). Manche Individuen haben im gegebenen Lebensraum Vorteile (z. B. rascherwüchsige Pflanzen, die früher Blüten bilden) und daher eine größere Zahl von Nachkommen. Andere sind benachteiligt und haben dann weniger Nachkommen. Der Anteil des Erbguts der vorteilhaften Formen wird in der Population deshalb allmählich zunehmen. Dies ist die Wirkung der **Selektion** (genauere Beschreibung in 16.2.3). Sie führt zu einer Anpassung an die jeweiligen Lebensbedingungen. Im Verlauf einer sehr großen Generationenzahl von Individuen (vielen einzelnen Ontogenesen) kommt es zur Artumbildung und somit zur Evolution.

Eine Population kann auch aufgespalten werden, im einfachsten Fall durch räumliche Trennung. In den so entstandenen Teilpopulationen werden die weiteren Veränderungen unterschiedlich ablaufen, weil die Mutationen als zufällige Ereignisse verschieden sind und keine Fortpflanzungsgemeinschaft mehr besteht. Daher kann es zu unterschiedlichen erblichen Veränderungen in den beiden Teilpopulationen kommen und schließlich entstehen zwei verschiedene Arten aus einer Ausgangsart (die dann nicht mehr existiert). So kommt es im Laufe langer, geologischer Zeiträume zur Herausbildung immer neuer jeweils an ihren Lebensraum angepasster Sippen.

1.3.1.2 Verwandtschaftsforschung

Wie kann man nun aus den heutigen Arten die weit in die geologische Vergangenheit zurückreichenden Verwandtschaftsbeziehungen erkennen? Man untersucht Merkmalsübereinstimmungen, die sich dann auf Übereinstimmungen von Genen zurückführen lassen. Allerdings können Merkmale auch dadurch einander ähnlich werden, dass unter gleichartigen Lebensbedingungen die Selektion zu ähnlichen Anpassungen geführt hat. Um die Verwandtschaft und den Verwandtschaftsgrad zu erschließen, muss man daher möglichst viele Merkmale vergleichen, von makroskopischen über mikroskopische bis zu molekularen.

Die Ergebnisse der Verwandtschaftsforschung liefern die Grundlage für eine Gruppierung der Organismen entsprechend der Verwandtschaft; diese bezeichnet man als **natürliches System**.

Unterschiedliche Gestalten, die auf das gleiche Grundorgan zurückzuführen sind, nennt man **homolog** (ursprungsgleich; z. B. Laubblatt, Blattranken der Erbse, Blattdornen der Berberitze). Die unterschiedliche Ausbildung homologer Organe durch Anpassung an verschiedene Funktionen nennt man (seit GOETHE) die Metamorphose des Organs. Entstehen ähnliche Gestalten mit gleichartiger Funktion aus verschiedenen Ausgangsorganen, so nennt man sie **analog** (funktionsgleich; z. B. die aus dem Spross hervorgehende Kartoffelknolle und die aus der Wurzel entstehende Dahlienknolle). Die Erforschung der Verwandtschaft erfolgt durch Nachweis von Homologien. Analogien liefern hingegen Hinweise auf ähnliche Lebensumstände, also auf ökologische Beziehungen. Analogien können bei sehr ähnlichen Umweltverhältnissen und daher ähnlicher Selektionswirkung zu weitgehender Übereinstimmung der Gestalten führen. Man spricht dann von **Konvergenz** (z. B. verschiedene Sprosssukkulenten, vgl. Abb. 6.44).

Alle Verfahren der Verwandtschaftsforschung beruhen auf dem Aufsuchen von Homologien. Der Vergleich von Merkmalen der äußeren Gestalt (der Morphologie) und des anatomischen Baus ist die älteste und bis heute wichtigste Methode. Bei Pflanzen ist der Bau der Fortpflanzungsorgane von besonderer Bedeutung, da sie sich in der Regel weniger rasch verändern als andere Teile (z. B. Blattgestalten). Auch alle Fossilfunde werden durch Verfahren der vergleichenden Morphologie eingeordnet. Ein Spezialgebiet dieser Disziplin ist die Palynologie, welche die Gestalt und Feinstruktur von Sporen und Pollenkörnern untersucht.

Vergleichende Untersuchungen des Zell-Feinbaus zeigten den grundlegenden Unterschied im Bauplan von Prokaryoten und Eukaryoten (vgl. 3.1.3). Auch die heutige Feingliederung der Algen und der Pilze ist nur aufgrund elektronenmikroskopischer Untersuchungen möglich geworden. Die **Cytogenetik** liefert Daten durch vergleichende Untersuchung von Zahl, Bau und Feinbau der Chromosomen. Die vergleichende Phytochemie (oft als «**Chemotaxonomie**» bezeichnet) liefert wichtige Ergebnisse über den Aufbau von Zellwänden, Farbstoffen usw. Insbesondere die Sekundärstoffe einerseits und die Struktur der Proteine andererseits tragen erheblich zur Aufklärung unsicherer Verwandtschaftsverhältnisse bei. Die **Molekulargenetik** ermöglicht den Nachweis der Verwandtschaft durch direkten Vergleich der Struktur von Genen, d.h. von DNA-Sequenzen. Dieses Verfahren gewinnt zunehmend an Bedeutung, da es auch bei merkmalsarmen Gruppen erfolgreich anzuwenden ist. Wenn von einer steigenden Zahl von Arten die DNA-Sequenz des ganzen Genoms bekannt wird, kann durch Sequenzvergleiche (die nur mit Rechnern zu bewältigen sind; Disziplin der **Bioinformatik**) eine sichere verwandtschaftliche Zuordnung getroffen werden. Die Chorologie liefert durch Vergleich der Areale von Pflanzenarten und -gattungen wichtige Hinweise auf deren Entstehungsgebiete. Fossilfunde werden von der Paläobotanik untersucht. Sie liefern Zeitmarken, wenn ein Fossil aus einer bestimmten Schicht aufgrund der erhaltenen Merkmale einer bestimmten Verwandtschaftsgruppe zugeordnet werden kann. Daraus lässt sich entnehmen, wie alt diese Gruppe mindestens ist.

Sind Merkmale als homolog erkannt, so muss festgestellt werden, welche Merkmalsausprägung ursprünglich und welche abgeleitet ist (Progressions-Richtung). Durch unterschiedliche Evolutionsgeschwindigkeit von Merkmalen treten ursprüngliche und abgeleitete Merkmale nebeneinander bei derselben Art auf (Heterobathmie der Merkmale; z. B. bilden die nach ihrem Blütenbau ursprünglichen Magnolien kompliziert gebaute Alkaloide). Durch Zusammenfassung aller Befunde wird dann ein **Stammbaum** erstellt, der den augenblicklichen Stand der Erkenntnisse wiedergibt. Er kann sich durch weitere Forschungsergebnisse verändern; daher ist auch das ihm entsprechende natürliche System offen für Änderungen.

Neue Arten entstehen durch Auftrennung der Population einer vorhandenen Art; daher besitzt jede Art eine mit ihr nächstverwandte Art (Schwesterart). Für diese Sippe von zwei Arten muss es dann wieder eine Schwestersippe geben und so fort. Man erhält streng monophyletische Gruppierungen, die alle aus einer Ausgangsart entstandenen Arten umfassen. Sie bilden ein Monophylum (engl. clade). Gruppen, die nicht alle Arten umfassen, die von einer Ausgangsart abstammen, nennt man paraphyletisch; solche, die sogar Organismen unterschiedlicher Abstammung enthalten, sind polyphyletisch. Eine systematische Gliederung, die nur monophyletische Gruppen zulässt, heißt cladistisch (vgl. 16.1.3). Um monophyletische Sippen zu erkennen, muss man die gegenüber ursprünglichen Merkmalen (der Ausgangsart) veränderten = abgeleiteten (apomorphen) Merkmale erfassen. Die ursprünglichen (plesiomorphen) Merkmale sind nicht geeignet, da sie in verschiedenen Abstammungslinien in gleicher Weise erhalten bleiben können. Abgeleitete Merkmale, welche die Monophylie einer Sippe begründen, bilden deren Autapomorphie.

1.3.1.3 Grundlagen der Namengebung: Taxonomie

Die Erkenntnisse über die natürlichen Verwandtschaftsverhältnisse bilden die Grundlage für die Einordnung und die richtige Benennung der Pflanzen durch die Taxonomie. Dabei wird ein System hierarchischer Kategorien verwendet, das von der Art ausgeht. Jede Gruppe im System wird als Sippe bezeichnet, unabhängig von ihrer Rangstufe. Festgelegte systematische Einheiten (also benannte Sippen) beliebiger Ranghöhe nennt man **Taxa** (Sing.: Taxon).

Ähnliche, nahe verwandte Arten fasst man zu einer **Gattung** zusammen. Die Arten werden durch einen zweiteiligen lateinischen Namen bezeichnet. Der erste Name gibt die Gattung an, der zweite die Art. Diese **binäre Nomenklatur** wurde erstmals von CARL VON LINNÉ (für Pflanzen in Species plantarum, 1. Aufl. 1753) streng angewandt. Zur vollständigen Benennung wird dem binären Namen noch der Autorname (des Erstbeschreibers) in abgekürzter Form hinzugefügt. Beispiel: Gänseblümchen: *Bellis perennis* L. (L. = LINNÉ). Haben mehrere Autoren die gleiche Art unter verschiedenen Namen beschrieben, so sind diese synonym. Mit Hilfe der festgelegten Nomenklaturregeln muss dann der gültige Name ermittelt werden.

Ähnliche Gattungen werden zu einer **Familie** zusammengefasst, zusammengehörige Familien zu einer **Reihe = Ordnung,** Reihen zu einer **Klasse** usw. So entstehen zusammenfassende Kategorien, die für die Großgliederung des Pflanzenreichs von besonderer Wichtigkeit sind (vgl. Tab. 1-1). Weitere Kategorien werden bei Bedarf dadurch eingeschaltet, dass die vorhandenen mit der Vorsilbe Unter- (und ferner gegebenenfalls mit Über-) versehen werden. Die Benennung der Taxa erfolgt nach festen Regeln, so dass der Rang zumeist an einer charakteristischen Endung zu erkennen ist.

Im streng cladistischen System sind festgelegte Taxa nicht erforderlich und manchmal deshalb nicht sinnvoll, weil die Gleichwertigkeit höherer Kategorien oft nicht sicher zu belegen ist. Die molekulare Evolutionsforschung, die das Ausmaß der Übereinstimmung von DNA-Sequenzen ermittelt, liefert aus methodischen Gründen Monophyla, arbeitet also cladistisch.

1.3.2 Abteilungen (Stämme) und Organisationstypen

Die früher als grundlegend angesehene Einteilung der Lebewesen in Pflanzen und Tiere hat sich als eine sekundäre Gliederung vorwiegend aufgrund der Ernährungsverhältnisse erwiesen (vgl. 1.4). Fundamental ist hingegen die Gliederung in die Prokaryota und die Eukaryota. Die Zellen der **Prokaryoten** besitzen keinen Zell-

Tab. 1-1: Wichtige taxonomische Kategorien und ihre Kennzeichnung in der botanischen Nomenklatur

Taxon	übliche Endungen	Beispiel (Synonym)
Domäne	-a	Eukarya
Reich	vielfach: -ota, -bionta	Eukaryota bzw. Chlorobionta
Abteilung (Phylum)	-phyta, bei Pilzen: -mycota	Spermatophyta (Magnoliophyta)
Unterabteilung	-phytina, bei Pilzen: mycotina	Magnoliophytina (Angiospermae)
Klasse	-opsida; früher: -atae bei Pilzen: -mycetes, bei Algen: -phyceae	Rosopsida
Unterklasse	-idae	Asteridae
Reihe	-ales	Asterales
Familie	-aceae	Asteraceae (Compositae)
Gattung (Genus) und Art (Species)	binärer Name	*Aster alpinus*

kern und sind generell einfacher gebaut (vgl. 3.3).

Alle Prokaryota werden – historisch bedingt – üblicherweise der Botanik zugerechnet. Man unterscheidet zwei Domänen: Archaea und Bacteria; zu letzteren gehören auch die Cyanobakterien oder Blaualgen (einschließlich der Prochlorophyten). Die Archaea sind durch abweichenden Bau der Zellwände und durch einige Unterschiede in grundlegenden Stoffwechselvorgängen von den echten Bakterien (Eubakterien) getrennt.

Innerhalb der Domäne **Eukarya** (Organismen mit Zellkern) wird aus praktischen Gründen zunächst zwischen Pflanzen und Tieren unterschieden. Bei den Einzellern ist diese Auftrennung aber weitgehend willkürlich. Die Pflanzen sind ihrerseits eine phylogenetisch heterogenere Gruppe als die mehrzelligen Tiere.

Organismen, die sich wie Tiere heterotroph ernähren (vgl. 1.4) werden dann den Pflanzen zugeordnet, wenn die Gestalt pflanzenähnlich ist (z.B. Pilze) oder Verwandtschaftsbeziehungen zu autotrophen Pflanzen wahrscheinlich sind.

Den ursprünglichen Eukarya fehlen die als Mitochondrien bezeichneten Zellorganellen; sie werden in der (paraphyletischen) Gruppe Archezoa zusammengefasst. Die weiterentwickelten Einzeller (Protista) und die aus ihnen hervorgegangenen Mehrzeller werden je nach Auffassung des Autors in eine unterschiedliche Zahl von **Reichen** eingeteilt. Bei Vielzellern werden oft die Reiche Mycota = Fungi (Pilze), Vielzellige Tiere (Metazoa) und Pflanzen unterschieden, insbesondere die Pflanzen aber auch in mehrere Reiche aufgeteilt. Für die Evolutionsforschung ist eine cladistische Gliederung vorteilhaft, für den Anfänger jedoch unübersichtlich.

Innerhalb der eukotischen Pflanzen werden umfassende, phylogenetisch zusammengehörige Gruppen in der Regel als **Abteilungen** eingestuft (vgl. Abb. 1.2). Oft besitzen mehrere Abteilungen infolge von Gemeinsamkeiten in der Lebensweise (die sich z.B. auf die Anatomie auswirken) Analogien im Bau. Sie werden dann aus praktischen Gründen als **Organisationstypen** zusammengefasst (z.B. kennzeichnen die Begriffe Algen, Pilze, Schleimpilze solche Organisationstypen). Gelegentlich werden auch Begriffe für Organisationstypen verwendet, zu denen aus verschiedenen Abteilungen jeweils nur einige Vertreter gehören; so werden z.B. begeißelte einzellige Formen als «Flagellaten» bezeichnet. Die Landpflanzen, also die Moose (Bryophyta), Farnpflanzen (Pteridophyta) und

Abb. 1.2: Die Abteilungen des Pflanzenreichs und ihre vermuteten phylogenetischen Beziehungen (Stammbaum der Pflanzen). Grau unterlegt: Prokaryota. Blau unterlegt: autotrophe Eukaryota. Blaue Pfeile: Cytosymbiosen. Zur Bildung von Endosymbiose-Systemen zwischen verschiedenen Gruppen der Eukaryoten (sekundäre Endosymbiosen) vgl. Abb. 4.2.

1.3 Die Pflanzenwelt und ihre Gliederung

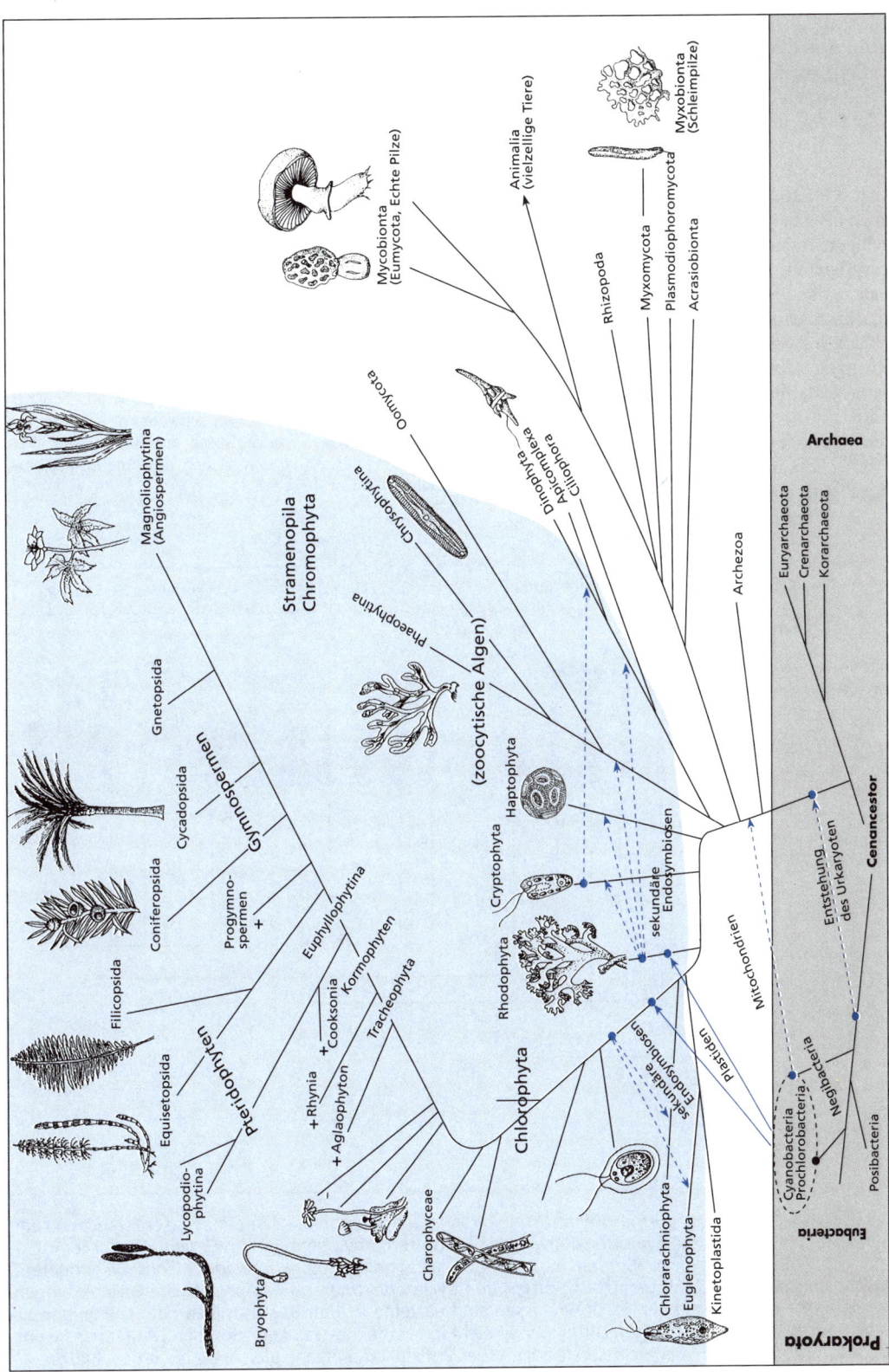

Samenpflanzen (Spermatophyta) werden als eigene Abteilungen geführt, obwohl sie phylogenetisch gesehen eigentlich nur höherentwickelte Teilgruppen der Grünalgen (Chlorophyta) sind. Die Farn- und Blütenpflanzen fasst man aufgrund anatomischer Merkmale als Gefäßpflanzen (Tracheophyta) zusammen. Wegen ihres charakteristischen Baus bezeichnet man sie auch als Kormophyten und stellt ihnen die vielzelligen Algen und Pilze als Thallophyten (Lagerpflanzen) gegenüber. Eine Zwischenstellung haben die Moose inne. Gebräuchlich ist ferner die Einteilung in Blüten- oder Samenpflanzen (Phanerogamen) einerseits und nichtblühende Pflanzen (Kryptogamen) andererseits. Infolge ihrer gestaltlichen und physiologischen Sonderentwicklung werden aus praktischen Gründen die Flechten (Lichenes oder Lichenophyta) als eigene Abteilung geführt, obwohl sie Symbiosen aus Pilz und Alge sind.

Die Abteilung Spermatophyta gliedert sich in drei Unterabteilungen: Coniferophytina, Cycadophytina und Magnoliophytina. Die beiden ersteren bilden den Organisationstyp der Nacktsamer (Gymnospermen). Die Magnoliophytina (Bedecktsamer, Angiospermen) lassen sich in drei Klassen einteilen: Magnoliopsida (ursprüngliche Formen, paraphyletische Gruppe), Rosopsida und Liliopsida. Magnoliopsida und Rosopsida werden als Organisationstyp Zweikeimblättrige (Dicotyle) zusammengefasst; die Klasse der Liliopsida heißt entsprechend Einkeimblättrige (Monocotyle) (Abb. 1.3).

Wenn Organismen ähnlicher Lebensweise analoge Körpergestalten bilden, die Rückschlüsse auf den Lebensraum erlauben, spricht man auch von Lebensformen (z. B. bilden im Wasser schwebende Organismen das Plankton, Kleinlebewesen des Bodens das Edaphon). Hierbei handelt es sich um eine ökologische Klassifikation (vgl. 6.5.3).

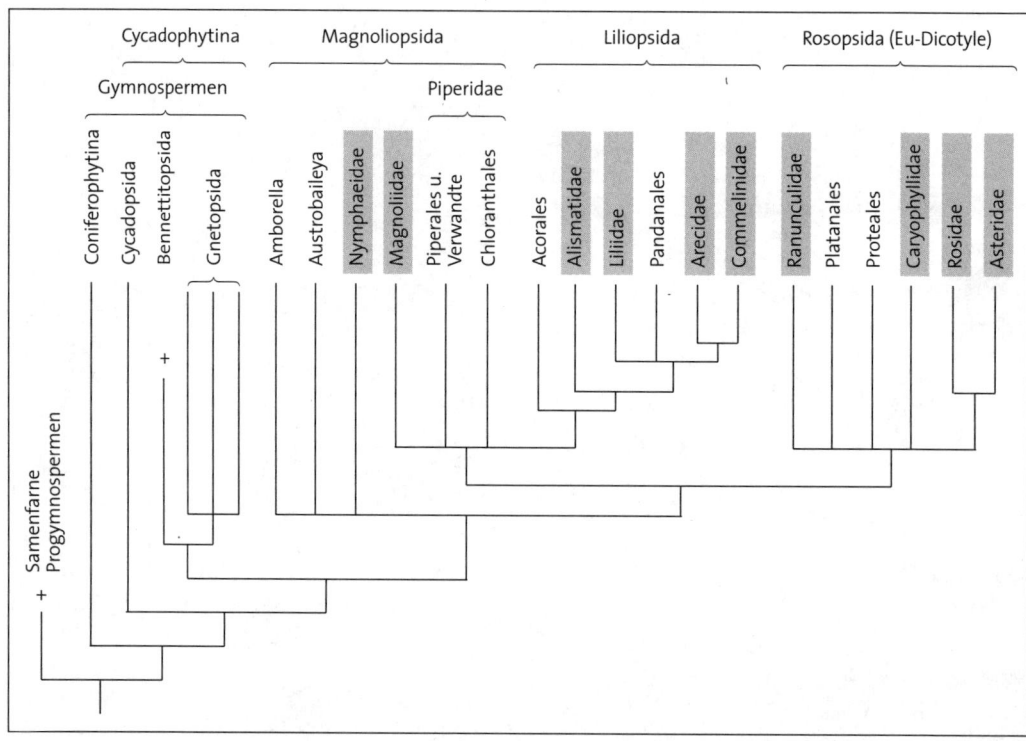

Abb. 1.3: Gliederung der *Spermatophyta* (*Magnoliophyta*) in Klassen und Unterklassen entsprechend den (mit Hilfe der molekularen Evolutionsforschung ermittelten) phylogenetischen Beziehungen. Die Angiospermen (*Magnoliophytina*) werden in 3 Klassen (*Magnoliopsida, Rosopsida, Liliopsida*) eingeteilt. *Magnoliopsida*, Gymnospermen (Nacktsamer) und *Cycadophytina* sind paraphyletische Gruppierungen. Bei der Einteilung der Klassen in Unterklassen sind einzelne Reihen bzw. Familien oder Gattungen als Schwestergruppen der jeweiligen Unterklassen nicht in bestehende Taxa einzuordnen. Man muss sie entweder als Monophylum stehen lassen (cladistisches Prinzip) oder eigene gleichrangige Taxa schaffen.

1.4 Pflanze und Tier

Eine Einordnung eines vielzelligen Lebewesens als Pflanze oder Tier (Tab. 1-2) ist in der Regel möglich, wenn man die Ernährung des Organismus beobachtet. Die zur Aufrechterhaltung des lebenden Zustandes erforderliche Energie entnehmen die Tiere ihrer Nahrung, die aus organischem Material (Pflanzen, andere Tiere) besteht. Man spricht von **heterotropher Ernährung.** Grüne Pflanzen hingegen decken ihren Energiebedarf aus dem Sonnenlicht; sie bedürfen keiner Zufuhr organischer Stoffe, sondern bauen diese selbst auf (**autotrophe Ernährung**). Die grünen Pflanzen sind Produzenten. Alle organische Substanz, die von Lebewesen als Energiequelle genutzt wird, geht letztlich auf diese Produktionsleistung der Pflanzen zurück (mit Ausnahme der mengenmäßig nicht ins Gewicht fallenden Produktionsleistung chemosynthetischer Bakterien) (Abb. 1.4).

Die Tiere sind stets Konsumenten, die von der Produktion der grünen Pflanzen leben. Die pflanzenfressenden Tiere nutzen die Stoffproduktion der Pflanzen unmittelbar. Andere Tiere leben räuberisch; sie ernähren sich als Konsumenten 2. Ordnung von den Pflanzenfressern. Es gibt aber auch räuberische Tiere, die ihrerseits andere, kleinere Raubtiere fressen: sie sind Konsumenten 3. Ordnung. So entstehen **Nahrungsketten** mit verschiedenen Nahrungsniveaus (trophischen Niveaus). Da sich eine Tierart in der Regel nicht nur von einer Art ernährt, bilden die Nahrungsketten ein Netzwerk (Nahrungsnetze).

Auch die nicht-grünen, heterotrophen Pflanzen (z.B. die Pilze) leben von der Produktion der autotrophen Pflanzen. Im Kreislauf der Stoffe in der Natur haben sie jedoch eine andere Funktion inne. Die organischen Substanzen der abgestorbenen Pflanzenteile und toten Tiere müssen zu anorganischen abgebaut werden, die dann den grünen Pflanzen wieder zur Verfügung stehen. Dieser Abbau geschieht durch die Destruenten, hauptsächlich Pilze und Bakterien.

Die ortsfesten Pilze erreichen die erforderlichen Nährstoffe durch Ausbildung großer Oberflächen langer Zellfäden (Hyphen). Sie nehmen daher auch Giftstoffe aus dem Boden besonders gut auf. – Destruenten können ihre Ernährung besser sichern, wenn sie auf lebende Organismen übergehen und zu deren Parasiten werden. In der Evolution hat dieser Vorgang vielfach stattgefunden.

Die Art des Energiegewinns erlaubt es fast allen vielzelligen Pflanzen, ortsfest zu ein. Im Gegensatz zu den Tieren wird also kein Bewegungs- (Lokomotions-)system ausgebildet. Die **Bewegungsvorgänge,** die es auch bei Pflanzen gibt, zeigen bei geringerer Spezialisierung eine

Tab. 1-2: Gegenüberstellung von Pflanze und Tier

Pflanze (höhere Pflanze als Beispiel)	Tier
autotroph (unmittelbare Nutzung von Sonnenenergie)	heterotroph (Energiegewinnung durch Aufnahme organischer Stoffe)
Chlorophyll vorhanden	kein Chlorophyll
Produzenten	Konsumenten
ortsfest	beweglich
unbegrenztes Wachstum	begrenztes Wachstum
lebenslang embryonale Zellen	im erwachsenen Stadium nur Stammzellen
«offene» Form; modularer Bau	«geschlossene» Form
Stabilität durch feste Zellwände	Stabilität durch Ausbildung von Skeletten Zellen meist ohne feste Wände
Zellen meist mit großen Vakuolen	Zellen ohne ausgeprägtes Vakuolensystem
keine echten Sinnesorgane	Sinnesorgane ausgeprägt

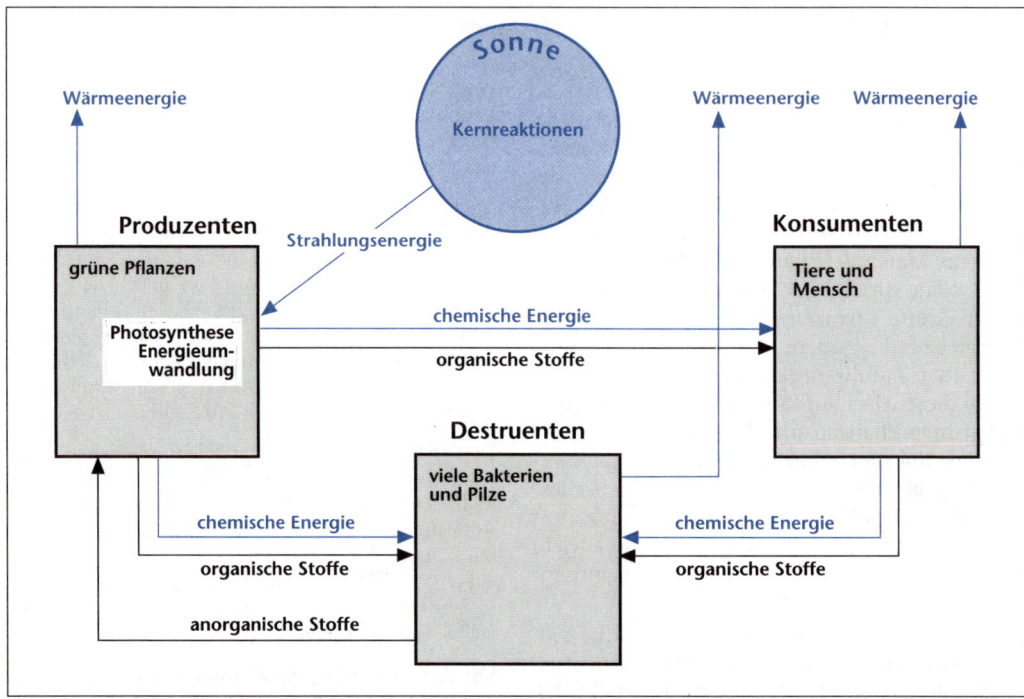

Abb. 1.4: Aufbau eines Ökosystems mit seinen stofflichen und energetischen Beziehungen. Stoffkreislauf: schwarze Pfeile; Energiefluss: blaue Pfeile. Die irreversible Umwandlung verfügbarer chemischer Energie (freier Enthalpie) in Wärmeenergie (unter Zunahme der Entropie) ist der Motor des Lebens (vgl. Abb. 9.1). Durch die Photosynthese der Pflanzen wird Strahlungsenergie des Sonnenlichts in chemische Energie organischer Stoffe umgewandelt. Bei den Umsetzungen in den Organismen wird Wärmeenergie frei.

größere Vielfalt als bei Tieren. Fortpflanzungszellen sind auch bei den Pflanzen in vielen Fällen beweglich.

Pflanzen benötigen eine große äußere Oberfläche, um das Sonnenlicht hinreichend nutzen zu können. Tiere hingegen bilden große innere Oberflächen zur Stoffaufnahme (z. B. Verdauungstrakt). Dem Wachstum der ortsfesten Pflanzen ist keine äußere Grenze gesetzt; sie wachsen lebenslang weiter, weil embryonale, undifferenzierte Zellen stets vorhanden bleiben. Pflanzen besitzen einen modularen Bau, d.h. sie sind aus gleichartigen, sich wiederholenden Baueinheiten (Modulen) aufgebaut (z. B. Blätter, Zweige und Äste eines Baumes), während Tiere einen festgelegten Bauplan besitzen.

2 Moleküle der Zelle

Chemische Untersuchungen haben schon früh ergeben, dass in den Zellen der ganz verschiedengestaltigen Pflanzen und Tiere stets gleichartige Stoffe vorkommen. Diese Stoffe sind aus den Elementen aufgebaut, die wir auch in der unbelebten Natur finden. Nur relativ wenige davon sind am Aufbau der Lebewesen beteiligt. Etwa 99% der Masse von Organismen bestehen aus nur 6 Elementen. In den Zellen treten diese Elemente vor allem in Form von Wasser und von Verbindungen des Kohlenstoffs (organische Verbindungen) auf. Pflanzliche Gewebe bestehen in der Regel zu 60 bis über 90% aus Wasser; der Anteil an freien Ionen liegt meist unter 1% (die wichtigsten Ionen sind jene von K, Ca, Mg, Fe; andere Ionen sind nur in geringen Mengen erforderlich: Mikroelemente; vgl. 12.4.1 u. Abb. 2.1).

Alle Lebenserscheinungen haben molekulare Grundlagen; eine wesentliche Aufgabe der Biologie ist die Zurückführung biologischer Vorgänge auf ihre molekulare Basis. Daher ist die Kenntnis von Chemie und Physik biologisch wichtiger Moleküle und deren Reaktionen eine Voraussetzung für das Verständnis der Lebensvorgänge. Für die Reaktionen im Organismus gelten die gleichen physikalischen und chemischen Gesetzmäßigkeiten wie außerhalb von Lebewesen.

In einer Zelle durchschnittlicher Größe sind etwa $2 \cdot 10^{14}$ Moleküle enthalten, die sich auf 3000 bis über 10 000 verschiedene Stoffe verteilen. Der durchschnittliche Anteil der einzelnen Stoffklassen bei einer Bakterienzelle beträgt: 80% Wasser, 10% Proteine, 3,5% Nucleinsäuren, 2% Polysaccharide, 2% Lipide, 1,3% andere kleinmolekulare organische Verbindungen und 1,3% anorganische Ionen (und Verbindungen).

Auffällig ist bei allen Zellen ein hoher Anteil an Makromolekülen (Proteinen, Nucleinsäuren, Polysacchariden). Darunter versteht man Moleküle, deren Molekülmassen in der Regel über 10 000 Dalton = 10 kiloDalton (kD) liegen und die aus gleichartigen oder ähnlichen Bausteinen aufgebaut sind.

Wasser ist für Lebensvorgänge von grundlegender Bedeutung. Die Lebewesen sind im Wasser entstanden, und jede lebende Zelle ist auf Wasser angewiesen als
– Medium (Lösungsmittel) für die meisten Umsetzungen im Stoffwechsel
– Transportmittel für gelöste Stoffe
– Reaktionspartner bei Stoffwechselreaktionen
– Mittel zur Regulation der Temperatur

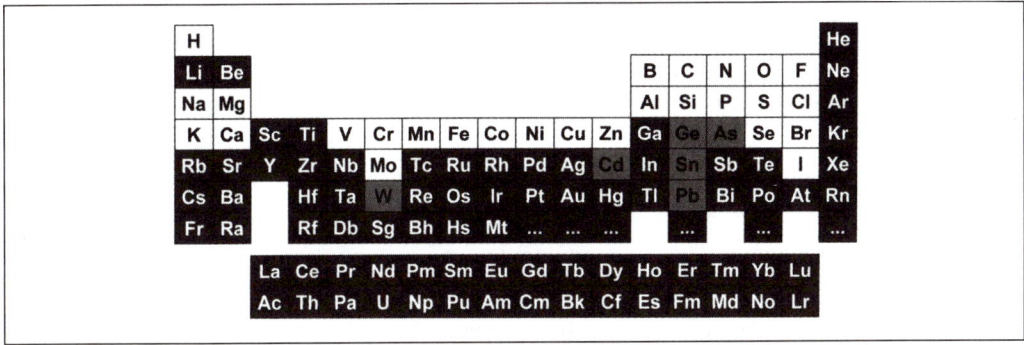

Abb. 2.1: Biologisch wichtige Elemente. Weißer Hintergrund: Elemente, die in allen oder vielen Lebewesen von Bedeutung sind; hellgrauer Hintergrund: Elemente, die in einigen Lebewesen Funktionen besitzen; weiße Schrift auf dunklem Hintergrund: Elemente ohne biologische Funktion. Mit Ausnahme von Mo und I befinden sich alle Elemente, die in Lebewesen verbreitet vorkommen, in den ersten vier Perioden und haben somit eine Ordnungszahl unter 36.

Wassermoleküle sind elektrische Dipole, da das O-Atom elektronegativer ist als die H-Atome. Die dadurch eintretende mittlere Ladungsverschiebung kann auch als partielle Ionenbindung im H$_2$O-Molekül beschrieben werden. Als Folge davon werden zwischen den Wassermolekülen relativ stabile Wasserstoffbrücken ausgebildet, die zu einer Nahordnung der Moleküle führen, so dass (bei Zimmertemperatur) Aggregate entstehen, die man als Cluster bezeichnet (Abb. 2.2). In diesen findet fortgesetzt eine Umordnung durch Lösung und Bildung von H-Brücken statt; einzelne «freie» Wassermoleküle werden fortgesetzt einbezogen und an anderer Stelle freigesetzt.

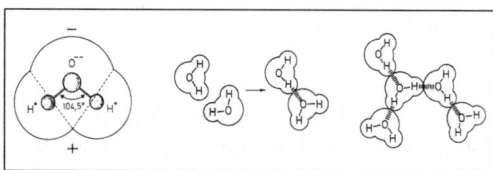

Abb. 2.2: Wassermolekül (links); Bildung von Wasserstoffbrücken führt zur Ausbildung von Clustern (rechts) (nach STRASBURGER).

Wird ein Stoff in Wasser gelöst, so entstehen um seine Teilchen (Moleküle oder Ionen) herum Hydrathüllen. Löslich sind solche Stoffe, die durch die Wechselwirkung mit den Wasser-Dipolen hinreichend große Hydrathüllen ausbilden können; sie sind hydrophil (z.B. Ionen). Durch das Entstehen der Hydrathülle werden die Wasser-Cluster stark verkleinert. Moleküle ohne polare Gruppen sind häufig in Wasser unlöslich (hydrophob). Werden sie in Wasser suspendiert, so bilden sie Aggregate unter sich (z.B. Fett-Tröpfchen, gut bekannt von der Milch). Die ungeordneten Wasser-Cluster in ihrer Umgebung werden dadurch stabilisiert und sogar vergrößert, weil zwischen den Teilchen kein Wasser eingelagert ist. Hydrophobe Moleküle (oder Molekülteile) werden in wässrigem Milieu auf engem Raum zusammengedrängt, als würden sie sich gegenseitig anziehen. Man spricht von **hydrophober Wechselwirkung**, obwohl der entscheidende Vorgang dabei die Veränderung des Ordnungszustandes im Wasser ist (Entropiezunahme, vgl. 9.1). Beim Übergang von Methan aus einer wässrigen in eine Lipidlösung wird ein Energiebetrag von 13 kJ/mol frei; für dieses Beispiel ist dies der Energieinhalt der hydrophoben Wechselwirkung.

Durch das Lösen eines Stoffes im Wasser sind in der Volumeneinheit weniger Wassermoleküle enthalten, da die Teilchen des gelösten Stoffes auch Platz einnehmen. Daher ist der Dampfdruck gegenüber reinem Wasser bei gleicher Temperatur herabgesetzt. Dieser von der Konzentration des gelösten Stoffes abhängigen Dampfdruckerniedrigung entspricht eine Erniedrigung des Gefrierpunktes und eine Erhöhung des Siedepunktes bei Lösungen. Durch Messung der Gefrierpunktserniedrigung oder der Siedepunktserhöhung kann die Konzentration einer Lösung bestimmt werden.

Durch die Hydratisierung (Hydratation) der Ionen sind die Anziehungskräfte zwischen gegensätzlich geladenen Ionen so stark verringert, dass sie sich frei in der Lösung bewegen können. Eine derartige Lösung leitet den elektrischen Strom. Durch die Hydrathülle sind freie Ionen sehr viel größer als die Ionen im Kristall. Die Größe der Hydrathülle ist abhängig von der Ladungsdichte (Ladung bezogen auf die Oberfläche). Diese ist bei gleichbleibender Ladung umso größer, je kleiner das Ion ist. Daher hat das kleine Li$^+$-Ion eine viel größere Hydrathülle als das große K$^+$-Ion.

2.1 Lipide

Fette und fettähnliche Stoffe werden unter dem Begriff Lipide zusammengefasst. Sie sind hydrophob und löslich in unpolaren Lösungsmitteln (Benzol, Ether, Chloroform) und werden im Organismus alle aus den gleichen Vorstufen aufgebaut.

Fette sind Ester des dreiwertigen Alkohols Glycerin (= Glycerol) mit verschiedenen Fettsäuren (Abb. 2.3). Man nennt sie daher auch Triacylglycerole. Unter den Fettsäuren sind solche mit einer oder mehreren Doppelbindungen häufig. Sie heißen ungesättigte Fettsäuren, weil sie nicht die maximal mögliche Zahl von Wasserstoffatomen tragen. Mehrfach ungesättigte Fettsäuren (mit mehr als einer Doppelbindung) sind die Linolsäure $C_{17}H_{31}COOH$ mit zwei und die

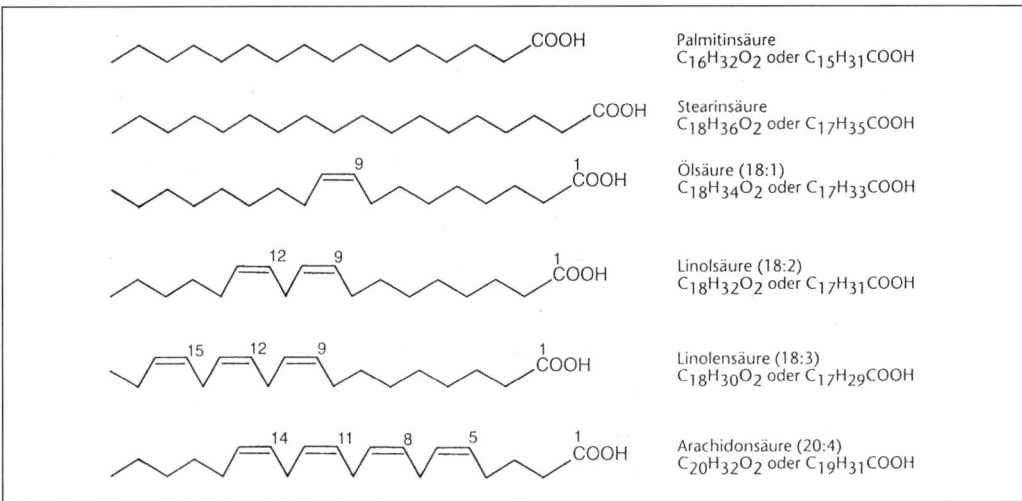

Abb. 2.3: In Pflanzen häufig vorkommende Fettsäuren.

Linolensäure $C_{17}H_{29}COOH$ mit drei Doppelbindungen. In der langen C-Kette liegen nur C–C- und C–H-Bindungen vor. Diese sind unpolar (unpolare C-Kette). Daher sind alle längerkettigen Fettsäuren in Wasser unlöslich. Fette besitzen sehr viele C–H-Bindungen und liefern bei der Oxidation mehr Energie je Masseneinheit als andere organische Verbindungen des Organismus. Sie sind also massesparende Reservestoffe.

Polare Lipide sind wichtige Bausteine aller biologischer Membranen. Polar heißen sie, weil ein Molekülende eine Atomgruppe mit polaren Bindungen trägt. Solche Atom-Gruppen sind hydrophil. Die Kohlenwasserstoffketten der Fettsäurereste haben völlig unpolare Bindungen; sie sind hydrophob (Abb. 2.4a). Die polare Gruppe kann entweder eine Phosphatester-Struktur aufweisen (Phospholipide) oder Zuckermoleküle enthalten (Glykolipide). Eine Gliederung kann aber auch nach dem alkoholischen Baustein erfolgen. Dieser ist häufig Glycerin, daneben kommen aber auch die Aminoalkohole Sphingosin und Phytosphingosin vor. In tierischen Geweben sind die mit diesen Alkoholen gebildeten Sphingolipide sehr verbreitet, in Pflanzen eher selten.

In Abb. 2.4a ist als Beispiel eines Phospholipids ein Phosphatidylcholin («Lecithin») dargestellt. Verbindungen aus einem mit zwei Fettsäuren und einem Phosphat veresterten Glycerin, die am Phosphat eine weitere polare Gruppe tragen, nennt man generell Phosphatide. Unter den pflanzlichen Glykolipiden spielen Glyceride, die als Zucker Galactose enthalten, eine große Rolle. Sie sind wichtige Membranbestandteile der Chloroplasten (Abb. 2.4b).

Polare Lipide nennt man aufgrund der Tatsache, dass sie ein hydrophiles und ein hydrophobes Molekülende besitzen, amphipolar (amphipathisch). Sie ordnen sich an einer Phasengrenze (z.B. einer Wasseroberfläche) zu einem monomolekularen Film (*monolayer*) an. Ist beiderseits ein wässriges Medium vorhanden, wie z.B. in Zellen, so wird eine bimolekulare Schicht (*bilayer*) ausgebildet (Abb. 2.5).

Terpenoide (= Isoprenoide) haben innerhalb der Gruppe der Lipide eine Sonderstellung. Sie enthalten keine Fettsäurebausteine; ihre Biosynthese erfolgt aus C_5-Einheiten («aktives Isopren»). Membrankomponenten unter den Terpenoiden sind verschiedene Sterole (Steroide, Abb. 2.6). Durch Wechselwirkung mit den Fettsäureresten machen sie Membranen starrer. Zu den Terpenoiden gehören auch die Carotinoide mit in der Regel 40 C-Atomen, sowie Kautschuk und ähnliche Stoffe, die Makromoleküle bilden.

Bei Eubakterien treten in Membranen anstelle der Sterole die sterolähnlichen Hopanoide auf. Man findet sie auch im organischen Material von Sedimentgesteinen (Kerogen) und im Erdöl, da Bakterien als Destruenten die letzten Lebewesen waren, die im Sediment vor der Gesteinsbildung lebten.

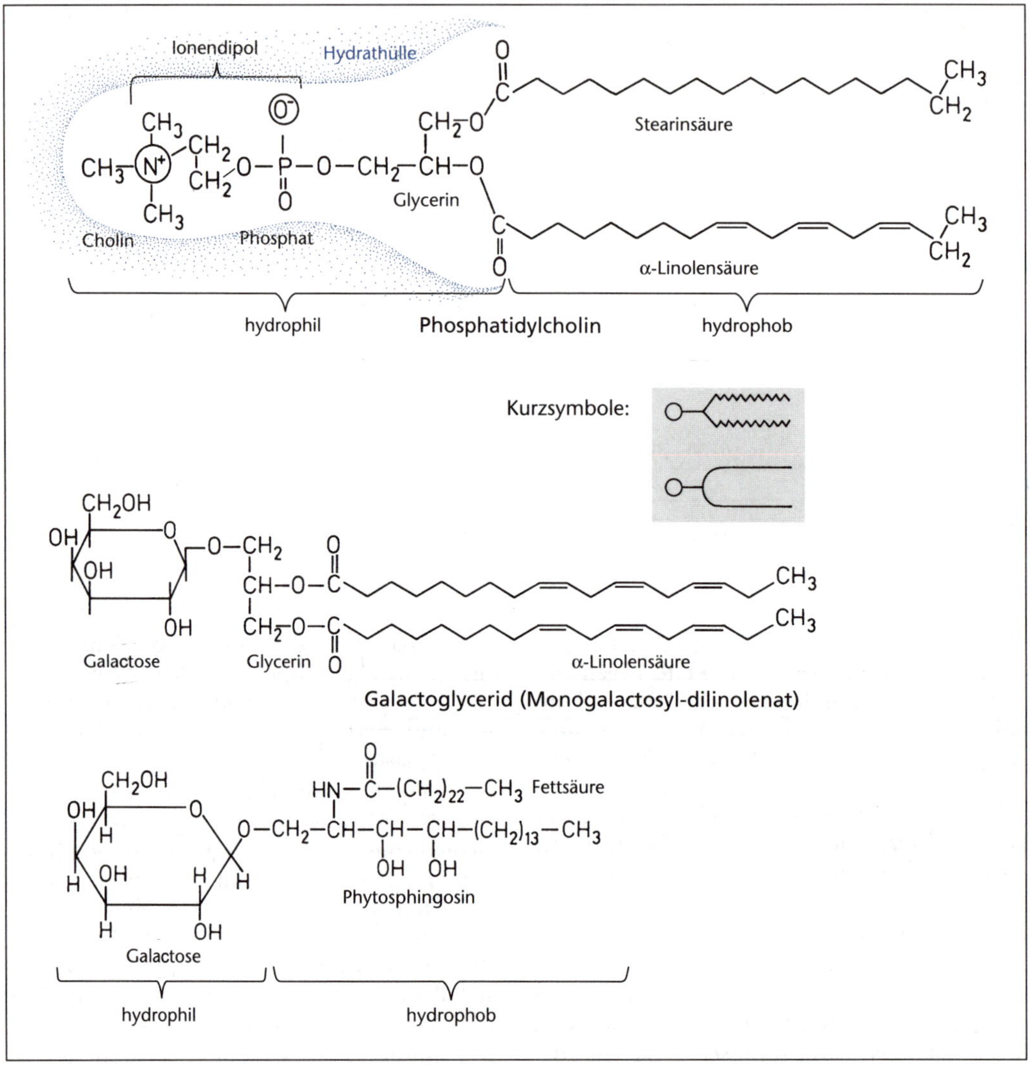

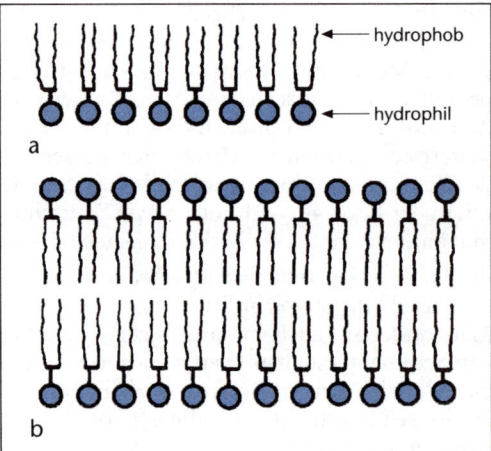

Abb. 2.4: Beispiele polarer Lipide. **a:** Phosphatidylcholin («Lecithin»); **b:** Galactoglycerid (ein Glykolipid); **c:** Glykosphingolipid (Cerebrosid) aus Weizenmehl. Pflanzliche Sphingolipide enthalten zumeist das Phytosphingosin. Die Bedeutung der Sphingolipide ist bei Pflanzen viel geringer als bei Tieren.

Abb. 2.5: Anordnung polarer Lipide in einer monolayer (**a**) und einer bilayer (**b**).

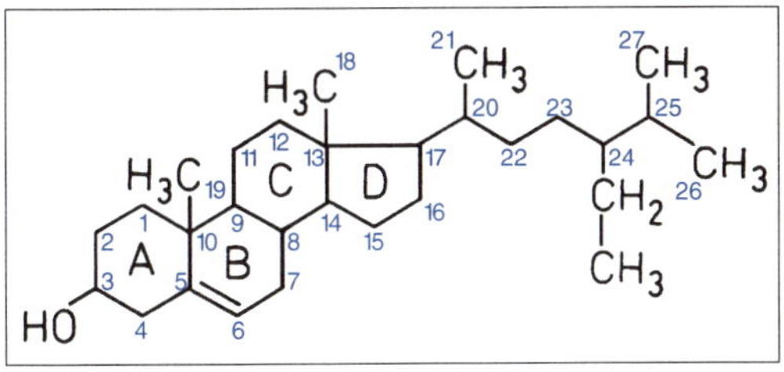

Abb. 2.6: Pflanzliches Sterol: β-Sitosterol. Stigmasterol besitzt zwischen C_{22} und C_{23} eine Doppelbindung.

2.2 Kohlenhydrate

Kohlenhydrate sind die wichtigsten rasch verwertbaren Energiequellen der meisten Zellen, ferner dienen sie als Reservestoffe und als Stützsubstanzen. Viele Kohlenhydrate sind Verbindungen mit der Summenformel $C_n(H_2O)_n$. Die einfachen Kohlenhydrate schmecken häufig süß, sie werden deshalb oft auch als «Zucker» bezeichnet.

2.2.1 Monosaccharide und ihre Derivate

Die Baueinheiten (Monomeren) aller Kohlenhydrate sind die Monosaccharide.

Monosaccharide sind Verbindungen, die ein Kohlenstoffgerüst von drei bis acht (selten mehr) C-Atomen enthalten. Sie werden nach der Zahl der C-Atome Triosen, Tetrosen, Pentosen, Hexosen, Heptosen, Octosen usw. genannt. Sie enthalten eine Carbonyl-(Oxo-)Gruppe und stets mehrere Hydroxylgruppen, sind also Polyhydroxy-oxo-verbindungen. Daher sind sie gut wasserlöslich.

Die einfachsten Monosaccharide müssen drei C-Atome aufweisen, um der Definition zu genügen: sie besitzen eine Oxogruppe und zwei Hydroxyl-Gruppen. Dabei gibt es zwei Strukturmöglichkeiten, je nach der Anordnung der Carbonylgruppe. Befindet sich die Carbonylgruppe endständig, so liegt eine Aldehydstruktur vor; man nennt solche Zucker **Aldosen**. Die Endung -ose deutet an, dass es sich um ein Kohlenhydrat handelt. Vom C-Atom mit der Aldehydgruppe aus wird stets die Zählung der C-Atome vorgenommen; es ist also selbst immer das erste C-Atom. Befindet sich die Carbonylgruppe an einem sekundären C-Atom, so liegt eine Ketonstruktur vor; man spricht von **Ketosen**. Bei natürlichen Ketosen befindet sich die Carbonylgruppe stets am zweiten C-Atom. Für Ketosen ist auch die Endung -ulose (z.B. Ribulose) in Gebrauch.

Beim Glycerinaldehyd trägt das zweite C-Atom vier verschiedene Substituenten, ist also asymmetrisch; das Molekül heißt dann chiral. Daher gibt es zwei einander spiegelbildliche Formen (Spiegelbild-Isomere oder Enantiomere). Sie werden als D- und L-Glycerinaldehyd unterschieden (Abb. 2.7).

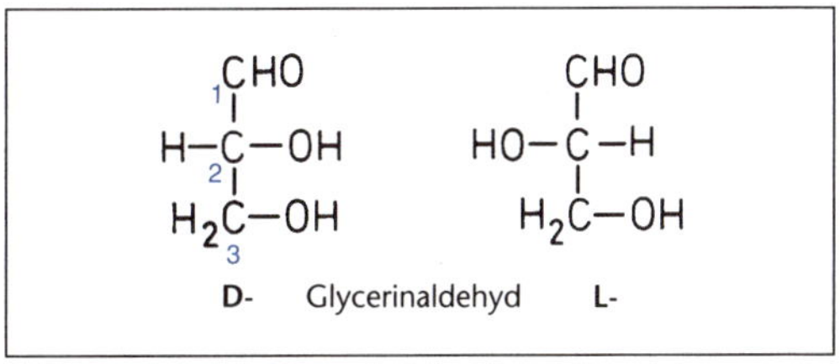

Abb. 2.7: Strukturformeln von D- und L-Glycerinaldehyd.

Die biologisch wichtigsten Monosaccharide sind jene mit fünf und sechs C-Atomen. Infolge der größeren Zahl der Hydroxylgruppen gibt es hier mehr asymmetrische C-Atome (bei Aldopentosen 3, bei Aldohexosen 4). Die Benennung D bzw. L erfolgt jeweils nach dem asymmetrischen C-Atom mit der höchsten Nummer. Liegt an diesem die gleiche Struktur wie beim D-Glycerinaldehyd vor, so wird der Zucker als D-Zucker bezeichnet; bei der spiegelbildlichen Struktur als L-Zucker. Bei allen diesen Molekülen hat die freie Aldehyd- bzw. Ketoform nur sehr geringe Anteile. Carbonylverbindungen reagieren nämlich leicht mit Hydroxylgruppen eines Alkohols; dabei entstehen zunächst Halbacetale. Falls die C-Kette eines Zuckers hinreichend lang ist, können sich die Carbonyl- und eine Hydroxylgruppe des Moleküls so nahe kommen, dass diese Reaktion innerhalb des Moleküls stattfindet: es entsteht ein cyclisches Halbacetal (Abb. 2.8). Dabei wird ein heterocyclischer Ring mit Sauerstoff als Heteroatom ausgebildet. Es können sauerstoffhaltige Sechsringe (Pyran-Ringe) oder Fünfringe (Furan-Ringe) entstehen; daher unterscheidet man **Pyranosen** und **Furanosen**. Aldopentosen (z. B. Ribose) und Ketohexosen (z. B. Fructose) bilden Furanose-Ringe. Infolge der Bildung des Halbacetalrings wird das ursprüngliche Carbonyl-C-Atom zusätzlich asymmetrisch, weil an ihm nun eine Hydroxylgruppe vorliegt. Man bezeichnet sie als die glykosidische Hydroxylgruppe. Bei den Ringstrukturen treten somit zwei zusätzliche Formen auf. Man nennt sie die beiden Anomeren und das verantwortliche C-Atom das anomere (oder glykosidische) C; sie werden als α- und β-Form unterschieden.

Derivate der Monosaccharide: Zucker, bei denen eine OH-Gruppe des Moleküls reduziert ist, so dass eines der C-Atome zwei Wasserstoffatome trägt, nennt man Desoxyzucker. Wenn eine Reduktion der Carbonylgruppe zur Hydroxylgruppe erfolgt, entstehen Polyalkohole. Sie werden als Zuckeralkohole bezeichnet. Findet eine Oxidation der Carbonylgruppe statt, so entstehen Onsäuren (z. B. aus D-Glucose die D-Gluconsäure). Falls die Carbonylgruppe blockiert ist und daher nicht oxidiert werden kann, besteht die Möglichkeit einer Oxidation an der endständigen Hydroxylgruppe des Moleküls; dies führt zur Bildung von Uronsäuren (z. B. D-Glucuronsäure). Der Ersatz der Hydroxylgruppe am zweiten C-Atom bei Aldosen durch eine Aminogruppe liefert Aminozucker (z. B. D-Glucosamin).

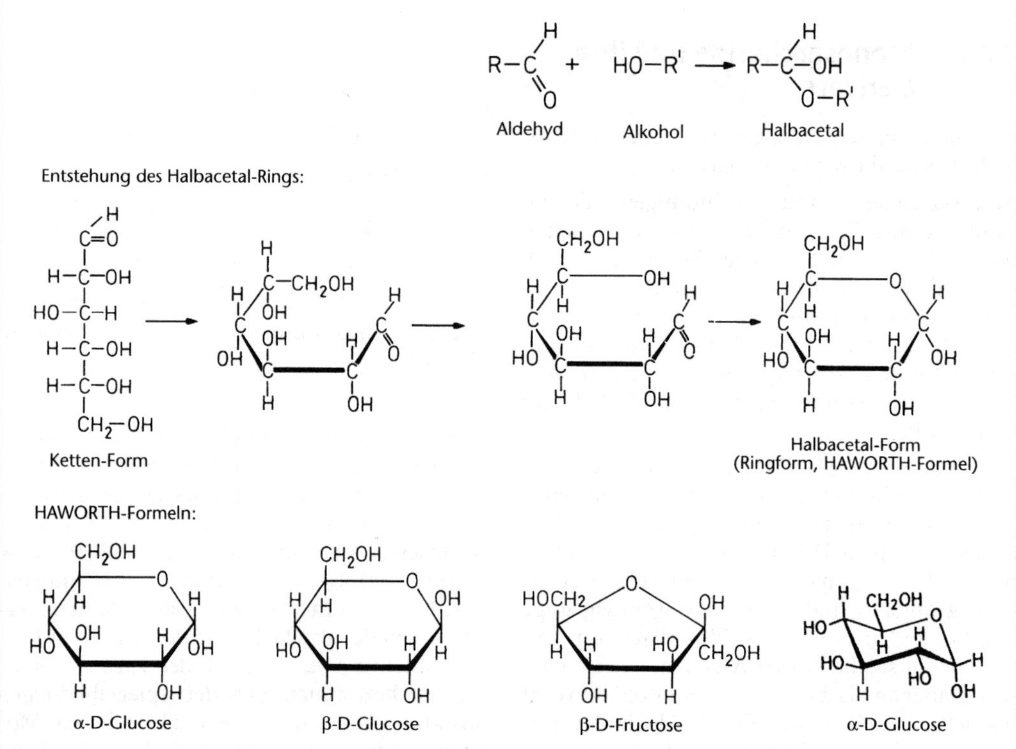

Abb. 2.8: oben: Halbacetalbildung. – Monosaccharide: Entstehung der Halbacetal-Struktur. In den Halbacetal-Ringen ist das anomere C-Atom asymmetrisch; das Molekül hat ein zusätzliches Chiralitätszentrum; dadurch entstehen α- und β-Formen. – Strukturen von Monosacchariden in der HAWORTH-Schreibweise als Ringe: Sechsring = Pyranose-Struktur, Fünfring = Furanose-Struktur. Da die Ringe nicht eben gebaut sind, zeigen die HAWORTH-Formeln nicht die wirkliche Molekülgestalt, die in der Regel eine Sesselform bildet (unten rechts); diese ist energetisch günstiger als die Wannenform.

2.2.2 Oligosaccharide

Das glykosidische C-Atom des Halbacetalrings ist reaktionsfähig. Reagiert es mit der Hydroxylgruppe eines weiteren Alkohols, so entsteht unter Wasserabspaltung eine Acetalstruktur mit glykosidischer Bindung. Die Hydroxylgruppe kann von einem anderen Monosaccharid-Molekül stammen. Dadurch werden zwei Monosaccharid-Einheiten glykosidisch verknüpft; es entsteht ein **Disaccharid**. Die glykosidische Bindung geht stets vom anomeren C-Atom aus (bei Aldosen das erste, bei Ketosen das zweite C-Atom). Dabei gibt es zwei Möglichkeiten, da die OH-Gruppe entweder α- oder β-Stellung innehat. Dagegen kann bei der anderen Monosaccharid-Einheit jede Hydroxylgruppe in Reaktion treten. Daher gibt es zwischen zwei Monosacchariden viele verschiedene glykosidische Bindungen. Zu ihrer Kennzeichnung muss man die reagierenden C-Atome durch Zahlen und zusätzlich die Konfiguration (α, β) angeben (Abb. 2.9).

Werden zwei Glucose-Moleküle verknüpft, so muss die Bindung vom ersten (anomeren) C-Atom des einen Glucosemoleküls ausgehen. Sie soll nun zum vierten C-Atom der anderen Einheit führen. Liegt am anomeren C-Atom die α-Konfiguration vor, so erhält man Maltose (Abb. 2.9). Liegt β-Konfiguration vor, so entsteht Cellobiose. Zwei Glucoseeinheiten können auch so verknüpft werden, dass beide anomere C-Atome reagieren. So entsteht die Trehalose. Sie ist ein nichtreduzierendes Disaccharid, da kein anomeres C-Atom mehr frei vorliegt. Das wichtigste nichtreduzierende Disaccharid ist die Saccharose (Rohr- oder Rübenzucker, Sucrose); sie ist aus Glucose und Fructose aufgebaut (Abb. 2.10). Die Fructose bildet als Ketohexose fast stets einen Furanose-Ring. Ein Trisaccharid ist z. B. die Raffinose (vgl. Abb. 11.1).

2.2.3 Polysaccharide

Polysaccharide sind Makromoleküle, die durch glykosidische Verknüpfung zahlreicher Monosaccharide gebildet werden. Sie sind kettenförmig gebaut; auch verzweigte Ketten treten auf. Obwohl hydrophil, sind sie infolge der beträchtlichen Molekülgröße in Wasser nicht ohne weiteres löslich. Entweder entstehen kolloidale Lösungen oder es erfolgt nur eine Quellung der Polysaccharid-Struktur durch Einlagerung von Wassermolekülen (Hydratisierung). Durch die zahlreichen Möglichkeiten glykosidischer Verknüpfungen können wenige Monosaccharid-Bausteine eine große Vielfalt von Molekülgestalten liefern. Daher sind Zuckerketten für die Erkennung von Molekülen durch andere Moleküle besonders wichtig.

Polysaccharide werden nach den beteiligten Bausteinen und der Art der glykosidischen Bindung benannt. Ist nur ein bestimmtes Monosac-

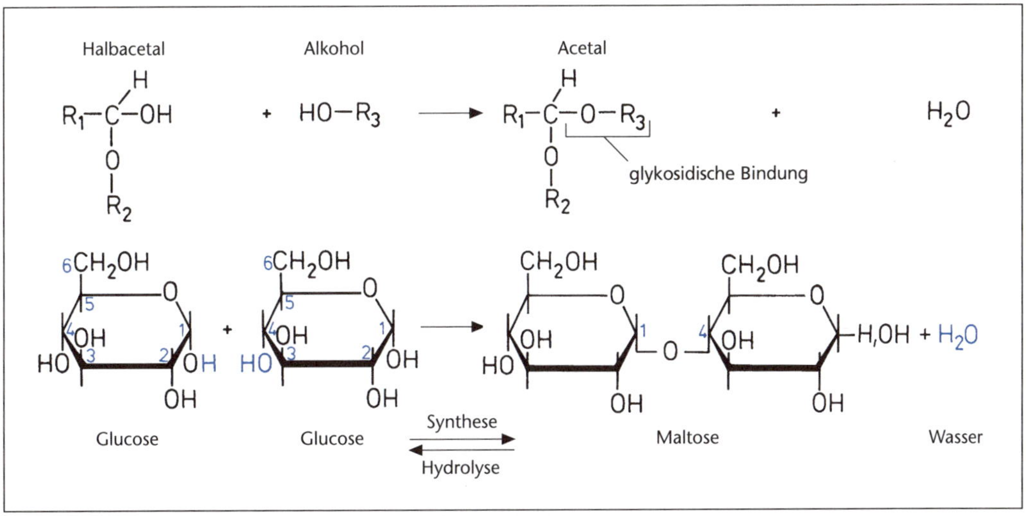

Abb. 2.9: Bildung der glykosidischen Bindung (Acetal-Struktur); Verknüpfung von zwei Glucose-Einheiten zum Disaccharid Maltose (mit α-1,4-Bindung).

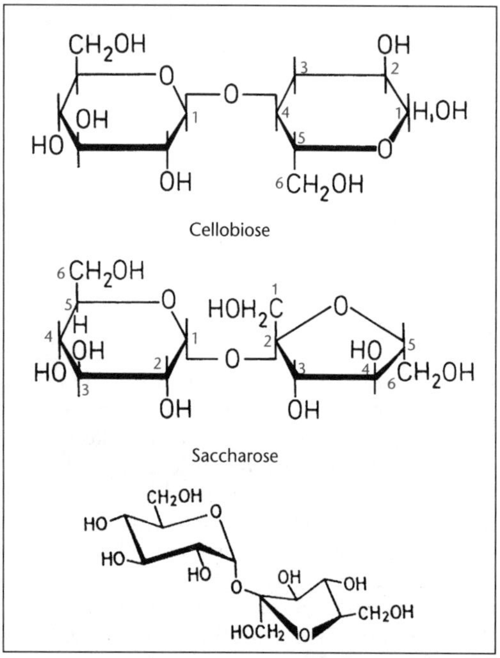

Abb. 2.10: Einige Disaccharide: Cellobiose (2 Glucose-Einheiten mit β-1,4-Verknüpfung); Saccharose (Glucose und Fructose, Verknüpfung 1,2 von α-D-Glucose zu β-D-Fructose). Unten: Saccharose-Strukturformel, welche die Molekülgestalt angenähert wiedergibt.

charid am Aufbau beteiligt, so entstehen Homoglykane (Homopolysaccharide). Beispielsweise sind Stärke und Cellulose nur aus Glucose-Einheiten aufgebaut; sie sind Glucane. (Die Endung -an kennzeichnet Polysaccharide). Heteroglykane (Heteropolysaccharide) bestehen aus verschiedenen Monosaccharid-Bausteinen. In der Regel zeigen sie periodisch sich wiederholende Struktureinheiten, da sie in der Pflanze aus zunächst synthetisierten Oligosacchariden durch Zusammenbau entstehen. Zu den Heteroglykanen gehören die als Hemicellulosen bezeichneten Bestandteile pflanzlicher Zellwände.

Cellulose, der Hauptbestandteil der Zellwände höherer Pflanzen, ist die häufigste organische Verbindung in der Natur überhaupt. Die Glucose-Einheiten sind hier durch β-1,4-Bindung verknüpft (Bauprinzip der Cellobiose). So entstehen langgestreckte, unverzweigte Kettenmoleküle (Abb. 2.11). Benachbarte Ketten sind über zahlreiche Wasserstoffbrücken miteinander verknüpft.

Stärke, der wichtigste Reservestoff der höheren Pflanzen, besteht aus zwei Komponenten (Abb. 2.12):

- Amylose, aus unverzweigten Ketten mit α-1,4-Bindungen der Glucose-Einheiten (Bauprinzip der Maltose)

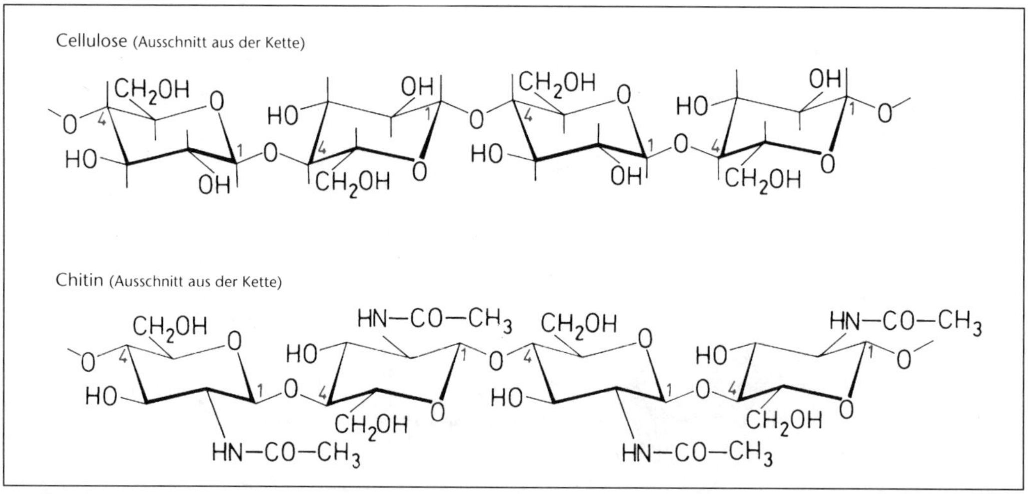

Abb. 2.11: Cellulose und Chitin: Ausschnitte aus den kettenförmigen Molekülen. Die Monosaccharid-Baueinheiten sind Glucose bzw. N-Acetylglucosamin. Letzteres verursacht durch seine Seitenkette eine sperrige Struktur. Um die Raumstruktur der Makromoleküle zu verstehen, ist es erforderlich, die Struktur der Baueinheiten räumlich möglichst der Realität angenähert wiederzugeben; daher sind sie in der Sesselform dargestellt.

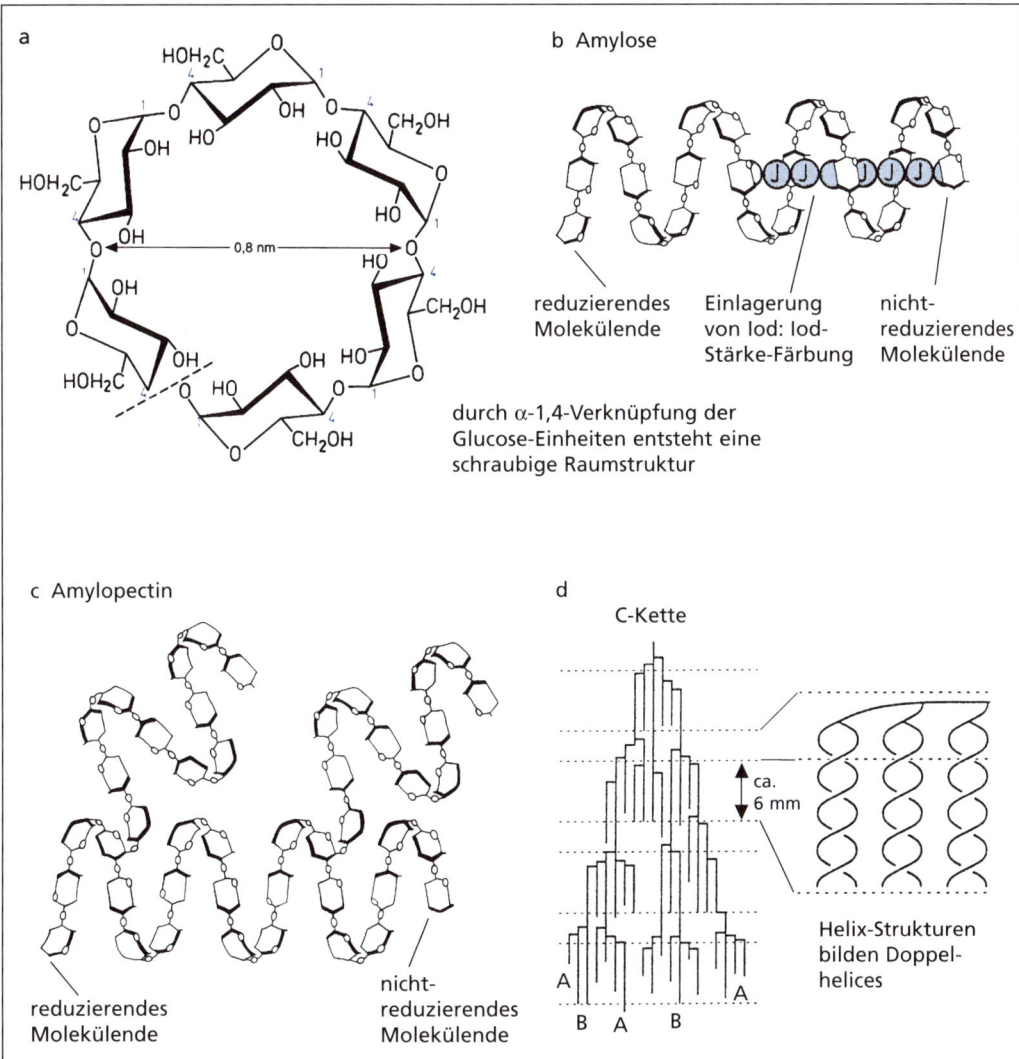

Abb. 2.12: Strukturen der Stärke. **a:** Durch α-1,4-Verknüpfung von Glucose-Einheiten entsteht eine schraubige Raumstruktur (Helix), die hier in Aufsicht gezeigt ist. In der Helix kommen 6 Monosaccharid-Baueinheiten auf eine Windung. Im Kristall ist sie sehr gestreckt und tritt mit einer zweiten, gleichartigen Helix zu einer Doppelschraubenstruktur zusammen; **b:** Amylose-Kette als Helix (in Lösung); in der rechten Hälfte ist die Einlagerung von Iod dargestellt (nicht maßstabsgerecht); **c:** Amylopectin bildet verzweigte Ketten, die jeweils Helix-Struktur aufweisen. Das ganze Molekül hat ein reduzierendes Molekülende, aber viele nicht-reduzierende Enden; **d:** Die Helix mit dem reduzierenden Ende wird als C-Kette bezeichnet; Helices, die über eine α-1,6-Bindung gebunden sind und ein nichtreduzierendes Ende besitzen, heißen A-Ketten. Die verknüpfenden Helices mit mehreren α-1,6-Bindungen sind die B-Ketten. Die Ketten bilden im Stärkekorn Doppelschrauben aus. Diese weitgehend kristalline Struktur wechselt mit amorphen Bereichen ab, dadurch entsteht eine Schichtung des Stärkekorns (vgl. Abb. 3.30).

- Amylopectin, das neben den α-1,4-Bindungen auch α-1,6-Bindungen besitzt und daher ein vielfach verzweigtes Molekül ist. Der durchschnittliche Abstand der Verzweigungen beträgt 20–25 Monosaccharid-Einheiten.

Die α-1,4-Bindungen führen zu einem schraubigen Molekülbau; die Schraube ist durch Wasserstoffbrücken zwischen den Glucose-Einheiten stabilisiert. In wässrigem Milieu kommen sechs Glucose-Einheiten auf eine Schraubenwindung. In das Innere des schraubigen Moleküls kann Iod eintreten, wobei eine gefärbte Einlagerungsverbindung (mit Amylose tiefblau, mit Amylopectin rotviolett) entsteht. In Stärkekörnern kommen komplizierte Helix-Strukturen vor, wobei die einzelnen schraubigen Moleküle oder Molekülabschnitte seilartig umeinander gewunden sind.

Chitin, das charakteristische Wandmaterial der meisten Pilze, ist ein Polysaccharid mit Aminozucker-Bausteinen. Die Einheit Glucosamin trägt an der Aminogruppe zusätzlich einen Acetylrest und liegt somit als N-Acetyl-glucosamin vor. Analog zur Cellulose besteht β-1,4-Verknüpfung (Abb. 2.11).

Pectin der Zellwände höherer Pflanzen ist ein Heteropolysaccharid, dessen Hauptbausteine Galacturonsäure-Einheiten mit α-1,4-Verknüpfung sind. Pectin gehört daher zu den sauren Polysacchariden.

2.3 Aminosäuren und Proteine

Proteine sind die Hauptbestandteile des Zellplasmas. Es sind Makromoleküle, die durch Verknüpfung von Aminosäuren entstehen.

2.3.1 Aminosäuren und ihre peptidische Verknüpfung

Alle in Proteine eingebauten (proteinogenen) Aminosäuren haben die gleiche Grundstruktur (Abb. 2.13). Sie sind (außer Glycin) chiral und stets L-Aminosäuren. Die Aminogruppe befindet sich an dem der Carboxylgruppe benachbarten C-Atom. Es wird als α-C-Atom bezeichnet; diese Aminosäuren heißen daher **α-Aminosäuren**. Die insgesamt 20 verschiedenen proteinogenen Aminosäuren unterscheiden sich im Aufbau des Restes R (Seitenkette). Die Seitenkette kann auch eine zusätzliche Carboxylgruppe aufweisen (bei Glutaminsäure, Asparaginsäure). Diese reagiert sauer; man bezeichnet solche Aminosäuren daher als saure Aminosäuren. Ebenso gibt es Aminosäuren mit einer zusätzlichen Aminogruppe in der Seitenkette (z. B. Lysin, Arginin). Diese reagiert basisch; die entsprechenden Aminosäuren nennt man basische Aminosäuren.

Unter den freien, nicht proteinogenen Aminosäuren der Zelle kommen auch solche vor, deren Aminogruppe β- oder γ-ständig angeordnet ist (β-Alanin, γ-Aminobuttersäure). Ferner treten gelegentlich D-Aminosäuren auf, so z. B. im Murein der Zellwand von Prokaryoten (vgl. 3.3).

Da Aminosäuren sowohl die basische Aminogruppe wie auch die saure Carboxylgruppe tragen, kommt es in wässriger Lösung zu einem Protonenübergang innerhalb des Moleküls:

$$\underset{H_3N^{\oplus}\;\;COOH}{\overset{R}{\underset{|}{CH}}} \xrightarrow{+H^+} \underset{H_2N\;\;COOH}{\overset{R}{\underset{|}{CH}}} \xrightarrow{-H^+} \underset{H_2N\;\;COO^{\ominus}}{\overset{R}{\underset{|}{CH}}}$$

$$\underset{H_3\overset{\oplus}{N}\;\;COO^{\ominus}}{\overset{R}{\underset{|}{CH}}}$$

Die Aminosäuremoleküle tragen deshalb sowohl positive wie negative Ladung, sie bilden *Zwitterionen*. Der Anteil der Zwitterionenstruktur hängt in Lösung vom pH-Wert ab. Bei einem ganz bestimmten pH-Wert wird ausschließlich das Zwitterion vorliegen. Da sich dann positive und negative Ladung die Waage halten, kann das Teilchen bei Anlegen eines elektrischen Feldes nicht wandern. Dieser pH-Wert wird als der **isoelektrische Punkt** bezeichnet.

Peptide. Reagiert die Carboxylgruppe einer Aminosäure mit der Aminogruppe einer anderen Aminosäure unter Wasseraustritt, so entsteht ein Dipeptid (Abb. 2.14). Bei Anlagerung einer weiteren Aminosäure bildet sich ein Tripeptid. Setzt sich dieser Vorgang fort, so entstehen lange Ketten von peptidisch verknüpften Aminosäuren; man nennt sie *Polypeptide*.

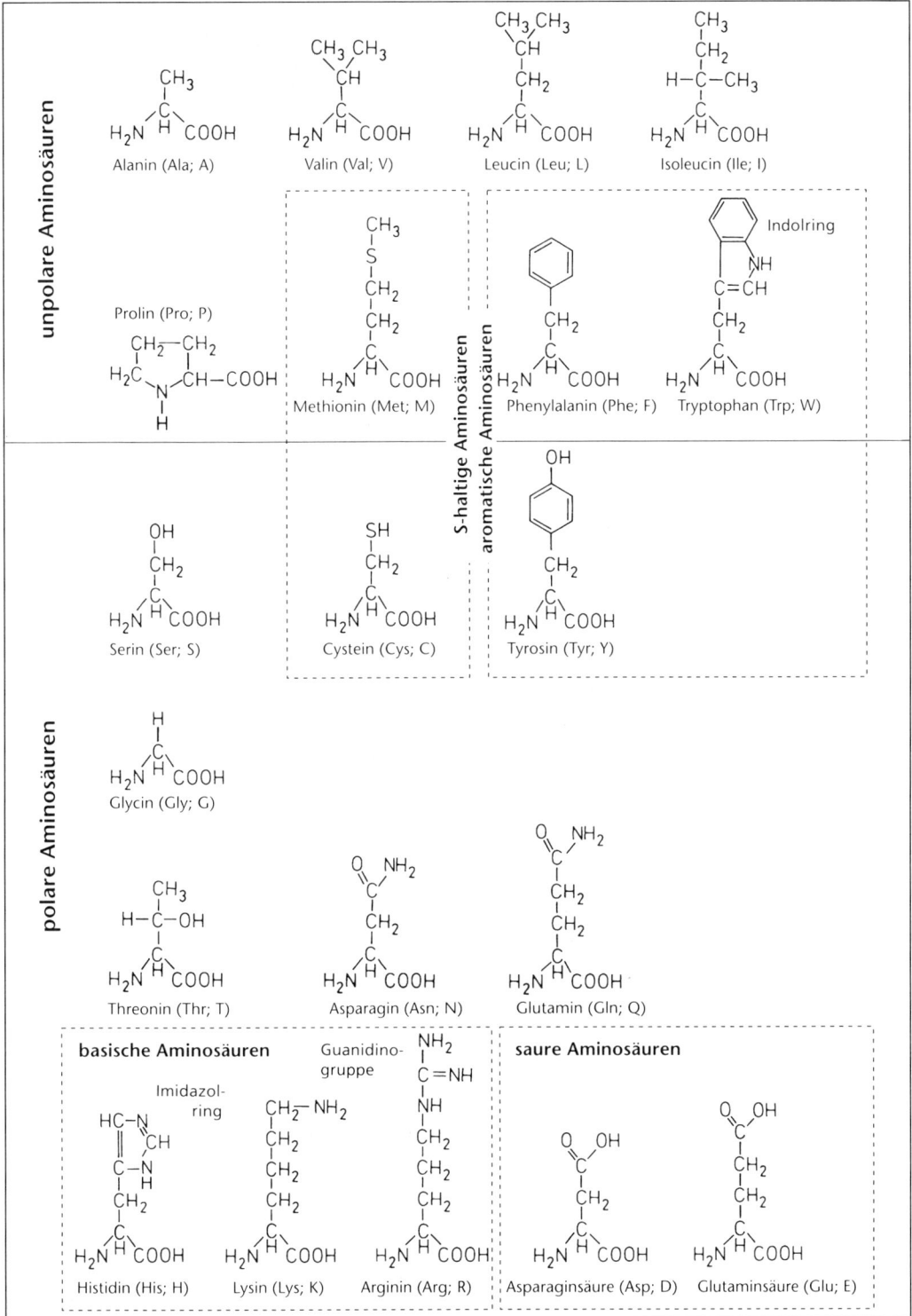

Abb. 2.13: Strukturen der proteinogenen Aminosäuren und ihre Kurzbezeichnungen (Drei-Buchstaben-Symbole und Ein-Buchstaben-Symbole).

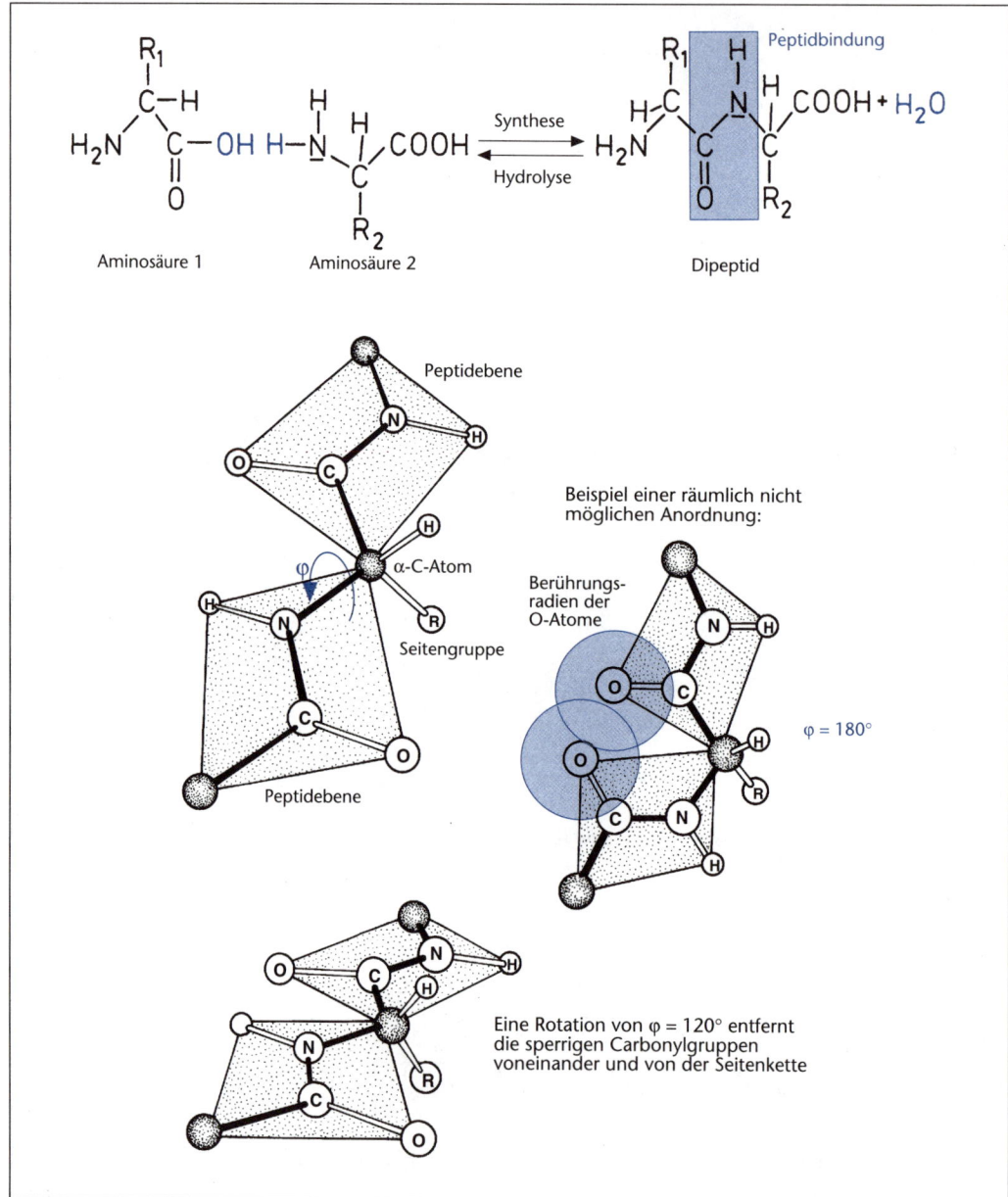

Abb. 2.14: Bildung eines Dipeptids durch Verknüpfung von zwei Aminosäuren und Strukturmodell der Peptidbindung. Diese ist eben gebaut (Peptidebene; C- und N-Atom sind gegeneinander nicht drehbar).

Die **Peptidbindung** (Abb. 2.14) ist infolge einer Elektronendelokalisierung eine Eineinhalbfach-Bindung. Dies zeigt die Bindungslänge C–N (C–N-Einfach: 0,147 nm; C=N-Doppel: 0,127 nm; C–N-Peptid: 0,132 nm). Daher ist die Peptidbindung eben gebaut (analog zur C=C-Doppelbindung), C- und N-Atom sind nicht gegeneinander drehbar. An den C-Atomen, welche die Reste $R_1, R_2 \ldots$ tragen, besteht hingegen freie Drehbarkeit um die Bindungsachse. Die Ebenen zweier benachbarter Peptidbindungen können also unterschiedliche Positionen zueinander einnehmen. Dabei kommen allerdings nur solche Anordnungen vor, bei denen die Atome der Aminosäurereste sich gegenseitig räumlich nicht stören (Abb. 2.14).

2.3.2 Proteine

Erreicht eine Peptidkette eine gewisse Länge, so kommt es innerhalb des Moleküls zur Ausbildung zusätzlicher, vorwiegend schwacher Bindungen; die Polypeptidkette nimmt eine bestimmte räumliche Gestalt an. So entstehen die Strukturen der Proteine. Die verschiedenen Proteine unterscheiden sich durch Anzahl und Reihenfolge (Sequenz) der verknüpften Aminosäuren. Dabei sind die Möglichkeiten ihrer Anordnung unvorstellbar groß. Ist ein Protein aus nur 100 Aminosäuren aufgebaut, so ergeben sich (bei 20 proteinogenen Aminosäuren) bereits $20^{100} = 10^{130}$ Möglichkeiten für die Anordnung der Aminosäuren. (In den Weltmeeren sind etwa $4 \cdot 10^{46}$ Wassermoleküle enthalten.) Daher ist es nicht erstaunlich, dass jede Organismenart ihre eigenen, spezifischen Proteine aufweist.

Die Reihenfolge der Aminosäuren in einer Polypeptidkette heißt Aminosäuresequenz oder **Primärstruktur**. Die Aminosäurekette besitzt ein Ende mit freier Aminogruppe und ein Ende mit freier Carboxylgruppe; die Polypeptidkette hat somit eine Richtung. Die Aminosäure mit der freien Aminogruppe bildet den Molekülanfang, da die Biosynthese von dieser aus beginnt. Die Primärstruktur führt unter den Bedingungen der Zelle zur nachfolgend beschriebenen räumlichen Struktur, die man als **Kettenkonformation** bezeichnet (Abb. 2.15).

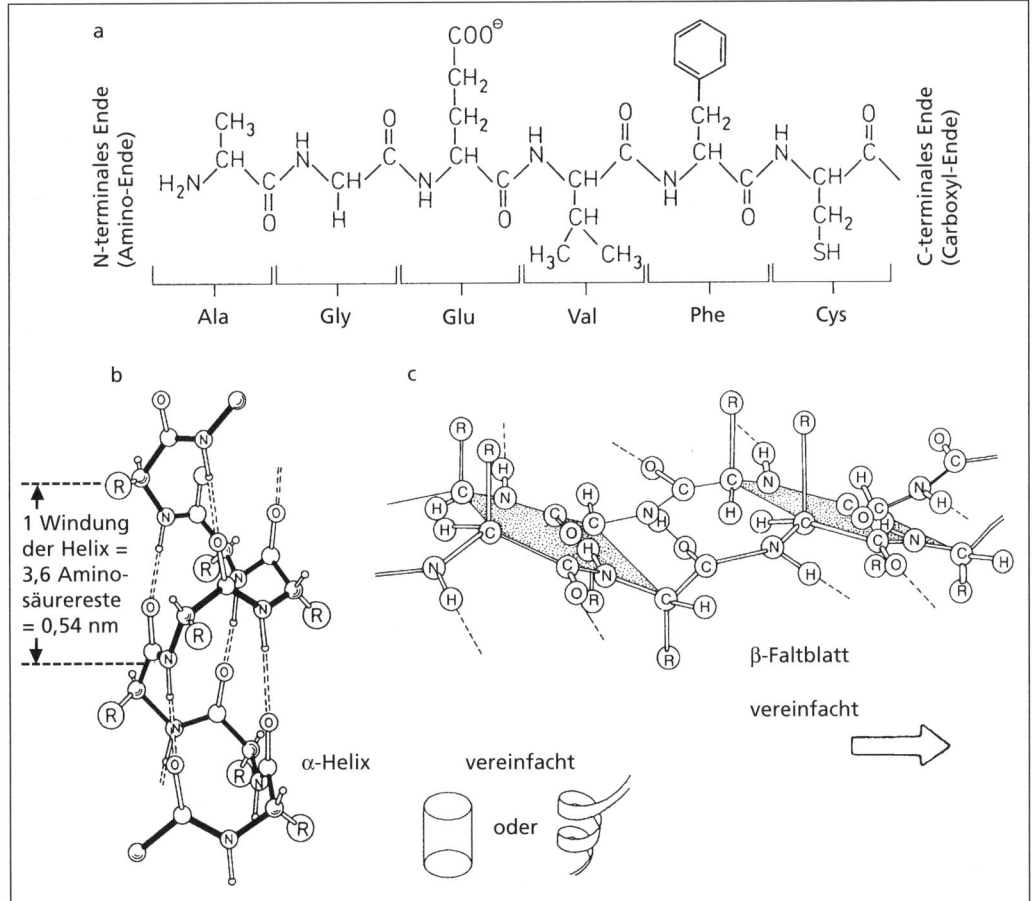

Abb. 2.15: Proteinstruktur. **a:** Primärstruktur = Aminosäuresequenz. Jede Polypeptidkette hat ein Aminoende und ein Carboxylende; **b:** α-Helix-Struktur; **c:** β-Faltblatt-Struktur, **b** und **c** sind Sekundärstrukturen. Für diese sind die in Raummodellen verwendeten Vereinfachungen angegeben.

Aufgrund der Kenntnisse über die Peptidbindungen (Abb. 2.14) weiß man, dass nur wenige Stellungen der Peptidebenen zueinander stabile Strukturen ergeben. Dazu kommt, dass für eine stabile räumliche Struktur eine möglichst große Zahl von Wasserstoffbrücken ausgebildet werden muss. So verbleiben nur wenige Strukturmöglichkeiten. Eine stabile Struktur unter Ausbildung der H-Brücken zwischen benachbarten Polypeptidketten ist die β-Faltblattstruktur (Abb. 2.15c). Die Wasserstoffbrücken können aber auch innerhalb einer Polypeptidkette zustande kommen, wenn diese schraubig angeordnet ist. Eine derartige Struktur liegt in der α-Helix vor (Abb. 2.15b).

Diese Strukturen bestimmen die räumliche Anordnung einer Polypeptidkette oder eines Teils davon. Man nennt diese Anordnung der Aminosäuresequenz mit bestimmten, wiederkehrenden Strukturmerkmalen die **Sekundärstruktur**. In der β-Faltblattstruktur sind benachbarte Ketten zumeist gegenläufig, jedoch ist auch eine parallele Anordnung möglich. Nur selten wird ein Bauprinzip über die ganze Polypeptidkette beibehalten; normalerweise wechseln Abschnitte mit Helix- oder Faltblattstruktur miteinander ab. Wichtig sind Umkehrungen in der Raumrichtung der Peptidkette, die man als Loops (Schleifen) bezeichnet. Zwischen β-Faltblattelementen werden auch scharfe Umbiegungen gebildet (*β-bends*). Durch die räumliche Anordnung der Sekundärstrukturelemente ist die Raumerfüllung des Moleküls festgelegt. Diese Raumgestalt der Polypeptidkette ist die **Tertiärstruktur**. In Raumbildern der Tertiärstruktur werden α-Helices oft durch ein Schrauben- oder Zylindersymbol und Faltblattelemente durch einen flachen Pfeil wiedergegeben (Abb. 2.17). Die meisten Proteine besitzen in den verschiedenen Raumrichtungen ähnliche Durchmesser; sie sind globuläre Proteine. Im Inneren haben sie eine Packungsdichte ähnlich Kristallen, an der Oberfläche sind die Seitenketten beweglich: das Protein «atmet». Große Proteine (mit mehr als 150–200 Aminosäuren) besitzen in der Regel mehrere Bereiche, deren Raumstruktur weitgehend separat zustandekommt. Diese Bereiche heißen **Domänen**.

Die Kräfte, welche die Raumstruktur von Proteinen stabilisieren, sind vor allem nicht kovalente, schwache Bindungen (Abb. 2.16). Ionische Wechselwirkungen tragen in wässrigem Milieu infolge der Hydratisierung wenig dazu bei. Wasserstoffbrücken stabilisieren vor allem Sekundärstrukturen. Hydrophobe Wechselwirkungen zwischen unpolaren Aminosäure-Seitenketten stabilisieren hydrophobe Bereiche, bei löslichen Proteinen also das Innere. Van der Waals-Kräfte, vor allem aufgrund elektrostatischer Wechselwirkungen zwischen Dipolen, sind für das Molekül-Innere ebenfalls sehr wichtig. Als einziger Typus kovalenter Bindung können zwischen zwei Cystein-Resten Disulfid-Brücken gebildet werden. Sie tragen in Reaktionsräumen mit eher oxidierendem Milieu zur Stabilität der Raumstruktur vor allem kleiner Proteine bei. Ferner kann die koordinative Bindung eines Metall-Ions eine Raumstruktur stabilisieren (z.B. Zink in Zink-Finger-Proteinen; vgl. 14.2.3.1).

Viele Proteine bestehen aus mehreren Polypeptidketten. Sie besitzen eine **Quartärstruktur**: darunter versteht man die räumliche Anordnung der einzelnen gefalteten Peptidketten zueinander. Für deren Bindung aneinander sind die gleichen Kräfte verantwortlich wie für die Ausbildung der Tertiärstruktur.

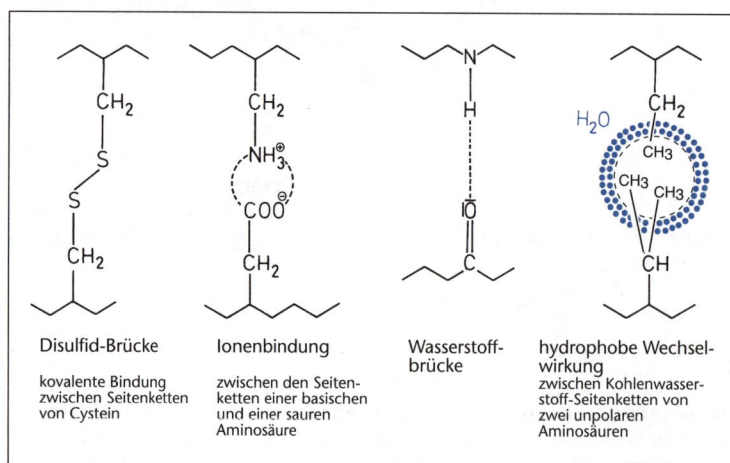

Abb. 2.16: Bindungskräfte zwischen Aminosäure-Seitenketten in Proteinen. Sie legen die Kettenkonformation des Proteins fest.

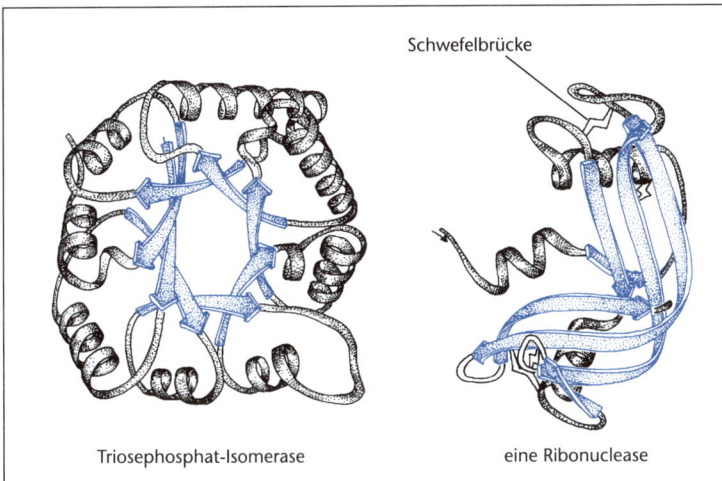

Abb. 2.17: Modelle der Raumstruktur von Proteinen. Schrauben geben α-Helix-Sekundärstrukturen, Pfeile (blau) β-Faltblatt-Sekundärstrukturen an. Die Ribonuclease besitzt vier Schwefelbrücken zwischen Cystein-Seitenketten (Cystein-S-S-Cystein).

Beim Vergleich einer großen Zahl von Raumstrukturen von Proteinen kann man wiederkehrende komplexe Struktureinheiten finden. In Motiv-Datenbanken erfolgt eine Klassifikation nach Strukturmotiven, Superfamilien und Familien von Proteinen. Vermutlich gibt es nicht mehr als 1000 **Strukturmotive**, davon ist etwa die Hälfte bekannt. Beispiele sind die β-Barrel («Faß»)-Struktur (z.B. bei Triosephosphat-Isomerase, vgl. Abb. 2.17), die *coiled coil*-Struktur (α-Helices umeinander gewunden, z.B. bei Leucin-Zipper-Proteinen, vgl. Abb. 14.8 d), die Helix-turn-Helix-Struktur (vgl. Abb. 14.8 a). Bei Proteinen, die Nucleotide binden (z.B. Dehydrogenasen), findet man oft eine Abfolge $\beta\alpha\beta\alpha\beta\alpha$ («Rossmann-Fold»).

Die Proteine zeigen charakteristische Merkmale, die allen Makromolekülen zukommen. Es sind dies: (1) der Aufbau aus ähnlichen Baueinheiten (Monomeren, hier Aminosäuren); (2) die Verknüpfung der Monomeren durch einen bestimmten Bindungstyp (hier Peptidbindung); (3) die Festlegung der Struktur durch mindestens drei Strukturprinzipien: die Abfolge (Sequenz) der Monomeren (Primärstruktur), die wiederkehrenden räumlichen Bauelemente (Sekundärstruktur) und die Raumgestalt des Makromoleküls (Tertiärstruktur).

Da Proteine stets saure und basische Aminosäuren enthalten, kann die Oberfläche des Moleküls sowohl positive als auch negative Ladungen tragen. Die Zahl der Ladungen hängt vom pH-Wert der umgebenden Lösung ab. Bei einem bestimmten pH-Wert wird die Zahl der positiven und der negativen Ladungen gleich. Wie bei den Aminosäuren spricht man vom isoelektrischen Punkt. Bei diesem pH-Wert weist das Protein die geringste Löslichkeit auf.

Proteine mit einem Überschuss an basischen Aminosäuren nennt man basische Proteine, solche mit einem Überschuss an sauren Aminosäuren saure Proteine. Zu den basischen Proteinen gehören die Histone, die im Zellkern an Desoxyribonucleinsäure gebunden sind.

Erwärmt man Proteine auf eine Temperatur von über 60 °C, so wird infolge der starken Wärmebewegung die Tertiär- und z.T. auch die Sekundärstruktur zerstört. Das Protein ist damit denaturiert.

Proteine können als Makromoleküle mit unterschiedlichen Seitengruppen leicht mit anderen Molekülen in Wechselwirkung treten, wobei schwache Bindungen wirksam sind. Werden diese nur bei einer

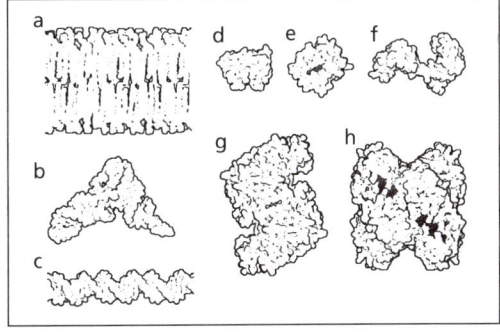

Abb. 2.18: Größenvergleich von Molekülen der Zelle (Vergrößerung Zweimillionen-fach). **a:** Lipid-bilayer; **b:** transfer-RNA; **c:** DNA; **d** bis **h:** Proteine: **d:** Plastocyanin, **e:** Cytochrom c, **f:** Calmodulin, **g:** Citratsynthase, **h:** Phosphofructokinase (nach GOODSELL u. OLSON).

bestimmten räumlichen Anordnung der beiden Moleküle optimal ausgebildet, so erfolgt eine «molekulare Erkennung» und es entsteht (als Zustand des Energieminimums) eine «Übermolekülstruktur». Diese kann eine supramolekulare Funktionseinheit sein.

Sind Proteine kovalent mit einem anderen Molekül verknüpft, so drückt man dies in der Bezeichnung durch eine entsprechende Vorsilbe aus. Bindung an Kohlenhydrate = Glykoprotein, Bindung an Lipid = Lipoprotein, Bindung an einen Farbstoff = Chromoprotein, Bindung an ein Polynucleotid = Nucleoprotein. Bei ionischer Bindung eines Metallions entsteht ein Metalloprotein. Für diejenigen Proteine, die eine Enzymfunktion haben, gibt es eine einheitliche Benennung, für die Vielzahl anderer Proteine hingegen nicht, so dass bei diesen ein erheblicher Namen-Wirrwarr vorliegt.

Die Aufklärung der **Raumstrukturen** von Makromolekülen ist Voraussetzung für das Verständnis ihrer Funktion. Bei Proteinen ermöglicht eine genaue Kenntnis der räumlichen Struktur ein Protein-Design, d.h. eine gezielte Veränderung (vgl. 8.9) zur Beeinflussung katalytischer oder spezifischer chemischer und physikalischer Eigenschaften (Löslichkeit, Tendenz zur Zusammenlagerung). Die klassische Methode zur Aufklärung der Raumstruktur ist die Röntgenstrukturanalyse. Sie erfordert das Vorliegen von Kristallen. Für kleine Proteine ist auch das Verfahren der mehrdimensionalen Kernresonanz-Spektroskopie (NMR) geeignet, das die Untersuchung von Proteinen in Lösung erlaubt.

2.4 Nucleotide und Nucleinsäuren

Nucleinsäuren sind Makromoleküle und entsprechend deren allgemeinem Bauprinzip aus bestimmten Einheiten (Monomeren) aufgebaut, die Nucleotide genannt werden. Die Nucleinsäuren sind also **Polynucleotide**. Den Namen verdanken die Nucleinsäuren ihrem Vorkommen in allen Zellkernen (nucleus = Kern).

2.4.1 Nucleotide

Ein einzelnes Nucleotid besteht aus drei verschiedenartigen Bausteinen: einer Phosphatgruppe, einem Zucker (Pentose) und einer heterocyclischen, stickstoffhaltigen Ringverbindung, die man wegen ihrer schwach basischen Reaktion kurz als Base bezeichnet.

Zwei verschiedene Ringsysteme treten auf: Pyrimidinringe und Purine, die aus zwei kondensierten Ringen aufgebaut sind. Einen Pyrimidinring besitzen **Cytosin**, **Thymin** und **Uracil**, ein Purinsystem liegt vor bei **Adenin und Guanin** (Abb. 2.19). In geringeren Mengen enthalten alle Zellen in bestimmten Nucleinsäure-Molekülen auch noch andere Basen, die man als modifizierte oder «seltene» Basen bezeichnet. Sie sind zumeist Abkömmlinge der erwähnten Ringsysteme mit zusätzlichen Seitengruppen.

Man unterscheidet zwei Arten von Nucleinsäuren: die **Ribonucleinsäuren** (RNA von engl. *ribonucleic acid*) mit dem Zucker Ribose und die **Desoxyribonucleinsäure** (DNA) mit dem Zucker Desoxyribose. DNA enthält die vier

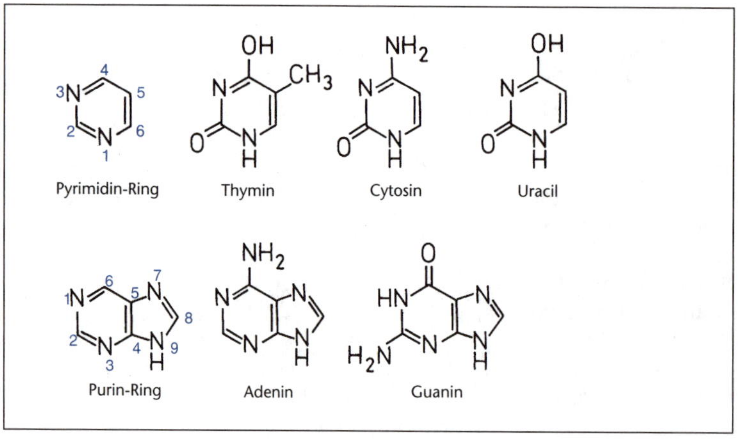

Abb. 2.19: Strukturen der wichtigsten Basen (Pyrimidin- und Purinringe) der Nucleotide.

Basen Adenin, Guanin, Cytosin und Thymin. Ribonucleinsäuren enthalten statt Thymin das Uracil.

Die Verknüpfung der Bausteine zum Nucleotid geschieht immer nach demselben Prinzip: die Base ist über ein N-Atom (N-3 bzw. N-9) glykosidisch mit dem ersten (anomeren) C-Atom des Zuckers verknüpft (N-glykosidische Bindung); das fünfte C-Atom des Zuckers ist in Esterbindung mit der Phosphorsäure verbunden.

Base und Zucker ohne die Phosphorsäure werden als **Nucleosid** bezeichnet (Abb. 2.20).

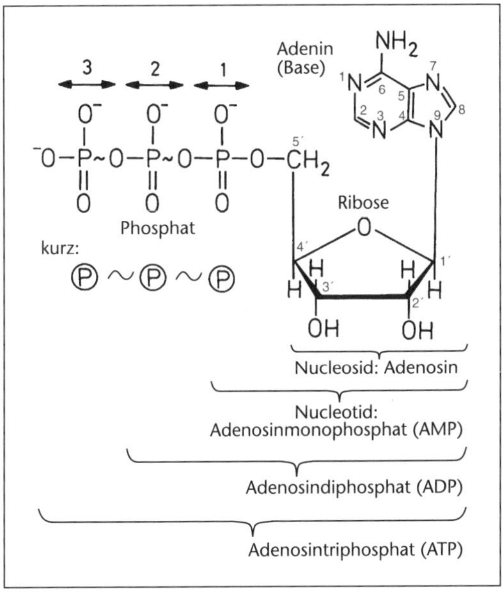

Nucleoside erhalten bei Pyrimidinsystemen die Endung -idin (Cytidin, Uridin), bei Purinen die Endung -osin (Adenosin, Guanosin), wenn als Zucker die Ribose vorliegt. Ist der Zucker hingegen die Desoxyribose, so wird außerdem die Vorsilbe Desoxy- vorgesetzt. Für die Nucleoside (und gelegentlich ungenauerweise auch für die Basen allein) verwendet man als Kurzbezeichnung die Anfangsbuchstaben der jeweils beteiligten Basen (A, C, G, T, U).

Die **Nucleotide** (Abb. 2.20) werden als Phosphate der Nucleoside benannt: z.B. Adenosin-Phosphat. Nun können auch mehrere Phosphatreste aneinander hängen, so dass z.B. Adenosinmono-, di- und -triphosphat zu unterscheiden sind. Die Abkürzungen hierfür sind AMP, ADP, ATP (und entsprechend für andere Nucleotide, z.B. UMP, UDP, UTP). Liegen Desoxyribonucleotide vor, so wird dies durch ein vorgesetztes d angegeben (z.B. dAMP, dATP).

Nucleotide sind nicht nur als Bausteine der Nucleinsäuren wichtig, sondern haben auch andere Funktionen in der Zelle. So spielen die Nucleotide ATP und ADP eine entscheidende Rolle im Energiehaushalt (Abb. 2.21). Bei Energiezufuhr wird ATP aus ADP und anorganischem Phosphat gebildet und kann bei Bedarf unter Freisetzung von Energie leicht wieder zu diesen Bestandteilen abgebaut werden. Das Nicotinamid-adenindinucleotid (NAD) und sein Phosphat (NADP) sind wichtige Partner bei Redoxreaktionen in der Zelle. Auch andere Nucleotide haben Coenzym-Funktion (z.B. Coenzym A).

Abb. 2.20: Nucleosid und Nucleotide am Beispiel von Adenosin. Adenosin ist ein Nucleosid; Adenosinphosphate sind Nucleotide. Die C-Atome des Zuckers werden von 1' bis 5' bezeichnet, die Atome des Purinrings mit Zahlen ohne Strich.

2.4.2 Nucleinsäuren

In den Nucleinsäuren sind die Nucleotide linear in einer Kette angeordnet. Die Phosphatreste

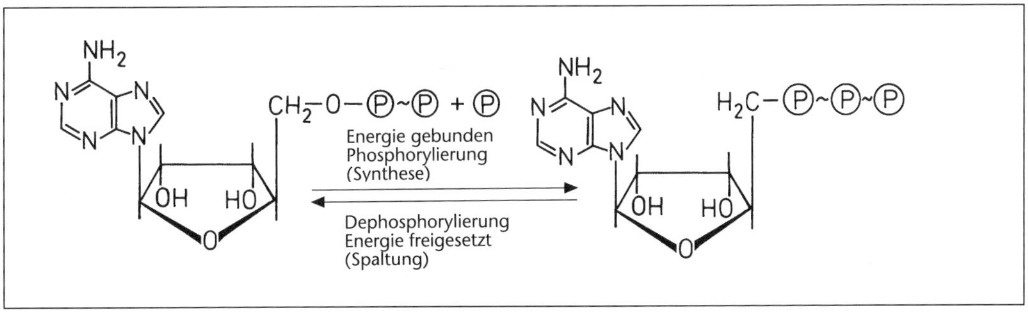

Abb. 2.21: Bildung und Spaltung von Adenosintriphosphat (ATP).

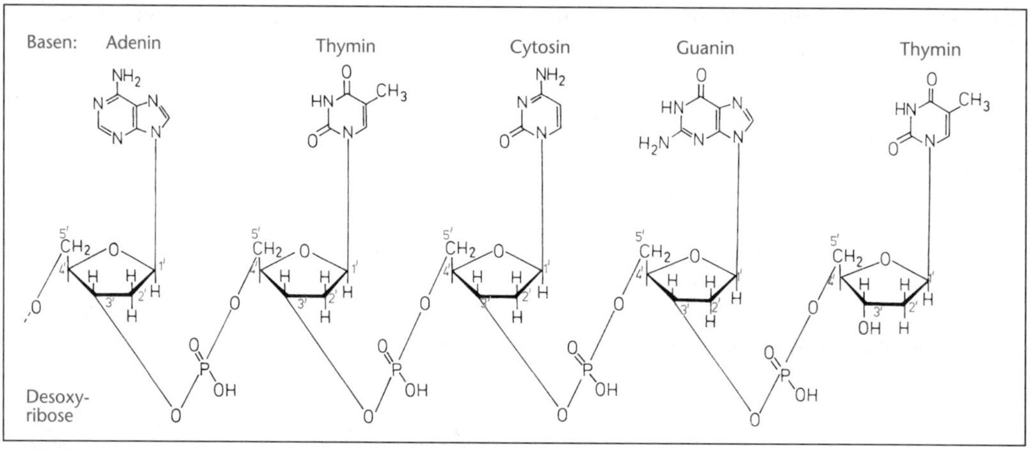

28 · 2 Moleküle der Zelle

Abb. 2.22: Aufbau der Polynucleotidkette der Desoxyribonucleinsäure (DNA). Die Verknüpfung der Baueinheiten (Nucleotide) erfolgt durch eine 3′,5′-Phosphodiester-Bindung.

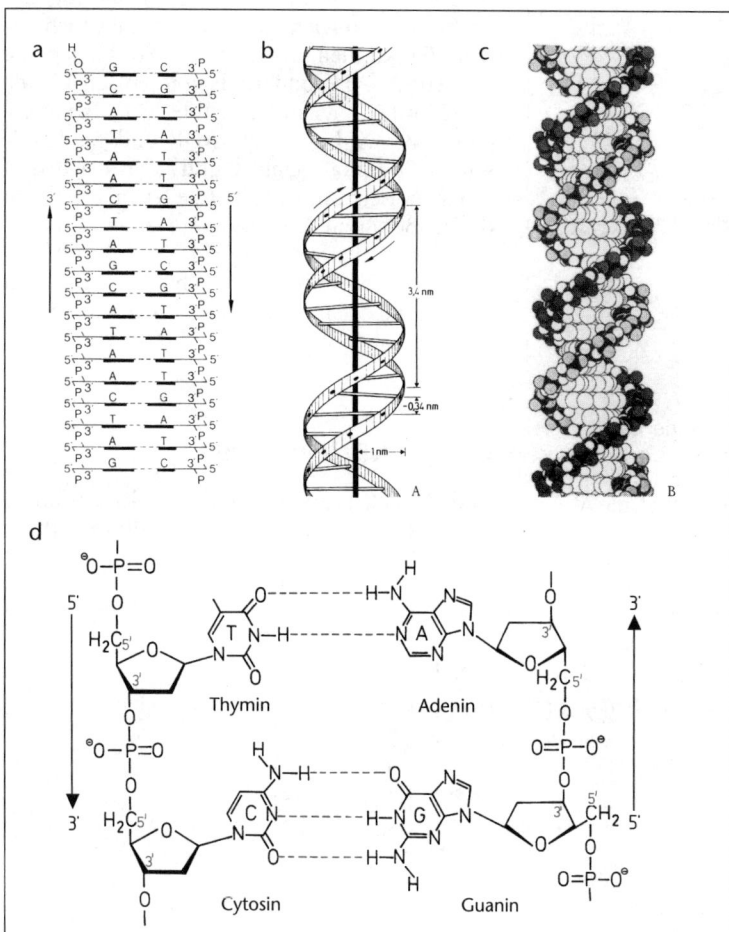

Abb. 2.23: Struktur der DNA: **a:** Nucleotidabfolge. Die beiden komplementären Stränge der DNA verlaufen antiparallel. **b** und **c:** Die Doppelhelix und ihre Dimensionen. Die Ebenen der Purin- und Pyrimidinringe stehen senkrecht zur Achse der Doppelhelix. **d:** Die Basenpaarungen Thymin-Adenin und Cytosin-Guanin. Nucleotidabfolgen (Basensequenzen) werden von 5′ nach 3′ gelesen, da dies der Biosynthese entspricht.

bilden Brücken jeweils vom fünften C-Atom des einen Zuckers (5′-C) zum dritten C-Atom des folgenden (3′-C: die Zucker-C-Atome werden hier mit Strich gekennzeichnet; Zahlen ohne Strich benennen die Atome der Basen). Aufgrund dieses Bauprinzips hat eine Polynucleotidkette stets ein 5′-Ende und ein 3′-Ende; ihre Richtung ist dadurch festgelegt (Abb. 2.22).

Die Makromoleküle der DNA dienen der Speicherung und Weitergabe der genetischen Information; die verschiedenen Arten von RNA-Molekülen (Tab. 2-1) sind bei der Nutzbarmachung dieser Information beteiligt. Da die Zucker- und Phosphatreste der Nucleotidbausteine der DNA durch die ganze Kette hindurch völlig gleich sind, muss die genetische Information an die Basen gebunden sein. Wir dürfen vermuten, dass die Abfolge der Basen (bzw. der Nucleotide) für die Speicherung der Information von Bedeutung ist.

In der **DNA** ist stets die Menge an Adenin gleich der Menge an Thymin und die Menge an Cytosin gleich der Menge an Guanin. Röntgendiagramme der DNA deuten auf eine Schraubenstruktur des Moleküls hin. Durch Kombination dieser Befunde sowie stereochemische Betrachtungen entwickelten WATSON und CRICK 1953 ein Modell der DNA-Struktur (Abb. 2.23).

Tab. 2-1: Ribonucleinsäuren in der Zelle

Gruppe	Molekülmasse (in Dalton)	Anteil an der Gesamt-RNA der Zelle	Zahl der unterschiedlichen Molekülformen in der Zelle	Strukturmerkmale	Funktion
Transfer-RNA (tRNA)	23 000–28 000 (73–93 Nucleotide)	5–20%	ca. 60	Sekundärstruktur: Kleeblatt durch Basenpaarungen Tertiärstruktur bekannt Stets mit modifizierten («seltenen») Basen. Am 3′-Ende des Moleküls stets -CAA	Bindung von Aminosäuren Wechselwirkung mit mRNA
Kleine Kern-RNA (uRNA)	20 000–<70 000	wenige %	ca. 14	stets mit vielen modifizierten Basen, U-reich	Mitwirkung am RNA-processing
Kleine cytoplasmatische RNA (scRNA)	20 000–?	wenige %	?	?	Bestandteil von cytoplasmat. RNPs*) (z. B. SRP)
Ribosomale RNA (rRNA)	kleinmolekulare: 35 000 hochmolekulare: 500 000–>1 Million	80–90%	Bei Eukaryoten 4 bei Prokaryoten 3	zu 60–70% Rückfaltungen mit Doppelhelixstruktur Stets wenige modifizierte Basen	Bestandteile der Ribosomen
Messenger-RNA (Boten-RNA) (mRNA)	ca. 50 000–> mehrere Millionen	wenige %	sehr groß (≙ Zahl der ablesbaren Gene) Vorstufen: hn-RNA im Zellkern, prä-mRNA in Kern und Cytoplasma	keine modifizierten Basen	Informationsüberträger für die Proteinsynthese

*) RNP = Ribonucleoprotein-Partikel (vgl. 3.2.4.1)

Danach besteht die DNA aus zwei langen Polynucleotidsträngen, die über die Basen der Nucleotide strickleiterartig zu einem Doppelstrang verknüpft sind. Das ganze Gebilde ist außerdem in einer rechtsgängigen Schraube gedreht, wobei 10 Nucleotidpaare auf eine Windung kommen. Man spricht von einer **Doppelhelix**-Struktur. Die vier Basen der DNA ordnen sich einander gegenüber immer so an, dass sie räumlich zusammenpassen und zwischen ihnen Wasserstoffbrückenbindungen optimaler Länge und maximaler Zahl ausgebildet werden. Deshalb steht einer Purin-Base stets eine Pyrimidin-Base gegenüber. Guanin paart mit Cytosin unter Ausbildung von drei Wasserstoffbrücken, Adenin mit Thymin unter Bildung von zwei Wasserstoffbrücken (Gesetz der spezifischen Basenpaarung; es erklärt die genannte Regel der Basenzusammensetzung). Die beiden zusammengehörigen Stränge sind daher nicht identisch, sondern komplementär gebaut, so dass durch jede der Basen des einen Stranges die zu ihr gehörende Partnerbase des anderen Stranges festgelegt ist. Die beiden Stränge der Doppelhelix haben entgegengesetzte Polarität: in einer festgelegten Richtung wird ein Strang vom 3'- zum 5'-Ende, der andere umgekehrt von 5' nach 3' durchlaufen (antiparallele Stränge). Die beiden Stränge der Doppelhelix werden durch die Wasserstoffbrücken und durch zusätzliche Wechselwirkungen zwischen den übereinander angeordneten Basen zusammengehalten. Letztere heißen Stapelkräfte (*stacking forces*); bei diesen spielen hydrophobe Wechselwirkungen eine Rolle.

Die Nucleotidsequenz der DNA bildet deren Primärstruktur, die Doppelhelix die Sekundärstruktur. Die Tertiärstruktur ist die räumliche Anordnung der ganzen Doppelhelix; sie ist bei verschiedenen DNA-Molekülen unterschiedlich. In einer Bakterienzelle findet man ringförmige DNA-Moleküle. Bei Eukaryoten ist die DNA-Doppelhelix schraubig um Proteine gewunden (vgl. 3.2.4.5).

In Zellen treten RNA-Moleküle sehr unterschiedlicher Größe auf. Sie sind einsträngig; durch die Ausbildung haarnadelartiger Schleifen werden aber auch Basenpaarungen möglich, welche die Moleküle stabilisieren (vgl. Abb. 8.18). Nach den Molekülgrößen und dem Vorkommen in der Zelle unterscheidet man verschiedene RNA-Fraktionen, die auch unterschiedliche Aufgaben in der Zelle haben (Tab. 2-1, vgl. 8.6).

2.5 Porphyrine

Die Porphyrine sind Farbstoffe, deren Moleküle das Porphyringerüst besitzen. Es ist aus vier Pyrrolringen aufgebaut, die über Methin-(=CH-) Gruppen miteinander verknüpft sind (Abb. 2.24). Porphyrine sind ausgezeichnete Komplexbildner. Bei den **Chlorophyllen** (grüne Blattfarbstoffe) ist Magnesium als Zentralatom eingebaut, bei den Häm-Systemen Eisen. Häm-Systeme sind Bestandteile der Cytochrome. In diesen Chromoproteinen wird das Eisen durch Abgabe eines Elektrons zu Fe^{3+} oxidiert bzw. durch Aufnahme eines Elektrons zu Fe^{2+} reduziert. Cytochrome sind daher Redoxsysteme. Man unterscheidet drei Gruppen von Cytochromen (a, b, c), die durch die Lage der Absorptionsmaxima im reduzierten Zustand leicht erkannt werden können.

Auch offenkettige Systeme aus vier Pyrrolringen treten als Farbstoffe auf; zu diesen Tetrapyrrol-Systemen gehört z. B. das Chromophor des Phytochroms (vgl. 14.4.1.1).

2.6 Aromaten

In höheren Pflanzen spielen aromatische Verbindungen eine wichtige Rolle (Farbstoffe, Gerbstoffe u.a.). Ihre Biosynthese verläuft über die aromatischen Aminosäuren, vor allem das Phenylalanin (vgl. Abb. 2.13). Auch Aromaten können zu Makromolekülen zusammentreten; so entsteht das Lignin, dessen Einlagerung in die pflanzlichen Zellwände die Verholzung verursacht (Abb. 2.25).

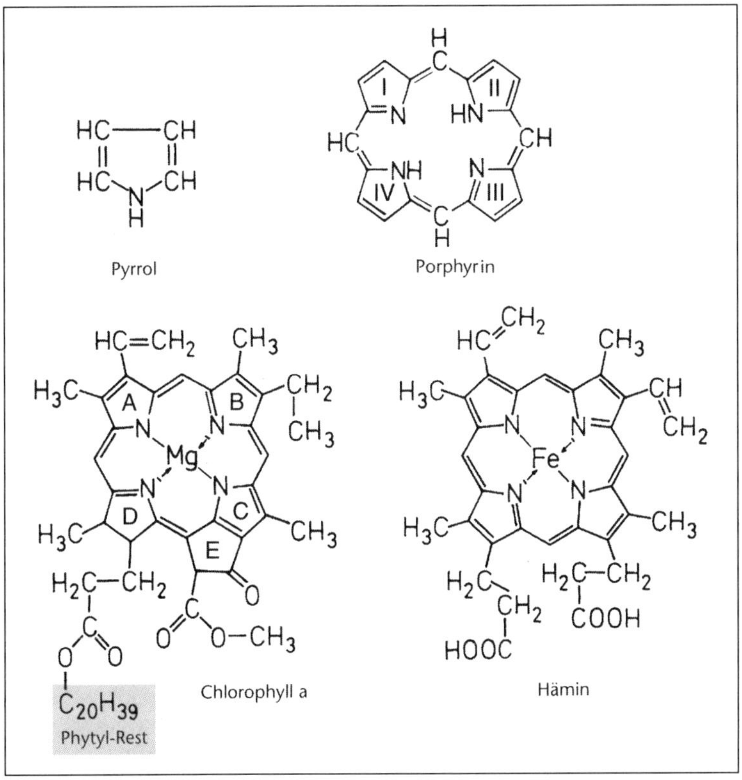

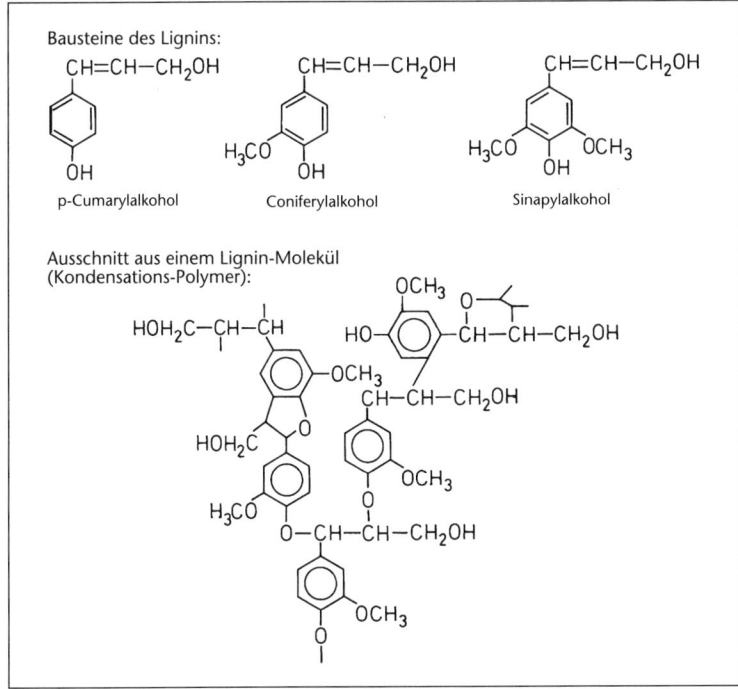

Abb. 2.24: Porphyrine. – Pyrrolringe bilden die Bausteine (I–IV) des Porphyrinringsystems (Grundkörper: Porphyrin). Als Beispiele für Porphyrine: Chlorophyll a (Zentralatom Mg) und Hämin (Zentralatom Fe). Bei den Chlorophyllen werden die Ringe häufig mit A, B, C, D und E bezeichnet.

Abb. 2.25: Bausteine des Lignins und Ausschnitt aus einem Lignin-Molekül (Kondensationspolymer).

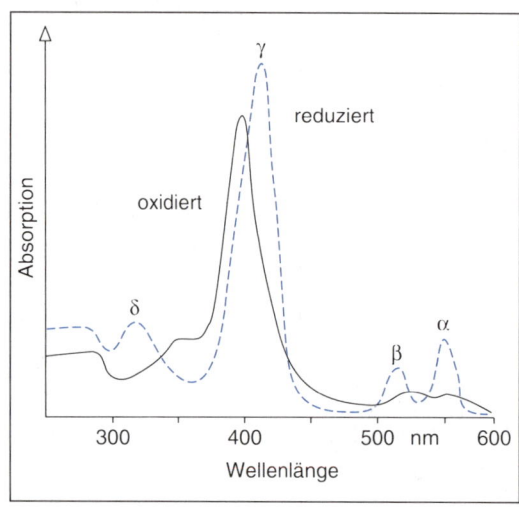

Abb. 2.26: Absorptionsspektren von reduziertem (blaue Kurve) und oxidiertem Cytochrom c. Die einzelnen Absorptionsmaxima sind mit α, β, γ, δ bezeichnet. Die im kurzwelligen sichtbaren Bereich gelegene starke Absorptionsbande γ wird als Soret-Bande bezeichnet.

2.7 Aufgaben der verschiedenen Moleküle im Stoffwechsel

Die biologisch besonders wichtigen Makromoleküle stammen aus mehreren Stoffklassen (Tab. 2-2). Sie sind stets aus relativ wenigen verschiedenen Bausteinen (Monomeren) aufgebaut. Die Vielfalt entsteht durch deren unterschiedliche Abfolge und Anzahl (also Unterschiede in der Molekülgröße). Notwendige makromolekulare Bestandteile der Pflanzenzellen sind:

Tab. 2-2: Makromoleküle der Pflanzen

	Nucleinsäuren (Polynucleotide)	Proteine (Polypeptide)	Polysaccharide	Polyaromaten (Lignin)	Polyterpene (kautschukartige Stoffe)
Baueinheiten (Monomere)	Nucleotide	Aminosäuren	Monosaccharide	einige Aromaten	Isopren-Einheiten
Verknüpfung	Esterbindung: Phosphodiesterbrücken – stets gleichartig –	Peptidbindung – stets gleichartig –	glykosidische Bindung – verschiedene Möglichkeiten –	mehrere Bindungstypen – verschiedene Möglichkeiten –	C–C-Bindung – stets gleichartig –
Primärstruktur	Nucleotidsequenz	Aminosäuresequenz	Zuckersequenz und Verknüpfung	Aromaten sind vernetzt	
Variabilität	groß, aperiodische Sequenz	groß, aperiodische Sequenz	groß, aber oft periodische Sequenz	statistische Vernetzung	keine, da gleichartige Abfolge der Isopren-Einheiten
Beispiele für Sekundärstrukturen	DNA: Doppelhelix tRNA: Kleeblatt	α-Helix β-Faltblatt	Amylose: Schraube Cellulose: kettenförmige Anordnung	räumliches Netzwerk, keine geordnete Sekundärstruktur	?

- 1. Nucleinsäuren: sie sind Informationsspeicher und -überträger
- 2. Proteine: sie verwirklichen die Information im Zellgeschehen als Funktions- und Strukturmoleküle
- 3. Polysaccharide: sie sind als Gerüstsubstanzen (z. B. Cellulose der Zellwand) und als wenig lösliche Reservestoffe (z. B. Stärke) von Bedeutung.

Darüber hinaus treten bei Landpflanzen als zusätzlicher Gerüststoff das Lignin sowie bei einer Reihe von Blütenpflanzen kautschukartige Stoffe (Kautschuk, Guttapercha, Balata) auf. Letztere sind Polyterpene; sie gehören zu den pflanzlichen Sekundärstoffen. Die meisten Sekundärstoffe sind allerdings kleinmolekular; sie haben unterschiedliche Funktionen, sind aber charakteristisch für den Stoffwechsel der Pflanzen. Sie zeigen eine außerordentliche Vielfalt, so dass die Zahl der sekundären Pflanzenstoffe die Anzahl der unterschiedlichen Moleküle des Grundstoffwechsels (Primärstoffwechsels) erheblich übersteigt. Auch diese sind kleine Moleküle; zwischen ihnen erfolgen die Vorgänge des Primärstoffwechsels, die in allen Zellen weitgehend gleich sind. Dagegen ist der Sekundärstoffwechsel auch artabhängig. Unter den kleinen Molekülen gibt es schließlich auch Informationsüberträger, die als Botenstoffe wirksam sind und rasch über größere Strecken in der Pflanze transportiert werden (z. B. die Phytohormone).

In allen Zellen kommen Ionen vor. Sie sind osmotisch wirksam (unspezifische Funktion); daneben sind jeweils bestimmte Ionen von Bedeutung für den Aufbau und die Erhaltung des Membranpotentials und die Reizleitung, als Bestandteile von Enzymen (gebunden ans Protein) und als intrazelluläre Signalstoffe (v.a. Ca^{2+}).

3 Cytologie

3.1 Die Zelle als Grundbaustein der Lebewesen

Der Begriff «Zelle» stammt von Robert HOOKE. In seinem 1665 erschienenen Buch «Micrographia» stellte er fest, dass Flaschenkork aus kleinen Kämmerchen aufgebaut ist, die er als «boxes» oder «cells» bezeichnete (Abb. 3.1).

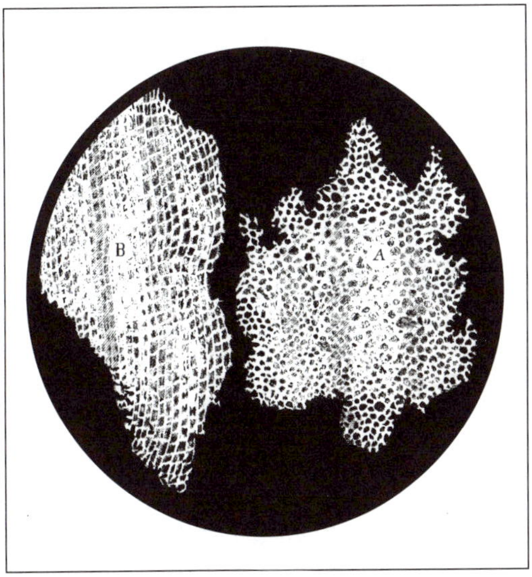

Abb. 3.1: Zeichnung der Korkzellen von ROBERT HOOKE in seinem Buch Micrographia.

Flaschenkork ist totes pflanzliches Material, und was HOOKE gesehen hatte, waren nur die Zellwände und nicht der lebende Zellinhalt, den man heute als Protoplast bezeichnet. Dieser wurde erst im 19. Jahrhundert entdeckt (HUGO VON MOHL). Aus etwa derselben Zeit stammt die Erkenntnis, dass Pflanzen und Tiere in gleicher Weise stets aus Zellen aufgebaut sind (SCHLEIDEN 1838, SCHWANN 1839). Die so begründete Zelltheorie und die 20 Jahre jüngere Evolutionstheorie sind die beiden grundlegenden vereinheitlichenden Theorien, die wir der Biologie des 19. Jahrhunderts verdanken. Pflanzliche Zellen besitzen im Gegensatz zu tierischen Zellen eine Zellwand.*

Bei der folgenden Beschreibung der Zellbestandteile wird jeweils auch auf deren Funktionen hingewiesen, um zu zeigen, wie sich Struktur und Funktion gegenseitig bedingen.

3.1.1 Gestalt der Zellen

Die Gestalt der Zellen ist sehr unterschiedlich und bei Pflanzenzellen durch die Zellwand festgelegt. Entfernt man die Wände vorsichtig mit Hilfe abbauender Enzyme, so erhält man nackte, wandlose **Protoplasten**. Sie nehmen Kugelgestalt, also die kleinste Oberfläche an (Abb. 3.7). Im Gewebeverband liegen in der Regel polyedrische Zellen vor. Sie sind entweder weitgehend isodiametrisch und werden dann parenchymatische Zellen genannt, weil sie für die Grundgewebe oder Parenchyme charakteristisch sind; oder aber sie sind einseitig langgestreckt und heißen dann prosenchymatische Zellen (Abb. 3.2 und 3.3). Auch einzellige Algen und Pilze besitzen eine definierte Zellgestalt, die entweder durch eine Zellwand oder durch andere formgebende Bildungen entsteht. Wandartige Strukturen, die ein größeres Volumen aufweisen als dem Raumbedarf der Zelle entspricht, bezeichnet man als Gehäuse (z. B. bei *Trachelomonas*); bestehen die Bildungen aus mehreren Platten, so nennt man sie Placoderm (z. B. *Ceratium* und andere Dinoflagellaten) und sofern Mineralisierung stattfindet, auch Panzer (z. B. Kieselalgen = Diatomeen besitzen einen aus zwei Schalen bestehenden Kieselpanzer; vgl. Abb. 3.4); Coccolithophoriden – z. B. *Emiliana huxleyi*, einer der häufigsten Meeresplanktonorganismen – einen Panzer aus Kalkplättchen).

---

* Bei Pflanzen wird der Begriff «Zelle» aufgrund der historischen Entwicklung bis heute in doppelter Weise verwendet: als Bezeichnung für die durch die Zellwände definierten «cells» und als Bezeichnung für den lebenden Protoplasten.

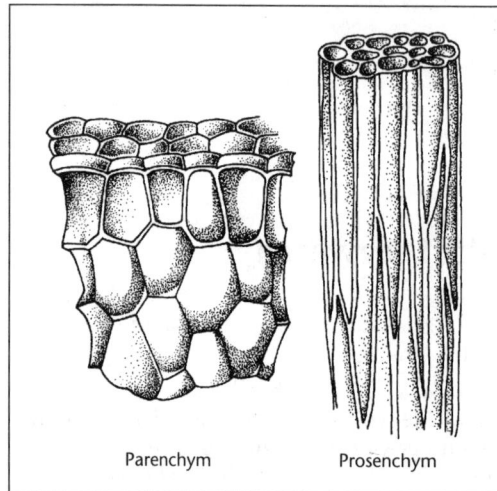

Abb. 3.2: Parenchymatische und prosenchymatische Zellen (aus ULLRICH-ARNOLD).

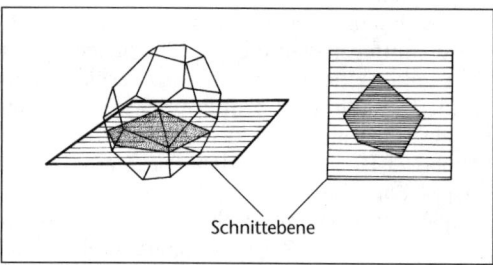

Abb. 3.3: Modell einer isodiametrischen Pflanzenzelle und ein Schnitt, der die Zellgestalt in der Schnittebene zeigt.

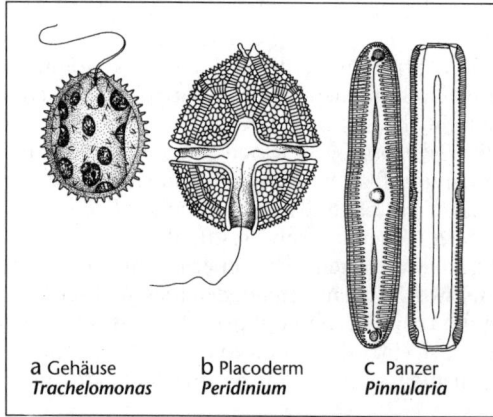

Abb. 3.4: a: Gehäuse (*Trachelomonas*; Euglenophyta); **b:** Placoderm (*Peridinium*; Dinophyta) und **c:** Panzer (*Pinnularia*; Diatomee) (a nach ENGLER, b nach ULLRICH-ARNOLD, c aus STRASBURGER).

Weiterhin können formgebende Proteine ins randliche Zellplasma eingelagert sein: Pellicula (z. B. bei *Euglena*).

3.1.2 Größe der Zellen

Die Größe der Zellen ist sehr verschieden. Die kleinsten Zellen findet man bei Bakterien mit knapp unter 0,2 µm Durchmesser (vgl. 3.3). Zellen höherer Pflanzen haben meist Durchmesser von 5 bis 100 µm; große Speicherzellen (z. B. in der Kartoffelknolle) erreichen bis 200 µm (= 0,2 mm!). Prosenchymatische Zellen können über 1000 µm (= 1 mm) lang werden, wogegen der Querdurchmesser im üblichen Bereich (< 100 µm) bleibt. Noch längere «Zellen» kommen bei Fasern und Milchröhren vor (z. B. Fasern der Brennnessel *Urtica dioica* bis 75 mm; Milchröhren einiger Euphorbiaceen bis mehrere m); jedoch handelt es sich hierbei um Polyenergiden (vgl. 3.1.7; zu *Acetabularia* vgl. 4.3.1).

3.1.3 Protocyte und Eucyte

Es gibt zwei Grundtypen von Zellen, die am einfachsten daran zu unterscheiden sind, ob sie einen Zellkern enthalten oder nicht. Zellen ohne Kern besitzen nur die Eubakterien (einschließlich der Cyanobakterien = Blaualgen) und die Archaea; sie werden daher als **Prokaryota** bezeichnet (vgl. 1.2) und ihr Zelltyp als Protocyte. Alle anderen Organismen sind **Eukaryota**; ihre Zellen besitzen einen Zellkern (Karyon) und der Zelltyp heißt Eucyte. Die kleinsten Eucyten der einzelligen Algen *Micromonas*, *Nanochlorum* und *Ostreococcus* haben mit 1–2 µm eine ähnliche Größe wie Bakterien; die größten Prokaryotenzellen (Bakterien *Epulopiscium* und *Thiomargarita*) mit 0,5 mm Durchmesser sind mit bloßem Auge sichtbar.

3.1.4 Genetische Information und epigenetisches System

VIRCHOW stellte 1855 fest, dass Zellen immer nur aus anderen Zellen durch Teilung hervorgehen («*Omnis cellula e cellula*»). Neue Vielzeller entstehen in der Regel aus einer Zelle (bei der geschlechtlichen Fortpflanzung von Pflanzen und Tieren aus der befruchteten Eizelle, der Zygote). Die Entstehung neuer Individuen einer Art aus einer Zelle ist nur möglich, wenn diese Zelle die gesamte Erbinformation für die Ausbildung und Funktion des Individuums enthält. Diese genetische Information ist bei den Eukaryota überwiegend im Zellkern enthalten. Sie ist bei allen Lebewesen in den Molekülen der Desoxyribonucleinsäure, DNA, lokalisiert. Diese enthalten die Information zur Synthese der Proteine, für das zeitliche Programm dieser Synthese und für die räumliche Gestalt.

Ohne eine zelluläre Organisation enthalten die **Viren** genetische Information (in Form von DNA oder von Ribonucleinsäure, RNA). Viren können diese Information aber nur in einer Zelle mit deren Hilfe realisieren und sind daher stets Parasiten. Da sie selbst keine Zellen bilden, sind sie keine Lebewesen.

Gestalt und Funktion der verschiedenen Zellen eines Vielzellers sind das Ergebnis eines Entwicklungsvorgangs. Bei diesem spielen auch Wechselwirkungen zwischen benachbarten Zellen (innere Umweltbedingungen der Zellen) und die äußeren Umweltbedingungen eine Rolle. Die Komplexität des sich entwickelnden Organismus nimmt zu; die Umweltfaktoren üben ihren Einfluss im Rahmen der durch die Gene vorgegebenen Möglichkeiten (der Reaktionsnorm) aus, von denen bestimmte verwirklicht werden. Dieses beeinflussbare Entwicklungsprogramm nennt man das **epigenetische System**.

3.1.5 Grundeigenschaften von Zellen

Wie erwähnt, ist in allen Zellen die genetische Information für deren Struktur und Funktion als DNA enthalten.

Sie liegt im Zellkern oder bildet – bei den Prokaryoten – das Kernäquivalent. Jede Zelle besitzt einen Stoffwechsel, der vorwiegend durch Reaktionen organischer Moleküle zustande kommt. Da diese bei Zimmertemperatur nur sehr langsam reagieren können, sind zur Geschwindigkeitserhöhung Katalysatoren erforderlich: die Enzymproteine. Sie bestimmen den Stoffwechsel und somit die Funktion der Zellen. Die Biosynthese der Proteine erfolgt in zwei Schritten: zunächst wird die Information von der DNA auf RNA «umgeschrieben» (**Transkription**); dann erfolgt die Ablesung der Information von der RNA, wobei eine Polypeptidkette gebildet wird (**Translation**) (vgl. 8.6). Die Polypeptidketten bauen die Proteine auf (vgl. 2.3.2).

Jeder Protoplast ist nach außen durch eine Membran (**Zellmembran**) begrenzt. Durch diese Membran wird auch der Stoffaustausch zwischen Zelle und Umgebung kontrolliert. Außerdem muss jede Zelle Information aus ihrer Umgebung aufnehmen können. Die Information kann in Form physikalischer Signale (Licht, Wärme) oder chemischer Stoffe (Moleküle) vorliegen. Zur Aufnahme der Information müssen in der Zelle oder an ihrer Oberfläche (also in der Zellmembran) Rezeptoren vorhanden sein, die auf das jeweilige Signal ansprechen. Das Signal muss dann in der Zelle weitergegeben und verarbeitet werden. Dies geschieht zumeist über mehrere Schritte, woran spezifische Proteine beteiligt sind (Signaltransduktion; vgl. 14.2.4). Da gleichzeitig viele Signale aus der Umwelt eintreffen, müssen diese «verrechnet» werden; die Signalketten sind vernetzt. An Signalketten sind häufig Proteine beteiligt, die GTP binden und spalten (G-Proteine). Die GTP-Spaltung dient hier (anders als die ATP-Spaltung) nicht dem Energiegewinn, sondern versetzt einen «Schalter» der Signalkette wieder in den Ausgangszustand.

3.1.6 Charakterisierung der Pflanzenzelle

Schon bei lichtmikroskopischer Beobachtung von Pflanzenzellen erkennt man häufig den Zellkern. Strukturen wie der Kern, die ganz bestimmte Funktionen haben, bezeichnet man als **Zellorganellen**. Sie sind teils lichtoptisch zu erkennen, teils aber nur mit dem sehr viel stärker auflösenden Elektronenmikroskop (vgl. 3.2) nachzuweisen (Abb. 3.5 und 3.6). Für Pflanzenzellen (mit Ausnahme der Pilze i. w. S.) charakteristisch sind die **Plastiden**; sie sind häufig grün (Chloroplasten) und dann die Organellen der Photosynthese. (Eine typische Pflanzenzelle besitzt ferner eine Zellwand; vgl. 3.1.1.) Im Inneren erkennt man vielfach große, flüssigkeitserfüllte Räume. Es sind die **Vakuolen**, die in Ein- oder Mehrzahl vorliegen können. Alle Vakuolen einer Zelle zusammen werden auch als das Vakuom bezeichnet. Sie nehmen bei ausgewachsenen Zellen einen großen Teil des von der Wand begrenzten Zell-Lumens ein; daher liegt der Protoplast weitgehend den Wänden an. Dieser Bau der Pflanzenzelle ist für deren Wasserhaushalt und Stabilität von entscheidender Bedeutung (vgl. 3.5).

Lichtmikroskopisch sind nach geeigneter Färbung auch die **Mitochondrien** zu erkennen. Neben diesen «großen» Organellen gibt es die nur elektronenmikroskopisch eindeutig identifizierbaren «kleinen» Organellen (vgl. 3.2.4.4). Alle Organellen sind in das **Grundplasma** (Cytosol)

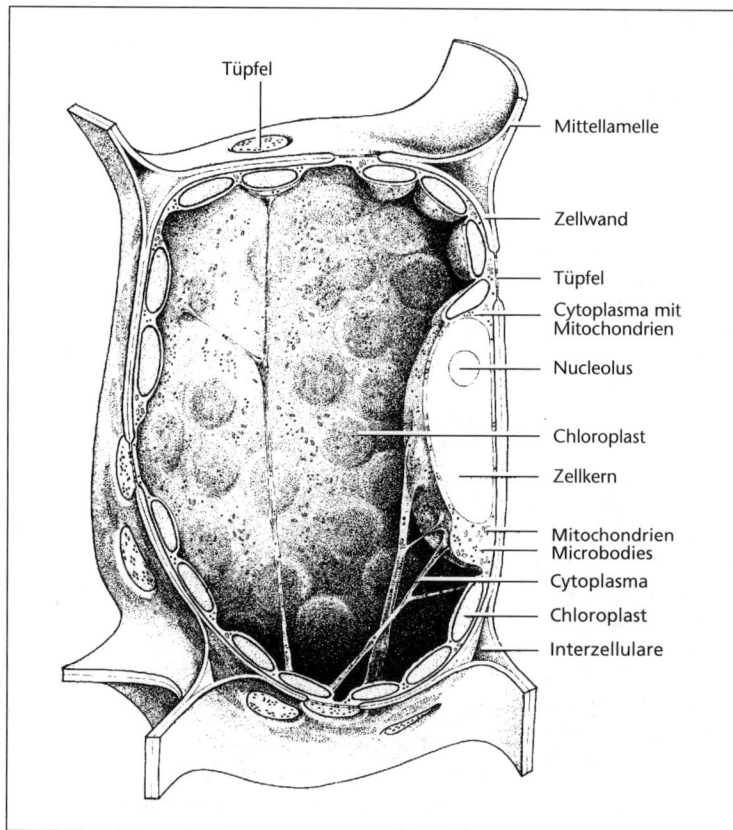

Abb. 3.5: Pflanzenzelle, räumliches Schema der lichtoptisch erkennbaren Strukturen (nach Braune-Leman-Taubert).

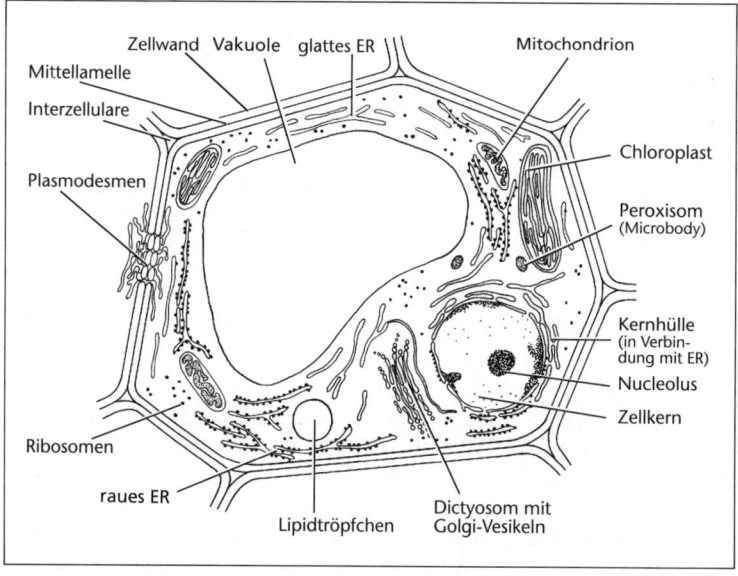

Abb. 3.6: Pflanzenzelle, schematisches Bild der elektronenmikroskopisch erkennbaren Strukturen (nach Loveless, verändert).

eingebettet. Dieses ist auch elektronenmikroskopisch leer (hyalin). Die meisten Organellen sind von einer Membran umgrenzte Reaktionsräume oder Kompartimente, in denen bestimmte Stoffwechselvorgänge ablaufen. Eine ausgeprägte **Kompartimentierung** ist eine Grundeigenschaft der Eucyte. Jedes Organell besitzt eine Hauptfunktion. Infolge der starken Kompartimentierung ist in der Zelle ein genau regulierter Proteintransport erforderlich, so dass jedes Kompartiment die richtigen Proteine – und nur diese – erhält (vgl. 8.6.8).

3.1.7 Polyenergide, Plasmodium, Symplast

Normalerweise besitzt jede Zelle einen Zellkern. Gelegentlich findet man aber auch Zellen mit mehreren oder vielen Kernen (z. B. Fasern, Milchröhren); man bezeichnet sie als Polyenergiden (oder Coenoblasten). Eine Plasmamasse mit vielen Kernen, die nicht von einer Zellwand umgeben ist, nennt man Plasmodium (z. B. bei Schleimpilzen; ebenso die Pollen-ernährende Plasmamasse im Pollensack = Tapetum).

Wenn bei den Pflanzen die Zellen durch Zellwände voneinander isoliert werden, bleiben fast stets dünne plasmatische Verbindungen zwischen benachbarten Zellen bestehen. Die Poren in der Wand zusammen mit der protoplasmatischen Verbindung benachbarter Zellen nennt man **Plasmodesmen** (Sing.: Plasmodesma oder Plasmodesmos). Durch sie sind vielfach alle Zellen eines ganzen Organs verbunden und bilden einen Symplast. Der Raum außerhalb der Protoplasten, also die Zellwand und Ausscheidungsprodukte der Protoplasten, wird als apoplastischer Raum (Apoplast) bezeichnet.

3.2 Bau der Pflanzenzelle

3.2.1 Methoden der Cytologie

3.2.1.1 Mikroskopie und Elektronenmikroskopie

Die Untersuchung der Zelle war lange Zeit auf die **Lichtmikroskopie** angewiesen. Durch geeignete Färbeverfahren, die für bestimmte Stoffe oder auch Organellen spezifisch sind, ließen sich Einzelheiten erkennen. Bei kontrastarmen, durchsichtigen Strukturen ist es möglich, das unterschiedliche Brechungsvermögen einzelner Objektteile als verschiedene Helligkeit sichtbar zu machen (Phasenkontrast-Verfahren).

Der Lichtmikroskopie neue Impulse gegeben hat das Verfahren der **konfokalen Mikroskopie**. Dabei wird ein Laserstrahl punktförmig auf das Objekt gerichtet und auf eine Ebene scharf gestellt. In den darüber und darunter gelegenen Objektbereichen entsteht kaum Streulicht, so dass sich Kontrast und Auflösungsvermögen erhöhen. Da jeweils nur ein kleiner Teil des Objektes abgebildet wird, muss dieses abgetastet und im Computer zum Rasterbild zusammengesetzt werden. Durch Scharfstellung auf verschiedene Ebenen lässt sich insgesamt ein dreidimensionales Bild gewinnen, das mit dem Computer beliebig gedreht werden kann.

Das Auflösungsvermögen des Lichtmikroskops ist durch die Wellenlänge des sichtbaren Lichts begrenzt. Um feinere Einzelheiten zu erkennen, muss Strahlung kürzerer Wellenlänge verwendet werden. Dies kann man mit Elektronenstrahlen erreichen; auf diesem Prinzip beruht das **Elektronenmikroskop** (EM). Die Wellenlänge des Elektronenstrahls ist um so kürzer, je höher die Geschwindigkeit der Elektronen ist; allerdings wird gleichzeitig die Gefahr einer Schädigung des mikroskopischen Präparats immer größer, da der Elektronenstrahl energiereicher wird. Aus diesem Grunde kann man in der Regel die Gestalt einzelner Makromoleküle nicht sichtbar machen. Das Elektronenmikroskop arbeitet im Hochvakuum, da die Moleküle der Luftbestandteile die Elektronen abbremsen würden. Daher kann man nur fixierte und entwässerte Objekte in Ultradünnschichten untersuchen. Das Elektronenmikroskop erlaubt eine bis zu mehr als 1000-fach bessere Auflösung als das Lichtmikroskop. Durch Tiefgefrieren von Zellen, Aufbrechen und Metallbedampfung der Bruchfläche kann man auf Fixierung verzichten und auch flächige Strukturen mit etwas unregelmäßiger Oberfläche insgesamt sichtbar machen.

Nach einem anderen Prinzip arbeitet die **Raster-Elektronenmikroskopie** (REM oder SEM). Die Oberfläche des Objekts wird zunächst metallbedampft. Aus der dünnen Metallschicht werden bei Bestrahlung Sekundärelektronen herausgeschlagen. Misst man den Sekundärstrom an jeder Stelle, so erhält man durch geeignete Verfahren ein Bild großer Tiefenschärfe und kann daher die Strukturen dreidimensional erkennen. Man lässt den Elektronenstrahl (wie bei der Fernsehröhre) in Zeilen über das Objekt wandern und setzt aus den punktweise gewonnenen Einzelbildern das Gesamtbild in Form eines Rasters zusammen. Dieses Verfahren ermöglicht nur die Darstellung von Oberflächen, liefert aber von diesen ein plastisches Bild. Das **Rasterkraftmikroskop** arbeitet mit einer feinen Sonde, welche die Objektoberfläche abtastet, die Kräfte zwischen den Atomen des Objektes und der Sondenspitze misst und daraus im Rechner ein Oberflächenbild ermittelt. Auf diesem Wege können sehr kleine Objekte und sogar an deren Oberfläche ablaufende Vorgänge bis in den molekularen Bereich abgebildet werden.

3.2.1.2 Isolierung von Organellen und Makromolekülen

Zum Verständnis des Baus der Zelle haben aber auch andere zellbiologische Methoden beigetragen, so vor allem die Isolierung und nachfolgende Untersuchung einzelner Organellen und Makromoleküle. Zur Trennung von Organellen werden zunächst Gewebestücke in einem Homogenisator zerrissen und zu einem homogenen Brei verrieben. Der Zellinhalt wird dabei freigesetzt. Nun trennt man die Bestandteile durch **Zentrifugation**. In der Zentrifuge wird die Erdbeschleunigung durch die Zentrifugalbeschleunigung ersetzt. Bei rascher Umdrehung des Zentrifugenröhrchens kann die Zentrifugalkraft ein Vieltausendfaches, bei der Ultrazentrifuge ein Vielhunderttausendfaches der Erdbeschleunigung (bis ca. 500 000 g) betragen. Große und schwere Teilchen setzen sich schon bei niedriger, kleine und leichte Teilchen erst bei hoher Drehzahl ab. In mehreren Zentrifugenläufen mit steigender Umdrehungszahl und längeren Laufzeiten (fraktionierte oder Differenzial-Zentrifugation) lassen sich nacheinander z. B. Zellkerne, Chloroplasten, Mitochondrien und andere Organellen isolieren. Sie können dann getrennt voneinander auf Bau und Funktion untersucht werden.

Zur Verbesserung der Trennwirkung führt man **Dichtegradienten-Zentrifugationen** durch. Man schichtet dazu in Zentrifugenröhrchen Saccharoselösungen abnehmender Konzentrationen aufeinander. Durch Diffusion entsteht in der Flüssigkeitssäule ein Dichtegradient, d. h. die Dichte nimmt vom Boden des Röhrchens zur Oberfläche hin kontinuierlich ab. Tropft man auf die Flüssigkeitsoberfläche ein Gemisch von Zellbestandteilen, so werden bei geeigneter Zentrifugiergeschwindigkeit innerhalb von wenigen Stunden die Teilchen sehr viel besser und vollständiger getrennt als ohne den Dichtegradienten.

Zur Charakterisierung von Makromolekülen und sehr kleinen Organellen dient die **Sedimentationskonstante**, der Quotient aus Sedimentationsgeschwindigkeit und Zentrifugalbeschleunigung. Sie wird gemessen in SVEDBERG-Einheiten (S) und ist abhängig von der Teilchenmasse sowie der Gestalt und der Dichte der Teilchen. Die Messung erfolgt in der Ultrazentrifuge, indem man die Wanderungsgeschwindigkeit der Teilchen im Dichtegradienten in einer Quarzküvette beobachtet. Für ein kugelförmiges Protein mit der Molekülmasse 17 500 ergäbe sich eine Konstante von 10^{-13} sec = 1 S. Für die meisten Proteine liegen die Werte zwischen 1 und 100 S, für kleinere Viren erhält man 50–200 S.

3.2.1.3 Zellfreies System und Zellkultur

Unter bestimmten Voraussetzungen können isolierte Zellorganellen ihre Funktion sogar außerhalb der Zelle, im «zellfreien System», ausüben. Nur bei solchen «*in vitro*» Untersuchungen im zellfreien System liegen genau bekannte Bedingungen vor. Sie sind daher von sehr großer Bedeutung. Für manche Experimente braucht man einheitliche Zellpopulationen. Diese gewinnt man häufig aus **Zellkulturen**. Dazu lässt man Zellen (oder Protoplasten) sich in einem geeigneten Nährmedium teilen. Es entsteht zunächst ein Zellhaufen oder **Kallus**. Hält man Kalluskulturen in einer Nährlösung in dauernder Bewegung, so lösen sich Zellen ab, und es entstehen Kulturen von Einzelzellen und kleinen Zellaggregaten. Aus solchen Kulturen erhält man eine große Menge gleichartiger Zellen; daher werden sie in der Forschung vielfach eingesetzt.

3.2.1.4 Wachstum einer Zellkultur

Die Vermehrung der Zellen in der Reinkultur (axenische Kultur, d. h. ohne Gegenwart von Fremdorganismen) erfolgt in gleicher Weise wie eine Vermehrung von Einzellern. Nach einer kurzen Anlaufphase setzen die Zellteilungen ein, und es wird eine konstante Teilungsrate erreicht, so dass eine exponentielle Zunahme der Zellzahl stattfindet. Diese ist zu beschreiben durch die exponentielle Wachstumsgleichung:

$$N_t = N_0 \cdot e^{rt}$$

(N_0 = Anfangszahl der Zellen, N_t = Zahl der Zellen zur Zeit t, r = Wachstumsrate)

oder:

$$\frac{dN}{dt} = rN; \quad r = \frac{\ln N - \ln N_0}{t}$$

Bei logarithmischer Darstellung erhält man im Graph eine Gerade (Abb. 3.7), man spricht da-

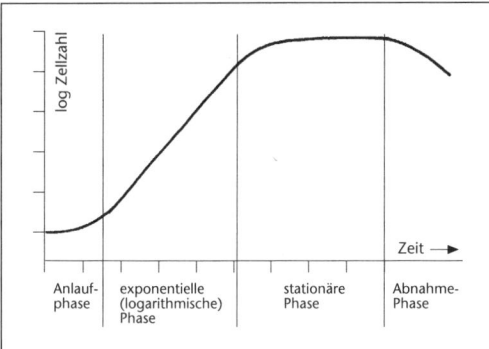

Abb. 3.7: Wachstumskurve einer Bakterien- oder Zellkultur, schematisiert.

her von logarithmischer Wachstumsphase (log-Phase). Nimmt die Nährstoffmenge in der Kultur ab und häufen sich Stoffwechsel-Endprodukte an, so nimmt die Wachstumsrate ab, und schließlich vermehrt sich die Zellzahl nicht mehr (stationäre Phase). Dem kann man in der Wachstumsgleichung durch einen Korrekturfaktor Rechnung tragen:

$$\frac{dN}{dt} = rN - \frac{rN^2}{K}$$

nicht realisierte Zunahme

K ist dabei die Kapazität des verfügbaren Raumes. Diese «logistische Gleichung» erfasst nicht, dass im Lauf längerer Zeiten die Zellzahl sogar abnehmen kann (Absterbephase).

Für die meisten Untersuchungen werden Zell- oder Einzellerkulturen in der log-Phase gehalten. Es gibt jedoch Fälle, für die andere Stadien vorteilhafter sind; z. B. erfolgt die Bildung von Sekundärstoffen oft vor allem ab dem Übergang zur stationären Phase. Dies muss man bei einer biotechnischen Nutzung berücksichtigen. Zumeist ist dann eine diskontinuierliche Kultur erforderlich. Weitere biotechnische Anwendungen nutzen Zellen, die in einer Polymer-Matrix immobilisiert wurden oder permeabilisierte Zellen (bei denen die Zellmembran mit einem Detergens durchlässig gemacht wurde). Bei «Zellmodellen» handelt es sich um Reste von Zellen, die noch für längere Zeit nutzbare Enzymaktivitäten aufweisen. In vielen Fällen ist es günstig, wenn alle Zellen das gleiche Alter haben. Unter besonderen Kulturbedingungen können die Zellen sich weitgehend gleichzeitig teilen; man erhält eine Synchronkultur.

Wie für eine Population von Zellen in einer Kultur gilt das logistische Wachstumsgesetz (im Idealfall) für die Population einer Art im Ökosystem, wobei der Wert K durch dessen Bedingungen festgelegt ist.

3.2.2 Übersicht über den Bau der Pflanzenzelle

Außerhalb des Protoplasten befinden sich die **Zellwände** (Apoplast), die man zusammen mit Speicherstoffen und Ausscheidungsprodukten als «ergastische Gebilde» bezeichnet. Die nach enzymatischem Abbau der Wände erhaltenen freien **Protoplasten** (vgl. 3.1.1) sind für physiologische Untersuchungen heute von großer Bedeutung. Sie beginnen alsbald, sich wieder mit einer Wand zu umgeben. Aus einzelnen Protoplasten lassen sich Kalluskulturen heranziehen und ganze Pflanzen erhalten. Protoplasten kann man auch fusionieren (z. B. mit Polyethylenglykol). Auf diesem Weg können Mischzellen aus verschiedenen Organismen hergestellt werden (Zellhybride oder Cybride).

Im Protoplasten ist als häufig größtes Organell der **Zellkern** zu erkennen. Er ist von einer Kernhülle umgeben, durch deren Poren der Kernraum mit dem Grundplasma in Verbindung steht. Der Zellkern ist das Steuerungsorganell der Zelle mit der Hauptmenge der Gene, die in den Chromosomen lokalisiert sind. Er enthält bei Pflanzen 85–95% der DNA einer Zelle; nach Kernverlust sind daher Zellen nicht auf Dauer lebensfähig.

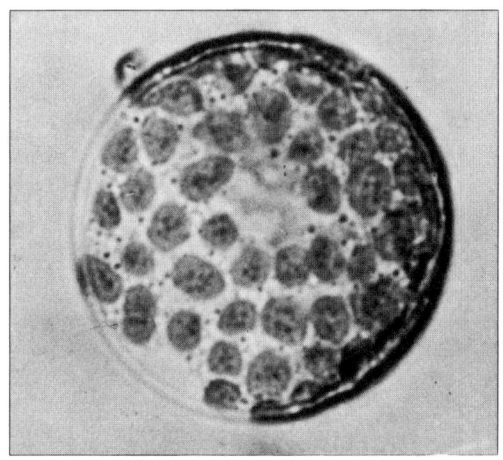

Abb. 3.8: Pflanzlicher Protoplast, erhalten durch enzymatischen Abbau der Zellwand. In der Zelle sind die Chloroplasten und darin die Grana als dunkle Punkte zu erkennen. Der in der Mitte gelegene Zellkern ist nur undeutlich zu sehen. (Foto F. Hoffmann)

Plastiden und **Mitochondrien** sind von einer doppelten Membran umgeben, die man als Hülle (*envelope*) bezeichnet. Die innere Membran ist sehr dicht, nur die äußere besitzt kleine Poren. Diese Organellen umfassen also stets zwei verschiedene Kompartimente: Das Organell-Innere und den Raum zwischen den beiden Membranen der Hülle. Plastiden und Mitochondrien entstehen stets durch Teilung aus gleichartigen Organellen (sind also «sui generis») und besitzen eigene DNA. Die Plastiden sind vor allem die Organellen der Photosynthese; in den Mitochondrien laufen Abbauvorgänge ab, durch die Energie freigesetzt und als ATP dem Zellgeschehen nutzbar gemacht wird («Kraftwerke der Zelle»).

Die äußere **Zellmembran**, die den Protoplasten (gegen die Zellwand hin) begrenzt, wird als **Plasmalemma** bezeichnet. Auch Fortsätze von Zellen, wie z. B. Geißeln oder Cilien (Wimpern), sind von Plasmalemma umschlossen. Die Membran, welche die Vakuole(n) begrenzt, nennt man **Tonoplast**.

Unter den nur elektronenoptisch erkennbaren Strukturen findet man membranumschlossene Gebilde, Partikel ohne Membran und fädige Cytoskelett-Elemente. Die nicht membranumschlossenen Partikel sind relativ kleine Gebilde, die durch Zusammenbau aus gleich- oder verschiedenartigen Bausteinen entstehen. Dazu muss in den meisten Fällen Energie aufgewendet werden, obwohl das Aggregat ein energieärmerer Zustand ist als die Summe der freien Bausteine in der Zelle. Außerdem erfordert der Zusammenbau durch «selfassembly» ganz bestimmte Bedingungen in der Zelle (z. B. einen bestimmen pH-Wert). So kommt es zu einer Rückwirkung der physiologischen Verhältnisse in der Zelle auf die in ihr ablaufenden Aufbau-Vorgänge. Selfassembly-Systeme der Zelle sind die Ribosomen, die aus einer größeren Zahl verschiedenartiger Bausteine (Ribonucleinsäuren und zahlreiche Proteine) entstehen, sowie die Strukturen des Cytoskeletts (Mikrofilamente und Mikrotubuli), die aus wenigen gleichartigen Bausteinen entstehen.

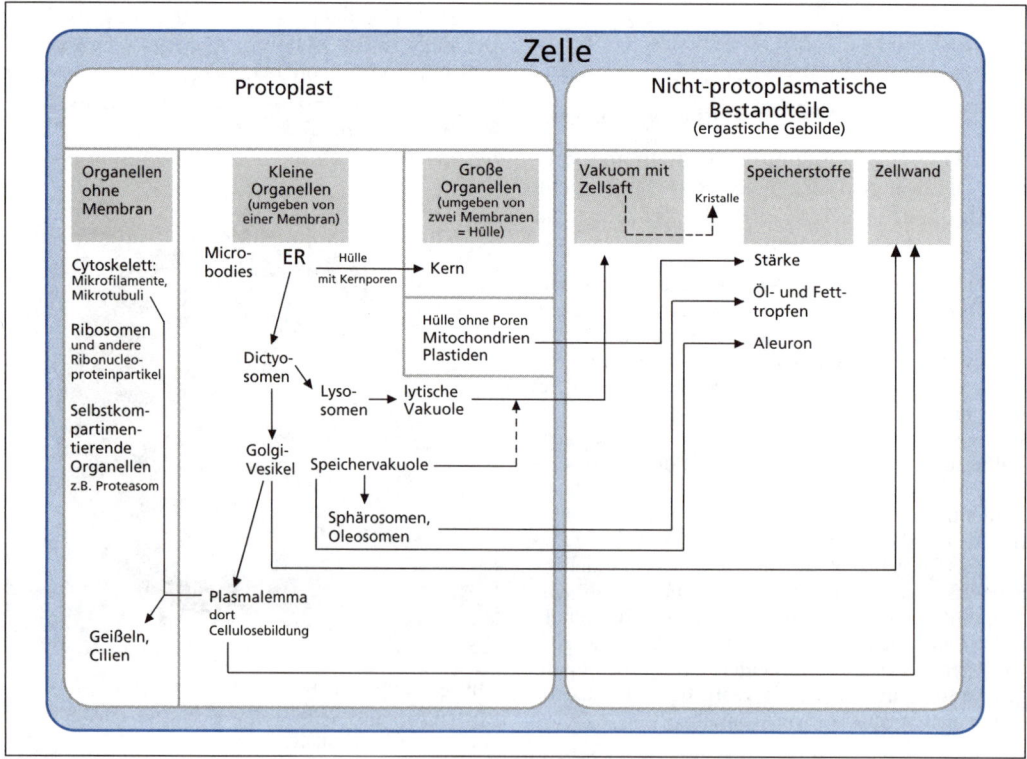

Abb. 3.9: Schematische Übersicht über die Organellen und nichtprotoplasmatischen Bestandteile von Pflanzenzellen.

Vom Grundplasma durch eine Membran abgetrennte Reaktionsräume bilden die «kleinen» Organellen. Die Neubildung von Membranen erfolgt stets durch Wachstum einer vorhandenen Membran, in die neue Molekülbausteine in einer durch die Membranstruktur vorgegebenen Weise eingebaut werden. Insbesondere junge Pflanzenzellen werden von einem umfangreichen Netzwerk membranbegrenzter Hohlräume durchzogen, das als **Endoplasmatisches Reticulum** (kurz ER) bezeichnet wird. Von diesem ausgehend, entsteht die Membran anderer kleiner Organellen dadurch, dass sich Membranbläschen (**Vesikel**) abschnüren. Solche Vesikel liefern die Membranen der **Dictyosomen** sowie indirekt das Membranmaterial für das Plasmalemma. Aus dem ER geht auch die Hülle des Kerns hervor. Die dynamischen Vorgänge des Membrantransfers zwischen den Organellen und zum Plasmalemma hin bezeichnet man als Membranfluss. Die Aufteilung des Zellvolumens auf die verschiedenen Kompartimente wurde für Blattzellen von Spinat untersucht: Vakuole 70–80%, Chloroplasten 15–18%, Cytosol 4–6%, Mitochondrien um 1%, Zellkern um 0,5%.

3.2.3 Plasmatische und nichtplasmatische Räume der Zelle

Eine biologische Membran in der Zelle ist stets ein in sich geschlossenes Gebilde, das somit einen bestimmten Raum umschließt. Die Membran trennt also zwei verschiedene Reaktionsräume. Da in diesen in der Regel unterschiedliche Bedingungen herrschen, sind die Membranen asymmetrisch gebaut. Wenn man das Grundplasma der Zelle als einen plasmatischen Reaktionsraum bezeichnet, so bilden die durch eine Membran davon getrennten Innenräume von Organellen (z. B. des ER) oder von Vakuolen einen anderen Reaktionsraum, eine andere «Phase», der intracisternaler oder nichtplasmatischer Reaktionsraum genannt wird. Die Bezeichnung «nichtplasmatisch» deutet darauf hin, dass der Vakuoleninhalt und der Zellwandraum auch hierzu gehören. Es gibt in der Eucyte nur diese beiden grundlegenden Reaktionsräume und es gilt die Regel, dass der Membranfluss mit Verschmelzung und Abtrennung von Membranen jeweils nur so ablaufen kann, dass gleichartige Reaktionsräume miteinander verschmelzen oder sich voneinander trennen. Geht man von einem Raum der plasmatischen Phase aus und durchquert eine Membran, so erreicht man stets einen nichtplasmatischen (intracisternalen) Reaktionsraum. Das Durchqueren von zwei Membranen führt stets wieder in einen Raum mit der Ausgangsphase zurück. Viele wichtige Stoffwechselvorgänge finden nur in einem der beiden Reaktionsräume statt, so z. B. die Synthese von DNA, RNA und Proteinen sowie die ATP-Bildung nur im plasmatischen Raum, die Synthese von Zellwandmaterial nur im nichtplasmatischen Raum. Im plasmatischen Raum herrschen stärker reduzierende Bedingungen und ein pH-Wert nahe 7; im nichtplasmatischen Raum sind die Verhältnisse mehr oxidierend, und der pH-Wert liegt im sauren Bereich. Diese Bedingungen werden durch Regulationsvorgänge aufrechterhalten.

3.2.4 Protoplast

3.2.4.1 Grundstrukturen des Cytoplasmas (Grundplasma)

Das Cytoplasma (Cytosol) der Pflanzenzelle (ohne Vakuole) besteht zu 60–90% aus Wasser. Die freien Makromoleküle sind großenteils Proteine mit Enzymfunktionen. Das Cytoplasma kann daher als eine konzentrierte Lösung von Proteinen angesehen werden; es besitzt daher oft eine hohe Viskosität. Die Proteinmoleküle sind hydratisiert; sie treten aber auch mit Ionen, mit anderen organischen Molekülen und untereinander in Wechselwirkung; so entstehen größere Aggregate von unterschiedlicher Stabilität. Das Cytoplasma enthält ferner kleine Nucleinsäuren, Kohlenhydrate, Lipide und andere Moleküle, sowie hydratisierte Kationen und Anionen in wechselnden Mengen. Da alle hydrophilen Moleküle und Molekülteile Hydrathüllen aufweisen, liegt das Cytoplasma in gequollenem Zustand vor. Unter Quellung versteht man eine reversible Einlagerung von Wasser zwischen die Moleküle. Der Protoplast ist nur in gequollenem Zustand aktiv und der Hydratationszustand der Proteine für den Ablauf der Stoffwechselvorgänge von großer Bedeutung. Infolge des hohen Wassergehaltes befindet sich im Cytoplasma aber auch freies Wasser, in dem kleine Moleküle gelöst sind und das als Reaktionsmedium dient. Eine Veränderung der Ionenkonzentration oder des pH-Wertes wirkt sich stark auf die Hydratation der Moleküle und damit auf deren Quellungszustand aus. Je kleiner die Hydrathülle und je höher die Ladung eines Ions ist, um so mehr kann es sich einem Proteinmolekül nähern und dessen Hydrathülle Wassermoleküle entreißen. Daher wirken insbesondere mehrfach geladene Ionen entquellend. Die Ca^{2+}-Ionen haben darüber hinaus eine regulatorische Funktion, die z. B. über eine Bindung an das Protein Calmodulin zustande kommt (vgl. 12.4.3).

Verschiedene Proteine des Cytoplasmas lagern sich zu größeren Aggregaten zusammen. Dabei gibt es verschiedene Möglichkeiten:

- Eine genau festgelegte Zahl von Untereinheiten bilden ein Protein mit Quartärstruktur. Diese Untereinheiten können gleichartig oder verschieden sein. Aus unterschiedlichen Untereinheiten sind die **Multienzymkomplexe** aufgebaut (z. B. die Pyruvatdehydrogenasedecarboxylase der Mitochondrien; die Fettsäure-Synthetase aus dem Cytoplasma der Hefe).
- Durch Zusammenbau aus mehreren Untereinheiten entstehen Proteinaggregate, die einen Innenhohlraum mit besonderen Funktionen bilden (ein «molekulares Reagenzglas»). So entstehen **selbstkompartimentierende** molekulare **Organellen** ohne Beteiligung einer Membran. Hierzu gehören das Proteasom, in dem der Proteinabbau im Cytosol erfolgt und das Chaperonin HSP60, in dessen Hohlraum Proteinfaltung (Ausbildung der richtigen Raumstruktur; vgl. 8.6.7) stattfindet.
- Eine nicht von vornherein festliegende, sondern funktionsabhängig variable Anzahl vieler gleichartiger Untereinheiten tritt zusammen. So entstehen die Strukturelemente des **Cytoskeletts** (vgl. 3.2.4.3).

Die Proteine können auch mit anderen Molekülen unter *Selfassembly* reagieren. Besonders wichtig ist die Bildung von Aggregaten aus Proteinen und Nucleinsäuren, die man als Nucleoproteinpartikel bezeichnet. Im Cytoplasma kommen verschiedene derartiger Teilchen vor, die Ribonucleinsäure enthalten. Zu diesen Ribonucleoproteinpartikeln (RNPs) gehört das *Signal-Recognition*-Partikel (SRP, vgl. 8.6.7). Es reguliert in bestimmten Fällen die Proteinsynthese. Komplexe RNPs sind die **Ribosomen**, die in Abschn. 3.2.4.3 behandelt werden. An ihnen findet die Proteinsynthese statt.

Die Wechselwirkung zwischen Proteinen und Nucleinsäuren ist für die Steuerung der Lebensvorgänge von fundamentaler Bedeutung. Die genetische Information der DNA, die ihrerseits den Bauplan aller Proteine der Zelle enthält, kann nur realisiert werden mit Hilfe zahlreicher schon vorhandener Enzymproteine, die mit DNA bzw. RNA reagieren und dabei die Vorgänge der Transkription bzw. Translation sowie die identische Vermehrung der DNA katalysieren. Dies ist die molekularbiologische Begründung für die Tatsache, dass Zellen nur aus Zellen entstehen.

3.2.4.2 Membran

Der Aufbau der Membranen aller Zellen ist in seinen Grundzügen gleichartig. Daher spricht man auch allgemein von der Biomembran (oder Elementarmembran). Eine genauere Untersuchung zeigt allerdings, dass in der quantitativen und insbesondere der qualitativen Zusammensetzung erhebliche Unterschiede bestehen. Daher sind Membranen auch verschieden dick (5 bis >10 nm). Da die Membranen nicht starr, sondern in dauernder Veränderung («dynamisch») sind, kann sogar eine bestimmte Membran zu verschiedenen Zeiten unterschiedlichen Durchmesser haben. Die Membranen sind aus Lipiden und Proteinen aufgebaut; dabei ist der Mengenanteil der beiden Komponenten variabel (für beide 30–70%). Je höher der Proteinanteil einer Membran ist, um so mehr Funktionen kommen ihr in der Regel im Stoffwechsel zu.

Der durch die Elektronenmikroskopie und physiologische Untersuchungen aufgeklärte Membranbau wird am besten beschrieben durch das «**fluid-mosaic-Modell**» (Abb. 3.10). Danach bilden polare Lipide eine Doppelschicht (bilayer), in die Membranproteine eingebaut sind. Eine Lipid-Doppelschicht entsteht aus **polaren Lipidmolekülen**, die man auf eine begrenzte Wasseroberfläche verbringt, unter geeigneten Bedingungen von allein (durch Selfassembly). Dabei bilden die polaren Molekülteile die Membranoberfläche und die lipophilen Bereiche werden aus der wässrigen Phase herausgedrängt und stehen daher im Inneren der Doppelschicht durch hydrophobe Wechselwirkung in Beziehung zueinander. Die polaren Membranlipide sind vor allem Phospholipide; sie tragen am Phosphatrest negative Ladungen, so dass Kationen gebunden werden können. Art und Menge dieser gebundenen Ionen beeinflussen die Membraneigenschaften. In manchen Membranen herrschen Glykolipide vor (bei Pflanzen vor allem in Plastiden-Membranen die Galactoglyceride). Ferner enthalten die Membranen Sterole, die weitgehend unpolar sind und membranverfestigend wirken. Die Lipid-Doppelschicht hat einen Durchmesser von 4–6 nm. Weshalb eine so große Vielfalt von Membranlipiden existiert, ist bisher nicht verstanden.

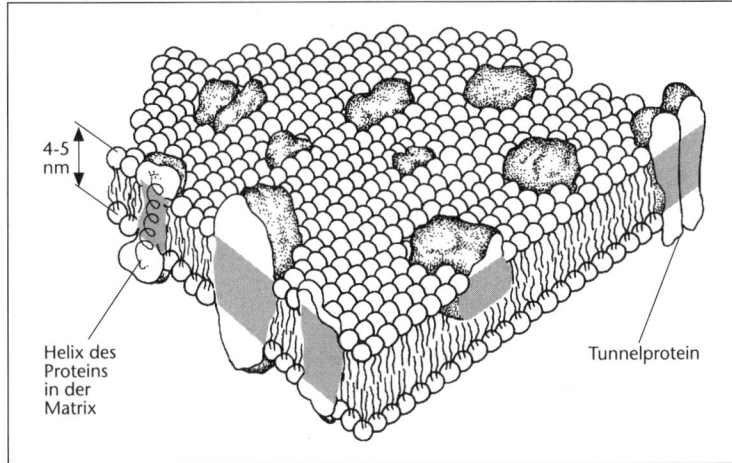

Abb. 3.10: Modell eines Ausschnitts der biologischen Membran. In die Lipid-Doppelschicht der polaren Lipide sind Proteine eingebaut, die teils einseitig integriert sind, teils als Transmembranproteine vorliegen (nach Singer und Nicolson, verändert).

Die **Membranproteine** (integrale Proteine) haben unterschiedliche Größe und reichen teils durch die Membran hindurch (Transmembranproteine), teils sind sie nur in einer der beiden Lipidschichten lokalisiert. Eine Zelle besitzt mehrere hundert bis mehrere tausend verschiedene Membranproteine allein im Plasmalemma. Da die Proteine über die Lipid-Doppelschicht herausragen, machen sie die Membran bis zu 10 nm dick. Das Plasmalemma enthält zahlreiche Glykoproteine und kann daher noch dicker erscheinen. Die Anordnung der Proteine ist mit Hilfe der Gefrierbruchmethode im EM-Aufsichtsbild bzw. nach Aufbrechen der Membran an «Innenansichten» der Membran gut zu erkennen. Die in der Membran lokalisierten Bereiche der Membranproteine weisen zahlreiche hydrophobe Aminosäure-Reste auf, so dass hydrophobe Wechselwirkungen (vgl. 2.3.2) mit Lipidmolekülen zustande kommen. Die Klassifizierung der Membranproteine erfolgt nach der Zahl der Transmembran-Domänen. Häufig besitzen Transmembran-Bereiche eine Helix-Struktur von 22–25 hydrophoben Aminosäuren (*Transmembran-Helix*). Oft sind mehrere Transmembran-Helices (in einfachen Fällen 7) vorhanden, die durch hydrophile Loops an der Membranoberfläche verbunden sind. Oligomere, die aus mehreren Untereinheiten mit Transmembran-Domänen bestehen, bilden bei der Zusammenlagerung oftmals einen zentralen hydrophilen Kanal (Pore). Membranproteine können zusätzlich in der Membran verankert sein durch kovalente Verknüpfung mit einem Fettsäurerest, einem Isoprenylrest (C_{15} oder C_{20}) oder mit dem Membranlipid Phosphatidyl-inositol. Solche des letzteren Typs sind beteiligt an der Verankerung des Cytoskeletts in der Zellmembran, die für mechanische Signalübertragung wichtig ist. Außer den integralen Proteinen gibt es periphere Proteine; sie sind auf die Membran aufgelagert und lassen sich in wässrigem Medium ablösen, da sie kaum hydrophoben Wechselwirkungen eingehen. Ihre Menge ist auf der plasmatischen Seite der Membran (der P-Seite) oft größer als auf der Seite, die dem nichtplasmatischen (intracisternalen und äußeren) Reaktionsraum zugewandt ist (der E-Seite, E = extern). Die integralen Membranproteine lassen sich nur unter Zerstörung der Membran (durch Detergentien) isolieren.

Die relativ kleinen Moleküle der Lipid-Doppelschicht sind ständig in thermischer Bewegung. Diese kann nur in der Ebene der Membran, also in zwei Dimensionen, erfolgen. Die Lipidmoleküle verändern daher innerhalb einer Lipidschicht ihren Ort. Ein Platzwechsel zwischen den beiden Schichten («*flip-flop*») ist hingegen viel schlechter möglich und wird bei Bedarf durch ein **Transfer-Protein** (Flippase) katalysiert. Infolge der permanenten Bewegung ist die Membran in einem dynamischen Zustand; die Lipidphase verhält sich als «flüssiger Kristall».

Das Ausmaß der Bewegung, die Fluidität, hängt von der Art der Lipidmoleküle, insbesondere auch von deren Fettsäuren, ab. Je mehr ungesättigte (vor allem mehrfach ungesättigte) Fettsäuren enthalten sind und je kürzer die Fettsäure-Reste sind (die allerdings aufgrund des Membranbaus mindestens 12 C-Atome aufweisen müssen), um so beweglicher sind die Komponenten bei einer gegebenen Temperatur. Bei Verringerung der Temperatur gehen die Kohlenwasserstoffketten der Fettsäuren in eine relativ starre gestreckte Form über, so dass es örtlich zu einer stabilen Anordnung kommt: es entstehen Cluster, die bei weiterer Temperaturabnahme größer werden. Dadurch wird die Fluidität der Membran stark eingeschränkt; die Membran «erstarrt» (Phasenübergang zur «festen» Membran).

Die Proteine bewegen sich in der Lipid-Doppelschicht mit; sie driften in der Lipid-Phase ähnlich Eisbergen in Wasser. Je höher der Proteinanteil der Membran ist, um so geringer ist (bei gegebener Temperatur) die laterale Bewegung der Proteine. Die Fluidität ermöglicht auch das Wachstum der Membranen durch Einbau neuer Bausteine und umgekehrt das Schrumpfen durch deren Herausnahme. Manche Membranproteine treten untereinander in Wechselwirkung, wenn sie sich genügend nähern, so dass dann eine lokale Anhäufung bestimmter Proteine in der Membran zustandekommt. Die Bewegung kann ferner reguliert werden durch eine Clusterbildung von Membranlipiden und durch Elemente des Cytoskeletts, die unmittelbar an die Membran grenzen.

Aufgrund des Membranbaus ist es verständlich, dass lipophile Stoffe bis zu relativ hohen Molekülmassen leicht durch die Membran gelangen: sie «lösen» sich gewissermaßen hindurch. Viele Zellgifte unter den Umweltchemikalien sind unpolare Stoffe. Für polare Moleküle und Ionen bildet die Membran eine Barriere. Der rasch erfolgende Durchtritt von Wasser wird durch Porenproteine, die **Aquaporine**, ermöglicht. Weitere polare Moleküle bis zu einer Masse von ca. 70 Dalton können infolge der thermischen Bewegung der Membrankomponenten an «Störstellen» hindurch diffundieren. Die unterschiedliche Durchlässigkeit nennt man die **Semipermeabilität** (oder selektive Permeabilität) der Membran. Ein kontrollierter Transport von Stoffen, die nicht durch die Membran diffundieren, erfolgt durch **Transportproteine**. Diese zeigen Spezifität, transportieren also nur bestimmte Teilchen und können spezifisch durch Inhibitoren gehemmt werden. Transportproteine sind in der Regel aus mehreren Polypeptidketten aufgebaut; durch deren «richtige» Anordnung in der Membran entsteht die **Pore**, die auch verschlossen werden oder verloren gehen kann. Ein derartiges Bauprinzip ist z. B. für verschiedene Ionenkanäle und das ATP-Transportprotein der inneren Mitochondrienmembran nachgewiesen. Sowohl die Zahl der spezifischen Transportproteine in der Membran wie auch ihre Funktionsfähigkeit begrenzen die Transportrate, die somit von der Art der Teilchen und vom augenblicklichen Zustand der Membran abhängt. Zellen, die zahlreiche Transportvorgänge durchführen, vergrößern häufig das Plasmalemma durch Membraneinfaltungen (vgl. Transferzellen in 5.2.4.4).

3.2.4.3 Organellen ohne Membran

A. Cytoskelett

Das Cytoskelett ist ein dreidimensionales Netzwerk fädiger Proteinstrukturen im Cytoplasma. Seine Elemente sind nach geeigneten Präparationsverfahren im Elektronenmikroskop zu erkennen. Das Cytoskelett bildet ein in der Zellmembran (Plasmalemma) verankertes Gerüst. Bei tierischen Zellen ist deren Gestalt wesentlich durch das Cytoskelett mitbestimmt; bei Pflanzenzellen hingegen legt die Zellwand, oft in Verbindung mit der Vakuole, die Gestalt fest. Dementsprechend ist das Cytoskelett tierischer Zellen umfangreicher ausgebildet und besteht aus einer größeren Zahl unterschiedlicher Elemente.

Sowohl in Pflanzen- wie in Tierzellen findet man Mikrofilamente und Mikrotubuli. Beide können fortlaufend auf- und abgebaut werden und unterliegen somit in der Zelle einem relativ raschen Umsatz. Mit ihrer Hilfe können Bewegungen in der Zelle stattfinden, wobei Motorproteine (ATP-spaltende Enzyme) mitwirken. Die Länge der Cytoskelett-Elemente ist festgelegt durch die jeweiligen Bildungsorte und durch längenregulierende Proteine. Zellen höherer Tiere enthalten außer Mikrofilamenten und Mikrotubuli noch eine weitere Gruppe von Cytoskelett-Elementen, die Intermediären Filamente (oder 10 nm-Filamente), deren Durchmesser (ca. 10 nm) zwischen denjenigen der anderen Elemente liegt. Die Intermediären Filamente bleiben über lange Zeit hinweg unverändert; sie sind daher zur Erhaltung der Form, aber auch zur Übertragung von Signalen sehr geeignet. Zu den Intermediären Filamenten gehören die im Zellkern auftretenden Lamine (vgl. 3.2.4.5); andere sind in Pflanzenzellen bisher nicht mit Sicherheit nachgewiesen. Cytoskelett-Elemente sind oft im randlichen (corticalen) Cytosol vermehrt; dies führt zu einer gelartigen Beschaffenheit des corticalen Plasmas.

Die strukturbestimmenden **Mikrofilamente** sind aus einem globulären Protein, dem G-Actin (G = globulär, Molekülmasse ca. 42 kD) aufgebaut. Pflanzen besitzen mehrere etwas unterschiedliche G-Actine, über deren Funktion aber nichts bekannt ist. Das G-Actin steht im Gleichgewicht mit seinem Aggregat, dem F-Actin, das lange Stränge von 6–8 nm Durchmesser bildet. Die Bildung dieser Actinfilamente benötigt ATP. Das Gleichgewicht wird durch ein Actin-bindendes Protein (Profilin) reguliert. Ein anderes Actin-bindendes Protein besetzt das wachsende (+)-Ende des Filaments. Die Filamente sind schraubig gebaut und in Vertiefungen zur Stabilisierung Tropomyosin-Moleküle eingelagert. Actinfilamente durchziehen gerüstartig den Protoplasten und sind im Plasmalemma über spezifische Proteine (z. B. α-Actinin) verankert. Durch andere Actin-bindende Proteine werden Actinfilamente miteinander vernetzt und mit Mikrotubuli verknüpft. Signalketten können Proteine des Actingerüstes beeinflussen und so auf die Gestaltbildung von Zellen wirken. Bleibt bei sehr schonender Isolierung von Protoplasten das Cytoskelettgerüst erhalten, so kann die Gestalt der Protoplasten von der Kugel abweichen.

Die Aggregation von G-Actin zu F-Actin kann durch das Antibioticum Cytochalasin B gehemmt werden; das Phalloidin, einer der Giftstoffe des Knollenblätterpilzes (*Amanita phalloides*), hemmt den Abbau von Actinfilamenten.

Die **Mikrotubuli** entstehen ebenfalls aus globulären Proteinen spontan (durch *Selfassembly*), wobei an die globulären Einheiten gebundenes Guanosintriphosphat (GTP) gespalten wird. Durch diese Reaktion wird die Dynamik aufrechterhalten; GTP bildet eine stabilisierende «Kappe» (cap). Fehlt diese, so findet Abbau statt. Die beiden einander ähnlichen Bausteine sind das α- und das β-Tubulin; als Hetero-Dimeres (stabilisiert durch S–S-Brücken) haben sie eine Molekülmasse von ca. 110 kD. Durch Selfassembly entsteht ein Rohr von etwa 25 nm Durchmesser mit einem inneren Lumen von etwa 14 nm Weite (Abb. 3.11). Die Mikrotubuli können erhebliche Länge (viele µm; in Geißeln bis ca. 100 µm!) erreichen. Dieses Tubulin-Assembly wird durch Colchicin (aus der Herbstzeitlose *Colchicum*) und durch Vinblastin (Alkaloid aus *Vinca rosea* = *Catharanthus roseus*) sowie durch Dinitroanilin-Herbizide gehemmt. Umgekehrt wirken Taxol (Paclitaxel) aus *Taxus brevifolia* und die strukturell ähnlichen mikrobiellen Epithilone; diese Stoffe stabilisieren Mikrotubuli. Taxol ist daher ein wichtiges Cancerostatikum. In den Zellen höherer Pflanzen treten die Mikrotubuli in großer Zahl stets im wandnahen Bereich des Cytoplasmas, oft unmittelbar innerhalb des Plasmalemmas, auf

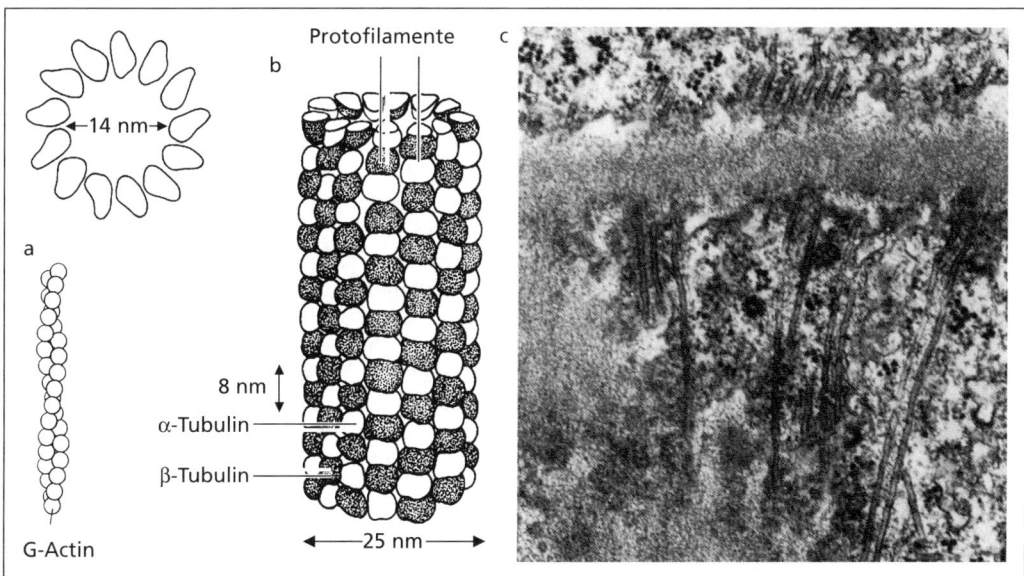

Abb. 3.11: a: Actin-Filament (F-Actin), aufgebaut aus G-Actin-Einheiten; **b:** Mikrotubulus. Schema des Aufbaus aus α- und β-Tubulin-Untereinheiten (nach ALBERTS u. a., verändert); **c:** Mikrotubuli in Pflanzenzellen im Längsschnitt, EM-Aufnahme (Wurzel von *Ligustrum*). Grau erscheint die schräg angeschnittene Zellwand. Im Cytoplasma zahlreiche Polysomen. Endvergrößerung ca. 35 000-fach (aus KLEINIG-SITTE).

(corticale Mikrotubuli). Sie sind oft schraubig angeordnet; dies ist für die Ausrichtung von Cellulose-Fibrillen in der Zellwand wichtig. Außerdem findet man Mikrotubuli häufig in Kernnähe; sie bilden die «Fasern» des Spindelapparates bei der Kernteilung und der Bildung des Phragmoplasten (vgl. 3.2.5.4). Vor der Kernteilung entsteht ein Gürtelband corticaler Mikrotubuli (vgl. Abb. 3.20b), das die Teilungsebene der Zelle festlegt.

Im Querschnitt zeigen die Mikrotubuli in der Regel 13 Untereinheiten, die in Reihen parallel der Längsachse angeordnet sind («Protofilamente» vgl. Abb. 3.11). Da die Baueinheiten Heterodimere sind, ist auch der ganze Tubulus polar gebaut. Es gibt stets ein rasch wachsendes (+)-Ende und ein langsam oder nicht wachsendes (−)-Ende. Letzteres ist vielfach durch zusätzliche Proteine «verschlossen». Diese «capping-Proteine» können auch an der Verankerung des Mikrotubulus in der Zelle beteiligt sein. Die Neubildung von Mikrotubuli geht von Bildungszentren aus, den Mikrotubulus-organisierenden Zentren (MTOCs). Sie bilden das (−)-Ende und enthalten ein besonderes γ-Tubulin. An die Mikrotubuli werden – ähnlich wie an Mikrofilamente – weitere Proteine gebunden. Diese Mikrotubuli-assoziierten Proteine (MAPs) dienen der Stabilisierung. Dadurch gibt es starre und dynamische Mikrotubuli. Ein dem Tubulin homologes Protein wirkt bei Prokaryoten an der Zellteilung und bei Pflanzen an der Teilung von Plastiden mit.

Mikrofilamente und Mikrotubuli treten mit **Motorproteinen** in Wechselwirkung und führen so zu Bewegungen in der Zelle. Die Motorproteine sind ATP spaltende Enzyme (mechanochemische ATPasen). Sie nutzen die bei der ATP-Spaltung freigesetzte Energie zur Leistung mechanischer Arbeit. Mit Actinfilamenten treten **Myosine** in Wechselwirkung. Dies ist schon lange vom tierischen Muskel bekannt. Myosin bildet ebenfalls Filamente, die aber in Pflanzenzellen mit einem Durchmesser von 6 nm einfacher gebaut sind als im Muskel. Der Bau der Moleküle ist gleichartig; ein Molekül besteht aus 6 Untereinheiten, zwei identischen schweren Ketten und zwei Paar leichter Ketten. Die schweren Ketten besitzen außer langen α-Helix-Abschnitten einen globulären Kopf, der an Actin bindet und als ATPase die Energie für ein Aneinandervorbeigleiten der Actin- und Myosinfilamente liefert. Durch diese Wechselwirkung kann eine Bewegung der Zelle oder innerhalb der Zelle zustande kommen. An der Regulation der Bewegung ist Ca^{2+} beteiligt. Eine derartige Bewegung verursacht in Pflanzenzellen die Plasmaströmung, die lichtmikroskopisch an der Wanderung der großen Organellen sichtbar wird. Bei Einzellern (z. B. Schleimpilzen) kommt die amöboide Bewegung durch das Actin-Myosin-System zustande.

Mit den Mikrotubuli können die als **Dyneine** und als **Kinesine** bezeichneten Motorproteine in Wechselwirkung treten. Die Dyneine verursachen eine Bewegung in Richtung auf das (−)-Ende der Mikrotubuli, die meisten Kinesine in Richtung auf das (+)-Ende. Dyneine verursachen z. B. die Geißelbewegung, Kinesine die spezifische Ortsbewegung von Organellen. Sie können Zellorganellen trotz der Zähigkeit des Cytosols über große Strecken verfrachten. Bei Mikrotubuli kann eine Bewegung wahrscheinlich außerdem durch fortgesetzen Aufbau des Mikrotubulus am (+)-Ende und gleichzeitigen Abbau am (−)-Ende zustandekommen («*treadmilling*»).

Beim Zusammenwirken von Mikrotubuli und Mikrofilamenten im Cytoskelett bilden die Mikrotubuli starre Stäbe, die Mikrofilamente verhalten sich elastisch. Daraus resultiert für das Netzwerk eine Tensegritäts-Struktur im Sinne der Ingenieurwissenschaften.

Geißeln sind langgestreckte, aus dem Zellkörper weit herausragende, aber von Plasmalemma umhüllte Fortbewegungsorganellen der Zelle, die ihre Form durch besonders stabile Mikrotubuli erhalten. Alle Eukaryoten-Geißeln sind gleichartig gebaut. **Cilien** (Wimpern) zeigen den gleichen Bau, sind jedoch kleiner. Sie treten stets in größerer Zahl auf und arbeiten koordiniert miteinander. Geißeln kommen bei vielen einzelligen Eukaryoten sowie bei besonders differenzierten Zellen (z. B. in Form der Spermatozoiden) zahlreicher Algen, der Moose, Farnpflanzen und etlicher Gymnospermen vor. Sie haben einen Durchmesser bis etwa 0,3 μm und sind bis zu 100 μm lang. Ein Querschnitt (Abb. 3.12) zeigt im Inneren zwei zentrale Mikrotubuli und 9 periphere Doppeltubuli (9+2-Bauprinzip der Geißel aller Eukaryota). Die Doppeltubuli haben einen charakteristischen Bau: an einem normal ausgebildeten Tubulus mit 13 Untereinheiten auf dem Querschnitt (A-Tubulus) ist in Form einer Rinne ein zweiter Tubulus angebaut, der nur 10–11 eigene Untereinheiten aufweist (B-Tubulus). Zwischen den peripheren Doppeltubuli befinden sich in größeren Abständen elastische Protein-Verbindungen (die Nexine), um den Abstand aufrecht zu erhalten. Dieselbe Funktion haben die radialen oder Speichen-Proteine zwischen peripheren und zentralen Tubuli. In die peripheren Doppeltubuli sind in regelmäßigen Abständen im A-Tubulus Dyneine eingebaut. Sie bilden aus dem Tubulus herausragende, kompliziert gebaute «Ärmchen», die mit dem jeweils benachbarten Doppeltubulus in Wechselwirkung treten und unter ATP-Spaltung eine Bewegung durch ein Aneinander-Vorbeigleiten der Doppeltubuli hervorrufen. Die beiden zentralen Tubuli wirken hierbei als Widerlager, wodurch eine Krümmung eintritt. Erfolgt diese in geordneter Weise abwechselnd zwischen den verschiedenen peri-

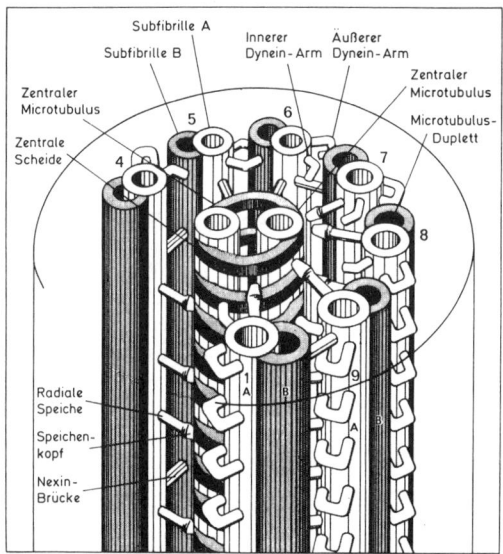

Abb. 3.12: Schema des Geißelbaus. Das Plasmalemma, das die Mikrotubuli-Struktur umgibt, ist als Zylinder angedeutet. Die zwei zentralen Mikrotubuli sind von einer schraubig gebauten Proteinscheide umgeben. Die 9 peripheren Mikrotubuli-Dupletts (Nr. 2 und 3 sind weggelassen) bestehen jeweils aus einem vollständigen Mikrotubulus A und einem unvollständigen Mikrotubulus B. Die A-Mikrotubuli tragen Dynein-Arme. Eine Verknüpfung der peripheren Mikrotubuli erfolgt durch elastische Brücken des Proteins Nexin (aus STRASBURGER).

pheren Mikrotubuli, so kommt es zur schlagenden Geißelbewegung. An der Basis der Geißeln befindet sich ein **Basalkörper** (Kinetosom), der vom Centriol gebildet wird. Im Basalkörper kommen als Motorproteine die Centrine vor, deren Aktivität durch Ca^{2+} reguliert wird.

Centriolen sind Zellorganellen, die aus 9 kurzen Mikrotubuli-Tripletts bestehen und durch eine radiale Struktur zusammengehalten werden. Sie sind in Ein- oder Zweizahl vorhanden. Centriolen sind in der Regel Organisationszentren für die Bildung von Mikrotubuli (aber nicht jener des Kernspindelapparats). Zellen von Pflanzenarten, die keine Geißeln bilden, haben meist keine Centriolen.

B. Ribosomen

Die Ribosomen sind *Selfassembly*-Systeme, die aus einer festgelegten Anzahl von Proteinen und Nucleinsäuren (ribosomale = rRNA) aufgebaut sind. Sie sind die größten Ribonucleoproteinpartikel (RNPs) der Zelle; an ihnen findet die Biosynthese der Polypeptidketten (Proteine) statt. In den Zellen der Eukaryota gibt es zwei unterschiedlich gebaute Ribosomen-Typen: größere im Cytoplasma und kleinere im Innenraum von Mitochondrien und Plastiden. Diese beiden Zellorganellen besitzen also ein eigenständiges Proteinsynthese-System. In den Prokaryoten kommen nur Ribosomen des kleineren Typus vor. Der Durchmesser der Ribosomen liegt abhängig von der Ribosomen-Sorte und der Richtung der Messung bei 15–30 nm. Die Ribosomen sind stets aus zwei verschieden großen Untereinheiten aufgebaut (Abb. 3.13). Diese werden getrennt aufgebaut und treten miteinander und mit der informationstragenden mRNA zusammen, so dass die Proteinsynthese beginnt. Nach Fertigstellung der Polypeptidkette werden die beiden Untereinheiten, die Polypeptidkette und die mRNA, wieder freigesetzt.

Der Aufbau der Ribosomen ist am besten vom Bakterium *Escherichia coli* bekannt; hier sind alle beteiligten Proteine und Nucleinsäuren identifiziert und charakterisiert; auch der Selfassembly-Vorgang ist weitgehend geklärt. Dabei erfolgen Konformationsveränderungen der rRNA durch die Bindung der Proteine (kooperative Gestaltveränderungen). Über die Bausteine der Ribosomen orientiert die Tab. 3-1. Während der Entstehung der Polypeptidkette liegen die 30–40 zuletzt angebauten Aminosäurereste in einem «Tunnel» der großen Ribosomen-Untereinheit und werden daher durch proteinspaltende Enzyme (Proteasen) kaum angegriffen. Von der mRNA werden etwa 20–30 Nucleotide durch das Ribosom abgedeckt und sind dadurch ebenso vor abbauenden Enzymen (Ribonucleasen) geschützt.

Im Cytoplasma der Eukaryoten findet man die vollständigen (also tätigen) Ribosomen in Gruppen beieinander, die als **Polysomen** bezeichnet werden. Die Ribosomen sind hier durch ein mRNA-Molekül verbunden und stehen vermutlich mit Elementen des Cytoskeletts in Verbindung. Ribosomen kommen ferner gebunden an Membranen des ER vor; so entsteht das «raue» ER (vgl. 3.2.4.4). Auch hier findet Proteinsynthese statt, wobei das neugebildete Polypeptid in die ER-Membran eintritt und entweder in diese eingebaut oder ins Lumen des ER eingeschleust wird (vgl. 8.6.7).

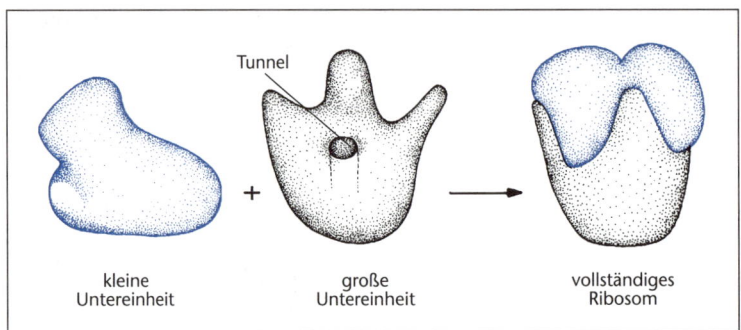

Abb. 3.13: Modell eines Ribosoms. Das vollständige Ribosom besteht aus einer kleinen und einer großen Untereinheit.

Tab. 3-1: Bau der Ribosomen

		Ribosomen	kleine Untereinheit			große Untereinheit			Hemmung durch
			Partikel	rRNA	Proteine	Partikel	rRNA	Proteine	
Prokaryota		70 S ca. $2,8 \times 10^6$ D	30 S	16 S mit ca. 1600 * Nucleotiden	21 S-Proteine S = small (in Plastiden 23)	50 S	23 S mit ca. 3200 ** Nucleotiden 5 S, mit ca. 120 Nucleotiden ***	33 L-Proteine L = large (in Plastiden 30)	Chloramphenicol Lincomycin
Eukaryota	Plastiden Mitochondrien								
	Cytoplasma	80 S ca. $4,2 \times 10^6$ D	40 S	18 S	33	60 S	28 S 5,8 S 5 S	49	Cycloheximid

* bei E. coli: 1542 Nucleotide
** bei E. coli: 2904 Nucleotide
*** in Plastiden außerdem 4,5 S

3.2.4.4 Kleine Organellen

Die kleinen, in der Regel lichtmikroskopisch nicht identifizierbaren Zellorganellen besitzen als Begrenzung eine einfache Membran; ihr Inneres gehört somit dem nichtplasmatischen (intracisternalen) Reaktionsraum zu. Die Neubildung von Membrankomponenten erfolgt im Membransystem des Endoplasmatischen Reticulums; von hier erhalten durch Membranfluss-Vorgänge andere Organellen das Membranmaterial (Lipide und Proteine) durch Vesikel-Transport.

A. Endoplasmatisches Reticulum (ER)

Das ER durchzieht als Netzwerk von membranbegrenzten Röhren (Tubuli) und flachen sackartigen Zisternen das Cytoplasma. Sein Umfang schwankt und hängt stark vom physiologischen Zustand der Zelle ab. In embryonalen Pflanzenzellen ist es gut ausgebildet; in den ausgewachsenen Zellen eines Laubblattes besteht es nur noch aus einzelnen, vorwiegend röhrenartigen Hohlräumen.

Die ER-Membran enthält zahlreiche Enzyme. Diese katalysieren Reaktionen teils auf der plasmatischen, teils auf der intracisternalen Seite der Membran. Zu den Enzymen gehören auch Redoxsysteme der Membran (Cytochrom P_{450}).

An die plasmatische Oberfläche können Ribosomen gebunden werden; dabei wirken Bindungsproteine der Membran (Ribosomen-Rezeptoren) mit. So entsteht das «raue» ER = rER. Das

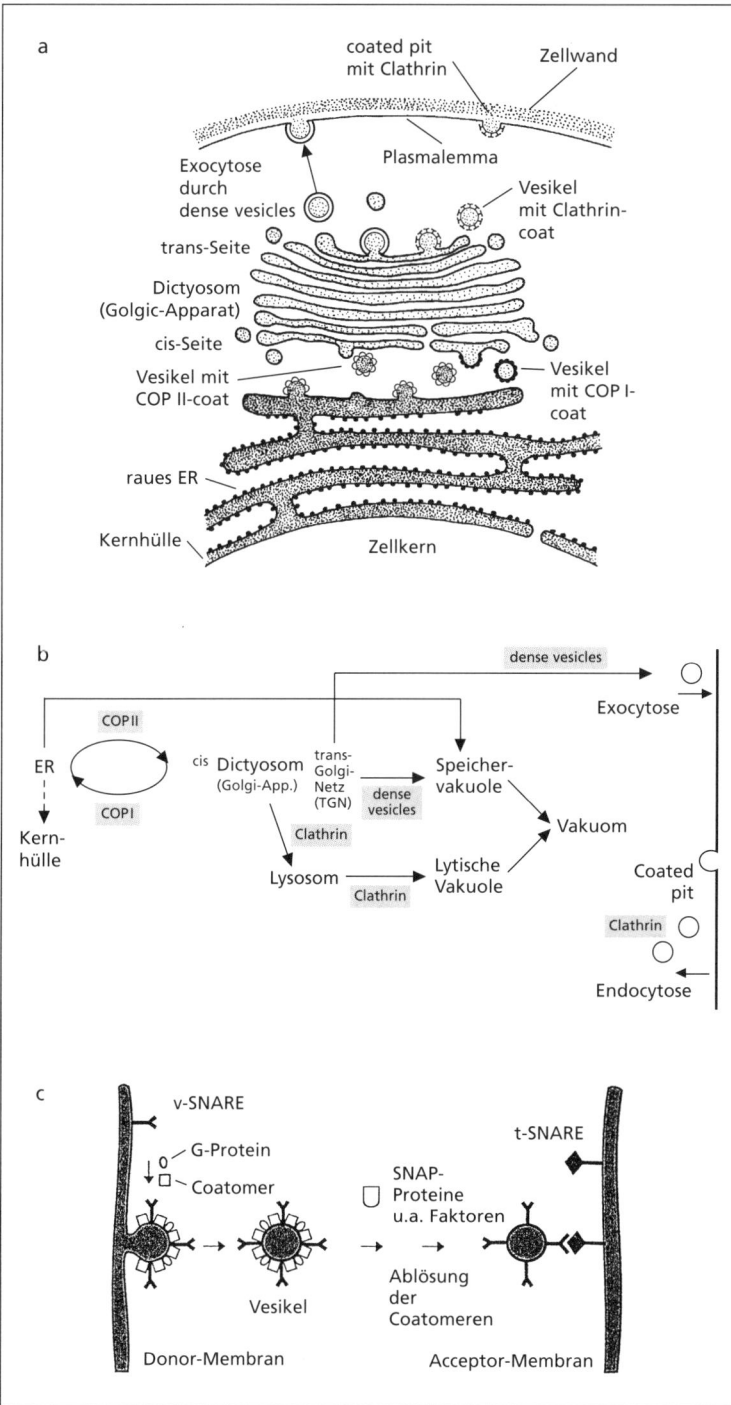

Abb. 3.14 a–e: a: Endoplasmatisches Reticulum (ER), Dictyosom sowie Vesikel-Transport, schematisch (z.T. nach ALBERTS et al.); **b:** Schematische Übersicht über den Vesikel-Transport und die Coatomeren; **c:** SNARE-System beim Vesikel-Transport; die Bindung der Coatomeren erfolgt unter Mitwirkung eines G-Proteins; die Ablösung der Coatomeren erfordert ein SNAP-Protein sowie weitere Faktoren (nach ROTHMAN).
d, e: nächste Seite

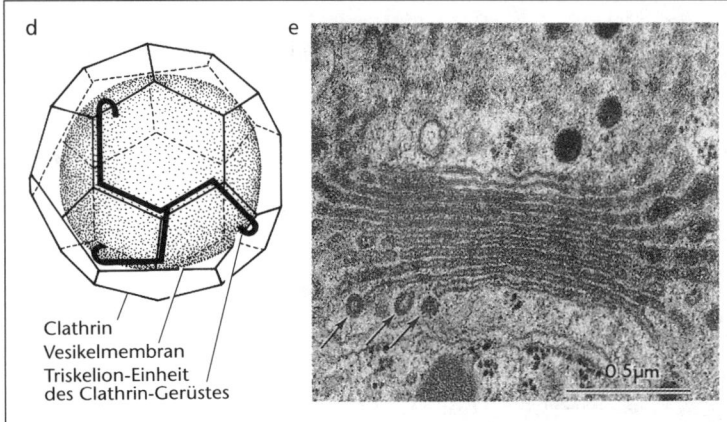

Abb. 3.14 d: Coated vesicle mit Clathrin-Gerüst (vereinfacht) (nach KLEINIG-SITTE, verändert);
e: Dictyosom und coated vesicles (Pfeile) im Cytoplasma einer Zelle der Zieralge *Micrasterias*. Unterhalb der coated vesicles ER-Zisterne mit Ribosomen auf der dem Dictyosom abgewandten Seite (aus STRASBURGER).

vorwiegend tubulöse ER ohne Ribosomen wird als «glattes» ER (*smooth ER* = sER) bezeichnet. In der Membran des glatten ER erfolgt auf der plasmatischen Seite die Bildung der Phospholipide. Die polaren Lipide befinden sich somit von vornherein in der Lipidschicht. Ein Transfer in die andere Schicht der Lipid-bilayer (flip-flop-Bewegung) erfolgt enzymatisch durch Flippasen; ansonsten würde die eine Membranfläche größer als die andere. Zu anderen Membranen können Lipide durch Phospholipid-Transferproteine (PLTPs) verlagert werden. Die Membranproteine werden im Bereich des rER von den dort vorhandenen Ribosomen synthetisiert. Vom ER aus erfolgt außerdem die Bildung neuer Kernhüllen im Anschluss an eine Kernteilung (vgl. 3.2.4.5). Daher kann die äußere Membran der Kernhülle auch als rER ausgebildet sein und Ribosomen tragen. In den Plasmodesmen zwischen den Zellen bildet das ER vielfach einen «Desmotubulus» aus. Der intracisternale Raum des ER ist ein Kompartiment mit oxidierenden Bedingungen (relativ hohem Redox-Potenzial). Kleine Proteine sind hier oft durch Schwefel-Brücken stabilisiert.

B. Dictyosomen (Golgi-Apparat)

Die Dictyosomen sind Stapel von 3 bis ca. 15 flachen Zisternen von etwa 1–3 μm Durchmesser, von denen randlich Membranbläschen (Vesikel) ins Cytoplasma hinein abgeschnürt werden (Abb. 3.15). Alle Dictyosomen der Zelle zusammen nennt man den Golgi-Apparat. Manche Algen haben nur ein Dictyosom, Zellen der Wurzelhaube oft über 100. Die abgeschnürten Vesikel werden als Golgi-Vesikel bezeichnet.

Entsprechend der Abschnürung muss auch Membranmaterial in die Dictyosomen nachgeliefert werden. Dies geschieht durch Aufnahme von Vesikeln, welche vom ER herkommend zunächst verschmelzen und so vesikular-tubuläre Strukturen (VTC, cis-Golgi-Netz = CGN) bilden, die dann zu neuen Zisternen führen. Diese Bildungs-Seite der Dictyosomen (= cis-Seite) ist oft ER-Elementen benachbart. Die Abschnürung der Golgi-Vesikel findet bevorzugt am entgegengesetzten Ende des Zisternen-Stapels, der Sekretionsseite (oder trans-Seite), statt. Hier entsteht durch die starke Vesikelbildung oft eine netzartige Struktur (trans-Golgi-Netz = TGN). Von Zisterne zu Zisterne wandern verschiedenartige Stoffe als Zisterneninhalt. Ob dies vorwiegend über Vesikel oder durch Verlagerung ganzer Zisternen erfolgt, ist nicht geklärt. Somit können Substanzen aus dem intracisternalen Raum des ER über das ganze Dictyosom bis zu den Golgi-Vesikeln weitergegeben und zusätzlich im Dictyosom verändert werden. Die auf der trans-Seite abgegebenen Vesikel transportieren ihren Inhalt vor allem zur Peripherie der Zelle oder zu Vakuolen.

Im Dictyosom erfolgt ein Membranumbau; dabei werden z. B. auch die besonderen Komponenten des Plasmalemmas gebildet. Dies sind vor allem Glykoproteine, deren Zuckerketten ins Lumen der Vesikel und damit im Plasmalemma nach außen orientiert sind. Auch die meisten Exportproteine und viele pflanzliche Reserveproteine, die in Vakuolen transportiert werden, haben Glykoprotein-Struktur. Glykoproteine werden in den Dictyosomen fertiggestellt, nachdem die ersten Zucker schon im ER an das Protein gebunden worden sind.

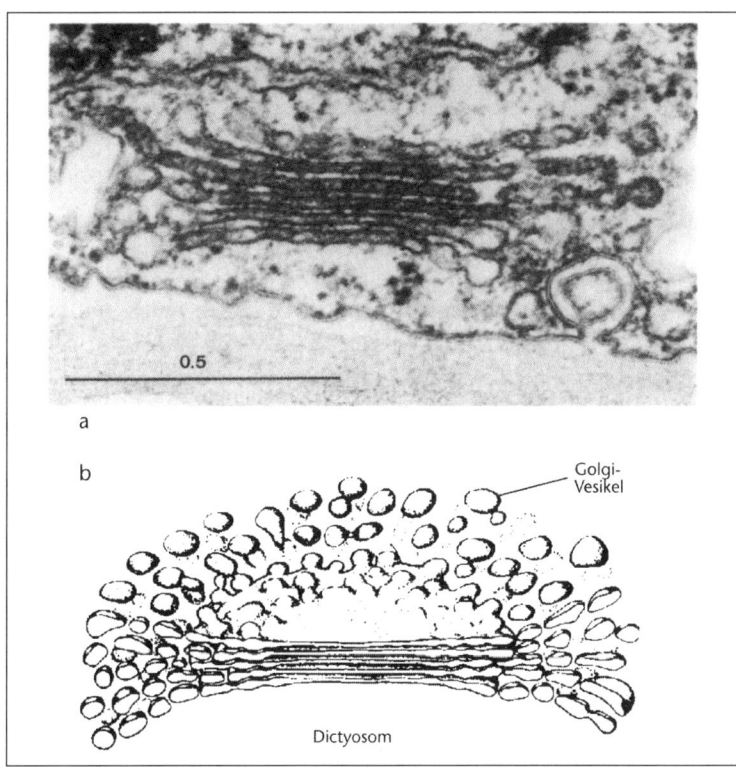

Abb. 3.15: a: Dictyosom, EM-Bild. Das Dictyosom besteht aus sechs Zisternen; man erkennt die Bildung von Golgi-Vesikeln. Strich = 0,5 µm;
b: Dictyosom, räumliche Rekonstruktion mit Bildung von Vesikeln (aus STRASBURGER).

C. Microbodies

Unter dieser Bezeichnung fasst man Organellen zusammen, die sich nach ihrer Enzymausstattung (und damit den Stoffwechselreaktionen) unterscheiden. Sie entstehen durch Teilung, nehmen aber Enzymproteine aus dem Cytosol auf, die dort an freien Ribosomen gebildet worden sind. Sie sind relativ klein (Durchmesser 0,2 – 2 µm). Microbodies enthalten Enzyme für bestimmte Stoffwechselvorgänge und werden danach benannt:

- Peroxisomen (vgl. Abb. 3.16): mit dem H_2O_2-spaltenden Enzym Katalase (und anderen Peroxidasen). Sie oxidieren Glykolat, das von

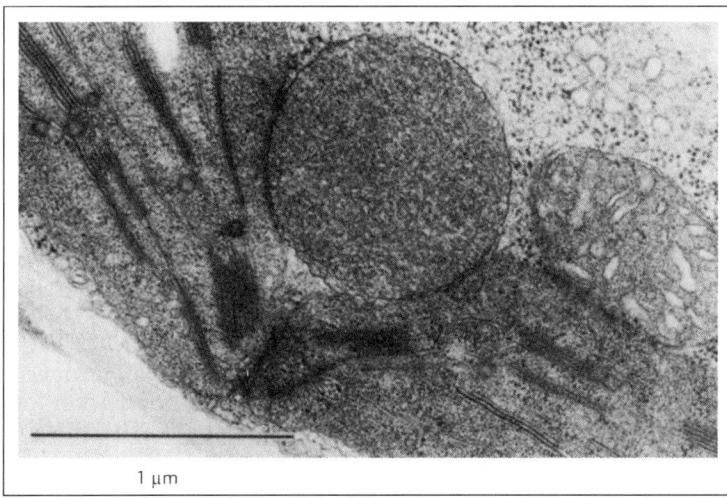

Abb. 3.16: Peroxisom aus einer Blattzelle des Spinats, in enger Nachbarschaft zu zwei Chloroplasten und einem Mitochondrion. Strich = 1 µm (aus KLEINIG-SITTE).

den Chloroplasten geliefert wird (Vorgang der Lichtatmung, vgl. 10.1.2) und bauen Fettsäuren ab. In alternden Geweben entstehen aus Peroxisomen die Gerontosomen, in denen z. B. Purine abgebaut werden.
* Glyoxysomen dienen der Mobilisierung von gespeicherten Lipiden und deren Umbau zu Kohlenhydraten bei der Keimung (vgl. 10.6.2).

D. Lysosomen

Sie enthalten zahlreiche Hydrolasen (lytische Enzyme), mit deren Hilfe Makromoleküle abgebaut werden; sie sind die «Verdauungs»-Organellen der Zelle. In den Lysosomen wird durch Transport von H^+ unter Energieaufwand ein pH-Wert um 5 aufrechterhalten, bei dem die Hydrolasen optimal arbeiten.

Wird die Membran der Lysosomen zerstört, so kommt es zur Selbstverdauung (Autolyse) der Zelle. (Davon zu unterscheiden ist der programmierte Zelltod, der bei der Entwicklung der Pflanzen wichtig ist, vgl. 5.2.4.2 und 14.5.5) Von den Lysosomen ausgehend erfolgt die Bildung von Vakuolen; daher enthalten diese ebenfalls Hydrolasen. (Außerdem gelangen Hydrolasen durch Exocytose in die Zellwand.) Lysosomen und daraus entstandene Vakuolen zusammen bilden das «lytische Kompartiment» der Zelle. So können Vakuolen auch ganze Organellen abbauen, wie man bei raschen Alterungsvorgängen (z. B. von Blütenblättern) gefunden hat. Dabei stülpt sich der Tonoplast in die Vakuole aus und die Organellen gelangen in einem plasmatischen Vesikel in die Vakuole hinein. Verschmelzen Lysosomen mit Endocytose-Vesikeln, so dass deren Inhalt abgebaut werden kann, so spricht man von sekundären Lysosomen.

E. Speichervakuolen

Sie können Reserveproteine oder Lipide enthalten. Letztere bilden vielfach **Sphärosomen** oder **Oleosomen** von etwa 1 µm Durchmesser. Protein-Speichervakuolen entstehen vielleicht direkt vom ER aus. Durch weiteren Vesikeltransport werden sie vergrößert. Sphärosomen gehen aus Golgi-Vesikeln hervor. Sie kommen in vegetativen Zellen, insbesondere aber in Samen (z. B. Erdnuss, Walnuss usw.) und Früchten (Olive, Avocado) vor. Dabei finden auch Fusionen statt, so dass größere Lipidvakuolen entstehen. Diese Organellen besitzen oft keine normale Membran mit Lipid-Doppelschicht als Begrenzung, da sie von Lipiden erfüllt sind und sich die Lipidphasen vermischen. Ein Verschmelzen von Lipidvakuolen in sehr fettreichen Zellen wird durch besondere Membranproteine, die Oleosine, verhindert.

F. Membranfluss, Vesikeltransport

Wie erwähnt, besteht von ER als Bildungsort ausgehend ein Transport von Membrankomponenten durch Vesikel (Membranfluss), die auch verschiedene Stoffe enthalten und somit transportieren. Dieser Vorgang muss genau reguliert werden, damit jeweils die richtigen Moleküle zu den einzelnen Organellen gelangen (vgl. Abb. 3.14).

Die Vesikel besitzen eine korbartige Hülle (*coat*) aus besonderen Proteinen, den Coatomeren. Die Hülle ist zur Abschnürung der Vesikel erforderlich; bei ihrer Bildung wird auch festgelegt, welche Stoffe in die Vesikel gelangen. An der Regulation der Hüll-Bildung sind je nach Organell unterschiedliche GTP-bindende Proteine (G-Proteine) beteiligt. Auch die Bindung eines Vesikels an die Membran des Zielorganells (*target*) ist ein kompliziert regulierter, mehrstufiger Vorgang (*docking*). Ferner erfolgt eine Kontrolle, so dass Proteine, die ihr Kompartiment fälschlicherweise verlassen haben, wieder zurückgeführt werden (Retrotransport).

Der Andock-Vorgang besteht aus einer wechselseitigen Erkennung der Membranen; anschließend erfolgt die Membranfusion. Bei der Erkennung wirken G-Proteine mit, die eine Ablösung der Coatomeren in Gang setzen. Die Spezifität wird durch das SNARE-SNAP-System überprüft, das vereinfacht als ein «Druckknopf-Mechanismus» zu beschreiben ist. Die Vesikel besitzen ein v-SNARE-Protein, die Zielmembran ein t-SNARE. Beide sind organellspezifisch. Unter Mitwirkung mehrerer cytosolischer Proteine, vor allem der SNAP-Proteine, entsteht der docking-Komplex (Abb. 3.14). Beteiligt sind ferner Proteine, die mit Phospholipiden in Wechselwirkung treten. Nach der Fusion müssen die SNARE-Proteine wieder richtig verteilt werden; darüber ist noch nichts bekannt.

Die Vesikel, die vom ER zur cis-Seite der Dictyosomen wandern, besitzen das Coatomer-Protein COP II. Ihre Bewegung ist durch Mikrotubuli gesteuert. Die Bindung dieser Coatomeren wird durch das Pilz-Antibiotikum Brefeldin A gehemmt, so dass dann keine Dictyosomen mehr nachgebildet werden. Der Retrotransport von ER-Proteinen, die fälschlich zu den Dictyosomen gelangen, erfolgt durch COP I-Vesikel (mit Coatomer COP I). Der Zisternen-Stapel des

Dictyosoms fungiert als «physiologisches Filter»; auf der trans-Seite werden Vesikel des «peripheren» Transportes abgegeben. Der Transport zum Lysosom und zur Tonoplastenmembran erfolgt durch Vesikel, deren Hülle aus Clathrin aufgebaut ist. Freies Clathrin ist ein trimeres Protein mit sternartiger Struktur (Triskelion; Abb. 3.14). Bei der Bildung der Clathrin-Hülle entsteht ein polyedrischer Korb um das Vesikel. Vesikel, die – geführt durch Cytoskelett-Elemente – zum Plasmalemma wandern, werden als *dense vesicles* bezeichnet. Wenn sie mit dem Plasmalemma fusionieren, entleert sich ihr Inhalt in den Zellwandraum. Dieser Vorgang heißt **Exocytose**. Proteine, die auf diesem Wege die Zelle verlassen, sind in der Regel Glykoproteine. Sie werden im rER-Bereich gebildet und ihre Zuckerketten im Dictyosom fertiggestellt. Bei Pflanzen wandern manchmal auch ganze Zisternen und verschmelzen mit dem Plasmalemma, wobei der Inhalt nach außen abgegeben wird. *Dense vesicles* vermitteln auch den Transport zu Speicher-Vakuolen.

Solange die Zelle wächst und das Plasmalemma vergrößert wird, kann die Exocytose problemlos ablaufen. Exocytose findet natürlich aber auch bei ausgewachsenen Zellen statt. In diesem Fall muss die Fläche der Vesikel-Membran wieder vom Plasmalemma abgelöst werden, damit dieses für die Zelle nicht zu groß wird. Es ist also «Membran-Recycling» erforderlich. Hierfür sind Vesikel mit Clathrin-Coat verantwortlich. Am Plasmalemma entsteht eine Einstülpung mit Coat (*coated pit*), die sich nach innen abschnürt. Solche Gebilde findet man auch bei der **Endocytose**. Bei Pflanzen sind *coated pits* häufig, obwohl Endocytose (Aufnahme von Stoffen) relativ selten erfolgt. Sie haben daher mit dem Membran-Recycling zu tun. Die Umsetzung von Membranbausteinen (turnover) erfolgt erstaunlich rasch; für sich streckende Epidermiszellen wurden Werte von ca. 3 Stunden gemessen.

Durch Exocytose werden von Pflanzenzellen folgende Stoffe abgegeben:

- Polysaccharide der Zellwand (außer der Cellulose). Sie bilden die Zellwand-Matrix. Dieser Vorgang ist bei der Zellteilung und in wachsenden Zellen besonders wichtig: letztere haben deshalb einen gut ausgebildeten Golgi-Apparat. Die Wandpolysaccharide werden in den Dictyosomen aufgebaut.
- Proteine
  a) Zellwandproteine (Glykoproteine). Die Polypeptidketten werden vom ER geliefert, der Anbau der Zuckerketten erfolgt vorwiegend in den Dictyosomen (vgl. 8.6.7).
  b) Verdauungsenzyme; sie werden von Drüsenzellen nach außen abgegeben (v. a. bei Insektivoren). Auch im Inneren von Organen finden entsprechende Vorgänge statt. So wird bei keimenden Getreidekörnern von den Aleuronzellen (vgl. 3.2.5.1) beispielsweise das Enzym α-Amylase in den Mehlkörper sezerniert und baut dort Stärke ab. Die α-Amylasen sind ebenfalls Glykoproteine.
- andere Sekrete, die von Drüsenzellen abgegeben werden, so v. a. etherische Öle, Harze, Schleimpolysaccharide.

Drüsenzellen besitzen folglich gut ausgebildete Dictyosomen. Herrscht Protein-Sekretion vor, so findet man zahlreiche COP II-Vesikel zwischen ER und Dictyosomen.

Eine Sonderform der Exocytose ist die bei einzelligen, im Süßwasser lebenden Algen zu beobachtende Tätigkeit der pulsierenden Vakuole(n), durch die überschüssiges Wasser abgegeben wird.

Die Endocytose über *coated pits* erlaubt die Aufnahmen von Makromolekülen in die Zelle. Die Endocytose-Vesikel werden auch Endosomen genannt. Häufig verschmelzen sie in der Zelle mit Lysosomen oder Vakuolen. Durch Membraneinstülpungen in kleine Vakuolen bzw. große Vesikel und deren Abschnürung nach innen entstehen multivesikuläre Körper (MVK). Sie sind bei der Endocytose und beim Transport in Speichervakuolen beobachtet worden.

Qualitätskontrolle. Die ins ER hinein gebildeten Proteine werden auf jeder Stufe ihrer Fertigstellung überprüft; dafür existieren zahlreiche Kontroll-Proteine (QC-Faktoren). Alle Moleküle, die dabei nicht bestehen, werden abgebaut. Falsch gefaltete Proteine werden schon im ER erkannt und gelangen durch Transportsysteme der ER-Membran in auf der cytoplasmatischen Seite befindliche Proteasomen. Proteine, bei deren Glykosylierung im Dictyosom ein Fehler unterläuft, werden in Lysosomen transportiert und dort abgebaut.

Der operationelle Begriff Mikrosomen umfasst die nach dem Homogenisieren und fraktionierter Zentrifugation erhaltene Fraktion von Membranstücken des ER, Mitochondrientrümmern, Polysomen, Fragmenten des Cytoskeletts usw. Es handelt sich also nicht um eine Organell-Bezeichnung.

3.2.4.5 Zellkern (Nucleus, Karyon)

A. Bau und Funktion des Kerns

Der Zellkern ist das für alle Eukaryota charakteristische Organell. Er ist meist kugel- bis linsenförmig, aber verformbar und zumeist 5–20 μm groß. Bei Pilzen und etlichen Algen kommen kleinere Kerne (bis herab zu 0,5 μm Durchmesser) vor. Die größten Zellkerne im Pflanzenreich besitzen die Eizellen von Cycadeen (ca. 500 µm = ½ mm Durchmesser). Die Größe des Kerns verändert sich auch in Abhängigkeit vom Aktivitätszustand der Zelle und sie steht häufig in Beziehung zur Menge des Plasmas in einer Zelle (Kern-Plasma-Relation). Einen Kern im Zustand zwischen zwei Teilungen nennt man Interphasekern; während der Kernteilung heißt er Mitosekern und der sich nicht mehr teilende Kern in differenzierten Zellen wird als Arbeitskern bezeichnet.

Die **Kernhülle** besteht aus einer doppelten Membran, die vom ER aus gebildet wird und mit diesem in Verbindung bleibt (Abb. 3.17). Sie besitzt zahlreiche Kernporen mit einem Durchmesser von 20–80 nm, durch die der plasmatische Innenraum des Kerns mit dem Cytoplasma in Verbindung steht. Der Kernporen-Komplex besitzt einen komplizierten Bau aus über 100 Proteinen. Er reguliert den Transport von Proteinen und Ribonucleoprotein-Partikeln; dabei erkennt er die Transportproteine, welche die Transportvorgänge in beiden Richtungen vermitteln (vgl. 8.6.8).

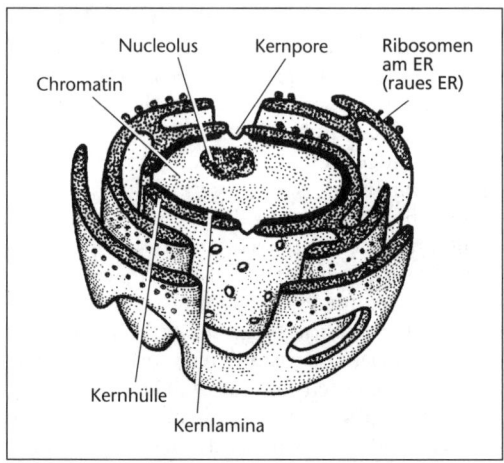

Abb. 3.17: Zellkern schematisch. Die Kernhülle wird vom ER gebildet, ihre Lage wird durch die Kernlamina = nucleare Lamina (Teil des Kernskeletts) bestimmt. Im Innern des Kerns der Nucleolus (nach ALBERTS et al., verändert).

Im Inneren des Kerns sieht man nach geeigneter Färbung ein Netz dünner Fäden, das **Chromatin**. Es besteht aus individuellen Einheiten, den **Chromosomen**, die örtlich mit der Kernhülle in Verbindung stehen. Sie werden allerdings erst zu Beginn einer Kernteilung (Mitose) erkennbar, wenn das Chromatin sich stärker kontrahiert. Die Chromosomen bestehen aus DNA und Proteinen. Unter den letzteren sind fünf basische Proteine, die **Histone**, von besonderer Bedeutung. DNA und Histone sind stets in gleichen Verhältnissen enthalten, während die Mengen anderer Proteine (der Nicht-Histon-Proteine) stark schwanken. Sehr unterschiedlich ist auch die Menge von RNA, die in Chromosomen-Präparaten enthalten sein kann.

Der Kern enthält ferner die stark lichtbrechenden, kugeligen Nucleoli (sing. **Nucleolus**) oder Kernkörperchen. Hier werden Vorstufen der ribosomalen RNA synthetisiert und an Proteine gebunden, so dass Ribonucleoproteinpartikel (RNPs) vorliegen. Außerdem enthält der Kern ein Netzwerk von Proteinfilamenten, das Kernskelett (es wird auch als Kernmatrix bezeichnet; man beachte: die Kernmatrix ist ein besonderer Teil des Cytoskeletts, die Mitochondrienmatrix (vgl. 3.2.4.6) hingegen das optisch leere Plasma des Mitochondrien-Innenraums). An das Kernskelett ist das Chromatin gebunden. Über den Kernporenkomplex besteht eine Verbindung zum cytoplasmatischen Cytoskelett. Unmittelbar innerhalb der Kernhülle bildet das Kernskelett ein ziemlich enges Maschenwerk, die nucleare Lamina. Sie besteht aus Laminen, die zur Gruppe der Intermediären Filamente gehören. Daran sind die Chromosomen offenbar mit spezifischen Bindungsstellen gebunden. Wird die Kernhülle zu Beginn der Mitose aufgelöst, so wird das Lamin phosphoryliert und dadurch die Struktur gelockert. Die nicht strukturierte Grundsubstanz des Zellkerns wird als Karyoplasma bezeichnet.

Die DNA der Chromosomen enthält die Gene; diese sind definierte Nucleotidsequenzen, also Stücke der DNA-Moleküle. Ein besonderer Verteilungsvorgang der Chromosomen bei der Kernteilung, die Mitose, sorgt dafür, dass die genetische Information des Kerns vollständig von Zelle zu Zelle weitergegeben wird. Zuvor muss in der Interphase die identische Verdoppelung der DNA stattgefunden haben. Die hierzu erforderlichen Replikationsenzyme sind in geordneter Form an das Kernskelett gebunden.

An der DNA erfolgt die Synthese von RNA-Molekülen durch den Vorgang der Transkription. Die entstehende RNA wird sofort an Proteine gebunden, anschließend im Kern noch verändert (*processing* der RNA) und dadurch zu *messenger-RNA* (mRNA), die in Form von mRNPs vorliegt. Beim processing wirken ferner RNPs mit, die kleine RNA-Moleküle enthalten (*short nuclear* RNA in den snRNPs). Die mRNPs verlassen den Kern über die Poren der Kernhülle. Durch diese gelangen auch die ausschließlich im Cytoplasma synthetisierten Kernproteine in den Kern.

B. Bau der Chromosomen

Die Chromosomen werden in der Regel erst zu Beginn der Kernteilung, wenn sie in die «Transportform» übergehen, als Gebilde von wenigen μm Größe erkennbar. Im Interphasekern sind sie weniger kontrahiert («Funktionsform»). Die Zahl der Chromosomen ist artcharakteristisch und kann selbst bei nahe verwandten Arten verschieden sein. Die Gestalt und Größe der Chromosomen eines Kerns ist oft sehr unterschiedlich; jedoch in allen Zellen eines Organismus identisch.

Da viele Pflanzen (so alle Kormophyten) nach Verschmelzung von zwei Keimzellen (Befruchtung) zur Zygote durch fortlaufende Teilungen entstehen, enthalten ihre Zellen jeweils einen doppelten Chromosomensatz. Je ein gleichartiges Chromosom stammt aus dem väterlichen und dem mütterlichen Erbgut (homologe Chromosomen). Solche Zellen heißen **diploid**; sie haben einen doppelten Chromosomensatz (2n). Viele Algen und die grünen Moospflänzchen haben hingegen einen einfachen Chromosomensatz (n); sie sind **haploid**. Die Anzahl der Chromosomen ist sehr unterschiedlich; beim Korbblüter *Haplopappus* ist n = 2 (2n = 4) – dies ist die kleinste Zahl –; bei einem Natternzungen-Farn *Ophioglossum reticulatum* beträgt n ungefähr 630.

Ein Chromosom ist in der Regel durch eine Einschnürung, das **Centromer**, in zwei meist verschieden lange Arme gegliedert. Seltener liegt das Centromer endständig. Am Centromer befindet sich die Ansatzstelle der Mikrotubuli des Spindelapparates. Diese wird als Kinetochor bezeichnet. Manche Chromosomen weisen einen Arm mit einem dünnen Filament von DNA und einem dickeren Endstück, dem Satelliten, auf (Satelliten-Chromosomen). Im Bereich des dünnen Filaments entsteht im Interphasekern ein **Nucleolus**; daher nennt man dieses Filament auch Nucleolus-Organisator. Hier sind die Gene für die RNA der Ribosomen lokalisiert. Die Zahl der Nucleoli im Kern entspricht der Zahl der Satelliten-Chromosomen; allerdings können nachträglich mehrere Nucleoli miteinander verschmelzen.

Zu Beginn einer Mitose besteht ein Chromosom aus zwei umeinander geschlungenen Längshälften, den Chromatiden. Jede **Chromatide** enthält ein durchgehendes DNA-Molekül in Form einer Doppelschraube. Diese ist mit Proteinen verknüpft und durch Über-Schrauben ähnlich einer Glühlampenwendel kontrahiert (Abb. 3.18). Lichtmikroskopisch ist häufig ein charakteristisches Muster von stärker und schwächer auf DNA anfärbbaren Zonen zu erkennen. Die Bereiche höherer DNA-Gehalte heißen Chromomeren. Ihr Muster ist für jedes Chromosom typisch und konstant. Oft findet man auch in Interphasekernen stark gefärbte Bereiche, weil hier die Chromosomen intensiv verschraubt bleiben. Man bezeichnet sie als *Heterochromatin*. Man unterscheidet Bereiche, die stets heterochromatisch sind (wie z. B. das Centromer), und andere, die in Abhängigkeit vom Entwicklungszustand Heterochromatin bilden (fakultatives Heterochromatin). Die DNA des Centromers besteht aus einer großen Zahl wiederholter gleichartiger Nucleotidsequenzen (sie ist hochrepetitiv). Daran werden spezifische Proteine gebunden. An beiden Enden jedes Chromosoms (den **Telomeren**) befinden sich ebenfalls hochrepetitive Sequenzen (Telomer-DNA). Sie verhindern eine Fusion der Chromosomen. Den Chromosomenbestand eines Organismus bezeichnet man als dessen **Karyotyp**.

Die DNA-Doppelstränge treten in enge Bindung mit den Histonen, die bei allen Eukaryota (außer den Dinophyta) vorkommen. Man unterscheidet 5 verschiedene Histone, die als H1, H2A, H2B, H3 und H4 bezeichnet werden. Das Histon H1 enthält als basische Aminosäure vor allem Lysin, die anderen Histone enthalten bevorzugt Arginin. Die Untersuchung des Chromatiden-Feinbaus ergab, dass jeweils 8 Histonmoleküle (je 2 der Histone H2A, H2B, H3, H4) zu einem etwa linsenförmigen Gebilde von ca. 11 nm Breite und 5,7 nm Dicke zusammengelagert sind. Dieses Histon-Oktamere heißt **Nucleosom**. Es besitzt eine rinnenartige Vertiefung, in die ein Stück der DNA-Doppelhelix von ca. 145 Nucleotidpaaren eingelagert ist, die etwa 1¾ Windungen einer Überschraube bildet. Basische Aminosäure-Seitenketten der Histone stehen dabei in ionischer Wechselwirkung mit den sauren Phosphatresten der DNA. Die mit den Nucleosomen verknüpfte DNA besitzt perlschnurartige Struktur, denn zwischen den

Nucleosomen verbleiben «freie» Bereiche von ca. 45–60 Nucleotidpaaren. Sie können mit dem Histon H1 in Wechselwirkung stehen und dabei wiederum verschraubt werden, so dass unter Einbeziehung der Nucleosomen eine Überschraube 2. Ordnung mit 30–45 nm Durchmesser entsteht (wie durch Abb. 3.18 verständlich wird). Diese ist ihrerseits unter Bildung von Schleifen (loops) aufgefaltet, wobei eine Schleife etwa 20 000 bis 80 000 Nucleotidpaare der DNA umfasst. Die derart gefaltete Überschraube ist dann nochmals verschraubt. So entsteht die Chromatinstruktur, in der die DNA gegenüber der freien DNA-Doppelhelix etwa 500fach kontrahiert vorliegt (Abb. 3.18). Eine weitere 5–10fache Kontraktion erfolgt beim Sichtbarwerden der Chromosomen zu Beginn der Kernteilung; dabei ist das Kernskelett mitbeteiligt.

Beim Vorgang der Transkription muss die starke Kontraktion lokal aufgehoben werden. Dabei spielen Strukturveränderungen am Histon H1 durch dessen Phosphorylierung und Acetylierung eine Rolle. Eine große Zahl von DNA-bindenden Transkriptionsfaktoren (TF) greift regulierend ein.

Die DNA-Menge der Organismen zeigt keine Beziehung zur Chromosomenzahl (vgl. Tab. 3-2). Bei Eukaryoten ist die DNA-Menge viel größer als bei Prokaryoten, obwohl die Menge an Information, die für den Aufbau von Enzymproteinen erforderlich ist, maximal zwei- bis dreimal höher ist.

Viele DNA-Bereiche haben bei Eukaryota andere Funktionen. Manche dienen, wie erwähnt, der strukturellen Stabilisierung der Chromosomen, vor allem in den Telomeren und im Centromerbereich. Andere haben wichtige Aufgaben bei der zeitlichen Regulation der Aktivität der Gene und damit für das Entwicklungsprogramm der vielzelligen Organismen und wieder andere sind wohl funktionslos und redundant.

C. Zellzyklus

Wenn durch Teilung eine neue Zelle entstanden ist, beginnt der Zellzyklus (Abb. 3.19). In der Zeit zwischen zwei Kernteilungen, der Interphase, verdoppeln sich die Chromosomen. Die DNA-Replikation findet in einem zeitlich begrenzten Abschnitt der Interphase, der S-(Synthese-)Phase, statt.

Nach einer Mitose wächst eine Zelle zunächst heran; die Chromosomen bestehen in dieser Zeit aus einer Chromatide. Man nennt diese Zeit die **G_1-Phase** (von *gap*=Pause). Daran schließt die **S-Phase** der DNA-Neubildung und Histon-Synthese an. Schließlich folgt wiederum

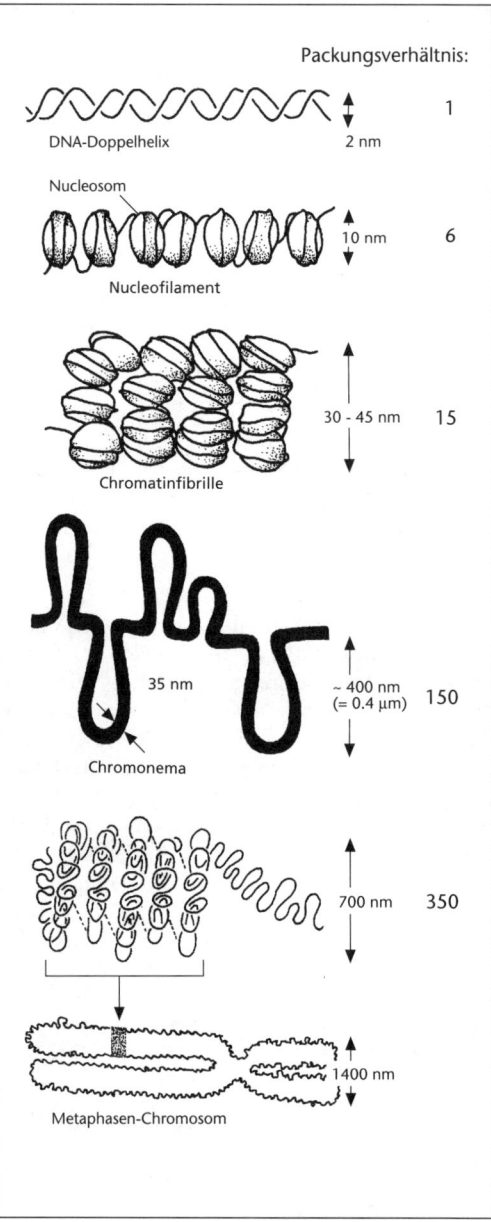

Abb. 3.18: Aufbau der Chromosomen. Die DNA-Doppelhelix ist in regelmäßiger Weise mit den Nucleosomen verknüpft. Ein Nucleosom ist aus 8 Histon-Molekülen aufgebaut. Durch Überschrauben-Struktur entsteht das Chromatin der Interphase. Beim Sichtbarwerden der Chromosomen während der Kernteilung kommt es zu einer weiteren Kondensation (nach ALBERTS et al., verändert).

Tab. 3-2: Chromosomen und Größe der DNA

	Basenpaare	Länge	Zahl der Chromosomen (haploid)
Blumenkohl-Mosaikvirus	8024	2,6 µm	(1)
E. coli (Bakterium)	$4{,}72 \cdot 10^6$	1,36 mm	(1)
Hefe	$1{,}203 \cdot 10^7$	4,1 mm	16
Arabidopsis thaliana	$1{,}3 \cdot 10^8$	3,5 cm	5
Mais	$6{,}6 \cdot 10^9$	2,2 m	10
Lilie	$3 \cdot 10^{11}$	100 m	12
Mensch	$3 \cdot 10^9$	1 m	23

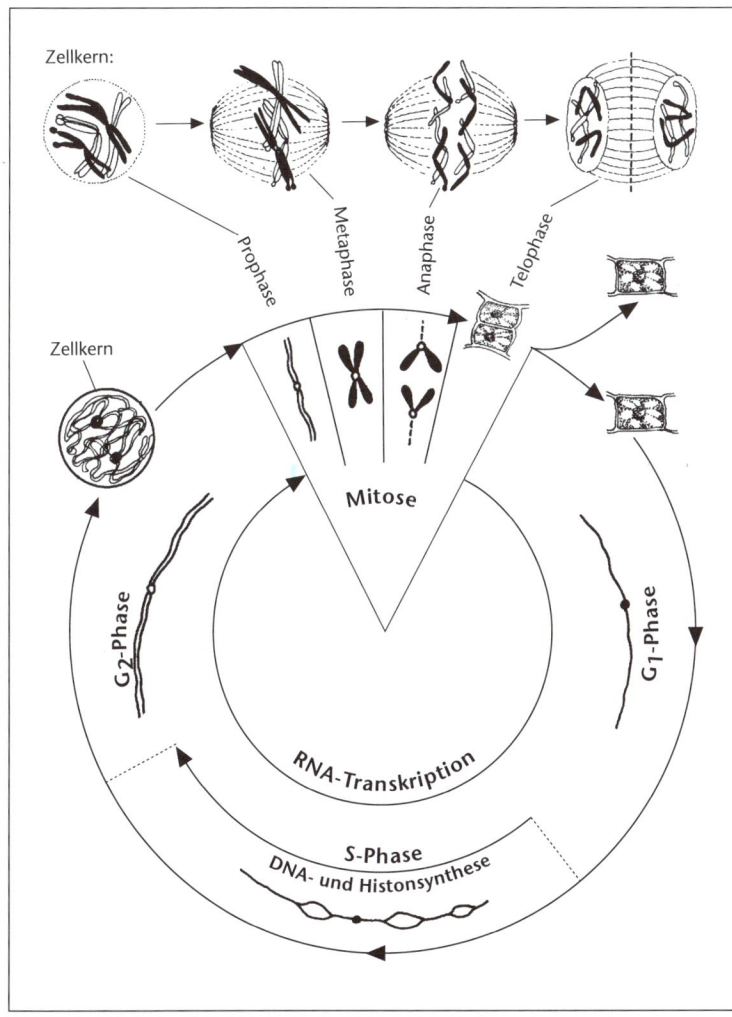

Abb. 3.19: Zellzyklus. G_1-Phase: *gap* zwischen Mitose und DNA-Replikation. Jedes Chromosom besteht aus einer Chromatide. S-Phase: DNA-Replikation, daher Verdopplung der Chromatiden. G_2-Phase: *gap* zwischen DNA-Replikation und Mitose. Jedes Chromosom besteht nun aus zwei Chromatiden. Zu den Phasen der Mitose (Kernteilung) vgl. Abb. 3.20 (nach BIELKA, verändert).

eine Zeit ohne Synthese, in der die nächste Mitose vorbereitet wird. In dieser **G$_2$-Phase** ist der DNA-Gehalt des Kerns doppelt so groß wie in der G$_1$-Phase; jedes Chromosom besteht nun aus 2 Chromatiden. Die **Mitose** wird auch als M-Phase bezeichnet. Das Programm des Zellzyklus ist genetisch gesteuert; insbesondere von der Hefe kennt man viele Mutanten der steuernden Gene.

In den embryonalen Zellen der Wurzelspitze der Erbse *Pisum* dauert die Mitose etwa 4 Stunden und die Interphase ca. 20 Stunden (bei normaler Temperatur); davon entfallen auf die S-Phase ungefähr 10 Stunden.

Teilt sich eine Zelle nicht mehr, so verharrt sie zumeist in der G$_1$-Phase, die dann als G$_0$ bezeichnet wird. Die Chromosomen enthalten dann *eine* durchgehende DNA-Doppelhelix.

Der Zellzyklus wird durch eine große Zahl von Kontrollvorgängen extrem genau reguliert. Regulierende Proteine sind die CDC-Proteine (vgl. 14.2.4.4). Kontrolliert wird vor allem der Eintritt in die S-Phase und in die Mitose.

Unterbleibt die Trennung der Chromosomen durch die Mitose nach der DNA-Verdoppelung, so entstehen polytäne Chromosomen. Diese sind aus zahlreichen Chromatiden (Chromonemata) aufgebaut. Sie können sich wegen ihrer dicken, kabelartigen Beschaffenheit nicht so stark verschrauben und bleiben daher 30–50mal länger als normale Chromosomen während der Kernteilung. Man bezeichnet sie deshalb als **Riesenchromosomen**. Am besten bekannt sind sie aus den Speicheldrüsen von Fliegen (*Drosophila, Chironomus*); in Pflanzen kommen sie in Samen (in den Suspensorzellen des Embryos) bei der Bohne *Phaseolus*, im Endosperm von Mais und weiteren Arten vor. An den Riesenchromosomen sind die Chromomeren wegen der parallelen Anordnung der vielen Chromatiden als bandartige Strukturen gut zu erkennen. Auch die Aktivität bestimmter Chromosomenabschnitte kann cytologisch festgestellt werden, denn die örtliche Verringerung der Kontraktion wird als «Aufblähung» erkennbar, die man als «**puff**» bezeichnet.

Unterbleibt die Kernteilung nach der Chromatidentrennung, so entstehen **polyploide Zellen**. Dieser Vorgang kann durch Colchicin künstlich ausgelöst werden. Wiederholt sich der Vorgang bei mehreren Teilungen nacheinander, so entstehen ganzzahlige Vielfache der ursprünglichen Chromosomenzahl 2n (also 4n, 8n usw.). Polyploide Zellen und ebenso ganze polyploide Pflanzen besitzen größere Kerne und sind infolge der Kern-Plasma-Relation häufig größer als die diploiden. Von dieser Tatsache wird in der Pflanzenzüchtung Gebrauch gemacht; viele Nutzpflanzen sind polyploid (Getreide, Kartoffeln). Bei vielen Arten erfolgt in der normalen Entwicklung bei der Ausbildung bestimmter Gewebe eine Polyploidisierung; häufig sind die Zellen der Epidermis (vgl. 5.2.2.1) polyploid, in anderen Fällen auch Zellen des Grundgewebes oder Zellen von Samenanlagen. Diese somatische Polyploidie betrifft also nur einzelne Gewebe. Von ihr zu unterscheiden ist die genetische Polyploidie, die bei der Zygote vorliegt und damit den gesamten daraus entstehenden Organismus betrifft. Bei den polyploiden Kulturpflanzen liegt genetische Polyploidie vor.

Unterbleibt die Zellteilung nach der Mitose, so entstehen **mehrkernige** (polyenergide) **Zellen**.

D. Mitose

Die normale Zellteilung läuft bei allen Eukaryoten in grundsätzlich gleicher Weise ab. Einer Teilung der Zelle geht stets die Teilung des Zellkerns, die Mitose, voraus. Während der S-Phase hat die identische Replikation der DNA stattgefunden und die neugebildete DNA hat sich mit den Histonen verbunden. Zu Beginn der Mitose besteht daher jedes Chromosom aus zwei Chromatiden. Diese werden nun voneinander getrennt und auf die Tochterkerne gleichmäßig verteilt. Der kontinuierliche Vorgang der Mitose wird einigermaßen willkürlich in vier Phasen gegliedert (Abb. 3.20 u. 3.21).

- **Prophase:** Vor Eintritt in die Prophase ordnen sich die corticalen Mikrotubuli bevorzugt in einer Ebene um den Zellkern herum an und bilden das «Präprophase-Band». So wird die Zellteilungsebene (Äquatorialebene) festgelegt. Die Chromosomen werden dann gegenüber dem Zustand in der Interphase stärker verschraubt und dadurch als einzelne Chromosomen individuell erkennbar. Am Ende der Prophase zerfällt die Kernhülle zu einzelnen Zisternen und Vesikeln; die Nucleoli lösen sich auf. Gleichzeitig entstehen Mikrotubuli senkrecht zur Äquatorialebene ausgehend von Bildungszentren, die Polkappen (Centroplasma; mit γ-Tubulin) genannt werden. Diese Mikrotubuli-Bündel bilden den Spindelapparat oder die Kernspindel.
- **Metaphase:** Die Chromosomen sind maximal verkürzt; ihre beiden Chromatiden trennen sich, hängen aber noch am Centromer zusammen: Die Chromosomen ordnen sich in der Äquatorialplatte und sind lichtoptisch am Ende der Metaphase am besten zu beobachten. Mikrotubuli der Kernspindel treten mit den Centromeren (den Kinetochoren) der Chromosomen in Verbindung; weitere

Mikrotubuli bleiben ohne Verknüpfung mit Chromosomen.
- **Anaphase:** Sie beginnt mit der Trennung der Centromeren. Unter Mitwirkung der Kernspindel werden die beiden Chromatiden eines Chromosoms dann zu den verschiedenen Polen transportiert. Die Bewegung kommt durch Kinesine zustande; ihre Regulation ist noch unklar. Jede Chromatide ist von da an ein Tochterchromosom. Während der Anaphase wandern außerdem die Polkappen noch weiter auseinander (Anaphase B).
- **Telophase:** Jeder Pol hat einen vollständigen Satz der Tochterchromosomen erhalten. Die Lamine werden dephosphoryliert und bilden neue Kernlaminae, um die sich ER-Vesikel so anordnen, dass neue Kernhüllen entstehen. Im Kern wird die Verschraubung der Chromosomen unter Mitwirkung spezifischer Enzyme gelockert, so dass sie wieder als Chromatingerüst in Erscheinung treten; die Nucleoli bilden sich. An bestimmten Stellen binden Kernporen-Proteine an das Chromatin, dort entstehen dann die Poren. Zwischen den Tochterkernen setzt bei den Pflanzen gleichzeitig die Bildung neuer Membranen und einer neuen Zellwand ein (vgl. 3.2.5.4).

3.2.4.6 Mitochondrien und Plastiden

Diese Organellen enthalten eigene DNA und eigene Ribosomen. Sie entstehen durch Teilung aus ihresgleichen, synthetisieren einige ihrer Proteinbestandteile selbst und sind daher semiautonome Organellen. Ihr Innenraum ist vom Cytosol stets vollständig getrennt.

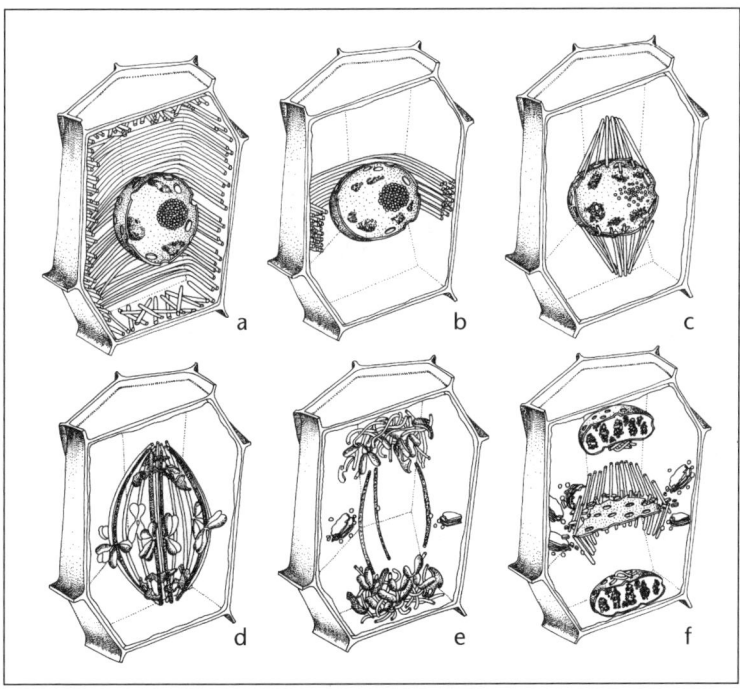

Abb. 3.20: Schema der Kern- und Zellteilung. **a:** Interphase: Zellkern mit Chromatingerüst und Nucleolus, Mikrotubuli vorwiegend im randlichen Cytoplasma (corticale Mikrotubuli); **b:** frühe Prophase: Corticale Mikrotubuli ordnen sich bevorzugt um den Zellkern herum an (Präprophase-Band) und legen so die Zellteilungsebene fest. Die Chromosomen werden erkennbar; der Abbau der Kernhülle beginnt; **c:** späte Prophase (Prometaphase): Ausbildung der Kernspindel; **d:** Metaphase: Chromosomen ordnen sich in der Äquatorialebene (Zellteilungsebene) an; an den Centromeren setzen die Spindelfasern an; **e:** Übergang Anaphase/Telophase: Tochterchromosomen sind zu den beiden Polen gewandert; der Abbau der Mikrotubuli der Kernspindel hat eingesetzt; **f:** späte Telophase: Zellkern wird wieder ausgebildet, im Bereich der Äquatorialebene entsteht die Zellplatte unter Beteiligung von Mikrotubuli und Dictyosomen (nach LEDBETTER-PORTER, verändert).

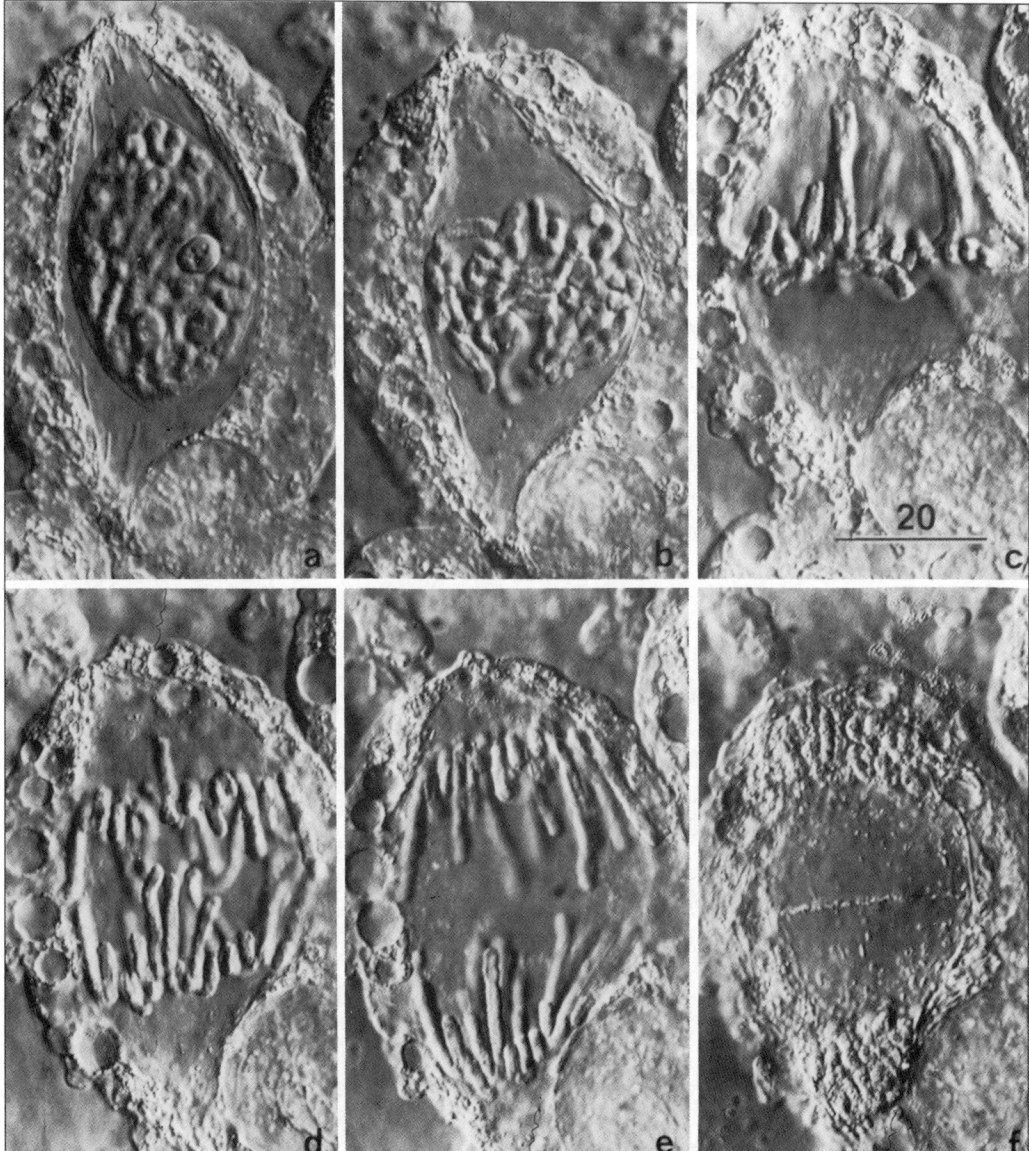

Abb. 3.21: Mitosestadien aus dem Endosperm der Blutlilie *Haemanthus*; Aufnahme im Interferenz-Kontrast, dadurch entstehen scheinbar räumliche Strukturen.
a: Prophase: Kernhülle noch vorhanden, Polkappen sind ausgebildet. Im Kern zwei Nucleoli; die Chromosomen werden durch Kondensation des Chromatins sichtbar; **b:** Übergang zur Metaphase (Prometaphase): Kernhülle löst sich auf; die Chromosomen sind vollständig kondensiert und beginnen sich in der Äquatorialebene anzuordnen; **c:** Metaphase: Die Chromosomen liegen in der Äquatorialebene; der Spindelapparat ist ausgebildet; **d:** Anaphase: Die Schwesterchromatiden haben sich getrennt und wandern zu den entgegengesetzten Polen; **e:** Späte Anaphase; **f:** Telophase, Ausbildung der Tochterkerne: Chromatiden entschrauben sich, eine Kernhülle entsteht. In der Äquatorialebene entsteht die Zellplatte; die Zellteilung hat also eingesetzt (aus KLEINIG-SITTE).

A. Mitochondrien

Mitochondrien sind bei höheren Pflanzen bis 5 μm lang und 0,5 – 1,5 μm breit, haben also ungefähr Bakteriengröße. Sie sind lichtmikroskopisch im Phasenkontrast oder nach Lebendfärbung sichtbar. Pflanzenzellen enthalten zwischen 100 und über 1000 Mitochondrien. (Verschiedene Einzeller besitzen nur ein einziges, sehr großes und zumeist verzweigtes Mitochondrion. Möglicherweise gibt es verzweigte Mitochondrien auch bei Kormophyten.) Die Hülle der Mitochondrien ist charakteristisch gestaltet: die innere Membran weist zahlreiche Einstülpungen in den Innenraum auf, so dass ihre Fläche um ein Vielfaches größer ist als die der äußeren Membran (Abb. 3.22). Die Einstülpungen (Cristae) können faltenartig, röhrig oder sackartig sein; sie schnüren sich vielfach ins Innere ab und sind nur noch lokal mit der inneren Mitochondrienmembran verbunden.

Die äußere Mitochondrienmembran besitzt Porenkomplexe, durch die kleine Moleküle hindurchwandern können. Makromoleküle (Proteine) werden über spezifische Transportsysteme der äußeren und der inneren Membran in die Mitochondrien transportiert (vgl. 8.6.8).

Die innere Mitochondrienmembran ist sehr dicht gebaut; ein Transport von Ionen und organischen Molekülen kann nur über spezifische Transportproteine erfolgen. Diese Membran enthält zahlreiche Proteinkomplexe und das besondere Lipid Cardiolipin, das außerdem nur noch in den Zellmembranen von Prokaryoten vorkommt.

Der Innenraum der Mitochondrien ist erfüllt von der «**Matrix**», die zahlreiche lösliche Enzyme und Enzymkomplexe enthält. Außerdem findet man darin DNA-Moleküle (mitochondriale = mt-DNA) und 70 S-Ribosomen. In den Mitochondrien erfolgt Proteinsynthese; bestimmte Anteile der strukturbestimmenden Proteinkomplexe der inneren Mitochondrienmembran werden in den Mitochondrien gebildet. Für den größten Teil der Mitochondrien-Proteine befindet sich die Information allerdings in Kerngenen; diese Proteine werden im Cytoplasma an 80 S-Ribosomen gebildet und müssen dann ihren Platz in den Mitochondrien erreichen. Die mt-DNA ist ringförmig gebaut und bei Pflanzen erheblich größer als bei Tieren (vgl. 8.7). Größere Mitochondrien enthalten mehrere identische DNA-Moleküle (bei Hefe bis zu 100). Der DNA-Ring liegt in Form einer Überschraube vor, die, obwohl nicht mit Histonen verknüpft, stabil bleibt, weil sie nur durch einen Bruch in einen unverschraubten Ring übergehen kann.

In den Mitochondrien findet die **Zellatmung** und im Zusammenhang damit **ATP-Bildung** statt. Der letzteren dienen spezifische Enzymkomplexe der inneren Membran, deren «Köpfe» (dort wird das ATP gebildet) in den Matrixraum ragen. Ein Teil der in der Membran gelegenen Bereiche des Proteinkomplexes dreht sich, wenn Protonen hindurchtreten. Die Drehung verursacht die ATP-Bildung. Der Transport von ATP ins Cytoplasma erfordert ein spezifisches Transportprotein der inneren Membran.

Mitochondrien teilen sich und werden bei der Zellteilung gleichmäßig auf die Tochterzellen aufgeteilt. Mitochondrien entstehen als semiautonome Organellen immer nur aus Mitochondrien. Sehr kleine und einfach gebaute Mitochondrien, die keine Proteinkomplexe der Zellatmung enthalten, treten in embryonalen Zellen und in anaerob wachsenden Hefen auf; sie werden als Promitochondrien bezeichnet.

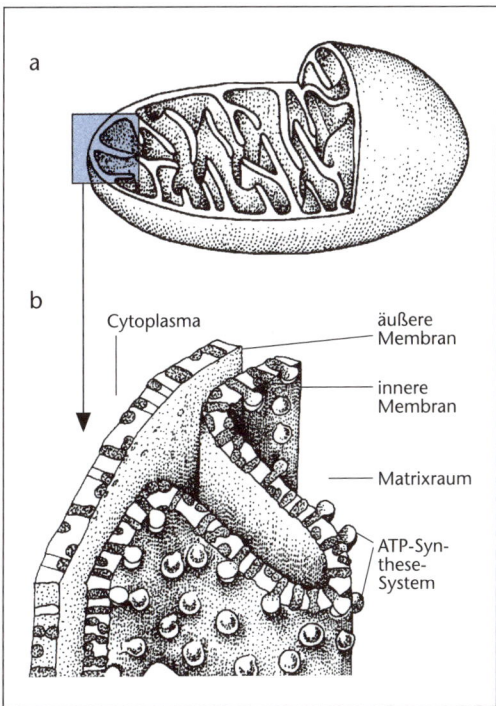

Abb. 3.22: oben: Mitochondrion, Schema des Aufbaus; unten: Ausschnitt aus den Mitochondrien-Membranen.

B. Plastiden

Die Plastiden sind charakteristische Organellen eukaryotischer Pflanzen. Unter diesen gibt es jedoch Gruppen ohne Plastiden, so die Schleimpilze (*Myxomycota*) und Pilze (*Oomycota* und *Eumycota*). Plastiden können sehr unterschiedlich gebaut sein; da sie aber alle auf die gleiche Vorstufe, die Proplastiden der embryonalen Pflanzenzellen, zurückgehen und sich zum Teil auch ineinander umwandeln können, darf man sie unter einer Bezeichnung zusammenfassen (Abb. 3.23). Plastiden, die grün und in erster Linie Organellen der Photosynthese sind, heißen **Chloroplasten**; solche mit anderen Farbstoffen (v. a. Carotinoiden) nennt man **Chromoplasten**; farblose werden als **Leukoplasten** bezeichnet. Die pigmentführenden Plastiden werden zusammenfassend auch Chromatophoren genannt. (In der Zoologie sind Chromatophoren farbstoffhaltige Zellen, in der Botanik hingegen wird der Begriff für Zellorganellen verwendet!) Eine bestimmte Pflanzenzelle enthält stets nur einen bestimmten Plastidentypus.

Bei der Hülle der Plastiden ist wie bei jener der Mitochondrien die innere Membran dicht, während die äußere Poren besitzt, so dass kleine Moleküle hindurchtreten können. Proteine werden über spezifische Transportsysteme eingeschleust (vgl. 8.6.8). Der plasmatische Innenraum der Plastiden wird als *Stroma* oder *Matrix* bezeichnet. Er enthält ringförmige DNA (Plastiden = pt-DNA) mit Überschrauben-Struktur. Die Gesamtheit der Gene aller Plastiden einer Zelle nennt man das *Plastom*. Außerdem sind stets 70 S-Ribosomen vorhanden.

Proplastiden sind sehr klein und kommen in undifferenzierten Zellen vor. Ihre innere Hüllmembran weist einige weitgehend unregelmäßige Einfaltungen in den Matrixraum hinein auf. Die Proplastiden teilen sich und werden bei der Zellteilung auf die Tochterzellen verteilt. Der Teilung der Organellen geht eine Verdoppelung und Verteilung der pt-DNA voraus. Die Entwicklung der Proplastiden zu ausdifferenzierten Plasten-Typen erfolgt im Zusammenhang mit der Entwicklung der Zelle und ist lichtabhängig.

Chloroplasten sind charakteristisch für die grünen Gewebe der Pflanzen. Sie enthalten als Organellen der Photosynthese die hierfür erforderlichen Farbstoffe (Chlorophylle, vgl. 2.5, und Carotinoide).

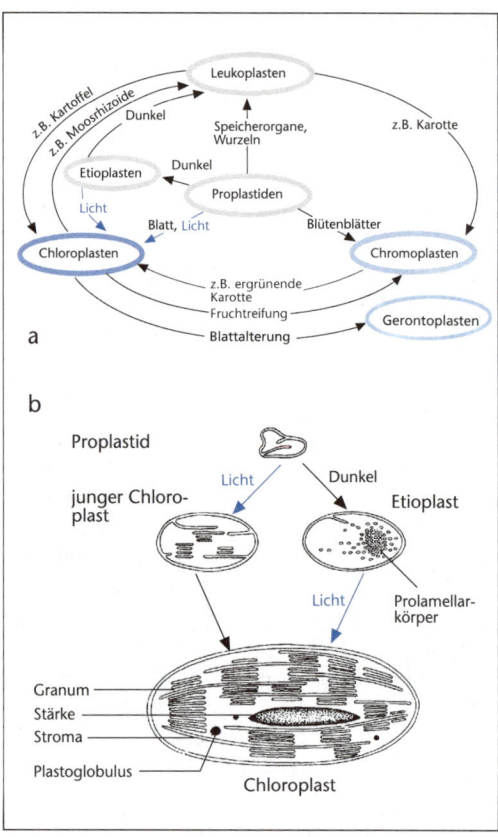

Abb. 3.23: Plastiden. **a:** Schema der Entwicklung und Umwandlung verschiedener Plastiden-Typen; **b:** Entwicklung von Chloroplasten aus Proplastiden (nach Jacob-Jäger-Ohmann).

Die Chloroplasten höherer Pflanzen sind etwa linsenförmig mit einem Durchmesser von 4–8 μm. Eine typische Blattzelle enthält 25 bis über 200 Chloroplasten. Bei Algen sind sie sehr verschieden gestaltet (Abb. 3.24), so hat *Spirogyra* schraubenförmige, *Zygnema* sternförmige, *Cladophora* netzartige und *Chlamydomonas* napfförmige (*Zygnema* 2, *Chlamydomonas* 1 je Zelle), zum Teil sehr große Chloroplasten. Bei vielen Algen (z. B. bei Braun- und Rotalgen) ist die grüne Farbe des Chlorophylls in den Chromatophoren durch andere Farbstoffe überdeckt.

Bei der Differenzierung der Chloroplasten aus Proplastiden bildet die innere Hüllmembran Einfaltungen in den Matrixraum hinein, die sich von der Hülle abschnüren und flache Vesikel

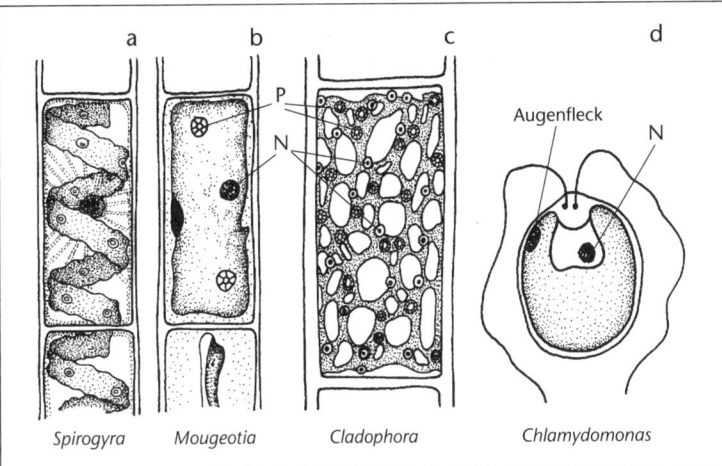

Abb. 3.24: Plastiden-Formen von Algen. **a:** *Spirogyra* (Schraubenalge); **b:** *Mougeotia* (ein plattenförmiger Chloroplast in der Zelle, in der unteren Zelle Kanten-Ansicht); **c:** *Cladophora* (ein netzförmiger Chloroplast); **d:** *Chlamydomonas* (ein topfförmiger Chloroplast). N = Zellkern, P = Pyrenoid (nach JACOB-JÄGER-OHMANN und ULLRICH-ARNOLD, verändert).

(flachgedrückte Säckchen) bilden, die man als **Thylakoide** bezeichnet (Abb. 3.25). Sie durchziehen den Matrixraum (= Stroma). In den Membranen der Thylakoide sind die Proteinkomplexe mit den Photosynthese-Farbstoffen lokalisiert. Bei vielen Algen sind an verschiedenen Orten im Chloroplasten mehrere (meist bis zu 3) Thylakoide übereinandergestapelt, so dass «Grana» entstehen. Die Menge photosynthetischer Farbstoffe wird dadurch erhöht und die Lichtausnutzung verbessert. Bei Grünalgen und den Landpflanzen entstehen ganze Pakete übereinandergestapelter Grana-Thylakoide von 0,3 – 0,5 μm Durchmesser, die dann wie unregelmäßige Geldrollen aussehen. Sie stehen durch einzelne Thylakoide, die das Stroma durchziehen (Stroma- = Matrix-Thylakoide), untereinander in Verbindung, so dass zwischen den Grana- und den Matrix-Thylakoiden ein Transfer von Membranbestandteilen stattfinden kann.

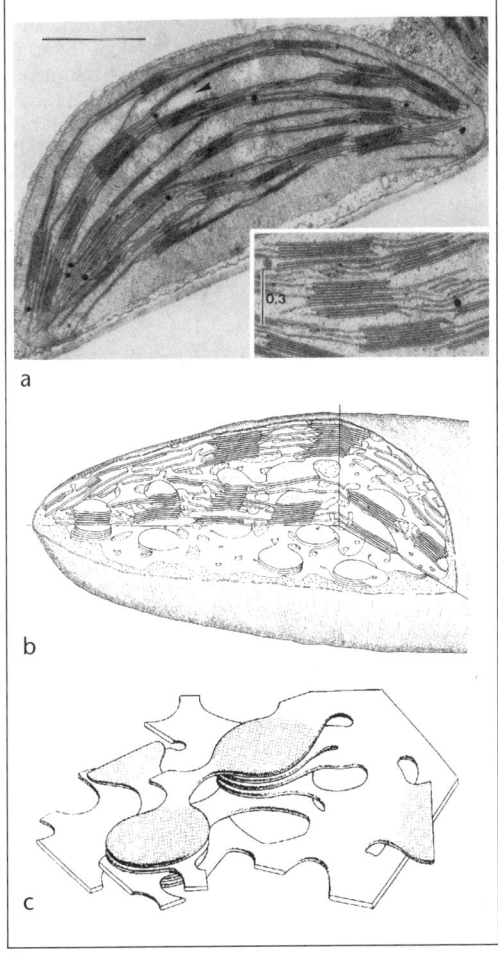

Abb. 3.25: Chloroplastenbau.
a: Elektronenmikroskopische Aufnahme: Chloroplast mit Grana- und Stromathylakoiden, Lipidglobuli und einem Stärkekorn (transitorische Stärke, Pfeilkopf) aus einem Blatt der Bohne *Phaseolus vulgaris* (aus KLEINIG-SITTE). Strich = 1 μm. Im Inset: Grana stärker vergrößert;
b: Modell eines Chloroplasten, aufgeschnitten. Man erkennt zahlreiche Grana und durchgehende Stromathylakoide;
c: Ausbildung der Thylakoidstapel der Grana durch Übereinanderschiebung von Stromathylakoiden (aus STRASBURGER).

In der Matrix findet bei jungen Chloroplasten, die reichlich Ribosomen enthalten, eine lebhafte Proteinsynthese statt. Als Plastom sind in jedem Chloroplast 10–200 identische DNA-Moleküle enthalten. Die Proteine der Thylakoidmembran werden aber zum Teil im Cytoplasma gebildet und müssen dann in die Chloroplasten transportiert werden.

In den Chloroplasten vieler Algen gibt es eine schon lichtoptisch erkennbare dichte Zone, das **Pyrenoid**. Es besteht aus einer Anreicherung von Enzymproteinen, vor allem solchen der CO_2-Bindung. Bei Grünalgen findet hier die Stärkesynthese statt. Bei höheren Pflanzen erfolgt die Stärkebildung an beliebiger Stelle in der Plastiden-Matrix.

Die Lipidphase der Thylakoidmembran enthält vorwiegend Glykolipide. Der molekulare Bau dieser Membran ist für das Verständnis der **Photosynthesevorgänge** sehr wichtig und wird bei diesen behandelt (vgl. 10.1.1). In der Membran befinden sich ATP-Synthese-Komplexe von gleichem Bau wie in den Mitochondrien; ihre «Köpfe» ragen in den Stromaraum.

Die Chloroplasten sind aber nicht nur Organellen der Photosynthese, sondern auch vieler anderer Synthesen. So erfolgt der Aufbau der **Fettsäuren** bei höheren Pflanzen stets in Plastiden; weiterhin werden Aromaten und Terpenoide gebildet. Eine Synthese von Phospho- und Glykolipiden findet in der inneren Hüllmembran statt.

Hält man grüne Gewebe dunkel, so wird das Chlorophyll in den Chloroplasten abgebaut und die Granathylakoide verschwinden allmählich. Nur wenige Thylakoide sind noch anzutreffen; das Membranmaterial wird in Form vieler röhrenförmiger Strukturen (Tubuli) angeordnet. Diese bezeichnet man als den Prolamellarkörper; er besitzt oft einen sehr regelmäßigen, fast kristallartigen Aufbau. Den so entstandenen Plastidentyp nennt man Etioplast.

Alternde Chloroplasten nennt man Gerontoplasten. Sie enthalten häufig kugelige lipidreiche Gebilde, die osmiophilen oder Plastoglobuli (osmiophil, weil bei OsO_4-Fixierung sich dieses in lipidreichen Bereichen anhäuft). Die Plastoglobuli enthalten auch Carotinoide (gelbes Herbstlaub!).

Typische **Chromoplasten** enthalten kein Chlorophyll und dienen daher nicht der Photosynthese. Sie enthalten Carotinoide und besitzen deshalb gelbe, orange oder rote Farbe. Sie kommen häufig in Blüten und Früchten als Farbstoffträger vor und entstehen aus Chloroplasten oder unmittelbar aus Proplastiden.

Nach dem Feinbau der Chromoplasten und der Lokalisierung der Carotinoide unterscheidet man verschiedene Formen:

- globulöse Chromoplasten: Carotinoide in Plastoglobuli lokalisiert; Aufbau wie bei Gerontoplasten: z. B. in Blütenblättern von Ranunculaceen.
- membranöse Chromoplasten: Carotinoide in Thylakoid-Membranen lokalisiert: z. B. bei Paprika-Früchten;
- tubulöse Chromoplasten: Carotinoide in Tubuli lokalisiert, die jenen der Etioplasten entsprechen: z. B. bei Früchten von Rosa (Hagebutten);
- kristallöse Chromoplasten: durch Anhäufung von sehr viel Carotinoiden können kristallartige Pigmentaggregate entstehen, die den Umriss des Chromoplasten bestimmen; z. B. in der Wurzel der Karotte (*Daucus carota*; von ihr leiten die Carotinoide ihren Namen her) und der Tomatenfrucht. Schließlich können die kristallartigen Gebilde (es sind keine echten Kristalle, da sie auch große Mengen Protein enthalten) die Hülle durchstoßen und dann «nackt» in der Zelle liegen (z. B. bei Karotten).

Leukoplasten sind farblose, pigmentfreie Plastiden. Sie kommen in Wurzeln und in Speicherorganen vor und entstehen meist unmittelbar aus Proplastiden. Auch eine Bildung aus Chloroplasten ist möglich; sie verläuft über ein Etioplasten-Stadium.

In Wurzelzellen findet man die Wurzelplastiden, die als Zellkompartiment wichtig sind, in dem bestimmte Stoffwechselvorgänge ablaufen (z. B. Nitritreduktion, Fettsäuresynthese). In Reserveorganen dienen die Leukoplasten häufig der Stärkespeicherung und heißen dann Amyloplasten (Abb. 3.26 b). Diese können schließlich völlig von Stärke erfüllt sein und bilden dann **Stärkekörner** von charakteristischer Gestalt (vgl. 3.2.5.3). Sterben die speichernden Zellen ab, so geht die Hülle der Amyloplasten ebenfalls zugrunde und es liegen freie Stärkekörner vor (z. B. im Mehlkörper der Getreidekörner). Sind Leukoplasten weitgehend von Reserveproteinen erfüllt, so spricht man von Proteinoplasten; bilden Lipide den Hauptinhalt, so heißen sie Elaioplasten.

3.2.5 Ergastische Gebilde

Außer der Zellwand gehören hierzu auch Reservestoffe und geformte Ausscheidungsprodukte (Exkrete). Häufig werden solche Stoffe in Vakuolen angesammelt.

3.2.5.1 Vakuom

Die Gesamtheit aller Vakuolen einer Zelle nennt man das Vakuom. Es entsteht während des Zellwachstums, da die Dehnung der Zellwand sehr viel stärker ist als die Zunahme der Protoplasmamenge (Abb. 3.27). Ausgewachsene Zellen höherer Pflanzen besitzen daher stets Vakuolen;

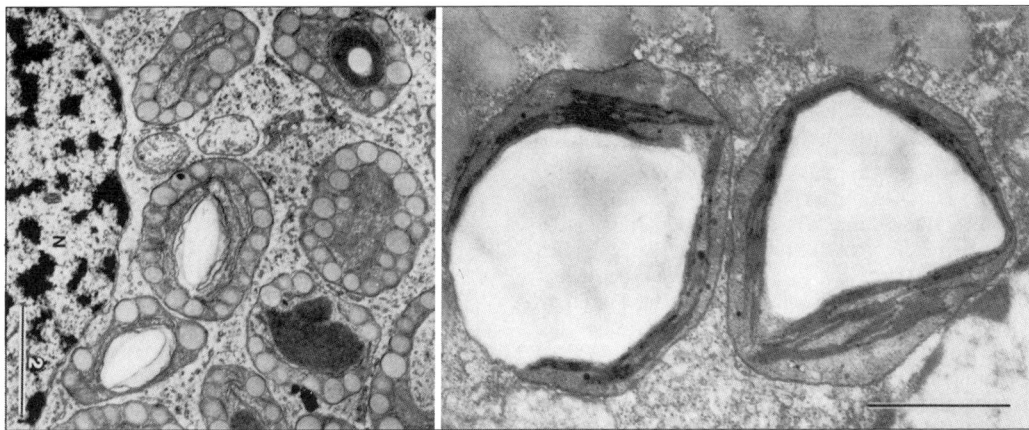

Abb. 3.26: **a:** Chromoplasten (globulöser Typ) aus dem Kronblatt der Sumpfdotterblume *Caltha palustris*. In den Chromoplasten zahlreiche Globuli (Lipide) sowie Stärkekörner (große helle Einschlüsse) (aus KLEINIG-SITTE); **b:** Leukoplasten (Amyloplasten) aus dem Senf *Sinapis alba* mit je einem großen Stärkekorn und wenigen Thylakoiden. Oben im Bild sind Lipidvakuolen = Oleosomen als graue Gebilde zu erkennen. Strich = 1 µm (aus KLEINIG-SITTE).

diese sind von einer wässrigen Lösung, dem **Zellsaft**, erfüllt. Die Vakuolen sind gegen den Protoplasten durch eine Membran abgegrenzt, die man als Tonoplast bezeichnet. In embryonalen Zellen sind häufig mehrere kleine Vakuolen angelegt, die später verschmelzen. Bei ausgewachsenen Zellen mit großen Zentralvakuolen kann der Protoplast auf einen relativ dünnen Wandbelag reduziert sein; der Kern ist dann ebenfalls wandständig. Es können aber auch mehrere ganz oder teilweise durch Plasmastränge getrennte Vakuolenräume entstehen; der Kern liegt dann oftmals im Zentrum der Zelle. Die Gestalt des Protoplasten und die Anordnung von Plasmasträngen können sich infolge der Plasmaströmung rasch ändern. Im Winter wird oft eine große Zentralvakuole in mehrere kleinere aufgeteilt. Vakuolen entstehen teils aus Lysosomen, teils aus Speicherkompartimenten, die über *dense vesicles* (vgl. 3.2.4.4.F) zustande kommen. Das Vakuom einer Zelle kann also heterogener Herkunft sein.

Die Vakuolen haben in den Zellen der Kormophyten grundlegende Funktionen für die Lebenserscheinungen der Pflanzen:

- sie sind von entscheidender Bedeutung für den Wasserhaushalt der Zelle und damit für die Stabilität vieler pflanzlicher Gewebe (vgl. 3.5.3).
- sie sind Speicherraum für Reservestoffe, Ionen (z. B. Ca^{2+}), Exkrete. In spezialisierten Zellen kann es zu starker Anhäufung einzelner Stoffe in Speichervakuolen kommen; es entstehen so spezifische Protein-, Lipid-, Schleim-, Gerbstoff-Vakuolen.
- sie sind Kompartiment des hydrolytischen Stoffwechsels (vgl. 3.2.4.4.C). Wenn Vakuolen aus Lysosomen hervorgegangen sind, enthalten sie *Hydrolasen* zum Abbau von Makro-

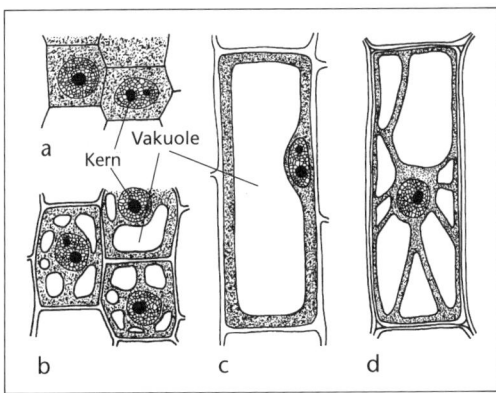

Abb. 3.27: Bildung der Vakuolen. **a:** Embryonale Zellen ohne lichtoptisch erkennbare Vakuolen; **b:** Mit dem Wachstum der Zellen entstehen die Vakuolen; **c:** Die ausgewachsene Pflanzenzelle besitzt eine große Zentralvakuole oder **d:** mehrere Vakuolenräume (z. T. nach STRASBURGER, verändert).

molekülen (Proteinen, Nucleinsäuren, Polysacchariden). Auch Abbauprodukte der Chlorophylle gelangen in Vakuolen.

Zellsaftvakuolen können eine Vielzahl wasserlöslicher oder gut quellbarer Stoffe enthalten.

Häufig werden sekundäre Pflanzenstoffe in Vakuolen angereichert. Sekundäre Pflanzenstoffe oder Sekundärstoffe sind Substanzen, die nicht Bestandteile der normalen Stoffwechselketten sind und daher vielfach von Art zu Art variieren. Sie sind nicht lebensnotwendig, haben aber häufig eine ökologische Funktion. Giftige, übelschmeckende oder den Stoffwechsel der Tiere störende Stoffe dienen als Fraßschutz der Pflanzen, andere Substanzen (z. B. Blütenfarbstoffe) locken Insekten oder andere Tiere an. Für zahlreiche Sekundärstoffe ist noch keine Funktion bekannt. Sekundärstoffe vieler Pflanzenarten werden wirtschaftlich genutzt (z. B. als Pharmazeutika, wie etwa Digitalis-Glykoside, Tropan-Alkaloide usw.).

Im Zellsaft kommen vor allem folgende Stoffgruppen vor:

Primärstoffe:

a) Kohlenhydrate: Zucker, oft vor allem Saccharose. Die Saccharosespeicherung ist besonders ausgeprägt in den Sprossachsen des Zuckerrohrs *Saccharum officinarum* und in Zuckerrüben *Beta*; auch die Küchenzwiebel *Allium cepa* ist zuckerreich. Polysaccharide können in Vakuolen auftreten, wenn entsprechende abbauende Enzyme fehlen oder inaktiv sind. Bei Korbblütlern und vielen Monocotylen werden Polyfructane in Vakuolen gespeichert. Auch Schleimpolysaccharide können in Vakuolen vorkommen.

b) Carbonsäuren (organische Säuren), vor allem Äpfel-, Citronen- und Oxalsäure. Der pH-Wert des Zellsaftes ist daher zumeist sauer. Für einen Teil der Carboxylgruppen sind anorganische Kationen als Gegenionen vorhanden; Vakuolen können bei der Regulation des pH-Werts und der Ca^{2+}-Konzentration mitwirken. Durch Oxalsäure kann Ca-oxalat ausgefällt werden.

Sekundäre Pflanzenstoffe:

a) Vakuolenfarbstoffe: Sie sind wasserlöslich; dies wird in der Regel durch glykosidisch gebundene Zucker erreicht. Häufig haben die Vakuolenfarbstoffe ein Flavan-Gerüst (Abb. 11.22); so die rot oder blau gefärbten Anthocyane und andere vorwiegend gelbe Flavonoidglykoside. Bei vielen Caryophyllales (z. B. Kakteen, Rote Bete) treten rote oder gelbe Betalaine auf.

Im Gegensatz zu den Vakuolenfarbstoffen sind die in Membranen der Plastiden lokalisierten Pigmente (Chlorophylle, Carotinoide) nicht wasserlöslich. Man bezeichnet sie als Plastochrome.

Vakuolenfarbstoffe kommen vor als:

- Blütenfarbstoffe (z. B. Rose, Kornblume). Die blaue Farbe von Anthocyanen wird bei sauren pH-Werten des Zellsaftes durch Komplexbildung oder Stapelung mehrerer Moleküle (vgl. 11.4) stabilisiert.
- Fruchtfarbstoffe (z. B. Kirschen, Blaubeeren, blaue Weintrauben)
- UV-Schutzstoffe (vgl. 14.4.1.2) in vegetativen Geweben, vor allem in den an der Oberfläche der Pflanze gelegenen Epidermis-Zellen.

Auch eine Anhäufung in vegetativen Geweben kommt vor; so sind bei den gärtnerisch genutzten Blutvarietäten vieler Arten (Blutbuche, -hasel usw.) Anthocyane akkumuliert. Die Blattfärbung entsteht hier als Mischfarbe der grünen Plastiden und des roten Zellsafts.

b) Andere Glykoside haben sich als Fraßschutzstoffe erwiesen; wieder andere treten mit unbekannter Funktion (z. T. Exkrete?) in Vakuolen auf. Durch die Glykosidierung von schlecht löslichen Stoffen aus verschiedenen Substanzklassen wird eine hinreichende Wasserlöslichkeit erreicht.

Die Glucosinolate der Kreuzblütler werden bei Verletzung der Pflanzenzellen, die zur Vermischung von Vakuoleninhalt und Cytoplasma führt, enzymatisch gespalten. Hierbei werden Senföle freigesetzt, die für Mikroorganismen giftig sind (Abb. 11.24). Diese Reaktion verursacht den scharfen Geruch und Geschmack vieler Brassicaceen (Rettich, Meerrettich). Die cyanogenen Glykoside von Rosengewächsen (z. B. Mandel) und anderen Pflanzen werden in ähnlicher Weise bei Gewebsverletzung enzymatisch gespalten, wobei Blausäure HCN entsteht (Abb. 11.24).

c) Alkaloide sind zumeist kompliziert gebaute, N-haltige Verbindungen, die für zahlreiche Tiere giftig sind. Viele haben große pharmazeutische Bedeutung (z. B. Nicotin des Tabaks, Atropin der Tollkirsche, Morphin des Schlafmohns usw.; vgl. 11.3.5).

d) Lösliche Gerbstoffe haben in der Regel glykosidische Struktur (vgl. 11.4) und sind vermutlich zum Schutz vor Tierfraß und Befall durch Mikroorganismen wichtig. Unlösliche Gerbstoffe können als Festkörper in Vakuolen auftreten.

Kristalle können in Zellsaftvakuolen eingelagert sein; durch sie werden anorganische Ionen festgelegt (vgl. 3.2.5.2).

Lipidvakuolen kommen im Speichergewebe insbesondere von Samen vor, da diese oftmals Fette als energiereiche Reservestoffe enthalten. Sie entstehen aus kleinen Lipidtröpfchen (Sphärosomen oder Oleosomen). Auch Terpenoide (z. B. etherische Öle, Harze) können in Lipidvakuolen akkumuliert werden; häufig sterben die Zellen nach einiger Zeit ab, so dass die Terpenoide freigesetzt werden. Terpenoide können aber auch von den produzierenden Zellen durch Exocytose abgegeben werden.

Proteinvakuolen (*protein bodies*) können anfangs gelöste Proteine enthalten. Insbesondere in Samen entstehen hieraus wasserarme Proteinvakuolen, in denen die gespeicherten Reserveproteine kristallähnliche Massen bilden. Man nennt diese Aleuron und spricht wegen ihrer Festigkeit von «**Aleuronkörnern**». Letztere enthalten neben den Reserveproteinen auch wechselnde Mengen polarer Lipide, sowie Phytin (ein Ca-Mg-Inositolhexaphosphat), das sich auch in Form kugeliger Gebilde (Globoide) absondern kann (Abb. 3.28).

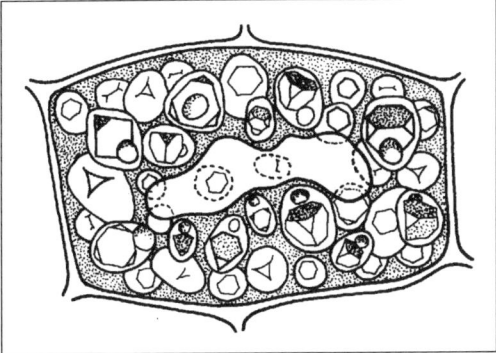

Abb. 3.28: Speicherzelle des Endosperms von *Ricinus*. Zentrale Lipidvakuole, zahlreiche Aleuronkörner (= Protein-Vakuolen) mit Protein-Kristalloiden und rundlichen Globoiden (nach STRASBURGER, verändert) (ca. 1000-fach vergrößert).

In Getreidekörnern enthalten die Zellen der ein bis drei äußersten Schichten des Nährgewebes die Aleuronkörner; man bezeichnet sie daher als Aleuronschicht(en). Bei scharfem Ausmahlen des Mehles (zu Weißmehl) bleiben die Aleuronzellen in der Kleie zurück; im Vollkornmehl hingegen sind sie enthalten. Bei der Keimung der Samen werden die Reserveproteine rasch abgebaut; aus den entleerten Proteinvakuolen entstehen in der Regel normale, zellsafterfüllte Vakuolen.

3.2.5.2 Kristalle

Der Zellsaft enthält zahlreiche Ionen. Jedoch darf deren Konzentration in den Geweben nicht beliebig ansteigen. Da Ca^{2+} im Cytoplasma regulatorische Funktionen hat, wird insbesondere ein Überschuss dieses Ions in den Vakuolen vieler Pflanzen durch Kristallbildung festgelegt. Da im Stoffwechsel Oxalsäure leicht gebildet werden kann, sind Kristalle von schwerlöslichem Calciumoxalat $Ca(COO)_2 \cdot H_2O$ (Kristallform: monoklin) und $Ca(COO)_2 \cdot 2 H_2O$ (tetragonal) besonders häufig. Gelegentlich kommen Kristalle von Calcit $CaCO_3$ und Calciumsulfat $CaSO_4$ vor. Ferner tritt verschiedentlich Kieselsäure in Kristallen auf.

Größe und Zahl der Kristalle sind sehr verschieden und sowohl artabhängig wie auch in gewissem Umfang standortbedingt. Es können größere Einzelkristalle, Bündel von Kristallnadeln (Raphiden), Kristallsand oder Kristalldrusen gebildet werden (Abb. 3.29). Meist erfolgt die Kristallbildung in der Vakuole besonderer Zellen, die sich früh auf diesen Vorgang spezialisieren (Idioblasten, vgl. 5.). Ihre Wände verkorken im Laufe der Entwicklung. Gelegentlich erfolgt auch eine Kristallbildung in den Zellwänden: Mineralisierung der Wand (vgl. 3.2.5.4).

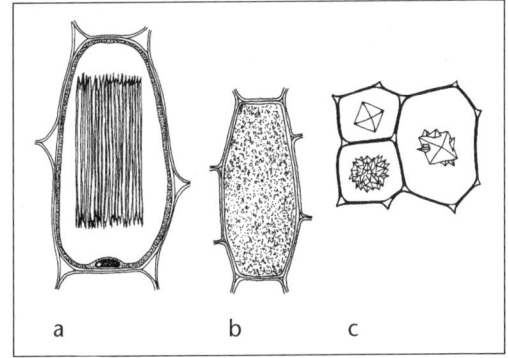

Abb. 3.29: Calciumoxalat-Kristalle (ca. 200-fach vergrößert). **a**: Raphiden aus *Impatiens*; **b**: Kristallsand aus *Solanum*; **c**: Einzelkristalle und Kristalldruse aus *Begonia* (aus STRASBURGER, verändert).

3.2.5.3 Stärke als Reservestoff

Von den Reservekohlenhydraten tritt cytologisch besonders die Stärke als wasserunlösliches Polysaccharid in Erscheinung. Sie entsteht im plasmatischen Reaktionsraum der Zelle, bei höheren Pflanzen in Plastiden, bei verschienen Algen im Cytoplasma (z.B. die Florideenstärke der Rotalgen). Viele Chloroplasten bilden nach längerer Belichtung kleine Stärkekörner in ihrer Matrix. Diese Assimilationsstärke wird nachts wieder zu löslichen Zuckern abgebaut; sie heißt daher auch transitorische Stärke. In den Speicherorganen wird die Reservestärke in Amyloplasten gebildet, die schließlich völlig von ihr erfüllt sind. So entstehen **Stärkekörner** von charakteristischer Gestalt (Abb. 3.30). Diese ist zur Artdiagnose bei der Untersuchung pflanzlicher Nahrungsmittel sehr wichtig. Pflanzliche Reservestärke liefert wichtige Grundnahrungsmittel des Menschen (Brotgetreide, Kartoffeln, Reis, Hirse, Batate, Maniok, Mehlbananen). Kartoffelknollen enthalten 20–30%, Weizenkörner bis zu 70% ihres Frischgewichtes an Stärke. Durch Zugabe von Iod färben sich die Stärkekörner tiefblau und sind so von Gebilden ähnlichen Aussehens zu unterscheiden.

Die Stärke wird ausgehend von einem Bildungszentrum abgelagert, wobei als Folge eines unterschiedlichen Wassergehaltes eine Schichtung zustande kommt. Geht in den Amyloplasten die Ablagerung von mehreren Zentren aus, so entstehen zusammengesetzte Stärkekörner (z.B. Hafer, Reis).

Eine Untersuchung im Polarisationsmikroskop zeigt, dass die Stärke kristallin gebaut ist; sie besteht aus submikroskopischen Kristalliten. Im Polarisationsmikroskop befindet sich ein Polarisationsfilter (Polarisator) im Strahlengang vor dem Objekt, so dass nur Licht einer bestimmten Schwingungsebene eintritt (linear-polarisiertes Licht). Zwischen Objekt und Okular kann ein zweites Filter (Analysator) eingeschoben werden, das nur Licht hindurchlässt, dessen Schwingungsebene senkrecht zu jener des Polarisators verläuft. Fast alle Kristalle beeinflussen die Schwingungsebene des polarisierten Lichtes; ein kristallines Objekt erscheint daher in der Regel auch dann hell, wenn sich beide Filter im Strahlengang befinden. Nur dort, wo durch die Lage der Kristalle die Schwingungsebene derart verändert wird, dass diese mit den Polarisationsebenen der Filter zusammenfällt, erfolgt Auslöschung. Beim Stärkekorn entsteht so ein schwarzes Kreuz (Polarisationskreuz); es zeigt die radiale Richtung der Kristallite an. Das Verfahren der Polarisationsmikroskopie erlaubte mit Hilfe der lichtmikroskopischen Techniken bereits Aussagen über den submikroskopischen Aufbau von Zellbestandteilen (Stärke, Zellwand), der erst durch die Elektronenmikroskopie direkt erkennbar wurde.

Das stärkeähnliche Glykogen liegt im Cytoplasma der Zellen von Pilzen in Form von Glykogen-Körnern vor.

3.2.5.4 Zellwand

Bei allen vielzelligen Lebewesen ist ein Zusammenhalt der Zellen erforderlich. Pflanzen erreichen dies durch die Zellwand, die cytologisch eine besondere Form von extrazellulärer Matrix ist. Hierunter versteht man von den Zellen ausgeschiedene makromolekulare Gerüststoffe. Nahezu alle vielzelligen Pflanzen wachsen an einem festen Ort. Die Evolution hin zur Unbeweglichkeit war möglich, weil Pflanzen autotroph sind. Es konnten dann auch relativ starre Wände entwickelt werden, die Skelett-Funktion besitzen. Die Zellwände bestimmen die Form

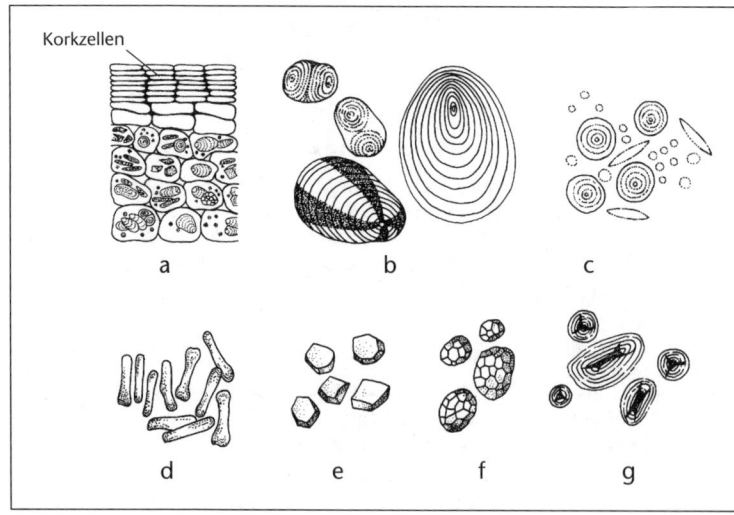

Abb. 3.30: Reservestärke. Stärkekörner von charakteristischer Gestalt. **a:** Schnitt durch den Randbereich einer Kartoffelknolle; **b:** Stärkekörner der Kartoffel, links mit Polarisationskreuz; **c:** Stärkekörner von Weizen; **d:** von Wolfsmilch (*Euphorbia*; vgl. Abb. 5.14a); **e:** von Mais; **f:** von Hafer (zusammengesetzte Körner); **g:** von Hülsenfrüchtlern.

der pflanzlichen Zellen und damit der Gewebe; sie sind Ursache für zahlreiche Unterschiede zwischen Pflanze und Tier hinsichtlich Gestalt, Ernährung, Wachstum und Kommunikation zwischen den Zellen.

Die Zellwand ist bereits bei zahlreichen Algen ein notwendiger Bestandteil der Zelle; sie bildet ein «äußeres Kompartiment». Die Konzentration des Zellsaftes in den Vakuolen ist höher als die Konzentration von gelösten Stoffen im umgebenden Wasser, so dass Wasser auf osmotischem Wege (vgl. 3.5.2) eindringt. Die relativ starre Zellwand begrenzt diesen Vorgang und verhindert so ein Platzen der Zelle. Die Zellwand enthält bis über 30 nm große Hohlräume, in denen wässrige Lösungen wandern. Daher ist auch jede Zelle der Landpflanzen von Wasser (mit darin gelösten Ionen) umgeben; die Zellwand hat somit die Funktion eines «Kreislaufsystems» in Nahbereich.

Die vorherrschende Wandsubstanz ist in der Regel **Cellulose**, bei den meisten Pilzen und einigen Algen jedoch *Chitin*. Bei Algen kommen auch noch andere Hauptkomponenten vor, z. B. Glykoproteine (z. B. bei *Chlamydomonas*).

Die folgende genauere Betrachtung beschränkt sich auf die Zellwand der Kormophyten.

A. Chemischer Aufbau der Zellwand

Die Zellwand von Kormophyten enthält drei Gruppen von Kohlenhydraten: Cellulose, Pectinstoffe (=Protopectin), und Hemicellulosen. Nur Cellulose ist chemisch einheitlich aufgebaut, die anderen Komponenten sind heterogen und elektronenmikroskopisch strukturlos; sie werden als Zellwandmatrix zusammengefasst. Die Wand enthält ferner stets Proteine; außer mehreren Gruppen von Strukturproteinen sind über 30 verschiedene Enzymproteine in Zellwänden nachgewiesen, so dass die Wand auch als ein Kompartiment des Stoffwechsels anzusehen ist.

Cellulose ist die wichtigste Komponente in den Wänden ausgewachsener Pflanzenzellen. Sie wird in so großer Menge gebildet, dass rund ⅓ des gesamten in Landpflanzen enthaltenen Kohlenstoffs in ihr festgelegt ist. Holz besteht zu mehr als 50% aus Cellulose und wird daher zu deren technischer Gewinnung genutzt.

Aufgrund der β-1,4-Verknüpfung der Glucose-Einheiten (vgl. 2.2.3) entsteht eine kettenförmige Struktur. Mit dem Polarisationsmikroskop konnte schon im vorigen Jahrhundert gezeigt werden, dass der größte Teil der Cellulose kristallin vorliegt (NÄGELI); im Elektronenmikroskop erkennt man langgestreckte Fibrillen. Die Röntgenstrukturanalyse zeigt, dass das Kristallgitter durch parallele Anordnung von Cellulose-Ketten entsteht, die untereinander durch Wasserstoffbrücken verknüpft sind. Diese Anordnung führt zu **Elementarfibrillen** aus ca. 36 Celluloseketten, die großenteils als Kristallite (=Micellen) vorliegen (Abb. 3.31) und einen Durchmesser von 3–4 nm besitzen. Gelegentlich verlaufen Moleküle von einer Micelle in eine andere, so dass die Intermicellar-Räume

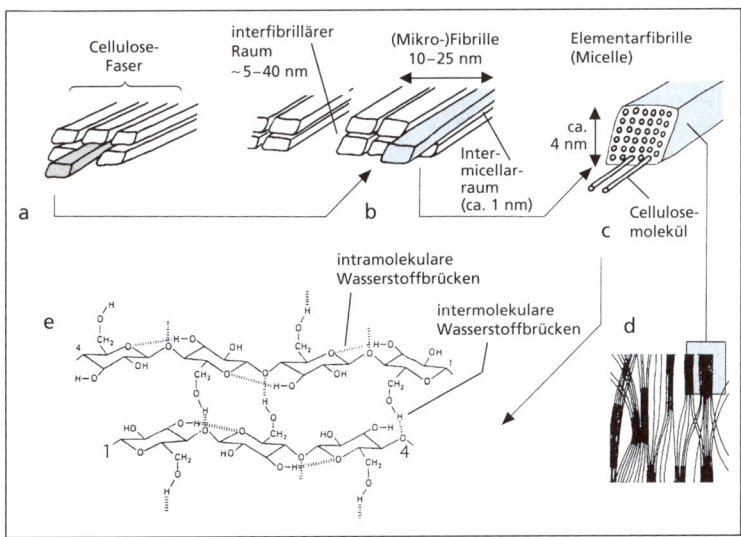

Abb. 3.31: Aufbau der Cellulose-Fibrillen der Zellwand. **a:** Cellulose-Faser, besteht aus einem Bündel von Mikrofibrillen; **b:** Mikrofibrille, aufgebaut aus Elementarfibrillen; **c:** Elementarfibrille aus 40–50 Cellulose-Ketten. In der Elementarfibrille liegen die Ketten in Kristalliten (Micellen) vor; **d:** Schematisches Bild der Micellen und der nicht micellaren Bereiche der Cellulose-Ketten (nach STRASBURGER); **e:** Struktur der Cellulose-Ketten in der Micelle (im Kristallgitter).

zwischen den Elementarfibrillen einzelne nicht zugeordnete Cellulose-Ketten aufweisen. Elementarfibrillen treten häufig zu größeren Einheiten, den **Mikrofibrillen** (auch kurz Fibrillen genannt) zusammen (Abb. 3.31). Diese sind vorwiegend bandförmig, haben Durchmesser von 10–50 nm und bestehen aus 3–20 Elementarfibrillen. Zwischen den Mikrofibrillen befinden sich interfibrilläre Räume von 5–40 nm Weite. Die intermicellaren Räume haben Durchmesser um 1 nm, so dass Wassermoleküle (Durchmesser 0,3 nm), kleine organische Moleküle (z. B. Glucose mit 0,75 nm Durchmesser) und hydratisierte Ionen (Durchmesser von: $K^+(H_2O)_n$: ca. 0,5 nm, $Na^+(H_2O)_n$: ca. 0,7 nm) darin wandern können.

Da die intermicellaren und interfibrillären Räume normalerweise wassererfüllt sind, in die Micellen selbst aber kein Wasser eingelagert wird, kommt es bei Wasserverlust der Zellwände fast ausschließlich zu einer Volumenabnahme quer zur Ausrichtung der Cellulose-Fibrillen. Man spricht von der Quellungs-Anisotropie der Wand. Daher wird z. B. eine trockene Flachsfaser bei Wasseraufnahme um 20% dicker, aber nur um 0,01% länger.

Die Synthese der Cellulose geht von einem Enzymsystem aus, das im Plasmalemma lokalisiert ist. Das elektronenmikroskopische Bild führte zur Bezeichnung «Rosetten-Komplex» (Abb. 3.32). Der Rosettenkomplex bildet eine Elementarfibrille; die Zeit dafür beträgt etwa 10–15 min. Werden mehrere Komplexe nebeneinander tätig, so entstehen Mikrofibrillen.

Pectinstoffe sind Heteropolysaccharide mit Galacturonsäure als Hauptbaustein. Deren Carboxylgruppen sind teils mit Methanol verestert, teils frei und können dann Kationen binden und als Kationenaustauscher wirksam werden. Die D-Galacturonsäure-Bausteine sind α-1,4-glykosidisch verknüpft. Dadurch entsteht eine kettenförmige Struktur (mit bis über 2000 Monomeren), die jener der β-1,4-verknüpften Glucose-Einheiten in der Cellulose ähnelt. Ferner ist L-Rhamnose in die Ketten eingebaut. Vorwiegend in kurzen Seitenketten sind außerdem D-Galactose und L-Arabinose (sowie gelegentlich Fucose) gebunden. Durch mehrfach geladene Kationen (vor allem Ca^{2+}, Mg^{2+}), die mit mehreren Carboxylgruppen in ionische Wechselwirkung treten, werden die Ketten vernetzt (Abb. 3.33). Da Zwischenräume des Netzes normalerweise von Wasser erfüllt sind, liegt das Protopectin vorwiegend stark gequollen vor; die Vernetzung ist durch Bewegung der Kationen veränderlich.

Durch partiellen Abbau des nativen Zellwand-Protopectins entsteht wasserlösliche Polygalacturonsäure (Pectinsäure) mit teilweise veresterten Carboxylgruppen. Wasserlösliche Pectine kommen auch in Vakuolen vor (z. B. in den Früchten von Apfel, Quitte u. a.).

Hemicellulosen können aus vielen verschiedenen Monosacchariden aufgebaut sein und bilden in der Regel verzweigte Heteropolysaccharid-Ketten. Sind sie vorwiegend aus Hexose-Einheiten (vor allem D-Mannose, D-Glucose, D-Galactose und D-Glucuronsäure) gebildet, so heißen sie Hexosane; bestehen sie hauptsächlich aus Pentosen (vor allem D-Xylose und L-Arabinose), so nennt man sie Pentosane.

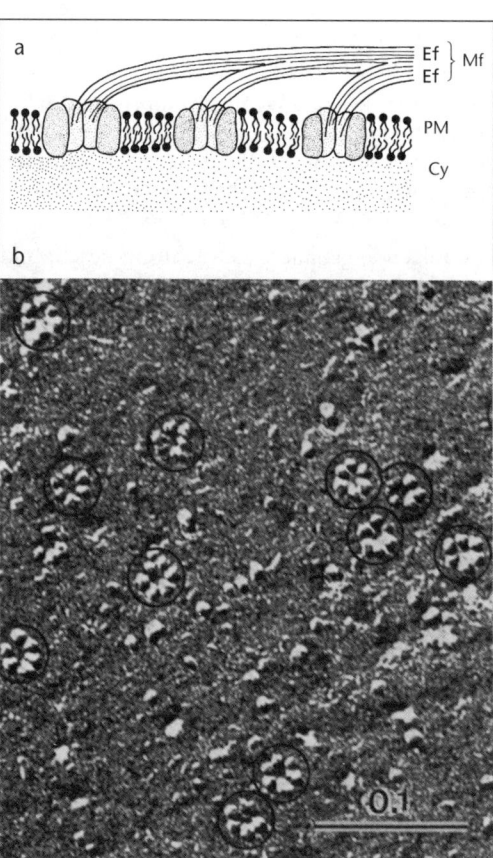

Abb. 3.32: Cellulose-Synthese. **a:** Cellulose-Synthase-Komplex im Plasmalemma (bei Kormophyten); Schema. Ef: Cellulose-Elementfibrillen, Mf: Mikrofibrillen, PM: Plasmalemma, Cy: Cytoplasma. Blau = Rosetten-Komplex (nach KLEINIG-SITTE). **b:** EM-Aufnahme der «Rosetten-Komplexe» der Cellulose-Synthase; Strich = 0,1 μm (aus KLEINIG-SITTE).

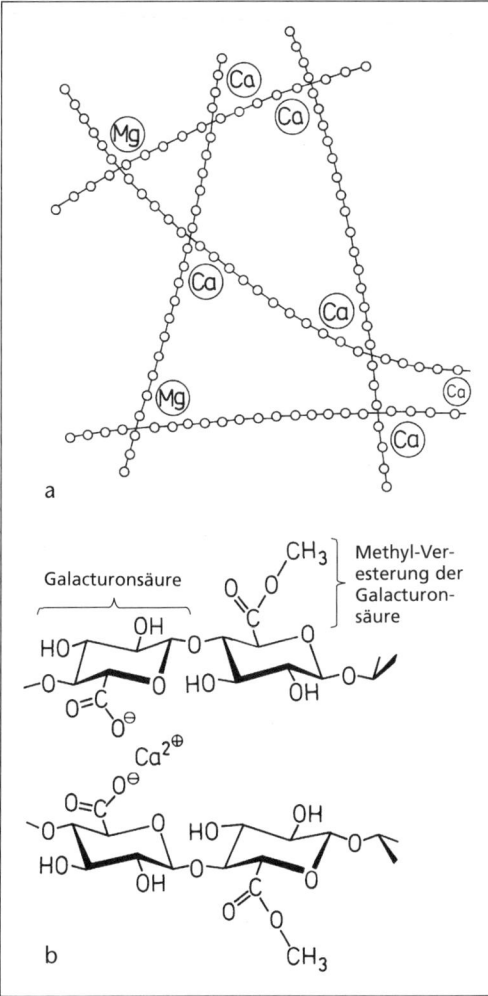

Abb. 3.33: Protopectin-Struktur. **a:** Verknüpfung der Ketten durch Ionen (Ca^{2+}, Mg^{2+}); **b:** einzelne Verknüpfungsstelle: Ionenbindung zwischen Ca^{2+} und Carboxylgruppen von Galacturonsäure (nach SITTE, verändert).

Stets sind sie aus sich wiederholenden, meist verzweigten Oligosaccharid-Einheiten aufgebaut. Dies gibt einen Hinweis auf ihre Synthese aus solchen Einheiten, die durch Exocytose zur Zellwand gelangen. Die Vesikelmembran enthält auch Rosettenkomplexe, die so ins Plasmalemma gelangen, wo sie dann tätig werden. Aus Xylose aufgebaute Xylane können nahezu unverzweigt sein; sie kommen neben Araboxylanen vor allem bei Monocotylen (und daher im Stroh) vor. Bei Dicotylen herrschen Xyloglucane vor, bei denen an einer Glucan-Kette Seitenketten von 1–3 Xyloseeinheiten hängen. Diese Moleküle sind mit der Cellulose durch Wasserstoffbrücken verknüpft. Da sie von einer Elementarfibrille zur anderen überwechseln, verursachen sie ein «*crosslinking*» in Abständen von 20–40 nm (Abb. 3.35). Da Wasserstoffbrücken auch relativ leicht wieder gelöst werden, sind Stabilität und Elastizität durch diesen «Verbundbau» gleichermaßen gewährleistet. Die Hemicellulosen sind alkalilöslich. In Wasser hingegen sind sie nicht löslich, wohl aber im nativen Zustand stark hydratisiert und daher gequollen. Es gibt jedoch Übergänge zu wasserlöslichen Wandpolysacchariden, die man als Zellwandschleime bezeichnet. Hemicellulosen können auch als Reservestoffe dienen, so z. B. in Samen verschiedener Palmen (Mannane bei der Dattel *Phoenix dactylifera* und der Elfenbeinpalme *Phytelephas*).

Zellwandproteine treten als Enzyme (über 30) und als Strukturbestandteile (vor allem der Primärwand, s. u.) auf. Die Strukturproteine lassen sich in mehrere Gruppen gliedern:

- Hydroxyprolin-reiche Glykoproteine (Extensine), mit einem Kohlenhydratanteil von ca. 50%; ihre Zuckerketten werden über Arabinose mit Matrix-Polysacchariden verknüpft; strukturell sehr ähnlich sind Prolin-reiche Proteine.
- Glycin-reiche Proteine, die oft viel Lysin enthalten. Sie besitzen vielfach eine spezifische Anordnung, der in später verholzenden Zellwänden die Ligninbildung z. T. folgt.
- Arabogalactan-Proteine (AGP) sind Proteoglykane mit etwa 90% Kohlenhydratanteil und einem Protein-Rückgrat (*core*-Proteine; dafür gibt es bei *Arabidopsis* über 20 Gene). Diese Proteine sind mit Membranproteinen des Plasmalemmas verknüpft, die wieder mit dem Cytoskelett in Wechselwirkung treten. So entstehen kraftschlüssige Verbindungen von Zellwand und Cytoskelett, die als Sensoren für den Dehnungszustand der Wand fungieren und für Differenzierungsvorgänge wichtig sind.
- Expansine sind spezifische Zellwandproteine mit einer enzymatischen Funktion bei der Zellwand-Dehnung. Sie kommen nur in wachsenden Geweben vor.

B. Morphologischer Aufbau der Zellwand

Eine mikroskopische Untersuchung, insbesondere nach spezifischer Färbung, zeigt eine deutliche Schichtung der Zellwand. Die Wände benachbarter Zellen sind durch die **Mittellamelle** getrennt, die bei der Zellteilung von den beiden sich trennenden Zellen aus gebildet wird. Die Mittellamelle besteht fast ausschließlich aus stark vernetzten Pectinstoffen und bildet den

«Kitt» zwischen den Zellen. Bei der Reife mancher Früchte lösen sich die Mittellamellen auf, wodurch die Zellen ihren Zusammenhalt verlieren, z. B. wenn Kernobst mehlig oder teigig wird. Bei der Flachs- und Hanfröste werden Mittellamellen durch Mikroorganismen abgebaut und so die Faserzellen isoliert.

Die **Primärwand** enthält Cellulose-Mikrofibrillen (20–30% der Trockenmasse und ca. 15% des Volumens), welche in die mengenmäßig überwiegende Matrix aus wenig vernetzten Pectinstoffen und Hemicellulosen eingelagert sind, sowie einen Proteinanteil von ca. 10% (Abb. 3.35).

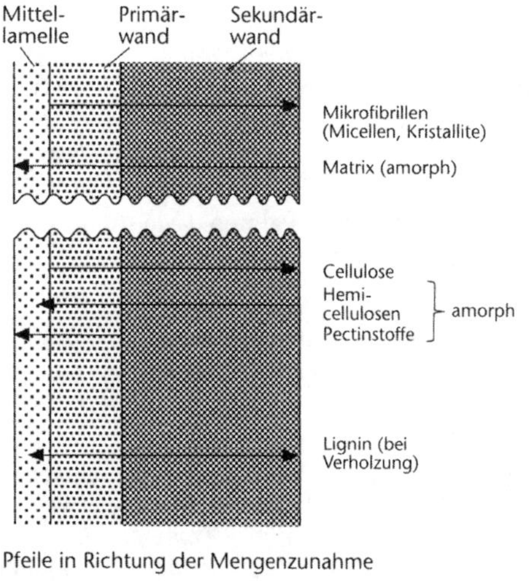

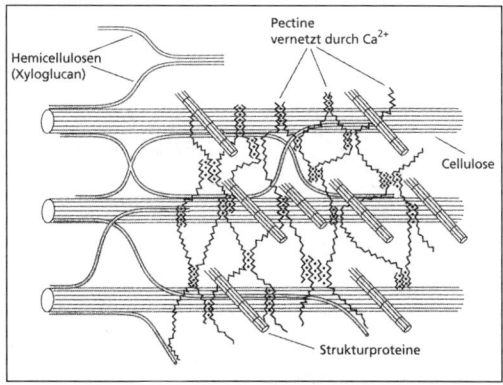

Abb. 3.34: Verteilung der Wandbausteine in einer sekundär verdickten Wand (schematisch). Oben: Verteilung von Micellen (Kristalliten) und amorpher Matrix. Mitte und unten: Verteilung der einzelnen Komponenten.

Abb. 3.35: Modell des Aufbaus der Primärwand. Hemicellulose-Moleküle (Xyloglucan) sind durch Wasserstoffbrücken mit Cellulose-Elementarfibrillen verbunden, so dass diese dadurch vernetzt werden. Die Pectine bilden ein netzförmiges Matrix-Gel, das wahrscheinlich mit Strukturproteinen der Zellwand in Verbindung steht (nach TAIZ-ZEIGER, geringfügig verändert).

Zum Zell-Lumen hin folgt auf die Mittellamelle eine **Primärwand**. Dieser Zustand liegt bei den embryonalen (meristematischen) Pflanzenzellen vor; auch im Grundgewebe erfolgt häufig keine weitere Veränderung. Bei allen nach Erreichen der endgültigen Zellgröße sich noch verdickenden Wänden wird eine **Sekundärwand** aufgelagert, die ein Vielfaches der Dicke der Primärwand erreichen kann. Die gegen das Plasmalemma zu orientierte innerste Schicht der Sekundärwand, in der die Synthesevorgänge ablaufen bzw. abgelaufen sind, wird oft als **Tertiärwand** oder Abschlusslamelle bezeichnet.

Wird die Zellwand bei der Gewinnung nackter Protoplasten völlig entfernt, so setzt alsbald eine Neusynthese ein. Oft ist schon nach wenigen Stunden neue Wandsubstanz nachweisbar; spätestens nach 2 Tagen ist eine neue Primärwand ausgebildet.

Zu Beginn der Primärwandbildung beträgt der Cellulose-Anteil nur wenige Prozent, nimmt dann aber zu bis etwa 30%. Der Polymerisationsgrad (Zahl der in einer Kette enthaltenen Glucose-Einheiten) der Primärwand-Cellulose liegt zwischen 1500 und über 8000. Ihre Mikrofibrillen sind unregelmäßig in der Wand verteilt und nur lose miteinander verbunden. Sie liegen in der Matrix wie Stahlstäbe im Beton. Diese Streutextur ist für die Primärwand typisch; die Wand ist dadurch sowohl elastisch wie auch plastisch verformbar. Durch eine plastische Dehnung folgt sie der Größenzunahme der sich streckenden Zelle (vgl. 3.5). Während der Dehnung verändert sich das Mengenverhältnis Cellulose/Matrix. Nach Abschluss der Primärwandbildung findet nur noch eine begrenzte elastische Dehnung statt; die dann vorliegende Wand wird als Saccoderm bezeichnet.

Alle Wandbildungen, die nach Abschluss des Zellwachstums entstehen, gehören zur **Sekun-**

därwand; sie kann in manchen Zelltypen sehr dick werden. Die Sekundärwand ist sehr reich an Cellulose (bis zu 95% im Baumwoll-Samenhaar) in größeren Mikrofibrillen und enthält keine Pectinstoffe. Der Polymerisationsgrad der Sekundärwand-Cellulose ist innerhalb einer Art sehr einheitlich und schwankt bei höheren Pflanzen insgesamt nur im Bereich von ca. 13 000 bis 25 000. Die Cellulose-Mikrofibrillen sind fast stets parallel zueinander angeordnet (Paralleltextur). Ihre Richtung wird durch die Anordnung der Mikrotubuli im randlichen Cytoplasma festgelegt. Sie kann lagenweise wechseln, so dass die Sekundärwand eine mikroskopisch erkennbare Schichtung aufweist. Man unterscheidet dann S1-, S2- und S3-Schicht.

Die Richtung der Paralleltextur ist für die mechanischen Eigenschaften der Zellen von großer Bedeutung:
- Fasertextur (parallel zur Längsachse der Zelle) führt zu hoher Zugfestigkeit bei geringer Dehnbarkeit.
- Ringtextur (quer zur Längsachse der Zelle, z. B. bei Ringtracheiden im Holz und bei Milchröhren) führt zu geringer Zug-, aber hoher Druckfestigkeit.
- Schraubentextur (z. B. bei vielen Holzfasern, im Baumwollsamenhaar) führt bei flacher Schraubung zu guter Dehnbarkeit; steile Schraubung ist geeignet für Zugbeanspruchung (ähnlich einem gedrehten Seil). Oft wechselt die Steigung zwischen den einzelnen Schichten.

Durch die Zellwände wären die Pflanzenzellen voneinander isoliert, wenn nicht durch die **Plasmodesmen** Verbindungen aufrecht erhalten würden. Der Durchmesser der Wandporen beträgt 20–80 nm, der freie Durchmesser der plasmatischen Verbindungen darin aber nur etwa 2,5 nm, so dass nur kleine Moleküle (bis zu einer Molekülmasse von ca. 800 D) frei hindurchdiffundieren können. Der Stofftransport wurde mit Farbstoffen nachgewiesen. Plasmodesmen liegen teils einzeln, teils – insbesondere bei Zellen mit sekundärer Wandverdickung – in Gruppen beieinander. Diese Bereiche werden während der Sekundärwandbildung durch Plasmawülste offengehalten; so kommt es zu einer ringförmigen Anordnung der Cellulose-Mikrofibrillen darum herum und es entstehen **Tüpfel**, die im Lichtmikroskop zu erkennen sind. Im Tüpfel-Bereich sind nur Mitellamellen und Primärwand ausgebildet. Durch diese «Schließhaut» hindurch verlaufen die Plasmodesmen (Abb. 3.37 a).

Sekundäre Plasmodesmen entstehen nachträglich durch örtliche Auflösung einer schon bestehenden Zellwand. Sie sind oft unregelmäßig gestaltet und sogar verzweigt. – Plasmodesmen werden zwischen fast allen benachbarten Zellen gebildet. Sie sind vom ER durchzogen, das in den Plasmodesmen die Desmotubuli bildet. In den Plasmodesmen sind ferner «Mobilitätsproteine» enthalten, die Transportvorgänge regulieren und unter bestimmten Bedingungen Makromoleküle (Proteine, RNA, auch Virus-Nucleinsäuren) hindurchschleusen. Die Öffnungsweite der Plasmodesmen ist reguliert; möglicherweise kann auch ein Verschluss erfolgen. Die Zahl der Plasmodesmen einer normalen Zelle liegt bei 1000 bis 100 000. Beim Absterben einer Zelle werden die Plasmodesmen durch das Polysaccharid Kallose (β-1,3-Glucan) verschlossen.

Eine besondere Tüpfelform liegt in den Hoftüpfeln vor (Abb. 3.37 b). Sie treten vor allem bei den toten, langgestreckten Wasserleitungsbahnen (Tracheiden, vgl. 5.2.4.2) auf. Hoftüpfel sind zur Schließhaut hin trichterförmig erweitert und besitzen, bedingt durch diesen Bau (vgl. Abb. 3.37 c), eine Ventilwirkung.

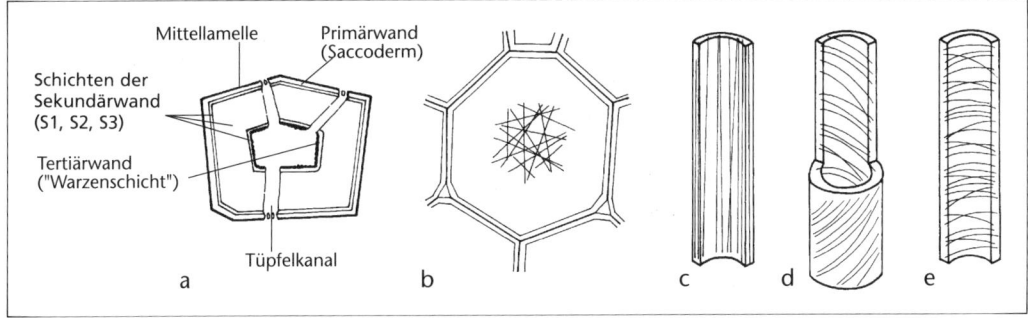

Abb. 3.36: Zellwandbau. **a:** Schematischer Querschnitt durch die Zellwand einer Faserzelle, außen Mittellamelle, dann folgen Primärwand, eine dicke Sekundärwand und die warzige Bildungsschicht (Tertiärwand). Tüpfelkanäle führen zu Tüpfelfeldern mit «Schließhaut». **b:** Streutextur der Cellulose der Primärwand bei isodiametrischen Zellen; **c–e:** Paralleltexturen der Cellulose in den Sekundärwänden von Faserzellen. **c:** Fasertextur; **d:** Schraubentextur; **e:** Ringtextur (nach KLEINIG-SITTE, verändert).

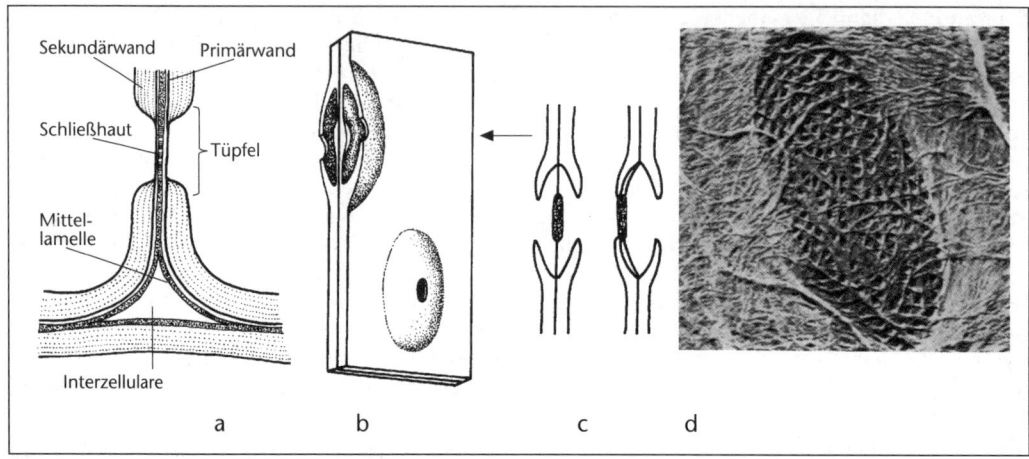

Abb. 3.37: Tüpfel. **a:** Tüpfel in einer sekundär verdickten Zellwand; Schließhaut mit Plasmodesmen (nach ULLRICH-ARNOLD); **b:** Hoftüpfel in Aufsicht und Schnitt (aus einer Tracheide eines Nadelbaums) (nach ULLRICH-ARNOLD); **c:** Ventilwirkung eines Hoftüpfels (nach STRASBURGER); **d:** EM-Bild: Tüpfel in der Primärwand einer Zelle aus der Wurzel von Mais *Zea mays*. Man erkennt die Plasmodesmen. In der Primärwand Streutextur der Cellulose (ca. 100 000-fach) (aus STRASBURGER).

Dies ist leicht erkennbar, wenn der Mittelteil der Schließhaut verdickt ist (Torus). Bei Absinken des Wasserdrucks in einer der beiden Zellen verschließen sie weitgehend die Öffnung in der Sekundärwand durch Verlagerung des Torus, so dass kein Wasser mehr in möglicherweise geschädigte Leitungsbahnen übertritt. Derart vollkommene und kreisrunde Hoftüpfel treten bei Nadelbäumen auf. Die Hoftüpfel der Angiospermen sind häufig langgestreckt und besitzen keinen Torus; jedoch ist die Schließhaut selbst im zentralen Teil weniger durchlässig.

C. Bildung der Zellwand

Gleichzeitig mit der Ausbildung der Tochterkerne in der Telophase der Mitose sammeln sich in der Äquatorialebene Golgi-Vesikel, die mit Mikrotubuli des noch vorhandenen Spindelapparates in Verbindung stehen. Diese an Mikrotubuli reiche Zone (im Zelläquator) bezeichnet man als **Phragmoplast**. Die Vesikel enthalten Pectinstoffe zum Aufbau der Mittellamelle. Sie beginnen im zentralen Teil der Zelle miteinander zu verschmelzen, wobei ihre Membranen zum neuen Plasmalemma der Tochterzellen werden; dazwischen entsteht die Mittellamelle. Diese **Zellplatte** wächst durch Anlagerung weiterer Vesikel zu den bestehenden Längswänden hin. Die Bildung der Mittellamelle unterbleibt an den Stellen, an denen ER-Kanäle oder Mikrotubuli hindurchziehen. So werden gleichzeitig mit der Wand die primären Plasmodesmen angelegt.

Bei Algen kommen andere Formen der Querwandbildung vor. So können die Mikrotubuli in der Teilungs-(Äquatorial-)ebene angeordnet sein (bei vielen Grünalgen: Phycoplasten-Typ der Teilung). In anderen Fällen erfolgt die Wandbildung irisblendenartig von außen nach innen (z. B. *Spirogyra* und andere Conjugatophyceae). Nur wenige Grünalgen zeigen den Phragmoplasten-Typ der Teilung (z. B. Charophyceae); diese stehen offenbar der ausgestorbenen Stammform der Landpflanzen relativ nahe.

Die Zellplatte erreicht schließlich die Längswände; damit ist die Teilung der Zelle auch morphologisch vollzogen. Zu diesem Zeitpunkt hat im zentralen Teil der Zellplatte bereits die Bildung der Primärwand eingesetzt. Bestandteile der Zellwandmatrix werden über Vesikel zur entstehenden Wand transportiert. Vom Plasmalemma aus erfolgt die Synthese von Cellulose. Die Zellplatte muss außerdem mit der Längswand in Verbindung treten. In letzterer kommt es durch Dehnung zur Beanspruchung und Lockerung des Primärwandmaterials, so dass eine Fusion der Mittellamellen stattfinden kann.

Schon zu diesem Zeitpunkt kann infolge der durch das beginnende Zellwachstum einsetzenden Wanddehnung eine örtliche Spaltung der Mittellamelle erfolgen, so dass ein kleiner Interzellularraum entsteht, der sich später vergrößern kann (schizogene Interzellularbildung, vgl. 5.2.1). In Abhängigkeit von der Art des Zellverbandes und dem Beginn des Zellwachstums tritt die Interzellularenbildung oftmals auch später ein.

D. Wachstum der Zelle und der Zellwand

Nach der Zellteilung (vgl. 3.2.4.5.D) müssen sich die Zellen wieder vergrößern. Bei den Kormophyten wachsen die embryonalen, teilungsfähigen Zellen durch Plasmavermehrung wieder zur ursprünglichen Größe heran (**Plasmawachstum**). Auch bei Zellen, die sich ausdifferenzieren, findet zunächst Plasmawachstum statt. Danach aber setzt mit Dehnung der Zellwand das **Streckungswachstum** ein, das durch eine starke Volumenvergrößerung (auf mehr als das 10–100fache) gekennzeichnet ist und mit der die Plasmavermehrung (maximal auf das 10fache) nicht Schritt hält. Daher wird das Vakuom stark vergrößert. Noch während des Streckungswachstums setzt die Differenzierung und damit Spezialisierung der Zelle ein (vgl. Abb. 5.1).

Mittellamelle und Primärwand sind anfänglich plastisch gut dehnbar. Die Cellulose-Mikrobrillen der ersten Wandschichten weichen durch die Dehnung auseinander; außerdem werden Bindungen in den Heteropolysacchariden der Matrix gelöst. Nun werden neue Cellulose-Mikrofibrillen und neue Matrixsubstanzen aufgelagert, unterliegen dann aber ebenso der weiteren Streckung, wobei die ersten Schichten noch stärker verändert werden. So bildet sich die Primärwand aus zahlreichen übereinander liegenden Netzen von Cellulosefibrillen, deren Maschen um so mehr gedehnt und gestreckt sind, je früher sie entstanden sind. Die Maschenweite nimmt also von innen nach außen zu. Dieses **Multinetz-Wachstum** setzt sich fort, bis die Zelle ihre endgültige Größe erreicht hat (Abb. 3.38).

Um das Zellwandwachstum zu gewährleisten, muss der Binnendruck der Zelle größer sein als der Wandwiderstand. Die Spannung in der Zellwand wird dann durch Enzymwirkungen abgebaut («Lockerung»). Dazu müssen H-Brücken zwischen Cellulose und Hemicellulosen durch die Expansine gelöst und Xyloglucane durch das Enzym XET (Xyloglucan-endotransglykosylase) gespalten und nach Einbau neuer Baueinheiten wieder verknüpft werden.

Nach Ende des Wachstums kann die Sekundärwandbildung durch weitere Auflagerung, vorwiegend von Cellulose, einsetzen. Dabei weichen die Mikrofibrillen aufeinander folgender Schichten häufig um einen kleinen Winkel voneinander ab, so dass (bei Aufsicht) helicoidale Muster in der Zellwand entstehen.

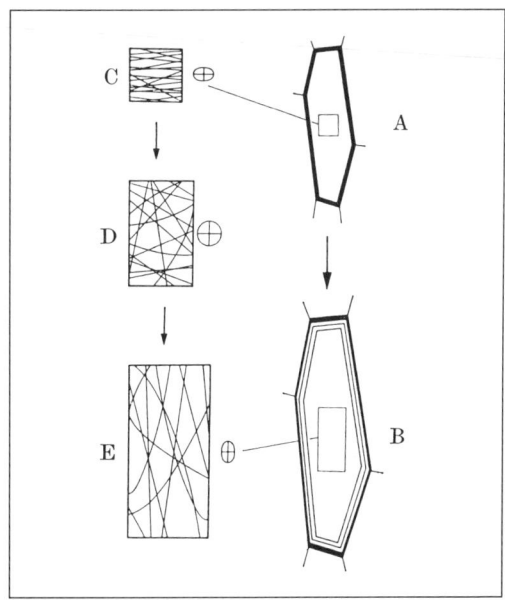

Abb. 3.38: Schema des Flächenwachstums der Primärwand (Multinetz-Wachstum). Dehnung der Maschen des Cellulosenetzes. **a, c:** Ausgangszustand; **d, e:** Lockerung der Textur beim Wachstum; **b** und **e:** späteres Stadium der Primärwand (aus STRASBURGER).

Das Flächenwachstum der Zellwand kann auch auf einzelne Wandbereiche beschränkt sein; dies führt zu unregelmäßigen Zellformen. Eine nur lokale starke Sekundärwandbildung liefert Versteifungsleisten, -ringe, -schrauben und -netze (vgl. Abb. 5.10). Sie sind für die mechanische Stabilität von Zellen bedeutungsvoll. Bei weitgehend gleichmäßigem Flächenwachstum entsteht eine isodiametrische Zelle (die in allen Raumrichtungen nahezu gleichen Durchmesser aufweist); die Idealform wäre die Kugelgestalt. Da benachbarte Zellen aber flächig aneinander grenzen müssen, um stabile Gewebe aufzubauen, werden vielflächige Gestalten gebildet. Vor allem Vierzehnflächner sind für den parenchymatischen Zelltyp (vgl. 3.1) charakteristisch. Durch starkes Wachstum der Zelle in nur einer Richtung kommen langgestreckte bis faserförmige Zellen zustande, die man als prosenchymatisch (vgl. 3.1) bezeichnet (vgl. Abb. 3.2).

E. Sekundäre Veränderungen der Zellwand

Durch die Ein- und Auflagerung weiterer Stoffe können die Eigenschaften der Zellwand erheblich verändert werden. Die Einlagerung von

Stoffen in die vorhandenen Hohlräume der Wand nennt man Inkrustation, die Auflagerung zusätzlicher Schichten heißt Akkrustation.

Verholzung (Lignifizierung) ist die Einlagerung von Lignin (Holzstoff) in die interfibrillären Räume zwischen den Cellulose-Mikrofibrillen. Dadurch wird die *Verbundbauweise* der Zellwand verstärkt: der zugfesten und elastischen Eisenarmierung im Stahlbeton entspricht die Cellulose, dem druckfesten Beton das Lignin. Die Verholzung führt so zu einer Erhöhung der mechanischen Festigkeit und erfolgt dementsprechend vor allem in Zellen und Geweben, die der Festigung dienen (vgl. 5.2.3); dabei wird auch Zellwandmatrix verdrängt. In stark verholzten Wänden stellt Lignin etwa ein Drittel der Masse. Durch die Verholzung wird infolge der Ausfüllung von Hohlräumen zugleich die Wasserwegsamkeit der Zellwände verringert. Das Lignin (vgl. Abb. 2.22) wird in der Zellwand aus den Aromaten-Monomeren aufgebaut und passt sich daher in seiner Struktur an verfügbare Hohlräume an. Bei der Holzzerstörung durch Pilze wird entweder bevorzugt Lignin abgebaut (Weißfäule-Pilze) oder aber die Cellulose zerstört (Braun- oder Rotfäule-Pilze). Lignin von Gymnospermen, Dicotylen und Monocotylen unterscheidet sich in den Anteilen der einzelnen Aromaten-Monomeren. – Primärwände enthalten zumeist etwas Lignin, auch wenn keine sekundäre Wandverdickung stattfindet.

Die äußerste Lage von Zellen oberirdischer Organe besitzt auf der Oberfläche eine weitgehend wasserundurchlässige Schicht, die **Cuticula**. Daher bleibt trotz großer Oberfläche bei Pflanzen der Verlust von Wasser über diese Fläche gering. Die Cuticula besteht aus Schichten von Cutin und Wachssubstanzen. Zwischen Cuticula und normaler Zellwand sind oftmals Cuticularschichten eingeschaltet, in denen Cutin und Wachs mit Cellulose abwechseln. Auf die äußere Oberfläche der Cuticula kann zusätzlich Wachs aufgelagert sein. Interzellularräume nahe der Oberfläche der Pflanze sind vielfach von einem dünnen, oft nur elektronenmikroskopisch nachweisbaren, Cutinfilm ausgekleidet.

Das Cutin ist ein Polymeres von Fettsäuren und Hydroxyfettsäuren; dieser Polyester ist teilweise hydrophob, durch freie funktionelle Gruppen der Bausteine aber auch örtlich hydrophil. Erst durch die Wachssubstanzen wird weitgehende Dichtigkeit erreicht. Baueinheiten des Cutins wandern durch die Zellwand nach außen und polymerisieren an der Oberfläche.

Verkorkung (Suberinisierung) ist die Auflagerung zusätzlicher suberinhaltiger Schichten auf die Zellwand. Zwischen die so gebildeten Lagen aus Suberin (Korksubstanz) und wenig Cellulose sind noch Schichten aus Wachssubstanzen eingelagert (Abb. 3.39). Suberin und Wachs sind hydrophobe Stoffe; die Zellwand wird durch die Suberinisierung «versiegelt», also wasserundurchlässig und wasserabweisend wie die aus Korkzellen der Korkeiche bestehenden Flaschenkorken zeigen. Solange die verkorkenden Zellen noch leben, werden sie durch Plasmodesmen versorgt. Wenn die Zelle dann zugrunde geht, werden auch diese Poren durch Suberin verschlossen. Suberin ist ein Polyester aus Hydroxyfettsäuren, Dicarbonsäuren und Aromaten.

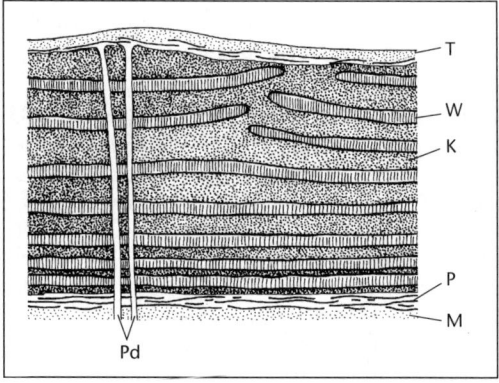

Abb. 3.39: Querschnitt durch eine verkorkte Zellwand. Auf die Mittellamelle (M) folgt die Primärwand (P). Die Sekundärwand besteht aus Kork- (K) und Wachsschichten (W). Den Abschluss gegen das Zelllumen bildet die Tertiärwand (T). Beim Absterben der Korkzelle werden die Plasmodesmen-Kanäle (Pd) mit lipophilem Material verstopft (nach KLEINIG-SITTE).

In Korkzellen ist Suberin akkrustiert; eine Inkrustation suberinartiger Stoffe erfolgt in Idioblasten, Drüsenzellen und in Form von Endodermin in den Wänden von Endodermiszellen (vgl. 5.2.2.8).

Eine Reihe von Fortpflanzungszellen, wie Pollenkörner und viele Sporen sind durch eine sehr derbe Außenschicht, das Sporoderm, geschützt. Dessen wichtigster Bestandteil ist das Sporopollenin. Es ist hydrophob, außerordentlich widerstandsfähig und wird nur von wenigen Mikroorganismen angegriffen. Chemisch handelt es sich um Polyester aus Isoprenoiden, Fettsäuren und Aromaten. Sporopollenin kann auch über geologische Zeiträume hinweg weitgehend erhalten bleiben, so dass fossile Pollen und Sporen immer noch ihre spezifische Oberflächenstruktur zeigen und daher gut identifizierbar sind. Hierauf beruht die Pollen- und Sporenanalyse (Palynologie, vgl. 7.2.7.4).

Unter **Mineralisierung** versteht man die Einlagerung mineralischer Substanzen in Hohlräume der Zellwand. Diese gewinnt dadurch an Härte, wird aber brüchig. Gräser, Sauergräser und Schachtelhalme lagern Kieselsäure ein. Dies hat Bedeutung als Fraßschutz; ob auch eine mechanische Festigung entsteht, ist unklar. Eine Einlagerung von Kieselsäure in der Spitze der Brennhaare der Brennnessel *Urtica* ist funktionell wichtig (vgl. 5.2.2.3). Die Fruchtwand des Steinsamens *Lithospermum* ist durch Kalkeinlagerung steinhart. In Zellwänden verschiedener Algen wird Kalk abgelagert, so dass diese Kalkalgen zum Teil sogar gesteinsbildend waren oder sind: Vertreter der Armleuchteralgen (u. a. *Chara*) liefern Seekreide; Kalkgrünalgen waren in der Triaszeit gesteinsbildend (z. B. Wettersteinkalk, Schlerndolomit); Kalkrotalgen spielen auch heute noch eine gesteinsbildende Rolle (z. B. Coralligène an der französischen Mittelmeerküste).

Eine besondere Form der Mineralisierung ist die Kalkeinlagerung unter Ausbildung spezifischer Wandverdickungen, wie man sie vor allem bei Moraceen beobachtet. Hier setzt in der Wand besonderer Zellen, den Lithocysten, das Wachstum von Kalkkristallen ein. Die Zellen sterben später ab; das in das Zell-Lumen hineingewachsene Kristallaggregat heißt Cystolith.

Gerbstoffeinlagerung erfolgt vor allem bei der Bildung von Kernholz (vgl. 6.2.4.2), aber auch in Samenschalen und Fruchtwandungen. Die monomeren Gerbstoffe polymerisieren in der Zellwand und werden dadurch wasserunlöslich.

3.3 Bau der Prokaryoten-Zelle (Protocyte)

Zu den Prokaryoten gehören die echten Bakterien (Eubakterien) mit der Untergruppe der Blaualgen (Cyanobakterien) sowie die Archaea. Sie sind an sehr unterschiedliche Lebensbedingungen angepasst. Viele Bakterien sind heterotroph und leben daher als Destruenten. Zahlreiche Arten leben in Symbiose mit Eukaryoten, andere als Parasiten. Ferner gibt es autotrophe Formen, zu denen nahezu alle Cyanobakterien gehören. Chemoautotrophe Organismen und solche, die Stickstoff aus der Luft nutzen können, gibt es nur unter den Prokaryoten. Die Archaea nehmen in Lebensweise und Stoffwechsel eine Sonderstellung ein, die zeigt, dass es sich um zumindest teilweise sehr alte Formen handelt.

Die Prokaryotenzelle (Protocyte) ist einfacher gebaut als die Zelle der Eukaryoten (vgl. die Tabelle 3.3 und Abb. 3.40). Sie ist kleiner (Durchmesser 0,3–4 µm; Extreme vgl. 3.1.3), besitzt keinen morphologisch definierten Zellkern und nahezu keine bleibende Unterteilung des Zellraumes in Kompartimente. Die DNA liegt als ringförmiges Doppelstrang-Molekül geknäuelt in der Zelle. Dieses Bakterien-Chromosom wird als **Nucleoid** bezeichnet; die DNA weist keine dauerhafte Verbindung mit basischen Proteinen auf. Vielfach enthalten Bakterien zusätzlich sehr kleine ringförmige DNA-Moleküle, die nur wenige Gene tragen. Sie werden **Plasmide** genannt. Das Bakterienchromosom ist örtlich an die Zellmembran gebunden; es verdoppelt sich in der Zeit zwischen zwei Zellteilungen und je ein Chromosom gelangt in die Tochterzellen. Die Vermehrung der Prokaryoten erfolgt durch Zweiteilung; dabei wird eine neue Querwand von außen nach innen gebildet. Vor allem nahe den Orten der Querwandbildung findet man häufig tubuläre Membraneinstülpungen (Mesosomen).

Prokaryoten besitzen nie Plastiden und Mitochondrien. Bei Bakterien und Cyanobakterien mit Photosynthese entstehen von der Zellmembran aus durch Abschnürung Thylakoide, die stapelförmig im peripheren Plasma liegen können. In ihren Membranen befinden sich die Photosynthese-Farbstoffe. Die bei Eukaryoten in der Mitochondrien-Innenmembran lokalisierten Proteinkomplexe der Atmungskette finden sich bei Prokaryoten in der Zellmembran. Im Plasma liegen Ribosomen, deren Feinbau bei Archaea und Eubakterien Unterschiede aufweist. Ferner findet man Reservestoffablagerungen in Form von Granula (Polyphosphate, Glykogen, Lipide, Poly-β-hydroxybuttersäure). Zellsaftvakuolen fehlen den Prokaryoten, hingegen können – vor allem bei Blaualgen (Cyanobakterien) – Gasvakuolen gebildet werden, wel-

Tab. 3-3: Protocyte und Eucyte

Protocyte (bei allen Prokaryoten)	Eucyte (bei allen Eukaryoten)
kein Zellkern, DNA im Nucleoid	Zellkern mit Kernhülle
DNA-Doppelhelix nicht dauerhaft mit Proteinen verknüpft	DNA-Doppelhelix verbunden mit basischen Proteinen (Histonen)
ein zirkuläres DNA-Molekül	mehrere lineare DNA-Moleküle
DNA mit wenigen nicht-codierenden Sequenzen	DNA enthält umfangreiche nicht-codierende Sequenzen
Introns in Strukturgenen nur bei Archaea	Introns in Genen regelmäßig vorhanden
DNA-Synthese während der gesamten Lebensdauer der Zelle (kein Zellzyklus)	DNA-Synthese nur während einer bestimmten Phase des Zellzyklus (S-Phase)
kein Nucleolus	Nucleolus (1 bis mehrere) im Kern
Zelle mit wenig differenzierter innerer Struktur, wenige Organellen	Zelle mit differenzierter innerer Struktur, viele verschiedene Organellen
RNA- und Proteinsynthese im gleichen Kompartiment	RNA- und Proteinsynthese in getrennten Kompartimenten (außer Plastiden u. Mitochondrien)
70 S-Ribosomen, sensitiv gegen Chloramphenicol und Streptomycin	80 S-Ribosomen im Cytoplasma, sensitiv gegen Cycloheximid; 70 S-Ribosomen in Mitochondrien und Plastiden (vgl. Tab. 3-1, S. 50)
Plasmabewegung und typisches Cytoskelett fehlen	Plasmabewegung und Cytoskelett vorhanden
Geißeln, falls vorhanden, als Flagellen ausgebildet, diese sind extrazellulär	Geißeln, falls vorhanden, gebaut nach «9+2-Prinzip»; sie sind intrazellulär
Photosynthetische Pigmente (falls vorhanden) in abgeschnürten Einfaltungen der Zellmembran (Thylakoide)	Photosynthetische Pigmente (falls vorhanden) in Plastiden, die Thylakoide bilden
System der genetischen Rekombination mit einseitiger Übertragung genetischen Materials vom Donor zum Acceptor	Sexualsystem mit Kernverschmelzung der Gameten und Meiose
Grundgerüst der Zellwand aus Murein (nicht bei Archaea)	Grundgerüst der Zellwand bei Pflanzen zumeist aus Cellulose; bei vielen Pilzen aus Chitin
verschiedene Arten mit Stickstoff-Fixierung	keine Stickstoff-Fixierung
anaerob lebende Arten bekannt	Anaerobiose nur als vorübergehende Lebensweise (z. B. bei Hefen)
Organismen vorwiegend einzellig, Mehrzeller nur bei Cyanobakterien und Myxobakterien	Organismen häufig mehrzellig und mit Zelldifferenzierung

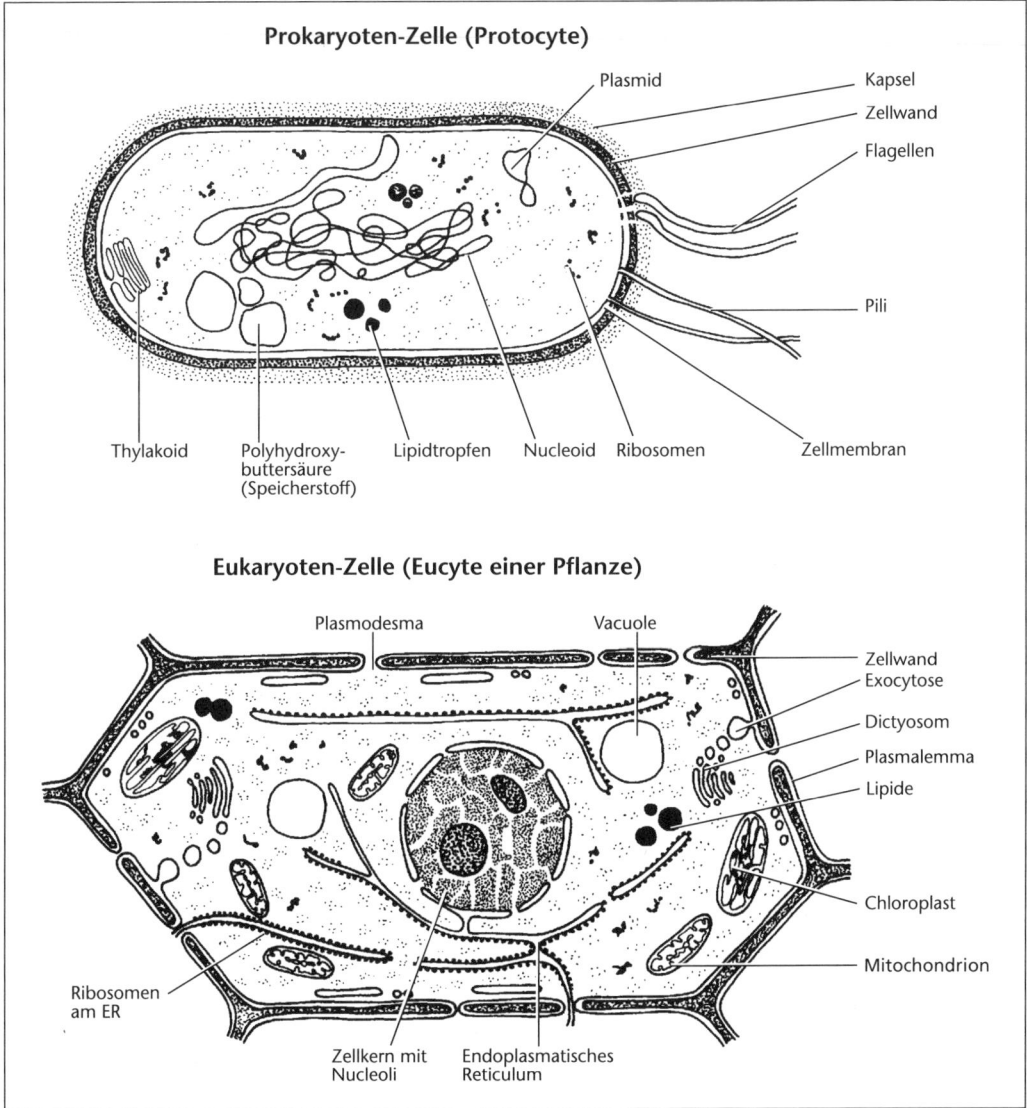

Abb. 3.40: Vergleich der Prokaryoten-Zelle (Protocyte) und der Eukaryoten-Zelle (Eucyte). Die Protocyte besitzt viel weniger Zellorganellen und nur eine geringe Kompartimentierung (z. T. nach SITTE, verändert).

che die Zellen nahe der Wasseroberfläche in der Schwebe halten.

Der Aufbau der Bakteriengeißel (Flagelle) ist vom Bau der Eukaryoten-Geißel völlig verschieden. Die Flagellen haben einen Durchmesser von 10–20 nm und bestehen aus Filamenten, denen das globuläre Protein Flagellin als Baustein zugrunde liegt. Der basale Teil besteht aus einem «Haken» (vgl. Abb. 3.41) sowie der Basalstruktur mit mehreren ringartigen Elementen in der Zellmembran und der Zellwand, die der Verankerung dienen. Die Bewegung erfolgt durch **Rotation**, die an dem in der Membran gelegenen Ring ausgelöst wird. Die Bakterienoberfläche zeigt oftmals feine röhrchenartige Strukturen, die Pili. Sie sind für die gegenseitige Anheftung der Zellen bei der Konjugation (vgl. 8.4) von Bedeutung.

Die Archaea besitzen besondere Membranlipide, in denen das Glycerin über Etherbindungen mit langkettigen Alkoholen von Polyprenylstruktur (vgl. 11.2.5) verknüpft ist.

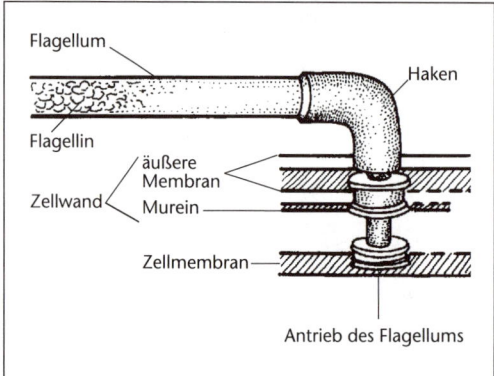

Abb. 3.41: Bakterien-Geißel (nach MARGULIS, verändert).

Die Zellwand der Eubakterien einschließlich der Cyanobakterien enthält als strukturbildende Grundsubstanz das **Murein**. Es ist ein Polymeres aus Kohlenhydratketten, die über peptidartige Ketten (mit besonderen Aminosäuren: D-Aminosäuren, Diaminosäuren) miteinander quer vernetzt sind. Die Kohlenhydratketten bestehen aus den regelmäßig abwechselnden Bausteinen N-Acetylglucosamin und N-Acetylmuraminsäure (= Milchsäure-Ether von N-Acetylglucosamin), die β-1,4-glykosidisch verknüpft sind. Das Murein bildet ein einheitliches Molekül, das die ganze Zelle umgibt und Murein-Sacculus genannt wird (Abb. 3.42). Beim Wachstum der Zelle muss der Sacculus erweitert werden.

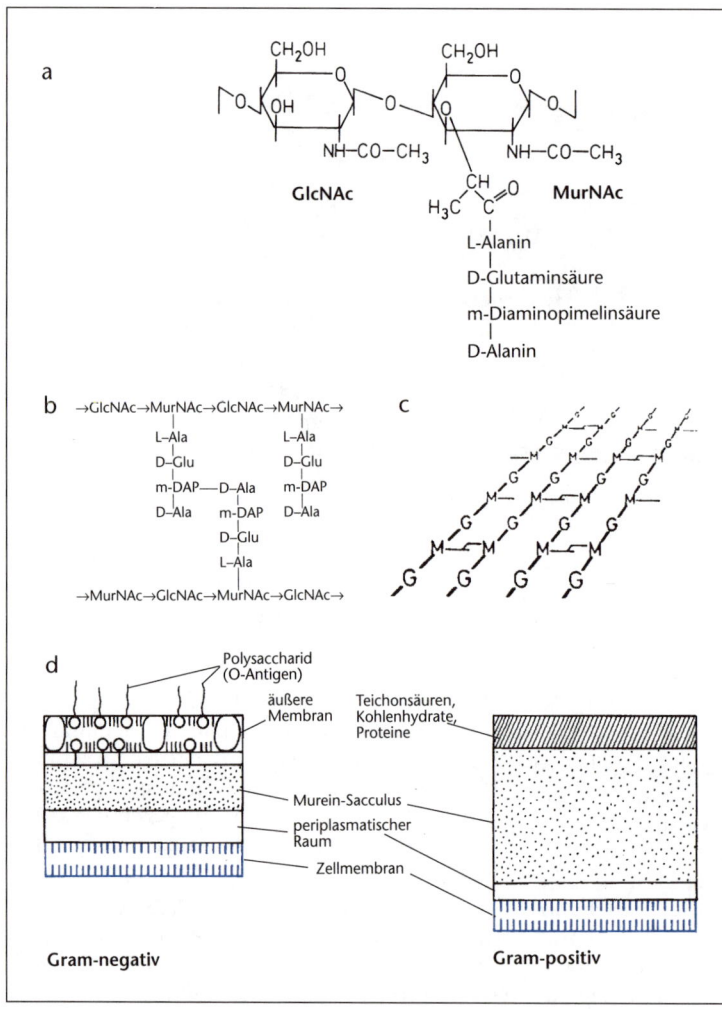

Abb. 3.42: Bakterien-Zellwand. **a:** Baueinheit des Murein-Sacculus von *Escherichia coli* GlcNAc = Acetylglucosamin; MurNAc = Acetylmuraminsäure; **b:** Quervernetzung der Bausteine (Muropeptid) im Murein-Molekül; **c:** Bau des einschichtigen Murein-Sacculus von *E. coli* (G = N-Acetylglucosamin, M = N-Acetylmuraminsäure); **d:** Schema der Zellwand eines typischen gramnegativen und eines grampositiven Bakteriums. Bei grampositiven Bakterien ist der Murein-Sacculus mehrschichtig und daher dicker.

Der Einbau neuer Baueinheiten wird durch Penicilline (und Cephalosporine) verhindert; hierauf beruht die Wirkung dieser Antibiotika, die durch Pilze der Gattung *Penicillium* gebildet werden. Da die Murein-Biosynthese gehemmt wird, können Penicilline nur wachsende Bakterien schädigen.

Durch die von GRAM im vorigen Jahrhundert eingeführte Färbemethode werden die Bakterien in zwei Gruppen aufgeteilt, die sich durch ihren Wandbau unterscheiden. Bei **grampositiven Bakterien** findet man neben einem dicken, vielschichtigen Murein-Sacculus, der bis zu 50% der Wandsubstanz ausmacht, die Teichonsäuren (Polymere von Glycerin oder Ribit, die über Phosphodiesterbrücken verknüpft sind und deren freie Hydroxylgruppen z.T. D-Glucose, D-Alanin oder Cholin tragen) und andere Polysaccharide. Die Teichonsäuren sind oftmals kovalent an das Murein gebunden.

Gramnegative Bakterien besitzen einen dünnen Murein-Sacculus (ca. 10–12% der Wandsubstanz) und außerhalb dessen eine membranähnlich gebaute Wandschicht, die «äußere Membran», bestehend aus Lipiden, Proteinen und Lipopolysacchariden. Unter den Proteinen finden sich solche mit großen Poren (Porine), durch die kleine Moleküle hindurchtreten können.

Die Zuckerketten der Lipopolysaccharide (Glykolipide) sind nach außen orientiert und bilden spezifische Oberflächenantigene der Bakterien.

Cyanobakterien enthalten als zusätzliche Wandkomponente zumeist Cellulose.

Bei vielen Prokaryoten wird eine Gallert- oder Schleimschicht gebildet, die aus Polysacchariden oder Polypeptiden bestehen kann. Im Falle einer klaren äußeren Begrenzung bezeichnet man sie auch als Kapsel. Von verschiedenen Bakterien sind sowohl schleimbildende wie auch schleimfreie Stämme bekannt; sie unterscheiden sich in der Koloniebildung: kapselbildende Bakterien bilden scharf begrenzte, glatte S-Kolonien (S von *smooth*), kapselfreie Bakterien bilden rauh erscheinende R-Kolonien (R von *rough*).

3.4 Entstehung der Eucyte; Endosymbionten-Theorie

Die Gleichartigkeit des Aufbaus von Mitochondrien und Plastiden (sowie der Geißeln) bei allen Eukaryoten ist auffällig. Übergänge zwischen den beiden Zelltypen der Protocyte und der Eucyte sind nicht bekannt. Zur Erklärung dieser Befunde wird angenommen, dass Mitochondrien und Plastiden ursprünglich selbständige prokaryotische Lebewesen waren, die unter Ausbildung von Endosymbiosen (Cytosymbiosen) in eine andere Protokaryoten-Zelle aufgenommen wurden: Endosymbionten-Theorie (Abb. 3.43). Die Mitochondrien gehen nach dieser Vorstellung auf aerobe Bakterien zurück, die in die Wirtszelle gelangten und im Verlauf der Evolution dort über symbiotische Stadien zum Zellorganell integriert wurden. Die Plastiden dürften aus urtümlichen, kugeligen Cyanobakterien hervorgegangen sein, die von der heterotrophen Wirtszelle aufgenommen wurden.

Für die Endosymbionten-Theorie spricht:
- 1. Zwischenformen zwischen Protocyte und Eucyte fehlen.
- 2. Mitochondrien und Plastiden entstehen nur durch Teilung aus ihresgleichen. Keine dieser Organellen vermag die Zelle selbst neu zu bilden.
- 3. Mitochondrien und Plastiden besitzen eine Hülle aus zwei Membranen, ihr Innenraum ist also vom nichtplasmatischen Kompartiment umgeben. Es scheint, als ob sie in Wirtszellen eingedrungen wären und ihre eigene Membran von der Wirtsmembran umschlossen worden wäre, wie dies bei der Endocytose von Partikeln geschieht.

Die innere Mitchondrienmembran enthält stets das Lipid Cardiolipin, das sonst nur in den Prokaryoten-Membranen auftritt. Die äußere Membran enthält hingegen wie andere Membranen der Eucyte Sterole, die in der inneren Membran ebensowenig vorkommen, wie bei den meisten Bakterien.

- 4. Mitochondrien und Plastiden enthalten wie Prokaryoten nackte (nicht mit Histonen verknüpfte) und ringförmige DNA, die an die innere Membran angeheftet ist. Mitochondrien und Plastiden besitzen einen eigenen Proteinsynthese-Apparat, also eigene RNA-Polymerase, eigene tRNAs und eigene Ribosomen. Diese haben die Größe und den Bau der Prokaryoten-Ribosomen.

Die rRNA der Ribosomen aus Chloroplasten ist weitgehend derjenigen der Cyanobakterien homolog. Dagegen ist die Homologie zur ent-

sprechenden rRNA der cytoplasmatischen Ribosomen der gleichen Pflanzenart viel geringer. Ebenso besteht eine deutliche Homologie zwischen mitochondrialer rRNA und der rRNA aus Purpurbakterien.
- 5. Plastiden enthalten ein Fettsäuresynthese-Enzymsystem, dessen Bau jenem der Bakterien entspricht, aber vom Aufbau des entsprechenden Enzymsystems im Cytoplasma von Eukaryoten (Hefe, Säuger) stark abweicht.
- 6. Unter den heutigen Organismen gibt es zahlreiche Modelle für derartige Endosymbiosen (Cytosymbiosen):

Verschiedene einzellige Algen, die durch Plastidenverlust heterotroph und farblos geworden sind, haben Cyanobakterien-Zellen als Symbionten aufgenommen (sog. Endocyanome). Ebenso gibt es Protozoen, die Cyanobakterien enthalten; dadurch können diese Organismen auch bei Mangel an organischer Nahrung leben. Am bekanntesten ist *Cyanophora*, bei der auch ein Gentransfer stattgefunden hat: Gene aus den aufgenommenen Cyanobakterien finden sich im Genom (und somit im Kern) der Wirtszelle. Die aufgenommenen Cyanobakterien haben keine eigene Zellatmung mehr. Solche «Endocyanellen» stehen am Übergang zu Zellorganellen. Farblose Eukaryoten-Zellen haben aber auch Zellen eukaryotischer Algen (des Grünalgen- und des Rotalgen-Typs) als Symbionten aufgenommen (sekundäre Endosymbiose, vgl. 4.2.2).

Im Verlauf der Evolution der Endosymbiosen sind offenbar zahlreiche Gene der Symbionten in das Wirtsgenom übernommen worden. Sie sind dann besser vor Sauerstoff geschützt (vgl. 14.4.6). Derartige Gentransfers sind mittlerweile für viele Fälle nachgewiesen (vgl. 8.7). Es kommt so zur intertaxonischen genetischen Rekombination. Auch der Zellkern könnte durch eine Symbiose entstanden sein. Dafür spricht, dass die Nucleotidsequenzen mancher Gene mit solchen von Eubakterien und andere mit solchen von Archaea zu homologisieren sind. Es sollte also entweder eine Fusion eines gramnegativen Bakteriums mit einem Vertreter der Archaea stattgefunden haben, oder das Bakterium wurde als Endosymbiont aufgenommen.

Chloroplasten können in fremde Zellen (z. B. Fibroblastenzellen aus Säugern) verpflanzt werden und bleiben darin wochenlang «lebensfähig» und stoffwechselaktiv, wie man durch Messung ihrer Photosynthese feststellen kann. Verschiedene Schnecken aus der Gruppe der Opisthobranchier (z. B. *Elysia*) lagern Chloroplasten aus ihrer Grünalgen-Nahrung in Epithelgewebe ein; diese funktionieren dort (aber teilen sich nicht mehr), so dass die Schnecken teilweise «autotroph» (richtiger: mixotroph) sind.

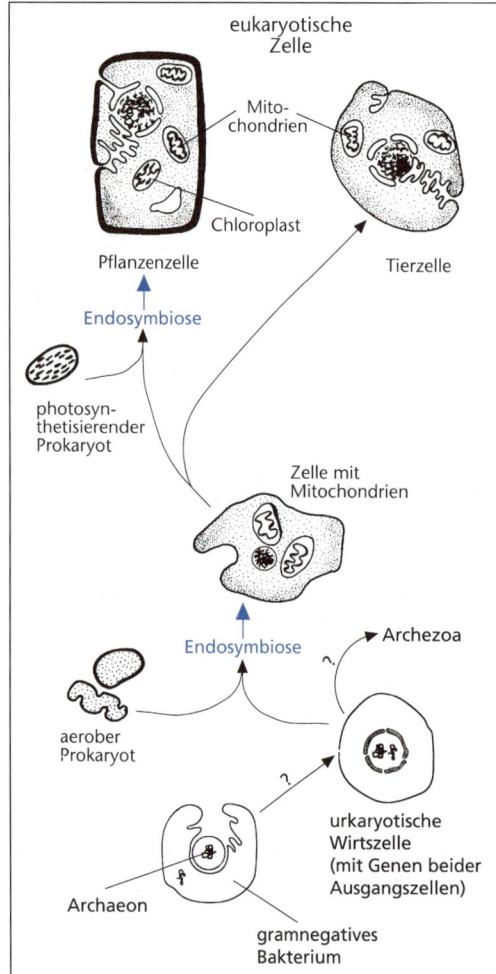

Abb. 3.43: Endosymbionten-Theorie. Die urkaryotische Wirtszelle ist vermutlich durch Vereinigung eines (gramnegativen) Bakteriums mit einem Vertreter der Archaea entstanden; Gene beider Ausgangsorganismen vermischten sich. Eukaryoten außer den Archezoa besitzen Mitochondrien, alle grünen Pflanzen außerdem Plastiden.

3.5 Wasserhaushalt der Pflanzenzelle

Wasser dient in der Pflanze als Lösungsmittel, als Transportmedium und ist an chemischen Reaktionen als Substrat beteiligt. Außerdem ist aufgrund des Aufbaus der pflanzlichen Zellen ein hoher Wassergehalt Voraussetzung für die Stabilität von Geweben. Etwa 90% des Volumens einer Parenchymzelle nimmt die Vakuole mit dem wässrigen Zellsaft ein. In die Zelle gelangt das Wasser aus den wassererfüllten Kapillarräumen der Zellwand durch Diffusion, die vor allem durch Porenproteine des Plasmalemmas, die Aquaporine, erfolgt (vgl. 3.2.4.2). Diese lassen weder Ionen noch organische Moleküle hindurchtreten, aber bis zu $4 \cdot 10^9$ Wassermoleküle/sec. Der Tonoplast besitzt je Flächeneinheit noch mehr Aquaporine. Manche kleine Moleküle können ebenfalls in die Zelle diffundieren, Ionen und größere Moleküle hingegen nicht. Sie können nur durch besondere Transportvorgänge unter Mitwirkung von Membranproteinen eine Membran passieren. Die Membranen sind daher in erster Näherung **semipermeabel**, d.h. halbdurchlässig (Wasser tritt hindurch, darin gelöste Stoffe nicht). Genauer sind sie als **selektiv-permeabel** zu bezeichnen, zumal Transportvorgänge für nicht diffundierende Stoffe stattfinden, die allerdings bei Betrachtung eines kurzen Zeitraumes zu vernachlässigen sind.

3.5.1 Diffusion

Teilchen von Gasen oder von gelösten Stoffen sind in dauernder thermischer Bewegung. Kleine Partikel (< 5 μm) zeigen daher im Lichtmikroskop eine ständige zitternde Bewegung, die durch den Aufprall von Molekülen, vor allem des Lösungsmittels, hervorgerufen wird (BROWNsche Bewegung). Aufgrund dieser thermischen Bewegung haben die Teilchen die Tendenz, sich gleichmäßig in dem für sie zugänglichen Raum zu verteilen. Dieser Vorgang heißt Diffusion. *Tendenz zur Unordnung*

Unterschichtet man in einem Gefäß Wasser mit einer gesättigten Kupfersulfatlösung, so sind die beiden Flüssigkeiten zunächst deutlich getrennt. Es besteht ein Konzentrationsgefälle. Infolge der Diffusion tritt allmählich Vermischung ein, weil Teilchen (Ionen) des Kupfersulfats ins Wasser und umgekehrt Wassermoleküle in die Kupfersulfatlösung eindringen, bis schließlich in beiden Flüssigkeiten die gleiche Konzentration (Konzentrationsausgleich) erreicht wird (Abb. 3.44). Diffusion tritt immer ein, wenn ein Konzentrationsgefälle besteht; sie ist abhängig von der Temperatur und von der Art des diffundierenden Stoffes (Größe und Ladung der Teilchen). Je größer die Teilchen sind, um so langsamer erfolgt die Diffusion. Bei einer gegebenen Temperatur gehorcht der Diffusionsvorgang dem FICK'schen **Diffusionsgesetz**:

Diffusionsrate ~ Diffusionsquerschnitt (q) × Konzentrationsgefälle

$$\frac{dm}{dt} = -D \cdot q \cdot \frac{dc}{dx}$$

(je Zeiteinheit dt diffundierende Stoffmenge dm = Massenflux)

(Konzentrationsunterschied dc bezogen auf die Diffusionsstrecke dx = Potenzialdifferenz)

D = Diffusionskoeffizient (in diesen gehen die Eigenschaften der Teilchen ein)

Das Minuszeichen gibt an, dass der Vorgang stets in Richtung einer Verdünnung erfolgt. Die zur Diffusion über eine bestimmte Strecke erforderliche Zeit ist proportional dem Quadrat der Diffusionsstrecke

$$x^2 \sim D \cdot t$$

Die Diffusion erfolgt also rasch bei kurzem Diffusionsweg und bei kleinen Teilchen. In Gasen verläuft die Diffusion generell rascher und kann

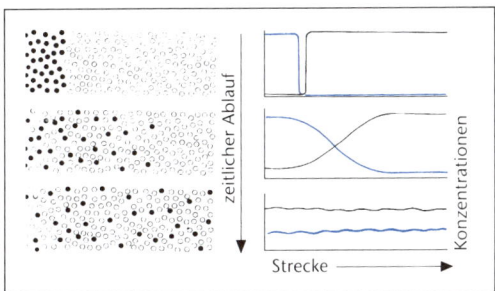

Abb. 3.44: Vorgang der Diffusion. Diffusion ist die Folge der Zufallsbewegung einzelner Teilchen (BROWNsche Molekularbewegung). Es erfolgt dadurch ein Konzentrationsausgleich (nach RAVEN et al.).

daher auch über größere Strecken noch effektiv sein. In der wässrigen Lösung der Zellen ist die Diffusion nur für kleine Moleküle und auf kurze Strecken (etwa von Zellgröße!) ein geeigneter Transportmechanismus. Ein Ferntransport auf diesem Wege wäre unmöglich, wie man leicht berechnen kann: ein Farbstoff, der in Lösung in 1 sec ca. 87 µm diffundiert, legt durch Diffusion in 1 h ca. 5 mm und in 1 Jahr ca. 50 cm zurück!

3.5.2 Osmose und Osmometer; Wasserpotenzial

Werden zwei Lösungen unterschiedlicher Konzentration durch eine semipermeable Membran getrennt, so können die gelösten Teilchen nicht durch diese hindurchtreten. Hingegen kann das Lösungsmittel (Wasser) durch Diffusion vom Ort höherer Wasserkonzentration (verdünnte Lösung) zum Ort geringerer Wasserkonzentration (konzentrierte Lösung) gelangen. Dieser Vorgang heißt Osmose. Da das Wasser zum Ort der höher konzentrierten Lösung wandert, kommt es dort zu einer Volumenzunahme und bei Anbringen eines Steigrohres ist diese als Ansteigen der Wassersäule im Rohr messbar (Abb. 3.45). Diese erzeugt nun einen hydrostatischen Druck. Das Wasser wird im Rohr so lange steigen, bis durch den zunehmenden Druck die Zahl der dadurch vermehrt durch die Membran gepressten Wassermoleküle so groß wird, wie die Zahl der eintretenden Wassermoleküle. Dann besteht ein dynamisches Gleichgewicht. Die Höhe der Wassersäule ergibt dann den **osmotischen Druck** (Abb. 3.45).

Der Pflanzenphysiologe PFEFFER schuf eine semipermeable Membran durch Erzeugen einer Niederschlagsmembran von Kupferhexacyanoferrat(II) ($Cu_2[Fe(CN)_6]$) in einem Tonzylinder. Mit Hilfe von «Osmometern», die nach diesem Prinzip gebaut waren, erkannte VAN'T HOFF die Grundgesetze der Osmose:

- bei konstanter Temperatur ist der osmotische Druck proportional der Konzentration der Lösung.
- bei konstanter Konzentration ist der osmotische Druck proportional der Temperatur.
- verdünnte Lösungen gleicher Teilchenzahl haben den gleichen osmotischen Druck; sie sind isosmotisch (**isotonisch**). Bei ionischen Verbindungen ist dabei zu berücksichtigen, in welchem Ausmaß sie Ionen bilden; dadurch wird die Teilchenzahl erhöht.
- in konzentrierten Lösungen treten durch Wechselwirkungen zwischen den Teilchen Störeffekte ein.

Für den osmotischen Druck π ergibt sich daraus (in verdünnten Lösungen):

$$\pi = c \cdot R \cdot T$$

c = Konzentration bzw. Konzentrationsdifferenz. Bei nicht dissoziierenden Stoffen ist dies die Molarität, bei Bindung von Ionen ist die Dissoziation zu berücksichtigen.
R = Gaskonstante
T = absolute Temperatur

Ist die Wechselwirkung zwischen den Teilchen zu berücksichtigen, so wird der osmotische Koeffizient g eingefügt:

$$\pi = g \cdot c \cdot R \cdot T$$

Das Produkt g · c heißt auch Osmolarität einer Lösung.

Die Osmose ist als Diffusionsprozess ein Vorgang, der keiner äußeren Energiezufuhr bedarf. Man kann in einer Lösung den Teilchen gelöster Stoffe einen bestimmten Energieinhalt zuschreiben. Dieser ist um so größer, je höher die Konzentration ist. Das chemische Potenzial des gelösten Stoffes ist anzugeben in Joule/mol. Besteht ein Konzentrationsgefälle, so muss auch dieses chemische Potenzial unterschiedlich sein: es liegt also ein Potenzialgefälle vor. Die gleiche Überlegung gilt auch für das Wasser; für dieses besteht ein Potenzialgefälle zur konzentrierten Lösung hin, die ja weniger Wasser enthält. Das chemische Potenzial des Wassers (bezogen auf das Volumen) heißt **Wasserpotenzial** Ψ_W. Für reines Wasser wird willkürlich das Wasserpoten-

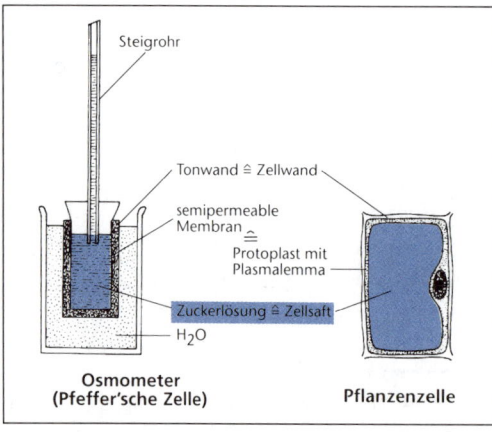

Abb. 3.45: Osmometermodell der Pflanzenzelle. Links Osmometer (PFEFFER'sche Zelle); rechts Pflanzenzelle (nach JACOB-JÄGER-OHMANN).

zial $\Psi_W = 0$ gesetzt; in Lösungen (die weniger Wasser enthalten) muss das Wasserpotenzial kleiner sein, also einen negativen Wert haben. Je konzentrierter eine Lösung ist, um so negativer ist ihr Wasserpotenzial. Durch die Diffusion wandert Wasser stets in Richtung zum negativeren (niedrigeren) Wasserpotenzial.

Das Wasserpotenzial ist jeweils die Energiemenge, die erforderlich ist, um Wasser der Lösung auf das Potenzial des freien Wassers ($\Psi = 0$) zu bringen. Die Maßeinheit ist Joule/m^3 und damit dimensionsgleich mit dem Druck (Joule/m^3 = Pascal).

3.5.3 Das Osmometermodell der Pflanzenzelle

Das Prinzip des Osmometers lässt sich leicht auf eine Pflanzenzelle mit Vakuole übertragen (vgl. Abb. 3.45). In der Zellwand liegt eine Lösung geringer Konzentration vor. Die Vakuole enthält eine wässrige Lösung vieler Stoffe; die Konzentration dieses Zellsaftes liegt im Mittel bei 0,2–0,8 M. Plasmalemma und Tonoplast sind die näherungsweise semipermeablen Membranen. Daher hat der Zellsaft einen bestimmten osmotischen Druck, der aber an der Zelle nicht unmittelbar zu erkennen ist; es handelt sich daher um einen potenziellen osmotischen Druck π^*.

Da das chemische Potenzial des Wassers im Zellsaft geringer ist als in der Zellwand, diffundiert Wasser in die Vakuole. Wäre keine Wand vorhanden, so nähme die Vakuole so viel Wasser auf, dass die Zelle platzen würde. Bei isolierten Protoplasten tritt dies ein, wenn man sie in destilliertes Wasser bringt. Bei der Zelle mit Wand wird infolge des hydrostatischen Drucks oder **Turgordrucks** der Protoplast an die Wand angepresst. Mit der Wasseraufnahme steigt der hydrostatische Druck; die Wand wird zunächst ausgedehnt, reagiert in gewissem Umfang elastisch und beginnt nun einen Gegendruck auszuüben. Dieser Wanddruck W ist gemäß dem Prinzip actio = reactio gleich dem Turgordruck. Infolge des zunehmenden Wanddrucks wird eine weitere Wasseraufnahme schließlich unmöglich. Damit ist ein dynamischer Gleichgewichtszustand erreicht; die Zelle ist voll *turgeszent*.

Die Fähigkeit einer Zelle zur Wasseraufnahme ergibt sich also aus der Differenz zwischen dem potenziellen osmotischen Druck und dem Wanddruck (oder dem Turgordruck); sie heißt **Saugspannung** und hat die Größe eines negativen Drucks:

$$S = \pi^* - W$$

W = Wanddruck
π^* = pot. osmot. Druck
S = Saugspannung der Zelle

Dies ist die osmotische Zustandsgleichung. Als jeweils aktuelle Saugspannung steht der Zelle der Anteil des potenziellen osmotischen Drucks zur Verfügung, der nicht durch den Wanddruck kompensiert ist (Abb. 3.46). Die osmotische Wasseraufnahme führt infolge der Vergrößerung der Vakuole zu einer gewissen Abnahme der Zellsaftkonzentration und damit des potenziellen osmotischen Drucks.

Die Saugspannung der Zelle ist Folge der Wasserpotenzialdifferenz (so wie die elektrische Spannung Folge einer elektrischen Potenzialdifferenz ist); es gilt:

$$S = \Delta \Psi_W$$

Das Wasserpotenzial wird (vgl. 3.5.2) als Druck gemessen und ist ein Maß für den Wasserzustand (den Energieinhalt des Wassers) in einem System (Zelle, Gewebe, Boden). Die osmotische Zustandsgleichung lässt sich in Potenzialschreibweise überführen (vgl. auch Abb. 3.46):

$$(-)\Psi_W = (-)\Psi_\pi + (+)\Psi_P$$

(–) gibt an, dass es sich um eine negative Größe handelt. Das osmotische Potenzial Ψ_π wird negativ gerechnet, da gelöste Stoffe das Wasserpotenzial verringern. Das Druckpotenzial Ψ_P (= W) wird positiv gerechnet, da Wasser, das einem Druck ausgesetzt ist (hier dem Turgordruck), dadurch energiereicher wird. Soll die nicht-ideale Semipermeabilität berücksichtigt werden, so verändert man das osmotische Potenzial durch einen Korrekturfaktor ($\sigma \cdot \psi_\pi$).

Der Turgordruck ist für die Zellen der höheren Pflanzen lebensnotwendig; er ist verantwortlich für die Wanddehnung und damit für das Streckungswachstum der Zelle. Turgoränderungen können Bewegungsvorgänge hervorrufen (vgl. 15.3.2). Wird (z. B. durch Erhitzen) die selektive Permeabilität der Membranen aufgehoben, so ist das osmotische System zerstört und die Zelle geht zugrunde. Dann treten Vakuolenfarbstoffe aus, wie man beim Erhitzen von Roter Bete oder von Kirschen leicht beobachten kann.

Die Elastizität der Zellwand ist messbar als Abhängigkeit der Dehnung (Volumenveränderungen) von der Druckänderung:

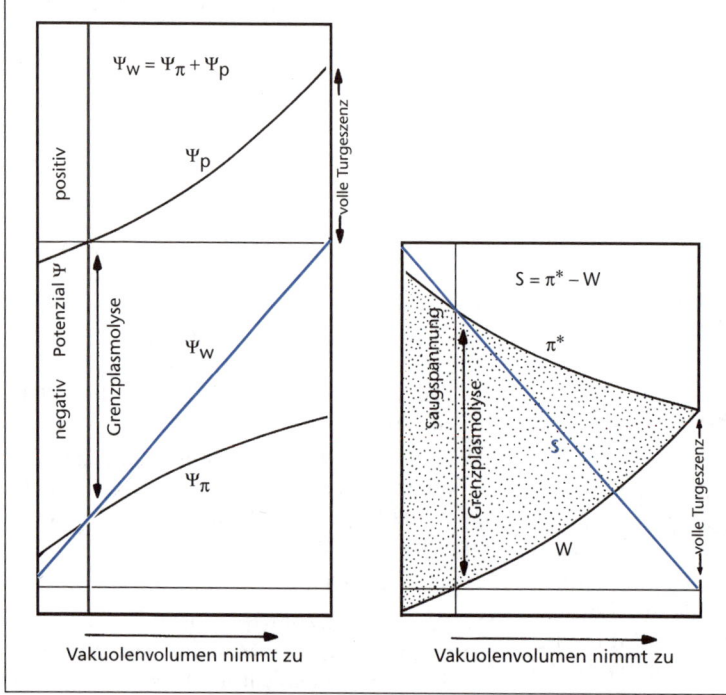

Abb. 3.46: Osmotische Zustandsgrößen und ihre Veränderung bei der osmotischen Wasseraufnahme; links entsprechend der Wasserpotenzialgleichung $\Psi_W = \Psi_\pi + \Psi_P$; rechts entsprechend der Saugspannungsgleichung $S = \pi^* - W$. Es gilt $S = -\Psi_W$ (nach LIBBERT).

$$\frac{\Delta V}{V} = \frac{1}{\varepsilon} \cdot \Delta p$$

(normierte Volumenänderung) (verformende Druckänderung)

Der Proportionalitätsfaktor ε kennzeichnet die Steifigkeit der Wand; er heißt Elastizitätsmodul. Je höher ε ist, um so steifer ist die Wand. Für unverholzte Zellwände ist $\varepsilon = 5-20$ MPa.

Das einfache Osmometer-Modell gilt nicht für Zellen ohne oder mit sehr kleiner Vakuole (z. B. junge Wurzelzellen) und nicht für Zellen mit stark verholzten Wänden, die dann eine hohe Eigenstabilität und geringe Elastizität aufweisen.

Das osmotische Potenzial der Zellen ist in verschiedenen Geweben unterschiedlich und auch zeitlich veränderlich. Die Werte liegen meist im Bereich 0,5–4 MPa. Manche Pflanzen tolerieren große Schwankungen des osmotischen Potenzials (Nadelbäume, Holzpflanzen des Mittelmeergebiets), andere nur sehr geringe (Schattenpflanzen feuchter Wälder, manche Uferpflanzen). Bei Pflanzen trockener Standorte treten oft sehr hohe osmotische Potenziale auf (bis über 20 MPa). Manche Schimmelpilze wachsen auf konzentrierten Zuckerlösungen und müssen aus diesen ihren Wasserbedarf decken (erfordert 22 MPa). Wasserpilze (*Achlya, Saprolegnia*) wachsen bei osmotischem Stress auch ohne Turgor und zeigen dann abweichende Gestalten.

3.5.4 Quellung

Befeuchtet man lufttrockene Samen, so nehmen die Zellen Wasser auf; die Samen quellen. Durch Diffusion erreicht das Wasser alle Zellen; in diesen bilden die Makromoleküle (vor allem Proteine) zunehmend größere Hydrathüllen aus. Dieser Vorgang heißt Quellung; durch die Hydratisierung der Moleküle nimmt das Volumen zu. Ebenso quellen Bestandteile der Zellwand und außerdem werden deren kapillare Räume völlig von Wasser erfüllt. Auch Vakuolen enthalten manchmal quellbare Stoffe (Pectine, Schleimstoffe). Die Quellung ist ein physikalischer Vorgang, der genau so beim Einbringen reiner Stoffe (z. B. von Gelatine) in Wasser zu beobachten ist.

Die Zellwand zieht je nach Größe der Kapillarräume das Wasser mit einem Sog von 1,5–15 MPa an, ist aber nur begrenzt quellbar. Die Proteine (und ebenso Pectine und Schleimstoffe) hingegen sind zumeist unbegrenzt quellbar und gehen schließlich in Lösung (wie die Gelatine zeigt). Die Quellung in der Pflanze erfolgt bei diesen Komponenten so lange, bis ein Gleichgewicht mit der Umgebung eingestellt ist, das seinerseits z. B. von den Ionen in der Umgebung der Moleküle abhängt. Die Funktion der Zellproteine hängt stark von ihrem Hydratationszustand (und damit vom Ionenmilieu) ab. Ihre Entquellung führt zu einem Lebenszustand mit minimalem Stoffwechsel (latenter Zustand; z. B. in Samen und Sporen). Finden Quellungsvorgänge statt, so kommt zum osmotischen Wassereinstrom ein zusätzlicher Wassertransport in die Zelle hinzu. Diesem trägt man Rechnung durch einen zusätzlichen Faktor in der Zustandsgleichung, der als Quellungs- oder Matrixpotenzial Ψ_τ bezeichnet wird.

Die Quellung ist reversibel; so kann z. B. Holz durch Erwärmen wasserfrei gemacht werden. Um aus dem Quellungswasser wieder freies Wasser zu erhalten, muss also Energie aufgewendet werden. Das Matrixpotenzial hat somit negative Werte:

$$(-)\Psi_W = (-)\Psi_\pi + (-)\Psi_\tau + (+)\Psi_P$$

Die Hydratisierung der Proteine ändert sich in aktiven Zellen kaum, und in Vakuolen entsteht ein Matrixpotenzial nur, wenn Polysaccharide enthalten sind. Daher kann es in Zellen oft vernachlässigt werden. Geht man von trockenem Holz aus, so kann das Matrixpotenzial aber Drücke von bis zu 100 MPa erzeugen. Darauf beruht die Möglichkeit, quellendes Holz zur Sprengung von Felsen zu nutzen (Methode der Ägypter zur Herstellung von Granit-Obelisken).

3.5.5 Plasmolyse

Bringt man Zellen oder Gewebe in ein äußeres Medium mit höherem potenziellem osmotischen Druck als der Zellsaft hat ($\pi^*_{Medium} > \pi^*_{Zellsaft}$, hypertonisches Medium), so wird Wasser durch Osmose vom Zellsaft ins Medium wandern. Hierdurch wird zunächst die Wanddehnung verringert; dann löst sich der Protoplast von der Zellwand ab: es erfolgt Plasmolyse. Häufig bleiben einzelne Plasmaverbindungen zur Wand hin erhalten (HECHT'sche Fäden; vgl. Abb. 3.47).

Bringt man plasmolysierte Zellen in reines Wasser oder in eine stark verdünnte Lösung, so dass $\pi^*_{Medium} < \pi^*_{Zellsaft}$ ist (hypotonisches Medium), dann diffundiert das Wasser wieder in die Vakuole: es findet Deplasmolyse statt. Diese Umkehrung der Plasmolyse kann nur erfolgen, solange die Membranen intakt geblieben sind. Die Plasmolysierbarkeit und Deplasmolysierbarkeit ist ein Test auf die Lebensfähigkeit von Zellen.

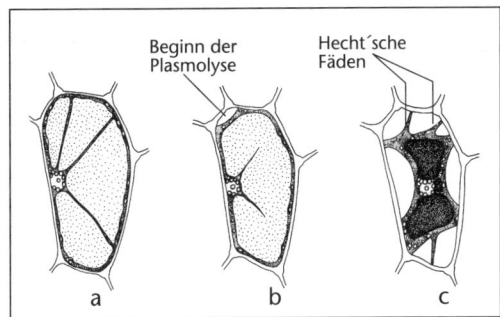

Abb. 3.47: Plasmolyse. Zellen aus der unteren Epidermis eines Blattes von *Rhoeo discolor*. **a:** in Wasser; **b:** in 0,5 M KNO$_3$: beginnende Plasmolyse (Grenzplasmolyse); **c:** vollendete Plasmolyse (nach STRASBURGER).

Bei langdauernder oder zu starker Plasmolyse reißen die HECHT'schen Fäden ab; dann ist die Zelle irreversibel geschädigt.

Bei einer bestimmten Konzentration des äußeren Mediums setzt die Plasmolyse gerade ein, so dass der Protoplast in Zellecken eben von der Wand abgelöst wird. Dann besteht Gleichgewicht: $\pi^*_{Medium} = \pi^*_{Zellsaft}$. Man spricht von Grenzplasmolyse. Da π^*_{Medium} bekannt ist oder gemessen werden kann, lässt sich so der potenzielle osmotische Druck des Zellsaftes näherungsweise ermitteln. Eine andere Möglichkeit besteht in der Gewinnung von Zellsaft, dessen Konzentration über die Gefrierpunkterniedrigung gemessen wird (kryoskopische Methode).

Bei länger dauernder Plasmolyse beobachtet man häufig, dass von alleine eine Deplasmolyse einsetzt. Dies hat seine Ursache in der allmählichen Aufnahme von Stoffen aus dem Medium, so dass die Konzentration des Zellsaftes ansteigt. Die Geschwindigkeit der Deplasmolyse hängt vom aufgenommenen Stoff ab und zeigt so die selektive Permeabilität der Membran. Unter natürlichen Bedingungen erfolgt vielfach keine Plasmolyse, da die Zellwände größere Mengen an Luft nicht passieren lassen und Wasser nicht in genügender Menge zur Verfügung steht. Die Zellwände werden dann nach innen gezogen (Cytorrhyse).

3.5.6 Zellen im Verband

Im Verband werden Zellen auch durch die Druck- und Zugwirkungen, somit letztlich durch den Turgor der Nachbarzellen beeinflusst, wodurch der Wanddruck verändert wird. Dem trägt man in der osmotischen Zustandsgleichung Rechnung durch Einführen eines zusätzlichen Gliedes für die **Gewebespannung** (Außendruck, A):

$$S = \pi^* - W \pm A$$
$$(-)\Psi_W = (-)\Psi_\pi + (+)\Psi_P + (\pm)\Psi_a$$

Die Gewebespannung kann positiv oder negativ sein. Wirkt sie gleichsinnig mit dem Wanddruck, so wird der Zustand der vollen Turgeszenz schon bei einem kleineren Vakuolenvolumen erreicht.

Durch die Gewebespannung werden zartwandige Gewebe, also krautige Pflanzenteile, stabilisiert (Abb. 3.48). Einzelne Gewebeteile weisen dabei oft unterschiedlichen Turgor auf. Dies kann man leicht zeigen: Schneidet man einen Stengel vom Löwenzahn längs in Viertel, so biegen sich die Teile nach außen. Trennt man das Mark eines Sonnenblumensprosses unter Wasser vom übrigen Stengelgewebe ab, so dehnt es sich stärker als das randliche Gewebe. Im intakten Spross wird es an dieser maximalen Drehung gehindert. Das Prinzip unterschiedlicher Gewebespannung wird von der Pflanze auch für Bewegungsvorgänge genutzt; das Überschreiten eines Grenzwertes kann zum plötzlichen Zerreißen von Gewebe und so zum Ausschleudern von Samen führen (vgl. 15.3.2).

Zellwände mit Eigenstabilität folgen dem schrumpfenden Protoplasten weniger gut; die Gewebespannung wirkt dann gegensinnig und es entsteht eine Zugspannung. Hierdurch steigt die Saugspannung an (das Wasserpotenzial nimmt ab), ohne dass der potenzielle osmotische Druck wesentlich zunimmt. Ein partieller Turgorverlust führt bei zarten Zellwänden zum Welken. Bei Pflanzen, die größere Turgorschwankungen überstehen müssen (z. B. bei Wassermangel) ist es daher vorteilhaft, wenn viele Zellwände Eigenstabilität aufweisen. Stark verholzte Zellwände sind weitgehend starr; solche Zellen sind unabhängig vom Turgor, sie sterben aber in der Regel früh ab (Sklerenchym, vgl. 5.2.3.2; Xylem, vgl. 5.2.4.2).

3.5.7 Osmotische Regulation in der Zelle

Die pflanzliche Zellwand kann zwar eine beträchtliche Elastizität aufweisen, ist aber nicht beliebig formveränderlich. Daher sind bei pflanzlichen im Gegensatz zu tierischen Zellen nur geringe Volumenveränderungen möglich; die Pflanzenzelle muss aber nicht wie die Tierzelle die Osmolarität von intrazellulärer und extrazellulärer Flüssigkeit ausgleichen. Die osmotische Regulation erfolgt vor allem über die Änderung der Zellsaftkonzentration. Protoplast und Vakuole sind nur durch den Tonoplast getrennt; beide müssen daher im osmotischen Gleichgewicht stehen wie ebenso die Zellorganellen mit dem umgebenden Cytosol. Die osmotisch wirksamen Stoffe in den einzelnen Kompartimenten können infolge der Membranbarrieren verschieden sein; außerdem ist das Matrixpotenzial des Protoplasten zu berücksichtigen. Die osmotisch wirksamen Stoffe im Cytoplasma dürfen die Wirksamkeit der Enzyme nicht nachteilig beeinflussen (sie müssen kompatibel sein). Akkumuliert werden – artspezifisch verschieden – vor allem Prolin, Glycinbetain, Zuckeralkohole, Glycerin, Cyclitole, Zucker (z. B. Saccharose, Trehalose), Dimethylsulfoniopropionat, bei Mikroorganismen auch acetylierte Aminosäuren. Beim Abbau von Dimethylsulfoniopropionat aus Meeresplankton wird Dimethylsulfid in die Atmosphäre freigesetzt, man eine Rolle bei der Bildung von Wolken und damit für den globalen Wasserkreislauf zuschreibt. Kompatible Stoffe können natürlich auch in die Vakuole transportiert werden und dort der Erhöhung des potenziellen osmotischen Drucks dienen. Die Bildung dieser osmoregulatorischen Substanzen erfordert eine gewisse Zeit. Eine raschere, aber nur begrenzte Regulation, die bei plötzlichen Turgorveränderungen eintritt, beruht auf einer verstärkten Ionenaufnahme bzw. -abgabe (vor allem von K^+-Ionen). Der mechanosensitive Rezeptor, der die Veränderung des Turgors wahrnimmt, wird im Plasmalemma vermutet. – Bei Pflanzen trockener Standorte oder an Orten hoher Ionenkonzentration im Boden findet man oft eine besonders gute Fähigkeit zur osmotischen Regulation.

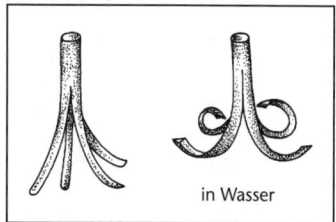

Abb. 3.48: Blütenstands-Stengel vom Löwenzahn *Taraxacum* geviertelt. Nach Einlegen in Wasser biegen sich die Teile nach außen (nach LIBBERT).

4 Organisationsstufen der eukaryotischen Pflanzen

Bei den eukaryotischen Pflanzen lassen sich aufgrund der morphologischen Organisation drei Stufen unterscheiden, die durch Übergänge verbunden sind:

Protophyten: Einzeller oder Kolonien von Einzellern.

Thallophyten: Vielzeller, in der Regel im Wasser. Da dieses als dichtes Medium auch große Organe zu tragen vermag, werden kaum Festigungselemente gebildet. Die Thallophyten zeigen daher keine Eigentragfähigkeit; sie sind «Lagerpflanzen». Vielzeller sind in den verschiedenen Abteilungen der Algen und Pilze mehrfach getrennt voneinander entstanden.

Kormophyten: Vielzeller, die infolge besonderer Anpassungen zum Leben am Land befähigt sind. Sie bilden unterschiedlich differenzierte Gewebe und sind in eine tragende Sprossachse, der Ernährung dienende Blätter und der Stoffaufnahme und Verankerung dienende Wurzeln gegliedert (Kormusgliederung). Kormophyten sind die Farn- und die Blütenpflanzen.

Die Organisationshöhe der Pflanzen ist erkennbar an der Zahl der unterschiedlich gestalteten Zellen, die ein Individuum zu bilden vermag, für die also die genetische Information vorhanden sein muss (vgl. 16.2.8). Man findet:

- bei Protophyten bis zu drei verschiedene Zelltypen (hier zeitlich nacheinander!),
- bei Thallophyten bis ca. 10 verschiedene Zelltypen,
- bei Farnpflanzen bis ca. 25 verschiedene Zelltypen,
- bei Blütenpflanzen 60–80 verschiedene Zelltypen.

4.1 Evolution der Vielzeller und der Landpflanzen

Die Organisationsstufen zeigen zugleich die großen Schritte bei der Evolution der Pflanzen. Die ersten Eukaryoten waren einzellig. Aus den Fossilfunden ist zu entnehmen, dass sie im Präkambrium, in einem Zeitraum vor 1,8–1,3 Milliarden Jahren entstanden. Gegen Ende des Präkambriums, vor 550 Millionen Jahren, existierten dann bereits tierische und pflanzliche Vielzeller. Die ersten Kormophyten erschienen im oberen Silur, vor mehr als 400 Millionen Jahren.

4.1.1 Vom Einzeller zum Vielzeller

Pflanzliche Einzeller leben vor allem in den obersten, lichtreichen Wasserschichten der Meere und Süßgewässer als schwebende **Plankton**-Organismen. Sie sind eine sehr wichtige Nahrung für Meerestiere. Die Vermehrung der planktonischen Pflanzen ist im Meer vor allem durch die Verfügbarkeit anorganischer Ionen begrenzt. Eine Verringerung der Konkurrenz wurde im Verlauf der Evolution durch Besiedlung eines neuen Lebensraumes erreicht: von Standorten im küstennahen Bereich, in dem durch die Ionenzufuhr vom Land her mehr Nährstoffe vorhanden sind. An diesen Orten war aber, z. B. infolge der Brandung, eine höhere mechanische Stabilität erforderlich. Sie wird durch die Bildung von Zellwänden erreicht, welche zugleich Voraussetzung für die Entstehung ortsfester Vielzeller (**Benthos**-Organismen) sind. Die Vielzelligkeit ist ferner mit einer Größenzunahme verbunden; daher kamen solche Formen nicht als Nahrungsbrocken für ein- oder wenigzellige Tiere in Frage, hatten also weniger Fressfeinde und konnten sich zunächst ungestört entwickeln. Die Vielzelligkeit ermöglichte eine Aufgabenteilung der Zellen, eine unterschiedliche Differenzierung. Spezialisierte Zellen erreichen eine höhere Leistungsfähigkeit. Zwischen den Zellen ist aber Koordination und ein Informationsaustausch erforderlich, denn der Vielzeller-Organismus muss als Einheit reagieren. Hierzu tragen wesentlich die Plasmodesmen bei.

4.1.2 Von den Thallophyten zu den Landpflanzen

Nachdem sich in den Küstenzonen der Ozeane ein reiches Pflanzenleben entwickelt hatte, war der nächste große Schritt zur Verminderung der Konkurrenz die Besiedelung des Landes. An Land ist die Versorgung der Pflanze mit Licht, Kohlendioxid und Sauerstoff erleichtert, aber die Regulation des Wasserhaushaltes wird zum neuen Problem. Das Protoplasma der Zellen ist nämlich nur in stark gequollenem Zustand aktiv. Verliert es Wasser, so geht die Zelle entweder zugrunde oder in einen Zustand latenten Lebens über, bei dem der Stoffwechsel auf ein Minimum reduziert ist. Diesen dormanten Zustand gibt es bei vielen Zellen, die kein großes Vakuom besitzen (viele Einzeller, Sporen, Samen der Blütenpflanzen).

Die Thallophyten sind in der Regel ans Wasser gebunden, weil sie ihren Wasserhaushalt nicht regulieren können; sie sind poikilohydre Pflanzen (Abb. 4.1). Viele Pilze und Flechten leben jedoch auf dem Land; Lebenstätigkeit zeigen sie nur im feuchten Zustand. Dasselbe gilt für die sogenannten Luftalgen, die außerhalb des Wassers leben (Grünalgen, z. B. *Trentepohlia*, *Pleurococcus*). Das Plasma der Zellen nimmt als Quellkörper in Abhängigkeit von der Luftfeuchtigkeit Wasser auf und gibt es wieder ab. Die Feuchtigkeitsgrenze, ab der die einzelnen Arten aktiv werden, ist verschieden. Der Hausschwamm wächst in totem Holz, wenn die Luftfeuchte über 97% liegt, die meisten Bakterien benötigen über 90%; manche Schimmelpilze können sich noch ab 70% Luftfeuchte (entspricht einem Wasserpotenzial von −48 MPa!) entwickeln und einige andere Pilze sogar ab 60% Feuchte.

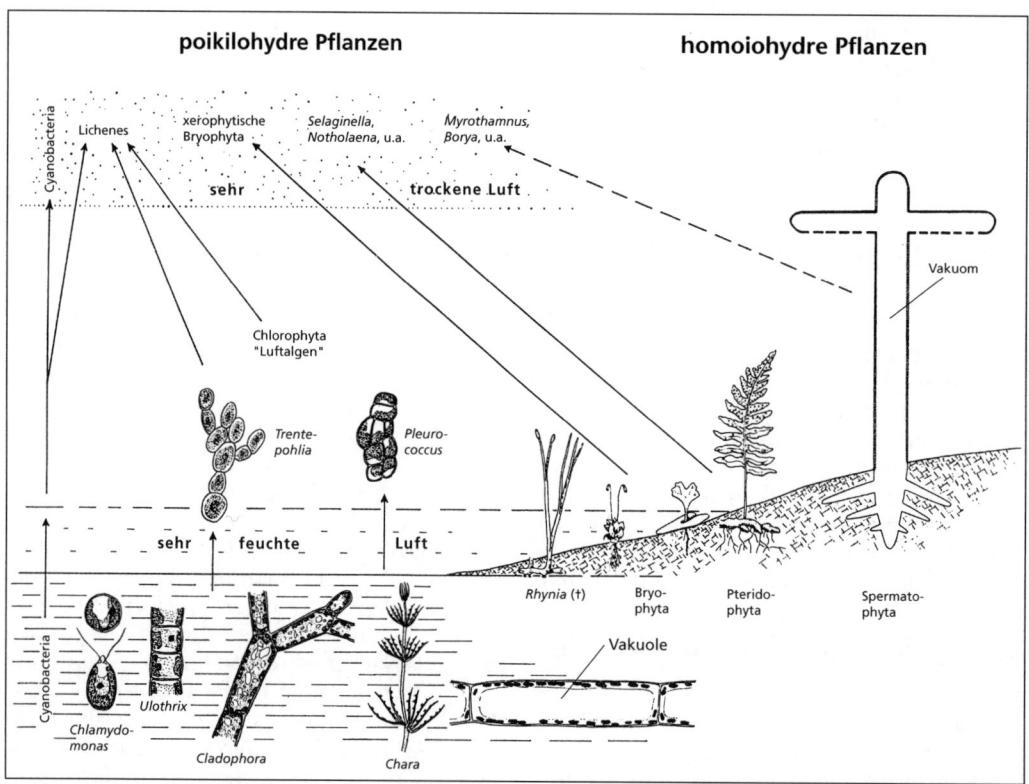

Abb. 4.1: Anpassung von Pflanzen ans Landleben. Landlebende Cyanobakterien, Luftalgen und die Flechten sind poikilohydre Pflanzen; bei Wassermangel trocknen sie aus. Die Kormophyten zeigen eine homoiohydre Organisation (rechts); sekundär poikilohydre Arten (die ein Austrocknen überleben) gibt es unter den Moosen, den Farnen und den Blütenpflanzen (nach WALTER, verändert).

Von Grünalgen (Chlorophyta) ausgehend entstanden auch jene Formen, die den Übergang zum Landleben vollständig vollzogen. Unter den Algen entwickelten sich solche mit großen, vakuolisierten Zellen. Sie bilden bei einer relativ geringen Plasmamenge je Zelle und damit bei geringem Ionen-, vor allem Stickstoff-Bedarf, eine große Oberfläche, die dem Licht ausgesetzt ist. So kann die Assimilationsleistung ansteigen. Außerdem wird die Eigenstabilität der Zelle durch den Turgor erhöht. Der Protoplast grenzt nicht mehr nur an ein wässriges Außenmedium, sondern schafft sich ein eigenes wässriges Innenmedium, den Zellsaft. Austrocknungsfähig sind solche vakuolisierten Zellen nicht mehr. Dieser Nachteil wird dadurch kompensiert, dass der Wasserhaushalt der ganzen Pflanze so reguliert wird, dass Zellsaftmenge und -konzentration weitgehend konstant bleiben. Diese Regulation ermöglichte den Pflanzen den Übergang aus dem Wasser zunächst in Sumpfgebiete und unter Verbesserung von Wasseraufnahme und Transport (vgl. 4.4.1) den Schritt aufs trockene Land. Die Landpflanzen haben somit eine homoiohydre Organisation.

Viele Moose sind gegen das Austrocknen noch wenig geschützt; sie leben daher bevorzugt an dauernd feuchten Orten. Dasselbe gilt für zahlreiche Farnpflanzen. Unter den Blütenpflanzen gibt es viele Anpassungen auch an sehr trockene Standorte. Einige Arten von Blütenpflanzen aus Trockengebieten (*Myrothamnus*, *Borya*, *Xerophyta*, Vertreter einiger Gras-Gattungen) sowie *Selaginella lepidophylla* («Falsche Rose von Jericho») haben sekundär eine weitgehende Austrocknungsfähigkeit entwickelt. Sie sind sekundär poikilohydre Arten.

Der zunehmenden Anpassung des Wasserhaushaltes parallel erfolgt auch eine Anpassung der Fortpflanzung ans Landleben. Bei Moosen und Farnen ist der Befruchtungsvorgang von der Verfügbarkeit von Wasser als Regen oder Tau abhängig (vgl. 7.1.3.4). Bei den Blütenpflanzen hingegen besteht diese Abhängigkeit nicht; die männlichen Gameten werden durch Wachstumsvorgänge bis in die Nähe der Eizelle (bei vielen Gymnospermen) oder direkt zu dieser hin gebracht (bei den Angiospermen; vgl. 7.3.3).

4.2 Protophyten

4.2.1 Organisation der Protophyten

Einzellige Eukaryoten gibt es in den meisten Abteilungen der Algen und der Pilze als die jeweils am einfachsten organisierten Arten. Zum Teil besitzen sie keine feste Zellwand; eine definierte Körpergestalt entsteht bei solchen Formen zumeist durch Einlagerung stabilisierender Proteine ins periphere Plasma (Bildung einer Pellicula). Viele Arten sind zu freier Ortsbewegung mit Hilfe von Geißeln befähigt. Nach der Zahl und Anordnung der Geißeln und dem Feinbau der Geißeloberfläche können begeißelte Einzeller (Flagellaten) in der Regel systematisch zugeordnet werden. Viele, insbesondere der begeißelten Formen, besitzen Lichtsinnesorganellen. Diese sind oft am vorderen Ende der Zelle lokalisiert, d.h. es entsteht eine Polarität der Zelle mit Vorderende (animaler Pol) und Hinterende (vegetativer Pol). Protophyten des Süßwassers sind vielfach durch kontraktile Vakuolen ausgezeichnet, die eingedrungenes Wasser nach außen abscheiden und so der Osmoregulation dienen. Einzeller können sich fast stets durch Zweiteilung ungeschlechtlich vermehren; sie leben in den Tochterzellen weiter, sind also «potentiell unsterblich».

4.2.2 Endosymbiosen

In Abschnitt 3.4 wurde dargestellt, dass die Eukaryoten-Zelle durch die Ausbildung von Symbiose-Systemen zwischen einer urkaryotischen Zelle und prokaryotischen Endosymbionten entstanden ist. Bei den Glaucophyta (z.B. *Glaucocystis*) haben farblose Zellen Cyanobakterien als Symbionten aufgenommen und sind so autotroph geworden. Die Endosymbionten sind außerhalb der Wirtszelle nicht mehr lebensfähig; sie werden als Cyanellen bezeichnet und das Symbiose-System als Endocyanom.

Es gibt auch Symbiosen zwischen eukaryotischen Zellen und eukaryotischen Endosymbionten, die Chromatophoren (Plastiden) liefern. Bei den Algengruppen der Cryptophyta und der Chlorarachniophyta besitzen die Endosymbionten zurückgebildete Zellkerne, die Nucleomorphen. Die Plastiden bilden eine normale Hülle aus zwei Membranen; Plastid und Nucleomorph sind von zwei weiteren Membranen (Zellmembran des Endosymbionten und Membran einer Vakuole der Wirtszelle) umgeben. Daher liegt eine «Plastidenhülle» mit insgesamt vier Membranen vor. Der aufgenommene Endosymbiont war, wie die Plastiden-Pigmente zeigen, bei den Cryptophyta eine urtümliche Rotalge, bei den Chlorarachniophyta eine einfache Grünalge. Die Plastiden dieser Gruppen sind also durch mehrere getrennte Symbiose-Schritte entstanden: die Prokaryoten/Eukaryoten-Symbiose, die zur jeweiligen Algenzelle und ebenso zur farblosen, eukaryotischen Wirtszelle führte, und erheblich später deren Symbiose zweiter Ordnung. Bei den Heterokontophyta (=Chromista, Braun- und Goldalgen) sind die Plastiden ebenfalls von vier Membranen umgeben, ein Kernrest ist aber nicht mehr vorhanden (Abb. 4.2).

Bei den Dinophyta treten auch noch kompliziertere Endosymbiose-Systeme auf; man findet hier z. B. Formen, die Cryptophyten als Endosymbionten besitzen (*Gymnodinium, Amphidinium*); bei *Peridinium*-Arten kommen Plastiden der Heterokontophyten-Typus vor. Dinophyten (Gattung *Symbiodinium*) sind ihrerseits wieder Symbionten in Korallen-Polypen. Dies zeigt die grundlegende Bedeutung von Symbiose-Vorgängen für die Entstehung der Organismenvielfalt im Evolutionsprozess.

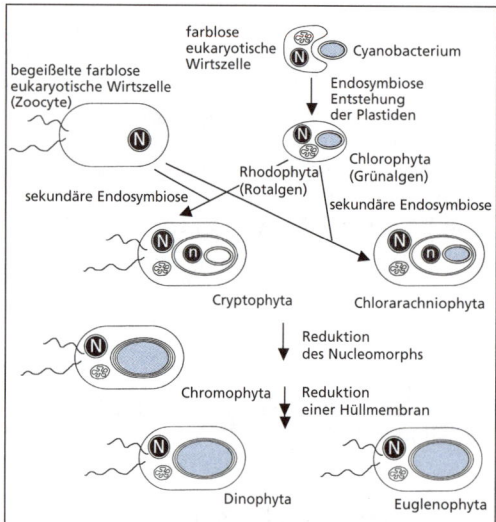

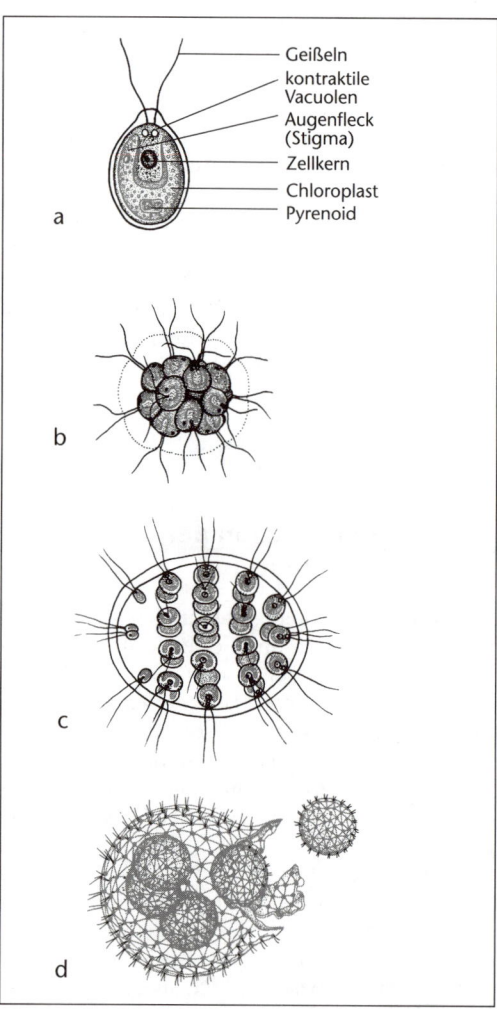

Abb. 4.2: Evolution komplexer Algen-Plastiden durch sekundäre Endosymbiose. N: Zellkern; n: Nucleomorph. Der eukaryotische Endosymbiont (Cytosymbiont), der von einer farblosen eukaryotischen Zelle aufgenommen wurde, ist bei Chlorarachniophyten und Euglenophyten eine Zelle vom Grünalgentypus gewesen, bei Cryptophyten, Chromophyten und Dinophyten eine Zelle vom Rotalgentypus (Einzelbilder nach Kleinig-Sitte).

Bei den Euglenophyta und den Dinophyta sind die Plastiden von drei Membranen umhüllt. Auch dieser Typus ist als Eukaryoten/Eukaryoten-Symbiose zu erklären, da es parasitierende Algen gibt, die aus anderen Algen Plastiden mit dem umgebenden Cytoplasma in die eigene Zelle aufnehmen. Dann liegt nur eine Membran zwischen aufgenommenem Cytoplasma mit Plastid(en) und Parasiten-Cytoplasma; diese Membran trennt entgegen der Regel zwei cytoplasmatische Kompartimente.

Abb. 4.3: Einzeller – Zellkolonie – Vielzeller, Beispiele aus der Gruppe der Grünalgen (Chlorophyta). **a:** *Chlamydomonas* (Einzeller), Größe 1/50 mm; **b:** *Pandorina* (16-zellige Kolonie), Größe 1/10 mm; **c:** *Pleodorina* (32-zellige Kolonie), Größe 1/10 mm; **d:** *Volvox* (Vielzeller), Größe bis über 1/2 mm, die Mutterkugel platzt gerade auf und entlässt die Tochterkugeln. Die Mutterkugel geht danach zugrunde.

4.2.3 Übergänge zum Vielzeller

Protophyten können sich zu lockeren Zellverbänden zusammenlagern (Coenobien = Wohngemeinschaften, Aggregationsverbände ohne artcharakteristische Form). In diesen sind alle Zellen völlig selbständig und unabhängig voneinander.

Übergänge zur Vielzeller-Stufe gibt es in mehreren Entwicklungslinien, die verschiedene Wege eingeschlagen und unterschiedliche Zustände erreicht haben. Die beiden wichtigsten Übergangstypen sind Plasmodien sowie Zellkolonien mit einer beginnenden Arbeitsteilung.

Plasmodien werden gebildet von Schleimpilzen (Myxomycota) durch Verschmelzen vieler wandloser Zellen. Es sind vielkernige nackte Plasmamassen, die sich kriechend fortbewegen. Bleibt die Individualität der Zellen weitgehend erhalten (nachzuweisen z. B. durch Vitalfärbung von Zellen), so spricht man von Pseudoplasmodien (bei «zellulären Schleimpilzen» Acrasiomycota, z. B. *Dictyostelium*).

Zellkolonien stehen zwischen einfachen Coenobien und echten Vielzellern. Insbesondere bei den Chlorophyta lässt sich der Übergang gut verfolgen (Abb. 4.3). Bei einfachen Kolonien sind alle Zellen noch gleichwertig; die Kolonie hat aber eine artcharakteristische Gestalt und besteht aus einer weitgehend festgelegten Zahl von Zellen. Die Zellen entstehen durch Teilung einer Ausgangszelle; sie bleiben daher zumeist von der Entstehung an (congenital) miteinander verwachsen.

Die Grünalge *Pandorina* besteht aus 8 oder 16 Zellen, die zur Kugel angeordnet sind. *Eudorina* bildet eine kugelförmige Kolonie aus 32 Zellen, die in einer Gallerte liegen. Bei *Pleodorina* sind die 32 Zellen der Kugeln verschieden groß; die größeren sind teilungsfähig und werden als generative Zellen bezeichnet, die kleineren Zellen des animalen Pols («vorne») bilden keine Fortpflanzungszellen. *Volvox* besteht je nach Art aus ca. 2000 oder bis über 10 000 Einzelzellen, die eine Hohlkugel bilden und in einer gallertigen Zellwand so angeordnet sind, dass sie ihre beiden Geißeln nach außen richten. Jede Zelle ist mit den benachbarten durch Plasmodesmen verbunden. Die Fortbewegung erfolgt durch den koordinierten Geißelschlag aller Zellen. Die bei der Bewegung nach vorne gerichteten Zellen des animalen Pols zeigen höhere Lichtempfindlichkeit, die rückwärtigen des generativen Pols bilden Fortpflanzungszellen. Eine ungeschlechtliche Vermehrung erfolgt durch Teilung von Zellen des generativen Pols; dabei entstehen Tochterkolonien im Inneren der Mutterkugel. Dort wachsen sie heran und werden durch Platzen der Mutterkugel frei; diese geht dabei zugrunde. Auch nach der geschlechtlichen Fortpflanzung sterben die Mutterkugeln. Bei *Volvox* haben die vegetativen Zellen also nur eine beschränkte Lebensdauer und sind nicht mehr beliebig teilungsfähig. Dies ist eine Folge der Arbeitsteilung, die hier stattgefunden hat, und steht im Gegensatz zur potenziellen Unsterblichkeit der Einzeller. *Volvox* ist damit bereits ein echter Vielzeller. Es sei darauf hingewiesen, dass die beschriebenen Zellkolonien eine Abfolge von Organisationsstadien bilden, nicht eine phylogenetische Reihe, denn sie existieren ja alle nebeneinander und können somit nicht voneinander abstammen.

4.3 Thallophyten

Sie bestehen aus einem vielzelligen oder einem polyenergiden Thallus ohne nennenswerte Eigentragfähigkeit (daher: «Lagerpflanzen»); die Organisation reicht von einfachen fädigen bis zu hochentwickelten körperlichen Formen. Nach dem Aufbau des Thallus unterscheidet man mehrere Typen.

4.3.1 Coenoblast

Ist das Wachstum fädig und erfolgen Kernteilungen ohne Bildung von Querwänden, so entstehen Coenoblasten. Diese besitzen somit einen schlauchförmigen, polyenergiden (vielkernigen) Thallus, der morphologisch verschiedenartig ausgebildet sein kann. Coenoblasten sind mehrfach in der Evolution entstanden (bei den Chlorophyta, Heterokontophyta, Oomycota und Eumycota). Eine weitere Evolution zu komplizierten Strukturen fand aber in keinem Fall statt («Sackgasse» der Evolution). Unterbleibt die Querwandbildung in den Zellfäden vollständig, so liegt eine siphonale Organisation vor (z. B. *Vaucheria*, siphonale Grünalgen); werden hingegen gelegentlich Querwände gebildet, so nennt man den Fadenthallus siphonocladal (z. B. *Cladophora*).

Eine besondere Organisationsform liegt bei dem lange Zeit einkernigen Thallus der Grünalge *Acetabularia* (Schirmchenalge) vor. Er wird mehrere Zentimeter groß; am oberen Ende bilden sich zunächst Haarwirtel und dann ein schirmförmiger «Hut». Erst unmittelbar vor der Fortpflanzung finden Kernteilungen statt, wodurch im gekammerten Hut zahlreiche Fortpflanzungszellen entstehen.

4.3.2 Fadenthallus

Sind bei der Thallusbildung die Zellteilungen stets in der gleichen Richtung orientiert, so entsteht ein vielzelliger Faden. Im einfachsten Fall sind alle Zellen gleichwertig und gleichermaßen teilungsfähig (z. B. Schraubenalge *Spirogyra*). Häufig ist der Zellfaden jedoch polar gebaut. Diese Polarität ist schon bei der Ausgangszelle vorhanden, aus welcher der Faden entsteht. Eine Festheftung des Fadens durch eine oder einige Zelle(n), das Rhizoid, führt zu sessiler Lebensweise. Die anderen Zellen können alle teilungsfähig bleiben (so z. B. bei der Grünalge *Ulothrix* (Abb. 4.4)). Bei anderen Arten werden die Teilungen mehr und mehr auf Zellen der Spitzenzone des Zellfadens und schließlich auf eine Spitzenzelle beschränkt. Wenn nur eine Zelle sich teilt, heißt sie Scheitelzelle.

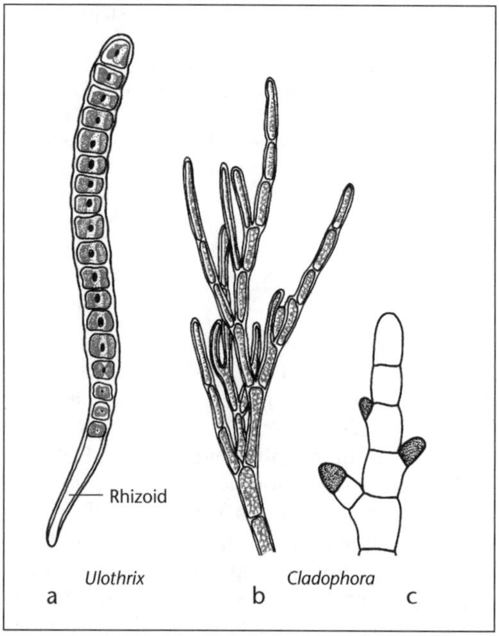

In weiteren Fällen teilt sich die Scheitelzelle gelegentlich senkrecht zur normalen Teilungsebene; dadurch entsteht eine gabelige (dichotome) Verzweigung des Zellfadens. Die Scheitelzelle oder auch ältere Zellen können auch hin und wieder seitlich kleinere Segmente abteilen; es bilden sich dann Seitenzweige (Abb. 4.4 c).

Dichte Zellfäden, vor allem stark verzweigte, können sich verflechten und sogar nachträglich miteinander verwachsen (postgenitale Verwachsung). So entstehen Flechtgewebe oder **Plectenchyme**. Bei weitgehender Verwachsung der Zellwände kommt es zu Ausbildung gewebeartiger Strukturen, die man als Pseudoparenchym bezeichnet. Nur aus der Ontogenese ist dann noch die Bildung aus Zellfäden sicher zu erkennen.

Plectenchym in Form eines unregelmäßigen Geflechtes verzweigter Pilzhyphen baut die Fruchtkörper der höheren Pilze auf (Abb. 4.5). Ihre Zellen sind relativ austrocknungsresistent; die Pilze sind dadurch ebenfalls ans Landleben angepasst.

Plectenchyme sind ferner die körperlichen Thalli vieler Rotalgen (Rhodophyta). Der Zusammenhalt der Zellfäden kommt hier durch die große Menge schleimartiger Zellwandpolysaccharide zustande. Rotalgen können komplizierte Gestalten ausbilden, z. B. entstehen bei *Delesseria* blattartige Gebilde als flächiger Thallus (Abb. 4.5 d).

Abb. 4.4: Fadenthalli. **a:** *Ulothrix*. Die basale Zelle (Rhizoid) verankert den unverzweigten Zellfaden im Substrat (nach Ullrich-Arnold); **b:** *Cladophora*, verzweigter Zellfaden mit polyenergiden Zellen (nach Ullrich-Arnold); **c:** Entstehung der verzweigten Fäden bei *Cladophora* (nach Stocker).

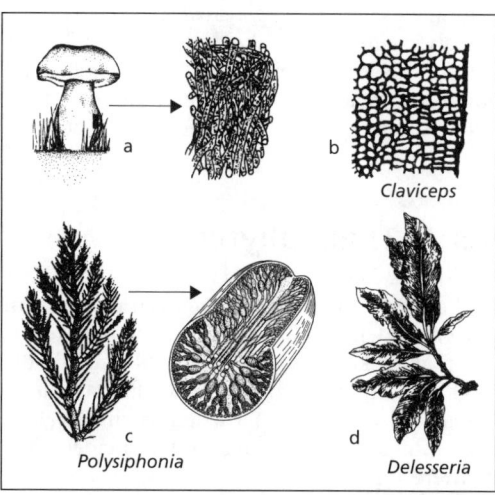

Abb. 4.5: Plectenchyme. **a:** Hutpilz, Plectenchym aus dem Hutstiel; **b:** Plectenchym aus dem Sklerotium des Mutterkornpilzes (*Claviceps purpurea*); **c:** Rotalge *Polysiphonia*, plectenchymatischer Thallus, der Querschnitt zeigt den Springbrunnen-Typus des Thallus-Aufbaus (d. h. mehrere zentrale Zellstränge); **d:** Rotalge *Delesseria*, plectenchymatischer Thallus mit blattartigen Formen (nach Ullrich-Arnold und Esser).

4.3.3 Gewebethallus

Bei hochentwickelten Braunalgen (Heterokontophyta: Phaeophytina) und bei Grünalgen (Chlorophyta, insbesondere Charophyceae) kommt es zur Ausbildung echter Gewebe. (Ferner entstehen echte Gewebe in der Evolutionslinie der Tiere bei den Metazoa.) Das Wachstum geht von einer sich fortgesetzt teilenden Scheitelzelle aus. Manchmal bilden auch mehrere Scheitelzellen nebeneinander eine Scheitelkante. Alle neugebildeten Zellen bleiben miteinander verbunden (congenitale Verwachsung der Zellwände, diese durchbrochen von Plasmodesmen) und bilden ein körperliches (wenigstens zweischichtiges) echtes Gewebe (Abb. 4.6). Häufig gliedern die Scheitelzellen alternierend in mehrere Raumrichtungen Zellen ab; es sind mehrschneidige (2-, 3-, 4-, 5-schneidige) Scheitelzellen (Abb. 4.7). In den Gewebethalli findet häufig eine deutliche Differenzierung statt; neben Fortpflanzungsgeweben entstehen zentrale Gewebe und Rindengewebe. Bei den Braunalgen besitzen die großen Tange ein zentrales Stranggewebe langgestreckter Zellen für den Stofftransport. Bei den Charophyceen findet man Vorstufen von Lignin und von Sporopolleninen (vgl. 4.4.1).

4.3.4 Organisation der Moose

Die höchstorganisierten Gewebethalli findet man bei Lebermoosen (thallöse Lebermoose). Als Beispiel diene hier das Brunnenlebermoos *Marchantia* (Abb. 4.8). Der vielschichtige Thallus ist gegliedert in Assimilationsgewebe (angeordnet in Assimilatoren), Speichergewebe und – ein bei Moosen seltener Fall – Abschlußgewebe. Der Gasaustausch kommt durch rundliche Luftspalten («Atemöffnungen») zustande, die im Gegensatz zu Spaltöffnungen (vgl. 5.2.2.2) in ihrer Weite nicht reguliert werden können. Die Verankerung im Boden erfolgt durch einzellige Rhizoide. Der Thallus wächst mit einer zweischneidigen Scheitelzelle.

Andere Lebermoose (foliose L.) und alle Laubmoose besitzen blattartige Gebilde (Phylloide oder Phyllidien), die an sproßartigen Strängen (Cauloide oder Caulidien) sitzen. Sie sind den entsprechenden Organen der Kormophyten analog. Das Wachstum erfolgt mit dreischneidigen Scheitelzellen. Die Phylloide bestehen häufig aus zwei Zellschichten. Die höchstentwickelten Moose (Polytrichaceen) haben bereits primitive Wasser- und Stoffleitungsbahnen. Die Organisation der Moose steht also am Übergang zwischen Thallophyten und Kormophyten.

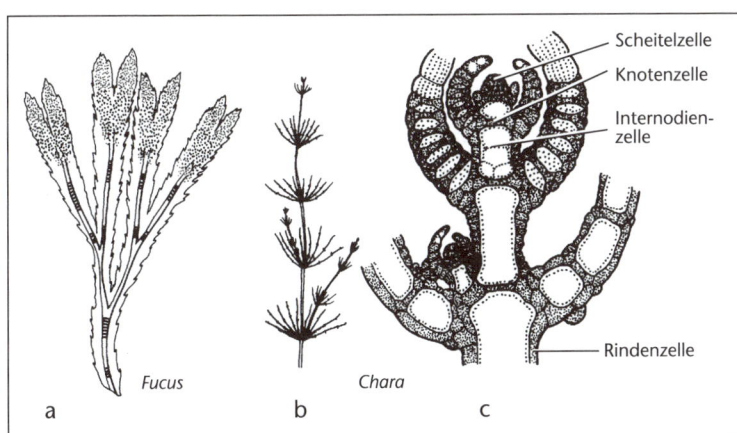

Abb. 4.6: Gewebethallus. **a:** Blasentang *Fucus* (Braunalge, Phaeophytina) (nach Wartenberg); **b:** *Chara*, Habitus; **c:** *Chara*, Thallusspitze, längs: Entstehung des Gewebes durch Teilung der Scheitelzelle (b und c nach Jacob-Jäger-Ohmann).

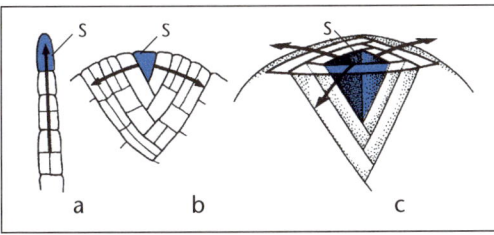

Abb. 4.7: Scheitelzellen. **a:** einschneidige, **b:** zweischneidige; **c:** dreischneidige Scheitelzelle (nach Jacob-Jäger-Ohmann).

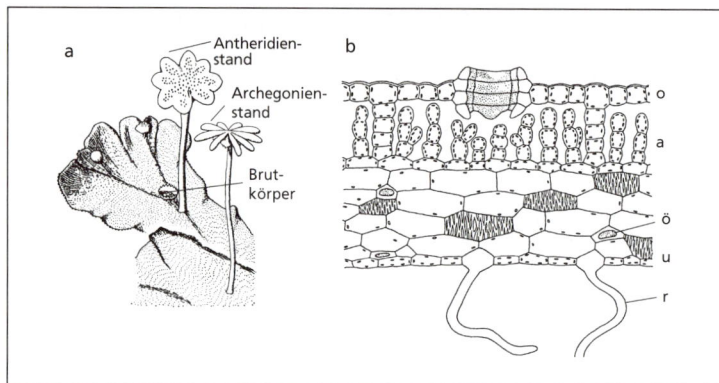

Abb. 4.8: Organisation des Thallus von *Marchantia* (Brunnenlebermoos). **a:** Habitus mit Antheridienstand und Archegonienstand (vgl. dazu 7.1.3.4); **b:** Querschnitt durch den Thallus (o = obere Epidermis, mit Atemöffnung, a = Assimilatoren, u = untere Epidermis, ö = Ölkörper, fettspeichernde Zellen). Einzelne Zellen mit Wandverdickung (r = Rhizoide) (nach STRASBURGER, verändert).

4.4 Kormophyten

Die Organisation der Kormophyten entstand in Zusammenhang mit der Besiedlung des Landes und ermöglichte die Entwicklung einer außerordentlichen Gestalts- und Artenvielfalt.

4.4.1 Anpassung ans Landleben

Die wichtigsten anatomischen Besonderheiten der Kormophyten stehen im Zusammenhang mit der Notwendigkeit, den Wasserhaushalt zu regulieren.

- Die Zellwände der äußeren Oberfläche müssen wasserundurchlässig werden: durch Auflagerung von Cutin oder Suberin wird die äußerste Zellschicht zum **Abschlussgewebe**.
- Ein Gaswechsel muss trotz der Wasserundurchlässigkeit möglich sein (Aufnahme von CO_2, Abgabe von Wasserdampf). Daher entstehen im primären Abschlussgewebe Poren, deren Öffnungsweite reguliert werden kann, die **Spaltöffnungen** (Stomata).
- Der Wassernachschub muss gewährleistet sein; es entsteht ein Wasseraufnahme-System (Absorptionsgewebe im Bereich der **Wurzel**) und ein Wasserleitungssystem (**Leitgewebe**). Der Wassertransport in der Pflanze erfordert keine Stoffwechselenergie, sondern es wird das Konzentrationsgefälle zwischen der (normalerweise) nicht wasserdampfgesättigten Luft und dem wasserdampfgesättigten Inneren der Pflanze als Energiequelle genutzt. Es kommt zur Wasserdampfabgabe (Transpiration) durch die Spaltöffnungen und infolgedessen wird Wasser in der Pflanze nach oben gezogen. Die Transpiration dient gleichzeitig dem Transport und der Verteilung der im Wasser gelösten Ionen in der Pflanze.
- Das Wachstum in den Luftraum hinein (also in ein Medium geringer Dichte) erfordert die Ausbildung von **Festigungsgewebe**, das mit zunehmender Größe der Pflanzen einen steigenden Anteil der Sprossachsen einnimmt. Eine hohe Eigenstabilität der Zellwände wird durch Verholzung erreicht. Dazu muss Lignin gebildet werden.
- Die Bildung von austrocknungsresistenten Dauerformen (Sporen) erfordert den Aufbau von stabilen Wand-«imprägnierungen» (Sporopollenine, vgl. 3.2.5.4).

Charakteristisch für alle heutigen Kormophyten ist die Kormusgliederung des Vegetationskörpers. Die Grundorgane können allerdings in Anpassung an besondere Lebensbedingungen vielerlei Abwandlungen und auch Rückbildungen erfahren.

4.4.2 Telomtheorie

Die ersten Landpflanzen (Ur-Landpflanzen) werden in der ausgestorbenen Gruppe der Psilophyten zusammengefasst. (In vielen Fällen ist durch genaue Untersuchung mittlerweile die Einordnung in verschiedene monophyletische Gruppen gelungen.) Sie waren an feuchte Standorte gebunden. Eine typische Kormusgliederung besaßen sie noch nicht. Zu den einfach gebauten Psilophyten gehört *Rhynia* aus dem höheren Unterdevon, von der zahlreiche gut erhaltene Reste in Schottland gefunden wurden. Anhand von Dünnschliffen konnte auch der anatomische Bau geklärt werden. So wurde *Rhynia* (Abb. 4.9b) zum Modell der ursprünglichen Landpflanzen, obwohl sie

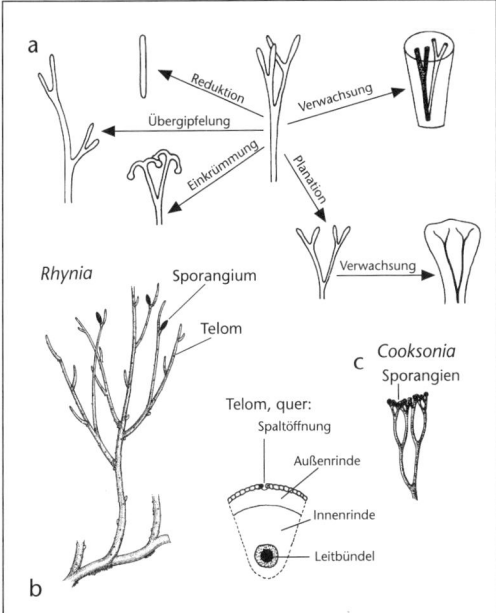

Abb. 4.9: Telomtheorie. **a:** Elementarprozesse (nach JACOB-JÄGER-OHMANN); **b:** *Rhynia*; **c:** *Cooksonia*. b und c sind gestaltlich besonders einfach gebaute Vertreter der Psilophyten (Ur-Landpflanzen).

von ihrem zeitlichen Auftreten her nicht die Ausgangsform sein kann. Ähnlich einfach gestaltete Psilophyten sind aus dem mittleren und oberen Silur bekannt (z. B. *Cooksonia*, ein ursprünglicher Vertreter der Bärlappartigen = Lycopodiophytina; Abb. 4.9 c), allerdings in schlechterer Erhaltung. *Cooksonia* erreichte eine Höhe bis zu 10 cm, besaß Festigungsgewebe mit verdickten Zellwänden sowie zentrales Leitgewebe und Spaltöffnungen.

Der Vegetationskörper von *Rhynia* bestand teils aus horizontal wachsenden, teils aus aufrechten, gabelig verzweigten, achsenartigen Gebilden. Diese enthielten ein zentrales Leitgewebe (Protostele, vgl. 6.2.3.4), das von Rindengewebe umgeben war. Den Abschluss bildete eine Epidermis mit Cuticula. Diese achsenartigen Gebilde nennt man **Telome**.

Aus den Telomen muss der typische Kormus entstanden sein. Nach der Telomtheorie erfolgte die Bildung von Sprossachsen und Blättern (vielleicht auch von Wurzeln) durch das Zusammenwirken einiger weniger Evolutionstrends, die als Elementarprozesse bezeichnet werden (Abb. 4.9 a).

- **Übergipfelung:** Ursprünglich gleichwertige Telome werden durch ungleiches Wachstum ungleichwertig, so dass Haupt- und Nebentelome entstehen; die Haupttelome werden zu Sprossachsen.
- **Planation:** Die anfänglich allseitige Verzweigung wird ersetzt durch Verzweigung in einer Ebene, seitliche Telomverzweigungen werden dadurch eben (wie eine Pflanze, die herbarisiert wird). Dieser Vorgang ist wichtig für die Bildung blattartiger Organe.
- **Verwachsung:** Telome können congenital miteinander verwachsen. Bei räumlich angeordneten Telomen entsteht so ein «Stamm» mit mehreren Leitgewebesträngen. Bei eben angeordneten Telomen bilden sich Blätter mit gabeliger Verzweigung der Leitgewebe. Sie werden als Makro- oder Megaphylle bezeichnet. Dem ursprünglichen Typus steht das Blatt von *Ginkgo* nahe. Die Blätter der echten Farne und aller Blütenpflanzen sind auf diesen Bautypus zurückzuführen. Aus einem einzigen abgeflachten Telomende kann ein schuppenförmiges Blättchen, ein Mikrophyll, entstehen.
- **Reduktion:** Auch durch Reduktion von Telomen können kleine, schuppenförmige Blätter, also Mikrophylle, entstehen. Sie treten bei Schachtelhalmen (*Equisetopsida*) auf.
- **Inkurvation** (Einkrümmung) erfolgt durch ungleiches Wachstum der einander gegenüberliegenden Flanken eines Organs. Dieser Vorgang spielt vor allem bei der Ausbildung der Fortpflanzungsorgane eine Rolle.

Durch verschiedene, auch mehrfache Kombinationen dieser Elementarprozesse kann man die Entstehung der Kormusgliederung erklären. Die Telomtheorie steht auch mit den Befunden an Fossilien in Einklang. Sie liefert allerdings keine Beschreibung des genauen Ablaufs von Evolutionsvorgängen; auch bleibt die Entstehung der Wurzel unklar.

Bei Bärlappartigen (*Lycopodiophytina*) ist die altertümliche Form einer gabeligen (dichotomen) Verzweigung erhalten geblieben. Die Blättchen sind bei dieser Gruppe offenbar nicht aus einem Telomende, sondern als Emergenzen entstanden (vgl. 5.2.2.3).

4.4.3 Regressionen

In Anpassung an besondere Lebensbedingungen findet man bei Kormophyten auch sekundäre Vereinfachungen von Morphologie und Anatomie (Regressionen). Sie treten vor allem bei Wasserpflanzen und bei Parasiten (Schmarotzerpflanzen) auf. So ist bei der Wasserpest *Elodea canadensis* der Blattbau weitgehend moosblättchenartig; das Blatt besteht aus nur zwei Zellschichten. Bei den Wasserlinsen *Lemna* werden gar keine Blätter mehr gebildet; der Vegetationskörper ist stark vereinfacht. Die Vertreter der Podostemaceen (in tropischen Fließgewässern) werden aufgrund der Gestaltsvereinfachung auch als «Blütentange» bezeichnet. Die Vegetationsorgane der parasitischen Rafflesiaceen liegen in den Wirtspflanzen als fadenförmige Zellstränge (ähnlich jenen parasitischer Pilze); aus der Wirtspflanze bricht dann der Blütenspross hervor.

5 Histologie (Gewebelehre)

Bei den Vielzellern besteht Arbeitsteilung zwischen den Zellen. Entsprechend ihrer unterschiedlichen Funktionen zeigen die Zellen auch verschiedene Gestalt, Wandbeschaffenheit und unterschiedliche Zellinhalte. Einen Verband gleichartiger Zellen nennt man ein **Gewebe**.

Arbeitsteilung erfolgt schon bei den Thallophyten; bei Gewebethallophyten kann man mindestens drei Gewebe unterscheiden:

- Bildungsgewebe (Meristeme) mit Scheitelzellen
- Grundgewebe, dienen u. a. der Photosynthese und der Speicherung
- Reproduktive oder Fortpflanzungsgewebe

Bei hochentwickelten Braunalgen treten ferner Leitelemente auf. Die Kormophyten haben im Zusammenhang mit der Anpassung ans Landleben (vgl. 4.4.1) weitere Gewebe gebildet:

- Abschluss- und Absorptionsgewebe
- Leitgewebe
- Festigungsgewebe
- Ausscheidungs- oder Exkretionsgewebe

Sind mehrere verschiedenartig differenzierte Zellen zu einer funktionellen Einheit verbunden, so spricht man von einem Gewebesystem; die Benennung erfolgt nach der Hauptaufgabe (z. B. Leitgewebesystem). Einzelne andersartig differenzierte Zellen in einem Gewebe nennt man **Idioblasten** (z. B. Spaltöffnungen, einzelne Steinzellen).

Nach der Entwicklung kann man die Gewebe grundsätzlich einteilen in Bildungsgewebe oder Meristeme und in Dauergewebe. Erstere bestehen aus embryonalen, undifferenzierten Zellen, die sich teilen, dann heranwachsen und sich ausdifferenzieren. Auf diese Weise entstehen alle differenzierten Zellen der Dauergewebe, die eine charakteristische Anordnung aufweisen und so zur Gestaltbildung (Morphogenese) der Pflanze führen.

Die weitere Darstellung beschränkt sich auf die Gewebe der Kormophyten.

5.1 Bildungsgewebe oder Meristeme

Sie bestehen aus undifferenzierten, teilungsfähigen, «embryonalen» Zellen. Meristemzellen sind dünnwandig (ohne Sekundärwand), besitzen einen großen Zellkern und kleine Plastiden (vielfach nur als Proplastiden). Eine große Vakuole ist häufig noch nicht ausgebildet, auch Interzellularen fehlen oft. Man unterscheidet zwei Formen:

Primäres Meristem (Urmeristem, Promeristem): Es geht durch Teilungen unmittelbar aus den Meristemzellen des Embryos hervor. Der Embryo der Blütenpflanzen besitzt eine Spross- und eine Wurzelanlage. Bei der Keimung entsteht daraus der Sprossvegetationskegel an der Sprossspitze (Apex) und der Wurzelvegetationskegel nahe der Wurzelspitze. Diese bilden die **Apikalmeristeme** (vgl. Abb. 5.1).

Wenn die meristematischen Zellen sich zu Dauergeweben ausdifferenzieren, bleiben an einigen Stellen lokale Meristeme erhalten (z. B. in den Internodien der Sprossachsen, vgl. 6.2.2.6; in den Leitbündeln zwischen den sich ausdifferenzierenden Leitelementen, vgl. 5.5.3). Man nennt sie **Restmeristeme**. Ihre Zellen können prosenchymatisch und vakuolisiert sein (z. B. Zellen des faszikulären Cambiums, vgl. 6.2.4.1). Einzelne meristematische Zellen, die von sich nicht teilenden Zellen umgeben sind, nennt man **Meristemoide**. Hierher gehören z. B. die Bildungszellen der Spaltöffnungen und der Haare sowie die wurzelhaarbildenden Trichoblasten (vgl. 6.4.1.3).

Sekundäres Meristem, Folgemeristem: Es entsteht als Neubildung aus Dauergewebe, das wieder teilungsfähig wird (Rückkehr in den Zellzyklus). Aufgrund dieser Entstehung können Folgemeristemzellen große Vakuolen besitzen. Beispiele: Phellogen (vgl. 5.3.6), interfaszikuläres Cambium (vgl. 6.2.4.1). Nach Isolierung können die meisten lebenden Pflanzenzellen in Zellkulturen sekundär meristematisch werden.

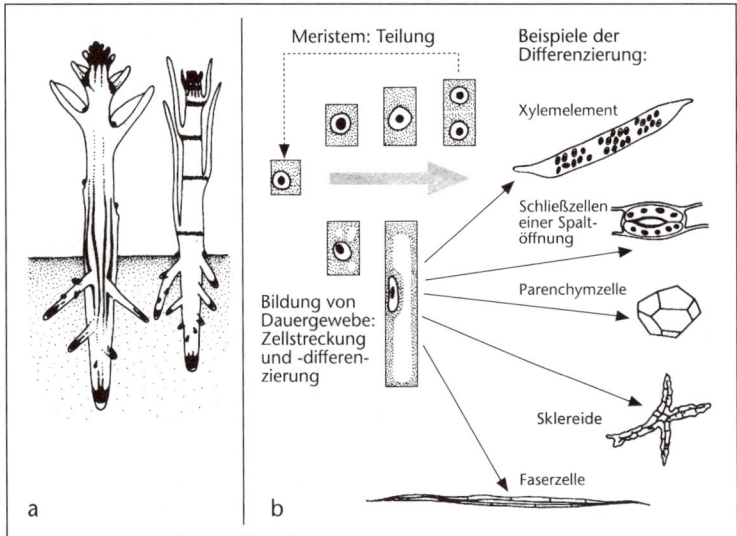

Abb. 5.1: Meristeme (Bildungsgewebe). **a:** Lokalisierung der Meristeme bei einer dikotylen (links) und einer monokotylen Pflanze (aus Braune-Leman-Taubert); **b:** Teilung der Zellen und Bildung der Dauergewebe durch Zelldifferenzierung (nach Roland und nach Loveless, verändert).

5.2 Dauergewebe

5.2.1 Grundgewebe

Es ist zumeist aus parenchymatischen Zellen aufgebaut, daher wird häufig der Begriff **Parenchym** synonym für Grundgewebe gebraucht. Die Zellwände sind meist ohne, gelegentlich mit sekundären Wandverdickungen. Charakteristisch sind große Vakuolen, die in der Regel über 80% des Zellvolumens einnehmen, so dass ein wandständiger Protoplast vorliegt. Die Zahl der Ribosomen ist in jungen Zellen des Grundgewebes hoch und nimmt später meist ab. Verschiedenartige Parenchyme unterscheiden sich vor allem in der Ausbildung der Plastiden. Im Lebensablauf der Pflanze ist auch ein Funktionswechsel von Grundgewebe möglich.

Das Grundgewebe weist normalerweise lufterfüllte Interzellularen auf; nur in den Parenchymscheiden der Leitgewebe fehlen sie.

Interzellularen können auf drei verschiedenen Wegen entstehen (Abb. 5.2a):

- schizogen: durch Auftrennung benachbarter Zellwände infolge einer örtlichen Auflösung der Mittellamelle an Ecken und Kanten von Zellen
- lysigen: durch programmiertes Absterben von Zellen, deren Zellwände sich dabei auflösen. So entstehen größere Interzellularräume (z. B. lysigene Ölbehälter, vgl. 5.2.5.1)
- rhexigen: durch Zerreißen von Zellwänden infolge von Wachstumsvorgängen. Hierdurch können große Interzellulargänge oder -räume entstehen, so z. B. hohle Stengel durch das Zerreißen von Markparenchym.

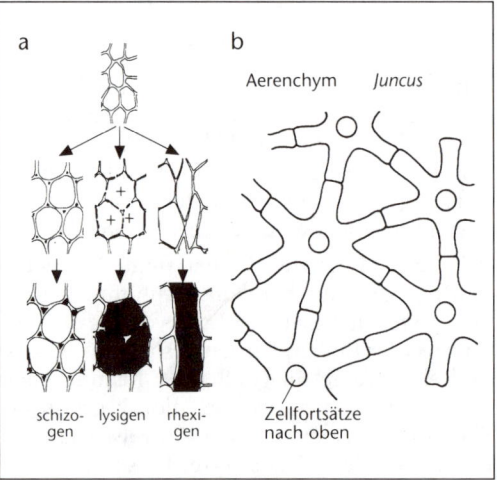

Abb. 5.2: Bildung von Interzellularen. **a:** die verschiedenen Bildungsmöglichkeiten; +: Zelle stirbt ab (nach Braune-Leman-Taubert); **b:** Aerenchym der Binse *Juncus* mit großen Interzellularen (Lakunen) (nach Jacob-Jäger-Ohmann).

In allen drei Fällen können die Interzellularen nachträglich durch Wachstum der angrenzenden Zellen vergrößert werden (z. B. im Schwammparenchym der Blätter, vgl. 6.3.3.1). Dadurch entstehen schließlich Lakunen, große, zusammenhängende Interzellularsysteme, wie sie z. B. im Durchlüftungsgewebe (Aerenchym) von Sumpf- und Wasserpflanzen auftreten.

Die dünnwandigen Grundparenchymzellen besitzen einen hohen Turgor. Dieser verursacht die Stabilität von Grundgewebe auch ohne eingelagerte Festigungselemente. Eine Eigenstabilität ganzer Organe ohne Festigungsgewebe ist möglich infolge der Gewebespannung, die ebenfalls auf dem Turgor beruht (vgl. 3.5.6). Ein äußerer Mantel von Zellen, die (z. B. infolge größerer Wanddicke) weniger dehnbar sind, ermöglicht den innen gelegenen Zellen nur eine beschränkte Dehnung. Dieses Prinzip der Versteifung eines Gewebes oder Organs nennt man **Hydroskelett**. Turgorverlust derartiger Gewebe führt zur Erschlaffung, die man als Welken bezeichnet.

Eine Einteilung der Grundgewebe kann nach der Funktion, nach der Gestalt der Zellen oder auch nach der Lage in den Organen erfolgen. Nach der Funktion unterscheidet man:

- Assimilationsparenchym (Chlorenchym): mit zahlreichen Chloroplasten
- Speicherparenchym: farblos, mit Leukoplasten (gelegentlich auch Chromoplasten, z. B. Karotte)
- Leitparenchym: Parenchymzellen der Leitbündel und der Markstrahlen
- Wassergewebe (Hydrenchym): wasserspeichernde Zellen, sehr groß und dünnwandig, mit riesigen Vakuolen
- Aerenchym: Durchlüftungsgewebe, mit großen Interzellularen (bzw. Lakunen), vor allem bei Sumpf- und Wasserpflanzen (vgl. Abb. 5.2b).

Aufgrund der Gestalt erfolgt z. B. die Einteilung in:

- Palisadenparenchym: Assimilationsparenchym der Blätter aus parallelorientierten gestreckten Zellen
- Schwammparenchym: Grundgewebe mit großen Interzellularen
- Sternparenchym: ein Aerenchym mit sternartigen Zellen (z. B. bei Binsen *Juncus*; Abb. 5.2b).

5.2.2 Abschluss- und Absorptionsgewebe

Man unterscheidet die primären Abschlussgewebe, die aus Urmeristem hervorgehen und in der Regel Cutin bilden, und die sekundären Abschlussgewebe, die von Folgemeristemen ausgebildet werden und zumeist Suberin produzieren.

Die Absorptionsgewebe werden in der Regel von Abschlussgeweben aus gebildet oder haben gleichzeitig diese Funktion; eine klare Trennung ist daher nicht möglich.

Primäre Abschlussgewebe sind Epidermis, Hypodermis und die gleichzeitig als Absorptionsgewebe wichtige Rhizodermis der Wurzel. Eine gewisse Sonderstellung hat die Exodermis oder Intercutis der Wurzel. Innere Abschlussgewebe bezeichnet man als Endodermis. Sekundäres Abschlussgewebe ist das Periderm.

5.2.2.1 Epidermis

Sie entsteht aus der äußersten Schicht des Urmeristems des Sprossvegetationskegels, dem Protoderm, und bildet den primären äußeren Abschluss aller oberirdischen Organe (Abb. 5.3). Die Epidermis besteht aus parenchymatischen, häufig miteinander verzahnten Zellen ohne Interzellularen (Ausnahme: Spaltöffnungen) und ist meist einschichtig. Ihre Außenwände sind oft verdickt und enthalten cutinisierte Wandschichten, in die auch häufig Wachs eingelagert ist. Die äußere Oberfläche ist von einer oft gefälteten Cuticula (vorwiegend aus Cutin) bedeckt, dazu kann noch ein Überzug von Wachs kommen. Als hellgrauer Belag ist die Wachsschicht an vielen Früchten (z. B. Pflaumen, Weinbeeren) und Blättern (z. B. Kohl) zu erkennen. Charakteristische Oberflächenstrukturen der Wachsschicht (das Mikrorelief) führen zu Unbenetzbarkeit und einer raschen Entfernung von Schmutzteilchen mit dem ablaufenden Wasser (z. B. bei der Indischen Lotosblume *Nelumbo* – Abb. 6.34 – und der Kapuzi-

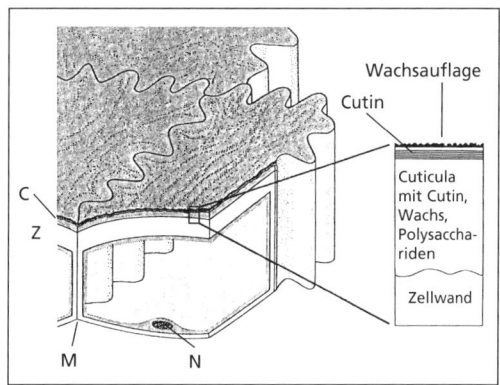

Abb. 5.3: Epidermis eines Blattes, schematisch. C Cuticula, M Mittellamelle, N Zellkern, Z Zellwand (nach Nultsch und nach Holloway, verändert).

nerkresse *Tropaeolum*). Die Struktur von Cuticula und Wachsauflage beeinflusst auch die Aufnahme von Spritz- und Stäubemitteln durch die Blattoberfläche. In die Außenwände können ferner Kalk oder Silikate eingelagert sein. Beim Ackerschachtelhalm *Equisetum arvense* ist so viel Kieselsäure enthalten, dass er als Poliermittel verwendet wurde («Zinnkraut»).

Die Epidermiszellen besitzen in der Regel keine Chloroplasten (Ausnahme: Schließzellen, vgl. 5.2.2.2), aber farblose Plastiden. An der Lichtwahrnehmung durch die Pflanze (z. B. im Rahmen photoperiodischer Reaktionen, vgl. 14.5.2) kann die Epidermis wesentlich beteiligt sein. Der Zellsaft der Epidermiszellen ist gelegentlich durch Anthocyane gefärbt (z. B. *Rhoeo*); auch wenn er farblos erscheint, enthält er vielfach UV-absorbierende Stoffe (Verbindungen mit aromatischen Ringen, z. B. Flavonoide), welche die inneren Gewebe vor kürzerwelliger UV-Strahlung schützen. Die Abscheidung der Cuticular- und Wachssubstanzen nach außen erfolgt vermutlich durch kleine unregelmäßige Hohlräume in der Zellwand, die vielleicht auch für die Stoffaufnahme durch die Epidermis (z. B. bei Blattdüngung) von Bedeutung sind.

Von Meristemoiden ausgehend entstehen die in der Epidermis fast stets vorhandenen Spaltöffnungen und die Haare. Unter Mitbeteiligung von subepidermalen (unter der Epidermis gelegenen) Geweben können ferner Emergenzen gebildet werden.

5.2.2.2 Spaltöffnungen (Stomata)

Die Epidermis der Landpflanzen besitzt Spaltöffnungsapparate, die den Gasaustausch gewährleisten. Die Aufnahme von CO_2 für die Photosynthese und die Abgabe von Wasserdampf im Rahmen der Transpiration werden durch die Spaltöffnungen reguliert; beide Vorgänge sind dadurch zwangsläufig gekoppelt. Die Aufnahme von Sauerstoff für die Atmung ist infolge des hohen Sauerstoffpartialdrucks der Luft auch bei geschlossenen Spalten möglich.

Die Spaltöffnungen bestehen aus zwei **Schließzellen**, zwischen denen ein in der Weite veränderlicher Spalt (Porus) liegt. Der engste Teil heißt Zentralspalt; er erweitert sich nach außen zum Vorhof und nach innen zum Hinterhof, der in einen größeren Interzellularraum übergeht. Häufig sind auch die den Schließzellen benachbarten Epidermiszellen funktionell beteiligt; sie heißen dann Nebenzellen. Diese können allerdings auch fehlen; ihre physiologische Funktion haben dann normale Epidermiszellen inne (z. B. bei Ranunculaceae). Die Schließzellen enthalten fast immer Chloroplasten. Ihre Zellwände und zum Teil auch diejenigen der Nebenzellen sind ungleichmäßig verdickt. Dadurch sind Gestaltveränderungen der Schließzellen möglich, die auf Turgorveränderungen beruhen und sich auf die Spaltöffnungsweite auswirken. Turgorzunahme führt zur Öffnung, Turgorabnahme zum Verschluss des Spalts. Man unterscheidet nach dem Bau mehrere Spaltöffnungstypen (Abb. 5.4):

Mnium-Typ (Pteridophyten-Typ): bei Moosen und Farnen. Die Verdickung der Zellwände ist gering; durch Turgorabnahme erschlaffen die Zellen so, dass die dem Porus zugewandten Wände einander berühren. Die Bewegung der äußeren und inneren Zellwände erfolgt weitgehend senkrecht zur Epidermisoberfläche.

Gramineen-Typ: vor allem bei Gräsern und Sauergräsern, aber auch bei Arten anderer Familien (z. B. bei *Hakea*, einer Proteacee). Die Schließzellen sind hier hantelförmig mit dickwandigem und daher starrem Mittelteil und dünnwandigen Enden mit zahlreichen Plasmodesmen zwischen den Zellen (vgl. Abb. 5.4 d). Bei Turgorerhöhung dehnen sich die dünnwandigen Teile, und die dickwandigen Bereiche, zwischen denen der Porus liegt, werden dadurch passiv voneinander entfernt. Die Bewegung erfolgt horizontal in der Ebene der Epidermis.

Amaryllideen-Typ: bei Monocotylen verbreitet, aber auch bei Dicotylen auftretend; vor allem bei Arten trockener Standorte. Die ungleichmäßigen Wandverdickungen (Verdickungsleisten der Bauchwand, dünne Wand zu den Nebenzellen hin) und die Bildung von «Zellgelenken» in den Nebenzellen führen zu Bewegungen in der Ebene der Epidermis.

Helleborus-Typ (Übergangstyp): verbreitet bei Dicotylen. Bau und Funktionsweise sind ähnlich dem Amaryllideen-Typ, allerdings ist die Verdickung der Wände geringer und die Bewegung erfolgt diagonal zur Epidermis-Ebene.

Die Spaltöffnungen der Coniferen mit sehr kleinen Schließzellen sind tief eingesenkt; ihre Nebenzellen nehmen am Bewegungsvorgang teil (**Gymnospermen-Typ**).

Eine andere Klassifizierung der Stomata beruht auf der Anordnung der Nebenzellen und der Genese des Spaltöffnungsapparates. Diese Gliederung ist für die Identifizierung von Blattfragmenten wichtig (Analyse von Teemischungen; Kriminalbiologie). Die Bildung der Stomata geht von je einer (oder einigen) Mutterzelle(n) aus, die ihrerseits Abkömmlinge eines Meristemoids sind. Die Teilungen sind vorwiegend inäqual.

Die Stomata von Pflanzen sehr feuchter Standorte sind oft über die Epidermisoberfläche erhoben, da dann bei Wind die Transpiration verstärkt wird. Umgekehrt findet man bei Arten trockener oder zeitweilig trockener Standorte vielfach versenkte Spaltöffnungen. Umgebildete Stomata sind beteiligt an der Ausbildung von Hydathoden, die der Abgabe von flüssigem Wasser dienen, und von Nektarien, durch die Nektar abgeschieden wird.

5.2.2.3 Haare (Trichome) und Emergenzen

Haare sind ein- oder mehrzellige Anhangsgebilde der Epidermis. Sie entstehen aus einer Meristemoid-Zelle, der Initialzelle. Emergenzen sind haarähnliche Anhangsgebilde, an deren Bildung auch subepidermale Gewebe beteiligt sind. Haare können sehr unterschiedlich gestaltet sein (Abb. 5.5). Bestimmte Formen sind oft für bestimmte Familien oder Gattungen charakteristisch; es können aber auch mehrere Haartypen an einer Pflanze vorkommen. Beispiele für Trichomformen (mit Vertretern): Sternhaare (Brassicaceae), Spindel- (Brassicaceae), Schild- (Eleagnaceae), Filz- (Boraginaceae), Etagen- (Verbascum), Schuppen- (Scrophulariaceae), Borsten- (Rubus), Wollhaare (Malvaceae). Die Samenhaare der Baumwolle *Gossypium* sind lange einzellige Schlauchhaare; sie sind ein wichtiger Textilrohstoff und liefern unmittelbar die Verbandswatte.

Die Funktion der **Haare** ist sehr unterschiedlich. Bei Feuchtluftpflanzen vergrößern einzeln stehende dünnwandige und lebende Haare die Oberfläche und erhöhen so die Wasserdampfabgabe. Filzige Überzüge aus früh absterbenden Haaren setzen hingegen die Wasserdampfabgabe herab und mindern durch Erhöhung der Reflexion die Erwärmung des Blattes. Sie sind bei Pflanzen trockener Standorte anzutreffen (z. B. Ziest *Stachys lanata*; *Verbascum*-Arten). Bei Kletterpflanzen kommen hakig-gebogene Klimmhaare vor (z. B. Kleblabkraut *Galium aparine*, Hopfen *Humulus lupulus*). Haare können auch eine Ausscheidungsfunktion haben; so wird durch Blasenhaare bei einigen Melden (*Atriplex*) überschüssiges Salz abgegeben. Durch Drüsenhaare können verschiedenartige Stoffe sezerniert werden und Haarhydathoden dienen (z. B. bei der Bohne *Phaseolus*) der Wasserabgabe (vgl. hierzu 12.1.1). Eine Wasseraufnahme erfolgt bei den Bromeliaceen (Ananasgewächse)

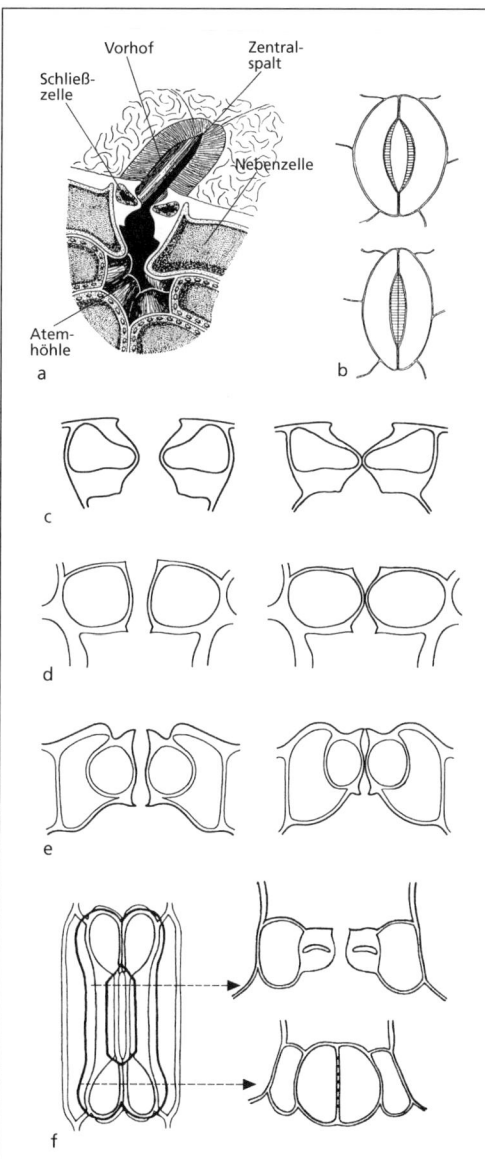

Abb. 5.4: Spaltöffnungstypen. **a**: Helleborus-Typus im Schrägbild. Man erkennt die beiden Schließzellen und den Porus dazwischen. **b**: Aufsicht, oben Spalte geöffnet, unten Spalte geschlossen; **c**: Helleborus-Typus, Querschnitt, links offen, rechts geschlossen; **d**: Mnium-Typus, Querschnitt, offen und geschlossen; **e**: Amaryllideen-Typus, Querschnitt, offen und geschlossen; **f**: Gramineen-Typus, Aufsicht und Querschnitte (nach Wetzel, Ullrich-Arnold, Jacob-Jäger-Ohmann verändert).

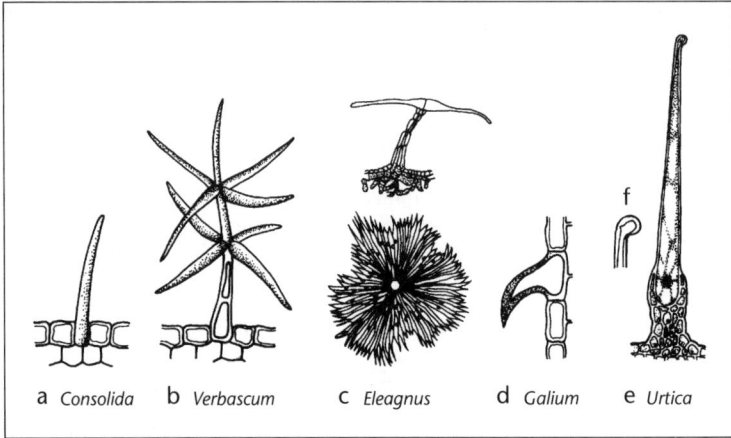

Abb. 5.5: Haare und Emergenzen. **a:** Einzelliges Haar vom Rittersporn *Consolida*; **b:** Etagenhaar der Königskerze *Verbascum*; **c:** Schildhaar von der Ölweide *Eleagnus* in Seitenansicht und Aufsicht; **d:** Klimmhaar vom Labkraut *Galium aparine*; **e:** Brennhaar (Emergenz!) der Brennnessel *Urtica*; **f:** Köpfchen des Brennhaares stärker vergrößert (nach JACOB-JÄGER-OHMANN).

durch schildförmige Saughaare, deren äußere tote Zellen auf einem Stiel lebender Zellen sitzen. Sie ermöglichen vielen Bromeliaceen ein Wachstum als Epiphyten (Überpflanzen, vgl. 6.5.2.3).

Einen Übergang zu den Emergenzen bilden die Brennhaare der Brennnessel (*Urtica*, Abb. 5.5e) und anderer Urticaceae. Die große Brennhaarzelle sitzt auf einem Sockel von subepidermalem Gewebe. Sie besitzt eine sehr spröde, vor allem nahe der Spitze verkieselte Wand. Daher bricht das schräg angesetzte Köpfchen an einer dünnen Stelle leicht ab und das Haar dringt wie eine Kanüle in die Haut ein. Infolge des hohen Turgors der Brennhaarzelle wird der Haarinhalt (bei *Urtica*: Formiat, Acetylcholin, Histamin) injiziert; dies führt zu lokalen Hautreizungen. Tropische Nesselgewächse (z. B. *Laportea*) können sehr viel stärkere Entzündungen verursachen.

Typische **Emergenzen** sind die Stacheln von Rose und Brombeere, die als Haftorgane dienen und den Pflanzen ein Klettern ermöglichen. Emergenzen können auch Drüsen tragen (z. B. die Tentakeln des Sonnentau *Drosera*). Das Fruchtfleisch der *Citrus*-Früchte besteht aus inneren Emergenzen («Safthaaren»), die bei der Entwicklung der Frucht in die Hohlräume des Fruchtknotens hineinwachsen.

5.2.2.4 Hypodermis

Zellschichten unter der Epidermis, die sich an der Abschlussfunktion beteiligen und daher chloroplastenfrei sind, bezeichnet man als Hypoderm(is) (z. B. in *Clivia*-Blättern).

5.2.2.5 Rhizodermis

Sie ist die Epidermis der Wurzel, die nicht nur Abschluss-, sondern in besonderem Maße auch Absorptionsfunktion hat. Daher besitzt sie zum Unterschied von der Epidermis keine lichtmikroskopisch erkennbare Cuticula und keine Spaltöffnungen; außerdem wird häufig die Oberfläche durch die Bildung von Wurzelhaaren (vgl. 6.4.1.3) vergrößert.

5.2.2.6 Exodermis

Die Rhizodermis geht früh zugrunde. Die Funktion des Abschlussgewebes übernimmt dann die darunter liegende Zellschicht, die zuvor eine Hypodermis war. Ihre Wände, vor allem die Außenwand, verkorken. Das so gebildete zweite Abschlussgewebe der Wurzel heißt Exodermis oder Intercutis. (Allgemein bezeichnet man Zellen, die nachträglich verkorken und dadurch zu Abschlussgeweben werden, als Cutis.)

Die Exodermis geht auf das primäre Meristem zurück, ist insoweit also ein primäres Abschlussgewebe. Sie ist aber suberinisiert und das zweite Abschlussgewebe der Wurzel und kann deshalb auch als sekundäres Abschlussgewebe bezeichnet werden. Oft bleiben einzelne Zellen der Exodermis unverkorkt (Durchlasszellen).

5.2.2.7 Endodermis

In der Wurzel wird regelmäßig ein inneres Abschlussgewebe, die Endodermis, ausgebildet. Bei vielen Feuchtluft- und Wasserpflanzen entsteht eine Endodermis auch in Sprossachsen, bei Coniferen in den Nadeln. Sie ist eine interzellularenfreie Schicht prismatischer Zellen. Bei der Wurzelendodermis ist in die radiären Zellwände in einer schmalen Zone neben Lignin ein korkähnlicher Stoff (Endodermin) durchgehend eingelagert (Abb. 5.6). Dadurch sind diese Wände wasserundurchlässig. Die Einlagerung ist nur durch Anfärben nachzuweisen; nach dem Entdecker wird sie CASPARY'scher Streif genannt. Durch sie wird eine vollständige Trennung der beiderseitigen Zellwandräume erreicht; der Wasserstrom mit den darin gelösten Stoffen muss den Protoplasten der Endodermis-Zellen passieren.

Die Endodermis der Wurzeln kann später durch zusätzliche Verkorkung und schließlich Verdickung der Wände verändert werden: sekundäre und tertiäre Endodermis (vgl. 6.4.1.4).

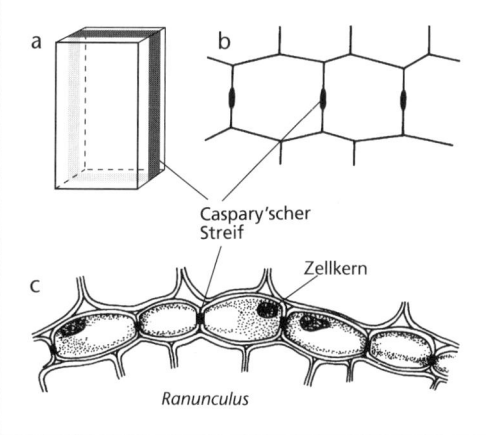

Abb. 5.6: Endodermis. a: Schema einer Endodermis-Zelle mit CASPARY'schem Streifen; b: Querschnitt durch Endodermiszellen. In den Radialwänden befindet sich der CASPARY'sche Streif; c: Endodermis in der Wurzel vom Scharbockskraut *Ranunculus ficaria* (nach ULLRICH-ARNOLD, verändert).

5.2.2.8 Periderm (Sekundäres Abschlussgewebe)

Das Periderm ist ein Gewebesystem, das aus einem Folgemeristem, dem **Phellogen** (Korkcambium) hervorgeht. Das Phellogen produziert zur äußeren Oberfläche des Organs hin kleine Zellen, die alsbald verkorken und absterben. Sie heißen Korkzellen oder Phellem. Die so gebildete, meist mehrere Zell-Lagen umfassende Korkschicht ist häufig infolge der Einlagerung von Gerbstoffen (Phlobaphenen) braun gefärbt.

Nach innen bildet das Phellogen gelegentlich Parenchymzellen, die Phelloderm genannt werden. Die meisten Phellogene sind nur eine beschränkte Zeit tätig und werden bei Bedarf dann durch neue ersetzt (vgl. 6.2.4.4).

Bei älteren Stämmen und Wurzeln von Holzpflanzen tritt daher an Stelle des Phellems häufig eine **Borke** als Abschluss (tertiäres Abschlussgewebe, vgl. 6.2.4.4).

5.2.2.9 Spezielle Absorptionsgewebe

Wie das erwähnte Beispiel der Saughaare der Bromeliaceen zeigt, werden gelegentlich besondere Absorptionsgewebe ausgebildet. Selaginella (Moosfarne) und Isoëtes (Brachsenkräuter) besitzen am Blattgrund im Winkel zwischen Blättchen und Sprossachse jeweils eine kleine Schuppe, die der Wasseraufnahme dient, die Ligula. Bei verschiedenen Hautfarnen (Hymenophyllaceen) ist infolge der sehr dünnen Cuticula eine Wasseraufnahme über die ganze Blattfläche möglich.

An Blättern untergetauchter Wasserpflanzen gibt es verschiedentlich drüsenartige Gebilde, Hydropoten, die der Wasser- und Ionenaufnahme dienen. Auch die vielschichtige, früh absterbende Rhizodermis epiphytischer Orchideen, die das Velamen radicum (aus toten Zellen) bildet (vgl. 6.5.2.3), kann als ein spezielles Absorptionssystem angesehen werden.

5.2.3 Festigungsgewebe (Mechanisches System)

Die Erhaltung der Gestalt erfordert bei Landpflanzen die Ausbildung von Festigungselementen. Die Festigungsgewebe (**Stereome**) sind um so wichtiger, je größer die Pflanze und je schwankender ihre Wasserversorgung ist; letzteres deshalb, weil die Gewebespannung (das Hydroskelett) stark turgorabhängig ist. Die Festigung muss in der Regel mit hoher Elastizität verbunden sein. So muss z. B. ein Getreidehalm von 3 mm Durchmesser und 1–1,5 m Höhe sich mit der Ähre im Wind bewegen können, ohne dass ein Bruch erfolgt.

Die Festigkeitsverhältnisse in der Pflanze werden durch eine charakteristische Anordnung der Festigungsgewebe optimiert (vgl. 6.2.3.3). Die Festigung erfolgt durch zwei verschiedene Gewebetypen: das Kollenchym mit teilweise verdickten Wänden besteht aus lebenden Zellen; das Sklerenchym mit allseitigen Wandverdickungen aus Zellen, die nach ihrer Differenzierung in der Regel absterben.

5.2.3.1 Kollenchym

Es tritt vor allem in wachsenden Pflanzenteilen auf und besteht meist aus prosenchymatischen Zellen (Kollenchymfasern), die auch Chloroplasten enthalten können. Parenchymatische Kollenchymzellen kommen in Stengelknoten und Blatträndern vor, sie bilden Knorpelkollenchym. Die nur zum Teil verdickten Zellwände sind reich an Pektinstoffen, die gequollen sind und somit einen hohen Wassergehalt aufweisen. Es liegen verdickte Primärwände vor.

Nach der Anordnung der verdickten Wände unterscheidet man (Abb. 5.7) Eckenkollenchym (Zell-Ecken verdickt) und Plattenkollenchym (tangentiale Wände verdickt). Befinden sich zwischen den Kollenchymzellen größere Interzellularen, so liegt ein Lückenkollenchym vor. Im Verlauf der Ontogenie kann Kollenchym auch in Sklerenchym übergehen.

5.2.3.2 Sklerenchym

Sklerenchym ist das Festigungsgewebe ausdifferenzierter, nicht mehr wachsender Pflanzenteile. Die Sklerenchymzellen verholzen häufig und sterben in den meisten Fällen nach ihrer vollständigen Ausbildung ab (Ausnahmen: z. B. Sklerenchym in Grasknoten, Fasern von Oleander *Nerium*, Holzfasern verschiedener Arten). Das festgelegte Absterben ist ein Beispiel für programmierten Zelltod (Apoptose). Infolge der starken Wandverdickungen entstehen Tüpfelkanäle (Abb. 5.8), die besonders bei den Steinzellen gut zu erkennen sind. Nach der Zellgestalt unterscheidet man:

- **Sklereiden** oder **Steinzellen:** weitgehend isodiametrisch-polyedrische Zellen; bewirken hohe Druckfestigkeit (z. B. Kirschkern, Haselnuss). Sie kommen auch in der Borke zur Erhöhung der Druckfestigkeit vor. Verzweigte Sklereiden (Astrosklereiden) treten in Blättern als Idioblasten auf (z. B. bei Tee *Camellia sinensis*, Ölbaum *Olea europaea*).

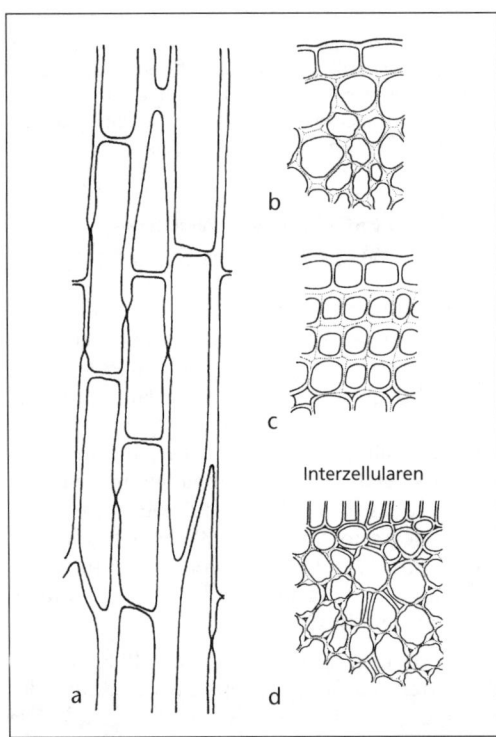

Abb. 5.7: Kollenchym: **a**: Längsschnitt durch das Eckenkollenchym des Blattstiels von *Salvia*; **b**: Querschnitt durch das Eckenkollenchym des Blattstiels von *Cucurbita*; **c**: Querschnitt durch das Plattenkollenchym von *Solanum*; **d**: Querschnitt durch das Lückenkollenchym von *Nicotiana* (nach ULLRICH-ARNOLD und KAUSSMANN-SCHIEWER, verändert).

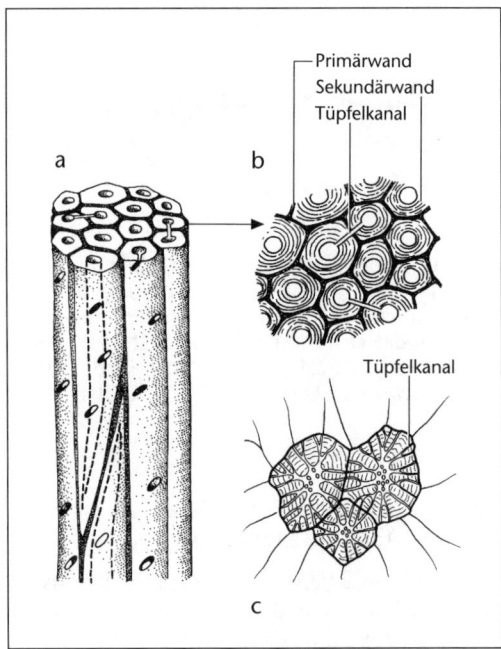

Abb. 5.8: Sklerenchym. **a**: Schrägbild und **b**: Querschnitt durch ein Faserbündel von Sklerenchymfasern (nach WETZEL). **c**: Steinzellen (Sklereiden) aus dem Fruchtfleisch der Birne. Man erkennt die Tüpfelkanäle (nach MOLISCH), Primärwände dunkel, Sekundärwände hell.

- **Sklerenchymfasern:** prosenchymatische Zellen mit zugespitzten Enden; bewirken hohe Biege- und Zugfestigkeit (Getreidehalm, Baumstamm). Sklerenchymfasern, häufig kurz «Fasern» genannt, werden oft während ihrer Entwicklung mehrkernig (polyenergid); sie bilden deshalb die längsten Zellen höherer Pflanzen (bei der Brennnessel bis 7,5 cm, bei der Ramie *Boehmeria* bis über 30 cm lang). Unverholzte Fasern sind sehr elastisch (z. B. bei Lein *Linum*). Sklerenchymfasern haben große praktische Bedeutung zur Herstellung von Textilien (vgl. Tab. 5-1). Allerdings handelt es sich nicht immer ausschließlich um Sklerenchymfasern; z. B. besteht die Sisalfaser aus ganzen Leitbündeln mit reichlich Sklerenchym. Man unterscheidet harte Fasern mit starker Verholzung (z. B. Sisal) und weiche Fasern mit geringer Verholzung der Wände (z. B. Lein, Hanf, Jute).

Tab. 5-1: Technisch genutzte Fasern

Sklerenchymfasern aus Sprossachsen	• Lein, *Linum usitatissimum* • Hanf, *Cannabis sativa* • Ramie, *Boehmeria nivea* • Jute, *Corchorus*-Arten • Hibiscus, *Crotalaria*-Arten
Sklerenchymfasern aus Blättern	• Manilahanf, *Musa textilis* (aus Blattscheide) • Sisal, *Agave sisalana* (u. a. Arten) • Neuseeländischer Flachs, *Phormium tenax* • verschiedene Palmen (aus Blattstielen)
Sklerenchymfasern aus Früchten	• Kokos-Mesokarp, *Cocos nucifera*
Samenhaare	• Baumwolle *Gossypium*-Arten
Fruchthaare	• Kapok, *Ceiba*-, *Chorisia*- und *Bombax*-Arten

5.2.4 Leitgewebe

Das Gewebesystem, das dem Transport von Wasser und von organischen Stoffen über größere Strecken dient, heißt Leit(ungs)gewebe. Der Funktion entsprechend ist es vorwiegend aus langgestreckten Zellen aufgebaut, die ihrerseits die ganze Pflanze durchziehende Stränge bilden. Diese sind gruppenweise vereinigt; somit liegen **Leitbündel** vor. Die Querwände der Leitungsbahnen sind häufig schräg angeordnet (Oberflächenvergrößerung) bzw. partiell oder sogar weitgehend aufgelöst.

Vollständige Leitbündel bestehen aus zwei Teilen:

- der Transport organischer Stoffe erfolgt in lebenden Zellen (Siebzellen bzw. Siebröhren) im Siebteil (Bastteil) oder **Phloem**.
- der Transport von Wasser und darin gelösten Ionen erfolgt in toten Leitungsbahnen (Tracheiden, Tracheen = Gefäße) im Holzteil oder **Xylem**.

Beide Teile enthalten ferner auch Festigungselemente, meist als Sklerenchymfasern. Die Leitgewebe ohne das Sklerenchym werden als Leptom und Hadrom bezeichnet.

5.2.4.1 Phloem

Siebröhren und Geleitzellen sind die Leitelemente des Phloems der Angiospermen. Die Siebröhren bestehen aus Siebröhrengliedern. Ein solches Siebröhrenglied entsteht zusammen mit den Geleitzellen aus einer Siebröhrenmutterzelle durch inäquale Teilung (Abb. 5.9). Die Zahl der Geleitzellen erhöht sich häufig durch Querteilung. Bei der Differenzierung des Siebröhrenglieds wird der Kern abgebaut und der Tonoplast aufgelöst, so dass keine Trennung mehr zwischen Protoplast und Vakuole besteht. Die Querwände bilden große Poren aus. Es entstehen **Siebplatten**, die entweder einheitlich

Phloem	
• Siebzellen (bei Pterdophyten, Gymnospermen) oder • Siebröhren + Geleitzellen (bei Angiospermen) • Siebparenchym = Bastparenchym	Leptom
• Bastfasern (Sklerenchym)	
Xylem	
• Tracheiden • Tracheen • Holzparenchym	Hadrom
• Holzfasern (Sklerenchym)	

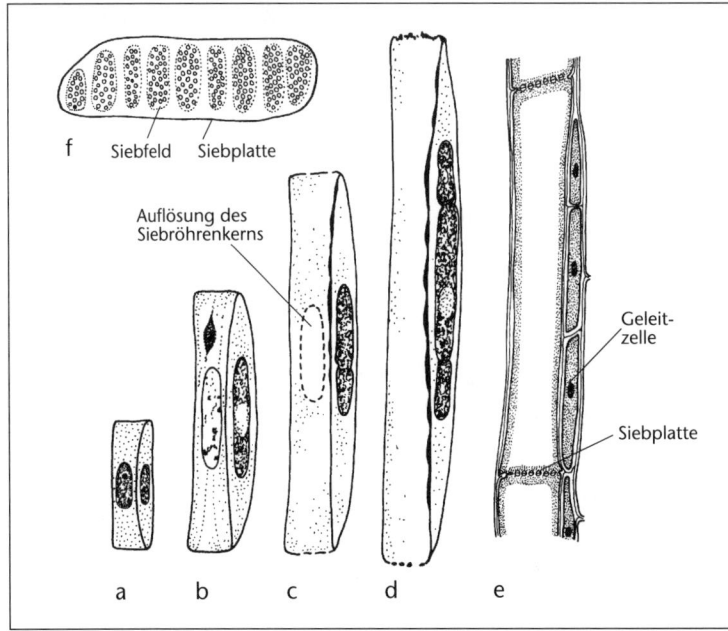

Abb. 5.9: Siebröhren und Geleitzellen. **a** bis **e**: Entwicklung eines Siebröhrengliedes mit Geleitzellen, halbschematisch; **e**: fertiges Siebröhrenglied mit Geleitzellen; **f**: Siebplatte mit mehreren Siebfeldern, Aufsicht (nach STRASBURGER und ULLRICH-ARNOLD, verändert).

oder aus mehreren getrennten Siebfeldern zusammengesetzt sind. Die so geschaffene Verbindung zwischen den Zellen führt zur Bildung der Siebröhren. Auch in Längswänden zwischen benachbarten Siebröhren können Siebfelder vorkommen. Im Plasma der Siebröhre gibt es ein spezifisches Phloem-Protein (P-Protein), das bei Verletzung die Siebporen verschließen kann. Siebröhren enthalten ferner Mitochondrien und einfach gebaute Plastiden. Diese besitzen bei verschiedenen Angiospermen-Gruppen unterschiedliche Merkmale: der S-Typ speichert nur Stärke, der P-Typ enthält Protein.

Die Geleitzellen sind plasmareich, besitzen große Zellkerne und viele Mitochondrien und sind mit der zugehörigen Siebröhre durch zahlreiche Plasmodesmen verbunden, durch die auch Makromoleküle (z.B. Proteine) in die Siebröhre gelangen. Geleitzellen sind auch wichtig für die Transportvorgänge ins Phloem (Beladung) und aus dem Phloem heraus (Entladung).

Bei den Gymnospermen und Pteridophyten findet man statt der Siebröhren die **Siebzellen**. Es sind prosenchymatische Zellen mit schrägen Querwänden, die fein perforiert sind und so ein Siebfeld bilden. Dadurch steht das Plasma aneinander grenzender Siebzellen in Verbindung, die allerdings weniger intensiv ist als bei den Siebröhren. Die Siebzellen der Coniferen sind von spezialisierten Parenchymzellen begleitet. Diese «Eiweißzellen» (Albuminzellen) oder Strasburger-Zellen sind am Transport der Stoffe in die Siebzellen und aus ihnen heraus beteiligt, entsprechen also funktionell den Geleitzellen.

Die **Poren** der Siebfelder von Siebzellen und insbesondere jene der Siebplatten von Siebröhren sind viel weitlumiger als Plasmodesmen. Sie entstehen aber aus Plasmodesmen-Anlagen. Während der Primärwandbildung werden in der Umgebung der Plasmodesmen beträchtliche Mengen des Polysaccharids Kallose (β-1,3-Glucan) abgelagert und die weitere Wandverdickung unterbleibt daher. Später wird diese Kallose («Bildungs-Kallose») abgebaut, ebenso die geringe Menge zuvor gebildeter Wandsubstanzen. So entsteht eine weitlumige Pore.

Siebröhren sind häufig nur während einer Vegetationsperiode funktionsfähig. Im Herbst – und ebenso bei Verletzung – werden die Siebplatten durch Kallose verschlossen («Dormanz-Kallose»).

Siebparenchym (Bastparenchym) besteht aus lebenden Parenchymzellen; es ist beteiligt an der Be- und Entladung des Phloems und kann außerdem der Speicherung dienen.

Bastfasern sind sklerenchymatische, oft sehr dickwandige, unterschiedlich verholzte Fasern (einzige verholzte Zellen im Phloem!). Sie haben Festigungsfunktion und schützen die dünnwandigen Leitelemente.

5.2.4.2 Xylem

Tracheiden sind prosenchymatische, verholzte Zellen, die in funktionsfähigem Zustand tot, also plasmafrei, und wassererfüllt sind. Ihre Querwände sind schräggestellt und stark getüpfelt. Die Längswände besitzen ungleichmäßige Verdickungen. Diese können ring-, schrauben-, leiter- oder netzförmig sein (vgl. Abb. 5.10); danach werden verschiedene Tracheiden-Typen unterschieden. Die Verdickung der Wände dient der Aussteifung. Sie ist erforderlich, weil die Transpiration einen Unterdruck hervorruft. Die Verholzung ist häufig auf die verdickten Wandbereiche beschränkt. Ring- und Schraubentracheiden haben noch dehnbare Wände und kommen vor allem in wachsenden Geweben vor. Die am weitesten entwickelten Tracheiden besitzen Wände mit allseitigen Verdickungen, die nur durch große Tüpfelfelder unterbrochen sind (Tüpfeltracheiden). Bei Gymnospermen gibt es Tracheiden, die vor allem Festigungsfunktion haben (Fasertracheiden).

Tracheen (Gefäße) gehen aus ursprünglich parenchymatischen, weitlumigen Zellen hervor, die während ihrer Entwicklung verholzen und wie die Tracheiden in verschiedener Weise durch Verdickung der Längswände ausgesteift werden. Vor dem Absterben der Zellen werden die meisten Querwände weitgehend aufgelöst, so dass lange (meist einige cm), querwandlose, weitlumige Röhren entstehen, die nun wassererfüllt sind. Bei Lianen und etlichen ringporigen Hölzern (vgl. 6.2.4.2) kann der Abstand zwischen den wenigen verbleibenden Querwänden sogar mehrere Meter betragen. Auch die Lumenweite ist bei ringporigen Hölzern besonders groß (bei Eichen bis zu 0,3 mm).

Bei Pteridophyten kommen – einfache – Tracheen nur vereinzelt vor, bei Gymnospermen gar nicht. Nahezu alle Angiospermen besitzen hingegen Gefäße. Bei vielen Arten werden sie nach einigen Jahren durch Thyllenbildung verschlossen und dadurch funktionsunfähig (vgl. 6.2.4.2; Abb. 6.16). – Tracheen und Tracheiden werden erst funktionsfähig, wenn bei ihrer Entwicklung der programmierte Zelltod eingetreten ist.

Holzparenchym sind lebende, aber verholzende Zellen, die vor allem der Stoffspeicherung dienen. Sie haben häufig eine gestreckte Gestalt und durchziehen als lebende Zellen den sonst toten Holzkörper.

Holzfasern (Libriformfasern) sind sklerenchymatische Zellen mit oft spaltenförmigen Tüpfeln. Sie sterben meist früh ab.

5.2.4.3 Leitbündel

Ein vollständiges Leitbündel besteht aus Phloem und Xylem. Bei Wasserpflanzen kann das Xylem reduziert sein (reduzierte Leitbündel). Bleibt bei der Ausdifferenzierung der Zellen zwischen Phloem und Xylem ein Rest meristematischen Gewebes, so entstehen **offene Leitbündel**. Das Meristem wird als Cambium bezeichnet; wenn es längere Zeit untätig bleibt, auch als Cambiform. Stoßen hingegen Phloem und Xylem unmittelbar aneinander, so liegen **geschlossene Leitbündel** vor. Offene Leitbündel findet man in den Sprossachsen der meisten Dicotylen und Gymnospermen; geschlossene bei den Monocotylen.

Nach der Anordnung der Xylem- und Phloemteile unterscheidet man mehrere Leitbündel-Typen (Abb. 5.11). Bei Blütenpflanzen am häufigsten ist das **kollaterale** Bündel. Bei Solanaceen, Cucurbitaceen, Gentianaceen und einigen anderen kommen **bikollaterale** Bündel vor; bei ihnen ist auf der Innenseite des Xylems ein zweites Phloem ausgebildet. **Konzentrische** Leitbündel sind entweder hadrozentrisch (= periphloematisch: Xylem innen, Phloem außen; bei etlichen

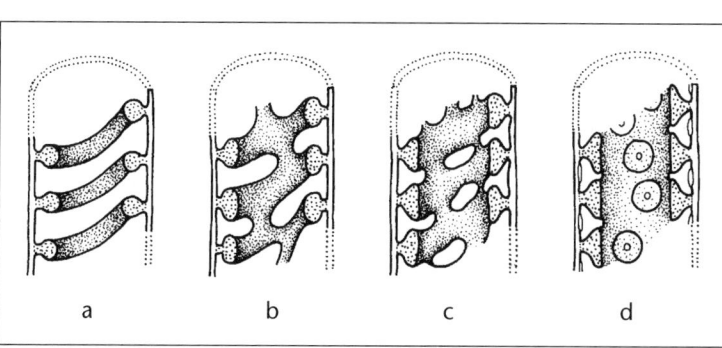

Abb. 5.10: Wandverdickungen bei Tracheiden und Tracheen. **a:** schraubige; **b** und **c:** netzartige Verdickung; **d:** vollständige Wandverdickung unter Aussparung der Tüpfel, die zu Hoftüpfeln werden können (nach STOCKER).

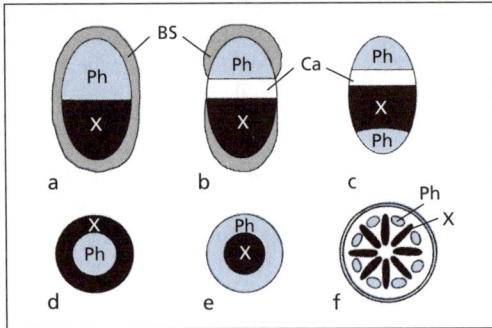

Abb. 5.11: Schema der Leitbündel-Typen; blau: Ph = Phloem, schwarz: X = Xylem, BS = Leitbündelscheide (nur bei a und b eingetragen), Ca = Cambium. **a:** kollateral geschlossen; **b:** kollateral offen; **c:** bikollateral; **d:** konzentrisch mit Außenxylem (leptozentrisch); **e:** konzentrisch mit Innenxylem (hadrozentrisch); **f:** radiär (nach Jacob-Jäger-Ohmann).

Farnen) oder leptozentrisch (= perixylematisch: Xylem außen, Phloem innen; z. B. Rhizome von Schwertlilie *Iris* und Maiglöckchen *Convallaria*). In den Wurzeln der Blütenpflanzen findet man **radiäre** (radiale) Leitbündel mit einer unterschiedlichen Zahl von Xylem-Strahlen (vgl. 6.4.1.5).

Leitbündel sind stets von einer interzellularfreien Leitbündelscheide (Gefäßbündelscheide) umgeben, die parenchymatisch, sklerenchymatisch oder gemischt sein kann. Parenchymzellen der Bündelscheiden sind oft stärkereich («Stärkescheide»).

Der vollständige Aufbau eines Leitbündels kann nur durch Quer- und Längsschnitt erkannt werden (Abb. 5.12).

Die geschlossenen Leitbündel der Monocotylen haben im Phloem meist eine sehr regelmäßige Anordnung von Siebröhren und Geleitzellen («Schachbrettmuster») und im Holzteil oft einen (rhexigenen) Interzellulargang infolge des Zerreißens der zuerst gebildeten Xylem-Elemente beim Wachstum (Abb. 5.13). In den Dicotylen-Leitbündeln ist die Anordnung der Zellen im Phloem weniger regelmäßig und Interzellulargänge im Xylem fehlen vielfach.

5.2.4.4 Transferzellen

Transfer- oder Übergangszellen sind Parenchymzellen, die eine starke Vergrößerung der Plasmalemmaoberfläche infolge zottenartiger Einstülpungen der Zellwand aufweisen. Die Vergrößerung der Membranfläche ermöglicht erheblich intensivere Membrantransportvorgänge. Die Transferzellen stehen oft in Verbindung mit Leitbündeln, kommen aber auch in Wurzeln und in Haustorien von Parasiten vor. Im Xylem von Speicherorganen entstehen sie aus Holzparenchymzellen; in Blattleitbündeln (vor allem deren Endigungen) können Geleitzellen zu Transferzellen umgebildet werden. Bei Zellen, die nur vorübergehend als Transferzellen tätig werden, zeigt nur der Protoplast Invaginationen, hingegen nicht die Zellwand.

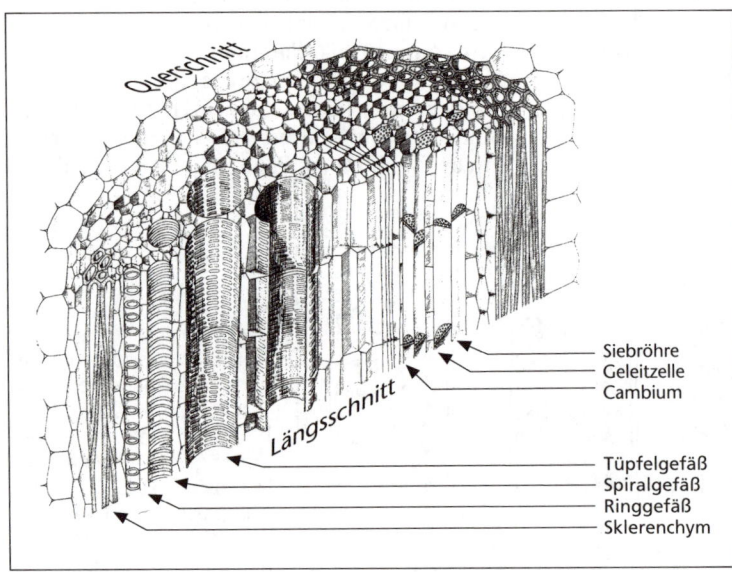

Abb. 5.12: Aufbau eines kollateral offenen Leitbündels im Quer- und Längsschnitt (nach Mägdefrau).

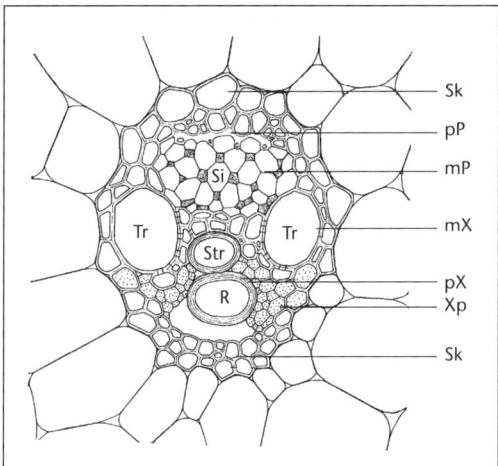

Abb. 5.13: Querschnitt durch ein kollateral-geschlossenes Leitbündel vom Mais *Zea mays* (aus STRASBURGER). Sk = Sklerenchymatische Leitbündelscheide; pP = Protophloem, mP = Metaphloem; Si = Siebröhre; mX = Metaxylem, Tr = Tracheen, Str = Schraubentracheiden, pX = Protoxylem, Xp = Xylemparenchym, R = Ring einer zerrissenen Ringtracheide.

5.2.5 Ausscheidungsgewebe (Exkretionsgewebe)

Das Exkretions- oder Ausscheidungsgewebe dient der Abgabe bzw. Ausscheidung von Stoffen. Bei den Pflanzen ist die Exkretion verglichen mit der bei Tieren wenig entwickelt. Häufig wird zwischen Exkretion und Sekretion nicht klar getrennt; zum einen ist die Rolle der ausgeschiedenen Stoffe oft nicht klar und kann wechseln, zum anderen erfolgt die Abgabe aus dem Cytoplasma entweder in die Vakuole oder in den cytologisch äquivalenten Zellwandraum.

Verbleiben beim Exkretionsgewebe die ausgeschiedenen Stoffe innerhalb des Zell-Lumens, so spricht man von Exkretionsgewebe im engeren Sinn oder Absonderungsgewebe; werden sie durch Zellwände hindurch nach außen abgegeben, so bezeichnet man die abgebenden Zellen als Drüsenzellen bzw. Drüsengewebe. Exkrete (bzw. Sekrete) können sein: etherische Öle, Harze, Kautschuk und Guttapercha, Alkaloide, Gerbstoffe, Nektar, Schleime, bei Insekten fressenden Pflanzen ferner Enzymproteine.

5.2.5.1 Exkretionsgewebe s. str. (Absonderungsgewebe)

Idioblasten mit Exkretionsfunktion sind meist größer als die Nachbarzellen und können ganz verschiedene Exkrete enthalten. Ölzellen gibt es z. B. im Rhizom des Ingwers *Zingiber officinale*; im Wurzelgewebe von Baldrian *Valeriana officinalis*, in Blättern von Lorbeer *Laurus*. Sie produzieren etherische Öle, werden dann oft durch eine Korkschicht isoliert und sterben schließlich ab. Mesophyllzellen von Blütenkronblättern bilden häufig etherische Öle, die als Geruchsstoffe der Anlockung von Bestäubern dienen (z. B. bei Rose, Veilchen). Auch Kristallzellen können als Idioblasten mit exkretorischer Funktion angesehen werden.

Milchröhren: enthalten Milchsaft, ein komplexes Gemisch von vielerlei gelösten und emulgierten Stoffen. Häufig enthält der Milchsaft Kautschukpartikel, ferner Stärkekörner, sowie in gelöster Form Alkaloide, Glykoside, Gerbstoffe sowie proteinspaltende Enzyme, gelegentlich auch Kristalle. Milchröhren können ungegliedert oder gegliedert sein. **Ungegliederte** Milchröhren entstehen aus Zellen des Keimlings, die beim Wachstum der Pflanze stets mitwachsen, wobei sie vielkernig werden. Durch Verzweigung erreichen sie häufig alle Pflanzenteile. So entstehen z. B. die Milchröhren der Wolfsmilch-(*Euphorbia*-) und *Ficus*-Arten. **Gegliederte** Milchröhren bilden sich aus mehreren Zellen durch nachträgliche Auflösung der Querwände (Abb. 5.14a). Vielfach entsteht dabei eine netzartige Struktur. Sie kommen z. B. bei Papaveraceae, Alliaceae, Asteraceae (z. B. Löwenzahn, Lattich) vor, aber auch bei den Euphorbiaceen *Hevea brasiliensis* (Kautschukbaum) und *Manihot utilissima* (Maniok oder Cassave). Aus dem Milchsaft des Schlafmohns *Papaver somniferum* wird das Opium mit den Morphin-Alkaloiden gewonnen.

Lysigene Exkretbehälter entstehen, wenn Exkrete in Zellen gespeichert werden und dann eine Auflösung der Wände benachbarter Exkretzellen erfolgt. Die Exkretzellen sterben in der Regel ab. Beispiel: Exkretbehälter der Fruchtwandung der *Citrus*-Arten (Orange, Citrone usw.; vgl. Abb. 5.14b) sind nach herrschender Ansicht lysigen.

5.2.5.2 Drüsen

Sie können aus einzelnen Zellen oder ganzen Zellgruppen (Drüsengewebe) bestehen (Abb. 5.15). Liegen Gruppen von Drüsenzellen in der

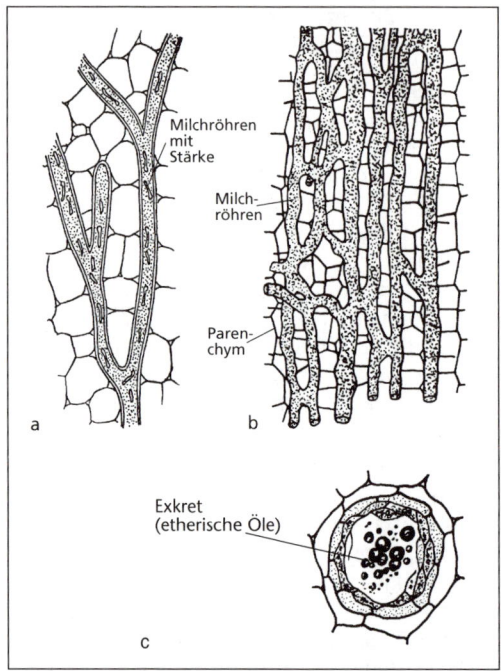

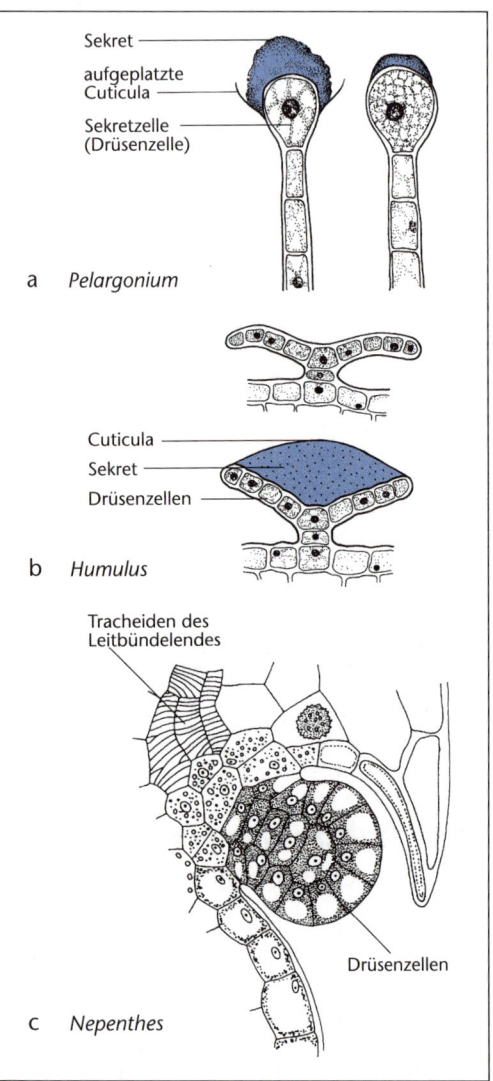

Abb. 5.14: Exkretionsgewebe. **a**: Ungegliederte Milchröhren aus *Euphorbia*, mit Stärkekörnern (nach Mägdefrau); **b**: Gegliederte Milchröhren aus *Scorzonera* (nach Kienitz-Gerloff); **c**: Lysigener Exkretbehälter aus der Fruchtwand von *Citrus*.

Abb. 5.15: Drüsen. **a:** Drüsenhaare von *Pelargonium*; **b:** Drüsenschuppen aus weiblichen Hopfenblüten (junge Schuppe, ältere Schuppe mit Exkret zwischen Cuticula und Drüsenzellen); **c:** Verdauungsdrüse der Kannenpflanze *Nepenthes* (nach Stocker und Ullrich-Arnold).

Epidermis, so spricht man von Drüsenepithel. Mehrzellige Haare, deren Endzelle eine Drüsenzelle ist, heißen Drüsenhaare. Bei Primeln, Geraniaceen und vielen Lamiaceen werden in Drüsenhaaren etherische Öle durch die Zellwand nach außen abgegeben und sammeln sich unter der Cuticula der Drüsenzelle. Bei Berührung platzt diese und die etherischen Öle werden frei, so dass die Pflanzenteile deutlich riechen.

Nektarien, die vor allem Zucker abscheiden, können als Drüsenepithel, Drüsenhaare oder als subepidermale Drüsen ausgebildet sein. Im letzteren Fall erfolgt die Nektarabgabe über eine umgebildete Spaltöffnung (vgl. 5.2.2.2). Nektarien können in Blüten als florale Nektarien und außerhalb als extraflorale Nektarien gebildet werden. Extraflorale Nektarien gibt es an Blattspreiten (z. B. Götterbaum *Ailanthus*), an Blattstielen (z. B. *Acacia*, Steinobst *Prunus*) und an Nebenblättern (z. B. Wicke *Vicia*). Sie locken in der Regel Ameisen an, die gleichzeitig die Pflanze von Schädlingen freihalten. Die floralen Nektarien dienen der Anlockung von Bestäubern, ebenso wie die Duftdrüsen (Osmophoren) in Blüten, die etherische Öle abgeben.

Hydathoden sind Drüsen, die flüssiges Wasser abscheiden (Guttation). Es gibt Trichomhydathoden (Haare) und Epithemhydathoden, die unter der Epidermis liegen, mit Leitbündelendigungen in Verbindung stehen und mit einer umgebildeten Spaltöffnung nach außen münden (z. B. bei Kapuzinerkresse *Tropaeolum*, Frauenmantel *Alchemilla*, Gräsern). Bei manchen Pflanzen werden neben Wasser auch überschüssige Ionen abgegeben (z. B. beim Steinbrech *Saxifraga paniculata* v. a. Ca^{2+}; nach Verdunsten des Wassers bleiben Kalkschüppchen an den Blattzähnen zurück).

Salzdrüsen dienen vorwiegend der Abgabe überschüssiger Ionen mit Hilfe von Ionenpumpen des Plasmalemmas. Häufig enthalten sie Transferzellen (vgl. 5.2.4.4). Sie treten bei Pflanzen ionenreicher Standorte auf (z. B. Strandflieder *Statice*, Tamariske *Tamarix*).

Verdauungsdrüsen der Insektivoren (Abb. 5.15 c) produzieren und sezernieren abbauende Enzyme (Hydrolasen) sowie Schleime. Durch Zellen der Verdauungsdrüsen erfolgt auch die Aufnahme der Abbauprodukte (Absorptionsfunktion).

Schizogene Exkretbehälter (Abb. 5.16) können im Inneren der Pflanze Exkrete speichern. Es handelt sich um Interzellularräume zwischen Drüsenzellen. Etherische Öle findet man z. B. in den isolierten, kugelförmigen Ölbehältern von Johanniskraut *Hypericum* und in den langgestreckten Ölgängen der Früchte von Doldenblütlern (Apiaceae). Viele der Apiaceen-Früchte haben daher Gewürzfunktion (z. B. Kümmel, Echter Anis, Koriander). Die Harzkanäle von Coniferen und einigen anderen Pflanzen (Anacardiaceae, Burseraceae u. a.) sind langgestreckte schizogene Hohlräume. (Bei der Roßkastanie *Aesculus hippocastanum* und der Balsampappel (*Populus balsamifera*) werden an den Knospenschuppen Harzdrüsen gebildet). Schleimgänge oder -kanäle findet man z. B. bei der Linde *Tilia* und bei Malvaceen.

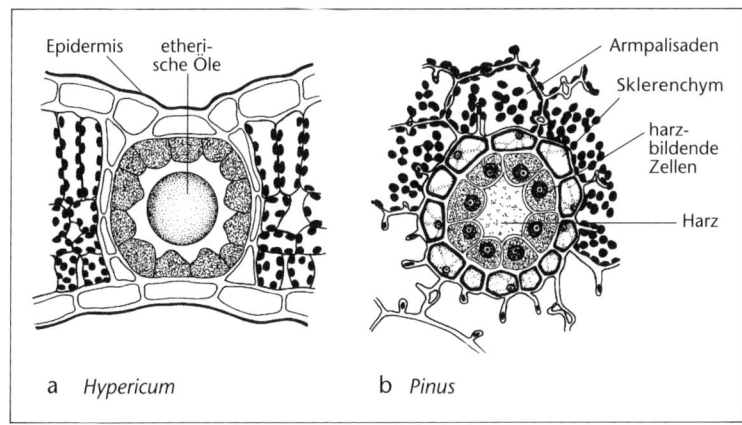

Abb. 5.16: Schizogene Exkretbehälter. **a:** aus dem Blatt des Johanniskrauts *Hypericum*; **b:** Harzkanal aus der Kiefernnadel (nach STRASBURGER und ULLRICH-ARNOLD).

6 Anatomie und Morphologie des Vegetationskörpers

6.1 Keimung bei Blütenpflanzen

Der Kormus der Blütenpflanzen entsteht durch Wachstum aus dem im Samen befindlichen Embryo (vgl. 7.4.1). Im Embryo sind die Grundorgane bereits angelegt: eine Sprossknospe (Plumula), eine Wurzelknospe (Radicula) und Keimblätter (Kotyledonen; bei Monocotylen eine Kotyledone, bei Dicotylen fast stets zwei, bei Gymnospermen zwei bis mehrere). Bei der Keimung entsteht zunächst der Keimling; hierbei setzt die Differenzierung der embryonalen (meristematischen) Zellen ein. Es entwickelt sich die Sprossachse unterhalb der Insertion der Keimblätter (Hypokotyl) und dann oberhalb der Keimblätter (Epikotyl). Die Nährstoffe des Samens werden verbraucht; die Pflanze wird dann durch Ergrünen erster Blätter autotroph.

Die Keimung kann unterschiedlich ablaufen (Abb. 6.1); stets aber findet zuerst Wurzelwachstum statt, um den Keimling im Boden zu verankern und die Wasserversorgung zu sichern. Bei der **epigäischen** Keimung entfalten sich mit Streckung des Hypokotyls die Keimblätter, die ergrünen und so zu den ersten photosynthetisch tätigen Blättern werden (z. B. bei *Ricinus*, Gartenbohne *Phaseolus vulgaris*, Buche *Fagus sylvatica*). Bei der **hypogäischen** Keimung bleiben die Keimblätter als Reservestoffspeicher im Boden oder an der Bodenoberfläche und ergrünen nicht; das Epikotyl wächst ausgehend von der Plumula rasch heran und bildet die ersten Laubblätter (Primärblätter; z. B. bei Erbse *Pisum*, Feuerbohne *Phaseolus multiflorus*, Eiche *Quer-*

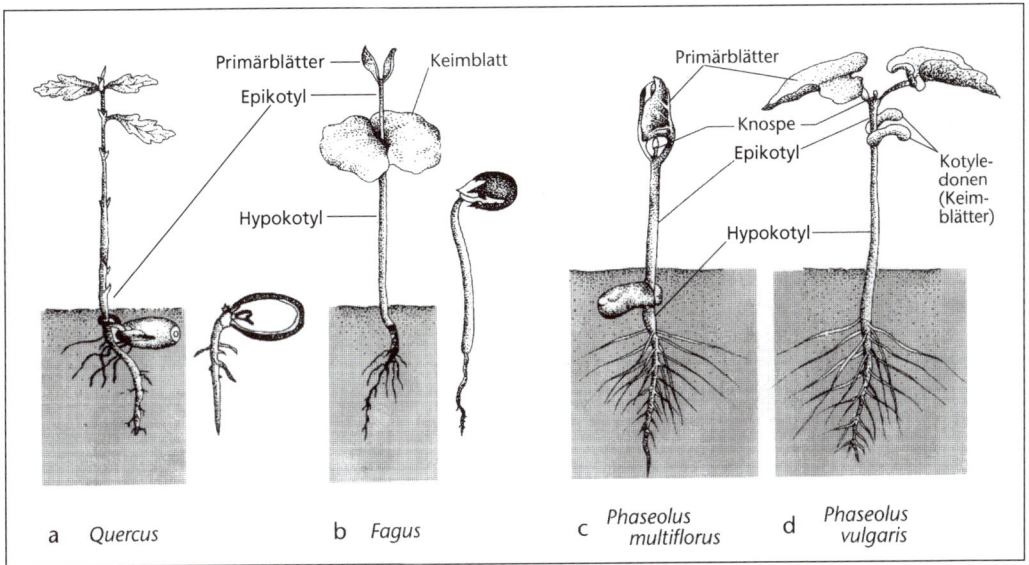

Abb. 6.1: Keimung. Hypogäische Keimung: **a:** bei der Eiche *Quercus robur*; **c:** bei der Feuerbohne *Phaseolus multiflorus*. Epigäische Keimung: **b:** bei der Buche *Fagus sylvatica*; **d:** bei der Gartenbohne *Phaseolus vulgaris* (z. T. nach WALTER).

cus). Bei verschiedenen Palmen (z. B. Dattel- und Kokospalme) und anderen Monocotylen bildet während der Keimung das Keimblatt ein Saugorgan zur Nährstoffaufnahme.

Bei Gräsern (Poaceae) ist die Wurzelanlage (Radicula) in eine Wurzelscheide (Coleorrhiza) eingeschlossen, die bei der Keimung durchbrochen wird. Das Keimblatt bildet das Schildchen (Scutellum) (Abb. 6.2). Es entfaltet sich nicht, sondern dient dem Transport der gespeicherten Nährstoffe in den Keimling. Die Plumula mit den Blattanlagen ist von der Coleoptile umgeben. Das Wachstum beginnt in dem Achsenabschnitt zwischen Scutellum und Coleoptilbasis («Mesocotyl») sowie durch Streckung der Coleoptilzellen.

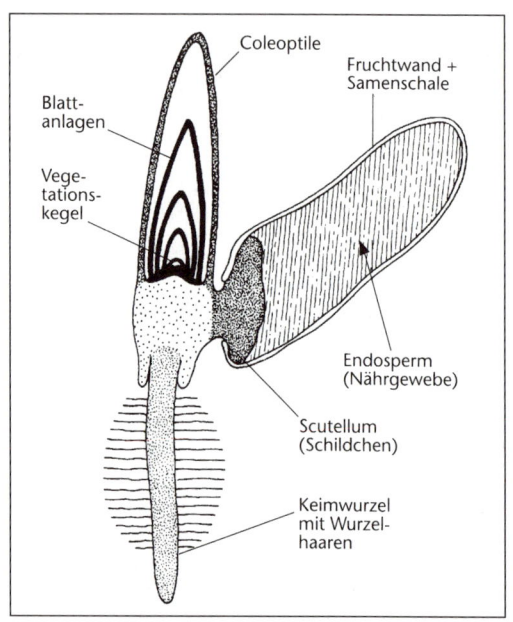

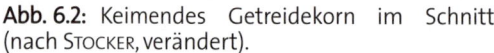

Abb. 6.2: Keimendes Getreidekorn im Schnitt (nach STOCKER, verändert).

6.2 Sprossachse

Die Sprossachse ist eines der drei Grundorgane der Kormophyten. Ihr Bau ist festgelegt durch die hauptsächlichen Funktionen: sie hat die Festigkeit gegenüber Biegebelastung und zum Tragen der Blätter sowie den Transport von den Blättern zu den Wurzeln und umgekehrt zu gewährleisten. Die Sprossachse muss daher Festigungs- und Leitgewebe enthalten. Außerdem gibt es Achsengewebe, die der Speicherung von Reservestoffen dienen.

6.2.1 Phylogenie der Sprossachse

Nach der Telomtheorie für die Evolution des Kormus (vgl. 4.4.2) kann eine Sprossachse durch den Elementarvorgang der **Übergipfelung** entstehen (Abb. 4.9a). Im Wachstum bevorzugte Telome bilden die Hauptachse; die im Wachstum zurückgeblieben sind dann Seitenachsen oder Anhängsel, die durch weitere Elementarprozesse Blätter liefern können. Die Telome der ersten Landpflanzen besaßen ein zentral angeordnetes Leitbündel, die Protostele. (Die Gesamtheit aller Leitbündel einer Sprossachse nennt man deren Stele.) In den Achsen der heute existierenden Kormophyten findet man stets viele Leitbündel, die unterschiedlich angeordnet sein können. Eine Hypothese zur Ausbildung dieser verschiedenen Anordnungen liefert die **Stelärtheorie** (vgl. 6.2.3.4). Mehrere Leitbündel in der Achse können auch dadurch zustande kommen, dass bei der Bildung der Sprossachsen der Elementarprozess der Verwachsung eine Rolle spielt: ursprünglich getrennte, gabelig verzweigte Telome verwachsen zu einer einheitlichen Achse, wobei die Leitbündel getrennt bleiben (Abb. 4.9a).

Bei den achsenartigen Strängen hochentwickelter Algen handelt es sich um den Sprossachsen der Kormophyten analoge Organe. Bekannte Beispiele sind die Achsen von Braunalgen mit Gewebethallus, welche Stoffleitungsbahnen enthalten, sowie die Stiele der Fruchtkörper von Pilzen, in welchen leitende Plectenchym-Stränge auftreten.

6.2.2 Ontogenie der Sprossachse

6.2.2.1 Vegetationskegel

Die Entwicklung der Sprossachse geht aus vom Vegetationskegel. Dieser befindet sich stets an der Spitze der Sprossachse. Bei den Samenpflanzen ist er schon beim Embryo im Samen als **Plumula** angelegt und beginnt bei der Keimung seine Tätigkeit, indem lebhafte Zellteilung einsetzt. So entsteht das Scheitelmeristem (Apikalmeristem) des Vegetationskegels als Urmeristem. Der Vegetationskegel ist geschützt von den jungen Blättern der Sprossachse, die im Wachstum vorauseilen und so die Terminalknospe liefern. Die **Blattanlagen** (Blattprimordien) entstehen am Vegetationskegel als seitliche Höcker in regelmäßiger, akropetaler Abfolge (Abb. 6.3). In den Blattachseln werden später aus Restmeristemen neue, sekundäre Vegetationskegel gebildet, die zu Seitensprossen heranwachsen können. Da diese also immer in der Achsel von Blättern entstehen, haben Seitensprosse stets ein *Tragblatt* (= Deckblatt).

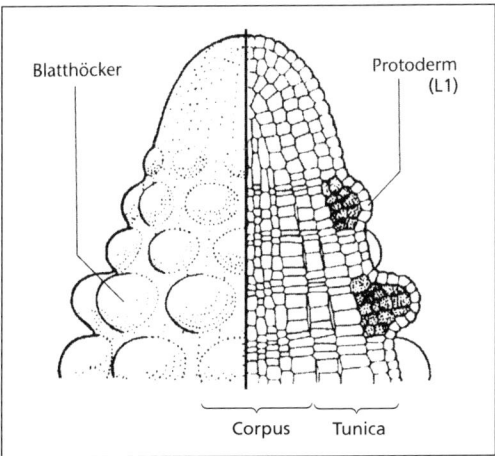

Abb. 6.3: Vegetationskegel des Tannenwedels *Hippuris vulgaris*, links: äußere Oberfläche; rechts: im Längsschnitt (nach STRASBURGER, verändert).

Das Wachstum des Vegetationskegels geht bei den meisten Farnpflanzen von Scheitelzellen aus; bei den Samenpflanzen (und den Bärlappen) hingegen von einer Gruppe von Zellen, den Initialzellen. Die zentral gelegenen Initialzellen teilen sich sehr viel weniger stark als die sie rings umgebenden peripheren Initialen. Man nennt jene die Zentralmutterzellen oder das ruhende Zentrum (*quiescent center*). Sie besitzen häufig Vakuolen.

Durch das Teilungsmuster der Initialzellen gliedert sich bei den Angiospermen das meristematische Gewebe in eine periphere Zone (1–4 Zellreihen, selten mehr), die Tunica, und einen zentralen Anteil, den Corpus (Abb. 6.3). Dementsprechend werden Tunica- und Corpus-Initialen unterschieden. Die Blattanlagen entstehen stets aus der Tunica, also exogen. Die Zellschichten des Vegetationskegels werden auch als L1 (Protoderm, vgl. 6.2.2.2), L2 (Schichten der Tunica innerhalb des Protoderms) und L3 (Corpus) bezeichnet.

Will man feststellen, wie sich im Verlauf der Entwicklung die Gewebe bilden und differenzieren, so genügt es, die Organisation der Sprossachse vom Vegetationskegel nach unten (basalwärts) zu verfolgen. Hierbei zeigen sich in räumlicher Abfolge die Veränderungen, die sich ausgehend von den Initialzellen als zeitlicher Vorgang abspielen. Das Zeitintervall zwischen der Anlage zweier aufeinanderfolgender Blatthöcker heißt Plastochron; es ist eine den Zeitbedarf der Entwicklung kennzeichnende Größe.

6.2.2.2 Determination

Die an der äußeren Oberfläche gelegene Zellschicht der Tunica wird früh zu Protoderm (Dermatogen) determiniert. In der Zone, in der die Blattanlagen entstehen, wird auch die Funktion der anderen meristematischen Zellen weitgehend festgelegt. So bildet sich in dieser Determinationszone (0,02–0,08 mm lang) die periphere Urrinde und das zentrale Urmark. Dazwischen bleibt bei Dicotyledonen ein Zylinder (im Querschnitt also ein Ring) von Zellen undeterminiert. Aus diesem Meristemring entstehen die Leitbündel sowie das spätere Cambium.

6.2.2.3 Differenzierungszone

In der folgenden Zone der Differenzierung (bis zu 25 mm lang) entstehen aus den meristematischen Zellen die Dauergewebe. Dabei strecken sich die Zellen durch Bildung und Vergrößerung der Vakuolen. Daher ist in dieser Zone das Längenwachstum am stärksten. Das Protoderm bildet die Epidermis aus, die Urrinde liefert die verschiedenen Gewebe der primären Rinde, das Urmark wird zu Markparenchym.

6.2.2.4 Entstehung der Leitbündel

Im Meristem-Zylinder entstehen zunächst einzelne Bündel prosenchymatischer Zellen, die früh zu entsprechenden Zellsträngen in den Blattanlagen Verbindung gewinnen (Abb. 6.4). Die Ursache dafür dürfte eine wechselseitige Determination sein. Diese **Procambium-Stränge** differenzieren sich dann gegen das Mark hin zu Wasserleitungsgewebe (Protoxylem), gegen die Rinde hin zu Stoffleitungsbahnen (Protophloem). So entstehen die Leitbündel. Die zuerst gebildeten Leitungselemente werden auch als Xylemprimanen (fast nur Tracheiden) und

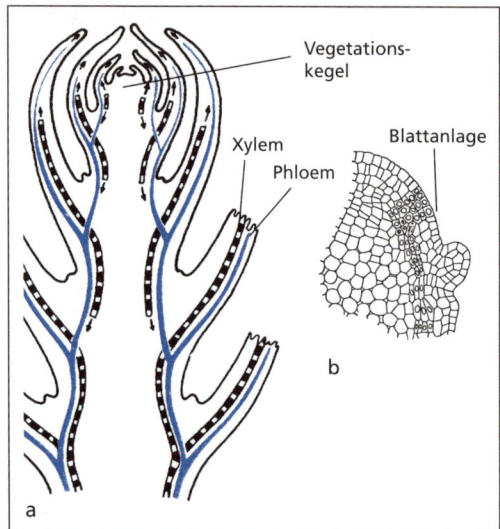

Abb. 6.4: Entwicklung der Leitbündel. **a:** Entstehung in der Sprossachse; zur Vereinfachung sind alle Blattpaare in die Bildebene verlegt (nach LOVELESS, verändert); **b:** Differenzierung eines Procambium-Stranges unterhalb einer Blattanlage bei *Linum* (nach STRASBURGER).

Phloemprimanen bezeichnet. Sie sind nur kurze Zeit tätig und werden beim weiteren Wachstum der Gewebe bald zerdrückt oder zerrissen. Der Vorgang der Ausdifferenzierung von Leitelementen setzt sich fort; es entstehen Metaxylem und Metaphloem. Schließlich bleibt nur eine schmale Zone von Urmeristem zwischen Xylem und Phloem übrig, die man dann als **Cambium** bezeichnet. Wird das Urmeristem völlig ausdifferenziert, so entstehen geschlossene Leitbündel. Die zwischen den sich differenzierenden Procambiumsträngen gelegenen Zellen des Meristem-Zylinders werden zu Grundparenchym und bilden die primären Markstrahlen zwischen den Leitbündeln. Je nach Anordnung der entstehenden Leitbündel können diese Markstrahlen viele oder auch nur eine bis wenige Zellreihen breit sein (vgl. 6.2.3.1).

Die Sprossleitbündel, die im Zusammenhang mit den Blattprimordien angelegt werden und daher ohne Verzweigung unmittelbar Anschluss an Blattleitbündel bekommen, nennt man blatteigene Bündel. Weitere Leitbündelstücke in der Sprossachse erhalten erst über Verzweigungen Anschluss an Blattleitbündel und heißen dann sprosseigene. Die blatteigenen Bündel schließen in der Sprossachse an sprosseigene an.

6.2.2.5 Primäres Dickenwachstum (Erstarkungswachstum)

Es setzt in der Determinationszone ein und verstärkt sich allmählich. Dadurch entsteht die kegelförmige Gestalt des Sprossscheitels, eben der Vegetationskegel. Das primäre Dickenwachstum ist bedingt durch Zellteilungen, denen das Streckungswachstum folgt. Anfangs sind die Teilungen im Corpus vorwiegend periklin (parallel zur Organoberfläche), in der Tunica hingegen antiklin (senkrecht zur Organoberfläche) (Abb. 6.5 a). Später können weitere Teilungen entweder vorwiegend vom entstehenden Parenchym (meiste Dicotyledonen, Gymnospermen) oder vorherrschend vom Procambium (Monocotyledonen) aus erfolgen. Je stärker das primäre Dickenwachstum ist, umso flacher wird der Vegetationskegel. In Extremfällen entsteht eine Scheitelgrube (Palmen, Kakteen; Abb. 6.5 b).

Bei Palmen entsteht der ganze Stamm durch primäres Dickenwachstum. Daher erfolgt vor dem Einsetzen des Längenwachstums über lange Zeit zunächst nur Erstarkungswachstum. Eine Palme benötigt oft viele Jahre, bis die Stammbildung beginnt.

6.2.2.6 Längsdifferenzierung der Sprossachse

In den Bereichen der Sprossachse, die Blattanlagen tragen, bleibt das Streckungswachstum gering. Man nennt diese Zonen die **Knoten** (Nodien). Die Bereiche zwischen den Knoten weisen starke Zellstreckung auf, sie heißen **Internodien**. Das Längenwachstum der Sprossachse kommt überwiegend durch die Streckung der Internodien zustande. Häufig bleiben auch in den Internodien noch meristematische Zellen erhalten, die später das Wachstum fortsetzen können. Diese interkalaren Wachstumszonen liegen oft unmittelbar über den Knoten im untersten Teil des Internodiums (Abb. 6.5 c). Sie sind wichtig für eine Aufkrümmung umgeknickter Sprosse. Dies zeigen beispielsweise Gräser: hier erfolgt im Bereich mehrerer interkalarer Wachstumszonen eine einseitige Streckung, der Stengel erscheint mehrfach gewinkelt und erreicht so wieder die senkrechte Position.

Die gabelig verzweigten Sprosse der Bärlappe weisen keine Gliederung in Knoten und Internodien auf (vgl. 4.4.2).

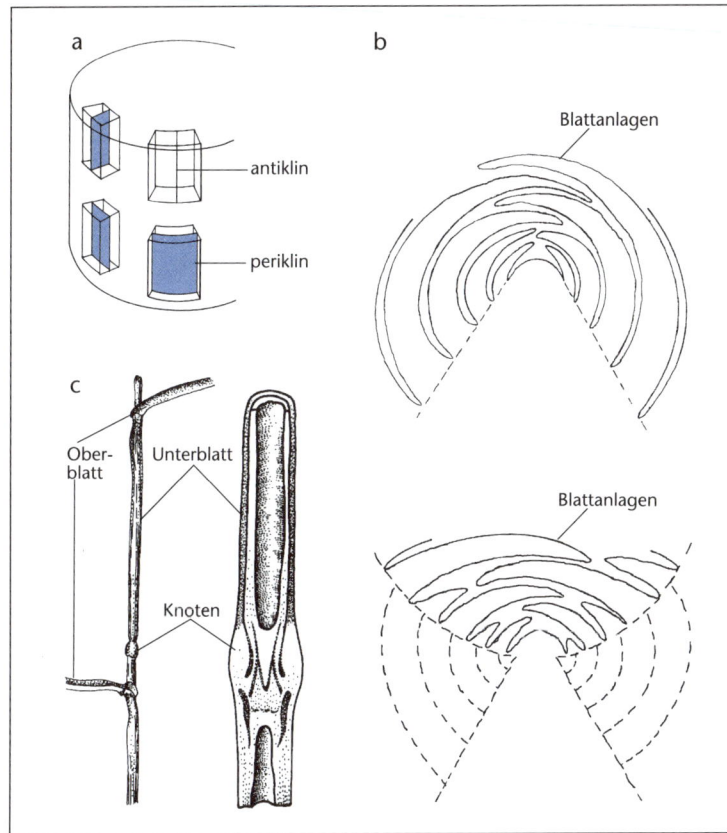

Abb. 6.5: Primäre Sprossachse. **a:** Zellteilungsebenen (nach BRAUNE-LEMAN-TAUBERT). **b:** Primäres Dickenwachstum: oben Vegetationskegel, unten Scheitelgrube bei einer Palme. Das starke primäre Dickenwachstum (hellgrau) führt zur Ausbildung der Grube (nach STRASBURGER, verändert). **c:** Längsdifferenzierung: Gliederung in Knoten und Internodien bei einem Getreidehalm (nach RAUH). Das Unterblatt bildet die Blattscheide.

6.2.3 Anatomie der Sprossachse

Ist die primäre Differenzierung der Sprossachse abgeschlossen, so liegt eine charakteristische Anordnung der Gewebe vor, die bei Dicotyledonen und Monocotyledonen etwas unterschiedlich ist.

6.2.3.1 Dicotyle und Coniferen

Ein Querschnitt (Abb. 6.6 a) zeigt, dass sich unter der Epidermis mit Spaltöffnungen die **primäre Rinde** befindet. Sie ist von außen nach innen gegliedert in:

- eine chloroplastenfreie Hypodermis, die zumeist Kollenchymstränge oder einen geschlossenen Kollenchymzylinder bildet, seltener auch Sklerenchym enthält;
- das grüne, der Photosynthese dienende Rindenparenchym (Chlorenchym). Gelegentlich ist stattdessen Speicherparenchym ausgebildet.
- Die Stärkescheide als innerste Schicht der Rinde. Ihre Zellen enthalten zunächst große Stärkekörner, die für die Wahrnehmung des Schwerkraftvektors (vgl. 15.4.2) von Bedeutung sind. Später verschwindet die Stärke häufig; die Stärkescheide ist dann nicht mehr gut erkennbar. Bei Wasser- und Sumpfpflanzen sowie vielen Farnpflanzen tritt an die Stelle der Stärkescheide eine Endodermis.

Von der Stärkescheide nach innen zu folgen die ringförmig angeordneten **Leitbündel**. Sie sind von einer parenchymatischen oder sklerenchymatischen interzellularenfreien Leitbündelscheide umgeben. Den äußeren Abschluss des Leitbündel-Ringes bilden oft Sklerenchymfasern, die sich auch zu einem ganzen Sklerenchymring (bzw. -zylinder) zusammenschließen können. Die Leitbündel sind in den meisten Fällen offen (mit Cambium). Sie sind durch die primären Markstrahlen voneinander getrennt. Innerhalb des Leitbündelrings liegt das **Markparenchym**, ein farbloses Speichergewebe, das

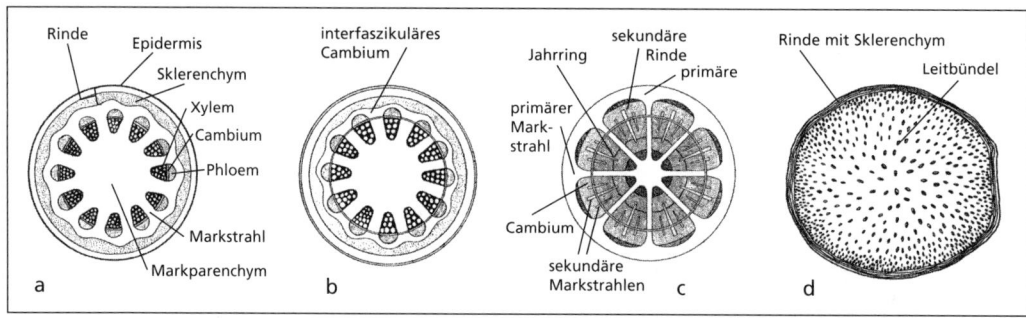

Abb. 6.6: Querschnitt durch die primäre Sprossachse von Dicotylen (**a**) und Monocotylen (**d**) und sekundäres Dickenwachstum bei Dicotylen (**b**, **c**). **a:** Einjähriger Spross von *Aristolochia macrophylla* vor Beginn der Cambium-Tätigkeit. Leitbündel im Ring angeordnet; **b:** Derselbe nach Einsetzen der Cambium-Tätigkeit: ein Cambium-Zylinder ist ausgebildet; **c:** dreijähriger Spross von *Aristolochia*. Jahrringe und sekundäre Markstrahlen sind vorhanden; **d:** Spross vom Mais *Zea mays*; Leitbündel zerstreut angeordnet (nach ULLRICH-ARNOLD, TROLL und STRASBURGER).

auch Milchröhren, Kristallzellen usw. enthalten kann. Häufig zerreißt das Mark früh infolge weiteren Wachstums der Gewebe; es entsteht dann eine Markhöhle und der Stengel wird hohl (z. B. Taubnessel *Lamium*, Löwenzahn *Taraxacum*).

Alle Sprossgewebe innerhalb der Stärkescheide werden zum Zentralzylinder gezählt; allerdings ist diese Bezeichnung bei der Sprossachse nicht sehr gebräuchlich. Der Leitbündelring kann unterschiedlich ausgebildet sein:

- es liegt ein fast geschlossener Leitzylinder vor, der nur durch 1–2 Zellreihen breite Markstrahlen gegliedert ist und größere Lücken nur dort aufweist, wo Leitbündel ins Blatt ausbiegen. Diese Form findet man bei vielen Holzpflanzen;
- es liegen einzelne, gut getrennte Leitbündelstränge vor, die im Längsverlauf netzartig miteinander verbunden sind. Diese Form ist typisch für viele krautige Arten.

Im Längsverlauf (Abb. 6.7 a) erkennt man, wie die blatteigenen Leitbündel in den Spross ziehen, wo sie durch Verzweigung alsbald Anschluss an sprosseigene erhalten. Die Gesamtheit aller Bündel, die vom Spross in ein Blatt übertreten, nennt man die Blattspur; die einzelnen Leitbündel die **Blattspurstränge**. Durch de-

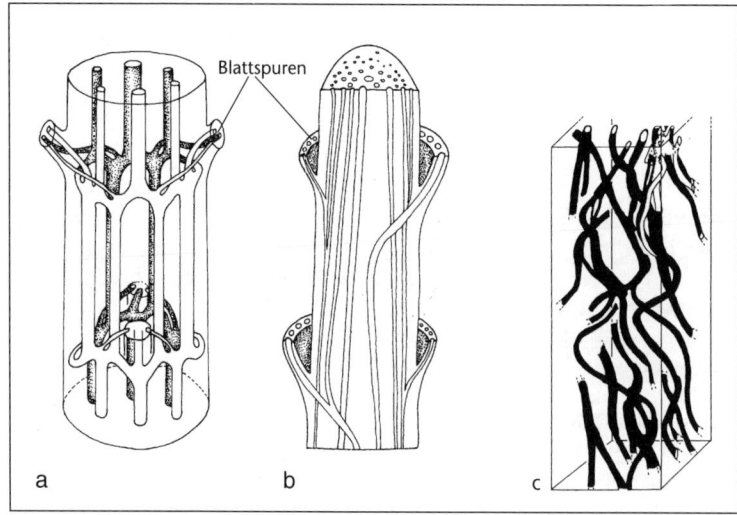

Abb. 6.7: Längsverlauf der Leitbündel in der Sprossachse. **a:** bei einer krautigen Dicotylen; **b:** bei einer Monocotylen (Palme); **c:** Tracheen-Verlauf im Dicotylen-Holz; er ist keineswegs senkrecht! (in Anlehnung an STOCKER, BRAUNE-LEMAN-TAUBERT und FINK).

ren Ausbiegen entsteht eine Lücke im Leitbündelring der Sprossachse, die Blattlücke. Analog entsteht bei der Bildung eines Seitensprosses eine Zweigspur und eine Zweiglücke.

6.2.3.2 Monocotyle

Hier fällt im Querschnitt (Abb. 6.6 d) vor allem die zerstreute Anordnung der Leitbündel auf. (Sie kommt selten auch bei Dicotyledonen vor, so z.B. bei der Seerose *Nymphaea* und bei *Peperomia*.) Eine scharfe Trennung zwischen der primären Rinde und dem Zentralzylinder existiert nicht. Unter der Epidermis liegt das meist grüne Rindenparenchym und häufig ein Sklerenchymring. Dann folgt der Bereich, in dem die Leitbündel ins Grundparenchym eingebettet sind. Er reicht bis ins *Mark*, in dem eine Markhöhle entstehen kann (z. B. Gräser).

Die Leitbündel werden alle als blatteigene Bündel angelegt. Die zuerst angelegten entstehen zu Beginn des primären Dickenwachstums und reichen daher bis in den zentralen Bereich des Sprosses; sie müssen im Längsverlauf dann basal zum Rand hin ausbiegen. Die später zusätzlich angelegten Leitbündel bleiben kleiner und mehr im Randbereich der Achse (Abb. 6.7b).

6.2.3.3 Mechanische Bauprinzipien der Sprossachse

In der Sprossachse muss mit möglichst geringem Materialaufwand (d. h. letztlich Aufwand an Stoffwechselenergie) die notwendige Festigkeit für die Lebensdauer der Achse erzielt werden. Diese ist einerseits Druckfestigkeit, um die Seitenorgane tragen zu können (ähnlich einer Säule), andererseits Biegesteifigkeit verbunden mit Elastizität, um den seitlich angreifenden Kräften (Wind) standhalten zu können. Vorteilhaft ist in einem solchen Fall eine Durchmischung druckfester und zugfester Bauelemente (Verbundbauweise wie bei Stahlbeton) und die Ausbildung von Gurtungen in den randlichen Bereichen, die durch Biegemomente besonders beansprucht werden. So findet man Stränge von Festigungsgewebe vor allem in der Peripherie der Sprossachsen sowie als Sklerenchymkappen oder -scheiden um die Leitbündel herum (Abb. 6.8).

Massesparend und daher ökonomisch sind Hohlzylinder (hohle Achsen), bei denen aber die Gefahr des Ausknickens besteht. Bei Gräsern wird diese durch die Knoten verringert.

Die Verbundbauweise ist auch schon im Aufbau der Zellwand, also auf zellulärer Ebene, verwirklicht (vgl. 3.2.5.4).

Ein Vergleich von Grashalm und Fernsehturm dient häufig dazu, das Bauprinzip zu erläutern (Abb. 6.9).

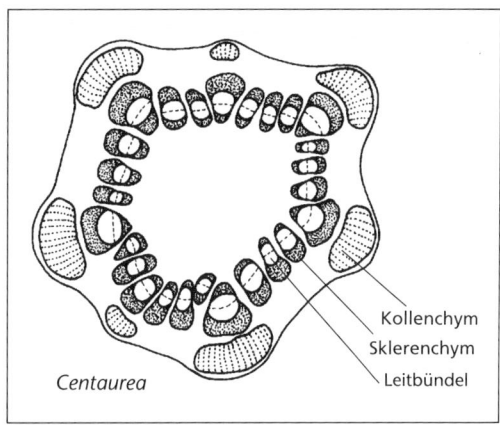

Abb. 6.8: Festigungsgewebe in der Sprossachse der Flockenblume *Centaurea scabiosa*. Kollenchym und Sklerenchymkappen der Leitbündel dienen der mechanischen Stabilisierung (nach STOCKER).

Dieser Ansatz der Biotechnik beschreibt biologische Strukturen mit Hilfe der Technik und technischen Physik. Es gibt allerdings auch grundlegende Unterschiede.

- Die Höhe unterscheidet sich um den Faktor 10^2, so dass für größenabhängige Faktoren (v. a. die Schlankheit) Grenzen gegeben sind. Der Schlankheitsgrad (Verhältnis Länge:Durchmesser) nimmt aus physikalischen Gründen mit steigender Höhe des Organismus ab: Getreidehalm ca. 500:1; Bambus (30 m hoch) ca. 130:1; Tanne (50 m hoch) ca. 42:1; Mammutbaum (100 m hoch) ca. 15:1. Werte in der letztgenannten Größenordnung findet man auch bei den Fernsehtürmen (vgl. Abb. 6.9).
- Sprossachsen wachsen und sind zu jedem Zeitpunkt funktionsfähig; menschliche Bauten sind auf einen Endzustand hin konstruiert.
- Die Durchbiegung und Schwingung unter Windlast wird bei Türmen klein gehalten; bei Grashalmen kann sie sehr groß sein und gehört zum Konstruktionsprinzip.

6.2.3.4 Stelärtheorie

Bei den Farnpflanzen findet man eine beträchtliche Vielfalt der Anordnung der Leitbündel im Spross. Zwischen den verschiedenen Formen besteht aber ein phylogenetischer Zusammenhang, der durch die Stelärtheorie beschrieben wird. Die ursprünglichen Landpflanzen, für deren histologischen Aufbau vor allem *Rhynia* als Modell dient, besaßen eine Protostele. Sie kommt in den Jugendstadien von Farnpflanzen auch heute noch vor. Die Ausbildung der verschiedenen Stelen im primären Spross ist

6 Anatomie und Morphologie des Vegetationskörpers

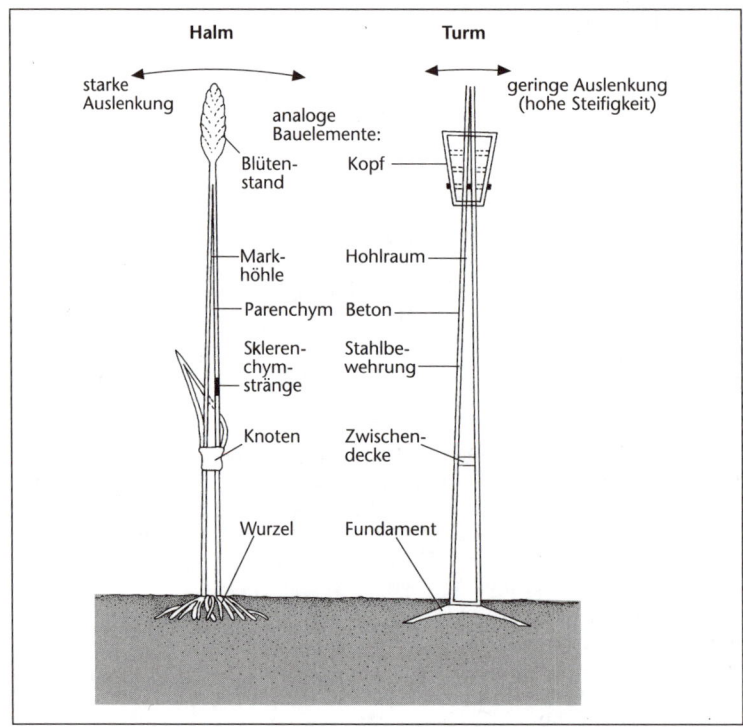

Abb. 6.9: Konstruktionsanalogien zwischen Getreidehalm und Fernsehturm (nach NACHTIGALL).

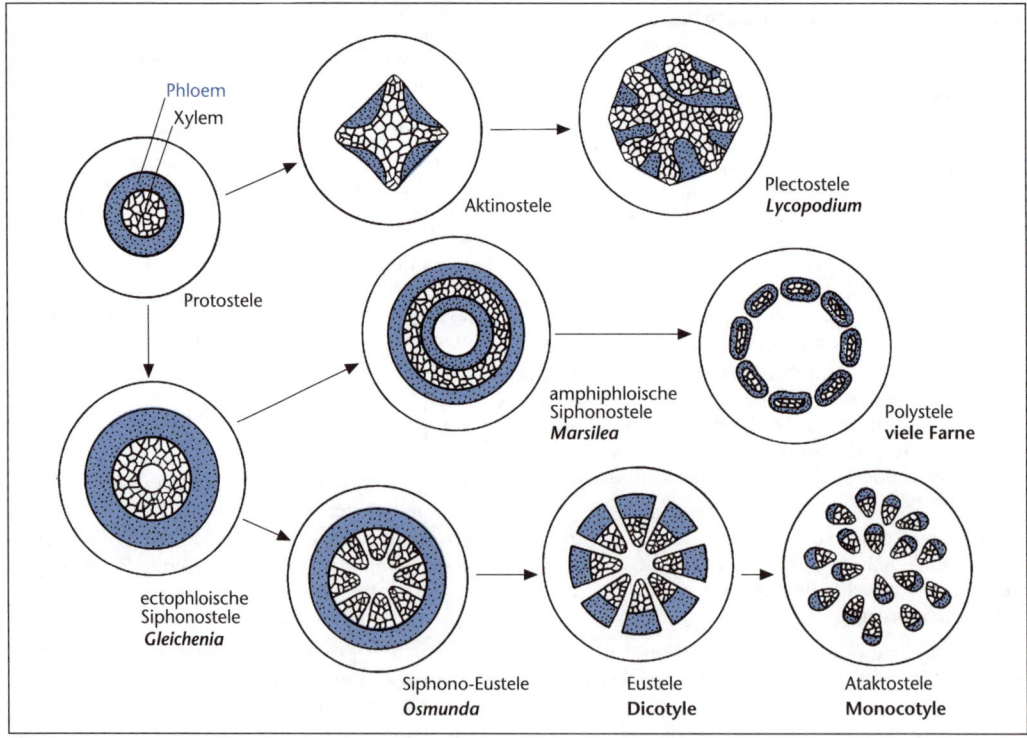

Abb. 6.10: Stelärtheorie (vereinfacht): Phylogenie der primären Stelen (nach ZIMMERMANN).

hauptsächlich durch zwei Grundprozesse hervorgerufen:
- eine Verlagerung der Leitbündel zur Peripherie hin,
- eine Aufteilung der Leitbündel durch Zwischenschaltung von Grundgewebe.

Ein vereinfachtes Modell der Phylogenie der primären Stelen (also ohne Berücksichtigung sekundärer Gewebe) ist in Abb. 6.10 wiedergegeben.

6.2.4 Sekundäre Veränderungen der Sprossachse

6.2.4.1 Sekundäres Dickenwachstum

Es setzt bei den meisten Dicotyledonen und Coniferen schon bald nach Ausdifferenzierung der primären Sprossachse ein. Auch viele krautige Arten zeigen ein (beschränktes) sekundäres Dickenwachstum, nur bei manchen einjährigen Arten fehlt es völlig (z. B. Hahnenfuß *Ranunculus*). Diese besitzen dann wie die Monocotyledonen geschlossene Leitbündel. Bei den typischen Holzpflanzen entsteht erst durch das sekundäre Dickenwachstum das «**Holz**». Der Stamm der Bäume wird durch diesen Vorgang fortlaufend dicker. Bei Palmen hingegen behält der Stamm dieser Schopfbäume immer den gleichen Durchmesser, der durch ausschließlich primäres Dickenwachstum erreicht wird.

Das sekundäre Dickenwachstum geht vom Cambium aus. Dieses muss zunächst in der Sprossachse einen geschlossenen Zylinder bilden. Zwischen Phloem und Xylem befinden sich bei den offenen Leitbündeln noch meristematische Zellen. Dieses faszikuläre Cambium ist ein Urmeristem. Es wird nun ergänzt durch ein interfaszikuläres Cambium im Bereich der Markstrahlen, das durch Teilung von Parenchymzellen als Folgemeristem entsteht (Abb. 6.6b). Das Cambium ist interzellularenfrei und besteht aus prosenchymatischen Zellen (Länge bis zu 3 mm bei der Kiefer *Pinus*). Im interfaszikulären Cambium entstehen kleine, sich querstreckende Markstrahl-Initialen. Die Aktivität des Cambiums wird durch Phytohormone reguliert. Es zeigt eine bipolare Tätigkeit (Abb. 6.11); durch Zellteilung werden neue tangentiale Wände gebildet, und so entstehen regelmäßige Zellreihen. Die nach innen gebildeten Zellen differenzieren sich zu Holzelementen, die nach außen abgegebenen zu Rindengewebe. Sie können sich dabei noch einige Male teilen. Alles, was das Cambium nach innen abgibt, heißt (sekundäres) **Holz** (auch bei fehlender Verholzung von Wänden, wie z. B. beim Rettich), alles, was nach außen abgegeben wird, heißt sekundäre Rinde oder **Bast**. Die Bildung von Holz ist viel stärker als die Bildung von Rinde. Das interfaszikuläre Cambium verlängert die Markstrahlen (Abb. 6.6c). Sie dienen dem horizontalen Transport im dicker werdenden Stamm und zur Speicherung. Die Zellen der Markstrahlen sind teilweise parenchymatisch und teilweise Wasserleitungselemente (Tracheiden). Schreitet das sekundäre Dickenwachstum fort, so rücken die Markstrahlen immer weiter auseinander. Daher werden im Laufe der Zeit sekundäre Markstrahlen eingeschaltet, die nicht bis zum ursprünglichen Mark reichen, sondern im Holz und in der sekundären Rinde enden. Im Holz nennt man sie auch Holzstrahlen, in der sekundären Rinde gelegentlich Rindenstrahlen.

Dem zunehmenden Umfang des Holzteils muss das Cambium selbst auch folgen. Daher werden gelegentlich radiale Wände gebildet; es erfolgt ein Dilatationswachstum.

Nach der Ausbildung des Cambiumzylinders und seiner Zellproduktion unterscheidet man drei Typen des sekundären Dickenwachstums.

- *Aristolochia*-Typus: Die Leitbündel sind im primären Spross durch breite Markstrahlen getrennt. Das darin gebildete interfaszikuläre Cambium liefert Markstrahlparenchym, die Markstrahlen bleiben also sehr breit und der Stamm dadurch sehr elastisch und biegefest, zumal der Sklerenchymring der primären Rinde gesprengt wird (Abb. 6.6). Beispiele: *Aristolochia durior*, Weinrebe *Vitis* und einige andere Lianen; viele krautige Arten mit beschränktem sekundärem Dickenwachstum.
- *Ricinus*-Typus: Das interfaszikuläre Cambium wird früh angelegt und bildet vorwiegend Leitelemente aus, so dass die Leitbündel größer und die Markstrahlen schmäler werden. So entsteht schließlich ein geschlossener Zylinder von Leitungsgewebe, der nur durch schmale Markstrahlen durchbrochen wird. Beispiele: *Ricinus*, Holunder *Sambucus*.
- *Tilia*-Typus: Der weitgehend geschlossene Procambiumzylinder wird in einen ebensolchen Cambiumzylinder überführt, so dass von Anfang an nur schmale Markstrahlen vorhanden sind. Beispiele: die Mehrzahl unserer Laubbäume.

6.2.4.2 Bau des Holzes

Das (sekundäre) Holz muss bei Bäumen die Wasserleitung in die große Blattmasse sowie die für große Kronen erforderliche Festigung ge-

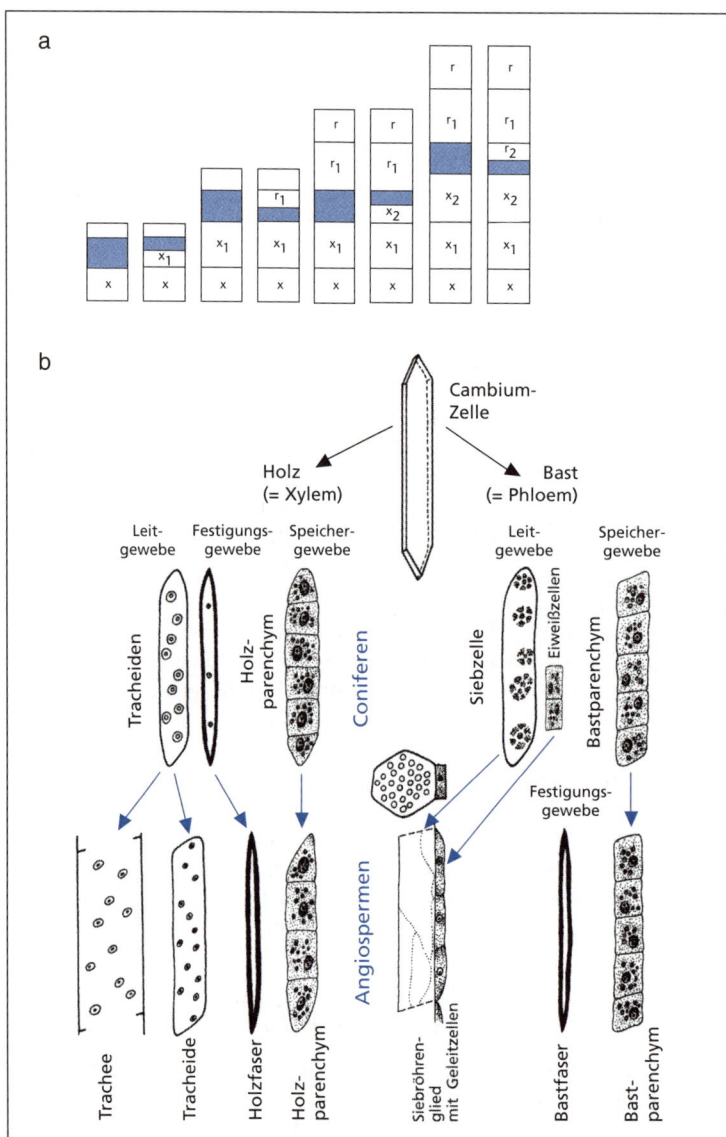

Abb. 6.11: Sekundäres Dickenwachstum der Sprossachse. **a:** Schema der Teilungsfolge einer Cambiumzelle, im Querschnitt. Der Pfeil gibt die Richtung zur Peripherie der Sprossachse an. x = junge Holzzellen, r = junge Bastzellen. Die Cambiumzellen rücken infolge des Zellwachstums der Holzzellen immer weiter zur Peripherie hin (aus STRASBURGER). **b:** Differenzierung der Zellen bei Nadelhölzern (Coniferen), oben, und Laubhölzern (Angiospermen), unten. Die blauen Pfeile zeigen an, welche Zelltypen einander funktionell entsprechen (aus STOCKER, verändert).

währleisten. Es ist Hydrosystem und Festigungssystem. Während der Vegetationsruhe dient es auch der Assimilatspeicherung. Bei den stammesgeschichtlich älteren Coniferen ist es einfacher gebaut als bei den Dicotyledonen.

A. Coniferen-Holz

Aufbau: Tracheen und Holzfasern fehlen; die Wasserleitung und die Festigung erfolgt durch Tracheiden, die oft noch regelmäßige Reihen, entsprechend der Bildung aus dem Cambium, zeigen und keine Interzellularen aufweisen (Abb. 6.12). Vor allem ihre radialen Wände besitzen große Hoftüpfel. Das Holzparenchym ist bei der Kiefer *Pinus* auf die Umgebung der Harzkanäle beschränkt; bei der Eibe *Taxus* fehlt es völlig. Die Holzstrahlen sind sehr schmal: bei der Kiefer werden sie von nur einer Zellreihe gebildet. Die oberste und die unterste Zelle sind in der Regel Tracheiden, die mittelständigen sind stärkeführende Parenchymzellen mit kleinen Interzellularen. Die Quertracheiden erleichtern den Wassertransport in radialer Richtung.

Tab. 6-1: Maximale Druckbelastungsfähigkeit von Hölzern als Maß für ihre Härte

	Belastungsfähigkeit	Beispiele
Sehr harte Hölzer	> 100 MPa	Buchs, Hartriegel, Liguster
Harte Hölzer	65 – 100 MPa	Eibe, Eiche, Buche
Mittelharte Hölzer	50 – 65 MPa	Platane, Ulme
Weiche Hölzer	35 – 50 MPa	Erle, Birke, Kiefer
Sehr weiche Hölzer	< 35 MPa	Weide, Pappel, Linde

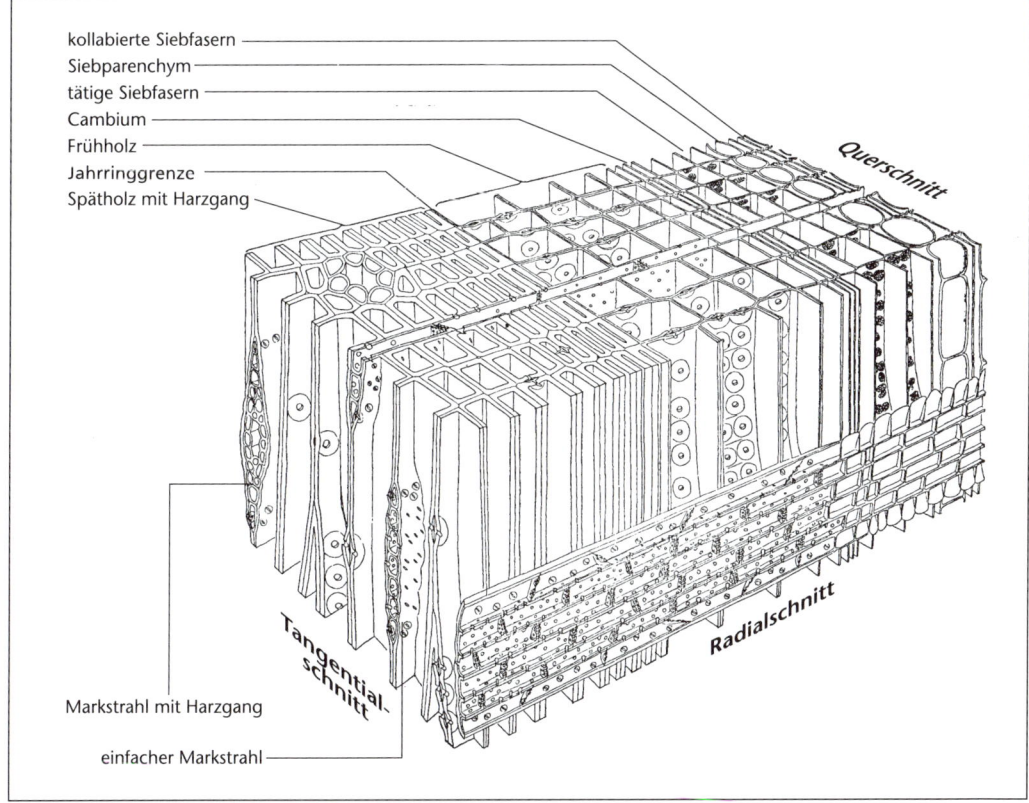

Abb. 6.12: Nadelholz. Ausschnitt aus dem Holzkörper der Kiefer an der Grenze zur Rinde in dreidimensionaler Darstellung. Hoftüpfel der Tracheiden und Siebplatten der Siebzellen auf den radialen Wänden. Im Radialschnitt unten ein längsgeschnittener Markstrahl, der sich in der Rinde in einen Rindenstrahl fortsetzt. Im Markstrahl: Tracheiden und Markstrahlparenchym (nach MÄGDEFRAU, aus STRASBURGER).

Jahrringe: Schon mit bloßem Auge erkennt man auf dem Querschnitt eines Stammes die Jahrringe (Abb. 6.14). Sie sind hervorgerufen durch die jahresrhythmische Tätigkeit des Cambiums, die in Mitteleuropa durch den Jahreszeitenwechsel geregelt wird. In jedem Ring sind die im Frühjahr zuerst gebildeten Tracheiden weitlumiger und dünnwandig (Frühholz, dient vorwiegend der Wasserleitung), die später gebildeten aber englumig und dickerwandig (Spätholz, dient vorwiegend der Festigung). Im Verlauf des Monats August endet die Neubildung von Holz. Der Übergang vom Früh- zum Spätholz ist fließend; dagegen besteht eine scharfe Grenze zu den weitlumigen Tracheiden des folgenden Frühjahrs (Jahrringgrenze).

Bei der Herstellung von Brettern werden Tangentialschnitte durch den Stamm geführt, welche eine Streifung des Holzes zeigen (Maserung). Sie ist bedingt durch die nach oben enger werdenden kegelförmig angeordneten Jahresringe; die weitlumigen Anteile sind jeweils heller als die englumigen.

B. Dicotylen-Holz

Aufbau: Neben den Tracheiden treten als Leitungselemente Tracheen auf. Beide verlaufen über größere Strecken hinweg nicht senkrecht (Abb. 6.7c). Holzfasern (= Libriformfasern) und Holzparenchym sind in wechselndem Anteil am Aufbau beteiligt (Abb. 6.13); eine Trennung von Hydrosystem und Festigungssystem hat eingesetzt. Relativ dünnwandige Holzfasern, die lange Zeit lebend bleiben, heißen Ersatzfasern. Die vorwiegend aus Holzparenchym bestehenden Markstrahlen sind verschieden breit: z. B. bei Eichen *Quercus* bis zu 30 Zellreihen, so dass sie auch mit bloßem Auge gut sichtbar sind. Die Markstrahlen erreichen im Dicotylen-Holz durchschnittlich 17% des Volumens, bei Coniferen hingegen nur ca. 8%. Anteil und Wanddicke der Holzfasern sind von großer Bedeutung für die Bildung von Weich- und Hartholz. Ein typisches Weichholz besitzt die Linde *Tilia*; es wird daher als Schnitzholz verwendet. Ein extrem leichtes Weichholz ist das Balsaholz von *Ochroma lagopus* (Bombacacee aus Südamerika). Harthölzer besitzen z. B. Eiche, Ulme und Buche (aber auch einige Nadelbäume, z. B. Eibe und Hemlock-Tanne).

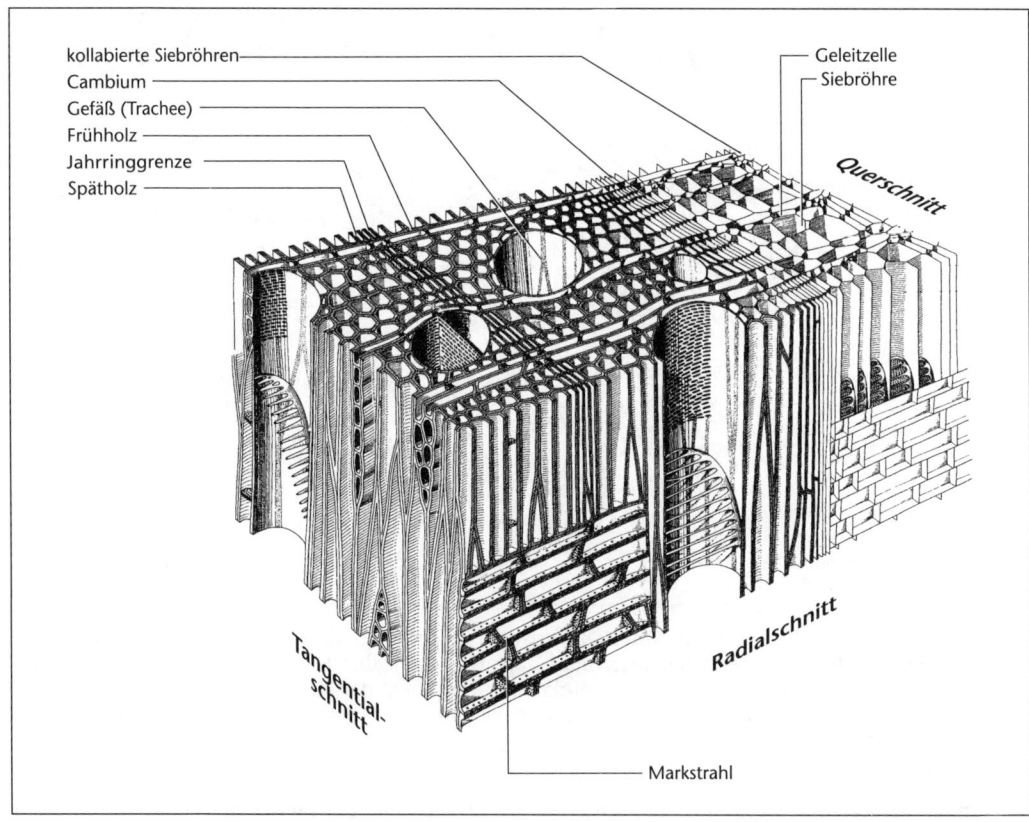

Abb. 6.13: Laubholz. Ausschnitt aus dem Holzkörper der Birke an der Grenze zur Rinde in dreidimensionaler Darstellung. Großlumige Tracheen im Holzkörper; Siebfelder der Siebröhren im Radialschnitt erkennbar. Im Radialschnitt unten ein längsgeschnittener Markstrahl, der sich in der Rinde in den Rindenstrahl fortsetzt (nach MÄGDEFRAU).

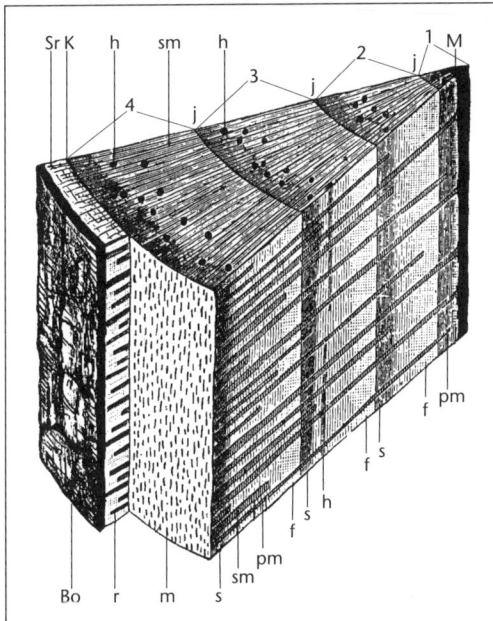

Abb. 6.14: Jahrringe im Kiefernholz. Stück eines 4-jährigen Kiefernzweiges. K = Cambium, Sr = sekundäre Ringe (Bast), Bo = Borke, M = Mark, j = Jahrringgrenze, f = Frühholz, s = Spätholz, pm = primäre Markstrahlen, sm = Holzstrahlen im radialen Längsschnitt, m = Holzstrahlen im tangentialen Längsschnitt, r = Rindenstrahlen, h = Harzkanäle (nach STRASBURGER).

Andere produzieren nur im Frühholz große Tracheen, die aber besonders weitlumig sind: dies führt zu ringporigen Hölzern (Eiche, Esche, Robinie, Ulme). Ringporige Hölzer treten vorwiegend bei Arten des gemäßigten Klimas auf. Sie haben in der Regel eine höhere Wasserleitungsgeschwindigkeit; jedoch sind nur die letzten 1 bis 3 Jahrringe leitend. Bei den zerstreutporigen Hölzern und beim Coniferenholz sind hingegen oft über 10 Jahrringe funktionsfähig. Bei Verletzungen oder Parasitenbefall sind daher ringporige Hölzer gefährdeter als zerstreutporige.

Splint- und Kernholz: Die leitenden Jahrringe (Leitholz) besitzen lebendes Holzparenchym und lebende Ersatzfasern; man bezeichnet sie als das Splintholz. Beim Ausfall der Wasserleitung durch die Gefäße werden diese bei vielen Arten durch Thyllen verschlossen oder durch Einlagerung von Gummen (Polysaccharide) oder Harzen verstopft. Thyllen entstehen durch das Einwachsen benachbarter Holzparenchymzellen in das Lumen der Gefäße (Abb. 6.16). Eine Thyllenbildung kann auch pathogen auftreten und zum Tod der Pflanze durch Wassermangel führen. Manche «Welkekrankheiten» sind dadurch verursacht. Nach der Thyllenbildung hat das Splintholz nur noch Speicherungsfunktion.

Der tote Holzanteil, das reife Holz, dient ausschließlich der Festigung. Die Tracheen, Tracheiden und Holzfasern sind hier alle lufterfüllt.

Jahrringe: Die Bildung der Jahrringe erfolgt bei Dicotylen-Hölzern in gleicher Weise wie bei den Coniferen. Die Verteilung der weitlumigen Tracheen im Jahrring ist unterschiedlich (Abb. 6.15). Manche Arten bilden während der ganzen Wachstumsperiode weite Gefäße: es entstehen zerstreutporige Hölzer (Linde, Pappel, Buche).

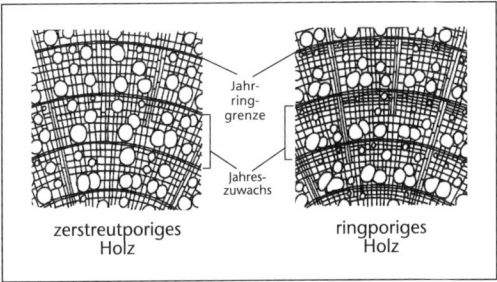

Abb. 6.15: Schematischer Querschnitt durch zerstreutporiges und durch ringporiges Holz (nach BRAUNE-LEMAN-TAUBERT).

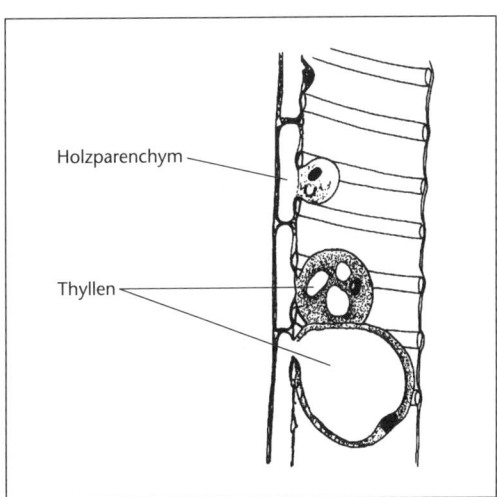

Abb. 6.16: Thyllenbildung. Längsschnitt durch eine Trachee und angrenzende Holzparenchymzellen aus dem Holz der Robinie *Robinia pseudoacacia* (aus STRASBURGER).

In den Zellwänden erfolgt vor dem Absterben der letzten Holzparenchymzellen, besonders der Markstrahlen, eine Abscheidung von anorganischen Stoffen, Farbstoffen und insbesondere von Gerbstoffen, die in der Wand zu dunkelgefärbten Polymeren (vor allem von Flavonoiden) kondensieren. Diese erhöhen die Widerstandsfähigkeit des so entstehenden Kernholzes. Manche Kernhölzer werden ihrer charakteristischen Farbe wegen als wertvolle Furnierhölzer verwendet (Ebenholz, Mahagoni, Palisander, Teak). Eine Verkernung erfolgt nicht bei allen Hölzern. (Splintholzbäume). Durch Verletzung und Parasitenbefall können aber auch hier pathologische Holzverfärbungen eintreten. Manche nicht verkernenden Stämme werden im Alter leicht von parasitischen Pilzen befallen, so dass sie ausfaulen und hohl werden (Ölbaum, Weiden). Auch hohle Bäume erbringen noch eine gute Trageleistung: das periphere Drittel eines Stammes zeigt 70% der mechanischen Leistung des massiven Stammes.

Bei Bäumen nimmt mit zunehmender Größe die Biegesteifigkeit zu. Junge Achsen biegen sich leicht; mit der Holzbildung steigt der Biegeelastizitätsmodul bis auf das Sechsfache. Die Druckfestigkeit von Holz ist geringer als die Zugfestigkeit; zum Ausgleich werden beim sekundären Dickenwachstum die äußeren Gewebe zugvorgespannt. Bei sturmgeknickten Stämmen sind die Primärschäden in der Regel durch Druckversagen verursacht.

C. Dendrochronologie

Die Jahrringe erlauben die Feststellung des Alters eines Baumes. So wurde z. B. nachgewiesen, dass die kalifornischen Mammutbäume *Sequoiadendron giganteum* bis über 3500 Jahre alt werden. Der jährliche Zuwachs und damit die Breite der Jahrringe hängt von den Umweltfaktoren ab (Licht-, Temperatur-, Niederschlagsverhältnisse). Daher kann man als Bauholz verwendete Stämme aufgrund des charakteristischen Musters enger und weiter Jahrringe durch Vergleich mit alten Baumstämmen recht genau datieren. Von den so datierten Bauhölzern ausgehend lassen sich auch noch ältere Hölzer einordnen. Mit Hilfe dieser Dendrochronologie erreicht man in Mitteleuropa eine Datierung über fast 8000 Jahre zurück (mit Eichen).

In Trockengebieten ist zumeist die Wasserversorgung der begrenzende Faktor des Zuwachses, daher lassen sich hier anhand der Jahrringe Aussagen über die jährliche Wasserversorgung machen. In entsprechender Weise lässt sich im Hochgebirge nahe der Baumgrenze etwas über die Temperaturverhältnisse ablesen (Dendroklimatologie, Dendroökologie).

D. Reaktionsholz

Mechanische Beanspruchung im Ausbiegebereich waagrecht wachsender Äste verursacht die Bildung von Reaktionsholz (vgl. 15.4.2). Coniferen bilden auf der Unterseite Druckholz aus, Laubbäume auf der Oberseite Zugholz mit dickwandigen Fasern.

6.2.4.3 Bau der sekundären Rinde

Als sekundäre Rinde oder Bast bezeichnet man alle Gewebe, die vom Cambium nach außen gebildet werden. Als Leitungsbahnen für Assimilate sind es bei Gymnospermen die Siebzellen, bei den Angiospermen (mit sekundärem Dickenwachstum) Siebröhren mit Geleitzellen. Ferner werden gebildet: Sieb- oder Bastparenchym, das zugleich der Speicherung dient, sowie Sklerenchym- oder Bastfasern, die zumeist in Strängen auftreten (Hartbast). Hinzu kommt das Markstrahlparenchym (Rindenstrahlparenchym), das über die Holzstrahlen die Verbindung zum Holzparenchym vermittelt. Die Rindenstrahlen sind breiter als die Holzstrahlen und zeigen ein deutliches Dilatationswachstum (Abb. 6.17a). Häufig findet man in der sekundären Rinde fernerhin Milchröhren, Kristallzellen, Schleimzellen und -gänge sowie Harzkanäle. Wegen der etherische Öle enthaltenden Ölbehälter werden Rinden von Zimt (*Cinnamonum*)-Arten als Gewürz genutzt; die sekundäre Rinde des Faulbaumes *Frangula alnus* wirkt durch den Gehalt an Anthrachinon-Glykosiden abführend. Rinden von *Cinchona* liefern das Alkaloid Chinin. Bastfaser-Bündel aus Weiden- und Lindenzweigen wurden früher als Bindematerial genutzt.

Die sekundäre Rinde zeigt in der Regel keine Jahrringe. Die Bildung der Siebröhren erfolgt allerdings periodisch, gesteuert durch eine innere Rhythmik. Dabei entstehen oft mehrmals in einer Vegetationsperiode neue Siebelemente, die jeweils durch Gruppen von Bastfasern voneinander getrennt sind. Die Siebelemente sind zumeist nur über eine Vegetationsperiode, selten auch 2 bis 3 Vegetationsperioden lang funktionsfähig (bei Coniferen z.T. 2 Jahre lang). Bei vielen Palmen, die ja keine sekundäre Rinde bilden, bleiben sie über lange Jahre hinweg tätig, ebenso bei einigen wenigen ökologischen Spezialisten unter den Dicotylen (z. B. *Atriplex halimus*). Funktionsunfähige Siebröhren werden zunächst durch Kallose verschlossen und gehen dann zugrunde. Benachbartes Bastparenchym dient als Speichergewebe und wird vermehrt, um das infolge des Dickenwachstums größere Volumen zu erfüllen.

6.2.4.4 Sekundäre und tertiäre Abschlussgewebe

Periderm: Durch das sekundäre Dickenwachstum werden alle Gewebe außerhalb des Cambiums gedehnt. Daher erfolgt zunächst ein tangentiales oder Dilatationswachstum durch Zellteilungen. Dieses ist aber in der primären Rinde und der Epidermis in der Regel sehr beschränkt. Vor dem Absterben der zu stark gedehnten Epidermis muss somit ein neues, sekundäres Abschlussgewebe gebildet werden. In einigen Ausnahmefällen zeigt die Epidermis ein jahrelanges Dilatationswachstum (Ahorn, Rosen, Kakteen). Die Sprossachsen bleiben dann grün. Normalerweise setzt aber schon im Verlauf der ersten Vegetationsperiode mit dem Beginn des sekundären Dickenwachstums auch die Peridermbildung ein (Abb. 6.17). Als sekundärer Abschluss entstehen Korkzellen (Phellem) durch die Tätigkeit des Phellogens (Korkcambiums, vgl. 5.2.2.8). Meist entsteht das Phellogen unter der Epidermis (subepidermal), seltener durch Teilung der Epidermiszellen selbst (epidermal, z. B. beim Apfel- und Birnbaum) oder auch aus einer tieferen Rindenschicht (z. B. Johannisbeere *Ribes*). Durch die Peridermbildung färben sich die vorher grünen Achsen allmählich braun oder grau. Die Gewebe außerhalb der Korkzellen werden von der Stoff- und Wasserzufuhr abgeschnitten und sterben daher ab.

Lenticellen: Da die primäre Rinde assimilierendes Gewebe enthält, muss der Gasaustausch nach Verlust der Epidermis mit den Spaltöffnungen sichergestellt werden. Als Ersatz entstehen die Lenticellen oder Korkwarzen: Bezirke des Phellems mit zahlreichen kleinen Interzellularen, die gaswegsam sind, aber flüssiges Wasser nicht von außen eindringen lassen (Abb. 6.17b). Die Lenticellen entstehen oft schon vor der allgemeinen Phellembildung. Ihr Aufbau ist bei verschiedenen Arten etwas unterschiedlich.

Borke: Nach einiger Zeit stellt das Korkcambium seine Tätigkeit ein und geht völlig in Korkzellen über. Gleichzeitig wird tiefer in der Rinde ein neues Phellogen (Folgephellogen) angelegt, das einige Zeit Korkzellen liefert und dann seine Tätigkeit ebenfalls einstellt. Es folgt ein drittes Korkcambium usw. (Abb. 6.17 c). Dadurch liegt das tätige Korkcambium schließlich in dem mittlerweile im Verlauf einiger Jahre entstandenen Gewebe der sekundären Rinde. Die ganze primäre Rinde ist dann tot und geht verloren. Ältere Stämme besitzen daher zumeist nur noch sekundäres Rindengewebe. Die Ge-

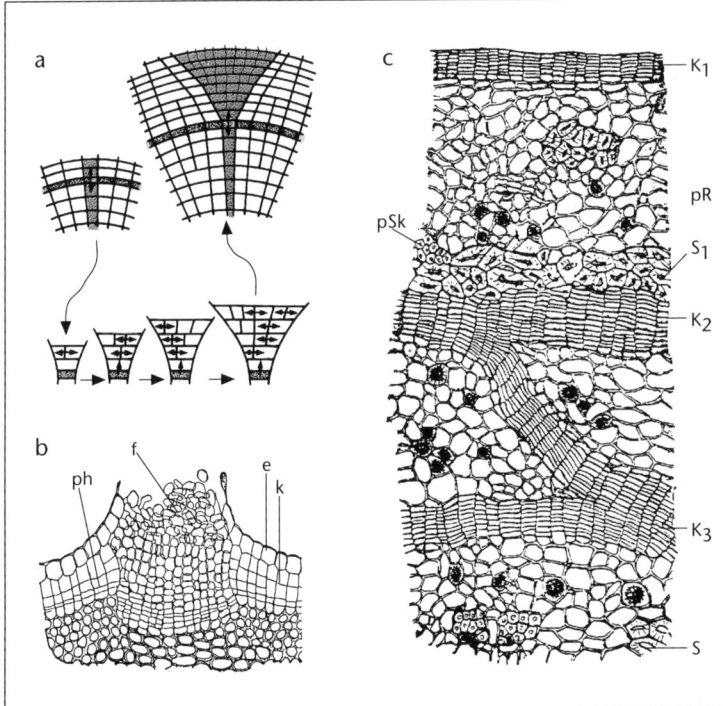

Abb. 6.17: Periderm und Borkebildung. **a:** Dilatationswachstum der Rinde (nach BRAUNE-LEMAN-TAUBERT); **b:** Querschnitt durch eine Lenticelle des Holunders *Sambucus nigra* (nach STRASBURGER). ph = Phellogen (Korkcambium), f = lockere Füllzellen, e = Epidermis, k = Korkzellen (Phellem). **c:** Querschnitt durch die Borke der Traubeneiche *Quercus petraea*. Nacheinander sind mehrere Korkschichten entstanden. Im Parenchym verstreut kristallführende Zellen (Calciumoxalat). Alle Gewebe außerhalb der innersten Korkschicht K_3 sind abgestorben. K_1, K_2, K_3 = aufeinanderfolgende Korkschichten, pR = primäre Rinde, pSk = primäres Sklerenchym, S und S_1 = Steinzellen in den Bereichen der sekundären Rinde.

samtheit der toten und absterbenden Gewebe außerhalb des gerade tätigen Korkcambiums nennt man die Borke. Sie wird auch als «tertiäres Abschlussgewebe» bezeichnet. Infolge des weiteren Dickenwachstums reißt die Borke immer wieder auf und blättert außen ab. Ältere Teile der jeweiligen Rinde werden durch die Borkebildung abgestoßen. Bei den heute lebenden Holzpflanzen bleibt die Rinde daher dünn; der Hauptanteil des Stammquerschnitts entfällt auf den Holzanteil. Bei den waldbildenden Bäumen der Bärlappverwandtschaft (Lycopodiophytina: Siegelbaum *Sigillaria*, Schuppenbaum *Lepidodendron*) in der Karbonzeit war dies nicht so; sie besaßen eine mächtige Rinde, vor allem Periderm, und nur einen geringen Holzanteil («Rindenbäume»).

Bei einigen Baumarten bleibt das erste Korkcambium über viele Jahre tätig (bei Apfel- und Birnbaum bis zu 20 Jahre, bei der Birke manchmal noch länger), so dass die Borkebildung verzögert eintritt. Bei der Weißbuche *Carpinus*, Rotbuche *Fagus* und der Korkeiche *Quercus suber* bleibt ein Korkcambium lebenslang tätig; hier entsteht also keine typische Borke. Bei den Buchen schülfern die Phellemzellen fortlaufend ab, bei der Korkeiche bilden sie kompakte Korkmassen. Infolge des Fehlens von Borke kommt es bei der Rotbuche bei starker Sonnenbestrahlung des Stammes im Sommer leicht zur Überhitzung des Cambiums und so zur Schädigung des Baumes. Man findet daher Rotbuchen meist im Bestand, sie sind dann dieser Gefahr weniger ausgesetzt. Bei der Birke verhindert die Reflexion durch die weiße Borke eine zu starke Erwärmung.

Die **Korkeiche** des westlichen Mittelmeergebietes liefert den Handelskork. Die dunklen Flecken darin sind die Lenticellen. Der erste Kork kann nach 10–20 Jahren abgeschält werden; er ist von geringem Wert (männlicher Kork oder Jungfernkork). Nun bildet sich unmittelbar unter dem vorhandenen, durch das Schälen freigelegten Korkcambium ein neues aus, und innerhalb von etwa 10 Jahren entsteht wieder eine dicke Korkschicht. Nach Abschälen dieses Handelskorks («weiblicher» Kork) entsteht unmittelbar unter dem vorhandenen Korkcambium ein drittes usw.

Bei der Borkenbildung werden ähnlich wie bei der Kernholzbildung vor dem Absterben der Zellen vielfach aus Aromaten Farbstoffe und Gerbstoffe (Phlobaphene) gebildet sowie anorganische Substanzen (Kristalle) eingelagert. Infolge ihres Gerbstoffreichtums wurden viele Borken früher zum Gerben von Häuten verwendet (z. B. Eichen-«Rinde»).

Die Ausbildung der einzelnen Phellogene führt zu Unterschieden in der Beschaffenheit der Borke (Abb. 6.18). Wird das Korkcambium als geschlossener Zylinder um den Stamm herum

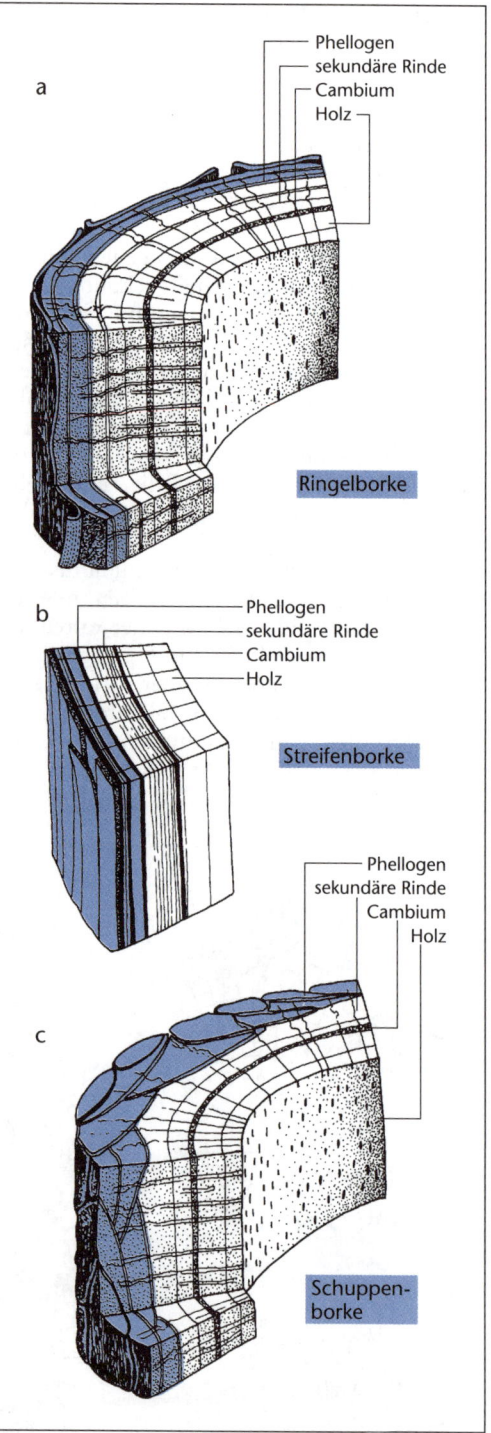

Abb. 6.18: Typen der Borke. **a:** Ringelborke; **b:** Streifenborke; **c:** Schuppenborke. Die primäre Rinde fehlt bereits vollständig (z.T. nach BRAUNE-LEMAN-TAUBERT, verändert).

angelegt, so entsteht Ringelborke (Kirsche, Birke). Sind die Korklagen von längsgerichteten Parenchymstreifen unterbrochen, so wird Streifenborke gebildet (Weinrebe *Vitis*, Waldrebe *Clematis*). Besonders häufig werden neue Phellogene bogenförmig zwischen bereits bestehenden angelegt, so dass schuppenförmige Bereiche entstehen. Diese Schuppenborke findet man z.B. bei Eiche, Kiefer und in Form flacher Platten bei der Platane.

6.2.4.5 Abweichende Formen sekundären Dickenwachstums

Baumförmige Monocotyle besitzen in der Regel kein sekundäres Dickenwachstum (z.B. Palmen). Einige stammbildende Gattungen (*Aloe, Cordyline, Dracaena, Yucca*) bilden jedoch in der inneren Rinde ein Folgemeristem (Cambiumzylinder), das nach innen allmählich verholzendes Grundparenchym und ganze sekundäre Leitbündel liefert und nach außen nur wenig sekundäres Rindenparenchym produziert (Abb. 6.19a). Eine ähnliche Form anomalen Dickenwachstums liegt auch bei *Cycas* vor.

Unter den Dicotyledonen findet man abweichendes Dickenwachstum vor allem bei Lianen (Abb. 6.19b), aber auch bei einigen anderen ökologischen Spezialisten sowie Sippen, die, ausgehend von krautigen Formen, sekundär erneut Bäume hervorgebracht haben (z.B. verschiedene Caryophyllales). Bei Lianen bildet das Cambium oft keine Zylinder, so dass die Holzkörper zerklüftet sind. In anderen Fällen werden akzessorische Cambien in der Rinde angelegt; sekundäres Phloem und Xylem sind dann durchmischt. Die Steifigkeit der Achsen nimmt dadurch mit zunehmendem Alter ab, so dass eine für Lianen wichtige hohe Biegeflexibilität resultiert. Auch bei normalem Dickenwachstum kann durch abweichenden Holzbau und Fragmentierung peripherer Festigungsgewebe ein ähnlicher Effekt erreicht werden (z.B. bei *Aristolochia, Clematis*).

6.2.4.6 Wundheilung

Werden jüngere Sprossgewebe verletzt, so teilen sich die ungeschädigten Nachbarzellen und bilden einen Abschluss durch undifferenzierte Zellen, den **Wundkallus**. Im Kallusgewebe entsteht dann ein Korkcambium und in der Folge ein Abschluss durch Kork.

Größere Verletzungen bei Holzpflanzen werden überwallt, wie man an den Wunden abgesägter Äste bei Obstbäumen beobachten kann. Dabei bildet das an die Wunde angrenzende Cambium zunächst Kallus aus, der außen verkorkt und mit Hilfe des wuchernden Cambiums allmählich über den freigelegten Holzkörper hinweg wächst. Bei manchen Arten entstehen bei Verletzung vom Cambium aus auch Parenchymzellen, die Polysaccharid-Gummen (vgl. 11.1.3) bilden, welche kleinere Wunden völlig verschließen können (Kirsche, Pflaume, *Acacia*-Arten).

6.2.5 Morphologie der Sprossachse

6.2.5.1 Längenwachstum der Sprossachse

Das Längenwachstum der Sprossachse erfolgt durch Streckung der Zellen in den Internodien. Die einzelnen Internodien erreichen dabei oft unterschiedliche Länge. Häufig sind die zuerst gebildeten Internodien kurz, die folgenden nehmen an Länge zu und werden zum Vegetationskegel hin wieder kürzer. Man nennt dies eine mesotone Förderung des Längenwachstums oder kurze **Mesotonie**. Ist das Längenwachstum der obersten Internodien am stärksten, so handelt es sich um **Akrotonie** (z.B. Blütenspross des Pfeifengrases *Molinia*), sind die basalen Internodien am längsten, so liegt **Basitonie** vor (vielfach bei Ausläufersprossen, z.B. der Erdbeere). Normalerweise wächst die Hauptachse einer Pflanze aufrecht (orthotrop), manchmal aber auch am oder im Boden horizontal (plagiotrop).

Lang- und Kurztriebe: Bei Holzpflanzen entstehen Lang- und Kurztriebe durch unterschiedliches Längenwachstum. Die Langtriebe zeigen Internodienstreckung; bei den Kurztrieben un-

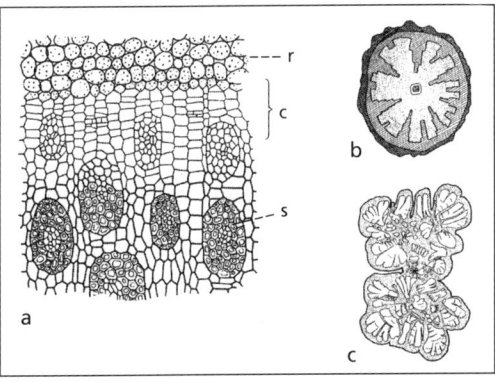

Abb. 6.19: Abweichendes sekundäres Dickenwachstum. **a:** Querschnitt durch den randlichen Bereich des Stammes vom Drachenbaum *Dracaena*. Vom Cambium werden nach innen ganze Leitbündel gebildet (nach HABERLANDT). r = Rindenparenchym, c = Cambium, s = sekundäre Leitbündel. **b** und **c:** Schematische Querschnitte durch Sprossachsen von Lianen mit abweichendem sekundärem Dickenwachstum. **b:** *Bignonia* mit gefurchtem Holzkörper; **c:** *Bauhinia*; älterer Stamm mit aufgelöstem Holzkörper (nach KAUSSMANN-SCHIEWER).

terbleibt diese weitgehend. Meist haben Kurztriebe nur eine begrenzte Lebensdauer; vielfach sind sie auch die Orte der Blütenbildung (z. B. Apfelbaum, Kirsche). Bei der Kiefer sitzen die grünen Nadelblätter an Kurztrieben (Abb. 6.20).

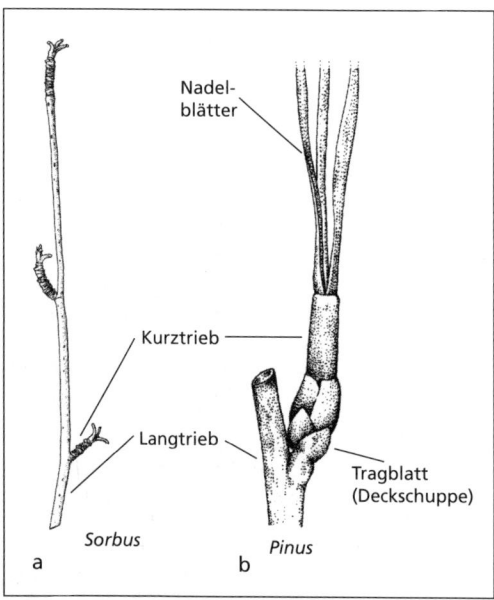

Abb. 6.20: Lang- und Kurztriebe. **a:** bei *Sorbus* (nach Bell); **b:** bei einer Kiefer (nach Troll, verändert).

Rosetten: Unterbleibt die Streckung der ersten Internodien völlig, so entstehen Blattrosetten. Die Halbrosettenpflanzen bilden nach anfänglicher Bildung einer Blattrosette (grundständige Blätter) gestreckte Internodien mit Stengelblättern aus (z. B. Hirtentäschelkraut *Capsella* und viele andere Kreuzblütler, Hauswurz *Sempervivum*). Bei den Ganzrosettenpflanzen haben alle Laubblätter an der Rosette teil, und erst bei der Blütenbildung entsteht ein gestrecktes Internodium (z. B. Löwenzahn *Taraxacum*, Wegerich *Plantago*). Rosetten, deren Blätter als Knospen geschlossen bleiben, sind die Kohlköpfe und der Chicorée *Cichorium intybus*. Wächst bei ausdauernden Ganzrosettenpflanzen die rosettentragende Hauptachse allmählich empor, so entstehen hochstämmige Rosetten, wie sie einige Crassulaceen (z. B. *Aeonium*-Arten) und die Grasbäume *Xanthorrhoea* besitzen. Auch die Palmen können hierzu gezählt werden.

6.2.5.2 Symmetrie und Dickenwachstum der Sprossachse

Normalerweise sind Sprossachsen radiär gebaut und somit polysymmetrisch (man kann viele Symmetrieebenen hindurchlegen). Bei plagiotrop wachsenden Sprossachsen (z. B. Ästen von Bäumen) entsteht gelegentlich ein dorsiventraler Bau; man kann dann Ober- und Unterseite unterscheiden. Oberseitige Förderung des Wachstums nennt man Epitonie, unterseitige heißt Hypotonie.

Bezogen auf das Längenwachstum der Achse kann deren Dickenwachstum stark oder sehr gering sein. Schlanke primäre Sprossachsen nennt man leptokaul. Sie können bei gleichem Energieaufwand der Pflanze rascher wachsen als dicke Achsen und sind wegen des geringeren Energiebedarfs je Längeneinheit auch leichter zu ersetzen. Plumpe primäre Achsen bezeichnet man als pachykaul. Ihre massiven Konstruktionen sind stabil, aber energieaufwendig. Häufig tragen sie große Blätter. Vermutlich ist dies der ursprünglichere Bautyp, der schon bei Baumfarnen und Cycadeen vorkommt.

6.2.5.3 Blattstellung (Phyllotaxis)

Die Blätter entstehen als Seitenorgane der Sprossachse in regelmäßiger Abfolge. Man unterscheidet zwei Grundtypen ihrer Anordnung (Abb. 6.21):

- wirtelige Blattstellungen: mehrere Blätter an einem Knoten. Sie haben stets gleichen Abstand voneinander (Äquidistanz);
- wechselständige Blattstellungen: ein Blatt an einem Knoten.

Bei **wirteliger Blattstellung** gibt es vielzählige Wirtel (z. B. Tannenwedel *Hippuris*), dreizählige Wirtel (Wasserpest *Elodea*, Oleander *Nerium oleander*), besonders häufig aber sind zweizählige Wirtel, bei denen die Blätter der aufeinanderfolgenden Knoten jeweils auf Lücke (alternierend) stehen. Bei dieser dekussiert-gegenständigen Blattanordnung sind die in der Längsrichtung der Achse sich ergebenden geraden Blattzeilen (Orthostichen) besonders gut zu erkennen. Beispiele: Lippenblütler Lamiaceae, Flieder *Syringa* und andere Oleaceen, Brennnessel *Urtica*.

Bei **wechselständiger Blattstellung** hängt die Zahl der Orthostichen von den Winkeln ab, den zwei aufeinanderfolgende Blätter miteinander bilden (Divergenzwinkel). Sind die Blätter in zwei Längszeilen angeordnet, so beträgt der Divergenzwinkel 180°. Bei dieser zweizeiligen

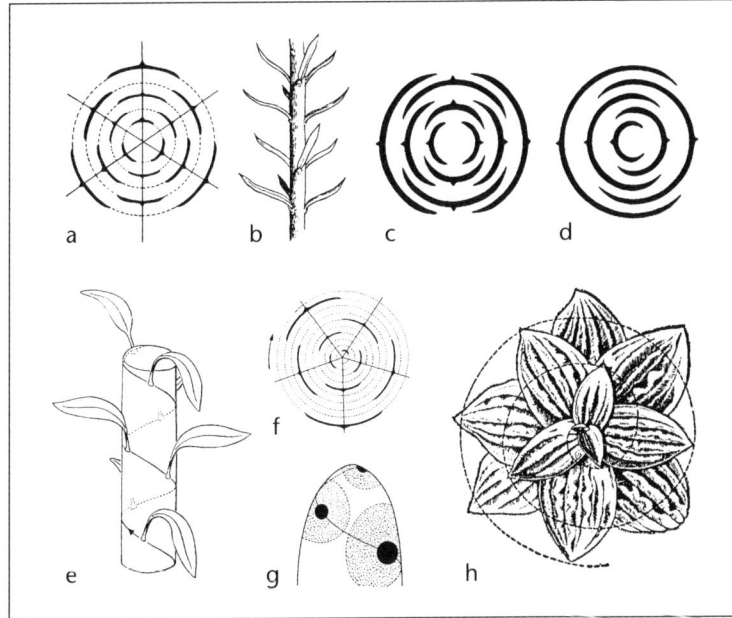

Abb. 6.21: Blattstellung. a: dreizähliger Wirtel, Diagramm; b: dreizähliger Wirtel: Nadelstellung beim Wacholder; c: dekussiert-gegenständige Anordnung, Diagramm; d: wechselständige Anordnung: Distichie, Diagramm; e: Schema der schraubigen Anordnung am Beispiel der $^2/_5$-Stellung; f: Diagramm der $^2/_5$-Stellung; g: Ansicht des Vegetationskegels, schematisch. Schwarz: Blattanlagen, punktiert: Hemmfelder in deren Umgebung; h: Blattrosette des Wegerichs Plantago media: $^3/_8$-Stellung.

Blattstellung oder Distichie trifft man jeweils nach ½ Umgang um die Achse wieder auf ein Blatt. Daher spricht man auch von ½-Stellung. Distichie ist bei Monocotyledonen verbreitet (*Clivia, Gasteria, Ravenala*, Schwertlilie *Iris*), kommt aber auch bei Dicotyledonen vor (Zweige der Buche *Fagus*, Osterluzei *Aristolochia clematitis*). Bei manchen zweizeilig beblätterten Monocotyledonen kommt es durch schraubigen Ablauf des Wachstums am Vegetationskegel zu einer Drehung der Blattanlagen gegeneinander, so dass zwei gewundene Blattzeilen entstehen (Spirodistichie, z.B. Drachenbaum *Dracaena*, Schrauben«palme» *Pandanus*).

Schraubige Blattstellungen zeigen häufig eine größere Zahl von Blattzeilen. Man kennzeichnet sie durch die Divergenzangabe als Bruch oder als Winkel. Dazu stellt man fest, wie viele Umläufe um die Sprossachse erforderlich sind, um zu einem Blatt derselben Orthostiche (also genau über dem Ausgangsblatt) zu gelangen und wie viele Blätter dabei berührt werden. Die erste Zahl bildet den Zähler, die zweite den Nenner des Divergenzbruches.

Die am häufigsten beobachteten Divergenzen lassen sich in der «Hauptreihe» (die der Zahlenfolge der Fibonacci-Reihe in der Mathematik entspricht) anordnen: Auf die ½-Stellung folgen:

$^1/_3$ (Divergenzwinkel 120°): Tristichie, z.B. viele Cyperaceen

$^2/_5$ (Divergenzwinkel 144°): Pentastichie, z.B. Birke *Betula*, Tabak *Nicotiana*

$^3/_8$ (Divergenzwinkel 135°): z.B. Kohl *Brassica*, Wegerich *Plantago*, Zapfen der Douglasie *Pseudotsuga*

$^5/_{13}$ (Divergenzwinkel 138° 27′): z.B. Königskerze *Verbascum*, Zapfen von *Pinus strobus*

$^8/_{21}$ z.B.: Zapfen von *Pinus sylvestris* und *Picea abies*

Die Winkelwerte nähern sich dabei dem Grenzwert von 137½°. Bei der schraubigen Anordnung sind Rechts- und Linksschrauben gleich häufig. Offenbar ist es dem Zufall überlassen, mit welcher Schraube begonnen wird. Diese muss dann aber aus räumlichen Gründen beibehalten werden.

Die höheren Divergenzen werden nur selten genau eingehalten; sie sind idealisiert. Ihre Ausbildung hängt vom Umfang des Vegetationskegels und der Größe der Blattanlagen ab. Daher kann sich auch bei einer Pflanze an verschiedenen Pflanzenteilen oder im Verlauf des Wachstums die Blattstellung ändern; z.B. bei *Bryophyllum tubiflorum* häufig von wechselständig nach wirtelig. Eine Änderung erfolgt in der Regel bei der Bildung der Blüten, deren Blattorgane fast stets wirtelig angeordnet sind.

Die Blattstellung kann also nicht genetisch völlig fixiert sein. Von den sich entwickelnden Blattanlagen geht eine Hemmwirkung (Sperreffekt, vgl. 14.1.3.3) aus. Da die Blattanlage sich verbreitert, kann eine seitliche Verschiebung der ungehemmten Bereiche zustande kommen (Abb. 6.21g). Nimmt man an, dass die Ausbildung der Blattanlagen durch einen Hemmstoff (Inhibitor) und einen Aktivator bestimmt wird, die in charakteristischer Weise zusammenwirken, so kann man durch Variation der Parameter im Modell viele verschiedene Blattstellungsmuster erzeugen. Alle Muster lassen sich aus einer hexagonal dichten Anordnung der Blattanlagen auf dem Vegetationskegel herleiten. Vom Verhältnis der Durchmesser von Blattanlage und Vegetationskegel in Höhe der Blattanlage hängt es ab, wie viele Blätter je Umgang entstehen können.

6.2.5.4 Verzweigung der Sprossachse

Bei der Mehrzahl der Farnpflanzen und allen Blütenpflanzen erfolgt die Verzweigung durch Bildung von Seitenzweigen aus Knospen, die jeweils in der Achsel von Tragblättern (Deckblättern) angelegt werden. Daher ist die Blattstellung auch für die Verzweigung von Bedeutung. (Dies zeigen die bei den Blattstellungen erwähnten Coniferen-Zapfen; bei ihren Schuppenkomplexen handelt es sich jeweils um Seitensprosse). Bei den Bärlappgewächsen ist die Verzweigung von den Blättern unabhängig und erfolgt dichotom.

Korrelationen, Adventivsprosse: Normalerweise treiben nur wenige der angelegten Seitensprosse auch tatsächlich aus und liefern Seitensprosse (Äste, Zweige). Es besteht eine Korrelation, die als Apikaldominanz bezeichnet wird: die jeweilige Terminalknospe mit dem wachsenden Vegetationskegel verhindert (über Phytohormone, vgl. 14.3.1.9) das Austreiben der benachbarten Seitenknospen. Extrem ist dies bei der Sonnenblume, bei der gar keine Seitenknospe austreibt.

Durch Pilzbefall kann die geordnete Korrelation so gestört werden, dass nahezu alle Knospen austreiben und ein wirres Haufwerk von Zweigen zustandekommt, das man als *Hexenbesen* bezeichnet. Eine Verwundung der Pflanze kann ebenfalls die Entwicklung zusätzlicher Sprosse anregen. Von einer solchen Bildung von Adventivsprossen macht der Gärtner vielfach Gebrauch. Bei vielen Gräsern (auch Getreide) werden zunächst basal zahlreiche Seitensprosse gebildet (Bestockung). Später erfolgt kaum mehr eine Verzweigung (Ausnahmen: verschiedene Bambusgräser, Spanisches Rohr *Arundo*, deren Achsen verholzen).

Ruheknospen: Ausdauernde Pflanzen mit jahreszeitlicher Ruhephase wachsen periodisch (Prolepsis) und bilden Ruheknospen für Blätter bzw. Kurztriebe. Bei unseren Bäumen entstehen diese im Jahr zuvor, wobei die ersten Blättchen des angelegten Seitensprosses (Vorblätter) als Knospenschutz dienen können. Bei Arten ohne äußerlich festgelegte Ruhephase (z. B. Holzpflanzen der feuchten Tropen) verläuft das Wachstum ziemlich kontinuierlich (Syllepsis). Jahreszeitliche Ruheknospen gibt es nicht. Auch bei diesen Arten treiben aber nur wenige der angelegten Knospen tatsächlich aus. Daher besitzen Bäume insbesondere an ihren Stämmen und den unteren Teilen der Äste über viele Jahrzehnte ruhende Knospen, die nach einer Verletzung oder Schädigung des Baumes austreiben können. Bei manchen Arten bedingen sie eine hohe Feuerresistenz (z. B. *Eucalyptus*). Ruhende Knospen können auch blühende Kurztriebe hervorbringen; so kommt es zur Cauliflorie (z. B. Kakao *Theobroma cacao*, Judasbaum *Cercis siliquastrum*).

Adventivknospen können an Sprossachsen nach Verletzungen entstehen. Auch in Kallusgeweben werden so Sprossvegetationspunkte angelegt.

Verzweigungstypen: Bei Samenpflanzen unterscheidet man zwei Grundtypen der seitlichen Verzweigung (Abb. 6.22).

- Monopodiale Verzweigung: die jeweilige Hauptachse ist im Wachstum gegenüber den Seitenzweigen gefördert; sie bildet die einheitliche Achse des Verzweigungssystems. Beispiele: Fichte *Picea*, Esche *Fraxinus*, Ahorn *Acer*.
- Sympodiale Verzweigung: die jeweilige Hauptachse stellt nach Anlage der Seitentriebe früher oder später ihr Wachstum ein. Die Achse wird durch Seitentriebe fortgesetzt. Wenn nur ein Seitentrieb stark heranwächst, entsteht eine scheinbar einheitliche Hauptachse: monochasialer Aufbau (Hasel *Corylus*,

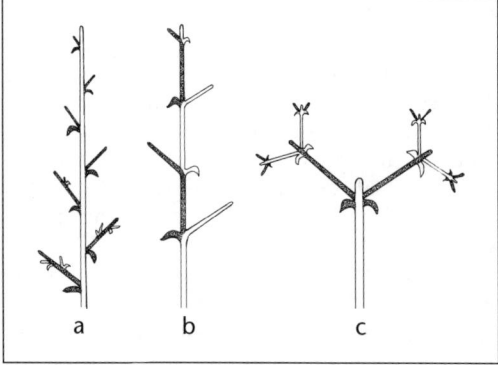

Abb. 6.22: Schema der Verzweigungstypen. **a:** monopodiale Verzweigung; **b:** sympodial-monochasiale Verzweigung; **c:** sympodial-dichasiale Verzweigung (in Anlehnung an Troll und Nultsch).

Linde *Tilia*, Weinrebe *Vitis*). Setzen zwei Seitentriebe das Wachstum fort, so entsteht ein *Dichasium* (Flieder *Syringa*, Mistel *Viscum*). Sind es mehr als zwei Seitentriebe, die heranwachsen, so spricht man von *Pleiochasium* (z. B. verschiedene Apocynaceen).

Wuchsformen: Durch eine unterschiedliche Förderung der Verzweigung entstehen verschiedene Wuchsformen:

- Bäume zeigen eine akrotone Förderung der Verzweigung; der Stamm ist also basal unverzweigt und bildet dann eine vielfach verzweigte Krone.
- Sträucher zeigen eine basitone Förderung der Verzweigung; das Wachstum der jeweiligen Hauptachse ist nicht bevorzugt.
Bei manchen Holzpflanzen erfolgt eine Bildung weiterer Sprossachsen aus dem Wurzelsystem durch Wurzelsprosse. Bei Zwergsträuchern können auf diesem Weg große Polster entstehen.
- Kräuter: Ihre Wuchsformen zeigen große Mannigfaltigkeit; eine Verholzung unterbleibt weitgehend. Mehrjährige Formen mit (vorwiegend unterirdischen) ausdauernden Teilen werden vielfach als Stauden bezeichnet.

Architekturmodelle: Aufgrund der Verzweigungstypen, der Zahl der heranwachsenden Achsen, des Wachstumsablaufs (rhythmisch oder kontinuierlich) und der Stellung der Blüten bzw. Blütenstände werden zur Klassifizierung der Gestalten von Holzpflanzen sogenannte «Architekturmodelle» unterschieden. Eine vollständige Kenntnis der insgesamt 23 beschriebenen (und jeweils nach einem Autor benannten) Modelle kann man nur in den Tropen erhalten; in Mitteleuropa kommen nicht alle vor. Die einfachsten Modelle sind jene mit unverzweigten Achsen (z. B. *Carica papaya*). Technischen «Baumstützen» entspricht am ehesten das Leeuwenberg-Modell mit gabeliger Verzweigung der Achsen (z. B. Essigbaum *Rhus typhina*, Drachenbaum *Dracaena draco*). Da Pflanzen aus gleichartigen Einheiten (Modulen) aufgebaut sind (vgl. 1.4), ermöglichen es die Architekturmodelle, im Rechner exakte Bilder entsprechender Pflanzenarten herzustellen (Biomodellierung).

6.3 Blatt

Das Blatt ist eines der Grundorgane des Kormus und Seitenorgan der Sprossachse. Es ist das Haupternährungsorgan der Pflanze; hier findet die photosynthetische Assimilation von Kohlendioxid hauptsächlich statt. Um als Photosyntheseorgan das Licht optimal zu nutzen, sind Blätter flächig ausgebildet. Dem Gasaustausch dienen die zahlreichen regulierbaren Spaltöffnungen. Durch diese erfolgt eine kontrollierte Abgabe von Wasserdampf; das Blatt ist also das wichtigste Transpirationsorgan der Pflanze. Die Transpiration stellt den Wasser- und den Ionentransport sicher.

6.3.1 Phylogenie des Blattes

Nach der Telomtheorie (vgl. 4.4.2) entstehen Blätter in der Regel durch Planation und Verwachsung von Telomenden. Dies geschah im Devon in einer Zeit starker Abnahme des CO_2-Gehaltes der Atmosphäre. Flache Blätter konnten CO_2 effektiver aufnehmen als runde Telome und waren daher vorteilhaft. Aus den Telomenden entstanden gelappte oder fächerförmige Blätter, die von mehreren Leitbündeln versorgt werden (z. B. *Ginkgo*, Venushaarfarn *Adiantum capillus-veneris*). Sie heißen Makrophylle. Ein Blatt kann aber auch durch Planation eines einzelnen übergipfelten Telomendes entstehen; es enthält dann ein oder gar kein Leitbündel und wird als Mikrophyll bezeichnet. Mikrophylle sind zumeist klein und schuppenförmig: so bei den heutigen Schachtelhalmen (Equisetopsida). Bei den Bärlappartigen (Lycopodiophytina) sind – nach den Fossilresten zu urteilen – die Mikrophylle wahrscheinlich aus Emergenzen hervorgegangen. Bei den fossilen Schuppenbäumen des Karbons wurden diese Mikrophylle bis über 1 m lang. Echte Farne und alle Blütenpflanzen besitzen Makrophylle. Auch die Nadelblätter der Coniferen sind durch besondere Anpassung reduzierte Makrophylle. Phylogenetische Beziehungen des Kormophyten-Blattes zu blattartigen Organen bei Algen bestehen nicht. Der blattartige Bau ist für ein lichtnutzendes Organ optimal und hat sich bei verschiedenen Algengruppen (Rotalgen; Braunalgen; Grünalgen) und bei den Moosen jeweils getrennt entwickelt. Die Blättchen (Phylloide oder Phyllidien) der Laubmoose bestehen oft aus nur zwei Zellschichten.

6.3.2 Ontogenie des Blattes

6.3.2.1 Blattanlagen

Die Blattanlagen oder **Blattprimordien** entstehen in akropetaler Folge als höckerartige Erhebungen am Vegetationskegel. Parallel zur Sprossentwicklung wachsen die Blatthöcker heran. Bei Farnen geht die Bildung von meist zweischneidigen Scheitelzellen, bei Blütenpflanzen von einer Gruppe von Initialzellen aus. Diese gehören zur Tunica des Vegetationskegels; bei vielen Gräsern entstammen sie ausschließlich dem Protoderm. Wie man die Entwicklung der Sprossachse verfolgen kann, wenn man vom Vegetationskegel aus nach unten fortschreitet, so gilt dies auch für die Ontogenese des Blattes. Die Initialzellen teilen sich lebhaft. Jene, die aus dem Protoderm der Achse herstammen (marginale Initialen) liefern bei der späteren Differenzierung die Epidermis; die im Inneren des Höckers gelegenen submarginalen Initialen bilden das Mesophyll. Infolge des starken Flächen- und geringen Dickenwachstums flacht der Blatthöcker früh ab; das Blatt erhält mehr und mehr den charakteristischen dorsiventralen Bau. Anfangs ist das Wachstum der Blattunterseite stärker, so dass die jungen Blattanlagen den Sprossvegetationskegel knospenartig einhüllen. Die Entwicklungsdauer eines Blattes einer krautigen Pflanze beträgt in der Regel 2–4 Wochen (Abb. 6.23).

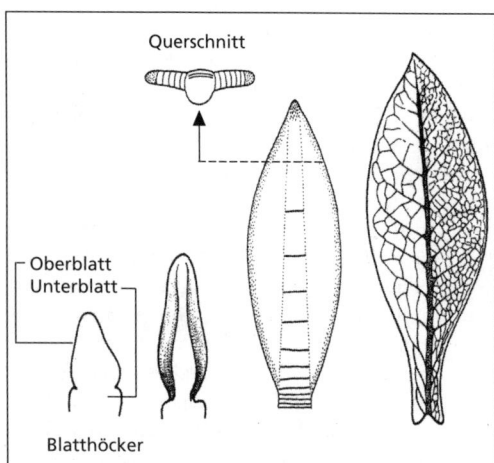

Abb. 6.23: Ontogenie des Laubblattes einer dicotylen Pflanze (Tabak *Nicotiana tabacum*; nach Bell, verändert).

Bei den Dicotylen gliedert sich die Blattanlage früh in einen basalen Teil (Unterblatt-Anlage) und einen apikalen Bereich (Oberblatt-Anlage). Das Unterblatt liefert bei der Differenzierung den Blattgrund und die Nebenblätter (Stipeln) sowie die Blattscheide. Das Oberblatt bildet die Blattspreite (Lamina) und den Blattstiel (Petiolus). Monocotylen-Blätter besitzen häufig keinen Blattstiel; es sind sitzende Blätter (ebenso bei Nadelbäumen). Hingegen ist oft eine Blattscheide ausgebildet (Abb. 6.24). Ineinandergeschachtelte Blattscheiden können bei großen Stauden einen Scheinstamm bilden (z. B. Banane *Musa*).

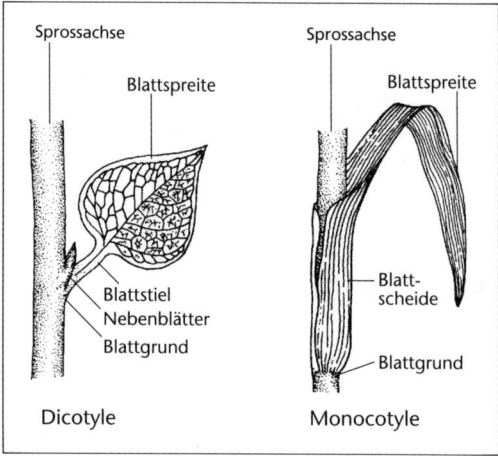

Abb. 6.24: Aufbau des Laubblattes und Anordnung der Leitbündel im Blatt bei Dicotylen und Monocotylen, schematisch.

6.3.2.2 Blattwachstum

Das Wachstum in den drei Raumrichtungen ist sehr verschieden; das Dickenwachstum bleibt früh zurück und beschränkt sich dann auf den Bereich der größeren Leitbündel (Blattadern oder Blattnerven, die dadurch zu Rippen werden) und den Blattstiel.

Das **Längenwachstum** eilt voraus. Es erfolgt zunächst an der Spitze der Blattanlage und an der Grenze von Ober- zu Unterblatt (interkalare Wachstumszone). Blätter, deren Längenwachstum bevorzugt an der Spitze erfolgt, heißen akroplast (Farne; *Ginkgo*). Bei vielen Monocotylen entstehen durch starkes Spitzenwachstum sogenannte Vorläuferspitzen (*Sansevieria*, Tulpe). Bei den meisten Angiospermen endet das Spitzenwachstum früh; sie wachsen dann an der Basis und bevorzugt interkalar (basiplaste Blätter). Die interkalare Wachstumszone teilt sich häufig im Verlauf des Wachstums auf, so dass sowohl an der Basis des Oberblattes als auch im Bereich des Unterblattes und bei gestielten Blättern ferner im Stiel je eine Wachstumszone vorhanden sein kann. Bei *Welwitschia mirabilis* bleibt die interkalare Wachstumszone an der Blattbasis dauernd tätig; die beiden Blätter wachsen daher lebenslang (nachweislich über 1000 Jahre) weiter und sterben von der Spitze her ab (Abb. 6.25).

Abb. 6.25: *Welwitschia mirabilis*, jüngere Pflanze. Die beiden Blätter sterben an der Spitze ab und wachsen in der Basis. Namib-Wüste östlich Swakopmund (Foto KULL).

Das **Breitenwachstum** des Blattes erfolgt im Randbereich und in der Fläche. Bei Farnen und vielen Gräsern geht es von epidermalen Randzellen aus, die eine Scheitelkante bilden. Bei den meisten Blütenpflanzen liegen lebhaft sich teilende Zellen unter dem Protoderm, das sich zur Epidermis differenziert. In diesem subepidermalen Randmeristem (Lateralmeristem) können die Teilungsraten ungleichmäßig sein, dadurch entstehen sehr verschieden gestaltete Blattränder (gezähnt, gebuchtet usw.). Unterbleibt das Randwachstum an einigen Stellen durch Aufteilung des Randmeristems völlig, so entsteht ein Blatt, das aus mehreren Teilblättchen aufgebaut ist (z. B. ein gefiedertes Blatt, dessen Mittelrippe als Spindel oder **Rhachis** bezeichnet wird). Die Fläche wächst durch die Tätigkeit von Plattenmeristemen (vgl. Abb. 6.23); dabei wandert bei Dicotylen das Maximum des Teilungswachstums von der Spitze zur Basis des Blattes. Längen- und Breitenwachstum beeinflussen auch die Leitbündelanordnung im Blatt (Blattnervatur). Dicotyle besitzen zumeist netz- oder fiedernervige Blätter. Ist das Flächenwachstum aber weitgehend auf den Mittelrippen-Bereich zwischen den Leitbündeln beschränkt, so entstehen parallelnervige Blätter wie z. B. bei Wegerich (*Plantago*)-Arten. Bei den meisten Monocotylen entstehen parallelnervige Blätter bedingt durch die andere Lage der interkalaren Wachstumszone im Blattgrund (Ausnahmen z. B. Dioscoreaceae, Araceae; sie besitzen netznervige Blätter).

Bei den Kormophyten besitzen phylogenetisch ältere Blätter eine am Ende offene Nervatur (Farne, *Ginkgo*, Nadelblätter z. T.). Bei der Nervatur der meisten Angiospermen sind die Leitbündelenden nahe dem Blattrand miteinander verbunden. Das dadurch gebildete Maschenwerk erlaubt auch bei Verletzung des Blattes die Versorgung aller funktionsfähigen Gewebe. Die kleinsten Adern enden bei Dicotylen stets blind. Bei den parallelnervigen Monocotylen sind dagegen oft die Längsadern durch kleine Queradern zu einem völlig geschlossenen System verbunden.

Das **Dickenwachstum** des Blattes ist auf den Blattstiel und im Bereich der Spreite auf die größeren Leitbündel («Blattrippen») beschränkt. Es erfolgt durch ein Ventralmeristem, das sich auf der Oberseite des Organs unter der Epidermis befindet. (Bei Pflanzen bezeichnet man die zur Sprossachse hin orientierte Seite als adaxiale oder Ventralseite, die nach außen hin orientierte als abaxiale oder Dorsalseite). Junge Blätter sind während der Entfaltung manchmal noch schlaff, da die Bildung des Festigungsgewebes nachhinkt.

6.3.3 Anatomie des Blattes

6.3.3.1 Blattspreite (Lamina)

Die Blattspreite ist anatomisch am stärksten differenziert, daher beschränkt sich die Besprechung der Anatomie weitgehend auf diese. Ein Blattquerschnitt zeigt stets Epidermis und Mesophyll (Abb. 6.26). Im Mesophyll liegen die Leitbündel, die im ausgewachsenen Blatt fast stets ohne Cambium, also geschlossen sind. Entsprechend dem Ausbiegen der Spurstränge aus der Sprossachse ist das Xylem adaxial, das Phloem abaxial angeordnet. Die Leitbündel sind

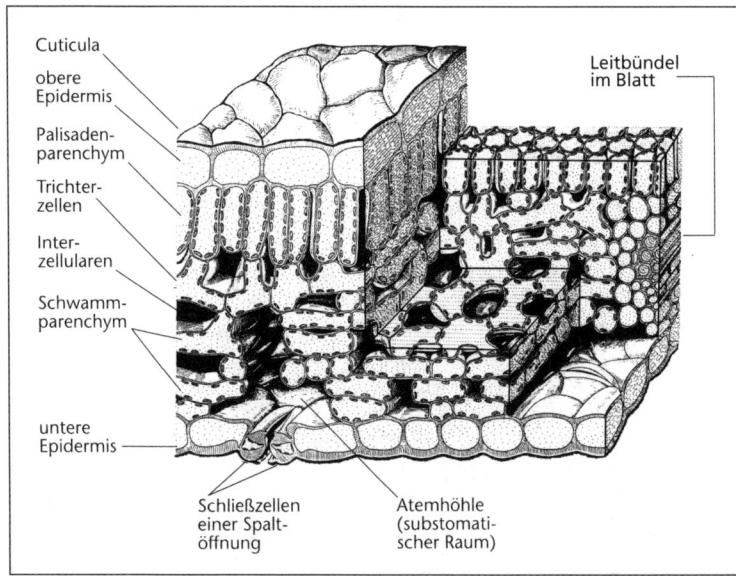

Abb. 6.26: Aufbau des Blattes der Christrose *Helleborus niger* in dreidimensionaler Darstellung. Interzellularen dunkel. Vorne in der unteren Epidermis eine Spaltöffnung. Obere Cuticula z. T. entfernt; rechts ist ein Leitbündel angeschnitten (Xylem oben, Phloem unten) (nach MÄGDEFRAU, verändert).

zur Aussteifung zumeist von einer Sklerenchymkappe oder -scheide und außerdem von einer großzelligen interzellularenfreien Parenchymscheide (Leitbündelscheide) umgeben. Daher reicht das Interzellularensystem des Blattes nie unmittelbar an das Leitbündel heran. Die Leitbündel verzweigen sich im Blatt fortlaufend und werden dabei kleiner und im Bau einfacher. Einzelne Tracheiden und Siebröhren mit Geleitzellen enden bei Dicotylen im Mesophyll blind, aber stets umgeben von ihrer Parenchymscheide. Keine Mesophyllzelle ist mehr als 7 Zellen von einem Leitbündel entfernt. Die Gesamtlänge der Leitbündel eines Buchenblattes beträgt etwa 30 m. Sind Sklerenchymkappen der Leitbündel ober- und unterseits direkt mit der Epidermis verbunden («Erweiterte Bündel»), so verbessert dies die mechanische Stabilität.

A. Epidermis

Die Zellen der Blatt-Epidermis sind in der Regel chloroplastenfrei. Dies gilt nicht für die Schließzellen der Stomata und die Epidermen vieler Wasser- und einiger Schattenpflanzen. Die nach außen den Epidermiszellen aufgelagerte Cuticula zeigt oft Falten und trägt vielfach eine Wachsschicht. Die Epidermis kann auch Haare ausbilden (vgl. 5.2.2.3). Selten verholzen die Epidermiszellen (z. B. Kiefern *Pinus*). Meist sind die Epidermiszellen ineinander verzahnt, aber bei Gräsern und vielen anderen Monocotylen in linearen Reihen angeordnet, wobei Lang- und Kurzzellen ein charakteristisches Muster bilden (Abb. 6.27).

Die **Stomata** liegen entweder nur auf der Blattunterseite (hypostomatisch, häufigster Fall, z. B. Apfel, Buche, Ölbaum) oder nur auf der Blattoberseite (epistomatisch; bei Schwimmblättern von Wasserpflanzen, z. B. *Nymphaea*; aber auch bei einigen Gräsern trockener Standorte, die ihre Blätter längs einrollen können), oder es treten beidseitig Spaltöffnungen auf (amphistomatisch; z. B. Mais, Erbse, Kartoffel). Stomata fehlen an untergetauchten Wasserblättern und sind

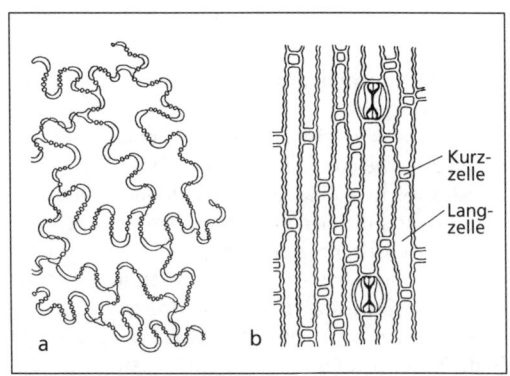

Abb. 6.27: Blattepidermis **a**: von *Helleborus* (Zellen verzahnt, Tüpfel in den ungleichmäßig verdickten Wänden); **b**: eines Grases (*Elymus*) mit Lang- und Kurzzellen sowie Spaltöffnungen des Gramineen-Typs (nach ULLRICH-ARNOLD u. ROTHERT).

oft zurückgebildet und funktionsunfähig bei chlorophyllfreien Pflanzen (z. B. Vogelnestorchidee *Neottia*, Fichtenspargel *Monotropa*). Die Cuticula der Epidermis setzt sich durch die Spaltöffnung hindurch als eine dünne Cutinschicht bis in die Interzellulare hinter der Öffnung (die Atemhöhle) fort. Die Zahl der Stomata in der Blatt-Epidermis schwankt zwischen 20 und über 1000 je mm^2. Ein mittleres Blatt einer Sonnenblume (*Helianthus annuus*) besitzt oberseits etwa 200/mm^2, unterseits 250/mm^2 und damit insgesamt rund 13 Millionen Stomata. Die Stomatadichte (Zahl der Stomata bezogen auf die Zahl der Epidermiszellen = Stomataindex) hängt vom CO_2-Gehalt der Luft (und der Luftfeuchte) ab; bei Erhöhung des CO_2-Gehaltes nimmt sie bei vielen Arten ab. Die Blatt-Epidermis kann auch mehrschichtig werden (multiple Epidermis); ihre nach innen gerichteten Zellschichten dienen dann meist der Wasserspeicherung und bilden ein epidermales Wassergewebe (z. B. verschiedene *Begonia*-Arten, Gummibaum *Ficus elastica*).

B. Mesophyll

Im anatomischen Aufbau des Mesophylls besteht eine gewisse Variabilität. Die Mehrzahl der Dicotylen besitzt ein **bifaciales Blatt**, in dem man nach der Gestalt der Gewebe zwischen oberseitigem **Palisadenparenchym** und unterseitigem **Schwammparenchym** unterscheidet. Das Palisadenparenchym enthält normalerweise 60–80% der Chloroplasten des Blattes und ist daher das Hauptassimilationsgewebe. Vom Zellvolumen entfallen etwa 8% auf die Chloroplasten, 5% auf Cytoplasma mit Zellkern, 1% auf Mitochondrien und rund 20% auf das Vakuom. Das Schwammparenchym ist sehr reich an Interzellularen; dadurch wird eine große innere Oberfläche erreicht. Die innere Oberfläche eines Blattes ist bis zu hundertmal größer als die äußere Blattfläche. In einem Blatt kann ein einheitliches Interzellularsystem ausgebildet sein (homobares Blatt) oder es können mehrere räumlich getrennte Systeme vorliegen (heterobares Blatt). Heterobare Blätter können bei Wassermangel vorteilhaft sein und kommen daher besonders bei Pflanzenarten vor, die einer Trockenperiode ausgesetzt sind. In manchen Fällen liegen zwischen Palisaden- und Schwammparenchym Zellen, die einen gestaltlichen Übergang bilden. Sie heißen Trichterzellen. Das Dickenverhältnis von Palisaden- zu Schwammparenchym wird als *Mesophyll-Quotient* bezeichnet; dieser ist ein Beispiel für «Gewebe-Quotienten», mit deren Hilfe in der Pflanzenanatomie und Ökophysiologie quantitative Feststellungen möglich sind.

Bei vielen Monocotylen (z. B. Gräsern) und verschiedenen Dicotylen (z. B. Ulme) ist das Palisadenparenchym nur undeutlich ausgebildet oder das Mesophyll besteht einheitlich aus isodiametrischen Zellen von Assimilationsparenchym (Chlorenchym). – Eine innere Oberflächenvergrößerung von Zellen des Palisadenparenchyms kann durch Ausbildung von Armpalisaden erreicht werden (z. B. Holunder *Sambucus*; Kiefer *Pinus*, Abb. 6.30). Die nach innen vorspringenden Wandfalten vergrößern den wandständigen Protoplasten; dadurch kann eine größere Zahl von Chloroplasten darin Platz finden.

Subepidermale Zellschichten des Mesophylls können epidermisartigen Charakter annehmen. Eine solche **Hypodermis** kann die Abschluss- und Festigungsfunktion der Epidermis ergänzen. So wird bei der Kiefernnadel die Hypodermis sklerenchymatisch. Die Hypodermis kann auch als Wassergewebe ausgebildet sein: hypodermales Wassergewebe (z. B. *Rhoeo discolor*). An einem ausdifferenzierten Wassergewebe des Blattes ist nicht mehr zu erkennen, ob es epidermaler oder hypodermaler Herkunft ist. Die Unterscheidung ist nur durch Untersuchung der Ontogenese möglich.

Eine Reduktion des Mesophylls erfolgt bei manchen Wasserpflanzen; bei der Wasserpest *Elodea canadensis* besteht das Blatt außer im Bereich der Rippen nur noch aus zwei Epidermen (sekundäre Analogie zu Moos-Phylloiden).

Neben dem bifacialen Blatt gibt es gelegentlich andere Ausbildungen der Mesophyllanatomie:

- **Invers-bifaciales Blatt:** Das Palisadenparenchym liegt blattunterseits, so z. B. bei Lebensbaum- (*Thuja*-) und Dickblatt-(*Crassula*-)Arten. Beim Bärenlauch *Allium ursinum* entsteht ein invers-bifaciales Blatt durch eine Drehung der jungen Blattanlage um 180°.
- **Äquifaciales Blatt:** Es besitzt beidseitig Palisadenparenchym (Abb. 6.28). Äquifacial sind die sichelförmigen Laubblätter vieler *Eucalyptus*-Arten und die senkrecht stehenden Blätter des Lattich *Lactuca serriola*. Es handelt sich dabei um Pflanzen sonniger Standorte. – Wird im Blattmesophyll ein zentrales Wassergewebe gebildet, so entsteht ein äquifaciales Rundblatt (bei Crassulaceen, Aizoaceen). Eine besondere Form eines äquifacialen Blattes ist die Kiefernnadel.
Die Bezeichnung «bifacial» wird auch als Oberbegriff für alle Blätter benutzt, deren Ober- und Unterseite aus den entsprechend gelegenen Anlagen der Blattprimordien hervorgehen. Den bifacialen Blättern stehen dann die unifacialen gegenüber.
- **Unifaciales Blatt:** Es entsteht durch starkes Wachstum der Unterseite der Blattanlage; die ursprüngliche Blattoberseite wird nicht ausgebildet. Unifaciale Blätter treten vor allem bei Monocotylen auf

(z. B. Schwertlilien *Iris*, Binsen *Juncus*). Ein unifaciales Rundblatt besitzt *Sansevieria cylindrica*. Unifaciale Blätter sind an der Anordnung der Leitbündel zu erkennen (Abb. 6.28).

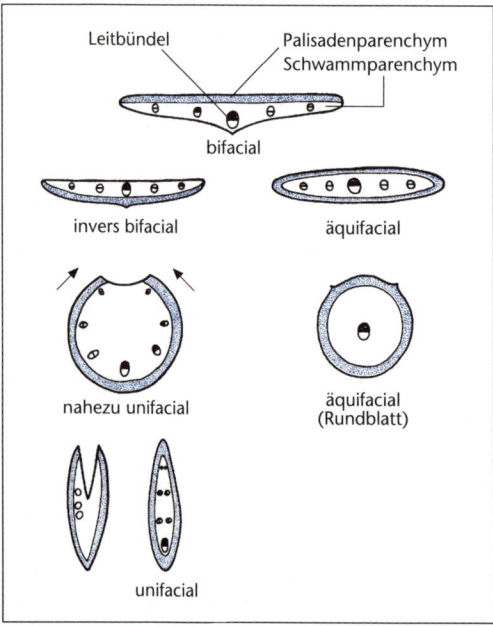

Abb. 6.28: Blattanatomie: schematische Querschnitte durch bifaciale, äquifaciale und unifaciale Blätter (in Anlehnung an Troll und Rauh).

C. Ökologische Anpassungen der Blattanatomie

Der anatomische Aufbau der Blattspreite zeigt Anpassungen an die jeweilige Umwelt der Pflanze bzw. der Umgebung des Blattes. Diese Anpassungen können weitgehend genetisch fixiert sein – so z. B. diejenigen der Coniferen-Nadeln – oder sie sind stark modifikatorisch (durch die Umwelt während der Ontogenese) bestimmt, so die Ausbildung der Sonnen- und Schattenblätter bei vielen einheimischen Laubbäumen (die Festlegung erfolgt bei Anlage der Blätter in der Knospe).

Sonnen- und Schattenblätter: Man findet sie in typischer Ausbildung bei der Rotbuche *Fagus sylvatica*, der Hasel *Corylus avellana*, aber auch bei den mitteleuropäischen Eichen (*Quercus*). Auch verschiedene krautige Arten können Sonnen- und Schattenblätter ausbilden (z. B. Schwalbenwurz *Vincetoxicum hirundinacea*). Die wichtigsten anatomischen Unterschiede sind in der Tab. 6-2 zusammengefasst (vgl. Abb. 6.29).

Xeromorphie und Hygromorphie: Bei Pflanzen trockener und sonniger Standorte ist der xeromorphe (trockenheits-angepasste) Blattbau sehr ausgeprägt: Reichtum an Sklerenchym (daher Hartlaub: Sklerophylle), dickwandige Epidermis mit dicker Cuticula, häufig ein Filz toter Haare und generell eine Tendenz zur Verringerung der Blattfläche. Das Ausmaß der Xeromor-

Tab. 6-2: Sonnen- und Schattenblatt (der Buche, *Fagus sylvatica*), anatomische Unterschiede

	Sonnenblatt (Starklichtblatt)	Schattenblatt (Schwachlichtblatt)
Blattfläche	kleiner	größer
Zahl der Stomata je Fläche	größer	kleiner
Cuticula	dicker	dünner
Palisadenparenchym	mehrschichtig	einschichtig
Mesophyllquotient	größer	kleiner
Interzellularen	kleiner	größer
Chloroplasten	mit weniger und kleineren Grana	mit mehr und größeren Grana
Chlorophyllgehalt je Blattfläche	größer	kleiner
allgemein	Bau mehr xeromorph	Bau mehr hygromorph

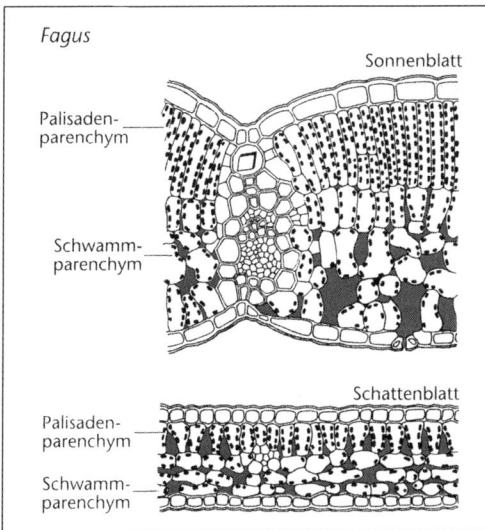

Abb. 6.29: Querschnitte durch ein Sonnenblatt mit «erweitertem Leitbündel» und ein Schattenblatt der Buche *Fagus sylvatica* (nach KNY).

phie ist zwar umweltabhängig, aber der xeromorphe Bauplan der Blätter ist genetisch festgelegt. Blätter von Gräsern und gestaltlich ähnliche lange und schmale Blätter anderer Arten, insbesondere an zeitweise trockenen Standorten, bilden oft besondere Versteifungen aus: Sklerenchymfaserstränge nahe der Blattober- und der Blattunterseite, die durch die Leitbündel zu Doppel-T-Träger-Konstruktionen verkoppelt sind. Die Stabilität wird dadurch beträchtlich erhöht.

Bei den bei Gräsern vorkommenden Faltblättern (z. B. *Festuca ovina*) und Rollblättern (z. B. *Stipa*) befindet sich unter der oberen Epidermis ein Sklerenchym und darunter ein interzellularenarmes Assimilationsparenchym. Die Stomata liegen in der rinnenförmigen bzw. einzurollenden Blattoberseite. Bei den kleinen schuppenförmigen Rollblättern des Heidekrauts *Calluna* liegen die Spaltöffnungen in der hier unterseitig ausgebildeten Rinne. Bei Pflanzen dauernd feuchter Standorte beobachtet man einen ausgeprägt hygromorphen (feuchtigkeits-angepassten) Blattbau: große und sehr zarte Blätter mit großen Interzellularräumen, oft auch umgebildete Stomata, die der Wasserabgabe dienen (Hydathoden). Bei untergetauchten Wasserblättern gibt es vielfach spezielle Emergenzen, durch die eine Wasserausscheidung stattfindet (Hydropoten). Einige Wasserpflanzen, so z. B. das Pfeilkraut *Sagittaria*, bilden Unterwasser-, Schwimm- und Luftblätter aus, die in Abhängigkeit von der Blattumgebung unterschiedliche Anatomie aufweisen.

Die Größe der Blattspreite ist bei den Angiospermen weitgehend optimiert hinsichtlich einer maximalen Effizienz der Wassernutzung. Darunter versteht man die Stoffproduktionsrate bezogen auf die dazu erforderliche Wassermenge. Da die Stoffproduktion von der CO_2-Aufnahme durch die Spaltöffnungen abhängt, diese aber gleichzeitig die Wasserdampfabgabe kontrollieren, besteht ein enger Zusammenhang zwischen Produktion und Transpiration der Pflanze. Große Blattflächen sind bei warmem Klima, sehr guter Wasserversorgung und geringer Lichtintensität bevorzugt. Ferner ist von Einfluss, dass kleine Blätter nach einer Teilbeschädigung leichter zu ersetzen sind als große.

Die als «Kranz-Anatomie» bezeichneten Besonderheiten des Mesophyllbaus werden bei der Photosynthese behandelt (vgl. 10.1.3.1).

Anatomie der Coniferen-Nadel: Die meisten Coniferen besitzen xeromorphe Blätter mit reduzierter Blattspreite, die Nadeln genannt werden. Sie sind gegliedert in den mit der Sprossachse verwachsenen Blattgrund («Blattkissen», bei der Fichte *Picea abies* gut zu erkennen) und der eigentlichen Nadel, die von der Spreite gebildet wird und nach einer unterschiedlichen, art- und umweltabhängigen Lebensdauer abfällt. Die Xeromorphie der Nadel ist besonders ausgeprägt bei den Kiefern (*Pinus*). Einfacher gebaut sind die Nadeln der Fichten (*Picea*) und Tannen (*Abies*); der bifaciale Bauplan ist hier gut zu erkennen. Im Bereich der Mittelrippe mit den zwei parallel verlaufenden, kollateral-offenen Leitbündeln ist auch unterseits Palisadenparenchym entwickelt. Charakteristisch für die Coniferen-Nadeln ist das **Transfusionsgewebe**, das die beiden Leitbündel umhüllt und seinerseits gegen das Mesophyll mit einer Endodermis abschließt (Abb. 6.30). Es besteht vorwiegend aus toten Transfusionstracheiden, die den Wassertransport vom Xylem der Leitbündel zum Mesophyll vermitteln. Dem Assimilattransport vom Mesophyll zum Phloem der Leitbündel dienen Transfusionsparenchymzellen. Sie treten an der Peripherie des Phloems mit großkernigen, plasmareichen Zellen, den Eiweiß- oder Strasburger-Zellen (vgl. 5.2.4.1) in Verbindung. Im Mesophyll liegen Harzkanäle, bei denen eine Sklerenchymscheide die Drüsenzellen umschließt; dadurch tragen sie auch zur Festigung bei. Bei den Nadeln von *Pinus* sind die Epidermiszellen langgestreckt (prosenchymatisch), stark verdickt und verholzt und besitzen eine dicke Cuticula mit Wachsauflagerung. Sie sterben ab, wenn die Nadeln zur endgültigen Größe herangewachsen sind. Die Schließzellen sind dann die

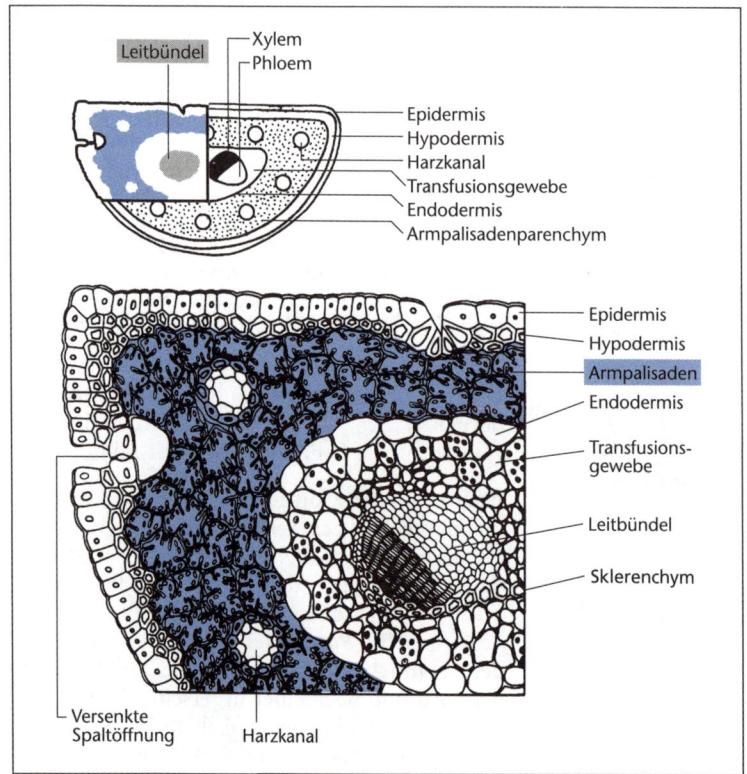

Abb. 6.30: Querschnitt durch das Nadelblatt der Kiefer *Pinus sylvestris*. Übersicht und Ausschnitt (nach KNY).

einzigen lebenden Epidermiszellen. Unter der Epidermis befindet sich eine Hypodermis, die ebenfalls sklerenchymatisch wird. Auch ihre Zellen sterben relativ früh ab. Die Stomata liegen versenkt in Längszeilen angeordnet, so dass mit lebenden Zellen des Mesophylls Verbindung besteht. Die Rinne enthält oft reichlich Wachs. Die Kiefernnadel ist äquifacial gebaut; das allseitige Assimilationsgewebe ist als Armpalisadengewebe ausgebildet. Die nach innen einspringenden Wandfalten bewirken eine zusätzliche Aussteifung. Die Interzellularen sind jeweils in Schichten zwischen den Armpalisaden angeordnet und daher im Nadelquerschnitt nicht zu erkennen.

6.3.3.2 Blattstiel

Der Aufbau des Blattstiels unterscheidet sich von dem der Blattspreite vor allem durch stärkeres Dicken- und viel geringeres Flächenwachstum. Entsprechend seiner Funktion ist der Stiel reich an Festigungsgewebe, das als Kollenchym oder Sklerenchym entwickelt sein kann. Durch den Stiel verlaufen die Leitbündel als **Blattspurstränge** aus der Sprossachse ins Blatt. Häufig sind es drei Leitbündel (ein medianes und zwei seitliche), dazu kommen vielfach aber weitere, sekundär angelegte. Aber auch eine Reduktion auf einen Blattspurstrang kommt vor (z. B. Oleander *Nerium oleander*). Der Blattstiel kann bifacial oder unifacial gebaut sein; auch Übergänge sind bekannt. Ein unifacialer Stiel kann rund sein (z. B. Kapuzinerkresse *Tropaeolum*) oder abgeflacht (z. B. Sumpfdotterblume *Caltha*). Die Länge des Blattstiels hängt von der Tätigkeitsdauer der interkalaren Wachstumszone ab.

6.3.4 Morphologie des Blattes

Die Blattspreite kann morphologisch sehr verschieden gestaltet sein. Dies ist vor allem durch Unterschiede im Randwachstum bedingt (vgl. 6.3.2.2).

Der **Blattgrund** ist gegenüber dem Blattstiel meist verbreitert und häufig parallelnervig. Greift er um die ganze Achse herum und wächst ein Stück mit dieser, so entsteht eine Blattscheide (z. B. Doldengewächse Apiaceae, viele Monocotyle). Diese kann offen sein oder geschlossen (um die Achse herum verwachsen). Durch die Blattscheide kann die interkalare Wachstumszone der Sprossachse oder auch die Achselknospe geschützt werden. Gelegentlich bildet der Blattgrund auch eine eigene Assimilationsfläche durch Verlaubung (z. B. bei der Gemswurz *Doronicum*, Abb. 6.31, und anderen *Asteraceae*). Der verlaubte Blattgrund kann auch am Stängel herablaufen und so geflügelte Stängel bilden (z. B. Beinwell, *Symphytum*; Bergflockenblume *Centaurea montana*). Bei gegenständigen Blättern kommen Verwachsungen der beiden Blätter vor (Gamophyllie).

Vom Blattgrund aus entstehen die **Nebenblätter** (Stipeln, Abb. 6.32). Sie sind bei Dicotylen häufig. Bei bifacialen Blättern sind die Stipeln in Zweizahl vorhanden. Ist der Blattstiel unifacial, so wird nur eine Stipel ausgebildet (Medianstipel, z. B. bei *Melianthus*). Die Ligula der Gräser wird als Medianstipel oder als eine Fortsetzung der Blattscheide gedeutet.

Nebenblätter können unterschiedliche Funktionen übernehmen: als Knospenschutz der Blattknospen eilen sie dem Blattwachstum voraus (so bei vielen Laubbäumen, z. B. Eiche, Buche, Pappel). Beim Gummibaum *Ficus elastica* ist das junge Blatt durch eine tütenförmige Medianstipel geschützt, die bei der Blattentfaltung abgeworfen wird. Bei manchen Hülsenfrüchtlern sind die Nebenblätter zu wichtigen Assimilationsflächen vergrößert, wenn das Oberblatt Ranken bildet (z. B. Erbse *Pisum sativum*). Bei der Platterbse *Lathyrus aphaca* ist das Oberblatt vollständig in eine verzweigte Ranke umgewandelt (Abb. 6.32 c); die Stipeln haben hier die Ernährungsfunktion ganz übernommen. Bei gegenständiger Blattstellung können die Stipeln der beiden Blätter paarweise miteinander verwachsen. Solche Interpetiolarstipeln gibt es z. B. beim Hopfen *Humulus*. Beim Kreuzlabkraut *Cruciata laevipes* haben die Interpetiolarstipeln die gleiche Gestalt und Größe wie die Blattspreiten, so dass scheinbar 4 Blätter an einem Knoten entspringen. Bei den meisten Polygonaceen bildet die Medianstipel zusammen mit der verwachsenen Blattscheide eine Röhre um die Sprossachse herum, die über die Blattauszweigung hinauswächst. Sie wird als Ochrea bezeichnet (Abb. 6.33).

Blattstiel; Schildblätter: Ein unifacialer Blattstiel trägt vielfach eine bifaciale Blattspreite. Der Blattstiel muss dann auf der Unterseite der Spreite inserieren und der Blattrand reicht rings um den einmündenden Stiel herum. Wenn das Randwachstum auch in diesem Bereich stark ist, entstehen Schildblätter (peltate Blätter), wie z. B. bei der Kapuzinerkresse *Tropaeolum* und der Indischen Lotusblume *Nelumbo* (Abb. 6.34). Un-

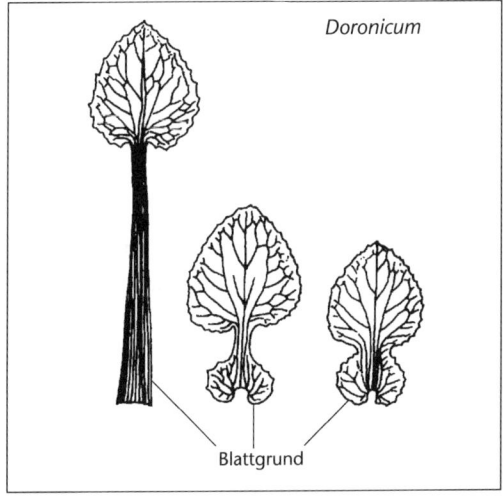

Abb. 6.31: Verlaubung des Blattgrundes bei Blättern der Gemswurz (*Doronicum*) (nach Ullrich-Arnold).

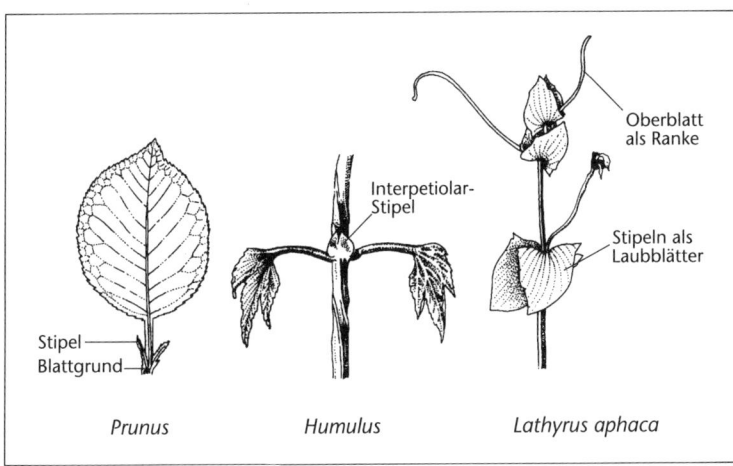

Abb. 6.32: Nebenblätter. Links Nebenblätter bei der Kirsche *Prunus avium*; Mitte interpetiolare Nebenblätter (Interpetiolarstipeln) beim Hopfen *Humulus lupulus*; rechts laubig ausgebildete Nebenblätter bei der Platterbse *Lathyrus aphaca* (nach Troll).

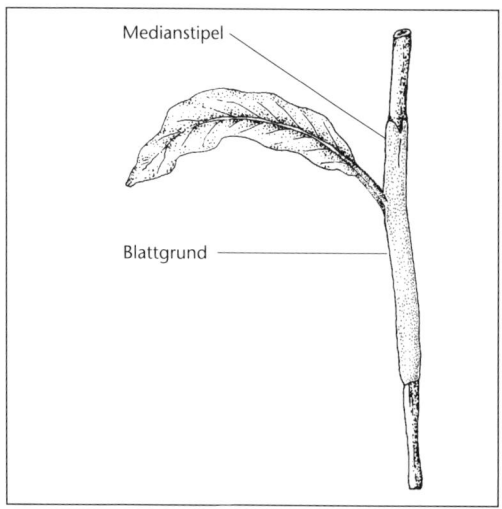

Abb. 6.33: Ochrea beim Schlangenknöterich *Polygonum bistorta*. Nebenblätter und Blattgrund bilden eine geschlossene Röhre um die Achse herum. Diese wird als Ochrea bezeichnet.

gleiches Randwachstum solcher Blätter führt zu gegliederten (gefingerten) Schildblättern, wie bei der Lupine und bei *Oxalis deppei* («Glücksklee»). Ist bei einem Schildblatt das Flächenwachstum stärker als das Randwachstum, so kann es nicht eben bleiben, sondern bildet eine trichter- oder schlauchförmige Gestalt aus. Trichterblätter entstehen z. B. gelegentlich bei der Bergenie (*Bergenia crassifolia*). Schlauchblätter besitzen verschiedene insektivore Pflanzen (Kannenpflanze *Nepenthes*, *Sarracenia* u. a.; vgl. 13.4). Blattstiel und Blattgrund können auch Blattgelenke (Pulvini) ausbilden, an denen eine Blattbewegung möglich ist (z. B. Mimose *Mimosa pudica*; Primärblätter der Bohne). Die Bewegungen erfolgen durch Turgorveränderungen im Pulvinusgewebe (vgl. 15.3.2.1). Normalerweise kommt die Anordnung der Blattspreiten unter Ausbildung eines bestimmten Musters (Blattmosaik), das eine optimale Nutzung des Sonnenlichts erlaubt, durch Wachstumsbewegungen zustande.

Abb. 6.34: Schildblatt der Indischen Lotosblume *Nelumbo nucifera* (Foto Kull).

6.3.5 Blattfolge am Spross

Die Blätter an einer Sprossachse sind in der Regel ungleich gestaltet. Man unterscheidet:

- **Keimblätter** (Kotyledonen): die bereits beim Embryo angelegten ein oder zwei Blätter. Sie sind meist sehr einfach gebaut und oft von anderer Gestalt als die späteren Laubblätter. Bei einigen Arten von *Streptocarpus* (Gesneriaceae) wächst eines der Keimblätter stark heran und wird zum einzigen Laubblatt der Pflanzen; weitere Blätter werden nicht angelegt.
- **Primärblätter** bzw. Jugendblätter: Weicht die Blattgestalt der anfänglich gebildeten Blätter eines Sprosses von jener der späteren Laubblätter ab, so spricht man von Primärblättern (an der Hauptachse auf die Keimblätter folgend) oder von Jugendblättern (an mehreren bis vielen Achsen gebildet). Bei der Rundblättrigen Glockenblume *Campanula rotundifolia* sind nur die Primärblätter – die zur Zeit der Blüte oft schon abgestorben sind – rundlich, die folgenden hingegen lanzettlich. Bei verschiedenen *Eucalyptus*-Arten sind die Jugendblätter herzförmig-symmetrisch, die Folgeblätter hingegen sichelförmig (und äquifacial).
- **Niederblätter:** Entstehen an einer Sprossachse anfänglich kleine Blätter von einfacher Gestalt, so spricht man von Niederblättern. Bei verschiedenen Holzpflanzen bilden sie den Knospenschutz für ganze Kurzsprosse (z. B. bei Hasel *Corylus avellana*, Holunder *Sambucus nigra*). Beim Apfel enthält die Knospe eines Kurztriebs etwa 20 Blattanlagen; davon sind ungefähr die ersten 9 Knospenschuppen, d. h. Niederblätter (oder Vorblätter). Dann folgen Übergänge, 4–6 normale Laubblätter (Folgeblätter) und schließlich einige Hochblätter.
- **Folgeblätter:** Dies sind die normalen Laubblätter.
- **Hochblätter:** Entstehen vor allem an Blütensprossen vor dem Übergang zur Blütenbildung. Sie können Hüllorgane zum Schutz der sich entwickelnden Blüten sein oder aber in den Schauapparat des Blütenstandes einbezogen werden. Im letzteren Fall nennt man sie auch **Brakteen**. Beim Weihnachtsstern *Euphorbia pulcherrima* wird der Schauapparat ausschließlich durch die roten Hochblätter gebildet.

Da die Blüte ein umgebildeter Spross ist, folgen auf die Hochblätter bzw. die Folgeblätter die Blattorgane der Blüte.

Die Gestaltabweichung der Hoch- und Niederblätter gegenüber den Folgeblättern kommt durch unterschiedliche Förderung des Wachstums der einzelnen Teile des Blattes zustande. Man unterscheidet folgende Fälle:

- Blattspreite (Lamina) bildet das Nieder- bzw. Hochblatt; Gestaltabweichung von Folgeblättern gering: laminale Knospenschuppe als Niederblattbildung (z. B. Krähenbeere *Empetrum*); laminales Hochblatt (z. B. Weihnachtsstern)
- Blattgrund und Blattscheide wachsen stark heran, die Spreite ist reduziert: vaginale Knospenschuppe (z. B. Kirsche *Prunus*); vaginales Hochblatt (z. B. Spatha der Aronstabgewächse Araceae, Hochblätter der Nieswurz *Helleborus foetidus*, die durch Übergänge morphologisch fließend mit den Folgeblättern verbunden sind; Abb. 6.35)
- Nebenblätter wachsen stark heran, stipulare Knospenschuppe (z. B. Hasel, Buche); stipulares Hochblatt (z. B. Hochblätter von Hopfen *Humulus lupulus*, Medianstipel beim Rhabarber *Rheum* als Schutz des jungen Blütenstandes)

Anisophyllie und Heterophyllie: Unterschiedliche Gestaltung der Blattformen kann auch innerhalb der Folgeblätter auftreten. Vielfach sind in Abhängigkeit von den Lichtverhältnissen die Blätter eines Knotens deutlich verschieden groß. Diese Erscheinung der Anisophyllie beobachtet man z. B. beim Flieder *Syringa*, an Ahorn (*Acer*)-Zweigen, bei *Selaginella*-Arten.

In anderen Fällen werden an einem Knoten hingegen Blätter ganz verschiedener Gestalt gebildet. Eine solche Heterophyllie liegt bei den Schwimmfarnen *Salvinia* vor: an jedem Knoten entspringen zwei normal gestaltete Schwimmblätter sowie ein fein zerteiltes Wasserblatt, das die Funktion der Wurzel innehat.

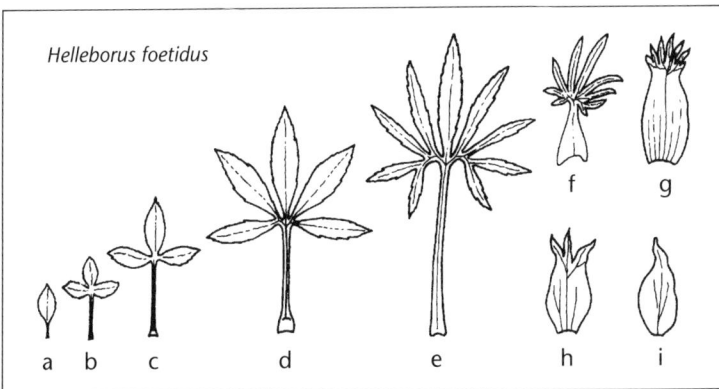

Abb. 6.35: Blattfolge bei der Nieswurz *Helleborus foetidus*. **a:** Keimblatt; **b, c:** Jugendblätter; **d:** Laubblatt (Folgeblatt) des ersten Entwicklungsjahres; **e:** Laubblatt des zweiten Jahres, **f** bis **i:** Hochblätter am Blütenspross (vaginale Hochblatt-Bildung; in Anlehnung an STRASBURGER und TROLL).

In Abhängigkeit von den Umweltbedingungen bilden vor allem Wasser- und Sumpfpflanzen ganz unterschiedliche Blätter, so z. B. der Wasserhahnenfuß *Ranunculus aquatilis* fein zerteilte Unterwasserblätter und an der Wasseroberfläche einfach gelappte Schwimmblätter (Abb. 6.36).

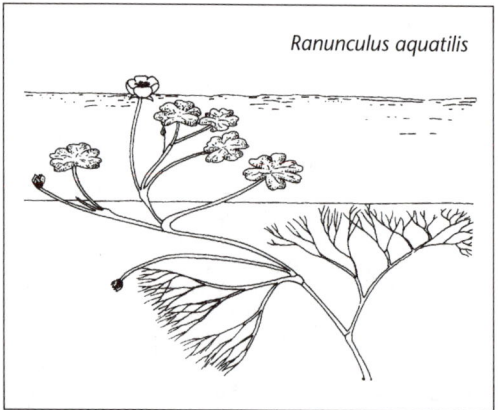

Abb. 6.36: Verschiedene Blattgestalten beim Wasserhahnenfuß *Ranunculus aquatilis*: feinzerteilte Unterwasserblätter, gelappte Schwimmblätter (nach HALLER-PROBST).

6.3.6 Lebensdauer der Blätter, Blattfall

Bei mehrjährigen Pflanzen besitzen die Blätter fast stets eine kürzere Lebensdauer als die Sprossachsen. Daher kommt es zum Blattfall. Ist das Blatt nur während einer Vegetationsperiode tätig, so heißt es **sommergrün** (bzw. in Gebieten mit Regenzeit regengrün); überdauert es mehrere Vegetationsperioden, so ist es **immergrün**. Immergrüne Blätter können nach einer ungünstigen Zeit der Trockenheit oder Kälte mit Eintreten günstiger Bedingungen sofort mit der Assimilation beginnen. Sie haben daher in Gebieten mit unregelmäßig-periodischen Dürre- oder Kältezeiten oft einen Vorteil gegenüber sommergrünen Blättern, die jeweils unter Verbrauch gespeicherter Assimilate neu gebildet, aber andererseits während ungünstiger Zeiten nicht erhalten werden müssen. Immergrüne Blätter können außerdem als Speicher für Nährstoffe (z. B. N, P) fungieren. Daher sind auch in Gebieten mit schlechter Nährstoffversorgung (z. B. Moor- und Heidegebiete) immergrüne Arten nicht selten.

Immergrüne Blätter haben ebenfalls eine beschränkte Lebensdauer. Dazu tragen eine Anreicherung überschüssiger Ionen in den Zellwänden (Mineralisierung) und gelegentlich eine Akkumulation von Exkreten bei. Die Lebensdauer hängt ab vom Aufwand für die Herstellung und Erhaltung des Blattes, von der Lichtverfügbarkeit und der Assimilatverteilung. Das ausgewachsene Blatt muss im Mittel einen Nettogewinn liefern. Ist dies nicht mehr gewährleistet, so erfolgt Alterung und Blattfall. Dies kann man bei eng gepflanzten Fichten erkennen, deren Zweige im Waldesschatten ihre Nadeln früh verlieren.

Durch Schadstoffe in der Luft wird die Lebensdauer der immergrünen Blätter und ebenso ihre Photosynthese-Leistung reduziert.

Der Blattfall wird dadurch vorbereitet, dass am Übergang vom Blattgrund zum Blattstiel unter dem Einfluss von Phytohormonen schon früh ein Trenngewebe (Abb. 14.15) entsteht. Bei dessen Aktivierung erfolgt örtlich eine Auflösung von Zellwänden und nach Rücktransport mobilisierter Assimilate wird das noch lebende Blatt abgetrennt. Die Narbe wird durch eine schon vorher eingeleitete Verkorkung von Zellen verschlossen; später kann es zur Verholzung kommen. Einige Bäume bilden kein vollständiges Trenngewebe, dann vertrocknet vielfach das nicht abgefallene Blatt am Zweig (so z. B. bei unseren einheimischen Eichen).

Ein Laubverlust durch Katastrophen (Spätfrost, Schädlingskalamität) wird von verschiedenen Arten unterschiedlich gut überwunden. Bei der Robinie ist die Fähigkeit zur Lauberneuerung sehr groß, bei Linde und Esche gering.

Tab. 6-3: Lebensdauer immergrüner Blätter

Ölbaum	*Olea europaea*	2 Jahre
Johannisbrotbaum	*Ceratonia siliqua*	2 – 3,5 Jahre
Lorbeer	*Laurus nobilis*	bis 5 Jahre
Kiefern	*Pinus*	3 – 9 Jahre
Fichte	*Picea abies*	7 – 11 Jahre
Tanne	*Abies alba*	5 – 10 Jahre
Araukarien	*Araucaria*	über 15 Jahre

6.4 Wurzel

Die Wurzel ist das normalerweise unterirdisch wachsende Grundorgan des Kormus, das der Verankerung der Pflanze im Boden und der Versorgung mit Wasser und Ionen dient. Vielfach speichern Wurzeln auch Reservestoffe. Das Wurzelsystem besteht aus achsenartigen, meist radiärsymmetrischen Strängen, an denen jedoch keine Blätter angelegt werden und die nie Spaltöffnungen aufweisen. Wurzeln können entweder ausgehend von der beim Embryo angelegten Keimwurzel entstehen oder an Sprossachsen gebildet werden (sprossbürtige Wurzeln). Das Wurzelsystem erreicht sehr große Längen; z. B. bei einer einzeln wachsenden Roggenpflanze innerhalb weniger Monate etwa 80 km Gesamtlänge (ohne Wurzelhaare) und hat dann 13 Millionen Wurzelspitzen. Die Wurzelhaare haben eine Länge von etwa 10 000 km; ihre Oberfläche beträgt ca. 400 m^2. Jeden Tag werden 100 Millionen neue Wurzelhaare gebildet und fast ebenso viele sterben ab.

Wurzelartige Gebilde, die der Verankerung der Pflanze dienen und die damit den Kormophyten-Wurzeln analog sind, gibt es bei großen Algen. Man nennt sie **Rhizoide**. Auch die Moospflänzchen und bei Farnen die Prothallien (Vorkeime) besitzen Rhizoide.

Die Phylogenie der Kormophyten-Wurzel ist unsicher; diskutiert wird eine Entstehung aus kriechenden Telomen. Die Ur-Landpflanzen besaßen vielfach keine Wurzeln, aber kriechende Telome mit Rhizoiden.

6.4.1 Ontogenie und primäre Anatomie der Wurzel

6.4.1.1 Wurzelanlage

Bei fast allen Blütenpflanzen ist beim Embryo im Samen eine **Keimwurzel** angelegt. Primär wurzellose Pflanzen, denen eine Wurzelanlage fehlt, gibt es unter Wasserpflanzen (z. B. die Wasserlinse *Wolffia arrhiza*, einige Arten des Wasserschlauches *Utricularia*) und Epiphyten (*Tillandsia usneoides*). Primär wurzellos sind auch alle Farnpflanzen.

Bei der Keimung eilt normalerweise das Wurzelwachstum voraus, um die Verankerung des Keimlings und seine Wasserversorgung sicherzustellen. Die Wurzelanlage entsteht beim Embryo am Übergang zum Embryoträger (Suspensor); dieser Bereich wird als Hypophyse bezeichnet. Hier erfolgen von einer zentralen Zelle ausgehend Teilungen und es entsteht eine Gruppe von Initialzellen des Wurzelvegetationspunktes. Das Wachstum der sprossbürtigen Wurzeln bei Farnpflanzen geht zumeist von einer vierschneidigen Scheitelzelle aus (die also tetraedrische Gestalt hat).

Der Vegetationskegel der Wurzel liegt im Innern des Gewebes (subterminal), zur Wurzelspitze hin bedeckt von der **Wurzelhaube** oder Calyptra. Dadurch sind die empfindlichen Zellen des Vegetationspunktes vor einer mechanischen Schädigung beim Wachstum durch das dichte Medium Boden geschützt. Im Bereich des Vegetationspunktes befinden sich innen weitgehend ruhende Zellen (ruhendes Zentrum, *quiescent center*, QC) und darum herum sich lebhaft teilende Initialen. Diese liefern die *Histogene*; meristematische, aber bereits determinierte Zellen, die sich dann ausdifferenzieren. Zur Wurzelspitze hin entsteht das Calyptrogen, das die Calyptra liefert, basalwärts das Dermatogen oder Protoderm, aus dem sehr bald die Rhizodermis hervorgeht, sowie das Periblem, das sich zur Wurzelrinde, und das Plerom (oder Procambium), das sich zum Zentralzylinder differenziert (Abb. 6.37). Die Histogenzellen besitzen große Zellkerne, viele Polysomen und kleine Vakuolen. Ihre Plastiden liegen als Proplastiden vor. – Bei vielen Angiospermen sind die Histogene anfangs durch noch nicht determinierte Zellen getrennt («offener Typus» der Histogenese).

Bei den meisten Dicotylen sind Dermatogen und Calyptrogen nicht getrennt, man spricht von Dermatocalyptrogen. Dieses liefert durch antikline Teilungen die späteren Rhizodermiszellen und durch perikline die Calyptrazellen. Bei der Mehrzahl der Gymnospermen und bei Leguminosen sind die Histogene morphologisch gar nicht unterschieden.

Im Bereich der Initialen, der Meristem- und der **Determinationszone** erfolgen die meisten Zellteilungen. Noch in der Determinationszone setzt die Zellstreckung ein. Im Gegensatz zu den Verhältnissen im Spross ist das Längenwachstum der Wurzeln weitgehend auf diese **Streckungszone** (0,6–2 mm lang) beschränkt. In ihr erfolgt auch das primäre Dickenwachstum der Wurzeln. Die Streckungszone geht basalwärts fließend in die **Differenzierungszone** über, die äußerlich an der Wurzelhaar-Bildung zu erkennen ist (**Wurzelhaarzone**, Abb. 6.37).

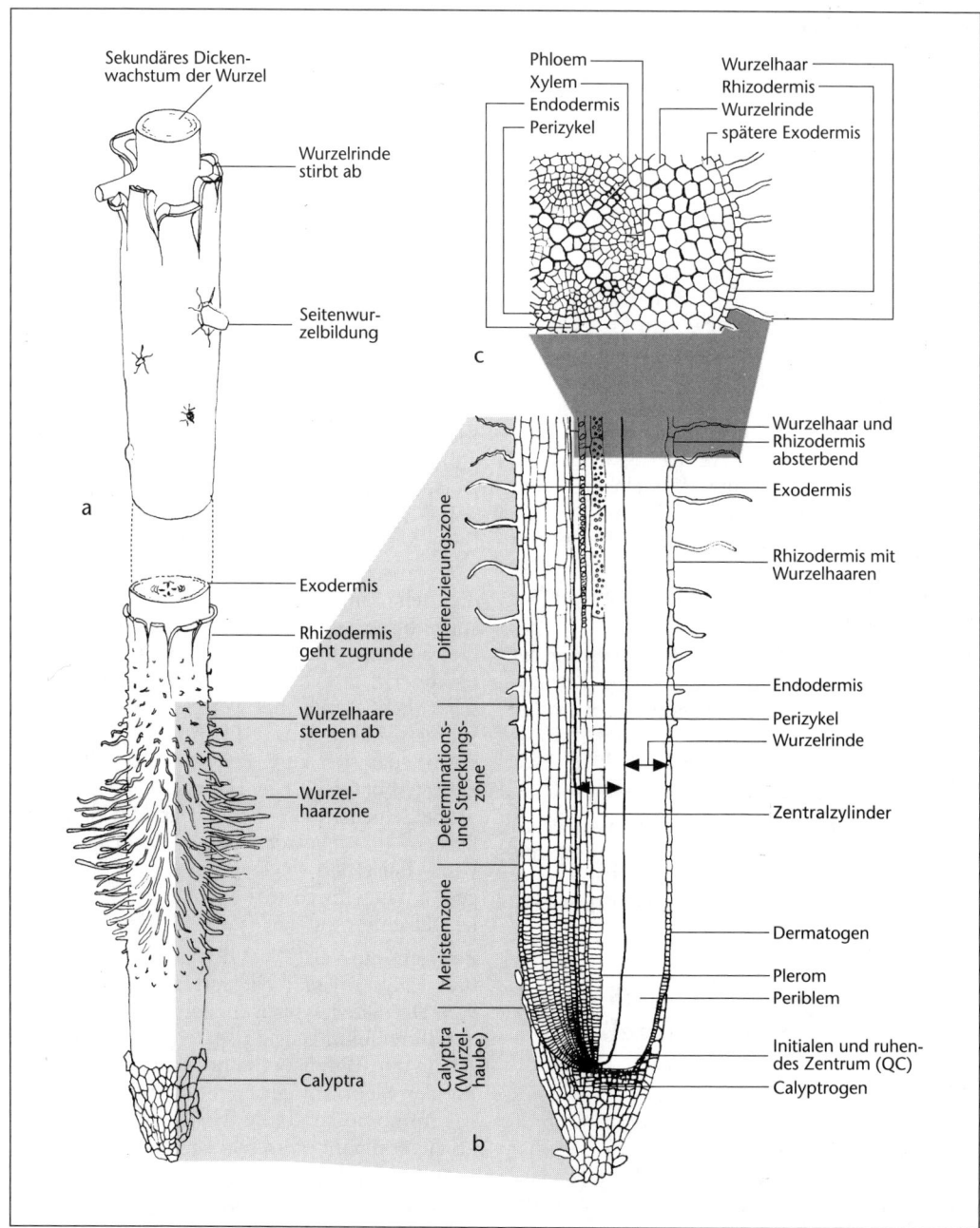

Abb. 6.37: Anatomischer Aufbau der Wurzel. **a** Übersicht: Wurzelhaube, Wurzelhaarzone, Seitenwurzelbildung; **b** Bau der Wurzelspitze im Längsschnitt; **c** Querschnitt der primären Wurzel (nach Braune-Leman-Taubert und Jacob-Jäger-Ohmann).

6.4.1.2 Wurzelhaube (Calyptra)

Sie geht aus dem Calyptrogen hervor und dient dem Schutz der Initialen. Ihre Zellen sind wenig differenziert und dünnwandig. Nach kurzer Lebensdauer verschleimen die peripheren Zellen und gehen zugrunde. Die Produktion der Schleimstoffe erfolgt über die Dictyosomen der Calyptrazellen; dann werden auch die Mittellamellen aufgelöst. Der Schleim erleichtert der Wurzel das Durchdringen des Bodens. Die abgestorbenen Calyptrazellen dienen den Mikroorganismen der Wurzeloberfläche (Rhizosphäre) als Nahrung. Wird bei Dürre oder Kälte das Wurzelwachstum eingestellt, so können äußere Calyptrazellen verkorken.

Die inneren Calyptrazellen enthalten in der Regel Stärkekörner, die an der Wahrnehmung des Schwerereizes im Schwerefeld der Erde beteiligt sind; man spricht daher von Statolithenstärke. Dadurch erfolgt ein Wachstum der Hauptwurzel weitgehend senkrecht in den Boden hinein (positiv gravitrop; vgl. 15.4.2).

Viele Wasserpflanzen (z. B. Wasserlinsen *Lemna*) bilden bei der Anlage sprossbürtiger Wurzeln aus dem Rindengewebe des Sprosses Wurzeltaschen, die hier die Wurzelhauben funktionell ersetzen (analoge Bildung).

6.4.1.3 Rhizodermis

Sie ist fast stets einschichtig; Ausnahmen gibt es bei einigen Gymnospermen und bei Luftwurzeln mehrerer tropischer Orchideen-Gattungen, bei denen die Rhizodermis der Wasseraufnahme dient (vgl. 6.5.2.3). Die Rhizodermis ist das wichtigste Absorptionsgewebe der Pflanze; ihre Wände sind sehr reich an Pektinstoffen. Wenn die Zellen durch Streckung ihre endgültige Größe erreicht haben, bilden sie zur Oberflächenvergrößerung **Wurzelhaare** mit einer Länge von 100 bis 1500 μm aus (beim Mais *Zea mays* kommen auf 1 mm^2 etwa 400 Wurzelhaare). Bei den meisten Monocotylen und zahlreichen Dicotylen können nur bestimmte Rhizodermiszellen Wurzelhaare bilden; man unterscheidet dann Trichoblasten und Atrichoblasten. Wurzelhaare fehlen bei vielen Wasserpflanzen und bei manchen Arten mit ausgeprägter Mycorrhiza (vgl. 13.3.3).

Die Wurzelhaare gehen nach einer Lebensdauer von wenigen Tagen zugrunde und mit ihnen die Rhizodermiszellen. Daher wird ein neues Abschlussgewebe erforderlich; es entsteht aus der äußersten Wurzelrindenschicht.

6.4.1.4 Wurzelrinde

Sie geht aus dem Periblem hervor. Ihre äußerste Zellschicht bildet mit dem Absterben der Rhizodermis die Exodermis als sekundäres äußeres Abschlussgewebe; ihre innerste Zellschicht ist als inneres Abschlussgewebe (Endodermis) ausgebildet. Zwischen diesen beiden funktionell wichtigsten Bestandteilen der Wurzelrinde befinden sich Parenchymzellen, die häufig der Stoffspeicherung dienen. Die Plastiden der Parenchymzellen können am Licht ergrünen. Oft lässt sich morphologisch eine Außenrinde mit großen Interzellularen und eine Innenrinde mit kleineren Interzellularen unterscheiden. Die Wurzelrinde kann auch reduziert sein; bei etlichen Ericaceen besteht sie nur aus den beiden Zellschichten der Exodermis und Endodermis. Bei vielen Coniferen und einigen Dicotylen sind radiale Zellwände der inneren Rinde zur Aussteifung bandförmig verdickt. Nach dem Querschnittsbild spricht man von Φ-(phi-)Zellen.

Die Zellen der Exodermis lagern zumindest an den Wänden der äußeren Oberfläche Suberinschichten auf; oft bleiben einzelne Zellen davon ausgenommen (**Durchlasszellen**), so dass durch diese zunächst noch Stoffaufnahme stattfinden kann. Die Exodermis kann auch mehrschichtig werden, vor allem bei Monocotylen.

Die Endodermis ist durch den CASPARY'schen Streif in den Radialwänden gekennzeichnet (vgl. 5.2.2.7). Gelegentlich treten solche Einlagerungen hydrophober Stoffe in Zellwände auch bei anderen Wurzelrindenzellen auf. Im Verlauf der weiteren Entwicklung wird bei fehlendem, begrenztem oder verzögertem sekundärem Dickenwachstum die Endodermis verändert (Abb. 6.38); es entsteht die

- **Sekundäre Endodermis:** gekennzeichnet durch Verkorkung, d. h. Suberinauflagerung auf die Zellwände. Einzelne Zellen bleiben als Durchlasszellen unverkorkt; sie dienen der Verbindung zwischen dem speichernden Rindenparenchym und den Leitgeweben im Zentralzylinder. Bei Gymnospermen (und vielen Dicotylen) endet die Entwicklung in der Regel mit der sekundären Endodermis, da bei längerlebigen Wurzeln dann die Wurzelrinde infolge des sekundären Dickenwachstums abstirbt.
- **Tertiäre Endodermis:** gekennzeichnet durch eine starke Verdickung und Verholzung der Zellwände. Die Verdickung ist entweder allseitig (O-Endodermis, z. B. Küchenzwiebel

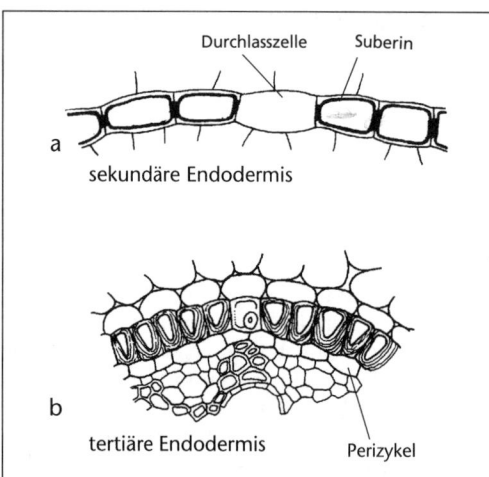

Abb. 6.38: Sekundäre (**a**) und tertiäre (**b**) Endodermis. **a:** Die sekundäre Endodermis zeigt allseitig Verkorkung der Zellwände, von der einzelne Durchlasszellen ausgenommen sind (nach KATING-BRECKLE); **b:** Die tertiäre Endodermis zeigt Verdickungen und Verholzung der Zellwände. Auch hier sind Durchlasszellen ausgenommen (nach ULLRICH-ARNOLD).

Allium cepa) oder die tangentialen Außenwände sind davon ausgenommen (U-Endodermis, z. B. Schwertlilie *Iris germanica*). Auch hier bleiben Durchlasszellen ohne Wandverdickung. Die tertiäre Endodermis entsteht bei Monocotylen. Vielfach verholzt dann auch die (primäre) Wurzelrinde.

Bei vielen parasitischen Blütenpflanzen fehlt eine Endodermis; dagegen bilden zahlreiche Wasser- und Sumpfpflanzen sowie manche Farne auch in ihren Sprossachsen eine Endodermis aus.

6.4.1.5 Zentralzylinder

Er geht aus dem Plerom hervor; in ihm entstehen die Leitgewebe. Die äußerste Zellschicht bleibt lange Zeit meristematisch und interzellularenfrei; sie wird als **Perizykel** oder **Pericambium** bezeichnet. Bei vielen Gymnospermen und Monocotylen ist der Perizykel mehrschichtig. Von diesem Meristem aus werden die Seitenwurzeln (vgl. 6.3.2.3) und nach Einsetzen des sekundären Dickenwachstums der Wurzel das Wurzelperiderm gebildet. Bei älteren Monocotylen-Wurzeln kann das Pericambium sklerenchymatisch werden.

Das Leitgewebe bildet ein **radiäres Leitbündel** mit – im Querschnitt – strahlenförmig angeordnetem Xylem. Zwischen den Xylem-Strahlen liegen, durch Parenchym vom Xylem getrennt, die Phloem-Elemente. Nach der Anzahl der Xylem-Strahlen werden die Leitbündel als diarch (2 Strahlen), triarch (3 Strahlen), tetrarch (4 Strahlen) usw. bezeichnet. Bei Dicotylen sind diarche, tetrarche und pentarche Bündel verbreitet, bei Monocotylen vielstrahlige (polyarche). Die Zahl der Strahlen ist aber nicht völlig konstant. Die Ausdifferenzierung der Leitbündel erfolgt von außen nach innen (zentripetal); dabei entwickelt sich das Xylem wesentlich stärker nach innen und bildet dadurch die Strahlen. Bei manchen Arten stoßen diese im Zentrum zusammen (z. B. Lauch *Allium*); vielfach aber verbleibt im Inneren Markparenchym. Dieses kann auch verholzen und so zu Marksklerenchym werden. Die zentrale Anordnung der Leitbündel und Festigungselemente umgeben von einer weichen Hülle verbindet hohe Biegsamkeit mit hoher Zugfestigkeit (Kabelbauweise der Wurzel).

6.4.1.6 Wurzelhals

Das radiäre Leitbündel der Wurzel muss in das System kollateraler Leitbündel in der Sprossachse übergehen. Dies erfolgt im Bereich von Wurzelhals und Hypokotyl. Der Wurzelhals verbindet die Sprossachse mit der Hauptwurzel. Mit dem Leitbündelsystem des Wurzelhalses stehen die Leitbündel der Kotyledonen in enger Verbindung. Von der Sprossachse her kommend erfolgt zunächst eine Aufspaltung der kollateralen Sprossbündel durch Verzweigungen und dann eine Vereinigung zu einigen wenigen kollateralen Bündeln, die basalwärts einander berühren und dann in ein radiäres Bündel übergehen (Abb. 6.39). Der Übergang kann natürlich nur vor Eintritt des sekundären Dickenwachstums beobachtet werden.

6.4.2 Sekundäre Veränderungen der Wurzel

6.4.2.1 Sekundäres Dickenwachstum

Die Wurzeln von Dicotylen und Gymnospermen zeigen sekundäres Dickenwachstum. Es geht von einem Cambium aus, das als Folgemeristem zwischen Xylem und Phloem durch Teilung von Parenchymzellen entsteht (Abb. 6.40). Die Cambiumbildung beginnt innerhalb der Phloemelemente und setzt sich um die Xylemstrahlen herum nach außen fort; oft wird vor den peripheren Enden des Xylems der Peri-

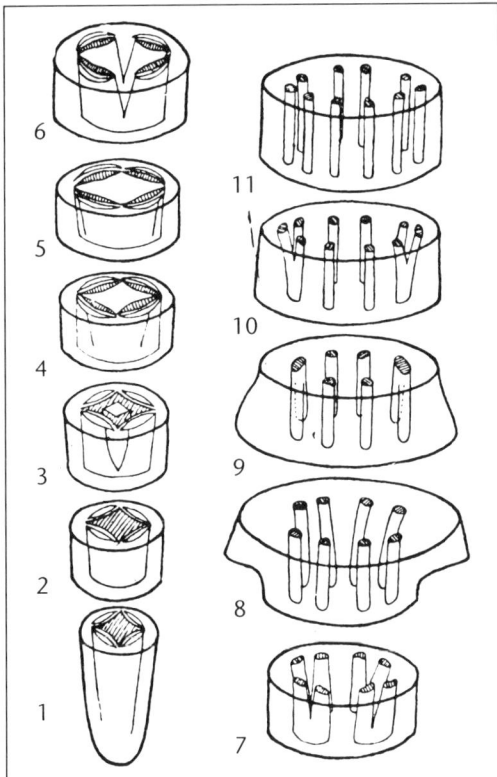

Abb. 6.39: Übergang des radiären Wurzelleitbündels in die kollateralen Leitbündel der Sprossachse bei einer Keimpflanze: 1 = Keimwurzel, 2–9 = Hypokotylbereich, 10/11 = Auszweigung von Leitbündeln in die Keimblätter wird erkennbar (in Anlehnung an TROLL).

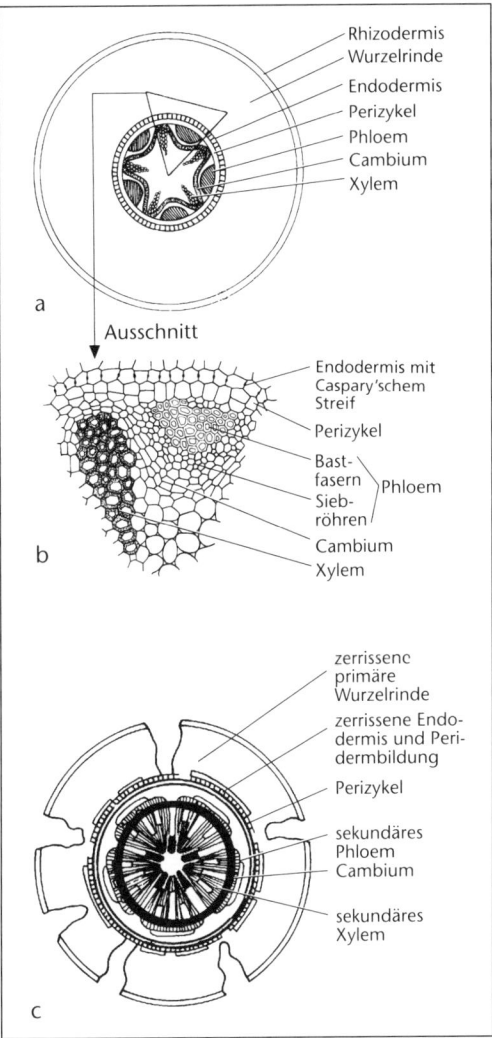

Abb. 6.40: Sekundäres Dickenwachstum einer Wurzel. **a:** primärer Zustand: fünfstrahliges (pentarches) Leitbündel, Cambium bildet einen sternförmigen Mantel zwischen Xylem und Phloem. **b:** zelluläre Darstellung eines Ausschnittes aus a; **c:** Das sekundäre Dickenwachstum hat eingesetzt; primäre Rinde gesprengt. Der Perizykel bildet Periderm als sekundäres (bzw. «tertiäres») Abschlussgewebe. Die Gestalt der Leitbündel nähert sich jener der kollateralen Leitbündel der Sprossachse an (a, c nach STRASBURGER, b nach HABERLANDT).

zykel in die Cambiumbildung einbezogen. Es entsteht ein sternförmiger Cambiummantel. Dieser nimmt nun seine Tätigkeit vor allem an den Stellen auf, wo außerhalb Phloem liegt und bildet dort nach innen Xylem- und nach außen Phloemelemente. Da sehr viel Xylem entsteht, wird aus dem sternförmigen Cambiummantel allmählich ein Zylinder. Die sekundären Leitgewebe machen die Wurzel daher zunehmend sprossähnlich. Außerhalb der primären Xylemstrahlen wird Parenchym gebildet; so entstehen die ersten Markstrahlen, die hier als primäre bezeichnet werden (Abb. 6.40).

Das sekundäre Dickenwachstum führt anfänglich in der Wurzelrinde zu Dilatationswachstum. Dieses ist aber beschränkt und nach einiger Zeit wird ein neues («tertiäres») Abschlussgewebe als Wurzelperiderm gebildet. Es entsteht aus dem Perizykel als «Tiefenperiderm». Die außerhalb davon gelegene primäre Rinde stirbt dann vollständig ab.

Bei ausdauernden Holzpflanzen werden manche Wurzeln sehr alt; hier kommt es zur Borkebildung durch Bildung von immer neuen Peridermen in der sekundären Rinde (dem Bast). Eine Wurzel, die viele Jahre sekundär in die Dicke gewachsen ist, kann daher am Querschnitt nur dann von einer entsprechenden Sprossachse unterschieden werden, wenn die radiäre Anordnung der primären Xylemstrahlen im zentralen Bereich noch zu erkennen ist.

Abweichende Formen sekundären Dickenwachstums der Wurzel tritt bei den Arten auf, deren Sprossachse abweichendes Dickenwachstum zeigt (Drachenbaum *Dracaena* usw., vgl. 6.2.4.5). In anderen Fällen liegt ein anomales Dickenwachstum nur in der Wurzel vor. So werden bei Rüben der Gattung *Beta* (Zucker-, Futterrübe) nacheinander mehrere Cambien angelegt (Abb. 6.41); sie produzieren vorwiegend Speicherparenchym und nur wenige Leitelemente.

6.4.2.2 Seitenwurzelbildung

Basalwärts von der Wurzelhaarzone beginnt die Bildung von Seitenwurzeln. Sie geht bei allen Blütenpflanzen vom Perizykel aus. Dessen Nachbarzellen werden sekundär ebenfalls meristematisch. So entsteht endogen das Seitenwurzel-Primordium. Dessen Zellen teilen sich lebhaft; ein Kegel der meristematischen Zellen durchbricht dann die Wurzelrinde und differenziert sich dabei allmählich aus. Die Zahl der gebildeten Seitenwurzeln hängt stark von den Bodenverhältnissen ab.

Die Seitenwurzel-Primordien werden außerhalb der primären Xylemstrahlen des radiären Bündels oder unmittelbar daneben angelegt. Daher sind die Seitenwurzeln in geraden Reihen (Rhizostichen) an der Hauptwurzel angeordnet, wobei die Anzahl der Reihen der Zahl der primären Xylemstrahlen entspricht.

Dies gilt natürlich für alle Verzweigungen; das Wurzelsystem bildet so eine ganze Verzweigungshierarchie aus: an der Primärwurzel entstehen Seitenwurzeln 1. Ordnung, dann folgen solche 2. Ordnung, 3. Ordnung usw. Die durchschnittliche Lebensdauer der Seitenwurzeln nimmt in der Regel mit zunehmendem Ordnungsgrad ab. Die Seitenwurzeln der letzten Ordnungen sind daher fast alle kurzlebig und dienen vor allem als Nährwurzeln. Diese sind bevorzugt in den oberen Bodenschichten anzutreffen.

6.4.3 Morphologie der Wurzel

Sprossbürtige Wurzeln gehen zumeist aus dem inneren Rindengewebe hervor und werden bevorzugt im Bereich der Knoten (oder unmittelbar darüber oder darunter), seltener in den Internodien gebildet. Internodialwurzeln treten z. B. bei Efeu als Haftwurzeln auf (vgl. 6.5.2.3). Erfolgt eine Wurzelbildung an Sprossen oder Blättern infolge einer Verletzung, so spricht man von *Adventivwurzeln* (z. B. bei Blattstecklingen von Begonien).

Eine **Wurzelspross-Bildung** findet bei Farnpflanzen und Monocotylen nur selten statt, bei Gymnospermen fast gar nicht (Beispiel für Monocotyle: Vogelnestorchidee *Neottia*). Hingegen ist der Vorgang bei Dicotylen ziemlich häufig. Die Bildung der Sprosse geht von oberflächennah verlaufenden Seitenwurzeln aus. In diesen wird im Perizykel (also endogen) bzw. nach Einsetzen des sekundären Dickenwachstums im Phellogen des Wurzelperiderms eine Sprossknospe angelegt.

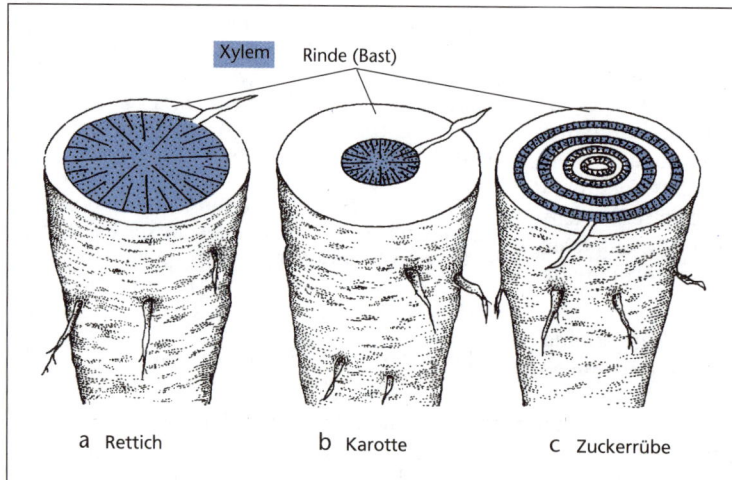

Abb. 6.41: Bildung von Rüben. **a:** Rettich: normales, aber verstärktes sekundäres Dickenwachstum der Hauptwurzel; im Xylem Bildung von Speichergewebe («Holzrübe»); **b:** Karotte: normales sekundäres Dickenwachstum; verstärkte Bildung von Bastgewebe, das der Speicherung dient («Bastrübe»); **c:** Zuckerrübe (*Beta*): anomales sekundäres Dickenwachstum; mehrere Cambien werden angelegt, die vorwiegend Speichergewebe bilden (nach HALLER-PROBST).

Durch Wurzelsprosse vermehren sich manche Arten rasch, so z. B. die Zypressenwolfsmilch *Euphorbia cyparissias* und der Sanddorn *Hippophae rhamnoides*. Bei vielen Arten setzt die Wurzelspross-Bildung erst ein, wenn der Hauptspross entfernt oder verletzt ist. Man spricht dann von einer regenerativen Sprossbildung. So entstehen bei vielen unserer Waldbäume Wurzelsprosse («Schösslinge») erst nach Entfernen des Stammes. Verschiedene «Unkräuter» vermehren sich durch Wurzelsprosse: wenn ein kleines Stück der Wurzel im Boden verbleibt, so reicht dies aus, um eine neue Pflanze hervorzubringen (z. B. Ackerwinde *Convolvulus arvensis*, Ampfer *Rumex*).

Luftwurzeln sind sprossbürtige Wurzeln, die über dem Bodenniveau an Sprossen entstehen und daher ein Stück durch den Luftraum wachsen. Ihre Funktionen sind unterschiedlich (vgl. 6.5).

6.4.4 Bewurzelungsformen

Man unterscheidet zunächst zwei Grundtypen der Bewurzelung:

- **Allorhize (heterogene) Bewurzelung:** die Keimwurzel wird zur Hauptwurzel; weitere Wurzeln entstehen durch deren Verzweigung (sind also morphologisch ungleichwertig). Zusätzlich können noch sprossbürtige Wurzeln an der Basis der Sprossachse gebildet werden. Die Hauptwurzel kann im Verlauf der Vergrößerung des Wurzelsystems entweder im Wachstum stark gefördert sein und eine tiefreichende Pfahlwurzel bilden (z. B. Löwenzahn *Taraxacum*, Eichen *Quercus*) oder aber sie bleibt gegenüber den Seitenwurzeln im Wachstum zurück: Flachwurzler (z. B. Fichte *Picea*, Pappel *Populus*). Deren Standfestigkeit ist naturgemäß geringer (Sturmschäden in Fichtenforsten!). Tiefwurzler bilden in Gesteinsspalten und beim Vordringen zum Grundwasserspiegel bis zu 30 m tief reichende Wurzeln. Schließlich können auch einige Seitenwurzeln zu ähnlicher Dicke wie die Primärwurzeln heranwachsen und weitgehend senkrecht angeordnet sein: mehrachsiges oder Herz-Wurzelsystem (z. B. Apfel- und Birnbaum, Buche *Fagus*).
- **Homorhize (homogene) Bewurzelung:** das Wurzelsystem entsteht nur aus sprossbürtigen Wurzeln; alle Wurzeln sind also morphologisch gleichwertig. Farnpflanzen zeigen primäre Homorhizie, da sie keinen besonderen Wurzelvegetationspunkt ausbilden, sondern schon die erste Wurzelanlage aus der Sprossachse hervorgeht. Die meisten Monocotylen sind sekundär homorhiz, d. h. die Keimwurzel geht – da ihr die Fähigkeit zu sekundärem Dickenwachstum fehlt – früh zugrunde und wird durch sprossbürtige Wurzeln ersetzt. Es gibt aber auch Monocotyle mit allorhizer Bewurzelung (z. B. Mais *Zea mays*). Bei der Dattelpalme *Phoenix dactylifera* bleibt die Primärwurzel mehrere Jahre funktionsfähig. Homorhiz bewurzelt sind natürlich auch alle aus Sprossachsenstücken gewonnenen Stecklinge, die der vegetativen Vermehrung von Pflanzen dienen.

Die Lycopodiophytina besitzen gabelig (dichotom) verzweigte Wurzelsysteme (z. B. Bärlappe *Lycopodium*, Moosfarne *Selaginella*).

Zwischen der absorbierenden Oberfläche des Wurzelsystems und der assimilierenden und transpirierenden Oberfläche der Blätter muss sich ein Gleichgewicht ausbilden. Bei Keimlingen ist zunächst das Wurzelsystem größer, dann holt die Blattfläche auf. Bei jeder Verpflanzung wird das Wurzelsystem geschädigt. Der Gärtner kann gegebenenfalls durch Einkürzen der Sprossachse einen gewissen Ausgleich schaffen.

Bei geringer Bodenfeuchtigkeit und bei Mangel bestimmter Ionen (besonders N, P) wird das Wurzelwachstum gegenüber dem Sprosswachstum gefördert; Pflanzen trockener Standorte haben also ein besonders umfangreiches Wurzelsystem. Vermehrte N-Zufuhr (auch in Form von Stickoxiden) führt zur Verminderung des Wurzelwachstums; das Verhältnis der Biomasse Spross/Wurzel wird gestört.

6.5 Anpassungen des Kormus

Die Vegetation verschiedener Gebiete der Erde zeigt bei ähnlichen Klimabedingungen ein ähnliches Aussehen, wobei aber ganz unterschiedliche Arten vorliegen. Sind hingegen die Klimaverhältnisse verschieden, so treten große Gestaltsunterschiede auf. Die Gestaltumbildungen des Kormus und seiner Organe erfolgten im Verlauf der Evolution unter Anpassung an die Standortbedingungen und Ausbildung bestimmter Lebensweisen. Solche Gestaltsanpassungen sind genetisch festgelegt. Darüber hinaus besteht in gewissem Ausmaß die Möglichkeit der Anpassung an Umweltbedingungen bei der Entwicklung der Pflanze (in der Ontogenese); diese Anpassung ist modifikatorisch (vgl. 8.2).

Für die Anpassung der Kormophyten sind einige Standortfaktoren besonders wichtig: Wasserverfügbarkeit und Temperaturverhältnisse bestimmen weitgehend Assimilationsleistung und Wachstum der höheren Pflanzen. Unter bestimmten Bedingungen können die Lichtverhältnisse und die Verfügbarkeit von Ionen für das Wachstum entscheidend werden. Der Spielraum, innerhalb dessen eine Pflanze überhaupt zu gedeihen vermag, ist für jede Art und jeden der Standortfaktoren unterschiedlich. Jede Art stellt daher an ihre Umwelt bestimmte Ansprüche, sie ist an einen Lebensraum angepasst. Die Anpassung äußert sich in ihrem Stoffwechsel, ihrer Entwicklung und teilweise auch in ihrer Anatomie und Morphologie.

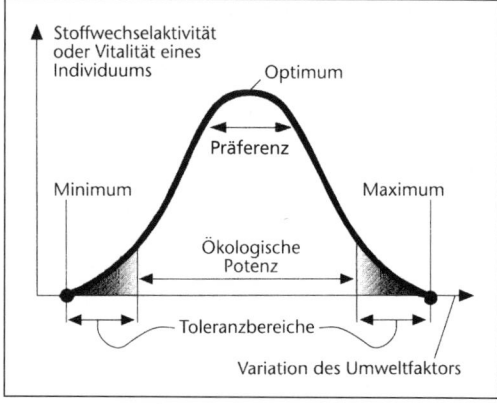

Abb. 6.42: Ökologische Potenz, Toleranzbereiche und Kardinalpunkte (Minimum und Maximum des Umweltfaktors, bei deren Unter- bzw. Überschreiten der Organismus stirbt). In den Toleranzbereichen erfolgt keine Fortpflanzung.

6.5.1 Ökologische Potenz und ökologische Nische

Für jeden interessierenden Standortfaktor kann man den Spielraum einer Art, ihre Reaktionsbreite, experimentell ermitteln. Als Maß der Lebensfähigkeit der untersuchten Art kann man die Wachstumsrate, die Samenproduktion oder ähnliche Größen heranziehen. Die Anpassungsbreite, innerhalb derer die Art sich fortpflanzen kann, nennt man ihre ökologische Potenz gegenüber diesem Umweltfaktor (z. B. liegt die ökologische Potenz beim Mais für den Temperaturfaktor im Bereich +10 °C bis +40 °C; hier erfolgt Wachstum und Fruchtbildung). Die ökologische Potenz gegenüber einem Standortfaktor lässt sich am einfachsten graphisch darstellen; dabei erhält man Optimumskurven (Abb. 6.42; meist sind diese aber nicht symmetrisch).

Die ökologische Potenz einer Art bezüglich eines Faktors kann eng oder weit sein. Je weiter sie ist, umso mehr Orte kann die Art besiedeln. Der durch die Optimumskurve gekennzeichnete Lebensbereich einer Art ist allerdings im Experiment unter optimal gehaltenen anderen Umweltfaktoren fast stets weiter als der ökologisch mögliche, weil im natürlichen Lebensraum die Konkurrenz zwischen den Arten eine einengende Wirkung hat. Arten, die bezüglich vieler Standortfaktoren eine große Reaktionsbreite aufweisen, nennt man **euryök** (z. B. Waldkiefer *Pinus sylvestris*). Solche mit engen Amplituden heißen **stenök** (z. B. Sonnentau *Drosera*); sie sind auf wenige Lebensräume begrenzt.

Die Gesamtheit aller abiotischen Umweltfaktoren (für eine höhere Pflanze sind dies die Standortfaktoren) und der biotischen Beziehungen, die für das Fortkommen der Art wichtig sind, nennt man die **ökologische Nische** der Art. Die ökologische Nische ist also kein Raum, sondern eine Vielzahl von Beziehungen zwischen einer Art und ihrer Umwelt. (Soweit Beziehungen quantifizierbar sind, können diese in einem Raum mit so vielen Dimensionen, wie es quantitative Umweltfaktoren gibt, abgebildet werden.) Der Begriff drückt aus, dass bestimmte Umweltverhältnisse durch eine Art in spezifischer Weise genutzt werden. Die Arten eines Lebensraumes teilen sich die Umwelt auf. Diese Arten sind dann unterschiedlich eingenischt.

6.5.2 Anatomisch-morphologische Anpassungen an Standortbedingungen

Morphologische Anpassungen können zu besonderen Gestaltsumbildungen (Metamorphosen) von Organen führen; Anpassungen können sich aber auch auf eher geringfügige Veränderungen der Gestalt und der Anatomie beschränken (z. B. die Ausbildung von Schwimmblättern bei vielen Wasserpflanzen).

6.5.2.1 Anpassungen an die Wasserverfügbarkeit

Die Niederschlagsmenge und ihre jahreszeitliche Verteilung ist in verschiedenen Gebieten der Erde sehr unterschiedlich. Daran mussten sich die Pflanzen bei der Besiedlung des Festlandes anpassen. Dauernd verfügbar ist Wasser für die im Wasser lebenden Pflanzen (Hydrophyten) und für die Feuchtluftpflanzen (Hygrophyten).

An längerdauernde Dürreperioden angepasst sind die Trockenpflanzen (Xerophyten). Ausdauernde Arten, die an einen jahreszeitlichen Wechsel von Regen- und Trockenzeit adaptiert sind, nennt man Tropophyten. Landpflanzen ohne spezifische Anpassungen (z.B. viele der krautigen Arten in Mitteleuropa) sind die Mesophyten.

Hydrophyten (Wasserpflanzen) leben im Wasser vorwiegend untergetaucht. Teilweise werden auch Schwimmblätter gebildet (vgl. 6.3.4.4). Vor allem die untergetauchten Pflanzen(-teile) zeigen oft besondere Anpassungen: die Epidermiszellen bilden nur eine dünne Cuticula und besitzen oft Chloroplasten. Da das Wasser ein viel dichteres und damit tragfähigeres Medium ist als die Luft, wird nur wenig Festigungsgewebe gebildet. Die Wasseraufnahme kann durch die Oberfläche vieler Pflanzenteile erfolgen, so dass eine Rückbildung der Wurzel möglich ist. Schwimmpflanzen können sogar völlig wurzellos werden (z.B. einige Wasserlinsen-Arten).

Da die Gasdiffusion im Wasser viel langsamer erfolgt, und da weniger Sauerstoff im Wasser je Volumeneinheit enthalten ist als in der Luft, muss die Gasaufnahme der Blätter gesichert werden: es erfolgt eine Oberflächenvergrößerung der Wasserblätter, die zart, dünn und stark zerteilt sind. Das Mesophyll ist reich an Interzellularen, die als Luftspeicher dienen. Die Ausbildung von epistomatischen Schwimmblättern ermöglicht eine Gasaufnahme aus dem Luftraum; durch Aerenchyme kann dann ein Gas-Ferntransport in der Pflanze erfolgen. Zur Erhaltung ihrer Lage besitzen Schwimmblätter oft besondere Anpassungen; so sind bei der Wassernuss *Trapa natans* die Blattstiele blasig verdickt und lufterfüllt. Dasselbe gilt für die schwimmende Wasserhyazinthe *Eichhornia*. Die Unterwasserblätter von Arten in stark bewegtem Wasser sind oft bandförmig gestaltet und sehr biegefest (z.B. bei *Vallisneria* und bei Seegras-Arten).

Hygrophyten leben an feuchten Orten bei ständig guter Wasserzufuhr. Hierher gehören Uferpflanzen, zahlreiche Schattenpflanzen feuchter Wälder und Bodenbewohner immerfeuchter Regenwälder. Sumpfpflanzen werden auch als *Helophyten* abgetrennt. Hygrophyten besitzen Einrichtungen zur Erhöhung der Transpiration und häufig Hydathoden (vgl. 6.3.3.1). Ihre Blätter sind dünn, tragen oft lebende Haare und verschiedentlich Stomata, die über die Epidermisfläche nach außen emporgehoben sind (z.B. *Ruellia*, eine Acanthacee).

Xerophyten leben an längerzeitig trockenen Standorten. Ihre Anpassungen haben die Aufgabe, die Pflanzen erfolgreich zwischen den Extremen «Tod durch Wassermangel» (Verdursten) und «Tod infolge zu geringer Stoffproduktion» (Verhungern) zu erhalten. Außerdem gibt es an sehr trockenen Standorten auch Arten, die der Trockenheit ausweichen, indem sie diese Zeit nur mit unterirdischen Speicherorganen oder gar nur als Samen überdauern (Dürre meidende Arten).

In winterkalten Gebieten sind die meisten immergrünen Arten ebenfalls xerophytisch; dies ist ein Schutz vor der Frosttrocknis. Im Winter können nämlich infolge der Sonnenbestrahlung die Blätter erwärmt werden, so dass eine erhebliche Transpiration stattfindet. Ein Wassernachschub ist bei gefrorenem Boden aber unmöglich, so dass die Gefahr eines Vertrocknens von Pflanzenteilen besteht.

Die Regulation des Wasserhaushaltes kann bei Xerophyten erfolgen durch Verbesserung der Wasseraufnahme, durch Reduktion der Wasserabgabe und durch Speicherung von Wasser, das während der Dürrezeit dann genutzt werden kann. Außerdem muss die Stabilität der Gewebe bei Wasserverlust durch Vermehrung des Sklerenchyms gesichert werden und die Zellen müssen einen gewissen Wasserverlust ohne bleibende Schäden ertragen können (Entwicklung einer plasmatischen Dürreresistenz).

Verbesserung der Wasseraufnahme: In der Regel besitzen Xerophyten ein sehr umfangreiches Wurzelsystem, das durch sein Wachstum geringe Wasservorräte im Boden noch nutzen kann. Ist der horizontale Durchmesser des Wurzelsystems erheblich umfangreicher als die oberirdischen Teile der Pflanzen, so kann keine geschlossene Vegetationsdecke mehr vorliegen; es entsteht eine offene Vegetation, wie sie für manche Steppen, für Halbwüsten und Wüsten charakteristisch ist. Zusätzlich können der Wasseraufnahme dienen: Saughaare (auf den Blättern der Bromeliaceen), die Ligula bei *Selaginella* und das *Velamen radicum* der Luftwurzeln epiphytischer Orchideen.

Verringerung der Transpiration: Sie erfolgt einmal durch verbesserten Transpirationsschutz der vorhandenen Organe (vgl. 6.3.3.1). So sind die Stomata häufig in Gruben versenkt, wodurch die Transpiration herabgesetzt wird. Zum anderen wird die transpirierende Oberfläche im Verhältnis zum Gesamtvolumen der Pflanzen reduziert. Dies kann erreicht werden durch Verringerung der Zahl der Sprossachsen und durch Verkleinerung der Blätter bis hin zu deren völligem Verlust (z. B. meiste Kakteen). Vielfach ist die Reduktion der Blattfläche mit einer Verdornung verbunden, so dass die geringere Assimilationsfläche gleichzeitig besser vor Fressfeinden geschützt wird.

Die Reduktion oder der Ersatz der Blattspreite als Assimilationsorgan führt zu folgenden **Metamorphosen** (Abb. 6.43):

- Umbildungen der Sprossachse:
  Rutensprosse: Die Sprossachsen übernehmen einen höheren Anteil an der Assimilatinsleistung der Pflanzen ohne größere morphologische Umbildung (z. B. Mittelmeerginster *Spartium junceum*).

  Flachsprosse: Eine Abflachung der Sprosse verbessert ihre assimilatorische Funktion; dabei unterscheidet man:
  – Phyllokladien: Kurztriebe als Flachsprosse von blattähnlichem Aussehen (z. B. *Ruscus*, *Phyllanthus*). Nadelförmige Gestalt haben sie bei vielen Arten des Spargels *Asparagus*.
  – Platykladien oder Kladodien: Langtriebe als Flachsprosse, die aus vielen Internodien aufgebaut sind. Beispiele: *Homalocladium platycladum* aus Neuseeland, *Phyllocactus*. Viele Opuntien besitzen ebenfalls Platykladien, die aber bei diesen Kakteen zugleich sukkulent sind. Durch sekundäres Dickenwachstum kommt es in diesen Fällen später zu einer Abrundung der Achsen.

- Umbildungen des Blattes:
  Phyllodien: Bei reduzierter Blattspreite kann der sklerenchymreiche Blattstiel flächig als Assimilationsorgan mit xeromorphem Bau ausgebildet werden. So entstehen Phyllodien, z. B. bei *Acacia*-Arten und *Bupleurum*. Phyllodien sind oft unifacial gebaut und dann parallelnervig. Beim Dickblattgewächs *Bryophyllum tubiflorum* enthalten die Phyllodien Wasserspeichergewebe.

- Umbildungen der Wurzel:
  Assimilationswurzeln treten bei einigen epiphytischen tropischen Orchideen (z. B. *Campylocentrum*) und bei den Podostemaceen (Pflanzen in Fließgewässern der Tropen) auf. Sie sind flachbandförmig und bilden Chlorenchym. Der Gasaustausch erfolgt durch Lenticellen. Bei vielen Arten der Orchideengattung *Taeniophyllum* fehlen Blätter völlig.

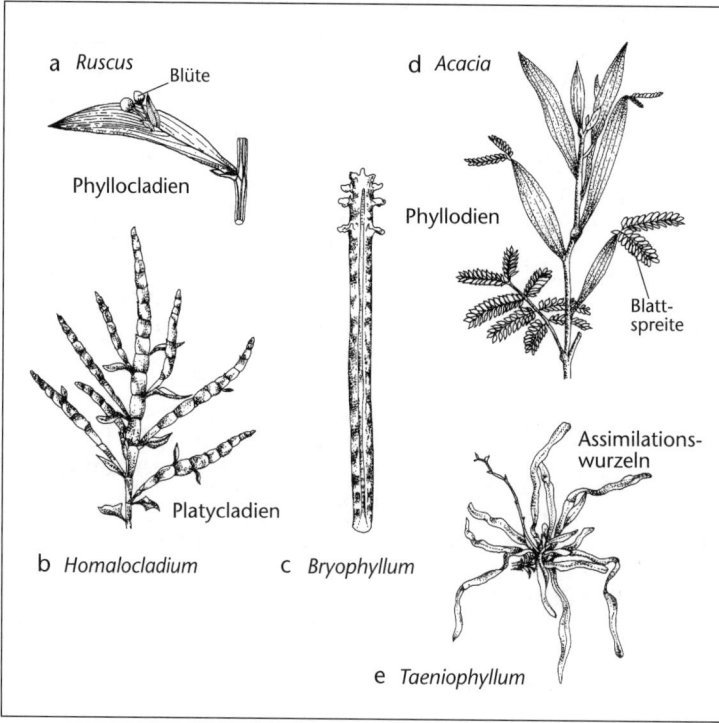

Abb. 6.43: Metamorphosen als Assimilationsorgane anstelle von Laubblättern. **a:** Phyllocladium von *Ruscus* mit einem Knoten, an dem sich die Infloreszenz entwickelt. **b:** Platycladien von *Homalocladium*; **c:** Phyllodium von *Bryophyllum tubiflorum*; **d:** Phyllodien von *Acacia heterophylla*, einige tragen noch gefiederte Blätter; **e:** Assimilationswurzeln der Orchidee *Taeniophyllum* (b und c nach TROLL, d nach REINKE, e nach GOEBEL).

Speicherung von Wasser: Dies ist die Strategie der Sukkulenten. In der Regel ist sie mit einer starken Reduktion der Oberfläche verbunden (z. B. Kakteen). Das Verhältnis Wassergehalt bei Sättigung zu Oberfläche bezichnet man als Sukkulenzgrad eines Organs oder einer Pflanze. Die **Sukkulenz** kann alle Organe betreffen:

- Sprosssukkulenten (Stammsukkulenten, Abb. 6.44):
  Sie bilden in der Sprossachse Wasserspeichergewebe aus. Hierher gehören viele Kakteen, Euphorbiaceen, Asclepiadaceen und Didiereaceen, ferner verschiedene Asteraceen, Apocynaceen, Geraniaceen und Vitaceen. Die Wuchsform der Stammsukkulenten dieser verschiedenen Familien zeigen außerordentliche Gestaltähnlichkeit, bedingt durch die Anpassung an ähnliche Lebensbedingungen (Konvergenz). Selbst Rippen bei säuliger Wuchsform entstehen konvergent. Sie dienen der mechanischen Stabilisierung und lösen bei unterschiedlicher Besonnung infolge der Temperaturdifferenzen Luftströmungen aus (ähnlich den Rippen eines Heizkörpers). Auch die Flaschenbäume der tropischen Trockengebiete (vor allem Bombacaceen, z. B.

Abb. 6.44: Sprosssukkulenten: Konvergenz der Gestaltbildung in trockenen Klimaten bei sehr kurzen Regenperioden. **a:** Cactaceae: *Cereus iquiquensis*; **b:** Euphorbiaceae: *Euphorbia fimbriata*; **c:** Asclepiadaceae: *Huernia verekeri*; **d:** Asteraceae: *Kleinia stapeliiformis*; **e:** Vitaceae: *Cissus cactiformis* (aus STRASBURGER).

Affenbrotbaum *Adansonia*) sind Stammsukkulenten.
- Blattsukkulenten (Abb. 6.45):
  Dient das Oberblatt bzw. die Blattspreite in erheblichem Umfang der Wasserspeicherung, so entstehen Blattsukkulenten mit umfang-

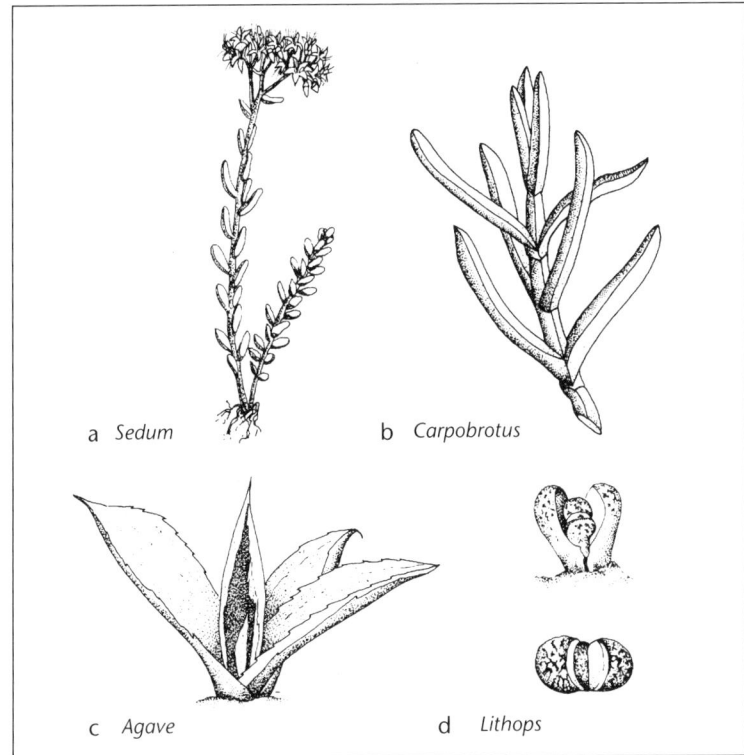

Abb. 6.45: Blattsukkulenten. **a:** Crassulaceae: *Sedum album*; **b:** Aizoaceae: *Carpobrotus edulis*; **c:** Agavaceae: *Agave americana*; **d:** Aizoaceae: *Lithops* («Lebende Steine») als Beispiel einer Fensterpflanze.

reichem Wassergewebe. Sukkulente Blätter sind charakteristisch für Crassulaceen (Dickblattgewächse) und viele Aizoaceen (z. B. «Lebende Steine» *Lithops*), kommen aber auch bei anderen Familien vor. Die Blätter von Fensterpflanzen (z. B. *Lithops*-Arten; *Fenestraria*; Aizoaceae) liegen im kühleren Boden der Halbwüste; sie besitzen oberseits Wasserspeichergewebe und an der Unterseite Assimilationsgewebe, das vom Licht durch das Wassergewebe hindurch erreicht wird.
- Wurzelsukkulenten:
Sie speichern Wasser in Wurzeln (vor allem Arten der afrikanischen Trockengebiete, z. B. *Pachypodium*-, *Pelargonium*-Arten).

Je nach der durchschnittlichen Länge der Dürreperiode herrschen unterschiedliche Anpassungen der Xerophyten vor. Gibt es eine jahresperiodische Trockenzeit von einigen Monaten Dauer (z. B. im Mittelmeergebiet), so findet man vor allem Arten, die ihren Wasserhaushalt durch Verringerung der Transpiration regulieren. Ihre Blätter sind immergrün, klein und zeigen infolge des hohen Sklerenchymgehaltes Hartlaub-Charakter (Sklerophylle; z. B. Ölbaum *Olea europaea*, Johannisbrotbaum *Ceratonia siliqua*, Steineiche *Quercus ilex*). Das Mesophyll ist kleinzellig, die Stomata sind klein, aber sehr zahlreich, so dass nach einem stärkeren Regen sofort ein lebhafter Gaswechsel in Gang kommt.

Herrscht lange Zeit im Jahr eine Trockenheit, die nur durch 1–2 kurze Regenperioden unterbrochen wird, so sind oftmals Sukkulenten vorherrschend (z. B. südliches Afrika, westliches Nordamerika). Neben die morphologische Anpassung tritt hier auch eine physiologische Adaptation (vgl. 10.1.3). Sukkulenten besitzen ein oberflächennahes, weit ausgebreitetes Wurzelsystem, so dass bei Regen rasch viel Wasser aufgenommen werden kann.

Fallen Niederschläge in einem Trockengebiet sehr unregelmäßig (wie in vielen echten Wüsten), so werden einerseits kurzlebige, Dürre meidende Arten und zum anderen Tiefwurzler vorherrschend. Letztere können während trockener Zeiten noch lange aktiv bleiben; bei extremer Dürre sterben sie teilweise ab, so dass das verfügbare Wasser länger ausreicht. Dieses «Überleben durch partiellen Tod» (z. B. bei *Anabasis articulata*) ist möglich infolge des modularen Baus (vgl. 6.2.5.4). Die kurzlebigen Arten entwickeln sich nach einem starken Regen, bilden dann rasch Blüten und Samen und überdauern so bis zum nächsten Regenfall. Die Samen bzw. Früchte vieler kurzlebiger Wüstenpflanzen bleiben oft zunächst in abgestorbene Pflanzenteile eingehüllt. So wird ein zu frühes Keimen nach einem unzureichenden Niederschlag verhindert. Bei der Rose von Jericho (*Anastatica hierochuntica*, vgl. Abb. 15.4) enthält das vertrocknete, zusammengebogene Sprosssystem die Früchte. Erst nach längerer Befeuchtung öffnet es sich und gibt die Früchte frei, die dann verbreitet werden, so dass die Samen keimen können.

6.5.2.2 Anpassungen an die Überdauerung ungünstiger Zeiten

Die enge Verknüpfung der Faktoren «Wasser» und «Temperatur» wurde schon erwähnt. Mit zunehmender Temperatur nimmt bei gleichbleibendem Wasserdampfgehalt der Luft die relative Luftfeuchte ab und daher die Transpirationsrate der Pflanzen zu. Dementsprechend muss der Wassernachschub verbessert werden oder – wenn dies nicht möglich ist – müssen Xeromorphien entstehen.

Pflanzen, die unter erheblichen jahreszeitlichen Temperaturdifferenzen oder Feuchtigkeitsdifferenzen (oder beidem) leben, sind dem jahreszeitlichen Klimarhythmus (Temperaturrhythmik z. B. in Mitteleuropa, Feuchtigkeitsrhythmik z. B. in den Tropen und Subtropen mit Regenzeit) durch einen Wandel in der Gestalt angepasst; sie sind **Tropophyten**. Holzgewächse werfen ihre Blätter ab und schützen die empfindlichen Apikalmeristeme durch Ruheknospen. Diese besitzen meist besondere Hüllen, gebildet aus Neben- oder Niederblättern (vgl. 6.3.4.3). Insbesondere bei ganzjährig warmem Klima können auch früh entwickelte Blattspitzen als Schutz wirksam werden. Ausdauernde krautige Arten (Stauden) überdauern die ungünstigen Zeiten oft nur mit unterirdischen Organen oder mit Erneuerungsknospen unmittelbar am Erdboden (vgl. 6.5.3). Die Speicherung der zum Aufbau neuer Assimilationsflächen erforderlichen Reservestoffe erfolgt bei Holzpflanzen in der Rinde, den Markstrahlen und dem Holzparenchym der Sprossachsen, bei den Stauden in Speicherorganen von besonderer Gestalt, die Reservestoffe enthalten. Aus den Speicherorganen treiben neue Sprossachsen aus; dabei kann es auch zu einer vegetativen Vermehrung (vgl. 7.1.1) kommen. Bei anderen Gestaltsumbildungen (Brutknospen, Ausläufer) steht die vegetative Vermehrung im Vordergrund. Der Speicherung dienen folgende Metamorphosen (Abb. 6.46 und 6.47):

1. Speichersprosse

Man unterscheidet zwei Formen: Rhizome und Sprossknollen.

Rhizome sind unterirdische und meist plagiotrop wachsende Hauptsprosse. Sie tragen kleine, schuppenförmige Blättchen und häufig spross-

6.5 Anpassungen des Kormus · 161

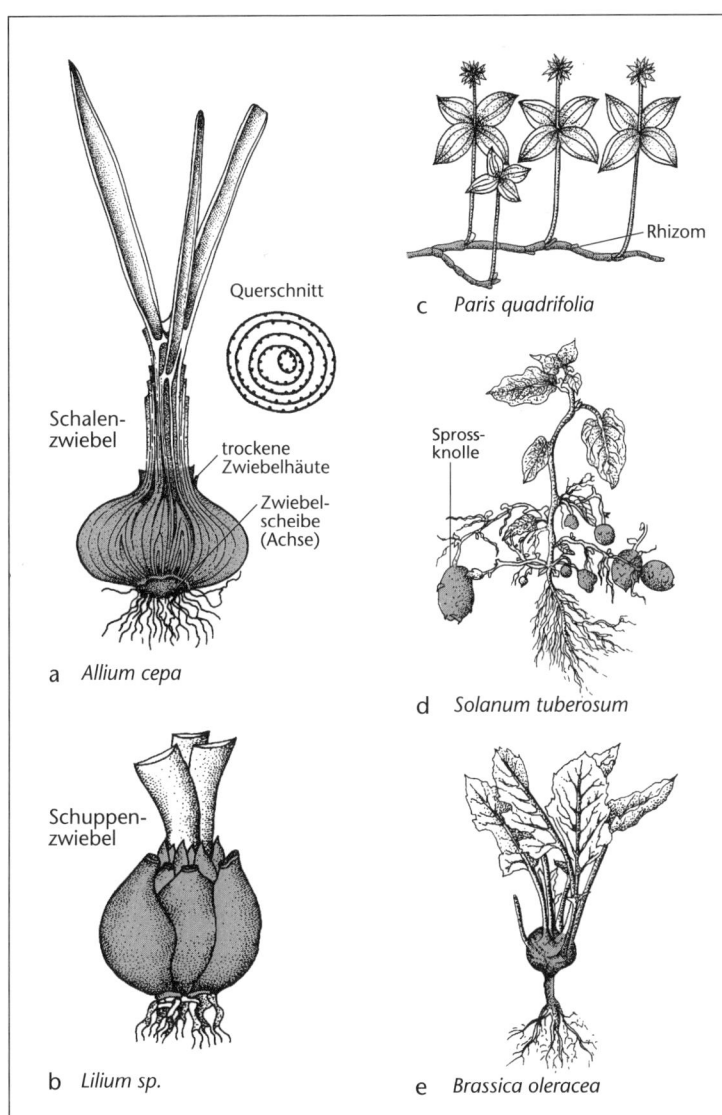

Abb. 6.46: Spross- und Blattmetamorphosen als Speicherorgane. **a:** Schalenzwiebel der Küchenzwiebel *Allium cepa*; **b:** Schuppenzwiebel der Lilie *Lilium candidum*; **c:** Rhizom der Einbeere *Paris quadrifolia*; **d:** Sprossknollen an Seitenachsen bei der Kartoffel *Solanum tuberosum*; **e:** Sprossknolle an der Hauptachse bei der Kohlrabi-Pflanze *Brassica oleracea* (nach ULLRICH-ARNOLD und RAUH).

bürtige Wurzeln und sind so als Sprossachsen zu erkennen. Rhizome sind ausdauernd; an der Spitze entsteht ein jährlicher Zuwachs und von hinten sterben sie allmählich ab. Vom Rhizom aus werden in jeder Vegetationsperiode die oberirdischen Sprosse gebildet. Rhizome besitzen viele unserer Frühblüher; sie können monopodial oder sympodial gebaut sein.

Beispiele: Buschwindröschen *Anemone*, Maiglöckchen *Convallaria*, Schwertlilie *Iris*. Beim Schilf *Phragmites australis* werden die Rhizome bis zu 20 m lang und sind für die Ausbreitung wichtig. Der Wasserschierling *Cicuta virosa* bildet orthotrop (senkrecht) wachsende Rhizome. Wird die Speicherung in die an der Rhizomachse ansitzenden schuppenförmigen Blättchen verlegt, so entsteht ein Schuppenrhizom (Schuppenwurz *Lathraea*).

Sprossknollen sind ober- oder unterirdische verdickte Abschnitte von Sprossachsen, die aus einem oder mehreren Internodien entstehen. Bei der Kartoffel werden an unterirdischen Seitensprossen (Ausläufer) die plagiotropen Sprossknollen angelegt. Durch Anhäufen der Erde um den Spross kann man weitere Achselknospen zur Ausläufer- und damit Knollenbildung anregen. Bei der Bildung der Knolle endet das Internodienwachstum plötzlich, die stark gestauchten Internodien zeigen ein starkes Dickenwachstum und bilden Speicherparenchym mit reichlich Stärke. Nach außen entsteht ein Periderm. An den ruhenden Seitenknospen (Augen) ist erkennbar, dass die Kartoffelknolle eine Sprossmetamorphose ist; aus diesen Augen entstehen in der folgenden Vegetationsperiode neue Sprossachsen und somit neue Pflanzen.

Oberirdische und orthotrope Sprossknollen an der Hauptachse entstehen bei der Kohlrabi-Pflanze. Die Speicherung dient hier der Blütenbildung, die erst im zweiten Jahr erfolgt. Bildet das Hypokotyl die Knolle aus, so entsteht eine *Hypokotylknolle* (Alpenveilchen *Cyclamen*, Radieschen). Eine besondere Form der Sprossknolle ist die knollenförmig verholzte Stammbasis (Hypokotyl und erste epikotyle Internodien) verschiedener *Eucalyptus*-Arten. Diese *Holzknolle* (Lignotuber) ermöglicht durch zahlreiche ruhende Knospen ein rasches Austreiben nach Buschfeuern. Ähnliche Strukturen gibt es auch bei Ericaceen und anderen Vertretern der Hartlaubvegetation.

2. Speicherblätter

Reservestoffe speichernde Blätter oder Blattteile bauen die **Zwiebeln** (Abb. 6.46 d, e) auf. An dem gestauchten Spross (Zwiebelscheibe) sind Blätter inseriert, die fleischig verdickte Basen haben. Nach der Anordnung und Form der beteiligten Blattorgane unterscheidet man Schalen- und Schuppenzwiebeln. Bei ersteren sind die Blätter röhrig und umfassen die ganze Achse (z. B. Küchenzwiebel *Allium cepa*). Die Speicherung erfolgt im Unterblatt, das Oberblatt ist Assimilationsorgan und stirbt im Herbst ab. Achselknospen liefern Tochterzwiebeln. Bei den Schuppenzwiebeln (z. B. Knoblauch *Allium sativum*, Lilie *Lilium*) ist der Blattgrund nur schmal; jede Zehe ist ein speicherndes Niederblatt.

3. Speicherwurzeln

Man unterscheidet zwei Formen: Rüben und Wurzelknollen (Abb. 6.47).

Rüben entstehen durch Verdickung der Hauptwurzel; sie treten nur bei Dicotylen auf. An der Rübenbildung sind in wechselndem Umfang auch das Hypokotyl, das Epikotyl und gelegentlich sogar weitere Sprossinternodien beteiligt. Der Übergang von der reinen Wurzelrübe (Zuckerrübe, Möhre) zur Hypokotylknolle ist fließend. Bei Rettich und Futterrübe sind sowohl die Wurzel als auch das Hypokotyl beteiligt.

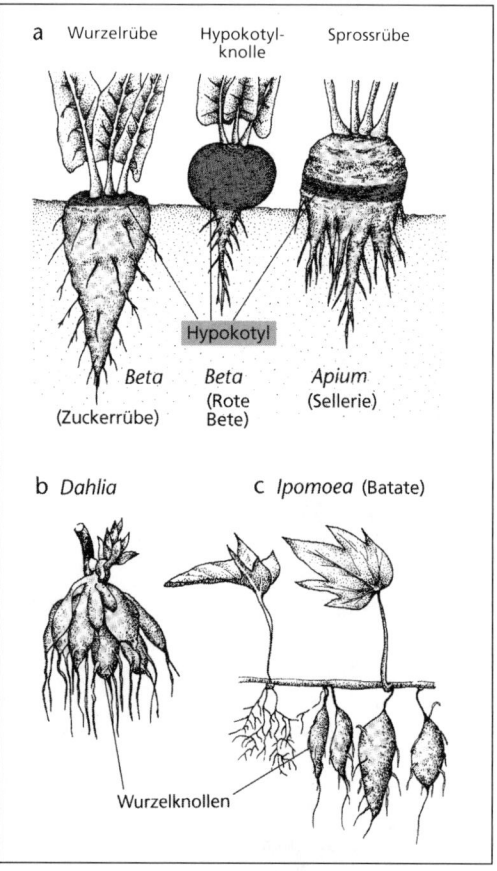

Abb. 6.47: Rüben und Wurzelknollen (Speicherorgane). **a:** Rüben: Zuckerrübe (*Beta vulgaris*) mit Wurzelrübe (verdickte Hauptwurzel), Rote Rübe (*Beta vulgaris*) mit Hypokotylknolle, Knollensellerie (*Apium graveolens*) mit Sprossrübe (Sprossknolle unter Beteiligung des Hypokotyls; nach HALLER-PROBST); **b:** Wurzelknollen der Dahlie *Dahlia variabilis*; **c:** Wurzelknolle der Batate *Ipomoea batatas*.

Beim Sellerie *Apium graveolens* und anderen Apiaceen sind basale Sprossinternodien ebenfalls einbezogen («Sprossrüben»). Die Verdickung der Rübe kommt durch sekundäres Dickenwachstum zustande (Abb. 6.41). Bei der Gattung *Beta* (Zucker-, Futter-, Rote Rübe) werden nacheinander mehrere Cambien angelegt (anomales Dickenwachstum, vgl. 6.4.2.1), die vorwiegend Speicherparenchym produzieren. Bei der Möhre *Daucus carota* entsteht das Speichergewebe durch normales sekundäres Dickenwachstum, bei dem sehr viel sekundäre Rinde gebildet wird («Bastrübe»). Beim sekundären Dickenwachstum des Rettichs *Raphanus sativus* entsteht hingegen das Speichergewebe vorwiegend im sekundären Holz («Holzrübe»).

Bei zweijährigen Arten dienen die Rüben der Speicherung der im ersten Jahr gebildeten Reservestoffe (*Beta, Raphanus, Daucus*). Es gibt aber auch ausdauernde Rüben; diese sind gelegentlich verzweigt (z. B. Meerrettich *Armoracia*, Zaunrübe *Bryonia*).

Wurzelknollen entstehen durch Verdickung von – oft sprossbürtigen – Seitenwurzeln. Sie treten bei Monocotylen (z. B. Orchideen, Liliaceen s.l.) und Dicotylen (z. B. *Dahlia*, Batate *Ipomoea batatas*) auf. Das Speichergewebe entsteht meist durch Verdickung der primären Rinde, seltener durch sekundäres Dickenwachstum (Dahlie, Batate). Die Verdickung kann in verschiedenen Bereichen der Wurzeln erfolgen; manchmal haben die apikalen Teile der gleichen Wurzel noch normale Absorptionsfunktion. Verzeigte Wurzelknollen gibt es z. B. bei Orchideen (*Dactylorrhiza*).

Vorwiegend zum Zweck der vegetativen Vermehrung erfolgt eine Speicherung in folgenden Sprossmetamorphosen:

Brutsprosse

Brutsprosse verbleiben unter Reservestoffspeicherung im Knospenstadium zunächst an der Mutterpflanze und lösen sich später ab. Die Speicherung kann in den jungen Blattorganen erfolgen: Brutzwiebeln (z. B. Lauch *Allium* und Zahnwurz *Dentaria*, Abb. 6.48); sie kann aber auch in Achsengewebe oder der Wurzelanlage stattfinden: Brutknöllchen (z. B. Scharbockskraut *Ranunculus ficaria*). Beim alpinen Knöterich *Polygonum viviparum* werden Brutknöllchen anstelle von Blüten ausgebildet.

Ausläufersprosse

Ausläufersprosse (Abb. 6.49) wachsen plagiotrop (horizontal). Ihre basalen Internodien strecken sich stark; am Ende des Ausläufersprosses entsteht in der Regel eine Tochterpflanze mit gestauchten Internodien, die dann sprossbürtige Wurzeln bildet. Ausläufer können oberirdisch (Ableger, z. B. Erdbeere *Fragaria*, Günsel *Ajuga reptans*) oder unterirdisch (Stolonen, z. B. Huflattich *Tussilago farfara*, Quecke *Agropyron repens*) gebildet werden. Sich verzweigende Stolonen machen bei vielen «Unkräutern» eine erfolgreiche Bekämpfung fast unmöglich. In der Praxis genutzt werden sie beim Strandhafer *Ammophila* zur Festlegung von Sanddünen.

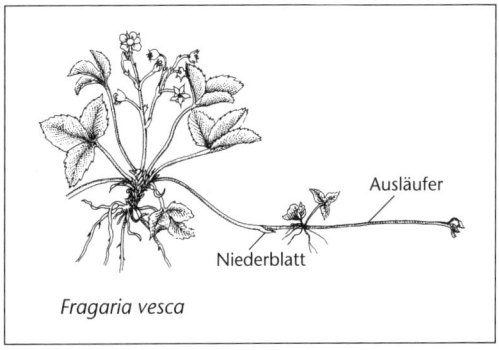

Abb. 6.49: Ausläufersprosse (Ableger) bei der Erdbeere *Fragaria vesca* (in Anlehnung an Troll).

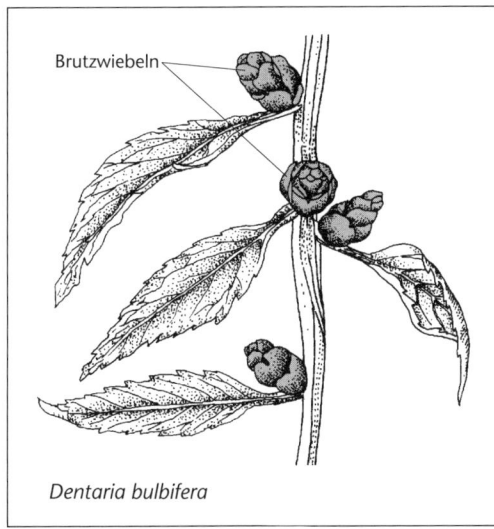

Abb. 6.48: Brutzwiebeln in den Blattachseln der Zahnwurz *Dentaria bulbifera* (nach Ullrich-Arnold).

6.5.2.3 Anpassungen an die Lichtverhältnisse und zur Erhöhung der mechanischen Stabilität

Eine möglichst weitgehende Ausnutzung des Lichtes durch die Pflanzen führt dazu, dass in Gebieten mit zureichender Wasserversorgung die Vegetationsdecke dicht und in der Regel mehrschichtig entwickelt ist. Die Pflanzen sind an unterschiedliche Lichtintensitäten angepasst. Die Bildung von Sonnen- und Schattenblättern wurde in Abschnitt 6.3.3.1 besprochen. Auf die physiologische Anpassung wird in Abschnitt 10.1.3 eingegangen.

Einer zu hohen Lichtintensität können manche Arten durch Bewegung der Blätter begegnen; so gibt es *Acacia*-Arten, die ihre Fiederblätter tagsüber zusammenklappen («Tagesschlaf»). In anderen Fällen verhindert die Blattstellung eine zu intensive Bestrahlung (*Eucalyptus*-Arten, Lattich *Lactuca serriola*).

In Vegetationseinheiten mit mehreren lichtabsorbierenden Blattschichten treten als besondere Anpassungen die **Kletterpflanzen** auf. Sind sie verholzt, so spricht man von Lianen. Kletterpflanzen wurzeln im Erdboden und klimmen mit relativ dünnen Achsen an anderen Pflanzen (oder Felsen, Mauern u. dgl.) empor. Dadurch gelangen ihre Blätter ans Licht, ohne dass tragende Sprossachsen gebildet und dafür Assimilate aufgewendet werden. Lianen werden bis zu mehreren 100 m lang (z. B. *Bauhinia*) und sind somit die «größten» Blütenpflanzen.

In einigen Familien sind Kletterpflanzen vorherrschend, z. B. bei den Convolvulaceae, Cucurbitaceae, Passifloraceae, Vitaceae. In den mitteleuropäischen Wäldern sind nur zwei holzige Lianen verbreitet: Waldrebe *Clematis vitalba* und Efeu *Hedera helix*.

Ohne besonders auffällige Umbildungen klettern die «anlehnungsbedürftigen» **Spreizklimmer**: sie schützen sich durch rückwärts gerichtete Seitensprosse (z. B. bei *Solanum*-Arten) oder Blattstiele vor dem Zurückrutschen. Zusätzlich werden gebildet: Kletterhaare (z. B. Kleblabkraut *Galium aparine*), Stacheln (z. B. Kletterrosen, Brombeeren), Dornen (z. B. *Bougainvillea*). Spreizklimmer können sich durch Verhakung von einzelnen Individuen gegenseitig stützen. Die Gefahr eines Knickens der Achse unter dem Eigengewicht wird so verringert. Die Pflanzen bilden gewissermaßen einen «sozialen Verband» (z. B. beim Riesenschachtelhalm *Equisetum giganteum*).

Der Achsenstabilisierung dienen folgende Metamorphosen (Abb. 6.50):

1. Umbildungen der Sprossachse

Windesprosse: Hier windet der Hauptspross unter starkem Längenwachstum der Internodien (z. B. Hopfen *Humulus lupulus* linkswindend, Bohnen *Phaseolus* rechtswindend). Trifft der Spross auf eine Stütze, so umwächst er diese und windet sich ihr entlang. Das Winden kommt durch ungleichmäßige Streckung der Internodien zustande; die Hauptstreckungszone verläuft schraubig. Auch holzige Lianen besitzen vielfach Windesprosse. Ihre Sprossachsen sind meist sehr biegsam, da sie beim sekundären Dickenwachstum der Trägerpflanzen nachgeben müssen. Sie besitzen oft abweichende Formen sekundären Dickenwachstums.

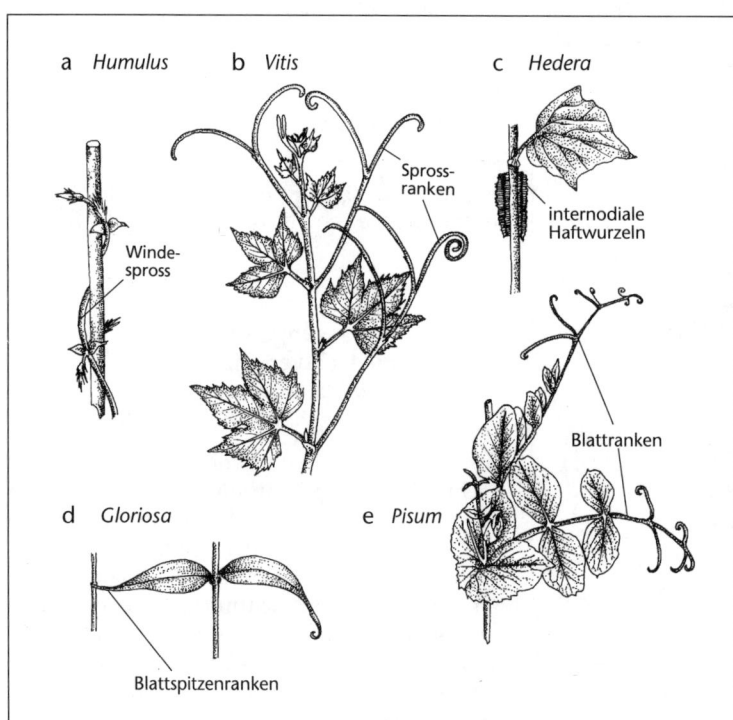

Abb. 6.50: Metamorphosen zur Befestigung von Pflanzenteilen. **a:** Windespross vom Hopfen *Humulus lupulus*; **b:** Sprossachsen (sympodial gebaut) des Weins *Vitis sylvestris*; **c:** Haftwurzeln beim Efeu *Hedera helix*; **d:** Blattspitzen-Ranken der Lilie *Gloriosa*; **e:** Blattranken der Erbse *Pisum sativum* (z. T. nach Rauh und Troll).

Sprossranken: Größere Höhen können ohne Stammbildung auch erreicht werden durch Bildung von Sprossranken, die ein Emporklettern der Pflanze ermöglichen. Die Ranken der Weinrebe (*Vitis sylvestris*, Liane des trockenen Auewaldes) sind die Enden der Hauptsprosse des sympodialen Sprosssystems. Beim Wilden Wein *Parthenocissus* besitzen die Rankenenden zusätzlich Haftscheiben. Bei *Passiflora* sind Seitensprosse zu Ranken umgebildet.

2. Umbildungen des Blattes

Blattranken: Bei vielen Hülsenfrüchtlern werden statt der Fiederblätter fädige Ranken gebildet. Im Extremfall von *Lathyrus aphaca* wird das ganze Oberblatt zu Ranken (Abb. 6.32); ebenso bei der Zaunrübe *Bryonia*. Bei der Lilie *Gloriosa* ist nur die Blattspitze zur Ranke umgebildet. Auch der Blattstiel kann die Rankenfunktion übernehmen, so z. B. bei einigen Kannenpflanzen *Nepenthes* und beim Nachtschatten *Solanum iasminoides*. Selten werden Nebenblätter zu Ranken (*Smilax lancaefolia*).

3. Umbildungen der Wurzeln

Wurzelranken sind sprossbürtige Wurzeln, die als Ranken zur Anheftung kletternder Sprosse dienen (z. B. bei Vanille *Vanilla planifolia*).

Haftwurzeln sind sprossbürtige Wurzeln, die der Festheftung von Sprossachsen an einer Unterlage dienen (z. B. *Ficus pumila*, *Philodendron*, Efeu *Hedera helix* mit internodialen Haftwurzeln).

Die mit Haftwurzeln emporkletternden Arten nennt man auch Wurzelkletterer; erfolgt das Klettern mit Ranken, so spricht man von Rankenkletterern.

Bei unzureichender Verankerung von Pflanzen, vor allem von Bäumen, im Untergrund, übernehmen andere Wurzel-Metamorphosen die Aufgabe der Stabilisierung:

Brettwurzeln. Viele Bäume tropischer Wälder bilden zur Stabilisierung der oft sehr hohen Stämme Brettwurzeln aus (z. B. *Ficus*-Arten, Abb. 6.51). Es sind in der Regel sprossbürtige, oberflächennahe Wurzeln, die durch ein ungleichmäßiges sekundäres Dickenwachstum einen brettartigen Querschnitt annehmen.

Stelzwurzeln werden vom Stamm aus zur Stabilisierung gebildet, so z. B. bei den im schlammigen Grund wurzelnden Mangrovebäumen der Gattung *Rhizophora* (Abb. 6.52) und bei den an tropischen Küsten wachsenden Schraubenbäumen («Schraubenpalmen») *Pandanus*.

Abb. 6.51: Brettwurzeln bei einer *Ficus*-Art, im Botanischen Garten Palermo. Die Brettwurzeln haben den Pfeiler (alte Gartenbegrenzung von Ende 18. Jh.) umwachsen (Foto KULL).

Abb. 6.52: Stelzwurzeln bei einer jungen *Rhizophora*-Pflanze an der Küste Gambias (Foto KULL).

Stützwurzeln entstehen zur Stabilisierung ausgehend von Seitenästen. Sie wachsen zum Boden und verzweigen sich darin; dann erfolgt ein starkes sekundäres Dickenwachstum. Der Seitenast erhält so eine Stütze und gleichzeitig eine eigene Versorgung.

Typische Stützwurzeln bilden viele *Ficus*-Arten (Gummibaum *Ficus elastica* u. a., vgl. Abb. 6.53). Beim Banyan *Ficus bengalensis* kann infolge vielfacher Abstützung ein einziger Baum mit seiner Krone über 2 ha bedecken und so einen ganzen «Wald» bilden. *Ficus bengalensis* entsteht als «Würgerfeige»; die junge Pflanze wächst als Epiphyt. Luftwurzeln wachsen dem Stamm der Trägerpflanze entlang zum Boden, verzweigen sich dort und verdicken sich dann stark. Die Trägerpflanze stirbt infolge der Wurzelkonkurrenz, des Lichtverlustes und durch Hemmung ihres weiteren Dickenwachstums schließlich ab. Der ursprünglich epiphytische *Ficus* hat durch sein nunmehr stammartiges Luftwurzelsystem Eigenstabilität erreicht.

Zugwurzeln. Bei Zwiebel-, Rhizom- und Rosettenpflanzen (z. B. *Lilium*, Schwertlilie *Iris*, Löwenzahn *Taraxacum*) treten häufig Zugwurzeln auf. Sie dienen der Lageerhaltung und sind meist kurzlebig. Die Zugwirkung wird durch Kontraktion erreicht. Die Zellwände (vor allem im Rindenparenchym) haben eine längsorientierte Fasertextur. Bei Zunahme des Turgors kommt es daher zu einer Querdehnung und Verkürzung der Wurzel in Längsrichtung.

Einen hohen Lichtgenuss ohne Emporwachsen vom Boden aus erreichen auch die **Epiphyten** (Überpflanzen). Sie leben auf Ästen von Bäumen, die als Träger dienen. Unterlage können auch Felsen, Dächer, Leitungsmasten und in einigen Fällen Telefonleitungen sein. Normalerweise sind Epiphyten keine Parasiten (Ausnahme z. B. Mistel). Nur anfänglich epiphytisch leben die Hemiepiphyten; sie entsenden später Wurzeln bis zum Boden. Hierzu gehören die Würgerfeigen. Da die Epiphyten keine Verbindung zum Erdboden haben, muss die Wasser- und Ionenversorgung anderweitig sichergestellt werden. Epiphyten treten daher nur in solchen Gebieten in größerer Zahl auf, die hohe Niederschläge und eine meist hohe Luftfeuchte haben. Es sind dies die feuchten Tropen und Subtropen.

In Mitteleuropa gibt es außer der Mistel nur poikilohydre Algen, Flechten und Moose als Epiphyten. Selbst im feucht-tropischen Bereich sind die Epiphyten oft xeromorph gebaut, besitzen vielfach Wasserspeichergewebe (z. B. Sprossknollen der epiphytischen Orchidee *Coelogyne*; epiphytische Kakteen wie *Rhipsalis*) und physiologische Anpassungen an Zeiten unzureichender Wasserversorgung (vgl. 10.1.3).

Die Befestigung an der Trägerpflanze erfolgt zumeist durch Haftwurzeln. Die wasserabsorbierenden Gewebe bzw. Organe zeigen vielerlei Anpassungen. Epiphytische Orchideen und Araceen bilden wasserabsorbierende **Luftwurzeln**. Die Aufnahme des Wassers erfolgt durch die toten Zellen einer vielschichtigen Rhizodermis. Dieses Velamen radicum hat schwammartige Beschaffenheit und kann daher viel Wasser aufsaugen, das von dort in die Wurzelrinde gelangt (Abb. 6.54).

Abb. 6.53: Stützwurzeln bei *Ficus macrophylla*, im Botanischen Garten Palermo (Foto KULL).

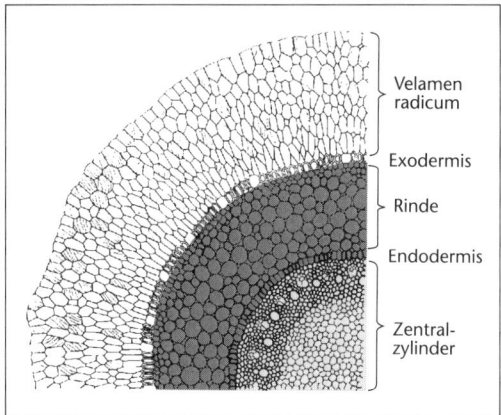

Abb. 6.54: Querschnitt durch eine Luftwurzel der epiphytischen Orchidee *Dendrobium nobile* mit Velamen radicum (nach STRASBURGER).

nicht mehr ausgebildet; die Pflanze ähnelt in Lebensweise und Gestalt einer Bartflechte (Name!).

Bei den epiphytischen *Myrmecodia*-Arten (Rubiaceae) dient eine Hypokotylknolle der Wasserspeicherung. Durch Gewebeschwund entstehen später im Inneren Hohlräume, die von Ameisen besiedelt werden. Diese schützen dann die Myrmecodia-Pflanzen vor Schadinsekten.

6.5.2.4 Anpassungen an besondere Ernährungsbedingungen

Besondere Ernährungsverhältnisse können sein: **Sauerstoffmangel** im Boden, sehr geringe oder sehr starke und einseitige Ionenzufuhr sowie Parasitismus. Eine anatomische Anpassung an Sauerstoffmangel im Boden sind die **Atemwurzeln** (Pneumatophoren, Pneumatorhizen): es sind Seitenwurzeln, die aus dem dichten Grund heraus nach oben (negativ gravitrop) wachsen.

Bei vielen Mangrovebäumen, die im anaeroben Schlamm wachsen, stellen Atemwurzeln die Sauerstoffversorgung der Wurzeln sicher (z. B. bei *Sonneratia*, *Avicennia*, Abb. 6.55). Sie besitzen große Interzellularen, die mit Lenticellen in Verbindung stehen. Die Atemwurzeln werden entsprechend den Tiden regelmäßig überflutet; Wasser kann aber in die engen Porenräume der Lenticellen infolge seiner Oberflächenspannung nicht eindringen. – Die Sumpfzypresse *Taxodium* bildet Kniewurzeln, die zunächst negativ gravitrop, dann aber wieder in den Untergrund hinein wachsen.

Anpassungen an die **Ionenverfügbarkeit** erfolgen zunächst physiologisch. Sowohl extreme Nährstoffarmut (besonders Mangel an Stickstoff und Phosphor) wie auch besonders hohe

In Nischen- oder Schlauchblättern kann sich Wasser sammeln und auch Humus bilden. Beim Geweihfarn *Platycerium* kommt es dabei zu ausgeprägter Heterophyllie, ebenso bei *Dischida*-Arten, die Urnenblätter bilden. In diesen leben Erde einschleppende Ameisen, deren Ausscheidungen und Leichen den Pflanzen zur Verfügung stehen. Mit der Humus-Akkumulation wächst in jede Urne eine sproßbürtige Wurzel hinein; so schafft sich die Pflanze ihre eigenen «Blumentöpfe».

Bromeliaceen besitzen auf der Blattfläche Saughaare zur Wasseraufnahme (vgl. 5.3.8); ihre Blattbasen bilden oft Zisternen, in denen sich Regenwasser sammelt. Bei *Tillandsia usneoides* sind die Blätter völlig von Saughaaren übersät und Wurzeln werden gar

Abb. 6.55: Atemwurzeln des Mangrovebaums *Avicennia* an der Küste Gambias (Foto KULL).

Ionengehalte des Bodens führen aber zu anatomisch-morphologischen Adaptationen. Extreme Ionengehalte findet man an «Salz»-Standorten; diese werden von Halophyten (Salzpflanzen) besiedelt.

Halophyten: Die Meeresalgen sind naturgemäß an das marine Milieu angepasst; nur manche von ihnen ertragen eine teilweise Aussüßung. – Als Halophyten bezeichnet man höhere Pflanzen, die salztolerant sind und daher an ionenreichen Standorten wachsen. Dazu gehören Meeresstrände sowie Senken in abflusslosen Trockengebieten (Salzsteppe; Endseen = Schotts in Wüstengebieten). An Küsten findet man im tropisch-subtropischen Wattenmeer eine Gesellschaft halophytischer Bäume, die Mangrove.

Verschiedene Halophyten speichern die überschüssigen Ionen im Zellsaft. Um dessen Konzentration nicht zu hoch werden zu lassen, wird auch Wasser gespeichert; es entsteht Salzsukkulenz (z.B. Queller *Salicornia, Arthrocnemum*). Andere Arten geben überschüssige Ionen durch Absalzung wieder ab. Im einfachsten Fall werden die Blätter nach Salzanreicherung abgeworfen. Eine andere Möglichkeit besteht in der Bildung von Salzhaaren, in die hinein Ionen sezerniert werden und die dann absterben und schließlich abgeworfen werden (z.B. Blasenhaare von *Atriplex*-Arten, vgl. 5.2.2.3). Ferner gibt es Arten, die über Salzdrüsen Ionen aktiv nach außen abgeben (*Tamarix, Limonium*, vgl. 5.2.5).

In Mitteleuropa haben sich infolge der winterlichen Salzstreuung salztolerante Arten neuerdings entlang von Fernstraßen ausgebreitet (z.B. der Salzschwaden *Puccinellia distans*). Streusalz hat auch vielerorts zu Schäden an Straßenbäumen geführt. Die Baumarten sind unterschiedlich empfindlich: Linde und Rosskastanie sind empfindlicher als die Platane und diese ist wieder empfindlicher als Robinie und Esche.

Im Kulturland arider Gebiete ist die Gefahr einer Ionenanreicherung sehr groß. Es gilt dort die Regel: wo bewässert wird, muss auch eine Drainage zur Beseitigung der Ionen erfolgen. Unterbleibt diese, so entstehen schließlich anthropogene Salzwüsten. Die meisten unserer Kulturpflanzen sind ziemlich empfindlich gegen hohe Ionengehalte. Relativ salztolerant sind z.B. Gerste, Spargel, Spinat, Baumwolle und Ölbaum.

Ionenmangel tritt in Hochmooren, auf frischem, unverwittertem Vulkanmaterial und in einigen extrem ausgelaugten alten Böden auf. Bei Ionenarmut des Bodens wird zunächst das Wurzelsystem vergrößert. Durch Symbiose der Wurzeln mit Pilzmycel (*Mykorrhiza*, vgl. 13.3.3) kann die absorbierende Oberfläche stark zunehmen; Arten mit Mykorrhiza (z.B. Ericaceae) sind daher an ionenarmen Standorten konkurrenzüberlegen. Eine Symbiose mit Prokaryoten, die Luftstickstoff fixieren (vgl. 11.3.1.1), macht von der N-Versorgung aus dem Boden unabhängig (z.B. Leguminosen, Erle, Cycadeen).

Bei Proteaceen, Leguminosen und einigen anderen Pflanzen findet man auf extrem ionenarmen Böden die büscheligen Proteoid-Wurzeln, die eine starke Extraktion kleiner Bodenvolumina ermöglichen.

Symbiosen sind auch Ursache für die morphologische Umbildung von Wurzeln zu Rhizothamnien. Sie treten auf bei Mykorrhiza (vgl. 13.3.2) oder bei Symbiose mit Stickstoff-fixierenden Bakterien, z.B. bei der Erle *Alnus*. Die Wurzelbereiche, in die Symbionten eindringen, sind im Wachstum gehemmt; es entstehen verdickte und gabelig verzweigte, korallenartig aussehende Gebilde.

Bei den Hülsenfrüchtlern (Fabales) entstehen nach Eindringen der Stickstoff-fixierenden Bakterien knollige Verdickungen der Wurzelrinde (Wurzelknöllchen; vgl. 11.3.1.1).

Besondere Einrichtungen für einen zusätzlichen Ionenerwerb haben die **Carnivoren** («tierfangende» Pflanzen) entwickelt (vgl. 13.4).

Bei **parasitischen Pflanzen** dienen Metamorphosen von Blatt oder Wurzel der Aufnahme der Nährstoffe. Manche Vollschmarotzer bilden Blatthaustorien; so entstehen bei der Sommerwurz *Orobanche* am Rhizom Schuppenblättchen, die als Haustorien in die Wurzel der Wirtspflanze hineinwachsen. Andere Arten bilden Wurzelhaustorien aus. Das Ausmaß der Umgestaltung des Wurzelsystems ist unterschiedlich. Halbschmarotzer (Hemiparasiten, z.B. Klappertopf *Rhinanthus*, Wachtelweizen *Melampyrum*, Augentrost *Euphrasia*) bilden ein normales Wurzelsystem; Seitenwurzeln erreichen Wurzeln der Wirtspflanze, dringen in diese bis zum Zentralzylinder ein und fungieren als Saugorgane (Haustorien). Bei Vollschmarotzern (Holoparasiten, z.B. Sommerwurz *Orobanche*, Schuppenwurz *Lathraea*) muss die Primärwurzel eine Wurzel des Wirts erreichen und darin Haustorien ausbilden, die mit der Wirtswurzel weiterwachsen und sich auch in dieser verzweigen.

Eine besondere Form von Wurzelhaustorien bilden die epiphytischen hemiparasitischen Misteln (Loranthaceae s.l.). Die bei uns häufige Mistel *Viscum album* keimt auf einem Ast der Wirtspflanze aus. Die Primärwurzel bildet ein Haustorium (hier Senker genannt), das sich später im Ast des Wirtes verzweigt. Die Haustorien dringen bis ins Holz vor und entnehmen Wasser und Ionen. Sie wachsen mit Hilfe einer interkalaren Wachstumszone entsprechend dem sekundären Dickenwachstum des Wirtsastes (Abb. 6.56), so dass sie stets im Holzbereich verbleiben.

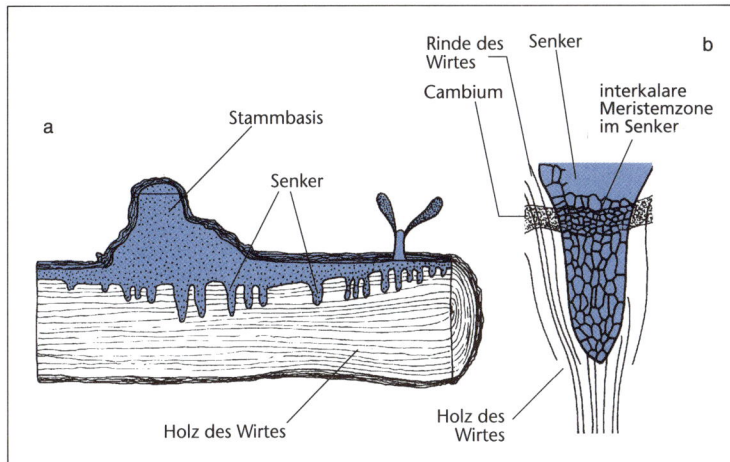

Abb. 6.56: a: Stammbasis der Mistel *Viscum album* mit Senkern, die vom Stamm und von Rindenwurzeln aus gebildet werden; b: Mistel-Senker im Holz des Wirts; interkalare Wachstumszone des Senkers in Höhe des Wirts-Cambiums (in Anlehnung an STRASBURGER und ULLRICH-ARNOLD).

6.5.2.5 Anpassungen als Schutz vor Tierfraß

Da mit den Pflanzen als den Produzenten die Nahrungsketten beginnen, ist ein Schutz vor zu starkem Tierfraß für viele Pflanzen von großer Bedeutung. Der Schutz erfolgt in erster Linie durch bestimmte Pflanzeninhaltsstoffe (Fraßschutzstoffe; zumeist Sekundärstoffe). Außerdem werden auch mechanische Schutzvorrichtungen zur «Bewehrung» von Pflanzen gebildet. Als Metamorphosen sind hier zu nennen (Abb. 6.57):

Sprossdornen: Es sind Kurztriebe, die früh verholzen und spitz zulaufen. An ihren Knoten können sich gelegentlich auch kleine Blättchen befinden. Beispiele: Schlehe *Prunus spinosa*, Sanddorn *Hippophae*. Verzweigte Sprossdornen besitzt *Gleditsia triacanthos*. Eine Kombination von Flachspross- und Sprossdornbildung liegt bei *Colletia cruciata* (Rhamnaceae) vor.

Bei verschiedenen Palmen (z. B. *Aiphanes*) dienen Emergenzen des Stammes als Schutz. Der weiche, wasserreiche Stamm von *Chorisia* ist von Stacheln bedeckt.

Dornblätter: Blätter, deren Spitzen in unterschiedlichem Maße verdornt sind, findet man bei Disteln (*Carduus, Carlina, Cirsium*). Die Rückbildung der Blattspreite zu einem meist verzweigten Dornblatt ist bei Berberitzen-Schösslingen (*Berberis vulgaris*) oft gut zu erkennen (Abb. 6.57). Die Dornengruppen von Kakteen (Areolen) entsprechen den Blättern von Kurztrieben. Bei *Astragalus* (Tragant)-Arten der Untergattung *Astracantha* verholzt die Rhachis der Fiederblätter und bildet nach dem Abfallen der Blättchen Dornen aus. Auch Nebenblätter können Dornen bilden, so bei der Robinie *Robinia pseudoacacia* und bei verschiedenen *Acacia*-Arten, wo sie z. T. hohl sind und von Ameisen besiedelt werden. Stacheln findet man an der Sprossachse z. B. bei der Stachelbeere *Ribes grossularia* und bei *Rubus*, auf der Blattfläche bei einigen *Solanum*-Arten.

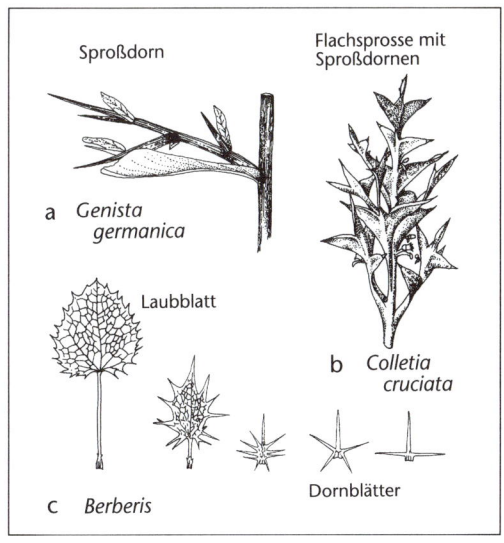

Abb. 6.57: Metamorphosen als Schutz vor Tierfraß. a: Sprossdornen des Ginsters *Genista germanica*; b: Flachsprosse mit Sprossdornen bei *Colletia cruciata*; c: Dornblätter bei der Berberitze *Berberis vulgaris* (normales Laubblatt, Übergangsform, Dornblätter; in Anlehnung an TROLL und GIESENHAGEN).

Wurzeldornen: Wurzeln, die zu Dornen umgewandelt sind, entstehen durch Verholzung von Wurzelgewebe. Sie treten z. B. bei Palmen (bei *Acanthorrhiza* an der Sprossbasis) auf. Bei der epiphytischen Rubiacee *Myrmecodia* bildet die Hypokotylknolle zu Dornen umgebildete sprossbürtige Wurzeln.

Myrmecodia wird ferner durch Ameisen geschützt, die in der Knolle leben und andere Insekten vertreiben oder töten (vgl. 6.5.2.3). Ähnliche Symbiosen gibt es auch bei weiteren Arten. *Tococa* hat einen verdickten hohlen Blattstiel als «Wohnraum» (*Domatium*). Extraflorale Nektarien (vgl. 5.2.5.2) sowie proteinreiche Haare oder Emergenzen als «Futterkörper» locken ebenfalls Ameisen an.

6.5.2.6 Anpassungen an Feuer (Pyrophyten)

In Gebieten, in denen einigermaßen regelmäßig Flächenbrände auftreten (natürliche Ursache: Blitzschlag), ist die Vegetation dadurch erheblich beeinflusst. Es treten Arten auf, die an das Feuer adaptiert sind. Solche Gebiete sind z. B. viele *Eucalyptus*-Wälder und die Proteaceen-Gebüsche Australiens, die Kiefernwälder des nördlichen Florida und viele Savannengebiete. Arten, die zur Vermehrung (vor allem Samenkeimung) Feuer benötigen, nennt man Pyrophyten. Ihre holzigen Früchte öffnen sich erst nach einem Brand; die Samen keimen dann auf der Brandfläche ohne Konkurrenz durch andere Arten (z. B. verschiedene Proteaceen in Australien wie *Banksia*, *Hakea*). Die Borke der Bäume in solchen Brandgebieten ist zumeist dick und schützt die lebende Rinde mit den Knospen (z. B. bei *Eucalyptus*). Andere Arten sind dadurch angepasst, dass sie nach einem Brand sehr rasch Stockausschläge (Wurzelsprosse) bilden. Sie wachsen dann vielfach strauchig (z. B. Arten der Macchie im Mittelmeergebiet wie Baumheide *Erica arborea*, Erdbeerbaum *Arbutus*).

6.5.3 Lebensformen

Nach der Lebensdauer der Sprosse und der Art der Überdauerung ungünstiger Zeiten (Winterkälte, Dürre) werden bei den Kormophyten im Jahreszeitenklima fünf hauptsächliche Lebensform-Typen unterschieden (Abb. 6.58). Ihr prozentualer Anteil an der Vegetation eines Gebietes ist abhängig vom Klima und vom Standort.

Phanerophyten = Luftpflanzen: überdauern mit oberirdischen Organen von mehr als 50 cm Höhe: Bäume, Sträucher, Lianen, in den Tropen auch große krautige Formen (Riesenstauden, z. B. Banane *Musa*). Die Apikalmeristeme müssen ggf. frosthart sein.

Chamaephyten = Zwergpflanzen: überdauern mit oberirdischen Organen nahe dem Erdboden (< 50 cm). In schneereichen Klimaten sind sie durch die Schneedecke geschützt. Hierher gehören Halbsträucher (nur basal verholzt, z. B. Immergrün *Vinca minor*) und Zwergsträucher. Diese sind in Hochgebirge, Tundra und Trockengebieten sehr verbreitet (Zwergweiden; viele Ericaceen, einschl. der bei uns einheimischen *Vaccinium*-Arten). Zu den Zwergsträuchern gehören auch die Polsterpflanzen (z. B. *Saxifraga*-Arten), bei denen stark verzweigte Triebe rosettig gestaucht sind. In trockenen Gebieten findet man vielfach Dornpolster (z. B. dornige *Astragalus*-Arten). Dichte Polster besitzen eine geringe Blattfläche je Pflanzenmasse; ihre Stoffproduktion ist daher gering. Sie können aber in ihrem Inneren ein Lokalklima erzeugen (höhere Feuchte, niedrigere Temperatur). Konkurrenzfähig sind sie vor allem unter extremen Bedingungen.

Hemikryptophyten = Oberflächenpflanzen: bilden unmittelbar an der Erdoberfläche ihre Erneuerungsknospen, die oft durch tote Blätter geschützt sind. Hierher gehören ausdauernde Rosettenpflanzen, Horstpflanzen (viele Gräser, z. B. Wintergetreide, Seggen), Ausläuferpflanzen oder Kriechstauden (Günsel *Ajuga reptans*) und Schaftpflanzen (Wiesenkerbel *Anthriscus sylvestris*).

Geophyten (Kryptophyten) = Erdpflanzen: die ausdauernden und Reservestoff-speichernden Organe liegen unter der Erdoberfläche (Rhizome, Knollen, Zwiebeln). Hierher gehören unsere Frühblüher (z. B. *Anemone*, Lerchensporn *Corydalis*) und viele Zierpflanzen (Tulpe, Lilie).

Therophyten = Einjährige (Annuelle): überdauern ungünstige Zeiten in Form von Samen. In der Zeit der aktiven Lebenstätigkeit wächst die Pflanze rasch heran und bildet wieder Samen (z. B. Ackerunkräuter und Ruderalpflanzen wie Klatschmohn *Papaver rhoeas*, Vogelmiere *Stellaria media*). Wüsten-Therophyten entwickeln sich nach einem kräftigen Regen sehr rasch, so dass schon nach wenigen Wochen die Samenbildung einsetzt; man spricht dann von Ephemeren («Kurzlebigen»).

Im mitteleuropäisch-gemäßigten Klima haben die Hemikryptophyten den größten Anteil unter den Lebensformen; in der alpinen Stufe der Hochgebirge und in der Tundra herrschen Chamaephyten vor, in den feuchten Tropen die Phanerophyten. In Gebieten, die neben einer kalten Jahreszeit noch eine zweite ungünstige Periode (Trockenzeit) aufweisen, findet

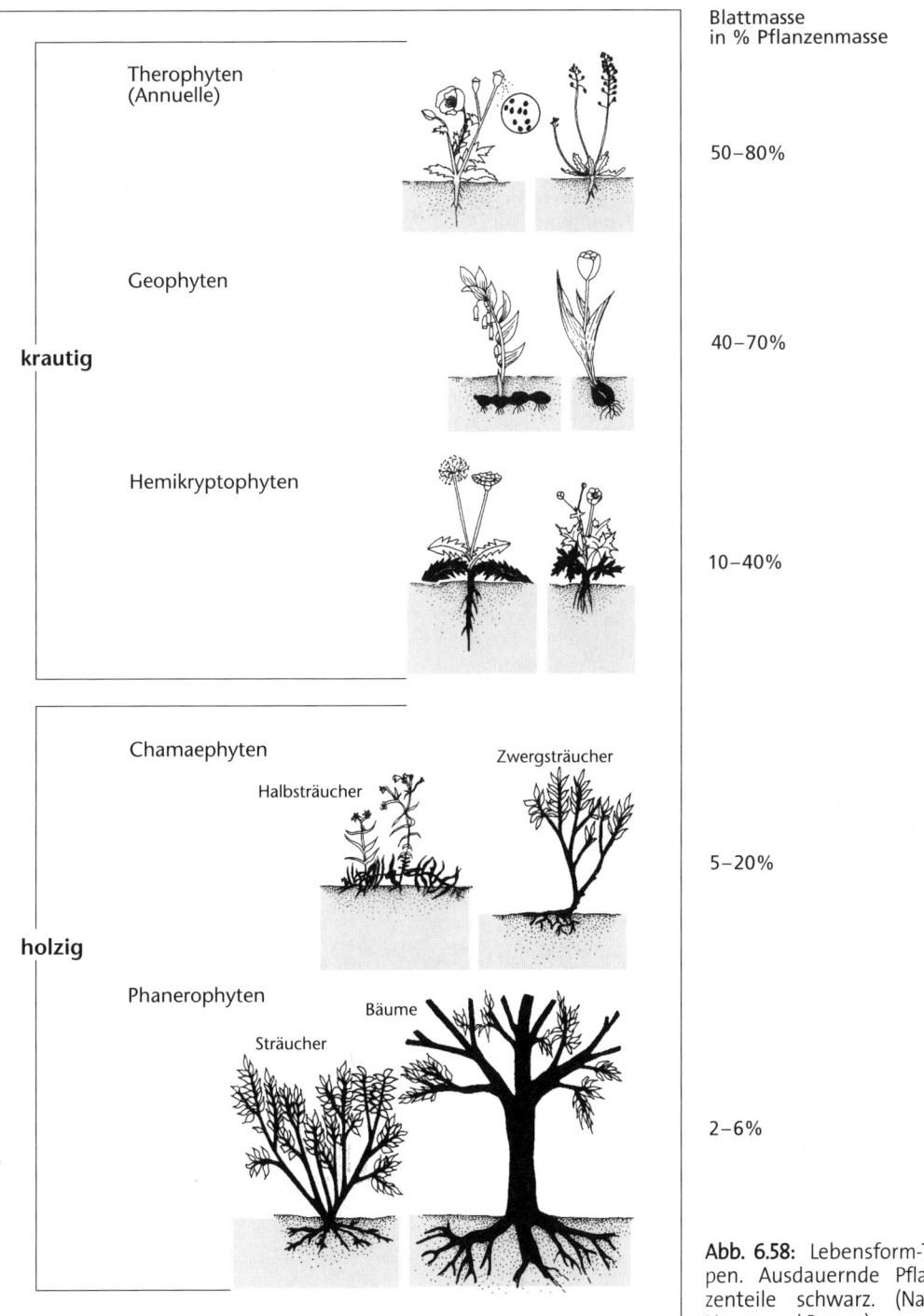

Abb. 6.58: Lebensform-Typen. Ausdauernde Pflanzenteile schwarz. (Nach HALLER und PROBST).

man besonders Geophyten (so in der Steppe). Sie treiben rasch aus und gelangen bald zur Neuproduktion von Reservestoffen. Therophyten sind zahlreich in trocken-warmen Gebieten (in warmen Wüsten neben Chamaephyten). Nach Mitteleuropa gelangten viele davon erst mit dem Aufkommen des Ackerbaus.

Arten unterschiedlicher Lebensformen pflanzen sich verschieden rasch fort. Extreme sind zum einen die Annuellen, die rasch viele Samen produzieren und zum anderen die Bäume, die erst nach vielen Jahren zur Samenbildung kommen. Erstere werden daher rasch neue, oft nur kurze Zeit günstige Lebensräume besiedeln können, letztere hingegen in beständigen Lebensräumen infolge ihrer Langlebigkeit (somit Konkurrenzfähigkeit) Populationen von langzeitig konstanter Größe bilden. Diese unterschiedlichen Strategien kann man mit den Größen der Wachstumsgleichung von Populationen (vgl. 3.2.1.4) beschreiben. Die Vermehrungsrate ist darin als r-Wert enthalten; Arten mit hoher Fortpflanzungsrate nennt man daher r-Strategen («Ausbreitungstypen») und Arten mit hoher Konkurrenzfähigkeit sind K-Strategen («Platzhaltertypen»).

7 Fortpflanzung

7.1 Fortpflanzungssysteme

Die Fortpflanzung dient der Erhaltung der Art. Da stets Individuen vor ihrer eigenen Fortpflanzung zugrunde gehen, muss eine größere Zahl von Nachkommen erzeugt werden, um die Arterhaltung zu sichern; es muss im Rahmen der Fortpflanzung eine Vermehrung der Individuenzahl stattfinden.

Man unterscheidet bei Pflanzen drei Grundtypen der Fortpflanzung:

- 1. Vegetative Fortpflanzung durch Zerfall oder Zerteilung (polycytogene Fortpflanzung)
- 2. Cytogonie: Fortpflanzung durch besondere Fortpflanzungszellen, die Goniten genannt werden (monocytogene Fortpflanzung; Gonitogonie)
  – a) Ungeschlechtliche Fortpflanzung durch besondere Fortpflanzungszellen
  – b) Geschlechtliche Fortpflanzung durch besondere Keimzellen, die paarweise miteinander verschmelzen. Dieser Vorgang heißt Syngamie oder Gamogonie; die zur Verschmelzung befähigten Keimzellen sind die **Gameten**. Eine Vermehrung erfolgt hier durch Bildung einer großen Zahl von Gameten.

Durch die Verschmelzung der Gameten wird die Chromosomenzahl verdoppelt. Vor einer erneuten Syngamie – also spätestens bei der Gametenbildung – muss sie wieder halbiert werden. Dies erfolgt durch einen besonderen Kern- und Zellteilungsvorgang, die Reduktionsteilung oder Meiose. Bei Pflanzen findet die Meiose in der Regel nicht bei der Bildung der Gameten, sondern davon zeitlich getrennt statt. So kommt es vielfach zu einem **Generationswechsel** zwischen einer Generation, die durch Meiose Sporen bildet und einer Generation, die Gameten produziert.

Manchmal können sich auch einzelne Gameten ohne Verschmelzung zu einem neuen Individuum entwickeln. Diese Abwandlung geschlechtlicher Fortpflanzung nennt man Parthenogenese.

Man kann auch die Fortpflanzungsmodi 1 und 2a als ungeschlechtliche Vermehrung dem 3. Typus (2b), der sexuellen Fortpflanzung, gegenüberstellen. Ein sekundärer Verlust der sexuellen Fortpflanzung heißt generell Apomixis (vgl. 7.4.4). Auch die Parthenogenese kann hierzu gezählt werden.

7.1.1 Vegetative Fortpflanzung durch Zerfall oder Zerteilung

Vegetative Fortpflanzung führt zu Individuen mit gleicher genetischer Ausstattung. Alle auf vegetativem Wege aus einem einzigen Ausgangsindividuum entstandenen Organismen bezeichnet man als einen **Klon**.

7.1.1.1 Einzeller

Sie vermehren sich vegetativ zumeist durch Zweiteilung (z. B. *Euglena*, Diatomeen, Desmidiaceen), gelegentlich auch durch Mehrfachteilung. So entsteht z. B. bei der Grünalge *Chlorella* durch mehrere Teilungsschritte eine größere Zahl von Tochterindividuen, die dann zur Größe des Mutterorganismus heranwachsen. Bei vielen Hefepilzen erfolgt die vegetative Vermehrung durch Zellsprossung (Abb. 7.1).

7.1.1.2 Vielzeller

Fragmentation ist die Zerteilung eines mehrzelligen Organismus in Teile, die jeweils neue Organismen liefern. Solche Pflanzen sind eigentlich keine «Individuen», sondern «Dividuen»! Fragmentation ist bei Thallophyten nicht selten: Zellfäden von Algen und von Pilzen können in kleinere Abschnitte zerfallen. Auch körperliche Thalli von Meeresalgen und die Thalli von Flechten (Lichenes) vermehren sich oft durch Fragmentation. Bei den Flechten kann auch die der Vermehrung dienende Bildung von Soredien (von Pilzhyphen umsponnene Algenzellen) hierzu gezählt werden (Abb. 7.1 c).

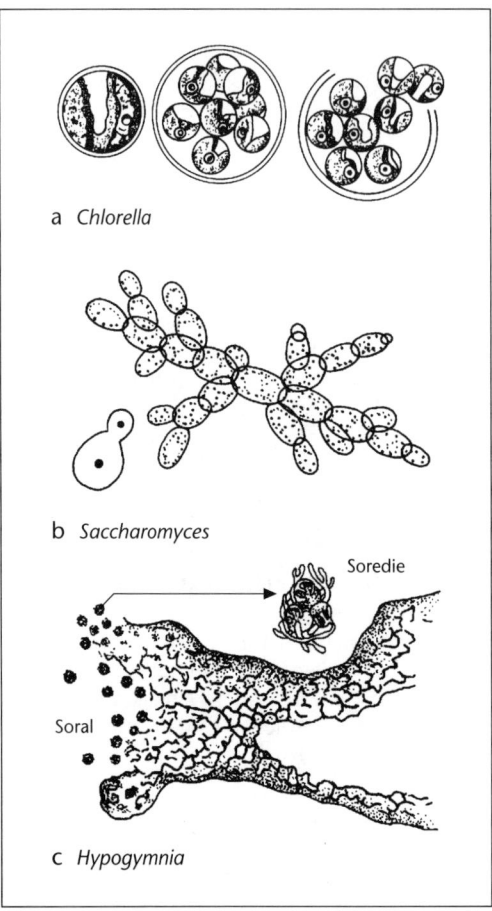

Abb. 7.1: a: Mehrfachteilung bei *Chlorella*; **b:** Zellsprossung bei der Hefe *Saccharomyces cerevisiae*; **c:** Soral (Ort der Soredienbildung) und Soredie der Flechte *Hypogymnia physodes*. Die Soredie besteht aus Algenzellen, die von Pilzhyphen umsponnen sind.

Eine künstliche Fragmentation findet bei der Vermehrung von Pflanzen durch Stecklinge oder Ableger statt. Die Stecklingsbildung erfolgt meist durch Regeneration aus Sprossstücken (z. B. Weinrebe) oder Rhizomen (z. B. Zuckerrohr), kann aber auch mit Blättern durchgeführt werden (z. B. Begonien, Abb. 7.2). Im Nutzpflanzenanbau werden verschiedene Arten ausschließlich vegetativ vermehrt (so Kartoffel, Banane, Zuckerrohr).

Eine spezielle Form der Stecklingsvermehrung ist die Pfropfung, bei der ein knospentragendes Stück Sprossachse der gewünschten Art bzw. Sorte (das «Edelreis») auf die Sprossachse einer verwandten oder der gleichen Art («Unterlage») verpflanzt wird. Pfropfungen führen gelegentlich auch dazu, dass Gewebe beider Partner vermischt weiterwachsen; dies führt zu den Pfropfbastarden (Chimären).

Viele Pflanzen bilden besondere Organe der vegetativen Vermehrung, die **Brutkörper** genannt werden. Sie treten bei Algen auf (z. B. geht die Bildung der Tochterkugeln bei Volvox von bestimmten Zellgruppen aus; vgl. 4.2.2.2). Thallöse Lebermoose besitzen oft becherförmige Brutkörper auf der Thallusoberfläche (Brutbecher, z. B. bei *Marchantia*; Abb. 4.8).

Bei Kormophyten ist ein Zerfall von Rhizomen nach deren Verzweigung möglich; durch diese Fragmentation entstehen von einem Rhizom ausgehend unabhängige Pflanzen (z. B. *Anemone*). Von der Nordamerikanischen Wasserpest *Elodea canadensis* gelangten im vorigen Jahrhundert in Mitteleuropa weibliche Pflanzen in die Gewässer und vermehrten sich hier ausschließlich vegetativ durch Fragmentation.

Die Bildung der neuen Pflanzen erfolgt – histologisch betrachtet – entweder aus einem Restmeristem (z. B. von Knospen) oder nach einer Verletzung über Wundkallus, der ein neues Meristem liefert.

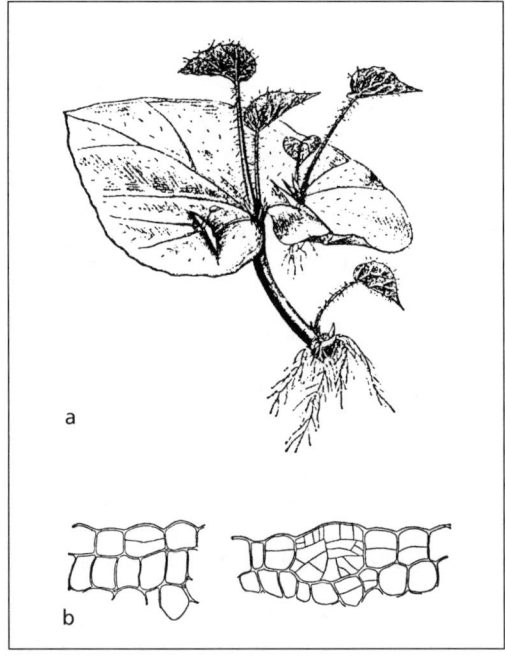

Abb. 7.2: a: Blattstecklinge von *Begonia* mit Regeneraten; **b:** Bildung eines sekundären Meristems aus einer Epidermiszelle des Begonienblattes. Das sekundäre Meristem bildet dann eine Adventivknospe (nach STRASBURGER).

Bei vielen Wasserpflanzen werden Überwinterungsknospen (Turionen) gebildet. Auch Spross- und Wurzelknollen sowie Zwiebeln sind Organe der vegetativen Fortpflanzung. Sie können daher auch zur Vermehrung der entsprechenden Arten dienen. Bei Kartoffeln, Dahlien u. a. kann man nur durch die vegetative Vermehrung die Sorteneigenschaften erhalten.

Brutknospen oder Brutknöllchen (Bulbillen) können an verschiedenen Stellen des Kormus entstehen (vgl. 6.5.2.2).

An Blattzähnen werden Brutknospen bei *Bryophyllum-*(*Kalanchoe-*)Arten gebildet; bei etlichen Farnen findet man sie an Blattrippen. Entstehen im Blütenbereich kleine Brutsprosse, so spricht man von unechter Viviparie (so z. B. beim Alpenknöterich *Polygonum viviparum*, bei *Poa bulbosa* und *Agave*).

Echte Viviparie liegt vor, wenn Samen bereits auf der Mutterpflanze auskeimen und die Keimlinge dann verbreitet werden (z. B. beim Mangrovebaum *Rhizophora*, dessen Keimlinge sich alsbald mit der bereits ausgebildeten großen und spitzigen Primärwurzel im Schlammboden verankern, Abb. 7.3).

Abb. 7.3: Echte Viviparie: Keimling des Mangrovebaums *Rhizophora* auf der Mutterpflanze. Man erkennt die herangewachsene Keimwurzel (Foto Kull).

7.1.2 Ungeschlechtliche Fortpflanzung durch besondere Zellen

Diese Art der Fortpflanzung spielt bei vielen Algen und insbesondere Pilzen eine wichtige Rolle. Die hierzu gebildeten Fortpflanzungszellen nennt man **Sporen**. Allgemein versteht man unter Sporen Zellen, die der Fortpflanzung dienen, von den normalen vegetativen Zellen gestaltverschieden sind und nicht mit anderen Zellen verschmelzen können. Entstehen die Sporen durch Mitose, so heißen sie Mitosporen (sie haben dann den gleichen Chromosomensatz wie die Mutterpflanze). (Werden Sporen im Rahmen der geschlechtlichen Fortpflanzung durch Meiose gebildet, so nennt man sie Meiosporen.) Die Behälter, in denen (Mito-)Sporen entstehen, heißen (Mito)-Sporangien. Die Sporangien der Algen und Pilze bestehen meist aus einzelnen Zellen; bei Moosen und Kormophyten werden hingegen Meiosporangien mit einer vielzelligen Wandung gebildet. Diese beiden Sporangien-Formen sind einander nicht homolog. Bei wasserlebenden Thallophyten sind die Sporen meist begeißelt und dadurch eigenbeweglich; sie heißen dann Planosporen oder Zoosporen. Unbegeißelte Sporen (z. B. bei Landpflanzen) nennt man Aplanosporen; sie werden zumeist durch den Wind verbreitet.

Der ungeschlechtlichen Vermehrung dienen Mitosporen. Bei Pilzen werden sie in der Regel von bestimmten Zellfäden (Hyphen) abgeschnürt; sie heißen dann Konidien (Abb. 7.4).

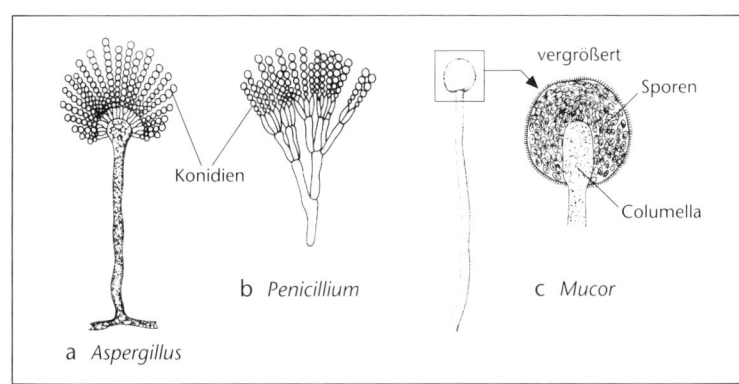

Abb. 7.4: Sporenbildung bei Pilzen. **a:** Konidien (Mitosporen) vom Schimmelpilz *Aspergillus*; **b:** Konidien (Mitosporen) vom Schimmelpilz *Penicillium*; **c:** Sporangium vom Köpfchenschimmel *Mucor* mit Sporangiosporen (Mitosporen) (nach Ullrich-Arnold und Strasburger, verändert).

Konidien können allerdings – im Zusammenhang mit dem Übergang von Pilzen zum Landleben – auch ganzen Sporangien homolog sein, so bei den Mehltau-Pilzen *Peronospora* und *Plasmopara*.

Manche Pilze (z. B. der Köpfchenschimmel *Mucor*) bilden Mitosporen in besonderen Sporangien; man bezeichnet sie als Sporangiosporen.

Dienen Sporen zum Überdauern ungünstiger Zeiten, so sind sie in der Regel von einer derben Wand umgeben und ihr Stoffwechsel ist auf ein Minimum reduziert: Hypnosporen. Ungünstigerweise wird daher die Bezeichnung «Spore» auch auf andere einzellige Dauerformen, z. B. von Bakterien, angewendet.

7.1.3 Geschlechtliche Fortpflanzung

Die **Syngamie** erfolgt durch Verschmelzung zweier Gameten; dieser Vorgang wird als **Kopulation** bezeichnet. Dabei folgt auf die Plasmaverschmelzung der beiden Keimzellen (Plasmogamie) normalerweise unmittelbar die Kernverschmelzung (Karyogamie). Dadurch entsteht eine Zelle mit jeweils zwei homologen Chromosomen, also doppeltem Chromosomensatz. Diese diploide Zelle heißt **Zygote**; sie enthält väterliches und mütterliches Erbgut. Bei der Mehrzahl der Pilze sind die Vorgänge der Plasmogamie und der Karyogamie zeitlich getrennt, so dass eine Paarkernphase (Dikaryophase) entsteht, in der jede Zelle einen väterlichen und einen mütterlichen Kern besitzt, die sich jeweils synchron teilen.

Bildet die Zygote ein Dauer- und Ruhestadium, so heißt sie Hypnozygote (früher Oospore oder Zygospore). Bei Kieselalgen (Diatomeen) ist die Zygote eine aktiv wachsende Zelle und wird daher Auxozygote genannt.

Bei Einzellern können ganze Individuen zu **Gameten** werden, die dann kopulieren (Hologamie). Bei Vielzellern entstehen die Gameten in bestimmten Zellen (Merogamie), die als Gametangien bezeichnet werden. Bei Moosen und Kormophyten sind diese stets mehrzellig und besitzen eine vielzellige Hülle aus sterilen Zellen (eine sekundäre Reduktion erfolgt bei Blütenpflanzen, vgl. 7.1.3.4).

Die Verschmelzung der Gameten ist kein Vermehrungsvorgang; die Zahl der Zellen wird dabei sogar vermindert. Eine Vermehrung erfolgt dadurch, dass zahlreiche Gameten entstehen können und dadurch, dass die Chromosomenzahl vor einer erneuten Gametenbildung wieder halbiert werden muss. In jeden Entwicklungsgang mit geschlechtlicher Fortpflanzung wird hierzu irgendwann eine Reduktionsteilung (Meiose) eingeschaltet. Dabei liefert eine diploide Ausgangs(Mutter-)zelle vier haploide Meioseprodukte (Gonen). Sexualität und Meiose sind also in der Ontogenie zwangsläufig miteinander verknüpft.

7.1.3.1 Formen der Syngamie

Die bei der geschlechtlichen Fortpflanzung verschmelzenden Gameten können verschieden gestaltet sein. Danach unterscheidet man (vgl. Abb. 7.5):

Isogamie: die beiden begeißelten Gameten sind völlig gleich gestaltet und daher nur an ihrem Paarungsverhalten zu unterscheiden. Sie heißen Isogameten. Die verschiedengeschlechtlichen

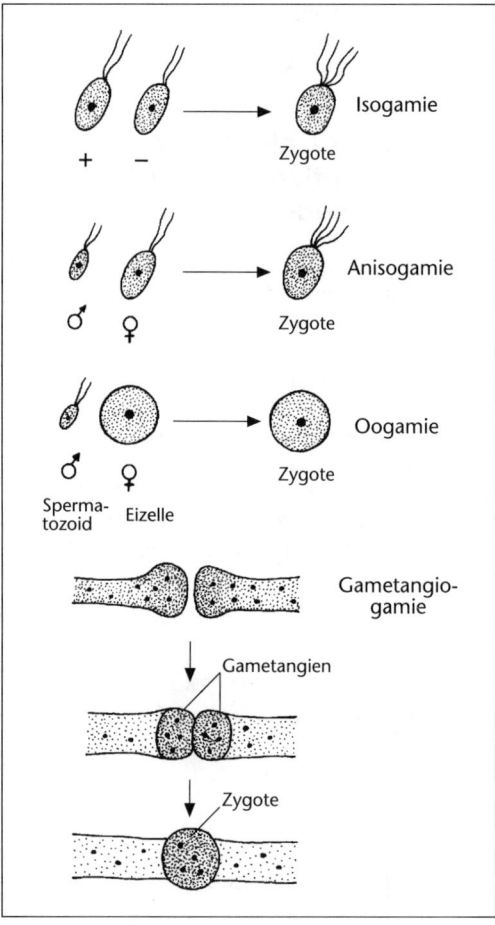

Abb. 7.5: Formen der Syngamie: Isogamie/Anisogamie/Oogamie/Gametangiogamie.

Gameten erkennen sich an charakteristischen Komponenten der Zelloberfläche (Plasmalemma, einschließlich desjenigen der Geißeln) und bleiben nach Erkennung aneinander haften. Sie werden als (+)- und (−)-Gameten bezeichnet.

Anisogamie: die beiden begeißelten Gameten sind unterschiedlich groß. Der kleinere wird als Mikrogamet, der größere als Makrogamet (oder Megagamet) bezeichnet. Der Größenunterschied zeigt eine gewisse Arbeitsteilung an: der große Gamet enthält mehr Reservestoffe für die ersten Entwicklungsschritte der Zygote, der kleinere Gamet kann hingegen größere Strecken zurücklegen und so (insbesondere bei chemotaktischer Anlockung) die Funktion der wandernden Zelle auch weitgehend allein übernehmen. Man bezeichnet den Megagamet als weiblichen, den Mikrogamet als männlichen Gamet; die Kopulation wird zur typischen Befruchtung. Verstärkt sich diese Spezialisierung der Gameten, so entsteht

Oogamie: der weibliche Gamet ist unbegeißelt und wird so zur Eizelle; der männliche Gamet besteht fast nur noch aus dem Kern und dem Bewegungsapparat und bildet so das Spermatozoid.

Oogamie findet man bei vielen mehrzelligen Pflanzen und bei allen vielzelligen Tieren. Bei den Pflanzen gibt es Gruppen, bei denen die männlichen Gameten keine Geißeln oder Cilien besitzen und somit nicht eigenbeweglich sind (Rotalgen, Angiospermen). Man nennt sie dann Spermatien bzw. Spermazellen.

Die Gametangien werden bei Anisogamie als (männliche) Mikrogametangien und (weibliche) Makrogametangien unterschieden. Bei Vorliegen von Oogamie nennt man das weibliche Gametangium ein Oogonium, das männliche heißt Antheridium oder Spermatogonium.

Frei bewegliche Gameten werden vielfach durch Lockstoffe chemotaktisch angelockt (vgl. 15.2.3). Solche Sexuallockstoffe (Pheromone) sind z. B. von Braunalgen bekannt. Die Makrogameten geben diese Stoffe ins Meerwasser ab und locken die Mikrogameten an.

Bei vielen Pilzen und einigen Algen differenzieren sich in den Gametangien keine Gameten aus, sondern die ganzen Gametangien verschmelzen, wobei sich die verschiedengeschlechtlichen Kerne paarweise anordnen und früher oder später vereinigen. Diese Form der geschlechtlichen Fortpflanzung heißt **Gametangiogamie**; die Gametangien heißen dann korrekterweise Gamocysten. Bei den Ständerpilzen (Basidiomyceten) werden auch keine Gametangien mehr gebildet, sondern normale Zellen zweier verschiedengeschlechtlicher Pilzhyphen verschmelzen miteinander: **Somatogamie**.

7.1.3.2 Meiose

Unter Meiose oder Reduktionsteilung versteht man die Kernteilungsvorgänge, die zur Reduktion der Chromosomenzahl auf die Hälfte führen. Aus diploiden Ausgangszellen entstehen so die haploiden Meioseprodukte. Die Meiose besteht immer aus zwei unmittelbar aufeinanderfolgenden Teilungsschritten (**Reifeteilung I, II**). Bei der ersten meiotischen Teilung werden die beiden einander homologen Sätze von Chromosomen der diploiden Zellen als ganze Chromosomen auf die Tochterkerne verteilt (Chromosomen-Segregation). Dabei trennen sich die homologen Chromosomen zufallsgemäß voneinander; es kommt zur Neukombination der ursprünglich mütterlichen und väterlichen Chromosomen (interchromosomale Rekombination).

Bei der anschließenden zweiten meiotischen Teilung werden die vorgebildeten Chromatiden der Chromosomen auf die Tochterkerne verteilt. Damit liegen die nunmehr haploiden Kerne im gleichen Zustand vor, wie nach einer normalen Mitose (Chromosomen bestehend aus einer Chromatide). Aus einer diploiden Zelle entstehen also vier haploide Zellen (Gonen). Die Dauer einer Reduktionsteilung kann sich über eine längere Zeit erstrecken (Tage bis Wochen, bei Tieren sogar Jahre).

Bei den meisten Ascomyceten (Schlauchpilzen) schließt sich an die Meiose eine normale Mitose an, so dass dann 8 haploide Sporen (Ascosporen) in einem (ursprünglich einzelligen) Sporangium (Ascus) vorliegen.

Ablauf der Meiose (Abb. 7.6): Diploide Zellen, die in die Meiose eintreten, besitzen jeweils zwei homologe Chromosomen, die aus je zwei Chromatiden bestehen. Die Prophase der Reifeteilung I (Prophase I) ist besonders wichtig, da hier die Chromosomenpaarung (Synapsis) stattfindet. Sie ist der entscheidende Ordnungsvorgang bei der Meiose.

Man unterscheidet in diesem langdauernden Vorgang mehrere Stadien:

- **Leptotän:** die Chromosomen werden als zunächst wirres Knäuel sichtbar; ihre Verkürzung durch Verschraubung ist noch gering.

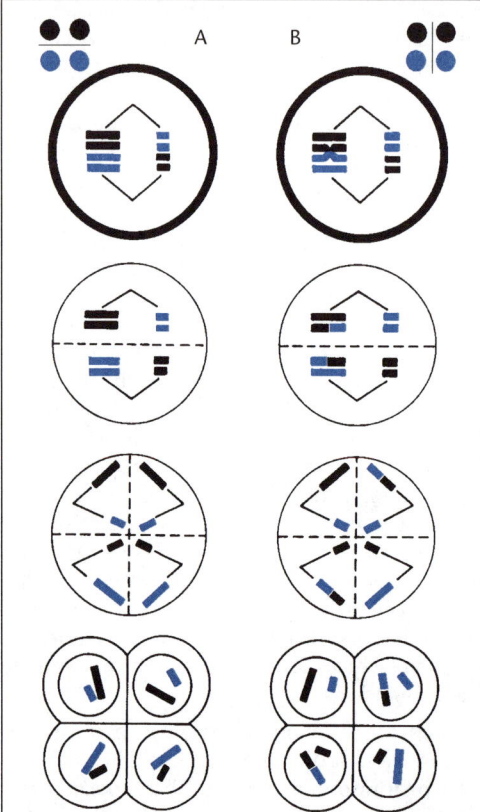

Abb. 7.6: Ablauf der Meiose bei einer (Mikro-)Sporenmutterzelle, schematisch. Chromosomenzahl 2n = 4; mütterliches Genom schwarz, väterliches Genom blau. In A ohne Chiasma, es erfolgt nur interchromosomale Rekombination (Neukombination von mütterlichem und väterlichem Erbgut). In B mit Chiasma, es erfolgt auch intrachromosomale Rekombination. **a:** Die Trennung der bivalenten Chromatidentetraden erfolgt durch Präreduktion in der ersten Reifeteilung; **b:** Wenn ein Chiasma (Crossover) vorliegt, werden schwarz und blau (ursprünglich väterliches und mütterliches Erbgut) für den entsprechenden Abschnitt erst in der zweiten Reifeteilung getrennt (Postreduktion).

- **Zygotän:** die Paarung beginnt. Die homologen Chromosomen lagern sich eng nebeneinander; zwischen ihnen entstehen bandartige Strukturen aus Proteinen und etwas RNA, die durch Querelemente verbunden sind. Dieser synaptische oder synaptonemale Komplex schließt sich reißverschlußartig in einem Selfassembly-Vorgang. Da die Chromosomen aus je zwei Chromatiden aufgebaut sind, entstehen dabei Chromatiden-Tetraden. Mikroskopisch erkennt man aber meist zunächst nur die gepaarten Chromosomen oder Bivalente.

- **Pachytän:** die Paarung ist vollendet; die Chromatiden beginnen sichtbar zu werden. Während der Synapsis kommt es zu Brüchen der DNA-Doppelstränge in den Chromatiden, die anschließend unter Reparatur der Brüche «über Kreuz» verheilen. Infolge der Bildung des synaptischen Komplexes kann dieses «Verheilen über Kreuz» stets nur zwischen Nichtschwester-Chromatiden erfolgen. Es kommt dadurch zu einem Austausch von einander homologen Abschnitten des väterlichen und mütterlichen Erbgutes (intrachromosomale Rekombination). Dieser Austausch ist oft genetisch nachweisbar als *Crossover* (vgl. 8.3.2).

- **Diplotän:** der synaptische Komplex wird aufgelöst. Die Chromatidenpaare beginnen sich voneinander zu trennen; dadurch werden die Chromatiden-Überkreuzungen nun als Chiasmata (Sing.: Chiasma) sichtbar (Abb. 7.7). Dort bleiben die Chromosomen zunächst noch aneinander haften. Ein Chiasma ist Folge eines vorhergegangenen Chromatidenbruches. Die Anzahl der Chiasmata hängt von der Chromosomenlänge ab; jedes Chromosom hat in der Regel 1–8 Chiasmata. Nur in seltenen Fällen finden gar keine Crossover-Vorgänge statt.

- **Diakinese:** die Chromosomen verkürzen sich weiter (stärker als bei der Mitose); die Chiasmata wandern in vielen Fällen allmählich zum Chromatiden-Ende (Terminalisierung). Damit ist die Prophase I beendet.

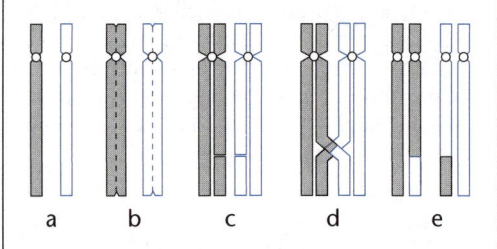

Abb. 7.7: Chiasma-Entstehung. **a** und **b:** Paarung der homologen Chromosomen; **c:** Entstehen korrespondierender Chromatiden-Brüche; **d:** kreuzweise Neukombination der homologen Chromatidenabschnitte; **e:** Die Centromer-nahen Abschnitte zeigen Präreduktion, die ausgetauschten Abschnitte Postreduktion (aus STRASBURGER).

Metaphase I: Die Kernhülle hat sich aufgelöst; die Chromatidentetraden (Bivalente) ordnen sich in der Äquatorialebene der Kernteilungsspindel an.

Anaphase I: Von jeder Tetrade wandert ein Bivalent zum einen Pol, das andere zum anderen Pol. Welches der beiden homologen Chromosomen zu welchem Pol gelangt, ist dem Zufall überlassen. Da Crossover stattgefunden haben, bestehen die getrennten Chromosomen meist aus Chromatiden-Abschnitten verschiedenen Ursprungs. Ohne Crossover läge eine reine Trennung der Nichtschwester-Chromatiden vor.

Telophase I: An den beiden Polen befinden sich nun die Chromosomen, bestehend aus je zwei (homologen) Chromatiden. Sie entschrauben sich. Meist umgeben sich die Kerne für kurze Zeit mit einer Kernhülle (Zeit der Interkinese); dann beginnt die

Reifeteilung II: sie läuft im Prinzip wie eine Mitose ab. Die Chromosomen verkürzen sich erneut. In der Anaphase II werden die beiden Chromatiden jedes Chromosoms voneinander getrennt.

Durch die erste Reifeteilung werden die homologen Chromosomen auf die beiden Tochterkerne zufallsverteilt; damit ist die Reduktion der Chromosomenzahl erfolgt (Präreduktion). Jedes Chromosom besteht aber noch aus zwei Chromatiden und infolge der Crossover-Vorgänge sind homologe Abschnitte der Nichtschwester-Chromatiden ausgetauscht worden. Durch die zweite Reifeteilung werden die Chromatiden getrennt; die ausgetauschten Abschnitte werden dadurch auf verschiedene Kerne aufgeteilt (Postreduktion).

Die Verteilung der Chromosomen in der ersten Reifeteilung führt zur interchromosomalen Rekombination der Gene; durch die zweite Reifeteilung wird die durch Crossover verursachte intrachromosomale Rekombination wirksam. Infolge dieser Rekombinationsvorgänge sind die Meioseprodukte genetisch weder den Eltern noch unter sich gleich. Die Meiose liefert genetisch unterschiedliche Zellen und damit entstehen auch wieder genetisch verschiedene Individuen, die dann der Selektion unterworfen sind. Darin liegt der entscheidende Vorteil der sexuellen Fortpflanzung.

Bei der Bildung von Eizellen und gelegentlich von Meiosporen kann die Meiose inäqual ablaufen, d.h. einer der Tochterkerne bekommt den größten Anteil des Cytoplasmas, während die drei anderen zugrunde gehen.

7.1.3.3 Zeitpunkt der Meiose; Generationswechsel

Bei vielzelligen Tieren (und damit auch beim Menschen) erfolgt die Meiose bei der Bildung der Gameten. Durch deren Vereinigung entsteht die Zygote und aus dieser der diploide Organismus. Bei den Pflanzen ist dieser Entwicklungstypus eher selten; man findet ihn bei den Diatomeen, hochentwickelten Braunalgen (z.B. *Fucus*), etlichen Grünalgen (z.B. *Acetabularia*) und den Oomycota. Die Gameten sind in diesem Fall Meiogameten (der Kernphasenwechsel ist gametisch). Da der Organismus immer diploid ist, spricht man vom **Diplonten-Typ** der Entwicklung (Abb. 7.8).

Bei zahlreichen Algen (z.B. *Chlorella, Oedogonium, Spirogyra, Chara*) ist der Organismus haploid; die Meiose erfolgt sofort bei der Teilung der Zygote, wobei zunächst Meiosporen entstehen können. Es liegt der **Haplonten-Typ** der Entwicklung vor; nur die Zygote ist diploid (der Kernphasenwechsel ist zygotisch). Die Gameten werden durch Mitose, als Mitogameten, gebildet (Abb. 7.8).

Bei verschiedenen Haplonten kann ein Wechsel von Sporenbildung und Gametenbildung eintreten. Die einzellige Grünalge *Chlamydomonas* vermehrt sich einerseits ungeschlechtlich durch Bildung von 2–8 Zoosporen, andererseits geschlechtlich durch Bildung von Mitogameten. Ob Sporen oder Gameten gebildet werden, ist durch die Umweltbedingungen mitbestimmt. Es entsteht ein unregelmäßiger Wechsel von haploiden *Chlamydomonas*-Zellen, die sich über Mitosporen vermehren und solchen, die Gameten bilden. Man unterscheidet sporenbildende, «sporophytische», und gametenbildende, «gametophytische» *Chlamydomonas* und spricht von einem **Generationswechsel**. Aus der Zygote gehen durch Meiose zunächst Meiosporen hervor, die wiederum haploide *Chlamydomonas*-Zellen bilden (Abb. 7.9).

Die Weiterentwicklung des Generationswechsels führt zur Bildung einer diploiden Generation, wenn bei der Teilung der Zygote die Meiose zunächst unterbleibt und durch Mitosen ersetzt wird. Die Meiose wird also zeitlich verschoben. Die haploide Pflanze bildet die Gameten; durch deren Verschmelzung entsteht die Zygote. Aus dieser entwickelt sich ohne Meiose eine (diploide!) Pflanze, die dann ihrerseits unter Reduktionsteilung Meiosporen bildet.

Es liegt ein **Diplo-Haplonten-Typ** der Entwicklung vor (Abb. 7.10). Der Vorteil eines solchen Generationswechsels zwischen einem Gametophyten, der Gameten bildet, und einem Sporophyten, der Sporen bildet, liegt in der Entstehung einer größeren Zahl von Fortpflanzungszellen und in einer besseren Adaptationsfähigkeit der diploiden Generation im Evolutionsvorgang (bedingt durch die Möglichkeit der Präadaptation, vgl. 16.4.2). Der Generations-

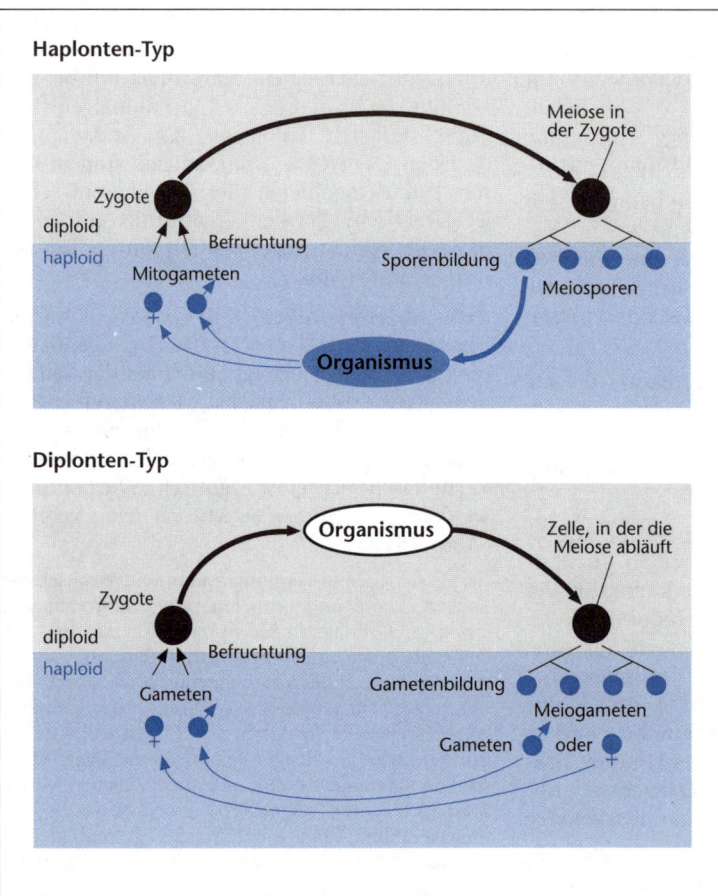

Abb. 7.8: Haplonten- und Diplontentyp der Entwicklung; Schema. Blau ist jeweils die haploide Phase dargestellt. – Beispiele für den Haplontentyp: viele Grünalgen, z. B. *Spirogyra*, *Chara*. Beispiele für den Diplontentyp: *Fucus*, Diatomeen, vielzellige Tiere.

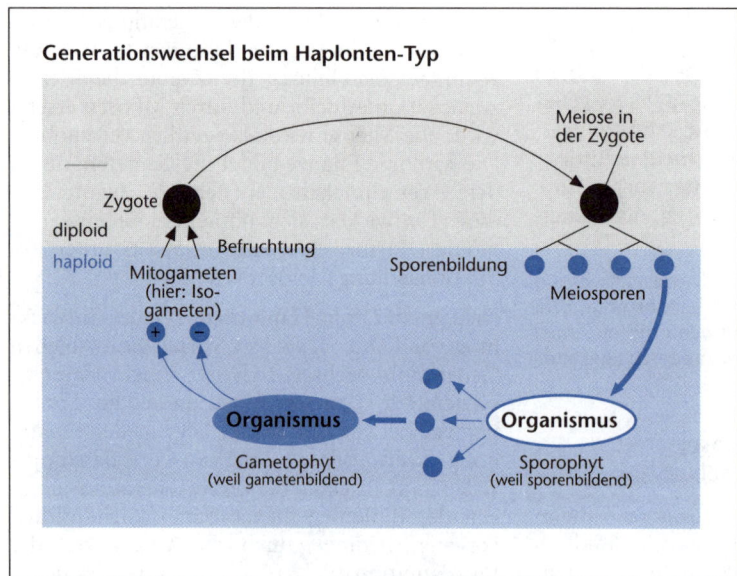

Abb. 7.9: Generationswechsel beim Haplontentyp; Schema. Blau: haploide Phase – Beispiel: *Chlamydomonas*.

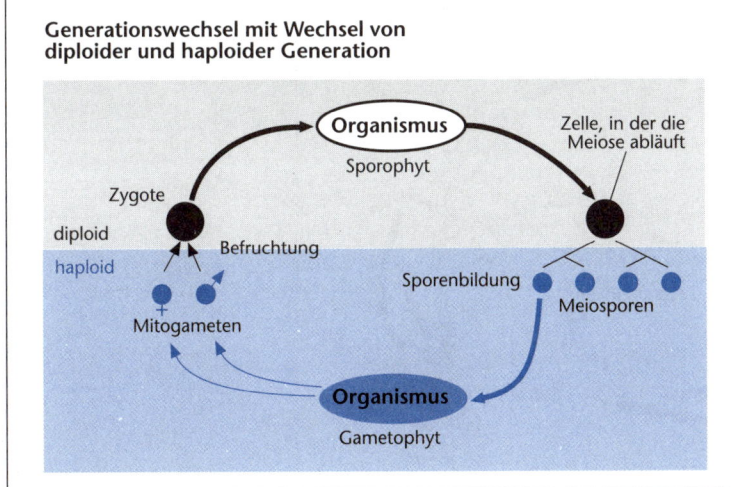

Abb. 7.10: Generationswechsel mit einem Wechsel von haploider und diploider Generation, Schema. Blau: haploide Phase – Beispiele: Moose, Farne, Blütenpflanzen.

wechsel ist nun in der Regel mit dem Kernphasenwechsel verbunden (heterophasischer Generationswechsel): der Sporophyt ist zumeist diploid und bildet Meiosporen, der Gametophyt ist normalerweise haploid und bildet Mitogameten. Die Entwicklungsmöglichkeiten verschiedener Algen (z. B. der Braunalge *Ectocarpus*), die Verhältnisse bei vielen Rotalgen mit einem Wechsel von drei Generationen (aber natürlich nur einem Kernphasenwechsel) zeigen aber ebenso wie Experimente mit Moosen und Kormophyten, dass der Generationswechsel nicht an den Kernphasenwechsel gebunden sein muss.

Gametophyt und Sporophyt können gleich gestaltet sein (z. B. bei der Grünalge *Ulva*, der Braunalge *Ectocarpus*), dann ist der Generationswechsel isomorph; oder aber sie sind gestaltverschieden, dann liegt heteromorpher Generationswechsel vor (z. B. bei vielen Braun- und Rotalgen, bei Asco- und Basidiomyceten).

Infolge ihrer größeren evolutiven Anpassungsfähigkeit (Möglichkeit zur Anhäufung von rezessiven Allelen, die zu Präadaptationen führen, vgl. 16.4.2) gewinnt im Verlauf der Höherentwicklung vielfach die diploide Generation mehr und mehr die Oberhand (vgl. 7.1.3.4). Dieser Vorgang ist in den Evolutionslinien der Heterokontophyta (bei Braunalgen), Rotalgen, Pilze und Grünalgen/Landpflanzen jeweils getrennt abgelaufen. Jedoch können ökologische Faktoren zu einer Bevorzugung der haploiden Generation führen; daher gibt es, vor allem bei Einzellern, viele Haplontentypen und Diplo-Haplonten mit Vorherrschen der haploiden Phase.

7.1.3.4 Generationswechsel bei Landpflanzen (Moose und Kormophyten)

Die Landpflanzen sind in der Evolution aus Grünalgen hervorgegangen. Die Ausgangsformen dürften den Charophyceae nahegestanden haben und waren vermutlich Haplonten ohne Generationswechsel. Bei einigen Grünalgen (*Coleochaete*, *Chara*) verbleibt die Zygote auf der Mutterpflanze und wird von sterilen Hüllfäden eingeschlossen («Zygotenfrucht»).

Ursprüngliche Landpflanzen im Unterdevon hatten einen nahezu isomorphen Generationswechsel (z. B. für *Aglaophyton* angenommen). Dessen weitere Entwicklung steht im Zusammenhang mit der Anpassung an das Leben auf dem Land.

A. Moose

Die grünen Moospflänzchen bilden Gametangien aus (Abb. 7.11): kuppelförmige Antheridien, in denen Spermatozoiden entstehen, und flaschenförmige Oogonien mit einer vielzelligen Hülle, die wegen des besonderen Aufbaus als Archegonien bezeichnet werden und je eine Eizelle enthalten. Bei Benetzung durch Regen werden die Spermatozoiden frei und schwimmen, durch die Eizelle chemotaktisch angelockt, zum Archegonium. Nach Befruchtung der Eizelle wächst aus der Zygote, zunächst noch im Archegonium, ein grünes, stielförmiges Gebilde, das Sporogon, heran. Dieses verlängert sich und bildet dann eine Sporenkapsel, in der Sporenmutterzellen entstehen. Sie liefern durch Meiose haploide Sporen, die durch den Wind verbreitet werden. Bei der Keimung entsteht aus einer Spore ein

182 · 7 Fortpflanzung

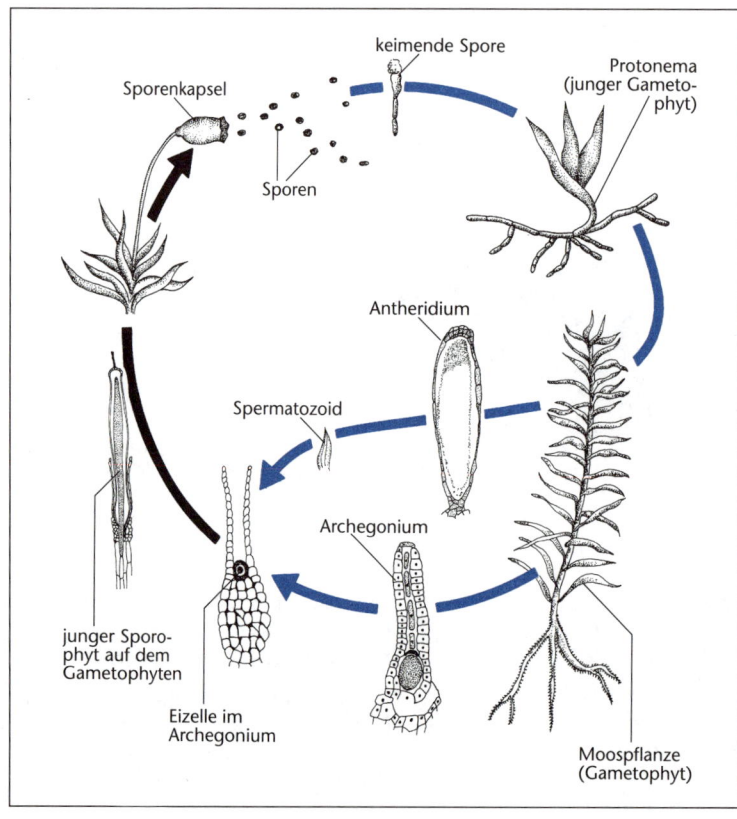

Abb. 7.11: Generationswechsel bei einem Moos. Blau: Gametophyt; schwarz: Sporophyt.

verzweigter Zellfaden, das Protonema. Es bildet Knospen aus, die zu Moospflänzchen heranwachsen.

Das Moospflänzchen bildet Mitogameten, ist also der Gametophyt. Das auf der Moospflanze aufsitzende Sporogon bildet die Meiosporen, ist also der Sporophyt. Dieser ist eine unselbständige Generation; er wird – zumeist teilweise – vom Gametophyten ernährt. Der Gametophyt tritt nacheinander in zwei verschiedenen Gestalten auf: als Protonema und als Moospflanze.

B. Farnpflanzen

Der Wurmfarn (*Dryopteris filix-mas*; ebenso andere Farne, vgl. Abb. 7.12) erzeugt auf der Unterseite wedelförmiger Blätter in Sporenkapseln unter Meiose Sporen, die durch den Wind verbreitet werden und sich in feuchtem Boden zu kleinen (weniger als 1 cm), grünen, unregelmäßig-herzförmigen Prothallien entwickeln. An ihnen entstehen Antheridien und Oogonien (diese wie bei den Moosen in Form der Archegonien). Bei Benetzung durch Regen oder Tau erfolgt die Befruchtung. Aus der Zygote entwickelt sich eine neue Farnpflanze, die auf der Unterseite einiger Blattwedel wieder Sporangien bildet. Die sporangientragenden Blätter heißen Sporophylle; sie unterscheiden sich beim Wurmfarn in ihrer Gestalt nicht von sterilen Laubblättern (den Trophophyllen). Die Farnpflanze ist der Sporophyt, das Prothallium der Gametophyt. Beide Generationen sind selbständig, aber der Sporophyt ist sehr viel größer und langlebiger. Er weist Kormusgliederung auf, während das Prothallium – wie der Name sagt – thallös gebaut ist.

Bei den zur Gruppe der Bärlappartigen (Lycopodiophytina) gehörenden *Selaginella*-Arten («Moosfarne») sind die Prothallien (Gametophyten) getrenntgeschlechtlich (Abb. 7.13). Es entstehen kleine, Antheridien tragende Mikroprothallien (männliche Prothallien) aus kleineren Mikrosporen und größere, Archegonien tragende Megaprothallien (weibliche Prothallien) aus größeren Megasporen. Man spricht von Heterosporie. Die Sporen werden in getrennten Sporangien gebildet, die als Mikrosporangien

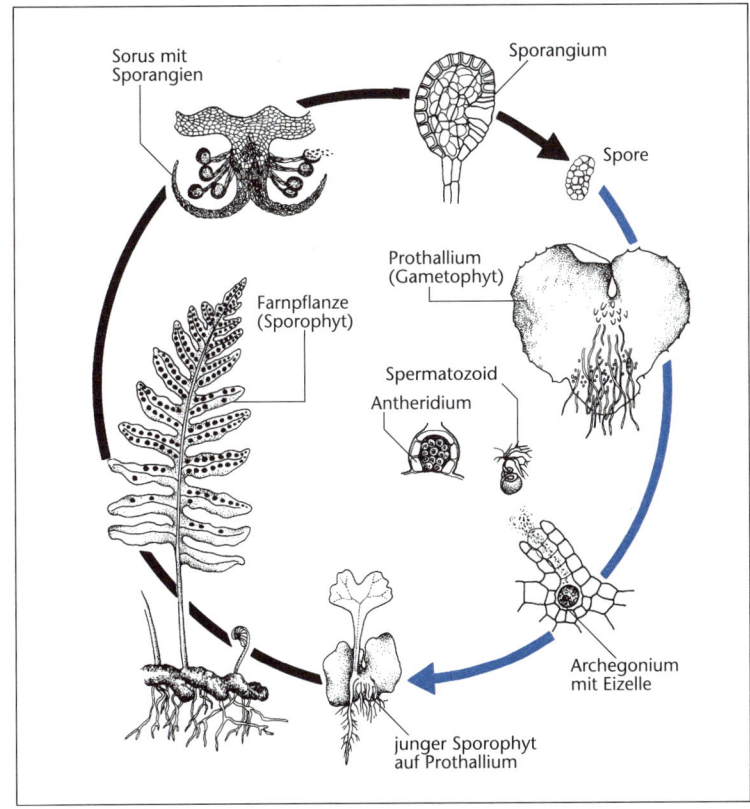

Abb. 7.12: Generationswechsel bei einem Farn. Blau: Gametophyt; schwarz: Sporophyt.

und Megasporangien unterschieden werden. Sie entstehen auf Mikrosporophyllen bzw. Megasporophyllen. (Diese Bezeichnungen beziehen sich nicht auf die Größe der Blattorgane und der Sporangien, sondern nur auf die Art der gebildeten Sporen.) Mikro- und Megasporen fallen zu Boden und entwickeln sich zu Gametophyten. Nach Benetzung mit Regen können die aus den männlichen Prothallien freigesetzten Spermatozoiden die Eizellen in den Archegonien benachbarter weiblicher Prothallien befruchten. Aus der Zygote entwickelt sich eine neue *Selaginella*-Pflanze (Sporophyt). Bei verschiedenen *Selaginella*-Arten sind die Mikro- und Megaprothallien sehr klein; bei einigen Arten entwickeln sie sich schon auf der Mutterpflanze aus den Sporen. Die zunehmende Reduktion der Gametophyten und deren Entwicklung auf den Mutter-Sporophyten setzt sich bei den Spermatophyten fort.

C. Gymnospermen

Die Blütenpflanzen besitzen ebenfalls einen Generationswechsel. Sie sind heterospor, bilden also Mikro- und Megasporen auf Mikro- und Megasporophyllen. Nur sind bei den Blütenpflanzen – historisch bedingt – andere Bezeichnungen im Gebrauch:

Mikrosporophyll = Staubblatt

Megasporophyll = Fruchtblatt

Mikrosporangium = Pollensack

Megasporangium = Nucellus

Mikrospore = Pollenkorn

Megaspore = Embryosack

Das Megasporangium (Nucellus) ist von einer zusätzlichen schützenden Hülle umgeben, die Integument genannt wird. Sie besitzt einen kleinen Porus, die Mikropyle. Nucellus und Integument(e) zusammen werden als Samenanlage bezeichnet, da nach der Befruchtung daraus später der Same hervorgeht.

Der Generationswechsel der Gymnospermen (Abb. 7.14) entspricht weitgehend jenem von *Selaginella*. Ein Nadelbaum (z. B. Kiefer *Pinus*) bildet zahlreiche Staubblätter, die in männlichen

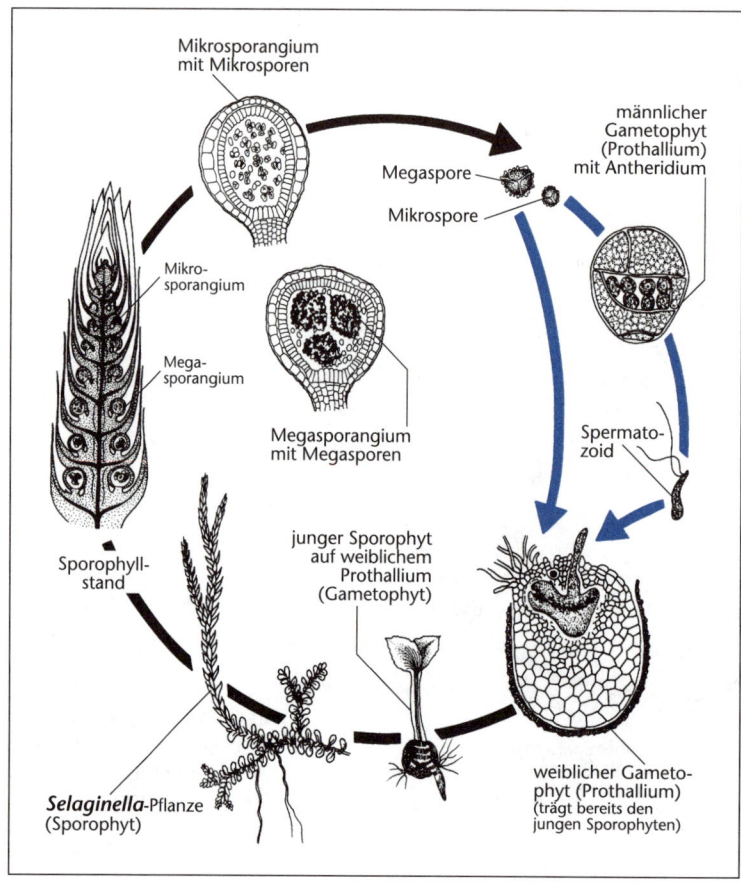

Abb. 7.13: Generationswechsel bei einer heterosporen Farnpflanze: Moosfarn *Selaginella*. Blau: Gametophyt; schwarz: Sporophyt.

Blüten zusammengefasst sind. Die weiblichen Blüten sind stark vereinfacht; sie besitzen jeweils ein Fruchtblatt mit zwei Samenanlagen und sind in Blütenständen, den weiblichen Zapfen, angeordnet. In jeder Samenanlage befindet sich ein Nucellus, in dem die Meiose erfolgt. Von den vier haploiden Zellen gehen drei zugrunde, so dass sich nur eine Embryosackzelle (Megaspore) entwickelt. Diese wird nun nicht frei, sondern entwickelt sich auf der Mutterpflanze zum weiblichen Prothallium (Gametophyt), das als primäres Endosperm bezeichnet wird. In ihm entstehen einige sehr einfach gebaute Archegonien mit je einer Eizelle.

In den Pollensäcken der Staubblätter entstehen unter Meiose zahlreiche Pollenkörner (Mikrosporen). Diese werden durch den Wind verbreitet und gelangen so auch zur Samenanlage. Durch einen Flüssigkeitstropfen werden Pollenkörner an der Mikropyle festgehalten. Dort entsteht nun aus einem Pollenkorn der männliche Gametophyt, der als ein schlauchartiges Gebilde (Pollenschlauch) durch das Nucellusgewebe hindurch bis zum weiblichen Gametophyten und dort zur Eizelle hin wächst.

Mittlerweile sind (bei Coniferen unbegeißelte) Spermazellen im Pollenschlauch entstanden, so dass die Befruchtung der Eizelle erfolgen kann. Die Spermazellen werden also im Pollenschlauch bis in die Nähe der Eizelle gebracht: Siphonogamie. Da die Befruchtung im Innern der Samenanlage im Nucellus (weiblichen Sporangium) stattfindet, ist Wasser als Transportmedium für Spermatozoiden nicht erforderlich.

Die gebildete Zygote teilt sich und es entsteht ein Embryo, der zunächst durch das primäre Endosperm ernährt wird und dann in einen Ruhezustand übergeht. In dieser Form erfolgt die Verbreitung der Samen (vgl. dazu 7.4.7). Das primäre Endosperm dient als Speichergewebe der Reservestoffe für den Keimungsvorgang. Ruhestadium der Pflanze ist nicht mehr – wie

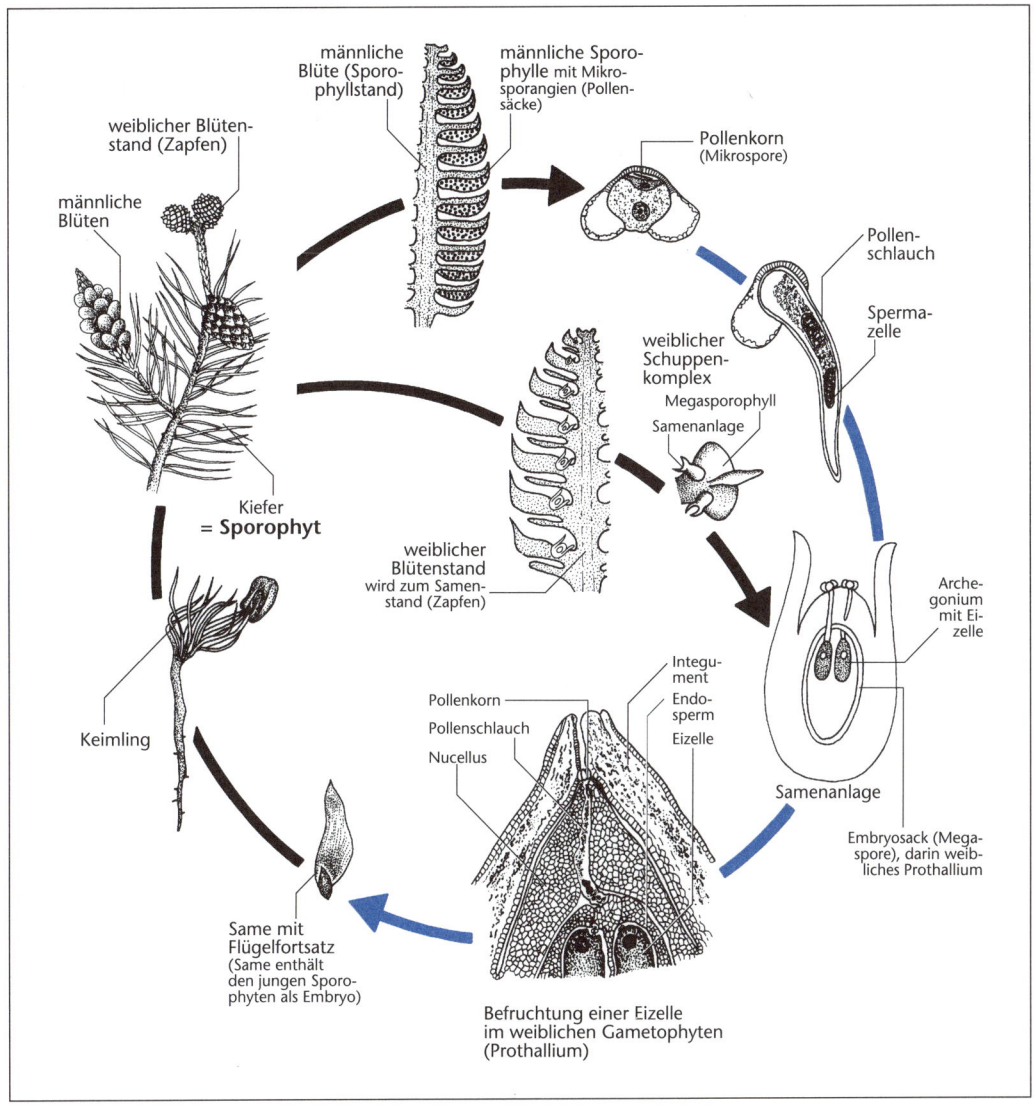

Abb. 7.14: Generationswechsel bei einer Gymnosperme: Kiefer *Pinus*. Blau: Gametophyt; schwarz: Sporophyt.

bei Algen – die Zygote, sondern der Samen mit dem embryonalen Sporophyten.

Gegenüber den Farnpflanzen ist der männliche Gametophyt (Pollenschlauch) stark zurückgebildet und auch der weibliche (primäres Endosperm) vereinfacht. Die Megaspore entwickelt sich auf dem Muttersporophyten zum weiblichen Gametophyten, der nicht selbständig wird, sondern stets in der Samenanlage verbleibt. In diesem entsteht nach der Befruchtung aus der Zygote der Embryo der nächsten sporophytischen Generation.

Der Generationswechsel der Angiospermen wird in Abschnitt 7.3 besprochen. Bei ihnen ist die gametophytische Generation noch stärker reduziert. Die Verlagerung der Befruchtung ins Innere des Sporophyten und die Rückbildung der Gametophyten, die sich auf dem Sporophyt entwickeln, führt zur Unabhängigkeit vom Wasser und bedeutet damit eine vollkommene Anpassung an das Landleben. Bei Moosen und Farnpflanzen ist zur Befruchtung Außenwasser unentbehrlich; dagegen sind die Blütenpflanzen bei ihrer Befruchtung vom Wasser nicht mehr abhängig.

7.2 Blüte

Blütenpflanzen bilden während ihres Wachstums zunächst Sprossachsen und Blätter aus (vegetative Phase) und gelangen dann zur Blütenbildung und damit in die reproduktive Phase ihrer Entwicklung. In den Blüten sind die fertilen, sporenbildenden Blattorgane (Sporophylle) lokalisiert, daher erfolgt hier die Entwicklung der Sporen. Die Blüten können somit als Fortpflanzungsorgane der Spermatophyten bezeichnet werden.

≙ ebenso Blattmetamorphosen

7.2.1 Aufbau der Angiospermen-Blüte

Eine **Blüte** ist ein Kurzspross mit begrenztem Wachstum, dessen Blätter zumindest teilweise Sporophylle sind und daher Meiosporen bilden. Die Blüte ist somit ein Sporophyllstand. Wie bei den heterosporen Farnpflanzen entstehen geschlechtlich differenzierte Sporen; die männlichen Meiosporen heißen Pollenkörner, die weibliche Meiospore wird als Embryosack bezeichnet. Die fertilen Blätter sind in typischen Blüten von sterilen Hüllblättern umgeben (Abb. 7.15).

Sporophyllstände, die als Vorstufen von Blüten angesehen werden können, treten bei Bärlappen, *Selaginella* und Schachtelhalmen auf. Die Blüten der heutigen Gymnospermen sind stets eingeschlechtlich. Für die ursprünglichen Angiospermen charakteristisch ist die zwittrige Blüte, die Mikro- und Megasporophylle enthält. Sekundär werden aber auch bei Angiospermen eingeschlechtliche Blüten gebildet.

Die Blattorgane der Blüte sind an einer gestauchten und in der Regel verbreiterten Achse inseriert. Der so gebildete **Blütenboden** ist meist flach kegelförmig oder völlig eben, kann aber auch steil-kegelig (z. B. bei *Magnolia, Myosurus*: «verlängerter Blütenboden») oder becherförmig (z. B. bei *Rosa*) werden. Eine typische vollständige Zwitterblüte zeigt eine bestimmte Blattfolge: auf die sterile **Blütenhülle** (Perianth), die oft in einen **Kelch** (Calyx) aus Kelchblättern (Sepalen) und eine **Krone** (Corolle) aus Kronblättern (Petalen) gegliedert ist, folgen die Mikrosporophylle oder **Staubblätter** (Stamina, in ihrer Gesamtheit das Androeceum) und schließlich die Megasporophylle oder **Fruchtblätter** (Karpelle, in ihrer Gesamtheit das Gynoeceum). Wenn die Blütenhülle einheitlich, also nicht in Kelch und Krone gegliedert ist (z. B. Tulpe, Lilie), nennt man sie Perigon, die Blattorgane Tepalen.

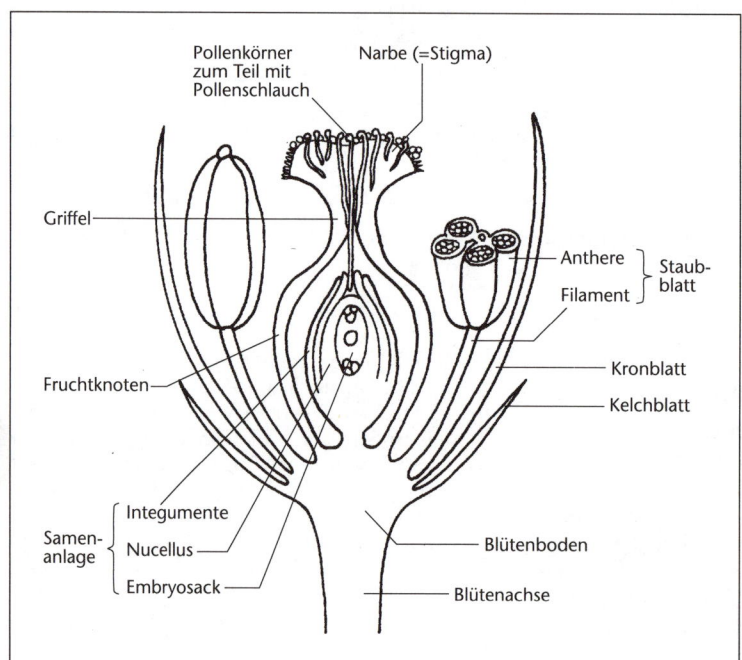

Abb. 7.15: Schematischer Schnitt durch eine Angiospermen-Blüte. Im Fruchtknoten ist nur eine Samenanlage eingezeichnet.

Normalerweise sind die Blattorgane in Wirteln angeordnet (zyklischer Blütenbau); als ursprüngliches Merkmal kommt bei etlichen Gattungen auch noch eine vollständig (z. B. Gewürzstrauch *Calycanthus*) oder teilweise (z. B. *Magnolia*, Seerose *Nymphaea*) schraubige Anordnung vor.

Die Gliederzahl in den einzelnen Blattwirteln ist bei verschiedenen Angiospermen unterschiedlich und variiert von 0 bis etwa 30. Es gibt jedoch bestimmte Häufungen: Dicotyle haben bevorzugt 5- oder 4-, manchmal auch 2-zählige Wirteln (pentamere Blüten z. B. Primulaceae, Geraniaceae; tetramere Blüten (z. B. Rubiaceae); Monocotyle zeigen häufig 3-zählige (trimere) Blüten.

Die Blattorgane der aufeinanderfolgenden Wirtel stehen normalerweise jeweils auf Lücke (alternierend), seltener übereinander (superponiert).

Die **Symmetrieverhältnisse** der Angiospermenblüten sind unterschiedlich (Abb. 7.16). Häufig beschränkt man sich bei ihrer Betrachtung auf die Blütenhülle. Der Grundtypus ist entsprechend dem radiären Sprossaufbau die

- radiäre (aktinomorphe, strahlige) Blüte mit mehr als zwei Symmetrieebenen: z. B. *Lilium*, *Primula*, *Tulipa*.
- disymmetrische (bilateral-symmetrische) Blüten mit zwei Symmetrieebenen: z. B. *Dicentra*, sind nicht häufig. Bei Einbeziehung der Staubblätter gehören auch die Brassicaceen-Blüten hierzu.
- zygomorphe (monosymmetrische, dorsiventrale) Blüten mit einer Symmetrieebene findet man z. B. bei Taubnessel *Lamium*, Salbei *Salvia*, Ehrenpreis *Veronica*. Sie sind vielfach in Zusammenhang mit der Anpassung an bestäubende Tiere entstanden, für die ein Anflugplatz ausgebildet wird. Eine Unterteilung ist möglich aufgrund der unterschiedlichen Lage der Symmetrieebene relativ zur Achse.
- asymmetrische Blüten ohne Symmetrieebene gibt es z. B. bei *Canna indica*; Spornblume *Centranthus ruber*. Dieser Typ ist selten und stets stark abgeleitet.

Die Darstellung des Blütenaufbaus erfolgt häufig als **Blütendiagramm**. Hierzu werden alle Teile auf eine

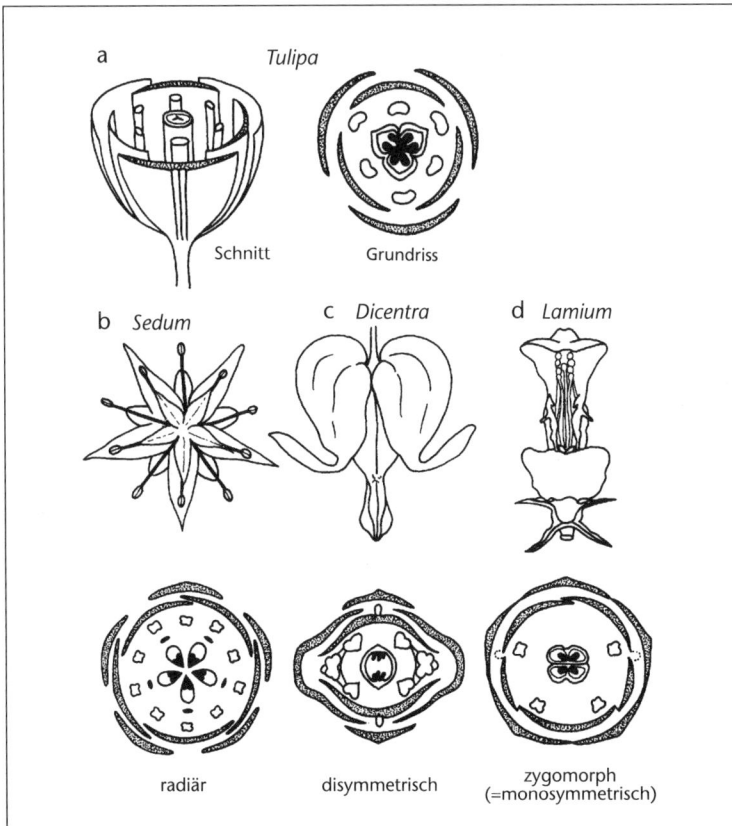

Abb. 7.16: Blütensymmetrie und Blütengrundriss = Blütendiagramm. **a:** Tulpenblüte in Querschnitt und Grundriss; **b:** radiäre Blüten von *Sedum* (Fetthenne); **c:** disymmetrische Blüte von *Dicentra* (Tränendes Herz); **d:** zygomorphe Blüte von *Lamium* (Taubnessel).

Ebene projiziert und dann im Grundriss dargestellt. In das vollständige Blütendiagramm wird auch die Lage der Achse und des Tragblattes (Deckblattes) eingetragen.

7.2.2 Blütenbildung und Lebensdauer der Pflanze

Manche Pflanzen kommen in ihrem Entwicklungsablauf nur einmal zur Blüte und sterben nach der Fruchtreife ab. Es sind dies die **hapaxanthen Pflanzen**. Hierzu gehören

- annuelle Arten (z. B. Mohn *Papaver rhoeas*, Lein *Linum usitatissimum*, Sommergetreide; vgl. 6.5.4).
- zweijährige (bienne) Arten, die im ersten Jahr nur vegetativ wachsen (oft mit Rosettenbildung) und Reservestoffe ansammeln und im zweiten Jahr Blüten entwickeln (z. B. Rübe *Beta*, Kohl *Brassica*, Rettich *Raphanus*, Sellerie *Apium graveolens*: diese werden im ersten Jahr nach Reservestoff-Akkumulation vom Menschen genutzt).
  Manche bienne Arten kommen bei schlechter Ernährung erst nach mehr als zwei Jahren zur Blüte (fakultativ Bienne).
- mehrjährige (plurienne) Arten, die nur einmal blühen. Sie sind meist tropisch-subtropischer Herkunft (z. B. *Agave americana*, wird 10–100 Jahre alt; verschiedene Bambus-Arten).

Andere Pflanzenarten blühen mehrmals. Man nennt sie **pollakanthe Pflanzen**. Hierzu gehören die allermeisten Stauden und die Holzpflanzen. Ihre Lebensdauer ist nicht durch den Blühvorgang begrenzt; sie sind ausdauernd (perennierend). Dazu sind die Bildung von Erneuerungsknospen (vgl. 6.5.3) und Reservestoffspeicherung erforderlich. Da an den Vegetationspunkten Meristeme lebenslang erhalten bleiben, ist ihre Lebensdauer prinzipiell unbegrenzt. Die zunehmende Erschwerung der Versorgung mit Wasser und Ionen sowie Schädigungen durch Fraß, Parasiten usw. führen aber schließlich doch zum Absterben.

7.2.3 Blütenstände (Infloreszenzen)

Bei manchen Pflanzenarten schließt der Hauptspross sein Wachstum mit der Bildung einer einzelnen Endblüte ab (z. B. Mohn *Papaver*). Viel häufiger entstehen unter Verzweigung der Sprossachse zahlreiche Blüten und damit Blütenstände oder Infloreszenzen. Sie sind definiert als der Blütenbildung dienende Sprosssysteme.

7.2.3.1 Aufbau von Blütenständen

Blütenstände (Abb. 7.18) tragen zumeist keine normalen Laubblätter (Ausnahme z. B. Beblättertes Läusekraut *Pedicularis foliosa*). Jede Blüte steht aber als Kurzspross in der Achsel eines meist kleinen Trag- oder Deckblattes. Am Blütenstiel können noch 1–2 Vorblätter gebildet werden. Die Tragblätter sind gelegentlich farbig und in den Schauapparat der Blüten einbezogen. Derartige Tragblätter und überhaupt alle Hochblätter, die zum Schauapparat gehören, werden Brakteen genannt. Die beiden Grundformen der Verzweigung von Sprossachsen (vgl. 6.2.5.4) treten auch bei den Infloreszenzen auf; monopodiale Verzweigung führt zu **racemösen**, sympodiale Verzweigung zu **cymösen Blütenständen**. Bei sympodialem Sprossbau können die Hauptachsen, die jeweils mit einer Blüte oder einem Blütenstand enden, seitlich abgedrängt erscheinen. Man spricht von Anthokladien (z. B. Tollkirsche *Atropa*, Wein *Vitis*); die sympodial gebaute Achse setzt das vegetative Wachstum fort. Ebenso ist es bei monopodialen Sprossen möglich, dass die Blütenstände an Seitenzweigen entstehen und die Hauptachse vegetativ weiterwächst («blühender Spross»).

Einfache Blütenstände sind aus Einzelblüten durch einfache Verzweigung eines Sprosses nach einem bestimmten Prinzip aufgebaut. Wenn ein System mehrfacher Verzweigung vorliegt, handelt es sich um zusammengesetzte Blütenstände; sie bestehen aus Teilinfloreszenzen. Dabei kann das Bauprinzip der Gesamtinfloreszenz und der Teilinfloreszenzen gleich (homotypisch) oder verschieden (heterotypisch) sein. So entsteht eine große Vielfalt von Blütenstandsformen.

Ein Blütenstand kann mit einer Endblüte (Terminalblüte) endigen: geschlossene Infloreszenz, oder aber das Ende der Hauptachse bleibt vegetativ: offene Infloreszenz. Racemöse Infloreszenzen sind häufig offen, da der monopodiale Spross nicht immer mit einer Blüte abschließt.

7.2.3.2 Pseudanthien

Eine Verkleinerung der Einzelblüten wird häufig kompensiert durch eine Vergrößerung des Blütenstandes (z. B. bei den Doldengewächsen Apiaceae). Blütenstände, die das Aussehen von Einzelblüten annehmen (vgl. Abb. 7.17) – wie

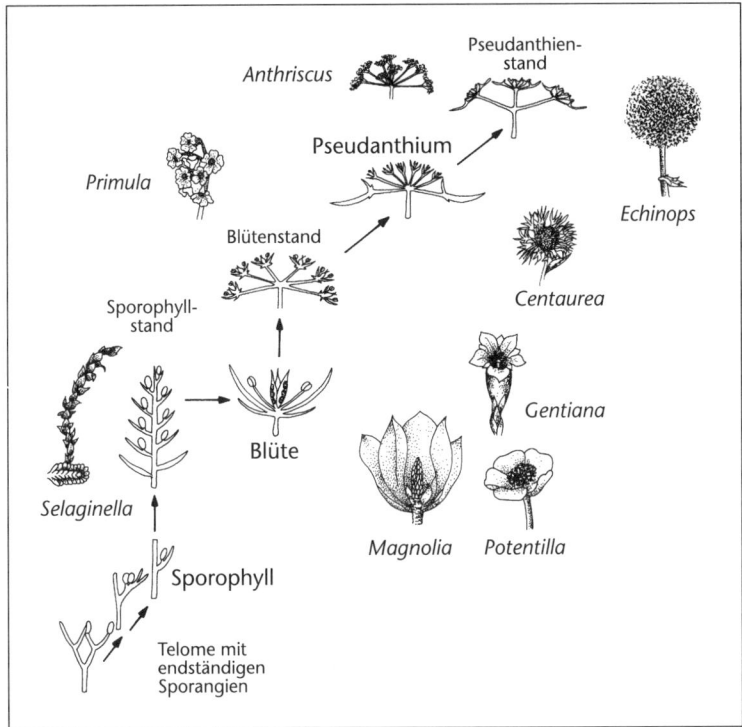

Abb. 7.17: Evolutionstrends der Blütenausbildung. Die Angiospermenblüte ist entstanden als Sporophyllstand. Ganze Blütenstände können das Aussehen von Einzelblüten annehmen (Pseudanthienbildung), so z. B. Dolden (bei *Anthriscus*) und Köpfchen (bei *Centaurea*). Bei der Kugeldistel *Echinops* entsteht aus zahlreichen Körbchen ein Pseudanthienstand, der das Aussehen einer Blüte annimmt (Pseudanthium 2. Ordnung) (nach HALLER und PROBST).

etwa die Köpfchen der Korbblütler (Asteraceae) – heißen Pseudanthien (weitere Beispiele: *Cyathium* der Wolfsmilch = *Euphorbia*-Arten, Dolden und Doppeldolden der Apiaceae). Dabei wird der «Blumen»-Charakter der Infloreszenz noch verstärkt durch Förderung des Wachstums von Randblüten (randliche Zungenblüten bei Asteraceae), durch Ausbildung steriler Randblüten mit Schaufunktion (ebenfalls bei Asteraceae, bei Schneeball *Viburnum opulus* u. a.) oder durch Einbeziehung von Brakteen in den Schauapparat (Sterndolde *Astrantia*, *Cornus suecica*). Als Pseudanthien ausgebildete Blütenstände können auch zusammengesetzte Blütenstände sein und dabei sogar Pseudanthien höherer Ordnung (Pseudanthien-Stände) bilden. So sind bei etlichen Arten der Schafgarbe *Achillea* die Körbchen (Pseudanthien) zu Körbchen höherer Ordnung vereinigt und bei der Kugeldistel *Echinops* bilden viele Körbchen gemeinsam das kugelige Pseudanthium 2. Ordnung.

Normalerweise sind – von Pseudanthien-Bildung abgesehen – die Blüten eines Blütenstandes gleichartig. In Infloreszenzen zygomorpher Blüten kommt es aber gelegentlich vor, dass die Terminalblüte radiär gebaut ist (z. B. bei *Antirrhinum*, *Digitalis*); sie heißt dann Pelorie.

7.2.3.3 Synfloreszenzen

Infolge verschiedenartiger Förderung des Wachstums von Haupt- und Seitensprossen können nahe verwandte Arten sehr unterschiedliche Blütenstände aufweisen. Sogar innerhalb einer Art können aufgrund von Standortsunterschieden Abweichungen im Infloreszenzbau beobachtet werden. Auch gibt es Übergänge zwischen racemösen und cymösen Blütenständen. Die Ursache für diese Erscheinungen liegt darin, dass die Inflorezenz keine morphologisch exakt definierte Einheit ist. Eine solche bildet nur das ganze Verzweigungssystem der Sprossachse in der blühenden Region. Dieses wird als Synfloreszenz bezeichnet.

7.2.3.4 Wichtige Infloreszenz-Formen

A. Einfache Infloreszenzen (Abb. 7.18)

Racemöse Infloreszenzen:
- Traube: an der Hauptachse stehen gestielte Einzelblüten (z. B. Hyazinthe, Traubenkirsche *Prunus padus*).
- Ähre: an der Hauptachse stehen ungestielte Einzelblüten (z. B. Wegerich *Plantago*, *Orchis*-Arten). Kätzchen sind die oft hängenden männlichen Blütenstände von Pappel, Erle, Walnuss usw. Es sind Trauben oder Ähren, die als Ganzes abfallen. Sie können auch cymös gebaut sein (z. B. bei Hasel, Erle).

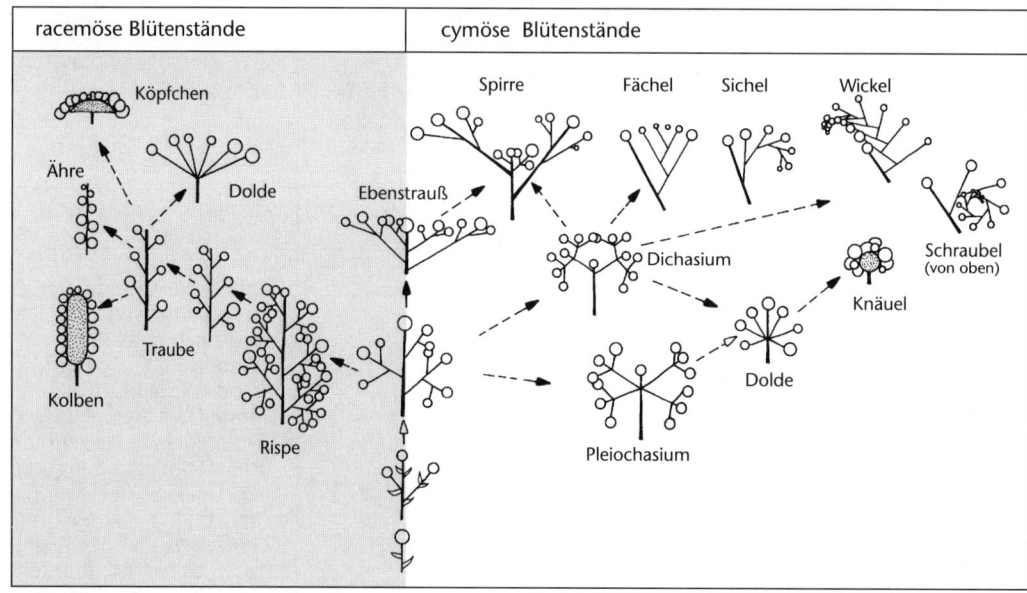

Abb. 7.18: Baupläne wichtiger Blütenstands(Infloreszenz)-Typen (nach HALLER und PROBST).

- Kolben: Ähre, deren Hauptachse fleischig verdickt ist (z. B. Aronstab *Arum*, weibl. Blütenstand von Mais *Zea mays*).
- Zapfen: Ähre, deren Achse und Tragblätter bei der Reife holzig werden (z. B. weibl. Blütenstände der Coniferen, Erle *Alnus*).
- Dolde: Hauptachse stark verkürzt, die gestielten Blüten gehen alle von einem Punkt dieser gestauchten Hauptachse aus (z. B. *Primula*, Sterndolde *Astrantia*).
- Köpfchen: Hauptachse stark verkürzt und verdickt, Blüten ungestielt (z. B. Klee *Trifolium*). Ist die Hauptachse scheibenförmig verbreitert und bilden Hochblätter eine Hülle (Involucrum), so entsteht ein Körbchen (z. B. Korbblütler Asteraceae, viele Dipsacaceae und Eriocaulaceae).

Cymöse Infloreszenzen:
- Pleiochasium: drei oder mehr Seitenachsen setzen das Verzweigungssystem fort. Im einfachsten Fall entsteht eine Trugdolde (z. B. *Euphorbia*-Arten, Holunder *Sambucus nigra*). Auch traubenartige Pleiochasien (z. B. *Berberis*) sind bekannt.
- Dichasium: unterhalb jeder Blüte entspringen jeweils zwei Seitenäste, die wieder in Blüten endigen usw. (z. B. Caryophyllaceen).
- Monochasium: einfache Formen sind die sympodiale Traube und sympodiale Ähre. Bei den weiteren Formen wird danach unterschieden, in welcher räumlichen Lage sich die das Achsensystem fortsetzenden Seitenachsen entwickeln und ob sie alternierend oder stets gleichsinnig am vorangehenden Achsenglied entspringen. Entsteht die neue Seitenachse in der Medianebene des vorhergehenden Achsensystems, so handelt es sich um Fächel (alternierende Achsenordnung, z. B. Iridaceen) oder Sichel (einseitige Anordnung, z. B. Juncaceen). Entsteht die neue Achse quer zur Medianebene des Mutterachsensystems, so werden Wickel (alternierend, z. B. Boraginaceen) oder Schraubel (einseitig, z. B. *Hypericum*) gebildet.

B. Zusammengesetzte Infloreszenzen

Homotypische Infloreszenzen sind beispielsweise die Doppeldolden vieler Apiaceen, die zusammengesetzten Ähren der Ährengräser (z. B. Getreidearten: die Ähren sind aus Ährchen aufgebaut) und die Doppeltrauben, die auch als Rispen bezeichnet werden (z. B. Steinklee *Melilotus*). Rispen können auch cymös gebaut sein, dann Pleiochasien höherer Ordnung (z. B. Weinrebe *Vitis*). Sie sind durch fließende Übergänge (Schirmrispe, bei Eberesche *Sorbus aucuparia*, Schneeball *Viburnum*) mit der Trugdolde verbunden. Werden die unteren Blütenstandsäste verlängert und übergipfeln die höheren, so liegt eine Spirre (Anagramm zu Rispe) vor (z. B. bei Mädesüß *Filipendula*).

Heterotypische Infloreszenzen liegen z. B. bei Boraginaceen vor, bei denen mehrere Wickel in dichasialer Anordnung den Gesamtblütenstand aufbauen. Entsprechend findet man bei Carex-Arten Ähren in traubiger Anordnung und bei Asteraceen Körbchen in Trauben (Pestwurz *Petasites*) oder in einer Schraubel (Wegwarte *Cichorium*) angeordnet. Als Thyrsus bezeichnet man einen Blütenstand mit durchgehend monopodialer Achse, der seitlich cymöse Teilinfloreszenzen entspringen (meist Dichasien, z. B. Caryophyllaceen, Lamiaceen).

7.2.4 Phylogenie der Blüte

Die ursprüngliche Angiospermenblüte ist zwittrig und daher wahrscheinlich aus einer Zwitterblüte urtümlicher Gymnospermen aus der Gruppe der *Cycadophytina* herzuleiten (**Euanthien-Hypothese**). Unter den *Cycadophytina* ist nur eine Gruppe bekannt, bei der Zwitterblüten auftraten, die ausgestorbenen Bennettitopsida der Jura- und Kreidezeit. Wegen des andersartigen Baus ihrer Megasporophylle und wegen des späten Auftretens können sie aber nicht Vorfahren der Angiospermen sein. Jedoch dürften sie wie diese aus jenen unbekannten Cycadophytina hervorgegangen sein, die erstmals Zwitterblüten entwickelten; sie sind die Schwestergruppe der Angiospermen.

7.2.4.1 Phylogenie der Bütenhülle

Die Kelchblätter sind in der Evolution aus Hochblättern hervorgegangen, oft durch Förderung des Wachstums des Blattgrundes (vaginale Hochblattbildung). Bei vielen Arten ist der Hochblattcharakter gut zu erkennen (z. B. *Rosa*); außerdem gibt es in rezenten Verwandtschaftskreisen Abwandlungsreihen. So findet man in der Großgattung *Anemone* (*Anemone/Pulsatilla/Hepatica*) bei *Anemone nemorosa* drei an der Blütenachse inserierte Hochblätter, die als normale Laubblätter ausgebildet sind; bei *Pulsatilla* sind sie reduziert und liegen der Achse teilweise an; bei *Hepatica* schließlich sind sie in Form dreier Kelchblätter (Involucrum) ausgebildet (Abb. 7.19b).

Die Kronblätter bzw. das einheitliche Perigon können unterschiedlicher Herkunft sein. Im Gegensatz zu den Kelchblättern, die wie Laubblätter von drei Leitbündeln versorgt werden, tritt in die meisten Kronblätter nur ein Leitbündel über, ähnlich wie bei Staubblättern. Da das Leitbündelsystem konservativ ist, deutet dieser Befund darauf hin, dass Kronblätter aus Staubblättern bzw. den phylogenetischen Vorstufen von solchen hervorgegangen sein können. Erhärtet wird dies durch derartige Übergänge in Blüten heutiger Arten (z. B. bei Seerose *Nymphaea* (Abb. 7.19a), Hahnenfuß *Ranunculus auricomus* (vgl. 7.2.7.2)), und durch das Auftreten gefüllter Blüten (Zierformen z. B. *Rosa*, *Paeonia*), in denen Staubblätter zu Kronblättern umgebildet sind. Jedoch kann insbesondere ein einheitliches Perigon auch aus Hochblättern entstanden sein (z. B. bei *Magnolia, Paeonia, Helleborus*, bei denen gelegentlich auch morphologische Übergänge zu beobachten sind). Die Entstehung des Perigons vieler Monocotylen ist unklar. Molekulargenetische Untersuchungen zeigen, dass die Bildung der Blattorgane der Blüte durch eine Gruppe von Genen reguliert wird, die bei den verschiedenen Blütenpflanzen homolog sind (vgl. 14.5.2.5).

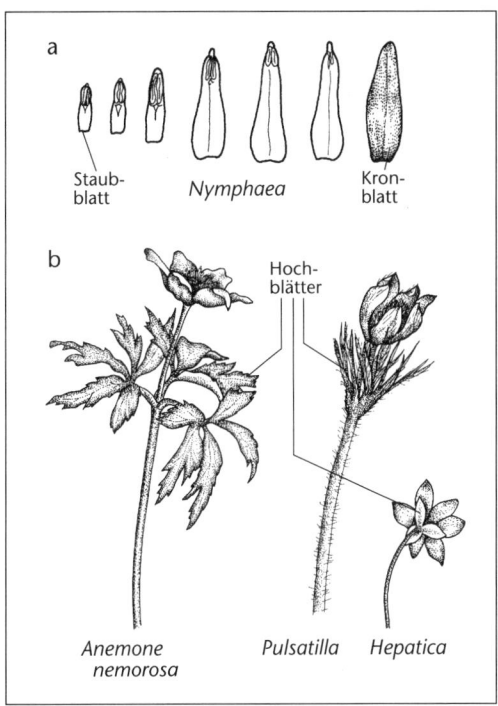

Abb. 7.19: Modelle für die Entstehung der Blütenhülle. **a:** Seerose *Nymphaea dentata*: Übergang von Staubblättern zu Kronblättern (nach TROLL); **b:** Großgattung *Anemone*: Hochblätter werden zu Kelchblättern. Links: *Anemone nemorosa* (Buschwindröschen), Mitte: *Pulsatilla* (Küchenschelle), rechts *Hepatica* (Leberblümchen).

7.2.4.2 Phylogenie der Staubblätter

Die Verhältnisse bei den ausgestorbenen Vorläufern der Blütenpflanzen (Progymnospermen) lassen erkennen, dass die Staubblätter aus ursprünglich unregelmäßig räumlich-fiederig verzweigten Sporophyllen hervorgegangen sind, die am Ende von Fiedern Mikrosporangien getragen haben. Diese Mikrosporophylle besaßen keinen typischen Blattcharakter. Bei denjenigen Angiospermen, die noch viele ursprüngliche Merkmale aufweisen, sind blattartige Staubblätter nicht selten (z. B. *Austrobaileya, Degeneria*). Diese Gestaltausbildung könnte eine spezifische Anpassung im Rahmen der Angiospermen-Evolution sein. Bei vielen Angiospermen können Staubblätter bei der Umbildung zu Staminodien (vgl. vorhergehenden Abschnitt und 7.2.7.2) sekundär (kron-)blattartig werden.

7.2.4.3 Phylogenie der Fruchtblätter

Die Samenanlage der Spermatophyten ist aus einem zentralen Megasporangium hervorgegangen, das von einer sterilen Hülle umwachsen wird; so entstehen die Integumente. Die Samenanlagen stehen bei allen *Cycadophytina* an Blattorganen, die aus größeren Telomgruppen als typische Makrophylle (vgl. 4.4.2) hervorgegangen sein dürften.

Bei den Angiospermen kommt es zu einer schlauchblattartigen Ausbildung dieser Makrophylle; dadurch wird die Samenanlage in einen Fruchtknoten eingeschlossen. Bei einigen ursprünglichen Angiospermen ist der Verschluss des Fruchtknotens noch unvollständig und so auch die Schlauchblattstruktur gut zu erkennen (Degeneriaceae, einige Winteraceae).

7.2.5 Ontogenie der Blüte

Der Sprossvegetationspunkt erfährt durch einen stofflichen Stimulus (vgl. 14.5.1) eine «Umstimmung»; dabei endet die Sonderstellung des «ruhenden Zentrums». Wenn ein Blütenstand gebildet wird, verläuft die Umstimmung genetisch reguliert (vgl. 14.5.2.5) zweistufig: zuerst entsteht ein Infloreszenzmeristem, dann das Blütenmeristem oder reproduktive Meristem mit begrenztem Wachstum, das nun statt normaler Blatthöcker die Anlagen der Blattorgane der Blüte bildet und dann seine Teilungstätigkeit einstellt. Zwischen den Blattanlagen entstehen keine Achselknospen. Bei Entwicklungsstörungen kann der Vegetationskegel wieder vegetativ werden und erneut Blätter bilden: «durchwachsene Blüte».

Das reproduktive Meristem teilt sich alsbald in das äußere rezeptakuläre und das zentrale sporogene Meristem. Ersteres liefert zunächst die Anlagen der Kelchblätter, die häufig rasch heranwachsen und als Hüllorgane der Blütenknospe dienen. Haben die Kelchblätter keine Schutzfunktion, so werden sie oft spät gebildet (z. B. bei Asteraceen) oder fehlen völlig. Innerhalb der Kelchblätter entstehen die Anlagen der Kronblätter, die vielfach zunächst in der Entwicklung zurückbleiben und erst kurz vor Öffnung der Blüten (Anthese) sich stark strecken. Das sporogene Meristem liefert die Staubblätter und die Fruchtblätter.

7.2.6 Blütenhülle

Die Blütenhülle besteht meist aus zwei Wirteln: dem Kelchblattkreis und dem Kronblattkreis (heterochlamydeische Blüte). Liegt ein Perigon vor (z. B. Tulpe, Magnolie), so ist die Blüte homochlamydeisch. Ist nur ein Hüllblattkreis entwickelt (z. B. Seidelbast *Daphne*, Brennnessel *Urtica*), so nennt man sie monochlamydeisch. Die Blütenhülle kann auch vollständig fehlen (achlamydeische Blüten, z. B. männliche Blüten der Hasel *Corylus*).

Die Kelchblätter sind normalerweise grün; ihr anatomischer Aufbau entspricht demjenigen eines Laubblattes. Manchmal fallen die Kelchblätter bereits bei Entfaltung der Blüten ab (z. B. bei Mohn *Papaver*). Bei *Eucalyptus* bilden die Blütenhüllblätter einen Deckel (Calyptra, daher *Eucalyptus*), der bei der Blütenöffnung (Anthese) abgeworfen wird.

Die Kronblätter sind oft groß und auffällig gefärbt, wenn sie als Schauapparat für die Tierbestäubung wirken. Fehlen Kronblätter, so liegen apetale Blüten vor. Dies ist bei Arten mit Windbestäubung nicht selten. Der anatomische Aufbau der Kronblätter zeigt meist nur ein schwammparenchymatisches Mesophyll. Die Epidermis ist kräftig und die Oberfläche ihrer Zellen hat Einfluss auf das Aussehen der Blüten. Papillöse Epidermiszellen verursachen samtartige Struktur der Kronblätter (z. B. bei Veilchen *Viola*, Usambaraveilchen *Saintpaulia*). Längsgestreifte Epidermiszellen führen zu Seidenglanz (z. B. Alpenveilchen *Cyclamen*); eine glatte Wachsschicht ist Ursache für Fettglanz (z. B. Hahnenfuß *Ranunculus*).

Weiße Blüten entstehen durch Totalreflexion an lufterfüllten Interzellularen.

7.2.7 Androeceum

Die Gesamtheit aller Staubblätter (Stamina) der Blüte heißt Androeceum. Die Staubblätter tragen die Pollensäcke, in denen durch Meiose Pollenkörner (Meiosporen) entstehen; sie sind also Mikrosporophylle (Abb. 7.20).

7.2.7.1 Staubblätter

Ein typisches Staubblatt besteht aus dem basalen **Filament** (entspricht dem Blattstiel) und dem fertilen Teil, der als **Anthere** (Staubbeutel) bezeichnet wird. Das sterile Mittelstück der Anthere mit dem Leitbündel ist das **Konnektiv**; daran sitzen zumeist 2 Theken mit je 2 Pollensäcken, den Mikrosporangien. Die Antheren sind in der Regel fest mit dem Filament verwachsen, bei etlichen Windbestäubern aber so, dass sie leicht beweglich sind (versatile Antheren, v. a. bei den Gräsern).

Die Zahl der Staubblätter ist bei den ursprünglichen Angiospermen groß und oft nicht streng festgelegt (primäre Polyandrie, z. B. *Ranunculus*). Häufig findet man aber eine Fixierung auf 5 oder 2 mal 5 Staubblätter infolge Reduktion.

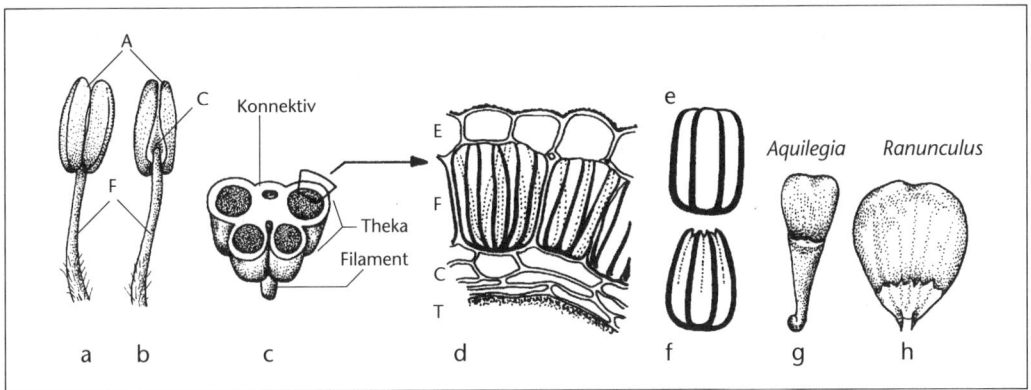

Abb. 7.20: Staubblatt der Angiospermen. **a, b:** Morphologischer Bau: A Anthere, C Konnektiv, F Filament; **c:** Anthere quer; **d:** Pollensackwandung quer: E Epidermis, F Faserzellschicht (Endothecium), C Zwischenschichten, T Tapetum; **e, f:** Schema einer Faserzelle vor und im Verlauf des Schrumpfens; **g, h:** Staminodien von *Aquilegia* (Akelei) und *Ranunculus* (Hahnenfuß) (nach STRASBURGER, WALTER, JACOB-JÄGER-OHMANN).

Von diesem Zustand ausgehend findet auch eine sekundäre Vermehrung statt (sekundäre Polyandrie): dann wird anstelle des Primordiums für ein Staubblatt dessen Anlage verdoppelt und weiter vermehrt (Dedoublement). Diese sekundäre Vermehrung kann entweder in der Blüte von innen nach außen (zentrifugal, bei Caryophyllidae) oder umgekehrt von außen nach innen (zentripetal, bei Rosales) erfolgen.

7.2.7.2 Staminodien

Staubblätter können steril werden; sie heißen dann Staminodien. Diese können Träger von Nektardrüsen («Honigblätter», z.B. bei Trollblume *Trollius*, bei *Helleborus*) oder ein wesentlicher Bestandteil des Schauapparates (z.B. *Ranunculus*, *Aquilegia*, Abb. 7.20g, h) – oder auch beides – sein. Als Teil des Schauapparates wird ihre Gestalt mehr oder weniger blütenblattartig. Dies lässt sich besonders gut bei *Nymphaea* und *Ranunculus* erkennen. Werden viele oder alle Staubblätter blütenblattartig, so entstehen gefüllte Blüten. Ihre Bildung kann auf die verlängerte Aktivität *eines* regulierenden Gens zurückgehen (vgl. 14.5.2.5).

7.2.7.3 Pollensack und Bildung der Pollenkörner

Die Pollenkörner (Mikrosporen) entstehen im Pollensack durch Meiose aus Pollenmutterzellen. Die Wandung des Pollensacks besteht aus einer Epidermis, der Faserzellschicht (Endothecium), den Zwischenschichten und dem Tapetum. In der Faserzellschicht sind die radialen Zellwände durch Verdickungsleisten ausgesteift. Wenn die Zellen bei Reife des Pollensacks absterben und austrocknen, können sich nur die Außenwände nach innen einbiegen; dadurch entsteht eine Spannung, die zum Aufreißen des Pollensacks führt (Abb. 7.20e, f).

Das ein- bis zweischichtige Tapetum umgibt das sporogene Gewebe, das aus Archesporzellen hervorgeht und seinerseits die Pollenmutterzellen liefert. Das Tapetum ernährt die Pollenkörner; dabei verschmelzen häufig die Tapetumzellen nach Wandauflösung zu einer einheitlichen Plasmamasse (Periplasmodium).

Bei der Bildung der Pollenkörner entstehen zunächst Kallose-Wände und dann erst die typische Pollenwand, das Sporoderm, mit Intine und Exine. Die Exine und der Pollenkitt (vgl. 7.2.7.4) werden unter Mitwirkung des Tapetums gebildet.

7.2.7.4 Pollenkorn

Das Pollenkorn besitzt eine innere, normale Zellwand, die **Intine** und eine kompliziert gebaute, derbe äußere Wand, die **Exine**. Sie besteht vorwiegend aus den sehr widerstandsfähigen Sporopolleninen (vgl. 3.2.5.4), durch die eine hohe Stabilität und ein gewisser Schutz des Pollens vor UV-Strahlung erreicht wird. Die Exine ist artcharakteristisch skulpturiert, daher sind Pollenkörner identifizierbar (Abb. 7.21).

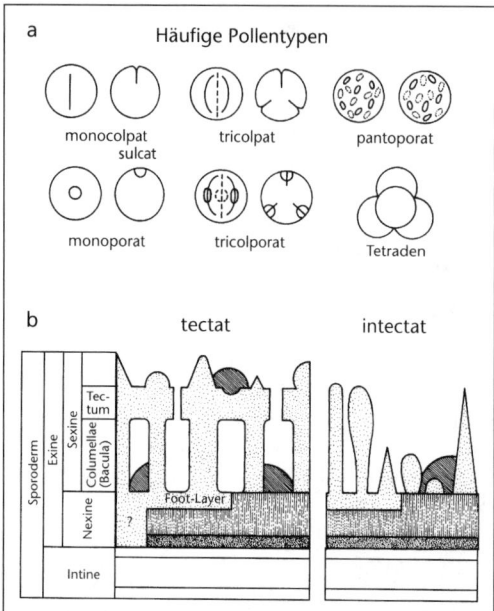

Abb. 7.21: Pollenkörner. **a:** häufige Pollentypen; **b:** Schema des Aufbaus der Pollenkorn-Wand bei Angiospermen (a nach Jacob-Jäger-Ohmann, b aus Strasburger).

Die Exine ist aus der äußeren Ectexine und der inneren Endexine aufgebaut. Erstere besteht aus dem skulpturtragenden Anteil (der Sexine) und dessen Basis (*foot layer*). Die Endexine wird zusammen mit der *foot layer* auch als nichtskulpturierte Exine oder Nexine bezeichnet. Die Sexine besteht aus pfeiler-, stachel- oder keulenförmigen Erhebungen, den Columellae (oder Bacula), die noch ein Tectum tragen können, so dass eine «Halle» zustande kommt. Nach Vorhandensein oder Fehlen des Tectums werden tectate und intectate Pollen unterschieden. In der derben Exine sind meist Keimstellen (Aperturen) vorgebildet, die später dem Pollenschlauch den Austritt erlauben. Die Zahl und Anordnung der Aperturen ist sehr unterschiedlich, deshalb kann man Pollen oft schon aufgrund von Zahl, Lage und Gestalt der Aperturen bestimmen. Darauf beruht das Verfahren der **Pollenanalyse**, das Kenntnisse über die Vegetation und deren Entwicklung und damit auch das Klima früherer Zeiten liefert. Die Identifizierung der Pollen ist aber auch für die Analyse von Honigen und für die Kriminologie von Bedeutung.

Bei der Bildung der Pollenwand entsteht zuerst die Exine, dann von der Pollenzelle aus die Intine. Das Tapetum liefert schließlich noch den Pollenkitt (v. a. Lipide), der den Pollen klebrig macht. Proteine, die sich zwischen den Columellae befinden, sind bei der Pollenkeimung für die Erkennungsreaktion an der Narbe von Bedeutung, verursachen aber auch Allergien.

Die Pollenkörner werden verbreitet, sobald der Pollensack aufreißt. Erfolgt die Verbreitung durch den Wind, so ist der Pollen staubartig trocken; bei Tierbestäubung ist er meist klebrig. Die Pollenkörner können auch gruppenweise verbreitet werden: bei Ericaceen, *Epilobium* u. a. bleiben die vier aus einer Mutterzelle entstandenen Pollenkörner (die Tetrade) aneinander haften; bei Mimosen werden größere Aggregate (die Massulae oder Polyaden) transportiert. Bei vielen Orchideen und Asclepiadaceen bleiben alle Pollen eines Pollensacks beieinander und werden als Pollinium von den Bestäubern verfrachtet. Das Pollinium der Orchideen weist zur Festheftung am Insektenkörper noch einen Klebkörper an einem Stielchen auf; das ganze Gebilde heißt Pollinarium.

Das reife, verbreitete Pollenkorn besteht meist aus zwei Zellen, d. h. die Entwicklung des Gametophyten hat bereits eingesetzt. Gelangen die Pollenkörner auf die Narbe einer Blüte der gleichen Art, so ist die Bestäubung vollzogen (vgl. 7.2.9.2).

7.2.8 Gynoeceum

Die Gesamtheit aller Fruchtblätter (Karpelle) einer Blüte heißt Gynoeceum (oder Gynaeceum). Bei den Angiospermen bilden die Fruchtblätter durch Schlauchblattbildung oder Verwachsung einen Innenhohlraum oder mehrere getrennte Hohlräume. So entsteht der **Fruchtknoten**. Darin werden auf einer Gewebswucherung, die man als Placenta bezeichnet, die Samenanlagen gebildet. Sie enthalten je ein Megasporangium, den Nucellus. Darin entsteht eine Megaspore, der Embryosack.

Der Fruchtknoten zusammen mit dem **Griffel** (Stylus) und der **Narbe** (Stigma) heißt auch **Stempel** (Pistill). Der Hohlraum des Fruchtknotens verengt sich nach oben und geht dann in das massive Griffelgewebe über. Es enthält häufig langgestreckte Zellen, die den Pollenschlauch ernähren und seine Wachstumsrichtung bestimmen. Dieses Transmissionsgewebe ist ähnlich dem Narbengewebe beschaffen. Die Narbe ist als Aufnahmeorgan für die Pollenkörner ausgebildet.

7.2.8.1 Bau des Fruchtknotens

Nach dem Bau unterscheidet man folgende Fruchtknoten-Typen (Abb. 7.22):

- Fruchtknoten besteht aus einem Fruchtblatt: monomerer Fruchtknoten (z. B. Leguminosen wie Erbse, Bohne usw.)

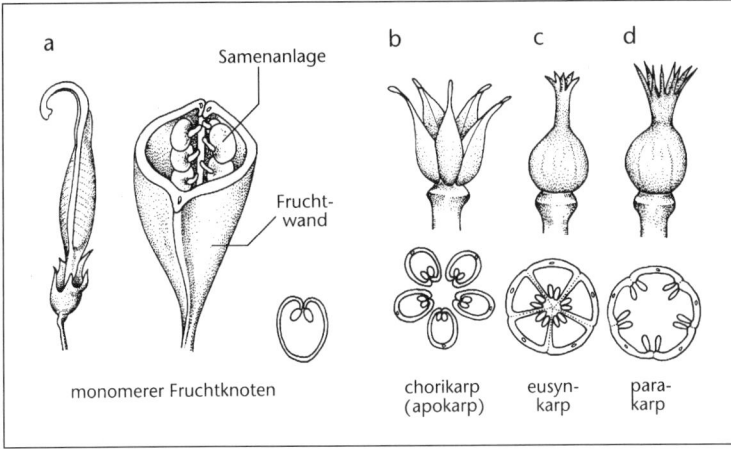

Abb. 7.22: Bau des Fruchtknotens. **a:** Außenansicht, Schrägbild und Querschnitt eines monomeren Fruchtknotens (z. B. Hülse der Hülsenfrüchtler); **b:** chorikarper (apokarper) Fruchtknoten; **c:** eusynkarper Fruchtknoten; **d:** parakarper Fruchtknoten.

- Fruchtknoten besteht aus mehreren Fruchtblättern: polymerer Fruchtknoten
- • Fruchtblätter sind voneinander getrennt und höchstens an der Basis miteinander verwachsen: chorikarper (oder apokarper) Frkn. (viele Ranunculaceae, Magnoliaceae u. a.; unter den Gewürzen bei Sternanis *Illicium anisatum* gut zu erkennen)
- • Fruchtblätter sind miteinander verwachsen: synkarper oder coenokarper Frkn.
- • • Fruchtblätter bilden jeweils voneinander getrennte Hohlräume: eusynkarper Frkn.; er besitzt gleich viele Hohlräume (Fächer), wie Fruchtblätter vorliegen (z. B. *Citrus*, Granatapfel *Punica*).
- • • Fruchtblätter bilden einen gemeinsamen Hohlraum: parasynkarper oder parakarper Frkn. (z. B. Veilchen *Viola*). In diesem Fall kann der Hohlraum nachträglich durch Gewebswucherungen wieder unterteilt werden; diese heißen «falsche Scheidewände» (z. B. das Replum der Brassicaceae).

7.2.8.2 Placentation

Im Fruchtknoten entstehen auf den Placenten die Samenanlagen. Ursprünglich besitzt jedes Fruchtblatt viele Samenanlagen; jedoch ist eine Reduktion bis auf eine Samenanlage möglich. Die Placenten können unterschiedlich angeordnet sein (Abb. 7.23). Meist liegen sie randlich auf jedem Fruchtblatt (marginale Placentation), seltener auf der Fläche des Fruchtblattes (laminale Placentation, z. B. *Nymphaea*) oder bei parakarpen Fruchtknoten auf einer Gewebswucherung im Zentrum des Hohlraums (axile Placentation, z. B. *Primula*). Die zentrale Gewebswucherung heißt Columella. Bei marginaler Placentation in einem eusynkarpen Fruchtknoten entsteht eine zentralwinkelständige Anordnung der Samenanlagen.

7.2.8.3 Bau der Samenanlage

Die Samenanlage ist das von einer Hülle umgebene Megasporangium (Nucellus). Die Hülle

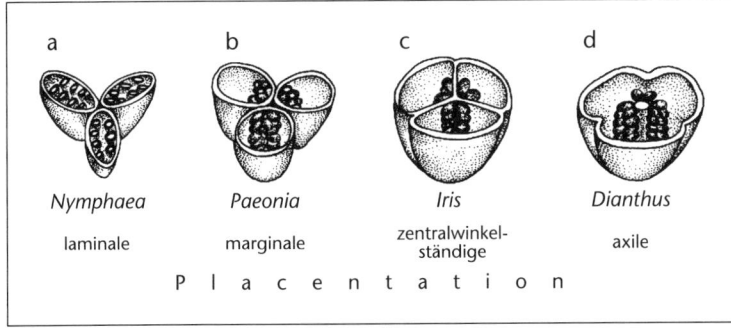

Abb. 7.23: Placentationstypen. **a:** laminale; **b:** marginale; **c:** zentralwinkelständige; **d:** axiale (nach HALLER-PROBST).

besteht bei Angiospermen aus meist zwei Integumenten (bitegmische Samenanlage); verschiedentlich erfolgt Reduktion zu einem Integument (unitegmische Samenanlage, bei Asteridae). Der Nucellus sitzt mit einem Stielchen, dem Funiculus, der Placenta auf. Der Übergang vom Funiculus in den Nucellus wird als Chalaza bezeichnet. Die Integumente gehen von der Chalaza aus und lassen am entgegengesetzten Pol einen Porus, die Mikropyle, offen.

Je nach der Lage von Funiculus und Nucellus zueinander unterscheidet man drei Haupttypen von Samenanlagen (Abb. 7.24):

- **orthotrope** (atrope): Funiculus und die gedachte Achse durch Nucellus und Mikropyle bilden eine Gerade
- **anatrope:** Funiculus und die erwähnte Achse laufen weitgehend parallel
- **kampylotrope:** die Samenanlage ist in sich selbst gekrümmt

Im Parenchym des Nucellus entsteht das Archespor; eine zentrale Zelle daraus wird zur Embryosackmutterzelle, die durch Meiose vier haploide Zellen bildet. Davon sterben in der Regel drei ab; eine wächst zum Embryosack heran.

Der restliche Nucellus besteht meistens aus mehreren Zellschichten (Samenanlage crassinucellat), bei stärker abgeleiteten Gruppen teilweise aber nur aus einer Lage von Zellen (Samenanlage tenuinucellat).

7.2.8.4 Lage des Fruchtknotens

Die Lage des Fruchtknotens in der Blüte steht in engem Zusammenhang mit der Ausbildung der Blütenachse (Abb. 7.25). Normalerweise ist die Achse stark gestaucht, so dass der Blütenboden einen ganz flachen Kegel bildet oder eben ist. Das zentral angeordnete Gynoeceum liegt dann an der höchsten Stelle der Blüte; der Fruchtknoten heißt **oberständig** (z. B. Erdbeere *Fragaria*). Ist der Blütenboden becherförmig gestaltet, so liegt das Gynoeceum an der tiefsten Stelle; der Fruchtknoten heißt **mittelständig** (z. B. *Rosa*, Steinobst: *Prunus*). Verwachsen bei dieser Lage der Fruchtknoten und der Blütenboden (Achsengewebe) völlig miteinander, so entsteht ein **unterständiger** Fruchtknoten (z. B. Kernobst: *Pyrus*, *Malus*). Bei einem unterständigen Fruchtknoten kann das Achsengewebe auch noch weit über den Fruchtknoten hinauswachsen (z. B. *Epilobium*, *Fuchsia*), wodurch eine scheinbar sehr lange Kronröhre entsteht.

7.2.9 Geschlechterverteilung und Bestäubung

7.2.9.1 Geschlechterverteilung in Blüten

Neben der ursprünglichen zwittrigen Angiospermenblüte gibt es eingeschlechtliche Blüten und gelegentlich auch sterile (agame) Blüten, die reine Schauorgane sind. Die Verteilung der

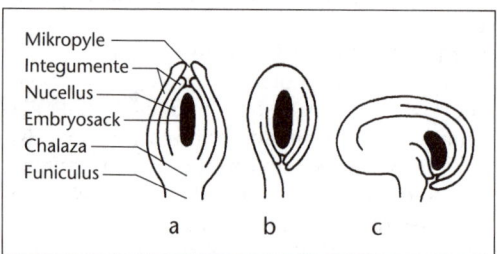

Abb. 7.24: Samenanlagen-Typen. **a:** orthotrop (atrop); **b:** anatrop; **c:** kampylotrop (in Anlehung an WEBERLING-SCHWANTES).

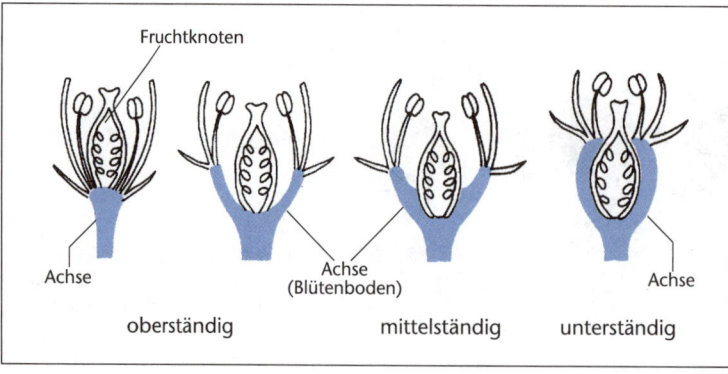

Abb. 7.25: Lage des Fruchtknotens. Achsengewebe blau (nach STRASBURGER).

Blüten verschiedener Geschlechtsausprägung auf die Pflanzen ist unterschiedlich. Werden auf einer Pflanze getrenntgeschlechtliche Blüten gebildet, so spricht man von **Monözie**. Sind die Pflanzen getrenntgeschlechtlich, so handelt es sich um **Diözie**.

7.2.9.2 Bestäubung

Wenn die Pollenkörner ausgebildet sind und die Narbe aufnahmebereit ist, muss zur weiteren Entwicklung der Pollen zur Narbe gelangen. Dieser Vorgang heißt Bestäubung. Man unterscheidet die Fremdbestäubung zwischen verschiedenen Blüten (Allogamie) von der Selbstbestäubung innerhalb einer Blüte (Autogamie).

Autogamie ist nur bei zwittrigen Blüten möglich. Da sie zu zunehmender Inzucht führt, wird sie in Zwitterblüten oft durch besondere Mechanismen verhindert oder wenigstens reduziert. Andererseits ermöglicht Autogamie sexuelle Fortpflanzung auch bei Einzelindividuen und ist daher bei Pionierpflanzen (z. B. Hirtentäschelkraut *Capsella bursa-pastoris*) in extremen Lebensräumen (z. B. Tundra und Hochgebirge, wo Bestäuber oft fehlen) und bei Inselfloren verbreitet. Autogamie ist stets wirksam in kleistogamen Blüten; das sind solche, die sich nicht öffnen und daher oft unscheinbar bleiben. Beim Veilchen *Viola odorata* werden im Sommer kleistogame Blüten gebildet.

Der Verhinderung von Autogamie dienen:

- unterschiedliche Reifungszeiten von Pollen und Narben (Dichogamie); entweder ist der Pollen zuerst reif (Protandrie, z. B. Wiesenstorchschnabel *Geranium pratense*) oder die Narbe reift früher (Protogynie, z. B. Wegerich *Plantago*).
- räumliche Trennung in der Blüte, so dass der Pollen nicht die Narbe der gleichen Blüte erreichen kann (Herkogamie). So liegt bei *Iris* ein Narbenlappen über jedem Staubblatt und der Pollen kann nicht auf die Narbenoberseite gelangen.

Ein Spezialfall der Herkogamie ist die

- Ausbildung verschiedener Blütentypen. Bei *Primula*-Arten findet man Heterostylie: es gibt langgriffelige Blüten mit kurzstieligen Staubblättern und kurzgriffelige mit langstieligen Staubblättern. In ersteren ist die Autogamie ausgeschlossen; die letzteren können sich ebenfalls nicht bestäuben, weil auch die Pollenkörner der beiden Blütentypen unterschiedlich groß und die Narbenpapillen so gestaltet sind, dass der Pollen der gleichen Blüte nicht haften bleibt.
- Selbststerilität: der Pollen keimt auf der Narbe der gleichen Blüte (und anderer Blüten des gleichen Individuums) nicht aus, wenn Membranproteine (Rezeptoren) von Narbenzellen bestimmte Proteine der Pollenwandung erkennen. Reguliert wird dies durch Inkompatibilitäts-Gene. Selbststerilität findet man bei manchen Orchideen; vor allem aber bei vielen Apfel- und Birnensorten sowie Süßkirschen. In Obstplantagen sind daher einzelne Pollenspenderbäume (einer anderen Sorte) erforderlich. Bei Verhinderung der Autogamie ist die Übertragung von Pollen auf andere Blüten der gleichen Pflanze nicht ausgeschlossen. Besteht Selbststerilität, so kann dies infolge des Pollenverlustes eine Verringerung der Fitness (vgl. 16.1.2.) zur Folge haben, so dass durch Selektion die Entwicklung von Diözie gefördert wird.

Bei **Allogamie** kann die Bestäubung durch Wind, Wasser oder Tiere vermittelt werden. Die Art der Bestäubung geht mit entsprechenden Anpassungen des Blütenbaus einher. Die Windbestäubung ist besonders vorteilhaft, wenn die betreffende Pflanzenart in einem Gebiet in großer Individuenzahl auftritt (z. B. Nadelbäume, Gräser).

Anemogamie (Anemophilie, Windbestäubung) ist die ursprüngliche Bestäubungsform der Blütenpflanzen und als solche bei den Gymnospermen erhalten geblieben. Die ersten Angiospermen unterschieden sich von den Gymnospermen durch eine andere Bestäubung, die über Tiere erfolgte. Jedoch gibt es zahlreiche Gruppen von Angiospermen, die sekundär zur Windbestäubung zurückgekehrt sind. Bei Windbestäubung ist der Pollen klein, leicht und gut schwebfähig (z. B. Pollen der Hasel: Masse 10^{-8} g, Sinkgeschwindigkeit 2,34 cm/sec). Bei Coniferen-Pollen liegen Luftsäcke zwischen Intine und Exine.

Weiterhin wird sehr viel Pollen gebildet, um die Bestäubung sicherzustellen. Bei der Hasel beträgt das Verhältnis 2,5 Millionen Pollenkörner (etwa die Produktion eines Kätzchens) auf eine Samenanlage. Der Pollen der Windbestäuber ruft auch die gelben Ränder von Pfützen («Schwefelregen») hervor und verursacht bei vielen Menschen Allergien («Heuschnupfen»). Die Narben sind bei Windbestäubung groß und oft feder- oder pinselförmig. Die Zahl der Samenanlagen ist gering, so dass auch dann, wenn nur wenige Pollenkörner auf die Narbe gelangen, alle Eizellen befruchtet werden können. Die Blütenhülle ist bei anemogamen Pflanzen oft zurückgebildet. Viele mitteleuropäische Windblütler sind Frühblüher, die vor der Laubentfaltung bestäubt werden (z. B. Hasel, Pappel, Birke).

Hydrogamie (Hydrophilie, Bestäubung durch Wasser) ist bei einer Reihe von Wasserpflanzen entwickelt worden; dabei sind verschiedenartige Anpassungen entstanden. Bei Seegräsern (z. B. *Zostera*) erfolgt die Bestäubung unter der Wasseroberfläche, Narben und Pollen besitzen fadenförmige Gestalt. An der Wasseroberfläche erfolgt die Bestäubung bei *Vallisneria*; hier lösen sich die männlichen Blütenknospen von der Pflanze ab, steigen zur Wasseroberfläche und öffnen sich dort. Die weiblichen Blüten wachsen an langen Stielen zur Wasseroberfläche und die männlichen Blüten gelangen zu ihnen. Nach der Bestäubung rollen sich ihre Blütenstiele ein und die Fruchtbildung erfolgt unter Wasser.

Zoidiogamie (Zoophilie, Tierbestäubung) ist die bei den Angiospermen ursprüngliche Bestäubungsform. Als Bestäuber fungieren vor allem Insekten (anfänglich wohl Käfer), aber daneben – besonders in den Tropen und Subtropen – auch Vögel und Fledermäuse (sowie in Australien Zwergbeutler). Die Tiere besuchen die Blüten zum Nahrungserwerb; infolge des Aufbaus der Blüten kommt es dabei zur Bestäubung. Tierbestäubte Blüten bieten normalerweise Nahrung für die Tiere (ursprünglich Pollen, sekundär Nektar oder andere Blütenprodukte) und entwickeln Reizmittel (als optische Reize Farben, besondere Formen und Gestalten sowie Blütenzeichnungen; als chemische Reize Duftstoffe). Die unterschiedliche Beschaffenheit der Blütenoberfläche, die von Blütenbesuchern wahrgenommen wird, führt dazu, dass diese bevorzugt wieder Blüten der gleichen Art aufsuchen.

- **Nahrung für die Bestäuber** («Lockstoffe»): Dient der **Pollen** als Nahrung, so muss er so reichlich gebildet werden, dass noch genügend für die Bestäubung verfügbar bleibt. Durch Pollennahrung locken an z. B. *Anemone*, Löwenzahn *Taraxacum*. **Nektar** wird in Nektarien gebildet; die tägliche Produktion und der Zuckergehalt sind artverschieden. Außerdem kann der Nektar noch andere Stoffe enthalten (z. B. Aminosäuren, Sekundärstoffe). Obstbäume bilden je Blüte und Tag 1–5 mg Nektar mit 0,3–>1 mg Zucker. Ein Rapsfeld von 1 ha erzeugt täglich ca. 6 kg Nektarzucker. Manche Pflanzen bilden als Lockstoff für Bestäuber fette Öle (Ölblumen, z. B. *Calceolaria*, *Lysimachia*), die von Ölbienen gesammelt werden.

Nektar bzw. andere Lockstoffe sind in den Blüten jeweils so angeordnet, dass die Tiere beim Fressen bzw. Sammeln die Bestäubung weitgehend zwangsläufig vollziehen.

- **Reizmittel: Duftstoffe** werden durch die Blütenblätter oder von besonderen Osmophoren (vgl. 5.2.5), gelegentlich auch durch Pollen gebildet. Eine Reihe von Blüten produziert Amine (z. B. Weißdorn *Crataegus*) und lockt dadurch Fliegen an. Der Anlockung von Aasinsekten (meist Dipteren) dient der aasartige Geruch von *Aristolochia*-Arten, *Stapelia* u. a. (Aasblumen). Bei Bestäubung durch Nachtfalter erfolgt die Duftstoffproduktion vorwiegend abends und nachts (z. B. *Lonicera*, *Jasminum*).

Farben: Die Farbwahrnehmung der blütenbesuchenden Insekten ist von jener des Menschen verschieden. Bienen sehen kein Rot, aber ihr Wahrnehmungsbereich reicht noch ins nahe UV. So ist es nicht erstaunlich, dass viele Blüten charakteristische UV-Reflexionsmuster tragen, die der Mensch nicht wahrnimmt. Die gelben Perigonblätter der Sumpfdotterblume (*Caltha*) tragen ein UV-Mal. Auch viele für den Menschen weiße Blüten besitzen solche Muster.

Grellrote Farben sind für Vögel sehr gut wahrnehmbar und daher oft ein Hinweis auf Ornithogamie (z. B. *Fuchsia*, *Salvia splendens*). Bei Bestäubung durch Fledermäuse (Chiropterogamie) findet man dagegen meist düstere Blütenfarben.

Gestaltausbildung: Die bestäubungsbiologisch funktionelle Einheit wird als «Blume» bezeichnet; dies kann eine (morphologische) Blüte sein oder ein ganzes Pseudanthium (z. B. die Sonnenblume), oder nur der Teil einer Blüte. So ist z. B. die Blüte der Schwertlilien *Iris* funktionell in drei «Lippenblumen» geteilt, die jeweils von Narbenlappen und Außenperigon gebildet werden.

Die Gestaltbildung der Blüte erfolgt vielfach so, dass nur bestimmte Bestäuber die Blüte besuchen können. Zygomorphe Blüten bilden häufig einen Landeplatz für Insekten (z. B. Unterlippe der Lamiaceen). In einem sackähnlichen Sporn kann der Nektar akkumulieren (z. B. Lerchensporn *Corydalis*); je nach der Länge des Sporns ist er für entsprechende Blütenbesucher erreichbar.

Blütenzeichnungen und -muster: Der ursprüngliche Lockstoff der Angiospermenblüte ist der Pollen, daher sind Form und Farbe des Androeceums als optische Signale wirksam. Wird das Androeceum ins Blüteninnere verlagert, so geht diese Signalfunktion verloren. Häufig werden dann ersatzweise Blütenmale gebildet (Attrappenbildung). Da der Bau des ursprünglichen Signals vorgegeben ist, kam es zu einer vielfachen konvergenten Evolution von Imitationen der Pollensäcke oder Antheren durch Farbe und durch plastische Gebilde. Beim Fingerhut *Digitalis purpurea* kopiert ein Fleckenmuster auf der unteren Hälfte der Krone die Antheren; beim Trompetenbaum *Catalpa* findet man gelbe, halbplastische Flecke als Antherenkopie. Bei *Crocus* sind die Staubblätter verborgen und die Narbe ist durch Carotinoide leuchtend gelb gefärbt (bei *Crocus sativus* wird daraus der Farbstoff Safran gewonnen).

Bei Begonien sind die Blüten eingeschlechtlich, der Pollen selbst dient als Lockstoff. Da die weiblichen Blüten diesen Lockstoff nicht besitzen, werden durch Narbenbau und -farbe Staubblätter nachgeahmt, so dass der Insektenbesuch und damit die Bestäubung erfolgt. Dieser Fall leitet über zu den Täuschblumen, die gar keine Nahrung für die Bestäuber produzieren, aber durch Reizmittel Bestäuber anlocken.

Man unterscheidet Futter-Täuschblumen, die nur scheinbar größere Mengen an Nektar oder Pollen produzieren, so dass die Bestäuber angelockt werden, aber nur sehr wenig Nahrung finden, und Sexual-Täuschblumen, die Schlüsselsignale des Geschlechtspartners des Bestäubers nachahmen. Sie nutzen angeborene Auslösemechanismen der Tiere; eine Gegenleistung ist daher überhaupt nicht erforderlich.

Ein extremes Beispiel dafür sind die *Ophrys*-Blüten, die durch Duft, Gestalt und Behaarung die Weibchen bestimmter Hymenopteren nachahmen und die männlichen Tiere zu Kopulationsversuchen veranlassen, die dadurch die Bestäubung vollziehen. Die Anlockung kommt durch die Bildung von Sexuallockstoffen in den Blüten zustande («chemische Mimikry»). Auch die Fallenblumen, wie z. B. der Aronstab *Arum maculatum*, sind solche Täuschblumen.

Bei der Anlockung der Tiere sind im Verlauf der Evolution vielerlei Anpassungen an die Bestäuber entstanden, aber diese haben sich auch an die Blüten adaptiert. Diese Coevolution kann soweit gehen, dass für bestimmte Arten nur noch ganz bestimmte Bestäuber in Frage kommen (wie z. B. Solitärbienen und -wespen bei *Ophrys*).

Viele Blüten zeigen Öffnungs- und Schließbewegungen durch Wachstumsvorgänge; eine Anpassung an die Tierbestäuber kann auch durch die Öffnungszeit der Blüten erfolgen, die dann mit deren Hauptaktivität übereinstimmt. Aufgrund dieser Beobachtungen wurde von LINNÉ die «Blumenuhr» aufgestellt (vgl. 14.5.7.1).

Ist die Bestäubung erfolgt, so altern Kronblätter und Staubblätter durch programmierten Zelltod (vgl. 14.5.5) rasch und fallen ab. Männliche Blüten bzw. Blütenstände werden oft als Ganzes abgeworfen. Organe, die an der Fruchtbildung beteiligt sind, wachsen heran (z. B. bei unterständigen Fruchtknoten das Achsengewebe). Der Kelch übernimmt bei einigen Arten eine Funktion bei der Fruchtverbreitung (z. B. bei *Physalis* als Schauapparat).

7.3 Entwicklung der Gametophyten, Befruchtung

7.3.1 Entwicklung des Pollenkorns zum Mikrogametophyten

Das Pollenkorn (Mikrospore), das auf die Narbe gelangt, besteht häufig aus zwei Zellen (vgl. 7.2.7.4). Die größere vegetative Zelle bildet den Pollenschlauch, der an einer Apertur die Exine durchstößt und im Griffel nach unten wächst (Abb. 7.26). Dabei ist der Pollenschlauch von der mitwachsenden Intine umgeben. Im Pollenschlauch wandert die oft wand- und plastidenlose generative Zelle (Antheridium-Zelle) basalwärts und teilt sich in zwei Spermazellen (manchmal erfolgt deren Bildung schon im Pollenkorn). Diese sind wandlos, unbegeißelt und besitzen nur wenig Cytoplasma, so dass man – fälschlicherweise – gelegentlich von Spermakernen spricht. Mit der Bildung der Spermazellen ist die Entwicklung des männlichen Gametophyten abgeschlossen (vgl. auch Abb. 7.27). Dieser ist extrem reduziert, denn es finden insgesamt nur noch zwei Zellteilungen statt. Ein derart frühzeitiger Entwicklungsabschluss unter Bildung von Geschlechtszellen auf einem «juvenilen» Stadium wird **Neotenie** genannt. Er hat eine erhebliche Beschleunigung der geschlechtlichen Fortpflanzung zur Folge.

Die Lebensfähigkeit der Pollenkörner ist beschränkt; schon nach einigen Stunden bis Tagen sterben sie ab, sofern kein Wachstum durch ein Griffelgewebe hindurch erfolgt. Bei verschiedenen Arten kann man auf geeigneten sterilen Nährmedien aus Pollenkörnern Pflanzen heranziehen, die dann haploide Sporophyten sind. Dies ist für die Pflanzenzüchtung wichtig: man entnimmt dazu junge Antheren, aus deren Pollen sich haploide Pflänzchen entwickeln (Antherenkultur).

Artfremder Pollen keimt auf der Narbe in der Regel nicht aus oder der entstehende Pollenschlauch geht früh zugrunde.

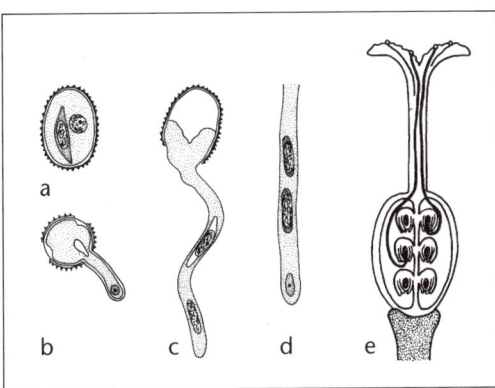

Abb. 7.26: Entwicklung des männlichen Gametophyten. **a:** Pollenkorn (Lilie) mit vegetativer und generativer Zelle; **b:** Beginn des Pollenschlauch-Wachstums, schematisch; **c:** Pollenschlauch, vegetativer Kern nahe der Spitze, generative Zelle im Schlauch; **d:** generative Zelle teilt sich in zwei Spermazellen; **e:** Schema des Pollenschlauchwachstums von der Narbe zu den Samenanlagen (a–d in Anlehnung an STRASBURGER, e nach WEBER).

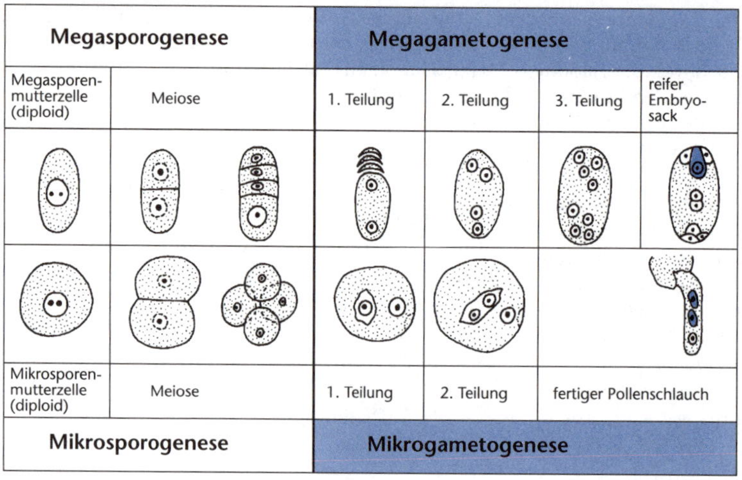

Megasporogenese			Megagametogenese			
Megasporen-mutterzelle (diploid)	Meiose	1. Teilung	2. Teilung	3. Teilung	reifer Embryosack	
Mikrosporen-mutterzelle (diploid)	Meiose	1. Teilung	2. Teilung	fertiger Pollenschlauch		
Mikrosporogenese			Mikrogametogenese			

Abb. 7.27: Schema der Embryosack- und Pollenschlauchbildung. Bildung der Sporen: Megasporogenese: Bildung des Embryosacks; Mikrosporogenese: Bildung der Pollenkörner. Bildung der Gameten (blau): Megagametogenese: Bildung des Megagametophyten (reifer Embryosack) mit der Eizelle; Mikrogametogenese: Bildung des Pollenschlauchs mit den Spermazellen (in Anlehnung an STRASBURGER und KATING-BRECKLE).

7.3.2 Entwicklung des Embryosacks zum Megagametophyten

Der Embryosack wächst heran; üblicherweise finden drei Kernteilungsvorgänge nacheinander statt, so dass dann 8 haploide Zellkerne vorliegen (Abb. 7.27). Je vier davon befinden sich an den beiden Polen des Embryosacks (zum Mikropylenende und zum Chalazaende hin). Jeweils drei verbleiben dort; je einer der «Polkerne» wandert zur Mitte. Dort verschmelzen diese beiden miteinander (manchmal erst nach einiger Zeit) und bilden so den diploiden sekundären Embryosackkern. Die drei Kerne am Chalazaende umgeben sich mit Plasma und bilden Zellwände; die so entstandenen Zellen werden als die drei Antipodenzellen bezeichnet. Die drei Kerne am Mikropylenende bilden ebenfalls Zellen; zwei davon entwickeln häufig dünne, gelegentlich unvollständige Wände. Die größte Zelle bleibt in der Regel ganz oder teilweise ohne Zellwand; sie ist die Eizelle. Die beiden anderen nennt man Synergiden (Hilfszellen, Gehilfinnenzellen). Die Synergiden zeigen Membraneinfaltungen (sog. Filiform-Apparat), sind also Transferzellen (vgl. 5.2.4.4). Möglicherweise geben sie Lockstoffe für den Pollenschlauch ab. Die Eizelle zusammen mit den beiden Synergiden ist ein reduziertes Archegonium, das Eiapparat genannt wird. Auch die Entwicklung des weiblichen Gametophyten ist also stark abgekürzt (Neotenie).

Von diesem (bei etwa 90% der Angiospermen vorliegenden) Normaltyp gibt es verschiedene Abweichungen. Es können anfangs z. B. zwei Embryosackkerne vorhanden sein, auch können mehrere Gruppen von Antipodenzellen oder sogar mehrere Eiapparate entstehen. Infolge dieser Varianten ist auch der Ploidiegrad des sekundären Embryosackkerns unterschiedlich. Stets gleichartig ist die Ausbildung des Eiapparats mit einer Eizelle.

7.3.3 Befruchtung

Damit Befruchtung erfolgen kann, muss der Pollenschlauch bis zur Eizelle hin wachsen (**Siphonogamie**). Vom Griffelgewebe (häufig speziellem Transmissionsgewebe mit längsgestreckten Zellen) geleitet, erreicht er zunächst den Fruchtknoten-Hohlraum. Um zum Eiapparat zu gelangen, gibt es nun verschiedene Möglichkeiten:

- Porogamie: das Wachstum erfolgt durch die Höhlung des Fruchtknotens hindurch zur Mikropyle der Samenanlage und dann durch den Nucellus zum Eiapparat (häufigster Fall).
- Chalazogamie: das Wachstum verläuft in der Fruchtknotenwand und durch die Chalaza in die Samenanlage hinein (z. B. Walnuss *Juglans*, Hasel *Corylus*).

Die Wachstumsgeschwindigkeit des Pollenschlauchs ist temperaturabhängig; beim Apfel wird bei 15 °C der Eiapparat ca. 6 Tage nach der Bestäubung erreicht.

Ist der Pollenschlauch am Eiapparat angekommen, so dringt er in der Regel in eine Synergide ein, die dadurch zugrunde geht. Die beiden Spermazellen werden freigesetzt. Eine davon verschmilzt mit der Eizelle, so dass nach der Kernverschmelzung eine diploide Zygote entsteht (Abb. 7.28). Die andere Spermazelle wandert – wahrscheinlich durch amöboide Bewegung – zum sekundären Embryosackkern, mit dem sich ihr Kern vereinigt. War der sekundäre Embryosackkern zuvor diploid (häufigster Fall), so ist er nunmehr triploid. Der so gebildete Kern heißt Endospermkern; er liefert durch Teilungen und Wachstum das sekundäre Endosperm, das als Nährgewebe des Embryos dient. Es heißt sekundäres Endosperm im Gegensatz zum primären Endosperm bei den Gymnospermen, welches ein haploides Nährgewebe ist (vgl. 7.1.3.4).

Der ganze Vorgang wird als die «doppelte Befruchtung» der Angiospermen bezeichnet; ein echter Befruchtungsvorgang liegt aber natürlich nur bei der Bildung der Zygote vor. Ein Vorteil der doppelten Befruchtung besteht wahrscheinlich darin, dass die energieaufwendige Bildung des Nährgewebes nur dann ausgelöst wird, wenn zuvor eine Befruchtung stattgefunden hat.

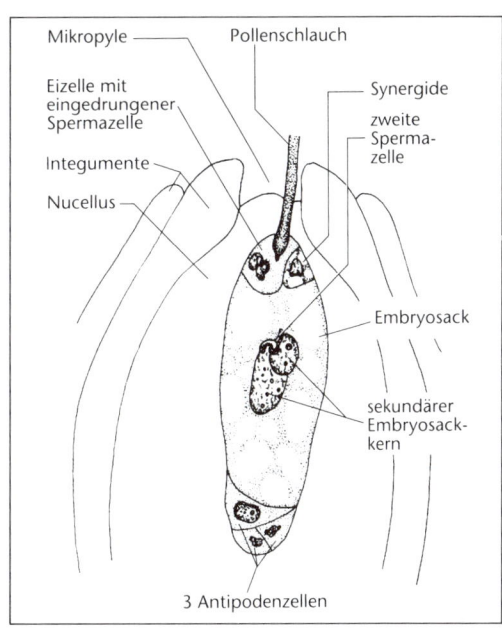

Abb. 7.28: Befruchtungsvorgang: Eindringen des Pollenschlauchs über eine Synergide (diese ist nicht mehr zu erkennen) in den Megagametophyten, Befruchtung der Eizelle durch eine Spermazelle. Der zweite Spermakern verschmilzt mit dem sekundären Embryosackkern (in Anlehnung an STRASBURGER).

7.4 Same und Frucht

7.4.1 Bildung von Embryo und sekundärem Endosperm

Die Teilung der Zygote liefert zunächst ein Zweizellstadium aus Apikal- und Basalzelle, welches sich durch weitere Teilungen zum Proembryo entwickelt. Dieser gliedert sich dann in den Embryo und ein Hilfsorgan, den Suspensor (Embryoträger) auf. Der Embryo ist zunächst ein kugeliges Gebilde, das später mit Entstehung der Organanlagen bei Dicotylen herzförmig wird (Abb. 7.29).

Der sekundäre Endospermkern teilt sich mehrfach und es entsteht rasch das sekundäre Endosperm als Nährgewebe. Dabei erfolgen entweder zunächst nur Kernteilungen und die Zellbildung findet später statt (nucleäre Endospermbildung, z. B. *Nigella*, *Reseda*; bei der Kokosnuss enthält die Kokosmilch als Endosperm anfangs viele Kerne) oder aber Kern- und Zellteilungen laufen synchron ab (zelluläre Endospermbildung, z. B. *Monotropa*). Der Suspensor schiebt durch weiteres Wachstum sodann den Embryo in das sich entwickelnde Endosperm hinein und führt ihm auch Nährstoffe zu.

Die Grenze zwischen Suspensor und Embryo heißt Hypophyse; aus Zellen dieses Bereichs entsteht normalerweise der Vegetationspunkt der Keimwurzel, die Radicula (vgl. 6.4.1.1). Der Embryo bildet weiterhin an dem der Chalaza zugekehrten Teil die Keimblattanlagen (bei Monocotylen nur eine, scheinbar endständige Anlage) und die Plumula aus.

7.4.2 Samenbildung

Während des Embryowachstums wächst auch die ganze Samenanlage heran und bildet den Samen aus. Dabei entsteht aus den Integumenten die Samenschale (Testa) und es werden Reservestoffe für den Keimungsvorgang gespeichert. Hierzu muss ein Speichergewebe innerhalb oder

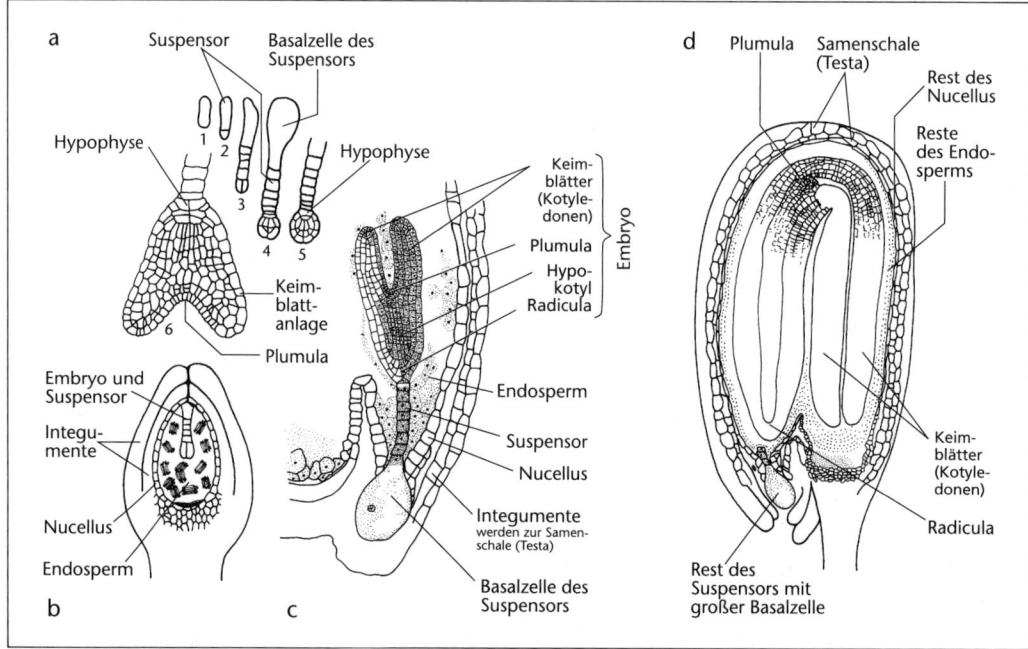

Abb. 7.29: Entwicklung des Embryos einer dicotylen Pflanze. **a:** verschiedene Entwicklungsstadien (1–6); **b:** junger Embryo in der Samenanlage, Endospermkerne in lebhafter Teilung; **c:** älterer Embryo in der Samenanlage; **d:** fertig ausgebildeter Embryo im Samen (a nach STRASBURGER, b nach BROWN, c und d in Anlehnung an BRACEGIRDLE-MILES).

außerhalb des Embryos gebildet werden. Nach Beendigung der ganzen Samenentwicklung kommt es zur Samenruhe: der Embryo geht in einen Ruhezustand mit minimaler Stoffwechselaktivität über.

Die Ausbildung der Samenschale ist unterschiedlich und davon abhängig, ob der Same später in der Frucht oder isoliert verbreitet wird. Die äußere Epidermis der Testa besitzt häufig eine gut ausgebildete Cuticula mit wasserabstoßenden Eigenschaften, die eine vorzeitige Wasseraufnahme (Quellung) der Samen verhindert. Bei der ursprünglichen Testa-Ausbildung wird der innere Teil sklerenchymatisch und verholzt (Sklerotesta), der äußere Teil ist fleischig entwickelt (Sarkotesta). Dieser Typus ist z. B. bei *Ginkgo*, Cycadeen, *Paeonia* und dem Granatapfel *Punica granatum* anzutreffen. Häufig ist nur eine Sklerotesta entwickelt. Auch eine Verschleimung der Samenschale kommt vor (Myxotesta, z. B. Lein *Linum*, Quitte *Cydonia*; Samenschleime werden z. T. pharmazeutisch genutzt). In die Samenschale können Pigmente eingelagert werden (z. B. rote bei Samen von *Abrus precatorius*).

Die Abbruchstelle des Samens von der Placenta bzw. dem Funiculus heißt Samennabel oder Hilum; sie ist durch eine Korkschicht gekennzeichnet.

Die Speicherung der Reservestoffe für die Keimung kann an verschiedenen Stellen stattfinden (Abb. 7.30):

- außerhalb des Embryos, dann bleibt dieser im Vergleich zur Samengröße klein;
  - im sekundären Endosperm (das schon zur Ernährung des wachsenden Embryos diente): z. B. bei *Ricinus*, *Coffea*, Gräsern. Bei den Getreiden wird das Speichergewebe als Mehlkörper bezeichnet; es besteht vorwiegend aus toten, von Stärkekörnern erfüllten Zellen;
  - im Nucellusgewebe; dieses bildet dann das Perisperm: z. B. bei Pfeffer *Piper*. Sowohl im Perisperm wie im sekundären Endosperm erfolgt die Speicherung z. B. bei Kardamom *Elettaria cardamomum*. Da das Nucellusgewebe häufig schon zur Ernährung des Embryos beigetragen hat, kann es in anderen Fällen stark rückgebildet sein;

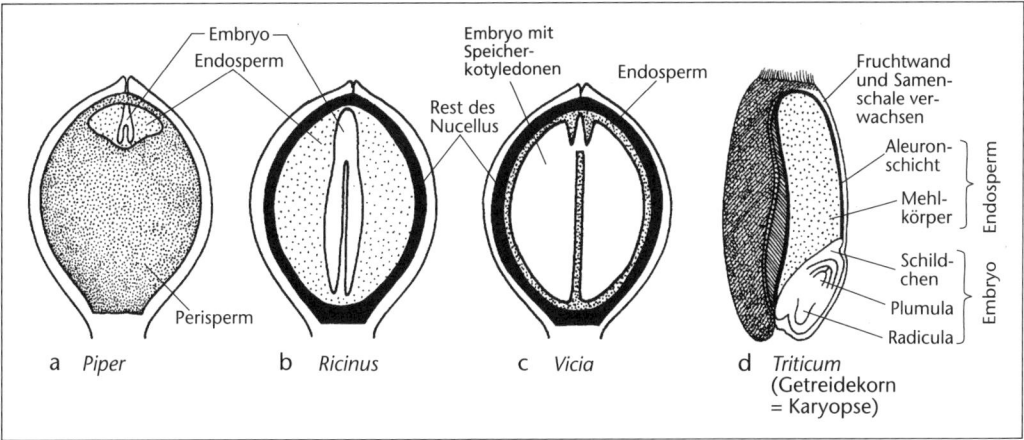

Abb. 7.30: Nährstoffspeicherung bei Samen. **a:** im Perisperm, Beispiel Pfeffer *Piper nigrum*; **b:** im Endosperm, Beispiel *Ricinus communis*; **c:** in den Kotyledonen, Beispiel Pferdebohne *Vicia faba*; **d:** Getreidekorn (Karyopse) Nährstoffspeicherung im Endosperm; Fruchtwandung und Samenschale verwachsen (z. T. nach RAUH).

- im Embryo selbst, dann nimmt dieser den größten Teil des Samens ein;
  – in den Keimblättern; diese werden dadurch sehr massig, z. B. bei Leguminosen (Erbse, Bohne, Erdnuss), bei Walnuss, Steinfrüchten der Gattung *Prunus*;
  – im Hypokotyl, das dadurch stark anschwillt: bei der Paranuss *Bertholletia excelsa*.

Speicherstoffe der Samen sind bei der Mehrzahl der Angiospermen Fette; sie enthalten je Masseneinheit den höchsten Energieinhalt aller Reservestoffe. Gespeichert werden kann aber auch Stärke (z. B. bei Getreidearten). Reservepolysaccharide, die in Zellwänden abgelagert werden, treten z. B. bei Palmen auf: es entstehen dann harte, dickwandige Samen (z. B. Dattelpalme *Phoenix*, *Phytelephas*-Palme).

Die Größe der Samen ist sehr verschieden; die größten besitzt die Seychellen-Nuss (*Lodoicea maledivica*, eine Palme) mit ca. 8 kg (Fruchtgewicht 15 kg). Die kleinsten Samen haben die Orchideen (1 Same von *Goodyera* wiegt ca. 0,002 mg). Sie besitzen kaum Nährgewebe und schon während der Keimung wird daher eine symbiontische Beziehung zu einem Pilz erforderlich.

Der fertige Same besteht aus sehr unterschiedlichen Geweben. Die Samenschale und der Nucellus (Perisperm) sind diploide Gewebe des Muttersporophyten. Der Embryo (Keimling) ist diploid durch Befruchtung und bildet die neue sporophytische Generation. Das sekundäre Endosperm ist triploid infolge der «doppelten» Befruchtung.

7.4.3 Samenanhängsel

Samen können Anhängsel bilden, die in der Regel eine Funktion bei der Samenverbreitung haben. Meist sind sie nährstoffreich und dienen Tieren als Nahrung, welche dann die Samen verbreiten. Vom Funiculus oder der Placenta aus kann Gewebe um den Samen herumwuchern und einen Arillus (Samenmantel) bilden. Unter den Gymnospermen weist die Eibe einen leuchtend roten, fleischigen *Arillus* auf. Ein Arillus wird auch beim Pfaffenhütchen *Evonymus europaeus* und bei den Litchi-Früchten *Litchi chinensis* gebildet. Bei der Muskatpflanze (*Myristica fragrans*) liefert den roten Arillus das Gewürz Macis oder Muskatblüte; die Muskat«nuss» ist der geschälte Same (Samenkern). Auch die Samenhaare der Samen von Pappeln und Weiden sind Arillusbildungen.

Ein anderes Samenanhängsel (vielleicht ein reduzierter Arillus) ist die Caruncula (Samenschwiele), die nahe der Mikropyle z. B. bei *Ricinus* und einigen anderen Euphorbiaceen gebildet wird. Im Bereich der Chalaza entstehen gelegentlich fettreiche Strophiolen (Elaiosomen, z. B. bei Lerchensporn *Corydalis*, Schöllkraut *Chelidonium*).

7.4.4 Apomixis

Bei verschiedenen Angiospermenarten erfolgt die Bildung des neuen Sporophyten ohne Befruchtung. Einen solchen Verlust der normalen sexuellen Fortpflanzung bezeichnet man als Apomixis. Dabei bestehen verschiedene Entwicklungsmöglichkeiten:

- Aposporie: die Bildung der Megaspore unterbleibt; der Gametophyt entsteht aus einer diploiden Zelle

des Muttersporophyten: eine Nucellus- oder Integument-Zelle entwickelt sich zur Eizelle und dann ohne Befruchtung zum Embryo (z. B. bei Habichtskräutern *Hieracium*).
- Diplosporie: bei der Bildung des Embryosacks findet nach der Meiose eine Kernverschmelzung statt oder aber die Meiose unterbleibt ganz; die Embryosackzelle (Megaspore) ist somit diploid. Bezüglich der weiteren Entwicklung unterscheidet man zwei Varianten:
  - echte Parthenogenese: es entsteht eine diploide Eizelle, die sich ohne Befruchtung entwickelt (z. B. Löwenzahn *Taraxacum*)
  - Apogamie: aus einer anderen Zelle des diploiden Gametophyten geht der Embryo hervor (z. B. *Alchemilla sericata*)
- Adventiv-Embryonie: ohne Bildung einer Eizelle entsteht bei manchen *Citrus*-Sippen der Embryo unmittelbar aus mehreren Zellen des Nucellus-Gewebes. Dies ist im Prinzip eine Form der vegetativen Fortpflanzung.

Apomixis führt zu genetisch gleichen Organismen und ist daher züchterisch wertvoll. In Nutzpflanzen kann sie durch klassische Züchtung oder durch gentechnische Methoden gelangen, wenn die Gene für ihr Zustandekommen bekannt sind.

7.4.5 Fruchtbildung

Zugleich mit der Entwicklung der Samen entsteht aus dem Fruchtknoten die Frucht. Sie umschließt die Samen wenigstens bis zu deren Reife und kann auch zu deren Verbreitung dienen. Narben und Griffel sterben ab, vertrocknen und verbleiben entweder an der heranwachsenden Frucht (z. B. Apfel) oder fallen ab.

Die funktionelle Verbreitungseinheit bezeichnet man als **Diaspore**; es kann dies der einzelne Same, eine Teilfrucht, die ganze Frucht oder ein Fruchtstand (vgl. 7.4.7) oder sogar eine Brutzwiebel sein. Als ursprünglich anzusehen ist die Verbreitung von einzelnen Samen, die aus der Frucht bei der Reife entlassen werden. Man spricht dann von Streufrüchten. Bleiben die Samen in die Frucht eingeschlossen, so handelt es sich um Schließfrüchte.

Bei der Fruchtbildung wächst das Fruchtblattgewebe heran und erfährt eine Umbildung. Die Fruchtknotenwandung (Perikarp) ist aus den Fruchtblättern hervorgegangen und daher zunächst in äußere Epidermis (mit Stomata), Mesophyll und innere Epidermis gegliedert. Sie differenziert sich nun weiter aus: die äußere Epidermis wird zum Exokarp, das Mesophyll zum Mesokarp und die innere Epidermis zusammen mit subepidermalen Zellschichten des Mesophylls zum Endokarp. Diese Gewebe können sehr unterschiedlich ausgestaltet werden (Abb. 7.31). So entsteht eine große Vielfalt von Fruchtformen als Anpassung an verschiedene Verbreitungsmöglichkeiten und gleichzeitig als Schutz für die Samen. Da die äußere Epidermis stets das Exokarp bildet, besitzt dieses Spaltöffnungen.

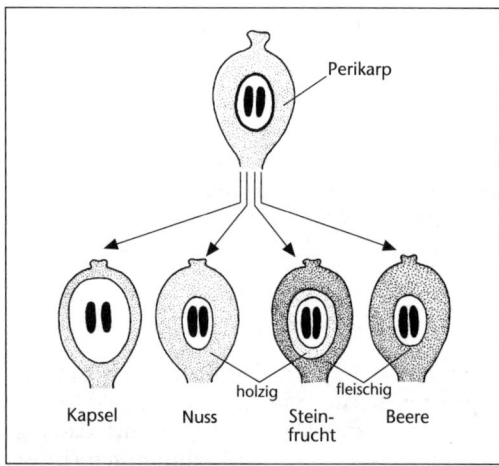

Abb. 7.31: Unterschiedliche Ausdifferenzierung der Fruchtwand (Perikarp) führt zu Trockenfrüchten (z. B. Kapsel, Nuss), Steinfrüchten und Beeren.

Bei **Trockenfrüchten** ist das ganze Perikarp bei der Fruchtreife trocken und abgestorben (z. B. bei Leguminosen; als sklerenchymatisches Perikarp bei Nüssen wie z. B. Haselnuss). Wird mindestens ein Teil der Fruchtwand fleischig, so spricht man von **Saftfrüchten**. Bei **Steinfrüchten** (z. B. Kirsche) bildet das Mesokarp ein großzelliges und dünnwandiges Speichergewebe («Fruchtfleisch»); das Endokarp wird sklerenchymatisch und bildet den Steinkern, der den Samen einschließt und schützt. Die Samenschale selbst ist sehr dünn. Bei **Beeren** (z. B. Johannisbeere *Ribes*, Weinbeere *Vitis*) entwickelt sich das gesamte Perikarp zu Speichergewebe. Ein fleischiges Speichergewebe, das vom Endokarp aus in den Fruchtknotenhohlraum hinein gebildet wird, nennt man Pulpa (z. B. «Fruchtfleisch» der Banane oder bei Johannisbrot *Ceratonia*). Bei den *Citrus*-Früchten wachsen Emergenzen vom Endokarp nach innen; sie werden als Safthaare bezeichnet. (Das Mesokarp von *Citrus* ist ein weißes Aerenchym, das auch «Albedo» genannt wird.)

Ohne Samenbildung erfolgt normalerweise auch keine Entwicklung der Frucht. Jedoch gibt es Ausnahmen, bei denen Früchte ohne Samen entstehen (Parthenokarpie). Dies ist bei einer Reihe von Kulturpflanzen von Bedeutung und wird hier auch durch die Züchtung gefördert (z. B. Banane, Orange, Ananas, Gurke).

Für die Bildung der Samen und Früchte muss eine Pflanze einen erheblichen Anteil ihrer Stoffproduktion aufwenden (z. B. bei der Pappel etwa 25% der jährlichen Produktion; beim Apfel ist zur Entwicklung einer Frucht die Assimilationsleistung von ca. 30–40 Blättern erforderlich). Daher findet man bei vielen Bäumen nicht in jedem Jahr einen guten Fruchtansatz. In Jahren mit starker Fruchtbildung oder danach ist das vegetative Wachstum reduziert. Bei vielen Getreidearten ist sogar die Assimilation der Grannen für die Fruchtentwicklung von Bedeutung.

7.4.6 Fruchtformen

Man unterscheidet Einzelfrüchte, die aus einem Fruchtknoten hervorgehen; Sammelfrüchte, die aus allen Fruchtknoten einer Blüte entstehen und zusammengesetzte Früchte, die aus einem Blütenstand gebildet werden (Abb. 7.32).

7.4.6.1 Einzelfrüchte

- Streu- oder Öffnungsfrüchte: Das Perikarp wird meist trockenhäutig oder vertrocknet bei der Reife; die Früchte öffnen sich und geben die Samen frei.
  - Balg: Frucht aus einem Fruchtblatt, öffnet sich an einer Naht (viele Ranunculaceen, *Paeonia*)
  - Hülse: Frucht aus einem Fruchtblatt, öffnet sich mit zwei Längsspalten (bei den meisten Leguminosen)
  - Kapsel: Frucht aus mehreren Fruchtblättern. Nach dem Öffnungsvorgang wird unterschieden: Spaltkapseln (z. B. Schwertlilie *Iris*, Tulpe); Deckelkapseln (z. B. Bilsenkraut *Hyoscyamus*); Porenkapseln (z. B. Mohn *Papaver*)

    Eine Sonderform der Kapsel ist die Schote der Brassicaceen: sie ist aus 2 Fruchtblättern aufgebaut, die durch eine falsche Scheidewand (vgl. 7.2.8.1) getrennt sind. Die Öffnung erfolgt mit zwei Längsspalten; die Samen bleiben oft an der Scheidewand sitzen, während die Fruchtblattwandung abfällt.

- Schließfrüchte: die Samen werden in der Frucht verbreitet; die Früchte bleiben geschlossen und fallen als Ganzes ab.

  - Beerenfrüchte: Perikarp fleischig (z. B. Weinbeere *Vitis*, Banane *Musa*, Citrus-Früchte); Beeren mit hartem Exokarp (z. B. Kürbis, Melone, Kakao) nennt man auch Panzerbeeren. Bei der Tomate wird ein großer Teil des Speichergewebes aus der Placenta gebildet und die Zellwände lösen sich bei Fruchtreife weitgehend auf.
  - Steinfrüchte: Mesokarp fleischig, Endokarp sklerenchymatisch (z. B. *Prunus*, Olive *Olea*, Walnuss *Juglans*; bei der Kokosnuss *Cocos nucifera* ist das Mesokarp faserig ausgebildet)
  - Nussfrüchte: Perikarp sklerenchymatisch, vielfach nur mit einem Samen (z. B. Hasel *Corylus*, Eiche *Quercus*); Sonderformen liegen vor, wenn die sklerenchymatische Fruchtwand mit der Samenschale verwachsen ist. Bei unterständigen Fruchtknoten entsteht so die Achäne (z. B. Asteraceen, Teilfrüchte der Apiaceen, Buchweizen *Fagopyrum*). Bei oberständigen Fruchtknoten wird die Karyopse gebildet; sie ist die typische Frucht der Gräser und damit der Getreidearten.
  - Spalt- und Bruchfrüchte (Zerfallfrüchte): dies sind Schließfrüchte, die bei der Reife in Teile zerfallen, in denen die Samen eingeschlossen bleiben. Bei Spaltfrüchten erfolgt die Auftrennung an den Fruchtblattverwachsungen (z. B. bei Aceraceen; bei Apiaceen liegen Doppel-Achänen vor). Bei Bruchfrüchten erfolgt die Trennung unabhängig von den Fruchtblatt-Grenzen (z. B. bei den Gliederhülsen einiger Fabaceen wie Hufeisenklee *Hippocrepis*). Die Klausenfrüchte der Boraginaceen und der Lamiaceen gehen aus 2 Fruchtblättern hervor, die sich jeweils nochmals teilen.

7.4.6.2 Sammelfrüchte

Sie entstehen aus mehreren getrennten Fruchtknoten einer Blüte. Diese können miteinander verwachsen oder durch Achsengewebe zusammengehalten werden. Sammelsteinfrüchte besitzen Himbeere und Brombeere (*Rubus*). Einen durch Achsengewebe zusammengehaltenen Nussverband bilden Hagebutte (*Rosa*) und Erdbeere (*Fragaria*). Bei unterständigen Fruchtknoten kann das Achsengewebe einen großen Anteil des einheitlichen Fruchtgewebes einnehmen. Bei den «Apfelfrüchten» von Apfel, Birne und Quitte werden die Fruchtblätter pergamentartig-sklerenchymatisch («Kernhaus»); bei der

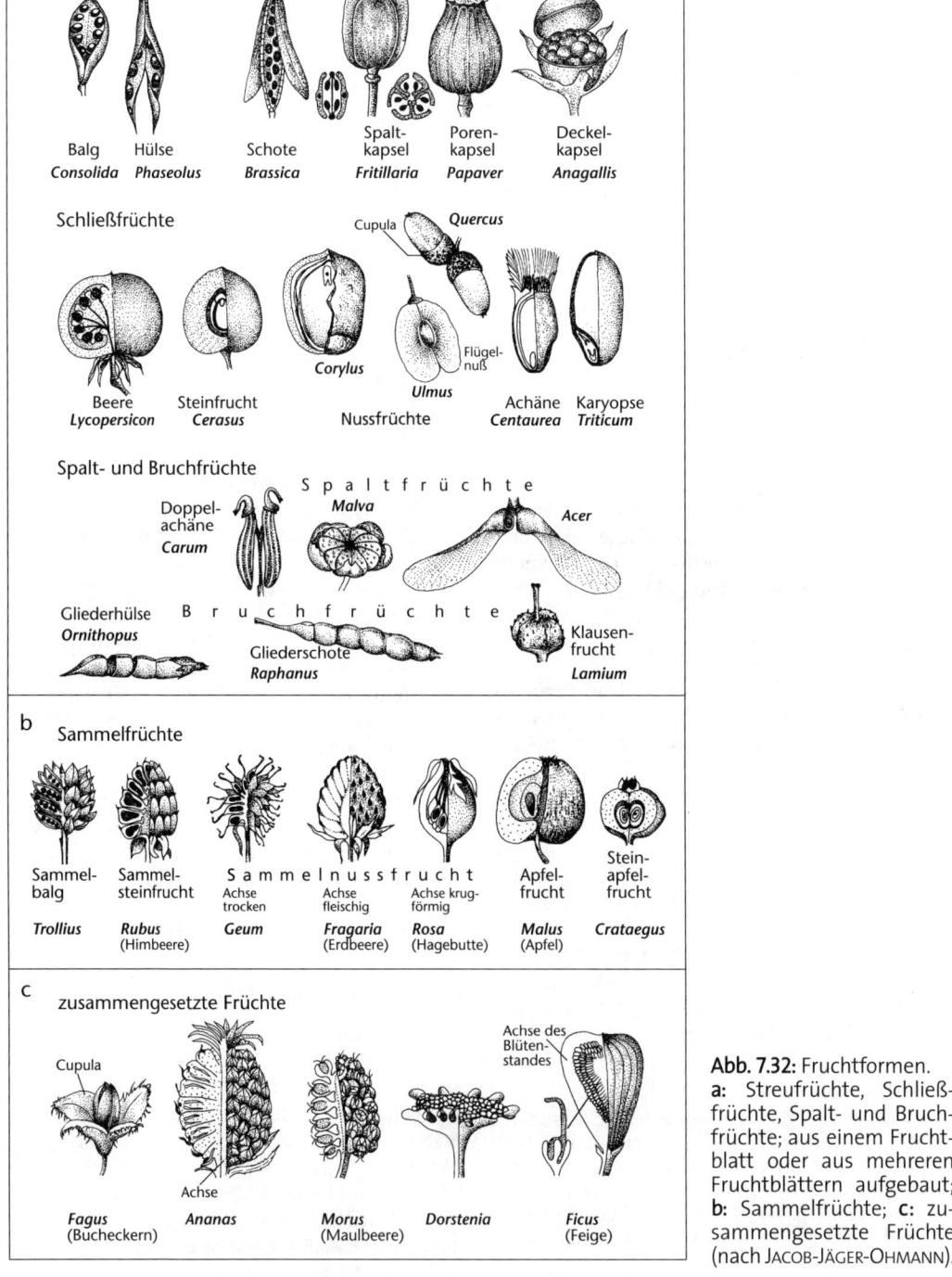

Abb. 7.32: Fruchtformen. a: Streufrüchte, Schließfrüchte, Spalt- und Bruchfrüchte; aus einem Fruchtblatt oder aus mehreren Fruchtblättern aufgebaut; b: Sammelfrüchte; c: zusammengesetzte Früchte (nach Jacob-Jäger-Ohmann).

Gattung *Sorbus* (Mispel, Speierling) werden sie nussartig-sklerenchymatisch (Steinapfel-Frucht). Auch am Aufbau der Kaktusfrüchte (Kaktusfeigen von *Opuntia*) ist die Achse wesentlich beteiligt.

7.4.6.3 Zusammengesetzte Früchte

Sie entstehen aus den Fruchtknoten mehrerer Blüten eines Blütenstandes und bilden eine Diaspore. An der Verwachsung ist in der Regel Achsengewebe beteiligt. Bei mehreren Arten der Heckenkirsche *Lonicera* verwachsen zwei Beerenfrüchte benachbarter Blüten randlich. Buche *Fagus* und Esskastanie *Castanea* bilden Nussverbände; die Nussfrüchte (Bucheckern bzw. Maronen) werden durch eine Cupula genannte Achsenwucherung zusammengehalten. Eine zusammengesetzte Beere besitzt die Ananas, viele einzelne Beeren sind hier untereinander und mit der Achse verwachsen. Bei der Maulbeere (*Morus*) kommt der Zusammenhalt der Teilfrüchte unter Beteiligung des Perianths zustande. Bei der Feige (*Ficus*) schließlich liegt ein Steinfruchtverband vor, in dem die Steinfrüchte vieler Blüten durch die fleischige Inforeszenzachse vereinigt sind.

7.4.7 Verbreitung der Diasporen

Die Verbreitung der Samen, Früchte oder Fruchtstände kann entweder durch pflanzeneigene Vorrichtungen und Hilfsmittel stattfinden: Autochorie; oder es werden fremde Verbreitungsmittel genutzt: Allochorie. Eine Fremdverbreitung kann erfolgen durch Wind, Wasser oder Tiere (Abb. 7.33).

Die Ausbreitungsfähigkeit einer Art ist stark vom Verbreitungsmechanismus abhängig, die Vermehrungsfähigkeit hingegen primär von der Samenproduktion. Diese ist sehr unterschiedlich: eine Pflanze des Hirtentäschelkrauts *Capsella bursa-pastoris* bildet etwa 64 000 Samen, eine Tabakpflanze ca. 360 000 und der Gänsefuß *Chenopodium album* über 1 Million Sa-

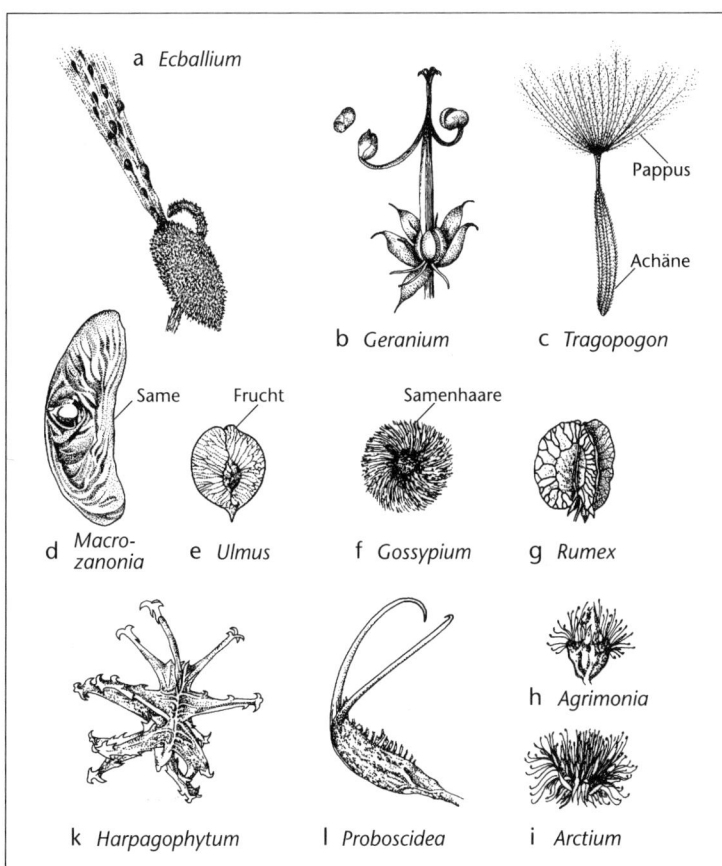

Abb. 7.33: Verbreitungseinrichtungen von Früchten bzw. Samen (Diasporen): Autochorie. **a:** Ausschleudern der Samen aus der Frucht der Spritzgurke *Ecballium elaterium*; **b:** Ausschleudern der Samen aus Früchten beim Storchschnabel *Geranium*. Anemochorie: **c:** Bocksbart *Tragopogon*, Frucht mit Pappus; **d:** *Macrozanonia macrocarpa*, Same mit großen Schwebflächen, gebildet von der Samenschale; **e:** Ulme *Ulmus*, Frucht mit ringscheibenartigem Flügel; **f:** Baumwolle *Gossypium*, behaarter Same (flugfähig); **g:** Ampfer *Rumex*, Frucht mit mehreren Längsflügeln. Zoochorie: **h:** Odermennig *Agrimonia*, Klettfrucht; **i:** Klette *Arctium*, Klettfrucht; **k:** *Harpagophytum*, Klettfrucht (Trampelklette); **l:** *Proboscidea*, Fruchtteile nach Abfallen des Fruchtfleisches mit Widerhaken: Trampelklette (nach Ullrich-Arnold und Strasburger, verändert).

men. Nach erfolgter Verbreitung hat die Konkurrenzfähigkeit für das Fortkommen einer Art entscheidende Bedeutung. Im Boden findet man stets Diasporen verschiedener Arten; sie bilden die «Samenbank», die durch Wasser und Bodentiere (sowie neue Zufuhr) verändert wird.

7.4.7.1 Autochore Verbreitung

Manche Arten lassen die Diasporen einfach fallen, wie z. B. die Rosskastanie *Aesculus hippocastanum*. (Allerdings ist in der Folge dann auch eine weitere Verbreitung durch Tiere möglich.) Bei Mangrovebäumen mit echter Viviparie (z. B. *Rhizophora*) fällt der Keimling herab und bohrt sich mit seiner harten Wurzel (Abb. 7.3) in den Schlammboden.

Bei «Selbstablegern» gelangen die Diasporen durch Wachstumsvorgänge der Fruchtstiele an geeignete Keimungsorte: beim Zimbelkraut *Cymbalaria muralis* in eine Fels- oder Mauerspalte, bei der Erdnuss *Arachis hypogaea* in den Erdboden (Geokarpie).

Durch Schleudereinrichtungen können Samen aktiv ausgeschleudert werden. Bei «Saftdruckstreuern» wird durch Turgoranstieg ein hoher Druck im Fruchtinneren erzeugt. An präformierten Bruchstellen platzt die Frucht dann auf. So schleudert die Spritzgurke *Ecballium elaterium* aus dem Mittelmeergebiet ihre Samen bis zu 10 m weit; noch größere Weiten erreichen *Cyclanthera explodens* (Cucurbitaceae, Amerika) und *Hura crepitans* (Euphorbiaceae, Amerika). Beim Springkraut *Impatiens* besitzen die Fruchtblätter außenseitig ein Schwellgewebe dünnwandiger Zellen, das unter hohem Turgor steht; innen liegen längsgerichtete Faserzellen unter Zugspannung. Wenn sich die Fruchtblätter trennen, erfolgt eine ruckartige Verkürzung und die Samen werden 1–2 m weit geschleudert.

Zu den «Austrocknungsstreuern» gehören die Früchte von Storchschnabel *Geranium*, Reiherschnabel *Erodium* und etliche Leguminosen (z. B. Besenginster, Lupine). Durch Austrocknung entsteht hier eine mechanische Spannung in der Frucht; beim Aufreißen werden die Samen ausgeschleudert.

7.4.7.2 Allochore Verbreitung

Eine Verbreitung der Diasporen durch den Wind (**Anemochorie**) ist sehr häufig. Die Diaspore muss dazu klein und leicht sein (ein Same vom Mohn *Papaver* wiegt etwa 0,5 mg). Vielfach werden besondere Schwebeeinrichtungen ausgebildet:

- ein haarförmiger Kelch als Pappus mit Fallschirmfunktion bei Asteraceen, Dipsacaceen und Valerianaceen.
- behaarte Samen bei der Baumwolle *Gossypium*, dem Weidenröschen *Epilobium*, oder Perigonhaare beim Wollgras *Eriophorum*, oder Griffelhaare bei der Waldrebe *Clematis*.
- Flügel an den Früchten bei Ulme *Ulmus*, Esche *Fraxinus*, Ampfer *Rumex*; oder an Teilfrüchten bei Ahorn *Acer*, oder Flügel gebildet aus Vorblättern der Inflorescenz bei der Linde *Tilia*. An den relativ großen Samen von *Zanonia* (Cucurbitacee aus Südostasien) bildet die Samenschale zwei Flügel. Das Flugverhalten und der Bau dieser Samen wurde schon anfangs unseres Jahrhunderts für die Konstruktion von Gleitfliegern als Vorbild herangezogen.

Größere Früchte werden vom Wind am Boden weitergerollt («Steppenläufer»), so z. B. schneckenförmig aufgerollte Hülsen von Schneckenklee-Arten *Medicago*. Auch Fruchtstände oder ganze steif-kugelförmige Pflanzen können solche Steppenläufer bilden, die durch den Wind transportiert werden, wobei Früchte oder Samen allmählich ausgestreut werden: so z. B. die Fruchtstände von *Fedia cornucopiae* (im Mittelmeergebiet) und die vertrockneten Pflanzen von *Salsola kali* und *Kochia*-Arten.

Eine Diasporen-Verbreitung durch das Wasser (**Hydrochorie**) kommt vor allem bei Wasser- und Uferpflanzen vor. Die Diasporen müssen schwimmfähig sein und die Gegenwart des Wassers darf nicht zur vorzeitigen Quellung und Keimung der Samen führen; dies wird hauptsächlich erreicht durch Unbenetzbarkeit von Samenschale (z. B. bei den Samen von *Entada*) oder Fruchtwand. Bei der Kokosnuss ist das faserige Mesokarp sehr leicht und wirkt als «Schwimmgewebe», so dass die Früchte längere Zeit im Meer verfrachtet werden können. Hydrochorie liegt auch bei den «Regenschwemmlingen» vor: bei ihnen werden aus den Früchten, die sich bei kräftigem Regen öffnen, die Samen ausgeschwemmt und so verbreitet (z. B. Aizoaceen der südafrikanischen Halbwüsten).

Die Diasporen-Verbreitung durch Tiere (**Zoochorie**) kann entweder dadurch erfolgen, dass genießbare Früchte oder Fruchtteile vom Tier gefressen und die Samen dann mit dem Kot ausgeschieden werden: endozoische Verbreitung; oder aber so, dass Diasporen sich am Tier festheften und dann epizoisch verbreitet werden.

Endozoische Verbreitung erfolgt vor allem durch Reptilien, Vögel und Säuger. Die Früchte sind zumeist fleischig; die Samen besitzen eine derbe Samenschale (z. B. bei *Ceratonia*) oder Hülle aus Teilen der Fruchtwand (z. B. bei *Prunus*), so dass sie nicht verdaut werden. Da die Samen im Kot abgegeben werden, ist dadurch gleichzeitig der Stickstoffbedarf der Keimpflanze gesichert. Diasporen mit endozoischer Verbreitung dienen vielfach auch der menschlichen Ernährung (Obst!). – Bei einer Verbreitung durch Vögel besitzen die Diasporen häufig eine auffällige Farbe; vielfach sind sie leuchtend rot (Vogelbeere *Sorbus aucuparia*, Rose (Hagebutte)). Manche weiße Früchte reflektieren nahes UV nicht und erscheinen dadurch Vogelarten, die nahes UV wahrnehmen können, farbig (z. B. Beeren der Mistel *Viscum*). Säuger treten vor allem in den Tropen und Subtropen als Verbreiter auf; bei ihnen ist vor allem der Geruch wichtig (z. B. Kakao *Theobroma cacao*, Banane *Musa*, Ananas, *Citrus*-Früchte).

Die Diasporen können auch von den Tieren zu Nahrungszwecken gesammelt werden, wobei ein Teil verloren geht oder von den Tieren im Versteck nicht mehr gefunden wird und so zum Auskeimen kommt. In Mitteleuropa sind vor allem Nagetiere und Ameisen entsprechend tätig; sie nutzen natürlich sehr verschieden große Diasporen. Die Tiere können entweder die Früchte und Samen insgesamt verdauen (Eichhörnchen sammeln Eicheln, Bucheckern usw.) oder auch nur die Inhaltsstoffe der Samenanhängsel (vgl. 7.4.3) nutzen. Ameisenverbreitung (Myrmekochorie) gibt es z. B. bei *Anemone nemorosa* und Veilchen *Viola*.

Epizoische Verbreitung erfordert Haftsysteme, entweder durch Bildung von Widerhaken oder von leimartigen Exkreten. Letztere findet man z. B. beim Klebrigen Salbei *Salvia glutinosa*. Widerhaken bilden die Klettfrüchte aus (z. B. Odermennig *Agrimonia*, Hexenkraut *Circaea*, Fruchtstände der Kletten *Arctium*). Bei *Proboscidea* besitzen die verholzten Fruchtteile Widerhaken. Die fleischigen Gewebe gehen zugrunde, der holzige Teil verfängt sich dann an einem Tier, wird transportiert und schließlich abgestreift und dabei oft zertrampelt (Trampelkletten).

Als Verbreiter von Diasporen ist schließlich auch der Mensch von außerordentlicher Bedeutung (**Anthropochorie**). Er hat viele Kulturpflanzen absichtlich verbreitet und viele andere Arten unabsichtlich verschleppt (synanthrope Arten, z. B. viele «Unkräuter») und dadurch die Vegetation in manchen Gebieten erheblich verändert.

8 Grundlagen der Genetik

Lebewesen entstehen stets aus ihresgleichen und die Nachkommen besitzen Merkmale ihrer Eltern. Diese Eigenschaft bezeichnet man als Vererbung; ihre Gesetzmäßigkeiten werden von der Genetik untersucht. Die Sporophyten der höheren Pflanzen gehen in der Regel aus einer Zelle (Zygote) hervor. Die Zygote oder die Eizelle und die Spermazelle zeigen die Merkmale der Individuen nicht. Sie müssen aber die Informationen, die «Anlagen», für deren Ausbildung enthalten. Diese Anlagen heißen Erbanlagen oder **Gene**; die Vererbung ist die Weitergabe der genetischen Information an die folgenden Generationen. –

Aus zahlreichen Beobachtungen weiß man, dass gelegentlich bei Nachkommen eines Elternpaares ein Merkmal verändert ist. Die Anlage für diese Abweichung wird nun ihrerseits wieder vererbt. Eine solche erbliche Veränderung nennt man **Mutation**; ein Individuum mit einer Mutation ist eine Mutante. Erst durch eine Mutation kann ein Gen überhaupt erkannt werden, d.h. man kann feststellen, dass einem bestimmten Merkmal ein Gen zugrunde liegt. Solange die normale Merkmalsausbildung vorliegt, sind die Gene nicht identifizierbar.

8.1 Grundbegriffe

Alle Zellen eines Lebewesens besitzen die gleiche Garnitur von Genen; dennoch vollbringen die Zellen unterschiedliche Leistungen. Dabei besteht eine räumliche und zeitliche Ordnung: Zellen in einer Blüte besitzen einen teilweise anderen Stoffwechsel als Zellen der Wurzel. Offenbar sind nicht alle Gene in allen Zellen tätig, sondern bestimmte Gene sind nur in manchen Zellen und auch nur zu gewissen Zeiten aktiv, so dass ihre Information realisiert wird. Gene sind, wie schon in Abschnitt 3.2.4.5 dargestellt, aufgebaut aus **Desoxyribonucleinsäure** (DNA), deren Moleküle eine Doppelhelix-Struktur besitzen. Bei den Eukaryota ist die DNA weitaus überwiegend in den Chromosomen des Zellkerns lokalisiert. Die Chromosomen werden bei der Mitose exakt auf die Tochterzellen verteilt; in der S-Phase des Zellzyklus (vgl. 3.2.4.5) wird die DNA identisch repliziert. Die genetische Information der DNA wird wirksam, wenn eine Proteinsynthese stattfindet, wozu die Vorgänge der **Transkription** und **Translation** ablaufen müssen. Die Gene bestimmen also nicht unmittelbar die Merkmalsausbildung, sondern lösen diese über eine Kette von Informationsübertragungen aus.

Genotypus und Genom. Die Gesamtheit aller Erbanlagen eines Organismus nennt man dessen Idiotypus. Die meisten sind im Zellkern lokalisiert und bilden den Genotypus; außerdem enthalten Plastiden und Mitochondrien DNA und somit Gene. Die Weitergabe dieser genetischen Information wird als extrachromosomale Vererbung bezeichnet. Die Gesamtheit der DNA der Chromosomen heißt das Genom (s. str.); die DNA außerhalb des Kerns bildet das Plasmon. Heute spricht man auch von Kern-Genom, Plastiden-Genom (= Plastom), Mitochondrien-Genom (= Chondriom). Ebenso wird häufig anstelle des Begriffs Idiotypus nicht ganz exakt die Bezeichnung Genotyp verwendet.

Allele. Die durch Mutationen entstandenen Alternativen eines Gens nennt man seine Allele. Jedes Gen ist an seinem Ort im Genom, dem Gen-Locus, jeweils durch eines seiner Allele vertreten. Da ein Gen unterschiedlich mutieren kann, gibt es zumeist mehr als zwei Allele eines Gens in einer Population (multiple Allele). In diploiden Organismen gibt es von jedem Gen zwei Allele (8.3.3). Die Gene werden durch (häufig 3) Buchstaben gekennzeichnet. Das Wildallel erhält ein +-Zeichen.

Reaktionsnorm. Die Erbanlagen zeigen bei der Entwicklung des Organismus eine bestimmte Reaktionsnorm, d. h. es bildet sich unter Mitwirkung der gegebenen Außenbedingungen eine bestimmte Erscheinungsform aus. Diese nennt man den **Phänotypus**. Die Reaktionsnorm eines Genotyps wird erst bei verschiedenen Umweltbedingungen erkennbar: Organismen mit gleichem Genotyp können sich dann unterscheiden, weil es Gene gibt, deren Aktivität durch die Umwelt beeinflusst wird. So bilden z. B. idiotypisch gleiche Pflanzen von *Primula sinensis* bei 35 °C weiße Blüten, bei 15 °C aber rote Blüten aus. Hier wird also nicht einfach das Merkmal «Blütenfarbe» vererbt, sondern die Reaktionsweise, bei einer bestimmten Temperatur eine bestimmte Blütenfarbe zu bilden. Wenn die Aktivität von Genen durch Umweltfaktoren (hier die Temperatur) verändert wird, so muss es Signalketten vom Umweltfaktor zu den beeinflussbaren Genen geben. Diese Signalketten sind ihrerseits genetisch festgelegt.

8.2 Variabilität und Vererbung, Modifikationen

Untersucht man die Individuen einer Art an einem Ort, die eine Fortpflanzungsgemeinschaft bilden, so findet man Merkmale, die eine kontinuierliche Variation zeigen (z. B. die Samengrößen von Bohnen eines Feldes) und solche, die diskontinuierliche Variation aufweisen (z. B. die Blütenfarbe der Wunderblume *Mirabilis jalapa* ist weiß oder rosa oder rot). Eine solche Variabilität kann zum Teil durch die Umwelt bedingt sein, wie das obige Beispiel der Blütenfarbe bei *Primula* zeigt. Diese umweltbedingte Variabilität heißt modifikative Variabilität oder **Modifikabilität** und die verschiedenen Varianten sind Modifikationen. Die Modifikabilität kann kontinuierlich oder diskontinuierlich (alternativ) sein. Modifikationen sind z. B. die unterschiedliche Größe der gleichen Art an verschiedenen Standorten und die Ausbildung von Licht- und Schattenblättern, die während der Entstehung der Blätter durch die Lichtverhältnisse festgelegt wird. Die Umwelt kann meist nur in einem bestimmten Entwicklungsabschnitt (der sensiblen Phase) wirksam werden. Da der Organismus normalerweise aus einer Zelle entsteht, sind alle in seiner Entwicklung ablaufenden Form- und Gestaltbildungen Modifikationen von erbgleichen Zellen, hervorgerufen durch die örtlichen Bedingungen, die durch äußere (Umwelt-) und innere Faktoren gegeben sind.

Auch bei Pflanzen völlig gleichen Erbguts und unter gleichen Umweltbedingungen besteht eine gewisse Variabilität, weil die modifizierenden Faktoren nie völlig identisch sind. Dies zeigen z. B. die Samengrößen einer einzigen Bohnenpflanze. Die Ernährungsbedingungen der heranreifenden Samen sind nie völlig gleich; daher erhält man eine Modifikationskurve, welche die kontinuierliche Modifikation erkennen lässt (Abb. 8.1). Natürlich können verschiedene Bohnenpflanzen auch erblicherweise verschieden große Samen besitzen.

Im obigen Beispiel der Blütenfarbe von *Mirabilis* handelt es sich ebenfalls um genetisch festge-

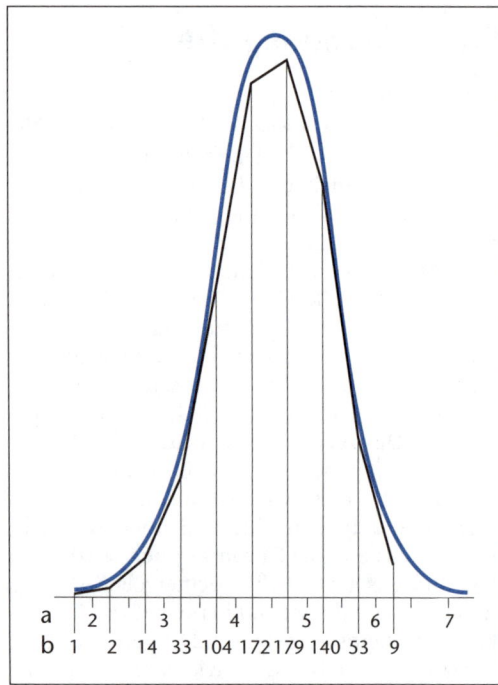

Abb. 8.1: Kontinuierliche Modifikationskurve der Gewichte von 712 Bohnensamen aus erbgleichen Individuen. **a:** Gewichte in 0,1 g; **b:** Zahl der Bohnen je Gewichtsklasse. Schwarz tatsächliche Variation, blau: theoretische Zufallskurve. Mittlere Gewichte sind viel häufiger als extreme (aus STRASBURGER).

legte Unterschiede. Dies führt zu der Frage: wie kann man die genetische Komponente der Variabilität von der modifikatorischen trennen?

Hierzu dienen folgende Verfahren:

- Ausschaltung unterschiedlicher Umweltbedingungen und Untersuchung der Nachkommen über mehrere Generationen hinweg; dies lässt die genetische Variabilität erkennen.
- Bei vielen zwittrigen Blütenpflanzen ist Selbstbestäubung (Selbstung) und damit nachfolgend Selbstbefruchtung möglich; wird diese über eine längere Generationenfolge wiederholt, so entstehen immer mehr erbgleiche Nachkommen («reine Linien»), welche die modifikatorische Variabilität erkennen lassen.
- Durch ungeschlechtliche Vermehrung von Pflanzen können Klone erzeugt werden, deren Individuen genetisch gleich sind und ebenfalls die Modifikabilität sichtbar werden lassen.

Der Anteil der genetischen Variabilität an der Gesamtvariabilität des Phänotyps in einer Population wird als **Heritabilität** bezeichnet. Diese ist also abhängig von der genetischen Zusammensetzung der Population und von den Umweltverhältnissen, welche die phänotypische Variabilität beeinflussen (Abb. 8.2).

Dauermodifikationen sind Modifikationen, die über mehrere Generationen erhalten bleiben. Beispiel: Stellt man vom Efeu Stecklinge aus der Blütenregion mit der ovalen Blattform her, so bilden die daraus herangezogenen Pflanzen nur diese Blattgestalt aus, ebenso weitere Stecklinge aus diesen. Erst nach geschlechtlicher Fortpflanzung erhält man aus den Samen wieder Efeupflanzen mit gelappten Blättern.

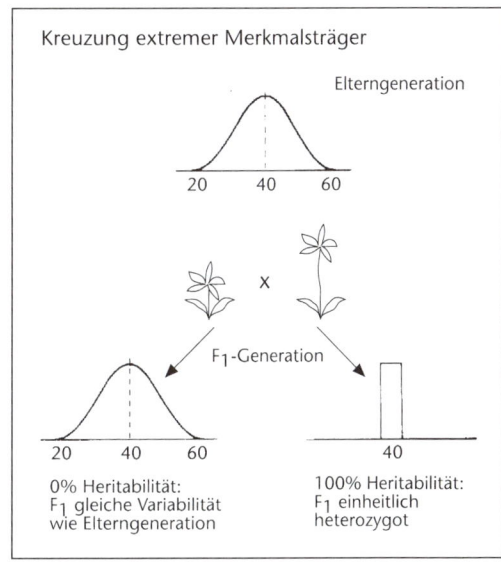

Abb. 8.2: Bestimmung der Heritabilität eines Merkmals (z. B. Wuchshöhe einer Pflanzenart). Man kreuzt extreme Merkmalsträger. Dargestellt sind die theoretisch zu erwartenden Ergebnisse für 0% Heritabilität und 100% Heritabilität (nach SCHWEIGER u.a.).

8.3 Gesetzmäßigkeiten der Vererbung

8.3.1 Kreuzungsversuche

Die Erblichkeit von Eigenschaften war schon lange bekannt, aber erst 1865 fand G. MENDEL (1822–1884) an Kreuzungsversuchen mit Erbsen durch Untersuchung des Verhaltens einzelner Merkmale an einer großen Zahl von Individuen die Zahlenverhältnisse und damit die **quantitativen Gesetze**. Seine Befunde wurden zunächst wenig beachtet; erst im Jahr 1900 wurden die Vererbungsregeln durch die Untersuchungen von DE VRIES, CORRENS und TSCHERMAK erneut gefunden und damit die Genetik als eigenständige Disziplin begründet.

Der Kreuzungsversuch ist das Verfahren, um das Erbgut genotypisch verschiedener Individuen zusammenzubringen. Die Weitergabe der Gene kann in den folgenden Generationen erkannt und daraus auf die Natur und Funktion der Erbanlagen zurückgeschlossen werden. Die meisten Eukaryoten besitzen sexuelle Fortpflanzung, Kreuzungen sind dann ohne Schwierigkeit möglich. Jedoch lassen sich auch bei Prokaryoten (und sogar bei Viren) Kreuzungsversuche durchführen, obwohl ihnen echte Sexualität und Meiose fehlen. – Heute gibt es außerdem die Möglichkeit, isolierte Protoplasten (auch artverschiedene) zu verschmelzen und aus der Hybridzelle Zellkulturen und zum Teil sogar vollständige Pflanzen heranzuziehen («somatische Kreuzung», vgl. 8.8.4).

8.3.2 Kreuzung von Haplonten

Bei Pflanzen, die sich als Haplonten entwickeln, ist die Vererbung besonders leicht zu erkennen (Abb. 8.3). Als Beispiel diene die Grünalge

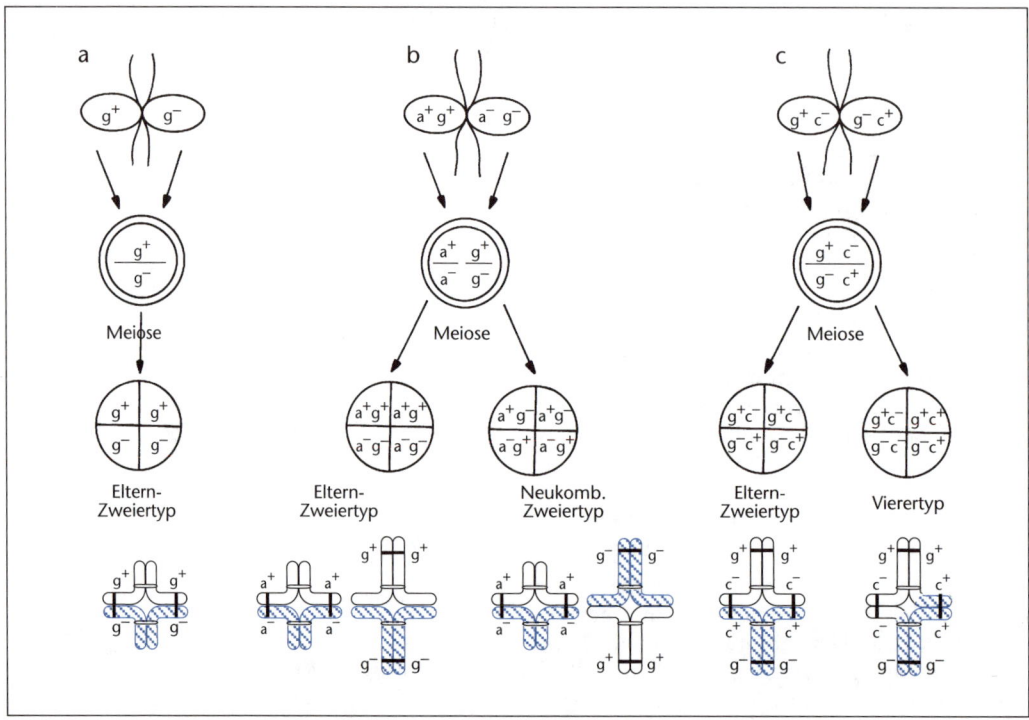

Abb. 8.3: Ein- und Zwei-Faktor-Kreuzungen von Haplonten (Chlamydomonas). Oben Gameten, darunter Zygote und Bildung der Sporentetraden. Unten Chromosomenbivalente während der ersten meiotischen Teilung. Herkunft von den Eltern durch weiß und blau gekennzeichnet. **a:** Ein Faktor-Kreuzung (g^+/g^-); **b:** Zwei-Faktor-Kreuzung ohne Genkopplung (a^+/g^+ und a^-/g^-); **c:** Zwei-Faktor-Kreuzung mit Genkopplung (g^+/c^- und g^-/c^+); Rekombination nur durch Crossover (beim Vierertyp der Tetrade) (aus STRASBURGER).

Chlamydomonas (vgl. 7.1.3). Deren meiste Arten zeigen Isogamie; zwei verschiedengeschlechtliche Gameten (+ und –) verschmelzen zur diploiden Zygote, die durch Meiose 4 haploide Zellen (eine Tetrade) bildet. Nun gibt es Individuen, die infolge Chlorophyllmangel blassgrün sind. In einem Kreuzungsversuch werden normalgrüne (+)-Gameten mit blassgrünen (–)-Gameten verschmolzen. Aus jeder Tetrade gehen 2 grüne und 2 blasse Individuen hervor; das Zahlenverhältnis ist also 1:1. Die einfachste Erklärung hierfür ist, dass das Merkmal Farbe (oder Chlorophyllgehalt) in zwei genetisch festgelegten Alternativen auftritt, als g^+ (grün) und g^- (blass). Eine Zelle besitzt immer nur eine der Alternativen. Die verschmelzenden Gameten bringen jeweils eine der Alternativen in die Zygote ein; bei der Meiose werden diese auf die 4 Meioseprodukte aufgeteilt. Die Erbanlagen g^+ und g^- werden unverändert weitergegeben. In unserer Überlegung wurde nur dieses eine Gen betrachtet, das die Färbung festlegt: es handelt sich um eine **Ein-Faktor-Kreuzung**.

Zwei-Faktor-Kreuzung. Eine genauere Betrachtung zeigt, dass in dem gewählten Beispiel zwischen dem Gameten noch ein weiterer Unterschied besteht: es gibt + und – Gameten und diese Geschlechtsausbildung wird ebenfalls als Alternative unverändert an die Nachkommen weitergegeben, wobei in den Tetraden auch das Zahlenverhältnis 1:1 vorliegt. Die Elterntypen waren grüne (+)-Zellen und blasse (–)-Zellen. Bezeichnen wir das Geschlecht mit a, so sind die Eltern als a^+g^+ und a^-g^- zu bezeichnen. Unter den Nachkommen findet man auch die neuen Kombinationen a^+g^- und a^-g^+ (Rekombinanten) in gleicher Zahl wie die Elterntypen, also ein Verhältnis $a^+g^+/a^-g^-/a^+g^-/a^-g^+$ von 1:1:1:1. Wir haben damit einen Kreuzungsversuch mit zwei verschiedenen Erbanlagen, eine Zwei-Faktor-Kreuzung, analysiert. Er zeigt, dass jeweils ein Allel von a mit einem Allel von g in zufälliger Weise kombiniert wird: Gesetz der **freien Kom-**

binierbarkeit der Gene. Die *freie Kombinierbarkeit* kommt zustande durch die zufällige Rekombination der Chromosomen (interchromosomale Rekombination; vgl. 7.1.3.2).

Genkopplung. Manche Kreuzungsversuche zeigen, dass diese freie Kombinierbarkeit nicht unbegrenzt gilt. Führt man mit *Chlamydomonas* eine Zwei-Faktor-Kreuzung grün/unbewegliche Geißeln (g^+c^-) mit blass/bewegliche Geißel (g^-c^+) durch, so erhält man überwiegend Tetraden des Elterntyps und nur wenige Rekombinanten. Man nennt die Gene gekoppelt. Überprüft man anhand zahlreicher Kreuzungsversuche die Kopplungs-Möglichkeiten genauer, so zeigt sich stets, dass die Zahl der Kopplungsgruppen der Zahl der Chromosomen (im haploiden Satz) entspricht. Gene, die auf verschiedenen Chromosomen liegen, sind frei rekombinierbar. Gene, die auf dem gleichen Chromosom lokalisiert sind, können nur rekombinierbar werden, wenn die Struktur des Chromosoms «zerbricht». Daher besteht hier eine relative Kopplung der Gene. Eine Neukombination ist nur durch *Crossover* (vgl. 7.1.3.2) möglich; diese **intrachromosomale Rekombination** ist umso seltener, je enger benachbart die Gene auf dem Chromosom liegen. Die prozentuale Rekombinationshäufigkeit ist somit ein Maß für den Abstand von Genen auf einem Chromosom. Die Einheit der genetischen Rekombination wird als MORGAN-Einheit bezeichnet; sie ist definiert als Anzahl der Rekombinanten-Nachkommen bezogen auf die Gesamtzahl der Nachkommen (in %). Die Ergebnisse aller entsprechenden Kreuzungsversuche stehen mit einer linearen Anordnung der Gene in Einklang. Bestimmt man die Abstände zahlreicher Gene voneinander, so kann man eine Genkarte aufstellen. Diese Genkartierung geschieht vorteilhaft mit Drei- und Mehrfaktor-Kreuzungen. Auf diesem Weg gewonnene biologische (oder genetische) Genkarten (Abb. 8.16) sind von zahlreichen Pflanzenarten, aber auch von verschiedenen Pilzen (z. B. *Neurospora*) und Bakterien bekannt. Ein Rekombinanten-Anteil von 1% wird als Kartierungseinheit verwendet und als 1 centi-MORGAN (cM) bezeichnet.

8.3.3 Kreuzung von Diplonten: MENDEL'sche Regeln

Die Sporophyten der höheren Pflanzen sind diploid; die Zellen besitzten also den doppelten Chromosomensatz (2n). An solchen Organismen (Erbsen) fand MENDEL die Vererbungsregeln. Die Neukombination des elterlichen Erbguts erfolgt bei der Meiose. Nach der Kreuzung der Eltern (Parentalgeneration P) erfolgt die nächste Rekombination erst bei der Meiose in der Tochtergeneration (1. Filialgeneration, F1), also kurz vor der Bildung von Ei- und Spermazellen. Die Auswirkungen dieser Rekombination sind erst in der 2. Filialgeneration (F2) zu erkennen. Eine Untersuchung der Tetraden ist nicht möglich.

Da im Sporophyt alle Chromosomen doppelt vorliegen, sind von jedem Gen 2 Allele vorhanden. Sind diese völlig gleich, so ist das Individuum **homozygot** (reinerbig) in Bezug auf das betreffende Gen. Sind sie verschieden, so ist das Individuum **heterozygot** (mischerbig) und wird als Hybride bezeichnet. In diesem Fall erhebt sich die Frage, welches der Allele über die Merkmalsausbildung entscheidet. Tragen beide Allele zu gleichen Teilen zur Merkmalsausbildung bei, so nennt man die Vererbung **intermediär**. Setzt sich eines der Allele durch, so spricht man von **dominant-rezessiver** (kurz: dominanter) Vererbung und unterscheidet ein dominantes und ein rezessives Allel. Zwischen diesen beiden Grenzfällen gibt es auch Übergänge; da hierbei eines der beiden Allele stärker wirksam ist, wird es ebenfalls als dominant bezeichnet. Dominante Allele werden häufig durch Großbuchstaben symbolisiert.

8.3.3.1 Intermediäre Vererbung

Man kreuzt zwei Rassen der Wunderblume (*Mirabilis jalapa*), die sich nur in einem untersuchten Merkmal (der Blütenfarbe) unterscheiden (Abb. 8.4), durch Übertragung von Pollen einer rotblühenden Pflanze auf die Narben einer weißblühenden oder umgekehrt (**reziproke Kreuzung**). Die Pflanzen der F1-Generation (Hybride oder Bastarde) haben alle rosafarbene Blüten: die Vererbung ist intermediär. Die F1-Pflanzen sind unter sich genotypisch und phänotypisch gleich (uniform). Kreuzt man diese unter sich weiter, so erhält man in F2 etwa 25% weißblühende, 25% rotblühende und 50% rosablühende Individuen.

Bezeichnet man das Allel für rote Blütenfarbe mit r^+, und dasjenige für weiße mit r^-, so sind die rosa Pflanzen r^+r^-, die roten r^+r^+ und die weißen r^-r^-. Infolge der Aufteilung der Chromosomen in der Meiose erhalten 50% der Geschlechtszellen von F1 das Allel r^+ und 50% das

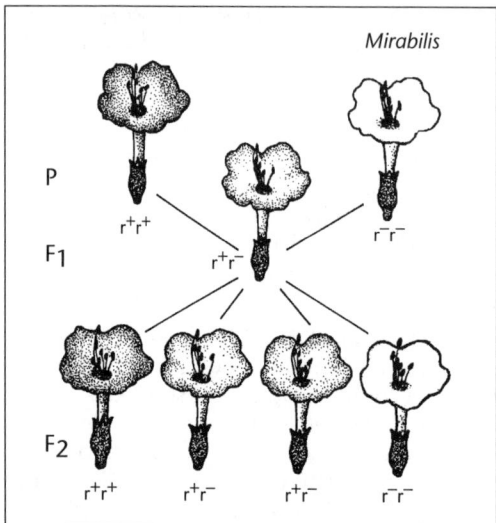

Abb. 8.4: Kreuzung von Diplonten: intermediäre Vererbung der Blütenfarbe bei *Mirabilis jalapa*. Dunkel: rote Blüten, schwach punktiert: rosa Blüten, ohne Punktierung: weiße Blüten (nach Ullrich-Arnold).

Allel r^-. Erfolgt nun zufallsmäßige Befruchtung, so kommt es zu der Aufspaltung $r^+r^+/r^+r^-/r^-r^-$ von 1:2:1 in der F2-Generation. Die Homozygotie der roten und der weißen Pflanzen und die Heterozygotie der rosa Individuen lässt sich durch Zucht einer F3-Generation zeigen.

8.3.3.2 Dominante Vererbung

Kreuzt man zwei Formen der Brennnessel *Urtica pilulifera*, eine Rasse mit scharfgesägten Blatt-

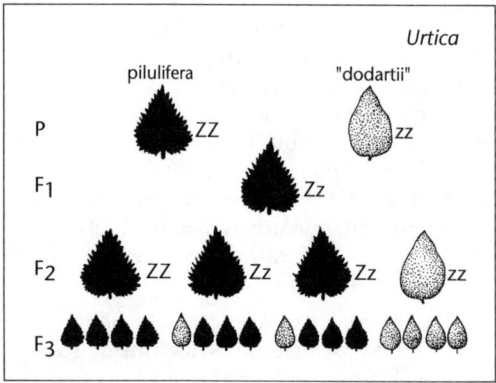

Abb. 8.5: Kreuzung von Diplonten: dominante Vererbung der Blattgestalt bei der Brennnessel *Urtica pilulifera* (nach Ullrich-Arnold).

rändern mit einer Rasse mit nahezu ganzrandigen Blättern (*U. «dodartii»*), so erhält man in F1 nur Pflanzen mit gesägten Blättern (Abb. 8.5). Ganzrandig (z) ist also rezessiv gegenüber gesägt (Z); die F1-Generation entspricht phänotypisch dem dominanten Elter. In F2 erfolgt eine Aufspaltung der Phänotypen im Verhältnis 3:1; Der Genotypen von 1:2:1. Die Genotypen ZZ (25%) und Zz (50%) sind gesägt; zz (25%) ist ganzrandig. Die genotypische Verschiedenheit von ZZ und Zz wird in F3 erkennbar. Sie kann aber auch nachgewiesen werden durch Kreuzung mit dem rezessiven Elter (**Rückkreuzung**), denn Zz × zz spaltet in F1 im Verhältnis 1:1 auf, während ZZ × zz in F1 eine einheitliche Nachkommenschaft (Zz) liefert.

8.3.3.3 Mendel'sche Regeln

Die Verallgemeinerung der geschilderten Kreuzungsversuche führt zu den ersten beiden Regeln:

- Die F1-Generation jeder Kreuzung von zwei Individuen, die bezüglich des betrachteten Merkmals homozygot sind, ist genotypisch und phänotypisch einheitlich (**Uniformitätsregel**). Eine Vertauschung des Geschlechts der Eltern bei der Kreuzung ist ohne Einfluss auf das Ergebnis (**Reziprozitätsregel**).
- Bei der Kreuzung dieser Hybriden der F1-Generation unter sich erfolgt in der F2-Generation eine gesetzmäßige Aufspaltung, die bei einer Ein-Faktor-Kreuzung in den Genotypen stets das Verhältnis 1:2:1 aufweist. Die Phänotypen zeigen bei intermediärer Vererbung ebenfalls dieses Verhältnis, bei dominanter Vererbung das Verhältnis 3:1.
- Die dritte Mendel'sche Regel bezieht sich auf die **freie Kombinierbarkeit** der Gene (vgl. 8.3.2): Die Erbanlagen werden unabhängig voneinander vererbt und durch Meiose und Befruchtung neu kombiniert. Mendel fand diese Regel anhand der Kreuzung von zwei Erbsensorten mit gelber und glatter und von grüner und runzeliger Samenschale. In F1 erhält man nur gelbe und glatte Erbsen. Gelb (G) ist also dominant über grün (g) und glatt (R) dominant über runzelig (r). In F2 ist die Aufspaltung 9 (gelb/glatt) : 3 (gelb/runzelig) : 3 (grün/glatt) : 1 (grün/runzelig). Dies folgt aus den 16 Paarungsmöglichkeiten der 4 Sorten von Gameten der F1-Generation (Abb. 8.6). In der Kreuzung treten auch neue reinerbige Rekombinanten auf: grün-glatt (ggRR) und gelb-runzelig (GGrr). Dies bestätigt die

8.4 Geschlechtsbestimmung und -vererbung

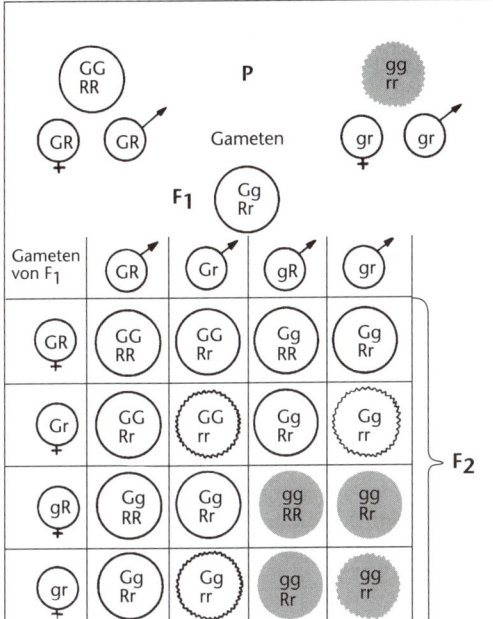

Abb. 8.6: Zwei-Faktor-Kreuzung bei Diplonten: gekreuzt wird eine gelbe glatte und eine grüne runzelige Erbsensorte. G: Anlage für gelb (dominant); g: Anlage für grün (rezessiv); R: Anlage für glatte Oberfläche (dominant); r: Anlage für runzelige Oberfläche (rezessiv); (nach ULLRICH-ARNOLD).

Regel der freien Kombinierbarkeit der Gene. Aus den Spaltzahlen in der F 2-Generation kann man auf die Zahl und das Verhalten der Gene schließen, die sich in den beiden Kreuzungspartnern unterscheiden. Bei mehr als 2 wirksamen Genen steigt die Zahl verschiedenartiger Nachkommen rasch an und es entstehen viele neue Rekombinanten; daraus ergibt sich die Bedeutung für die Pflanzenzüchtung.

8.3.3.4 Abweichungen von den MENDEL'schen Regeln

Es gibt Kreuzungsversuche, bei denen Abweichungen von den Zahlenverhältnissen der MENDEL'schen Regeln auftreten. Immer ist dies der Fall, wenn gekoppelte Gene vorliegen; aufgrund der auftretenden Spaltzahlen ist dann Genkartierung möglich (vgl. 8.3.1). Es gibt aber auch andere Ursachen:

- Zur Ausbildung eines Merkmals können mehrere Gene erforderlich sein: **Polygenie**. Wenn viele Gene beteiligt sind, deren Wirkungen sich weitgehend addieren (Polymerie), so kann es zu einer praktisch kontinuierlichen Merkmalsaufteilung kommen (z. B. Blattlängen, Intensität von Blütenfarben). Umgekehrt kann natürlich auch ein Gen die Ausbildung mehrerer Merkmale bestimmen (**Polyphänie** oder *Pleiotropie*).
- Bestimmte Allele können bei homozygotem Auftreten zum Tod des Organismus führen (**Letal-Faktoren**); dadurch entstehen scheinbare Abweichungen von den zu erwartenden Spaltzahlen.
- Ein Gen kann die Eigenschaftsausbildung eines anderen Gens verhindern oder wirkungslos machen (**Epistasie** eines Gens).
- Mehrere Gene, die sich gegenseitig in ihrer Wirkung ersetzen können, bringen dasselbe Merkmal hervor.

8.4 Geschlechtsbestimmung und -vererbung

Alle Eukaryoten haben die genetisch festgelegte Reaktionsnorm, beide Geschlechter ausbilden zu können, also eine bisexuelle Potenz. Wird nur eine Potenz ausgebildet und die andere unterdrückt, so entstehen diözische (zweihäusige) Organismen; werden beide Potenzen verwirklicht, so entstehen entweder monözische oder zwittrige Lebewesen. Bei den monözischen und zwittrigen Pflanzen wird die Bildung der Fortpflanzungsorgane und der weiblichen und männlichen Gameten im Verlauf der Ontogenese festgelegt. Die geschlechtsbestimmenden Gene werden unter dem Einfluss der Umwelt aktiv; daran können innere Regulatoren (z. B. Hormone) und die Umweltbedingungen mitwirken. Diese modifikative oder **phänotypische Geschlechtsbestimmung** erfolgt bei den isosporen Farnen bei der Ausbildung der Geschlechtsorgane (Antheridien und Archegonien) auf dem Prothallium; bei den zwittrigen Blütenpflanzen findet sie im Verlauf der Blütenbildung statt.

Bei diözischen Pflanzen ist nur ein Geschlecht ausgebildet; hier liegt **genotypische Geschlechtsbestimmung** vor.

8.4.1 Haplogenotypische Geschlechtsbestimmung

Am Beispiel von *Chlamydomonas* (vgl. 8.3.2) wurde gezeigt, dass dort ein Gen («Geschlechts-Realisator») die Geschlechtsbildung bestimmt; dadurch resultiert bei der Vererbung stets ein Geschlechtsverhältnis von 1:1. Die Festlegung des Geschlechts erfolgt bei der Meiose. Die haplogenotypische Geschlechtsbestimmung ist typisch für diözische Haplonten (viele Pilze, Moose mit getrenntgeschlechtlichen Gametophyten, z. B. *Sphaerocarpos*).

8.4.2 Diplogenotypische Geschlechtsbestimmung; Geschlechtschromosomen

Bei Diplonten erfolgt die Festlegung des Geschlechts bei der Befruchtung. Diese diplogenotypische Geschlechtsbestimmung ist bei diözischen Blütenpflanzen verwirklicht (z. B. Eibe, *Silene latifolia*) und entspricht dem Rückkreuzungs-Schema. Dabei kann der Unterschied der Geschlechter durch ein einzelnes Gen (z. B. bei *Bryonia*: mm = weiblich, Mm = männlich) oder mehrere Gene (z. B. Spargel, Kiwi) bestimmt sein. Es können auch unterschiedliche Geschlechtschromosomen vorliegen. Diese nennt man Heterosomen, da sie in den beiden Geschlechtern unterschiedlich sind. Sie werden mit X und Y bezeichnet. Alle anderen Chromosomen sind Autosomen.

Bei *Silene latifolia* und *Vitis* liegt im weiblichen Geschlecht XX, im männlichen XY vor. Bei der Bildung der Pollenkörner durch Meiose entstehen solche mit X und solche mit Y, daher gibt es auch Spermazellen mit X und solche mit Y. Die Megasporen und daher die Eizelle enthalten stets ein X-Chromosom. Die Geschlechtschromosomen müssen nicht alle Gene für die Ausbildung der Geschlechtsorgane enthalten, sondern nur Träger des Realisator-Gens sein.

Ob eine Bildung männlicher oder weiblicher Blüten stattfindet, wird bei verschiedenen Arten auf unterschiedlichen Entwicklungsstadien festgelegt (z. B. bei *Mercurialis annua* schon bei der Anlage des Blütenstandes, bei *Silene dioica* erst bei Ausdifferenzierung der Blüte).

Auch bei haplogenotypischer Geschlechtsbestimmung kann es Geschlechtschromosomen geben. Dies zeigt *Sphaerocarpos*: das weibliche Moos besitzt das X-Chromosom, das männliche das Y-Chromosom. In der Tetrade entstehen 2 Zellen mit X und 2 Zellen mit Y.

8.4.3 Inkompatibilität

Diözie verhindert Selbstbefruchtung, fördert also die Ausbildung von Rekombinanten und erhöht so die Rekombinationsrate in der Population. Bei monözischen oder zwittrigen Pflanzen kann die Rekombination durch andere Mechanismen gefördert sein (vgl. 7.2.9.2) oder sogar erzwungen werden. Letzteres erfolgt durch Ausbildung von Inkompatibilität. Für diese sind besondere Inkompatibilitätsgene (Selbststerilitätsgene) S verantwortlich, die zumeist multiple Allele zeigen. Die S-Gene sind gametophytisch kontrolliert und legen in der Regel die Struktur von Glykoproteinen fest, die für die Zell-Erkennung wichtig sind (vgl. 14.3.4). Es können nur solche Pollenschläuche die Samenanlagen erreichen, deren S-Allele nicht mit jenen im Narben- und Griffelgewebe übereinstimmen. Die Wirkungsweise ist aber ganz verschieden. Bei *Papaver* kommt sie über eine Störung der Ca^{2+}-Regulation zustande; bei Solanaceen wirkt ein im Griffelgewebe gebildetes S-Glykoprotein als Ribonuclease und baut RNA im Pollenschlauch ab.

8.4.4 Abweichende Geschlechtsverhältnisse

Bei *Silene latifolia* beobachtet man im Durchschnitt ein Verhältnis von 3 männlichen zu 7 weiblichen Individuen. Dies ist aus dem Vererbungsschema nicht zu erklären. Die Ursache liegt darin, dass die Pollenschläuche der Pollenkörner mit X-Chromosomen im Mittel rascher wachsen und daher ihre Spermazellen mehr Eizellen befruchten. Dieser Vorgang heißt Certation. Bringt man im Experiment weniger Pollenkörner auf die Narbe, als Samenanlagen vorhanden sind, so erhält man Gleichverteilung der Geschlechter, da nun auch langsamer wachsende Pollenschläuche noch freie Eizellen finden. Bei Lagerung des Pollens sterben prozentual mehr X-Pollenkörner ab; dadurch ist ebenfalls eine Verschiebung des Geschlechtsverhältnisses möglich.

Solche Veränderungen sind bei manchen Nutzpflanzen von Bedeutung zur Maximierung der Erträge: beim Spinat ist die Qualität weiblicher Pflanzen besser; beim Spargel ist hingegen der Ertrag der männlichen Pflanzen höher.

8.5 Chemische Natur der Gene

Die genetische Information ist bei allen Lebewesen in der DNA festgelegt. Diese kann aufgrund ihrer chemischen Eigenschaft und ihres spezifischen Baus die erforderlichen Bedingungen erfüllen:

- sichere Speicherung einer großen Menge genetischer Information
- sichere identische Reproduktion der genetischen Information
- Möglichkeit einer erblichen Veränderung der genetischen Information (Mutation)
- Möglichkeit einer räumlich und zeitlich geordneten Realisierung der genetischen Information.

Bei der Suche nach der chemischen Natur der Gene waren besonders einfache Lebewesen vorteilhaft. Daher ist es verständlich, dass viele grundlegende Erkenntnisse über die Gene und deren Wirksamwerden zuerst vor allem an Bakterien, insbesondere an *Escherichia coli*, gewonnen wurden. Danach war aber stets zu prüfen, inwieweit die Befunde auf Eukaryoten ebenfalls zutreffen.

Transformation: Der entscheidende Nachweis dafür, dass DNA der Träger der genetischen Information ist, wurde von AVERY 1944 an *Pneumococcus* erbracht (Abb. 8.7). Er übertrug DNA aus einem virulenten, schleimkapselbildenden S-Stamm (vgl. 3.3) auf einen avirulenten, kapsellosen R-Stamm. Einige dieser Formen bildeten nun Kapseln aus und wurden virulent. Diese neue Eigenschaft wird auf die Nachkommen weitergegeben, ist also erblich. Man nennt diesen Vorgang Transformation.

8.5.1 Genetischer Code

Die Realisierung der genetischen Information führt von der DNA über den Vorgang der Transkription zur mRNA und von dieser durch die Translation zu Proteinen (vgl. 3.1.5).

Bei der Benennung von Genen und deren Produkten ist es gebräuchlich, Genbezeichnungen kursiv zu setzen (*pra*); die Proteine können die gleiche Bezeichnung nicht kursiv erhalten (Pra).

In den Proteinen treten normalerweise 20 verschiedene «proteinogene» Aminosäuren auf. Deren Abfolge in der Polypeptidkette muss in der Nucleotid-(bzw. Basen-)sequenz der DNA verschlüsselt (codiert) vorliegen. In der DNA kommen vier verschiedene Basen vor (vgl. 2.4.2). Eine eindeutige Bestimmung von 20 Aminosäuren erfordert somit Kombination von drei Basen ($4^2 = 16$, $4^3 = 64$ Kombinationsmöglichkeiten). Mithilfe von Mutanten hat man festgestellt, dass drei aufeinander folgende Basen (ein **Triplett**) eine Aminosäure festlegen und somit eine Codierungseinheit bilden. Das Hinzufügen oder Wegnehmen eines Nucleotids in der DNA (Rastermutation, vgl. 8.5.7.1) führt dazu, dass die gesamte nachfolgende Information eines Gens nicht mehr sinnvoll ist. Dasselbe ergibt sich bei Hinzufügung oder Wegnahme von zwei Nucleotiden. Werden hingegen 3 Nucleotide entfernt, so ist im nachfolgenden Teil der DNA wieder die richtige genetische Information ablesbar: das Raster stimmt wieder. Diese Versuche zeigen auch, dass die Codierung ohne Pausenzeichen erfolgt: der Code ist kommafrei und die Tripletts überlappen sich nicht.

Ein Basentriplett der mRNA nennt man **Codon**, *das hierzu komplementäre Triplett* auf der DNA, an dem das Codon gebildet wird, heißt Codogen. Die tRNA (vgl. 8.6.4.1) trägt das mit dem Codon in Wechselwirkung tretende Anticodon.

Alle Organismen verwenden die gleichen Codons für die gleichen Aminosäuren; der Code ist universell. (Ausnahmen gibt es bei einigen Bakterien und Einzellern). Für die meisten Aminosäuren existieren mehrere Codons, denn von den 64 Möglichkeiten legen 61 je eine Aminosäure fest und drei Codons liefern die Infor-

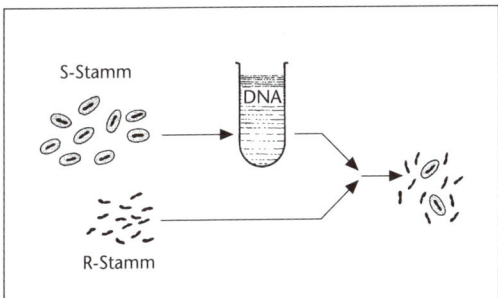

Abb. 8.7: Transformation: Übertragung einer erblichen Eigenschaft von einem *Pneumococcus*-Stamm auf einen anderen durch Übertragung der DNA. Die DNA des virulenten, kapselbildenden S-Stammes wird mit dem nicht virulenten, kapsellosen R-Stamm gemischt. Einige dieser Formen bilden nun Kapseln und werden virulent; diese Eigenschaft ist erblich.

mation «Ende der Polypeptidkette» (Stopp-Codons; UAG, UGA, UAA). Das Start-Codon ist AUG (sowie selten GUG); tritt AUG mitten in der Kette auf, so codiert es die Aminosäure Methionin (GUG codiert dann Valin). Auch UGA hat eine Doppelfunktion: es dient bei einigen Organismen als Codon für die Aminosäure Selenocystein. Bei 61 Aminosäure-Codons für 20 Aminosäuren lässt sich zwar eindeutig von der Nucleotidsequenz auf die Aminosäuresequenz schließen, aber nicht umgekehrt. Man nennt den genetischen Code daher degeneriert. Codons, die dieselbe Aminosäure bestimmen, unterscheiden sich häufig nur in der jeweils dritten Base.

Die Untersuchung der Anordnung von Genen bei Viren (vgl. 8.5.2) ergab in einigen Fällen, dass bestimmte DNA-Stücke in unterschiedlichen Leserastern doppelt genutzt werden. Eine solche Genüberlappung wurde zuerst beim Phagen Φ X 174 nachgewiesen.

8.5.2 Viren und Phagen

Ein vollständiges Virusteilchen (Virion) besteht aus einem oder mehreren Nucleinsäuremolekülen, die in der Regel von einer Proteinhülle (Capsid) umgeben sind (vgl. 3.1.4). Wegen dieser einfachen Organisation werden Viren zu Untersuchungen über die Funktion von Nucleinsäuren herangezogen. Viren können sich nur in einer Wirtszelle vermehren, da sie keinen eigenen Stoffwechsel besitzen. Bei der Vermehrung kommt es häufig zu Krankheitserscheinungen beim Wirt. Viren können Pflanzen, Tiere, den Menschen und Bakterien befallen. Die Viren der Bakterien bezeichnet man als **Bakteriophagen** (kurz: Phagen).

Viren enthalten gewöhnlich nur eine Art von Nucleinsäure, also entweder DNA oder RNA. Danach unterscheidet man DNA- und RNA-Viren; bei den letzteren ist die RNA die genetische Substanz. Die Mehrzahl der Pflanzenviren enthält Einzelstrang-RNA, welche die codierenden Sequenzen trägt (also mRNA-ähnlich ist). Im normalen Entwicklungsverlauf dieser Viren kommt keine DNA vor. Es gibt unter den Pflanzenviren aber auch solche mit Doppelstrang-RNA (Reoviren), Einzelstrang-DNA (Geminiviren) und wenige mit Doppelstrang-DNA (z.B. Blumenkohl-Mosaikvirus).

Als Beispiel diene das **Tabakmosaikvirus** (TMV, Abb. 8.8), das auf befallenen Tabakblättern eine mosaikartige Verfärbung hervorruft. Es ist stäbchenförmig gebaut, etwa 300 nm lang bei einem Durchmesser von 18 nm. Die RNA bildet eine Schraube von etwa 9 nm Durchmesser und hat eine Länge von 6395 Nucleotiden. Daran sind in schraubiger Anordnung etwa 2130 gleich Proteinmoleküle (Capsomere) gebunden, die aus je 158 Aminosäuren aufgebaut sind. Gelangt das Virus in eine Zelle des Tabakblattes, so wird dort die Virus-RNA freigesetzt. Sie steuert ihre eigene Vermehrung. Dazu muss die Wirtszelle zunächst einen komplementären Strang («Negativ») bilden, an dem dann neue Virus-RNA aufgebaut wird. Ferner werden neue Virus-Proteine synthetisiert, die dann mit der RNA zur Virionen zusammentreten. Durch Einbringen isolierter Virus-RNA in Wirtszellen wurde gezeigt, dass diese die Bildung neuer Virionen auslösen kann. Die genetische Information für die Bildung des vollständigen Virus ist also in der RNA enthalten.

Das Auftreten von **Bakteriophagen** in einer Bakterienkultur ist an Plaques erkennbar. Bakterien bilden auf einem Nährboden einen geschlossenen Rasen. Wenn sich nun eine Phage vermehrt und örtlich Bakterienzellen zerstört (Lyse), so erscheint nach einiger Zeit ein Loch (Plaque) im Bakterienrasen. Besonders gut untersucht sind einige der Phagen, die E. coli befallen. Sie besitzen zum Teil einen komplizierten Aufbau (vgl. Abb. 8.9).

Bringt man Phagen mit dem Wirtsbakterium zusammen, so heften sie sich an bestimmte Rezeptoren der bakteriellen Zellwand an. Durch ein Enzym (Lysozym) wird dann örtlich die Wand aufgelöst und durch das gebildete Loch die Phagen-Nucleinsäure in die Bakterienzelle injiziert. In dieser kommt es alsbald zur Bildung von RNA und dann von ersten spezifi-

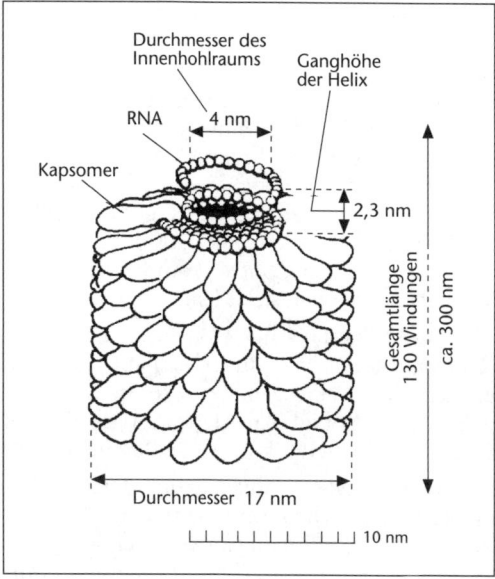

Abb. 8.8: Aufbau des Tabakmosaikvirus (TMV). Proteineinheiten umhüllen eine schraubige Ribonucleinsäure.

schen Phagen-Proteinen («frühe Proteine»), die den Syntheseapparat des Bakteriums auf Produktion von Phagenbausteinen umprogrammieren. Dann werden Phagen-DNA und schließlich die Proteinbausteine der Phagenhülle synthetisiert und die Phagenpartikel zusammengebaut. Nach etwa 20–30 min platzt die Bakterienzelle infolge starker Lysozymbildung auf und entlässt 30–200 neue Phagen.

Bei der Infektion eukaryotischer Zellen durch Viren erfolgt häufig keine Lyse; ansonsten verläuft der Vorgang ähnlich. Die Zeiten bis zur Freisetzung neuer Virionen sind sehr unterschiedlich (bei TMV: ca. 20 Stunden).

Es gibt auch Phagen, bei denen die Infektion einer Zelle nicht notwendigerweise zur Lyse führt. So überleben bei Infektionen von *E. coli* mit dem Phagen *Lambda* (λ) etwa 20% der Zellen. In diesen Fällen ist die Phagen-DNA in die Bakterien-DNA eingebaut und wird mit dieser vermehrt und auf die Tochterzellen weitergegeben. Man spricht von Prophagen. Sie stören in dieser Form die Bakterienzellen nicht, können aber unter bestimmten Bedingungen (z.B. Temperaturschock) wieder aktiv werden, die Phagenproduktion veranlassen und so die Lyse auslösen. Bakterien, die Prophagen enthalten, nennt man lysogen; die Phagen werden als temperent bezeichnet (Abb. 8.10).

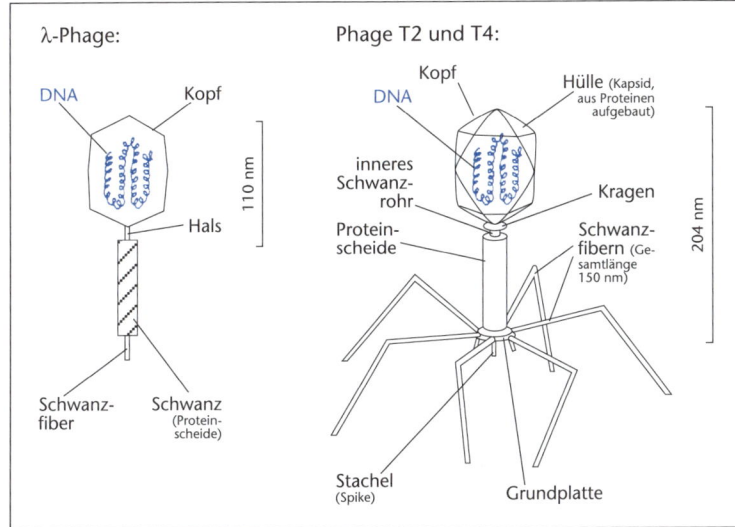

Abb. 8.9: Bau von Bakteriophagen, schematisch. Links λ-Phage, rechts Phagen T1 und T4. Der Phage besteht aus einem Kopf (der in einer Proteinhülle die DNA enthält), einem Kragen oder Hals und dem Schwanzstück mit Proteinscheide. Durch diese kann die DNA in das Bakterium injiziert werden. Die Grundplatte mit Spikes und die Schwanzfibern dienen der Befestigung an der Zellwand des Bakteriums.

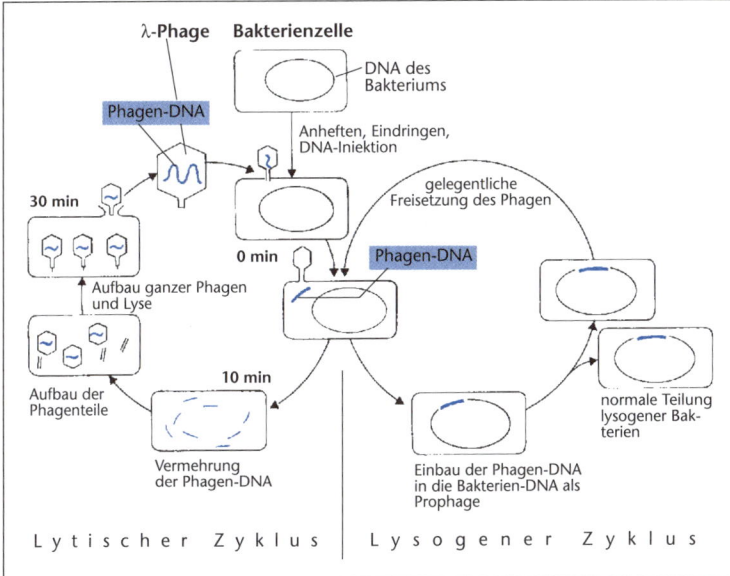

Abb. 8.10: Vermehrung des Phagen λ. Nach der Injektion der Phagen-DNA in das Wirtsbakterium setzt entweder die Vermehrung der Phagen-DNA ein und es erfolgt dann Lyse oder aber es entsteht (in etwa 20% der Fälle) durch Einbau der Phagen-DNA in die Bakterien-DNA ein lysogenes Bakterium, das sich vermehren kann, aber den Phagen als Prophagen enthält.

Bei temperenten Phagen kommt es vor, dass sie beim Übergang vom Prophagenstadium in den infektiösen Zustand auch DNA-Sequenzen des Wirtsbakteriums in die eigene DNA einbauen. Wenn solche Phagen dann einen anderen Bakterienstamm befallen und dort als Prophagen integriert werden, so wird ihre DNA einschließlich der mitgeführten DNA des vorherigen Wirts dem Genom des neuen Bakteriums hinzugefügt. Der neue Wirt bildet daher bestimmte Merkmale des alten Wirts aus, deren Gene auf diesem Weg eingeschleppt (transduziert) wurden. Diese Art von Übertragung genetischer Substanz heißt **Transduktion**.

Noch einfacher gebaut als Viren sind die **Viroide**. Sie bestehen aus einem relativ kleinen ringförmigen RNA-Molekül, dessen Basen unter Rückfaltung des Moleküls größtenteils gepaart sind. Dazwischen befinden sich ungepaarte Bereiche. Eine Proteinhülle ist nicht vorhanden. Viroide sind die kleinsten bekannten Krankheitserreger von Pflanzen. Die Spindelknollenkrankheit der Kartoffel wird durch ein Viroid hervorgerufen, das aus 359 Ribonucleotiden besteht.

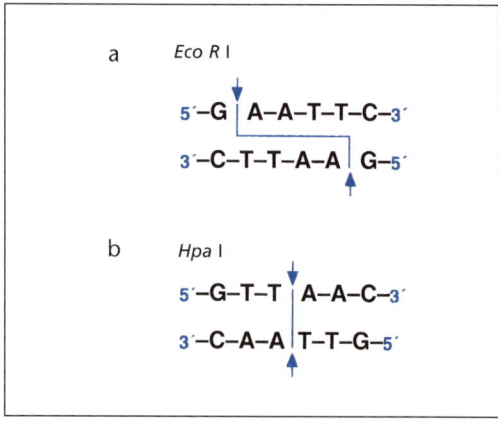

Abb. 8.11: Einige Restriktionsendonucleasen und ihre Spaltstellen. **a:** *Eco RI* stammt aus *E. coli*; das Enzym liefert *sticky ends*; **b:** *Hpa I* stammt aus *Haemophilus parainfluenzae*; dieses Enzym liefert glatte (*blunt*) Enden. Angriffsort sind palindromische Sequenzen (d. h. die Nucleotidsequenzen sind in beiden Strängen vom jeweiligen 5'-Ende her gelesen gleich). Sie bestehen in diesen Beispielen aus einer Abfolge von 6 Nucleotiden.

8.5.3 Struktur der DNA

Die DNA liegt (außer in einigen Viren) stets in Form einer **Doppelhelix** aus zwei komplementären Strängen vor (vgl. 2.6.7.2). In der aperiodischen Reihenfolge der vier Nucleotide bzw. ihrer Basen ist die genetische Information festgelegt. Diese Primärstruktur der DNA lässt sich durch die Verfahren der DNA-Sequenzierung ermitteln (vgl. 8.5.6). Durch vorsichtiges Erhitzen wird die Doppelhelix zu zwei Einzelsträngen «aufgeschmolzen». Die Einstrang-DNA kann bei Abkühlung leicht wieder reassoziieren. Auch mit komplementären Basensequenzen von DNA anderer Herkunft oder von RNA erfolgt Reassoziation (Nucleinsäure-Hybridisierung). Mit diesem Verfahren kann man die Homologie von Sequenzen ermitteln. Eine Spaltung von DNA erfolgt durch Nucleasen (DNAsen). Endonucleasen zerlegen lange Ketten rasch in kleinere Stücke; Exonucleasen greifen vom Molekülende her an. Nach der Richtung ihrer Tätigkeit unterscheidet man $3' \rightarrow 5'$ und $5' \rightarrow 3'$-Endonucleasen. Eine besonders wichtige Gruppe von Endonucleasen sind die Restriktions-Endonucleasen aus Bakterien. Sie werden benannt durch Abkürzung der Namen der liefernden Bakterienstämme und daher oft kursiv geschrieben.

Ihre Funktion in den Bakterien besteht darin, fremde DNA zu erkennen und abzubauen. Die zelleigene DNA wird nicht abgebaut, obwohl sie auch entsprechende Erkennungssequenzen aufweist. Sie ist geschützt durch die Bindung von Methylgruppen an einzelne Basen. Diese Methylierung darf natürlich die genetische Information nicht verändern. Die Wirksamkeit der Restriktionsenzyme führt dazu, dass ein Phagenstamm nicht jedes Bakterium befallen kann. Eine erfolgreiche Infektion ist nur möglich, wenn der Phage die Restriktionsenzyme des Bakteriums «überlistet», indem seine DNA ebenfalls ein bestimmtes Methylierungsmuster der Basen aufweist.

Restriktionsenzyme erkennen auf der DNA-Doppelhelix eine für jedes Enzym spezifische Abfolge von 4–7 Nucleotiden und spalten den Doppelstrang (Abb. 8.11). Bei vielen dieser Enzyme ist die Erkennungssequenz zugleich die Spaltstelle. Da die Erkennungssequenz in einem DNA-Doppelstrang immer wieder vorkommt, zerlegt ein Restriktionsenzym ein großes DNA-Molekül in eine Anzahl unterschiedlich langer Stücke.

Unter den Restriktionsenzymen gibt es viele, die den DNA-Doppelstrang versetzt spalten, sodass die Spaltstücke einsträngige Enden aufweisen. Diese reagieren sehr leicht unter Basenpaarung mit anderen, die vom gleichen Restriktionsenzym erzeugt wurden. Man nennt sie «klebrige Enden» oder *sticky ends*. Es gibt aber auch Restriktionsenzyme, die genau zwischen zwei Basenpaaren spalten, so dass «glatte Enden» entstehen. Restriktionsenzyme, die *sticky ends* liefern, sind für die Gentechnik von großer Bedeutung (vgl. 8.8).

8.5.3.1 DNA der Prokaryoten

Prokaryoten besitzen in der Regel eine große ringförmige DNA-Doppelhelix (Chromosom), die mit einer bestimmten Nucleotidsequenz an die Zellmembran angeheftet ist. Sie liegt in der Zelle aufgeknäuelt vor, wobei eine Überschrauben-Struktur (Superhelix oder *Supercoil*) ausgebildet ist. Diese Überschrauben bleiben infolge des Ringschlusses stabil. Bei einem Bruch in einem der beiden DNA-Stränge verändern sie sich; ihre Herstellung und Erhaltung erfolgt durch besondere Enzyme, die Topoisomerasen. Bei *E. coli* beträgt die Molekülmasse des Chromosoms $2,4 \times 10^9$ D; dies entspricht 3,6 Millionen Nucleotidpaaren und einer Länge von 1,4 mm.

Ähnlich der DNA des Bakterienchromosoms ist die DNA von Plastiden (ptDNA) und von Mitochondrien (mtDNA) gebaut.

Bakterien enthalten ferner kleine DNA-Moleküle im Cytoplasma, die **Plasmide** (vgl. 3.3). Sie sind ringförmig gebaut und bilden in der Regel Superhelices. Es gibt kleine Plasmide (3 000–10 000 Nucleotide, oft in größerer Zahl in einer Zelle) und große Plasmide (bis 250 000 Nucleotide, 1–2 je Zelle). Manche Plasmide können unter bestimmten Bedingungen ins Bakterienchromosom eingebaut werden (z. B. das F-Plasmid, vgl. 8.5.5). Von praktischer Bedeutung sind die R-Plasmide, die Resistenzfaktoren tragen und deren Genprodukte die Bakterien gegen verschiedene Antibiotika und Sulfonamide widerstandsfähig machen.

8.5.3.2 DNA der Eukaryoten

Bei den Eukaryoten besitzt jedes Chromosom (bzw. jede Chromatide) einen durchgehenden DNA-Doppelstrang, der normalerweise mit **Histonen** verknüpft ist und eine charakteristische Überstruktur aufweist (vgl. 3.2.4.5), die ebenfalls zu Superhelices führt.

Auch eukaryotische Zellen können Plasmide besitzen. Zuerst wurden sie bei der Hefe nachgewiesen. Deren «2 μ-Plasmid» (nach der Größe benannt) ist 6318 Basenpaare lang und liegt im Kern. In anderen Pilzen und Schleimpilzen wurden ebenfalls Plasmide gefunden; außerdem enthalten Mitochondrien höherer Pflanzen verschiedentlich Plasmide (z. B. Mais).

8.5.3.3 Information der DNA

Die DNA besitzt Bereiche sehr unterschiedlicher Funktionen:

a) bei Prokaryota und Eukaryota:

- Strukturgene: enthalten die Information für Proteine; Sequenzen meist nur einmal vorhanden: *single-copy* DNA
- Gene für die rRNA- und tRNA-Moleküle (häufig vielfach vorhanden)
- Regulationsbereiche: Promotor; bei Prokaryota ferner Operator u. a.; bei Eukaryota: vgl. 14.2.3.
- Spacer: Trennbereiche zwischen den Genen
- Bereiche unbekannter Funktion

b) bei Eukaryota zusätzlich:

- Repetitive Sequenzen:
  – hochrepetitive Sequenzen: über 100 000-fache Wiederholungen häufig kurzer Nucleotidfolgen. Stets im Centromer und an den Chromosomenenden, offenbar für die Struktur der Chromosomen und den Ablauf der Mitose wichtig. Die Funktion der Sequenzen ist unbekannt; manche davon werden transkribiert. Es können kurze Sequenzen (< 500 Basenpaare, bp) oder lange (> 6000 bp) sein.
  – mittelrepetitive Sequenzen: 100 bis 10 000-fache Wiederholung von Sequenzen. Diese können Gene (z. B. Gene der Histone, der r-RNAs, der t-RNAs) oder Regulationsbereiche sein. Hierher gehören auch die Anheftungsbereiche der Chromosomen an die Kern-Lamina, die vermutlich zugleich regulatorische Funktion haben. Bei Pflanzen schwankt der Anteil repetitiver Sequenzen im Genom stark (bei *Arabidopsis* nur 15%, bei Getreidearten bis 90%); dementsprechend findet man sehr unterschiedliche Genom-Größen. Bei verwandten Arten bleibt aber die Abfolge der homologen Gene auf den Chromosomen dennoch ähnlich.
- Pseudogene: sind strukturgen-artige, aber funktionsuntüchtige Sequenzen. Sie entstanden vermutlich durch Duplikationen bei ungleichem Crossover (vgl. Abb. 16.5). Eine besondere Form sind die prozessierten Pseudogene, bei denen die Information von mRNA durch reverse Transkription (vgl. 8.6.3) in DNA umgeschrieben und dann im Genom verankert wurde.
- Introns (vgl. 8.6).

8.5.4 Replikation der DNA

Bei der Synthese von DNA dient der vorhandene Doppelstrang als Muster (*template*) für den neuzubildenden. Die identische Verdopplung erfolgt nach dem **semikonservativen Replikationsmodus**: die Doppelhelix wird aufgetrennt und jeder der beiden Einzelstränge ergänzt dann den jeweils komplementären Strang.

Den experimentellen Beweis dafür lieferten MESELSON und STAHL (Abb. 8.12). Sie züchteten *E. coli* über längere Zeit in einem Medium, das Stickstoff nur in Form des schweren Isotops ^{15}N (als $^{15}NH_4^+$) enthielt. Die Bakterien bauen in ihre stickstoffhaltigen Bausteine, also auch in die DNA bei deren Synthese, den schweren Stickstoff ein. Dann wurden die Bakterien wieder in normales Medium mit ^{14}N überführt. Die nunmehr neugebildete DNA enthält also nur ^{14}N. Nach der ersten Verdopplung der Bakterienpopulation, der nur eine DNA-Replikation vorausgeht, untersuchte man die DNA durch Dichtegradienten-Zentrifugation. Dabei fand man «halbschwere» DNA, d.h. ein Strang enthielt ^{15}N, der andere ^{14}N. Nach der nächsten Verdopplung traten halbschwere und normale Doppelstränge im Verhältnis 1:1 auf.

Die Neubildung der DNA-Stränge erfolgt durch **DNA-Polymerasen**. Damit diese Enzyme aber überhaupt wirksam werden können, muss zunächst die Schraubenstruktur der Doppelhelix geöffnet werden. Dies kann nur unter Drehung erfolgen. Damit sie ablaufen kann, muss in einem der Stränge ein Bruch («*nick*») eintreten. DNA-Helicasen entschrauben die Struktur unter ATP-Spaltung. Supercoils werden durch Topoisomerasen beseitigt oder relaxiert.

Topoisomerasen I spalten einen Strang der Doppelhelix, die ATP-bedürftigen Topoisomerasen II vorübergehend beide Stränge. Torsionsspannungen in neu gebildeter DNA werden durch Topoisomerase I beseitigt.

Die gebildete Einstrang-DNA wird durch Bindung von *single strand binding* Protein (SSB; bei Eukaryoten Replikationsprotein A) stabilisiert. So entsteht die Replikationsgabel (Abb. 8.13a), an der die DNA-Polymerasen wirksam werden. Bei ihrer Bewegung auf der DNA wirken Prozessivitätsfaktoren (ringförmige Proteine) mit. Die einzelnen komplementären Bausteine lagern sich als Nucleosidtriphosphate durch Wasserstoffbrücken an ihren Partner und werden unter Abspaltung von Diphosphat und Bildung von Phosphatester-Brücken verknüpft. Die Auswahl der zu verknüpfenden Nucleotide ist durch die Basenabfolge des jeweiligen Stranges gegeben, dem entlang die Synthese erfolgt.

Alle bekannten DNA-Polymerasen synthetisieren neue Stränge nur in Richtung von 5' nach 3', d.h. der DNA-Strang wächst nur am 3'-Ende (Abb. 8.14). Bei der Replikation muss aber einer der neuen Stränge von 3' nach 5' wachsen. Dessen Bildung erfolgt diskontinuierlich; es werden kurze DNA-Stücke von 5' nach 3' synthetisiert und anschließend verknüpft. Diese kurzen Stücke heißen nach ihren Entdecker OKAZAKI-Stücke. Sie haben bei Prokaryoten eine Länge von 1000–2000 Nucleotiden; bei Eukaryoten sind sie nur einige 100 Nucleotide lang. Der andere neue DNA-Strang kann kontinuierlich verlängert werden. Man kann daher von einer **semikontinuierlichen Replikation** der DNA sprechen (Abb. 8.13).

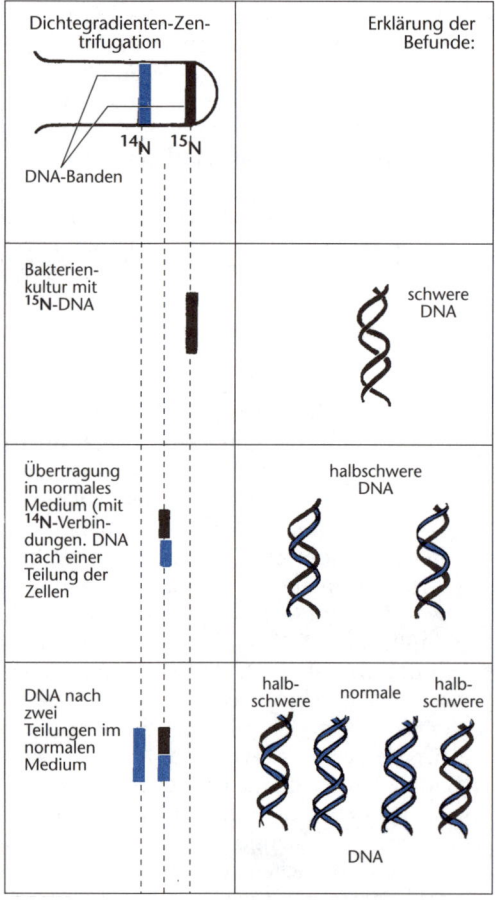

Abb. 8.12: Versuch von Meselson u. Stahl: Nachweis der semikonservativen Replikation der DNA.

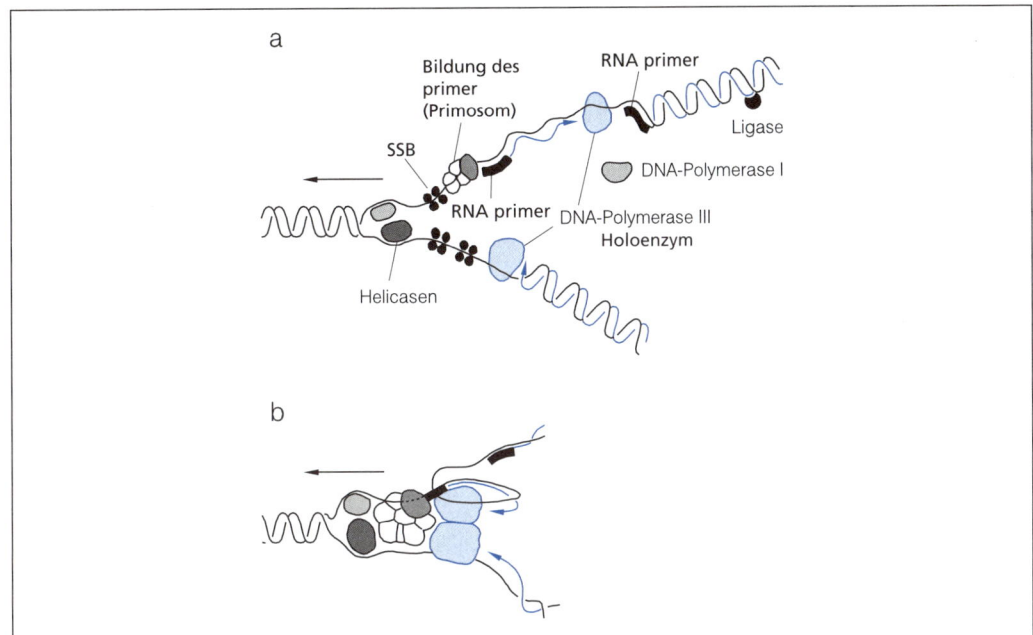

Abb. 8.13: a: Replikation der DNA an der Replikationsgabel. Unten der kontinuierlich wachsende Strang, oben der diskontinuierlich (über OKAZAKI-Stücke) wachsende Folgestrang. Pfeilspitze: wachsendes 3'-Ende. Nicht alle beteiligten Proteine sind dargestellt. Helicasen entwinden die parentale Doppelhelix, die Einzelstrangbereiche werden durch Bindeproteine (SSB) stabilisiert. Die Bildung der OKAZAKI-Stücke beginnt mit der primer-Bildung durch das Primosom (Primase). Der RNA-primer wird durch die Exonuclease-Aktivität von DNA-Polymerase I abgebaut und über die Polymerase-Aktivität durch eine DNA-Sequenz ersetzt; die Ligase verknüpft die DNA-Stücke. **b:** Modell des Repli(ko)soms, in dem die Proteine des Replikationsapparates aggregiert vorliegen. DNA-Polymerase III bildet ein Dimer, das infolge der Ausbildung einer Schleife des Folgestrangs stabil bleibt (aus KLEINIG-SITTE).

Die Synthese jedes OKAZAKI-Stücks beginnt mit der Bildung eines kurzen *RNA-primers* durch ein spezifisches Enzym (Primase); anschließend wird die DNA gebildet. Ist das Stück fertig, so wird der RNA-primer entfernt und gleichzeitig die Lücke durch die Tätigkeit einer DNA-Polymerase aufgefüllt. (Ähnlich arbeitet die Excisions-Reparatur, vgl. 8.5.5.1). Das Wachstum des kontinuierlich verlängerten Strangs erfordert keine Primase. Bei den Prokaryoten gibt es 3 DNA-Polymerasen. Die Replikation erfolgt durch Polymerase III; sie verknüpft etwa 10 000 Nucleotide je sec. Das Enzym arbeitet als Dimeres an beiden Strängen; dies erfordert eine andere räumliche Anordnung, als die einfache Replikationsgabel zeigt (Abb. 8.13b). Polymerase I entfernt den Primer und ist an der DNA-Reparatur (vgl. 8.5.7.1) beteiligt; Polymerase II ist ein Reparatur-Enzym. Bei den Eukaryoten ist DNA-Polymerase α die Primase; die Replikation wird von den Polymerasen δ und ε durchgeführt. Polymerase β ist ein Reparatur-Enzym, Polymerase γ das Enzym der mitochondrialen DNA-Replikation.

Der Umweg über die RNA-primer führt zu einer höheren Replikationsgenauigkeit, da bei der Ausbil-

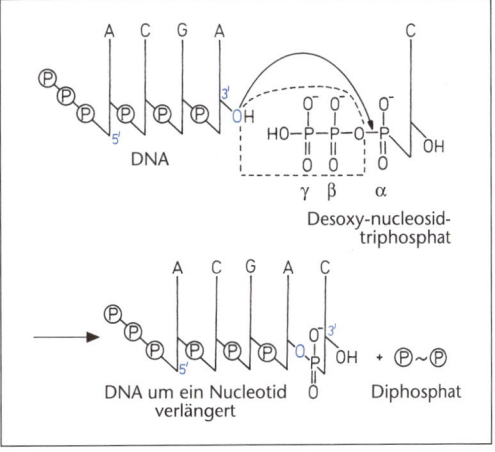

Abb. 8.14: Richtung der Polynucleotid-Synthese. Die DNA-Polymerase verknüpft das 3'-OH-Ende des Polynucleotids mit dem α-Phosphat eines Nucleosidtriphosphats; Diphosphat wird freigesetzt (und zu Orthophosphat aufgespalten). Die DNA wächst also am 3'-Ende.

dung der ersten Basenpaarungen die Fehlerhäufigkeit besonders groß ist.

Schließlich werden die Stücke durch eine Ligase verknüpft. Damit liegen nun zwei doppelsträngige DNA-Moleküle vor, die jeweils aus einem «alten» und einem neugebildeten Strang bestehen. Die DNA-Replikation beginnt stets an einem genetisch festgelegten Anfangsort (*origin*). An diesen bindet ein Origin-Erkennungs-Proteinkomplex (ORC) und löst die Initiation aus. ORC-Proteine können gleichzeitig die Transkription hemmen. DNA-Moleküle von Bakterien besitzen einen Startpunkt; die DNA der eukaryotischen Chromosomen stets viele.

Fehler bei der Replikation treten mit einer Wahrscheinlichkeit von $1:10^4$ ein. Sofort nach der Bildung einer neuen Basenpaarung wird diese aber nochmals überprüft (*proof-reading*). Kann infolge des Einbaus einer falschen Base keine Paarung entstehen, so findet eine Abspaltung des zuletzt gebundenen Nucleotids statt (dabei zeigt die DNA-Polymerase eine Exonuclease-Funktion). Dadurch wird die Fehlerwahrscheinlichkeit (bei Eukaryoten) auf $1:10^9$ gesenkt; d.h. auf 10^9 Nucleotidpaare kommt bei einer DNA-Replikation eine fehlerhafte Basenpaarung. Dieser Wert entspricht nicht der beobachtbaren Mutationsrate, da infolge der Degeneration des genetischen Codes gar nicht alle Nucleotidaustausche Auswirkungen haben und weil der Austausch auch in einem Bereich liegen kann, der keine Genfunktion hat.

Beim Bakterien-Chromosom läuft die DNA-Synthese vom Startpunkt in der Regel in beiden Richtungen fort, bis die beiden Replikationsgabeln aufeinander treffen.

Bei den Eukaryoten erfolgt die DNA-Replikation in der S-Phase des Zellzyklus. Dabei erfolgt eine Chromatin-Entfaltung, die über die Acetylierung von Histonen reguliert wird. Die Nucleosomen geben zwei Histonkomponenten (H2A, H2B) ab. Sie werden nach der Replikation an dem DNA-Strang, dem entlang die kontinuierliche Neusynthese erfolgt, wieder aufgebaut. Der andere Strang erhält Nucleosomen aus neusynthetisierten Histonen.

Die Replikation beginnt an zahlreichen Ursprungsorten eines Chromosoms, aber nicht überall gleichzeitig. Sie schreitet ebenfalls nach beiden Richtungen fort. Die Replikationseinheit, die jeweils einen Startpunkt aufweist, heißt **Replikon**. Die Biosynthese der DNA erfolgt bei den Eukaryoten langsamer als bei Bakterien. Nur das Vorliegen vieler Replikons in jedem Chromosom ermöglicht eine Reduplikation der gesamten DNA in den wenigen Stunden der S-Phase.

Der Übergang von der G_1- in die S-Phase wird über CDC-Proteine, insbesondere die Cycline reguliert und mehrfach kontrolliert (vgl. 14.2.4.4). Dadurch wird ein «Kontrollpunkt» durchlaufen, und ORCs werden an die Startpunkte gebunden. In Pflanzen wird ein G_1-Cyclin durch Cytokinine (vgl. 14.3.1.3) ein anderes durch Saccharose (oder andere Zucker) rasch induziert.

Am Ende der linearen Chromosomen entstehen besondere Probleme, da für den stückweise replizierten Strang schließlich kein primer mehr gebildet werden kann. Die $3'$-Enden der DNA-Moleküle können deshalb nicht ohne weiteres repliziert werden. Hier befinden sich die **Telomeren** mit einer Vielfachwiederholung ganz kurzer Sequenzen (oft ein Heptanucleotid). Die Länge der Telomeren-DNA schwankt in Abhängigkeit von der Zelldifferenzierung. Zellen, die sich lebhaft teilen, haben besonders große Längen (z.B. bei Gerste in Blättern 23 000 Basenpaare = 23 kilo Basen; im unreifen Embryo 80 kB). Die Telomeren werden durch ein spezifisches Enzym Telomerase gebildet. Dieses ist ein Ribonucleoprotein, dessen RNA katalytische Funktion hat und als Matrize wirksam ist; die Telomerase ist also eine reverse Transkriptase (vgl. 8.6.3).

8.5.5 Rekombination

Rekombination ist die Umorganisation von DNA. Durch die Zufallsverteilung der Chromosomen in der Meiose erfolgt eine interchromosomale Rekombination; bei Crossover (vgl. 8.3.2) eine intrachromosomale Rekombination. Werden DNA-Abschnitte verschiedener Moleküle gleicher oder sehr ähnlicher Nucleotidsequenz neu verknüpft (wie z.B. beim Crossover), so liegt homologe Rekombination vor. Nichthomologe Rekombination ist eine Verknüpfung mit abweichend gebauten Sequenzen. In diesem Fall muss mindestens einer der beiden Stränge eine Erkennungssequenz aufweisen, an der die Rekombination eingeleitet wird (z.B. bei Transposons, vgl. 8.5.7.4). Die homologe Rekombination bei Crossover erfordert spezifische Rekombinations-Enzyme (Rec-Proteine) und die Mitwirkung von DNA-Reparatur-Systemen (vgl. 8.5.7.1). Sie ermöglicht die klassische Genkartierung (vgl. 8.3.2), die zu einer «biologischen Genkarte» führt (Abb. 8.16). Ungleiches Crossover ist eine besondere Form nicht homologer Rekombination und führt zu einer Deletion in einem Chromosom und einer Duplikation im homologen Chromosom (Abb. 16.5).

8.5.5.1 Konjugation und Rekombination bei Bakterien

Rekombination gibt es auch bei Bakterien. Der Nachweis gelingt mit Mangelmutanten. Diese bilden auxotrophe Stämme; damit diese wachsen, muss man dem Nährmedium diejenigen Stoffe zusetzen, die sie nicht mehr selbst bilden können. Versuche, bei denen zwei verschiedene, mehrfach auxotrophe Stämme gemischt wurden (z. B. ein Threonin- und Leucin-bedürftiger Stamm 1 mit einem Lysin- und Methioninbedürftigen Stamm 2), führten nach längerer Zucht u.a. zu Wildtypen, die ohne die genannten Stoffe auskommen.

Dies kann nicht durch Mutation zum Wildtyp verursacht worden sein, da die Mutationswahrscheinlichkeit viel geringer ist als die Häufigkeit des entstandenen Wildtyps. Die weitere Untersuchung ergab, dass hier eine Genübertragung durch unmittelbaren Zellkontakt (Konjugation) eintrat. Nach erfolgter Konjugation konnte einer der beiden Stämme selektiv abgetötet werden, ohne dass die neu entstandenen Wildtypen betroffen waren, während diese bei Abtöten des anderen Stammes alle vernichtet wurden. Die Wildtypen mussten demnach alle nur einem der beiden Stämme angehören. Daraus folgt, dass das genetische Material gerichtet von einem Spenderstamm (Donor) zu einem Empfängerstamm übertragen wurde.

Die Spenderzellen enthalten neben dem Chromosom stets ein F-Plasmid (vgl. 3.3), dessen F-Faktor zur Ausbildung von F-Pili (röhrenförmige Proteinstrukturen) befähigt, welche den Kontakt zu den Empfänger-Zellen herstellen. Die Empfängerzellen enthalten kein F-Plasmid, man nennt sie F⁻-Zellen. Das F-Plasmid kann ins Bakterienchromosom eingebaut werden; dann ist eine Übertragung von Genen des Chromosoms möglich. Solche Zellen werden als Hfr-Zellen (*high frequency recombination*) bezeichnet; Spender-Zellen mit freiem F-Plasmid nennt man F⁺-Zellen. Diese übertragen bei Konjugation nur das F-Plasmid und andere Plasmide mit ihren Genen, nicht aber chromosomale Gene (Abb. 8.15).

Bei der Konjugation werden während der Replikation der DNA von den Hfr-Zellen Teile des Bakterienchromosoms auf die Empfängerzelle übertragen und dort mit dem vorhandenen Genom rekombiniert. Daran sind Rekombinationsenzyme, Reparaturenzyme und Topoisomerasen beteiligt. Die Übertragung der DNA erfolgt relativ langsam; für das ganze Bakterienchromosom dauert sie ungefähr 90 min, wird aber in der Regel auch unter natürlichen Bedingungen vorher unterbrochen. Beim Einsatz von Mutanten kann man deshalb feststellen, welche Gene schon übertragen wurden und damit deren Reihenfolge auf dem Bakterienchromosom ermitteln. Man erhält so eine Genkarte des Bakteriums, welche die Genabstände in Minuten angibt. Die Rekombination erfolgt hier ohne Meiose; man spricht daher von **Parasexualität**.

8.5.6 Untersuchung von Genen

Die Untersuchung von Genen erfordert

- das Zerlegen der langen DNA-Moleküle der Chromosomen in definierte kurze Stücke mit Hilfe von Restriktionsendonucleasen (vgl. 8.5.3);
- die Trennung der DNA-Stücke (z. B. durch Gelelektrophorese) und ihre getrennte Kultur in Form einer Genbank (Genbibliothek);
- die Vermehrung eines gewünschten DNA-Stücks (Genklonierung);
- die Identifizierung eines bestimmten Abschnitts durch Hybridisierung.

Danach kann die Ermittlung der DNA-Sequenz erfolgen, oder es können sich andere molekularbiologische Untersuchungen anschließen.

Die mit einem Restriktionsenzym gewonnenen und getrennten DNA-Stücke werden in ein bakterielles Plasmid eingebaut, das Träger von zwei Resistenzen gegen verschiedene Antibiotika ist (R-Plasmid), gegen Ampicillin A und Tetracyclin T. Im Tetracyclin-Resistenz-Gen befindet sich die einzige Schnittstelle des verwendeten Restriktionsenzyms; hier bleibt die Fremd-DNA aufgrund der entsprechenden *sticky ends* haften und kann durch eine DNA-Ligase fest verknüpft werden.

Das Tetracyclin-Resistenz-Gen ist damit inaktiv geworden. Wenn man nun die Plasmide wieder von Bakterien aufnehmen und diese sich vermehren lässt, so sind alle Bakterien mit Hybridplasmiden Tetracyclin-empfindlich, aber unempfindlich gegen Ampicillin. Damit hat man ein Selektionsverfahren für die ge-

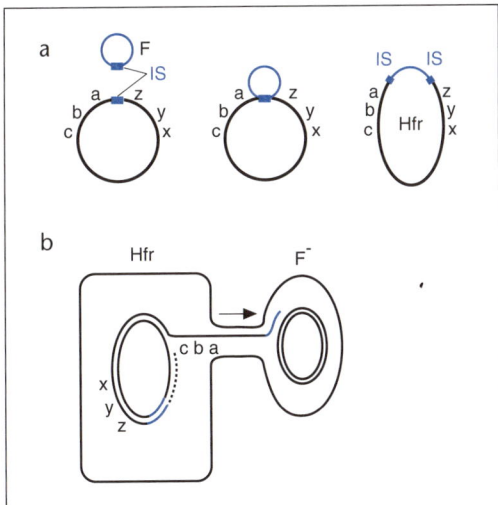

Abb. 8.15: Bakterienkonjugation. **a:** Wenn sich ein F-Plasmid in das Bakterienchromosom einbaut, so entsteht ein Hfr-Stamm. Der Einbau erfolgt an einer Stelle, die durch eine bestimmte Nucleotidsequenz gekennzeichnet ist (IS = Insertionssequenz); (nach BACHMANN). **b:** Das Hfr-Bakterium überträgt bei der Konjugation Teile des Bakterienchromosoms auf die Empfängerzelle, sodass dort eine Rekombination erfolgen kann.

wünschten Bakterien. Durch deren Vermehrung kann man die Fremd-DNA vermehren und aus den Plasmiden gewinnen (**DNA-Klonierung**).

Wenn man die DNA des Spenderorganismus komplett in Stücke zerlegt und diese vielen unterschiedlichen Teilstücke in Plasmide einbaut, die man in Bakterien einbringt, erhält man eine riesige Zahl von unterschiedlichen DNA-Klonen, die alle zusammen eine Genbank oder **Genbibliothek** des Spenderorganismus bilden. Darin kann man mit geeigneten Methoden nach einem gewünschten Gen suchen (*screening*).

Eine andere Möglichkeit zur Klonierung von DNA ist die **Polymerase-Ketten-Reaktion** (*polymerase chain reaction*, **PCR**). Sie erlaubt eine beliebige Vermehrung einer DNA-Sequenz, wenn die Nucleotidabfolge kleiner Stücke der beiden Enden der gewünschten Sequenz bekannt ist. Man stellt zunächst die zu diesen kurzen Stücken komplementären Oligonucleotide auf chemischem Wege her. Sie dienen als *primer*. Nun wird der DNA-Doppelstrang mit der zu vermehrenden Sequenz durch Erhitzen (94 °C) aufgetrennt. Dann setzt man die Temperatur herab und gibt die *primer* zu. Sie binden an die Einzelstränge und mit einer hitzestabilen Polymerase aus dem Archaeon *Thermus aquaticus* (Taq-Polymerase) erfolgt bei 70 °C und Gegenwart der Nucleotidbausteine die Replikation. Die neu gebildeten DNA-Doppelstränge werden durch Erhitzen wieder getrennt; die im Überschuss zugegebenen *primer* binden nach Herabsetzen der Temperatur, und es beginnt ein neuer Replikationsvorgang. Durch Fortsetzung dieses Prozesses lässt sich mit jedem Zyklus die DNA-Menge verdoppeln.

Eine Identifizierung bestimmter DNA-Sequenzen ist möglich durch **Hybridisierung** mit basenkomplementären Sonden, die mit der gewünschten Sequenz stabil paaren. Die Sonden können DNA- oder RNA-Moleküle sein. Zur Erkennung müssen sie eine radioaktive oder Fluoreszenz-Markierung tragen. Üblicherweise werden die zu untersuchenden DNA-Sequenzen vom Gel durch Abklatsch auf eine Membran übertragen, auf der man die Sonde einwirken lässt. So kann man eine bestimmte DNA-Bande des Gels identifizieren. Dieses Verfahren wird nach dem Erfinder als SOUTHERN-*blotting* bezeichnet.

Die DNA-Sequenzierung kann auf chemischem Wege durch basenspezifische Spaltung von DNA-Einzelsträngen erfolgen. In über 95% aller Untersuchungen wird aber das enzymatisch arbeitende **Kettenabbruchverfahren** eingesetzt. Dabei wird an einer einsträngigen DNA der komplementäre Strang mit DNA-Polymerase, *primer* und allen Nucleotidbausteinen aufgebaut. Nun setzt man zu einem Teilansatz eine geringe Menge von Didesoxy-adenosintriphosphat zu. Da dieses Nucleotid am 3'-C des Zuckers keine OH-Gruppe trägt, kann daran nicht weitergebaut werden. Wird also dieses «Abbruch-Nucleotid» eingebaut, so läuft die Synthese nicht mehr weiter. Da man zu wenig vom falschen Baustein zugesetzt hat, werden nur wenige neu gebildete DNA-Stränge beim ersten Adenin-Einbau abbrechen, einige beim zweiten, weitere beim dritten usw. Weitere drei Anteile des Ansatzes werden mit je einem anderen Abbruch-Nucleotid von Guanin, Cytosin bzw. Thymin versetzt. Nach einiger Zeit ist in jedem Ansatz ein Gemisch unterschiedlich langer Stücke entstanden. Diese werden als Einzelstränge gelelektrophoretisch getrennt. Setzt man radioaktiv markierte Nucleotide zur Synthese ein, so kann man ein Autoradiogramm des Elektropherogramms herstellen. Aus der Lage der Schwärzung kann die Länge der Kette erkannt und das jeweils letzte eingebaute Nucleotid (Abbruchnucleotid) identifiziert werden. Daraus lässt sich die Basensequenz direkt ablesen.

Für die Sequenzierung ganzer Genome (z. B. von *Arabidopsis*, *Oryza*) benötigt man Klonierungssysteme, die lange DNA-Stücke aufnehmen können. Dazu werden künstliche Hefe-Chromosomen (*yeast artificial chromosome*, YAC) hergestellt. Diese besitzen ein Centromer, Telomere und mindestens einen Replikationsstart. In Hefezellen verhalten sie sich bei der Teilung wie ein hefeeigenes Chromosom. Ein größeres Eukaryoten-Genom kann in einigen tausend YAC-Klonen komplett vorliegen.

Mit Hilfe der geschilderten Verfahren ist es möglich, durch Sequenzierung eine «physikalische Genkarte» aufzustellen (Abb. 8.16). Diese wird als Nucleotidsequenz angegeben; Abstände also in Zahl der Basenpaare (bzw. kB). Die Nucleotidsequenzen liegen in Datenbanken vor. Sie sind Grundlage der Genomik (vgl. 8.9). Die aus Rekombinationsraten ermittelten Abstände in biologischen Genkarten werden in MORGAN-Einheiten (vgl. 8.3.2) oder bei Bakterien in Minuten (vgl. 8.5.5) angegeben.

Ein wichtiges Hilfsmittel zur Lokalisierung von Genen ist die Untersuchung von Restriktionsfragmenten auf Polymorphie (*RFLP-Methode*). Mithilfe eines geeigneten Restriktionsenzyms stellt man zunächst große DNA-Fragmente her, die mit Hilfe von Markergenen bestimmten Chromosomen zugeordnet werden können. Mit einem anderen Restriktionsenzym erhält man andere Spaltstellen; die Anordnung der DNA-Stücke im Chromosom kann aus dem Überlappen ihrer Nucleotidsequenzen (gegenüber jenen des ersten Ansatzes) erkannt werden. In den langen Fragmenten findet man stets Sequenzen, die infolge Insertion oder Verlust weniger Nucleotide einen hohen Polymorphiegrad aufweisen. Sie sind ihrerseits mit geeigneten Restriktionsenzymen daran zu erkennen, dass Spaltungen eintreten oder (bei geringer Strukturabweichung) nicht eintreten. Sie werden also über die Längen der in diesem Nachweisschritt erhaltenen Restriktionsfragmente identifiziert. Für genetisch gut bekannte Pflanzenarten gibt es «Gen-Karten» dieser Sequenzen, die als Restriktions-Fragmentlängen-Polymorphien bezeichnet werden (sog. RFLP-Karten). Solche RFLPs sind im Genom häufig und dienen nun als Marker zur Lokalisierung des gesuchten Gens X. Man bestimmt den relativen Abstand zu einem solchen Marker (und ggf. die Nucleotidsequenz vom

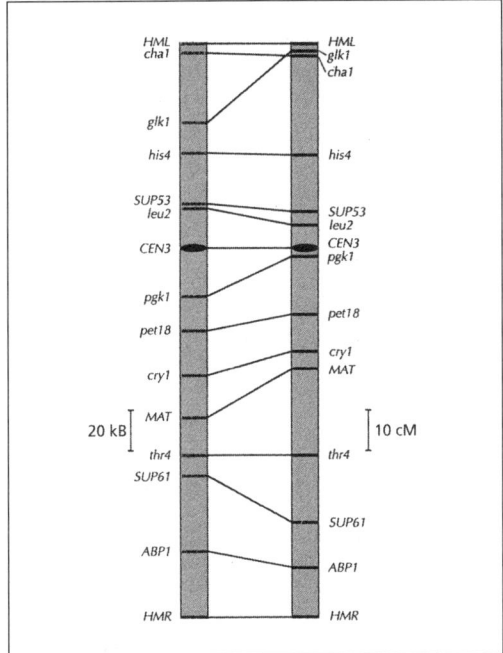

Abb. 8.16: Biologische (rechts) und physikalische (links) Genkarte von Chromosom III der Hefe *Saccharomyces cerevisiae* CEN 3: Centromer des Chromosoms. Einige Genloci sind eingetragen. Die biologische Genkarte gibt Abstände in Morgan-Einheiten (centi Morgan) aufgrund von Crossover-Wahrscheinlichkeiten an, die physikalische Genkarte gibt die Abstände in kiloBasen (kB) aufgrund der Sequenzierung an (aus SÄLL u.a.).

Marker bis zum Gen). Man kann dann ferner das DNA-Stück mit Gen X über die beiden dem Gen zunächst gelegenen RFLPs isolieren und dann nach den beschriebenen Verfahren weiter untersuchen.

8.5.7 Mutation

Bleibende Veränderungen der DNA bezeichnet man als Mutationen. Sie wirken sich im Phänotyp sehr unterschiedlich aus; danach unterscheidet man kryptische Mutationen (ohne erkennbare Auswirkungen), Mikro- und Makromutationen. Letztere sind für den Träger fast immer nachteilig. Als erbliche Veränderungen sind Mutationen Voraussetzung für die Evolution. Da die Information in der Reihenfolge der Nucleotide festgelegt ist, sind Mutationen stets Veränderungen der Nucleotid-Abfolge. Sie treten spontan ein, können aber auch durch äußere Einflüsse (**Mutagene**) ausgelöst werden. Mutagen wirken manche Chemikalien, Teilchenstrahlung, Röntgen- und UV-Strahlung. Für letztere liegt das Wirkungsmaximum bei 260 nm; das ist die Wellenlänge, bei der die Basen ihr Absorptionsmaximum haben. Mutationen können in jeder Zelle eintreten. Für die Genetik von Interesse sind diejenigen Mutationen, die auf die folgende Generation weitergegeben werden. Mutationen, die nur beim Individuum vorliegen und nicht durch geschlechtliche Fortpflanzung auf Nachkommen übertragen werden, nennt man somatische Mutationen (z. B. bei Pflanzen in Blättern auftretende Mutationen).

Nach den Auswirkungen von Mutationen im Genom unterscheidet man:

- Genmutationen: Veränderungen in einem Gen. Sie betreffen einzelne Nucleotide (Punktmutationen) oder kurze Sequenzen innerhalb des Gens.
- Chromosomenmutationen: Veränderungen der Anordnung der Gene im Chromosom. Umfangreichere Chromosomenmutationen sind oft mikroskopisch zu erkennen.
- Genommutationen: Veränderung der Zahl der Chromosomen bzw. der ganzen Chromosomensätze.

Manche Mutationen treten bei vielen verschiedenen Arten völlig gleichartig auf: so kommt es durch verstärkte Anthocyan-Anhäufung in den Vakuolen der Blattzellen zur Bildung von Blut-Varietäten (Blutbuche, -hasel, -ahorn usw.). Hängen von Seitenzweigen führt zu den Trauerformen von Weide, Esche, Buche, Birke, Ulme, Tanne, Zeder usw. Schlitzblattmutanten sind von Holunder, Buche, Erle, Flieder und vielen anderen Arten bekannt.

8.5.7.1 Genmutationen

Genmutationen beruhen auf dem Austausch einzelner Nucleotide oder einer Verschiebung des Leserasters (vgl. 8.5.1). Nucleotidaustausche sind vergleichsweise häufig; jedes Genom unterscheidet sich von jedem anderen durch einzelne Austausche. Genmutationen können zu Veränderungen einzelner Merkmale. Davon macht man in der Pflanzenzüchtung Gebrauch. Im einfachsten Fall liest man aus einer großen Zahl von Nachkommen geeignete Mutanten aus. So wurden zur Gewinnung der alkaloidarmen Süßlupine etwa 1,5 Millionen Pflanzen geprüft und dabei einige mit gehemmter Alkaloidsynthese gefunden. Dieses Merkmal ist rezessiv; die betreffenden Individuen waren also homozygot. Aus ihnen wurde das Saatgut für Süßlupinenzucht gewonnen.

Genmutationen lassen sich durch Mutagene vermehrt hervorrufen; eine gezielte Auslösung ist aber nicht möglich. Hierbei finden Verwendung:

- Basenanaloga: Stoffe, die wegen ihrer Strukturähnlichkeit anstelle der richtigen Basen eingebaut werden; z.B. 5-Bromuracil anstatt Thymin. 5-Bromuracil bildet eine ziemlich stabile Enolform. Liegt diese während der nächsten Replikation vor, so wird als Partner an Stelle von Adenin nun Guanin eingebaut.
- Alkylierungsmittel (z.B. Dimethylsulfat, Ethylmethansulfonat EMS, N-Nitroso-Verbindungen) alkylieren Basen und führen dadurch zu falschen Paarungen bei der nächsten Replikation.
- Nitrit: Salpetrige Säure HNO_2, die aus Nitrit in saurem Milieu entsteht, spaltet aus Basen Aminogruppen ($-NH_2$) ab. Dadurch wird z.B. Cytosin in Uracil verwandelt; dieses aber paart mit Adenin. Damit wird letztlich ein GC-Paar durch ein AT-Paar ersetzt.

Basenanaloga, Alkylierungsmittel und Nitrit führen zum Austausch eines Basenpaares durch ein anderes. Derartige Mutationen heißen Basenaustausch- oder Substitutions-Mutationen.

- Interkalatoren: besitzen planare Ringstrukturen, die sich in die DNA zwischen zwei Basenpaare einlagern (z.B. Acridine, Ethidiumbromid). Dadurch wird das Molekül um die Strecke, die ein Basenpaar inne hätte, verlängert. Dies führt bei der nächsten Replikation zu Störungen; es wird entweder eine Base ausgelassen (Basendeletion) oder eine zusätzliche eingebaut (Basenaddition oder -insertion). Dadurch wird bei der Ablesung des Gens der Triplett-Code verschoben und daher ab dieser Stelle der Sinn entstellt (vgl. 8.5.1; Rastermutation).
- Strahlung: Teilchenstrahlung und energiereiche elektromagnetische Strahlung führen zu Ionisation von Molekülen in der Zelle. Ein einziger Treffer kann dadurch eine Mutation auflösen. Dabei muss nicht unbedingt die DNA selbst getroffen werden, sondern eine Schädigung (Radikalbildung) und Umlagerung anderer Moleküle kann zu einer Folgereaktion mit der DNA führen. UV-Strahlung führt vor allem zu einer Dimerisierung von Pyrimidinbasen, welche die Replikation stört.

Die Anwendung von Mutagenen verursacht nicht an allen Stellen der DNA gleich häufig Mutationen, sondern es gibt bevorzugte Angriffsorte (sogenannte «hot spots»), die aber für verschiedene Mutagene durchaus unterschiedlich sind.

Biochemisch kann man bei isolierten Genen gezielt Nucleotide austauschen oder kleine Deletionen oder Insertionen vornehmen. Durch Einbau des veränderten Gens in den Organismus lässt sich die Auswirkung einer solchen **ortsspezifischen Mutagenese** prüfen und so die Funktion des Gens erkennen («umgekehrte Genetik»).

DNA-Reparatur: Nicht jede Wirkung eines Mutagens führt zu einer bleibenden Mutation, da es Systeme der DNA-Reparatur gibt, durch welche die DNA ausgebessert und in manchen Fällen der Ausgangszustand wiederhergestellt wird. Man unterscheidet:

- Photoreaktivierung: Pyrimidin-Dimere können durch ein lichtabhängiges Enzym Photolyase wieder getrennt werden. Dieses nutzt die Lichtenergie für die Reparatur.
- Excisionsreparatur: Ein geschädigtes Stück eines DNA-Strangs wird durch das Zusammenwirken einer Exo- und einer Endonuclease ausgeschnitten und abgebaut; ein neues DNA-Strangstück entsprechend der Gegenstrang-Matrize durch eine DNA-Polymerase gebildet und durch eine Ligase verknüpft.
- Postreplikationsreparatur: Unmittelbar nach der Replikation kann eine Störung in einem neugebildeten Doppelstrang mit Hilfe der Information des anderen Doppelstranges korrigiert werden. Liegen in beiden Doppelsträngen infolge von Störungen an unterschiedlichen, aber nahe beieinander liegenden Stellen Lücken vor, so wird das Reparatursystem der sogenannten SOS-Reparatur wirksam. Dabei wird der Eintritt in die Mitose verzögert, und Komponenten der Excisionsreparatur werden vermehrt. Die Replikation verläuft auch über DNA-Schäden hinweg, aber nicht fehlerfrei, so dass Mutationen entstehen.

Der Angriff der Reparatursysteme an der DNA wird durch Poly-(ADP-Ribose) erleichtert, die aus NAD^+ mit Hilfe einer spezifischen Polymerase gebildet wird.

Gelegentlich wird eine Mutation im Phänotyp aufgehoben; man spricht von Rückmutation. Dabei wird aber in der Regel nicht die ursprüngliche Nucleotid-Sequenz wiederhergestellt, sondern die phänotypische Auswirkung der Mutation durch eine zweite Mutation unterdrückt oder kompensiert.

Cistron: Wie schon die Genkartierung zeigt, haben Gene eine lineare Ausdehnung. Damit ist zu erklären, dass es viele verschiedene Allele eines Gens geben kann: es können an unterschiedlichen Stellen des Gens Strukturveränderungen (Mutationen) eintreten. Wenn zwei unterschiedliche rezessive Allele eines Gens in einem diploiden Organismus vorliegen, so handelt es sich um eine Mutante, weil beide Allele nicht den Wildtyp ausbilden. Man spricht von einer trans-Anordnung (Abb. 8.17). Nun kann es aber – wenn auch sehr selten – zum Crossover genau zwischen den beiden Mutationsorten des Gens kommen. Die Rekombination hat zur Folge, dass beide Mutationsorte nun in ein Allel gelan-

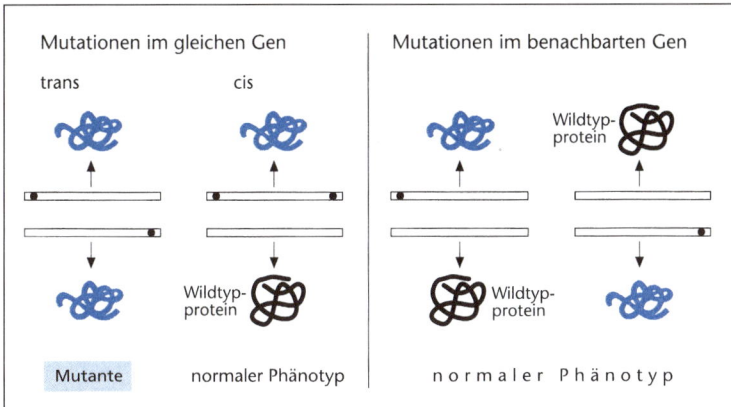

Abb. 8.17: Cistron: Bei Mutationen in benachbarten Genen sind Heterozygote Wildtypen, bei Mutationen im gleichen Gen sind trans-Heterozygote phänotypisch Mutanten, cis-Heterozygote phänotypisch Wildtypen. Ist durch Rekombination nachgewiesen, dass zwei Mutationen im gleichen Gen lokalisiert sind, so ist dieses dadurch als Cistron definiert (nach LEWIN).

gen; das andere wird zum Wildallel rekombiniert. Da letzteres dominant ist, entsteht phänotypisch eine Wildform, die cis-Heterozygote. Die Rekombination kann dieses Ergebnis nur haben, wenn beide Mutationsorte im gleichen Gen liegen und das Crossover dazwischen erfolgt. Liegen die Mutationsorte hingegen in zwei benachbarten Genen, so ist auch die trans-Heterozygote phänotypisch wild.

Durch diesen cis-trans-Test (der wegen der geringen Wahrscheinlichkeiten eine sehr große Zahl von Einzelindividuen erfordert und daher fast nur bei Bakterien durchgeführt wird) kann somit geprüft werden, ob zwei Mutationen im gleichen Gen lokalisiert sind. Dadurch wird auf rein genetischem Weg nachgewiesen, dass ein Gen eine lineare Ausdehnung hat und dass es eine Funktionseinheit ist. Ein so definiertes Gen nennt man ein Cistron (von **cis-tr**ans). Die Rekombination innerhalb eines Gens zeigt ferner, dass die kleinste Rekombinationseinheit nicht ein Gen sein kann. Aufgrund der molekulargenetischen Kenntnisse wissen wir, dass die Rekombinationseinheit ein Nucleotid ist.

8.5.7.2 Chromosomenmutationen

Veränderungen im Aufbau eines Chromosoms nennt man Chromosomen-Mutationen. Voraussetzungen für ihr Auftreten sind meist Chromosomenbrüche, die durch Mutagene verursacht sein können. Wenn ein Teilstück (ohne Centromer) von einem Chromosom abbricht und isoliert bleibt, geht es bei der nachfolgenden Mitose verloren: es kommt zur Deletion. Heftet sich ein solches Stück an das homologe Chromosom an, so erfolgt dort eine Duplikation.

Wird das Teilstück an ein anderes, nichthomologes Chromosom gebunden, so spricht man von Translokation. Werden zwischen zwei nicht homologen Chromosomen Teilstücke ausgetauscht, so liegt eine reziproke Translokation vor. (Zwischen homologen Chromosomen führt dieser Vorgang zu Crossover). Innerhalb eines Chromosoms kann sich nach einem Bruch ein Chromosomenstück auch umgekehrt wieder einfügen; es kommt zur Inversion (Abb. 8.18). Infolge eines ungleichen Crossovers zwischen

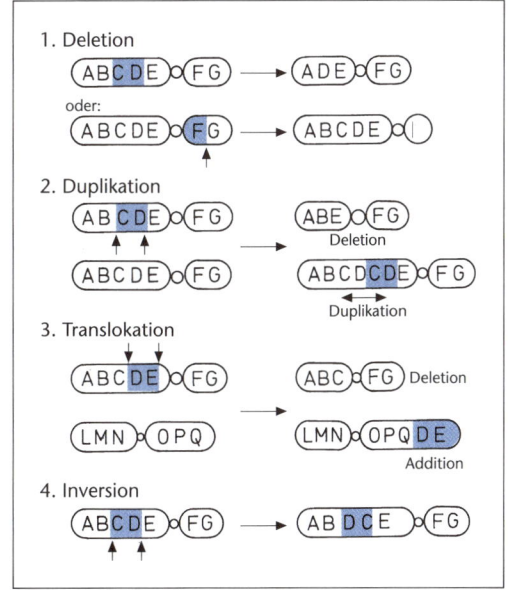

Abb. 8.18: Chromosomen-Mutationen. Die Insertion (Einbau eines Chromosomenstücks) ist nur für den Fall der Duplikation dargestellt.

homologen Chromosomen können Verdopplungen einzelner oder mehrerer benachbarter Gene stattfinden; im Partner-Chromosom erfolgen dann entsprechende Deletionen.

8.5.7.3 Genom-Mutationen

Durch Unregelmäßigkeiten bei einer Mitose kann die Verteilung der Chromosomen auf die Tochterzellen gestört sein. Dadurch wird die Zahl einzelner Chromosomen vermehrt oder vermindert; es kommt zur Aneuploidie. Statt 2n Chromosomen enthalten die Zellen dann 2n+1, 2n+2, 2n−1 usw. Chromosomen. Aneuploidien sind von *Crepis*, *Tradescantia* und einigen anderen Arten gut bekannt. In diesen Fällen sind außerdem meist Translokationen erfolgt; man spricht dann von Dysploidie. Derartige Chromosomen-Umbauten führen zu neuen Pflanzenarten, da bei sexueller Fortpflanzung mit den Ausgangsformen die entstehenden Bastarde steril sind. In etablierten Zellkulturen liegt häufig Aneuploidie vor.

Infolge von Störungen in der Meiose oder bei Unterbleiben der Trennung der Chromatiden in der Mitose kann es zu Vervielfachungen des ganzen Chromosomensatzes kommen; diese Form von Genom-Mutationen nennt man Euploidie. Wenn ein diploid gebliebener Gamet mit einem normalen haploiden Gameten verschmilzt (2n+n), so entsteht eine triploide (3n) Zygote. Zwei diploide Gameten liefern einen tetraploiden (4n) Organismus. Allgemein spricht man von **Polyploidie**. Fortpflanzungsfähig sind normalerweise nur geradzahlige (4n, 6n …) Polyploide, da nur bei diesen die Meiose störungsfrei abläuft. Polyploidie kann künstlich hervorgerufen werden mit Colchicin (Endomitose; vgl. 3.2.4.5).

Viele Nutz- und Zierpflanzen sind Polyploide. Diese besitzen oftmals größere Zellen und zeigen üppigeren Wuchs als die Diploiden. Rosen haben Chromosomensätze bis 16n, Dahlien zumeist 8n. Bei der Erdbeere *Fragaria vesca* hat die Wildform n=7, die Hochzuchtformen haben n=28 ($\triangleq$ 4n). Viele Apfelsorten sind triploid.

Polyploidie ist bei Pflanzen an der Bildung von Ökotypen und von Rassen wesentlich beteiligt und spielt daher für die Artbildung eine wichtige Rolle (vgl. 16.2.5).

Durch Kreuzung von zwei Arten entstehende Bastarde sind normalerweise steril, da bei der Meiose Paarungsprobleme der Chromosomen auftreten. Verdoppelt sich aber der Chromosomensatz beim Bastard durch eine Genom-Mutation, so wird dieser fortpflanzungsfähig und zu einer neuen Art mit spezifischen Eigenschaften. Man spricht von **Allopolyploidie**. Verschiedene Pflanzenarten und vor allem viele Kulturpflanzen sind auf diesem Weg entstanden. Hochzucht-Weizensorten besitzen 42 Chromosomen; sie sind Allohexaploide aus *Triticum boeoticum* (2n=14), *Aegilops speltoides* (2n=14) und *Aegilops squarrosa* (2n=14). Um in den Tropen vermehrt Getreide anbauen zu können, züchtete man *Triticale* aus den Eltern Weizen *Triticum aestivum* und Roggen *Secale cereale*.

Haploide treten bei Pflanzen manchmal spontan auf. Für die Züchtung sind sie sehr vorteilhaft (Haploidenzüchtung). In der Regel erfolgt bei Haploiden schon auf frühem Entwicklungsstadium eine spontane Diploidisierung; dabei entstehen völlig homozygote Individuen. Heute gewinnt man haploide Pflanzen durch Kultur von Pollenkörnern (vgl. 7.2.7.4) oder von Teilen der Samenanlagen auf Nährmedien.

8.5.7.4 Transposons

Transposons sind DNA-Sequenzen, die ihre Position in einem Chromosom verlassen und an anderer Stelle wieder eingebaut werden können. Wenn sie Strukturgene tragen, bezeichnet man sie daher auch als «**springende Gene**». Vielfach handelt es sich um repetitive Sequenzen. Der Einbau eines Transposons in ein Strukturgen (Integration) führt dazu, dass dieses nicht mehr aktiv werden kann; es entsteht also eine Mangelmutante. Beim Einbau werden am Integrationsort kurze DNA-Abschnitte verdoppelt. Verlässt das Transposon diesen Ort wieder, so gelangt daher das Gen meist nicht wieder in seinen vorherigen Zustand, sondern es bleibt (bei Pflanzen) eine Mutation zurück. Durch den Einbau in regulatorische Sequenzen können Transposons die Expression von anderen Genen beeinflussen.

Bei Pflanzen wurden Transposons zuerst bei der Vererbung von Körnereigenschaften beim Mais nachgewiesen. Bei Blütenpflanzen sind sie leicht auch bei gesprenkelten (z. B. *Antirrhinum*-) oder gestreiften (z. B. *Petunia*-)Blüten zu erkennen. Ein Löwenmäulchen *Antirrhinum* mit einem festliegenden Transposon, das sich in einem der für die Blütenfarbe verantwortlichen Gen befindet, besitzt aus diesem Grunde blassrote Blüten. Kreuzt man dieses mit einer Pflanze, die ein regulatorisches Element besitzt, das Beweglichkeit des Transposons auslöst, so entstehen Hybride mit streifig-fleckigen Blüten, hervorgerufen durch somatische Mutationen infolge von Ausbau und Verlagerung des Transposons. In denjenigen Zellen, in denen das Transposon seinen Ort im Blütenfarben-Gen verlässt, kommt es zur Ausbildung der normalen roten

Blütenfarbe. Je früher dies während der Blütenentwicklung geschieht, um so größer sind die gebildeten roten Flecken. Bei derartigen Kreuzungen ist es kaum möglich, die auftretenden Blütenfarben vorherzusagen.

Transposition ist in der Regel ein seltenes Ereignis. Kurze (< 2 kB) DNA-Stücke, die springen, werden als Insertions (IS)-Elemente bezeichnet. Bei den größeren Transposons unterscheidet man zwei Klassen. Transposons der Klasse II sind als DNA unmittelbar mobil. Das erforderliche Enzym ist die Transposase. An den Enden der Transposons befinden sich IS-Elemente mit repetitiven Sequenzen. Transposons der Klasse I werden auf einem Umweg eingebaut: es entsteht zunächst RNA, an der durch Reverse Transkriptase DNA gebildet wird, die ins Genom eintreten kann. Diese Retro-Transposons sind in pflanzlichen Genomen sehr verbreitet; sie ähneln Retro-Viren. Unter Stress werden sie zum Teil aktiviert; dies kann in einer großen Population zur Erhöhung der Variabilität führen.

Bei Bakterien werden durch Transposons Gene zwischen Plasmiden und dem Chromosom ausgetauscht; dies ist für die Übertragung von Antibiotika-Resistenzen von erheblicher Bedeutung.

8.5.7.5 Vererbung epigenetischer Muster

Vom Leimkraut *Linaria*, das zygomorphe Blüten besitzt, ist seit langem eine Mutante mit radiären Blüten bekannt. Die molekulare Untersuchung ergab, dass hier keine Veränderung der Nucleotidsequenz der DNA vorliegt, sondern das Methylierungsmuster von Cytosin-Resten bestimmter Gene so verändert ist, dass diese inaktiv sind. Das Methylierungsmuster wird auf die nächste Generation weitergegeben (z. B. durch Transfer zwischen gepaarten Allelen während der Meiose). Die Inaktivierung der betroffenen Gene wird also vererbt. – Durch derartige Vorgänge können auch mehrfach vorhandene Gene stillgelegt werden; ebenso kann dies in transgenen Pflanzen mit dem eingebrachten Fremdgen geschehen (epigenetische Inaktivierung).

8.6 Realisierung der genetischen Information

8.6.1 Gene als Funktionseinheiten

Die klassische Genetik definiert das Gen als die Einheit, die ein Merkmal des Organismus bestimmt (vgl. auch 8.5.7.1). In der molekularen Genetik ist das Gen ein Abschnitt der DNA, der die Information für den Aufbau eines Proteins (bzw. einer Polypeptidkette) trägt. Die in der DNA enthaltene Information muss bei der Ausbildung des Merkmals realisiert werden. Untersuchungen dazu wurden bei Prokaryoten, Tieren und bei Pflanzen insbesondere am Schimmelpilz *Neurospoa crassa* durchgeführt.

Verschiedene Mutanten dieses Pilzes können die Aminosäure Arginin nicht bilden. Setzt man dem Nährmedium Arginin zu, so gedeihen diese Mangelmutanten. Setzt man nun statt Arginin andere Stoffe zu, so kann man feststellen, mit welchen dieser Vorstufen die Mangelmutanten gedeihen. Manche können auf der Arginin-Vorstufe Ornithin oder auf der Vorstufe Citrullin wachsen, andere gedeihen zwar auf Citrullin, aber nicht auf Ornithin und bei einer Mutante ist auch mit Citrullin kein Wachstum möglich, sondern es muss Arginin selbst zugefügt werden.

Diese Ergebnisse zeigen, dass bei den verschiedenen Arginin-Mangelmutanten unterschiedliche Stoffwechselreaktionen ausgefallen sind, bedingt durch unterschiedliche genetische Blocks. Es sind verschiedene Gene mutiert, die jeweils die Information für ein bestimmtes Protein besitzen, das als Enzym eine der zum Arginin führenden Reaktionen katalysiert und damit an der Ausbildung des Merkmals «Argininbildung» beteiligt ist. Viele Experimente haben gezeigt, dass diese Beziehungen allgemeingültig sind. Man spricht daher von der «ein Gen-ein Enzym-Beziehung». Ferner erlauben solche Untersuchungen, Aussagen über die Reaktionsabfolge zu machen, die zu einem bestimmten Produkt führt. Für die Bildung von Arginin ist die Reaktionskette offenbar:

Vorstufe → Ornithin → Citrullin → Arginin

Bei der Realisierung der genetischen Information wird diese zunächst von der DNA auf eine mRNA «umgeschrieben» (Transkription). Dabei dient ein DNA-Strang als Träger der Information (codogener Strang). Für unterschiedliche Gene kann dieser verschieden sein.

Die Information der mRNA wird dann in die Aminosäuresequenz einer Polypeptidkette übersetzt (Translation). Diese Vorgänge sind, vor allem durch Untersuchungen an Mikroorganismen, weitgehend geklärt.

8.6.2 Transkription

Die mRNA wird durch eine RNA-Polymerase gebildet, die den codogenen DNA-Strang von 3′ nach 5′ entlang wandert und dabei die komple-

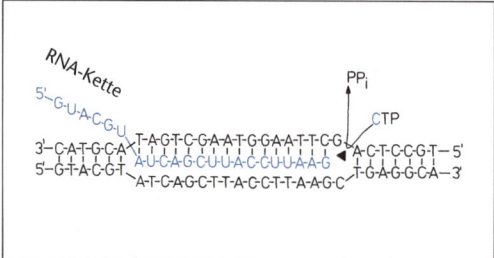

Abb. 8.19: Transkription: Die DNA-abhängige RNA-Polymerase entwindet den DNA-Doppelstrang und synthetisiert eine RNA, die zu einem Strang der DNA (codogener Strang) komplementär ist. Dabei paart in der entstandenen RNA ein U mit dem A der DNA (nach KNIPPERS).

mentären Ribonucleotide verknüpft. Die Synthese der neu gebildeten RNA erfolgt also – ebenso wie die der DNA – durch Wachstum am 3'-Ende. Als Paarungspartner für das Adenin dienen bei der RNA anstelle von Thyminnucleotiden jeweils Nucleotide des Uracils (Abb. 8.19). Zur Transkription muss die DNA örtlich durch ein Enzymaggregat unter ATP-Spaltung von den Nucleosomen abgelöst werden. Dann wird die RNA-Polymerase durch ein System von Transkriptionsfaktoren auf den Weg gebracht und schließlich die native Chromatinstruktur wiederhergestellt.

Die Transkription beginnt mit dem **Initiationsvorgang**, der Bindung von RNA-Polymerase an eine Bindungsregion der DNA, den *Promotor*. In dieser Region von etwa 80 Nucleotiden Länge befinden sich charakteristische Erkennungsbereiche für die RNA-Polymerase. Bei Prokaryoten gehört dazu eine etwa 10 Nucleotide vor dem Transkriptionsstart («stromauf») gelegene AT-reiche Region (sogenannte PRIBNOW-Box: 5'TATAAT3'). Bei den Eukaryoten liegt eine AT-reiche Sequenz (TATA-Box) häufig ca. 20–35 Nucleotide vor dem Transkriptionsstart, eine CAAT-Box bei etwa 80 Nucleotiden vor dem Start (– 80 bp). Daneben gibt es GC-Boxen unterschiedlicher Lokalisation. An die TATA-Box bindet das TATA-Bindeprotein (TBP = TFIID). Es bildet den Kern des Initiationskomplexes, der aus mindestens 5 weiteren Faktoren aufgebaut wird und die lokale Entschraubung des DNA-Doppelstrang einleitet. Hinzu treten zell- bzw. gewebespezifische Transkriptionsfaktoren. Eine Regulation der Transkription erfolgt durch eine größere Zahl von Aktivator- und Repressor-Proteinen, die an spezifische DNA-Bereiche gebunden werden (vgl. 14.2.3.1 C). Am Transkriptions-Start beginnt dann die RNA-Synthese. Durch die Bewegung der RNA-Polymerase entlang der DNA erfolgt die **Elongation**. Ein Stopp-Signal von 10–20 Nucleotiden (mit komplementärer Basensequenz innerhalb eines Stranges) führt schließlich zur Beendigung (**Termination**) der Transkription. Die mRNA und die Polymerase werden dann unter Mitwirkung von Proteinen freigesetzt. Die Polymerase tritt durch erneute Initiation wieder mit der DNA in Wechselwirkung; die mRNA steht als Matrize (bzw. als deren Vorstufe) für die Translation zur Verfügung. Bei Prokaryoten kann die Translation schon vor Fertigstellung der mRNA beginnen.

Die Aktivität von Transkriptionsfaktoren wird durch Phosphorylierung und Dephosphorylierung (vgl. 8.6.8) reguliert, die ihrerseits durch mehrere verschiedene Proteinkinasen und Phosphatasen katalysiert werden (vgl. 14.2.4.1). So können verschiedenartige Signale in der Zelle zur Aktivierung bzw. Inaktivierung führen. Bei Genen, die unabhängig von der Stoffwechselsituation der Zelle stets aktiv sind («Haushalts-Gene»), fehlt die TATA-Box, hingegen sind GC-Boxen mehrfach vorhanden.

Die RNA-Polymerase von Bakterien ist aus wenigen Untereinheiten aufgebaut ($\alpha\beta\beta'$ sowie ein regulierender σ-Faktor); bei Eukaryoten gibt es im Kern drei verschiedene RNA-Polymerasen. Strukturgene werden durch RNA-Polymerase II transkribiert. Dieses Enzym wird durch α-Amanitin, ein cyclisches Peptid aus Knollenblätterpilzen (*Amanita*), gehemmt. Für die RNA-Polymerase III (synthetisiert tRNA-Moleküle, vgl. 8.6.4) gibt es einen besonderen Transkriptionsfaktor. Es handelt sich um ein Protein mit mehreren fingerartigen Strukturelementen, durch die Kontakte zu bestimmten Basen der DNA stattfinden (vgl. Abb. 14.8). Die RNA-Polymerase I synthetisiert im Nucleolus-Bereich die r-RNA als Vorstufen.

8.6.3 Reverse Transkriptasen und Struktur der Gene bei Eukaryoten

Von bestimmten RNA-Viren wird nach Infektion der Wirtszellen eine Bildung von Enzymen veranlasst, die an der RNA-Matrize eines DNA synthetisieren. Sie werden Reverse Transkriptasen oder Revertasen genannt. Sie haben in der Molekulargenetik eine große praktische Bedeutung. Kann man eine bestimmte mRNA rein gewinnen, so ist es möglich, eine ihr entsprechende DNA in beliebiger Menge mit Hilfe von Reverser Transkriptase herzustellen. Die so gewonnene DNA heißt *complementary* = cDNA.

Als man einsträngige cDNA-Moleküle von Eukaryoten an den komplementären DNA-Strang des Genoms binden ließ, stellte sich heraus, dass die Gene in der DNA zusätzliche Nucleotidsequenzen enthielten, die in der mRNA nicht enthalten waren und somit auch nicht in der cDNA. Man nennt die Teile eines Gens, deren Information in der fertigen mRNA enthalten ist und in die Polypeptidkette übersetzt wird, die **Exons** (weil sie exprimiert = ausgedrückt werden) und diejenigen Teile ohne Information (fürs Polypeptid) heißen **Introns**.

Manche Gene bestehen aus zahlreichen Exons mit dazwischen liegenden Introns. In verschiedenen Fällen wurde gezeigt, dass einzelne Exons Domänen des Proteins entsprechen. Die Introns werden nach der Transkription entfernt; bei den Eukaryoten schließt sich daher an die Transkription ein «*processing*» an, bis die fertige mRNA vorliegt.

Wird cDNA an beiden Strängen transkribiert, so erhält man auch zur normalen RNA komplementäre RNA-Stränge, die *Antisense-RNA*. Injiziert man Antisense-RNA in Zellen, so bindet sie an die normale RNA; dadurch wird die Synthese des entsprechenden Proteins verhindert.

8.6.4 Funktion der Ribonucleinsäuren

An der Proteinsynthese sind neben der informationsübertragenden mRNA noch andere Ribonucleinsäuren beteiligt (vgl. 2.4.2). Während die DNA Doppelstränge aus zwei getrennten Polynucleotidketten bildet, liegen in der RNA einzelne Polynucleotidketten vor, die in sich zurückgefaltet sind, so dass komplementäre Sequenzen Paarungen bilden und ungepaarte frei bleiben bzw. die zur Rückfaltung erforderlichen Schleifen (*loops*) bilden. Die Raumstruktur von RNA-Molekülen kann durch RNA-Helicasen verändert werden.

8.6.4.1 Kleinmolekulare Ribonucleinsäuren

Sie sind:

- im Zellkern enthalten (snRNA = *short nuclear RNA*) und zum Teil am processing der mRNA beteiligt. Die U-snRNA-Moleküle sind Uracil-reich. In Nucleoli findet man sno-RNA-Moleküle, die bei der Reifung der rRNA mitwirken.
- im Cytoplasma als scRNA (*short cytoplasmatic* RNA) Bestandteil von RNPs (z.B. dem SRP, vgl. 8.6.8).
- als transfer RNA (tRNA)-Moleküle notwendige Komponenten des Proteinsynthese-Systems (Abb. 8.20). Es sind über 60 verschiedene tRNAs in Eukaryotenzellen enthalten (für jede der proteinogenen Aminosäuren existiert mindestens eine tRNA, häufig sind es mehrere, außerdem gibt es eigene tRNAs in den Chloroplasten und den Mitochondrien).

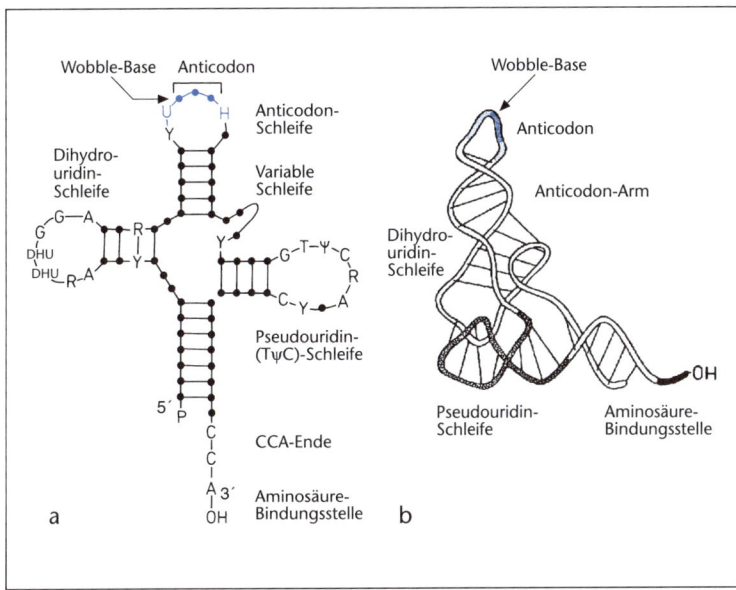

Abb. 8.20: Transfer-RNA-Moleküle. **a:** Kleeblattmodell der Sekundärstruktur von tRNAs mit 4 Armen und 4 loops (Schleifen). Positionen, an denen in allen tRNAs die gleichen Basen auftreten, sind durch Buchstaben gekennzeichnet (R = Purinbase, Y = Pyrimidinbase, H = modifizierte Purinbase, T = Ribothymidin, ψ = Pseudouridin, DHU = Dihydroxyuridin). **b:** Modell der dreidimensionalen Struktur der tRNA für Phenylalanin aus Hefe. Die Aminoacyl-tRNA-Synthasen erkennen die jeweilige tRNA an derjenigen Moleküloberfläche, die in dieser Anordnung rechts liegt (nach KLEINIG-SITTE).

Sie bestehen aus 73–93 Nucleotiden (Molekülmasse ca. 25 000 D); darunter befinden sich stets solche mit modifizierten («seltenen») Basen. Infolge der Rückfaltung besitzen tRNA-Moleküle eine kleeblattartige Sekundärstruktur mit *loops* und mit gepaarten, schraubigen Abschnitten; dies führt zu einer charakteristischen Raumerfüllung (Tertiärstruktur) der Moleküle. Am 5′-Ende des Moleküls befindet sich stets Guanosin mit einem 5′-ständigen Phosphat; am 3′-Ende die Sequenz CCA mit freien Hydroxylen in 3′- und 2′-Stellung. An eine dieser Hydroxylgruppen wird bei «Beladung» der tRNA eine Aminosäure gebunden, wodurch eine Aminoacyl-tRNA entsteht. Einer der *loops* trägt drei Basen, die nach außen ragen und bei der Proteinsynthese mit dem Codon der mRNA in Wechselwirkung treten. Sie bilden daher das **Anticodon**. Es gibt allerdings nicht so viele verschiedene tRNA-Moleküle, wie es Codons gibt, weil das dritte Nucleotid (am 5′-Ende) des Anticodons mit verschiedenen Basen in Wechselwirkung treten kann. Die Paarung des 3. Nucleotids ist nämlich aus räumlichen Gründen weniger fest, sie «wackelt» (*Wobble*-Hypothese). Die tRNAs (und die 5S-rRNA) werden bei Eukaryoten durch die RNA-Polymerase III gebildet. Es entsteht zunächst eine Vorstufe (auch bei Prokaryoten), von der ein Stück abgespalten wird. Die Modifizierung der Basen erfolgt ebenfalls nachträglich im Reifungsvorgang (*processing*).

8.6.4.2 Ribosomale Ribonucleinsäuren (rRNA)

Ribosomale RNA-Moleküle sind Stukturbestandteile der Ribosomen (vgl. 3.2.4.3) und machen über 80% der Gesamt-RNA der Zelle aus. Sie treten in Form mehrerer verschiedener Moleküle auf (vgl. 2.4.2). Die rRNA wird bei Eukaryoten an der DNA im Bereich des Nucleolus durch RNA-Polymerase I synthetisiert und reift dort durch processing. Dabei wird die Transkriptionseinheit von 45S gespalten und die Teilstücke werden verändert; so entstehen die rRNA-Moleküle der kleinen und der großen Untereinheit der Ribosomen. Nur die 5S-rRNA wird davon getrennt gebildet. Im Nucleolus-Bereich entstehen durch Bindung von Proteinen Vorstufen der Ribosomen-Untereinheiten, die unter Mitwirkung spezifischer Proteine ins Cytoplasma wandern und dort durch Veränderungen der Proteine zu funktionsfähigen Ribosomen-Untereinheiten werden. Die RNA der großen Untereinheit wirkt bei der Translation mit und hat Enzymfunktion. RNA-Moleküle mit Enzymeigenschaften bezeichnet man als *Ribozyme* (vgl. 8.6.5 u. 9.4.1).

8.6.5 Posttranskriptionale Veränderung der Ribonucleinsäuren (*processing*)

Bei Eukaryoten sind die Transkriptionseinheiten in der Regel sehr viel größer als die fertige mRNA. Die Transkriptionsprodukte befinden sich im Zellkern in der Fraktion der hochmolekularen heterogenen Kern-RNA (hnRNA), die Molekülmassen bis zu 10^7 D aufweist. Die Vorstufen der mRNA sind die prä-mRNA-Moleküle, die durch ein posttranskriptionales processing verändert werden. Dabei liegt die prä-mRNA bereits gebunden an Proteine als prä-mRNP (Ribonucleoprotein) vor. Beim processing finden folgende Vorgänge statt:

- Am 5′-Ende erfolgt schon während der Transkription der Aufbau der cap-Struktur durch Bindung von 7-Methylguanosin über eine 5′–5′-Triphosphatbrücke. Die nächstfolgenden Basen werden ebenfalls methyliert (m):

$$^{m7}G\,^{5'}ppp\,^{5'}N_1^m - N_1^m -$$

- Am 3′-Ende erfolgt zunächst (unter Beteiligung einer U-snRNA) die Abspaltung eines Stücks des Primär-Transkripts und dann der Anbau einer Poly-A-Kette von bis zu 200 Adenosinnucleotiden durch eine besondere Poly-A-Polymerase.
- Aus der Polynucleotid-Kette werden die Introns herausgespalten und die entstehenden freien Enden verknüpft (*splicing* = spleißen). Auch bei tRNA und rRNA werden Sequenzen von Vorstufen abgespalten (*cleavage*). So erfolgt eine Reifung (vgl. 8.6.4.1).

Der Mechanismus des Spleissens hängt von der Art der RNA und vom Intron-Typ ab:

- Bei tRNA erfolgt das Spleissen durch Enzyme, die RNA enthalten (wobei diese als Ribozym wirksam wird). Ein Intron im Bereich des Anticodon-loops wird durch eine normale Endonuclease herausgespalten.
- Bei mitochondrialer RNA wurde erstmals gezeigt, dass RNA die Fähigkeit zum «*selfsplicing*» hat; d.h. es bedarf keines Enzymproteins zum Spleiss-Vorgang. Die freigesetzten Introns entstehen entweder als Ringe oder als Lasso-Strukturen mit einer zu-

sätzlichen 2′-Verknüpfung eines Nucleotids. Beim Einzeller *Tetrahymena* wurde nachgewiesen, dass auch die rRNA des Kerns durch *selfsplicing* reift. Ein herausgeschnittenes Intron kann bei dieser Art als Enzym wirksam werden. Dieses Ribozym fungiert als Ribonuclease, kann aber bei geeignetem pH-Wert und hohen Nucleotidkonzentrationen auch als RNA-Polymerase arbeiten und RNA-Moleküle verlängern. Eine biotechnische Nutzung wird diskutiert.
– Die prä-mRNA des Kerns wird unter Mitwirkung von kleinmolekularen Kern-RNA-Molekülen (snRNAs) gespalten. Diese U-snRNAs liegen in Form von Kern-RNPs vor; sie bilden durch Zusammenlagerung ein Aggregat von 40–60 nm Durchmesser, das *Spleissosom*. Die herausgeschnittenen Introns bilden ebenfalls Lasso-Strukturen (Abb. 8.21). An der Modifizierung des 3′-Endes der mRNA sind auch snRNAs beteiligt.

Das Spleissen muss präzise erfolgen, da eine Verschiebung um ein Nucleotid nachfolgend das Leseraster ändern würde.

Die fertiggestellte mRNA wandert als Ribonucleoproteinpartikel (RNP) vom Kern ins Cytoplasma; im Bereich der Kernpore erfolgt

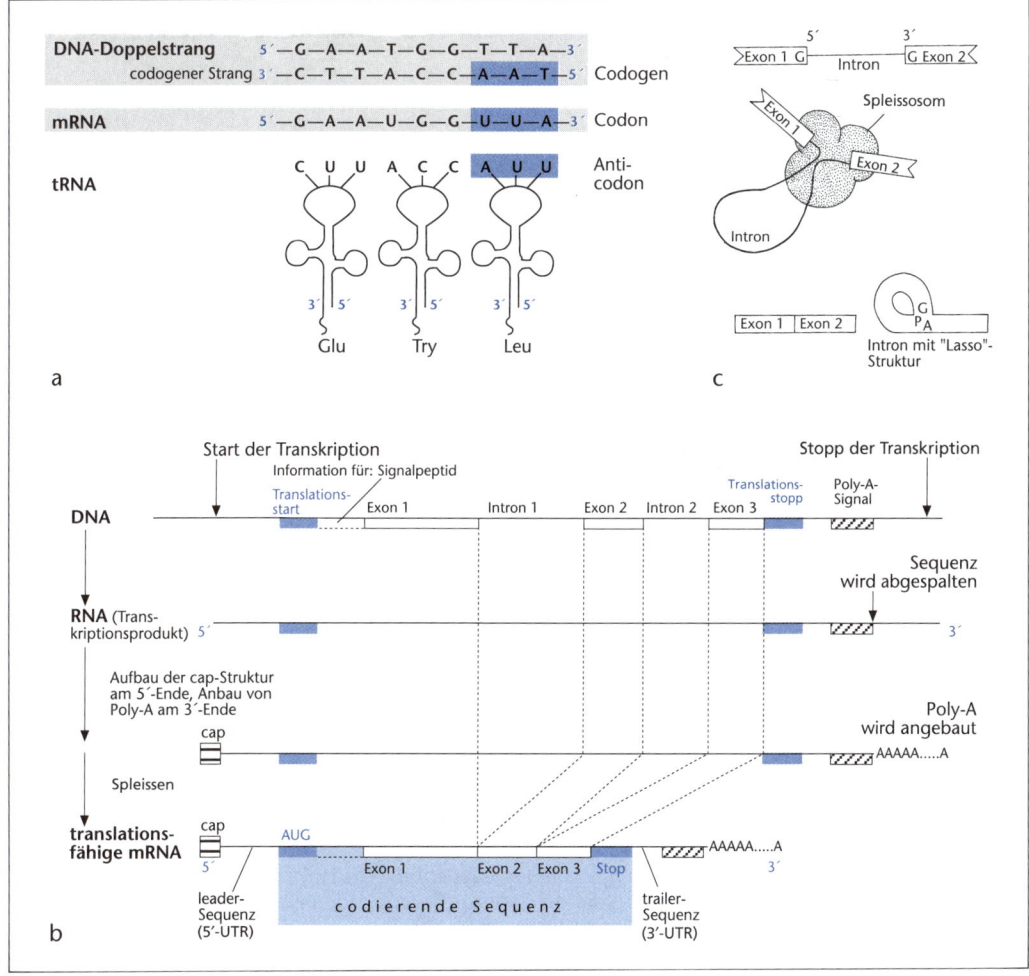

Abb. 8.21: Transkription und processing der prä-mRNA im Zellkern. **a:** Übersicht: Codogen, Codon und Anticodon; **b:** Beziehungen zwischen DNA-Sequenz (Gen), prä-mRNA und mRNA. Nach der Transkription wird am 5′-Ende die cap-Struktur und am 3′-Ende die Poly-A-Kette angebaut; dann erfolgt das Spleissen (Herausschneiden der Introns); **c:** Spleissen: oben Ausschnitt aus der prä-mRNA mit Exon/Intron/Exon-Sequenz; Mitte: Spleissosom (mit U-snRNAs) tritt mit der prä-mRNA in Wechselwirkung; das Intron wird herausgeschnitten und bildet (unten) eine «Lasso»-Struktur; die Exons werden verknüpft (z.T. nach GRIERSON und COVEY).

ein Proteinaustausch. Zwischen cap und dem Translations-Start-Codon AUG liegt eine nicht codierende «*leader-Sequenz*», die 5'-UTR (*untranslated region*); nach dem Stopp-Codon folgt eine Nachsequenz (*trailer* oder 3'-UTR) und die Poly-A-Kette.

Im 5'-UTR-Bereich sind offenbar vor allem Signale für die Regulation der Translation lokalisiert; im 3'-UTR-Bereich solche, die auf die Stabilität (Lebensdauer) der mRNA Einfluss nehmen. In Kormophyten gibt es sehr langlebige mRNA, die zeitweilig in mRNPs inaktiv vorliegt. Der Abbau der mRNA wird durch Deadenylierung am 3'-Ende und De-capping (die Reihenfolge ist verschieden) eingeleitet. Dann greift eine regulierte RNAse an, der unspezifische Exo- und Endonucleasen folgen. Die Verteilung der mRNA in der Zelle ist für Entwicklungsvorgänge von Bedeutung. Im Cytoplasma erfolgt ein gerichteter Transport unter Mitwirkung des Cytoskeletts.

8.6.6 Translation

Die Übersetzung der Nucleotid- bzw. Basenabfolge der mRNA in die Aminosäuresequenz der Polypeptidkette erfolgt an den Ribosomen. Zunächst werden im Cytoplasma die erforderlichen Aminosäuren unter Bindung an tRNA-Moleküle aktiviert; es entstehen Aminoacyl-tRNAs. Diese treten am Ribosom über ihre jeweiligen Anticodons mit den Codons der mRNA in Wechselwirkung. Die an die tRNA ge-

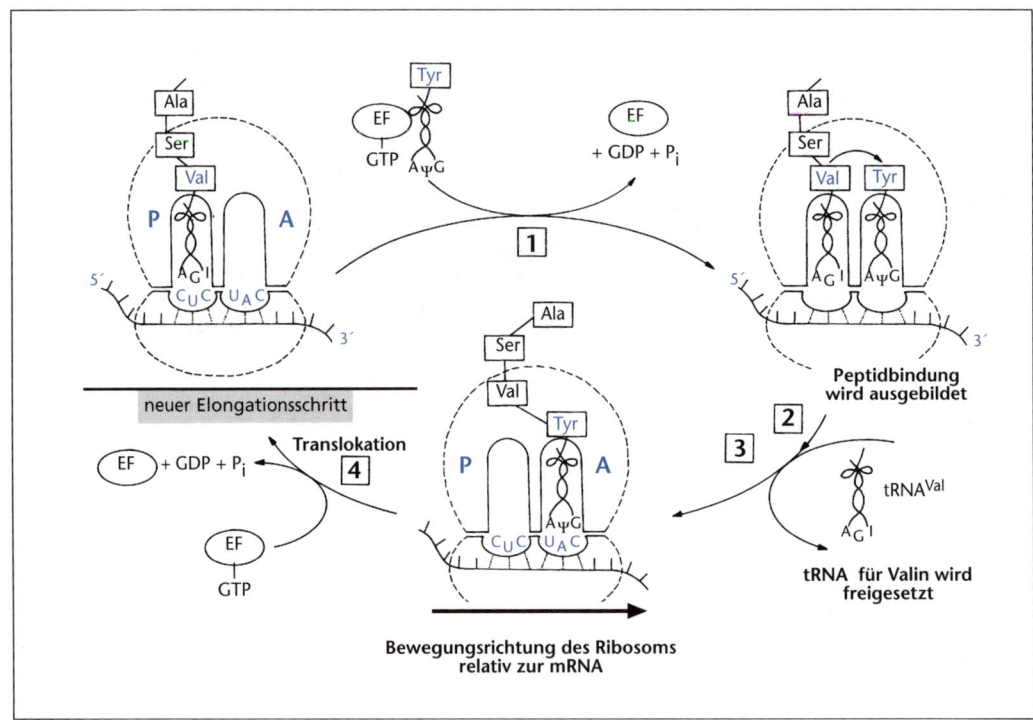

Abb. 8.22: Translation: Verlängerung (Elongation) der Polypeptidkette. Links ein Ribosom, das in der Peptidbindungsstelle P eine tRNA aufweist, an der die Peptidkette gebunden ist. Die letzte eingebaute Aminosäure ist Valin, das mit der zugehörigen tRNA noch in Verbindung steht. Die Akzeptor(Aminoacyl-tRNA)-Bindungsstelle A ist frei und wird im nächsten Reaktionsschritt (1) durch diejenige beladene tRNA besetzt, die dem in A zugänglichen Codon der mRNA entspricht, also das entsprechende Anticodon aufweist. (Im Beispiel ist dies die Tyrosinbeladene tRNA.) Hierzu ist ein Elongationsfaktor (EF) sowie Energie (als GTP) erforderlich. Dann wird die Peptidbindung ausgebildet und die dadurch freigewordene tRNA wird an die E-Bindungsstelle weitergegeben (2) und dann freigesetzt (3). Im folgenden Schritt wird die um eine Aminosäure verlängerte, mit der tRNA verknüpfte Peptidkette von einer A- auf die P-Bindungsstelle übertragen (Translokation). Diese Reaktion erfordert einen weiteren Elongationsfaktor und Energie. Nach der Translokation ist die A-Bindungsstelle wieder frei; damit kann ein neuer Elongationsvorgang mit dem Reaktionsschritt (1) einsetzen.

bundenen Aminosäuren werden dann unter Ausbildung einer Peptidbindung verknüpft (Abb. 8.22) und eine tRNA dabei freigesetzt. Bei den Eukaryoten ist der Translationsvorgang im Cytoplasma von der Transkription im Kern räumlich getrennt. Bei den Prokaryoten gibt es keine solche Trennung, so dass schon während der Bildung der mRNA sich an deren fertiggestellte Sequenz Ribosomen anlagern und die Translation beginnt, wie elektronenmikroskopische Bilder zeigen. Dasselbe gilt für die Proteinsynthese in Plastiden und Mitochondrien.

Die Bildung von Aminoacyl-tRNAs erfolgt unter ATP-Spaltung; die Verknüpfung der richtigen Aminosäure mit der entsprechenden tRNA wird durch die verknüpfenden Enzyme, die Aminoacyl-tRNA-Synthetasen, gewährleistet. Diese Enzyme erkennen die Aminosäure einerseits und einen charakteristischen Oberflächenbereich des tRNA-Moleküls andererseits. Die Aminoacyl-tRNAs gelangen nun zu den Ribosomen.

Es gibt zwei Gruppen von Aminoacyl-tRNA-Synthetasen. Diejenigen der Klasse I besitzen eine Rossmann-*fold*-Struktur (vgl. 2.3.2) und binden die Aminosäure an die 2′-OH-Gruppe der endständigen Ribose der tRNA, jene der Klasse II binden sie an die 3′-OH-Gruppe. Die Enzyme haben teilweise die Fähigkeit, die Bindung der richtigen Aminosäure zu prüfen (*proofreading*) und eine falsche von der tRNA wieder abzuspalten (Hypersensitivität des Enzyms).

Initiation (Kettenstart): Zunächst wird die kleine Ribosomenuntereinheit an die leader-Sequenz der mRNA gebunden. Bei Prokaryoten kommt es zu einer Wechselwirkung zwischen einem Sequenzabschnitt der 16S-rRNA und kurzen Abschnitten (SHINE-DALGARNO-Sequenz) vor dem Start-Codon auf den mRNAs. Bei Eukaryoten wirken die cap-Struktur und Sequenzen in der 5′-UTR als Erkennungsregion für die kleine Untereinheit. Nun erfolgt eine Reaktion mit der Start-tRNA, die das Start-Codon erkennt. Gleichzeitig werden Initiationsfaktoren gebunden (Prokaryoten besitzen 3 Initiationsfaktoren (IF), im eukaryotischen Cytosol sind es etwa 13 (eIF). Es handelt sich dabei um Proteine oder Proteinaggregate, die nur vorübergehend ans Ribosom gebunden werden.) Nun läuft der Präinitiationskomplex der mRNA entlang, bis er am Startcodon AUG einrastet. Dann erfolgt eine Reaktion mit der großen Ribosomen-Untereinheit, wobei deren rRNA mitwirkt, sowie mit GTP. Die Initiationsfaktoren werden zum Teil vor, zum Teil nach der Bildung der ersten Peptidbindung freigesetzt. Der Initiationsvorgang ist durch Ribosomenanheftung, Start-Codon und Initiationsfaktoren mehrfach gegen Fehler abgesichert. – Das Ribosom hat zwei Bindungsstellen für je eine tRNA (P- und A-Bindungsstelle). Die P-Bindungsstelle ist zunächst von der Start-tRNA besetzt, die stets die Aminosäure Methionin trägt. (Bei Prokaryoten ist dieses Methionin an seiner NH_2-Gruppe formyliert. N-Formyl-Methionin kann nur mit der Carboxylgruppe in Reaktion treten.) Das folgende Triplett-Codon der mRNA liegt in der A-Bindungsstelle des Ribosoms. Hier tritt eine beladene tRNA, die das komplementäre Anticodon aufweist, in Wechselwirkung. Dadurch liegen die beiden Aminosäuren benachbart und werden nun verknüpft. Es entsteht ein Dipeptid, das an die tRNA der A-Bindungsstelle gebunden bleibt, während die Start-tRNA an eine E-Bindungsstelle (E für exit) weitergegeben wird, von wo sie sich ablöst und wegdiffundiert.

Elongation (Kettenverlängerung): Damit nun die nächste Aminoacyl-tRNA gebunden werden kann, muss das Ribosom sich relativ zum mRNA-Strang um 3 Nucleotide verschieben. Gleichzeitig wechselt die gebundene tRNA ihren Platz und wandert unter Energieaufwand von der A- zur P-Bindungsstelle. Infolge dieser Translokation befindet sich in der P-Bindungsstelle nun das (Di)peptid (daher P̲). An die frei gewordene A-Bindungsstelle kann nun eine weitere, mit einer A̲minosäure beladene tRNA gebunden werden. Dann erfolgt wieder die Ausbildung einer Peptidbindung, wobei das Carboxylende des in P gebundenen Peptids mit der Aminogruppe der in A gebunden Aminosäure reagiert. Die Peptidbindung entsteht unter Katalyse durch die rRNA der großen Untereinheit (Ribozym-Wirkung). Die in der P-Bindungsstelle lokalisierte tRNA wird nun über die E-Bindungsstelle freigesetzt. Bei diesem Elongationsvorgang sind bei Prokaryoten 3, bei Eukaryoten 2 Elongationsfaktoren (EF) beteiligt. Durch deren Zusammenwirken wird die Aktivierungsenergie erheblich verringert. Die Bindungsstellen A und E sind gekoppelt in negativer Kooperativität, d.h. nur eine von beiden kann besetzt sein. Durch fortgesetzten Anbau von Aminosäuren nach dem beschriebenen Prinzip wächst die Peptidkette vom Amino- zum Carboxylende, bleibt aber stets an eine tRNA gebunden und so mit dem Ribosom und der mRNA verknüpft. Die jeweils zuletzt angebauten 30–40 Aminosäuren liegen in einem Tunnel der großen Untereinheit des Ribosoms.

Bei *E. coli* werden je Sekunde etwa 10–20 Aminosäuren verknüpft; für die Bildung eines Polypeptids von durchschnittlicher Größe sind daher etwa 20–60 s erforderlich. Die hohe Genauigkeit der Translation (1 Fehler auf 3000 eingebaute Aminosäuren) wird durch *proofreading* (bei der Bildung der Aminoacyl-tRNAs und am Ribosom) erreicht.

Termination (Kettenende): Gelangt ein Stopp-Triplett (Terminations-Codon) in die A-Bindungsstelle, so wird keine tRNA gebunden, sondern es erfolgt unter Mitwirkung von Terminationsfaktoren die Ablösung des Polypeptids. Das Ribosom trennt sich in seine beiden Untereinheiten auf, die dann für einen neuen Kettenstart zur Verfügung stehen. Ribosomen, die nicht in ihre Untereinheit dissoziieren, bilden eine inaktive Speicherform.

Schon während der Synthese der Polypeptidkette wird das Start-Methionin meistens abgespalten und beginnt sich die Raumstruktur des Proteins auszubilden: Proteinfaltung.

Während der Wanderung des ersten Ribosoms hat sich ein zweites an die gleiche mRNA gebunden, dann ein drittes und viertes usw. So entstehen die Polysomen (vgl. 3.2.4.3), deren einzelne Ribosomen jeweils das gleiche Protein aufbauen. – Viele Antibiotika entfalten ihre Wirkung durch Eingriff in die Translation (Tab. 8-1).

8.6.7 Proteinfaltung

Unter Proteinfaltung versteht man die Ausbildung der richtigen Raumstruktur eines Proteins. Einfache Proteine lassen sich nach vorsichtigem Denaturieren in geeignetem Milieu wieder renaturieren; die Faltung erfolgt von selbst. Bei der Mehrzahl der Proteine wirken aber Hilfsproteine mit, Chaperone und Enzyme der Proteinfaltung (Konformasen, Foldasen). Die Proteinfaltung kommt durch das Zusammenwirken vieler schwacher Wechselwirkungen zustande und erfolgt erstaunlich rasch (< 1 s). Die

Tab. 8-1: Molekularbiologische Wirkung von Antibiotika

Wirkung bei Prokaryoten und Eukaryoten	
Actinomycin C	bindet an Guanosin-Reste der DNA, verhindert Transkription
Puromycin	bindet infolge Strukturanalogie zum 3'-Ende der Aminoacyl-tRNA an das wachsende Ende der Peptidkette, dadurch vorzeitiger Kettenabbruch bei Translation (Abb. 8.23)
Wirkung bei Prokaryoten und den semiautonomen Organellen der Eukaryoten	
Chloramphenicol	hemmt Peptidyl-Transfer
Streptomycin	bindet an 30 S-Untereinheit der Ribosomen
Tetracyclin, Kanamycin, Neomycin	verhindert Beladung der A-Bindungsstelle der Ribosomen (bei Eukaryoten schwächer wirksam)
Rifamycin	bindet an RNA-Polymerase und hemmt diese
Erythromycin	hemmt Translokation
Kirromycin	bindet an einen Elongationsfaktor
Wirkung nur bei Eukaryoten	
α-Amanitin	hemmt RNA-Polymerase II
Cycloheximid	hemmt Translokation
Anisomycin	hemmt Bildung der neuen Peptidbindung

Zahl möglicher Konformationen ist riesig (bei 100 Aminosäuren etwa 10^{23}); es muss daher Mechanismen geben, die zur richtigen Struktur führen, ohne dass viele Möglichkeiten durchlaufen werden. Zwischenstadium ist oft ein «*random globule*», bei dem im Protein-Inneren bereits zahlreiche hydrophobe Wechselwirkungen (vgl. 2.3.2) ausgebildet sind. Auch van der Waals-Kräfte sind für die Stabilität im «gepackten» Teil von Bedeutung. Frühe Fehlfaltungen werden in der Regel noch umgeordnet, späte hingegen machen aus energetischen Gründen Probleme.

Das Lösungsmittel Wasser spielt für die Ausbildung der Raumstruktur eine wichtige Rolle; es wirkt gewissermaßen wie ein Faltungsenzym mit. Die polaren Gruppen befinden sich bei löslichen Proteinen vorwiegend an der Oberfläche (Abb. 8.24) und tragen zur Stabilität der Raumstruktur wenig bei, sind aber für Eigenschaften und Funktionsweise des Proteins von Bedeutung. Sie binden auch Wassermoleküle sehr fest, sodass diese gewissermaßen zur Raumstruktur eines löslichen Proteins hinzugehören (Abb. 8.24). Die einzelnen Domänen eines Proteins falten sich oft weitgehend getrennt. Insgesamt sind etwa 350 verschiedene Faltungsmuster bekannt; man schätzt, dass es insgesamt etwa 1000 verschiedene gibt.

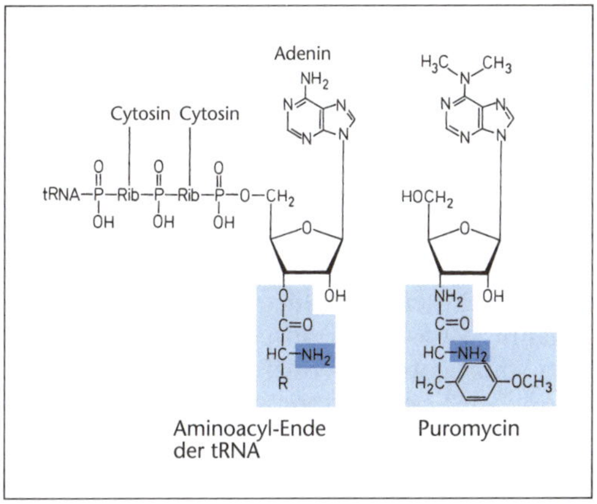

Chaperone verhindern durch ihre Wechselwirkung mit der entstehenden Polypeptidkette deren Aggregation mit anderen Proteinen sowie Fehlfaltungen. Man unterscheidet 6 Gruppen von Chaperonen, die in den verschiedenen Kompartimenten der Zelle zumeist durch Homologe vertreten sind. Viele wurden zuerst als Stressproteine identifiziert, weil sie nach einem Hitzeschock vermehrt werden. Sie wurden daher als *heat shock* Proteine (HSP) bezeichnet und durch ihre Molekül- bzw. Aggregatgröße charakterisiert:

– HSP 100: verhindern Proteinaggregation;
– HSP 90;

Abb. 8.23: Puromycin zeigt große Strukturähnlichkeit zum Aminoacyl-Ende beladener tRNAs. Es bindet an die wachsende Polypeptidkette, damit bricht deren Synthese ab.

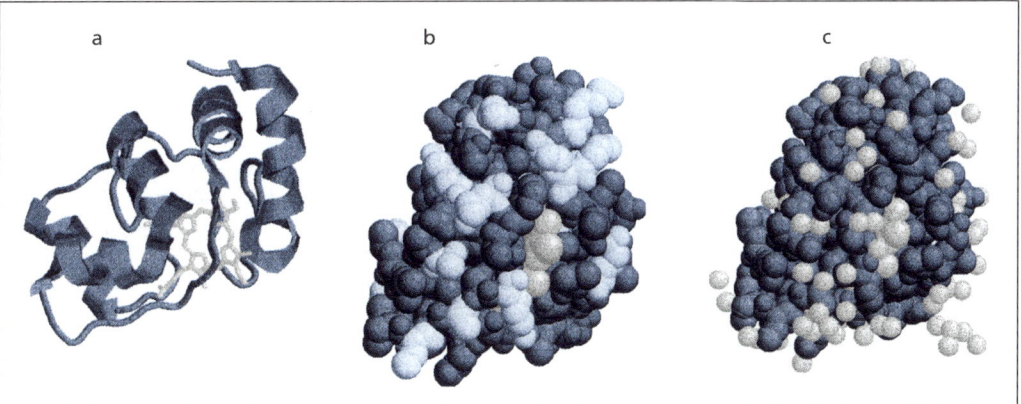

Abb. 8.24: Raumstrukturbilder von Cytochrom c aus *Rhodospirillum*. (Derartige Bilder kann man für viele Proteine aus Protein-Datenbanken erhalten; sie sind dort in jeder Raumrichtung drehbar. **a:** (Bänder-)Modell, das die α-Helix-Abschnitte, einen Faltblattabschnitt und die Lage des Häm zeigt (vgl. Abb. 2.17). **b:** Raumerfüllendes Kalottenmodell auf der Grundlage der van-der-Waals-Radien. Positiv geladene Oberflächenbereiche hellblau, Häm-System grau wiedergegeben. Aus solchen Bildern, die es für verschiedene Oberflächen-Eigenschaften gibt, kann man deren räumliche Verteilung erkennen. **c:** Raumerfüllendes Kalottenmodell, bei dem die an die Oberfläche fest gebundenen Wassermoleküle als graue Kugeln wiedergegeben sind (nach Bhatia u.a. aus Protein Data Base PDB).

- HSP 70: binden ATP, verhindern die vorzeitige Faltung hydrophober Bereiche. Im ER vertreten durch das «*Binding Protein*» (BiP);
- Chaperonine (mit etwa 60 kDa): bilden selbstkompartimentierende Organellen (vgl. 3.2.4.1), binden ATP und verhindern falsche Wechselwirkungen teilgefalteter Peptidketten;
- HSP 10: arbeiten mit Chaperoninen zusammen;
- Calnexin und Calreticulin: Ca^{2+}-bindende Proteine, die im ER bei der Faltung mitwirken.

Konformasen. Als Enzyme der Proteinfaltung sind von Bedeutung:

- Peptidyl-Disulfid-Isomerasen: wirken vor allem im ER bei der Bildung von Schwefel-Schwefel-Brücken mit;
- Peptidyl-Prolyl-cis-trans-Isomerasen: beschleunigen die Einstellung der richtigen Raumstruktur an Prolinresten; zu diesen Isomerasen gehören die Cyclophiline, die durch die Antibiotika der Cyclosporin-Gruppe gehemmt werden.

Quartärstruktur. Der geordnete Aufbau von Aggregaten aus mehreren Polypeptidketten zu einem Protein mit Quartärstruktur kann ohne oder – häufiger – unter Mitwirkung von Chaperonen erfolgen. Membranproteine besitzen in der Regel Quartärstrukturen, für deren Ausbildung Wechselwirkungen mit den Lipiden der Membran von Bedeutung sind.

Der Vergleich von Proteindomänen zeigt, dass ähnliche Raumstrukturen auf der Grundlage unterschiedlicher Aminosäuresequenzen entstehen können. Sind die Übereinstimmungen der Aminosäuren (und somit der Nucleotidsequenzen) prozentual hoch, so sind die Strukturen homolog. Ursache der Homologie kann entweder sein, dass einander entsprechende Gene in verschiedenen Arten vorliegen (Orthologie) oder aber, dass Gene nach einer Verdoppelung zwar etwas unterschiedlich geworden sind (und die Proteine möglicherweise verschiedene Funktionen haben), aber die gemeinsame Herkunft noch erkennen lassen (Paralogie). Die molekulare Evolutionsforschung untersucht orthologe Sequenzen von Genen oder Proteinen; der Vergleich paraloger Sequenzen liefert Daten über die Evolution von Genfamilien.

8.6.8 Lokalisierung und posttranslationale Veränderung der Proteine

Zellkompartimente enthalten ein bestimmtes Muster von Proteinen. Es muss also Mechanismen zu deren richtiger Verteilung geben. Dazu besitzen die Proteine Erkennungssequenzen aus Abfolgen bestimmter Aminosäuren. Häufig liegen diese in besonderen Peptid-Abschnitten, die nach Erreichen der richtigen Lokalisierung entfernt werden.

Eine beträchtliche Zahl von Proteinen wird am rauhen ER durch die dort gebundenen Ribosomen synthetisiert: Membranproteine, Proteine der intracisternalen Räume, der Zellwand sowie sekretorische Proteine. Deren Polypeptidketten tragen am Aminoende zunächst eine **Signalsequenz** von 25–35 Aminosäuren. Wenn diese Sequenz das Ribosom im Cytoplasma verlassen hat, wird ein Signal-Recognition-Partikel (SRP, vgl. 3.2.4.3) gebunden. Dadurch hört die Translation zunächst auf. Das SRP ist ein Ribonucleoprotein-Partikel, das eine 7 S-RNA enthält. Die Bindung des SPR führt nun zur Anlagerung an die ER-Membran, wo über einen spezifischen Rezeptor eine Bindung hergestellt wird (Abb. 8.25); so entsteht das raue ER (vgl. 3.2.4.4). Das SRP wird unter GTP-Spaltung freigesetzt, und die Proteinsynthese läuft weiter. Die Polypeptidkette fädelt sich hierbei in einen Kanal der ER-Membran ein, der durch mehrere Proteine gebildet ist und **Translokon** genannt wird. Der Transport des Proteins erfolgt somit cotranslational. Die Pore des Translokons wird bei Bindung des Ribosoms erweitert. Sie war zuvor außerdem durch das *Binding Protein* (BiP) verschlossen, das nun auf der ER-Lumen-Seite als Chaperon an die wachsende Polypeptidkette gebunden wird. Benachbart zum Translokon befindet sich ein spezifisches Enzym, die Signalpeptidase, die in der Regel die Signalsequenz cotranslational abspaltet. Das Translokon kann sich auch lateral öffnen, wodurch Proteine in die ER-Membran eingebaut werden. Diese Proteine besitzen zumeist unpolare Oberflächenbereiche, die mit der Lipidphase in Wechselwirkung treten. Ihre Anordnung in der Membran (Lage des Aminoendes) ist unterschiedlich, aber genau reguliert. – Im ER wird die Faltung der Proteine vollendet; häufig werden noch Zuckerketten gebunden (siehe unten). Zum Schluss erfolgt eine Qualitätskontrolle; fehlerhafte Proteine werden unter Mitwirkung des BiP durch den Translokon-Kanal zurücktransportiert und auf dessen cytoplasmatischer Seite vom Proteasom (vgl. 11.3.3.3) abgebaut.

Eine charakteristische Erkennungssequenz nahe dem Carboxylende der Proteine des ER-Lumens legt fest, dass diese Proteine auch dort verbleiben. Gelangen sie in den Golgi-Bereich, so erfolgt ein Rücktransport. Andere Erkennungssequenzen sorgen dafür, dass auch die Membranproteine in ihrem jeweiligen Bereich verbleiben.

Entscheidend für den Kompartimentwechsel ist es, dass das Protein nicht in seiner endgültigen Raum-

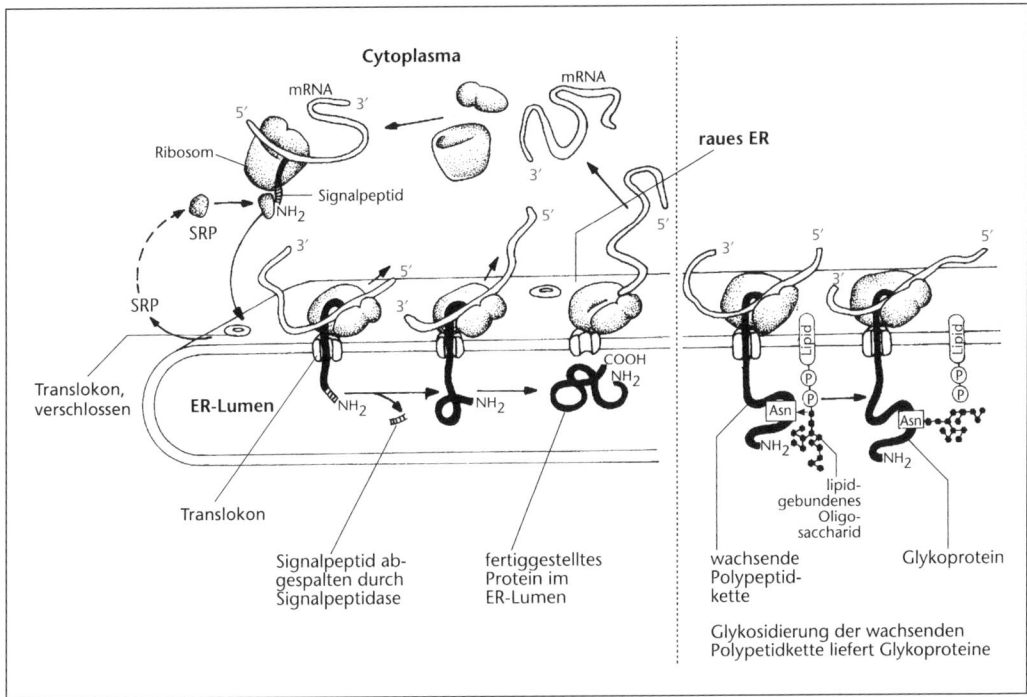

Abb. 8.25: Translation einer Polypeptidkette am rauen ER. Das fertige Protein liegt im ER-Lumen vor. Links: nach Bildung des Signalpeptids am Amino-terminalen Ende der Polypeptidkette bindet dieses an das Signal-Recognition-Partikel (SRP) und die Translation hört auf. Nun erfolgt Bindung an das Translokon-System in der ER-Membran, das SRP wird abgelöst, die Polypeptidkette fädelt sich durch das Translokon ein und tritt ins ER-Lumen ein. Die Translation läuft weiter; im ER-Lumen wird die Signalsequenz durch eine Proteinase (die Signal-Peptidase) abgespalten. Rechts: bei der Synthese von Glykoproteinen werden an spezifische Asparagin(Asn)-Reste der wachsenden Polypeptidkette im ER-Lumen Oligosaccharidketten gebunden. Das Oligosaccharid wird an dem Lipid-Trägermolekül (einem Polyprenolphosphat, meist Dolicholphosphat, vgl. 11.3.3.2) auf der cytoplasmatischen Seite der ER-Membran aufgebaut, durch die Wirksamkeit des Trägers ins ER-Lumen verbracht und dort unter Mitwirkung einer Transferase auf die Polypeptidkette übertragen.

struktur vorliegt. Polypeptide mit Signalsequenz können im Experiment auch posttranslational durch das Translokon der ER-Membran hindurchgeschleust werden.

Protein-Sortiervorgang: Im Lumen des ER vorliegende Polypeptide gelangen über Vesikel in die Zisternen des Golgi-Apparates. Dort erfolgt ein Sortiervorgang und dann über Golgi-Vesikel der Transfer zu den einzelnen Organellen. Für den Sortiervorgang von Bedeutung ist die Bildung von *Glykoproteinen* durch Anbau von Zuckerketten ans Polypeptid. Dieser Vorgang beginnt schon im ER vor Fertigstellung des Polypeptids (cotranslational); dabei werden Zucker an die Aminogruppe der Seitenkette von Asparagin N-glykosidisch gebunden (Abb. 8.25). Die Vielfalt der Glykoprotein-Strukturen entsteht durch Veränderung der Zuckerketten im Golgi-Apparat. Dabei werden zunächst Mannose-Einheiten entfernt, dann Acetylglucosamin und schließlich noch weitere Zucker angebaut. Im Golgi-Apparat können ferner Zucker an die OH-Gruppen der Aminosäuren Serin und Threonin (O-glykosidisch) gebunden werden. Zellwandproteine erhalten im Golgi-Bereich O-glykosidisch gebundene Zuckerketten. Signale in der Peptidkette legen den Transport in den lysosomalen und Vakuolen-Bereich fest.

Auch für die Glykoproteine erfolgt nochmals eine Qualitätskontrolle durch Calnexin und Calreticulin im ER-Lumen.

Der **Transport** von Proteinen in die **Plastiden** und **Mitochondrien** erfolgt posttranslational. Ihre kerncodierten Proteine besitzen eine Transit-Sequenz; sie werden zunächst als Vorstufen (Prä-Proteine) gebildet. Chloroplasten besitzen Translokationssysteme in der äußeren und der inneren Membran der Hülle (TOC = Transportsystem der äußeren Membran; TIC = Transportsystem der inneren Membran). Die Transitsequenz wird vom TOC-System unter Mitwirkung von Membranlipiden erkannt. Der Transport erfordert ATP sowie GTP (da G-Proteine beteiligt sind), ferner wirken Chaperone mit, die das Präprotein in einer transportablen Form halten. Auf der Stroma-Seite des TIC-Systems befindet sich die Peptidase, welche die Transitsequenz abspaltet, sodass dann die endgültige Faltung des Proteins erfolgen kann. Für die Lokalisierung in Thylakoidmembran oder Thylakoidinnerem sind zum Teil sekundäre Signalsequenzen verantwortlich; außerdem spielt der Protonengradient (die pmf) eine Rolle. Für den Transport von Proteinen in die Mitochondrien gibt es die entsprechenden Translokationssysteme TOM (der äußeren Membran) und TIM (der inneren Membran). Auch hier werden Präproteine transportiert und wirken Chaperone mit. Die Peptidase, die das Transitpeptid abspaltet, ist eine AAA-Protease; sie hat also auch ATPase-Wirksamkeit. Die richtige Lokalisierung in den Mitochondrienmembranen wird für einige Proteine durch den Protonengradienten reguliert. In die Peroxisomen erfolgt der Proteintransport ebenfalls posttranslational, wobei spezifische Transportsysteme offenbar endgültig gefaltete Proteine einschleusen.

Der **Transport in den Zellkern** erfordert ein Kernlokalisierungssignal des Proteins. Dieses reagiert im gefalteten Zustand mit einem Importin. Dieses Transportsystem bildet Dimere und reagiert dann mit dem Kernporen-Komplex. Im Kern wird das transportierte Protein frei, das Importin reagiert mit dem regulierenden G-Protein «Ran», das GTP bindet. Dadurch wird der Rücktransport des Importin-Ran-GTP-Komplexes ausgelöst. Im Cytoplasma wird dieser gespalten und das Importin somit verfügbar. Der Transport von Proteinen oder mRNPs aus dem Kern heraus erfolgt in ähnlicher Weise reguliert durch Exportine, die ein Kern-Exportsignal erkennen. Die asymmetrische Verteilung von Proteinen, die das Ran-GTP-System regulieren, sorgt für den gerichteten Transport.

Posttranslationale Veränderungen von Proteinen haben eine Reihe weiterer wichtiger Aufgaben:

- **Phosphorylierung** durch Bindung von Phosphat an die OH-Gruppe von Serin, Threonin und Tyrosin oder an Histidin kann Enzyme (und andere Proteine) aktivieren und inaktivieren. Sie wird katalysiert durch Proteinkinasen. Durch spezifische Phosphatasen werden die Proteine wieder dephosphoryliert. Dies ist der häufigste Regulationsvorgang auf der Ebene der Proteine; er ist an vielen Signalketten beteiligt (vgl. 14.2.4.1). Dabei können auch mehrere Proteinkinasen hintereinander geschaltet werden (Kinase einer Proteinkinase = Proteinkinasekinase PKK; entsprechend PKKK), sodass ein Verstärkungseffekt zustandekommt.
- **Acetylierung** wird katalysiert durch Acetylasen und hat bei Histonen und einigen weiteren Proteinen regulatorische Funktion.
- **Prenylierung** durch Bindung von Prenylresten von 15 oder 20 C-Atomen (vgl. 11.2.5) an eine Cystein-Seitenkette. Die hydrophoben Prenylgruppen führen zu einer Verankerung der Proteine in der Membran.
- **Acylierung** im N-terminalen Bereich durch Bindung eines Fettsäurerestes: Myristyl (C_{14})- oder Palmityl (C_{16})-Rest, dient ebenfalls der Membranverankerung.
- **Hydroxylierung** von Prolin führt zur Bildung von Hydroxyprolin.
- **Methylierung** von Seitenketten einzelner Aminosäuren, sodass im fertigen Protein nichtproteinogene Aminosäuren enthalten sind.
- **Peptidabspaltung.** Transitpeptide werden posttranslational abgespalten. In anderen Fällen werden Enzyme als Vorstufen inaktiv gehalten und erst bei Erreichen des richtigen Kompartiments (z.B. bei Ausschleusung aus der Zelle) durch Abspaltung eines Peptids (C- oder N-terminal) aktiv. Die Vorstufe nennt man das Pro-Protein.
- **Aufspaltung der Polypeptidkette:** Als Beispiel diene das Legumin, ein Speicherprotein der Leguminosen-Samen (ähnliche Samenproteine kommen bei vielen Angiospermen vor, vgl. Abb. 8.26). Das Legumin entsteht am rauen ER, die Vorstufe (Prä-Protein) besitzt also eine Signalsequenz. Im ER liegt dann das Proprotein (Prolegumin) vor, das durch eine Endopeptidase in zwei Ketten zerlegt

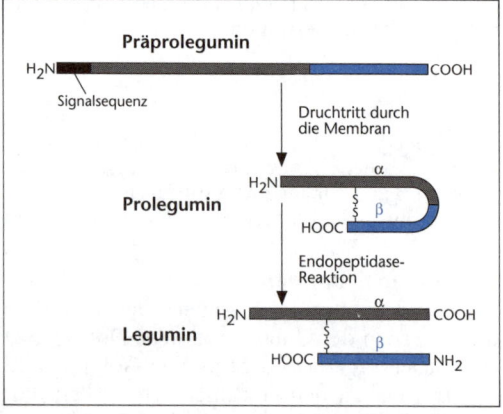

Abb. 8.26: Posttranslationale Spaltung der Polypeptidkette. Synthese von Legumin: Prä-Prolegumin ist das primäre Translationsprodukt. Die Signalsequenz wird bei Durchtritt durch die ER-Membran abgespalten. Nach Ausbildung einer S-S-Brücke wird die Polypeptidkette in die beiden Ketten α und β zerlegt (nach MÜNTZ et al.).

wird, die über eine S-S-Brücke miteinander verbunden bleiben. Schließlich erfolgt eine Zusammenlagerung von sechs solchen Legumin-Einheiten zum Legumin-Komplex der Speicherzellen der Kotyledonen.
- Protein-Spleissen: Von einigen Proteinen bei Prokaryoten und bei Hefe ist bekannt, dass aus einem Proprotein sich ein mittleres Teilstück der Aminosäuresequenz herausspaltet (ein «Intein», in Analogie zum Intron der RNA); die verbleibenden Teile werden peptidisch verknüpft.
- Anbau einzelner Aminosäuren, meist am Aminoende der Peptidkette durch spezifische Enzyme. Ebenso ist ein Anbau von Nucleotiden bekannt.

8.7 Extrachromosomale Vererbung

Da jede eukaryotische Zelle auch außerhalb des Zellkerns DNA und somit Gene enthält, gibt es eine extrachromosomale Vererbung. Sie unterliegt nicht den Gesetzmäßigkeiten, die sich aus der Verteilung der Chromosomen bei der Meiose ergeben; so führen reziproke Kreuzungen hier in der Regel zu unterschiedlichen Nachkommen.

Von vielen höheren Pflanzen existieren Formen mit grün-weiß gescheckten (panaschierten) Blättern. Dieses Merkmal wird bei Kreuzungen mit einer normal grünen Form meist nur über die mütterliche Pflanze und somit über die Eizelle weitergegeben. In der Regel enthält nämlich nur die Eizelle, nicht aber die Spermazelle, Proplastiden. (Allerdings gibt es Ausnahmen von dieser «mütterlichen Vererbung» bei den Arten, deren Spermazellen Proplastiden mitbringen, z. B. *Pelargonium zonale*). Kreuzt man bei *Mirabilis* eine grüne Mutter- und eine panaschierte Vaterpflanze, so erhält man nur grüne Nachkommen; bei der reziproken Kreuzung erhält man grüne, panaschierte und farblose Pflanzen (Abb. 8.27). (Letztere gehen zugrunde, da sie nicht autotroph werden können). Die Ausbildung der Pflanzen hängt davon ab, ob die Eizelle nur normale, nur nicht ergrünungsfähige, oder beide Sorten von Proplastiden enthält. Dasselbe Ergebnis erhält man bei Selbstung einer panaschierten Pflanze.

Mitochondriale Gene sind zuerst bei Hefe nachgewiesen worden. Deren «petite»-Mutanten besitzen ein defektes System der Zellatmung. – Jedes größere Mitochondrion enthält mehrere identische ringförmige (in Supercoils vorliegende) **mtDNA-Moleküle**. Bei verschiedenen Arten ist die Größe sehr unterschiedlich, obwohl der Informationsgehalt des mitochondralen Genoms bei allen Organismen fast gleich ist: weniger als 5% der Mitochondrien-Proteine werden durch die organell-eigene DNA codiert. Die verschiedene Größe der mtDNA (Pilze: 20–80 kB; Blütenpflanzen: 250–2500 kB) rührt daher von einer unterschiedlichen Zahl repetitiver Sequenzen her. Diese ist bei den Blütenpflanzen am größten und kann sogar bei den verschiedenen mtDNA-Ringen innerhalb eines Mitochondrions schwanken. Die mitochondriale DNA enthält etwa 90 Gene, darunter jene für einige Proteine der Atmungskette (vgl. 10.6.4.1, z. B. für 3 von 13 Proteinen der Cytochromoxidase und 2 von 12 Proteinen der F-ATPase). Mutationen in der mtDNA können Pollensterilität verursachen (z. B. bei Mais). **Plastiden-DNA** (ptDNA) ist ebenfalls ringförmig und bildet *Supercoils*. Ein Plastid enthält 10–200 gleiche ptDNA-Moleküle, die bei allen Blütenpflanzen eine ziemlich einheitliche Größe von 120–160 kB besitzen.

Die ptDNA enthält über 120 Gene, darunter jene für rRNAs und tRNAs der Plastiden und für etwa 90 Proteine, darunter die große Untereinheit von Rubisco (vgl. 10.1.2). Die Anordnung der Gene ist bei allen höheren Pflanzen ähnlich. Mitochondrien und Plastiden-DNA codieren beide nur für einen Teil der Proteine der jeweiligen Innenmembranen dieser Orga-

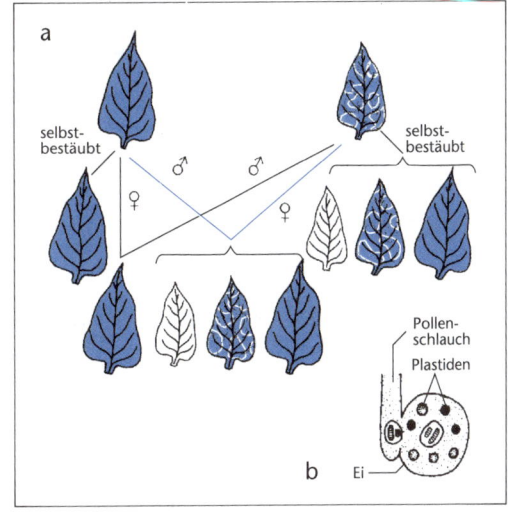

Abb. 8.27: Extrachromosomale Vererbung der Blatt-Panaschierung. **a:** Mütterliche Vererbung bei *Mirabilis jalapa*; **b:** Schema zur Erklärung des Vorgangs bei der Befruchtung. Nur die Eizelle enthält Proplastiden (nach STRASSBURGER).

nellen; jedoch bestimmen diese auch den richtigen Einbau der kerncodierten Proteine der inneren Membranen. Auch tRNAs und Proteine des Translationssystems müssen importiert werden. Die Aufklärung der DNA-Struktur der Organellen hat somit die genetischen Befunde bestätigt, wonach die Organellen nur zum Teil durch ihre eigene DNA gesteuert sind. Sie sind semiautonom und bedürfen stets einer komplexen Koordination mit dem Kern-Genom. Die meisten Gene der Plastiden werden ohne besondere Regulation transkribiert; die Kontrolle der Proteinsynthese erfolgt also posttranskriptional.

Transkription und Translation erfolgen in Mitochondrien und Plastiden ähnlich wie in Bakterien; allerdings gibt es auch Besonderheiten:

- Introns treten auf, daher muss auch Spleissen erfolgen.
- Repetitive Sequenzen treten (in unterschiedlicher Menge) auf.
- In der mRNA finden (bei Kormophyten, nicht bei Grünalgen und Moosen) nach der Transkription Veränderungen einzelner Basen statt; vor allem wird C zu U umgesetzt (gelegentlich A zu Inosin und selten U zu C). In Mitochondrien geschieht dies regelmäßig, in Plastiden weniger häufig. Durch diese **RNA-Edierung** wird die Information verändert und dadurch erst die «richtige» Aminosäuresequenz festgelegt.

- Der genetische Code kann in Mitochondrien einzelne Abweichungen aufweisen, jedoch nicht bei Kormophyten. So codiert z. B. das Stopp-Codon UGA bei Hefe und Tieren für Tryptophan.

Sequenzstücke der mtDNA treten auch in der Kern-DNA auf. Ebenso kann Plastiden-DNA im Kern vorliegen: beim Spinat sind große Teile der ptDNA in Form inaktiver Teilstücke in der Kern-DNA vorhanden. DNA-Sequenzstücke von Plastiden können ferner in Mitochondrien auftreten. Offenbar gibt es einen DNA-Transfer innerhalb der Zelle («promiskuöse DNA»). Dies ist auch eine Bestätigung der Endosymbiontentheorie (vgl. 3.4).

Die extrachromosomale Vererbung ist von Bedeutung für die Pflanzenzüchtung. Kreuzt man z. B. beim Weizen zwei reine Linien, so erbringt die Hybride oft einen höheren Ertrag (Heterosis-Effekt). Da beim Weizen Selbstbefruchtung möglich ist, besteht die Gefahr, dass durch diese Inzucht der Kornertrag wieder verringert wird. Nun gibt es bei den Getreidearten Linien mit mitochondrialen Faktoren, die Pollensterilität hervorrufen (vgl. oben). Kreuzt man diese Faktoren in die Zuchtlinien ein, so wird eine Selbstung unmöglich und es treten nur Hybriden auf.

8.8 Transgene Pflanzen

Pflanzen, in deren Genom man ein fremdes Gen (oder mehrere Gene) mit Hilfe gentechnischer Verfahren eingebracht hat, bezeichnet man als transgene Pflanzen. Sie werden zur Funktionsanalyse von Genen heute in großem Umfang eingesetzt; die pflanzliche Entwicklungsphysiologie wäre ohne dieses Hilfsmittel gar nicht mehr denkbar. In manchen Fällen genügt es auch, Kalluskulturen transgener Pflanzenzellen zu etablieren.

Der große Vorteil der Gentechnik für die züchterische Praxis liegt darin, dass einzelne Gene übertragen werden können. So kann dadurch z. B. eine Nutzpflanze verändert werden, ohne dass Kreuzungen durchgeführt werden müssen, die eine nachfolgende jahrelange Auslesezüchtung erfordern würden.

Die Gentechnik, d. h. die experimentelle Vereinigung von DNA verschiedener Herkunft, benötigt

- die DNA, die in einen anderen Organismus übertragen werden soll;

- ein Verfahren, um diese Fremd-DNA in den Empfänger-Organismus zu bringen und dort stabil einzubauen. Häufig bedient man sich dazu einer Träger-DNA, in welcher die gewünschte DNA zunächst eingebaut wird und die dann in den Empfänger eingeschleust werden kann. Man bezeichnet die Träger-DNA als den *Vektor*. DNA, die durch eine Verknüpfung *in vitro* erzeugt wurde, nennt man *rekombinante DNA*. Die gewünschte Fremd-DNA wird mit geeigneten Restriktionsendonucleasen (vgl. 8.5.3) aus dem Spenderorganismus gewonnen, in einen passenden Vektor eingebaut und der «beladene» Vektor in einen Empfänger gebracht und vermehrt (DNA-Klonierung, vgl. 8.5.6).

Die rekombinante DNA wird in Pflanzenzellen eingeschleust und muss dort ins Genom integriert werden. Aus solchen transgenen Zellen werden ganze Pflanzen regeneriert (vgl. 14.1.3.1). Dann kann geprüft werden, ob das Fremdgen exprimiert wird.

8.8.1 Einbringung rekombinanter DNA

Der wichtigste Vektor ist das T_i-Plasmid des pflanzenpathogenen Bakteriums *Agrobacterium tumefaciens* (vgl. 14.6.1). Dies ist die bei Dicotylen erfolgreichste Methode der DNA-Übertragung. Auch einige Viren können als Vektoren verwendet werden; infolge eines schmalen Wirtsspektrums haben sie aber geringe Bedeutung. Daneben gibt es etliche vektorfreie Verfahren:

- Vakuuminfiltration von DNA in Meristeme.
- Bombardier-Technik: Die DNA wird (oft in Form von Plasmiden mit der Fremd-DNA) auf kleine Metallpartikel aus Wolfram oder Gold aufgebracht, die dann in die Zelle hineingeschossen werden. Mit dieser Methode ist auch ein Einbau von Fremd-DNA in Plastiden-DNA erreicht worden. Dieses Verfahren ist besonders wichtig bei Monocotylen (z. B. Getreide), die nicht von *Agrobacterium* infiziert werden und das T_i-Plasmid nicht einbauen.
- Mikroinjektion durch Einspritzen der DNA in die Zellen.
- Chemisch induzierte DNA-Aufnahme, z. B. können durch Polyethylenglykol Protoplasten zur Aufnahme freier DNA veranlasst werden.
- Elektroporation: durch Hochspannungspulse kommt es zu kurzzeitigen Leckbildungen im Plasmalemma, so dass DNA in die Zelle eintreten kann.

Vor allem bei Anwendung der Bombardiertechnik und der Elektroporation beobachtet man oft eine nur transiente Genexpression, d. h. die Fremd-DNA wird nach einiger Zeit (z. B. nach Anzucht von Pflanzen aus den transgenen Zellen) stillgelegt (z. B. durch Methylierung, vgl. 8.5.7.5).

Der Ort des Einbaus der Fremd-DNA ist nicht vorherzusagen und variiert von Experiment zu Experiment. Auch dies kann zu unterschiedlicher Genexpression führen.

8.8.2 Nachweis der Genübertragung

Die erfolgreiche Genübertragung wird durch in der rekombinanten DNA zusätzlich enthaltene, also mittransferierte **Markergene** geprüft, deren Aktivität man leicht feststellen kann. Es gibt solche Markergene, die zugleich zur Selektion der Zellen verwendet werden können, die rekombinante DNA überhaupt enthalten (selektierbare Markergene) und andere, mit denen eine Selektion nicht möglich, deren Expression aber besonders bequem nachzuweisen ist (Reportergene). Selektierbare Markergene sind das Resistenzgen für das Antibiotikum Kanamycin und das Gen der Phosphinothricin-Transacetylase, die das Totalherbizid Phosphinothricin inaktiviert (die Zellen bzw. Pflanzen sind dann dagegen widerstandsfähig). Als Reportergen wird z. B. das Gen *nid A* für die β-Glucuronidase (GUS) eingesetzt, die leicht histochemisch nachzuweisen ist. Besonders günstig ist das Gen *gfp* für das *Green Fluorescent Protein* GFP (vgl. 10.7), dessen Expression an lebenden Einzelzellen und Pflanzen durch Nachweis der Fluoreszenz schädigungsfrei geprüft werden kann.

8.8.3 Genexpression

Eine gute Expression des Fremdgens erfordert einen im Empfänger-Organismus sehr wirksamen Promotor. Je nach dem verfolgten Ziel sollte das Gen konstitutiv exprimiert werden oder induzierbar sein. Meist werden genregulatorische Bereiche und Promotor gesondert vom Strukturgen eingebaut. Sie müssen stets solche der Empfänger-Zelle sein, da hier die Regulation der Genaktivität funktionieren muss (vgl. 14.2.3.1). Als konstitutiver Promotor hat sich jener des Blumenkohl (*cauliflower*)-Mosaik-Virus bewährt (35 S RNA-CaMV-Promotor).

Die Orte des Einbaus der Fremd-DNA ins Genom können bei Pflanzen nicht vorhergesagt werden; die Rekombination erfolgt irregulär. Bei Mikroorganismen kommt es relativ häufig zur homologen Rekombination. Dies hat für genetische Untersuchungen große Vorteile (z. B. kann man viel einfacher ein Gen gezielt ausschalten). Es wurde gezeigt, dass bei Laubmoosen (*Physcomitrella*) homologe Rekombination hinreichend häufig eintritt. Damit ist es möglich, bei diesen Pflanzen die Funktion unbekannter Gene festzustellen. Man isoliert das Gen, führt ortsspezifische Mutagenese durch (vgl. 8.5.7.1), baut die veränderte Sequenz durch homologe Rekombination anstelle der ursprünglichen ein und untersucht bei den so erhaltenen «knock-out»-Pflanzen den Phänotypus.

8.8.4 Protoplasten-Technik

Die Anwendung der Gentechnik bei Pflanzen geht in vielen Fällen von Protoplasten aus, da das Einbringen der Fremd-DNA, insbesondere bei der vektorfreien Einführung, dabei die geringsten Schwierigkeiten bietet. Um transgene Pflanzen zu erhalten, muss man diese dann aus den transformierten Protoplasten heranziehen (vgl. 14.1.3.1). Dies gelingt bisher nicht bei allen höheren Pflanzen. Die Handhabung von Protoplasten hat in der modernen Pflanzengenetik aber weite Verbreitung gefunden.

Protoplasten, auch solche aus verschiedenen Arten, lassen sich verschmelzen. In manchen Fäl-

Abb. 8.28: *Arabidobrassica*, durch somatische Hybridisierung (Protoplastenfusion) von *Arabidopsis* und *Brassica* entstanden (Foto: F. HOFFMANN).

len kann aus dem Fusionsprodukt eine Bastardform herangezogen werden. Diese *somatische Hybridisierung* ermöglicht die Herstellung von Hybriden, die durch normale Kreuzungen nicht zugänglich sind, so z. B. die Kreuzung von Tabak und Petunie, von Kartoffel *Solanum tuberosum* und Tomate *Lycopersicon esculentum* und sogar von *Brassica* mit *Arabidopsis* oder mit *Sinapsis*. Die Zellen somatischer Hybriden zwischen sehr verschiedenen und nicht nahe verwandten Arten (z. B. *Arabidopsis* + *Brassica*) verlieren bereits während der Entwicklung zu Pflänzchen einzelne Chromosomen; die herangewachsenen «Hybrid» Pflanzen haben daher eine sehr unterschiedliche Chromosomen-Ausstattung und bilden unförmig gestaltete Monstrositäten mit sterilen Blüten (Abb. 8.28).

Eine andere züchterisch möglicherweise zu nutzende Technik besteht in der Verschmelzung eines kernlos gemachten Protoplasten mit einem kompletten Protoplasten. In diesem Fall werden die Zellorganellen (vor allem Plastiden und Mitochondrien) beider Zellen kombiniert, die Kerngene hingegen stammen nur von einem Partner. Solche «cytoplasmatischen Hybride» nennt man auch kurz **Cybride**.

8.9 Protein-Engineering

Die große Breite der Funktionen von Proteinen besteht aufgrund der Verschiedenheit ihrer molekularen Oberflächen. Dieses Potential suchen die Methoden des *protein engineering* zu nutzen. Um durch Veränderungen von Proteinen ganz bestimmte Eigenschaften zu erzielen, muss man vorgeplante Konstruktionen (auf der Ebene der Nucleinsäuresequenzen) durchführen. Ziele sind vor allem bessere katalytische Wirksamkeit unter gegebenen Bedingungen, Veränderung oder Einengung der Substratspezifität, Nutzung der Enantioselektivität, erhöhte thermische Stabilität, erhöhte Stabilität gegenüber Abbau. Als Verfahren bieten sich an: eine Neukombination von Proteindomänen (sofern man deren Eigenschaften einigermaßen kennt; *modulare Kombination*) und die Abwandlung von Oberflächenbereichen des Proteins.

Werden z. B. hydrophobe Bereiche verändert, so ändert sich die Löslichkeit und die Aggregationsfähigkeit. Die ortsspezifische Mutagenese liefert nur wenige Varianten; für eine gezielte Veränderung der Substratspezifität ist daher ein kombinatorisch-evolutiver Ansatz sinnvoll: man setzt das Gen des Ausgangsproteins einer (zufallsgemäßen) hohen Mutagenese aus (z. B. durch absichtlich fehlerhafte PCR) und erhält so eine große Zahl von Varianten (10^3–10^6) auf der Ebene des Gens. Werden diese zur Expression gebracht, dann ist eine Selektion möglich. Vorteilhafterweise nutzt man dabei die Chip-Technik (vgl. 8.10). Falls das Verfahren nicht zum gewünschten Erfolg geführt hat, schließt man einen zweiten Mutagenese-Zyklus an.

8.10 Genomik und Proteomik

Die Datenfülle, die aus der riesigen Zahl sequenzierter Gene und der vollständigen Sequenzierung der Genome einer größeren Zahl von Prokaryoten, von Hefe *Saccharomyces cerevisiae* (1996 als erstes Eukaryoten-Genom vollständig sequenziert), von *Arabidopsis* und von Reis *Oryza sativa* erhalten wird, kann nur noch mit großen Datenbanken sinnvoll genutzt werden.

In der **Bioinformatik** unterscheidet man heute zwischen Untersuchungen auf der Ebene der Nucleotidsequenzen (Genomik) und solchen, die vom Proteinmuster der Zelle ausgehen (Proteomik).

Arabidopsis hat sich als besonders vorteilhaft für genetische Untersuchungen erwiesen; daher stammt von dieser Art das erste vollständig sequenzierte

Pflanzen-Genom. Aus der klassischen Genetik war schon eine große Zahl von Mutanten bekannt, die als Ausgangspunkt der molekulargenetischen Arbeiten dienen konnten. *Arabidopsis thaliana* ist eine kleine annuelle Art, deren Generationenfolge in Kultur nur etwa 6 Wochen beträgt; Selbstung ist möglich, und man kann aus Protoplasten leicht wieder Pflanzen heranzüchten. Das Genom ist (für eine Blütenpflanze) sehr klein (ca. 135 Millionen Basenpaare).

Aus den Sequenz-Daten kann man mit Hilfe des Computers weitere Gene erkennen: alle längeren, nicht repetitiven Sequenzen bilden bis zum Auftreten eines Stopp-Codons ein Offenes Leseraster (*open reading frame*, ORF; wenn die Funktion des Gens nicht bekannt ist: *unidentified open* RF = URF). In manchen Fällen ist eine Zuordnung möglich durch Vergleich von ORFs aus verschiedenen Organismen, die Homologien aufzeigt. Dabei ist die selbst bei verwandten Arten oft unterschiedliche Länge von Introns zu berücksichtigen. Auch Vergleiche mit bekannten Teilsequenzen aus anderen Arten erlauben manchmal eine Identifizierung. Knapp der Hälfte der Gene der höheren Pflanzen kann eine Funktion zugeordnet werden. Jedoch ist diese vielfach nicht zureichend, um die Bedeutung des Gens im Organismus zu erkennen: ist z.B. bekannt, dass ein Gen für eine Proteinkinase codiert, so weiß man noch nichts über die Signalkette, in der das Enzym wirksam wird. – Vergleiche ermöglichen es ferner, homologe Domänen aufzufinden, die bei wenig verwandten Arten in unterschiedlichen Genen vorliegen können.

Um die Tätigkeit von Genen zu erkennen, bedient man sich der Mikroarray-Technik. Dazu werden viele tausend unterschiedliche Einstrang-DNA-Sequenzen als Hybridisierungssubstrate in einem Muster auf einer Unterlage verankert. Die einzelnen DNA-Stränge dieser Gen-Chips enthalten die Sequenz eines Gens (oder weniger Gene). Mit einer solchen Mikroarray-Platte kann man erkennen, welche mRNA-Moleküle in einem komplexen Gemisch vorhanden sind, und somit, welche Gene exprimiert wurden. Aus dem mRNA-Gemisch erzeugt man zunächst mit Hilfe von reverser Transkriptase (und ggf. PCR zu Mengenvermehrung) ein cDNA-Gemisch. Dessen Moleküle werden fluoreszenzmarkiert. Nun hybridisiert man mit den Gen-Chips und kann dann die Markierung identifizieren und vielfach sogar quantifizieren. Führt man solche Tests unter verschiedenen Umweltbedingungen oder im Verlauf von Entwicklungsvorgängen durch, so erhält man Kenntnis über die dabei veränderten Genaktivitäten. Beispielsweise werden bei der Reife der Erdbeere die Aktivitäten von etwa 200 Genen verändert. Man muss die Sequenz der Gene auf dem Mikroarray zunächst nicht kennen, kann diese aber identifizieren und dann sequenzieren. Hat man z.B. die kompletten Daten, welche Genaktivitäten bei einer bestimmten Stresswirkung sich ändern, so lassen sich diese für effektive Strategien zur Erhöhung der Stress-Toleranz einsetzen.

Proteomik. Das Proteom ist die Gesamtheit aller zu einem bestimmten Zeitpunkt unter gegebenen Bedingungen vorhandenen Proteine einer Zelle (dabei sind auch alle posttranslationalen Veränderungen von Proteinen zu berücksichtigen). Das Genom eines Embryos im Samen und eines Blattes der gleichen Pflanze ist identisch, die Proteome aber sind qualitativ und quantitativ verschieden. Die Untersuchung des Proteoms erfolgt durch zweidimensionale Gelelektrophorese. Dabei erhält man vielfach über 10 000 spots. Zur Identifizierung dient dann die Massenspektrometrie; die dabei gewonnenen Daten werden mit Hilfe von Datenbanken ausgewertet. Ferner kann man Markermoleküle (z.B. Antikörper) verwenden, die mit einem gesuchten Protein in Wechselwirkung treten. Quantitative Proteinbestimmungen sind durch Anfärben im Gel ebenfalls möglich; damit kann man ferner Protein-Protein-Wechselwirkungen erkennen.

Proteomik und Genomik gemeinsam werden das komplexe Signalnetzwerk der Zelle entschlüsseln helfen, und man darf erwarten, dass sie zusammen mit den verfügbaren Daten über Sekundärstoffe wichtige Hinweise auf Vorkommen und Gewinnbarkeit neuer Arzneistoffe und für deren günstige Produktion liefern. Jedoch lassen sich auch physiologische Fragestellungen mit Hilfe von Ansätzen der Proteomik lösen: Maiswurzeln können sich im Verlauf einiger Stunden an O_2-arme Böden anpassen. Dieser Vorgang erfordert eine Synthese von Proteinen. Um herauszufinden, welche Gene hierfür entscheidend sind, wurden die Proteine, die vor, während und nach der O_2-Mangel-Phase gebildet worden waren, getrennt und massenspektrometrisch identifiziert.

9 Grundprinzipien der Stoffwechselphysiologie

Die Gesamtheit der chemischen Vorgänge im Organismus bezeichnet man als Stoffwechsel. Wie alle chemischen Reaktionen sind auch diese mit Veränderungen im Energieinhalt der Stoffe verknüpft. **Energie** ist die Fähigkeit, Arbeit zu verrichten. Energieumwandlungen sind für Lebewesen ebenso wichtig wie für die menschliche Zivilisation.

Zur Erhaltung der Zellstrukturen bedarf es einer ständigen Zufuhr von Energie, die durch Reaktionen im Betriebsstoffwechsel geliefert wird. Eine Neubildung von Stoffen dient dem Wachstum. Dieser Baustoffwechsel erfordert zusätzliche Energie. Bau- und Betriebsstoffwechsel sind nicht klar zu trennen.

9.1 Grundlagen der Energetik

Energie tritt in verschiedenen Formen auf: als mechanische, chemische, elektrische Energie, Wärmeenergie und Lichtenergie. Diese Energieformen können ineinander umgewandelt werden. Nach dem **Energie-Erhaltungssatz** kann Energie weder entstehen noch verloren gehen: die Gesamtenergiemenge des Universums bleibt gleich. Bei fast jeder Energie-Umwandlung wird aber Energie anderer Formen zu Wärmeenergie. Die Wärme wird an die Umgebung abgegeben und ist daher (für den Organismus) nicht mehr nutzbar. Wärmeenergie kann nämlich nur bei Bestehen von Temperatur- oder Druckdifferenzen Arbeit verrichten (z.B. in der Dampfmaschine). Da alle Vorgänge die Tendenz haben, so abzulaufen, dass Energie zum Teil in Wärmeenergie umgewandelt wird, muss man dem Rechnung tragen durch Einführung einer Größe, welche die Verteilung (den Ordnungsgrad) der Energie angibt. Sie heißt **Entropie**. Wärmeenergie beruht auf der ungeordneten Bewegung von Teilchen. Je mehr die mittlere Bewegungsenergie der Teilchen im ganzen betrachteten System von ähnlicher Größe ist, umso weniger vermag diese Wärmeenergie Arbeit zu verrichten (umso weniger «wertvoll» ist diese Energie); umso größer ist die Entropie.

Die Energieveränderungen bei chemischen Reaktionen sind am einfachsten zu erkennen an der Wärmetönung der Reaktion. Diese Reaktionswärme ist für viele Reaktionen (z.B. Oxidation mit Luftsauerstoff) direkt messbar durch Kalorimetrie. Man misst dabei die Wärme, die bei der Reaktion an die Umgebung abgegeben wird. Diese Größe heißt (Reaktions-)Enthalpieänderung ΔH. Die Enthalpieänderung ΔH ist die Veränderung des Energieinhaltes.

Im biologischen Bereich erfolgen Energieumsetzungen weitgehend bei konstantem Druck und konstanter Temperatur. Daher ist eine Energiegröße vorteilhaft, die angibt, welcher Betrag unter diesen Bedingungen für die Verrichtung von Nutzarbeit (maximal) zur Verfügung steht. Diese Größe bezeichnet man als Änderung der **freien Enthalpie** (oder freien GIBBS'schen Energie, oft kurz: der freien Energie) ΔG. Sie ist eine Zustandsgröße des Systems, d.h. nur vom Anfangs- und Endzustand der durchgeführten Reaktion abhängig, aber nicht von dem Weg, auf dem die Reaktion abgelaufen ist. Sie kann also durch die Gegenwart eines Katalysators (z.B. eines Enzyms) nicht verändert werden. Der Zusammenhang zwischen ΔH und ΔG ist gegeben durch

$$\Delta H = \Delta G + T \cdot \Delta S \qquad (1)$$

Hierbei enthält ΔS die Entropieänderung im System (ΔS_i) und in der Umgebung (ΔS_e), während sich ΔG und ΔH nur auf die Veränderungen im betreffenden System beziehen. T ist die absolute Temperatur (gemessen in Kelvin; der Zahlenwert ist Temperatur in Grad Celsius

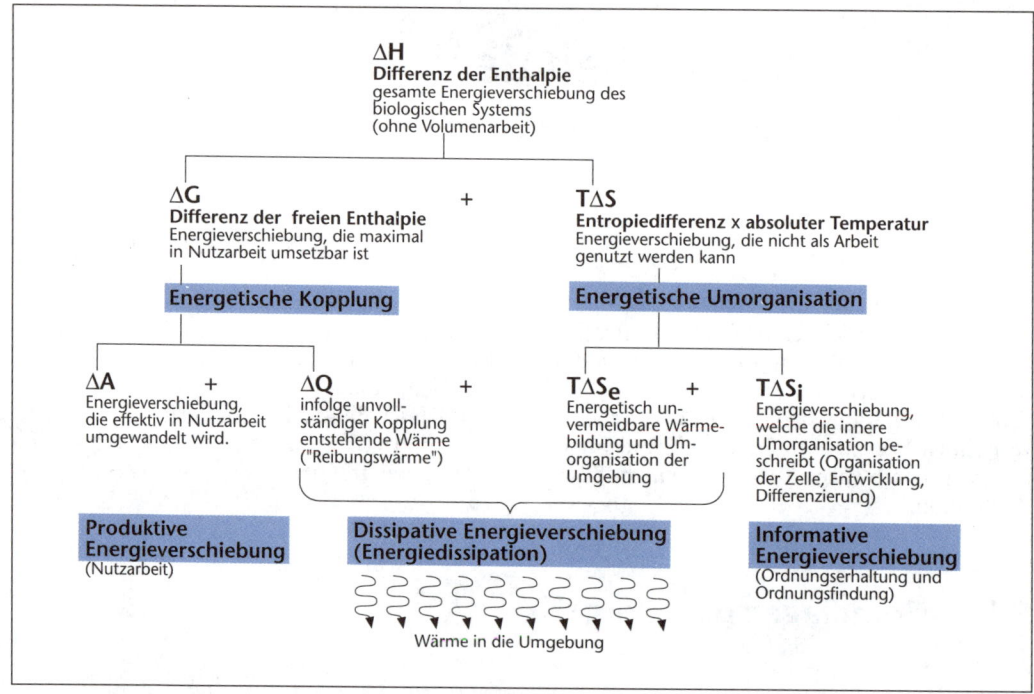

Abb. 9.1: Beziehungen der Größen der Energetik (nach STRASSER).

+ 273). Über die weiteren Zusammenhänge orientiert die Abb. 9.1.

Aus (1) folgt:

$$\Delta G = \Delta H - T \cdot \Delta S \qquad (2)$$

Wenn freie Enthalpie Nutzarbeit verrichtet und dabei Wärmeenergie abgegeben wird, so nimmt der Ordnungsgrad ab, die Entropie also zu. Bei allen realen chemischen Reaktionen ist ΔS positiv.

Zahlenbeispiel:

Vollständige Oxidation von Glucose

$$C_6H_{12}O_6 + 6\,O_2 \rightarrow 6\,CO_2 + 6\,H_2O$$

Wenn eine Umsetzung entsprechend dieser Reaktionsgleichung stattfindet, ausgehend von 1 Mol Glucose (1 Mol Umsetzungen), so ist bei 25 °C und Normaldruck (Standardbedingungen)

$\Delta G° = -2870$ kJ

$\Delta H° = -2820$ kJ

$T \cdot \Delta S = 50$ kJ; dies entspricht bei 298 K (25 °C) einer Entropiedifferenz von

$\Delta S = 0{,}168$ kJ/K · mol

Werden n Mol Glucose umgesetzt, so betragen die Energieumsätze das n-fache. (Es handelt sich hier also um additive Größen, vgl. unten).

Eine Zunahme der Entropie ist qualitativ schon daran zu erkennen, dass bei der Umsetzung aus einem Molekül Glucose und sechs Molekülen Sauerstoff insgesamt 12 Moleküle entstehen, die sich statistisch verteilen: die Unordnung nimmt zu.

Nach der Gleichung (1) ist ΔS umso wichtiger für eine Reaktion, je höher die Temperatur ist oder je kleiner ΔH wird. Bei Reaktionen mit geringer Wärmetönung (Hydrolysen, Kondensationen) kann daher die Entropieänderung den Reaktionsablauf bestimmen. Diffusion (vgl. 3.5) führt zum Konzentrationsausgleich, weil dadurch die maximale Entropie erzeugt wird; die Diffusion ist eine entropiegetriebene Reaktion. – Die chemische Effizienz einer Reaktion ist durch das Verhältnis $\Delta G/\Delta H$ bestimmt, denn dieses gibt an, welcher Anteil des Energieumsatzes ΔH maximal Nutzarbeit verrichten kann.

Die Größe ΔG bestimmt, ob eine Reaktion mit oder ohne äußere Energiezufuhr ablaufen kann. Reaktionen mit $\Delta G < 0$ heißen **exergonisch**; sie sind in der Lage, ohne Energiezufuhr von außen Arbeit zu verrichten. Reaktionen mit $\Delta G > 0$ heißen **endergonisch**; sie bedürfen der Energiezufuhr von außen, um ablaufen zu können. Jede

Gesamtreaktion, die stattfindet, muss exergonisch ein. Wenn eine endergonische Reaktion ablaufen soll, muss sie mit einer (stärker) exergonischen gekoppelt werden, sodass die Gesamtreaktion exergonisch ist.

Die Entropie nimmt bei allen Reaktionen zu, aber diese Zunahme muss nicht im reagierenden System selbst, sondern kann auch durch Entropieabgabe an die Umgebung erfolgen. Durch die Stoffwechselvorgänge kommt es nicht zur Entropiezunahme im Organismus, sondern es wird dessen Ordnung erhalten oder sogar vermehrt. Die Entropiezunahme erfolgt in der Umgebung, da die Lebewesen Energie des Sonnenlichtes oder organischer Nährstoffe nutzen und in der qualitativ «schlechteren» Energieform der Wärme abgeben. Organismen bauen ihre Ordnung auf, indem sie die Entropie in der Umgebung vermehren. Daher ist der Stoffwechsel als Abfolge chemischer Reaktionen insgesamt stets irreversibel; die Entropiezunahme legt seine Richtung fest.

Es ist erforderlich, für chemische Reaktionen und somit auch alle Stoffwechselreaktionen ein Kriterium für den Energieumsatz zu haben, das angibt, wie viel Energie pro Mol umgesetzter Ausgangsstoffe zur Verrichtung von Nutzarbeit dienen kann. Dazu definiert man zunächst das chemische Potential μ eines Stoffes als seine freie Enthalpie pro Mol (bezogen auf einen durch Definition festgelegten Nullpunkt). Von Interesse sind die Energieumsetzungen bei chemischen Reaktionen. Um diese zu erhalten, summiert man über alle Reaktionspartner, wobei Endprodukte (die entstehen) positiv und Ausgangsstoffe (die verschwinden) negativ gerechnet werden. In Tabellenwerten wird das chemische Potential auf Standardbedingungen (einmolare Konzentration von Ausgangsstoffen und Endprodukten, 25 °C, Normaldruck) bezogen und dann als **freie Reaktionsenthalpie** unter Standardbedingungen (ΔG^0) angegeben. Sie gibt die Arbeitsfähigkeit des Systems unter Standardbedingungen an. In der Biologie weicht man für die H^+-Ionen-Konzentration von der einmolaren Konzentration ab (diese entspräche einem pH-Wert 0, was völlig unphysiologisch wäre) und legt als Standardkonzentration pH = 7 (H^+-Konzentration 10^{-7}) fest. Die dadurch sich ergebenden Werte werden als $G^{0'}$ bezeichnet. Freie Standard-Reaktionsenthalpien sind eine für jede Reaktion festliegende Konstante. Hingegen ist der Wert ΔG auch von der Temperatur und der Konzentration der Reaktionspartner abhängig. Die Konzentrationsabhängigkeit für eine Reaktion $A + B \rightleftarrows C + D$ ergibt sich aus folgenden Überlegungen: Jede Reaktion strebt einem Gleichgewicht zu; ist dieses erreicht, so findet kein Energieumsatz mehr statt. Da ΔG^0 eine Konstante ist, muss unter Gleichgewichtsbedingungen auch das Verhältnis Konzentration der Endprodukte: Konzentration der Ausgangsstoffe konstant werden. Für diesen Fall gilt:

$$\frac{c_C \cdot c_D}{c_A \cdot c_B} = \text{konstant} = K_{\text{Gleichgewicht}}$$

Dies ist das Massenwirkungsgesetz.

Die freie Standard-Enthalpie der Reaktion (d.h. das Standard-Potenzial) ist proportional der Gleichgewichtskonstante der Reaktion; dabei gilt:

$$\Delta G^0 = -R \cdot T \cdot \ln K_{\text{Gleichgewicht}} \qquad (3)$$

R = Gaskonstante (8,314 $J \cdot K^{-1} \cdot mol^{-1}$)
T = absolute Temperatur (K)

oder $\Delta G^0 = -2{,}303\, R \cdot T \cdot \lg K_{\text{Gleichgewicht}} \qquad (3a)$

Sind die Konzentrationsverhältnisse beliebig, so gilt für die Reaktionsenthalpie die Beziehung

$$\Delta G = \Delta G^0 + R \cdot T \cdot \ln \frac{c_C \cdot c_D}{c_A \cdot c_B} \qquad (4)$$

Die in Tabellenwerken enthaltenen Standard-Enthalpiewerte ΔG^0 geben somit die Arbeitsfähigkeit unter Standardbedingungen an.

Als Konzentrationen sind die jeweils in der Zelle vorhandenen Konzentrationen der Reaktionspartner (in $mol \cdot l^{-1}$) einzusetzen. Aus dem so errechneten ΔG-Wert lässt sich ersehen, ob die Reaktion freiwillig abläuft und wieviel Nutzarbeit unter den gegebenen Konzentrationsverhältnissen zu gewinnen wäre.

9.2 Energetische Kopplung; Bedeutung von ATP

Im Stoffwechsel laufen zahlreiche Synthesen ab, die endergonisch sind. Damit sie überhaupt stattfinden können, müssen sie mit exergonischen Reaktionen gekoppelt sein. Nun finden die exergonischen Vorgänge häufig nicht dort statt, wo die Synthesen erfolgen sollen. Daher ist eine **energetische Kopplung** notwendig, wobei als Bindeglied zwischen den energieliefernden und energieverbrauchenden Reaktionen der Zelle meistens das System von Adenosintriphosphat (ATP) und Adenosindiphosphat (ADP) (Abb. 9.2) fungiert. ATP und ADP sind Nucleotide aus Adenin, Ribose und 3 bzw. 2 Phosphatresten (vgl. 2.4). Beide liegen in der Zelle als mehrfach geladene Anionen vor, die mit Mg^{2+} Komplexe bilden.

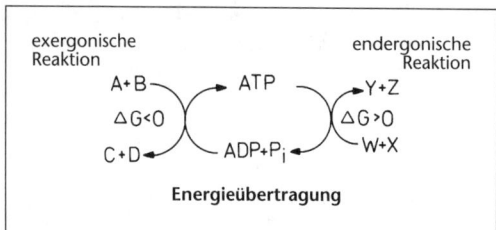

Abb. 9.2: Energieübertragung durch das ATP-System, schematisch.

Die Spaltung von ATP zu ADP und anorganischem Phosphat (P_i) liefert unter Standardbedingungen $\Delta G^{0'} = -30$ kJ/mol.

Bei den Konzentrationsverhältnissen der Zelle ist der ΔG-Wert negativer, d. h. es wird mehr Energie verfügbar. ATP liefert die Energie für:

- Chemische Arbeit: endergonische Stoffwechselreaktionen.
- Transportarbeit: Transport von Stoffen durch Membranen, auch gegen ein Konzentrationsgefälle.
- Mechanische Arbeit: Bewegungen von Bestandteilen des Cytoskeletts. ATP wird gespalten durch Myosin, das mit Actin reagiert, und durch Dynein sowie Kinesin, die mit Mikrotubuli reagieren.

Die ATP-Spaltung liefert einen relativ hohen Energiebetrag. Einige andere Verbindungen setzen bei Phosphatabspaltung noch mehr Energie frei, so:

Phosphoenolpyruvat (PEP) $\Delta G^{0'} = -54$ kJ/mol

1,3-Diphosphoglycerat $\Delta G^{0'} = -49$ kJ/mol

Diese Stoffe können daher bei der Spaltung einen Phosphatrest auf ADP übertragen, wobei wieder ATP entsteht. Die Reaktionen finden beim Kohlenhydratabbau statt und sind für den Energiegewinn anaerober Organismen sehr wichtig. Andere Phosphatverbindungen sind vergleichsweise energiearm; z. B. liefert die Spaltung von Glucose-6-phosphat $\Delta G^{0'} = -14$ kJ/mol und von Glucose-1-phosphat $\Delta G^{0'} = -21$ kJ/mol. Man unterscheidet daher «energiereiche» Phosphatbindungen (oft durch ~P gekennzeichnet) von «energiearmen». ADP liefert bei einer Spaltung zu $AMP + P_i$ ebenso viel Energie wie ATP; AMP ist hingegen energiearm.

Die bei der Spaltung von ATP verfügbare Energie kann auch dazu dienen, um einen Phosphatrest auf einen anderen Stoff X, den Akzeptor, zu übertragen:

$$ATP + X \rightarrow ADP + X-P$$

ATP hat daher (wie auch PEP und Diphosphoglycerat) ein hohes **Gruppenübertragungspotenzial**.

Den Anteil energiereicher Bindungen im ATP/ADP-System erhält man aus den Konzentrationsverhältnissen:

$$\frac{c_{ATP} + 0.5 \cdot c_{ADP}}{c_{ATP} + c_{ADP} + c_{AMP}} = energy\ charge$$

Diese Größe gibt Auskunft über den Energiezustand der Zellen (oder eines Organells). Wäre nur ATP vorhanden, so wäre die energy charge = 1. In wachsenden Zellen mit aktivem Stoffwechsel liegen die Werte bei > 0,7.

Gruppenübertragungen. Die bei der Spaltung einer energiereichen Bindung im ATP freiwerdende Energie kann in unterschiedlicher Weise zur Gruppenübertragung verwendet werden:

- Übertragung von Phosphat: z. B. Glucose + ATP → Glucosephosphat + ADP
- Übertragung von Diphosphat:
  Ribose-5-phosphat + ATP → Phosphoribosyl-diphosphat + AMP
- Übertragung von Adenosinmonophosphat:
  Aminosäure + ATP → Aminoacyl-AMP + PP_i
- Übertragung von Adenosin:
  Methionin + ATP → S-Adenosyl-Methionin + PP_i + P_i

Die Fähigkeit zur Gruppenübertragung haben auch andere Stoffe, so z. B. das Coenzym A (ebenfalls ein Nucleotid), welches Fettsäure- (= Acyl-)reste und vor allem den Essigsäure-(Acetyl-)rest überträgt. Bei Gruppenübertragungen liefert ATP Energie für chemische Arbeit. Ebenso dient es aber als Energielieferant für elektrische bzw. Transportarbeit (z. B. Protonenpumpen) und für mechanische Arbeit (vermittelt durch Motorproteine; vgl. 3.2.4.3). (Für «Informationsarbeit» wird vielfach GTP eingesetzt; vgl. 3.1.5) Entsprechend der Funktion von ATP als Energielieferant gibt es verschiedene Typen von ATPasen, die jeweils charakteristische Strukturmotive aufweisen, so z. B. in Membranen die ABC-Transporter (<u>A</u>TP <u>b</u>inding <u>c</u>assette), im Cytoplasma sowie in Mitochondrien und Plastiden AAA-Proteine (<u>A</u>TPase <u>a</u>ssoziierte <u>A</u>ktivitäten).

9.3 Energetik der Redoxreaktionen

Pflanzen gewinnen Energie durch die Photosynthese (Umwandlung von Lichtenergie der Sonne in chemische Energie) und über die Zellatmung. Bei beiden Vorgängen spielen zu Ketten hintereinander geschaltete Redox-Reaktionen eine entscheidende Rolle. Redox-Reaktionen sind chemische Reaktionen, bei denen eine Elektronenübertragung von einem Elektronendonator D auf einen Elektronenakzeptor A erfolgt:

$$D + A \rightleftarrows D^+ + A^-$$

Elektronenabgabe ist Oxidation, Elektronenaufnahme ist Reduktion.

Der Elektronenübergang von D nach A erfolgt entsprechend dem Energiegefälle (dem chemischen Potenzial); für den Ablauf der Reaktion ist somit μ bzw. ΔG maßgebend. Da es sich um eine Elektronenübertragung handelt, ist es sinnvoll, das Energiegefälle als elektrisches Potenzial anzugeben. An Stelle von ΔG (in Joule/mol) tritt dann ΔE (in Volt), an Stelle von $\Delta G^{0\prime}$ tritt $\Delta E^{0\prime}$. Die Größen ΔG und ΔE müssen einander proportional sein; es gilt:

$$\Delta G^{0\prime} = -n \cdot F \cdot \Delta E^{0\prime}$$

n = Zahl der übertragenen Elektronen (reine Zahl)
F = Faraday-Konstante (96 500 Coulomb/mol)

Der spontane (exergonischen) Reaktion mit $\Delta G < 0$ entspricht ein spontaner Elektronenübergang von einer leicht oxidierbaren (elektronenabgebenden) auf eine leicht reduzierbare (elektronenaufnehmende) Substanz. Um für beliebige Stoffkombinationen ΔE berechnen zu können, muss man die jeweils nur gekoppelt auftretenden Oxidations- und Reduktionsreaktionen trennen und einem bestimmten Redoxsystem willkürlich das Potenzial 0 zuordnen. Dieses Bezugssystem ist die Wasserstoffelektrode unter Standardbedingungen:

$$2H^+ + 2e^- \rightleftarrows H_2 \qquad \text{hat } E^0 = 0.$$

In der Biologie verwendet man das auf pH 7 bezogene biochemische Standardpotenzial $E^{0\prime} = -0,42$ Volt (-420 mV).

Für das Redox-System der Oxidation von Wasser zu Sauerstoff:

$$\tfrac{1}{2}O_2 + 2e^- \rightleftarrows O^{2-}$$

erhält man $E^{0\prime} = +815$ mV.

Die Potenziale der meisten Redox-Systeme der Zelle liegen zwischen diesen Werten. (Sind sie negativer, so besteht die Möglichkeit der Reduktion von H^+ zu H_2; sind sie positiver, so kann Wasser unter O_2-Bildung zerlegt werden – was tatsächlich bei der Photosynthese geschieht).

Häufig werden Elektronen gemeinsam mit Protonen übertragen ($e^- + H^+ \rightleftarrows [H]$); man spricht daher auch von «**Reduktionsäquivalenten**» und kann darunter sowohl die Elektronen allein wie auch Elektron und Proton zusammen verstehen. Wichtige Redox-Systeme der Zelle, die dann Transport von Reduktionsäquivalenten dienen, haben Nucleotid-

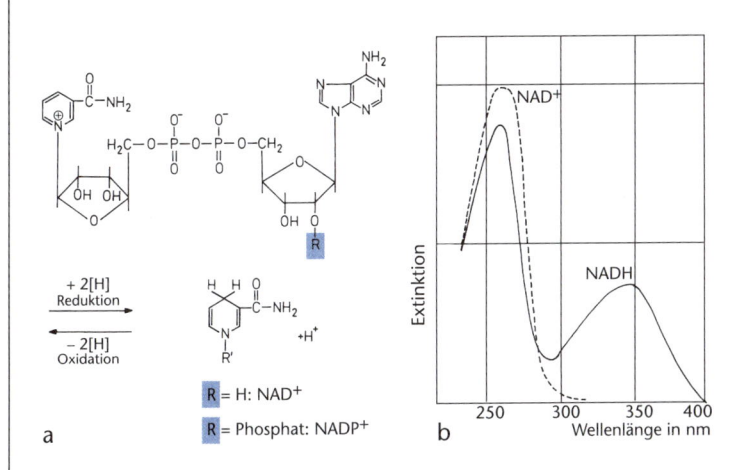

Abb. 9.3: a: Struktur von NAD^+ bzw. NADH und $NADP^+$ bzw. NADPH; **b:** Absorptionsspektren von NAD^+ und NADH. Die Zunahme der Absorption bei 340 nm ist ein Maß für die Bildung von NADH.

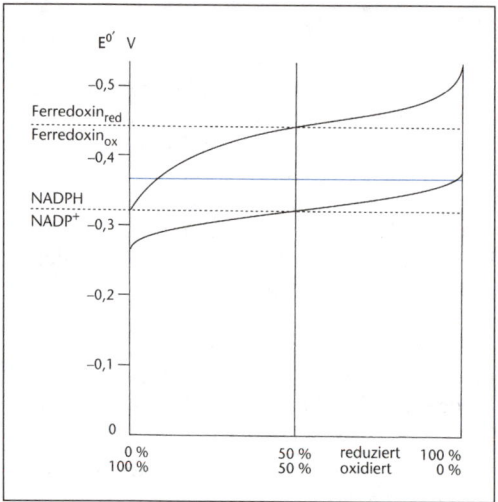

Abb. 9.4: Abhängigkeit der Redoxpotenziale von den Mengenverhältnissen reduzierter/oxidierter Zustand (NERNST'sches Gesetz). Als Beispiele sind die beiden Redoxsysteme Ferredoxin ($E^{0'}$ = – 0,43 V, Ein-Elektronen-Transfer) und NADP$^+$/NADPH ($E^{0'}$ = – 0,32 V, Zwei-Elektronen-Transfer) angegeben. Beim Zwei-Elektronen-Transfer ist die Konzentrationsabhängigkeit halb so groß. Ein Elektronenübergang erfolgt stets vom negativeren zum positiveren Potenzial, unter Standardbedingungen also von Ferredoxin zu NADP. Liegt NADP zu 95% reduziert und Ferredoxin zu 95% oxidiert vor, so verläuft der Elektronenübergang umgekehrt (blau).

Strukturen. Es sind die Pyridinnucleotide Nicotinamidadenin-dinucleotid (**NADH/NAD$^+$**) und Nicotinamidadenin-dinucleotidphosphat (**NADPH/NADP$^+$**). Ihre Reduktion bzw. Oxidation erfolgt als Transfer von zwei Elektronen (vgl. Abb. 9.3). Dasselbe gilt für die Flavinnucleotide (z. B. Flavinadenindinucleotid, **FAD**).

Die wirklichen Potenzialverhältnisse ΔE sind nicht nur von $\Delta E^{0'}$, sondern auch von den Konzentrationen der Reaktionspartner abhängig. Liegt eine Verbindung vorwiegend reduziert vor, so gibt sie leichter Elektronen ab: das Potenzial wird negativer. Liegt sie vorwiegend oxidiert vor, so wird das Potenzial positiver. Es gilt die Beziehung

$$\Delta E = \Delta E^0 + \frac{RT}{nF} \cdot \ln \frac{c_{Ox}}{c_{Red}}$$

und somit bei Zimmertemperatur:

$$\Delta E = \Delta E^0 + \frac{0,059}{n} \cdot \lg \frac{c_{Ox}}{c_{Red}}$$

(NERNST'sches Gesetz)

Bei entsprechenden Konzentrationsverhältnissen sind daher auch Elektronenübertragungen entgegen der Differenz der Normalpotenziale möglich (Abb. 9.4).

9.4 Biologische Katalyse: Enzyme

9.4.1 Katalysator-Funktion der Enzyme

Die Energetik beschreibt die Energieverhältnisse einer Reaktion und erlaubt dadurch Aussagen, ob eine Reaktion stattfinden kann. Über die Geschwindigkeit des Reaktionsablaufes sagt sie nichts aus. Lebewesen bestehen vor allem aus organischen Verbindungen, die durch Luftsauerstoff unter Energieabgabe oxidiert werden. Allerdings sind die biologisch wichtigen Stoffe sehr reaktionsträge und daher «metastabil». Um eine Reaktion mit Sauerstoff einzuleiten, ist zunächst eine Zufuhr von Energie (z. B. durch Erhitzen) erforderlich. Diese **Aktivierungsenergie** (Aktivierungsenthalpie) bringt die Reaktion in Gang. Wäre keine Aktivierungsenergie erforderlich, so könnten Lebewesen aus organischen Bausteinen gar nicht existieren.

Nun müssen die Stoffwechselreaktionen aber hinreichend rasch ablaufen. Um dies zu erreichen, wird durch geeignete Katalysatoren der erforderliche Aufwand an Aktivierungsenergie so weit herabgesetzt, dass die Energie thermischer Zusammenstöße von Molekülen bei normaler Temperatur ausreicht, um die Reaktion in Gang zu setzen. Die hierzu notwendigen Katalysatoren sind die Enzyme (Abb. 9.5 und 9.6). Fast alle Reaktionen des Stoffwechsels, bei denen kovalente Bildungen gespalten oder geknüpft werden, sind durch Enzyme katalysiert.

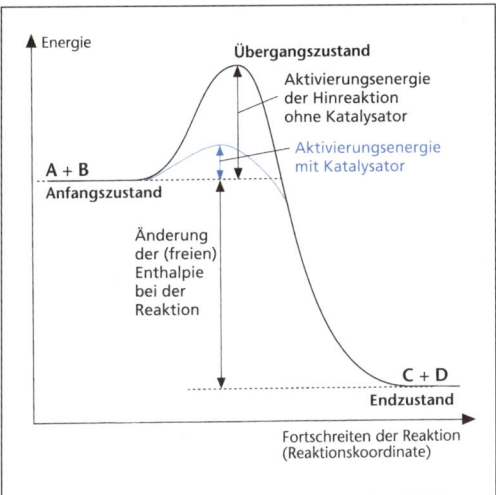

Abb. 9.5: Schema zur Wirkung eines Enzyms bei einer Stoffwechselreaktion A+B → C+D. Durch das Enzym wird die Aktivierungsenergie der Reaktion so weit herabgesetzt, dass die thermische Energie der Moleküle bei Zimmertemperatur ausreicht, um die Reaktion in Gang zu setzen. Sie läuft dann als exergonische Reaktion ($\Delta G < 0$) freiwillig ab.

bonucleinsäuren – Ribozyme, vgl. 8.6.5). Proteine haben besonders günstige Voraussetzungen für eine Wirksamkeit als Katalysatoren: sie besitzen eine stabile Raumstruktur, verbunden mit einer gewissen Flexibilität des Moleküls (vgl. 9.4.3) und sie tragen in Seitenketten von Aminosäuren verschiedene funktionelle Gruppen, die mit dem umzusetzenden Substrat in Wechselwirkung treten können. Das Substrat lagert sich an einen bestimmten Bereich des Enzymmoleküls an. Dieser Bereich ist das aktive Zentrum, das häufig in einer Vertiefung des Proteinmoleküls liegt. Aufgrund der räumlichen Gestalt des aktiven Zentrums können nur ganz bestimmte Substrate gebunden werden; Enzyme besitzen daher **Substratspezifität**. Bei der Bindung entsteht der **Enzym-Substrat-Komplex**. Die katalytische Wirkung kommt zustande durch Reaktion mit Aminosäure-Seitenketten und zum Teil durch Beanspruchung der Bindungen bei der Einpassung ins aktive Zentrum (Stabilisierung einer sonst energetisch benachteiligten Raumstruktur). Durch die funktionellen Gruppen der Aminosäure-Seitenketten ist die Reaktionsweise des Substrats festgelegt: Enzyme besitzen daher **Wirkungsspezifität**.

Entsprechend der großen Zahl solcher Reaktionen gibt es eine Vielzahl von Enzymen. Sie werden gekennzeichnet durch Bezeichnung der Reaktionen, die sie katalysieren, und durch die Endung *-ase*.

Die Enzyme sind Proteine. Von dieser Regel gibt es nur wenige Ausnahmen (die katalytischen Ri-

Viele Enzyme weisen zusätzlich eine kleinmolekulare Komponente auf, die ans Enzymprotein gebunden wird. Diese heißt **Coenzym** (und der Proteinanteil dann auch Apoenzym), bei fester Bindung auch **prosthetische Gruppe**. Coenzyme wirken in der Regel als «Hilfssubstrate» (sie übernehmen z. B. vorübergehend abgespaltene Molekülteile) und verbessern so die katalytische Wirkung des Enzymproteins.

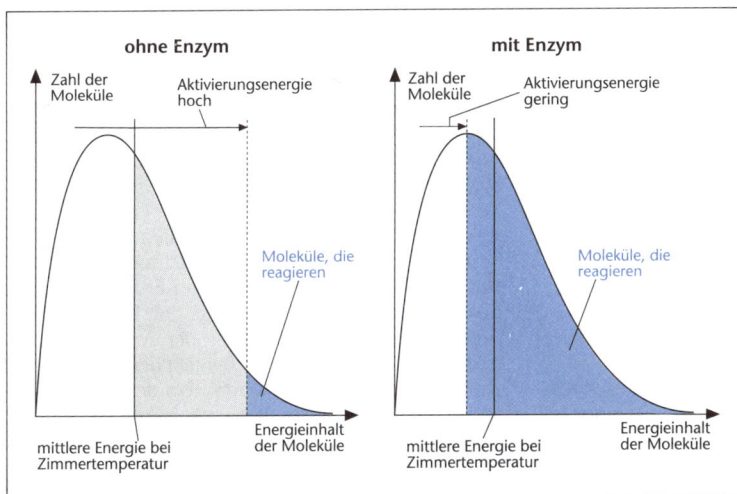

Abb. 9.6: Bei Herabsetzung der Aktivierungsenergie reagieren mehr Moleküle je Zeiteinheit, daher nimmt die Reaktionsgeschwindigkeit zu. Grün: Anteil der Moleküle, die hinreichend Energie haben, um in die Reaktion einzutreten (nach LOVELESS).

9.4.2 Kinetik der Emzymreaktionen

Enzymreaktionen verlaufen über kurzlebige Zwischenstufen. Diese kann man zu einer Einheit, dem Enzym-Substrat-Komplex (siehe Reaktionsgleichung), zusammenfassen:

$$\underset{\text{Enzym}}{E} + \underset{\text{Substrat}}{S} \rightleftarrows \underset{\text{Enzym-Substratkomplex}}{[ES]} \rightarrow \underset{\text{Enzym}}{E} + \underset{\text{Produkt}}{P}$$

Wenn die Bildung der Produkte langsamer erfolgt, als die Bildung des Enzym-Substrat-Komplexes und wenn die Enzymkonzentration (Enzymmenge) konstant bleibt, kann man mit Hilfe reaktionskinetischer Überlegungen eine Beziehung für die Abhängigkeit der Reaktionsgeschwindigkeit von der Substratkonzentration c_S erhalten (MICHAELIS u. MENTEN, 1912). Charakteristisch für Enzymreaktionen ist das Erreichen einer maximalen Reaktionsgeschwindigkeit v_{max}, wenn die Substratkonzentration so hoch ist, dass das Enzym vollständig in Form des Enzym-Substrat-Komplexes vorliegt. Es gilt:

$$v = \frac{v_{max} \cdot c_S}{K_M + c_S}$$

Dabei ist K_M eine charakteristische Konstante des Enzyms (MICHAELIS-Konstante). Die grafische Darstellung der Beziehung (1) ergibt eine Hyperbel (Abb. 9.7).

Ist die Substratkonzentration sehr gering, so hängt die Reaktionsgeschwindigkeit nur von c_S ab; ist sie sehr groß, so hängt die Reaktionsgeschwindigkeit nur noch von der – vorgegebenen – Enzymmenge ab, wird also konstant (v_{max}). Für die halbmaximale Reaktionsgeschwindigkeit

$$v = \frac{v_{max}}{2}$$

erhält man mit Hilfe von (1): $c_S = K_M$; d. h. unter dieser Voraussetzung ist die Substratkonzentration zahlenmäßig mit K_M identisch. Dadurch kann die Größe K_M experimentell bestimmt werden. Je kleiner K_M ist, umso größer ist die Affinität des Enzyms zum getesteten Substrat.

Da die Enzyme Proteine sind, ist ihre Wirksamkeit als Katalysatoren (ihre Aktivität) von den Faktoren abhängig, welche die Proteineigenschaften beeinflussen: pH-Wert, Ionenkonzentration, Redoxpotenzial des umgebenden Mediums. Mit ansteigender Temperatur nimmt die Reaktionsgeschwindigkeit zunächst zu, dann aber infolge beginnender Denaturierung des Enzymproteins wieder ab. Daher ist die Temperaturabhängigkeit von Enzymreaktionen eine Optimumskurve (Abb. 9.8).

Die Enzymaktivität wird ferner beeinflusst durch **Inhibitoren** (Hemmstoffe) und durch **Aktivatoren.** Ein Inhibitor, der aufgrund seiner Strukturähnlichkeit zum Substrat ans aktive Zentrum gebunden wird, aber nicht umgesetzt werden kann, wirkt kompetitiv (konkurrierend). Erhöhung der Konzentration des Substrats verringert in diesem Fall die Hemmwirkung. Das klassische Beispiel ist die Hemmung von Succinatdehydrogenase durch Malonat (Abb. 9.9). Eine nicht kompetitive Hemmung tritt bei irreversibler Blockierung von Enzymmolekülen (z. B. durch Bindung von Schwermetallionen) ein. Diese Art der Hemmung kann durch Erhöhen der Substratkonzentration nicht beeinflusst werden.

Ein Verständnis der strukturellen Basis der Enzymreaktion, vor allem der Funktion der H-Brücken, der Bedeutung der Sekundärstruktur-Elemente und der Struktur der Übergangszustände ist von großer Bedeutung für die Biotechnologie und kann beim angestrebten «*protein engineering*» helfen (vgl. 8.9). Ein Verfahren, das in der Biotechnik wichtig werden dürfte, macht davon Gebrauch, dass im Enzym-Substrat-Komplex ein Übergangszustand der Reaktion vorliegt, der energiereicher ist als der Anfangszustand und in dem die Bindung im Bereich des aktiven Zentrums besonders fest ist. Wenn man den chemischen Mechanismus der Enzymreaktion kennt, ist es möglich, zum Übergangszustand einer Enzymreaktion nach Elektronenverteilung und räumlicher Gestalt ähnliche Verbindungen mit Verfahren der organi-

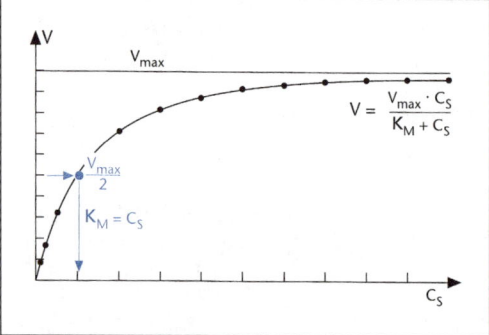

Abb. 9.7: Abhängigkeit der Reaktionsgeschwindigkeit von der Substratkonzentration bei einer Enzymreaktion (Michaelis-Menten-Kinetik). Für halbmaximale Reaktionsgeschwindigkeit ist $c_S = K_M$ (Michaelis-Konstante; blau).

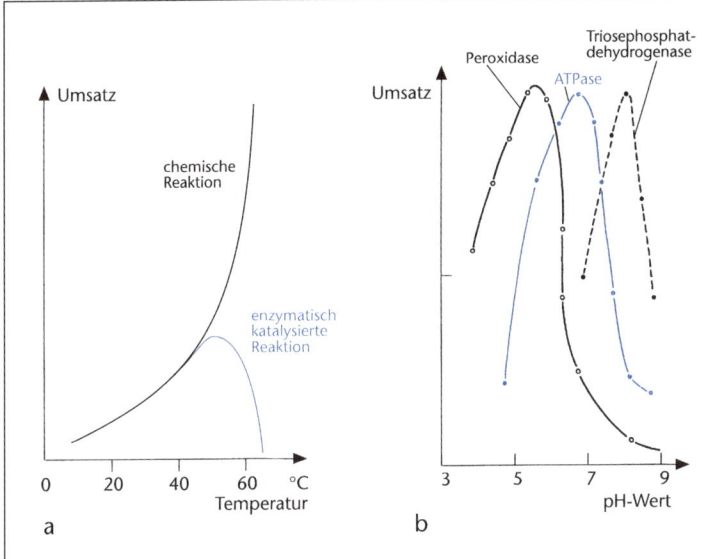

Abb. 9.8: a: Abhängigkeit der Enzymaktivität von der Temperatur (blau). Zum Vergleich: Temperaturabhängigkeit der Reaktionsgeschwindigkeit einer nicht enzymkatalysierten Reaktion (schwarz). (nach LIBBERT); **b:** Abhängigkeit der Enzymaktivität (von Enzymen der Erbsenwurzel) vom pH-Wert. Ausgezogene Kurve: Peroxidase, gestrichelte Kurve: Triosephosphatdehydrogenase, blaue Kurve: ATPase (nach HALL-FLOWERS-ROBERTS).

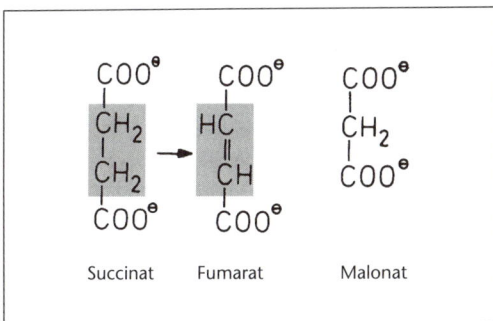

Abb. 9.9: Malonat ist ein kompetitiver Inhibitor der Succinatdehydrogenase, die den Umsatz von Succinat zu Fumarat katalysiert.

9.4.3 Regulation von Enzymreaktionen

Proteine sind nie völlig starr; infolge von Konformationsveränderungen in Seitenketten von Aminosäuren bewegen sich Teile der Moleküle um bis zu 0,15 nm gegeneinander. So wird auch die voll aktive Form eines Enzyms oft erst bei der Anlagerung des Substratmoleküls ans aktive Zentrum ausgebildet: es erfolgt eine induzierte Anpassung.

Konformationsveränderungen von Proteinen können allgemein beschrieben werden als ein Gleichgewicht zwischen einem weniger aktiven Zustand (*tense*, T) und einer aktiveren Konformation (*relaxed*, R):

ohne Substrat:

$$R \rightleftharpoons T$$

Durch Bindung des Substrats wird die aktive Form stabilisiert:

$$R \leftharpoonup T$$

Das Gleichgewicht zwischen den beiden Zuständen wird durch alle Moleküle beeinflusst, die ans Protein gebunden werden (z.B. auch durch ein Coenzym). Man nennt diese Moleküle generell Liganden des Proteins.

Allosterische Regulation. Manche Enzyme werden durch Liganden beeinflusst, die mit der

schen Chemie zu synthetisieren. Stellt man Antikörper gegen diese chemischen Analog-Verbindungen her, so gibt es darunter solche, die eine gleichartige und sehr spezifische Wirkung als Enzyme haben. Auf diesem Weg wird man auch Antikörper-Enzyme («Abzyme») für Reaktionen gewinnen können, für die es keine natürlichen Enzyme gibt. Eine andere Möglichkeit ist die chemische Synthese eines «aktiven Zentrums», dessen Aminosäuren durch Glycin verknüpft und so getrennt werden, dass die richtige Raumstruktur in einem kleinen Peptid vorliegt. In einigen Fällen war die katalytische Aktivität solcher «Pepzyme» ähnlich jener echter Enzyme. – Enzyme arbeiten zum Teil auch in nichtwässrigen Lösungsmitteln. Auch dies ist biotechnisch nutzbar.

Enzymreaktion nichts zu tun haben. Solche Liganden besitzen eine besondere Bindungsstelle am Enzymmolekül, das allosterische Zentrum. Liganden, welche die Aktivität des Enzyms erhöhen, heißen allosterische Aktivatoren. Das Gegenteil bewirken allosterische Inhibitoren. Allosterisch regulierbare Enzyme bestehen in der Regel aus mehreren Protein-Untereinheiten und katalysieren Schlüsselreaktionen des Stoffwechsels. Häufig ist eine allosterische Regulation daran zu erkennen, dass die Substrat-Sättigungskurve nicht wie in Abb. 9.7 hyperbolisch, sondern sigmoidal verläuft (vgl. Abb. 14.9).

Isoenzyme. Verschiedene Enzyme sind in der Zelle durch mehrere, unterschiedlich gebaute Proteinmoleküle vertreten, welche dieselbe Funktion haben. Sie erhalten den gleichen Namen, obwohl ihnen verschiedene Gene zugrunde liegen, denn Enzyme werden nach der von ihnen katalysierten Reaktion benannt. Man bezeichnet sie als Isoenzyme.

Isoenzyme kommen zum Teil in verschiedenen Zellkompartimenten vor; so sind z. B. die Enzyme gleichartiger Funktion in Plastiden und Cytoplasma in der Regel Isoenzyme. Ferner werden andere Isoenzyme oft bei abweichenden Umweltbedingungen und zum Teil auch im Verlauf der Entwicklung (Ontogenese) gebildet.

9.4.4 Enzyme im Stoffwechsel

In einigen Fällen bilden Enzyme einer ganzen Abfolge von Stoffwechselreaktionen eine strukturelle Einheit. Diese bezeichnet man als **Multienzymkomplex**. Das klassische Beispiel ist die Fettsäure-Synthetase der Hefe (mit 7 Enzymfunktionen). Eine höhere Ordnung von mehreren Enzymen wird ferner erreicht durch Einbau von Enzymsystemen in Membranen. Außerdem können Enzyme an Membranoberflächen und an Strukturen des Cytoskelitts gebunden sein.

Die im Plasmalemma lokalisierten Enzyme nennt man Ectoenzyme; die im Zellinnern befindlichen sind Endoenzyme. Nach außen abgegeben (in die Zellwand) werden Exoenzyme. Bei Mikroorganismen gibt es viele Exoenzyme, die ins Medium abgegeben werden und dort durch Stoffabbau kleine Moleküle liefern, die dann von der Zelle aufgenommen werden.

Die durch Enzyme katalysierten Reaktionssequenzen des Stoffwechsels lassen sich in vier Gruppen einteilen:

- aufbauende = **anabolische** Sequenzen (Synthesen)
- abbauende = **katabolische** Sequenzen
- umsetzende = **amphibolische** Sequenzen
- Nachfüllbahnen = **anaplerotische** Sequenzen

Nach der Art der katalysierten Reaktionen teilt man die Enzyme in 6 Klassen ein: Oxidoreduktasen (katalysieren Redox-Reaktionen), Transferasen (Gruppenübertragungen), Hydrolasen (hydrolytische Spaltungen), Lyasen (nichthydrolytische Spaltungen), Isomerasen (Molekülumlagerungen), Ligasen = Synthetasen (Verknüpfungen unter ATP-Spaltung; wenn ohne ATP-Spaltung: Synthasen).

9.5 Lebewesen als offene Systeme

Systeme, die nicht nur Energie, sondern auch Stoffe aus der Umgebung aufnehmen und an sie abgeben, nennt man offene Systeme. Alle lebenden Zellen und Organismen sind offene Systeme. In diesen wird nie ein endgültiges stationäres Gleichgewicht erreicht (es ist nie $\Delta G = 0$), sondern es stellt sich ein **Fließgleichgewicht** ein. Im offenen System Zelle gibt es zahlreiche Regulationsmöglichkeiten infolge von komplizierten Vernetzungen der Stoffwechselwege sowie von positiven und negativen Rückkopplungen.

Das Fließgleichgewicht der Zelle und der Organismen ist gekennzeichnet durch einen Zustand geringster Entropieproduktion. Mit der kleinstmöglichen Umsetzungsrate von nutzbarer Energie in die Form der wertlosen Wärmeenergie (Energiedissipation) wird die erforderliche Ordnung aufrechterhalten. Ein Katalysator beeinflusst in einem solchen System nicht nur die Reaktionsgeschwindigkeit, sondern auch die Lage des Fließgleichgewichts. Eine Aktivitätsveränderung eines Enzyms wirkt sich daher nicht nur auf eine einzige Stoffwechselreaktion aus, sondern kann weiterreichende Auswirkungen haben. Will man die Eigenschaften des Fließgleichgewichts erfassen, so reicht es deshalb nicht aus, die jeweiligen Konzentrationen der einzelnen Reaktionspartner (Pool-Größen) zu bestimmen, sondern man muss auch in Erfahrung bringen, wie rasch die Reaktionen ablaufen (d.h. die Turnover-Raten kennen).

Bei einem bestehenden Fließgleichgewicht ist der Influx (Zufluss) gleich dem Efflux (Abfluss). Jede Veränderung von Fluxen hat eine Neueinstellung des Fließgleichgewichts zur Folge. Die Lage des Fließgleichgewichts (z.B. Wasserstandshöhe in einem Flusssystem; im Stoffwechsel: Pool-Größe) kann durch eine Größe B gekennzeichnet werden. Bei deren Neueinstellung geht das System in einer bestimmten Weise von einem stationären Zustand (*steady state*) in einen anderen (also ein anderes Fließgleichgewicht) über. Aus dem zeitlichen Ablauf dieses Übergangs (messbar an den Veränderungen der einzelnen Effluxe von Stoffen und Energie bei Änderung des Influxes) lassen sich grundlegende Systemeigenschaften erkennen. Es sind dies Reaktionseigenschaften der chemischen und physikalischen Vorgänge im System und Eigenschaften, die deren Regelung und Vernetzung betreffen. Wir bezeichnen deren Gesamtheit als die «Konformation» K des offenen Systems. Biologische Systeme reagieren auf Influx-Änderungen so, dass sich die Größe K verändert (z.B. durch Veränderung von Enzymaktivitäten und Enzymkonzentrationen). Eine solche Zustandsänderung des Systems ist stets verknüpft mit einer Veränderung der Entropieproduktion.

9.6 Membrantransport

9.6.1 Permeation

Einfache Transportvorgänge durch eine Membran erfolgen durch Diffusion, sie werden als Permeation bezeichnet. Die für den Transport erforderliche Energie stammt aus dem Konzentrationsgefälle; der Diffusionsvorgang ist ein **passiver Transport**. Moleküle mit Molekülmassen >70 D permeieren entsprechend ihrer Lipophilität, woraus man auf eine Permeation durch die Lipidphase schließt. Häufig erfolgt diese Permeation langsamer als der freien Diffusion entspricht, weil Wechselwirkungen mit Membrankomponenten eintreten (behinderte Diffusion). Sehr lipophile Moleküle (z.B. unpolare Lösungsmittel) schädigen die Membran durch lokale Lösungsvorgänge und sind daher Zellgifte.

Kleinere Moleküle (<70 D) permeieren oft rascher als ihrer Lipidlöslichkeit entspricht. Infolge der thermischen Bewegung der Membranbausteine entstehen fortgesetzt kleine Störstellen, durch die sowohl kleine Moleküle wie auch gelegentlich Ionen entsprechend dem Konzentrationsgefälle hindurchtreten. Die Zelle kann daher kleine Teilchen nicht völlig ausschließen. Dies gilt auch für Wasser. Der Transport von Wasser erfolgt aber sehr rasch durch Porenproteine, die Aquaporine (vgl. 3.5). Diese bilden Transmembrankanäle, die nur Wasser hindurchtreten lassen (kein H_3O^+!) Derartige Membranproteine mit festgelegten Transportleistungen bezeichnet man als Translokatoren, und es liegt dann ein spezifischer Transport vor.

9.6.2 Spezifischer Transport

Translokatoren werden auch als Carrier i.w.S. bezeichnet. Diese Membranproteine transportieren jeweils ganz bestimmte Teilchen durch die Membran (Abb. 9.11). Sie können als Kanäle ausgebildet sein, die offen sind bzw. sich unter Einwirkung eines Signals öffnen, oder als Pumpen, die einen Transport unter fortlaufender Energiezufuhr durchführen. Kanäle haben sehr hohe Transportleistungen von 10^5 bis $>10^8$ Teilchen/s, andere Translokatoren arbeiten deutlich langsamer ($<10^4$ Teilchen/s). Die Abhängigkeit der Transportrate (v) von der Konzentration des zu transportierenden Stoffes (c_s) entspricht der Enzymkinetik (Abb. 9.7). Wie bei Enzymreaktionen besteht Substratspezifität und Hemmbarkeit. Das Auftreten einer Substratsättigung und damit einer maximalen Transportrate unterscheidet den spezifischen Transport von der Permeation.

Nach der Zahl unterschiedlicher, gleichzeitig transportierter Teilchen unterscheidet man:

- Uniport: eine Sorte von Teilchen wird transportiert;
- Symport: zwei verschiedene Teilchen werden gleichzeitig in eine Richtung transportiert;
- Antiport: zwei verscheidene Teilchen werden gleichzeitig in Gegenrichtung transportiert.

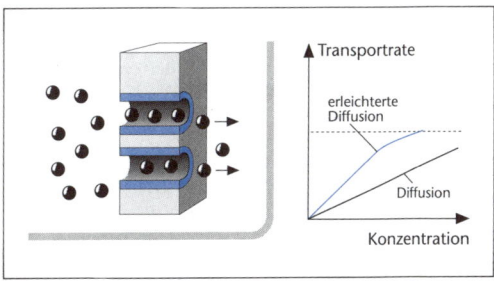

Abb. 9.10: Erleichterte Diffusion durch eine Membran: links Modell, rechts Transportrate in Abhängigkeit von der Konzentration des Stoffes.

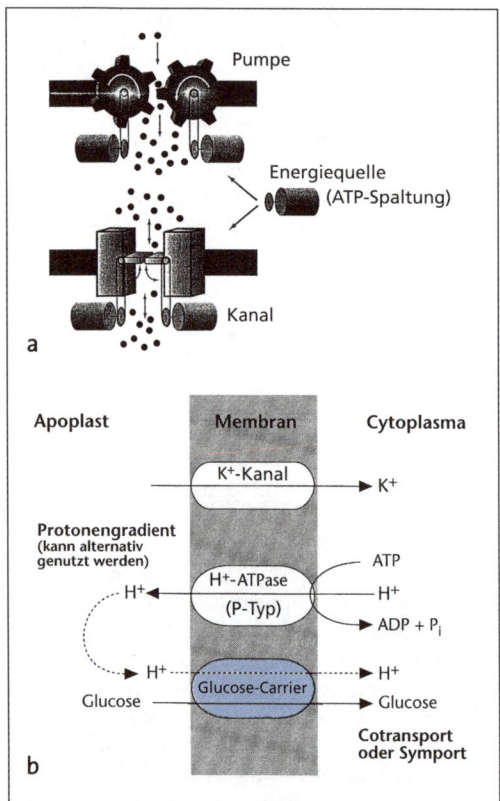

Abb. 9.11: Translokatoren. **a** Modell für Transportsysteme, oben Pumpe, darunter Kanal (nach WELSH u.a.). **b** Schema des aktiven Transports durch eine Membran (Plasmalemma). Eine Protonenpumpe (gekoppelt mit ATPase) transportiert unter ATP-Spaltung Protonen gegen einen Konzentrationsgradienten. Der so gebildete Protonengradient kann genutzt werden zum K^+-Transport (über einen K^+-Kanal, vgl. Abb. 9.13) oder zum Transport von Zuckern (z.B. über einen spezifischen Glucosecarrier). Im letzteren Fall wird H^+ cotransportiert (Symport). Fusicoccin aus dem Pilz *Fusicoccum* stimuliert die Protonenpumpe und somit die K^+-Aufnahme in die Zelle.

Die Symport- und Antiport-Systeme werden manchmal als Carrier i.e.S. bezeichnet.

Der Transport durch den Translokator kann passiv erfolgen (z.B. Wasser durch Aquaporine); er entspricht dann dem Konzentrationsgefälle. Man spricht auch von erleichterter Diffusion (Abb. 9.10).

Aktiver Transport erfolgt unter Aufwand von Stoffwechselenergie und *kann* auch gegen ein Konzentrationsgefälle stattfinden (Abb. 9.11). Die Energie für den aktiven Transport stammt zumeist direkt oder indirekt aus der Spaltung von ATP. Wird ATP durch eine membrangebundene ATPase unmittelbar genutzt, so heißt er **primär aktiver Transport**. Wird ein an der Membran aufgebautes elektrochemisches Potenzialgefälle für den Transport genutzt, so liegt ein **sekundär aktiver Transport** vor.

Bei Pflanzen transportiert in der Regel eine «Protonenpumpe» unter ATP-Spaltung (H^+-ATPase) Protonen (H_3O^+-Ionen) durch eine Membran und baut so eine Konzentrationsdifferenz von Protonen, einen Protonengradienten, auf.

Dieser Vorgang kann am Plasmalemma ablaufen. Durch den Transport geladener Teilchen (H^+) entsteht eine elektrische Potenzialdifferenz an der Membran. Da H^+-Ionen transportiert werden, entsteht ferner eine pH-Differenz. Ladungsdifferenzen und pH-Gefälle tragen beide zur «Energetisierung» der Membran bei, es liegt eine elektrochemische Potenzialdifferenz der Protonen $\Delta\tilde{\mu}_{H^+}$, (Joule/mol) vor. Will man den Wert als Spannung angeben, so dividiert man durch die Faraday-Konstante und erhält so die «Protizität» oder *proton motive force*, pmf:

$$\frac{\Delta\tilde{\mu}_{H^+}}{F} = \text{pmf} = \Delta E - \frac{2{,}3\,RT}{F}\Delta pH$$

ΔE = elektrische Potenzialdifferenz an der Membran.

(Protonengradient und ein infolge ungleicher Ionenverteilung bestehendes Membranpotenzial sind daher additiv; ein pH-Sprung von einer Stufe an der Membran entspricht 60 mV.)

Wird an einer Membran durch Elektronentransportvorgänge eine pH-Differenz (ein Protonengradient) aufgebaut, so kann diese in Umkehrung der geschilderten Protonenpumpe zur Bildung von ATP genutzt werden. Auf diesem Weg erfolgt die ATP-Bildung bei der Atmung in den Mitochondrien und bei der Photosynthese in den Chloroplasten. Der Protonengradient kann auch unmittelbar zum Transport von ATP aus den Mitochondrien ins Cytoplasma dienen (Abb. 9.12).

Man unterscheidet drei verschiedene Typen von Protonen-ATPasen:

- **P-Typ** (Plasmalemma-Typ): einfach gebaute Membranproteine (mehrere Isoformen) durch Ouabain gehemmt. Protonenpumpe des Plasmalemmas; verursacht die Abnahme des pH-Wertes in der Zellwand, die für die Aktivität der Enzyme der Zellwand-«Lockerung» (vgl. 3.2.5.4) erforderlich ist.

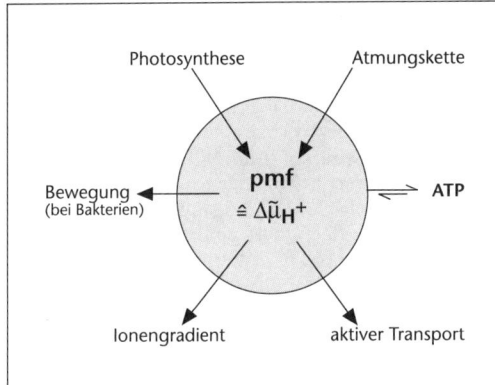

Abb. 9.12: Der Protonengradient als Zwischenglied des Energieumsatzes.

- **F-Typ** (Organellen/Eubakterien-Typ): in Eubakterien, bei Eukaryoten in Mitochondrien und Plastiden. Besteht aus einem hydrophoben Anteil in der Membran mit dem «Protonenkanal» (F_o-Teil) und einem hydrophilen Kopfteil mit ATPase-Funktion (F_1-Teil). Aufgabe ist normalerweise die ATP-Synthese.
- **V-Typ** (Vakuolen-Typ): bei Eukaryoten in den Membranen von Vakuolen (Tonoplast), Lysosomen und Dictyosomen. Aufgebaut aus mehreren Untereinheiten, Bildung im ER. Eine Aufgabe ist die Aufrechterhaltung eines niederen pH-Wertes im Inneren der genannten Organellen. Im Tonoplast gibt es auch eine H^+-Pyrophosphatase vom V-Typ, die statt ATP anorganisches Pyrophosphat (PP_i) nutzt.

Bei F- und V-ATPasen zeigen in der Membran lokalisierte Protein-Untereinheiten eine Rotationsbewegung (vgl. 10.1.1.3).

Beträgt die Potenzialdifferenz ΔE an einer Membran ca. 70 mV (mittlerer Wert), so erhält man bei einer Dicke der Membran von 5–10 nm (Mittel: 7 nm) eine Feldstärke von

$$\frac{70\,\text{mV}}{7\,\text{nm}} = 10^5\,\frac{\text{V}}{\text{cm}}$$

Die Membran hält also sehr hohe Feldstärken aus. Die polaren Molekülteile, vor allem die Lipide, werden in Abhängigkeit von Ladungen in der Nähe der Membran bewegt. Die Lipidphase der Membran reagiert daher auf lokale elektrische Felder («molekulares Voltmeter») und dies wiederum hat Einfluss auf Membranproteine.

Für primär aktiven Transport kleiner Moleküle sind ABC-ATPasen verantwortlich.

Sekundär aktiver Transport ist für den Transport vieler organischer Moleküle/(Zucker, Aminosäuren) und von Ionen durch das Plasmalemma von Bedeutung. Organische Moleküle werden vielfach gemeinsam mit Protonen transportiert, die im Energiegefälle in die Zelle zurückwandern (Symport). So erfolgt z. B. bei der Glucose-Aufnahme ein Cotransport des Zuckers mit H^+ (Abb. 9.11). Ebenso kann Phloembeladung durch Symport erfolgen.

Ionenkanäle. Der Transport aller geladenen Teilchen wird durch das an der Membran bestehende Potenzial beeinflusst, und durch Ladungstransfer kommt es zu dessen Veränderung. Bei einem Transport, bei dem Nettoladungen durch die Membran gelangen, liegt daher elektrogene Kopplung vor. Die Translokatoren für Ionen sind die Ionenkanäle. Sie sind vielfach selektiv, d.h. nur bestimmte Ionen werden transportiert. Oft ist auch die Transportrichtung vorgegeben; man unterscheidet Influx- und Efflux-Kanäle, deren Öffnung unterschiedlich spannungsabhängig ist (Abb. 9.13). Andere Ionen können in manchen Fällen Kanäle blockieren.

Einzelne Ionenkanäle können mit Hilfe der *patch-clamp*-Technik untersucht werden, bei der ein kleines Stück der Membran in eine feine Glaskanüle eingesogen und so Teil einer Elektrode wird. Ein Öffnen und Schließen der Ionenkanäle findet laufend statt; im Mittel hängt die Öffnungszeit von den Membraneigenschaften ab, vielfach vor allem vom Membranpotenzial. Obwohl die Ionenkanäle also im offenen Zustand die jeweilige Ionenart entsprechend dem Konzentrationsgefälle durchtreten

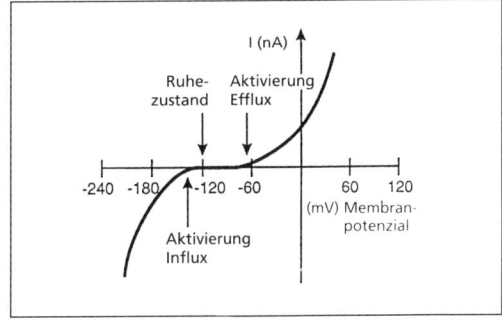

Abb. 9.13: Transport von K^+-Ionen durch spannungsabhängige K^+-Kanäle. Der Influxkanal wird durch Hyperpolarisation der Membran aktiviert, der Effluxkanal durch Depolarisation. Ein H^+-Einstrom in die Zelle im Energiegefälle führt daher zu K^+-Efflux; umgekehrt kann die H^+-ATPase durch den Protonen-Transport nach außen einen K^+-Influx auslösen (nach MAATHUIS u.a.).

lassen, ist der Transport über das Membranpotenzial an die ATP-Spaltung bzw. pmf gekoppelt, also sekundär aktiv.

Je nach den Faktoren, welche die Öffnung der Ionenkanäle hauptsächlich auslösen, unterscheidet man:

- spannungsabhängige Kanäle: öffnen sich durch Veränderung des Membranpotenzials (für Pflanzen gut bekannt für K^+, Ca^{2+} und Anionen)
- ligandenabhängige Kanäle: öffnen sich durch Bindung eines Liganden (Protein, Hormon; Ca^{2+}-Ionen)
- mechanosensitive Kanäle: öffnen sich bei Zugwirkung auf die Membran (bekannt z. B. aus Schließzellen der Stomata für K^+, Ca^{2+}, Cl^-)

Der Transport durch den Tonoplasten in die Vakuole wird durch das elektrochemische Potenzial reguliert. Der Transport von Cl^- und NO_3^- verläuft als Uniport; die spannungsabhängigen Ionenkanäle werden außerdem durch Ca^{2+} als Ligand beeinflusst. Ca^{2+} und Zucker werden im Antiport gegen H^+ in die Vakuole verbracht. Für Glutathion-Konjugate von Xenobiotika (vgl. 11.3.3.1) gibt es vermutlich sowohl Pumpen wie auch Kanäle.

In der Chloroplastenhülle sind Potenzial abhängige Ionenkanäle ebenfalls nachgewiesen.

10 Energiestoffwechsel der Pflanze

10.1 Photosynthese

Photosynthese ist die Bildung organischer Stoffe aus anorganischen Bausteinen mit Hilfe von Lichtenergie. Die organischen Stoffe stehen dann als Energielieferanten den Pflanzen selbst und den Tieren zur Verfügung. Von der Photosynthese unabhängig ist nur der mengenmäßig geringe Energie- und Stoffgewinn durch chemosynthetisch tätige Bakterien (vgl. 10.2). Heterotrophe Organismen (Konsumenten und Destruenten, vgl. 1.4) sind auf die organischen Stoffe der Biomasse angewiesen, die aus den bei der Photosynthese gebildeten organischen Verbindungen durch weitere Umsetzungen entstehen. Der Kohlenstoff der neugebildeten organischen Substanzen stammt aus dem Kohlenstoffdioxid CO_2, das reduziert wird. Diese CO_2-Assimilation ist der Energieumwandlung nachgeordnet; die durch Umwandlung von Lichtenergie gewonnene chemische Energie kann stattdessen auch für andere Vorgänge in der Pflanzenzelle (Reduktion von Nitrat oder Sulfat, Transportvorgänge) verwendet werden. Die CO_2-Assimilation ist aber Voraussetzung für die Vermehrung der organischen Substanz und somit für die **Stoffproduktion** der Pflanze.

In der Landvegetation der Erde sind etwa $7 \cdot 10^{11}$ t C enthalten; pro Jahr werden etwa $6-7 \cdot 10^{10}$ t C durch Photosynthese gebunden. Durch die Atmungsvorgänge der Lebewesen wird CO_2 zurückgebildet. Der im Austausch mit der Atmosphäre erfolgende Kreislauf des Kohlenstoffs (Kurzzeit-Kreislauf) wäre ohne Zutun des Menschen fast ausgeglichen (Abb. 10.1). Durch die Verbrennung fossiler C-Vorräte (Kohle, Erdöl, Erdgas) kommt es zur Anreicherung von CO_2 in der Atmosphäre (Anstieg von 280 auf 350 ppm im Verlauf von 100 Jahren!). In geologischen Zeiträumen hat der CO_2-Gehalt der Atmosphäre stark geschwankt; im Langzeit-Kreislauf des Kohlenstoffs besteht kein Gleichgewicht (vgl. 16.5.3). Der Energieinhalt der durch Photosynthese produzierten Biomasse beträgt etwa $3 \cdot 10^{21}$ Joule. Bei einer die Erdoberfläche erreichenden Sonnenstrahlung von 10^{25} J/a werden also weltweit insgesamt weniger als 0,1% durch die Photosynthese genutzt. Ein Anteil der nicht genutzten Energie wird als Infrarot-Strahlung reflektiert. Daher kann man die Photosynthese-Leistung der Vegetation mit IR-Sensoren von Satelliten aus erfassen.

Sollen aus CO_2 organische Verbindungen aufgebaut werden, so muss eine Reduktion erfolgen:

$$n\,CO_2 + 4n\,[H] \longrightarrow [CH_2O]_n + n\,H_2O$$
$$\text{Reduktions-} \qquad \text{org. Verbindung}$$
$$\text{mittel} \qquad \text{(Kohlenhydrat)}$$

Es ist also ein **Wasserstoff-Lieferant** erforderlich. In der Regel ist Wasser der H-Donator und wird oxidiert, so dass bei der Photosynthese Sauerstoff freigesetzt wird. Nur bei der Photosynthese verschiedener Eubakterien sind H_2S oder bestimmte organische Stoffe die H-Quelle.

Die Bildung von Sauerstoff bei der Photosynthese ist im Versuch leicht nachzuweisen. Belichtet man abgeschnittene Stängel von Wasserpflanzen in einem wassergefüllten Versuchsgefäß, so treten Gasblasen aus, die sich sammeln und als Sauerstoff identifizieren lassen. Während der Sauerstoffbildung entsteht in den Blättern **Stärke**, die man durch Anfärben mit Iod-Iodkalium (KI_3) in den Chloroplasten nachweisen kann (Abb. 2.10 u. 3.24). Da Stärke aus Glucosebausteinen aufgebaut ist, vermutete man, dass zunächst Glucose und daraus dann Stärke entsteht. Man weiß heute, dass keine freie Glucose gebildet wird; in der (vereinfachten) Reaktionsgleichung gibt man sie aber (als Kohlenhydrat-Einheit) häufig an:

$$6\,CO_2 + 6\,H_2O \xrightarrow{\text{Licht}} C_6H_{12}O_6 + 6\,O_2$$
$$\Delta G^0 = +2870\,kJ \qquad \Delta H^0 = +2820\,kJ$$

In Form der Stärke, anderer Kohlenhydrate oder von daraus gebildeten Folgeprodukten wird die bei der Photosynthese aufgenommene Energie zu beliebiger Zeit verfügbar und kann dann zur Verrichtung von Arbeit dienen.

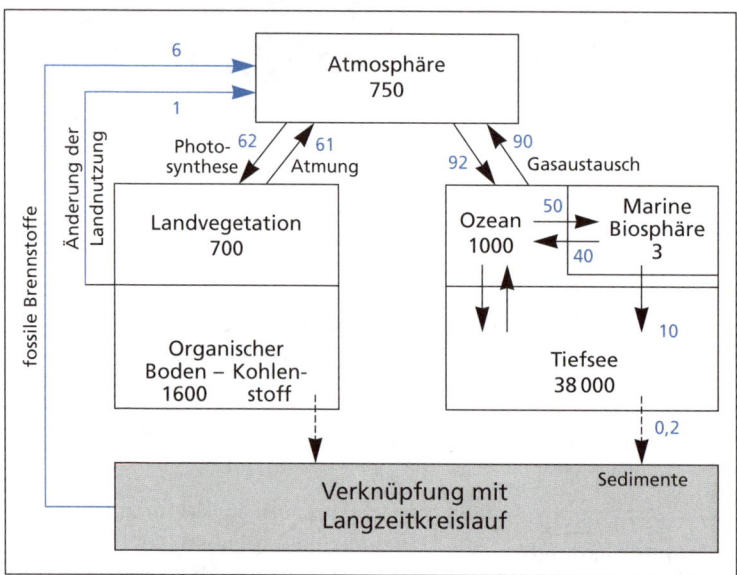

Abb. 10.1: Kohlenstoff-Kreislauf (Kurzzeit-Kreislauf). Mengenangaben in Gigatonnen C (1 Gt = 10^9 t). Umsatzraten (blau) in Gt/Jahr. Blaue Pfeile: Eingreifen des Menschen in den Kurzzeit-Kreislauf (in Anlehnung an HEIMANN).

Wird isolierten Chloroplasten ein geeignetes Oxidationsmittel (Elektronenakzeptor; z. B. $K_3[Fe^{+III}(CN)_6]$ zugesetzt, so produzieren sie Sauerstoff, binden aber kein CO_2. Die Sauerstoffbildung kommt also durch eine Oxidation zustande und ist von der CO_2-Reduktion getrennt. Der Sauerstoff stammt aus dem Wasser (vgl. 10.1.1.3); daher ist die Reaktionsgleichung genauer so zu formulieren:

$$6\,CO_2 + 12\,H_2O \xrightarrow{Licht} C_6H_{12}O_6 + 6\,O_2 + 6\,H_2O$$

oder, bezogen auf 1 CO_2:

$$CO_2 + 2\,H_2O \xrightarrow{Licht} [CH_2O] + O_2 + H_2O$$

$\Delta G^0 = +477$ kJ

Nachweis von Licht- und Lichtunabhängigen Reaktionen der Photosynthese: Da zur Photosynthese Licht erforderlich ist, war es naheliegend, die Abhängigkeit der Photosyntheseleistung von der Lichtintensität zu untersuchen. Die Möglichkeiten zur Messung der Photosyntheseleistung ergeben sich aus der Grundgleichung der Photosynthese:

- Messung des CO_2-Verbrauchs
- Messung der O_2-Bildung
- Messung der Stoffproduktion, z. B. über die Zunahme der Trockenmasse.

Das letztgenannte Verfahren ist ungenau; für kurzzeitige Untersuchungen werden daher die beiden ersten Methoden (Gaswechselmessungen) verwendet. Die Abhängigkeit der Photosyntheserate von der Lichtintensität zeigt Abb. 10.2. Die Leistung steigt mit zunehmender Lichtintensität zunächst linear an, erreicht aber bei hohen Intensitäten einen Grenzwert. Dies ist am einfachsten so zu erklären, dass bei geringen Lichtintensitäten das Licht der begrenzende Faktor ist; bei hohen Intensitäten wird hingegen ein anderer Faktor limitierend. Wenn man neben der Lichtintensität auch die Temperatur variiert, zeigt sich, dass bei schwachem Licht die Temperatur einen viel geringeren Einfluss auf die Photosynthese hat als bei hohen Lichtintensitäten. Nun sind photochemische Reaktionen nahezu temperaturunabhängig, während die Geschwindigkeit lichtunabhängiger chemischer Reaktionen mit steigender Temperatur zunimmt. (Dabei gilt die Faustregel, dass ein Temperaturanstieg um 10 °C eine Verdoppelung der Reaktionsgeschwindigkeit bewirkt; der Q_{10}-Wert ist dann 2). Daraus ist zu schließen, dass bei der Photosynthese zwei Reaktionen bzw. Reaktionsfolgen vorliegen müssen: die lichtabhängigen (und temperaturunabhängigen) Lichtreaktionen und die lichtunabhängigen und temperaturabhängigen nachfolgenden «Dunkel»-reaktionen. Üblicherweise fasst man die photochemischen = Lichtreaktionen und die damit unmittelbar verknüpften chemischen Reaktionen als **Primärreaktionen** zusammen und stellt ihnen die Vorgänge der CO_2-Reduktion als **Sekundärreaktionen** gegenüber.

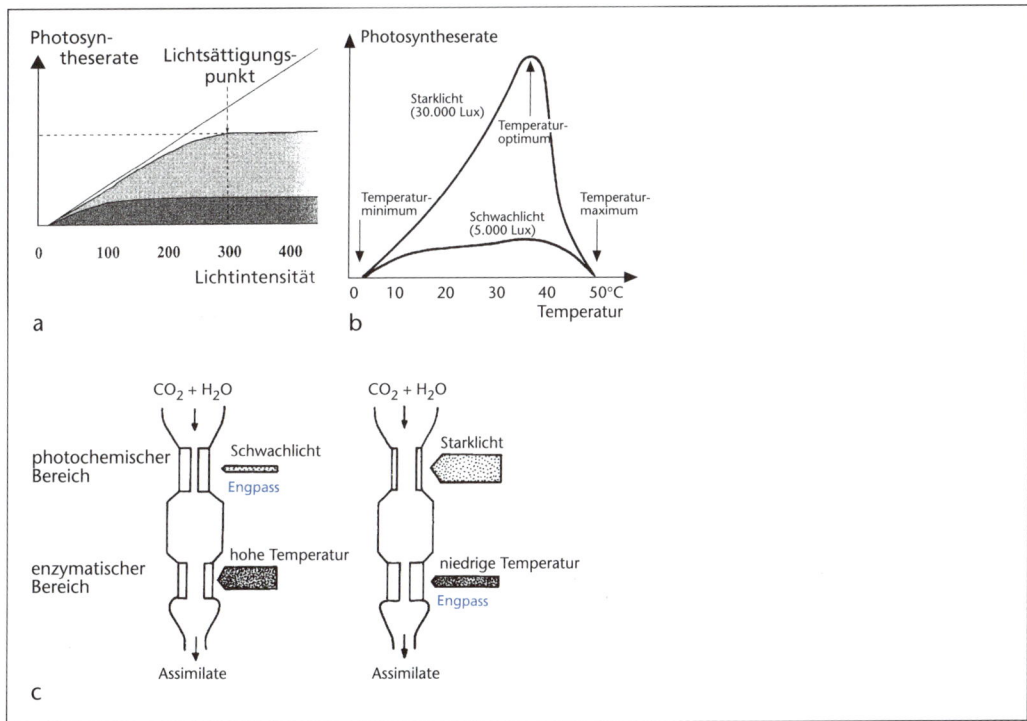

Abb. 10.2: Abhängigkeit der Photosyntheserate von Lichtintensität und Temperatur. **a:** Einfluss der Lichtintensität auf die Photosyntheserate Abszisse: Lichtintensität als Quantenstromdichte (µmol Quanten · m^{-2} s^{-1}). Ordinate: relative Photosyntheserate. Dunkel: Photosyntheserate bei 10°C; grau: Photosyntheserate bei 25°C. Die darüber hinaus gehende Strahlung wird nicht genutzt. **b:** Einfluss der Temperatur auf die Photosyntheserate bei niedriger und hoher Lichtintensität; **c:** Einfluss von Lichtintensität und Temperatur auf photochemische und Enzymreaktionen (nach RICHTER), links: niedrige Lichtintensität und optimale Temperatur; die Lichtintensität begrenzt die Photosyntheseleistung; rechts: hohe Lichtintensität und niedrige Temperatur; die Enzymreaktionen begrenzen die Photosyntheseleistung.

10.1.1 Primärreaktionen der Photosynthese

10.1.1.1 Photosynthetische Farbstoffe, Absorptions- und Wirkungsspektren

Damit eine Lichtreaktion erfolgen kann, muss Licht absorbiert werden. Wird (für den Menschen) sichtbares Licht absorbiert, so erscheinen die betreffenden Objekte farbig. Die grüne Farbe der photosynthetisch tätigen Pflanzenteile ist auf die in den Chloroplasten enthaltenen Chlorophylle zurückzuführen. Bei den höheren Pflanzen treten in den Thylakoidmembranen der Chloroplasten stets zwei Chlorophylle, bezeichnet als Chlorophyll a und b, sowie Carotinoide auf.

In panaschierten Blättern (vgl. 8.7) besitzt ein Teil des Blattgewebes keine ergrünungsfähigen Plastiden; daher sind die Carotinoide dort unmittelbar zu erkennen, die betreffenden Bereiche erscheinen gelblich. Die Panaschierung kann unterschiedliche Ursachen haben (Mutationen; Virusbefall).

Die **Chlorophylle** besitzen Porphyrinringsysteme (vgl. 2.5) mit Mg als Zentralatom. (Fehlt letzteres, so spricht man von Phaeophytinen). An den Pyrrolring C der Chlorophylle schließt ein Cyclopentanon-Ring (Ring E) an; eine Carboxylgruppe am Ring D ist mit dem C$_{20}$-Alkohol Phytol verestert, so dass eine lipophile Seitenkette vorliegt. Chlorophyll a kommt bei allen photosynthetisch tätigen Eukaryoten und den Cyanobakterien vor; bei den Blütenpflanzen beträgt seine Menge ca. 0,2–0,8% der Blatt-Trockenmasse. Das Chlorophyll b unterscheidet sich von Chlorophyll a durch eine Aldehydgruppe anstelle einer Methylgruppe an Pyrrolring B (Abb. 10.3). Es kommt nur bei den Chlorophyten und den in der Evolution aus ihnen

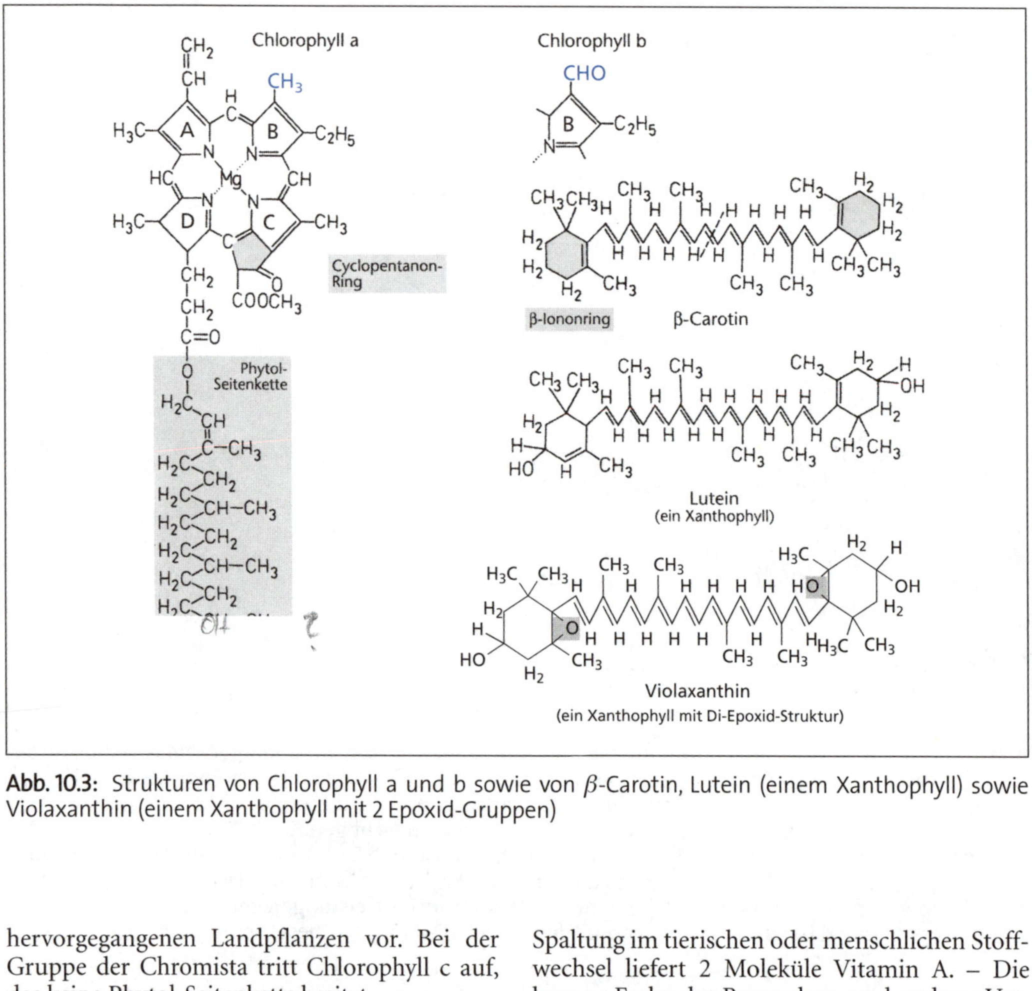

Abb. 10.3: Strukturen von Chlorophyll a und b sowie von β-Carotin, Lutein (einem Xanthophyll) sowie Violaxanthin (einem Xanthophyll mit 2 Epoxid-Gruppen)

hervorgegangenen Landpflanzen vor. Bei der Gruppe der Chromista tritt Chlorophyll c auf, das keine Phytol-Seitenkette besitzt.

Carotinoide (Abb. 10.3) sind lipophile Pigmente von gelber bis roter Farbe mit zumeist 40 C-Atomen. Sie gehören zu den Terpenoiden (vgl. 2.1). Ihre Farbe ist normalerweise durch die Chlorophylle verdeckt. Werden diese im Herbst abgebaut, so kommt häufig die Carotinoid-Farbe zum Vorschein (Vergilben).

Die Rotfärbung von Blättern im Herbst kommt durch Anhäufung von Anthocyanen zustande; Braunfärbung hat ihre Ursachen zumeist in einer Akkumulation von Gerbstoffen oder ähnlichen Aromaten.

Man unterscheidet Carotine (ohne Sauerstoff im Molekül; in Blättern z.B. das β-Carotin) und Xanthophylle (mit O-haltigen funktionellen Gruppen; z.B. Lutein, Violaxanthin, Zeaxanthin). Das β-Carotin ist in Chromoplasten der Speicherwurzeln der gezüchteten Karotten in großer Menge enthalten und hat der ganzen Gruppe den Namen gegeben. Seine oxidative Spaltung im tierischen oder menschlichen Stoffwechsel liefert 2 Moleküle Vitamin A. – Die braune Farbe der Braunalgen und anderer Vertreter der Chromista wird durch das Xanthophyll Fucoxanthin verursacht.

Bei Rhodophyten und Cyanobakterien sind an der Photosynthese weitere Farbstoffe beteiligt; die Phycobiline. Man unterscheidet blaugrüne Phycocyanine und rote Phycoerythrine. Ihre Farbstoff-Anteile sind offenkettige Tetrapyrrol-Systeme; diese sind an Proteine gebunden. Strukturell sehr ähnlich ist der Farbstoff-Anteil (Chromophor) der Phytochrome (vgl. 14.4.1.1).

Die Wirksamkeit der photosynthetischen Farbstoffe ergibt sich durch Vergleich der Absorptionsspektren mit dem Wirkungsspektrum (Aktionsspektrum) der Photosynthese, das die relative photosynthetische Wirksamkeit von Licht verschiedener Wellenlängen angibt. Man misst hierzu die Photosyntheseleistung bei Bestrahlung mit Licht der verschiedenen Wellenlängen. Die Absorptionsspektren erhält man nach chromatographischer Trennung der extrahierten Farbstoffe durch Messung des Absorptionsvermögens bei den verschiedenen Wellenlängen (Abb. 10.4).

Die Absorptionsmaxima sind in unterschiedlichen Lösungsmitteln infolge unterschiedlicher Wechselwirkung von Chlorophyll mit den umgebenden Molekülen geringfügig verschieden. Das langwellige Absorptionsmaximum (im roten Bereich) für in Ethylether gelöstes Chlorophyll a liegt bei 662 nm; ist es in Protein-Komplexe der Thylakoidmembran eingebaut, so findet man unterschiedliche Maxima von 672, 681, 693 und 703 nm.

Die Absorptionsspektren der Chlorophylle zeigen Maxima im roten und blauen Bereich; im grünen Spektralbereich ist die Absorption gering. Daher wird das grüne Licht reflektiert und Blätter erscheinen für unser Auge grün. Dunkelrotes Licht (>720 nm) wird gar nicht absorbiert. Die Carotinoide absorbieren vor allem zwischen 400 und 550 nm.

Die unterschiedliche Wirksamkeit von Licht verschiedener Wellenlänge bei der Photosynthese wurde von ENGELMANN schon im vorigen Jahrhundert nachgewiesen. Er projizierte ein durch ein Prisma erzeugtes Spektrum auf einen Algenfaden. Je stärker die photosynthetische Wirksamkeit eines Spektralbereichs war, umso mehr Sauerstoff entstand in diesem Abschnitt. Zugesetzte Bakterien sammelten sich vor allem dort an, wo reichlich Sauerstoff vorhanden war. Die Menge der Bakterien ergab also ein Maß für die Photosyntheseleistung (Abb. 10.4) und somit ein einfaches Wirkungsspektrum. Der Bereich höchster photosynthetischer Wirksamkeit lag im roten Bereich. Blaues Licht ist – obwohl kürzerwellig und somit energiereicher – photosynthetisch nicht stärker wirksam als rote Strahlung. Oft ist es sogar weniger effektiv.

Ein genaues Wirkungsspektrum zeigt gute Übereinstimmung mit den Absorptionsspektren der Chlorophylle. Abweichungen liegen vor im Bereich zwischen 470 und 520 nm: hier absorbieren jene Carotinoide, die für die Photosynthese Energie liefern. Man bezeichnet sie als **akzessorische Pigmente** der Photosynthese. Carotinoide haben darüber hinaus auch Schutzfunktionen. Sie können verhindern, dass bei der Photosynthese durch eine «falsche» photochemische Reaktion der sehr aggressive Singulett-Sauerstoff entsteht oder aber ihn unmittelbar nach Bildung unschädlich machen. Carotinoide in der Chloroplastenhülle absorbieren UV-Strahlung und verhindern weitgehend deren Eindringen ins Chloroplasten-Innere. Ferner sind Carotinoide von Bedeutung als Farbstoffe (in Chromoplasten von Blütenblättern und Früchten) und als Speicherstoffe (vor allem bei Algen). Diese Carotinoide ohne Be-

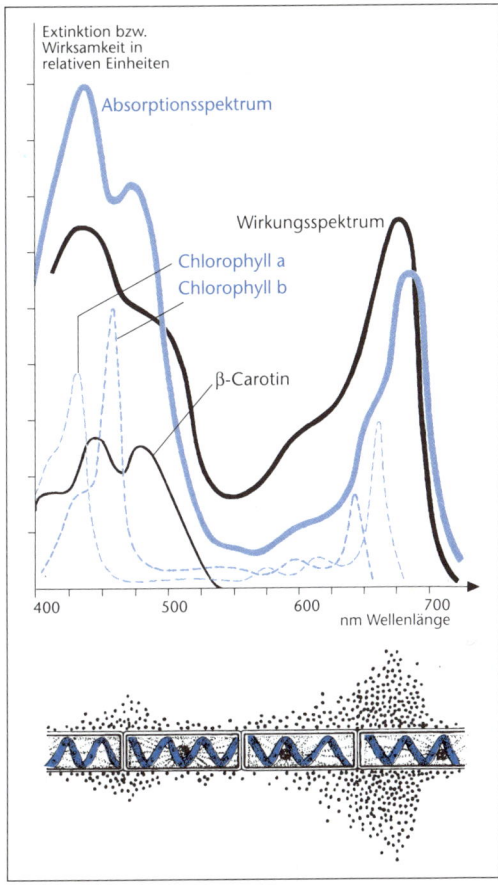

Abb. 10.4: Wirkungsspektrum der Photosynthese (schwarz) und Absorptionsspektren: dicke grüne Linie: Blattgewebe; dünne grüne Linien: Chlorophyll a und b; dünne schwarze Linie: β-Carotin (jeweils in Ether gelöst). Darunter: ENGELMANN'scher Bakterienversuch. Auf den Algenfaden einer Grünalge (Spirogyra) wird ein Spektrum projiziert. Durch Photosynthese entsteht Sauerstoff; dadurch werden umso mehr Bakterien angelockt, je mehr Sauerstoff gebildet wird. Daran ist die photosynthetische Wirksamkeit der Strahlung zu erkennen. Rotlicht hat die höchste Effektivität; Blaulicht eine geringere (in Anlehnung an LINDER, NULTSCH u. a.).

ziehung zur Photosynthese heißen Sekundär-Carotinoide (bei Algen befinden sie sich z. T. im Cytosol).

Eine weitere Abweichung zwischen Absorptions- und Wirkungsspektrum beobachtet man oberhalb von 690 nm: hier nimmt die photosynthetische Leistung stark ab, obwohl die Absorption bis über 700 nm hinaus ziemlich hoch ist («*red drop*», vgl. 10.1.1.2).

10.1.1.2 Physikalische Vorgänge: Lichtabsorption und Energiewanderung

Die Absorption von Lichtenergie (also von Lichtquanten) versetzt Chlorophyllmoleküle (und ebenso Carotinoide) in einen energiereicheren «angeregten» Zustand, weil ein Elektron vom energetischen Grundzustand auf ein höheres Energieniveau gelangt. Da die Elektronen im Molekül nur bestimmte Energiezustände einnehmen können (die Energiezustände sind gequantelt), können auch nur die Licht-Wellenlängen absorbiert werden, die den möglichen Energiesprüngen entsprechen (z. B. rot und blau bei Chlorophyll). Je geringer die Energiedifferenz zwischen dem höchsten besetzten Elektronen-Energieniveau des Moleküls (*HOMO = highest occupied molecular orbital*) und dem tiefsten unbesetzten Niveau (*LUMO = lowest unoccupied m. o.*) ist, umso weniger Energie wird zur Anhebung auf das höhere Niveau benötigt und umso langwelligeres Licht reicht dazu aus. Bei organischen Molekülen ist die Energiedifferenz dann gering, wenn konjugierte Doppelbindungen vorliegen. Bei mehr als 3 konjugierten Doppelbindungen genügt in der Regel die Energie des sichtbaren Lichtes, um eine Anregung zu erreichen.

Carotinoide weisen eine Kette mit 11 konjugierten Doppelbindungen auf; Chlorophylle haben einen geschlossenen Ring von 10 konjugierten Doppelbindungen im Porphyrin-System.

Der Anregungsvorgang erfolgt in etwa 10^{-15} s. Der (erste) angeregte Zustand ist kurzlebig; nach etwa 10^{-9} sec (1 Milliardstel Sekunde!) kehrt das Elektron in den Grundzustand zurück, sodass die aufgenommene Energie wieder freigesetzt wird. Diese Energie wird entweder als Wärmeenergie oder Lichtenergie abgegeben oder aber sie wird dazu benutzt, eine endergonische chemische Reaktion zu treiben (Abb. 10.5). Nur dieser letztgenannte Vorgang ist bei der Photosynthese wirksam. Wird die Energie wieder als Licht abgegeben, so spricht man von **Fluoreszenz**-Strahlung (vgl. 10.1.1.3). Diese lässt sich leicht beobachten, wenn man eine Chlorophyll-Lösung mit Blaulicht bestrahlt: sie erscheint dann leuchtend rot.

Durch Blaulicht gelangt ein Elektron in einen höheren Anregungszustand; dieser ist noch kurzlebiger als der erste und daher für die photochemische Reaktion nicht nutzbar. Das Elektron kehrt alsbald in den ersten Anregungszustand zurück, wobei die freiwerdende Energie als Wärme verloren geht. Genutzt werden kann nur die Energie des ersten Anregungszustandes; Blaulicht ist daher für die Photosynthese (je Lichtquant gerechnet) nicht wirksamer als das energieärmere Rotlicht.

Will man die maximale Effektivität der Photosynthese ermitteln, so muss man bei geringer Lichtintensität (Schwachlicht) die Sauerstoff-Entwicklung messen und auf den Chlorophyllgehalt beziehen. Es zeigt sich, dass 1 Molekül O_2 auf 8–13 Chlorophyll-Moleküle kommt, die alle angeregt worden sind. Diese Größe bezeichnet man als den Quantenbedarf der Photosynthese. Jedes Chlorophyll-Molekül kann zu einem Zeitpunkt nur ein Lichtquant absorbieren. Setzt man kurze Lichtblitze hoher Intensität ein, so wird das Licht in der nachfolgenden Dunkelzeit genutzt. Man findet in diesem Fall, dass 1 Molekül O_2 auf einige hundert Chlorophyll-Moleküle kommt. Macht man die Lichtintensität so hoch, dass alle Chlorophylle angeregt werden, so kommt ein O_2 auf etwa 2400 Chlorophyll-Moleküle. Die einfachste Erklärung für diese zunächst widersprüchlich erscheinenden Ergebnisse ist die Annahme, dass alle Farbstoffmoleküle Licht absorbieren, aber nur wenige die Lichtenergie in chemische Energie umsetzen können. Bei Schwachlicht sind alle angeregten Moleküle wirksam; bei hoher Lichtintensität hingegen sind die Folgereaktionen (Energieumwandlung) begrenzend, sodass nur ein Teil der absorbierten Lichtenergie tatsächlich genutzt werden kann. Die meisten Chlorophyll-Moleküle übertragen ihre Anregungsenergie an ein Reaktionszentrum (RC, *trapping center*), in dem die Folgereaktionen von besonderen, photochemisch wirksamen Chlorophyll a-Molekülen ihren Ausgang nehmen. Die Energiewanderung erfolgt durch Anregung jeweils benachbarter Moleküle (Abb. 10.6).

Es wandert also die Anregungsenergie; sie muss innerhalb der Lebensdauer des Anregungszustandes von 10^{-9} bis 10^{-7} sec das Reaktionszentrum erreichen. Neben Chlorophyll a können auch Chlorophyll b und Carotinoide an der Energiewanderung beteiligt sein. Die Chlorophyll a-Moleküle der Reaktionszentren haben etwas geringere Anregungsenergiewerte (längerwellige Absorptionsmaxima) als die übrigen Chlorophylle und wirken daher als «Energiefalle». Die Pigmentmoleküle sind in Proteinen der Thylakoidmembran lokalisiert, aber nicht kovalent gebunden. Man findet Pigment-Proteinaggregate, die stets mit einem Reaktionszentrum verbunden sind («Antennen»-Systeme des

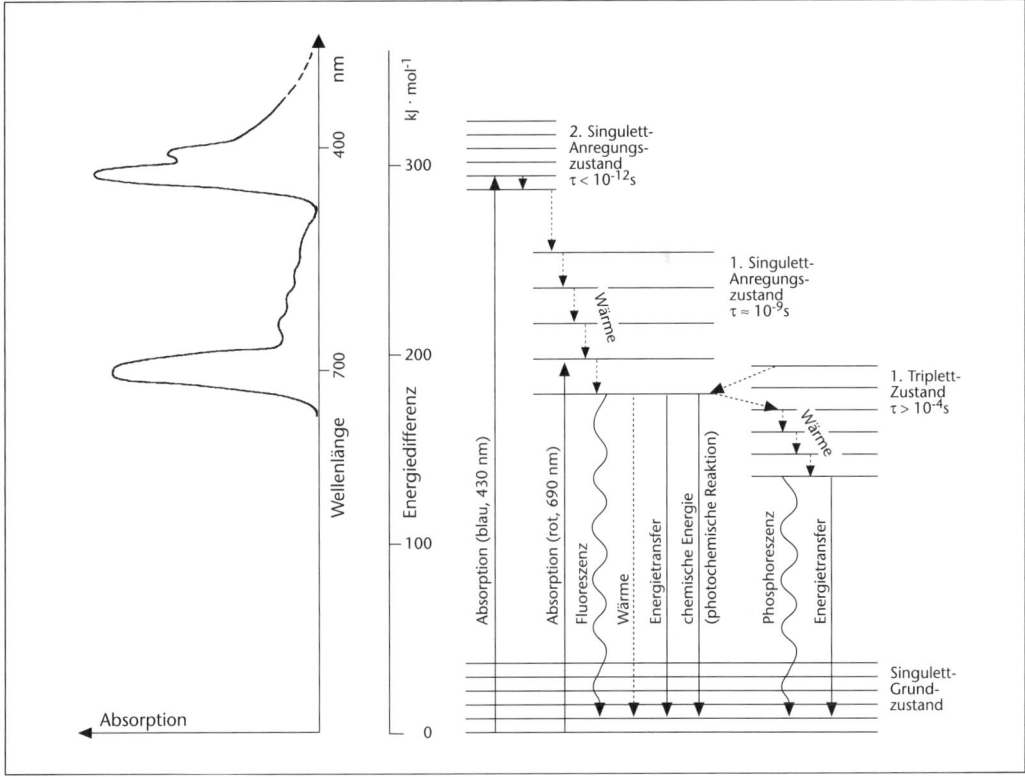

Abb. 10.5: Energieniveaus von Chlorophyll a: schematisch. Links Absorptionsspektrum. Bei Absorption von Rotlicht wird der erste angeregte Singulettzustand erreicht, bei Absorption von Blaulicht ein höherer angeregter Singulettzustand. Die Rückkehr des Elektrons in den Grundzustand kann unter Abgabe von Wärme, Licht (Fluoreszenz), durch Abgabe der Energie an andere Moleküle (Energietransfer) oder durch eine photochemische Reaktion erfolgen. In geringem Maß kann ein Übergang in einen Triplettzustand stattfinden. Dieser kann durch Abgabe von Licht (Phosphoreszenz) oder durch Energietransfer wieder in den Grundzustand übergehen. Da er die Energie auch auf Sauerstoff überträgt, wodurch der aggressive Singulett-Sauerstoff entsteht, erfolgt in Chloroplasten rasch ein Energietransfer auf Carotinoide (z.T. nach BORRISS-LIBBERT).

RC = Core-Komplex) und solche, die sich davon ablösen und in der Membran getrennt bewegen können. Diese können die absorbierte Lichtenergie auf ein Antennensystem übertragen, solange sie mit diesem verbunden sind. Sie heißen Lichtsammelsysteme (*light harvesting complexes*, LHCs). Die Zahl der zu einem Reaktionszentrum hin energieliefernden Chlorophyllmoleküle schwankt daher in Abhängigkeit von Umweltbedingungen zwischen 100 und 500. Die LHCs enthalten etwa die Hälfte aller Chlorophyll-Moleküle, darunter die Hauptmenge an Chlorophyll b. Durch ihre Bindung an den Core-Komplex entsteht der Holokomplex. – Normalerweise trifft mehr Licht auf die Chloroplasten auf als dem Quantenbedarf entspricht.

Dann erfolgt Energiedissipation in Form von Wärme und Fluoreszenz.

EMERSON-Effekt: Monochromatisches Licht mit Wellenlängen > 685 nm ist photosynthetisch gering wirksam, obwohl es gut absorbiert wird (*red drop*). Dieses Phänomen wurde von EMERSON genauer untersucht. Er bestrahlte Blätter mit Licht von 700 nm und fand die erwartete geringe Photosyntheserate. Bot er nun gleichzeitig kürzerwelliges Licht mit geringer Intensität an, so war die neue Photosyntheserate nicht die Summe der einzeln gemessenen Raten, sondern sie war deutlich höher. Dieser Befund ist am einfachsten mit der Annahme zu erklären, dass zur Photosynthese zwei Lichtreaktionen zusam-

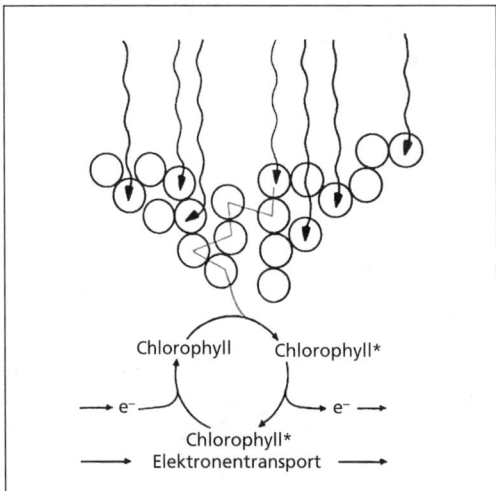

Abb. 10.6: Schema eines Photosystems mit Reaktionszentrum (RC). Auftreffendes Licht (Wellenpfeile) führt zur Anregung von Antennenpigmenten (Kreise), welche die Energie durch Energietransfer ans Reaktionszentrum weitergeben (ein Beispiel blau). Ein angeregtes Chlorophyll im Reaktionszentrum gibt ein Elektron an diesen Akzeptor ab.

menarbeiten müssen. Eine davon nutzt nur Licht bis ca. 680 nm, die andere auch noch längerwelliges Licht bis ca. 700 nm. Tatsächlich wurden auch zwei Reaktionszentren mit Antennensystem-Proteinen in der Thylakoidmembran gefunden, die man als Photosystem PS I und PS II bezeichnet. PS I absorbiert stark bis ca. 700 nm, das im Reaktionszentrum befindliche Chlorophyll a nennt man daher P 700; PS II absorbiert stark bei ca. 680 nm und das Chlorophyll a seines Reaktionszentrums heißt P 680.

Der PS I-Core-Komplex enthält etwa 100, der PS II-Core-Komplex etwa 40 Chlorophyll a-Moleküle. Von den LHC-Komplexen ist eine größere Zahl bekannt, die sich in den Proteinstrukturen und dem Chlorophyll a/b-Verhältnis unterscheiden. Die LHC II-Komplexe bilden Trimere; zumindest ein Teil von ihnen kann nicht nur mit PS II, sondern auch mit PS I in Verbindung treten («mobile LCH II»; vgl. 10.1.1.3). Die LHC I-Komplexe bilden ebenfalls Oligomere; sie treten mit PS I in Verbindung.

Energieverhältnisse. Wie erwähnt, liegt der Quantenbedarf der Photosynthese bei 8–13 Mol Rotlicht-Quanten je Mol gebildeten Sauerstoff. Nach der Grundgleichung der Photosynthese sind für 1 Mol O_2 477 kJ erforderlich. Der Energieinhalt des Lichts ergibt sich aus der Formel:

$$E = \frac{h \cdot c}{\lambda}$$

Um vergleichen zu können, muss man natürlich immer auf ein Mol beziehen. Ein Mol eines Stoffes besteht aus $N_L = 6{,}02 \cdot 10^{23}$ Teilchen. Ein Mol Quanten sind entsprechend $6{,}02 \cdot 10^{23}$ Quanten. ein Mol Rotlicht-Quanten (700 nm) besitzt eine Energie von 170 kJ, ein Mol Blaulicht-Quanten die von 290 kJ. Nach dem Wirkungsspektrum genügt Rotlicht zur Sauerstoffbildung. Zur Bildung von 1 Mol O_2 sind also mindestens $477 : 170 \approx 3$ Mol Rotlicht-Quanten erforderlich. Da die Energieausbeute sicher erheblich unter 100% liegt, wird man etwas mehr als 4 Mol Rotlicht-Quanten ansetzen dürfen. Tatsächlich aber ist der Quantenbedarf etwa doppelt so hoch. Wenn wir aufgrund des EMERSON-Effektes annehmen, dass zwei Lichtreaktionen erforderlich sind, so besteht Übereinstimmung. Die Energie-Überlegung unterstützt also die Deutung des EMERSON-Effektes.

10.1.1.3 Chemische Primärreaktionen

In den Reaktionszentren wird die fortlaufend zur Verfügung gestellte Anregungsenergie in chemische Energie umgewandelt. Das Prinzip dieser entscheidenden Energieumwandlung ist einfach, der Vorgang im einzelnen aber sehr komplex. Die angeregten Chlorophyll-Moleküle sind energiereicher als die Moleküle im Grundzustand. Sie geben viel leichter ein Elektron an einen elektronenaufnehmenden (reduzierbaren) Stoff A ab. So kommt es zu einer Redox-Reaktion, bei der Chlorophyll a oxidiert und der Stoff A reduziert wird. A kann vom Chlorophyll im Grundzustand nicht reduziert werden, wohl aber vom angeregten Chlorophyll. Das bei der Reaktion entstandene (Chlorophyll a)$^+$ holt sich ein Elektron zurück von einem anderen Stoff, einem Elektronendonator D, der dabei in D$^+$ übergeht. Damit erhält man einen **Elektronentransport:**

$$\text{Lichtenergie} \rightsquigarrow \text{Chl. a} \xrightarrow{} \text{Chl. a*} \rightarrow A^- \rightarrow A \atop \text{Chl. a}^+ \leftarrow D^+ \; D$$

Die chemische Primärreaktion muß so rasch erfolgen, dass die Rückreaktion der Ladungstrennung nicht möglich ist. Daher wird das Elektron von A$^-$ rasch auf einen zweiten Akzeptor übertragen.

Wenn durch die Struktur der Reaktionszentren gesichert ist, dass dieser Akzeptor (als A$^-$) und der Donator (als D$^+$) nicht miteinander reagieren können, so ist die Lichtenergie in chemische Energie umgewandelt, weil ein Elektron gegen das Energiegefälle von D nach A gebracht wurde. Das Chlorophyll a ist dabei gewissermaßen ein Katalysator der Reaktion, der gleichzeitig die Energie für die endergonische Redoxreaktion liefert. Der verfügbare Betrag chemischer Energie ist als Redoxpotenzialdifferenz zwischen A/A$^-$ einerseits und D/D$^+$ andererseits messbar. Da zwei Lichtreaktionen vorliegen, gibt es zwei endergonische Redoxreaktionen. Diese stehen mit weiteren, exergonischen Redoxreaktionen so in Verbindung, dass sie auch untereinander verknüpft werden. Es entsteht eine Elektronentransportkette, in der letztlich Wasser durch Elektronenentzug oxidiert (also Sauerstoff gebildet) wird und NADP$^+$ reduziert wird.

Die Wasserspaltung wird durch folgende Beobachtungen belegt:

- Photosynthetisch tätige Eubakterien (Chromatiaceae, Chlorobiaceae) verwenden als Elektronenlieferant Schwefelwasserstoff; die Photosynthese verläuft nach der Gleichung

$$6 CO_2 + 12 H_2S \xrightarrow{Licht} C_6H_{12}O_6 + 12 S + 6 H_2O$$

Die Bildung von Schwefel (bzw. Polysulfid) legt nahe, dass bei grünen Pflanzen in einem ähnlichen Vorgang der Sauerstoff durch Wasserspaltung entsteht.

- Versetzt man isolierte Chloroplasten mit geeigneten Oxidationsmitteln (z. B. Fe(III)-Verbindungen, Benzochinon, Dichlorphenolindophenol = DCPIP), so werden diese bei Belichtung anstelle von NADP$^+$ reduziert und Sauerstoff wird freigesetzt. Solche Reaktionen wurden erstmals 1937 von HILL durchgeführt und daher **Hill-Reaktionen** genannt.
- Stellt man den Chloroplasten H$_2$^{18}O zur Verfügung, so wird anfänglich bevorzugt ^{18}O$_2$ ausgeschieden, wie man massenspektrometrisch nachweisen kann.

Die Spaltung von Wasser ist eine Redoxreaktion

$$H_2O \rightleftarrows 2H^+ + 2e^- + \tfrac{1}{2} O_2$$

Sie darf nicht verwechselt werden mit der Dissoziation von Wasser in H$^+$ (H$_3$O$^+$)- und OH$^-$-Ionen (Säure-Base-Reaktion):

$$H_2O \rightleftarrows H^+ + OH^-$$

Der Energieumsatz beider Reaktionen ist ganz verschieden!

Die Potentialdifferenz zwischen H$_2$O/O$_2$ (E$^{0'}$ = +81 V) und NADP$^+$/NADPH (−0,32 V) beträgt 1,13 V; dies entspricht 1,13 · 96 = 110 kJ/mol. Zur Reduktion von 1 NADP sind 2 Elektronen erforderlich, je Mol NADP somit 220 kJ aufzuwenden. Diese Energie stammt aus den beiden Lichtreaktionen. Der Transport eines Elektrons erfordert 2 Rotlicht-Quanten. Zum Transport von zwei Elektronen sind also 4 Quanten notwendig; 4 Mol Quanten liefern 4 · 170 = 680 kJ. Je 2 Mol transportierter Elektronen wird außerdem noch mehr als 1 Mol ATP gebildet; dieser Vorgang erfordert mindestens 30 kJ je Mol (vgl. 9.2). Der Nutzeffekt der Primärvorgänge der Photosynthese beträgt also sicher mehr als

$$\frac{220+30}{680} \approx 37\%$$

Ablauf des Elektronentransports. Beide Photosysteme sind jeweils mit ihrem Donator und Akzeptor strukturell so verknüpft, dass deren räumliche Trennung gewährleistet ist. Die Lichtreaktion findet jeweils an zwei eng benachbarten Chlorophyll a-Molekülen der Reaktionszentren, den Chlorophyll-Dimeren, statt.

Kenntnis über die Redox-Systeme der Elektronentransportkette und ihre Reihenfolge erhält man durch folgende Verfahren:

- Gewinnung der einzelnen Stoffe und Proteinkomplexe aus isolierten Chloroplasten und Messung der Redoxpotenziale. Die Redoxpotenziale angeregter Chlorophylle können nicht gemessen werden, aber aus den anderen Redoxpotenzialen ist zu entnehmen, dass sie für P$_{680}$ negativer also E$^{0'}$ = −0,2 V und für P$_{700}$ negativer als −0,6 V sein müssen.
- Messung der Absorptionsänderungen der Redox-Systeme und ihrer Zeitverläufe («Kinetik»). Die Absorptionsmaxima sind in oxidiertem und reduziertem Zustand unterschiedlich; man kann daher die Redoxreaktionen an Veränderungen der Absorption quantitativ verfolgen. Da diese sehr rasch erfolgen und weil sie verglichen mit der sehr starken Absorption der in viel größerer Menge vorhandenen photosynthetischen Farbstoffe gering sind, ist die Anwendung solcher Verfahren experimentell aufwendig.
- Inhibierung einzelner Reaktionen erlaubt Auftrennung der Elektronentransportkette in Teilstücke.

Das **Photosystem II** (PS II) ist ähnlich gebaut wie das (eine!) Photosystem des Bakteriums *Rhodopseudomonas*, dessen Raumstruktur durch Röntgenanalyse genau bekannt ist. Das PS II ist der größte Pigment-Protein-Komplex der Thylakoidmembran. Das RC ist strukturell symmetrisch mit zwei Proteinen D1 und D2. Der Elektronentransport verläuft aber asymmetrisch (Abb. 10.10b). Im RC befindet sich ein Chlorophyll a-Dimer (P$_{680}$-Dimer). Durch Anregung geht ein Elektron von diesem innerhalb von 3 ps auf ein anderes Chlorophyll a-Molekül und von dort sehr rasch (0,5 ps) auf ein Phäophytin über. Dieses gibt ein Elektron an ein fest gebundenes Plastochinon (Q$_A$) ab; damit ist die Ladungstrennung stabilisiert. Q_A reduziert dann relativ langsam ein «bewegliches» (nicht fest gebundenes) Plastochinon Q_B. Letzteres kann zwei Elektronen aufnehmen und abgeben. Der Elektronendonator für das P_{680}^+ ist ein Mangan-Cluster mit mindestens 4 Mn-Ionen. Vermittelt wird der Elektronentransfer durch einen Tyrosin-Rest des D1-Proteins; daraus ist die Bedeutung von Aminosäure-Seitenketten von Proteinen bei Redox-Reaktionen zu erkennen. Ein Protein mit 33 kDa schützt den an der inneren Thylakoid-Oberfläche gelegenen Mn-Cluster, der dem Wasser Elektronen entzieht. Mit kurzen sättigenden Lichtblitzen findet man eine Oszillation der Sauerstoff-Freisetzung mit einer Periodizität von 4 Blitzen, sodass man 4 einzelne Oxidationsschritte anzunehmen hat. Durch die Veränderung des Oxidationszustandes der 4 Mn-Ionen werden die Oxidations-Äquivalente gespeichert, bis nach Abgabe von 4 Elektronen O_2 freigesetzt werden kann. Neben O_2 entstehen H^+-Ionen, die in das Thylakoid-Innere abgegeben werden. Der PS II-Komplex enthält ferner ein Cytochrom (Cyt b_{559}) sowie Ca^{2+}- und Cl^--bindende Polypeptide.

Bis im PS II die Ladungstrennung stabil geworden ist, dauert es vergleichsweise lange («langsames» System). Daher ist die Fluoreszenz relativ hoch und die Quantenausbeute schlechter als bei PS I.

Das **Photosystem I** (PS I) weist Strukturähnlichkeit zum Photosystem der grünen Schwefelbakterien auf. Vom P_{700}-Dimer wird das angeregte Elektron auf der Akzeptor-Seite über ein Chlorophyll a an ein Phyllochinon («Vitamin K») abgegeben und wandert von dort über Nicht-Häm-Eisen-Systeme (NHFe) weiter (Abb. 10.10c). Bei diesen NHFe-Komplexen sind 4 Fe über Cystein-Schwefel an das Protein gebunden und über weitere Schwefelatome verbrückt. Das negative Redoxpotential der NHFe-Komplexe ermöglicht die Reduktion von Ferredoxin. Dieses ist ein kleinmolekulares (12 kDa) Nicht-Häm-Eisen-Protein (mit 2 Fe, Abb. 10.7b), das auf der Stromaseite der Thylakoidmembran lokalisiert und beweglich ist. Elektronendonator für PS I ist ein kleinmolekulares Protein (10,5 kDa) mit

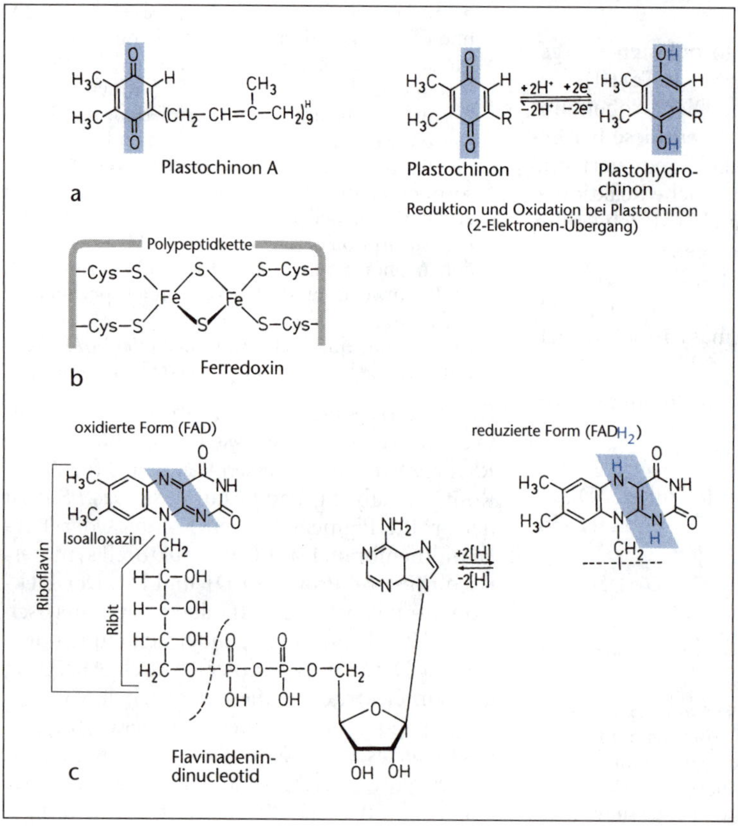

Abb. 10.7: Redox-Systeme der photosynthetischen Elektronentransportkette. **a:** ein Plastochinon (Plastochinon 45) und seine Reduktion zu Plastohydrochinon (Aufnahme von 2 Elektronen und 2 H^+); **b:** Ferredoxin (Nicht-Häm-Eisen-Protein); **c:** Flavinadenindinucleotid, FAD und seine reduzierte Form $FADH_2$. Die Reduktion erfolgt am Isoalloxazin-Ring.

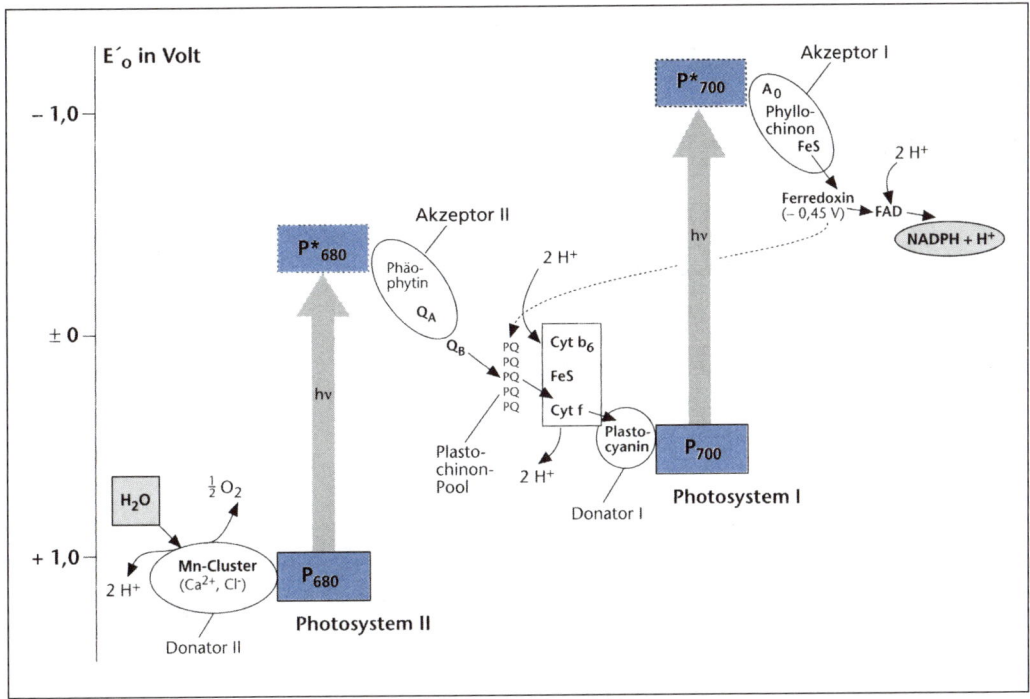

Abb. 10.8: Energieschema der Elektronentransportkette der Photosynthese («Z-Schema»). Ordinate: Redoxpotential $E^{0'}$(Volt), Q_A, Q_B: Plastochinonmoleküle; PQ: freie Plastochinone in der Lipidphase der Membran (PQ-pool); FeS: Nicht-Häm-Eisen-Proteine, Fd: Ferredoxin; A_0: Akzeptor im Photosystem I (besondere Chlorophyllmoleküle).

zwei Cu-Ionen, das Plastocyanin (PCy). Es ist auf der Membranoberfläche des Thylakoid-Innenraums beweglich. Die Stabilisierung der Ladungstrennung im PS I erfolgt rasch; die Fluoreszenz ist daher viel geringer als die von PS II und die Quantenausbeute somit höher.

Die **Verknüpfung der beiden Photosysteme** erfolgt durch eine Kette von Redox-Reaktionen (Abb. 10.8). Das Plastochinon Q_B (Akzeptor von PS II) wird nach Reduktion vom D1-Protein nur noch schwach gebunden, löst sich daher ab und kann die Elektronen an freie Plastochinone abgeben. Oxidiertes Plastochinon bindet wieder an die Bindungsstelle im D1-Protein. Diese kann aber auch von Fremdstoffen besetzt und dadurch blockiert werden; solche Stoffe hemmen somit den Elektronentransport und wirken als Herbizide (D1-Herbizide, z. B. DCMU, s. unten). Freies Plastochinon ist in der Lipidphase der Membran im Überschuss enthalten und infolge seiner lipophilen Seitenkette gut beweglich. Bei der Reduktion nimmt es neben den beiden Elektronen (aus dem PS II) aus dem Stroma-Raum zwei H^+ auf und geht in Plastohydrochinon PQH_2 über. Dieses gibt seinerseits die Elektronen an einen Cytochrom b_6/f-Komplex ab. Das Häm-Fe von Cytochromen kann jeweils ein Elektron aufnehmen und abgeben. Der Übergang vom Zwei-Elektronen-Transport zum Ein-Elektronen-Transport kommt dadurch zustande, dass ein Elektron über ein Nicht-Häm-Eisen (Rieske-Faktor) auf Cytochrom f (gehört zur Gruppe der Cytochrome c) übertragen wird, das andere wandert währenddessen zum Cytochrom $b_6 = b_{563}$ und wird so «geparkt». Über PQ gelangt es dann auf das Nicht-Häm-Eisen («Q-Zyklus»). Bei diesem Vorgang werden außerdem Protonen in das Thylakoid-Innere abgegeben. Cytochrom f reduziert das Plastocyanin, dessen beide Cu zusammen zwei Elektronen aufnehmen und abgeben können. Damit ist die Verbindung der beiden Lichtreaktionen erreicht.

Der Elektronentransport von PS I zum NADP wird durch das Ferredoxin vermittelt. Dieses hat ein negativeres Redoxpotenzial als das System H_2/H^+ (bei pH 7). Es gibt Elektronen über eine

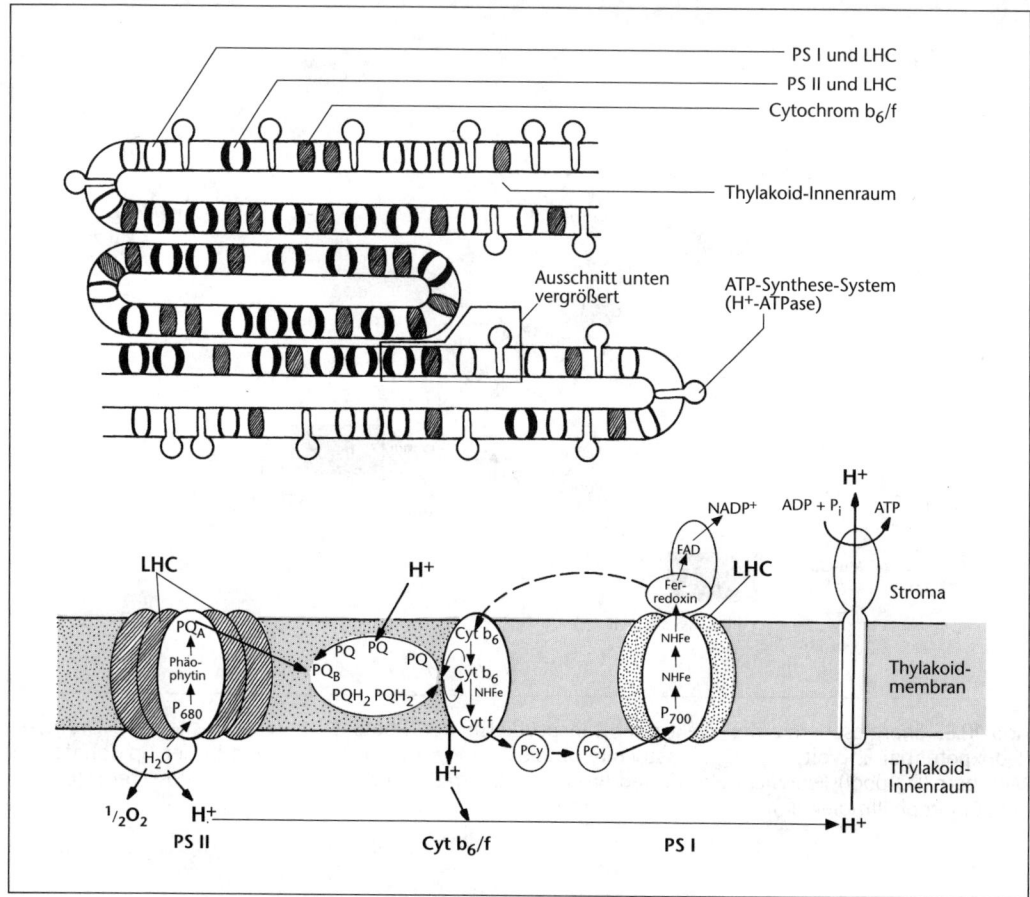

Abb. 10.9: Aufbau und Lokalisierung der Proteinkomplexe der Elektronentransportkette. LHC = Lichtsammelsysteme (light harvesting complexes). Der vergrößerte Ausschnitt zeigt den Elektronentransport und damit verknüpften Aufbau eines Protonengradienten, der zur ATP-Synthese dient. Photosystem I (PS I) und ATP-Synthase liegen in den Membranbereichen, die an den Matrix (= Stroma)-Raum angrenzen; Photosystem II (PS II) ist bevorzugt in den «appressed» Membranen der Grana lokalisiert (in Anlehnung an Hess).

NADP-Reduktase (mit FAD) an NADP$^+$ ab. Dieses nimmt zwei Elektronen und aus dem Stroma-Raum ein Proton auf und geht so in NADPH über.

Ferredoxin vermag auch andere Stoffe zu reduzieren; es wirkt z. B. bei der Reduktion von Nitrat und von Sulfat in der Pflanzenzelle mit. Bei stickstofffixierenden Organismen ist es an der Umsetzung von N_2 zu NH_3 beteiligt. Bei verschiedenen Algen kann reduziertes Ferredoxin, wie nach den Potenzialverhältnissen zu erwarten, unter Mitwirkung einer Hydrogenase zur Freisetzung von Wasserstoff führen.

Lokalisierung der Proteinkomplexe der Elektronentransportkette. Die Proteinkomplexe der Elektronentransportkette sind (mit Ausnahme der Cytochrom b_6/f-Komplexe) in den Thylakoidmembranen ungleichmäßig verteilt. Die PS I-Komplexe liegen in den Membranbereichen, die an die Matrix angrenzen. Die PS II-Komplexe findet man hingegen bevorzugt dort, wo im Granum Membranen einander auflagern (*stacked* oder *appressed membranes*; die Auflagerungsebene heißt *partition*). Die Verbindung zwischen den zum Teil dadurch voneinander getrennten Photosystemen wird durch die beweglichen Komponenten vermittelt: Plastochinon in der Lipidphase, Plastocyanin auf der Thylakoid-Innenseite (Abb. 10.9). Gut beweglich sind auch Ferredoxin auf der äußeren Thylakoid-Oberfläche sowie LHCII-Komplexe in der Membran.

Die Bindung von LHCII-Komplexen an PS I oder PS II wird reguliert durch Phosphorylierung und Dephosphorylierung: die phosphorylierten LHC binden bevorzugt an PS I, die dephosphorylierten LHC werden in die «stacked»-Membranen verlagert und treten mit PS II in Wechselwirkung. Die Phosphorylierung von LHC wird wiederum durch den Redoxzustand des Plastochinons der Elektronentransportkette reguliert. So wird sichergestellt, dass PS I und PS II gleich gut mit Energie versorgt werden. Das System reguliert also die Energieverteilung selbst.

ATP-Bildung: Photophosphorylierung. Infolge der räumlichen Anordnung der Bestandteile der Elektronentransportkette in der Thylakoidmembran kommt es beim Transport der Elektronen zu einer Ladungstrennung; es entsteht ein elektrisches Feld. Die Abgabe von H^+ in den Thylakoidinnenraum bei der Wasserspaltung und beim Q-Zyklus sowie die Aufnahme von H^+ auf der Matrix-Seite der Thylakoide bei der Reduktion von Plastochinon und von $NADP^+$ führt zum Aufbau eines Protonengradienten (pmf, vgl. 8.4). Dieser dient nun zur Bildung von ATP durch die F-ATPase (vgl. 9.6.2). Bei der Wanderung der Protonen im Energiegefälle durch den in der Membran gelegenen F_0-Teil des Proteinkomplexes kommt es zu einer raschen Drehbewegung (100–150 Drehungen/s). Dadurch werden in dem auf der Matrix-(Stroma-)seite gelegenen «Kopf» (F_1-Teil) des Proteinkomplexes Konformationsänderungen ausgelöst, wodurch aus ADP und anorganischem Phosphat ATP entsteht (Abb. 10.10.d). Die drei β-Untereinheiten des Kopfes besitzen je eine Bindungsstelle und durchlaufen infolge der Konformationsänderungen einen katalytischen Zyklus: zunächst werden ADP und P_i aufgenommen und locker gebunden, dann entsteht ATP, das in der nächsten Stufe freigesetzt wird. Die Drehbewegung des Rotors F_0 in der Membran wird durch deren Fluidität und somit durch die Fettsäure-Zusammensetzung der Lipide beeinflußt. Bei Fehlen eines Protonengradienten wird die F-ATPase inaktiv, sodass sie nicht umgekehrt ATP spaltend wirksam wird. Das ATP-Synthesesystem ist in den Bereichen von Thylakoidmembranen lokalisiert, die an den Matrixraum angrenzen. Der Protonengradient kann nur entstehen, wenn ein intaktes Thylakoid mit einer protonendichten Membran vorliegt. Stoffe, welche die Membran für Protonen durchlässig machen, koppeln den Elektronentransport von der ATP-Bildung ab und sind daher Entkoppler.

Mit dem Elektronentransport vom Wasser zum NADP ist somit eine ATP-Bildung verbunden. Man nennt sie die **nichtcyclische Photophosphorylierung**. Daneben besteht die Möglichkeit, dass Elektronen vom Ferredoxin wieder zum PS I (P_{700}) zurückkehren, sodass kein NADP reduziert und kein Wasser gespalten wird. Es wird dann nur die Energie der Lichtreaktion I genutzt. Die bei der Rückkehr der Elektronen zum P_{700} freiwerdende Energie führt zum Aufbau eines Protonengradienten und somit zur ATP-Bildung. Diese wird als **cyclische Photophosphorylierung** bezeichnet.

Fluoreszenzmessungen. Die absorbierte Lichtenergie wird nur zum Teil photochemisch genutzt; ein anderer Teil wird in Wärme umgewandelt und ein weiterer als Fluoreszenzlicht abgestrahlt (vgl. 10.1.1.2). Die Anteile an Energie, die auf die verschiedenen Reaktionswege entfallen, sind durch die jeweiligen Reaktionsgeschwindigkeiten bestimmt. Hemmt man die Photosynthese, so werden die anderen beiden Vorgänge verstärkt. Man kann daher mit Hilfe von Fluoreszenz-Messungen Aussagen über die photochemische Reaktion machen. Die Fluoreszenzausbeute Φ_F ist definiert als Anzahl der als Fluoreszenzlicht emittierten Quanten/Anzahl absorbierter Quanten. Sie ist von den Reaktionskonstanten der Fluoreszenz k_F, der Wärmebildung k_U und der photochemischen Reaktion k_P abhängig:

$$\Phi_F = \frac{k_F}{k_F + k_U + k_P}$$

Je höher der Anteil der photochemischen Reaktion ist, umso geringer wird die Fluoreszenzausbeute (Fluoreszenzlöschung = quenching). Bringt man ein dunkel adaptiertes Blatt in sättigendes Licht und misst die Fluoreszenz, so erhält man eine Fluoreszenz-Induktions-Kurve (nach dem Entdecker als KAUTSKY-Effekt bezeichnet). Zunächst steigt die Fluoreszenz rasch an; der Akzeptor von PS II (Q_A) wird vollständig reduziert (maximaler Φ_F-Wert). Da Q_A aber durch PS I wieder oxidiert wird, sinkt Φ_F dann ab (photochemisches quenching) und erreicht einen Gleichgewichtswert. Hält man durch Inhibition Q_A maximal reduziert, so findet man eine Abnahme von Φ_F durch nicht photochemisches quenching, bedingt durch die verstärkte Energiedissipation in Form von Wärme. Fluoreszenzmessungen erlauben es heute, die photochemische Wirksamkeit von PS II und ihre Beeinflussung durch Umweltfaktoren an Blättern intakter Pflanzen genau und rasch zu ermitteln.

Viele Herbizide greifen in Vorgänge der Photosynthese ein, sodass durch deren Hemmung eine

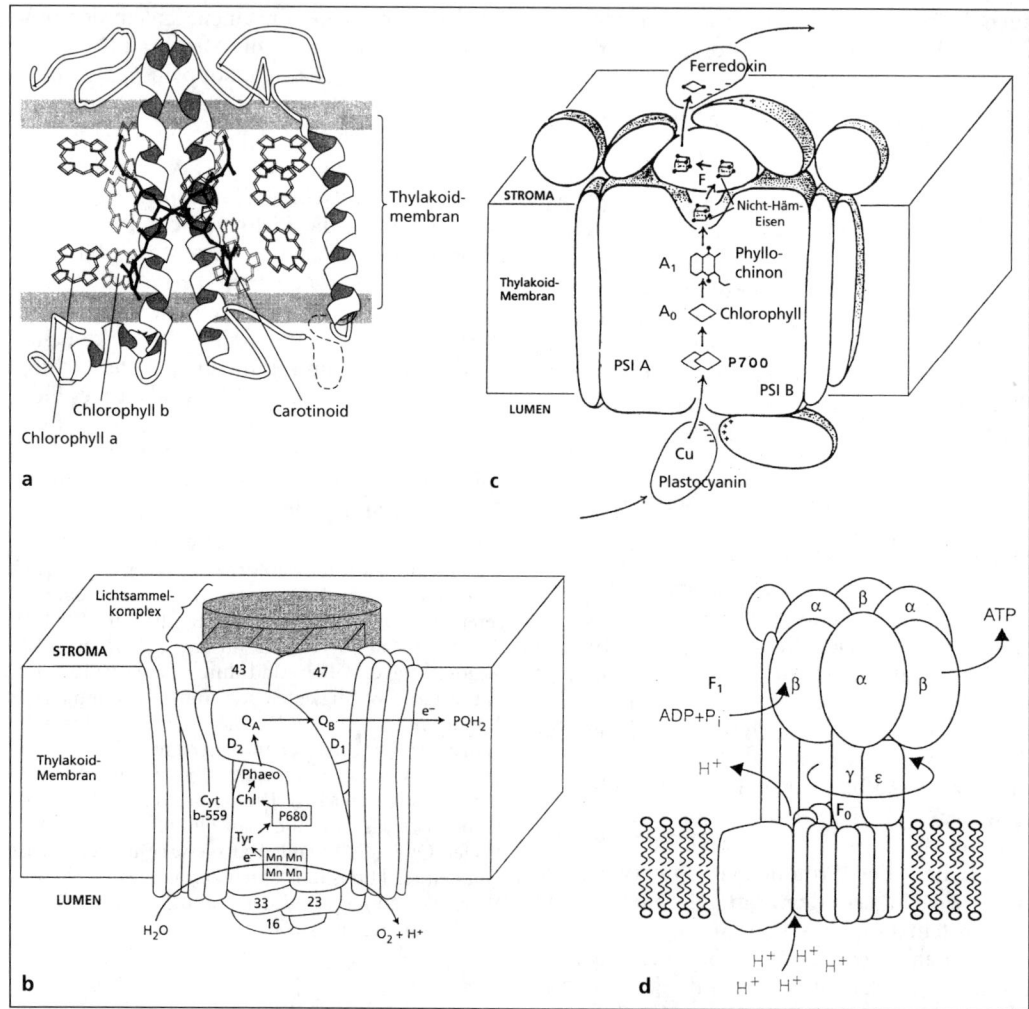

Abb. 10.10: Strukturkomplexe der Photosynthese, lokalisiert in der Thylakoidmembran (nach Taiz-Zeiger, Rastogi u. Girvin, verändert). **a** Untereinheit eines Lichtsammel-Komplexes (*light harvesting complex*, LHC). Die Untereinheit besitzt 3 Helix-Abschnitte, welche die Membran durchqueren und enthält etwa 15 Chlorophyll-Moleküle (nicht alle dargestellt) sowie einige Carotinoide (davon sind 2 wiedergegeben). In der Thylakoidmembran bilden 3 dieser Untereinheiten ein Trimer. **b** Photosystem II mit Reaktionszentrum und Antennensystem. Das Reaktionszentrum wird von den Proteinen D1 und D2 gebildet; der Elektronentransport verläuft asymmetrisch von P_{680} über Phäophytin zu Q_A und Q_B. Die Wasseroxidation erfolgt am Mangan-Cluster auf der Lumen-Seite des Reaktionszentrums. **c** Photosystem I mit Reaktionszentrum. Darin P_{700} (Chlorophyll a-Dimer), Akzeptor-Chlorophyll a, Phyllochinon und Nicht-Häm-Eisen-Systeme. Donator ist das Cu-haltige Plastocyanin auf der Lumen-Seite, freier Akzeptor das Ferredoxin auf der Stroma-Seite. **d** F-ATPase. Die in der Membran befindlichen Protein-Untereinheiten (F_0-Teil) rotieren infolge des Protonentransports; der «Kopf»-Bereich (F_1-Teil) erfährt dabei Konformationsänderungen und ist so in der Lage, ATP aufzubauen.

Bekämpfung von Pflanzen möglich ist. Einige Herbizide hemmen den Elektronentransport durch Bindung an das D1-Protein des PS II (D1-Herbizide; z. B. Diuron = Dichlorphenyl-dimethylharnstoff, DCMU; sowie Atrazin) oder durch Eingreifen zwischen dem PS I-Komplex und dem NADP (unter verstärkter Radikalbildung, z. B. Diquat, Paraquat). Andere hemmen die ATP-Bildung (Diphenylether, z. B. Nitrofen) oder die Carotinoid-Synthese (z. B. Aminotriazol). Gelänge es, die photosynthetischen Primärvorgänge mit synthetischen Systemen im kontinuierlichen Betrieb nachzuahmen, so könnten damit neuartige Photozellen hergestellt werden, die Wasserstoff produzieren.

Die Endprodukte der Primärvorgänge der Photosynthese sind NADPH (Reduktionsäquivalente) und ATP (Energielieferant). Damit ist die Lichtenergie in transportable und vielseitig verwendbare chemische Energie umgewandelt. Diese wird als «*assimilatory power*» bezeichnet.

10.1.1.4 Photoprotektive Reaktionen

Da in den Chloroplasten bei Lichtsättigung mehr Lichtenergie absorbiert wird als die Reduktion von $NADP^+$ benötigt, kann es leicht zu einem Energie- oder Elektronentransfer auf andere Akzeptoren, vor allem auf Sauerstoff, kommen. So entstehen *Reaktive Sauerstoff-Spezies* (ROS). Der aggressive Singulett-Sauerstoff greift fast alle organischen Moleküle an; seine Bildung muss verhindert werden. Durch partielle Reduktion von Sauerstoff entstehen andere aktive Formen:

$O_2 + e^- \rightarrow O_2^-$ (Superoxid-Anion; Radikal)

$O_2 + 2e^- \rightarrow O_2^{2-}$ (Peroxid-Anion)

$O_2^- + H_2O_2 \rightarrow O_2 + 2\ OH$ (Hydroxyl-Radikal)

Bei Übertragung von 4 Elektronen entsteht Wasser (vollständige Reduktion des Sauerstoffs). Die reaktiven Sauerstoff-Spezies müssen in der Zelle rasch beseitigt werden, da sie Schäden verursachen. Finden die Schutzreaktionen nicht genügend rasch statt, so kommt es zu oxidativem Stress (vgl. 14.4.6). Eine Bildung von Singulett-Sauerstoff wird verhindert durch Energieübertragung auf Carotinoide ausgehend von Chlorophyll-Triplettzuständen (Abb. 10.5). Außerdem können die Carotinoide Zeaxanthin und Antheraxanthin Energie direkt vom angeregten Singulett-Zustand des Chlorophylls übernehmen und dissipieren. Die Bildung dieser Carotinoide erfolgt in einer schnellen lichtgesteuerten Reaktion aus Violaxanthin (Diepoxid-Carotinoid; Abb. 10.3) bei niedrigem pH-Wert (wenn der Protonengradient hoch ist). Bei Dunkelheit oder Schwachlicht findet eine langsame Rückreaktion statt (**Xanthophyll-Zyklus**). Im LHCII gibt es ein regulierendes Protein für den Zyklus.

Gebildete Superoxid- und Peroxid-Ionen werden durch den **Wasser-Wasser-Zyklus** (oder MEHLER-Reaktion) beseitigt. Dabei wird letztlich O_2 zu Wasser umgesetzt, sodass bei dem Vorgang (Wasserspaltung durch Photosynthese, Wasserrückbildung durch MEHLER-Reaktion) insgesamt ATP-Bildung erfolgt (**pseudocyclische Phosphorylierung**). Das Superoxid-Ion wird durch Superoxid-Dismutase (SOD) umgesetzt:

$2\ O_2^- + 2\ K^+ \rightarrow H_2O_2 + O_2$

SODs unterschiedlicher Struktur sind in Plastiden, Mitochondrien und dem Cytosol enthalten. Durch die rasche Umsetzung von O_2^- wird eine Bildung der aggressiven OH-Radikale normalerweise verhindert. Wenn sie bei oxidativem Stress auftreten, lösen sie Lipidperoxidation und Hydroxylierungen aus. Das in der SOD-Reaktion gebildete Wasserstoffperoxid H_2O_2 wird durch die Mehler-Peroxidase mit Ascorbat (Vitamin C) umgesetzt. Ascorbat ist leicht oxidierbar und geht über Monodehydroascorbat in (Di-)Dehydroascorbat über. Das Ascorbat wird regeneriert mit Hilfe von Glutathion (vgl. Abb. 11.18), das nach Oxidation seinerseits von NADPH wieder reduziert wird (Ascorbat-Glutathion-Weg).

Eine weitere Regulation greift am PS II an. Dabei wird durch hohe Lichtintensität das D1-Protein zunächst gehemmt, dann geschädigt und daher abgebaut. Dadurch fallen PS II-Einheiten aus, und die Energiedissipation wird verstärkt, unterstützt vom Xanthophyll-Zyklus (**Photoinhibition**). Reicht sie nicht mehr aus, so kommt es zu gravierenden Lichtschäden (Ausbleichen der Blätter). Die erforderliche Neusynthese von D1 im Chloroplast ist reguliert über einen Blaulichtrezeptor. – Das LHCII-System und die Photoinhibition von D1 suchen jeweils den günstigsten Kompromiss zwischen der Maximierung photosynthetischer Effizienz und der Minimierung der Schädigung durch Licht.

10.1.2 Sekundärreaktionen der Photosynthese (CO_2-Fixierung und Reduktion)

Der Hauptanteil der «*assimilatory power*» dient dazu, aus CO_2 Kohlenhydrate aufzubauen. So entsteht neue organische Substanz, welche die Bau- und Speicherstoffe der Pflanzen bildet. Diese Sekundärvorgänge der Photosynthese (lichtunabhängige oder «Dunkelreaktionen», da an ihnen Licht nicht beteiligt ist) finden in der Matrix (dem Stroma) der Chloroplasten statt. Die «*assimilatory power*» kann daneben zum Einbau von NH_4^+ in organische Verbindungen, zur Fettsäure- und Isoprenoid-Synthese und für energieverbrauchende Transportvorgänge eingesetzt werden; dann steigt der Quantenbedarf der Photosynthese scheinbar an.

CALVIN-**Zyklus oder reduktiver Pentosephosphat-Zyklus** (Abb. 10.11): Der Weg von der Bindung des CO_2 bis zum Kohlenhydrat wurde von CALVIN und Mitarbeitern durch Verwendung von $^{14}CO_2$ untersucht. Nimmt die Pflanze dieses auf, so sind alle Zwischenprodukte radioaktiv markiert. Nach Auftrennung lassen sich diese identifizieren. Verkürzt man die Photosynthesezeit immer mehr, so werden bevorzugt die frühesten Zwischenprodukte markiert sein. So findet man, dass ein erstes Produkt der CO_2-Fixierung des Glycerinsäurephosphat (Phospho-

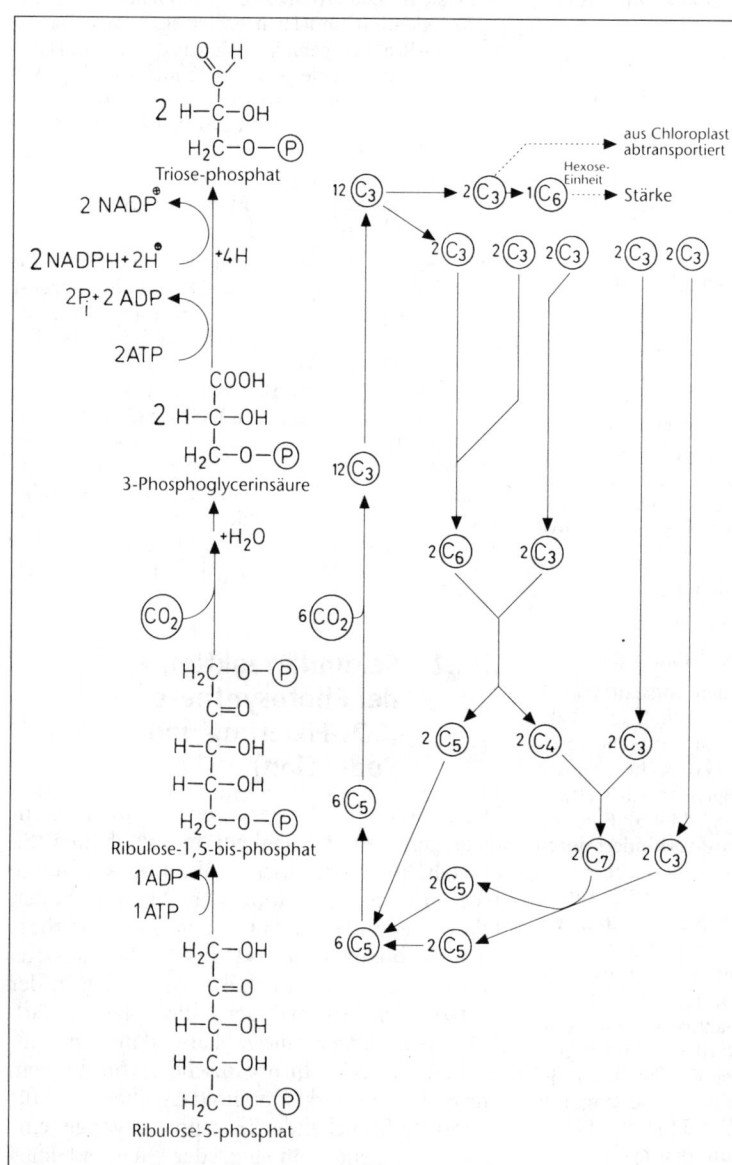

Abb. 10.11: Calvin-Cyclus = reduktiver Pentosephosphat-Zyklus (PPC). Die Schritte der CO_2-Fixierung an Ribulosebisphosphat und der Reduktion der gebildeten Phosphoglycerinsäure zum Triosephosphat (Glycerinaldehydphosphat) sind links mit Formeln wiedergegeben. Die Regeneration des Akzeptors ist nur schematisch dargestellt (in Anlehnung an NULTSCH u. LINDER).

glycerinsäure, PGS) ist. Beendet man die CO_2-Zufuhr plötzlich und prüft dann die Mengenveränderung der Verbindungen, so beobachtet man, dass der Gehalt an Ribulose-1,5-bisphosphat stark ansteigt und derjenige an PGS abnimmt (Abb. 10.12). Es wird also CO_2 an Ribulosebisphosphat gebunden (*Carboxylierung*); das gebildete Produkt spaltet sich noch am Enzym zu 2 Molekülen PGS auf. Das Enzym ist die Ribulose-1,5-bisphosphatcarboxylase (vgl. unten: Photorespiration). Weiterhin ist zu klären, bei welcher Reaktion das NADPH wieder oxidiert wird. Verdunkelt man Pflanzen, so wird kein NADPH mehr nachgeliefert. Dann steigt die Menge an PGS zunächst stark an, die Gehalte aller anderen Zwischenprodukte aber nehmen ab. Glycerinsäurephosphat wird also durch NADPH reduziert. Dazu ist außerdem ATP erforderlich. In diesem reduktiven Schritt entsteht Glycerinaldehydphosphat, ein Triosephosphat. Damit ist die Stufe der Kohlenhydrate erreicht.

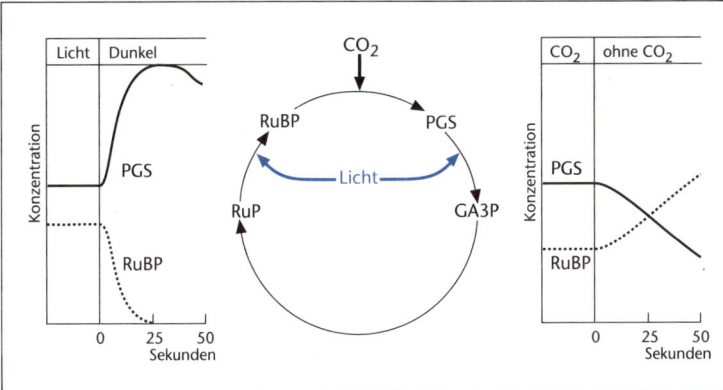

Abb. 10.12: Schlüsselreaktionen des Calvin-Zyklus: Verdunkelung (links) führt zum Anstieg des Phosphoglycerinsäure(PGS)gehalts und zur Abnahme von Ribulosebisphosphat (RuBP). CO_2-Entzug (rechts) führt zum umgekehrten Effekt. Bei Verdunkelung wird die Reaktion von PGS, bei CO_2-Entzug die Umsetzung von RuPB verhindert (nach LIBBERT).

Durch weitere Reaktionen muss nun der CO_2-Akzeptor Ribulosebisphosphat nachgebildet werden (Regeneration des Akzeptors). Dies geschieht, indem sich fünf von sechs gebildeten Triosephosphat-Molekülen in einer komplizierten Reaktionsfolge wieder zu Ribulosebisphosphat umsetzen. Dabei können nur C_2- und C_3-Körper übertragen werden. Aus 5 Triosephosphaten (C_3) entstehen 3 Pentosephosphate (C_5). Als Zwischenverbindungen entstehen Zucker mit 6, 4 und 7 C-Atomen.

Zunächst reagieren 2 Moleküle Triosephosphat miteinander (Enzym: Aldolase) und bauen ein Molekül des C_6-Körpers Fructose-1,6-bisphosphat auf. Von diesem wird ein Phosphat abgespalten und es entsteht Fructose-6-phosphat. Dieses reagiert mit einem weiteren Molekül Triosephosphat und durch Übertragung eines C_2-Körpers (Enzym: Transketolase) entsteht ein Molekül eines Pentosephosphats und ein Molekül eines Tetrosephosphats (C_4: Erythrose-4-phosphat). Letzteres reagiert mit einem weiteren Triosephosphat und es wird der C_7-Zucker Sedoheptulose-1,7-bisphosphat gebildet. Nun wiederholt sich das Prinzip der Vorgänge: Nach Phosphatabspaltung erfolgt erneut Reaktion mit einem Triosephosphat und durch C_2-Körper-Übertragung entstehen 2 Pentosephosphat-Moleküle. Alle gebildeten Pentosephosphate werden zu Ribulosephosphat umgesetzt und mit ATP zu Ribulose-bisphosphat phosphoryliert.

Insgesamt liegt ein **Stoffwechselzyklus** vor, der nach den Entdeckern CALVIN-BENSON-Zyklus heißt oder auch reduktiver Pentosephosphatzyklus (PPC) genannt wird. Jedes sechste Triosephosphat-Molekül ist Reingewinn des Zyklus und steht für weitere Umsetzungen zur Verfügung. Es kann durch die Chloroplastenhülle ins Cytoplasma transportiert werden. Im Chloroplasten kann auch Fructose-6-phosphat weiter reagieren zu Glucose-6-phosphat, das dann über Glucose-1-phosphat die Bausteine für die Bildung der *Stärke* liefert.

Das für die CO_2-Fixierung erforderliche Enzym Ribulosebisphosphat-carboxylase wird seiner großen Bedeutung entsprechend auf mehreren Ebenen reguliert. Das Enzym reagiert nicht nur mit CO_2, sondern konkurrierend auch mit O_2 und heißt daher vollständig Ribulosebisphosphat-carboxylase-oxygenase (kurz Rubisco). Unter der heutigen CO_2-Konzentration arbeitet das Enzym nicht bei Substratsättigung, ist also ein vergleichsweise schlechter Katalysator. Dies wird durch einen Überschuss ausgeglichen: bis zu 50% der Proteinmenge der Chloroplasten-Matrix entfällt auf Rubisco; es ist das häufigste Enzym der Biosphäre. Rubisco ist aus 8 großen (large, 55 kDa) und 8 kleinen (small, 13 kDa) Untereinheiten aufgebaut: L_8S_8. Die Gene für die große Untereinheit liegen in der Plastiden-DNA; die Bildung des L-Polypeptids erfolgt also in den Chloroplasten. Die kleine Untereinheit ist kerncodiert; das S-Polypeptid wird als Vorstufe im Cytoplasma gebildet und unter Abspaltung eines Transitpeptids (vgl. 8.6.7) und ATP-Verbrauch in die Chloroplasten transportiert. Es gibt mehrere *rbc-S*-Gene für die S-Untereinheit, die umweltabhängig unterschiedlich aktiv sind (Regulation auf Transkriptionsebene). L-Untereinheiten, die nicht sofort mit S-Untereinheiten verknüpft werden, bleiben im Plastid an das Chaperonin 60 gebunden, das auch beim Zusammenbau mitwirkt.

Die Aktivität des Enzyms wird in komplexer Weise reguliert. Die Carboxylierung eines Lysin-Restes im aktiven Zentrum führt zu einer Carbaminat-Struktur, die durch Mg^{2+} stabilisiert wird. Damit liegt die aktive Form vor. Manche Pflanzen besitzen als natürlichen Inhibitor das 2-Carboxyarabitol-1-phosphat (CA1P), das ans aktivierte Enzym bindet und dieses bei Schwachlicht blockiert (Kurzzeitregulation). Wird CA1P dephosphoryliert, so ist es nicht mehr wirksam. Eine Rubisco-Aktivase erleichtert die CA1P-Abspaltung, wirkt aber auch unabhängig davon. Die Aktivität der Aktivase wird durch den Redox-Zustand von PS I und das ATP/ADP-Verhältnis reguliert. Als kompetitive Inhibitoren der Rubisco wirken hohe Konzentrationen von PGS und von anorganischem Phosphat.

Der reduktive PPC wird ferner dadurch reguliert, dass einige weitere beteiligte Enzyme bei Dunkelheit unter Oxidation inaktiviert und am Licht durch Wiederherstellung von SH-Gruppen aktiviert werden. Die Redoxreaktion wird vermittelt durch Thioredoxin, das seinerseits von Ferredoxin reduziert wird. Thioredoxine wirken über Signalketten auch auf Genaktivitäten. Thioredoxine des Cytoplasmas sind an der Regulation des Zellzyklus beteiligt.

Photorespiration. Wirkt Rubisco als Oxygenase, so wird das Substrat Ribulosebisphosphat oxidativ gespalten. Eine biologische Reaktion, bei der Sauerstoff gebunden wird, ist ein Vorgang der Atmung (Respiration). Diese mit der Photosynthese verknüpfte Atmung heißt daher Lichtatmung oder Photorespiration. (Abb. 10.13). Sie hat nichts zu tun mit der normalen Zellatmung in den Mitochondrien. Bei der Oxidationsreaktion spaltet Ribulosebisphosphat zu Glycerinsäurephosphat PGS (das im Zyklus verbleibt) und der C_2-Verbindung Glykolsäurephosphat. Durch Phosphatabspaltung entsteht Glykolsäure. Diese gelangt in Peroxisomen und wird dort zu *Glyoxylsäure* oxidiert. Letztere kann noch weiter zu Oxalsäure oxidiert oder aber zur Aminosäure Glycin umgesetzt werden. Die Oxalsäure ist wichtig, weil sie überschüssige Ca^{2+}-Ionen zu unlöslichem Calciumoxalat bindet. Glycin wird in die Mitochondrien transportiert und dort an einem Multienzymkomplex zu Serin, CO_2 und NH_3 umgesetzt. Das gebildete NH_3 (bzw. NH_4^+) muss ebenso wie das freigesetzte CO_2 erneut unter Energieaufwand gebunden werden; dadurch erfolgt eine Verknüpfung mit dem N-Stoffwechsel. – An der Reaktionskette der Photorespiration sind neben den Chloroplasten somit Microbodies (Peroxisomen) und Mitochondrien beteiligt. Durch die Lichtatmung steht der Glykolat-Stoffwechsel in direkter Verbindung mit der Photosynthese.

Die Photorespiration ist umso stärker, je höher der Sauerstoffpartialdruck ist. Sie steigt also bei hoher Photosyntheseintensität an. Da durch diesen Vorgang Zwischenprodukte der Photosynthese verloren gehen, setzt sie den Photosynthese-Gewinn (oft bis etwa 1/3) herab. Die Photorespiration ist ein Schutzmechanismus im Rahmen der Sekundärreaktionen. Sie liefert

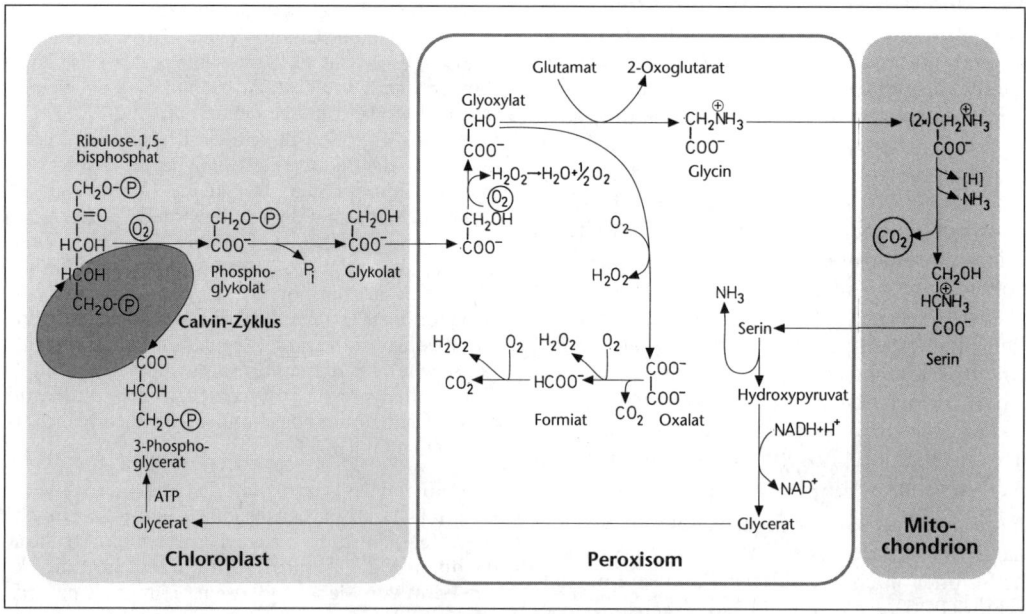

Abb. 10.13: Photorespiration (Lichtatmung) und die Aufteilung der Reaktionen auf verschiedene Zellkompartimente (Organellen). Die Oxidation von Glyoxylat ist eine Nebenreaktion. (nach STRASBURGER, verändert).

CO_2, das wieder fixiert wird. So kann bei geschlossenen Spalten (z. B. bei Wassermangel) Lichtenergie ohne Nettogewinn umgesetzt werden, und es kommt weniger leicht zu Schädigungen durch Photooxidationsvorgänge.

10.1.3 Photosynthese und Umweltfaktoren

Die Photosyntheseleistung ist von einer Vielzahl von Faktoren abhängig, die in der Natur nur selten im Optimum vorhanden sind. Die Untersuchung der einzelnen Faktoren der Photosynthese und ihres Zusammenhangs untereinander ist auch für die Praxis von großer Bedeutung.

Da in der Pflanze neben der CO_2-Bindung und -Reduktion durch die Photosynthese stets auch Atmungsvorgänge stattfinden, wird fortgesetzt organisches Material oxidiert und CO_2 abgegeben. Man muss daher unterscheiden zwischen der tatsächlichen Photosyntheseleistung = Bruttophotosynthese und der Nettophotosynthese = Bruttophotosynthese abzüglich aller Verluste durch Atmungsvorgänge. Die Assimilationsleistung (Stoffproduktion) der Pflanze ist durch die Nettophotosynthese bestimmt. Sind der CO_2-Verbrauch durch Photosynthese und die CO_2-Bildung durch Atmung gleich, so wird der Verlust organischer Stoffe bei der Atmung durch die Photosyntheseprodukte gerade ausgeglichen (kompensiert). Man spricht vom Kompensationspunkt der Photosynthese.

Die Assimilationsleistung der Pflanzen liegt bei günstigen Licht-, Temperatur- und Wasserverhältnissen im Bereich

$$\text{von } 3-80 \frac{\text{mg}}{\text{dm}^2 \text{ Blattfläche} \cdot \text{h}}$$

und maximal $60-80 \text{ g m}^{-2} \text{d}^{-1}$. Ein Quadratmeter Blattfläche kann also je Stunde 0,5–6 g Kohlenhydrate aufbauen und benötigt dazu das CO_2 aus etwa 3 m³ Luft.

Aus den Kenntnissen über die Photosynthese-Vorgänge lässt sich erschließen, dass neben dem Licht vor allem die Faktoren CO_2- und O_2-Gehalt der Luft, Temperatur, Wasserverfügbarkeit und mineralische Ernährung der Pflanzen die Photosyntheseleistung beeinflussen. In der Natur besteht daher eine multifaktorielle Abhängigkeit der Photosynthese, wobei der fördernde Effekt eines Faktors durch den hemmenden eines anderen aufgehoben werden kann. Die Stoffproduktion wird durch den Faktor begrenzt, der am weitesten vom Optimalwert entfernt ist (Minimumfaktor). Dieses Prinzip des Minimumfaktors besitzt in der Physiologie allgemeine Gültigkeit.

Für die Wuchsleistung einer Pflanze und für Erträge bei Nutzpflanzen ist nicht so sehr die Assimilationsleistung entscheidend, sondern die Verteilung der neu gebildeten Photosyntheseprodukte auf vegetatives Wachstum, Speicherung und Fortpflanzung (**Allokation**). Eine krautige Art, die ihren Photosynthesegewinn in die Bildung neuer Blätter investiert und so die Assimilationsfläche fortlaufend steigert, wird rasch wachsen (Investitionstyp). Eine andere Art, die Reservestoffe in Speicherorganen akkumuliert, wächst langsamer, ist aber besser für das Überdauern ungünstiger Zeiten gerüstet (Sparertyp). Holzpflanzen speichern stets einen erheblichen Anteil ihres Assimilationsgewinns und wachsen deshalb langsamer als krautige Arten. Die durch die Züchtung erreichten Steigerungen der Produktionsleistung von Nutzpflanzen kamen vor allem durch Veränderungen der Allokation zustande (z. B. vermag Kurzstrohweizen wegen seines geringeren Wachstums mehr Assimilate in Körner einzulagern).

10.1.3.1 Anpassungen der Photosynthese an Standortverhältnisse

Da die Umweltfaktoren an den Standorten der Pflanzen sehr unterschiedliche Werte haben und diese auch zeitlich variieren können, haben sich die Pflanzen in verschiedenster Weise angepasst. Anpassungen an Standortbedingungen können sein:

- **modulatorisch:** Anpassung durch kurzzeitige Veränderungen physiologischer Abläufe (z. B. Anpassung an die unterschiedlichen Lichtverhältnisse im Tagesverlauf).
- **modifikatorisch:** Anpassung während der Entwicklung der Pflanze (z. B. Sonnen- und Schattenblätter eines Baums).
- **evolutiv:** Anpassung im Verlauf der Evolution (z. B. erblich festgelegte Sonnen- und Schattenpflanzen, Besonderheiten im chemischen Ablauf der Photosynthese, vgl. unten).

Zwischen modulatorischer und modifikatorischer Anpassung gibt es auch Übergänge: z. B. hängt die Ausbildung der Chloroplasten davon ab, bei welcher Lichtintensität ihre Ausdifferzierung erfolgt; aber auch nach erfolgter Differenzierung ist bei Veränderung der Lichtintensität eine allmähliche Adaptation möglich (vgl. unten).

Modulatorische Anpassung an unterschiedliche Lichtverhältnisse. Im Verlauf eines sonnigen Tages verändert sich die Lichtintensität, der die Blätter ausgesetzt sind, sehr stark. Im Gegensatz zu Tieren können die Pflanzen hohen Intensitäten nicht ausweichen. Manche Arten sind an ihrem Standort hoher Lichtintensität bei gleichzeitig niedriger Temperatur (z.B. Alpenpflanzen) oder bei Wassermangel (z.B. Arten im Mittelmeergebiet) ausgesetzt. Dann ist ein Schutz vor Überlastung besonders wichtig, da der Umsatz der Sekundärreaktionen der Photosynthese verringert ist. Reaktionen, die zu einem Schutz beitragen, wurden in 10.1.1.4 und 10.1.2 (Photorespiration) dargestellt. Außerdem können Bewegungen einer Anpassung dienen: bei manchen Arten Bewegung von Blättern (z.B. Sauerklee *Oxalis* bei Besonnung); in vielen Fällen Bewegung der Chloroplasten in den Zellen.

Modifikatorische Anpassung an unterschiedliche Lichtverhältnisse. Bei vielen unsere Holzpflanzen ordnen sich die Blätter, vor allem in stärker beschatteten Bereichen, so an, dass sie einen möglichst hohen Lichtgenuss erreichen: es entsteht ein Blattmosaik. Während der Blattentwicklung entstehen in Abhängigkeit von der durchschnittlichen Lichtintensität Starklicht- oder Schwachlicht-Chloroplasten. Die ersteren haben weniger und kleinere Grana, ein höheres Chlorophyll a/b-Verhältnis und weniger LHC-Komplexe. Werden Sonnenblätter längere Zeit bei Schwachlicht gehalten, so wandeln sich ihre Chloroplasten allmählich in die Schwachlicht-Form um.

Evolutive Anpassung der Sekundärvorgänge. Von besonderer Bedeutung sind hier Anpassungen an hohe Lichtintensitäten und zumeist zeitweilig geringe Wasserverfügbarkeit. Solche Anpassungen findet man bei den C_4-Pflanzen einerseits und den CAM-Pflanzen andererseits. Beide haben Mechanismen entwickelt, um die intrazelluläre CO_2-Konzentration und dadurch die Effektivität der CO_2-Fixierung zu erhöhen (CO_2-«Pumpen»).

C_4-Pflanzen. Bei einer größeren Zahl von Pflanzenarten (über 1000 Arten aus mehr als 18 Familien, unter anderem Mais, Zuckerrohr, tropische Hirsen) wurde gefunden, dass als erstes Produkt der CO_2-Fixierung nicht Glycerinsäurephosphat und dann Triosephosphat entsteht, sondern ein C_4-Körper, zumeist *Äpfelsäure* (bzw. das Anion *Malat*). Daher nennt man diese Pflanzen C_4-Pflanzen (und jene ohne diese Anpassung C_3-Pflanzen). Die abweichende CO_2-Fixierung ist in der Regel verbunden mit einer besonderen anatomischen Ausbildung des Blat-

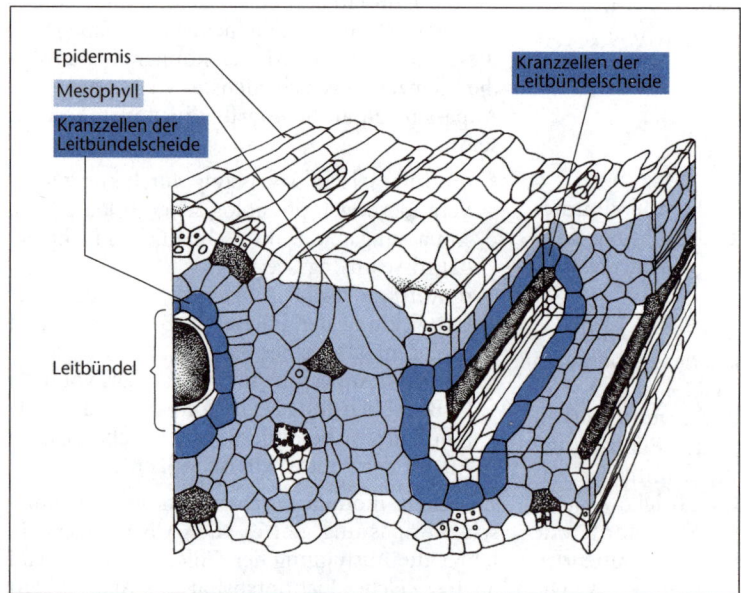

Abb. 10.14: Anatomischer Aufbau eines Blattes bei C_4-Pflanzen: Kranzanatomie; die Leitbündel sind von großen parenchymatischen Leitbündelscheidenzellen umgeben.

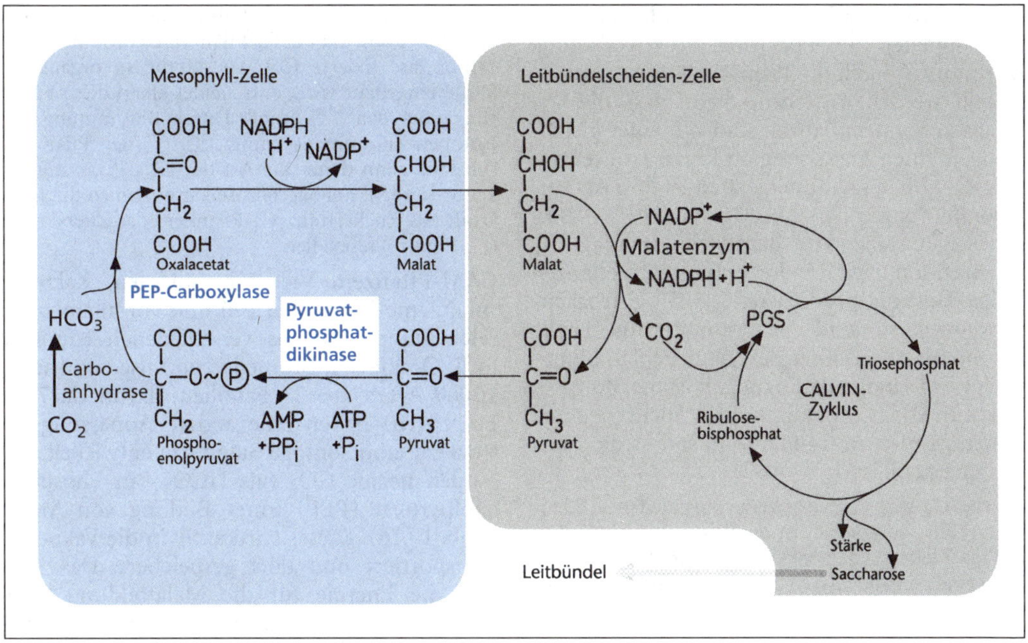

Abb. 10.15: C$_4$-Dicarbonsäureweg mit Malat als Transportmetabolit zwischen Mesophyllzellen und Leitbündelscheidenzellen.

tes. Die Leitbündel sind von großen, chloroplastenreichen Zellen einer parenchymatischen Leitbündelscheide kranzförmig umgeben (Kranz-Anatomie) und die Zellen des oft äquifacialen Mesophylls auf die Leitbündelscheidenzellen hin orientiert (Abb. 10.14).

In vielen (aber nicht allen!) C$_4$-Arten besitzen die Chloroplasten der Leitbündelscheide keine Grana und, damit einhergehend, kein Photosystem II, sodass dort keine Wasserspaltung und daher keine Bildung von O$_2$ stattfindet.

Die Photosynthese wird räumlich aufgeteilt auf die Mesophyllzellen und die Leitbündelscheidenzellen (Abb. 10.15). In den normalen Mesophyllzellen wird das CO$_2$ (als HCO$_3^-$) außerhalb der Chloroplasten an den C$_3$-Körper Phosphoenolpyruvat (PEP) gebunden. Das dabei wirksame Enzym ist die PEP-carboxylase. Es entsteht Oxalacetat, das in Plastiden mit dem NADPH aus den Primärreaktionen zu Malat reduziert wird. Das Malat wandert in die benachbarten Kranz-Zellen, wird dort unter Oxidation gespalten und das CO$_2$ erneut, diesmal über den CALVIN-Zyklus, gebunden. Bei der Malat-Spaltung entsteht NADPH für den CALVIN-Zyklus. Das übrig bleibende Pyruvat (Brenztraubensäure-Anion) wandert in die Mesophyll-Zellen zurück und wird dort unter Verbrauch von 2 ATP mit Hilfe von Pyruvat-Phosphat-Dikinase wieder zum CO$_2$-Akzeptor PEP umgesetzt. Da die PEP-carboxylase mit HCO$_3^-$ reagiert, ist die Carboanhydrase (ein Zn-haltiges Enzym) wichtig, die das Gleichgewicht zwischen CO$_2$ und HCO$_3^-$ einstellt. Die Aktivität der PEP-carboxylase wird lichtabhängig durch Phosphorylierung reguliert. Das CO$_2$ wird bei den C$_4$-Pflanzen zweimal fixiert. Da die PEP-carboxylase eine höhere Affinität zum CO$_2$ hat als die Ribulosebisphosphat-carboxylase, findet die CO$_2$-Fixierung ans PEP aber noch bei viel geringeren CO$_2$-Konzentrationen statt als die Bindung an Ribulosebisphosphat. Darin liegt der Vorteil der doppelten Fixierung: das verfügbare CO$_2$ wird effektiver genutzt. Selbst bei partiell geschlossenen Spaltöffnungen und dadurch verringerter Wasserdampfabgabe der Pflanze ist noch Photosynthese möglich. Außerdem zeigen viele C$_4$-Pflanzen kaum Photorespiration. Diese geht ja vom Ribulosebisphosphat aus, das nur in den Chloroplasten der Kranz-Zellen vorliegt, wo bei Fehlen der O$_2$-Bildung außerdem der Sauerstoffpartialdruck sehr gering bleibt. Eine sehr geringe Photorespiration führt aber zu einer höheren Assimilationsleistung. Andererseits ist zur doppelten CO_2-Fixierung mehr ATP nötig; dieses muss durch die Primärreaktionen bereitgestellt werden. Es leuchtet ein, dass die C_4-Pflanzen Sonnenpflanzen sind mit einer gleichzeitigen guten Anpassung an kurze Trockenzeiten. Bei hohen Lichtintensitäten ist ihre Assimilationsleistung hoch; sie beträgt maximal 40–80 g Trockensubstanz je m^2 Blattfläche und Tag. C_3-Pflanzen sonniger Standorte, auch Nutzpflanzen hoher Leistung produzieren 20–50 g Trockensubstanz je m^2 und Tag, sommergrüne Laubbäume bis 10 g. Unter den natürlichen, klimatisch wechselnden Bedingungen ist die Stoffproduktion von C_4-Pflanzen also nicht generell höher als die von C_3-Pflanzen, sodass die Konkurrenz stabil ist.

Da der C_4-Weg bei Vertretern verschiedener Pflanzenfamilien vorkommt, ist es nicht erstaunlich, dass in Einzelheiten Unterschiede bestehen. Beispielsweise ist in einigen Fällen das Transportsystem Malat/Pyruvat durch die Aminosäuren Asparaginsäure/Alanin ersetzt.

Der Nachweis der Photosynthese über den C_4-Weg kann massenspektroskopisch erfolgen. Das CO_2 der Luft besteht zu etwa 99% aus $^{12}CO_2$ und zu ca. 1% aus $^{13}CO_2$. Bei der CO_2-Fixierung wird nun $^{12}CO_2$ gegenüber dem $^{13}CO_2$ ein wenig bevorzugt. Diese Diskriminierung des $^{13}CO_2$ ist vom fixierenden Enzym abhängig und bei der Ribulosebisphosphat-carboxylase größer (ca. 30‰) als bei der PEP-carboxylase (ca. 15‰). Da bei C_4-Pflanzen das von der PEP-carboxylase fixierte CO_2 vollständig in organische Stoffe eingebaut wird, entscheidet allein diese Fixierung über den ^{13}C-Anteil. Durch Bestimmung der Isotopen-Zusammensetzung $^{13}C/^{12}C$ der Pflanzensubstanz kann daher die Art der CO_2-Fixierung erkannt werden. Bei Saccharose kann man so die Herkunft aus Zuckerrohr (C_4-Pflanze) oder Zuckerrübe (C_3-Pflanze) feststellen.

CAM-Pflanzen. Viele Crassulaceen, Kakteen, sukkulente Euphorbiaceen und vor allem zahlreiche Epiphyten aus verschiedenen Familien (z.B. Orchideen, Bromeliaceen; insgesamt über 20000 Arten aus 33 Familien, davon ca. 70% Epiphyten) haben eine andere Anpassung an trockene und sonnige Standorte entwickelt. Sie binden nachts CO_2 (als HCO_3^-) an Phosphoenolpyruvat (PEP) unter Bildung von Malat (Abb. 10.16). Dieses wird aktiv in die Vakuolen transportiert und dort gespeichert. Das PEP und die Energie für die Malatbildung muß durch Abbau von tagsüber gebildeten Kohlenhydraten (Stärke) geliefert werden. Malat bzw. freie Äpfelsäure häufen sich als CO_2-Speicher in den Vakuolen an. Diese sind sehr groß und dienen gleichzeitig der Wasserspeicherung. Am folgenden Tag wandert die Äpfelsäure ins Cytoplasma zurück, wird dort gespalten und das entstehende CO_2 durch Photosynthese zu Zucker

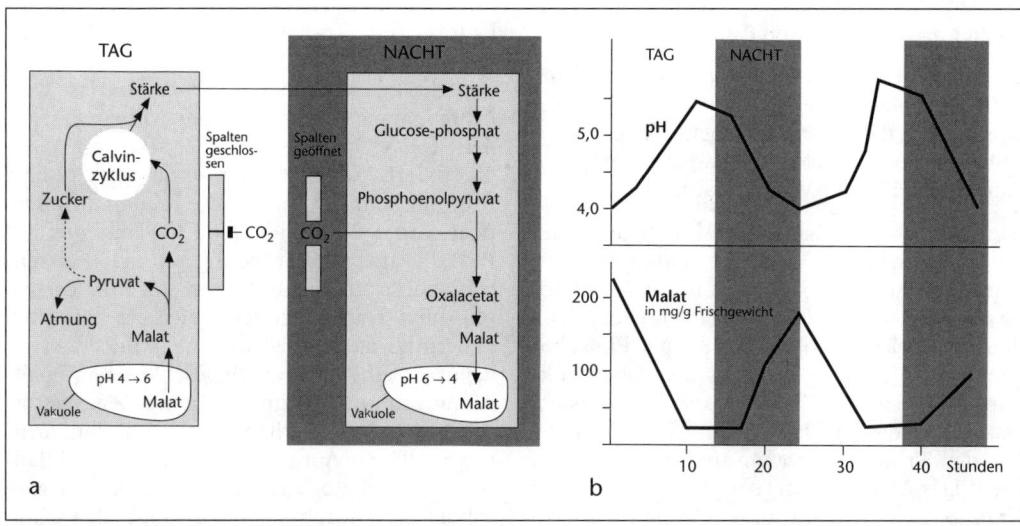

Abb. 10.16: CAM-Weg: diurnaler Säurerhythmus. **a:** Vorgänge bei Nacht (CO_2-Aufnahme und Speicherung in Form von Malat) und bei Tag (Malatabbau und Photosynthese des dabei gebildeten CO_2 über den CALVIN-Zyklus, bei geschlossenen Spalten); **b:** Tagesperiodische (diurnale) Schwankungen von pH-Wert und Malatgehalt des Zellsaftes bei *Bryophyllum calycinum* (nach HESS, verändert).

und Stärke umgesetzt. Eine Fixierung von CO_2 an PEP wird tagsüber verhindert, da die PEP-carboxylase durch Dephosphorylierung weniger aktiv ist und in dieser Form außerdem durch Malat gehemmt wird. So können die Stomata am Tag lange Zeit geschlossen bleiben und sind nachts bei niedriger Temperatur geöffnet; dadurch bleibt die Wasserdampfabgabe der Pflanze vergleichsweise gering. Auch hier liegen zwei CO_2-Fixierungsschritte vor, die aber zeitlich, nicht räumlich, getrennt sind. Die Pflanzen benötigen zur doppelten CO_2-Fixierung eine große ATP-Menge. Da sie aber die Äpfelsäure nachts aufbauen und dann keine Photosynthese-Energie verfügbar ist, müssen sie gespeicherte Stoffe abbauen und haben daher selbst bei hoher Lichtintensität nur eine geringe Stoffproduktion. Allerdings kommen sie mit sehr geringen Wassermengen aus. Die nächtliche Anhäufung von Äpfelsäure und ihr Abbau tagsüber sind an den Veränderungen des pH-Wertes des Zellsaftes messbar. Wegen der tagesperiodischen Ab- und Zunahme der Säurekonzentration spricht man von einem diurnalen (tagesperiodischen) Säurerhythmus.

Zu Beginn der Lichtperiode erfolgt – da die Stomata noch offen sind – direkte CO_2-Aufnahme, zugleich setzt aber der Malatabbau bereits ein. Wenn der Malatvorrat abgebaut ist, kommt es (außer bei extremer Dürre) zur Öffnung der Stomata.

Da dieser Stoffwechselweg zuerst an Crassulaceen untersucht wurde, heißt er Crassulaceen-Säurestoffwechsel = *Crassulacean Acid Metabolism*, CAM.

Bei manchen Arten wird der CAM durch Wassermangel oder Ionenüberschuss induziert (z.B. bei *Mesembryanthemum crystallinum*), bei anderen ist er immer vorhanden (konstitutiv). Bei extremer Dürre haben auch CAM-Pflanzen keinen Stoffgewinn mehr; dennoch läuft (bei geschlossenen Spalten) ein abgeschwächter CAM (Leerlauf-CAM) weiter, er dient der Wiederverwendung des Atmungs-CO_2 und ist ein Schutzmechanismus zur Vermeidung von Photooxidation und Photoinhibition. Bei einigen Wasserpflanzen ist ein CAM zu beobachten als Anpassung an eine effektivere C-Nutzung in CO_2-armem Wasser (C-Anhäufung in der Äpfelsäure als «CO_2-Pumpe»).

10.1.3.2 Abhängigkeit der Photosynthese von Umweltfaktoren

Licht. Werden Pflanzen steigender Lichtintensität ausgesetzt, so steigt die Photosyntheserate zunächst an, bis Lichtsättigung eintritt (Abb.

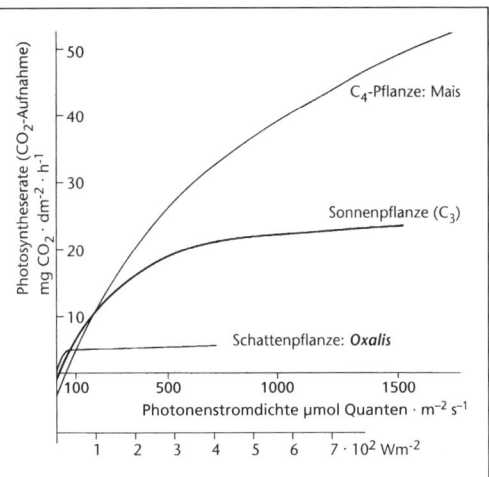

Abb. 10.17: Lichtabhängigkeit der Nettophotosyntheserate einer Schattenpflanze, einer C_3-Sonnenpflanze und einer C_4-Pflanze bei optimaler Temperatur und natürlichem CO_2-Angebot (nach LARCHER, verändert).

10.17). Bei einer bestimmten geringen Lichtintensität ist die Photosyntheserate ebenso groß wie die Atmungsrate. Den so erreichten Kompensationspunkt nennt man Licht-Kompensationspunkt. Erst oberhalb dieser Lichtintensität erreicht die Pflanze einen Nettogewinn und hat damit eine positive Stoffbilanz.

Bei Schattenpflanzen (vgl. 6.3.3.1) liegt der Lichtkompensationspunkt bei 0,5–1% des vollen Tageslichtes (bei einer Quantenstromdichte der photosynthetisch aktiven Strahlung PhAR von 5–10 µmol Quanten · m^{-2} · s^{-1}), und bereits bei 100–250 µmol · m^{-2} · s^{-1} wird Lichtsättigung erreicht. Bei den Sonnenpflanzen liegt der Lichtkompensationspunkt im Bereich von 15–50 µmol · m^{-2} · s^{-1}; Lichtsättigung wird je nach Art im Bereich 600 ≥ 1200 µmol · m^{-2} · s^{-1} erreicht. Bei den C_4-Pflanzen tritt vielfach selbst bei vollem Sonnenlicht (in Mitteleuropa ca. 1500 µmol Quanten m^{-2} · s^{-1}) keine Lichtsättigung ein.

Die über die Lichtsättigung der Photosynthesevorgänge hinaus absorbierte Lichtenergie wird vorwiegend in Wärmeenergie überführt (Photodissipation der überschüssigen Energie). Landwirtschaftliche Nutzpflanzen, bei denen es auf eine hohe Stoffproduktion ankommt, sind Sonnenpflanzen. Bäume, deren Lichtkompensationspunkte hoch liegen, heißen Lichthölzer (Lärche, Birke, Pappel); solche mit niedrigen Kompensationspunkten sind Halbschatten- und

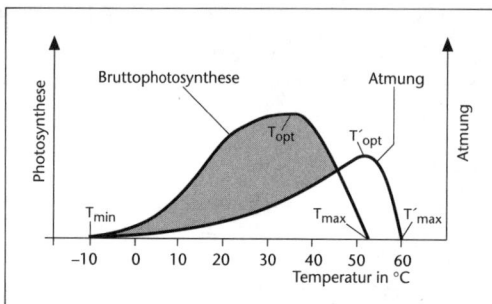

Abb. 10.18: Temperaturabhängigkeit von Photosynthese- und Atmungsrate einer frostharten Pflanze. Das Temperaturoptimum der Atmung (T'opt) liegt in der Regel höher als das der Photosynthese (T opt), daher liegt die maximale Photosyntheseleistung (Nettophotosynthese, punktierter Bereich) bei niedrigerer Temperatur als das Maximum der Bruttophotosynthese. Die Temperaturminima von Photosynthese und Atmung fallen etwa zusammen (aus STRASBURGER).

Schattenhölzer (Bergahorn, Rotbuche). Viele unserer Zimmerpflanzen sind Schattenpflanzen der Bodenvegetation tropischer Wälder (z.B. Usambara-Veilchen, Begonien, *Impatiens*-Arten). Bäume werfen Schattenblätter (auch Nadeln), die langfristig keine Nettoleistung mehr erbringen, ab. Die Dichte der Belaubung eines Pflanzenbestandes wird gemessen als Blattflächenindex (*leaf area index*, LAI = Summe der Blattflächen über einer gegebenen Bodenfläche). Im Meer nutzen Algen noch geringste Lichtintensitäten (Braunalgen bis 115 m Tiefe, Grünalgen bis 210 m). Tiefen-Rotalgen gehen bis zu 274 m Tiefe; die Lichtintensität beträgt dort nur noch 1/20 000 derjenigen des vollen Sonnenlichts.

Temperatur. Wie in 10.1.1 dargestellt, sind die Dunkelreaktionen der Photosynthese temperaturabhängig. Die Photosynthese setzt bei einer Mindesttemperatur ein (bei frostharten Pflanzen etwa bei $-6\,°C$ bis $-2\,°C$), nimmt mit steigender Temperatur an Intensität zu und fällt nach Erreichen eines Temperaturoptimums wieder ab. Bei einer maximalen Temperatur ($38-50\,°C$) hört sie schließlich ganz auf. Auch die Atmungsvorgänge sind stark temperaturabhängig. Da die Reaktionsgeschwindigkeit von Photosynthese und Atmung mit der Temperatur unterschiedlich ansteigt, ist die Temperatur der maximalen Bruttophotosynthese nicht gleichzeitig die Temperatur mit maximaler Nettoproduktion; letztere liegt etwas tiefer (Abb. 10.18).

Kohlenstoffdioxid. Landpflanzen nehmen CO_2 über die Spaltöffnungen auf; durch die Interzellularen diffundiert es zur Zellwand und gelangt dann gelöst über das Cytoplasma zu den Chloroplasten. Die diffusionsgetriebene CO_2-Wanderung in dieser Richtung bleibt aufrechterhalten, so lange der Chloroplast CO_2 verbraucht. Das Konzentrationsgefälle des CO_2 (von 0,035% in der Luft zum Verbrauchsort Chloroplast) ist gering verglichen mit demjenigen für Sauerstoff (von ca. 20% in der Luft zum Verbrauchsort Mitochondrion). Daher wird der CO_2-Bedarf für die Atmung auch bei geschlossenen Stomata noch gedeckt, der CO_2-Bedarf für die Photosynthese aber nicht.

Wasserpflanzen nehmen im Wasser gelöstes CO_2 auf; dieses wird aus Hydrogencarbonat-Ionen nachgeliefert, wodurch es zur Kalkabscheidung kommen kann:

$$2\,HCO_3^- + Ca^{2+} \rightarrow \boxed{CO_2} + H_2O + CaCO_3 \downarrow$$
$$\downarrow$$
gelangt in die Pflanze

So entstehen in Ca-reichen Gewässern um die Pflanzen herum Kalkablagerungen (Kalksinter). Manche Algen scheiden größere Kalkmengen ab, so z.B. im Süßwasser die Characeen. Kalkabscheidende Cyanobakterien bilden die «Stromatolithen». Kalkfällende Grünalgen bauten in der Triaszeit riesige Riffe auf. Die meisten heutigen Kalkalgen der Meere sind Rotalgen.

Die Assimilationsleistung einer Landpflanze hängt von der CO_2-Konzentration der Luft ab. Bei sehr geringer CO_2-Konzentration wird durch Atmung mehr CO_2 abgegeben, als durch Photosynthese aufgenommen wird. In einem gasdicht abgeschlossenen Raum muss sich bei Belichtung allmählich die CO_2-Konzentration einstellen, bei der CO_2-Verbrauch und Nachbildung gleich sind. Dann ist die Nettophotosynthese $= 0$; der CO_2-Kompensationspunkt ist erreicht. Je niedriger er liegt, um so effektiver arbeitet die CO_2-Fixierung einer Pflanze. Bei den C_4-Pflanzen liegt die CO_2-Konzentration am CO_2-Kompensationspunkt um rund eine Zehnerpotenz niedriger als bei den C_3-Pflanzen.

Bei C_3-Pflanzen ist bei hoher Lichtintensität die CO_2-Konzentration der begrenzende Faktor der Photosynthese. Durch Erhöhen der CO_2-Konzentration kann also die Photosyntheseleistung gesteigert werden. Düngung mit Stallmist und Kompost reichert die bodennahe Luftschicht mit CO_2 an, weil die organischen Stoffe durch Mikroorganismen (Destruenten) abgebaut werden. Bei Intensivkulturen in Gewächshäusern ist eine CO_2-Düngung möglich. Die Wachstumssteigerung durch höhere CO_2-Gehalte geht bei

Langzeitwirkung zurück und ist im Ökosystem oft unerheblich, da andere Faktoren limitierend werden (N-, P-Versorgung). Höhere Temperaturen verringern den Effekt ebenfalls. C_4-Pflanzen haben keinen Vorteil von einem erhöhten CO_2-Angebot und werden daher im Konkurrenzsystem benachteiligt.

Wasser. Der Wasserhaushalt der Pflanzen wird gemeinsam mit der CO_2-Zufuhr durch die Spaltöffnungen reguliert. Daher ist die Photosynthese stark von der Wasserversorgung abhängig. (Die für die Photosynthese erforderliche Wassermenge fällt dabei nicht ins Gewicht!) Blieben die Spalten zu lange geschlossen, so müsste die Pflanze infolge CO_2-Mangels «verhungern»; blieben sie dauernd offen, so würde sie durch zu hohe Wasserverluste «verdursten». Die Pflanze stellt zwischen den beiden Extremen jeweils die Bedingungen ein, die ihr ein Gedeihen ermöglichen. Bei Trockenheit schließen sich die Spalten, dadurch sinkt die Photosyntheseleistung. Ein sehr starker Wassermangel kann zur Schädigung des Photosynthese-Apparates führen. Die Trockenmasse, die je kg transpirierten Wassers erzeugt werden kann, wird als Wasserökonomie-Koeffizient angegeben:

krautige C_3-Pflanzen	1,7–3,5 g Trockenmasse/kg H_2O
Bäume (C_3): z. B. Buche	5,9
C_4-Pflanze Mais	4,0
CAM-Pflanze Opuntie	ca. 10

An sonnigen Sommertagen nimmt in Mitteleuropa bei vielen Bäumen die Photosyntheserate um die Mittagszeit vorübergehend ab. Dies ist durch Spaltenschluss verursacht, weil auch bei zureichendem Wassergehalt des Bodens das Wasser nicht rasch genug in die Blätter transportiert wird. In Trockengebieten, vor allem in Halbwüsten und Wüsten, ist die Photosynthese oft auf die frühen Morgenstunden beschränkt, wenn nach Taufall die Luftfeuchtigkeit hoch und der Wasserverlust der Pflanzen daher gering ist.

Luftschadstoffe. Die Photosynthese ist gegenüber Luftverschmutzung besonders empfindlich. Auf dem Blatt abgelagerte Feinstäube (auch aus Rauch) können die Lichtabsorption und die Wegsamkeit der Spaltöffnungen herabsetzen. Physiologische Schäden in den Zellen kommen durch Gase zustande. Schwefeldioxid kann in sehr geringen Konzentrationen die Photosyntheserate steigern, oberhalb eines artabhängigen Schwellenwertes verursacht es Chlorophyllabbau, Hemmung von Enzymen der Photosynthese und Oxidation von Membranlipiden unter Radikalbildung. Durch die Reaktion mit Wasser kommt es zur Erniedrigung des pH-Wertes. Stickoxide (NO und NO_2) und Ozon O_3 reagieren am Sonnenlicht mit organischen Komponenten von Autoabgasen unter Bildung von Peroxyacetylnitrat (PAN). Dieses bildet zusammen mit den Ausgangsstoffen den «photochemischen Smog» (Los Angeles-Smog), der in einer Konzentration von 0,25 ppm (*parts per million* = 1/1000 Promille) die Photosyntheserate um durchschnittlich 66% herabsetzt. Ursache dafür sind wohl vor allem Membranschädigungen durch radikalische Reaktionen.

10.1.4 Bakterielle Photosynthese

Photosynthese von Eubakterien. Die Photosynthese der Cyanobakterien erfolgt in genau der gleichen Weise, wie für die eukaryotischen Pflanzen dargestellt. Unter den anderen Eubakterien gibt es einige Artengruppen, die ebenfalls photosynthetisch tätig sind: Rhodospirillaceae (schwefelfreie Purpurbakterien), Chromatiaceae = Thiorhodaceae (Schwefel-Purpurbakterien) und Chlorobiaceae (grüne Schwefelbakterien). Bei ihnen treten etliche Besonderheiten auf:

- Als Farbstoffe treten die Bakteriochlorophylle an die Stelle der Chlorophylle; sie absorbieren bis in den IR-Bereich: das langwellige Absorptionsmaximum von Bakteriochlorophyll a liegt (je nach Organismus) zwischen 850 und 900 nm, von Bakteriochlorophyll b bis über 1000 nm.
- Es gibt nur *ein* Photosystem und als Elektronenakzeptor ist meist NAD wirksam.
- Es erfolgt keine Wasserspaltung und daher keine O_2-Bildung. Als Elektronendonatoren treten auf:
  – H_2S bei den Schwefelbakterien (vgl. 10.1.1.3); Fe^{2+} beim Purpurbakterium *Rhodomicrobium*.
  – Organische Stoffe (z. B. Äpfel- oder Bernsteinsäure) bei den Rhodospirillaceae (die daher nicht völlig autotroph sind!).
  Die NAD-Reduktion erfordert zum Teil mehr Energie, als die eine Lichtreaktion liefert. Der zusätzliche Energiebedarf wird vorwiegend aus ATP (geliefert durch Atmung) gedeckt.
- Die Elektronentransportkette ist in der Zellmembran lokalisiert oder in Abschnürungen von dieser, die als Thylakoide im peripheren Cytoplasma liegen. Da auch die Zellatmung in dieser Membran lokalisiert ist, besteht keine völlige Trennung von den Elektronentransportprozessen der Atmung. Ein zyklischer Elektronenfluss verläuft über Cytochrome zurück zum Photosystem.
- Der Einbau des CO_2 erfolgt bei den Chlorobiaceae auf einem anderen Weg, dem reduktiven Tricarbonsäurezyklus (weitgehend in Umkehrung des TCC, vgl. 10.6.1). An den Reduktionsschritten wirkt Ferredoxin mit. Bei *Chloroflexus* gibt es einen Hydroxypropionat-Zyklus. Bei vielen anderen Bakterien liegt der CALVIN-Zyklus vor.

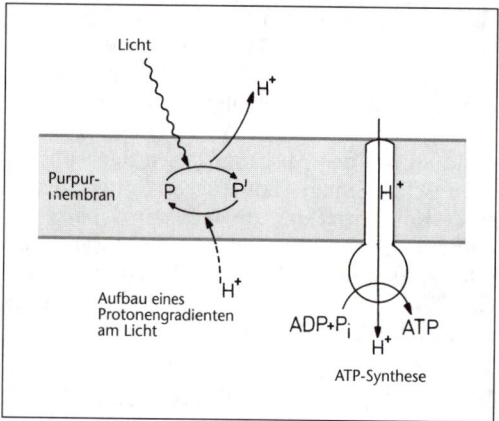

Abb. 10.19: Photosynthese von *Halobacterium*. In Folge der Pigmentanregung entsteht unmittelbar ein Protonengradient, der zur ATP-Bildung genutzt wird.

Photosynthese von Halobacterium. Eine besondere Form der Photosynthese findet man bei der zu den Archaea gehörenden Gattung *Halobacterium*, die in Salzseen (z. B. Totes Meer), Salinen und Salzgärten angetroffen wird. *Halobacterium* besitzt als photosynthetisch wirksamen Farbstoff das *Rhodopsin*, das an ein Protein gebunden ist. Dieses Bakteriorhodopsin bildet purpurrot gefärbte Bereiche der Zellmembran, die Purpurmembran. Bei Lichtabsorption verändert sich die Struktur und ein Proton wird nach außen abgegeben. Das Protein kehrt dann in den Ausgangszustand zurück, wobei es aus dem Cytoplasma ein H^+ aufnimmt. Durch diese Lichtreaktion wird also ein Protonengradient aufgebaut, der zur ATP-Bildung führt (Abb. 10.19). Neben der Protonenpumpe besitzt *Halobacterium* auch eine lichtgetriebene Anionenpumpe, die für die Osmoregulation wichtig ist.

Bei der Photosynthese der grünen Pflanzen ist der H^+-Transport eine Folge des Elektronentransports, bei *Halobacterium* eine direkte Folge der Pigmentanregung. *Halobacterium* hat keine Elektronentransportkette, es wird also auch kein NADPH gebildet.

10.2 Chemosynthese

Bei einigen Gruppen von Eubakterien und von Archaebakterien erfolgt die Bereitstellung der Energie für die CO_2-Assimilation nicht durch lichtgetriebene Reaktionen, sondern durch chemische Redoxreaktionen. Dieser Vorgang heißt Chemosynthese oder Chemolithotrophie; falls organische Stoffe als Elektronendonatoren dienen, spricht man von Chemo-Organotrophie. Dienen Oxidationsvorgänge der Energielieferung, so handelt es sich um aerobe Chemolithotrophie. Nach dem Substrat, das oxidiert wird, (dem Elektronendonator), unterscheidet man verschiedene Gruppen:

- Farblose Schwefelbakterien (S-Oxidierer, z. B. *Beggiatoa*, *Thiobacillus*) mit den Reaktionen
  - Sulfidoxidation
    $$2\,S^{2-} + 4\,H^+ + O_2 \rightarrow 2\,S + 2\,H_2O$$
    $\Delta G^{0'} = -420 \text{ kJ/mol}$
    Der Schwefel wird als Polysulfid abgelagert
  - Schwefeloxidation
    $$2\,S + 2\,H_2O + 3\,O_2 \rightarrow 2\,SO_4^{2-} + 4\,H^+$$
    $\Delta G^{0'} = -588 \text{ kJ/mol}$

Thiobacillus wird zur Auslaugung von armen Metallerzen herangezogen (so werden z. B. 15% der Welt-Kupferproduktion gewonnen): Man setzt dem Cu-Sulfid enthaltenden Gestein Eisensulfid und *Thiobacillus* zu. Durch die Sulfidoxidation entsteht Schwefelsäure, welche die sulfidischen Kupfererze unter Bildung von Kupfersulfat löst; dieses wird dann angereichert. In der lichtlosen Tiefsee sind im Bereich heißer Schwefelquellen chemosynthetische Schwefelbakterien die einzigen Produzenten, die daher auch Symbiosen mit Tiefseetieren eingehen.

- Nitrifizierende Bakterien
  - Nitritbildner (z. B. *Nitrosomonas*)
    $$2\,NH_3 + 3\,O_2 \rightarrow 2\,NO_2^- + 2\,H_2O + 2\,H^+$$
    $\Delta G^{0'} = -551 \text{ kJ/mol}$
  - Nitratbildner (z. B. *Nitrobacter*, in Kläranlagen *Nitrospira*)
    $$2\,NO_2^- + O_2 \rightarrow 2\,NO_3^-$$
    $\Delta G^{0'} = -74 \text{ kJ/mol}$

  Nitrosomonas und *Nitrobacter* treten im Boden stets vergesellschaftet auf. Eine Nitritakkumulation im Boden wird vermieden, da *Nitrobacter* zur Gewinnung einer gleichen Energiemenge viel mehr Substrat oxidieren muss und daher durch die Tätigkeit von *Nitrosomonas* limitiert wird (einseitige Abhängigkeit = Parabiose).

- Eisen- und Manganbakterien:
  Sie oxidieren Fe^{2+} oder Mn^{2+}:
  $$2\,Fe^{2+} + 3\,H_2O + \tfrac{1}{2}\,O_2 \rightarrow 2\,FeO(OH) + 4\,H^+$$
  $\Delta G^{0'} = -18 \text{ kJ/mol}$ bei pH 7,
  bzw. -91 kJ/mol bei pH 3

(*Ferrobacillus, Pedomicrobium, Gallionella*). Die gebildeten Oxidhydrate des Fe^{III} sind unlöslich und können angehäuft werden. So entsteht das Raseneisenerz. – Analog wird auch Mn^{2+} oxidiert (z. B. durch *Pedomicrobium*).

- Wasserstoffoxidierende Bakterien:
  sog. Knallgasbakterien (*Hydrogenomonas, Alcaligenes*). H_2 wird bei Nebenreaktionen von Stickstoff-fixierenden Bakterien gebildet (vgl. 11.3.1.1)

  $2\,H_2 + O_2 \rightarrow 2\,H_2O$
  $\Delta G^{0'} = -472\ kJ/mol$

Unter anaeroben Bedingungen können in Gegenwart von Wasserstoff Reduktionsreaktionen Energie liefern (anaerobe Chemolithotrophie).

Besonders wichtig sind die

- Methanbildner:
  Sie sind Archaea, die bei Gegenwart von Wasserstoff CO_2 reduzieren:

  $CO_2 + 4\,H_2 \rightarrow CH_4 + 2\,H_2O$
  $\Delta G^{0'} = -138\ kJ/mol$

Methanbakterien sind von großer Bedeutung für die Produktion von *Biogas*. Die Kläranlage einer Stadt von 100 000 Einwohnern kann täglich etwa 2 Millionen Liter Methan liefern. Die Methanbildner verwenden CO_2 als Wasserstoffakzeptor, wobei Methan durch ein besonderes Enzymsystem (mit einem Nickel-Porphyrin-Komplex als Cofaktor) gebildet wird. Außerdem dient CO_2 der Stoffproduktion und wird dabei in einem besonderen Weg der CO_2-Fixierung zu Acetyl-Einheiten umgesetzt.

Mit Wasserstoff kann aber auch Sulfat zu H_2S (*Desulfovibrio*) oder Nitrat zu Stickstoff (*Paracoccus*) reduziert werden. Diese Reaktionen liefern ebenfalls Energie für eine Stoffproduktion. *Desulfovibrio* kann ferner Schwefel oder Sulfit zu Sulfid und Sulfat disproportionieren:

$4\,SO_3^{2-} \rightarrow 3\,SO_4^{2-} + S^{2-}$ $\Delta G^{0'} = -235\ kJ/mol$

Die Chemosynthese ist hier mit einer partiellen Reduktion verknüpft, die der Atmung entspricht. *Desulfovibrio* enthält eine Hydrogenase mit Ni und Fe als Metallkomponenten, die je nach Redoxzustand H_2 bildet oder umsetzt. Ein technischer Einsatz zur H_2-Produktion wird diskutiert. *Desulfovibrio* ist ferner von geologischem Interesse, weil dieses Bakterium Dolomit produzieren kann (primäre Dolomitbildung).

10.3 Assimilationsprodukte und deren weitere Umsetzungen

10.3.1 Photosyntheseprodukte

Die bei der Photosynthese entstehenden Zuckerphosphate sind die Ausgangsstoffe für die Bildung der anderen organischen Verbindungen in der Pflanze. In den Chloroplasten entsteht auf dem Weg von Fructose-6-phosphat über Glucosephosphate oft unlösliche **Stärke** (vgl. 11.1.2), die mikroskopisch sichtbare Körnchen in den Chloroplasten bildet (*transitorische Stärke*). Die Blätter mancher Arten bauen keine Stärke auf (sog. «Zuckerblätter», z. B. Küchenzwiebel).

Die Stärke wird auch wieder in lösliche Zucker umgewandelt und diese werden in chlorophyllfreie Gewebe (z. B. Speicherorgane, Wurzeln) sowie zu den Orten starken Wachstums transportiert. Der wichtigste Transportzucker ist die **Saccharose** (Rohrzucker). In den Speicherorganen entsteht aus ihr oftmals Reservestärke (in Leukoplasten); Zuckerrübe und Zuckerrohr speichern hingegen die Saccharose (bis 20% des Frischgewichtes) in den Vakuolen.

Saccharose wird aus Fructosephosphat- und Glucosephosphat-Bausteinen im Cytoplasma synthetisiert (vgl. 11.1.1). Aus den Chloroplasten wird aber Triosephosphat ins Cytoplasma transportiert; aus diesem muss dort die Bildung der anderen Zucker erfolgen. Wenn nun fortgesetzt Triosephosphat-Moleküle die Chloroplasten verlassen, so würden diese an Phosphat verarmen, wenn nicht gleichzeitig in umgekehrter Richtung Phosphat in die Chloroplasten transportiert würde. Das Transportsystem in der Chloroplasten-Hülle heißt Phosphat-Translokator, es tauscht jeweils ein Triosephosphat (oder eine Phosphoglycerinsäure) gegen ein anorganisches Phosphat aus (Antiport). In stärkespeichernden Leukoplasten wird auch Glucose-6-phosphat gegen Phosphat getauscht, bei C_4- und CAM-Pflanzen Phosphoenolpyruvat.

In wachsenden Geweben werden, zum Teil schon in den Chloroplasten, bevorzugt **Aminosäuren** aufgebaut, die dann der Proteinsynthese dienen.

Triosephosphat kann im Cytoplasma auch abgebaut werden (vgl. 10.5.2). Als erster Schritt erfolgt eine Oxidation zu Phosphoglycerinsäure, wobei NADH und ATP entstehen. Die Phosphoglycerinsäure kann dann wieder in den Chloroplasten zurückwandern und erneut reduziert werden. Insgesamt resultiert daraus ein Transfer von Reduktionsäquivalenten und von energiereichen Bindungen ins Cytoplasma, obwohl die Chloroplastenhülle für NAD(P)H nicht durchlässig ist. Ein solcher Stoffwechselvorgang wird als «*shuttle*» bezeichnet. Auch Oxalacetat/Malat können einen *shuttle* bilden. ATP wird durch ein Transportsystem bei Bedarf auch in die Plastiden hinein transportiert.

10.3.2 Umsatz der Monosaccharide

Bei den höheren Pflanzen erfolgen die meisten Umsetzungen der Monosaccharide nicht ausgehend von freien Zuckern, sondern an deren Phosphatestern. Diese treten als einfache Phosphatester oder als Zuckernucleotide in Reaktion. Bei Mikroorganismen gibt es häufiger auch Reaktionen freier Zucker.

Zuckerphosphate (einfache Phosphatester) treten in verschiedene Reaktionen ein:

- Intramolekularer Phosphat-Transfer (katalysiert durch Mutasen): z. B.
  Glucose-6-phosphat ⇌ Glucose-1-phosphat
- Epimerisierungen: (katalysiert durch Epimerasen): z. B.
  Xylulose-5-Phosphat ⇌ Ribulose-5-phosphat
- Isomerisierungen (katalysiert durch Isomerasen): z. B.
  Dihydroxyaceton-phosphat ⇌ Glycerinaldehydphosphat
  Fructose-6-phosphat (Ketose) ⇌ Glucose-6-phosphat (Aldose)
- Aldoladdition und deren Umkehrung (katalysiert durch Aldolasen): z. B.
  Glycerinaldehyd-ph. + Dihydroxyaceton-ph. ⇌ Fructose-1,6-bisphosphat
- Übertragung von C_2-Einheiten mit Ketogruppe (katalysiert durch Transketolasen) und von C_3-Einheiten (katalysiert durch Transaldolasen), z. B. Reaktionen des CALVIN-Zyklus (vgl. 10.1.2) und des oxidativen PPC (vgl. 10.5.1).
- Reduktion mit NADPH: führt zu Zuckeralkoholen: z. B.
  Fructose-6-phosphat + NADPH ⇌ Mannitolphosphat + NADP
- Aminierung mit Glutamin als Aminogruppen-Donator führt zu Aminozuckern: z. B. Fructose-6-phosphat + Glutamin → Glucosamin-6-phosphat + Glutaminsäure

Phosphatester werden durch Phosphatasen (vor allem in Vakuolen) zum freien Zucker und anorganischem Phosphat gespalten. Aus dem freien Zucker entsteht mit ATP als Phosphat- und Energielieferant durch Wirkung einer Kinase wieder Zuckerphosphat. Freie Zucker sind in der Regel Speichersubstanzen.

Zuckernucleotide. Sie sind energiereicher und daher in vielen Fällen reaktionsfähiger als die einfachen Phosphatester (Abb. 10.20). Ihre Bildung erfolgt aus Zuckerphosphat und einem Nucleosidtriphosphat unter Abspaltung von anorganischem Diphosphat:

ATP + Glucose-1-phosphat ⇌ ADP-Glucose + PP_i
UTP + Glucose-1-phosphat ⇌ UDP-Glucose + PP_i
allgemein:
XTP + Zucker-phosphat ⇌ X-P-P-Zucker + PP_i = XDP-Zucker

Als Basen der reagierenden Nucleotidtriphosphate treten auf: Adenin (A), Guanin (G), Uracil (U) und seltener Cytosin (C) und Thymin (dT, mit Desoxyribose). Der Zuckerbestandteil des Zuckernucleotids kann auch eine Uronsäure, ein Zuckeralkohol oder ein Aminozucker sein.

Zuckernucleotide treten in eine Anzahl verschiedener Reaktionen ein:

- Epimerisierungen:
  z. B. UDP Glucose ⇌ UDP Galactose
- Oxidation des gebundenen Zuckers: Da das anomere C-Atom an Phosphat gebunden ist,

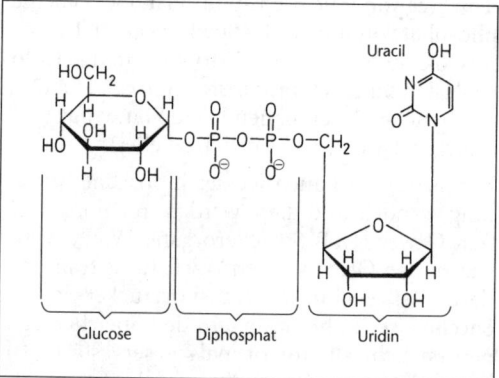

Abb. 10.20: Struktur eines Zuckernucleotids: Uridindiphosphatglucose, UDPG.

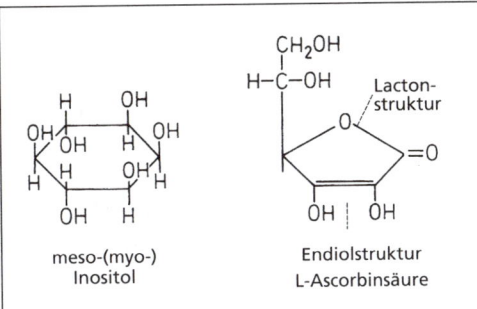

Abb. 10.21: meso-Inositol (ein Cyclitol); L-Ascorbinsäure.

kann nur am letzten C-Atom oxidiert werden. Dadurch entsteht eine Uronsäure, die als Zuckernucleotid vorliegt:
z. B. UDP Glucose + 2 NAD$^+$ → UDP Glucuronsäure + 2 NADH + 2 H$^+$
- Decarboxylierung der gebundenen Uronsäure:
z. B. UDP Glucuronsäure → UDP Xylose + CO$_2$
- Reaktion als Donator: Die weitaus wichtigste Reaktion der Zuckernucleotide ist ihre Donatorfunktion. Dabei wird der Zuckerrest auf einen Akzeptor übertragen; die Energie für diesen Vorgang liefert die Spaltung des Zuckernucleotids: XDP-Zucker + Akzeptor ⇌ Akzeptor-Zucker + XDP

Wird das Nucleosiddiphosphat XDP wieder zum Triphosphat XTP umgesetzt, so kann es erneut mit einem Zuckerphosphat reagieren. Es genügt also eine katalytische Menge Zuckernucleotid, um die Zucker von Zuckerphosphaten ausgehend an einen Akzeptor zu binden. So erfolgt der Aufbau vieler Oligo- und der meisten Polysaccharide (vgl. 11.1).

An der Bildung der als Antioxidans wichtigen L-Ascorbinsäure (Abb. 10.21; vgl. 10.1.1.4), die von GDP-Mannose ausgeht, ist auch L-Galactose als freier Zucker beteiligt. Der Abbau von Ascorbat kann zur Bildung von Weinsäure (z. B. bei *Vitis*) und von Oxalsäure führen.

Zuckeralkohole entstehen durch Reduktion von Monosacchariden (in Form der Phosphatester) und können dann zum Transport auch der Reduktionsäquivalente dienen. Sie werden in manchen Arten bei Stress als kompatible Osmotika gebildet (vgl. 3.5.7). Dasselbe gilt auch für Cyclitole.

Cyclitole besitzen einen carbozyklischen Sechsring, sind also chemisch gesehen keine Kohlenhydrate. Da aber die Biosynthese von Glucose-6-phosphat ausgeht und beim Abbau Glucuronsäure entsteht, ist ihr Stoffwechsel mit dem der Kohlenhydrate eng verknüpft. Das häufigste Cyclitol höherer Pflanzen ist meso-Inositol (Abb. 10.21); aus diesem entstehen auch andere Cyclitole. Inositol ist Baustein der Phytinsäure = Inositol-hexaphosphorsäure (alle OH-Gruppen mit Phosphorsäure verestert). Deren gemischtes Ca-Mg-Salz ist das Phytin, das in Samen als Speicher für Phosphat und die Kationen dient. Bei der Keimung wird durch Phytinabbau das Phosphat für die beginnenden Stoffwechselvorgänge bereitgestellt. Inositol ist außerdem Bestandteil von Galactinol (= Galactosyl-inositol), das als Galactosedonator wichtig ist (anstelle von Galactose-nucleotiden).

Als verzweigtkettiger Zucker sei die Apiose erwähnt, die in Hemicellulosen von Zellwänden vorkommt. Apiose-reiche Hemicellulosen (Apiane) führen infolge ihrer schlechten Abbaubarkeit dazu, dass Leitbündelelemente von Seegras (*Posidonia*) lange erhalten bleiben und durch die Brandung zu Kugeln geformt werden («Seebälle»).

Umsetzungen der Monosaccharide, die bei höheren Pflanzen von Bedeutung sind, lassen sich auf der Grundlage der besprochenen Reaktionsmöglichkeiten in einem Übersichtsschema zusammenfassen (Abb. 10.22).

10.4 Dissimilation, Übersicht

Bei der Photosynthese erfolgt der Aufbau organischer Stoffe durch Reduktion von CO$_2$ mit Hilfe von Reduktionsäquivalenten [H], die durch Spaltung von Wasser erzeugt werden. Unter den Bedingungen der sauerstoffhaltigen Erdatmosphäre sind organische Verbindungen metastabil. Sie reagieren daher in exergonischen Reaktionen mit dem Sauerstoff, wobei der Kohlenstoff zu CO$_2$ und der Wasserstoff zu H$_2$O umgesetzt werden. Die dabei freigesetzte Energie ist dann für andere Stoffwechselreaktionen (vgl. Kap. 11) nutzbar. Dieser Vorgang des Abbaus organischer Stoffe wird als Dissimilation, biologische Oxidation oder Atmung im weiteren Sinn bezeichnet.

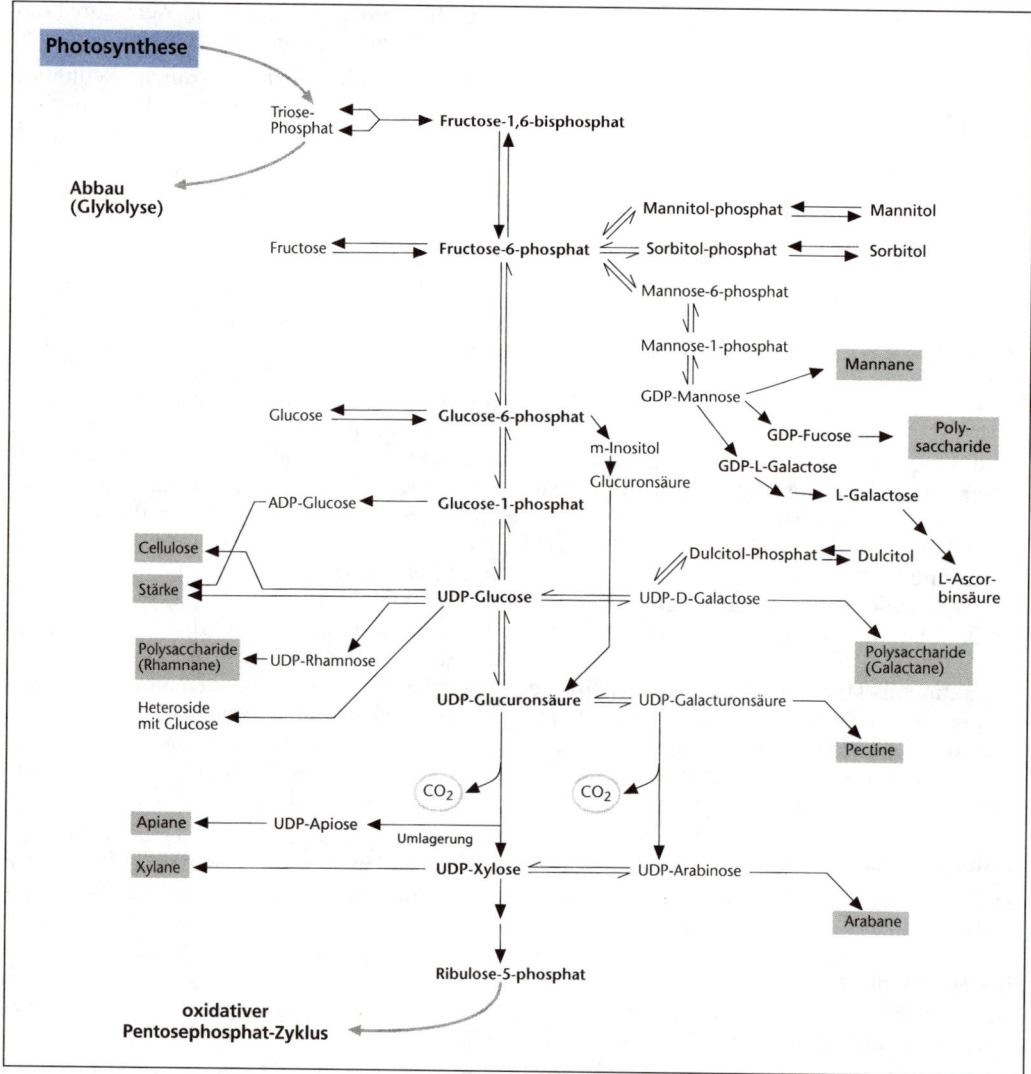

Abb. 10.22: Übersichtsschema über die Umsetzungen der Monosaccharide (in Form von Zuckerphosphaten oder Zuckernucleotiden) in höheren Pflanzen. Grau unterlegt: Polysaccharide.

Die vollständige Oxidation eines Monosaccharids nach der Gleichung

$$C_6H_{12}O_6 + 6\ O_2 \rightarrow 6\ CO_2 + 6\ H_2O$$

liefert als formale Umkehrung der Photosynthese (vgl. 10.1) einen Energiebetrag von $\Delta G^{0'} = -2870$ kJ/mol.

Die Reaktion läuft über zahlreiche Zwischenverbindungen ab; dabei wird die Energie stufenweise freigesetzt und zur Bildung von ATP genutzt. Außerdem wird nicht nutzbare Wärme frei. Dies lässt sich nachweisen, wenn man stark atmende Pflanzengewebe (Keimlinge, Blüten) in ein DEWAR-Gefäß (wärmeisolierend) einschließt. Man misst dann einen deutlichen Temperaturanstieg.

Bei Abwesenheit von Sauerstoff können die Atmungsreaktionen nicht ablaufen. Zur Energielieferung müssen in diesen Fällen Redoxreaktionen zwischen organischen Verbindungen stattfinden, so dass als Endprodukte organische Stoffe übrig bleiben, die bei Gegenwart von Sauerstoff oxidierbar wären. Diese Formen der Energiegewinnung durch anaerobe Vorgänge

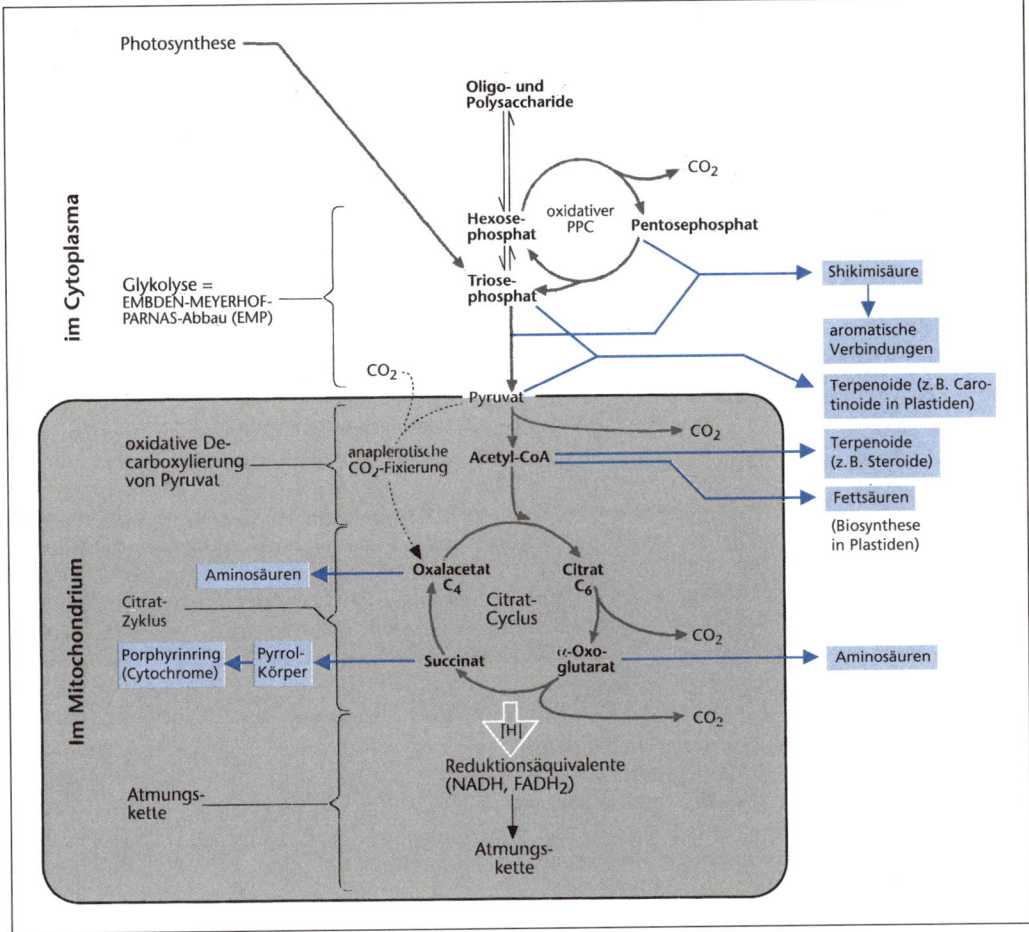

Abb. 10.23: Übersichtsschema über die Dissimilationsvorgänge (Kohlenhydratabbau und Atmung s. l.)

nennt man **Gärungen**. Es gibt obligat anaerobe Organismen (nur unter den Prokaryoten; z. B. die Bakterien der *Clostridium*-Gruppe), die nur auf diesem Weg ihren Energiebedarf decken können. Fakultativ anaerobe Organismen (z. B. Hefen) können sowohl aerob als auch anaerob leben.

Auch viele höhere Pflanzen können – in unterschiedlichem Maß – vorübergehend ihren Energiebedarf durch Gärung decken. Schließlich gibt es Bakterien, die anstelle von Sauerstoff andere anorganische Stoffe als Elektronenakzeptor verwenden, diese also reduzieren (Nitrat- und Sulfatatmung, vgl. 10.6.4.4).

Da in vegetativen Geweben bevorzugt Kohlenhydrate als Energielieferanten abgebaut werden, gehen wir im folgenden vom Abbau der Monosaccharide aus. Deren vollständiger aerober Abbau verläuft in mehreren Stufen (Abb. 10.23):

- **Glykolyse:** Eine Hexose-Einheit wird zu zwei Triose-Einheiten gespalten (aus der Photosynthese können unmittelbar Triosephosphate geliefert werden) und diese werden zu Brenztraubensäure (Anion: Pyruvat) oxidiert. Dabei wird Energie frei, so dass ATP-Bildung stattfinden kann.

- **Brenztraubensäure** wird in die Mitochondrien transportiert und dort oxidativ gespalten. Es entstehen CO_2 und ein C_2-Körper (Acetyl-Rest), der durch Bindung an *Coenzym A* (CoA) als Acetyl-CoA reaktionsfähig vorliegt.

- **Citratzyklus** (Citronensäurezyklus; Tricarbonsäurezyklus, TCC) – im Inneren der

Mitochondrien: Ein Acetylrest reagiert mit Oxalessigsäure (Oxalacetat) zu Citronensäure (Citrat); dann wird durch Oxdiationsreaktionen zweimal CO_2 freigesetzt und NAD sowie ein Flavinenzym werden reduziert. Außerdem wird Oxalacetat regeneriert; dadurch entsteht ein Stoffwechselzyklus.

- **Endoxidation** – in der inneren Mitochondrienmembran: Der Wasserstoff des NADH (bzw. reduzierter Flavinenzyme) wird mit Sauerstoff zu Wasser oxidiert; die freiwerdende Energie wird (zum Teil) zur ATP-Bildung genutzt.

10.5 Monosaccharid-Abbau

Der Abbau der Monosaccharide geht von Hexose-Einheiten aus; es gibt jedoch verschiedene Abbauwege:

- oxidative Abspaltung eines C-Atoms, sodass Pentosen entstehen:
    - Oxidation und Decarboxylierung des sechsten C-Atoms: vgl. 10.3.2
    - Oxidation und Decarboxylierung des ersten C-Atoms; oxidativer Pentosephosphatzyklus, vgl. 10.5.1
- Aufspaltung der Hexose-Einheit zu zwei C_3-Körpern und nachfolgend Oxidation der C_3-Verbindungen: Glykolyse oder (nach den Entdeckern) EMBDEN-MEYERHOF-PARNAS-Abbauweg (kurz EMP genannt), vgl. 10.5.2. Bei der dissimilatorischen Energiefreisetzung ist dies der Hauptweg. Bei einigen Bakterien existiert ein vom normalen EMP zum Teil abweichender Abbauweg (ENTNER-DOUDOROFF-Abbau oder 2-Keto-3-desoxy-6-phosphogluconat-Weg). Dabei wird zunächst – wie beim Hexosemonophosphat-Abbau – Glucose-6-phosphat oxidiert, das entstehende 2-Keto-3-desoxy-6-phosphogluconat dann aber zu Pyruvat und Glycerinaldehydphosphat gespalten, die beide über den EMP weiter umgesetzt werden.

10.5.1 Oxidativer Pentosephosphatzyklus (Hexosemonophosphat-Abbau)

Beim Hexosemonophosphat Glucose-6-phosphat ist das erste C-Atom besonders reaktionsfähig. Es erfolgt eine zweistufige Oxidation, wobei zweimal NADP reduziert wird und nach Abspaltung von CO_2 das Pentosephosphat Ribulose-5-phosphat entsteht. Das gebildete NADPH wird vor allem für reduktive Synthesen eingesetzt. Diesem oxidativen Teil des Zyklus folgt eine Kette von Reaktionen, die zum Teil jenen des CALVIN-Zyklus (vgl. 10.1.2) entsprechen und wieder zur Bildung von Hexosephosphat führen (Abb. 10.24). Diese Umsetzungen, die als Übertragungen von C_2- und C_3-Gruppen ablaufen, können auch unabhängig vom oxidativen Teil des Zyklus stattfinden; dadurch werden Monosaccharide aller Kettenlängen (C_3–C_7; bei weiteren Nebenreaktionen auch C_8) ineinander umgewandelt. Aus dem oxidativen PPC werden auch Zwischenprodukte für Synthesevorgänge entnommen; so dient z. B. Pentosephosphat als Ausgangsverbindung für den Nucleotidaufbau.

10.5.2 Glykolyse

Die Glykolyse oder EMBDEN-MEYERHOF-PARNAS-Abbau (Abb. 10.25) findet vor allem im Cytosol statt. Jedoch gibt es für alle Reaktionen bis hin zum Pyruvat Isoenzyme in Plastiden; dies ist für Synthesen wichtig. Beide Reaktionsketten sind durch Transportsysteme in der Plastidenhülle verknüpft. Fructose-6-phosphat aus dem Monosaccharid-Stoffwechsel wird im Cytosol vor allem durch das Enzym Pyrophosphat-Fructose-6-phosphat-Phosphotransferase (PFP) zu Fructose-1,6-bisphosphat umgesetzt. PFP nutzt anorganisches Pyrophosphat (Diphosphat) als Phosphat-donator. Daneben gibt es die Phosphofructokinase, die mit ATP arbeitet. In Plastiden ist nur PFK vorhanden. Das Fructose-bisphosphat wird gespalten (Aldolspaltung) und es entstehen die beiden Triosephosphate, die durch die Triosephosphat-Isomerase miteinander im Gleichgewicht stehen. Der weitere Abbau geht von Glycerinaldehyd-phosphat aus, das auch aus den Chloroplasten unmittelbar nachgeliefert werden kann. Es wird zunächst oxidiert; die Elektronen werden dabei auf NAD^+ übertragen und NADH wird gebildet. Unter Einbau von anorganischem Phosphat entsteht Glycerinsäure-1,3-bisphosphat. Dessen Säureanhydristruktur

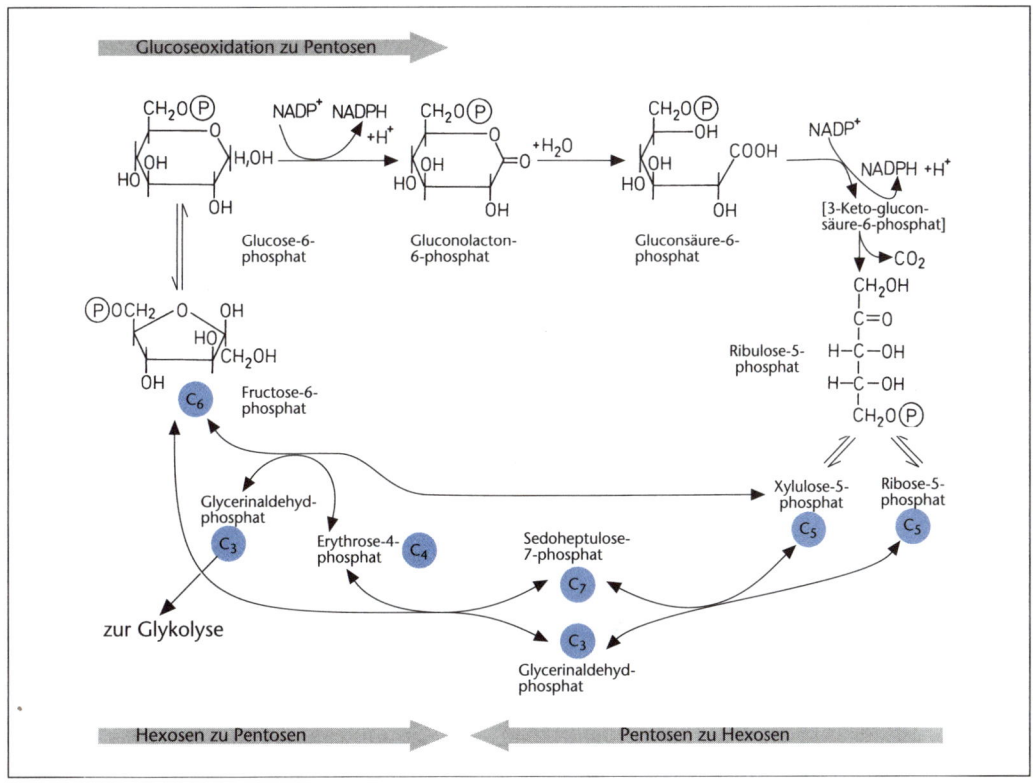

Abb. 10.24: Oxidativer Pentosephosphatzyklus (PPC). Nur der oxidative Anteil ist mit Formeln wiedergegeben.

(Carboxylgruppe verknüpft mit Phosphatrest) ist energiereich; daher findet eine Übertragung des Phosphatrestes auf ADP unter Bildung von ATP statt. Hierbei wird das ATP durch eine Gruppenübertragung gebildet ohne Beteiligung eines Protonengradienten. Dieser Reaktionstyp wird als **Substratkettenphosphorylierung** bezeichnet.

Von dem entstandenen Glycerinsäure-3-phosphat (= 3-Phosphoglycerinsäure, 3-PGS) ausgehend erfolgt ein Transfer des Phosphatrestes auf das zweite C-Atom (zu 2-PGS) und anschließend Wasserabspaltung. Dadurch entsteht Phosphoenolbrenztraubensäure (als Anion: Phosphoenolpyruvat, PEP). Diese ist ebenfalls energiereich und überträgt die Phosphatgruppe auf ADP. Infolge dieses zweiten Phosphorylierungsschrittes entsteht neben ATP freie Brenztraubensäure (Pyruvat). Diese wird (bei normaler Atmung) vorwiegend durch den Pyruvat-Translokator in die Mitochondrien transportiert und dort durch oxidative Decarboxylierung umgesetzt (s. u.). Andere Umsetzungen, die vom Pyruvat ausgehen (bei Gärungen), werden in Abschn. 10.5.3 behandelt. In der Glykolyse werden je C_3-Einheit insgesamt 2 ATP durch Substratkettenphosphorylierung gebildet.

Das Dihydroxyaceton-phosphat wird größtenteils zu Glycerinaldehyd-phosphat umgewandelt und tritt damit in die geschilderte Reaktionskette ein. Alternativ kann es zu Glycerinphosphat reduziert werden und so Glycerinbausteine für den Aufbau von Lipiden liefern (vgl. 11.2).

Der Startschritt der Glykolyse, die Umsetzung von Fructose-6-phosphat zu Fructose-bisphosphat wird in komplizierter Weise reguliert und so die Intensität des Abbaus insgesamt den augenblicklichen Bedürfnissen entsprechend eingestellt. In Pflanzen unterliegt vor allem das Enzym PFP (Pyrophosphat-Fructose-6-phosphat-phosphotransferase) der Regulation. Es wird durch anorganisches (Ortho-)Phosphat gehemmt und durch Fructose-2,6-bisphosphat aktiviert. Dieses entsteht durch eine spezifischer Kinase aus Fructose-6-phosphat als intrazellulärer Regelmetabolit. Fructose-2,6-bisphosphat hemmt auch die

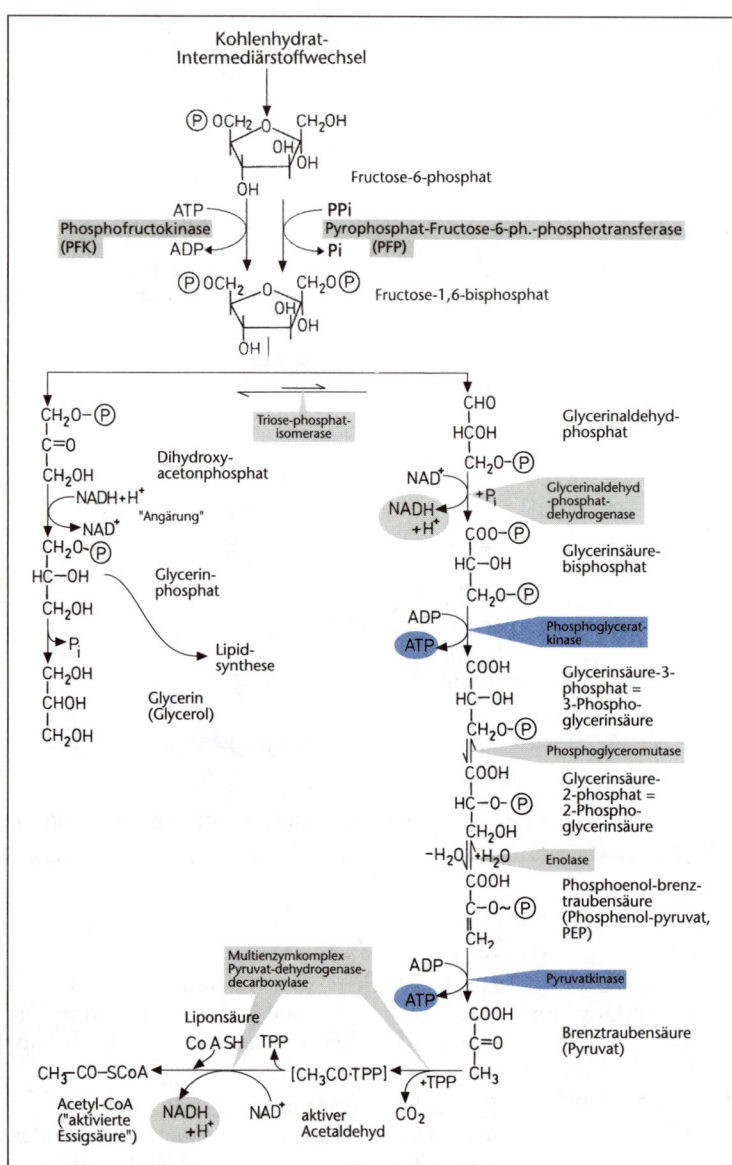

Abb. 10.25: Glykolyse: EMB-DEN-MEYERHOF-PARNAS-Abbau (EMP). Substratkettenphosphorylierung blau.

Abspaltung eines Phosphatrestes von Fructose-bisphosphat durch Phosphatase. Die Bildung von Fructose-2,6-bisphosphat durch die besondere Kinase wird wiederum beeinflusst durch die Konzentration von Fructose-6-phosphat und anorganischem Phosphat (beide fördern) bzw. von Triosephosphaten (hemmen). Da Fructose-6-phosphat auch bei der Bildung von Saccharose in Reaktion tritt, kann durch das Zusammenwirken dieser Regulationsmöglichkeiten der Kohlenhydratstoffwechsel vorwiegend anabolisch oder vorwiegend katabolisch eingestellt werden.

Der Umsatz von Phosphoenolpyruvat (PEP) wird ebenfalls reguliert, da hier ein Verzweigungspunkt des Stoffwechsels vorliegt. Pyruvatkinase wird durch ATP und andere Metabolite beeinflusst. Ein Transport von PEP in die Vakuole führt dort zur Phosphatabspaltung. Carboxylierung von PEP ist durch die PEP-carboxylase möglich.

Die **oxidative Decarboxylierung** des **Pyruvats** in den Mitochondrien erfolgt an einem Multienzymsystem, der Pyruvatdecarboxylase-dehydrogenase. An diesem System sind mehrere Coenzyme beteiligt: Thiamindiphosphat, Liponsäure, NAD, Flavinadenindinucleotid FAD und Coenzym A (Abb. 10.26). Es entsteht nach

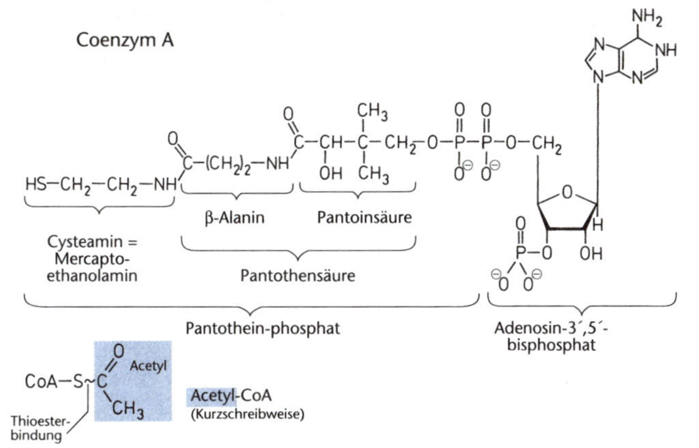

Abb. 10.26: Coenzym A und seine Baueinheiten. Der Acetylrest wird an die SH-Gruppe gebunden, sodass ein Thioester entsteht.

CO_2-Abspaltung und Oxidation der Acetyl-Rest, der gebunden an CoA als Acetyl-CoA freigesetzt wird. Dieses ist ein Thioester und infolge des hohen Energieinhalts ein guter Acetylgruppen-Donator, der für Synthesen eingesetzt werden kann. So erfolgt von Acetyl-CoA ausgehend die Fettsäure-Synthese (in Plastiden!).

Eine Synthese von Acetyl-CoA aus C_1-Körpern ist im Stoffwechsel verschiedener anaerober Prokaryoten von großer Bedeutung.

Die Oxidationsreaktionen der Glykolyse, bei denen NAD reduziert wird, können nur dann fortlaufend stattfinden, wenn das gebildete NADH andernorts wieder oxidiert wird. In der Regel geschieht dies bei der Endoxidation in den Mitochondrien. Hierbei ist letztlich Sauerstoff der H-Akzeptor und es entsteht Wasser. Kann die Endoxidation nicht ablaufen, so sind andere H-Akzeptoren erforderlich. Wird diese Funktion von organischen Verbindungen aus dem Stoffwechsel übernommen, so handelt es sich um Gärungen. Sind keine H-Akzeptoren vorhanden, so kommt die Glykolyse zum Erliegen.

10.5.3 Gärungen

Bei Gärungen werden organische Stoffe mit NADH reduziert. Die dabei gebildeten Endprodukte sind energiehaltig und werden häufig von anderen Organismen noch genutzt. Man benennt die Gärungen nach dem Hauptprodukt, das vom gärenden Organismus ausgeschieden wird.

Milchsäuregärung (Abb. 10.27), bei der Pyruvat als H-Akzeptor wirkt, führen die Milchsäurebakterien (*Lactobacillus, Streptococcus*) durch. Dadurch entsteht mit Hilfe von Lactatdehydrogenase die L-Milchsäure (L-Lactat):

$C_6H_{12}O_6 \rightarrow 2\ CH_3\text{-CHOH-COOH}$
$\Delta G^{0'} = -199\ kJ/mol$

Auch höhere Pflanzen besitzen Lactatdehydrogenase.

Alkoholische Gärung (Abb. 10.27) wird vor allem von Hefen (*Saccharomyces*), aber auch von einigen Bakterien durchgeführt. (Vertreter der Gattung *Zymomonas* bauen hierbei Zucker über den ENTNER-DOUDOROFF-Weg ab.) Viele Kormophyten können bei Sauerstoffmangel ebenfalls diese Gärung durchführen. Von Pyruvat ausge-

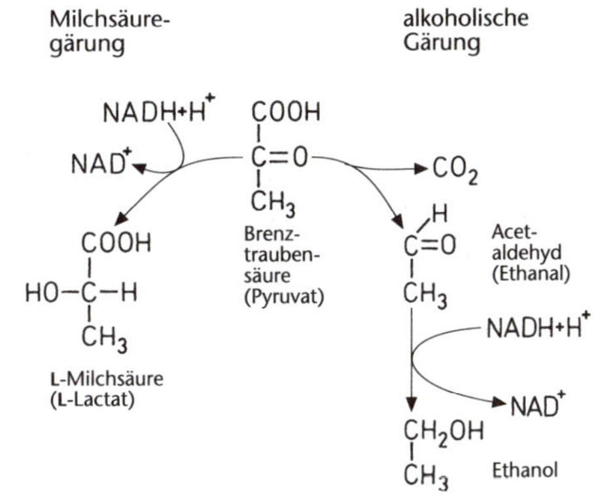

Abb. 10.27: Milchsäuregärung (Reduktion von Pyruvat zu L-Lactat) und Alkoholische Gärung (CO_2-Abspaltung aus Pyruvat und Reduktion von Ethanal zu Ethanol).

hend wird unter Decarboxylierung Acetaldehyd gebildet und dieser mit Hilfe von Alkoholdehydrogenase reduziert; dadurch entsteht Ethanol:

$$C_6H_{12}O_6 \rightarrow 2\ CH_3\text{-}CH_2OH + 2\ CO_2$$
$$\Delta G^{0'} = -235\ kJ/mol$$

Das gebildete CO_2 dient beim Herstellen von Hefeteigen als Treibmittel.

Hefen vergären nicht sämtliche Zucker. Glucose und Fructose reagieren gleich gut, Saccharose wird bei Aufnahme in die Hefezelle zu Glucose und Fructose gespalten. Galactose wird zunächst nicht abgebaut; jedoch kann die Hefe bei Bedarf alle Enzyme für die Aufnahme der Galactose und ihre Einbeziehung in den Stoffwechsel bilden. Wird Galactose angeboten, so «adaptiert» sich die Hefe an dieses Substrat. Die Gene für die entsprechenden Enzyme sind also vorhanden, aber die Enzyme werden normalerweise nicht gebildet. Dieses Beispiel zeigt, dass eine zeitliche Regulation der Synthese von Enzymen besteht (vgl. 14.2.3.1).

Zymomonas arbeitet in Kulturen oft effektiver als Hefen und baut auch verschiedene Zucker ab, die von Hefen nicht vergoren werden (z. B. Pentosen).

Bei den Gärungen wird viel weniger Energie je Monosaccharid-Einheit freigesetzt als bei einer vollständigen Oxidation. Bei der Milchsäuregärung und der alkoholischen Gärung werden nur die zwei ATP-Moleküle der Substratkettenphosphorylierung je C_3-Einheit gebildet. Daher muss ein gärender Organismus viel mehr Substrat umsetzen, um zur gleichen Energiemenge zu gelangen. Da ein organisches Produkt verbleibt, kann dieses durch andere Organismen umgesetzt werden. So oxidieren Bakterien der Gattung *Acetobacter* (Essigbakterien) den Alkohol zu Essigsäure. Dabei werden die freigesetzten Reduktionsäquivalente [H] über die Endoxidation umgesetzt (es liegt also keine echte Gärung vor!). Auf diesem Weg wird der Weinessig hergestellt.

Bei Prokaryoten gibt es noch eine Reihe weiterer Gärungen. Erwähnt seien:

Buttersäuregärung (z. B. bei *Clostridium*): es entsteht zunächst Acetyl-CoA, aus dem dann unter Reduktion Buttersäure gebildet wird;

Propionsäuregärung (z. B. *Propionibacterium*): dabei sind Reaktionen des Citratzyklus (vgl. 10.6.1) beteiligt; das Zwischenprodukt Bernsteinsäure wird zu Propionsäure umgesetzt.

Methanbildner können Acetat zu $CH_4 + CO_2$ umsetzen (Disproportionierungsreaktion).

Etwa 10% der jährlich durch Photosynthese aus CO_2 aufgebauten organischen Substanz gelangt in den anaeroben Abbau durch Mikroorganismen und wird dabei auch letztlich wieder zu CO_2 umgesetzt.

10.6 Dissimilation durch Citratzyklus und Endoxidation

Im Verlauf der Glykolyse wird durch die Oxidation von Triosephosphat die Oxidationsstufe der Carbonsäuren erreicht (Glcyerinsäurephosphat); bei der Brenztraubensäure liegt eine freie Monocarbonsäure vor und durch deren oxidative Decarboxylierung entstehen CO_2 und ein Acetylrest. Beim weiteren Abbau wird dieser nun zu 2 CO_2 oxidiert; dadurch sind letztlich alle C-Atome des C_3-Körpers bzw. der Hexose zu CO_2 umgesetzt und der Substratabbau ist damit vollzogen. Die Oxidation der Acetylgruppe erfolgt im Citratzyklus; hierbei entstehen außerdem Reduktionsäquivalente [H]. Diese werden in der Endoxidation zu Wasser umgesetzt; dabei wird Energie in Form von ATP verfügbar. Dieser Vorgang entspricht formal der Umkehrung der Primärvorgänge der Photosynthese und erfolgt wie jene über eine Elektronentransportkette. Die Elektronentransportkette der Endoxidation (oder Atmungskette) ist in der inneren Mitochondrienmembran lokalisiert. Der Citratzyklus, durch den CO_2 freigesetzt wird, findet in der Mitochondrien-Matrix statt. Inwieweit dort Aggregate der beteiligten Enzyme vorliegen («Metabolon» genannt), wird diskutiert.

10.6.1 Citratzyklus

Da aus der Citronensäure weitere Tricarbonsäuren entstehen, heißt dieser Stoffwechselweg auch Tricarbonsäurezyklus und nach seinem Entdecker wird er als KREBS-Zyklus bezeichnet. Im Verlauf des Zyklus wird zweimal decarboxyliert; dadurch sind ebenso viele C-Atome zu CO_2 umgesetzt wie über die Acetylgruppe dem Zyklus zugeführt werden. Von Zwischenstufen des Citratzyklus aus erfolgen auch verschiedene

Synthesen (z. B. von Aminosäuren); umgekehrt können durch Abbauvorgänge entsprechende Verbindungen wieder in den Zyklus eingeschleust werden.

10.6.1.1 Ablauf des Citratzyklus

Der Zyklus (Abb. 10.28) beginnt mit der durch Citratsynthase katalysierten Reaktion von Oxalacetat mit Acetyl-CoA, wobei Citrat entsteht und Coenzym A freigesetzt wird. Die zur Neubildung einer C-C-Bindung erforderliche Energie stammt aus dem Acetyl-CoA. Unter den physiologischen Bedingungen der Zelle liegen in der Regel nicht die freien Säuren, sondern die Anionen vor; daher werden deren Namen hier verwendet.

Citrat wird zu Isocitrat isomerisiert; von der am Enzym Aconitase (mit Fe-S-Cluster) vorliegenden intermediären Struktur ausgehend kann auch Aconitat gebildet werden, das von verschiedenen Pflanzenarten (z. B. *Aconitum*) gespeichert wird. Isocitrat wird oxidiert; dabei entsteht Oxalbernsteinsäure/Oxalsuccinat. Dieses besitzt eine β-Ketosäure-Struktur, ist daher wenig stabil und liefert unter Decarboxylierung α-Ketoglutarat = α-Oxoglutarat. Die weiteren Umsetzungen laufen nun an Dicarbonsäuren ab. Zunächst wird α-Oxoglutarat oxidativ decarboxyliert. Der Ablauf dieser Reaktion entspricht der oxidativen Decarboxylierung von Pyruvat (vgl. 10.5.2). Das entstehende Produkt wird an Coenzym A gebunden und als Succinyl-CoA freigesetzt. Dieses wird gespalten; mit der dabei frei werdenden Energie wird ATP gebildet (bei höheren Tieren GTP). Das Succinat (Bernsteinsäure) wird durch ein Flavinenzym, die Succinatdehydrogenase, zu Fumarat oxidiert. Wasseraddition an die Doppelbindung des Fumarats liefert L-Malat (Äpfelsäure); daraus erhält man durch eine weitere Oxidation das Oxalacetat zurück, so dass die Startreaktion mit Acetyl-CoA wiederum erfolgen kann.

Die Umsetzungen von Citrat bis zum α-Oxoglutarat finden auch im Cytosol statt; [H]-Akzeptor ist dann NADP.

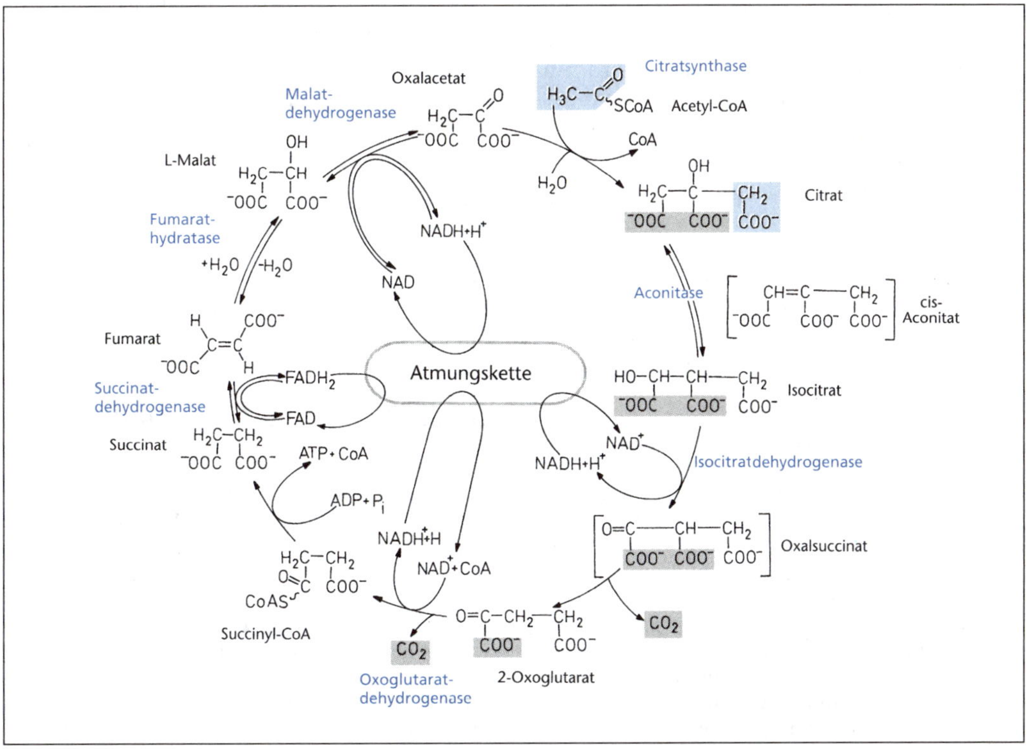

Abb. 10.28: Citratzyklus = Tricarbonsäurezyklus (TCC). Blau unterlegt: Eintritt des Acetylrestes. Grau unterlegt sind die Carboxylgruppen, die im Verlauf des Zyklus zu CO_2 oxidiert werden.

Der **Gesamtumsatz** des Citratzyklus ist somit:

$$CH_3\text{-CO-SCoA} + 3\ H_2O \rightarrow 2\ CO_2 + 8\ [H] + CoASH$$

Die Reduktionsäquivalente [H] werden bei drei Reaktionen an NAD gebunden (3 · 2 [H] → 3 NADH + 3 H$^+$); bei der Succinatdehydrogenase-Reaktion wird FAD zu FADH$_2$ reduziert. Die Hauptmenge der Energie wird erst bei der Oxidation dieser Reduktionsäquivalente in der Endoxidation verfügbar (vgl. 10.6.4).

Di- und Tricarbonsäuren können die Mitochondrienhülle nur durch aktiven Transport passieren. Dadurch ist die Kompartimentierung des Citratzyklus sichergestellt.

10.6.1.2 Synthesen vom Citratzyklus aus

Metaboliten des Citratzyklus sind wichtig als Ausgangsstoffe für Synthesen. Dadurch werden die Bereiche des Kohlenhydratstoffwechsels, des Lipidstoffwechsels (über Acetyl-CoA) und des Stoffwechsels N-haltiger Verbindungen miteinander verknüpft: der Citratzyklus ist eine **Stoffwechsel-«Drehscheibe»** (vgl. Abb. 10.23). Ausgehend von α-Oxoglutarat und von Oxalacetat entstehen. Aminosäuren (vgl. 11.3.2.3). Die Bildung von Pyrrolringen geht von Glutaminsäure aus, die aus α-Oxoglutarat gebildet wird. Aus Pyrrolringen gehen dann die Porphyrin-Systeme von Chlorophyllen und Cytochromen hervor.

Werden Zwischenstoffe in größerer Menge für Synthesen entnommen, so kann die Menge an Oxalacetat für den Start des Zyklus zu gering werden. Daher muss es Reaktionen zu einer Bildung von Oxalacetat auf anderem Wege geben (anaplerotische CO$_2$-Fixierung).

10.6.1.3 Porphyrin-Synthese

Zur Bildung des Pyrrolringes wird in Plastiden Glutaminsäure durch Bindung an t-RNA zu Glutamyl-tRNA aktiviert. Durch Reduktion entsteht Glutamyl-Semialdehyd, der zu 5-Aminolävulinsäure (ALA) umgesetzt wird. Aus 2 Molekülen ALA entsteht das Porphobilinogen mit Pyrrol-Struktur. An der Porphobilinogen-Desaminase findet dann der Aufbau des Tetrapyrrol-Systems und anschließend der Ringschluß zu Protoporphyrin IX statt. Die Biosynthese von Chlorophyll erfolgt über Mg-Einbau und Bildung des Cyclopentanonrings zum Protochlorophyllid, das in einer (bei Angiospermen) lichtabhängigen Reaktion reduziert und weiter zu Chlorophyll umgesetzt wird. Wird Fe ins Porphyrin eingebaut, so führt ein Biosyntheseweg zum Häm-System (Cytochrome).

Durch Ringöffnung entstehen offenkettige Tetrapyrrole (Phytochrome, vgl. 14.4.1.1; Phycobiline). Die Biosynthese der Porphyrine wird durch Diphenylether-Herbizide gehemmt.

Da isolierte Chlorophylle zu gefährlichen Photooxidationen führen können, muß der Abbau der Chlorophylle reguliert erfolgen. Zunächst finden Mg- und Phytol-Abspaltung statt; durch weiteren Umsatz entsteht Phaeophorbid, das oxidativ gespalten wird, wobei die Abbauprodukte in die Vakuole gelangen.

10.6.1.4 Anaplerotische CO$_2$-Fixierung

Dieser Weg zur Bildung von Oxalacetat in den Mitochondrien erfolgt durch Carboxylierung von Pyruvat, wobei ATP die Energie liefert:

$$\text{Pyruvat} + HCO_3^- + \text{ATP} \rightleftarrows \text{Oxalacetat} + OH^- + \text{ADP} + P_i$$

Enzym: Pyruvatcarboxylase

Es handelt sich um einen typischen «Nachfüll»-Weg des Stoffwechsels (eine anaplerotische Sequenz, vgl. 9.4.4), welcher die Aufrechterhaltung des Citratzyklus sichert. Diese CO$_2$-Fixierung hat nichts mit der Photosynthese zu tun.

Bei hoher Pyruvat-Konzentration und in Gegenwart von NADH kann durch das Malat-Enzym auch direkt Malat gebildet werden:

$$\text{Pyruvat} + CO_2 + \text{NADH} + H^+ \rightleftarrows \text{Malat} + NAD^+$$

Verläuft die Reaktion umgekehrt, so entsteht durch Malatoxidation NADH.

Von diesen Vorgängen zu unterscheiden ist die PEP-carboxylase-Reaktion (vgl. 10.1.3.1), bei der Phosphoenolpyruvat durch Bindung von CO$_2$ zu Oxalacetat umgesetzt wird. Die CO$_2$-Bindung durch PEP-carboxylase kann aber bei C$_3$-Pflanzen als anaplerotische Sequenz wirksam werden.

10.6.2 Glyoxylat-Zyklus und Gluconeogenese

In den Samen der meisten höheren Pflanzen wird bevorzugt Fett gespeichert, das bei der Keimung abgebaut wird. Es dient dabei nicht nur dem Energiegewinn, sondern auch zum Aufbau von organischer Substanz des Keimlings (z. B. der Kohlenhydrate für die Zellwände). Fett wird zunächst zu Fettsäure und Glycerin gespalten. Durch Abbau der Fettsäuren entsteht Acetyl-CoA (vgl. 11.2.1.3), dessen Acetyl-Einheiten in den Citratzyklus eintreten können. Gäbe es aber nur diese Umsetzung, so wäre eine Synthese von Monosacchariden nicht möglich, da im Citratzyklus ebenso viele C-Atome zu CO$_2$ reagieren, wie mit der Acetylgruppe eintreten.

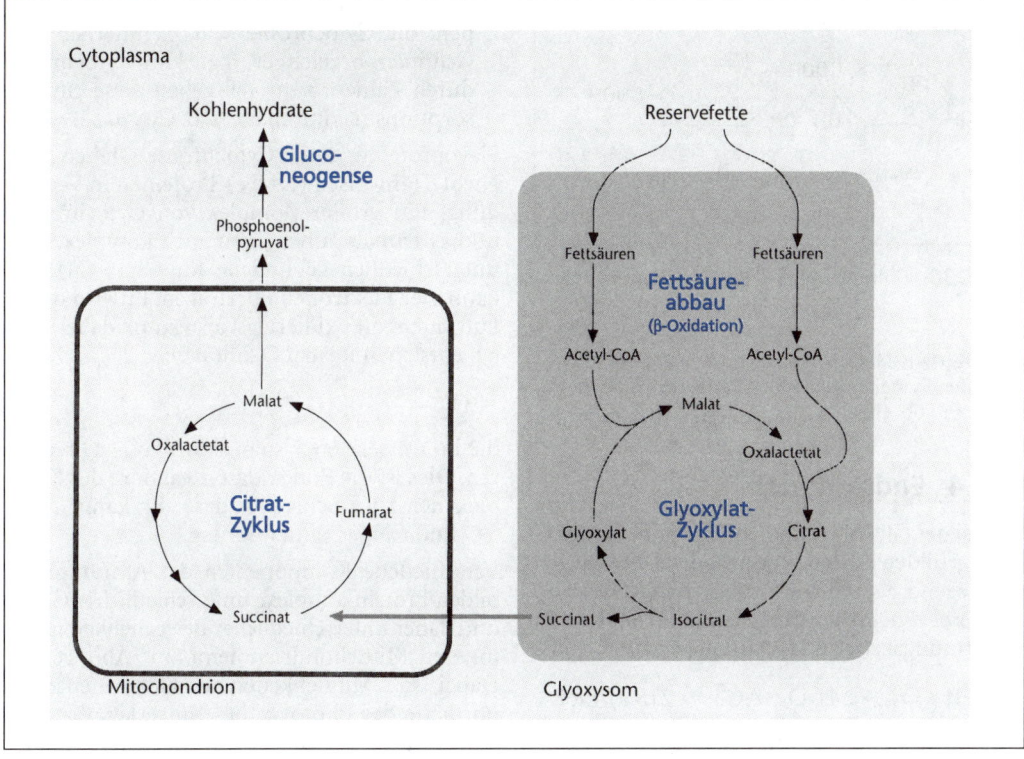

Abb. 10.29: Glyoxylat-Zyklus zur Umwandlung von Fettsäuren (aus pflanzlichen Speicherfetten der Samen) in Kohlenhydrate. Die Umsetzung von Citrat zu Isocitrat erfolgt auch im Cytosol.

Eine Synthese ohne C-Verlust muss also die Decarboxylierungsschritte des Citratzyklus umgehen. Dies geschieht im Glyoxylatzyklus, dessen wesentliche Reaktionen in den Glyoxysomen stattfinden (Abb. 10.29). Isocitrat wird durch Isocitratlyase zu Succinat und Glyoxylat umgesetzt, das Succinat gelangt in die Mitochondrien und damit in den Citratzyklus. Das Glyoxylat reagiert mit einem weiteren Molekül Acetyl-CoA zu Malat, das dann zu Oxalacetat oxidiert wird. Dieses wird dann im Cytoplasma mit Hilfe der PEP-carboxykinase zu Phosphoenolpyruvat (PEP) umgesetzt:

$$\text{Oxalacetat} + \text{ATP} \rightleftarrows \text{Phosphoenolpyruvat} + CO_2 + H_2O + ADP$$

Von PEP ausgehend kann im Umkehrung des Glykolyse-Wegs Hexosephosphat aufgebaut werden (**Gluconeogenese**), das dann für weitere Umsetzungen zur Verfügung steht.

Die das Glyoxylat bildenden Glyoxysomen gehören zur Gruppe der Microbodies (vgl. 3.2.4.4); sie treten bei der Samenkeimung auf und werden später zu Peroxisomen. Bei der Photorespiration (10.1.2) wird Glyoxylat in den Peroxisomen (ebenfalls Microbodies) gebildet. Aus Glyoxylat kann durch Oxidation das Oxalat entstehen (vgl. 10.1.2). Oxalat kann im Stoffwechsel aber auch durch Spaltung von Oxalacetat sowie aus Ascorbat gebildet werden.

10.6.3 Speicherung von Carbonsäuren

Carbonsäuren können in Vakuolen akkumuliert werden. Der Transport durch den Tonoplast erfolgt für Di- und Tricarbonsäuren als aktiver Transport. Dadurch ist eine Regulation der Anhäufung möglich. Bei einer Salzbildung der – schwachen – Carbonsäuren mit starken Basen (K^+, Na^+) entsteht ein System aus Säure und korrespondierender Anionbase, das als Puffersystem wirkt. Dies ist von Bedeutung für die Stabilisierung des pH-Wertes in den Vakuolen. Im Cytoplasma erfolgt die Regulierung der pH-Werte hingegen wohl vor allem durch H^+-Transport sowie durch Auf- und Abbau von Carbonsäuren.

Carbonsäuren werden sowohl in vegetativen Geweben als auch in Früchten gespeichert. Die Akkumulation in Früchten hat die Namen verschiedener Säuren bedingt: Citronensäure/Citrat, Äpfelsäure/Malat. Vor allem in Holzpflanzen werden nicht selten Carbonsäuren akkumuliert, die als Vorstufen der Aromaten-

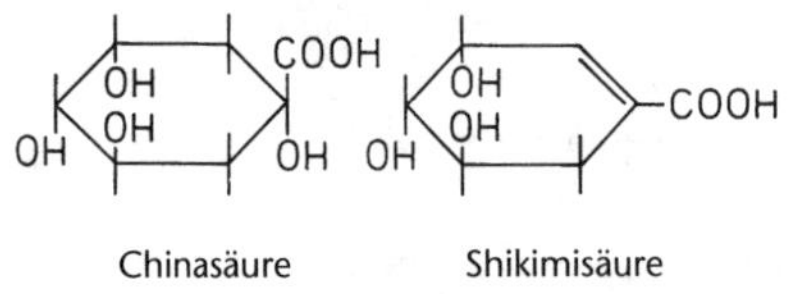

Abb. 10.30: Chinasäure und Shikimisäure.

Bildung (vgl. 11.4) auftreten oder sich von solchen Vorstufen herleiten, so z. B. Chinasäure und Shikimisäure (Abb. 10.30).

10.6.4 Endoxidation

Die bei der Glykolyse und vor allem im Citratzyklus gebildeten Reduktionsäquivalente liegen vorwiegend als reduziertes NAD (NADH) vor. Sie werden beim Vorgang der Endoxidation in der Atmungskette zu H_2O umgesetzt:

$$4\,[H] + O_2 \rightarrow 2\,H_2O \quad \Delta G^{0'} = -218\ kJ/mol$$

Diese Reaktion entspricht der Knallgasreaktion; da sie aber nicht vom freien Wasserstoff H_2 ausgeht, ist die Energiefreisetzung etwas geringer. Die Energie wird in einer vielstufigen Kette von Redoxreaktionen frei («gebändigte Knallgas-Reaktion») und zum Aufbau eines Protonengradienten genutzt, welcher der ATP-Bildung dient. Die Kette von Redoxreaktionen ist eine Elektronentransportkette. Der Transport der Elektronen erfolgt von $NADH + H^+/NAD^+$ $E^{0'} = -0{,}32$ V) zu $1/2\,O_2/H_2O$ ($E^{0'} = +0{,}81$ V) im Energiegefälle (jeweils in Richtung auf positiveres Potential). Die Potenzialdifferenz von $\Delta E = 1{,}13$ V entspricht bei einem Zwei-Elektronen-Transport dem Wert $\Delta G = -218$ kJ.

10.6.4.1 Elektronentransportkette

Die Redoxsysteme der Atmungskette lassen sich in drei Gruppen einteilen (abgesehen vom NADH; vgl. Abb. 10.31):

- Flavoproteine oder Flavinenzyme; Coenzym FAD oder FMN; Potenzial negativer als $-0{,}06$ V.
- Ubichinone (Coenzym Q); Potenzial $E^{0'} = -0{,}05$ V
- Cytochrome; Proteine mit Häm-Eisen-System (Porphyrinring); Potenzial $E^{0'}$ positiv. Aufgrund der spektroskopischen Eigenschaften (vgl. 2.6.8) unterscheidet man drei Gruppen: die Cytochrome a, b, c. Innerhalb der Gruppen bezeichnet man die Cytochrome durch Zahlen; zum Teil geben diese ein Absorptionsmaximum an (z. B. Cyt. b_{559}).

Flavoproteine und Cytochrome stehen mit Nicht-Häm-Eisen (NHFe)-Proteinen in Verbindung. Ein großer Komplex von Cytochrom a und a_3 enthält außer Eisen auch komplex, aber unterschiedlich gebundene Kupfer (3 Cu) und kann vier Elektronen übertragen. Er wird durch Luftsauerstoff oxidiert (ist also autoxidabel); dabei entstehen formal Oxidionen:

$$O_2 \xrightarrow{4\,e^-} 2\,O^{2-},$$

die im wässerigen System sofort zu H_2O reagieren. Dies ist die Endoxidase-Reaktion; der Komplex heißt Cytochromoxidase. Er kann durch CO und CN^- vergiftet werden.

Verschiedene Komponenten der Atmungskette bilden Proteinkomplexe unterschiedlicher Größe und daher unterschiedlicher Beweglichkeit in der inneren Mitochondrienmembran (Abb. 10.32). Dabei sind Ähnlichkeiten zur Elektronentransportkette der Photosynthese unverkennbar. Ein Flavoprotein übernimmt die Elektronen (und den Wasserstoff) vom $NADH + H^+$ (Komplex I, besteht aus 43 Untereinheiten mit zusammen 900 kDa), ein anderes Flavoprotein (Komplex II) ist die Succinatdehydrogenase des Citratzyklus (vgl. 10.6.1.1). Ein Komplex von Cytochrom b und c_1 (Komplex III, mit 11 Untereinheiten und zusammen 240 kDa) und die Cytochromoxidase (Komplex IV, mit 13 Untereinheiten und 200 kDa) bilden weitere große Struktureinheiten. Ubichinon (Coenzym Q) ist durch seine lipophilen Seitenketten in der Lipidphase der Membran beweglich und vermittelt so den Elektronentransport zwischen den Komplexen I bzw. II und III (ähnlich dem Plastochinon der photosynthetischen Elektronentransportkette). Eine frei bewegliche Komponente ist das hydrophile kleine Protein Cytochrom c (Molekülmasse 13 kDa, 111 Aminosäurereste bei höheren Pflanzen), das der Membran auf der intracisternalen (nichtplasmatischen) Seite aufliegt und zwischen den Komplexen III und IV vermittelt. Durch den gerichteten Elektronentransport zwischen den Redoxsystemen kommt es zum Aufbau eines elektrischen Feldes und zu einem gerichteten (vektoriellen) Protonentransport vom Matrixraum in den intracisternalen Raum. Wenn die Flavinenzyme Elektronen abgeben, wird gleichzeitig H^+ frei. Bei der Oxidation von

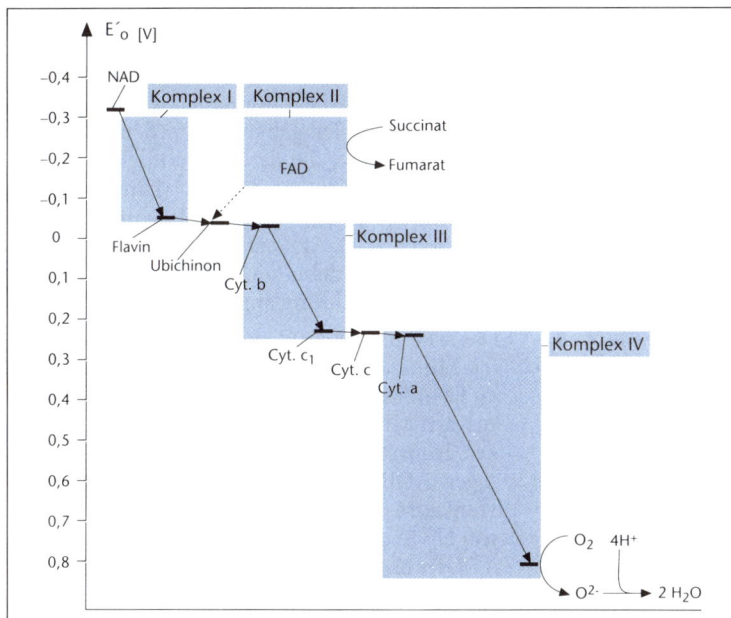

Abb. 10.31: Energieschema der Elektronentransportkette der Endoxidation (Atmungskette). Ordinate: Redoxpotenzial E'_0 (Volt). Die in größeren Proteinkomplexen der inneren Mitochondrienmembran enthaltenen Redoxsysteme sind durch Angabe der Komplexe herausgehoben (vgl. Abb. 10.32).

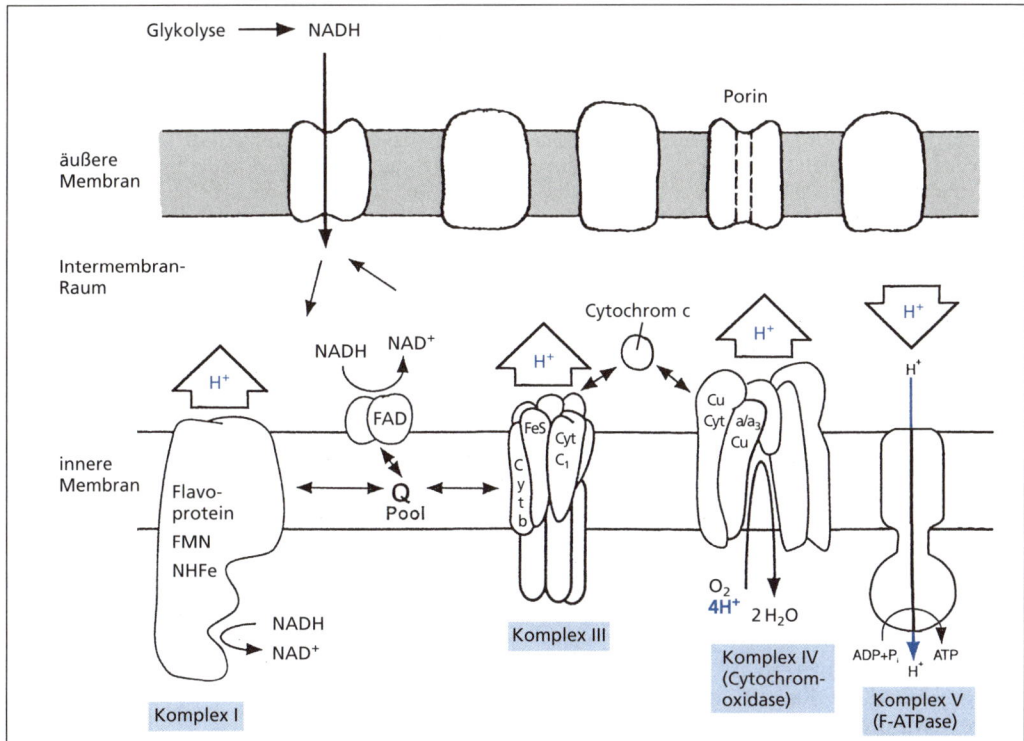

Abb. 10.32: Komplexe der Atmungskette und ihre Lokalisierung in der inneren Mitochondrienmembran. Q = Ubichinon-Pool. Mit dem Elektronentransport vom NADH zum O_2 ist der Aufbau eines Protonengradienten verbunden, der zur ATP-Bildung durch die F-ATPase (Komplex V) genutzt wird. Diese ist ebenso gebaut wie F-ATPase der Thylakoidmembran (Abb. 10.10 d) und daher hier nicht detailliert dargestellt (in Anlehnung an mehrere Quellen neu kombiniert).

Ubichinon und Reduktion des Cytochrom b/c_1-Komplexes läuft in gleicher Weise wie in der Elektronentransportkette der Photosynthese ein Q-Zyklus ab, der zum Protonentransport führt. Auch der Cytochromoxidase-Komplex transportiert Protonen in den intracisternalen Raum. So entsteht ein Protonengradient (und damit eine pmf, vgl. 9.4), in dem Energie gespeichert ist. Dieser dient – wie bei der Photophosphorylierung (vgl. 10.1.1) – zum **Aufbau von ATP**.

Die Struktur der Atmungskette der Pflanzen ist variabler gegenüber jener von höheren Tieren. Dies ist verständlich, da die Atmung der Pflanzen sich an unterschiedlichere Bedingungen (z.B. bezüglich Temperatur) anpassen muss als die Atmung höherer Tiere.

Cyanid-resistenter Nebenweg: Die Atmungskette wird durch Cyanid vergiftet, da dieses stabile Komplexe mit zugänglichem Fe^{II} der Cytochromoxidase bildet, die nicht mehr oxidiert werden. Bei Pflanzen gibt es aber einen cyanid-resistenten Nebenweg der Atmungskette mit einer «alternativen Endoxidase». Diese ist aus nur 3 Untereinheiten aufgebaut. Der Weg führt nicht zur ATP-Bildung. Von Bedeutung ist er für die Wärmeproduktion im Spadix der Blütenstände von Araceen (z.B. *Arum maculatum*), die durch Salicylsäure als Signalsubstanz ausgelöst wird. Die Wärmeentwicklung dient der Anlockung von bestäubenden Insekten und der Vermeidung von Kälteschäden. Reguliert wird der Nebenweg vor allem durch den Redox-Zustand der Ubichinone. Sind diese stark reduziert, so werden leicht aktive Sauerstoff-Spezies (ROS) gebildet (vgl. 10.1.1.4). Durch den Alternativweg wird Ubichinon oxidiert und die Sauerstoffkonzentration verringert.

10.6.4.2 Atmungskettenphosphorylierung

Die ATP-Bildung erfolgt durch Nutzung der pmf in gleicher Weise wie bei der Photosynthese; die entsprechend gebaute F-ATPase bildet den Komplex V der Atmungskette. Die Stöchiometrie ist nicht ganz gesichert; etwa 4 Mol H^+ führen zur Bildung von 1 Mol ATP.

Wandern 2 Elektronen (aus 1 NADH) durch die Atmungskette, so können maximal 3 ATP entstehen, sofern das NADH aus der Mitochondrienmatrix stammt. Wird NADH aus dem Cytoplasma aufgenommen, so ist der ATP-Gewinn geringer, da diese Reduktionsäquivalente die innere Mitochondrienmembran von der «falschen» Seite her erreichen und von dort die Elektronen über ein besonderes Enzym auf Ubichinon übertragen werden. Die Succinatdehydrogenase als Flavinenzym (mit FAD) überträgt die Elektronen ebenfalls auf Ubichinon; auch hier ist der ATP-Gewinn geringer (maximal 2 ATP/2 e^-). Die ATP-Bildung kann experimentell durch Entkoppler gehemmt werden. Dies sind entweder Stoffe, die den Aufbau des Protonengradienten verhindern (z.B. 2,4-Dinitrophenol) oder solche, die das ATP-Synthesesystem blockieren (z.B. Arsenat). Die Elektronentransportkette wird dabei nicht gestört, sondern nur von der ATP-Bildung abgekoppelt.

Das ATP entsteht auf der Matrixseite der inneren Mitochondrienmembran. Es wird aber auch im Cytoplasma benötigt. Der Transport des ATP aus den Mitochondrien heraus erfolgt durch einen Transporter der inneren Membran, der ATP gegen ADP austauscht. Gleichzeitig erfolgt ein Transport von anorganischem Phosphat und von H^+ in den Matrixraum; die Energie für den ATP-Transport wird durch den Protonengradienten geliefert.

10.6.4.3 Regulation der Atmungskette

Die Intensität des Elektronentransports durch die Atmungskette wird reguliert durch die Verfügbarkeit der erforderlichen Reaktionspartner: NADH, Sauerstoff, ADP und P_i. Setzen wir das Vorhandensein von NADH (bzw. von Substraten, deren Abbau NADH liefert) voraus, so begrenzt in der intakten Zelle häufig die Konzentration von ADP und anorganischem Phosphat die Atmungsrate («kontrollierter Zustand» der Atmung, sog. «state 4»). Setzt man in Experimenten ADP + P_i zu, so kommt es zu einer starken Atmungssteigerung (sog. «state 3»). Das Verhältnis der Atmungsraten state 3/state 4 ist ein Maß dafür, wie gut die Regulation der Atmungsintensität durch den ATP/ADP-Haushalt funktioniert; es wird als **Respirationskontroll-Index** (RCI) bezeichnet. Entkoppler erhöhen die Atmungsintensität, da keine Kontrolle mehr durch ATP/ADP stattfindet.

10.6.4.4 Anaerobe Atmung (Nitrat- und Sulfatatmung)

Eine besondere Form der Atmungskette findet man bei einigen Bakterien unter Sauerstoffmangel. Anstelle von Sauerstoff wird von *Bacillus*- und *Pseudomonas*-Arten Nitrat als Elektronenakzeptor verwendet und zu N_2O (Treibhausgas!) oder N_2 reduziert. Dadurch kann es in schlecht durchlüfteten Böden zu einem Nitratverlust kommen (Denitrifikation). Andere Bakterien nutzen Sulfat, das zu Schwefel, Polysulfid oder Schwefelwasserstoff reduziert wird (Sulfatatmung, Desulfurikation).

10.7 Nebenatmung

Neben der Atmungskette, bei der ATP entsteht, gibt es andere lichtunabhängige Reaktionen, bei welchen Sauerstoff reduziert wird. Da diese in der Regel quantitativ zurücktreten, bezeichnet man sie als Nebenatmung. Sie sind für den Energiehaushalt der Zelle ohne Bedeutung oder sogar nachteilig, aber wichtig insbesondere im Sekundärstoffwechsel. Im Rahmen spezifischer Abbauvorgänge, vor allem durch Mikroorganismen, sind sie ferner ökologisch von großer Bedeutung. (So erfolgt der Abbau von Aromaten durch Bakterien und Pilze unter Mitwirkung von Mono- und Dioxygenasen).

Bei der Reduktion können unterschiedlich viele Elektronen auf Sauerstoff übertragen werden. (In der Atmungskette werden durch Cytochromoxidase 4 Elektronen auf O_2 übertragen, dadurch entsteht Wasser.) Nebenatmungssysteme, die zwei Elektronen auf O_2 übertragen, führen zur Bildung von Peroxid (O_2^{2-}) Ionen (H_2O_2). Da diese starke Zellgifte sind, müssen sie rasch durch die Wirkung von Peroxidasen oder Katalase abgebaut werden.

Wird durch Elektronenübertragung der Sauerstoff zu H_2O_2 oder H_2O reduziert, so sind die Enzyme Oxidasen. Wird er in eine organische Verbindung eingebaut, so liegen Oxygenasen (Monooxygenasen und Dioxygenasen) vor.

Monooxygenasen bauen ein Atom des O_2-Moleküls ein und führen gleichzeitig unter Oxidation eines weiteren Reaktionspartners zur Bildung von Wasser:

$$R-H + O_2 + XH_2 \rightarrow R-OH + H_2O + X$$
(z. B. NADPH)   (z. B. NADP)

Sie sind daher gleichzeitig Oxidasen, und wenn bei der Reaktion Hydroxylgruppen entstehen, werden sie auch als Hydroxylasen bezeichnet. Monooxygenasen sind in der ER-Membran lokalisiert und besitzen in der Regel **Cytochrom P_{450}** (ein Cytochrom des b-Typs) als Cofaktor. Klassifiziert werden sie nach dem Elektronenlieferanten für das Häm (Nicht-Häm-Eisen oder ausschließlich Flavin). Blütenpflanzen besitzen mehr als 200 Gene für Cytochrom P_{450}-Systeme. Viele dieser Enzyme sind am Sekundärstoffwechsel beteiligt (Hydroxylierungen, aber auch Dealkylierungen, Deaminierungen, Dehalogenierungen); auch an der Gibberellin-Biosynthese (vgl. 14.3.1.2) ist ein solches Enzym beteiligt. Einfache Phenole werden durch Monophenol-monooxygenasen zu Diphenolen umgesetzt (z. B. Oxidation von Tyrosin zu Dihydroxyphenylalanin = Dopa). Cytochrom P_{450}-Systeme können auch viele Fremdstoffe durch Oxidation so elektrophil machen, dass die Produkte an Glutathion gebunden und dadurch entgiftet werden (vgl. 11.3.3.1). Gezielte Strukturveränderungen zur Anpassung an neue Substrate könnten zu biotechnisch einsetzbaren Cytochrom P_{450}-Enzymen führen.

Dioxygenasen bauen beide Atome des O_2-Moleküls in das organische Molekül ein:

$$R + O_2 \rightarrow RO_2$$

Sie können auch auf zwei Substrate einwirken; so sind Hydroxylierungen möglich (z. B. Prolyl-4-hydroxylase, die Hydroxyprolin liefert).

Oxidasen, die zwei Elektronen auf O_2 übertragen, sind alle jene, die ein Flavin als Coenzym enthalten. Die Glykolatoxidase wurde bei der Photorespiration (vgl. 10.1.2) erwähnt; sie kommt aber auch in nicht grünen Geweben vor. Weitere Beispiele sind Aminosäureoxidasen, Aminoxidasen, Acyl-CoA-Oxidasen sowie die Glucoseoxidase von Mikroorganismen.

Diphenoloxidasen (Polyphenoloxidasen) oxidieren Diphenole zu Chinonkörpern:

Sie sind offenbar ausschließlich in Plastiden lokalisiert. Cu-haltige Diphenoloxidasen werden als Laccasen bezeichnet; Cu-freie heißen auch Catecholoxidasen. Bei der Reaktion entstehen oft Radikale; daher kondensieren die Chinonkörper leicht zu farbigen Polymeren. So kommt es bei verstärktem Sauerstoffzutritt nach Verletzung von Geweben zur Braunfärbung (angeschnittene Äpfel und Kartoffeln) und zur Verfärbung von Pilzfruchtkörpern. Bei Polykondensation zu unlöslichen Hochpolymeren entstehen schwarze Produkte (Melanine), so bei der Herstellung von schwarzem Tee und beim Trocknen mancher Pflanzen (z. B. *Lembotropis* = *Cytisus nigricans*; viele Orchideen, z. B. Vanille).

Luciferin-Luciferase-Systeme erzeugen im Rahmen von Atmungsvorgängen Licht. Biolumineszenz ist etwa 30-mal in der Evolution getrennt entstanden; weder die Enzyme noch die Substrate sind homolog. Luciferasen sind Oxygenasen, die ein Luciferin oxidieren, wobei das Oxidationsprodukt im angeregten Zustand entsteht. Es gibt Energie in Form von Licht ab und muss dann wieder reduziert werden, um erneut in die Reaktion eintreten zu können. Die Luciferin/Luciferase-Reaktion ist von O_2 und ATP abhängig und kann daher als empfindlicher Nachweis auf einen dieser beiden Stoffe genutzt werden. Luciferin/Luciferase-Systeme kommen bei Bakterien (Leuchtbakterien, z.B. *Photobacterium*), bei Dinophyten (z.B. *Noctiluca*, das Meeresleucht-«tierchen» der europäischen Meere), einigen Pilzen (z.B. Hallimasch) und verschiedenen Tieren (z.B. Leuchtkäfer) vor.

Die Meduse *Aequorea* enthält ein Protein, das die Energie der Biolumineszenzreaktion strahlungsfrei absorbiert und als grünes Licht abstrahlt. Es heißt Grünfluoreszierendes Protein GFP und kann durch Anregung bei 400 oder 475 nm zur Fluoreszenz gebracht werden. Es ist also fluoreszenzmikroskopisch in Zellen leicht zu erkennen. Sein Gen kann als Markergen an andere Gene gekoppelt werden, sodass über die Funktion des dann gebildeten GFP Gentransfer in der lebenden Pflanze nachzuweisen ist (vgl. 8.8.2).

Peroxidasen und **Katalase** reduzieren Peroxidionen (bzw. H_2O_2). Als Coenzym besitzen sie ein Häm-System. Peroxidasen benötigen ein zu oxidierendes Substrat (Elektronendonator); Katalase verwendet H_2O_2 auch als Elektronendonator, sodass eine Disproportionierung stattfindet:

Peroxidasen $\quad H_2X + H_2O_2 \rightarrow X + 2\,H_2O$

Katalase $\quad H_2O_2 + H_2O_2 \rightarrow O_2 + 2\,H_2O$

Katalasen sind – im Gegensatz zu Peroxidasen – in Microbodies lokalisiert. Peroxidasen treten mit zahlreichen Isoenzymen in allen Zellkompartimenten auf. Im Zellwandbereich sind sie an der Bildung von Lignin, Cutin und Suberin beteiligt. Ihre Substratspezifität ist oft gering; manche haben auch Monooxygenase-Wirksamkeit. Chloroperoxidasen (aus Pilzen gewonnen) führen oxidative Halogenierungen durch; ein biotechnischer Einsatz ist denkbar.

Wenn es in Mitochondrien im Rahmen der Atmung zur H_2O_2-Bildung kommt, kann der Ascorbat-Glutathion-Weg (vgl. 10.1.1.4) auch hier der Entgiftung dienen.

10.8 Dissimilation und Umweltfaktoren

10.8.1 Untersuchung der Atmungsvorgänge

Die Messung der **Atmungsintensität** kann durch Gaswechselmessung erfolgen (Messung der CO_2-Bildung oder des O_2-Verbrauchs). Dafür gibt es verschiedene Messverfahren: Bestimmung der Gasvolumina mit Hilfe der WARBURG-Technik, Messung der CO_2-Menge über die IR-Absorption mit Hilfe des URAS (= Ultrarot-absorptionsschreiber), Messung des O_2-Verbrauchs mit Sauerstoff-Elektrode im wässerigen System.

Die Atmungsrate pflanzlicher Gewebe ist sehr verschieden. Bei starkem Wachstum ist sie hoch, ebenso bei sich stark vermehrenden Mikroorganismen (so tritt z.B. bei dichter und feuchter Lagerung von Heu durch starke Vermehrung von Bakterien ein Wärmestau ein, der sogar zur Selbstentzündung führen kann). Die Atmungsintensität von Schattenblättern ist geringer als diejenige von Sonnenblättern. Für Sonnenblätter sommergrüner Laubbäume liegen die Werte bei 3–5 mg CO_2/g Trockenmasse × Stunde; bei immergrünen Blättern (einschl. Nadeln) findet man 0,7–1 mg CO_2/g Trockenmasse × Stunde.

Respirationsquotient (RQ): Er ist definiert als das Verhältnis der Volumina von abgegebenem Kohlendioxid zu aufgenommenem Sauerstoff. Dieser Wert erlaubt eine Aussage über die Art des Substrates, das in einem Gewebe zum Energiegewinn abgebaut wird, denn die gebildete CO_2-Menge hängt von der Zahl der C-Atome und der O_2-Verbrauch von der Zahl der H-Atome des Substrats ab.

Werden Kohlenhydrate veratmet, so erhält man:

$$C_6H_{12}O_6 + 6\,O_2 \rightarrow 6\,CO_2 + 6\,H_2O$$

$$RQ = \frac{6\,CO_2}{6\,O_2} = 1$$

Werden Carbonsäuren abgebaut, so ist der RQ > 1:

$$C_4H_6O_5 + 3\,O_2 \rightarrow 4\,CO_2 + 3\,H_2O$$

$$RQ = \frac{4\,CO_2}{3\,O_2} = 1{,}33$$

Werden Fette veratmet, so ist der RQ < 1:

$$C_{18}H_{36}O_2 + 26\,O_2 \rightarrow 18\,CO_2 + 18\,H_2O$$

$$RQ = \frac{18\,CO_2}{26\,O_2} \approx 0{,}7$$

Bei der alkoholischen Gärung wird CO_2 gebildet ohne eine O_2-Aufnahme, daher ist der RQ = ∞.

10.8.2 Einflüsse verschiedener Umweltfaktoren

Die Atmungsintensität hängt naturgemäß von der Sauerstoffversorgung der Gewebe ab. Bei Wasserpflanzen kann infolge der geringen Löslichkeit von Sauerstoff im Wasser dieser die Atmungsrate begrenzen. Sumpf- und Wasserpflanzen, die in dichtem, sauerstoffarmem Boden wurzeln, aber den Luftraum erreichen, können durch Aerenchyme Luft in die Wurzeln leiten (z.B. Sprossachsen von *Nymphaea*, *Juncus*). Verschiedene Mangrovepflanzen bilden Atemwurzeln (vgl. 6.5.2.4).

Die Temperaturabhängigkeit der Atmungsrate ist in Abb. 10.18 dargestellt. Mit steigender Temperatur nimmt die Atmungsrate bis zu einem Maximalwert zu; dann setzt infolge des nicht beliebig zu steigernden Substratnachschubs eine Hemmung ein. Zwischen 50°C und 60°C beginnt eine Schädigung der Membranstrukturen, dann bricht die Atmung zusammen. Die Minimaltemperatur der Atmung liegt bei frostharten Geweben bei −20°C bis −10°C, bei tropischen Arten hingegen oft über 0°C (0−5°C). Durch Anpassung an Hitze wird die Atmungsaktivität herabgesetzt, so dass die temperaturbedingte Atmungssteigerung geringer wird. Anpassung an Kälte erhöht die Atmungsintensität. Auch andere Stressfaktoren steigern die Atmung, so z.B. Verletzung («Wundatmung», oft mit erhöhtem Anteil von Nebenatmungsvorgängen) oder Infektion.

11 Stoffwechsel der Kohlenhydrate, Lipide und Stickstoffverbindungen

Im Stoffwechsel aller Pflanzenzellen werden Kohlenhydrate, Lipide, Stickstoffverbindungen (Aminosäuren, Proteine, Nucleotide, Nucleinsäuren) und – in geringerer Menge – Coenzyme und Phytohormone umgesetzt. Die Reaktionen dieser Stoffe bilden den **Primärstoffwechsel.** Diesem stellt man andere Stoffwechselwege gegenüber, die nicht in jeder Pflanze in gleicher Weise stattfinden, sondern artabhängige und oft auch entwicklungsbedingte Unterschiede aufweisen. Sie werden als **Sekundärstoffwechsel** und ihre Produkte als sekundäre Pflanzenstoffe oder kurz Sekundärstoffe bezeichnet.

Die Grenze zwischen Primär- und Sekundärstoffwechsel ist fließend, so entsteht z. B. Lignin im Rahmen des letzteren, ist aber für die Existenz von Holzpflanzen lebensnotwendig. Insgesamt sind mehr als 60 000 verschiedene pflanzliche **Sekundärstoffe** bekannt und durch den Einsatz moderner Analyseverfahren steigt die Zahl rasch weiter an. Die beiden größten Gruppen sind die Alkaloide und die Terpenoide, dann folgen die Aromaten. Im Tierreich sind Sekundärstoffe viel weniger verbreitet als bei Pflanzen.

Die Funktion der Sekundärstoffe ist – wie in 3.2.5.1 erwähnt – unterschiedlich und häufig nicht genau bekannt. Sie sind von Bedeutung als Fraßschutzstoffe (wobei in jeder Art andere Mischungsverhältnisse vorliegen, was die Anpassung der Tiere erschwert), ferner als ökologische Signale (Blütenfarbstoffe, Duftstoffe), als Entgiftungsprodukte und Exkrete. Außerdem können Aromaten eine Funktion als UV-Schutz haben. Manche der Sekundärstoffe werden im Stoffwechsel wieder umgesetzt (z. B. viele Alkaloide), andere sind nicht mehr abbaubare Endprodukte (z. B. Lignin). Viele der Sekundärstoffe haben auf Tier und Mensch spezifische Wirkungen, sodass die entsprechenden Pflanzen seit altersher pharmazeutisch genutzt werden, heutzutage insbesondere auch die entsprechenden Reinstoffe (Alkaloide, Antibiotika). Andere Stoffe werden technisch verwertet (Kautschuk, etherische Öle). Die Produktion von Sekundärstoffen mit Hilfe von Zellkulturen ist ein wichtiger Anwendungsbereich in der Biotechnologie pflanzlicher Objekte.

11.1 Kohlenhydrat-Stoffwechsel: Oligo- und Polysaccharide

Oligo- und Polysaccharide haben infolge der Variabilität der Zuckerbausteine und der glykosidischen Bindungen eine große Strukturvielfalt und können daher unterschiedliche Funktionen erfüllen: als Reservestoffe, als Zellwandkomponenten unterschiedlicher mechanischer und chemischer Eigenschaften und an Proteine gebundene Oligosaccharidketten als wichtige Informationsträger (vgl. 14.3.4). Als nachwachsende Rohstoffe sind Zucker wegen ihres hohen Sauerstoffgehaltes als Energielieferanten nicht optimal; hingegen lassen sich aus ihnen wertvolle Folgeprodukte herstellen (z. B. Acrylsäure, Tenside).

Die Bildung der Oligo- und Polysaccharide erfolgt so, dass ein durch entsprechende Bindung an einen «Donator» reaktionsfähig gemachter Zucker-(Glykosyl-)Rest auf ein anderes Molekül, den Akzeptor, übertragen wird. Ist der Akzeptor ein Monosaccharid (oder Derivat eines solchen), so entsteht ein Disaccharid; ist er ein Disaccharid, so wird ein Trisaccharid gebildet usw. Durch fortgesetzte Verlängerung der Zuckerkette entstehen **Polysaccharide.**

Die Energie für die Ausbildung der glykosidischen Bindung zwischen den Monosaccharid-Einheiten (vgl. 2.2.2) stammt vom Donator, der den Zuckerrest überträgt. Wegen ihres hohen Energieinhalts sind Zuckernucleotide (vgl. 10.3.2) als Donatoren besonders geeignet. Näherungsweise zeigt dies der ΔG^0-Wert einer hydrolytischen Spaltung; er beträgt für UDP-Glucose −32 kJ/mol, für Glucose-1-phosphat −21 kJ/mol und für Saccharose −28 kJ/mol.

11.1.1 Oligosaccharide

Saccharose (Sucrose, Rohr- oder Rübenzucker) ist der wichtigste Transport- und Speicherzucker der meisten höheren Pflanzen und darüber hinaus ein Regelmetabolit, der über Signalketten Genaktivierungen auslösen kann. Saccharose ist aus Glucose und Fructose aufgebaut, die beide über ihre anomeren C-Atome (vgl. 2.2) verknüpft sind, und daher ein nichtreduzierender Zucker. Die Bildung der Saccharose geht von UDP-Glucose (Donator) und Fructose-6-phosphat (Akzeptor) aus; das Enzym ist die Saccharosephosphatsynthase:

UDP-Glucose + Fructose-6-ph. $\rightleftarrows$
Saccharose-ph + UDP
$\downarrow$ Phosphatase
Saccharose + P_i

Die Aktivität des Enzyms wird durch Phosphorylierung und Dephosphorylierung reguliert.

Das gebildete Saccharosephosphat wird durch eine Phosphatase irreversibel zu Saccharose und Phosphat gespalten. – Der Abbau von Saccharose kann dadurch erfolgen, dass Saccharose als Donator einen Glucose-Rest auf UDP überträgt; es verbleibt dann Fructose:

Saccharose + UDP $\rightleftarrows$ UDP-Glucose + Fructose

Da diese Reaktion bei hoher Konzentration von UDP-Glucose auch umgekehrt zur Synthese von Saccharose führt, erhielt das Enzym den Namen Saccharosesynthase. Außerdem gibt es einen hydrolytischen Saccharoseabbau durch Invertasen, bei dem die Energie der glykosidischen Bindung nicht genutzt wird, und die freien Monosaccharide entstehen:

Saccharose + H_2O $\rightleftarrows$ Glucose + Fructose

Ausgehend von der herbeitransportierten Saccharose erfolgt auf diese Weise in den Früchten die Anhäufung der Monosaccharide (in den Vakuolen), wobei das Konzentrationsgefälle für Saccharose bestehen bleibt. Es gibt aber auch Früchte, die Saccharose speichern (z. B. Datteln bis 50% des Frischgewichts). Die Funktion der Invertasen in vegetativen Geweben ist wenig klar.

Trehalose ist der Speicherzucker der Pilze und kommt auch bei einigen anderen Kryptogamen vor. Sie besteht aus zwei über die anomeren C-Atome verknüpften Glucose-Einheiten. Ihre Bildung erfolgt (analog der Saccharose-Synthese) durch Trehalose-phosphatsynthase:

UDP-Glucose + Glucose-6-ph. $\rightleftarrows$
Trehalose-ph + UDP
$\downarrow$
Trehalose + P_i

Der Abbau findet entweder hydrolytisch durch Trehalose oder durch Übertragung eines Glucosylrestes auf Phosphat (phosphorolytischer Abbau durch Trehalosephosphorylase) statt:

Trehalose + P_i $\rightleftarrows$ Glucose-1-ph + Glucose

Höhermolekulare Oligosaccharide können ausgehend von Saccharose gebildet werden (Abb. 11.1). Wenn Galactose-Einheiten an Saccharose angehängt werden, so entstehen Saccharosegalactoside. Am wichtigsten sind jene der Raffinose-Reihe (Abb. 11.1a), bei denen die Galactosyl-Reste α-1,6-Bindungen aufweisen und an die Glucose-Einheit der Saccharose gebunden sind. Das Trisaccharid ist die Raffinose, das Tetrasaccharid die Stachyose, das Pentasaccharid die Verbascose. Die Biosynthese geht von Saccharose aus, auf die durch den Galactosyl-Donator Galactinol (vgl. 10.3.2) die Galactose-Reste übertragen werden. Zucker der Raffinose-Reihe werden bei vielen ausdauernden Arten winterkalter Gebiete während der Kälteperiode angehäuft. Bei Kälte wird bei vielen Pflanzenarten Stärke abgebaut, Saccharose sowie Raffinosezucker werden akkumuliert. Stachyose ist auch als Transportzucker von Bedeutung.

Werden Fructosyl-Einheiten auf Saccharose übertragen, so entstehen **Fructane** (Abb. 11.1c). Diese können sehr verschiedene Molekülgrößen aufweisen, so dass ein fließender Übergang von Oligo- zu Polysacchariden (den Polyfructanen) besteht. Fructane sind Speicher-Kohlenhydrate in den Vakuolen vegetativer Gewebe bei vielen Asteridae und Monocotylen (etwa 15% der Angiospermen speichern Fructane), kommen aber auch bei Moosen, Algen und etlichen Prokaryoten vor.

Wird während oder nach dem Aufbau der Zuckerkette der Glucose-Rest der Start-Saccharose abgespalten, so entstehen reine Fructane; geschieht dies nicht, so liegen Glucofructane vor. Fructane verschiedener Herkunft unterscheiden sich häufig im Bindungstypus der Fructoseeinheiten untereinander (Bindung $C_2 \rightarrow C_6$: Phlein-Typus, bei Gräsern verbreitet; Bindung $C_2 \rightarrow C_1$: Inulin-Typus, vor allem bei Asteraceae, z.B. das Inulin mit 30–40 Fructose-Einheiten; beide Bindungen im Graminan-Typus bei Gräsern).

Die Bildung der Fructane beginnt mit einer Reaktion zwischen zwei Saccharose-Molekülen, wobei eines als Akzeptor dient und das andere

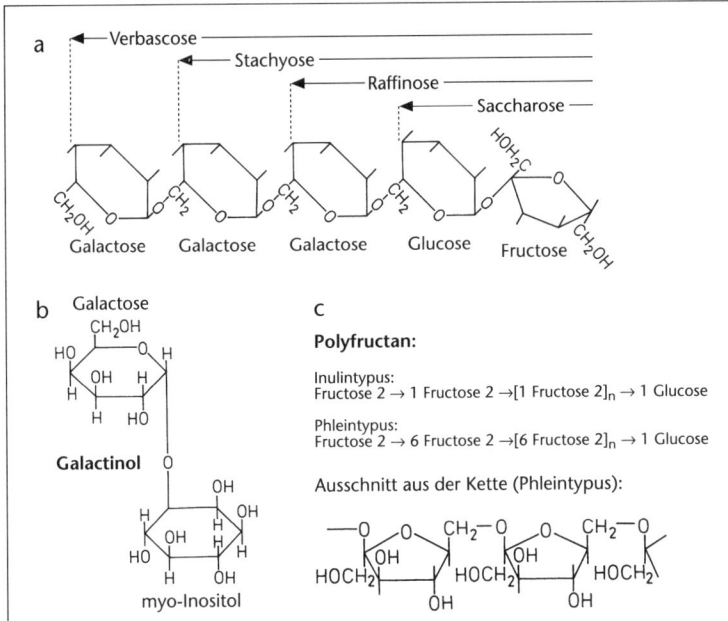

Abb. 11.1: Höhermolekulare Oligosaccharide. **a:** Raffinose Reihe: das Trisaccharid Raffinose entsteht durch α-1,6-glykosidische Verknüpfung von Galactose mit Saccharose. Durch Anbau von Galactose-Einheiten in gleicher Weise entstehen die höhermolekularen Oligosaccharide: das Tetrasaccharid Stachyose, das Pentasaccharid Verbascose usw. (bis zu einem Polymerisationsgrad von ca. 15); **b:** Struktur des Galactose-Donators Galactinol; **c:** Polyfructane: Inulintypus und Phleintypus.

als Donator den Fructosylrest überträgt. Saccharose oder ein kleinmolekulares Fructan übertragen dann weitere Einheiten; so kommt es zum Kettenwachstum. Der Bindungstyp wird durch das jeweilige verknüpfende Enzym festgelegt.

11.1.2 Stärke

Stärke ist das wichtigste Reservepolysaccharid der meisten höheren Pflanzen. Als transitorische Stärke entsteht sie bei der Photosynthese in den Chloroplasten. Die Reservestärke in Leukoplasten bildet die artspezifischen Stärkekörner (vgl. Abb. 3.30). Stärke ist einer der Hauptnährstoffe des Menschen. Das stärkeähnliche **Glykogen** der Pilze (und tierischer Gewebe) liegt im Cytoplasma der Zellen vor. Stärke ist aus Glucose-Einheiten aufgebaut, also ein Polyglucan. Sie besteht aus zwei Komponenten (vgl. 2.2.3):

- **Amylose:** (in Reservestärke 10–30%), unverzweigt, Glucose-Einheiten nur α-1,4-verknüpft. Jedes Molekül hat daher ein reduzierendes (freies C_1) und ein nicht reduzierendes (freies C_4) Molekülende. Der Polymerisationsgrad (Zahl der verknüpften Glucose-Einheiten) reicht von einigen Hundert bis weit über 1000, die Molekülmasse bis $> 10^5$ D.
- **Amylopectin:** (in Reservestärke 90–70%), verzweigt durch 4–6% α-1,6-Verknüpfungen von Glucose-Einheiten. Daher hat jedes Molekül zahlreiche nichtreduzierende Molekülenden. Es entsteht ein sparriges Molekül mit vielen kurzen Helix-Abschnitten (Abb. 2.12). Der Polymerisationsgrad kann offenbar bis weit über 10 000 betragen, die Molekülmasse 10^7–10^8 D. – Das Glykogen ist ähnlich dem Amylopectin gebaut, jedoch stärker verzweigt und kann auch noch höhere Polymerisationsgrade erreichen.

Die **Biosynthese** von Amylose erfolgt durch die Stärkesynthase (mehrere Isoenzyme), wobei ADP-Glucose (oder UDP-Glucose) als Donator der Glucosylreste wirksam ist; diese werden auf eine wachsende Amylose-Kette (Akzeptor) übertragen:

ADP-Glucose + Akzeptor ⇌ Akzeptorglucose + ADP

Der Start der Reaktion erfordert einen ersten kleinmolekularen Akzeptor. Dieser wird (allgemein bei Polysaccharid-Biosynthesen) als Primer bezeichnet. Im Fall der Amylosebildung sind Primer-Oligosaccharide wirksam, die aus drei oder vier α-1,4-verknüpften Glucose-Einheiten bestehen. Ist kein Primer vorhanden, so ist eine Amylose-Bildung dann möglich, wenn die Reaktion der Stärkephosphorylase in Richtung auf Synthese abläuft (bei hoher Konzentration von Glucose-1-phosphat, vgl. unten). ADP-Glucose wird durch die ADP-Glucose-Pyrophosphorylase-Reaktion nachgeliefert; über dieses Enzym erfolgt die (allosterische) Regulation der Stärkebildung.

Zur Bildung der α-1,6-Bindungen im Amylopectin ist ein Verzweigungsenzym erforderlich. Von diesem «branching enzyme» gibt es zahlreiche Isoenzyme. Deren Kenntnis ist wichtig, wenn man über transgene Pflanzen Stärken bestimmter Eigenschaften gewinnen will. Man unterscheidet Enzyme der A-Gruppe, die Amylopectin weiter verzweigen und solche der B-Gruppe, die vor allem Amylose angreifen. A-Gruppen-Enzyme können zu einer übermäßigen Verzweigung von Amylopectin führen. Dann werden «debranching enzymes» wirksam, die α-1,6-Bindungen spalten; die so abgespaltenen Ketten werden zu Primern.

Der **Abbau** der Amylose erfolgt in vegetativen Geweben vorwiegend durch die Stärkephosphorylase. Dabei wird ein Glucosyl-Rest auf anorganisches Phosphat übertragen; im gebildeten Glucose-1-phosphat ist ein Teil der Energie der gespaltenen glykosidischen Bindung konserviert, sodass dieses ohne Energieaufwand zu Glucose-6-phosphat umgesetzt werden und in den Abbau eintreten kann.

$$\underbrace{(\text{Glucose})_n}_{\text{Amylose}} + P_i \rightleftarrows (\text{Glucose})_{n-1} + \text{Glucose-1-ph}$$

Stärkephosphorylase tritt in mehreren Isoenzymen auf; sie kommt in Plastiden und im Cytoplasma vor. Einige der Isoenzyme können – in Umkehrung des Abbaus – auch ohne Primer Amylose bilden.

Während Stärkephosphorylase die Amylose vollständig abbaut, können die α-1,6-Bindungen des Amylopectins nicht gespalten werden (Abb. 11.2). Hierzu sind die *debranching enzymes* (auch Pullulanasen genannt) erforderlich.

Stärke kann außerdem hydrolytisch durch Amylasen abgebaut werden. Bei einem raschen Abbau, z. B. bei der Samenkeimung, ist dies der Hauptweg. Man unterscheidet:

- Exoamylasen: bauen die Stärke vom nichtreduzierenden Molekülende her ab, wobei β-Maltose entsteht (daher β-Amylasen genannt), die dann durch eine α-Glucosidase gespalten wird.
- Endoamylasen: spalten beliebige α-1,4-Bindungen, sodass ein rascher Abbau zu Oligosacchariden erfolgt. In Pflanzen sind dies die α-Amylasen.

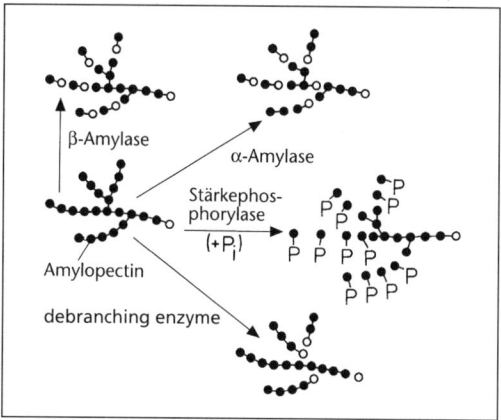

Abb. 11.2: Abbau von Stärke durch verschiedene Enzyme am Beispiel des Amylopectin-Abbaus. Der Abbau durch α-Amylase liefert Maltooligosaccharide und Maltose; β-Amylase liefert Maltose und größere Einheiten mit den Verzweigungen (Grenzdextrin). Das *debranching enzyme* spaltet α-1,6-Bindungen. Die Stärkephosphorylase spaltet α-1,4-Bindungen unter Phosphateinbau, sodass Glucose-1-phosphat entsteht.

Auch die Amylasen können α-1,6-Bindungen nicht aufspalten; hierzu ist ebenfalls das R-Enzym erforderlich. Der Stärkeabbau durch Amylasen ist zwar energetisch für den Stoffwechsel weniger günstig, erfordert jedoch kein Phosphat, das beim Keimungsvorgang ohnehin nicht in ausreichender Menge zur Verfügung stünde. Die α-Amylasen sind bevorzugt in Plastiden lokalisiert, β-Amylasen hingegen vorwiegend außerhalb dieser Organellen.

Von anderen pflanzlichen Reserve-Polyglucanen seien Laminarin aus Braunalgen und Chrysolaminarin (= Leucosin, Chrysose) aus Chrysophyten erwähnt. Beide sind ähnlich gebaut, mit vorwiegend β-1,3- und daneben β-1,6-Bindungen, Laminarin enthält außerdem Mannitol-Reste.

11.1.3 Zellwand-Polysaccharide

Die Stärke als Glucan mit α-glucosidischen Bindungen kommt in plasmatischen Räumen der Zelle (normalerweise den Plastiden) vor. Hingegen werden bei höheren Pflanzen β-Glucane in nichtplasmatische Räume hinein abgegeben und sind daher wichtige Zellwand-Polysaccharide (vgl. 3.2.5.4). Zellwände der Kormophyten enthalten hauptsächlich 7 Zuckerbausteine: D-Glucose, D-Galactose, D-Galacturonsäure, L-Rhamnose, D-Xylose, L-Arabinose und L-Fucose.

Cellulose, das wichtigste Zellwand-Polysaccharid, ist ein β-1,4-Glucan. Für die im Plasmalemma lokalisierte Cellulosesynthase (Abb. 3.32) ist UDP-Glucose der Glucosyl-Donator, der von Saccharosesynthase unmittelbar den Rosettenkomplexen zugeführt wird. Bei der Primärwand-Cellulose ist der Polymerisationsgrad von der Synthesezeit abhängig und daher sehr variabel, während bei der Sekundärwand-Cellulose offenbar strukturgesteuert ein relativ konstanter Polymerisationsgrad eingehalten wird. Die Richtung der gebildeten Cellulose-Elementarfibrillen wird durch die Anordnung der corticalen (im randlichen Cytoplasma gelegenen) Mikrotubuli festgelegt. Die Micellarstruktur der Cellulose führt zur Quellungsanisotropie (vgl. 3.2.5.4A). In Lösung gebracht werden kann Cellulose in Cu-Tetrammin-Komplexen. Auf diesem Weg werden Cellulose-Membranen hergestellt (z. B. für die Hämodialyse).

Der Abbau der Cellulose erfolgt hydrolytisch durch Cellulasen, die stets als Gemisch mehrerer Enzyme auftreten. In großer Menge werden sie von celluloseabbauenden Pilzen gebildet.

Chitin, das strukturbestimmende Zellwandpolysaccharid der echten Pilze, besitzt einen ähnlichen Aufbau wie Cellulose, auch die Biosynthese aus den N-Acetyl-glucosamin-Einheiten verläuft analog. Der hydrolytische Abbau erfolgt durch Chitinasen.

Kallose ist ein β-1,3-Glucan, das im Bereich der Tüpfel und der Siebplatten von Siebröhren stets vorkommt und außerdem bei Plasmolyse und anderen Schädigungen der Zelle (z. B. Infektionen) rasch synthetisiert wird. Glucosyl-Donator ist UDP-Glucose. Die Kallose-Synthese wird durch die örtliche Ca^{2+}-Konzentration reguliert.

Hemicellulosen und **Schleimstoffe** werden ebenfalls über Zuckernucleotide aufgebaut, die durch Transporter in Golgi-Vesikel eingeschleust werden. Vermutlich werden zunächst Oligosaccharid-Baueinheiten synthetisiert. Hemicellulosen sind verzweigte Heteropolysaccharide (vgl. 3.2.5.4). Wasserlösliche Hemicellulosen werden als Pflanzenschleime bezeichnet; sie können so stark vermehrt werden, dass sie das Zell-Lumen weitgehend ausfüllen, wobei der Protoplast dann abstirbt (Schleimzellen). Aber auch in Vakuolen können Pflanzenschleime auftreten. Die bei Verletzung oder Infektion gebildeten Schleimstoffe, die an der Oberfläche meist erhärten, nennt man *Gummen* (z. B. Kirschgummi, Pflaumengummi; Gummi arabicum von *Acacia*-Arten). In Zellwänden von Samen kommen als Speicherstoffe Glucomannane und Galactomannane vor. Die Schleime von Rhodophyten reagieren durch verestertes Sulfat sauer (saure Schleime); hierzu gehören Agar und Carraghene (Jahresweltproduktion 7000 t). An der Küste angeschwemmte Meeresalgen sind durch ihre Schleimstoffe oft sehr schmierig.

Bei einigen Grünalgen treten Mannane und Xylane mit fibrillärer Struktur als strukturbestimmende Bestandteile der Zellwand auf.

Pectinstoffe. Ihre Biosynthese geht von den Zuckernucleotiden (vor allem UDP-Galacturonsäure und UDP-Rhamnose) aus; wie der Zusammenbau stattfindet, ist unklar. Man unterscheidet Galacturonane und Rhamnogalacturonane (die auch noch andere Zucker enthalten können, z. B. Fucose, Apiose). Letztere sind z. T. durch Boratester-Bildung vernetzt. Die Methylveresterung erfolgt durch aktives Methionin (vgl. 11.3.2.3). Der Pectin-Abbau erfolgt durch die Methanol abspaltenden Pectinesterasen und durch Pectinasen (Polygalacturonasen), welche die Kohlenhydratkette hydrolytisch spalten. Verschiedene Pectinase-Isoenzyme sind an Fruchtreifung, Trenngewebebildung und Pollenschlauchwachstum beteiligt. Eine Hemmung der Pectinase-Bildung bei der Fruchtreifung kann gentechnisch durch den Einbau von Antisense-DNA erfolgen; so wurde die «Anti-Matsch-Tomate» gewonnen. Bei Braunalgen tritt an die Stelle des Pectins die Alginsäure; sie ist aus Mannuronsäure- und Guluronsäure-Einheiten aufgebaut.

11.1.4 Glykoside (Heteroside)

Sekundärstoffe mit einem oder mehreren Zuckerresten werden als Glykoside, genauer als Heteroside (Abb. 11.3), bezeichnet (Glykoside sind Verbindungen mit glykosidischen Bindungen, also auch die Oligo- und Polysaccharide). Heteroside enthalten einen Nichtzucker-Bestandteil, das Aglykon. Dieses reagiert als Akzeptor mit einem Zuckernucleotid als Donator; so entsteht das Glykosid. Viele Heteroside binden mehrere Monosaccharideinheiten. Durch die Verknüpfung mit Zuckern werden die Moleküle in der Regel besser wasserlöslich, sodass sie in der Vakuole akkumuliert oder leichter in der Pflanze transportiert werden können.

Nicht alle Heteroside gehören zu den Sekundärstoffen. Ihrer Struktur nach sind z. B. alle Nucleoside und deren Derivate (z. B. ATP) Heteroside. Bei den Nucleosiden liegt eine glykosidische Bindung vom Zucker zu einem N-Atom des Aglykons vor; es sind N-Glykoside. Die Mehrzahl der Glykoside sind O-Glykoside; als Sekundärstoffe treten auch C-Glykoside und S-Glykoside auf (vgl. 11.3.6).

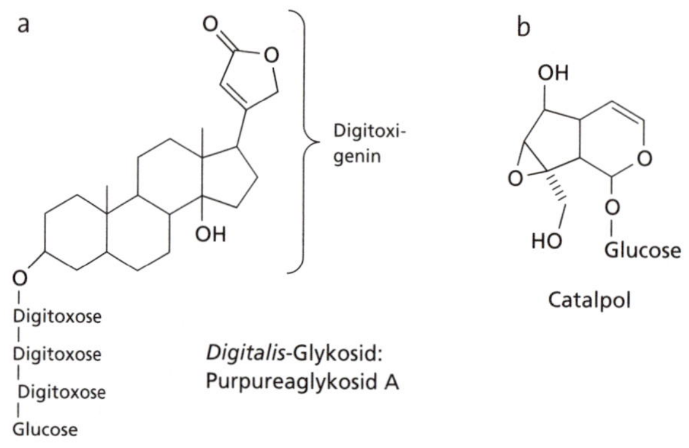

Abb. 11.3: Heteroside; **a:** ein *Digitalis*-Glykosid. Durch das lipophile Aglykon und die hydrophile Zuckerkette erfolgen Wirkungen auf Membranen; **b:** Catalpol, ein Iridoid-Glykosid aus *Catalpa*. Das Aglykon ist ein Monoterpenoid. Wirkt als Lockstoff für einen Schmetterling, der sich von *Catalpa*-Blättern ernährt.

11.2 Lipid-Stoffwechsel

Lipide sind weitgehend unpolare Verbindungen (vgl. 2.1). Die Biosynthese ihrer Hauptbausteine geht von **Acetyl-Coenzym A** aus. Nach Struktur und Funktion kann man die Lipide in vier Gruppen einteilen:

- Echte Fette oder Triglyceride (Triacylglycerole): Reservestoffe.
- Polare Lipide (Phospho- und Glykolipide): Strukturbestandteile der Membranen (daher auch Strukturlipide).
- Oberflächenlipide: kleinmolekular: Wachse; hochmolekular und verknüpft mit Aromaten: Cutin- und Suberinstoffe.

Der Aufbau aller dieser Stoffe setzt die Biosynthese von Fettsäuren voraus.

- Terpenoide: sind vorwiegend Sekundärstoffe; jedoch zählen auch Carotinoide (akzessorische Pigmente der Photosynthese) und Steroide (z. T. Membranbausteine) hierzu. Die Biosynthese geht in Plastiden von Triosephosphat und Pyruvat aus, im Cytoplasma von Acetyl-CoA, aber ebenfalls getrennt von derjenigen der anderen Lipide.

11.2.1 Fettsäuren: Synthese und Abbau

11.2.1.1 Fettsäure-Biosynthese

Die Biosynthese der Fettsäuren geht von Acetyl-Resten des Acetyl-CoA aus. Diese liefern jeweils eine C_2-Einheit; daher haben die Fettsäuren der Organismen überwiegend eine gerade Zahl von C-Atomen. Acetyl-CoA tritt allerdings nur beim Start der Synthese einer Fettsäure unmittelbar in Reaktion; die weiteren C_2-Einheiten werden über einen Umweg eingebaut. Hierzu wird Acetyl-CoA zum reaktionsfähigeren Malonyl-CoA carboxyliert; Coenzym der Acetyl-CoA-carboxylase ist Biotin:

$$CH_3\text{-}CO\text{-}SCoA + ATP \rightleftharpoons CH_2\text{-}CO\text{-}SCoA + ADP + P_i$$
$$|$$
$$COO^-$$

Acetyl-CoA   Malonyl-CoA

Acetyl-CoA-Carboxylase kommt im Cytosol und in Plastiden vor. Das Plastiden-Enzym ist lichtstimuliert und reguliert den C-Flux in die Fettsäuresynthase. Bei Gräsern ist es abweichend gebaut und wirkt als Angriffsort für Gräser-spezifische Herbizide.

Die Biosynthese der Fettsäuren (Abb. 11.4) erfolgt an einem Multienzymkomplex, der **Fettsäuresynthase**. Sie wurde zunächst bei Hefe genauer untersucht; hier ist das Multienzymsystem im Cytoplasma lokalisiert und besteht aus zwei großen Proteinen (α, β) sowie einem kleinen Acyl-carrier-Protein (ACP). Die beiden Proteine haben insgesamt 7 Enzymfunktionen. Bei den Pflanzen ist die Fettsäuresynthase in den Plastiden lokalisiert und besteht (wie auch bei Bakterien) aus 7 verschiedenen, miteinander aggregierten Enzymproteinen und dem ACP. Die

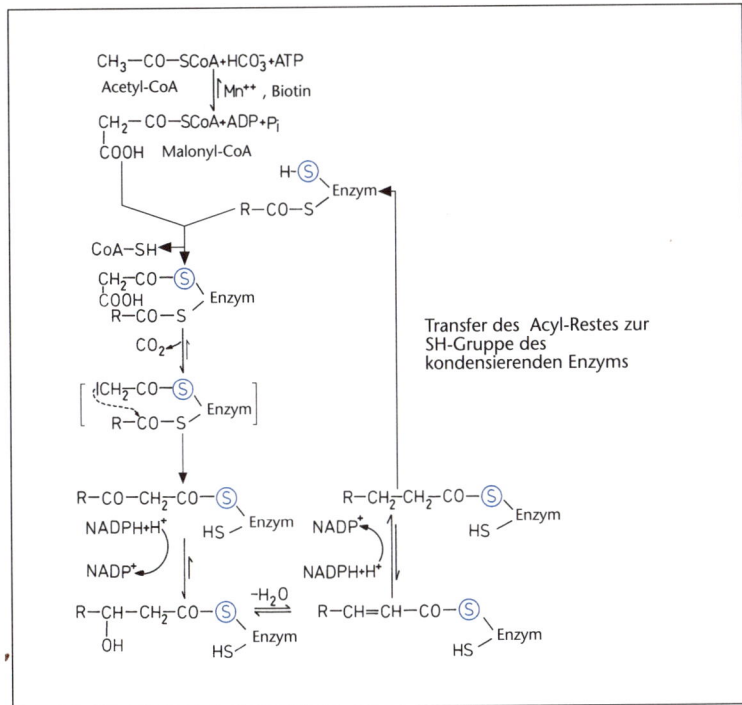

Abb. 11.4: Fettsäure-Biosynthese. Blau: Schwefel der funktionellen SH-Gruppe des Acyl-Carrier-Proteins ACP («zentrale» SH-Gruppe).

Fettsäuresynthase besitzt zwei funktionelle SH-Gruppen, an die Substrate kovalent gebunden werden können. Die «zentrale» SH-Gruppe befindet sich am ACP; eine «periphere» SH-Gruppe wird durch einen Cystein-Rest gebildet und ist in einer anderen Proteinkomponente (KAS, s. unten) zu finden. An diese SH-Gruppen binden die wachsenden Fettsäureketten, sodass diese stets als Thioester mit der Synthase verknüpft sind.

Das erforderliche Acetyl-CoA entsteht oft nur in unzureichender Menge in den Plastiden; es müssen also zusätzlich Acetyl-Reste aus den Mitochondrien herantransportiert werden. Mitochondrien- und Chloroplastenhülle besitzen entsprechende Translokatoren. Ferner wird Citrat in die Plastiden transportiert und dort gespalten, sodass Acetyl-Reste und Oxalacetat entstehen. Letzteres wird (im Gegentransport) gegen das eintretende Citrat ausgetauscht.

Die Fettsäuresynthese (Abb. 11.4) beginnt mit der «Beladung» der Synthase (Start-Reaktion): Acetyl-CoA überträgt durch Umesterung den Acetyl-Rest auf die periphere SH-Gruppe; dann wird in gleicher Weise der Malonyl-Rest des Malonyl-CoA auf die zentrale SH-Gruppe transferiert. Nun erfolgt die Kettenverlängerung durch Neubildung einer C–C-Bindung durch das Enzym Ketoacyl-ACP-Synthase (KAS): der Acetyl-rest der peripheren SH-Gruppe wird an das reaktive mittlere C-Atom des Malonyl-Restes gebunden und CO_2 abgespalten. An der (zentralen) SH-Gruppe des ACP ist nun ein C_4-Körper gebunden, der am dritten C-Atom eine Oxogruppe aufweist. Um einen Fettsäure-Rest zu erhalten, muss diese reduziert werden. Dies geschieht in einer mehrstufigen Reaktion: zunächst wird die Oxogruppe zur Hydroxygruppe reduziert, danach erfolgt Wasserabspaltung unter Ausbildung einer Doppelbindung, die dann ihrerseits reduziert wird. So entsteht die Kohlenwasserstoff-Kette einer gesättigten Fettsäure. Der Fettsäure-Rest wird anschließend von der zentralen auf die «periphere» SH-Gruppe (der KAS) übertragen. Nun kann die zentrale SH-Gruppe mit einem neuen Malonyl-Rest beladen werden; dieser reagiert mit dem «peripheren» Fettsäure-Rest; damit setzt sich die Kettenverlängerung in gleicher Weise fort.

Für die KAS-Reaktion gibt es drei verschiedene Isoenzyme: KASIII für die Startreaktion von Acetyl-CoA mit Malonyl-ACP, KASI für die Verlängerung der Kette bis C_{16} und KASII für die Verlängerung von C_{16} zu C_{18}. Dadurch sind die Kettenlängen der vorherrschenden Fettsäuren

(C_{16}, C_{18}) festgelegt, und es besteht eine Regulationsmöglichkeit. Nach Erreichen der Kettenlänge von C_{16} bzw. C_{18} wird der Fettsäurerest vom ACP entweder direkt auf Glycerinphosphat (in Plastiden) oder auf Coenzym A übertragen und die Fettsäuresynthase frei für eine neue Startreaktion. Die langkettigen Acyl-CoA-Ester (C_{16} = Palmityl-CoA und C_{18} = Stearyl-CoA) stehen für die Biosynthese von Fetten oder polaren Lipiden am ER zur Verfügung.

An einem zusätzlichen, möglicherweise ER-gebundenen System (mit einer weiteren KAS) können – artabhängig unterschiedlich – weitere Kettenverlängerungen stattfinden (Elongase-Systeme). Technisch wertvoll sind vor allem Fettsäuren mittlerer Kettenlängen, wie sie z. B. in der Lauracee *Umbellularia* vorkommen, da diese eine bei der entsprechenden Kettenlänge abbrechende Fettsäuresynthase aufweist. Transgene *Arabidopsis*-Pflanzen mit der *Umbellularia*-KAS bilden im Samenfett vermehrt C_{12}-Fettsäuren.

11.2.1.2 Bildung ungesättigter Fettsäuren

Ungesättigte Fettsäuren der polaren Lipide regulieren die Membranfluidität. Für die menschliche Ernährung sind sie von großer Bedeutung, da der Mensch nicht alle benötigten mehrfach ungesättigten Fettsäuren selbst bilden kann und diese deshalb mit pflanzlicher Nahrung aufnehmen muss. – Unter den ungesättigten Fettsäuren sind solche mit 18 C-Atomen besonders häufig: Ölsäure mit 1 Doppelbindung (18:1), Linolsäure mit 2 Doppelbindungen (18:2), Linolensäure mit 3 Doppelbindungen (18:3). Sie entstehen durch Desaturase-Reaktionen; hierzu ist Sauerstoff erforderlich. Die Desaturasen für die verschiedenen Substrate sind in der Zelle an unterschiedlichen Stellen lokalisiert. In Plastiden können C_{16}-Fettsäuren nach Einbau in polare Lipide bis zu Fettsäuren mit 3 Doppelbindungen desaturiert werden. Bei C_{18}-Fettsäuren hingegen kann nur die Bildung des Oleyl-Restes (18:1) durch Stearyl-ACP-Desaturase in den Plastiden stattfinden. Die weitere Desaturation erfolgt in Zusammenarbeit mit der ER-Membran nach Einbau der Fettsäuren in Phospholipide. Nach Bildung der mehrfach ungesättigten Fettsäuren kann Phosphatidylcholin durch Phospholipid-Transferproteine vom ER in die Chloroplastenhülle verbracht werden. So entsteht z. B. die Linolensäure für die daran besonders reichen Glykolipide der Thylakoidmembran von Chloroplasten.

11.2.1.3 Abbau der Fettsäuren

Der Abbau der Fettsäuren zur Energiegewinnung (Veratmung) oder zum Aufbau anderer Stoffe erfolgt weitgehend in Umkehrung der Synthese-Vorgänge, aber räumlich davon getrennt. Es werden jeweils C_2-Einheiten durch Oxidationsreaktionen abgespalten (**β-Oxidation**); diese werden als Acetylgruppen verfügbar und an Coenzym A gebunden, sodass Acetyl-CoA entsteht (Abb. 11.5).

Eine langkettige Fettsäure wird zunächst unter ATP-Spaltung mit Coenzym A verestert und dadurch aktiviert (Thiokinase-Reaktion). Das so gebildete Acyl-CoA wird oxidiert, wodurch eine Doppelbindung entsteht; der Wasserstoff wird

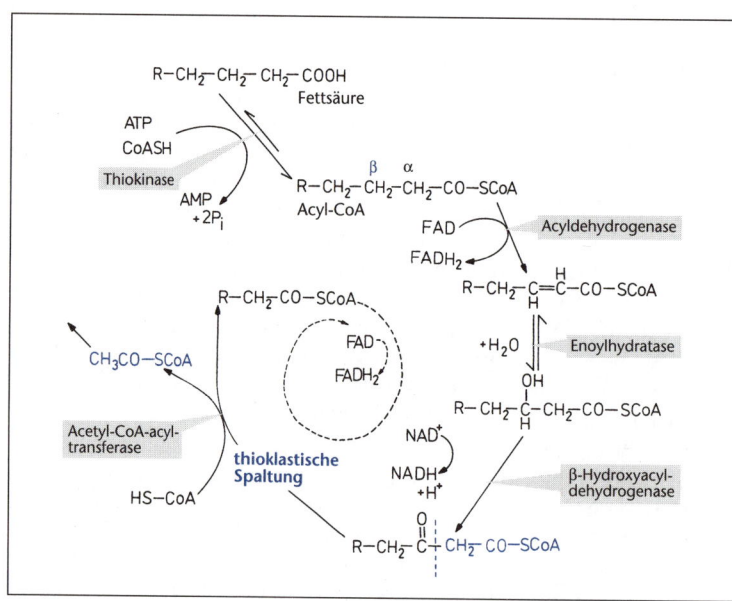

Abb. 11.5: Fettsäure-Abbau durch β-Oxidation.

auf FAD übertragen. Nun erfolgt eine Wasseranlagerung zur Hydroxysäure und eine erneute Oxidation, wobei NAD reduziert wird. Die gebildete β-Ketosäure (3-Oxosäure) reagiert mit Coenzym A und spaltet dabei zu Acetyl-CoA und einem CoA-Ester der verbleibenden (um eine C_2-Einheit verkürzten) Fettsäure (thioklastische Spaltung). Durch die Reaktion mit CoA wird die Energie der gespaltenen C-C-Bindung zum Teil konserviert. Die Reaktionskette setzt sich nun in gleicher Weise fort und zwar so lange, bis die ganze Kohlenstoffkette der Fettsäure in Acetyl-Einheiten zerlegt ist.

Diese β-Oxidation findet bevorzugt in Microbodies statt: bei keimenden Samen in den Glyoxysomen (es schließt sich dann der Glyoxylat-Zyklus an, vgl. 10.6.2), im grünen Gewebe in den Peroxisomen. In Microbodies dient das reduzierte FAD nicht der ATP-Bildung. Die β-Oxidation in Mitochondrien spielt bei einer Veratmung von Fett zum Energiegewinn eine Rolle; $FADH_2$ und NADH können dann ihre Reduktionsäquivalente in die Atmungskette einbringen.

Außer der β-Oxidation gibt es eine α-Oxidation von Fettsäuren, bei der nur ein C-Atom als CO_2 abgespalten wird. Dadurch entstehen die gelegentlich vorkommenden Fettsäuren mit einer ungeraden Zahl von C-Atomen.

Für mehrfach ungesättigte Fettsäuren (vor allem Linol- und Linolensäure) existiert noch ein besonderer Abbauweg durch Lipoxygenasen (Dioxygenasen mit Nicht-Häm-Eisen). Dabei kommt es zu einer Peroxidation der Fettsäuren. Diese Reaktionen sind beteiligt an der Bildung von Sekundärstoffen, am Membranabbau bei der Alterung (Seneszenz), an der Bildung der Phytohormone Ethen und Jasmonsäure und bei der Abwehr von Mikroorganismen. Für den letztgenannten Vorgang ist die Bildung von «Blattaldehyd» = trans-Hexenal wichtig. Bei der Lipoxygenase-Reaktion entsteht zunächst cis-3-Hexenal

\ / = \ / CHO

das bei Verletzung von Geweben zu trans-Hexenal umgelagert wird:

\ / — \\ / CHO

Dieses wirkt als Phytoncid. Darunter versteht man unspezifische antibiotisch wirkende Stoffe, die bei Verletzung der Pflanzen gebildet werden. Hierzu gehören auch die Senföle, die bei Brassicaceen aus den Glucosinolaten entstehen (vgl. 11.3.6). Blattaldehyd und einige Verbindungen ähnlicher Struktur sind die Hauptkomponenten der Geruchsstoffe von frisch geschnittenem Gras.

11.2.2 Fette (Reservelipide)

Fette sind Triglyceride (Triacylglycerole), d.h. Ester von Glycerin mit drei Fettsäuren. Handelt es sich um langkettige gesättigte Fettsäuren, so sind die Fette bei Zimmertemperatur weitgehend kristallin und damit fest; sind ungesättigte Fettsäuren in großer Menge beteiligt, so liegt infolge sparriger Struktur der Schmelzpunkt tiefer; man spricht von fetten Ölen.

Die Bildung der Fette erfolgt in der ER-Membran. Sie geht von Glycerinphosphat (aus dem EMP, vgl. 10.5.2) und den langkettigen Acyl-CoA-Einheiten aus. Durch Umesterungsreaktionen entsteht zunächst eine Phosphatidsäure. Von dieser wird durch eine Phosphatase ein Phosphat abgespalten; das gebildete Diglycerid kann dann mit einem weiteren Acyl-CoA zum Triglycerid reagieren. Von der Phosphatidsäure oder dem Diglycerid aus werden auch die polaren Membranlipide gebildet (Abb. 11.6).

Der Abbau von Fetten erfolgt durch Lipasen, wobei durch Hydrolyse freie Fettsäuren und Glycerin entstehen. Das Glycerin wird mit ATP zu Glycerinphosphat umgesetzt; die Fettsäuren treten nach der Thiokinase-Reaktion mit CoA in die β-Oxidation ein. Lipasen sind biotechnisch von Interesse, da sie an der Grenzfläche hydrophil/hydrophob arbeiten. Der Angriff erfordert erhebliche strukturelle Veränderungen des Enzyms.

Fette werden vor allem in den Samen vieler höherer Pflanzen gespeichert, weil sie bezogen auf die Masse von allen Reservestoffen den höchsten Energieinhalt aufweisen (ca. 37 kJ/g gegenüber 17 kJ/g bei Kohlenhydraten). Bei der Fettmobilisierung im Verlauf der Samenkeimung werden im Durchschnitt etwa 1/4 veratmet und der Rest über den Glyoxylatzyklus und die Gluconeogenese in Kohlenhydrate umgesetzt. Auch in vegetativen Geweben von Holzpflanzen kann eine erhebliche Fettspeicherung stattfinden, in Mitteleuropa vor allem während der kalten Jahreszeit.

11.2.3 Polare Lipide (Membran- oder Strukturlipide)

Der Aufbau der polaren Lipide ist für die Membraneigenschaften von großer Bedeutung. Häufig enthalten sie ungesättigte Fettsäuren. Durch deren cis-Doppelbindungen entstehen sparrige Strukturen. Die Ordnung der Lipidschicht der Membran wird dadurch geringer und in der

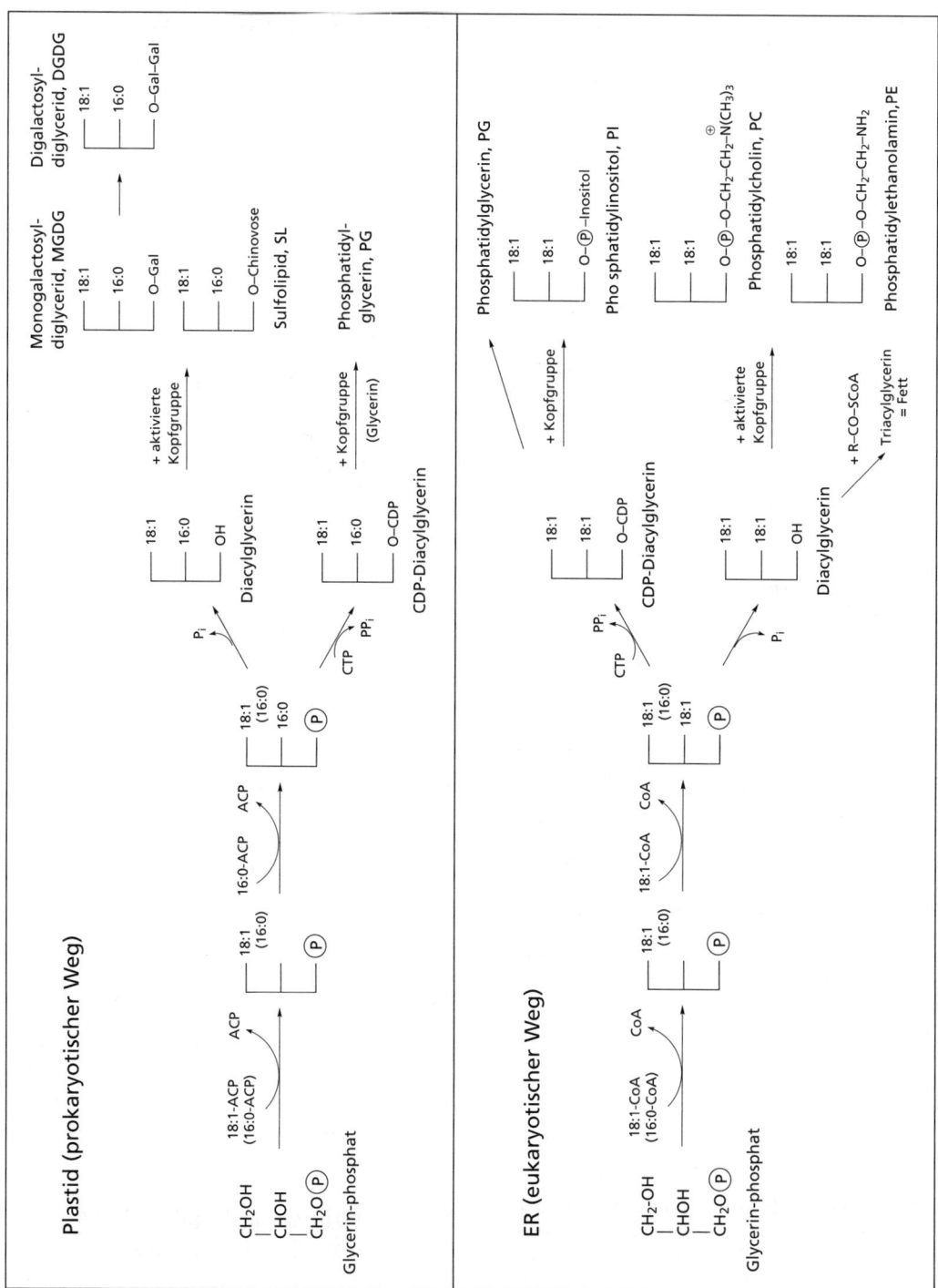

Abb. 11.6: Biosynthese der polaren Membran-Lipide in Plastiden und in der ER-Membran. Die Bildung mehrfach ungesättigter Fettsäuren ist nicht dargestellt.

Membran besteht eine höhere Beweglichkeit der Komponenten. Der Phasenübergang der Membran zu einem quasikristallinen Zustand mit geringer Beweglichkeit der Membrankomponenten findet deshalb bei umso tieferer Temperatur statt, je mehr Doppelbindungen die Lipide aufweisen (bei gleichbleibendem Lipidanteil der Membran); er ist aber auch von der Art der polaren Lipide abhängig.

Der polare Molekülteil der Membranlipide wird entweder durch Zuckerreste (Glykolipide) oder durch eine andere polare Gruppe mit Phosphat (Phospholipide) gebildet. In Pflanzen nur von untergeordneter Bedeutung sind die Sphingolipide, die anstelle von Glycerin als alkoholische Komponente die C_{18}-Verbindungen Sphingosin oder Phytosphingosin enthalten (diese Verbindungen entstehen über den Weg der Fettsäuresynthese). Die wichtigsten Phospholipide sind die Phosphatide. Bei ihnen ist an die Phosphatidsäure-Struktur über das Phosphat eine polare Gruppe gebunden: Cholin, Serin, Ethanolamin, Inositol, Glycerin. Phosphatidylcholine sind die wichtigsten Phospholipide außerhalb der Plastiden (Abb. 11.6). Phosphatidylinositol, dessen Inositolrest mit weiteren Phosphaten verestert ist, spielt als Signalvermittler eine Rolle. Phosphatidylinositol ist außerdem an der Regulation von Membrantransportvorgängen beteiligt, und Glykosylphosphatidylinositol verankert bestimmte Proteine von Signalketten in Membranen. Die Biosynthese der Phosphatide erfolgt in der ER-Membran auf der plasmatischen Seite; ein Transfer in die andere Lipidmolekül-Schicht der Membran-Bilayer findet mit Hilfe von Flippasen statt, der Transport in andere Membranen durch Lipid-Transfer-Proteine.

Der Abbau der Phospholipide erfolgt durch Phospholipasen, die je nach ihrem Angriffsort als Phospholipase A–D bezeichnet werden. Phospholipase D wird auch technisch eingesetzt; Phospholipase C ist für die Freisetzung der Signalsubstanz Inositol-1,4,5-trisphosphat IP_3 (= PIP_2) verantwortlich (vgl. 14.2.4.2).

Unter den Glykolipiden sind die Galactoglyceride am wichtigsten; sie machen 80% der Lipide der Thylakoidmembranen der Chloroplasten aus (Abb. 11.6). An die Diglycerid-Struktur ist hier als polare Gruppe Galactose gebunden, die bei der Synthese als UDP-Galactose in Reaktion tritt. Es entsteht ein Monogalactosyldiglycerid (MGDG). An das sechste C-Atom der Galactose kann eine weitere Galactose-Einheit zu einem Digalactosyl-diglycerid (DGDG) gebunden werden. In den Membranen der Plastiden kommen außerdem Sulfolipide (SL; Sulfochinovosyldiglyceride) vor, deren Zuckerrest (Chinovose) sich von Glucose ableitet und am C_6 eine Sulfonsäuregruppe aufweist.

In den Glykolipiden der Plastiden verschiedener Arten kommen die mehrfach ungesättigten Fettsäuren mit 16 und 18 C-Atomen in unterschiedlichen Anteilen vor, bedingt durch unterschiedliche Effektivität und Lokalisierung der Desaturasen. Man unterscheidet danach 18:3-Pflanzen, deren Galactoglyceride als mehrfach ungesättigte Säure nur Linolensäure enthalten (z. B. Mais, Bohne, Erbse) und 16:3-Pflanzen, deren Galactoglyceride einen erheblichen Anteil ungesättigter Fettsäuren mit 16 C-Atomen aufweisen (z. B. Spinat, Tomate, Raps).

11.2.4 Oberflächenlipide

Bei der Betrachtung der sekundären Veränderungen von Zellwänden (vgl. 3.2.5.4) wurden Cutinisierung und Suberinisierung erwähnt. Dabei werden Oberflächenlipide auf Zellwände aufgelagert.

Cutin weist eine Polyester-Struktur auf; die Bausteine sind vor allem C_{16}- und C_{18}-Hydroxy- und Epoxyfettsäuren. Durch die mehrfache Veresterung entsteht ein dreidimensionales Netzwerk, das außerdem Sauerstoff- und Peroxidbrücken aufweist. Zusätzlich sind Aromaten eingebaut. Cutin wird durch Cutinasen abgebaut. Der auswachsende Pollenschlauch bildet Cutinasen, um die Cutinschicht der Narbe aufzulösen. Bei Pilzen sind Cutinasen von großer Bedeutung sowohl bei Pflanzenparasiten, wie auch bei Bodenpilzen, die das Cutin der Laubstreu abbauen. Im Verdauungstrakt von Pflanzenfressern sind Cutinasen ebenfalls nachgewiesen.

Wachse überziehen die Cuticula vieler Pflanzenteile. Auch in die Cuticula sind häufig Wachsschichten eingelagert. Sie verursachen die geringe Permeabilität für Wasserdampf. Die Wachse der Pflanzen enthalten verschiedene Bestandteile; die echten Wachsester (Ceride) sind Ester langkettiger Fettsäuren mit langkettigen Alkoholen, die häufig beide die gleiche Anzahl von C-Atomen besitzen. Solche Wachsester bilden auch das Bienenwachs. Die Wachsschichten von Pflanzen enthalten fast stets – und manchmal vorherrschend – Paraffin-Kohlenwasserstoffe unterschiedlichen Baus. Häufig haben sie eine ungerade Zahl von C-Atomen; die Biosynthese erfolgt durch Reduktion langkettiger Fettsäuren zu den Aldehyden, die dann decarbonyliert werden (Enzym mit einem Cobalt-

Porphyrin als Cofaktor). – Für die Wasserdampfdurchlässigkeit der Wachsschicht ist deren Kristallinitätsgrad bedeutsam.

Suberin besitzt ebenfalls eine Polyester-Struktur, enthält aber insbesondere Dicarbonsäuren von C_{14} bis C_{26} sowie einen beträchtlichen Anteil von Aromaten, die ähnlich vernetzt sind wie im Lignin (vgl. 11.4) und mit Polysacchariden der Zellwand verknüpft sind. Im Suberin sind offenbar keine freien hydrophilen Gruppen mehr vorhanden, da das Makromolekül vollständig hydrophob reagiert.

11.2.5 Terpenoide (Isoprenoide)

Den Terpenoiden oder Isoprenoiden liegt formal der Kohlenwasserstoff Isopren C_5H_8 zugrunde, biologisch entstehen sie aus dem C_5-Körper Isopentenyldiphosphat (IPP; «aktives Isopren»). Der Funktion nach unterscheidet man Primär-Terpenoide (Sterole, viele Carotinoide, Seitenketten von Chlorophyllen, Plasto- und Ubichinonen, Isoprenylreste an Proteinen) und Sekundär-Terpenoide, die vor allem ökologisch wichtig sind (z. B. bei Wechselwirkungen von Pflanzen mit Insekten (vgl. Abb. 11.3), mit Pathogenen und zwischen verschiedenen Pflanzen). Die Biosynthese von Terpenoiden (Abb. 11.7) erfolgt im Cytoplasma und in Plastiden, wobei das IPP auf unterschiedlichen Wegen entsteht. In Plastiden wird aus Glycerinaldehydphosphat und einem von Pyruvat aus gebildeten C_2-Körper die C_5-Verbindung 1-Desoxyxylulose-5-phosphat (DOXP) aufgebaut und über Zwischenstufen daraus das IPP hergestellt (prokaryotischer Weg). Im Cytoplasma geht die Bildung dieses C_5-Körpers aus von Acetyl-CoA. Aus drei C_2-Einheiten entsteht der C_6-Körper Mevalonsäure und daraus durch CO_2-Abspaltung und Aktivierung das Isopentenyldiphosphat (eukaryotischer Weg). Die weiteren Syntheseschritte sind gleichartig. Durch Isomerisierung entsteht aus IPP das Dimethylallyldiphosphat. Durch Reaktion der C_5-Einheiten miteinander entstehen die verschiedenen Terpenoide, sodass deren Kohlenstoffzahl in der Regel ein Vielfaches von 5 ist. Aus einer C_5-Einheit kann bei vielen Arten in geringer Menge freies Isopren entstehen, das aus der Pflanze entweicht und den Hauptanteil natürlicher flüchtiger organischer Verbindungen in der Atmosphäre liefert ($5 \cdot 10^{14}$ g C jährlich weltweit). Verbindungen, die aus 2 C_5-Einheiten aufgebaut sind, bezeichnet man als Monoterpenoide (wenn es Kohlenwasserstoffe sind, als Monoterpene); aus 3 C_5-Einheiten bestehende C_{15}-Verbindungen heißen Sesquiterpenoide. Mono- und Sesquiterpenoide sind die Hauptkomponenten der meisten etherischen Öle. Die Diterpenoide ($4 \cdot C_5 = C_{20}$) und Sesterterpenoide ($5 \cdot C_5 = C_{25}$) sind schwerer flüchtig und kommen vor allem in Harzen und Balsamen vor. Die Grundkörper der Mono-, Sesqui- und Diterpenoide können jeweils auch mit ihresgleichen reagieren, wobei die Molekülgröße sich verdoppelt. Monoterpenoide werden häufig in Plastiden gebildet, wo auch das Diterpenoid Phytol und die Carotinoide als Tetraterpenoide ($8 \cdot C_5 = C_{40}$) entstehen. Dagegen werden Sesqui- und Triterpenoide ($6 \cdot C_5 = C_{30}$) vor allem im Cytoplasma gebildet. Abkömmlinge der Triterpenoide sind die Steroide. Längerkettige Isoprenoid-phosphate kommen in Membranen vor, so vor allem die Dolichyl-phosphate (mit C_{70}–C_{105}), die als Zucker-Transportsystem in ER-Membranen von Bedeutung sind. Makromoleküle, die aus aktivem Isopren aufgebaut werden, bilden den im Milchsaft vieler Pflanzen enthaltenen **Kautschuk** (mit all-cis(Z)-Konfiguration, Abb. 11.8) sowie die ähnlich gebauten Stoffe Guttapercha (vorherrschend trans-Konfiguration) und Chicle (aus dem Milchsaft von *Achras sapota*, früher zur Kaugummiherstellung genutzt). Kautschuk (mit einer Molekülmasse von 350–1000 kDa) wird technisch gewonnen aus dem Baum *Hevea brasiliensis* (Euphorbiaceae), der im Bereich der feuchten Tropen in großen Plantagen kultiviert wird.

Terpenoide können offenkettig (z. B. Geraniol aus *Geranium* und *Pelargonium*) oder zyklisch (z. B. Menthol aus *Mentha piperita*) gebaut sein; schon bei den Monoterpenoiden kommen auch mehrere Ringe vor (z. B. Campher, früher aus *Cinnamomum camphora* gewonnen) (Abb. 11.8). Ein kompliziert gebautes Diterpenoid (mit Aromatenseitenketten) ist das Taxol (Paclitaxel), das in der seltenen Art *Taxus brevifolia* vorkommt und durch Wechselwirkung mit Mikrotubuli die Mitose hemmt. Es ist ein sehr wirksames Cancerostatikum. Die Gewinnung erfolgt heute in einem biologisch-chemischen Mischverfahren, wobei die einheimische Eibe *Taxus baccata* die Vorstufe liefert.

Steroide leiten sich von dem offenkettigen Triterpenoid Squalen ab durch Ausbildung eines Systems von 4 kondensierten Ringen (A–D; D ist ein Fünferring, vgl. Abb. 2.4). Die Biosynthese erfolgt in ER-Membran und Cytoplasma. Am dritten C-Atom befindet sich in der Regel eine OH-Gruppe; diese Verbindungen heißen Sterole. Sterole haben in höheren Pflanzen sehr

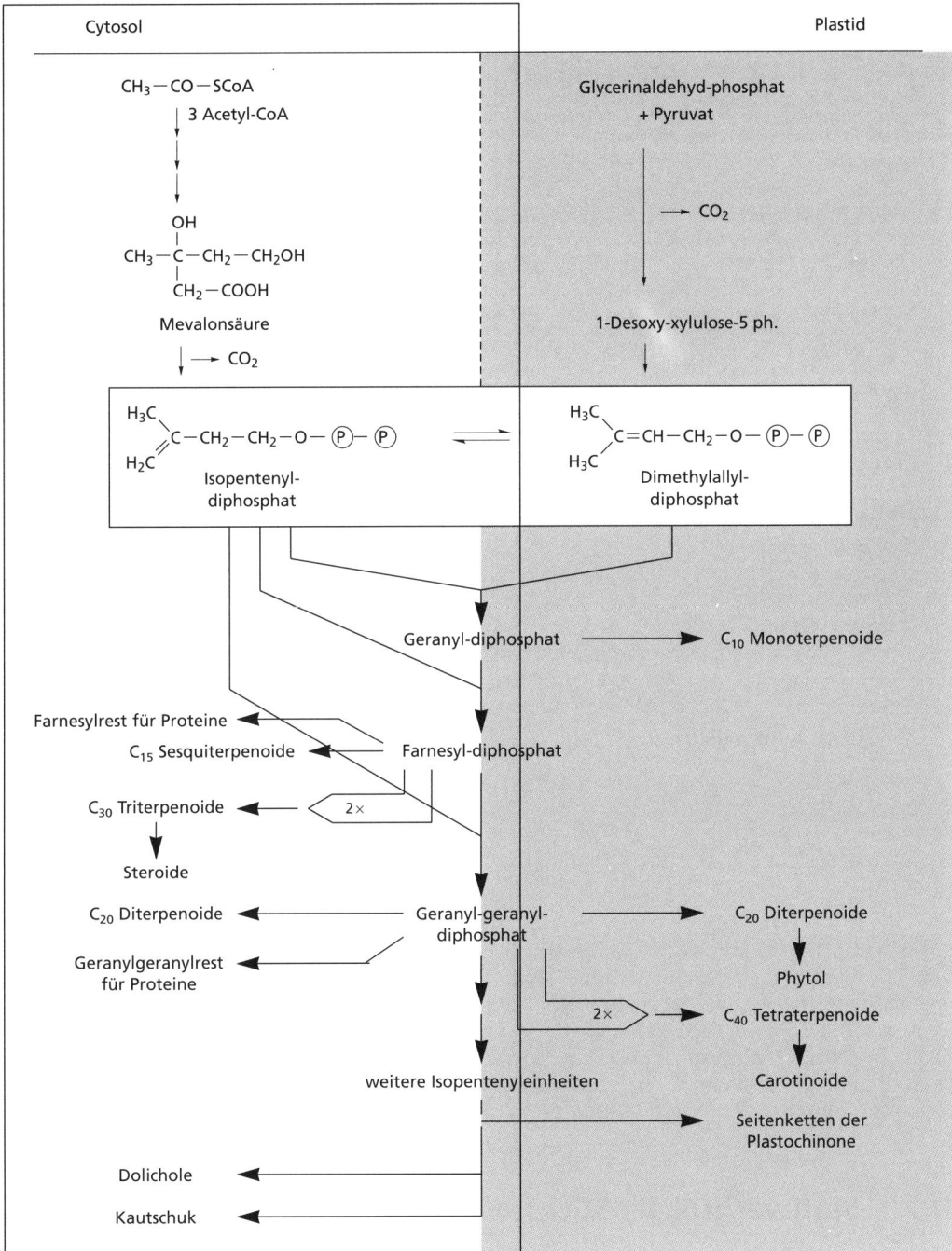

Abb. 11.7: Biosynthese der Terpenoide. Links Mevalonat-Weg im Cytoplasma, rechts Desoxyxylulose-phosphat-Weg in Plastiden. Die Kondensation der C_5-Bausteine erfolgt in gleicher Weise in beiden Kompartimenten durch unterschiedliche Isoenzyme (Prenyltransferasen). C_{15}- und C_{20}-Einheiten können auch miteinander reagieren, wodurch die C-Zahl verdoppelt wird.

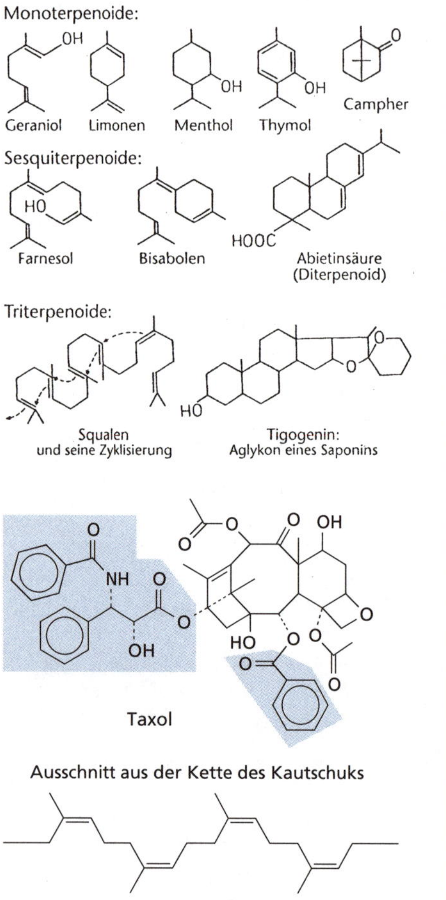

Abb. 11.8: Einige Terpenoide: Monoterpenoide und Sesquiterpenoide sind Bestandteile etherischer Öle. Das Diterpenoid Abietinsäure kommt in Coniferenharzen vor. Bei Squalen ist angegeben, wie der Ringschluss zur Steroidstruktur erfolgt. Tigogenin ist das Aglykon eines Steroid-Saponins. Taxol ist ein Diterpenoid, an das Aromaten (blau unterlegt) und Acetylreste gebunden sind, und ein wichtiges Cancerostatikum. Kautschuk ist das wichtigste Polyterpen (mit all-cis-(Z)-Konfiguration).

Fettsäureresten der Lipide starrer. Durch Verknüpfung der OH-Gruppe am C_3 der Sterole mit Zuckern entstehen wasserlösliche Sterolglykoside, die in der Vakuole akkumuliert werden können. Zu diesen gehören die herzwirksamen Cardia-glykoside aus *Digitalis* und *Strophanthus* und die oberflächenaktiven Steroidsaponine (z. B. aus *Saponaria*, Seifenkraut und *Sapindus*, Seifenbaum). Die Steroidsaponine und die sich von anderen Triterpenoiden ableitenden Triterpenoidsaponine setzen die Oberflächenspannung herab und schäumen daher beim Schütteln in wässriger Lösung. Sie sind wichtige Abwehrstoffe gegen Pilzinfektionen, da sie mit Membran-Sterolen reagieren und eine Leckbildung in der Zellmembran der Pilze hervorrufen. Auch in Erythrocyten erfolgt diese Membranschädigung; dadurch kommt es zur Hämolyse, durch die man Saponine leicht nachweisen kann.

Bei der Bildung der **Carotinoide** erfolgen nach Aufbau des C_{40}-Körpers (als Präphytoen-diphosphat) mehrere Dehydrierungen mit Hilfe von Desaturasen. So entsteht das System von 11 konjugierten Doppelbindungen (vgl. 10.1.1 und Abb. 10.3). Eine Zyklisierung der Kettenenden kann durch Cyclasen erfolgen. – An Proteine können C_{15}- oder C_{20}-Isoprenylreste gebunden werden. Solche isoprenylierte Proteine kommen als Komponenten von Signalketten vor.

unterschiedliche Funktionen. Stigmasterol, Sitosterol sowie Campesterol sind wichtige Membranbausteine (bei Tieren tritt an ihre Stelle das Cholesterol; bei Pilzen Ergosterol). Membransterole besitzen am C_5-Atom in der Regel eine Doppelbindung (Δ^5-Sterole). Sie machen die Membran durch die Wechselwirkung mit

11.3 Stoffwechsel der Stickstoff-Verbindungen

Stickstoff ist als Bestandteil der Aminosäuren (und damit der Proteine) und der Nucleotide (und damit der Nucleinsäuren) für alle Organismen lebensnotwendig. Der Stickstoffgehalt der Pflanzen und Pflanzenteile ist sehr unterschiedlich. In vegetativen Geweben macht er häufig zwischen 1 und 6% der Trockenmasse aus; in Samen ist er oft höher, weil für den Keimling Reserveproteine und -peptide gespeichert werden. Bei guten Lichtverhältnissen und zureichender Wasserversorgung ist an den meisten Standorten die Stickstoffversorgung der limitierende Faktor des Pflanzenwachstums. Daher erfolgt beim Nutzpflanzenanbau eine regelmäßige

Stickstoffdüngung. Die derzeitige Anreicherung von Stickoxiden (und regional von Ammoniak) in der Luft in Mitteleuropa führt in naturnahen Ökosystemen zu einer viel zu hohen N-Zufuhr und schädigt die Ökosysteme durch die Veränderung der zwischenartlichen Konkurrenzverhältnisse. Die Stickoxide werden von vielen Pflanzen direkt aufgenommen. Bäume können bis über 20% ihres N-Bedarfs über die Baumkrone erhalten; die Folge ist eine Überversorgung mit Stickstoff.

11.3.1 Stoffwechsel des anorganischen Stickstoffs

Die meisten höheren Pflanzen sind N-autotroph, d.h. sie nutzen anorganische Stickstoff-Verbindungen. Die wichtigste Stickstoff-Quelle bilden die im Boden enthaltenen Nitrationen (NO_3^-), in denen der Stickstoff die Oxidationszahl +5 hat. Stickstoff kann aber von den Pflanzen nur in der Oxidationsstufe −3 in organische Verbindungen eingebaut werden. Daher muss eine Reduktion des Nitrats zu Ammoniak stattfinden.

Die Reduktion erfordert $8e^-$ je NO_3^-. Die Reduktion von einem CO_2 zur Stufe der Kohlenhydrate erfordert $4e^-$. Bei einem pflanzlichen Biomasse-Verhältnis C/N ~ 10 bedeutet dies, dass 20% der photosynthetischen Reduktionsäquivalente der Nitratreduktion dienen. Daher sind Nitrataufnahme und -reduktion gut regulierte Vorgänge.

Ammoniak NH_3 und Ammoniumionen NH_4^+ stehen über $NH_3 + H^+ \rightleftarrows NH_4^+$ im Gleichgewicht und sind daher physiologisch gleichwertig. In der Zelle liegen stets Ammoniumionen vor, auch wenn man kurz von Ammoniak spricht. Ammoniumionen werden von vielen Arten aus dem Boden weniger gut aufgenommen als Nitrationen; häufig liegen sie auch nur in geringer Konzentration vor.

Etliche Prokaryoten nutzen elementaren Stickstoff N_2. Durch diesen Vorgang der **Stickstoff-Fixierung** entstehen neue Stickstoff-Verbindungen, womit der Verlust an solchen Verbindungen durch die Denitrifikation (vgl. 10.6.4.4) wieder ausgeglichen wird. Stickstoffverbindungen entstehen ferner auch ohne Beteiligung von Organismen durch elektrische Entladungen bei Gewittern; in Wüsten spielt auch die Photoreduktion von Stickstoff eine Rolle (vgl. auch Abb. 11.15).

Tiere und der Mensch sind N-heterotroph; sie können nicht alle proteinogenen Aminosäuren selbst aufbauen, sondern müssen einige davon mit der Nahrung aufnehmen (essenzielle Aminosäuren). Auch unter den Pflanzen gibt es N-heterotrophe Arten (viele Mikroorganismen, einige Algen), die der Zufuhr von organischen N-Verbindungen bedürfen. Organisch gebundener Stickstoff ist häufig im Boden in Form von Humusstoffen enthalten. Diese werden von Mikroorganismen genutzt und deren Umsetzungsprodukte kommen auch höheren Pflanzen zugute. Als Düngemittel wird gelegentlich **Harnstoff** verwendet; dieser wird in Pflanzen durch die Urease (ein Nickelhaltiges Enzym) zu CO_2, H_2O und NH_3 gespalten.

Urease vermag auch das gelegentlich als Herbizid verwendete Cyanamid langsam zu spalten. Derartige Nebenreaktionen von Enzymen (mit geringerer Effektivität) sind für den biologischen Abbau von Umweltchemikalien wichtig.

Da für höhere Pflanzen der Stickstoff häufig Minimumfaktor ist, haben sie einen ökonomischen Stickstoff-Haushalt: überschüssiger Stickstoff wird nicht, wie bei Tieren, ausgeschieden, sondern durch «Ammoniakentgiftung» (ausgehend von NH_3/NH_4^+) gespeichert und damit bei Bedarf (z.B. einsetzendem starken Wachstum) wieder verfügbar.

Stickstoff-Mangel führt zu verringertem Wachstum und zur Bildung von mehr Festigungsgeweben, sodass ein stärker xeromorpher Habitus zustande kommt. Es gibt auch eine entsprechende genetische Anpassung von Pflanzen an N-arme Standorte; dies zeigt das Hochmoor, in dem man trotz reichlich Wasser zahlreiche xeromorphe Ericaceen findet. Bei Stickstoff-Überschuss ist das Wachstum verstärkt und es entstehen massige, an Festigungsgeweben arme Organe. Die Pflanzen sind wenig widerstandsfähig und gegenüber Klimastress und Parasitenbefall besonders empfindlich.

11.3.1.1 Stickstoff-Fixierung

Die Reduktion von Luftstickstoff N_2 zu Ammoniak ist zwar eine exergonische Reaktion, wenn H_2 bzw. Reduktionsäquivalente [H] zur Verfügung stehen; sie erfordert aber wegen der Stabilität des N_2-Moleküls einen hohen Aufwand an Aktivierungsenergie (in Form von ATP). Alle Stickstoff-Fixierer sind Prokaryoten; darunter sind freilebende Bodenbakterien (*Azotobacter*, *Pseudomonas*, *Clostridium*-Arten, Actinomyceten; Leistung ca. 1 kgN/ha · Jahr), symbiontische Bakterien (*Rhizobium* und *Bradyrhizobium* bei Leguminosen; Leistung ca. 300 kg N/ha · Jahr sowie *Frankia* – ein Actinomycet – bei Erle,

Sanddorn u.a.), viele Cyanobakterien (die auch als Symbionten auftreten können) und einige anaerobe Archaea.

Die Stickstoff-Fixierung erfolgt an einem Multienzym-System, der **Nitrogenase**. Diese besteht aus zwei Teilsystemen, die beide Metalloproteine sind und Nicht-Häm-Eisen enthalten. Eines der Teilsysteme enthält auch Molybdän. In diesem System wird das N_2-Molekül als Komplexligand («side on») in einer Käfig-Struktur an Fe gebunden und dann aktiviert. Das andere Teilsystem liefert die Elektronen für die Reduktion und wird seinerseits durch Ferredoxin reduziert, das die Elektronen vorwiegend durch Oxidation von Pyruvat erhält. Die Reduktion des Stickstoffs erfolgt durch Übertragung von 6 Elektronen; Zwischenprodukte werden nicht freigesetzt. Die Nitrogenase-Reaktion benötigt außerdem ATP; je reduziertem Mol N_2 sind bei *Azotobacter* ca. 16 Mol ATP erforderlich. Die Nitrogenase ist relativ substratunspezifisch und reduziert auch andere Moleküle, so z.B. Ethin (Acetylen) zu Ethen (Ethylen) und H^+ zu H_2. Die letztere Reaktion spielt bei der physiologischen Stickstoff-Fixierung als Nebenreaktion eine Rolle (vgl. 10.2); durch die Wasserstoff-Freisetzung verliert das System nutzbare Energie. Die Nitrogenase arbeitet nur bei Sauerstoff-Ausschluss; bei Gegenwart von O_2 wird das Enzymsystem irreversibel gehemmt.

Eine chemische Modellierung solcher Komplexe ist interessant, um vielleicht ein technisches Verfahren zur Reduktion von N_2 zu NH_3 bei Normaldruck zu entwickeln (biomimetischer Ansatz). – Infolge des Bedarfs an Reduktionsäquivalenten und an ATP ist die Stickstoff-Fixierung heterotropher Organismen mit einer sehr hohen Atmungsrate verknüpft. Bei den autotrophen Cyanobakterien wird ATP aus der Photosynthese geliefert. Die N_2-Fixierung erfolgt hier häufig in besonderen Zellen, den Heterocysten (z.B. bei *Nostoc*, *Anabaena*). In diesen ist das Photosystem II nicht vorhanden, sodass die Photosynthese ATP liefert, aber keine O_2-Bildung stattfindet und infolgedessen die Nitrogenase nicht gehemmt werden kann. Bei einzelligen N_2-fixierenden Cyanobakterien laufen Photosynthese und Nitrogenase-Reaktion offenbar alternierend ab.

Unter den symbiontischen Stickstoff-Fixierern ist die Gattung *Rhizobium* von großer Bedeutung. Diese Bakterien leben zunächst frei im Boden und binden dann keinen Luftstickstoff. Nach Eindringen in die Leguminosen-Wurzeln lösen sie die Bildung von **Wurzelknöllchen** aus, in deren Zellen sie N_2-fixierend tätig werden.

Die Entwicklung des Symbiosesystems erfolgt in mehreren Stufen:

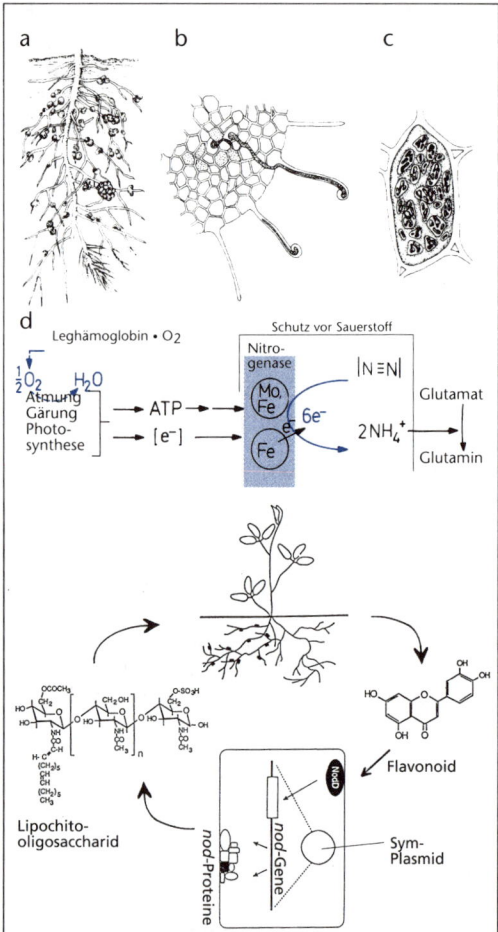

Abb. 11.9: Stickstoff-Fixierung. **a:** Wurzelknöllchen bei einer Leguminosen-Wurzel (Erbse); **b:** Bildung des Infektionsschlauches: die Bakterien dringen über eine Wurzelhaarzelle ein und in die Wurzelrinde vor; **c:** Wurzelrindenzelle mit Rhizobium-Symbiosomen; **d:** Schema der N_2-Fixierung (z.T. nach Schlegel); **e:** Entstehung der *Rhizobium*-Infektion. Die Leguminosenwurzel scheidet ein Flavonoid aus. Dieses wirkt als Signalstoff, lockt Rhizobien an, deren auf einem Plasmid gelegene *nod*-Gene aktiv werden. Nod-Proteine bilden als Signalstoff den Nod-Faktor, ein Lipochitooligosaccharid.

1. Signalaustausch und wechselseitige Erkennung: Leguminosenwurzeln scheiden als Fraßschutzstoffe Aromaten aus der Gruppe der Flavonoide aus. Diese wirken auf die Bakterien als chemotaktische Lockstoffe und reagieren in den «richtigen» Stämmen mit dem Nod D-Protein. Dieses aktiviert *nod*-Gene (lokalisiert auf einem Plasmid, vgl. 8.5.3.1), wodurch ein stammspezifischer Signalstoff (Nod-Faktor) gebildet wird. Die Nod-Faktoren sind Li-

pochitooligosaccharide (Abb. 11.9 e); ihre jeweilige Detailstruktur ist für die erfolgreiche Infektion verantwortlich. Die Rhizobien werden zunächst durch Lectine an Wurzelhaarzellen gebunden.
2. Infektion: Die Rhizobien besiedeln die Wurzelhaaroberfläche. Durch die Wirkung des «richtigen» Nod-Faktors krümmt sich das Wurzelhaar ein. Durch lokale Zellwandschädigung dringen die Bakterien ein und bilden einen Infektionsschlauch. Sie gelangen durch Endocytose in die Zellen, wo sie eingehüllt von Pectin in Vesikeln vorliegen. Der Nod-Faktor aktiviert in der Wurzel über eine Signalkette Gene der Leguminose (Nodulin-Gene), welche die Bildung sekundärer Meristeme in der Wurzelrinde auslösen. Durch deren Tätigkeit entstehen die Knöllchen als Gallbildungen. Bis hierher kann man den Vorgang als Parasiten-Infektion verstehen.
3. Etablierung des Symbiosesystems: In den Knöllchen sind die Bakterien von einer Membran (Peribacteroid-Membran) umgeben. Die Infektion gelangt nicht über die Knöllchen hinaus. Nun werden die (etwa 20) *nif*-Gene für die Nitrogenase aktiv, und die N_2-Fixierung beginnt. Auch die *nif*-Gene liegen auf dem Plasmid, das man als Sym-Plasmid bezeichnet. In der Wirtszelle muss der Sauerstoffpartialdruck gering bleiben, aber gleichzeitig hinreichend O_2 zur Aufrechterhaltung der starken Atmung der Bakterien zur Verfügung stehen. Die Bakterien bilden dazu eine besondere, für O_2 sehr affine Endoxidase. Außerdem aber werden als späte Nodulin-Gene jene für die Bildung von Leghämoglobin aktiv. Diese Häm-Proteine transportieren O_2 in gleicher Weise wie Hämoglobin im Blut. Die Bakterien werden vom Wirt mit Kohlenhydraten und Carbonsäuren versorgt und geben Ammonium ab. Die Wirtszelle produziert vermehrt Enzyme des N-Stoffwechsels, sodass Aminosäuren (v. a. Glutamin oder Asparagin) oder Ureide (vgl. 11.3.2.5) entstehen, die in der Pflanze im Xylem zu Orten des Verbrauchs transportiert werden. Durch Auflösung des bakteriellen Mureins entstehen die sogenannten Involutionsformen; daran ist die Alterung zu erkennen. Schließlich sterben die Bakterien ab.

11.3.1.2 Nitrat-Reduktion

Das von vielen Pflanzen bevorzugt aufgenommene Nitrat wird in einer mehrstufigen Reaktion reduziert. Durch die Wirkung der Nitratreduktase, ein Molybdoflavoprotein mit Mo (das an ein Pteridin gebunden ist), Häm-Fe und FAD, entsteht Nitrit. Eine Regulation der Nitratreduktase erfolgt auf zwei Ebenen: die Synthase wird durch Nitrat (Substratinduktion!) und Licht auf der Ebene der Transkription stimuliert; die Aktivität durch Phosphorylierung/Dephosphorylierung des Enzyms kontrolliert: Dephosphorylierung (stimuliert z. B. durch CO_2) aktiviert, Phosphorylierung inaktiviert. Nitrat inaktiviert seinerseits indirekt die Saccharosephosphatsynthase. So wird das C/N-Verhältnis in der Pflanze reguliert. Dies ist für die Allokation von Bedeutung. Eine gute N-Versorgung führt zu Wachstumssteigerung, eine schlechte zu vermehrter Speicherung.

Das gebildete Nitrit wird rasch durch die komplex gebaute Nitritreduktase (mit einem Hämsystem Sirohäm als Cofaktor) weiter reduziert. Durch Übertragung von 6 Elektronen entstehen Ammoniumionen. Die Nitritreduktion ist in den Plastiden lokalisiert; Elektronendonator ist Ferredoxin.

Dieser Vorgang der assimilatorischen Nitratreduktion (zur dissimilatorischen Nitratreduktion = Nitratatmung vgl. 10.6.4.4) findet in Wurzeln und Blättern statt; der jeweilige Anteil der Pflanzenteile ist artabhängig, aber auch durch die Nitratversorgung der Pflanze beeinflusst. In den Blättern können die erforderlichen Reduktionsäquivalente direkt der Photosynthese entnommen werden. Eine Reihe von Pflanzenarten (insbesondere Ruderalpflanzen) können Nitrat in den Vakuolen der Blattzellen speichern (z. B. Brennnessel, Spinat).

11.3.2 Stoffwechsel der Aminosäuren

Pflanzen enthalten neben den (20) proteinogenen Aminosäuren (vgl. 2.3.1) meist noch andere Aminosäuren, die zum Teil als Reservestoffe dienen. Die Biosynthese der Aminosäuren geht von Verbindungen des Kohlenhydratstoffwechsels, der Glykolyse und des Citratzyklus aus. Der Einbau des Stickstoffs in Form der Aminogruppe erfolgt während oder nach dem Aufbau der Kohlenstoffgerüste, die in den Proteinen die charakteristische Seitenkette (den Aminosäure-Rest) bilden. Bei der Bildung der meisten Aminosäuren wird die Aminogruppe von einer anderen Verbindung übertragen, in welcher der Stickstoff schon in organischer Bindung vorliegt (**Transaminierung**). Der Einbau von Ammonium-Stickstoff in eine organische Verbindung erfolgt durch die primäre Aminierung oder Ammoniumassimilation (Abb. 11.10).

11.3.2.1 Primäre Aminierung (Ammoniumassimilation)

Beim Einbau von Ammoniumionen in organische Verbindungen entsteht eine Aminogruppe. Während es bei Mikroorganismen verschiedene

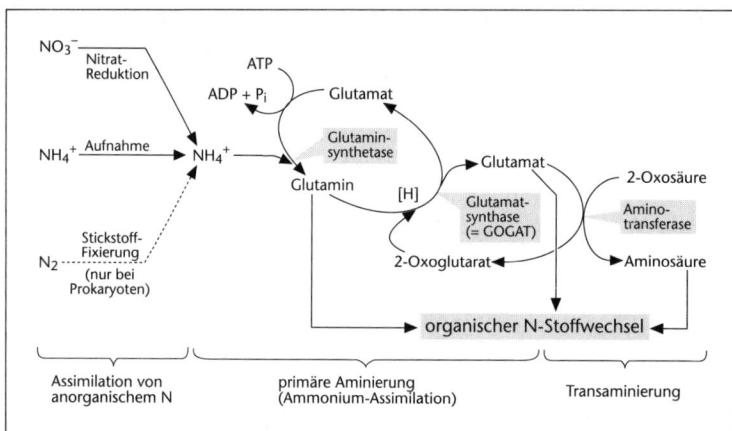

Abb. 11.10: Stickstoff-Assimilation, Übersicht. Assimilation von NO_3^- oder NH_4^+, primäre Aminierung und Transaminierung.

Wege der primären Aminierung gibt, ist bei den höheren Pflanzen ein Vorgang deutlich bevorzugt. Ein Ammoniumion wird durch das Enzym Glutaminsynthetase unter Mitwirkung von ATP an Glutaminsäure (= Glutamat) gebunden, wobei Glutamin entsteht. Durch den Ammoniumstickstoff wird dessen Säureamidgruppe gebildet. Das Glutamin reagiert nun mit 2-Oxoglutarat (α-Ketoglutarat) und überträgt bei gleichzeitiger Reduktion die NH_2-Gruppe, sodass das Oxoglutarat zu Glutamat umgesetzt wird und aus dem Glutamin ebenfalls wieder Glutamat entsteht. Das verantwortliche Enzym heißt Glutamatsynthase oder Glutamin-oxoglutarat-aminotransferase = GOGAT und dieser Stoffwechselweg GOGAT-Weg; er läuft bevorzugt in Plastiden ab. Ein Glutamat wird für den Fortgang der Aminierung benötigt; im Endeffekt wird also Oxoglutarat zu Glutamat umgesetzt.

Bei hoher Konzentration an Ammonium kann auch das 2-Oxoglutarat unmittelbar mit NH_3 (und Reduktionsäquivalenten) reagieren, wobei Glutamat entsteht. Normalerweise wird auf diesem Weg Glutamat abgebaut; das Enzym ist die Glutamat-dehydrogenase. – Die Glutaminsynthetase wird durch Phosphinothricin gehemmt, dieses wirkt daher als Totalherbizid (Handelsname Basta).

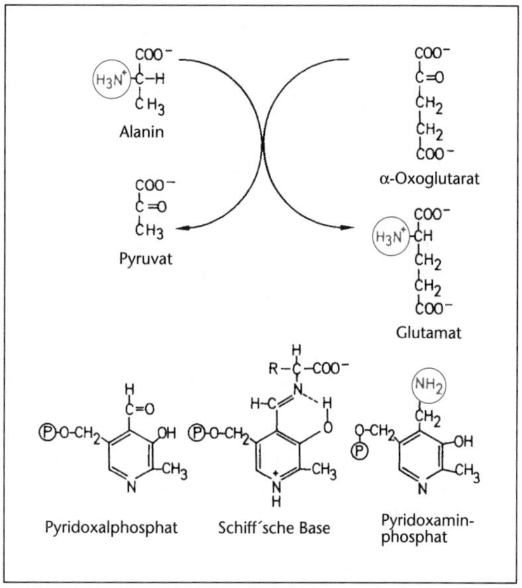

Abb. 11.11: Transaminierung von Alanin auf α-Oxoglutarat. Coenzym der Aminotransferasen ist das Pyridoxalphosphat, das intermediär mit der Aminogruppe von Aminosäuren reagiert, wobei Pyridoxaminphosphat entsteht. Dieses gibt die Aminogruppe an eine α-Oxosäure ab (aus STRASBURGER).

11.3.2.2 Transaminierung

Vom Glutamat aus erfolgt die Übertragung der Aminogruppe auf geeignete Akzeptoren; insbesondere auf 2-Oxosäuren, die dadurch zu Aminosäuren umgesetzt werden. Gleichzeitig entsteht wieder 2-Oxoglutarat. Die wirksamen Enzyme sind die Aminotransferasen (Transaminasen), die als Coenzym das Pyridoxalphosphat (Vitamin B_6) enthalten (Abb. 11.11).

Der Amid-Stickstoff des Glutamins kann ebenfalls weiter umgesetzt werden. So kann z. B. aus Asparaginsäure das Asparagin entstehen; aus CO_2, ATP und der Amidgruppe wird Carbamoylphosphat aufgebaut, das seinerseits bei den Biosynthesen des Pyrimidin-Ringsystems und der Aminosäure Arginin eine Rolle spielt. Auch bei der Bildung von Purinringen tritt Glutamin in Reaktion.

11.3.2.3 Aufbau des Kohlenstoff-Gerüstes der Aminosäuren

Nach der Herkunft der Grundgerüste der verbreiteten Aminosäuren unterscheidet man verschiedene «**Aminosäure-Familien**», die entweder nach einer Ausgangsverbindung des jeweiligen Syntheseweges oder nach einer wichtigen zugehörigen Aminosäure benannt sind (Abb. 11.12). Im Folgenden wird nur auf einige besonders wichtige Vorgänge im Rahmen der Aminosäuresynthese etwas genauer eingegangen. Die Aufklärung der Biosynthese- und Abbauwege der Aminosäuren erfolgte vor allem mit Hilfe von Mangelmutanten bei Mikroorganismen.

Zur Bildung der Aminosäuren Cystein und Methionin müssen Sulfidionen eingebaut werden. Sie entstehen durch Reduktion von Sulfat, das aus dem Substrat aufgenommen wird (vgl. dazu 11.3.2.6). – Wird aus der Aminosäure Serin das Glycin gebildet, so wird ein C_1-Körper abgespalten. Dieser wird an das Coenzym *Tetrahydrofolsäure* (= Coenzym F) gebunden und steht so für Synthesen, vor allem für die Bildung von Methionin, zur Verfügung. Der gebundene C_1-Körper kann reduziert bzw. oxidiert werden. Für die Methionin-Bildung findet eine Reduktion statt, für die Purin-Synthese ein Oxidationsschritt.

Bei der **Methionin-Synthese** wird auf der Stufe des Zwischenprodukts Homoserin dessen OH-Gruppe gegen eine SH-Gruppe von Cystein ausgetauscht. Auf das so gebildete Homocystein wird eine Methylgruppe (C_1-Körper) durch die Tetrahydrofolsäure übertragen. Methionin kann durch Reaktion mit ATP adenosyliert werden. Das gebildete S-Adenosyl-Methionin («aktives Methionin») ist sehr reaktionsfähig (vgl. Abb. 11.13). Es kann die endständige Methylgruppe auf zahlreiche andere Verbindungen übertragen; auf diese Weise erfolgen die meisten Methylierungen im Stoffwechselgeschehen. Vom aktiven Methionin aus werden auch Ethen (über Aminocyclopropan-carbonsäure, ACC), Polyamine (Spermin, Spermidin) und Dimethylsulfoniopropionat (osmoregulatorischer Stoff) gebildet. Das bei den ersten beiden Reaktionen entstehende S-Methyladenosin kann nach Adenin-Abspaltung über S-Methyl-Ribose wieder zur Methionin umgesetzt werden (Yang-Zyklus).

In der Oxoglutarat-Familie ist die Bildung von nicht proteinogenen Aminosäuren von Bedeutung: es können hier γ-Aminobuttersäure (= GABA), Ornithin, Citrullin entstehen. Prolin tritt in Form der freien Aminosäure als osmoregulatorische Substanz im Cytoplasma auf (vgl. 3.5.7), während Hydroxyprolin in der Zellwandprotein-Fraktion vorkommt. Da es kein Codon für Hydroxyprolin gibt, wird zunächst Prolin an tRNA gebunden und anschließend erfolgt die Hydroxylierung. Die Bildung der besonders stickstoffreichen Aminosäure **Arginin** erfolgt über Ornithin und Citrullin als Zwischenstufen. Arginin wird in Pflanzen in der Regel nicht unter Abspaltung von Harnstoff abgebaut, sondern in Plastiden zu Citrullin + NH_3 gespalten. Citrullin wird in Umkehrung seiner Bildung zu Ornithin umgesetzt, NH_3 wird refixiert.

Die aromatischen Aminosäuren Phenylalanin, Tyrosin und Tryptophan entstehen über den Shikimisäure-Weg, der im Cytoplasma und in Plastiden stattfindet; letzterer dürfte den größeren Umsatz haben. Reaktionen des Shikimisäure-Weges sind Angriffspunkt des Herbizids Glyphosat. Vom Phenylalanin ausgehend entstehen in höheren Pflanzen die Mehrzahl der Aromaten (vgl. 11.4). Dabei wird vom Phenylalanin mithilfe des Enzyms Phenylalanin-ammoniumlyase (PAL) NH_4^+ abgespalten, sodass N-freie Verbindungen entstehen. Das Enzym PAL liegt daher in Form mehrerer Isoenzyme unterschiedlicher Regulationseigenschaften vor. Es ist ein Schlüsselenzym bei der Biosynthese von Aromaten (vgl. Abb. 11.25).

Bei der Bildung von Phenylalanin und Tyrosin aus der Vorstufe Chorisminsäure gibt es mehrere Reaktionsmöglichkeiten (Abb. 11.12e). Diese sind bei verschiedenen Organismen von unterschiedlicher Bedeutung. Phenylalanin wird in Plastiden bevorzugt über Arogensäure gebildet, im Cytoplasma aber häufig über Phenylbrenztraubensäure. Die Biosynthese von Tryptophan geht von Chorisminsäure aus auf einem gesonderten Wege vor sich und erfordert auch noch eine Reaktion mit Serin. Die Biosynthese von Histidin steht mit der Bildung von Purin-Systemen in Zusammenhang (vgl. 11.3.5).

11.3.2.4 Abbau von Aminosäuren

Reserveproteine aus Aleuronkörnern von Samen und damit deren Aminosäurekomponenten werden bei der Keimung auch zur Energiebereitstellung abgebaut. Mikroorganismen bauen ebenfalls häufig Aminosäuren ab. Die unterschiedlichen Proteine der Gewebe haben verschiedene Aminosäure-Zusammensetzung. Da nun das Proteinmuster der Zelle wechselt, muss nach dem Abbau von Proteinen zu Aminosäuren (vgl. 11.3.4) deren Umbau auch in vegetativen Geweben stattfinden.

a

Triose-Familie = Serin-Familie

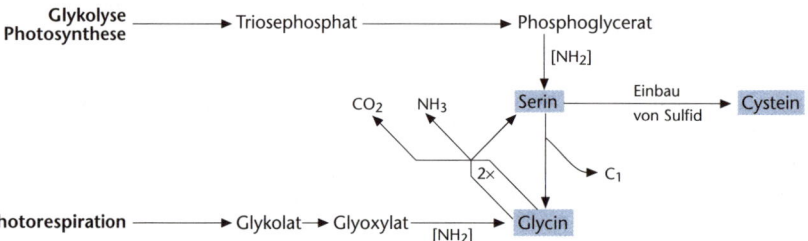

b

Oxoglutarat-Familie = Glutamat-Familie

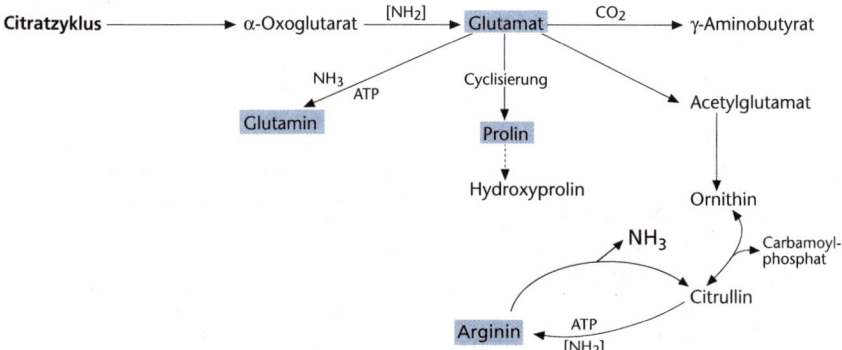

c

Pyruvat-Familie und Oxalacetat-Familie = Aspartat-Familie

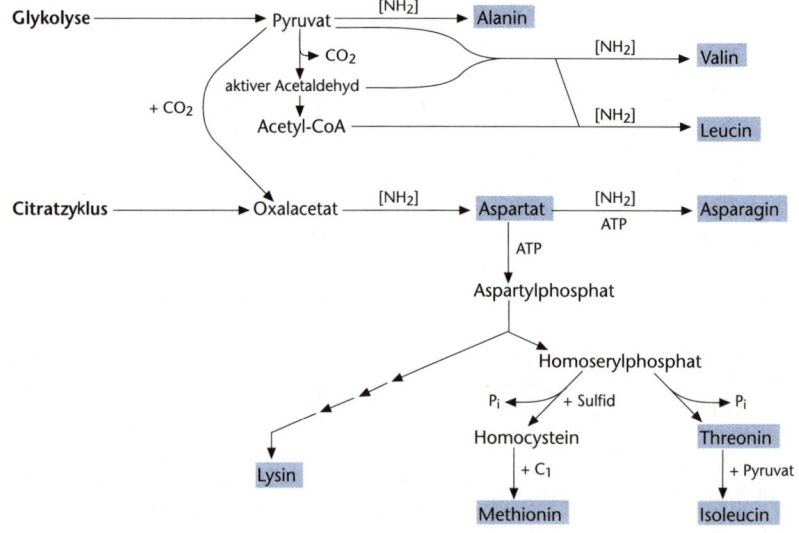

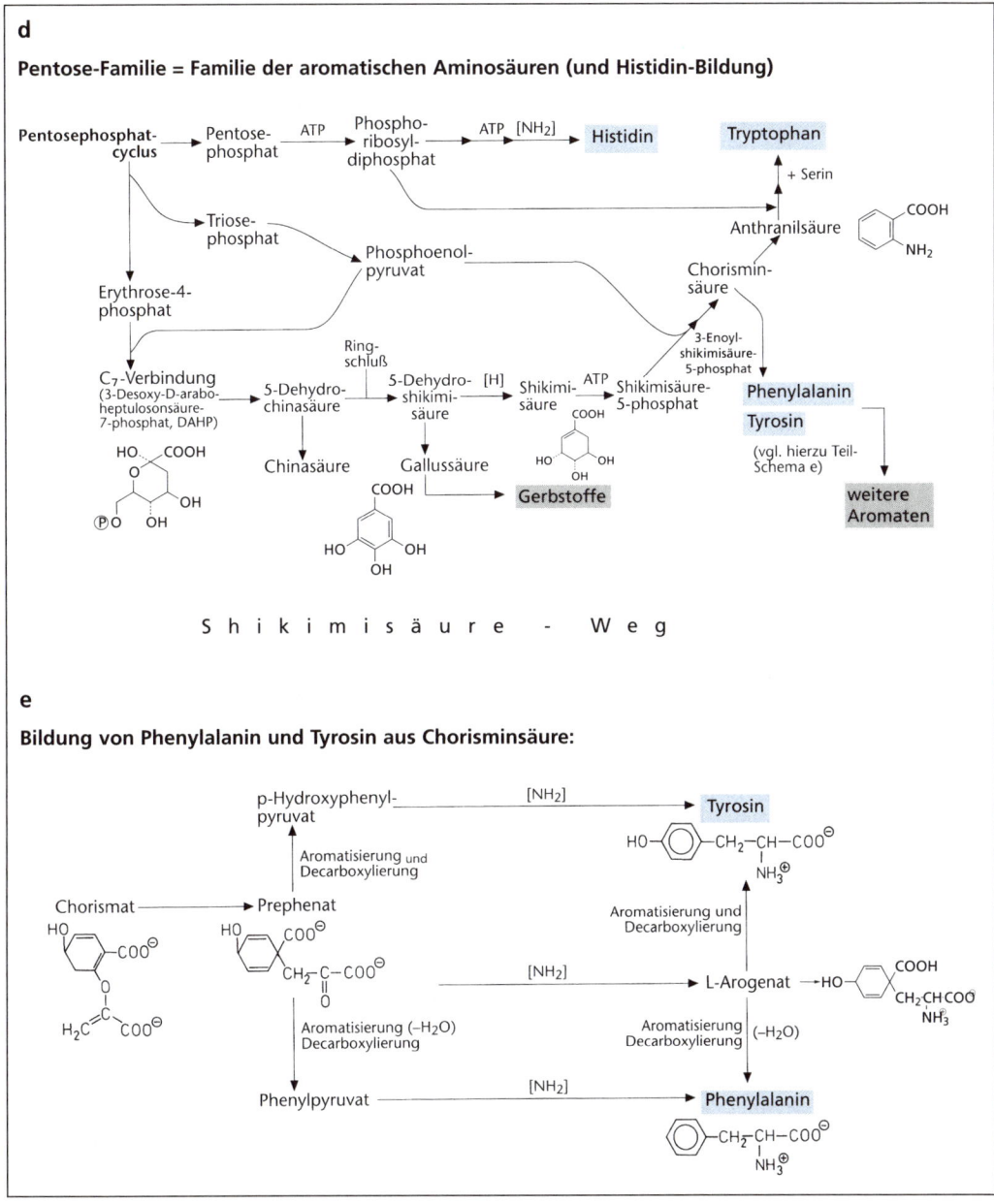

Abb. 11.12: Übersicht über die Aminosäuren-Familien. **a:** Triose- oder Serin-Familie; **b:** Oxoglutarat- oder Glutamat-Familie; **c:** Pyruvat-Oxalacetat-Familie; **d:** Pentose-Familie (aromatische Aminosäuren und Histidin mit Imidazolring); **e:** Bildung von Phenylalanin und Tyrosin aus Chorisminsäure.

Die Reaktionen beginnen häufig mit Transaminierungen. Beim Abbau von Aminosäuren durch Mikroorganismen werden die verbleibenden Oxosäuren häufig entweder oxidativ zu Säuren oder reduktiv zu Alkoholen decarboxyliert. So entstehen z. B. die Fuselöle aus den Proteinen der Maische durch gärende Hefen. Werden die Aminosäuren unmittelbar decarboxyliert, so entstehen Amine (**biogene Amine**)

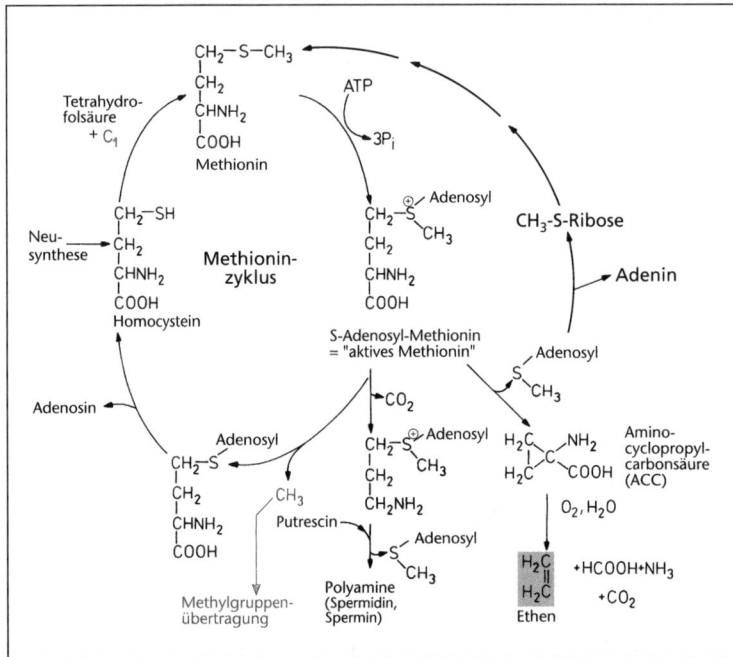

Abb. 11.13: Methionin-Zyklus: Bildung von S-Adenosyl-Methionin und dessen Reaktionsmöglichkeiten (Bildung von Ethen, Polyaminen und Methylgruppen-Übertragung).

die durch Aminoxidasen weiter abgebaut werden. Beim mikrobiellen Proteinabbau sind diese Vorgänge am Zustandekommen des Fäulnis-Geruches beteiligt. Bei höheren Pflanzen treten Amine gelegentlich als Geruchsträger auf (z.B. Blüten von *Crataegus*, Weißdorn, locken so (Aas-)Insekten an); hier gibt es besondere Synthesewege. Das im Brennhaar von *Urtica* enthaltene Histamin entsteht jedoch durch Decarboxylierung von Histidin.

Ein weiterer Abbauweg, die oxidative Desaminierung von Aminosäuren, bei der NH_4^+ freigesetzt wird (Enzyme: Aminosäure-ammoniumlyasen), wurde am Beispiel der Reaktionen von Phenylalanin bereits erwähnt (vgl. 11.3.2.3 und 11.4).

$$\underset{\text{Aminosäure}}{\overset{COOH}{\underset{R}{\overset{|}{H-C-NH_2}}}} \xrightarrow{NAD^+ \quad NADH+H^+} \left[\underset{\text{Imino-säure}}{\overset{COOH}{\underset{R}{\overset{|}{C=NH}}}}\right] \xrightarrow[NH_3]{+H_2O} \underset{\text{2-Oxo-säure}}{\overset{COOH}{\underset{R}{\overset{|}{C=O}}}}$$

Die Kohlenstoffgerüste der Aminosäuren werden in manchen Fällen unmittelbar in die Dissimilationsreaktion einbezogen (z.B. Alanin-Abbau führt zu Pyruvat), andere werden in Umkehrung der Biosynthese abgebaut (z.B. Prolin) und für wieder andere gibt es spezielle Abbauwege.

11.3.2.5 Ammoniak-Entgiftung (Stickstoffspeicherung)

Beim Abbau freigesetzte Ammoniumionen treten wieder in Reaktion; die gebildeten N-Verbindungen werden gespeichert. Als Speicherstoffe können die Säureamide Glutamin oder Asparagin angehäuft werden (bei «Amid»pflanzen; Asparagin hat seinen Namen von der Speicherung in *Asparagus*, Spargel). Manche Arten speichern die N-reiche Aminosäure Arginin (z.B. Rosaceen, Saxifragaceen), andere deren Synthesevorstufe Citrullin (z.B. *Juglans*). Weitere Arten bilden durch partiellen Abbau von Purinkörpern (vgl. 11.3.5) die Verbindungen Allantoin und Allantoinsäure (z.B. *Acer*, vgl. Abb. 11.14), die als Harnstoffderivate anzusehen sind und daher Ureide genannt werden. Die Bildung von Ureiden erfordert weniger Energie je gespeichertes Mol N als die Synthese von Asparagin.

11.3.2.6 Sulfat-Reduktion

Der Schwefel liegt in den Aminosäuren Cystein und Methionin mit der Oxidationszahl -2 vor. Die Pflanze nimmt den Schwefel als Sulfat (Oxidationszahl des S: $+6$) auf. Es muss deshalb eine Sulfatreduktion erfolgen, zu der nur Pflanzen, nicht aber Tiere, in der Lage sind (Abb. 11.16).

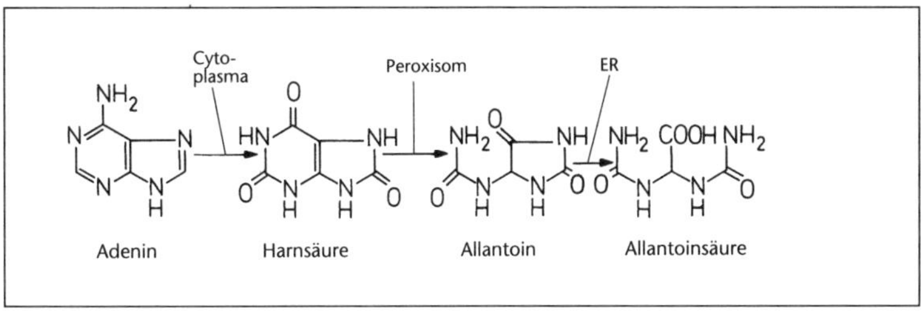

11.3 Stoffwechsel der Stickstoff-Verbindungen · 333

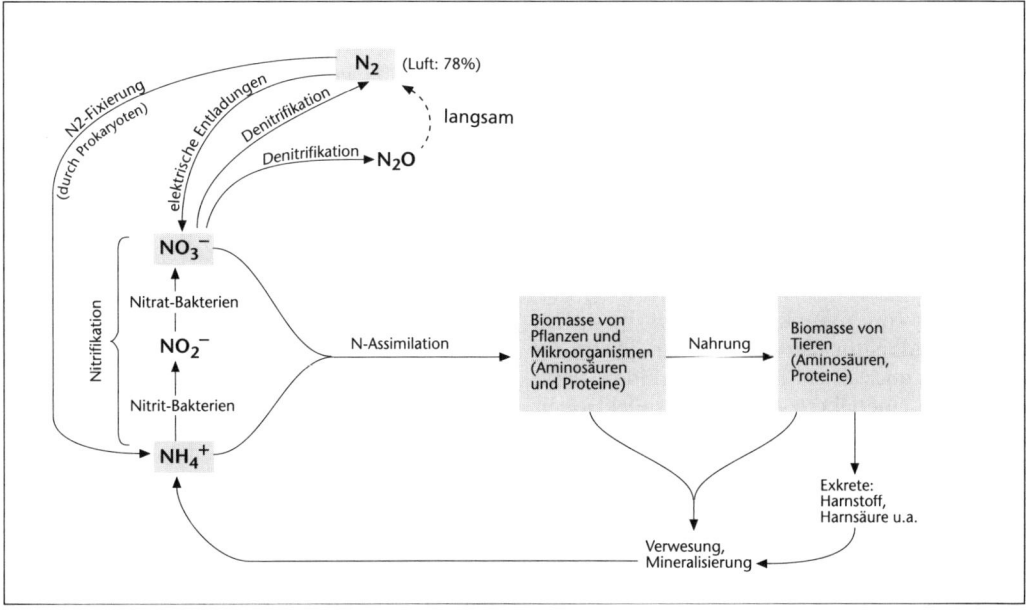

Abb. 11.14: Bildung der Ureide Allantoin und Allantoinsäure (nach LIBBERT).

Abb. 11.15: Stickstoff-Kreislauf in der Natur. N_2-Fixierung und Denitrifikation erfolgen nur durch Prokaryoten.

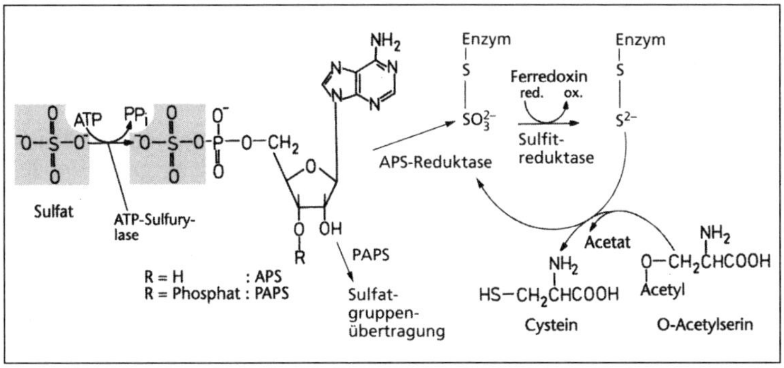

Abb. 11.16: Assimilatorische Sulfat-Reduktion.

Das Sulfat wird zunächst aktiviert durch eine Reaktion mit ATP, wobei Adenosin-5′-phosphosulfat (APS) entsteht. Diese Verbindung ist ein gemischtes Säureanhydrid, bei dem an AMP ein Sulfatrest gebunden ist. APS kann durch eine Phosphorylierung zu 3′-Phosphoadenosin-5′-phosphosulfat (PAPS) umgesetzt werden. Dieses ist ein Sulfatgruppen-Donator; wahrscheinlich werden davon ausgehend auch Sulfonsäuregruppen gebildet. Von APS aus entsteht durch

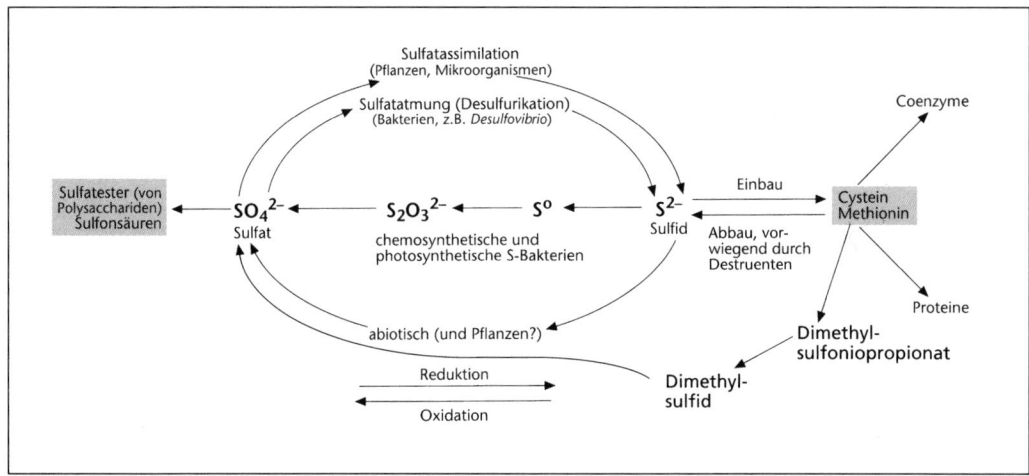

Abb. 11.17: Schwefel-Kreislauf in der Natur. Über das Dimethylsulfid ist auch die Atmosphäre am Kreislauf beteiligt.

Reduktion (mit APS-Reduktase in Plastiden, Elektronendonator Ferredoxin) die Stufe des Sulfits, das aber an ein Protein gebunden bleibt und durch eine Übertragung von 6 Elektronen durch die Sulfitreduktase zur Stufe des Sulfids reduziert wird. Das Sulfid reagiert mit dem Serinderivat O-Acetylserin, wobei Cystein mit einer -SH-Gruppe gebildet wird. Cystein kann die -SH-Gruppe seinerseits übertragen (vgl. Methionin-Bildung 11.3.2.3).

In Bakterien gibt es auch eine dissimilatorische Sulfatreduktion oder Sulfatatmung (vgl. 10.6.4.4). Sulfid bzw. H$_2$S werden dann freigesetzt. Eine Reoxidation von Sulfid erfolgt durch chemosynthetische Bakterien (vgl. 10.2), durch photosynthetische Schwefelbakterien (vgl. 10.1) und auf abiotischem Weg. Aus diesen Reaktionsmöglichkeiten ergibt sich der Schwefelkreislauf in Ökosystemen (Abb. 11.17).

11.3.3 Stoffwechsel der Peptide und Proteine

11.3.3.1 Oligopeptide

Ein allgemein verbreitetes Oligopeptid ist das **Glutathion**. Es ist ein Tripeptid, bestehend aus Glutaminsäure, Cystein und Glycin mit der Besonderheit, dass die Peptidbindung an der γ-Carboxylgruppe der Glutaminsäure zustandekommt. Es wird in Cytosol und Plastiden in zwei enzymatischen Schritten aus den Komponenten unter ATP-Spaltung aufgebaut. Glutathion (GSH) ist ein wichtiges Redox-System, durch Oxidation entsteht das Dimere mit Disul-

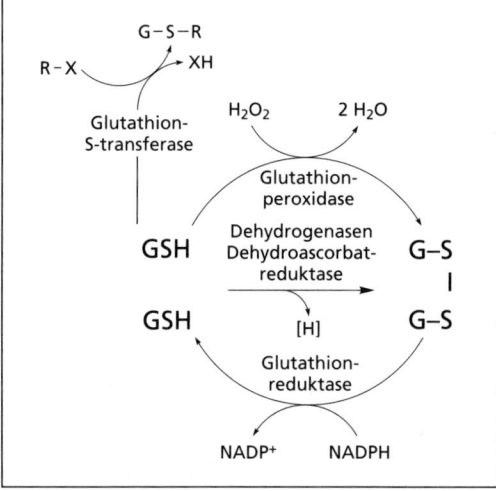

Abb. 11.18: Stoffwechsel von Glutathion als Redoxsystem sowie Reaktion bei der Konjugation von Xenobiotika (RX).

fid-Brücke (Abb. 11.18). Als Speicher von Reduktionsäquivalenten stabilisiert es den jeweils «richtigen» Redox-Zustand von Zellkompartimenten (z. B. im ER oxidierende Bedingungen) und kann als Antioxidans vor oxidativem Stress schützen (dann wird die Glutathion-Reduktase vermehrt; vgl. 10.1.1.4); es ist Speicher von Sulfid-Schwefel, moduliert Enzymaktivitäten und Transkriptions-Vorgänge und wirkt bei der **Entgiftung von Xenobiotika** (Fremdstoffen) mit.

Vor allem elektrophile Fremdstoffe werden an Glutathion gebunden (Konjugation; durch Glutathion-S-Transferasen) und durch einen ABC-Transporter in die Vakuole verbracht. Auch zelleigene Stoffe gelangen durch diesen Transportmechanismus in die Vakuole (für Anthocyane nachgewiesen). Besitzt ein Fremdstoff keine geeignete reaktive Gruppe, so kann diese vielfach durch Oxidation am Cytochrom P_{450}-System (vgl. 10.7) hergestellt werden. In manchen Fällen erfolgt statt der Glutathion-Konjugation eine Glykosylierung, die den Transport in die Vakuole ermöglicht. Zur Entgiftung verschiedener Schwermetalle werden längerkettige γ-Glutamylpeptide (aus 5-23 Aminosäuren) aus Glutathion gebildet. Diese binden die Schwermetalle zu Chelatkomplexen und werden daher *Phytochelatine* genannt.

Zu den Oligopeptiden gehören auch Giftstoffe der Knollenblätterpilze (*Amanita*-Peptide). Es handelt sich bei ihnen um zyklische Peptide aus 7 bzw. 8 Aminosäuren (Hepta-, Oktapeptide); die endständige Amino- und die endständige Carboxylgruppe sind bei ihnen miteinander verknüpft, sodass ein makrozyklisches Ringsystem entsteht. Das α-Amanitin hemmt spezifisch die RNA-Polymerase II des Zellkerns. Zyklische Peptide sind auch verschiedene Peptid-Antibiotika, so das Cyclosporin aus dem Pilz *Tolypocladium* (mit immunsuppressiver Wirkung) und das Gramicidin S, die beide auch D-Aminosäuren enthalten. Die Biosynthese der Oligopeptide erfolgt ohne Beteiligung von m-RNA; die Aminosäuren werden an einem Enzymsystem aktiviert und dann verknüpft. Peptidderivate sind die Penicilline und Cephalosporine. Glykopeptid-Antibiotika (z. B. Vancomycin) gewinnen infolge der Zunahme von Resistenzen bei Krankheitserregern zunehmend an Bedeutung.

11.3.3.2 Eigenschaften und Klassifikation der Proteine

Proteine sind aufgrund ihres Aufbaus und ihrer Raumstruktur gleichzeitig flexibel und stabil. Dies macht sie als Funktionsmoleküle besonders geeignet. Die Flexibilität einiger Teile der Sekundärstruktur ermöglicht die induzierte Anpassung (vgl. 9.4.3) und das konzertierte Wirksamwerden von Aminosäure-Seitenketten mit funktionellen Gruppen im aktiven Zentrum vieler Enzyme. Beim Aufbau von Quartärstrukturen und bei allosterischen Wechselwirkungen kommt es oft zu Bewegungen ganzer Domänen des Proteins. Die Starrheit der Proteine ist beispielsweise wichtig in den Protein-Pigment-Komplexen der Photosynthese, in denen die Pigmente in der richtigen Anordnung stabil verbleiben müssen. Die Starrheit wird größer, wenn viele Iminosäuren (Prolin, Hydroxyprolin) in die Polypeptidkette eingebaut sind, wie dies bei Zellwandproteinen (und den tierischen Kollagenen) der Fall ist.

Eine einheitliche Einteilung für alle Proteine gibt es nicht. Die Enzyme werden auf Grund der von ihnen katalysierten Reaktion benannt und in Gruppen klassifiziert (vgl. 9.4.4). Für die vor allem in Samen gespeicherten **Reserveproteine** erfolgt eine grobe Gliederung aufgrund der Löslichkeitseigenschaften. Proteine, die in reinem Wasser löslich sind, werden als Albumine bezeichnet. Als Speicherproteine kommen sie in ausdauernden vegetativen Pflanzenteilen und gelegentlich in Samen vor (2 S-Albumine). Beispiele sind das Leucosin aus Weizen und die stark giftigen Proteine Ricin (aus *Ricinus*-Samen; inaktiviert Ribosomen) und Abrin (aus *Abrus precatorius*-Samen). Unlöslich in Wasser, aber löslich in verdünnten Salzlösungen (verwendet wird vor allem Ammoniumsulfat) sind die Globuline. Als Speicherproteine sind vor allem die 7 S Globuline (Glykoproteine aus 3 Untereinheiten) und die 11 S-Globuline (aus 6 Untereinheiten, z. B. Legumine aus Leguminosen) von Bedeutung. Löslich in schwachen Säuren und Basen sind die Gluteline, die als «Kleber-Eiweiß» in Getreidekörnern enthalten sind. Unlöslich in schwachen Säuren und Basen, aber löslich in 70%-igem Ethanol sind die Prolamine, die ebenfalls vor allem bei Gräsern vorkommen und ihren Namen vom hohen Prolin-Gehalt erhalten haben. Hierzu gehören z. B. die Gliadine des Weizens. Das Vorhandensein der Gliadine und vor allem der Gluteline ist Voraussetzung für die Backfähigkeit von Mehlen. Die Gluteline bilden im Teig zwischenmolekulare Quervernetzungen ausgehend von SH-Gruppen.

Viele höhere Pflanzen bilden Reserveproteine, die gleichzeitig eine Abwehrfunktion haben, sodass die jeweiligen Samen von vielen Tieren nicht gefressen werden. Es gibt Reserveproteine, die als Enzyminhibitoren wirksam sind. *Protease*-Inhibitoren sind zumeist relativ kleinmolekular; sie hemmen die Proteasen von Tieren und Mikroorganismen. Beim Weizen kommen z. B. auch Amylase-Inhibitoren vor. Andere Proteine haben die Fähigkeit, an Kohlenhydratketten zu binden. Man bezeichnet sie als **Lectine**. Sie sind einfache Proteine oder selbst auch Glykoproteine. Durch ihre spezifische Bindung an Kohlenhydrate können sie Erythrocyten agglutinieren (d. h. verkleben und ausfällen); daher rührt die alte Bezeichnung Phytohämagglutinine. Gut bekannt ist Concanavalin A (kurz: ConA) aus *Canavalia*-Samen. ConA und Weizen-Lectin sind keine Glykoproteine; hingegen haben die Lectine aus der Bohne und der Kartoffel Glykoprotein-Strukturen. **Defensine** sind kleinmolekulare Proteine mit antimikrobieller Wirkung. Sie besitzen einen polaren und einen hydrophoben Bereich und wirken daher vermutlich Detergens-artig.

In Rindengeweben vieler Holzpflanzen werden im Herbst lösliche Proteine angehäuft und im Frühjahr wieder abgebaut. Bei manchen Arten haben diese Speicherproteine auch Lectin-Eigenschaften (so z. B. bei Robinie und Holunder).

Die Speicherproteine werden in das ER hinein gebildet (vgl. 8.6.7) und gelangen in die Proteinvakuolen, die man in Samen als Aleuronkörner bezeichnet. Die Zucker für die Ausbildung der Glykoproteine werden als Zuckernucleotide bereitgestellt. Diese übertragen Zucker-Einheiten auf Polyprenolphosphate (v.a. Dolicholphosphat), die als Transportsysteme in der ER-Membran lokalisiert sind. Die erforderlichen Enzyme sind ebenfalls in der ER-Membran vorhanden. An Polyprenolphosphat werden mehrere Zucker-Einheiten nacheinander gebunden; anschließend wird die gesamte (verzweigte!) Kohlenhydratkette auf einen Asparagin-Rest des zu glykosylierenden Polypeptids übertragen (vgl. Abb. 8.22). In den Golgi-Zisternen finden anschließend noch Veränderungen der Kohlenhydratketten statt (vgl. 8.6.7). Die Kohlenhydratketten der gebildeten Glykoproteine befinden sich dann in nichtplasmatischen Räumen (ER, Dictyosomen, Vakuolen, vom Plasmalemma ausgehend zum Zellwandraum hin). Glykoproteine treten aber auch im plasmatischen Reaktionsraum auf (Kern, Cytoplasma, gebunden ans Cytoskelett); deren Kohlenhydratketten sind vermutlich stets O-glykosidisch an das Polypeptid gebunden.

11.3.3.3 Stoffwechsel der Proteine

Die Biosynthese der Proteine erfolgt im Vorgang der Translation, der bereits in Abschnitt 8.6.6 behandelt wurde. Hier wird daher nur auf den Proteinabbau eingegangen, der sehr genau reguliert erfolgen muss. Proteine werden in der Zelle ständig gebildet und fortlaufend abgebaut (*turnover*). Für jede Sorte von Proteinmolekülen ergibt sich daraus eine durchschnittliche Existenzdauer, die als biologische Halbwertszeit angegeben wird.

Der Abbau der Proteine erfolgt ausschließlich hydrolytisch durch Proteasen (Abb. 11.19). Diese werden nach ihrer Angriffsweise an der Polypeptidkette in Endopeptidasen und Exopeptidasen eingeteilt und letztere in Aminopeptidasen (Angriff vom Aminoende des Polypeptids) und Carboxypeptidasen (Angriff vom Carboxylende) untergliedert. Die Endopeptidasen greifen nicht wahllos jede Peptidbindung an, sondern sind mehr oder weniger streng auf bestimmte Aminosäurereste festgelegt. Sie sind vor allem in Lysosomen und Vakuolen (sowie in der Zellwand) enthalten; Exopeptidasen hingegen kommen im Cytoplasma vor.

Nach den Aminosäuren, von denen die katalytische Wirkung ausgeht, unterscheidet man Serin-Proteasen, Cystein-Proteasen usw. Am besten bekannt ist die Wirkungsweise der Serin-Proteasen. Drei Aminosäurereste (die katalytische Triade) wirken im aktiven Zentrum zusammen: ein Histidin als Base, welche die Seitenkette des Serins aktiviert, eine Asparaginsäure, die den protonierten Imidazolring des Histidins stabilisiert und das aktivierte Serin, das als Nukleophil angreift. Ähnliche katalytische Triaden besitzen auch viele andere Hydrolasen.

Der Proteinabbau erfolgt in Lysosomen, im Cytoplasma und den Mitochondrien sowie den Plastiden. Die beiden letzteren besitzen eigene Serin-Proteasen (in Chloroplasten haben solche auch Phenoloxidase-Aktivität). Zum Abbau von Membranproteinen besitzen Plastiden und Mitochondrien ATP-abhängige Proteasen (AAA-Proteasen). Der lysosomale Abbau wird reguliert durch den Transport des jeweiligen Proteins ins Lysosom. Im Cytoplasma erfolgt ein sehr genau regulierter Proteinabbau vor allem auch der kurzlebigen Proteine durch die Proteasomen. Beim programmierten Zelltod (vgl. 14.5.5) spielen Cystein-Proteasen, die Caspasen, eine wichtige Rolle.

Das komplette 26 S-**Proteasom** ist ein selbstkompartimentierendes Organell; es besteht aus der 20 S-core-Einheit mit den Protease-Funktionen im Inneren sowie zwei regulatorischen 19 S-Einheiten (Abb. 11.20). Das abzubauende Protein wird zunächst in einer mehrstufigen Reaktion durch Bindung von Ubiquitin markiert. Ubiquitin ist ein kleines Protein aus 76–79 Aminosäuren, das den Namen wegen seines ubiquitären Vorkommens in Eukaryotenzellen erhalten hat. Durch die katalytische Wirkung von Ubiquitin-Protein-Ligasen werden nun mehrere Ubiquitinreste auf das Substrat übertragen (Polyubiquitinierung). Durch die Polyubiquitinierung wird die Raumstruktur des Proteins gestört. Der Komplex tritt dann mit einer 19 S-Untereinheit des Proteasoms in Wechselwirkung, wo unter ATP-Spaltung die Entfaltung erfolgt und Polyubiquitin freigesetzt wird. Die entfaltete Polypeptidkette wird dann im Inneren des Proteasoms durch mehrere proteolytische Aktivitäten unabhängig von der Aminosäuresequenz zu Oligopeptiden gespalten.

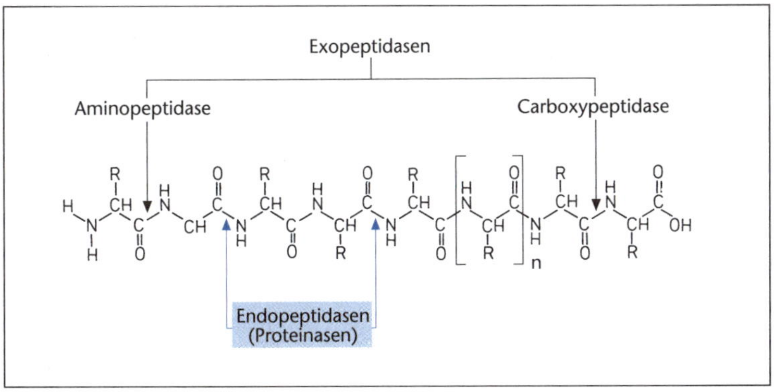

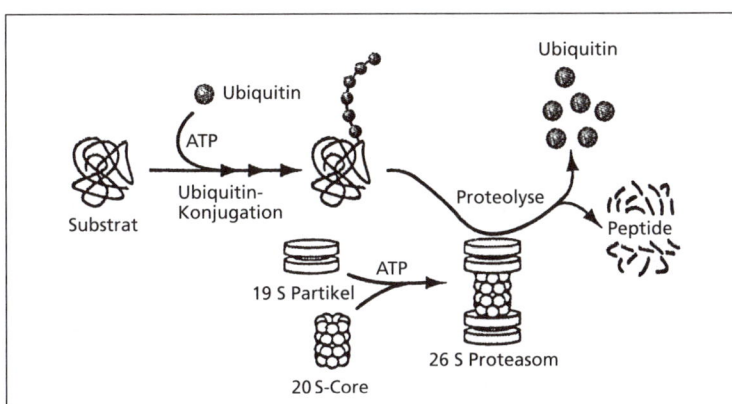

Abb. 11.19: Wirkungsweise von Proteasen.

Abb. 11.20: Abbau von Proteinen durch das Proteasom. Das abzubauende Protein wird zunächst über ein Enzymsystem von drei Enzymen mehrfach ubiquitiniert. Der Abbau erfolgt durch das 26S-Proteasom, dessen proteolytische Aktivitäten im 20S-core-Partikel lokalisiert sind. Die 19S-Einheit hat regulatorische Funktion und entfaltet unter ATP-Spaltung das abzubauende Protein.

Die Halbwertszeit der Proteine wird durch Aminosäuren des N-terminalen Endes stark beeinflusst. Bei cytoplasmatischen Proteinen führen die Aminosäuren Met, Ser, Ala, Thr, Val und Gly am Amino-Ende zu einer langen Halbwertszeit. Eine weitere Regulation erfolgt durch exponierte Sequenzen, die rasch ubiquitiniert werden. Sie sind reich an Pro, Asp, Glu, Ser und Thr und werden daher als PEST-Sequenzen bezeichnet. – Wenn in das ER hinein gebildete Proteine fehlerhaft sind, werden sie erkannt und durch das Translokon (Protein-Importkanal) auf die Cytoplasma-Seite zurücktransportiert, sodass sofort das Proteasomen-System wirksam wird (vgl. 3.2.4.4F).

Einige pflanzliche Proteasen werden seit langem technisch genutzt, insbesondere solche, die aus Milchsäften gewonnen werden können. In der Regel handelt es sich um Enzymgemische. Als Beispiele seien das Papain aus *Carica papaya*, das Ficin aus *Ficus* und das Bromelain aus Ananas erwähnt. Proteasen können in wasserfreien Medien (in organischen Lösungsmitteln) auch zur Synthese von Peptidketten eingesetzt werden.

11.3.4 Nucleotidstoffwechsel

Vom sehr komplizierten Stoffwechsel der Nucleotide können hier nur einige Grundprinzipien behandelt werden. Die Purin- und Pyrimidin-Verbindungen entstehen unmittelbar als Mononucleotide.

Die Bildung der Purinnucleotide beginnt mit Ribosephosphat, das zunächst zum Phosphoribosyl-diphosphat aktiviert wird.

Danach wird stufenweise das Purinringsystem aufgebaut (Abb. 11.21). Zunächst entsteht Inosinmonophosphat (IMP) und daraus Adenosin- und Guanosin-monophosphat (AMP, GMP).

Die Biosynthese der Pyrimidinnucleotide geht aus von Aspartat und Carbamoylphosphat, aus denen in mehrstufiger Reaktion unter Ringschluss die Orotsäure entsteht. Diese reagiert mit Phosphoribosyl-diphosphat zum Mononucleotid Orotidin-monophosphat, das dann zu Uridinmonophosphat (UMP) und dieses zu weiteren Pyrimidinnucleotiden umgesetzt wird.

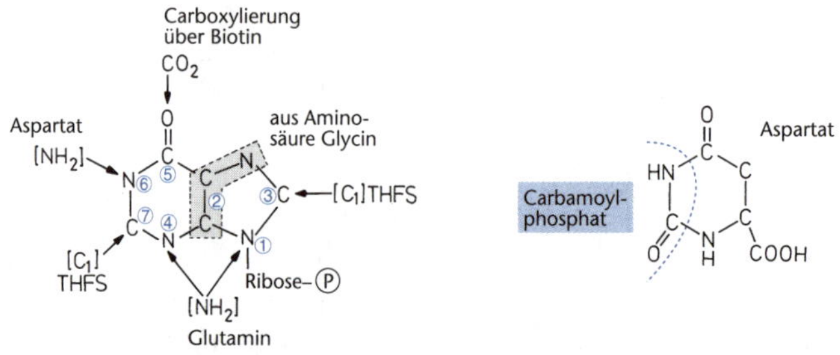

Abb. 11.21: Bausteine des Purin- und Pyrimidinrings. Beim Aufbau des Purinrings ist die Reihenfolge des Einbaus der einzelnen Komponenten angegeben.

Gruppe	Grundgerüst	Vorstufe	Beispiel
Tropan-Alkaloide	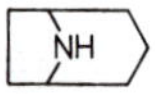	Ornithin	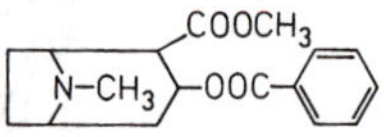 Cocain
Piperidin-Alkaloide	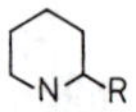	Acetat oder Lysin	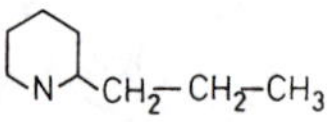 Coniin
Chinolizidin-Alkaloide	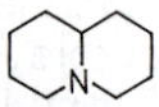	Lysin	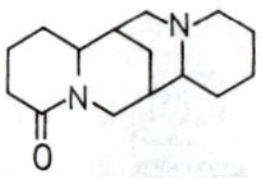 Lupanin
Pyridin-Alkaloide	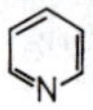	Nicotinsäure	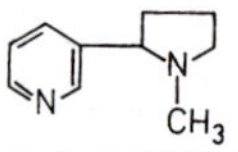 Nicotin
Isochinolin-Alkaloide	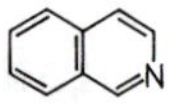	Tyrosin	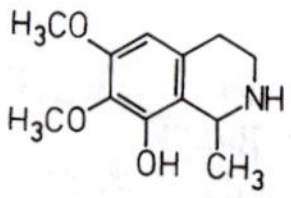 Anhalonidin
Indol-Alkaloide	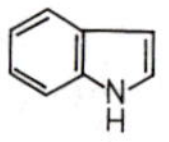	Tryptophan	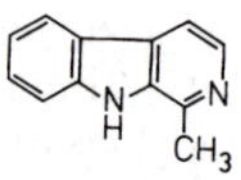 Harman
Chinolin-Alkaloide	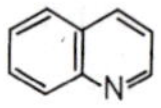	Tryptophan	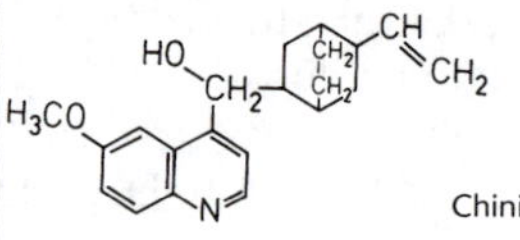 Chinin

Abb. 11.22: Wichtige Alkaloid-Gruppen: Grundstruktur, Ausgangsverbindungen und Beispiele.

Die Reduktion zu Desoxyribonucleotiden erfolgt auf der Stufe der Diphosphate mit Thioredoxin; die Reduktionsäquivalente werden von NADPH nachgeliefert.

In ähnlicher Weise entsteht aus Aspartat und Glycerinaldehydphosphat die Chinolinsäure und durch deren Reaktion mit Phosphoribosyl-diphosphat das Nicotinsäure-mononucleotid, das Baustein von NAD und NADP ist.

11.3.5 Alkaloide

Die Alkaloide bilden die größte Gruppe pflanzlicher Sekundärstoffe. Auch bei Tieren kommen Alkaloide vor, allerdings meist nur in geringen Mengen. Alkaloide sind N-Verbindungen, deren Stickstoff normalerweise in einen heterozyklischen Ring eingebaut ist. Viele Alkaloide reagieren schwach basisch, danach haben sie ihren Namen erhalten. Alkaloidartige Verbindungen, deren Stickstoff in einer Amin-Gruppierung und nicht im heterozyklischen Ring vorliegt, werden als Protoalkaloide bezeichnet (z. B. Ephedrin aus *Ephedra*). Ein Aminostickstoff liegt auch im Colchicin (vgl. 3.2.4.3) vor; da hier aber als Vorstufe ein Isochinolinring mit heterozyklisch gebundenem Stickstoff auftritt, zählt man Colchicin häufig zu den echten Alkaloiden (Tropolon-Alkaloid).

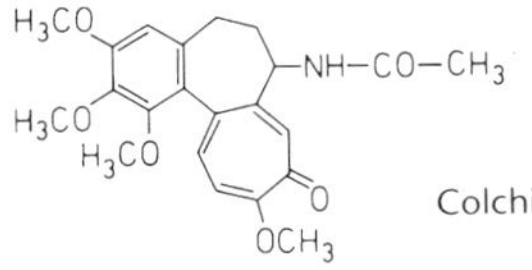

Die wirtschaftlich wichtigste Gruppe sind die *Cinchona*-Alkaloide (aus der Gruppe der Chinolin-A.), die Jahresweltproduktion liegt bei mehr als 700 t (für die Getränkeindustrie, Pharmazie und in chemischen Prozessen zur Racemat-Trennung). Bei Morphin-Alkaloiden liegt die legale Jahresproduktion bei 160 t, die illegale wird auf über 1000 t geschätzt.

Die Biosynthese der Alkaloide geht von Aminosäuren aus. Am wichtigsten sind hierbei die aromatischen Aminosäuren sowie Lysin und Ornithin, seltener treten Prolin und Aspartat in Reaktion. Außerdem können andere Komponenten eingebaut werden (C_5-Einheit der Terpenoide; Acetylgruppe, Methylgruppe). Alkaloide, bei denen Stickstoff nachträglich in ein Ringsystem eingebaut wird, das nicht aus Aminosäuren entsteht, werden auch als Pseudoalkaloide bezeichnet. Dazu gehören z. B. die Steroidalkaloide (z. B. von *Solanum*). Die Einteilung der Alkaloide erfolgt nach der Art der gebildeten Ringstrukturen und nach den Aminosäuren, von denen die Synthese ausgeht (Abb. 11.22).

Die Alkaloide treten in einer Pflanzenart meist in Gruppen auf, neben einem vorherrschenden Hauptalkaloid findet man Nebenalkaloide. Beim Tabak ist Nicotin das Hauptalkaloid, Nornicotin und Anabasin sind Nebenalkaloide. Im Milchsaft von *Papaver somniferum* treten etwa 25 verschiedene Opiumalkaloide auf; Hauptalkaloid ist das Morphin (Abb. 11.23).

Morphin entsteht aus der methylierten Vorstufe Codein; dieses ist pharmazeutisch viel wichtiger, sodass 90 % des produzierten Morphins wieder zu Codein umgesetzt werden. Es wäre günstig, die Biosynthesekette vor der letzten Demethylierung zu unterbrechen; auch der Anbau derartiger, dann Morphinfreier Mohnpflanzen wäre unproblematisch.

Alkaloide werden in der Regel in die Vakuole sezerniert und dort gespeichert. Sie können in so großer Menge akkumuliert werden, dass sie das Cytoplasma der gleichen Zelle vergiften würden. Vielfach haben die Alkaloide in der Pflanze bestimmte Bildungsorte; manchmal werden sie bevorzugt an anderer Stelle gespeichert. So wird Nicotin (Abb. 11.23) in der Wurzel des Tabaks gebildet und dann in die Blätter transportiert. Auch bei N-Mangel kann die Tabakpflanze die Alkaloide nicht als N-Quelle nutzen.

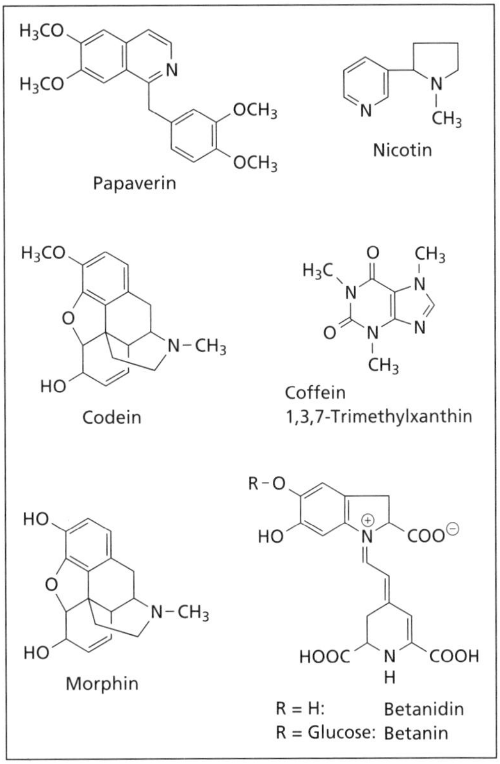

Eine Sonderstellung unter den Alkaloiden haben die aus dem Purin-Stoffwechsel stammenden N-methylierten Purin-Alkaloide Coffein (=1,3,7-Trimethylxanthin), Theophyllin und Theobromin, sowie die als rote und gelbe Farbstoffe vieler Vertreter der Caryophyllales wichtigen Betalaine, die ihren Namen nach der Gattung *Beta* (Farbstoffe der roten Bete oder roten Rübe) erhalten haben. Interessanterweise haben auch die roten Farbstoffe des Fliegenpilzes (*Amanita muscaria*) Betalain-Struktur.

Alkaloide stellen den größten Anteil der pharmazeutisch genutzten Sekundärstoffe der Pflanzen.

Abb. 11.23: Alkaloide. Papaverin, Codein und Morphin (Opium-Alkaloide aus *Papaver*) sind (Benzyl-)Isochinolin-Alkaloide; Nicotin (Hauptalkaloid des Tabaks) ist ein Pyridin-Alkaloid; Coffein ein Purin-Alkaloid und Betanidin ein Betalain.

11.3.6 Glucosinolate und cyanogene Verbindungen

Aus Aminosäuren entstehen weitere Sekundärstoffe, die in den Vakuolen gespeichert werden und deren Spaltprodukte als Abwehrstoffe wirksam sind. Die Spaltung erfolgt, wenn die im Cytoplasma befindlichen Enzyme einwirken können, also vor allem bei Verletzung der Gewebe.

Glucosinolate (Abb. 11.24) kommen bei Brassicaceen und verwandten Familien vor. Es handelt sich um S-Glykoside (vgl. 11.1.4), deren Zucker stets Glucose ist. Die Grundstruktur geht aus einer Aminosäure (z. B. Phenylalanin) hervor, der Sulfatrest aus PAPS und der Sulfid-Schwefel aus Cystein. Bei der Spaltung der Glucosinolate durch die Myrosinase entstehen durch Umlagerung des Aglykons Senföle. Diese verursachen den scharfen Geruch und Geschmack von Rettich, Meerrettich, Kapern u.a.

In etwa 10 000 Pflanzen kommen cyanogene Glykoside vor (z. B. Mandel, Maniok, Leguminosen). Sie werden aus Aminosäuren gebildet, wobei durch Decarboxylierung und Oxidation eine Nitril-Gruppe ($-C\equiv N$) entsteht. α-Hydroxynitrile werden dann glykosidiert. Bei der Spaltung werden Hydroxynitril-Lyasen wirksam, die Blausäure HCN als Abwehrstoff freisetzen. Da die Enzyme auch umgekehrt zur Herstellung enantiomerenreiner α-Hydroxynitrile (Cyanhydrine) verwendet werden können, sind sie biotechnisch interessant.

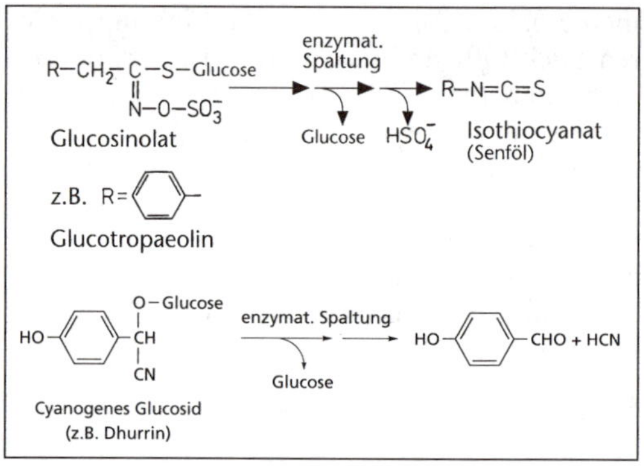

Abb. 11.24: Die Spaltung von Glucosinolaten und von cyanogenen Glykosiden führt zur Bildung von pflanzlichen Abwehrstoffen (Senföle bzw. Blausäure)

11.4 Stoffwechsel der Aromaten

Kormophyten besitzen einen hochentwickelten Aromatenstoffwechsel. Quantitativ hat Lignin die größte Bedeutung, aber auch viele Farbstoffe, UV-Schutzstoffe, Abwehrstoffe und Signalstoffe sind Aromaten. Tiere müssen hingegen die erforderlichen Aromaten (z.B. die Aminosäuren Phenylalanin, Tyrosin, Tryptophan) mit der Nahrung aufnehmen. Aromatische Ringsysteme werden von höheren Pflanzen auf drei Wegen gebildet:

- **Shikimisäure-Weg:** vgl. 11.3.2.3 und Abb. 11.12 sowie Abb. 11.25. Auf diesem Weg entstehen bei Pflanzen die einfachen Aromaten. Phenylalanin wird durch Phenylalaninammonium-lyase (PAL, mehrere Isoenzyme) zu Zimtsäure umgesetzt.

In der Zimtsäure ist am aromatischen Ring die C_3-Seitenkette des Phenylalanin erhalten; von ihr aus werden zahlreiche Phenylpropanderivate (C_6–C_3-Körper) gebildet. Von der o-Hydroxyzimtsäure leiten sich die Cumarine ab. In den Pflanzen liegen zunächst Cumarylglykoside vor. Bei Verletzung oder beim Absterben der Gewebe wird der Zucker durch Glykosidasen abgespalten und unter Ausbildung eines Lactonrings entsteht das Cumarin (o-Hydroxy-cis-zimtsäurelacton), das den charakteristischen Geruch von Waldmeister *Galium odoratum,* Ruchgras *Anthoxanthum* und Steinklee *Melilotus* hervorruft.

Die C_3-Seitenkette der Phenylpropan-Abkömmlinge kann durch β-Oxidation abgebaut werden (z.B. bei der Gentisinsäure). Salicylsäure ist als Signalstoff wichtig (vgl. 14.3.1.8). Völliger Abbau der Seitenkette führt u.a. zum Hydrochinon, dessen Glucosid Arbutin in Ericaceen und Rosaceen vorkommt. Die dunkle Herbstfärbung von Birnenblättern kommt durch Oxidation des Hydrochinons bei Einwirkung von Phenoloxidasen (vgl. 10.7) zustande.

- **Synthese aus C_2-Einheiten** (Acetyl-CoA bzw. Malonyl-CoA). Auf diesem Wege werden aromatische und nichtaromatische Ringe gebildet; bei höheren Pflanzen werden vor allem weitere Ringe an eine bereits bestehende aromatische Verbindung stufenweise aufgebaut. Besonders wichtige Stoffe, die auf diesem Wege entstehen, sind die Vertreter der Flavonoide. Bei ihnen wird an ein Phenylpropan-Derivat (z.B. Zimtsäure-CoA-Ester = Cinnamoyl-CoA) ein weiterer aromatischer Ring aus drei C_2-Einheiten angelagert (vgl. Abb. 11.26).

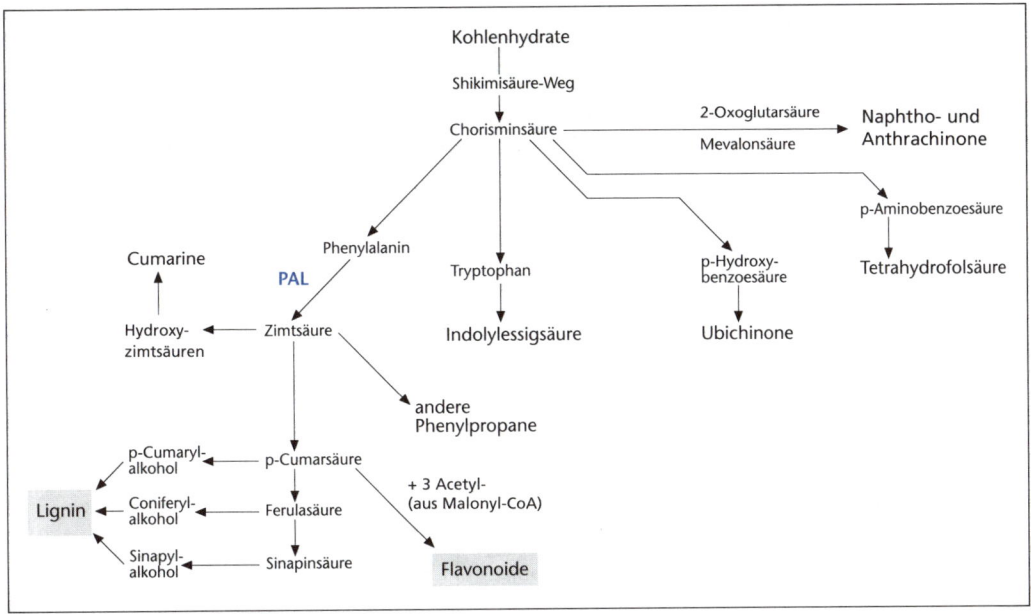

Abb. 11.25: Übersicht über den Stoffwechsel der Aromaten bei höheren Pflanzen. Der Bereich unten links ist in Abb. 11.26 genauer dargestellt.

- **Aromatisierung von Isoprenoiden** mit carbozyklischem Sechsring. Diese Reaktionskette hat geringere Bedeutung; beispielsweise wird Thymol auf diesem Weg gebildet.

Einige wichtige Gruppen von Aromaten seien hier kurz charakterisiert (Abb. 11.26):

Bei den verschiedenen Verbindungsgruppen der **Flavonoide** werden Strukturen durch unterschiedliche Seitengruppen ($-OH$, $-OCH_3$) an den aromatischen Ringen A und B der Grundgerüste variiert. An Hydroxylgruppen können Zucker glykosidisch gebunden werden; dadurch entstehen wasserlösliche Verbindungen, die in der Vakuole akkumuliert werden. Verschiedene Flavonoide sind infolge ihrer hohen Absorption im kürzerwelligen UV-Bereich als UV-Schutzstoffe der Pflanze von Bedeutung; dies gilt z. B. für die Flavone und Flavonole, die auch als gelbe Farbstoffe auftreten.

Flavonoide sind ferner als Stoffe mit Signalfunktion wichtig (vgl. *Rhizobium*-Infektion, 11.3.1.1; *Agrobacterium*-Infektion 14.6.1) und stehen damit am Übergang von Sekundärstoffen zu echten Signalstoffen, der bei den Phytohormonen vollzogen ist (vgl. 14.3.1).

Die Anthocyane (rote und blaue Vakuolenfarbstoffe) sind die Glykoside der Anthocyanidine.

Bei höheren Pflanzen kommen 6 verschiedene Anthocyanidine vor, die sich durch ihre Seitengruppen am Ring B unterscheiden (Abb. 11.26 unten). Eine große Vielfalt von Verbindungen entsteht durch die verschiedenartige Bindung einer unterschiedlichen Zahl von Zuckern mit verschiedener Struktur.

Die Oxonium-Ion-Struktur der Anthocyane (Flavylium-Kation) mit roter Farbe ist in stark saurem Milieu stabil. In schwach sauren Zellsäften wird sie durch eine Stapelung von Anthocyanmolekülen stabilisiert, wobei zwischen diesen hydrophobe Wechselwirkungen ausgebildet werden. Durch Stapelung (auch mit eingeschalteten Flavonen als Copigmenten), hydrophobe Wechselwirkung mit Zimtsäurederivaten und Einbau komplexbildender Metallionen (Fe^{3+}, Al^{3+}, Mg^{2+}) wird die blaue Farbe der Anhydrobase (Phenolat-Anion) bei den schwach sauren pH-Werten des Zellsaftes stabilisiert. Bei freien Anthocyanen entsteht die blaue Farbe nur in schwach basischem Medium. Durch unterschiedliche Verknüpfung der Moleküle (die Zimtsäurederivate können kovalent an die Zucker der Anthocyane gebunden sein) entstehen vielerlei verschiedene Farbtöne. Hydroxylierung an Ring B führt zu einer Farbverschiebung zu blau; blaue Farbtöne sind daher bei Delphinidin-Strukturen besonders stabil, rote hingegen bei Pelargonidin und Cyanidin. Jedoch verursacht Cyanin in der Kornblume durch Copigmentierung und Bindung von Fe und Mg eine leuchtend blaue Farbe.

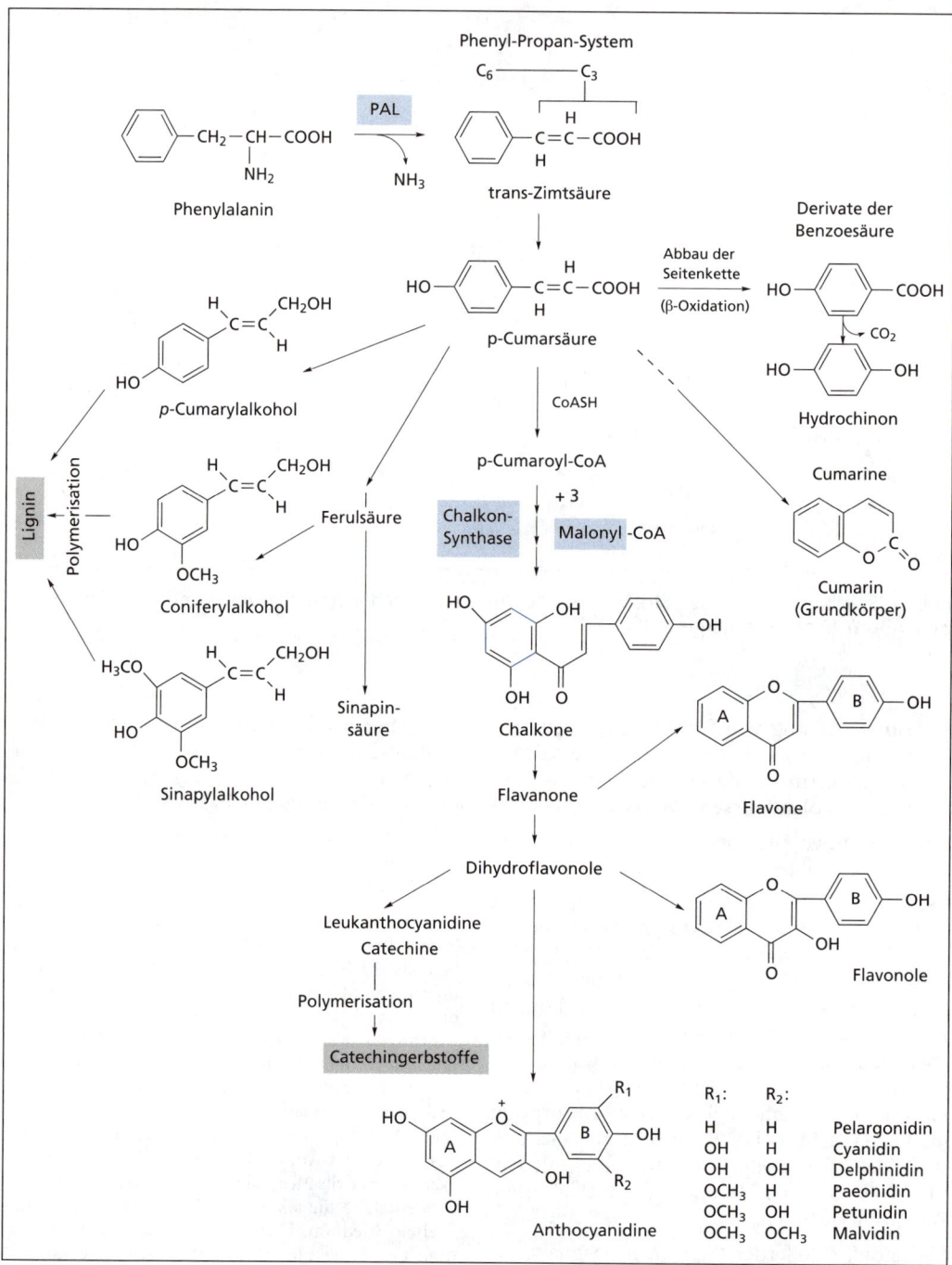

Abb. 11.26: Wichtige Aromaten und ihre Biosynthese. Regulierte Schlüsselenzyme blau, Polymere grau unterlegt. PAL = Phenylalanin-ammoniak-lyase ist das Startenzym des Aromatenstoffwechsels. Die Chalkonsynthase (CHS) ist das erste Enzym der Flavonoid-Synthese. Der A-Ring der Flavonoide entsteht aus 3 C_2-Einheiten, der B-Ring stammt von Zimtsäure bzw. Phenylalanin. Bausteine des Lignins sind vor allem p-Cumarylalkohol, Coniferylalkohol und Sinapylalkohol.

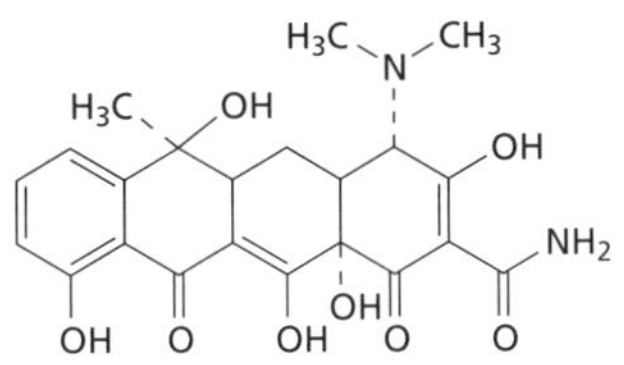

Abb. 11.27: Shikonin und Polyketide. Polyketide entstehen aus C_2-Einheiten (Acetyl-CoA), Tetracyclin, ein Antibiotikum aus Streptomyceten; Brefeldin A, ein Makrolid-Antibiotikum aus dem Pilz *Penicillium brefeldianum*; Parasorbosid, ein Pyron aus der Eberesche *Sorbus aucuparia*.

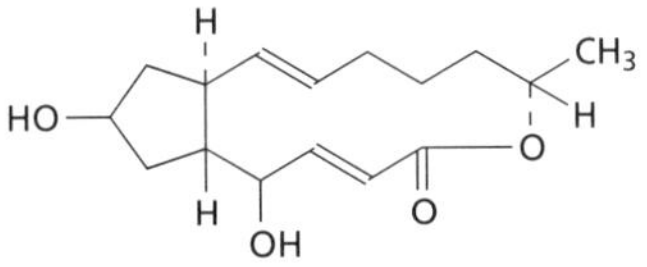

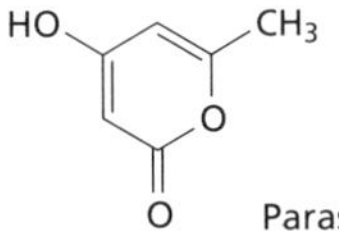

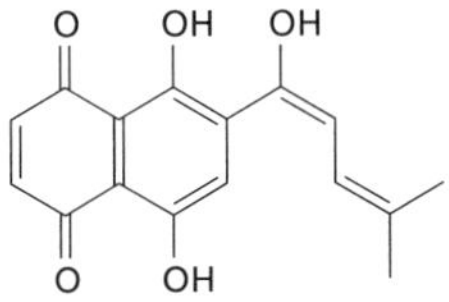

Metallionen stabilisieren blaue Färbung, man kann daher in manchen Fällen (z.B. in Hochblättern von Zierhortensien) durch Zufuhr von Fe- (rostige Nägel) oder Al-Ionen eine Umfärbung nach blau erzielen. Bei Zierpflanzen wurden gentechnisch Blütenfarben erfolgreich verändert (z.B. blaue Nelken).

Anthocyane sind vor allem bei Keimlingen und Jungpflanzen auch als UV-Schutz von Bedeutung. Die Bildung dieser Jugendanthocyane wird durch hohe Lichtintensität und Kälte stimuliert. Leucanthocyanidine und Catechine sind Flavonoide, aus denen bei der Kernholz- und Borkebildung «kondensierte Gerbstoffe» hervorgehen. **Gerbstoffe** sind Verbindungen, durch deren Einwirkung auf tierische Häute über Proteindenaturierung Leder erzeugt wird. In den Pflanzen schützen sie vor Tierfraß und Befall durch Mikroorganismen. Kleinmolekulare Gerbstoffe sind gut löslich; sie entstehen vor allem aus Gallussäure-Molekülen (Abb. 11.25), die mit Glucose verestert werden, aber auch untereinander verknüpft sein können.

Lignin macht bis über 25% der Holztrockenmasse aus (vgl. 3.2.5.4), kommt aber in geringer Menge sogar in Primärwänden vor. Es ist eine hochmolekulare Verbindung vorwiegend aus den Phenylpropankörpern p-Cumarylalkohol, Coniferylalkohol und Sinapylalkohol, die durch Reduktion der entsprechenden Säuren im Cytoplasma entstehen. Sie werden (zumindest bei Coniferen als Glucoside) durch das Plasmalemma in den Zellwandraum transportiert. Dort findet eine Oxidation (als Dehydrierung) durch Peroxidasen und Phenoloxidasen statt, und von dabei entstehenden Radikalen ausgehend erfolgt Polymerisation. Dieser Vorgang verläuft wenigstens teilweise zufällig, wodurch die Biosynthese von Lignin von der Bildung der anderen Biopolymeren abweicht. Das entstehende Lignin füllt Hohlräume der Zellwand aus. Bei Coniferen ist der Anteil an Coniferylalkohol, bei Angiospermen jener an Sinapylalkohol größer; dadurch lässt sich die Herkunft von Lignin feststellen. Nach der Cellulose ist Lignin der zweithäufigste Naturstoff; die Jahresproduktion durch die Pflanzen wird auf $2 \cdot 10^{10}$ t geschätzt. Die Ligninbildung setzt im Xylem bereits wenige Zellen vom Cambium entfernt ein.

Der Abbau des Lignins durch Pilze (vorwiegend Basidiomyceten) wird meist durch Peroxidase-Reaktionen eingeleitet, ist aber nicht genauer bekannt. Die Pilze nutzen vor allem die Hemicellulosen und bauen dabei das Lignin cometabolisch (ohne Energiegewinn) ab. Ligninabbauende Pilze leiten oft auch den Abbau von Xenobiotika ein (z.B. von Dioxinen, Nitroverbindungen, Chloraromaten). Der Abbau von Aromaten durch Mikroorganismen ist ökologisch von großer Bedeutung, ohne ihn wäre der C-Kreislauf nicht ausgeglichen.

Durch Verknüpfung von Aromaten mit Terpenoiden entstehen weitere Sekundärstoffe. Als Beispiel sei das Shikonin erwähnt. Dieses Naphthochinon aus *Lithospermum erythrorrhizon* wird in Ostasien seit langem pharmazeutisch eingesetzt und heute ausschließlich über Zellkulturen gewonnen. Die Biosynthese geht von p-Cumarsäure aus, an die nach C_2-Abspaltung durch β-Oxidation ein Geranylrest (C_{10}) gebunden wird.

Polyketide. Aus C_2-Einheiten werden eine Vielzahl weiterer heterozyklischer und carbozyklischer Strukturen aufgebaut. Erfolgt keine oder nur teilweise Reduktion, so entstehen Verbindungen mit mehreren Ketogruppen, die Polyketide (vgl. Abb. 11.27). Durch unterschiedliche Ringschlüsse und Reduktionen kommt vor allem bei Mikroorganismen eine große Variationsbreite von Verbindungen zustande. Vollständige Aromatisierung führt zu den Acetogeninen (das Antibiotikum Tetracyclin entsteht aus einer völlig aromatischen Vorstufe); Ringschlüsse langkettiger Polyketide nach unterschiedlich starker Reduktion zu Makroliden (z. B. Antibiotikum Erythromycin, Membranfluss-Inhibitor Brefeldin A). Die Polyketidsynthasen von Mikroorganismen sind modular gebaute Multienzymsysteme. Durch deren Bau ist festgelegt, wo in der Biosynthese Reduktionsschritte unterbleiben. Der modulare Bau erlaubt gentechnische Eingriffe, die zu einer Strukturveränderung der Produkte führt und so eine gesteuerte Produktion neuer Antibiotika ermöglicht. Auch bei Kormophyten gibt es Polyketidsynthasen; z. B. entstehen aus 4 C_2-Einheiten Isocumarine; aus 3 C_2-Einheiten werden Lactonring-Strukturen von Pyronen gebildet (z. B. Parasorbosid, liegt als Glykosid in Beeren von Eberesche *Sorbus aucuparia* als Fraßschutzstoff vor).

12 Wasser- und Ionenhaushalt; Transportvorgänge

Der Wasserhaushalt der Pflanze (vgl. auch Abschn. 3.5) ist nicht nur zur Erhaltung des Zellmilieus und der Stabilität unverholzter Gewebe von Bedeutung, sondern auch für den Transport von Ionen und organischen Stoffen. Die Transportvorgänge finden stets in wässriger Lösung statt. Für den Wasserhaushalt der Landpflanzen sind folgende Vorgänge wichtig:

- die Wasserabgabe durch die oberirdischen Teile, vorwiegend als Wasserdampf durch den Vorgang der Transpiration
- die Wasseraufnahme durch die Rhizodermis-Zellen der Wurzel
- der Wassertransport:
    - als Ferntransport im Xylem der Leitbündel (faszikulärer Transport);
    - als Nahtransport in den Kapillaren der Zellwände (extrafaszikulärer Transport).

Die Phloemteile der Leitbündel dienen dem Ferntransport organischer Stoffe, d.h. löslicher Assimilate. Der Transport organischer Stoffe zwischen benachbarten Zellen erfolgt im Cytoplasma durch die Plasmodesmen (ohne Beteiligung der Vakuolen). Die durch Plasmodesmen verbundenen Zellen bilden einen Symplasten; der Transport heißt daher symplastischer Transport. In der Regel ist keine der assimilatliefernden Zellen mehr als fünf Zellen von der nächstgelegenen Phloemzelle entfernt, sodass der symplastische Transport nur über kurze Strecken erforderlich ist. Der Transport organischer Stoffe in den Symplasten hinein und aus ihm heraus ist stets ein Membrantransport (vgl. 9.6). Der Nahtransport des Wassers in den Zellwand-Kapillaren erfolgt außerhalb des Symplasten. Dieser Bereich ist der Apoplast; man spricht vom apoplastischen Transport. Dieser umfasst auch im Wasser gelöste Substanzen, vor allem Ionen.

12.1 Wasserhaushalt der Pflanze

12.1.1 Wasserabgabe

Die Interzellularräume der pflanzlichen Gewebe stehen normalerweise mit den wassererfüllten Zellwandkapillaren im Gleichgewicht und sind dann wasserdampfgesättigt. Die Atmosphäre, welche die oberirdischen Pflanzenteile umgibt, ist hingegen in der Regel nicht wasserdampfgesättigt. Es besteht somit ein Gefälle der Wasserdampfkonzentration, eine Differenz des Wasserpotenzials, das in der Luft sehr niedrig ist (Abb. 12.1). Die Pflanze gibt daher Wasserdampf ab; dieser Vorgang heißt Transpiration. Die Cuticula der Epidermis setzt infolge der hydrophoben Eigenschaften des Cutins sowie besonders der Wachsschichten die Transpiration sehr stark herab. Eine Wasserdampfabgabe durch die Cuticula erfolgt aber dennoch; sie wird als **cuticuläre Transpiration** bezeichnet. Bevorzugt wird der Wasserdampf durch die Stomata abgegeben (normalerweise über 80%, bei Pflanzen sehr feuchter Standorte 60% der gesamten Transpiration); diese **stomatäre Transpiration** wird durch Veränderung der Spaltenweite reguliert. Die cuticuläre Transpiration kann direkt nicht reguliert werden. Dies kann nur in Form modifikatorischer Anpassungen geschehen: so entsteht an Blättern, die bei Wassermangel neu ausgebildet werden, eine dickere Cuticula.

Die große Zahl von Stomata der Blätter (vgl. 6.3.3.1) begünstigt die Abgabe von Wasserdampf gegenüber wenigen größeren, aber flächengleichen Poren (Abb. 12.2). Durch jede Spalte diffundiert Wasserdampf und über jeder bildet sich daher getrennt ein Wasserdampfgradient. So erreicht die Wasserdampfabgabe durch die Stomata 50–70% derjenigen einer freien Wasserfläche von der Größe des Blattes (= Evaporationsrate) bei einer Stomata-Fläche von nur

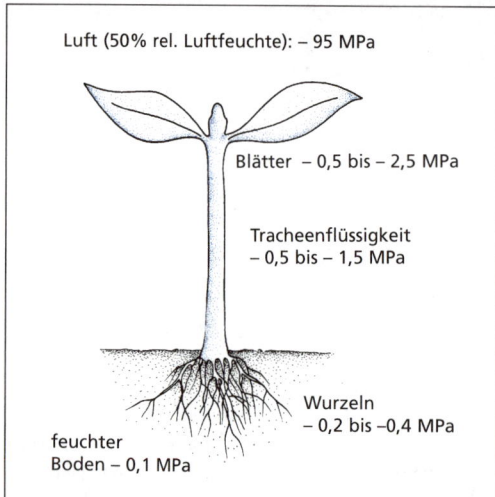

Abb. 12.1: Wasserpotenzialgefälle zwischen Boden, Pflanze und Luft an einem Beispiel. Der größte Potenzialsprung liegt zwischen Pflanze und Luft (nach MOHR-SCHOPFER).

Die Spaltöffnungsweite reguliert neben der Transpiration gleichzeitig die CO_2-Zufuhr für die Photosynthese. Transpiration und CO_2-Gaswechsel sind daher notwendigerweise verknüpft; bei Spaltenschluss wird mit der Wasserabgabe die Assimilation verhindert und bei Spaltenöffnung mit der CO_2-Assimilation auch der Wasserverlust gesteigert. Das Verhältnis zwischen Wasserverbrauch und Stoffproduktion ist im Nutzpflanzenanbau und in Gebieten mit Trockenzeiten oder ständigem Wassermangel von Bedeutung. Als Maß dient der **Transpirationskoeffizient** (er gibt an, wie viel l Wasser zur Produktion von 1 kg Trockensubstanz transpiriert werden) oder sein Reziprokwert, der als Wasserökonomiekoeffizient bezeichnet wird (vgl. 10.1.3.2). Der Transpirationskoeffizient beträgt für Getreide: 500–650 l/kg, mitteleuropäische Laubbäume: 200–350 l/kg, C_4-Pflanzen: 220–350 l/kg, CAM-Pflanzen: 50–150 l/kg.

Die Öffnungsweite der Stomata hängt stark von Außenfaktoren ab. Schlechte Wasserversorgung (vor allem der Nachbarzellen) und hohe Temperaturen fördern den Spaltenschluss, Licht führt zur Spaltenöffnung. Eine geringe CO_2-Konzentration in den angrenzenden Interzellularen fördert die Öffnung, eine hohe das Schließen. Die Spaltöffnungsbewegung ist eine Turgorbewegung (vgl. 15.3.2.1); Turgorzunahme führt zu Öffnung der Spalte, Turgorabnahme zum Spaltenschluss (Abb. 12.10). Die Turgorveränderung erfolgt innerhalb einiger Minuten (vgl. 12.4.3).

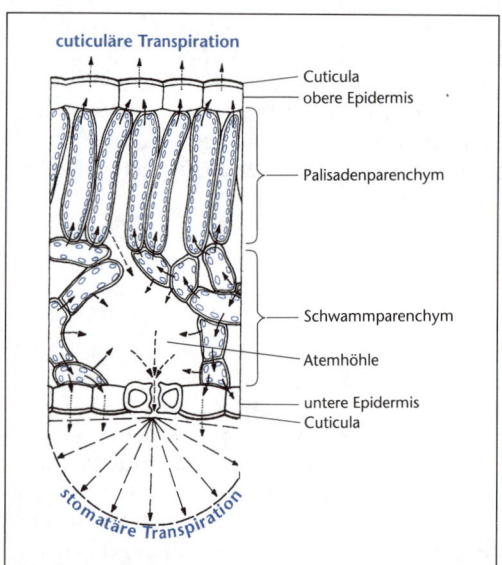

Abb. 12.2: Transpiration eines Blattes: stomatäre Transpiration durch die Spaltöffnungen, cuticuläre Transpiration durch die Cuticula der Epidermiszellen. Der extrafaszikuläre Wassertransport erfolgt in den Zellwänden (in Anlehnung an NULTSCH).

1–2% der Blattfläche (Randeffekt). Bei Pflanzen trockener Standorte ist die Transpiration durch verschiedene Anpassungen herabgesetzt (vgl. 6.5.2.1).

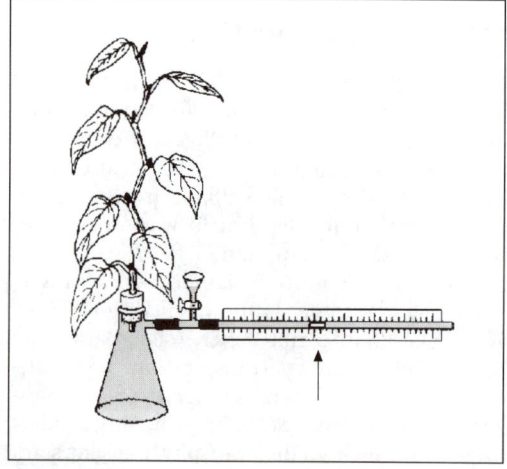

Abb. 12.3: Potetometer zur Messung der Transpirationsrate eines Zweiges. Der Pfeil deutet auf eine Luftblase, deren Wanderung in der Kapillare festgestellt wird (aus STRASBURGER).

Eine Veränderung der Spaltöffnungsweite ist mit einem Porometer rasch messbar. Ermittelt wird hierbei die Menge des von einem Blatt oder Blattbereich je Zeiteinheit in einer Küvette abgegebenen Wasserdampfes. Die Küvette kann geschlossen oder mit der Außenluft in Verbindung sein. Man erhält als Messwert den Diffusionswiderstand für Wasserdampf (Stomatawiderstand).

Bei guter Wasserversorgung steigt die Transpirationsrate ab Sonnenaufgang an, erreicht mittags ihr Maximum und nimmt dann wieder ab; nachts ist sie (außer bei CAM-Pflanzen) sehr gering (Abb. 12.4).

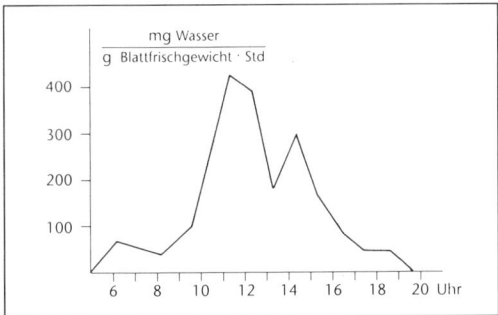

Abb. 12.4: Tagesgang der Transpiration bei einem Blatt von *Kleinia*. Ordinate: abgegebene Wassermenge in mg je g Blattfrischgewicht und Stunde.

Bei wasserdampfgesättigter Luft (z. B. bei Nebel) kann keine Transpiration stattfinden. Dennoch ist bei vielen krautigen Pflanzen auch dann noch eine Wasserabgabe möglich. Es wird flüssiges Wasser ausgeschieden: bei Pilzen durch Mycelzellen (gut bekannt z. B. vom Hausschwamm *Serpula (Merulius) lacrymans*, bei Kormophyten durch (oft umgebildete) Spaltöffnungen (Hydathoden). Dieser Vorgang ist die **Guttation**. Bei Wasserpflanzen wird durch Guttation ein dauernder schwacher Wasserstrom in der Pflanze aufrecht erhalten. Die Guttation ermöglicht den Ionentransport über das Xylem auch bei Wasserdampfsättigung der Atmosphäre.

12.1.2 Wasseraufnahme

Die Wasseraufnahme der Landpflanze erfolgt durch die Wurzeln vor allem im Bereich der Wurzelhaare aus dem Boden. In diesem ist Wasser in verschieden gut verfügbarer Form vorhanden. Das Grundwasser erreichen in der Regel nur tief wurzelnde Holzpflanzen. Freies Wasser kann als Sickerwasser größere Hohlräume des Bodens erfüllen und fließt zum Grundwasser ab (der Boden ist dann nass). Die Kapillaren im Boden enthalten Kapillarwasser und die Bodenteilchen haben Hydratwasser gebunden. Kapillar- und Hydratwasseranteil sind nicht scharf zu trennen; sie werden auch als Haftwasser zusammengefasst. Das Hydratwasser ist infolge seiner festen Bindung den Pflanzen nicht zugänglich. Das Fassungsvermögen des Bodens für Haftwasser hängt von den Bodeneigenschaften ab. Die gegen die Schwerkraft festgehaltene Wassermenge wird als **Wasserkapazität** des Bodens gemessen.

Im Bodenwasser sind Teilchen gelöst, daher hat es ein negatives Wasserpotenzial. Damit die Wurzel Wasser aufnehmen kann, muss ihr Wasserpotenzial negativer sein als das des Bodens. Bei Trockenheit oder bei hoher Ionenkonzentration im Boden wird dessen Wasserpotenzial negativer. Um die Wasseraufnahme sicherzustellen, muss dann das Wasserpotenzial der Wurzelzellen durch Erhöhung des potenziellen osmotischen Drucks (vgl. 3.5.3) stärker negativ werden. Außerdem können die Wurzeln durch Wachstum zusätzliche Wasservorräte erschließen; Teile des Wurzelsystems, die kein nutzbares Wasser erreichen, können auch absterben. Diese verschiedenen Vorgänge können sich aber nicht beliebig fortsetzen und bei starker Trockenheit vermag die Pflanze deshalb kein Wasser mehr aufzunehmen. Es kann sogar umgekehrt zur Abgabe von Wasser aus der Pflanze an den Boden kommen, was zum irreversiblen Welken der Pflanze führt. Bei landwirtschaftlichen Nutzpflanzen setzt dieser Vorgang bei einem Wassserpotenzial von −1 bis −2,5 MPa ein; bei Holzpflanzen Mitteleuropas bei −2 bis −5, bei Xerophyten bis −12 MPa.

Durch die Wurzelhaare ist die aufnehmende Oberfläche der Wurzel stark vergrößert (vgl. 6.4). Die Zellwände sind pectinreich und erhöhen ihren Quellungsgrad, wenn Kapillarwasser aus dem Boden eintritt. Infolgedessen quillt auch der Protoplast der Zelle verstärkt; außerdem findet eine osmotische Wasseraufnahme in die Vakuole statt. Das Matrixpotenzial der Zellwände Ψ_τ und das osmotische Potenzial der Zelle Ψ_π bestimmen also gemeinsam die Wasseraufnahme. Das Wasser kann durch die Zellwände in der Wurzelrinde wandern, ohne in die Zellen zu gelangen (apoplastischer Transport), osmotisch von Zelle zu Zelle oder durch Plasmodesmen symplastisch transportiert werden. Da die Wasserpotenziale von Zellwand, Protoplast und Vakuole in engem Zusammenhang stehen und die Gleichgewichte sich rasch einstellen, sind die verschiedenen Wanderungsvorgänge nicht klar zu trennen (Abb. 12.5). Je nach

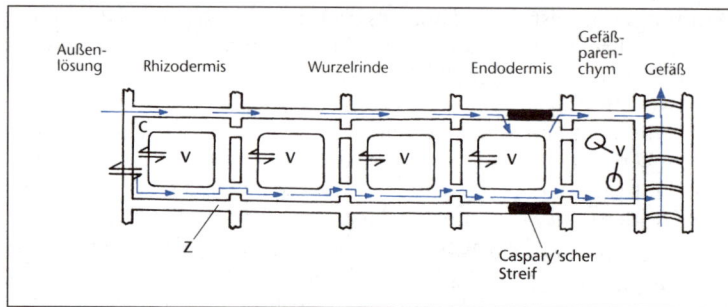

Abb. 12.5: Wasseraufnahme und -transport durch die Wurzel, vereinfachtes Schema. Z = Zellwand, C = Cytoplasma, V = Vakuole. In der Wurzelrinde oben apoplastischer, unten symplastischer Transport dargestellt (nach STRASBURGER, verändert).

den Wasserverhältnissen sind die Vorgänge unterschiedlich beteiligt; daher schwankt der hydraulische Widerstand der Wurzel (bei geringer Transpiration ist er höher als bei starker).

In der Endodermis wird durch den CASPARY'schen Streifen (vgl. 5.2.2.7) der weitere Transport durch die Kapillaren der Zellwand unterbrochen. Das Wasser gelangt in die Endodermiszelle und von dort in den Zentralzylinder. Da Ionen aktiv aus den angrenzenden lebenden Zellen in die Xylem-Elemente des Zentralzylinders abgegeben werden, sinkt dort das Wasserpotenzial und es strömt Wasser nach. Dadurch kommt im Zentralzylinder ein positiver Druck zustande, der als **Wurzeldruck** bezeichnet wird. Bei vielen Arten ist er die Ursache der Guttation. Da im Xylem der Wurzel also ein positiver Druck vorliegen kann, muss verhindert werden, dass Wasser durch die Wände zur Wurzelrinde wegtransportiert wird. Dies gewährleistet der CASPARY'sche Streif. Der Wasserstrom von der Endodermis in den Zentralzylinder führt dazu, dass ein Wasserpotenzialgefälle von der Rhizodermis zur Endodermis entsteht; auf diese Weise wird der Wassertransport von außen nach innen aufrechterhalten.

12.1.3 Wassertransport

Der **Ferntransport** von Wasser in der Pflanze erfolgt als faszikulärer Transport in den Leitelementen des Xylems (Tracheiden und Tracheen, also toten Zellen) mit einer Geschwindigkeit von etwa 1 bis 200 cm/min. In ringporigen (und weitlumigeren) Hölzern ist die Geschwindigkeit größer als in zerstreutporigen. Der Transport von den Leitbündelenden bis zu allen Zellen findet extrafaszikulär in den wassererfüllten Kapillaren der Zellwände als apoplastischer Transport statt. Wird der Zellwand durch Transpiration oder durch die angrenzenden Protoplasten Wasser entzogen, so strömt in den Kapillaren Wasser von den Xylemelementen nach; die Zellwände bleiben daher wassererfüllt (imbibiert). Der Nachweis des Transports und der Transportgeschwindigkeit kann mit Farbstoffen erfolgen, die man ins Xylem einbringt. Für den Nachweis des extrafaszikulären Transports sind vor allem Fluoreszenzfarbstoffe geeignet.

Energiequelle für den Transport ist das Wasserpotenzialgefälle zwischen Boden und Atmosphäre (also das Konzentrationsgefälle des Wasserdampfs), in das die Pflanze sich einschaltet (Abb. 12.1). Der Transport erfolgt ohne Energieaufwand der Pflanze. Im Xylem entsteht durch das Wasserpotenzialgefälle eine Zugwirkung und damit der Transpirationsstrom. Man kann dies vergleichen mit dem Saugen an einem in Wasser eintauchenden Strohhalm. Der in den kapillaren Leitbahnen des Xylems nach oben wandernde Wasserfaden reißt infolge des Kohäsionseffektes auch bei den beträchtlichen Höhen großer Bäume nicht ab, solange keine Luft in die Leitbahn eindringt (Kohäsionstheorie der Wasserleitung). Die Zugfestigkeit eines solchen Wasserfadens ist umso höher, je enger die Kapillare ist; gleichzeitig nimmt aber die Transportleistung ab. Die größeren Landpflanzen haben daher Kompromisse zwischen Radius und Zahl der Leitelemente entwickelt, die in Abhängigkeit von ökologischen Anpassungen unterschiedlich sind.

Die Zugfestigkeit eines Wasserfadens in einer engen Kapillare liegt bei mehr als 25 MPa. Da das Xylemwasser aber nicht rein ist und auch gelöste Gase enthält, kann der Wert 3,5–5 MPa betragen. Bei einem Strömungswiderstand, dessen Überwindung etwa 2 MPa erfordert, verbleiben 1,5–3 MPa zur Stabilisierung des Wasserfadens. Dies reicht aus, um Wasser bis in die Gipfelbereiche der höchsten Bäume (um 110 m; *Sequoia sempervirens, Eucalyptus regnans*) zu transportieren.

Um den Wassertransport sicherzustellen, muss in Bäumen das Wasserpotenzial nach oben hin negativer werden. Experimentell lässt sich dies mit der Druckkammer nachweisen (Abb. 12.6). In dieser wird ein abgeschnittener Zweig einem steigenden äußeren Gegendruck ausgesetzt, bis an der basalen Schnittfläche Xylemwasser austritt. Der dazu erforderliche Druck kompensiert gerade das negative Wasserpotenzial, dem sein Zahlenwert entspricht. Bei größeren Bäumen werden bei hoher Transpirationsrate durch starke Zugwirkung die Gefäße ein wenig verengt; hierdurch nimmt der Stammdurchmesser um 1–2 mm ab. Bei abgeschnittenen Zweigen und Schnittblumen wird an der Basis Luft in das Xylem eingesaugt. Daher muss man Schnittblumen nach einem Transport frisch anschneiden.

Gelangt Luft in eine Leitungsbahn, so wird die Kohäsion beendet (Cavitation, Gasembolie) und das Leitelement wird funktionslos. Bei engen Tracheiden können in manchen Fällen angrenzende lebende Holzparenchymzellen die Luft resorbieren. Bei kleinen Pflanzen können durch den Wurzeldruck Leitbahnen unter Umständen wieder mit Wasser gefüllt werden.

Beim **Laubaustrieb** im Frühjahr wird der Wassertransport häufig durch osmotische Vorgänge in Gang gebracht. Im Holzparenchym wird Stärke zu Zuckermolekülen abgebaut; diese sind osmotisch wirksam. Wenn noch keine Blätter vorhanden sind, die das Wasser übernehmen, kann ein positiver Systemdruck

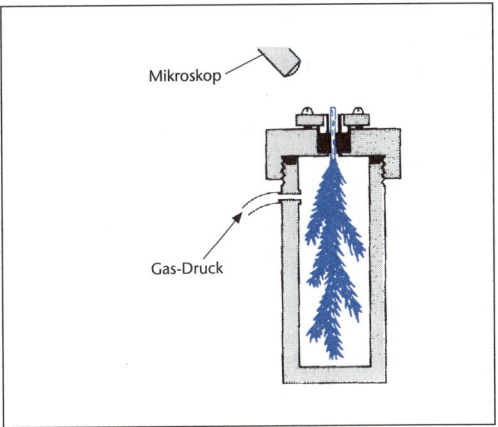

Abb. 12.6: Scholander-Druckkammer zur Messung des Wasserpotenzials im Xylem von Pflanzenteilen (nach STRASBURGER).

entstehen (aber ohne Blätter keine starke Wasserbewegung). Beim Anschneiden einer Sprossachse tritt dann der zuckerhaltige Xylem-«Blutungssaft» aus (z. B. bei Weinrebe, Birke u. a.; beim Zuckerahorn *Acer saccharum* mit 2,5–5% Zucker). Nach dem Laubaustrieb wandern im Xylem keine Zucker mehr; ganzjährig werden hingegen im Wasser gelöste Ionen sowie Phytohormone transportiert.

12.2 Assimilat-Transport im Phloem

Der Ferntransport der Assimilate erfolgt in den Leitbahnen des Phloems (Siebröhren bzw. Siebzellreihen, vgl. 5.2.4.1). Um festzustellen, welche Stoffe transportiert werden, muss man reinen Phloemsaft gewinnen. Dazu bedient man sich der Aphiden-Technik: man lässt Blattläuse das Phloem anstechen und trennt die Tiere dann ab. Durch den im Gewebe befindlichen Rüssel tritt nun Phloemsaft aus. Dieser wird untersucht. So wurde nachgewiesen, dass die wichtigsten Transportmetabolite Zucker sind (ca. 90% der transportierten Stoffe) und unter diesen bei den meisten Arten **Saccharose** vorherrscht; daneben können andere Oligosaccharide (Zucker der Raffinose-Reihe) oder Zuckeralkohole beteiligt sein. Außerdem werden transportiert: Aminosäuren, Nucleoside und Nucleotide (z. B. ATP), Carbonsäuren, Sekundärstoffe (z. B. Alkaloide, Glykoside), Phytohormone, Coenzyme und einige Ionen (z. B. K^+, Cl^-, Phosphat, nicht hingegen Ca^{2+}) sowie kleine Proteine und vermutlich RNA-Moleküle (Bedeutung für Informations-Transfer?). Die Plasmodesmen zwischen Geleitzellen und Siebröhren haben einen größeren Durchmesser als andere. In ihnen sind chaperonartige *movement*-Proteine für den Protein- und den RNA-Transport nachgewiesen worden. Die Transportgeschwindigkeit lässt sich durch radioaktive Markierung messen; sie liegt im Bereich von einigen cm bis zu einigen m je Stunde.

Der Transport im Phloem erfolgt zu Verbrauchsorten (*sinks*) hin; dort werden die Stoffe aus dem Phloem entnommen. Verbrauchsorte sind z. B. Vegetationskegel von Sprossachsen und Wurzeln, Blüten, Samen und Früchte. Im Phloem findet somit ein Transport in beiden Richtungen statt. Eine Leitungsbahn (Siebröhre) transportiert aber zu einer bestimmten Zeit nur in einer Richtung. Die Beladung des Phloems (und ebenso die Entladung) kann artspezifisch entweder apoplastisch oder symplastisch stattfinden. Apoplastische Belader (viele krautige Pflanzen gemäßigter Klimate) besitzen zwischen Mesophyll und Phloem kaum Plasmodesmen. Saccharose gelangt durch aktiven Transport aus den Mesophyllzellen in den Apoplasten und dann auf gleiche Weise in das Phloem (Saccharose/H^+-Cotransport). Symplastische Belader (viele Holzpflanzen, aber auch *Coleus*) besitzen viele Plasmodesmen zwischen Mesophyll und Phloem. Sie transportieren häufig auch Raffinose und Stachyose. Noch unklar ist, wie bei ihnen die hohe Zuckerkonzentration aufrechterhalten wird.

Der Transport innerhalb des Phloems kommt hauptsächlich durch den Vorgang der Massen- oder Lösungsströmung zustande (Abb. 12.7). Werden Zucker aktiv ins Phloem transportiert, so steigt dort die Konzentration (die Saccharose-Konzentration kann bis auf 20% ansteigen); dadurch entsteht ein hoher potenzieller osmotischer Druck und Wasser strömt nach. An den Verbrauchsorten, an denen Zucker aus dem Phloem entnommen wird, sinkt der potenzielle osmotische Druck und das Wasser diffundiert weg. Aufgrund der Be- und Entladung kommt also ein Strom der wässrigen Lösung im Phloem vom Beladungs- zum Verbrauchsort zustande. Infolge der hohen Konzentration tritt aus den Siebröhren fortlaufend etwas Saccharose aus («leakage») und wird durch die überall vorhandene «Saccharose-Pumpe» wieder zurückgeführt. Daher strömt seitlich Wasser nach, und somit wird die Gesamtströmung verstärkt («Volumenströmung»).

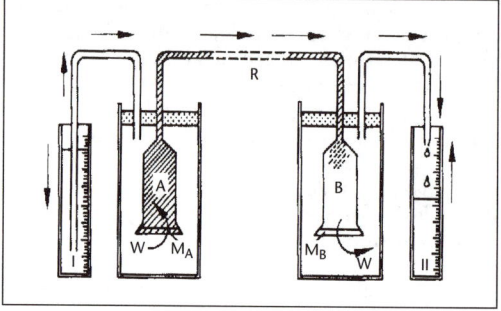

Abb. 12.7: Versuch von MÜNCH als Modell der Lösungsströmung aufgrund eines osmotischen Gradienten. Zelle A enthält gefärbte Saccharoselösung, Zelle B Wasser. M = Semipermeable Membran; R = Verbindungsrohr. Zelle A nimmt osmotisch Wasser auf, infolge des entstehenden hydrostatischen Drucks wird aus Zelle B Wasser herausgedrückt. Zuckerlösung (und Farbstoff) werden unter Verdünnung von A nach B transportiert, bis der osmotische Gradient ausgeglichen ist (aus STRASBURGER).

In einer krautigen Pflanze versorgen häufig die unteren Blätter vorwiegend die Wurzeln, die oberen bevorzugt Blüten bzw. Früchte, jedoch ist auch eine Versorgung der Wurzeln vorwiegend durch obere Blätter beschrieben worden. Bei kleinen Verletzungen der unter Druck stehenden Siebröhre kann ein Verschluss durch das P-Protein erfolgen.

12.3 Stoffausscheidung (Exkretion)

Unter Exkretion versteht man die stoffwechselregulierte Ausscheidung von Stoffen durch das Cytoplasma einer Zelle (vgl. 5.2.5). Die Substanzen werden vielfach in der Vakuole angehäuft. Sie können dort noch eine Funktion haben, z. B. als Fraßschutz-Stoffe oder allein aufgrund ihrer osmotischen Wirksamkeit. Stoffe, die außerhalb der Zelle eine Funktion haben, werden oft als Sekrete bezeichnet (z. B. Locksubstanzen wie Nektar oder Geruchsstoffe).

Intrazelluläre Exkretion erfolgt in die Vakuole hinein oft durch ABC-Transporter (vgl. 9.2), kann aber auch im Cytoplasma stattfinden (z. B. Kautschukpartikel in Milchröhren von *Hevea* und *Taraxacum*). Extrazelluläre Exkretion kann erfolgen:
- durch Membrantransport (ekkrin; z. B. Zucker in Nektarien)
- durch Vesikeltransport (granulokrin; z. B. Proteine, Terpenoide)
- durch Absterben von Zellen (holokrin, bei lysigenen Ölbehältern).

Pflanzen können Stoffe auch auf passivem Weg abgeben. Ionen werden durch starken Regen aus Blättern ausgewaschen; insbesondere aber werden durch das ständige Absterben von Kalyptra- und Rhizodermiszellen sowie von ganzen Würzelchen Stoffe freigesetzt, die für die Mikroorganismen des wurzelnahen Lebensraumes (*Rhizosphäre*) von großer Bedeutung sind.

Wurzeln geben oft auch Stoffe (Aromaten, Alkaloide u. a.) ab, die Keimung und Wachstum anderer Pflanzen unterdrücken (Allelopathie). Manchmal werden allelopathische Stoffe auch durch Laubfall dem Boden zugeführt (z. B. Juglon der Walnussblätter). Verschiedene dieser Stoffe bzw. ihre mikrobiellen Umsetzungsprodukte können als Herbizide eingesetzt werden. – Mit dem Laubfall werden auch überschüssige Ionen abgegeben.

Die Abgabe flüchtiger organischer Verbindungen (z. B. von Isopren und weiteren Terpenoiden) durch viele Pflanzen ist für die Chemie der Atmosphäre von Bedeutung.

12.4 Ionenhaushalt

Verbrennt man Pflanzensubstanz, so entstehen CO_2 und H_2O (als Wasserdampf). Aus diesen Verbindungen sind die Elemente C, H und O in die organischen Komponenten des Pflanzenkörpers gelangt. Außerdem hinterbleibt Asche, die alle anderen Elemente der Pflanze enthält, welche als mineralische Nährstoffe zumeist in Form von Ionen aus dem Substrat (Boden) aufgenommen und in die pflanzliche Biomasse eingebaut worden sind. In der Pflanze sind sie im Protoplasten, in der Vakuole und in der Zellwand lokalisiert.

12.4.1 Funktion der Ionen

Der Aschen- und damit Ionengehalt pflanzlicher Gewebe ist sehr verschieden: in Samen und Früchten liegt er zumeist unter 5%; in Blättern nimmt er mit zunehmendem Blattalter zu (bei Tabakblättern bis auf 15–20%). Ein sehr hoher Wert wurde in der namibischen Wüstenpflanze *Zygophyllum stapfii* mit 57% Ionengehalt gemessen. Hohe Werte erreicht auch das Wurzelholz von *Erica arborea*, in dem Kieselsäure akkumuliert wird. Es ist daher nicht brennbar und dient als Bruyère-Holz zur Herstellung von Pfeifenköpfen. Aus der Menge der vorhandenen Ionen lässt sich nicht auf deren Notwendigkeit für die Pflanze schließen. Diese kann man nur durch Anzucht in Nährlösungen bei Weglassen einzelner Ionen prüfen.

Unter den aus dem Boden aufgenommenen Elementen sind N, S und P als Bausteine von Proteinen und Nucleinsäuren in großer Menge erforderlich. In größerer Menge (in der Regel über 15 mg/l Nährlösung) sind auch K, Ca, Mg und Fe (>6 mg/l) notwendig. Als Mikronährelemente (**Spurenelemente**; unter 0,5 mg/l Nährlösung) werden Cu, Mn, Mo, Ni, Zn, B und Cl benötigt (vgl. Abb. 2.1 u. 12.8). Die meisten davon sind als Bestandteile von Enzymen lebenswichtig. Nicht für alle Pflanzen sind Al, Co, Na, V sowie Se und Si erforderlich. Darüber hinaus gibt es weitere Spurenelemente, die nur von manchen Arten spezifisch genutzt werden (z. B. führt Fluor in *Gastrolobium* und einigen anderen Leguminosen Australiens zur Bildung von Monofluoressigsäure, die als Fraßschutzstoff sehr wirksam ist). Andere Ionen, die in Pflanzengeweben vorkommen, haben nach bisheriger Kenntnis keine Funktion. Das völlige Fehlen eines Spurenelementes führt zu charakteristischen Mangelsymptomen. Auf landwirtschaftlichen Nutzflächen können vor allem N, P und K zu Mangelfaktoren werden; aus diesem Grunde ist eine Düngung erforderlich.

Manche Pflanzen häufen bestimmte Ionen stark an (Akkumulator-Pflanzen), so z. B. die Preißelbeere *Vaccinium vitis-idaea* Mn^{2+}, die Teepflanze *Camellia sinensis* Al^{3+}, Tabak vielfach Li^+. Weiterhin gibt es Pflanzenarten, die nur auf Böden mit einem Mindestgehalt bestimmter Ionen gedeihen können (Bodenzeiger). Darunter sind solche mit extremen Ansprüchen bzw. hoher Toleranz wie z. B. die Galmei-Veilchen *Viola calaminaria* und *guestphalica*, die auf Zn-reichen Böden gedeihen, oder die Serpentin-Pflanzen, die auf schwermetallreichen (Co, Cr, Ni) Serpentin (Ophiolith)-Böden wachsen. Pflanzen, die mehr als 1 mg/g Trockenmasse der Schwermetalle Co, Cr, Mn, Ni, Pb oder Zn enthalten, werden als Hyperakkumulatoren bezeichnet. Solche Arten können zur Entgiftung verseuchter Böden herangezogen werden (Phytoremedation) oder zur Gewinnung der Metalle aus sehr armen Erzen (Phyto-*mining*). Einen Überschuss verschiedener Schwermetalle können Pflanzen durch Komplexbildung unschädlich machen. Vielfach entstehen aus Glutathion die Phytochelatine als Komplexbildner; Ni wird in Serpentinpflanzen an Histidin gebunden.

Die **Nichtmetalle** N, S, P, B, Si (Se) werden als Oxokomplex-Anionen (NO_3^-, SO_4^{2-}, $HPO_4^{2-}/H_2PO_4^-$, BO_3^{3-}, verschiedene Silikat-Anionen) aufgenommen; N auch als Kation NH_4^+ (vgl. 11.3.1). In der Pflanze werden diese Nährelemente als Ionen bzw. lösliche organische Verbindungen (Aminosäuren, Phosphatester) transportiert. Nitrat und Sulfat werden im Stoffwechsel reduziert; zur Erhaltung des Ionengleichgewichts werden statt ihrer daher gegebenenfalls organische Anionen gebildet. Borat tritt als Ester in Pectin auf. Im Nutzpflanzenanbau ist ein B-Defizit der verbreitetste Spurenelement-Mangel.

Die **Alkali-** und **Erdalkalimetalle** K, Na, Mg, Ca werden als Kationen aufgenommen und transportiert. Ein Transport kann – von Ca abgesehen – auch im Phloem erfolgen. Das Ca/K-Verhältnis in einem Organ ist daher umso niedriger, je mehr die Ionen-Versorgung durch das Phloem jene durch das Xylem übersteigt; außerdem gibt es familienspezifische Unterschiede (Caryophyllaceen und Solanaceen haben einen hohen K-Anteil, Crassulaceen und Brassicaceen hohen Ca-Anteil). K^+-Ionen können durch aktive Transportvorgänge rasch verlagert werden; dies ist wichtig für das Membranpotenzial (vgl.

12.4.4) und für Turgorbewegungen (vgl. 12.4.3). Mg^{2+}-Ionen sind als Komplexbildner an Enzymreaktionen beteiligt und Bestandteil der Chlorophylle. Die wichtige regulatorische Funktion von Ca wird in 14.2.4.2 dargestellt.

Die **Schwermetalle** Fe, Mn, Cu, Zn, Ni, Co sowie das Al werden als Kationen oder als Chelatkomplexe aufgenommen und transportiert; das Schwermetall Mo als Oxokomplex MoO_4^{2-}. Die Aufnahme vieler dieser Elemente als Kationen ist bei neutralem bis basischem pH-Wert des Bodens wegen der dann geringen Beweglichkeit erschwert. Eisen liegt bei pH 7 als nahezu unlöslicher Fe(III)hydroxid-Komplex vor (Konzentration an Fe^{3+}: 10^{-18} mol/l). Daher kommt es auf Kalkböden häufig zu Eisenmangelerscheinungen (Eisenchlorose: Blätter hellgrün infolge zu geringem Chlorophyllgehalt). Die Fe-Aufnahme kann auf verschiedene Weise sichergestellt werden:

– Abgabe von reichlich Protonen durch die Wurzel, sodass der pH-Wert nahe der Wurzeloberfläche sinkt; z. T. ergänzt durch Reduktion von Fe^{3+} zu Fe^{2+};
– Abgabe von Komplexbildnern durch die Wurzel von Gräsern. Sie setzen Muginsäuren als Eisenchelatoren (Phytosiderophore) frei; die Aufnahme der Chelate ist kaum pH-abhängig, und Gräser leiden daher fast nie unter Fe-Mangel. Die Muginsäuren entstehen aus Methionin. Ähnliche Verbindungen transportieren Fe in Chelatform im Phloem.

Eisen bildet als kleines Kation stabile Komplexe (mit KZ 6) mit sehr unterschiedlichen Redoxpotenzialen und gehört seit der Entstehung des Stoffwechsels (vgl. 16.5.1) zu dessen wichtigsten Katalysatoren. Es ist Bestandteil von Redox-Systemen (Häm-System der Cytochrome, Nicht-Häm-Eisen-Komplex mit Fe-S-Fe-Brücken) und anderer Proteine (z.B. Sauerstoff-verbrückte Eisenproteine, wie bei verschiedenen Phosphatasen). Eine Fe-Speicherung kann im Protein Ferritin erfolgen.

12.4.2 Aufnahme und Transport der Ionen

Die Ionenaufnahme erfolgt bei Landpflanzen durch die Wurzel vorwiegend in der Wurzelhaarzone. Eine verdünnte wässrige Lösung von Ionen kann auch über Blätter aufgenommen werden, da die Cuticula nicht völlig wasserundurchlässig ist. Dies zeigt die Möglichkeit der Blattdüngung. Bei Wasserpflanzen kann die Aufnahme ebenfalls durch die Oberfläche verschiedener Organe erfolgen. Die Pflanzendecke der Erde nimmt je Jahr insgesamt etwa $5 \cdot 10^9$ t Ionen auf; diese Menge übertrifft alle Bergbauleistungen des Menschen.

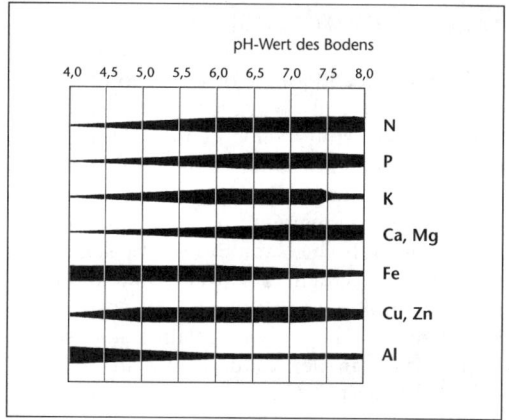

Abb. 12.8: Verfügbarkeit wichtiger Ionen in Abhängigkeit vom pH-Wert des Bodens (nach WEIER et al.).

Die Entnahme der Ionen aus dem Boden wird durch Vorgänge in der Rhizosphäre vorbereitet. Nur ein Teil der Ionen liegt frei in der Bodenlösung vor; der größere Teil ist an Bodenteilchen adsorbiert. Dadurch bleibt die Konzentration normalerweise so gering, dass eine Schädigung der Pflanzen nicht eintreten kann. Durch die Ionenaufnahme kommt es in der Rhizosphäre örtlich zur Ionenverarmung, deren Ausmaß von der Länge der Wurzelhaare abhängt. Ionenmangel führt zu einer verstärkten Seitenwurzelbildung; auch werden Rhizodermiszellen unter Vergrößerung der Membranflächen als Transferzellen ausgebildet. Mykorrhiza (vgl. 13.3.3) vergrößert die adsorbierende Oberfläche; dies ist für die Phosphataufnahme an P-armen Standorten von besonderer Bedeutung, zumal Phosphat im Boden wenig beweglich ist.

Zur Aufnahme der Ionen gehören Vorgänge an der äußeren Oberfläche und solche im peripheren Bereich der Wurzel.

Vorgänge an der Wurzeloberfläche:

- Adsorption von Ionen aus der Bodenlösung: Freie Ionen dringen mit dem Wasser in die Zellwände der Rhizodermiszellen ein; sie können dort sorptiv gebunden werden.
- An Bodenteilchen adsorbierte Ionen werden durch Ionenaustauschvorgänge verfügbar (Kontaktaustausch). Kationen werden gegen H^+, Anionen gegen HCO_3^- (bzw. OH^-) ausge-

tauscht; entsprechend verändert sich der pH-Wert in der Rhizosphäre. Die erforderlichen H^+- und HCO_3^--Ionen werden durch die Carboanhydrase-Reaktion $H_2O + CO_2 \rightleftarrows H^+ + HCO_3^-$ in der Zelle nachgebildet.

- Fest gebundene Nährstoffe können durch Säureausscheidung der Wurzel aufgeschlossen werden (Auflösung von Kalk!).

Vorgänge in der Wurzel:

- Vorgänge im Apoplasten: Mit dem Wasser, das in den Zellwänden der Wurzelrinde wandert (vgl. 12.1.2), können auch Ionen bewegt werden. Dieser apoplastische Transport im «freien Diffusionsraum» (AFS, *apparent free space*) ist normalerweise bis zur Endodermis hin möglich. An deren undurchlässigem CASPARY'schem Streifen enden Wasser- und Ionenbewegung in der Wand. Die Diffusion der Ionen im AFS folgt dem Energiegefälle, das sich aus dem Gefälle von Konzentration und Ladungen ergibt, also dem elektrochemischen Potenzialgefälle (vgl. 9.6.2).

  Ladungen in der Zellwand (z. B. Carboxylat-Gruppen der Pectine) und an der äußeren Plasmalemmaoberfläche der Zellen binden Ionen; diese können gegen andere ausgetauscht werden. Der Kontaktaustausch findet dadurch eine Fortsetzung im AFS der Wurzelrinde. Diese Sorption von Ionen an Bindungsstellen des Diffusionsraumes ist ein passiver Vorgang. Es gelten dafür die Gesetzmäßigkeiten für Ionenaustauscher (DONNAN-Gleichgewicht).

- Aufnahme in den Symplasten: Der Transport von Ionen durch das Plasmalemma in den «inneren Raum» kann in allen Zellen von Rhizodermis und Wurzelrinde stattfinden. Anschließend ist ein symplastischer Transport zu weiteren Zellen möglich. Die für den Membrantransport verantwortlichen Ionenkanäle haben unterschiedliche Spezifität. Mit Hilfe der NERNST-Gleichung (vgl. 9.3) kann man näherungsweise feststellen, ob die Aufnahme eines Ions aktiv oder passiv erfolgt. Man berechnet aufgrund der Außenkonzentration und dem Membranpotenzial die theoretische Konzentration in der Zelle und vergleicht mit dem gemessenen Wert. Für K^+ findet man in der Regel nahezu den Gleichgewichtswert; für Anionen höhere Werte (sie müssen also aktiv aufgenommen werden) und für Na^+ und Ca^{2+} geringere, sodass sie bei Öffnung der spezifischen Kanäle passiv einströmen und aktiv nach außen transportiert werden müssen.

Am besten untersucht ist die K^+-Aufnahme. Es gibt (z. B. bei *Arabidopsis*) drei verschiedene spannungsabhängige K^+-Influx-Kanäle sowie einen K^+-Efflux-Kanal. In der Wurzel ist ein hochaffiner K^+-Kanal Ca^{2+}-reguliert. Er ist bereits bei 0,2 mM K^+ gesättigt, also vor allem für die Aufnahme aus K^+-armen Böden wichtig. Sein Transportmechanismus (ein K^+/H^+-Symport) weicht von dem der anderen Kanäle ab, die erst bei höherer K^+-Konzentration (0,3–1 mM) wirksam werden (Abb. 12.9). Da in Böden die K^+-Konzentration zumeist im Bereich 0,2–10 mM liegt, nehmen sie normalerweise K^+ auf. Bei hoher Na^+-Konzentration im Medium transportieren sie auch dieses Ion, sodass die Zellen geschädigt werden (Streusalz-Schäden). Der K^+-Transport in das Xylem erfolgt durch K^+-Efflux-Kanäle der angrenzenden lebenden Zellen des Zentralzylinders.

Für Nitrat und Phosphat sind jeweils zwei Aufnahmesysteme unterschiedlicher Affinität bekannt. Für NH_4^+ existiert ein spezifischer Transporter. Gleichartige Kanäle sind von den Parenchymzellen der Sprossachsen und Blätter bekannt. Auch der Tonoplast aller Zellen besitzt Ionen-Influx- und Efflux-Kanäle. Fast alle Kanäle haben kein strenges Ausschlussvermögen für andere Ionen ähnlicher Größe und Ladung, sodass auch nicht erforderliche

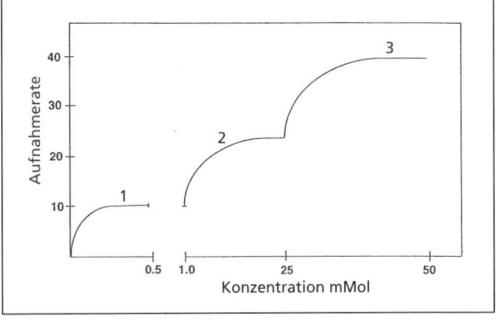

Abb. 12.9: Schema der Aufnahme eines Kations in Abhängigkeit von der Konzentration im Medium. Abszisse: Konzentration des Ions im Medium (mM); Ordinate: relative Aufnahmerate. Die Transport-Systeme gehorchen der MICHAELIS-MENTEN-Kinetik. Ein hochaffines Aufnahmesystem 1 ist bereits bei sehr geringer Kationen-Konzentration gesättigt; weniger affine Transportsysteme 2 und 3 werden bei höheren Konzentrationen wirksam.

und sogar schädliche Ionen in die Zellen gelangen können.

Innerhalb der Zelle finden ebenfalls aktive Ionentransportvorgänge an Membranen statt; der Ionentransport in die Vakuole wird durch die Kanäle des Tonoplasten reguliert. Dies ist wichtig für die Aufrechterhaltung einer bestimmten Ionenkonzentration im Cytoplasma.

Die aktive Aufnahme von Ionen in den symplasmatischen Raum muss zwischen Rhizodermis und Endodermis stattfinden. – Mit dem Wasserstrom im Xylem und dem extrafaszikulären Wassertransport gelangen die Ionen in alle Organe. In diesen liegt wiederum ein freier Diffusionsraum vor allem in den Zellwänden vor, aus dem die einzelnen Zellen die Ionen aufnehmen. In den Blättern wird fortlaufend Wasser durch Transpiration abgegeben; überschüssige Ionen reichern sich daher im Zellwandbereich an. Dies führt zu einer zunehmenden Mineralisierung der Blätter, welche die Wegsamkeit der Kapillarräume verringert und so zur Blattalterung beiträgt (vgl. 6.3.6).

12.4.3 Spaltöffnungsbewegung

Der Turgorbewegung der Stomata liegt ein K^+-Transport zugrunde. Werden K^+-Ionen aus den Nachbarzellen in die Vakuolen der Schließzellen transportiert, so steigt der Turgor. Durch eine H^+-ATPase vom P-Typus erfolgt eine Hyperpolarisation der Membran, die zur Öffnung eines K^+-Influx-Kanales führt (vgl. Abb. 9.13). Das erforderliche ATP stammt aus der mitochondrialen Atmung und der zyklischen Photophosphorylierung in den Chloroplasten der Schließzellen. (In diesen Plastiden findet nur untergeordnet der CALVIN-Zyklus statt, da sie wenig Ribulosebisphosphat-carboxylase enthalten.) Als Anion entsteht in den Schließzellen durch Stärkeabbau und Glykolyse Phosphoenolpyruvat und daraus durch CO_2-Fixierung und Reduktion Malat, das dann in die Vakuole gelangt. Der osmotische Ausgleich im Cytoplasma wird meist durch Saccharose-Akkumulation erreicht. In manchen Fällen werden spannungsabhängige Anionenkanäle aktiviert, sodass auch Chlorid in der Vakuole angehäuft werden kann. Wenn die H^+-ATPase nicht arbeitet, wird die Membran depolarisiert. Dann öffnen sich die K^+-Efflux-Kanäle. Dem Ausstrom von K^+ folgen Anionen, sodass der Turgor abnimmt. Ein Teil des Malats wird (über Gluconeogenese) wieder zu Stärke umgesetzt.

Eine Regulation der Stomatabewegung erfolgt durch die Umweltfaktoren Licht, CO_2-Konzentration und Wasserverfügbarkeit (Abb. 12.10). Bei normalem Ta-

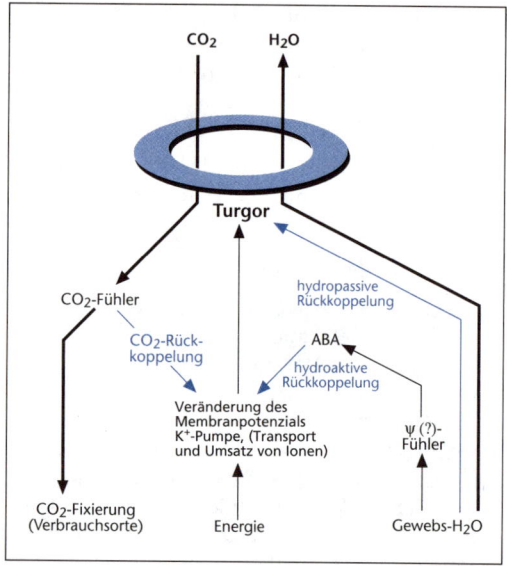

Abb. 12.10: Vereinfachtes Schema der Regulation der Spaltöffnungsbewegung mit Rückkopplungen. Ψ = Wasserpotenzial (nach STRASBURGER, verändert). Die Spaltöffnung arbeitet als turgorgesteuertes Ventil.

geslicht ist die Lichtsteuerung am wichtigsten, bei hoher und geringer Lichtintensität die CO_2-Steuerung. Die Lichtsteuerung erfolgt durch die Photosynthese als Energiequelle sowie über einen Blaulichtrezeptor (wahrscheinlich Zeaxanthin). Bei Wassermangel im Boden wird das Phytohormon Abscisinsäure (vgl. 14.3.1.4) in den Wurzeln vermehrt. Dieses Signal gelangt rasch zu den Blättern, in denen Abscisinsäure über eine Signalkette den Ausstrom von Ionen induziert. So kommt es zum Spaltenschluss, bevor ein Wassermangel im Blatt akut wird (hydroaktive Regulation). Am Regulationssystem in den Schließzellen wirken Ca^{2+}-Ionen (hemmen die H^+-ATPase), ein G-Protein und das Phytohormon Auxin mit. Mechanosensitive Ionenkanäle, die direkt vom Turgordruck abhängig sind, können zusätzlich rasch regulierend eingreifen.

12.4.4 Das Membranpotenzial als Folge der Ionenverteilung

Infolge der selektiven Permeabilität des Plasmalemmas besteht zwischen Zellwand und Cytoplasma eine ungleiche Ionenverteilung; das Cytoplasma enthält mehr K^+ und Cl^-, aber weniger Na^+ und Ca^{2+} als der Zellwandraum. Die K^+- und Cl^--Konzentration im Cytoplasma wird durch Ionenkanäle aufrechterhalten.

Die ungleiche Ionenverteilung am Plasmalemma führt dazu, dass zwischen Zellwandraum und Cytoplasma stets eine Potenzialdifferenz besteht: das Cytoplasma ist gegenüber dem Außenraum um 150–250 mV negativ geladen (gemessene Werte: *Nitella*: –137 mV; Hafer *Avena* –150 mV). Dieses durch die H^+-ATPase und Ionenkanäle aufrechterhaltene «**Ruhepotenzial**» der Zelle ist von deren physiologischem Zustand abhängig. Wenn nur die Ionen K^+, Na^+ und Cl^- beteiligt sind, kann man das Membranpotenzial mit Hilfe einer modifizierten NERNST-Gleichung (vgl. 9.3) aus der Konzentration dieser Ionen und ihren «Permeabilitäten» berechnen (GOLDMAN-Gleichung):

$$E = -\frac{RT}{F} \cdot \ln \frac{p_{K^+} \cdot c^i_{K^+} + p_{Na^+} \cdot c^i_{Na^+} + p_{Cl^-} \cdot c^a_{Cl^-}}{p_{K^+} \cdot c^a_{K^+} + p_{Na^+} \cdot c^a_{Na^+} + p_{Cl^-} \cdot c^i_{Cl^-}}$$

wobei p = Permeabilität,
c^i = Konzentration innen,
c^a = Konzentration außen.

Durch mechanische, chemische oder elektrische Beeinflussung der Zelle (Reizung) wird das Ruhepotenzial verändert (Abb. 12.11). Die Permeabilitätseigenschaften der Membran ändern sich vorübergehend; Chlorid-Ionen strömen verstärkt aus, wodurch die negativen Ladungen innen abnehmen. Diese Depolarisierung der Membran führt zum K^+-Efflux. Bei vielen Pflanzenzellen (gut zu beobachten z. B. bei Internodialzellen von *Chara* und *Nitella* oder *Acetabularia*-Zellen) kommt es zu einer starken und raschen Veränderung des Potenzials durch die Ionentransportvorgänge; das Cytoplasma kann dann gegenüber der Umgebung sogar positiv geladen sein. Dieser Effekt ist von der Stärke des einwirkenden Reizes unabhängig, sofern dieser einen bestimmten Schwellenwert (Reizschwelle) überschritten hat (Alles-oder-Nichts-Gesetz). Man spricht von einem **Aktionspotenzial**. Zellen, die durch Plasmodesmen verbunden sind, leiten Potenzialänderungen weiter; sie sind elektrisch gekoppelt. Jedoch ist das Dekrement (die Abschwächung) normalerweise hoch. Eine Ausnahme machen die Siebröhren des Phloems. Hier wurden Leitungsgeschwindigkeiten von 1 bis 20 cm/s gemessen (Abb. 12.12).

Die Depolarisation der Membran führt zu einem aktiven Rücktransport von Chlorid in die Zelle. Dadurch wird das Membranpotenzial negativer, und K^+-Influx-Kanäle öffnen sich. So wird im Laufe einiger Sekunden das Ruhepotenzial wieder hergestellt. Erst wenn die anfängliche Ionenverteilung wieder erreicht wird, ist die Zelle wieder voll erregbar. Wirkt ein zweiter Reiz vorher ein, so hat er zunächst keine, später eine verringerte Reaktion zur Folge. Diese Zeit-

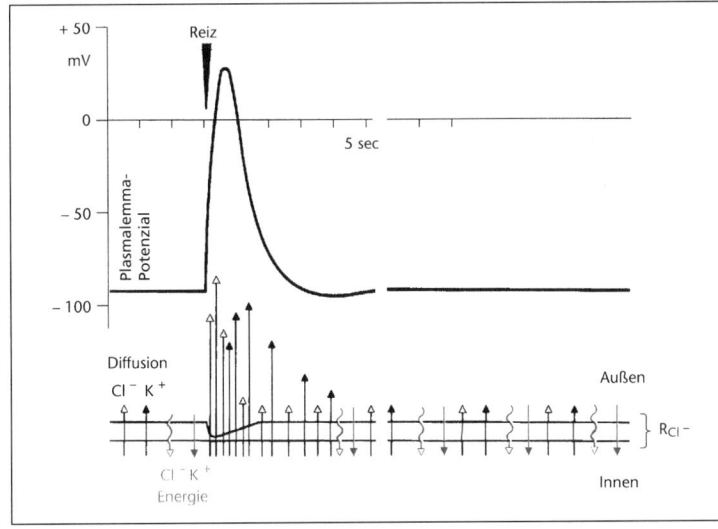

Abb. 12.11: Schema der Auslösung eines Aktionspotenzials am Plasmalemma. In der Membran der «ruhenden» Zelle werden stets K^+-Ionen (schwarze Pfeile) und Cl^--Ionen ins Cytoplasma transportiert. Durch Diffusion treten mehr K^+-Ionen als Cl^--Ionen je Zeiteinheit wieder nach außen. Das Potenzial gegenüber dem Außenraum gemessen ist also negativ (Ruhepotenzial). Nach Erregung nimmt die Ionenpermeabilität der Membran kurzzeitig stark zu; der Überschuss an Cl^- gelangt rasch nach außen, K^+-Ionen folgen in geringerem Maß nach. Dadurch geht das Potenzial im Zellinneren zunächst gegen Null und wird sogar positiv (Depolarisierung), nimmt dann aber wieder ab. Im Verlauf einiger Sekunden wird die normale Membranpermeabilität wiederhergestellt und durch Ionentransport die Anfangsverteilung der Ionen wieder erreicht (nach STRASBURGER, verändert).

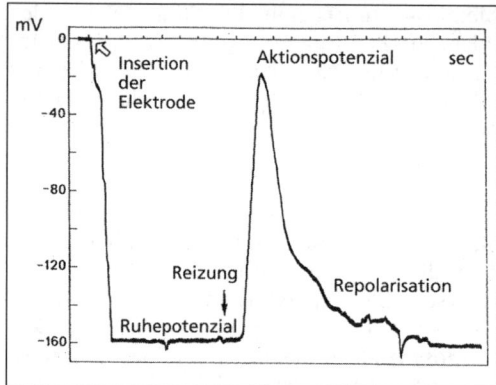

Abb. 12.12: Aktionspotenzial in einer Siebröhre im Blattstiel von *Mimosa pudica*.

spanne einer fehlenden oder verringerten Reaktionsfähigkeit nennt man **Refraktärzeit**. Die Entstehung und das Abklingen eines Aktionspotenzials verläuft bei einer Pflanzenzelle erheblich langsamer als bei einer tierischen Zelle und erfordert außerdem die Gegenwart von Ca^{2+}, obwohl dieses am Ionentransport selbst nur untergeordnet teilnimmt.

12.4.5 Ionen als Standortfaktoren

Auf die Ionenverfügbarkeit im Boden hat dessen pH-Wert einen großen Einfluss (vgl. 12.4.2). Manche Pflanzenarten können nur bei niedrigem (saurem) pH-Wert gedeihen (z. B. Borstgras *Nardus stricta*), andere nur im neutralen bis basischen Bereich. Weiterhin gibt es Arten, die sauren Boden bevorzugen, aber basische Bodenreaktionen tolerieren (acidophil-basitolerante Arten, z. B. Heidekraut *Calluna*). Umgekehrt gibt es basiphil-acidotolerante Arten (z. B. Huflattich *Tussilago*).

Kalkliebende und kalkmeidende Arten. Die auffällige Abhängigkeit mancher Pflanzenarten vom Kalkgehalt des Bodens ist nur zum Teil auf die Ca^{2+}-Verfügbarkeit zurückzuführen; vielfach ist auch hier der pH-Wert des Bodens entscheidend. Die «kalkliebenden» Arten sind an neutrale pH-Werte und an hohe Konzentrationen verfügbarer Ca^{2+}-Ionen angepasst; sie haben die Fähigkeit, die Ca-Aufnahme gering zu halten oder Ca außerhalb des Cytoplasmas festzulegen. Probleme können sich bei der Schwermetall- und Phosphataufnahme ergeben. Auf sauren Böden kommt es oft zur Schädigung durch ein Überangebot von Schwermetallionen (und Al). Eine zusätzliche Bodenversauerung kann durch Säuren zustandekommen, die aus den Schadgasen der Luftverschmutzung (SO_2, NO_x) mit dem Niederschlag in den Boden gelangen («saurer Regen»). Die «kalkmeidenden» Arten auf sauren, kalkarmen Böden entgiften ein mögliches Überangebot von Schwermetallen durch Komplexbildung oder Ausscheidung von Citrat oder Malat. Das dadurch gebildete Al-Citrat bzw. Al-Malat wird nicht aufgenommen. Auf Kalkboden treten dann häufig Eisenmangel-Chlorose und Phosphatmangelerscheinungen auf; auch wird der Ca^{2+}-Haushalt durch das Überangebot gestört.

Infolge der Anpassung an die unterschiedlichen Bodenverhältnisse kann es zur gegenseitigen Vertretung nahe verwandter Arten kommen (vikariierende Arten). So findet man in der alpinen Mattenstufe die Alpenrose *Rhododendron ferrugineum* und den Stengellosen Enzian *Gentiana kochiana* auf sauren, silikatischen, die Alpenrose *Rhododendron hirsutum* und den Stengellosen Enzian *Gentiana clusii* hingegen bevorzugt auf neutralen, Ca^{2+}-reichen Böden.

Halophyten (vgl. 6.5.2.4) müssen die stark negativen Wasserpotenziale am Standort (bei Meerwasser ca. -2 MPa) überwinden und außerdem Mechanismen besitzen, um den Ionenüberschuss in der Pflanze unschädlich zu machen. Die hohe Ionenkonzentration ist osmotisch wirksam und einzelne Ionen haben spezifische Effekte im Cytoplasma. Eine Salztoleranz auf molekularer Ebene ist nur von Prokaryoten bekannt (*Halobacterium*); alle Eukaryoten regulieren auf zellulärer oder organismischer Ebene.

Halophyten akkumulieren häufig Ionen in der Wurzel, sodass deren Wasserpotenzial hinreichend negativ wird, um eine Wasseraufnahme zu gewährleisten. Viele Halophyten geben überschüssige Ionen durch Haare bzw. Emergenzen oder über Salzdrüsen ab (Absalzung, vgl. 5.3.8 und 6.5.2.4). Eine einzelne Zelle passt sich an erhöhte Ionenkonzentrationen durch die Bildung kompatibler osmoregulatorischer Stoffe an (vgl. 3.5.7), die dem Schutz der Enzyme dienen und das osmotische Gleichgewicht zwischen Cytoplasma und Vakuole aufrechterhalten. Innerhalb von Zellen werden die Ionen in der Vakuole akkumuliert. Eine Verringerung der Ionenkonzentration wird durch Vergrößerung der Vakuole erreicht (Salzsukkulenz, z. B. Queller *Salicornia*). Der Ionentransport wird durch die Aktivität der Protonenpumpen reguliert. Bei der Anpassung von Pflanzen an erhöhte Ionenkonzentrationen wirkt das Phytohormon Abscisinsäure (ABA, vgl. 14.3.1.4) mit. Ein Ca^{2+}-reguliertes Na^+/H^+-Antiport-System kann die Na^+-Konzentration im Cytoplasma verringern. In transgenen *Arabidopsis*-Pflanzen wurde so die Salztoleranz beträchtlich erhöht.

13 Heterotrophe Ernährung

Die grünen Pflanzen sind autotroph und damit die Produzenten der Ökosysteme. Im Pflanzenreich gibt es jedoch auch zahlreiche heterotrophe Organismen, die ökologisch betrachtet zu den Konsumenten oder den Destruenten gehören (vgl. 1.4). Sie benötigen organische Verbindungen, um ihren Energiebedarf zu decken und ihre körpereigene Substanz aufzubauen. Da sie hierzu nicht das CO_2 der Atmosphäre nutzen können, handelt es sich um Kohlenstoff-Heterotrophie. Daneben spielt die Stickstoff-Heterotrophie eine Rolle: N-Heterotrophe (z.B. tierische Lebewesen) können anorganisch gebundenen Stickstoff nicht verwerten, sondern benötigen organische N-Verbindungen als Nahrung. Verwendet man den Begriff Heterotrophie ohne Zusatz, so wird darunter die Kohlenstoff-Heterotrophie verstanden.

Zahlreiche Organismen können nur wachsen, wenn ihnen bestimmte Substanzen zur Verfügung stehen, die sie nicht selbst aufbauen können. Bei Mikroorganismen nennt man derartige Verbindungen, die man unter Kulturbedingungen dem Nährmedium zusetzen muss, Wachstumsfaktoren (oder Suppline, Abb. 13.1), bei Tier und Mensch werden sie als Vitamine bezeichnet. Diese spezifische Heterotrophie heißt **Auxotrophie**. Die meisten Wachstumsfaktoren sind Coenzyme oder Bestandteile von solchen; außerdem können es aber Aminosäuren, Purin- oder Pyrimidin-Abkömmlinge sein. Verbindungen, die eine ähnliche Struktur aufweisen wie ein Wachstumsfaktor, aber nicht an dessen Stelle in der Zelle wirksam werden können, sind Antimetabolite. Führt man sie statt des entsprechenden Wachstumsfaktors zu, so wird das Wachstum der auxotrophen Arten, die diesen Wachstumsfaktor benötigen, gehemmt. Das klassische Beispiel hierfür sind die Sulfonamide als Antimetabolite der p-Aminobenzoesäure, die ein Bestandteil der Folsäure ist (zu Tetrahydrofolsäure vgl. 11.3.2.3). Sulfonamide treten bei der Biosynthese von Folsäure in Reaktion. Da aber keine funktionsfähige Folsäure entsteht, können vom Wachstumsfaktor Folsäure abhängige Bakterien nicht mehr wachsen. Sulfonamide sind daher wichtige Chemotherapeutika (vgl. Abb. 13.1).

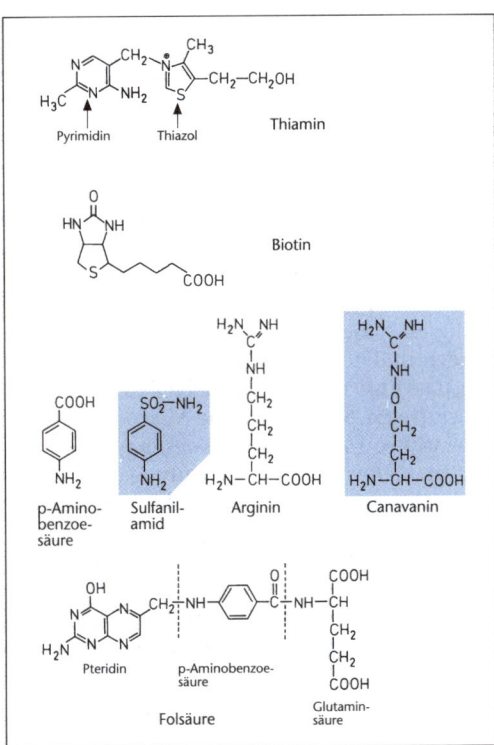

Abb. 13.1: Beispiele für Wachstumsfaktoren und Antimetabolite (blau unterlegt). Thiamin, Biotin und Folsäure sind als Coenzyme für den Stoffwechsel erforderlich. Canavanin ist eine Aminosäure verschiedener Leguminosen (z.B. *Canavalia*), die den Arginin-Stoffwechsel kompetitiv hemmt (Fraßschutz-Wirkung).

Bei Dunkelheit können sich auch Pflanzen nur heterotroph ernähren. Viele einzellige Algen (z.B. *Chlamydomonas, Euglena*) sind in der Lage, unter diesen Bedingungen ihren Energiebedarf durch Aufnahme organischer Nahrung zu decken (fakultative Heterotrophie). Am Licht ernähren sie sich sowohl durch Photosynthese wie auch durch die Aufnahme organischer Substanzen (**Mixotrophie**).

Ausschließlich heterotroph leben die Pilze s.l. (einschließlich der Schleimpilze) und die Mehrzahl der Prokaryoten. Dies ist für den Stoffkreislauf in der Natur von großer Bedeutung; die meisten Destruenten gehören diesen Organismengruppen an. Außerdem gibt es etliche höhere Pflanzen, die sich heterotroph ernähren.

Heterotrophe Organismen entnehmen die organische Nahrung entweder abgestorbenen Lebewesen bzw. Teilen von solchen: dann sind sie **Saprophyten**; oder aber sie ernähren sich direkt von anderen lebenden Organismen: dann werden sie als **Parasiten** bezeichnet. Heterotroph können auch einzelne Entwicklungsstadien eines Lebewesens sein; so «parasitiert» bei den Blütenpflanzen die gametophytische Generation und der junge Sporophyt bis zur Samenreifung auf dem mütterlichen Sporophyten (vgl. 7.3 und 7.4).

13.1 Saprophytismus

Die Mehrzahl der Bakterien und Pilze sind Saprophyten, wohingegen unter den höheren Pflanzen keine echten Saprophyten auftreten. Die Saprophyten produzieren häufig hydrolytische Enzyme, die aus den Zellen abgegeben werden und hochmolekulare Substrate so zerlegen, dass lösliche Stoffe entstehen, die in die Zellen eintreten. Saprophytische Mikroorganismen verursachen Fäulnis und Verwesung; sie sind als Destruenten von großer Bedeutung, weil sie die Mineralisierung durchführen, die z. B. auch für die biologische Selbstreinigung der Gewässer verantwortlich ist. Saprophytische Bakterien sind in tierischen Verdauungstrakten (Pansen, Blinddärme von Pflanzenfressern) am Aufschluss der Nahrung beteiligt und somit Symbionten.

Jede organische Verbindung, die von Lebewesen synthetisiert wurde, kann durch irgendeinen Organismus auch wieder abgebaut werden. Selbst für so stabile Stoffe wie Erdöl, Paraffine, Cellulose, Chitin, Lignin usw. gibt es jeweils saprophytische Mikroorganismen, die den Abbau durchführen. Sogar Verbindungen, die erst der Mensch hergestellt hat, werden zum Teil durch Mikroorganismen abgebaut; Bakterien können in manchen Fällen ihre Abbauleistung für derartige Substanzen innerhalb einer vergleichsweise kurzen Zeit (in Jahren bemessen) beträchtlich erhöhen. Es gibt auch Mikroorganismen, die streng stereospezifische Umsetzungen durchführen (z. B. an Steroiden) und aus diesem Grunde biotechnisch genutzt werden.

Myko(hetero)trophe Blütenpflanzen leben durch Symbiose mit einem Pilz saprophytisch (vgl. 13.3.2).

13.2 Parasitismus

Parasitische Bakterien sind als Krankheitserreger von großer Bedeutung; die Schädigung des Wirts ist häufig durch abgegebene giftige Stoffwechselprodukte (Toxine) verursacht. Unter den krankheitsauslösenden Bakterien sind solche, die sowohl als Saprophyten wie auch als Parasiten leben können (z. B. der Erreger des Wundstarrkrampfes *Clostridium tetani*). Sie werden als fakultative Parasiten bezeichnet. Andere sind obligate Parasiten, d. h. sie vermehren sich unter natürlichen Bedingungen nur in ihrem Wirtsorganismus. Jedoch ist für zahlreiche derartige Parasiten gezeigt worden, dass sie bei Zufuhr geeigneter Nährstoffe auch in Kulturen vermehrt werden können.

Parasitische Pilze verursachen **Mykosen**, die in großer Zahl als Krankheiten von Pflanzen, aber daneben auch von Tier und Mensch bekannt sind. Die in Mitteleuropa wirtschaftlich bedeutsamsten Pflanzenschädlinge gehören zu den Gruppen der Oomycota und der Basidiomyceten (Rost- und Brandpilze!).

Einzellige Parasiten (Bakterien und einzellige Pilze wie z. B. *Synchytrium endobioticum*) leben häufig intrazellulär, vielzellige bevorzugt interzellulär. Die Mycelien der parasitischen Pilze entwickeln sich in Interzellularen und entsenden Hyphen als Haustorien unter Zerstörung von Zellwänden in die Zellen hinein.

Bei den parasitischen höheren Pflanzen (etwa 3500 Arten, d. h. mehr als 1 % der Arten) unterscheidet man nach dem befallenen Organ der Wirtspflanze Wurzel- und Sprossparasiten. Sie dringen stets mit Haustorien in das jeweilige Organ ein und zu den Leitbündeln vor. Nach dem Ausmaß des Parasitismus teilt man in Vollschmarotzer (Holoparasiten) und Halbschmarotzer (Hemiparasiten) ein. Die ersteren sind (fast) chlorophyllfrei und daher völlig auf die Ernährung durch den Wirt angewiesen. Oft wird die Keimung des Parasiten durch chemische Signale der Wirtswurzel ausgelöst. Hemiparasiten sind grün und somit teilweise autotroph; in vielen Fällen beschränkt sich der Parasitismus auf die Nutzung des Wurzelsystems des Wirts zur Wasser- und Ionenversorgung. Der Hemiparasit «spart» also die Energie für die Ausbildung eines eigenen Wurzelsystems von hinreichender Größe. Der Parasitismus beginnt mit der Kontaktaufnahme zwischen Parasit und Wirt; der Parasit muss dann im Wirtsgewebe bis zu den Leitelementen wachsen. Durch die Verknüpfung der Leitsysteme von Wirt und Parasit wird der Parasitismus etabliert.

Beispiele für Parasitismus höherer Pflanzen:

Wurzelparasiten:

- Hemiparasiten: Sie bilden Haustorien vorwiegend ausgehend von Seitenwurzeln. Hierher gehören die verschiedenen Gattungen hemiparasitischer Scrophulariaceen (z. B. *Euphrasia, Melampyrum, Pedicularis, Rhinanthus* u. a.).
- Holoparasiten: Die Keimwurzel nimmt Verbindung mit dem Wurzelsystem des Wirtes auf. Hierher gehören die Schuppenwurz *Lathraea* (Scrophulariacee) und die Arten der mit den Scrophulariaceen verwandten Familie der Orobanchaceae.

Sprossparasiten:

- Hemiparasiten: Als bekanntes Beispiel sei die epiphytisch lebende Mistel (*Viscum*) erwähnt. Sie bildet Senker in verholzte Sprossachsen des Wirts (vgl. 6.5.2.4 und Abb. 6.56).
- Holoparasiten: Bei der Seide (*Cuscuta*) muss die Keimpflanze durch Suchbewegungen ihres Sprosses zu einer Verbindung mit dem Wirtsorganismus gelangen; dann windet sich die Pflanze um diesen und beginnt, Haustorien in dessen Gewebe auszubilden, die zu Leitbündeln vordringen. Im tropisch-subtropischen Gebiet zeigt *Cassytha* (Lauraceae) eine ähnliche Entwicklung.

13.3 Symbiose

Symbiose ist das dauernde Zusammenleben verschiedener Arten zu beiderseitigem Vorteil. (Der englische Begriff «symbiosis» ist weiter gefasst und enthält auch Formen der Wechselwirkung ohne Vorteil für beide Arten.) Häufig ist zu erkennen, dass die Symbiose aus einem wechselseitigen Parasitismus hervorgegangen ist (vgl. die Knöllchenbakterien der Leguminosen, 11.3.1.1). Bei Pflanzen kommt es im Zusammenhang mit der Symbiose oft zu morphologischen Veränderungen (z. B. die Knöllchenbildung).

Pflanzliche Symbiosesysteme sind häufig ausgebildet zwischen einem autotrophen Partner, der Assimilationsprodukte liefert, und einem heterotrophen Partner, der besondere Stoffwechselleistungen vollbringt (z. B. N_2-Fixierung der Knöllchenbakterien) oder die absorptive Ernährung übernimmt.

13.3.1 Flechten

Eine besondere, außerordentlich bedeutsame Form der Symbiose bilden die Flechten (Abb. 13.2). Symbiosepartner sind hier ein **Pilz** (Mycobiont) und eine **Alge** (Phycobiont). In Flechten treten etwa 13 500 Pilzarten (zu 98 % Ascomyceten), aber nur etwas mehr als 30 Algenarten auf. Da das Symbiosesystem Flechte eine Einheit bildet, die in den meisten Fällen eine

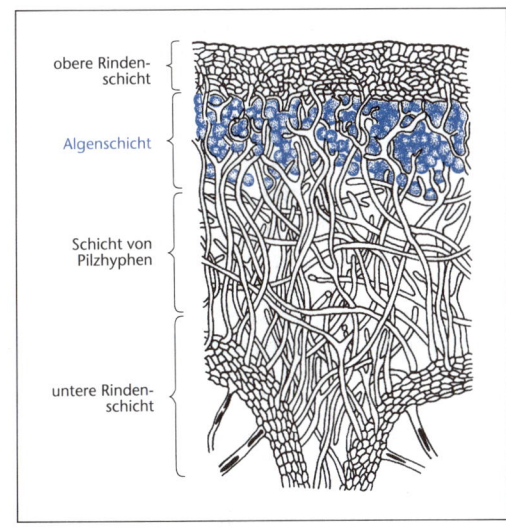

Abb. 13.2: Querschnitt durch den Thallus einer Flechte mit oberer Rindenschicht, Algenschicht, Schicht von Pilzhyphen und unterer Rindenschicht (nach SCHLEGEL).

besondere Gestalt aufweist, werden die Flechten oft als eigene Abteilung des Pflanzenreichs angesehen. Die Algenkomponente kann eine Grünalge (in über 50% der Fälle aus der Gattung *Trebouxia*) oder ein Cyanobakterium sein. Der Pilz wird durch die Assimilate der Alge ernährt; die Alge erhält vom Pilz Ionen und Wasser. Flechten bilden besondere Stoffwechselprodukte, die keiner der Partner für sich zu produzieren vermag (Flechtenfarbstoffe, Flechtensäuren). Die Mehrzahl der Flechten sind plectenchymatisch gebaut; der Thallus bildet dann feste «Rindenzonen» aus Pilzmycel und eine im Inneren liegende Schicht kugeliger Algen (Gonidien-Schicht). Die Grünalgen der Flechten vermehren sich nur ungeschlechtlich, wogegen der Pilz auch sexuelle Fortpflanzung aufweist. Flechten können extreme Standorte besiedeln, an denen keiner der Partner allein ein Fortkommen fände.

13.3.2 Mykorrhiza

Mykorrhiza ist die Symbiose von Kormophyten-Wurzeln mit Pilzen. Die überwiegende Zahl der Blütenpflanzen besitzt eine Mykorrhiza (in Mitteleuropa sind es etwa 75% aller Arten). In einigen Familien tritt sie allerdings nur ausnahmsweise oder gar nicht auf (z.B. Brassicaceae, Cyperaceae, Caryophyllales). Der Pilz erhält von der autotrophen Pflanze über die Wurzel vor allem Kohlenhydrate, zum Teil wohl auch Wachstumsfaktoren; er liefert Ionen (vor allem Phosphat) und Stickstoff-Verbindungen, in manchen Fällen außerdem Phytohormone (z.B. Cytokinine). Von der Blütenpflanze aus betrachtet, bildet der Pilz gewissermaßen eine Vergrößerung des Wurzelsystems, das die absorbierende Oberfläche um ein Vielfaches erweitert und oft auch Ionen des Bodens besser mobilisieren kann.

Nach Art der Ausbildung dieser Symbiose unterscheidet man ektotrophe und endotrophe Mykorrhiza (Abb. 13.3). Bei der **ektotrophen Mykorrhiza** bilden die Pilzhyphen an der Wurzeloberfläche einen Hyphenmantel und dringen von diesem aus in Interzellularen der Wurzelrinde vor, wo sie das HARTIGsche Netz bilden. Unter dem Einfluss des Pilzes wird die Zahl der Wurzelhaare reduziert und oft verzweigen sich die Wurzeln korallenartig oder weisen Verdickungen auf. Die meisten Pilzarten, die ektotrophe Mykorrhiza bilden, gehören zu den Basidiomyceten. In Mitteleuropa besitzen fast alle Waldbaumarten eine obligate ektotrophe Mykorrhiza; bei ihrem Fehlen ist das Wachstum des

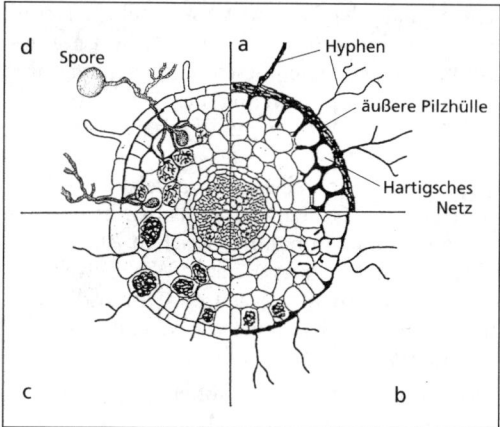

Abb. 13.3: Mykorrhiza. **a** Ektotrophe Mykorrhiza; die interzellulären Pilzhyphen bilden das HARTIGsche Netz. **b** Ektendo-Mykorrhiza bei *Monotropa* (oben) und Pyrolaceen (unten). **c** Endotrophe Mykorrhiza von Orchideen (unten) und Ericaceen (oben). **d** Vesikulär-arbusculäre (VA-)Mykorrhiza mit Vesikeln und arbusculären Verzweigungen von Hyphen in Wurzelrindenzellen (in Anlehnung an HOCK).

Baumes stark verringert, sodass er in der Konkurrenz unterlegen ist und zugrunde geht. Häufig sind bestimmte Pilzarten mit bestimmten Bäumen vergesellschaftet (z.B. Birkenröhrling und Birkenreizker mit Birke, Goldröhrling mit Lärche); in vielen anderen Fällen können die Pilze aber unterschiedliche Partner haben, sodass über die Mykorrhiza oft auch benachbarte Bäume miteinander in Verbindung stehen.

Die ektotrophe Mykorrhiza wird durch Zufuhr von reichlich Stickstoff geschädigt, was wiederum zur Verringerung der Ionenzufuhr für die zugehörigen Bäume führt. Eine N-Zufuhr erfolgt heute über die Stickoxide verschmutzter Luft (vgl. 11.3).

Übergangsformen zur endotrophen Mykorrhiza werden als **Ektendomykorrhiza** bezeichnet. In diesen Fällen dringen einzelne Hyphen in Wurzelrindenzellen ein. Anfänge dazu findet man bei einigen Coniferen (z.B. *Pinus*); typisch ausgebildet ist sie beim Erdbeerbaum *Arbutus*, bei den Pyrolaceen und dem Fichtenspargel *Monotropa*. Dieser ist chlorophyllfrei und somit völlig mykotroph.

Bei der **endotrophen Mykorrhiza** entwickeln sich die Pilzhyphen vorwiegend in den Zellen der Wurzelrinde (intrazellulär). Das äußere Erscheinungsbild der Wurzel ist oft nicht wesentlich verändert.

Endotrophe Mykorrhiza tritt auf als:

- vesikulär-arbusculäre Mykorrhiza (= VA-Mykorrhiza): Bei dieser häufigsten Mykorrhiza-Form ist die Wurzelhaarbildung nicht gestört. In Wurzelrindenzellen bilden die Hyphen charakteristische Vesikel und Verzweigungen, worauf die Namensgebung zurückgeht. Die Pilze sind stets Zygomyceten (Glomales, etwa 130 Arten). Die VA-Mykorrhiza ist für die Phosphataufnahme und deshalb für viele Kulturpflanzen von großer Bedeutung.

Die Etablierung der VA-Mykorrhiza erfolgt durch einen Signalaustausch zwischen Wurzel und Pilzhyphe; Wurzelsignale sind Flavonoide (wie bei *Rhizobium* vgl. 11.3.1.1).

- Orchideen-Mykorrhiza (Basidiomyceten) und Ericaceen-Mykorrhiza (Ascomyceten): Die Symbiose ist hier schon auf einem frühen Entwicklungsstadium erforderlich; bei Orchideen wegen der Reservestoffarmut der Samen schon in der Keimungsphase. Der Pilz ist an der Ernährung der Blütenpflanze wesentlich beteiligt. Unter den Orchideen gibt es Arten, die mykotroph sind, so die Nestwurz *Neottia*.

13.4 Carnivorie

Carnivoren («fleischfressende Pflanzen», auch **Insektivoren** genannt, da die häufigste Nahrung kleine Insekten sind) sind Pflanzen, die kleine Tiere verdauen und die Abbauprodukte aufnehmen können (insgesamt etwa 450 Arten). Sie ernähren sich also mixotroph und sind partielle Konsumenten. Da alle Carnivoren autotroph sind, benötigen sie diese Zusatznahrung nicht unbedingt; es liegt fakultative und partielle Heterotrophie vor. Diese dient vor allem der Zufuhr von Stickstoff und Phosphor, gelegentlich auch von anderen Nährelementen. Daher können Carnivoren an Standorten geringer Ionenverfügbarkeit (Moore, sehr arme Böden, nährstoffarme Gewässer) oder als Epiphyten gedeihen. Die eingefangenen Tiere werden verdaut. Dazu scheiden Verdauungsdrüsen Proteasen und andere Hydrolasen aus; bei etlichen Arten wirken dabei auch symbiontische Mikroorganismen mit. Die Abbauprodukte (z.B. Aminosäuren) werden anschließend resorbiert.

Die Carnivoren besitzen:

- Einrichtungen zum Einfangen der «Beute»; es sind stets Umbildungen der Blätter.
- Verdauungsdrüsen auf den umgebildeten Blättern.

Die beiden Komplexe sind in der Evolution wohl unabhängig entwickelt worden. Dies zeigt die südafrikanische Gattung *Roridula*: diese Pflanzen fangen Insekten ein, besitzen aber keine Verdauungsdrüsen, sodass ihnen nur Nährstoffe aus den herabgefallenen Tierleichen nach der Umsetzung durch die Bodenorganismen zugute kommen. – Bei *Brocchinia* (Bromeliacee) verdauen die in der Flüssigkeit der Blattbasis-Zisternen vorhandenen Bakterien die Tierleichen; die Abbauprodukte gelangen über die Saughaare in die Pflanze.

Mit Ausnahme dieser Bromeliaceen und einiger Pilze (siehe nachfolgend) sind alle Carnivoren dicotyle Blütenpflanzen.

Fangeinrichtungen der Carnivoren (Abb. 13.4):

- **Klebfallen:** Beim Sonnentau *Drosera* (und bei *Drosophyllum* aus Südspanien und Portugal) besitzt das Blatt zahlreiche Emergenzen (Tentakeln), in deren schleimbedeckten Köpfchen Drüsenzellen liegen und die auf ein im Schleim festgehaltenes Insekt hingebogen werden. Die Reizleitung erfolgt über Aktionspotenziale. Beim Fettkraut *Pinguicula* haften kleine Tierchen an den klebrigen Drüsenköpfchen der Blattoberseite fest.

- **Klappfallen:** Bei der nordamerikanischen Venusfliegenfalle *Dionaea* ist das Blatt zweiteilig. Durch Berührung der Fühlhaare, deren hohe Empfindlichkeit durch ihren anatomischen Bau bedingt ist, kommt es zu einer raschen Ausbreitung eines Aktionspotenzials in alle Zellen des Blattes, an dem die Veränderung der Ca^{2+}-Konzentration wesentlich mitbeteiligt ist. Das Blatt klappt entlang der Mittelrippe an Gelenken so zusammen, dass die Blattzähne der beiden Blatthälften ineinandergreifen. Das Insekt wird festgehalten und durch die Drüsen der Blattoberseite verdaut. Die erneute Öffnung der Blatthälften kommt durch eine Wachstumsbewegung zustande (vgl. 15.3.2.3).

- **Saugfallen:** Beim Wasserschlauch *Utricularia* (untergetauchte Wasserpflanze) werden an den Blättern kleine wassererfüllte Blasen gebildet, die mit einer sich nach innen öffnenden Klappe verschlossen sind. Stoßen kleine Wassertiere gegen Borsten an der Außenseite der Klappe, so werden die eingebogenen Blasenwände entspannt, die Klappe öffnet sich und das Tierchen wird mit einem Wasserstrom eingesaugt. Dann schließt sich die Klappe infolge des Druckausgleichs. Nun werden in der Blase Verdauungssekrete abgeschieden. Nach Aufnahme der gelösten Stoffe wird die Wassermenge in der Blase

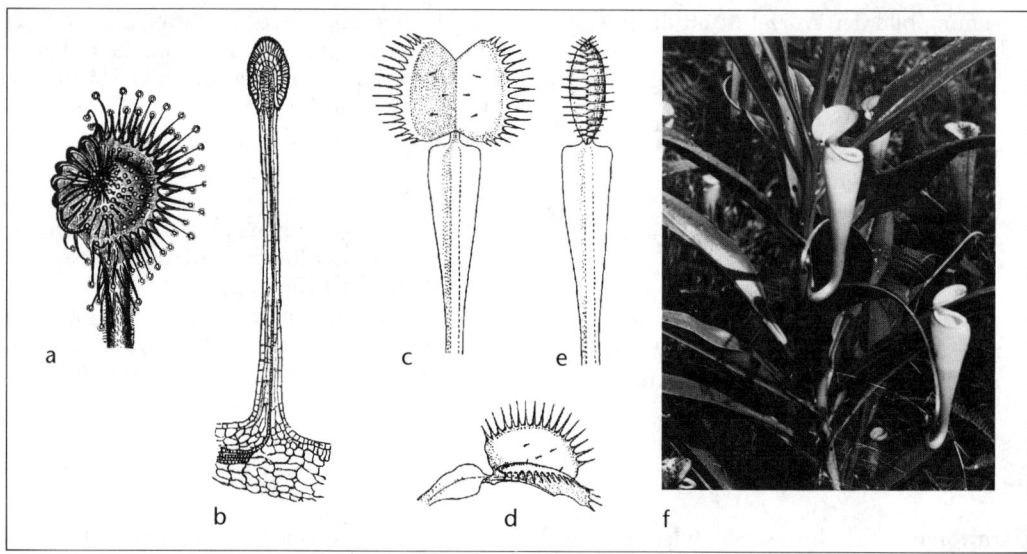

Abb. 13.4: Carnivoren. **a** and **b** Sonnentau *Drosera rotundifolia*, Klebfalle. Bei a Tentakeln der linken Blatthälfte über die Beute gekrümmt; **b:** Einzelner Tentakel (Emergenz) mit Drüsenköpfchen (Drüsenepithel), im Inneren ein Tracheidenstrang; **c–e:** Venusfliegenfalle *Dionaea muscipula*, Klappfalle. c Fallenblatt in Aufsicht von oben, auf jeder Blatthälfte 3 Fühlborsten, d Blatt von der Seite; e Blatt nach Reizung zusammengeklappt (nach STRASBURGER); **f:** Kannenblatt von *Nepenthes madagascariensis* (Kannenfalle). Die Verdauungsdrüsen (vgl. Abb. 5.15c) liegen im Inneren der Kanne (als Trichterblatt umgebildete Blattspreite, Foto KULL).

wieder verringert, sodass sich die Wände wieder nach innen biegen. Die tropische Gattung *Genlisea* bildet außer Blasen noch unterirdisch wachsende schlauchförmige Blätter mit Reusenhaaren und fängt damit Bodenprotozoen.

- **Gleitfallen oder Kannenfallen:** Bei *Sarracenia*, *Darlingtonia* (nordamerikanische Moorpflanzen), den Kannenpflanzen *Nepenthes* (Ranker und Epiphyten vorwiegend in Südostasien) und *Cephalotus* (australische Moorpflanzen) werden Gleitfallen vom Schlauch- oder Kannenblatt-Typ gebildet (vgl. 6.3.4.2 und 6.5.2.4). Das Insekt gleitet hinein und kann infolge der glatten Innenwände die Höhlung nicht mehr verlassen. An der Basis befinden sich Verdauungsdrüsen und in der Regel etwas Flüssigkeit. Bei *Sarracenia* und *Darlingtonia* erfolgt die Verdauung wahrscheinlich durch Bakterien in der Flüssigkeit.

Schließlich gibt es noch eine Anzahl tierfangender Pilze, die Rädertierchen, Amöben und Nematoden des Bodens einfangen. Die Tiere bleiben am Mycel haften und werden dann umwachsen und verdaut.

14 Entwicklung und Wachstum

Die Entwicklungs- und Wachstumphysiologie befasst sich mit der Kausalanalyse des Form- und Gestaltwechsels der Lebewesen. Betrachten wir eine Blütenpflanze: sie wächst heran, bildet Sprossachsen, Blätter und Blüten aus und vermehrt sich durch Samen. In den einzelnen Organen entstehen aus embryonalen (meristematischen) Zellen durch Differenzierung unterschiedliche Gewebe.

Wachstum ist eine irreversible Substanzzunahme der Pflanzen, Differenzierung eine qualitative Veränderung der Form und/oder der Funktion, der Änderungen im Stoffwechsel und Energiehaushalt der Zellen zugrunde liegen. Differenzierungen laufen bei Vielzellern in einer geordneten Weise ab, sodass ein charakteristisches Muster von Geweben entsteht, die ein Organ aufbauen. Der Prozess der Gestaltbildung heißt **Morphogenese**. Dabei werden bestimmte genetische Potenzen verwirklicht und dadurch gleichzeitig das Tätigwerden vieler anderer Gene verhindert (differentielle Genaktivität).

Wachstum, Differenzierung und Morphogenese sind eng verknüpft; sie werden nur aus praktischen Gründen getrennt. Das Wachstum und die Differenzierung von Vielzellern werden durch Vorgänge innerhalb der Zellen des Organismus, durch Wechselwirkungen zwischen den Zellen des Organismus und durch Wechselwirkungen zwischen Organismus und Umwelt reguliert. Umweltfaktoren können im Rahmen der durch die Gene festgelegten Reaktionsnorm als äußere Entwicklungfaktoren den Stoffwechsel und die Gestaltbildung beeinflussen (vgl. 8.2); sie können aber auf den Organismus auch belastend wirken und sind dann Stress-Faktoren. Bei den meisten Pflanzen ist im Gegensatz zu den vielzelligen Tieren die Ontogenese nicht auf eine bestimmte Zeitspanne beschränkt.

14.1 Wachstum und Differenzierung

Einzeller (z.B. Bakterien, einzellige Algen) zeigen Wachstum und Vermehrung der selbständigen Zellen ohne nennenswerte Gestaltveränderung. Eine solche findet höchstens bei der Bildung von Dauerstadien bzw. von Fortpflanzungszellen statt. Vorgänge des Wachstums sind daher bei Einzellern besonders leicht zu untersuchen. Bei den Vielzellern entsteht ein geordneter Zustand, der eine Regulation zwischen den Zellen erforderlich macht. Fehlt diese, so erhält man einen Zellhaufen (z.B. bei einer Kallus-Kultur). Das Wachstum von (Einzeller-)Populationen oder Zellen in einer Zellkultur wurde in 3.2.1.4 dargestellt. Auch bei vielzelligen Pflanzen erfolgt das Wachstum zunächst auf der Ebene der einzelnen Zellen.

14.1.1 Wachstum der einzelnen Zellen

Das Wachstum vielzelliger Pflanzen setzt zunächst Zellteilungen voraus (Teilungswachstum). Zwischen zwei Teilungen muss jeweils ungefähr eine Verdoppelung der Plasmamenge erfolgen. Dieses Plasmawachstum beruht vorwiegend auf der Vermehrung der Proteine. Die Volumenvergrößerung der Zelle wird als Streckungswachstum bezeichnet. Da die Proteinmenge von der embryonalen bis zur ausgewachsenen Zelle höchstens auf das Zehnfache ansteigt, das Volumen aber um das 30 bis 100-fache zunimmt, muss eine starke Vergrößerung der Vakuole(n) unter Wasseraufnahme erfolgen. Die Zellstreckung ist bei den Vielzellern zumeist mit den ersten Differenzierungsvorgängen verbunden.

Das **Streckungswachstum** der Zellen ist Ursache des Längenwachstums der Pflanze und ihrer Organe. Die Geschwindigkeit kann dabei ziemlich groß sein (Hafer-Koleoptile 3,7 cm/Tag; Bambus-Sprosse bis 57 cm/Tag); durchschnittliche Raten bis 1 cm/Tag). Durch ungleiches Wachstum verschiedener Teile der Zelloberfläche entstehen komplizierte Zellgestalten (z.B. von Haaren, Sternparenchym; vgl. 5.2). Vorwiegend Spitzenwachstum zeigen z.B. Pollenschläuche. Wenn eine Zelle ins Streckungswachstum eintritt, so steigt die Wachstumsgeschwindigkeit zunächst an und nimmt dann wieder ab, bis die endgültige Größe erreicht ist (sogenannte «große Periode des Wachstums»).

Bei der Zellstreckung erfolgt anfänglich eine «Erweichung» der Zellwand, d.h. deren plastische Verformbarkeit nimmt zu (vgl. 3.2.5.4.8). Den Expansinen kommt dabei vermutlich besondere Bedeutung zu. Dadurch verringert sich das Druckpotenzial. Entsprechend der Wasserpotenzialgleichung (vgl. 3.5.3) wird daher die Wasseraufnahme bei ψ_w = const. und gleichbleibendem osmotischem Potenzial ansteigen, sodass es zur Dehnung kommt. Mit der Bildung neuen Wandmaterials kommt das Multinetz-Wachstum zustande. Wenn Sekundärwandschichten entstehen, hört die plastische Verformbarkeit der Zellwand und damit das Streckungswachstum auf.

14.1.2 Wachstum der Organe

Dem Organwachstum liegt der geordnete Ablauf der Zellzyklen (vgl. 3.2.4.5.C) der Meristemzellen zugrunde. Die Mitosen erfolgen vielfach rhythmisch (z.B. tagesperiodisch gesteuert) und temperaturabhängig. Die Zellteilungen werden ferner in komplizierter Weise durch das Zusammenspiel der Phytohormone (vgl. 14.3.1) reguliert. (Zur Regulation des Zellzyklus vgl. 14.2.4.4.)

Die Verteilung der Teilungs- und Wachstumsraten der Zellen liefert ein räumliches Muster, welches das Wachstum der Organe bestimmt. So ist in der Wurzel die Streckungszone kurz (Abb. 14.1), in der Sprossachse in der Regel viel länger. Außerdem können in ihr auch später noch Zellstreckungen erfolgen (interkalare Wachstumszonen, vgl. 6.2.2).

14.1.3 Differenzierung

14.1.3.1 Differenzierung und Totipotenz

Die Differenzierung führt zur Bildung einer Zelle des Dauergewebes. Ihr geht eine Determination voraus, d.h. die Festlegung des Entwicklungsweges der Zelle, die stabil (nicht umkehrbar) oder labil (umkehrbar) sein kann. Die unterschiedliche Ausgestaltung der Zelle kommt durch eine verschiedene Proteinausstattung zustande; ihr müssen unterschiedliche Genaktivitäten zugrunde liegen. Bei der Differenzierung bleibt aber der volle Genbestand erhalten. Dies lässt sich daran erkennen, dass bei einer Reihe von Arten einzelne ausdifferenzierte Zellen unter geeigneten Bedingungen ganze Pflanzen hervorzubringen vermögen; die Zellen sind also totipotent (Abb. 14.2). In einem klassischen Experiment wurden aus Phloemzellen der Karotte ganze Pflanzen regeneriert, die wieder Rüben bildeten und zur Blüte kamen.

Besonders gut ist die **Totipotenz** der einzelnen Zelle nachzuweisen, wenn man Protoplasten aus Blattgewebe herstellt und aus diesen Kalli gewinnt (vgl. 3.2.1.3). Aus einem Kallus erhält man unter geeigneten Bedingungen neue Pflänzchen (somatische Embryogenese), die dann heranwachsen. Dies ist mittlerweile bei vielen Arten gelungen und hat praktische Bedeutung in der Züchtung.

Protoplasten sind infolge des Isolationsverfahrens Zellen unter Stress; dies ist bei ihrer Verwendung für physiologische Untersuchungen zu berücksichtigen. – Zellkulturen spielen in der Biotechnologie eine Rolle. *Protoplasten* werden zur Herstellung somatischer Hybriden und zur Transformation eingesetzt (vgl. 8.8.4). *Kalluskulturen* dienen der Zellvermehrung und ermöglichen die Gewinnung von Pflanzen. Allerdings besteht in Kalli stets die Möglichkeit, dass durch Mutationen in einzelnen Zellen genetische Unterschiede entstehen und daher die erhaltenen Pflanzen genetisch nicht mehr identisch sind (*somaklonale Variation*). In verschiedenen Fällen können in Kalli oder in

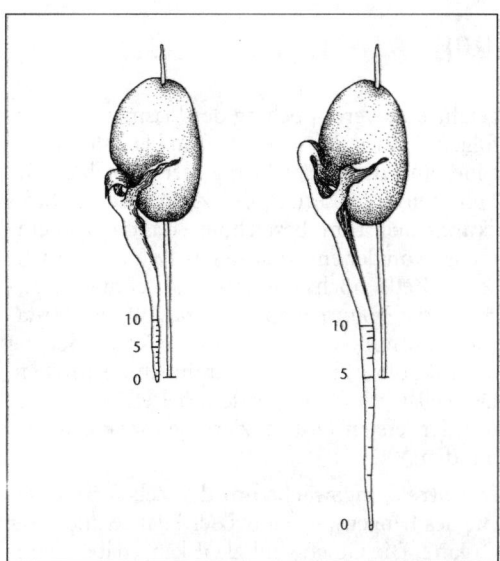

Abb. 14.1: Wachstumsvorgang an der Wurzelspitze von *Vicia faba*. Links: Wurzelspitze mit Markierungen in Millimeter-Abständen versehen; rechts: dieselbe Wurzel nach 22 Stunden. Die Markierungen sind durch das ungleiche Wachstum der einzelnen Zonen verschieden weit auseinander gerückt (aus STRASBURGER).

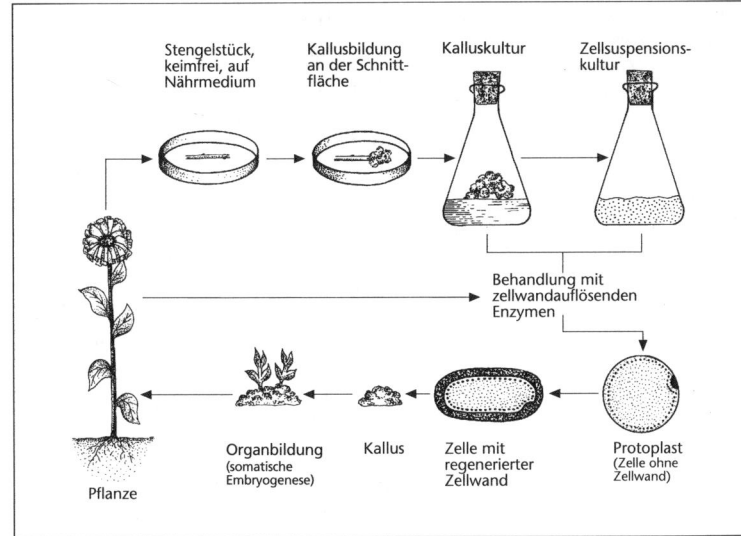

Abb. 14.2: Nachweis der Totipotenz von Pflanzenzellen und Herstellung von Kallus- und Zellsuspensionskulturen. Bei vielen Pflanzenarten kann man aus einem Protoplasten (zellwandlose Zelle) über einen Kallus eine vollständige und fortpflanzungsfähige Pflanze erhalten (in Anlehnung an KATING-BRECKLE).

Kulturen differenzierter Gewebe Sekundärstoffe produziert werden (z. B. in Wurzelkulturen). Aus Meristemen von Wurzel- oder Sprossspitzen kann man auf geeigneten Medien *Meristemkulturen* erzeugen; sie werden in der Züchtung z. B. zur Eliminierung von Pflanzenviren eingesetzt. Eine Vermehrung verschiedener Nutz- und Zierpflanzen sowie von Forstbäumen erfolgt heute vielfach über Gewebekulturen. Orchideen werden in Kultur fast nur auf diesem Wege vermehrt.

Schon seit langer Zeit erfolgt die Begonien-Vermehrung durch Einschneiden isolierter, feucht gehaltener Blätter, wobei aus einzelnen Zellen in Schnittnähe durch Regeneration die Jungpflanzen entstehen (vgl. Abb. 7.3).

14.1.3.2 Dedifferenzierung und Restitution

Bei der *Begonia*-Vermehrung kehren bereits differenzierte Zellen in den embryonalen, undifferenzierten Zustand zurück. Dies geschieht auch überall dort, wo in der Pflanze Sekundärmeristeme entstehen (vgl. 5.1), so z. B. bei der Ausbildung des interfaszikulären Cambiums. Derartige Vorgänge lassen sich auch künstlich auslösen, so bei der Pfropfung, wo eine Verwachsung zwischen Reis und Unterlage erfolgen muss. Durch Pfropfung auf eine gutwüchsige Unterlage vermehrt man wertvolle Züchtungen vegetativ, insbesondere wenn sie über Samen nicht vermehrt werden können.

Entstehen an den Verwachsungsstellen neue Seitensprosse, so können diese Gewebe beider Partner enthalten und dabei auch eigene Gestaltkombinationen aufweisen. Man bezeichnet sie als **Chimären**.

Bei der Verletzung von Pflanzengeweben kommt es durch Dedifferenzierung zur Wundkallus-Bildung (vgl. 6.2.4.6). Im Kallus setzt dann eine neue Differenzierung ein und die zerstörten Gewebe werden ersetzt. Diese Wiederherstellung wird als Restitution bezeichnet. (Das Austreiben ruhender Knospen ist hingegen eine Aktivierung vorhandener Meristeme, so z. B. bei Hexenbesen.)

14.1.3.3 Determination und Musterbildung

Die Determination kann durch innere Faktoren oder äußere Einflüsse bestimmt sein. Über die inneren Faktoren ist wenig bekannt. Als äußere Faktoren für die Determinierung wirken häufig die Nachbarzellen. Sie können auslösen:

- gleichartige Determination der Zelle: z. B. wird die Bildung des interfaszikulären Cambiums vom faszikulären Cambium aus induziert. Man spricht von homoiogenetischer Induktion.
- andersartige Determination der Zelle: z. B. determinieren in Differenzierung befindliche Schließzellen die Ausbildung der Nachbarzellen zu Nebenzellen der Stomata: heterogenetische Induktion.

Unterschiedliche Determination führt auch zur Musterbildung. Ein Muster ist eine nicht zufällige Verteilung von Strukturen in einem Organ.

Muster können durch Zellen gebildet sein (z.B. Spaltöffnungs-Muster) oder durch ganze Zellverbände (z.B. Blattstellungs-Muster). Zur Musterbildung müssen die Zellen bei der Determination ihre Lage (Position) kennen (vgl. 14.1.5). Eine einfache Musterbildung kann durch den sogenannten Sperreffekt zustande kommen. So wird durch einen entstehenden Spaltöffnungsapparat eine gleichartige Differenzierung in der unmittelbaren Umgebung verhindert; die gebildeten Stomata haben daher etwa gleiche Abstände (Abb. 14.3). Entsprechendes gilt z.B. für Haarbildungen und die Entstehung der Blatthöcker am Vegetationskegel (vgl. 6.2.5.3). Vermutlich ist ein Hemmstoff (Inhibitor) wirksam, der vom Ort der sich zuerst differenzierenden Zellen aus allseitig diffundiert und erst unterhalb eines Schwellenwertes unwirksam wird (vgl. 14.1.5).

Bei *Arabidopsis*-Mutanten mit verändertem Wurzelwachstum wurde gezeigt, dass die Musterbildung und die Regulation der Zellteilung unabhängig voneinander sind. Dies ist anders als bei Tieren, bei denen eine erhöhte Zellteilungsrate zur Tumorbildung führt. Man erkennt hieraus die höhere Entwicklungsplastizität bei Pflanzen.

Für die Gestaltausbildung der einzelnen Zelle sind deren Plasmalemma und Cytoskelett von großer Bedeutung. Zum Beispiel verdicken sich bei der Entwicklung der Tracheen die Zellwände in den Bereichen, die im peripheren Cytoplasma besonders viele Mikrotubuli aufweisen. Durch die cortikalen Mikrotubuli wird generell bei Sekundärwänden die Orientierung der Cellulose-Fibrillen festgelegt.

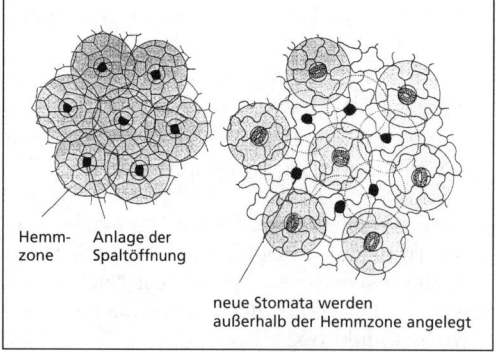

Abb. 14.3: Entstehung des Musters der Spaltöffnungen durch Wirkung eines hypothetischen Hemmstoffes (Sperreffekt) (aus ESCHRICH).

14.1.3.4 Korrelationen

Zwischen den einzelnen Organen eines Vielzellers bestehen enge Wechselwirkungen (Korrelationen). Dazu ist eine Informationsübermittlung erforderlich; diese erfolgt durch Phytohormone, Morphoregulatoren und Konzentrationsgradienten von Stoffen. Eine korrelative Förderung ist aber auch schon allein durch die Verfügbarkeit von Nährstoffen möglich. Die Assimilationsleistung des Sprosssystems bestimmt das Wachstum des Wurzelsystems und dieses wiederum die Wasser- und Ionenversorgung des Sprosssystems. Eine korrelative Förderung ist auch die Aktivierung des Cambiums bei Bäumen im Frühjahr, die von den Knospen ausgeht. Eine korrelative Hemmung kommt z.B. zustande durch die Konkurrenz um Nährstoffe. Hat ein Apfelbaum sehr viele Früchte, so bleiben diese kleiner als wenn wenige heranwachsen. Bei sehr starkem Fruchtansatz wird daher im Obstbau ein Teil der jungen Früchte entfernt.

14.1.4 Polarität

Alle differenzierten Zellen weisen Polarität auf, d.h. die einander entgegengesetzten Teile («Pole») der Zelle sind wenigstens physiologisch ungleichwertig. Die Polarität ist Ursache für inäquale Zellteilungen, die bei der Gewebebildung stattfinden (vgl. 5.1). Sie sind schon früh in der Entwicklung (bei Spermatophyten bei der Embryonalentwicklung) zu beobachten, daher muss die Polarität sehr bald erworben werden. Sie lässt sich tatsächlich bis zur befruchteten Eizelle (Zygote) bzw. zur Spore zurückverfolgen. Liegt die Zygote im Gewebe einer Mutterpflanze (bei Kormophyten), so bestimmt dieses die Polaritätsachse (das «oben» und «unten») durch homoiogenetische Induktion.

Bei Algen, welche die Gameten ins Wasser entlassen, erfolgt die Polarisierung der Zygote durch äußere Einflüsse. Dasselbe gilt für Sporen von *Equisetum* (Abb. 14.4). Die Polarität wird dabei normalerweise durch einseitigen Lichteinfall hervorgerufen, durch den die erste Zellteilungsebene festgelegt wird. Verhindert man die einseitige Beleuchtung, so kann die Schwerkraft wirksam werden; in Experimenten können auch ein elektrisches Feld oder ein Ionenkonzentrationsgradient polarisieren. Bei Zygoten der Braunalge *Fucus* dauert die lichtempfindliche Phase etwa 12 Stunden. Wenn in dieser Zeit kein polarisierender Außenreiz einwirkt, erfolgt die erste Teilung und damit die Polarisierung in zu-

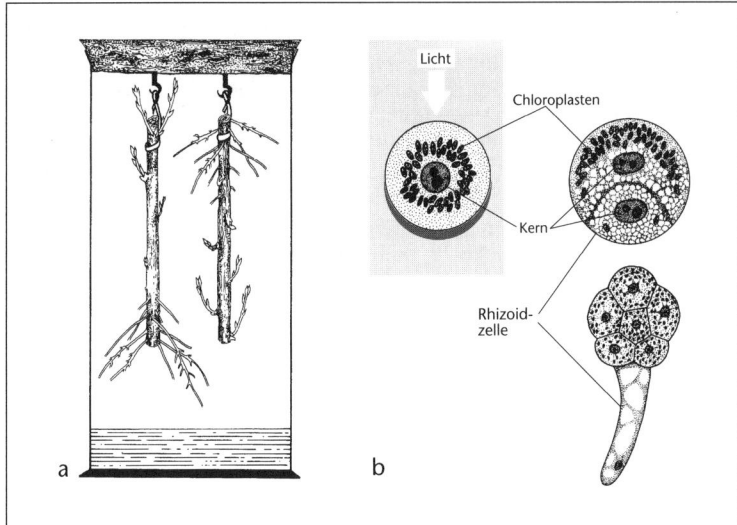

Abb. 14.4: Polarität. **a:** Regeneration bei Weidenzweigen in einer feuchten Kammer. Links normal orientierter Zweig, rechts verkehrt aufgehängter Zweig (nach HESS, verändert); **b:** Ausbildung der Polarität bei Sporen eines Schachtelhalms *Equisetum*. Links oben: Induktion der Polarität durch Bestrahlung. Rechts oben: inäquale Zellteilung; es entsteht die kleinere Rhizoidzelle. Unten: älteres Entwicklungsstadium des Prothalliums mit Rhizoid (nach MOHR-SCHOPFER, verändert).

fälliger Richtung. Zur Stabilisierung der induzierten Polarität, d.h. zur Fixierung der Achsenlage, ist die Zellwand erforderlich. Bei *Fucus*-Zygoten findet eine Ausrichtung des Actin-Netzwerks des Cytoskeletts statt, außerdem werden «Transmembranbrücken» zwischen den Mikrofilamenten und der Zellwand gebildet.

Wird ein Zweizellstadium von *Fucus* aufgetrennt, so bleibt die Polarität der Zellen erhalten. Werden diese dann protoplastiert, so geht die Polarität verloren. Die Zellwand hält also die Polarität stabil. – Bei der Induktion der Polarität ist ein lokaler Ca^{2+}-Transport von Bedeutung. Wo dieser erfolgt, setzt Zellwachstum ein. Am nicht wachsenden Pol der Zelle wird Ca^{2+} aus der Zelle hinausgepumpt und strömt am wachsenden Pol im Konzentrationsgefälle über Ca^{2+}-Kanalproteine ein. Verantwortlich für diesen Transport ist die ungleiche Verteilung der Transportproteine. Die Polarität ist also offenbar im Plasmalemma festgelegt; sie wird durch die Plasmaströmung nicht beeinflusst. Dagegen ist die Ausbildung des in der Membran verankerten Cytoskeletts von Bedeutung, durch das die Zellteilungsebene bestimmt wird.

Bei allen höheren Pflanzen und vielen Algen ist die Polarität nach ihrer Festlegung nicht mehr zu verändern. Dies zeigt die polare Regeneration von Sprossstücken: unabhängig von der Aufhängung werden am apikalen (physiologisch oberen) Ende Seitensprossanlagen, am basalen (physiologisch unteren) Ende Wurzelanlagen gebildet (Abb. 14.4a). Entsprechend verwachsen bei der Pfropfung nur richtig orientierte Teile miteinander.

14.1.5 Positionseffekt

Die Regeneration von Wurzeln an Sprossstücken (Abb. 14.4a) zeigt, dass die Zellen an den Enden über ihre Lage im Sprossstück (Steckling) informiert sind, unabhängig von der Lage im Raum. Sie besitzen eine Positionsinformation (vgl. 14.1.3.3), die Einfluss auf die Musterbildung hat (Positionseffekt). Die Positionsinformation kann durch stoffliche Gradienten oder mechanische Wirkungen zustande kommen; die Polarität von Zellen kann dabei als Vormuster wirksam sein. Als Vormuster (*prepattern*) bezeichnet man strukturelle Unterschiede, die Grundlage einer komplexeren Musterbildung sind.

Wie am Beispiel des Spaltöffnungsmusters (Abb. 14.3) gezeigt wurde, genügt in einfachen Fällen der Gradient eines Stoffes im Gewebe und die Messung von dessen Konzentration durch die Zelle, um ein Muster zu erzeugen. Die Entwicklung erfolgt dann in Abhängigkeit von der Konzentration. (Bei der Induktion handelt es sich hingegen um eine einmalige Alles-oder-Nichts-Entscheidung).

Man kann zeigen, dass sich im Prinzip jedes Muster in einem räumlichen Zellverband erzeugen lässt, wenn man zwei regulierende Stoffe annimmt. Es muss nämlich an einer Stelle ein bestimmter Differenzierungsvorgang eintreten und gleichzeitig in der Umgebung verhindert werden. Am Ort der Differenzierung benötigt man eine positive Rückkopplung, sodass die Differenzierung stabil wird. Diese Bedingungen lassen sich erfüllen durch Annahme eines Aktivator-Stoffes, der unter positiver Rückkopplung sich selbst verstärkt, und eines Inhibitors, dessen Bildung von der Aktivator-Konzentration abhängt. Der Aktivator wird proportional seiner Konzentration abgebaut; der Zerfall des Inhibitors erfolgt linear und konzentrationsunabhängig. Es reicht dann eine kleine zufällige Schwankung (Inhomogenität) aus, um die Musterbildung in Gang zu setzen (Modell von GIERER und MEINHARDT). Man kann so z. B. die Muster von Blattaderungen und der Blattstellungen erklären. Bei Pflanzen sind allerdings bisher die angenommenen Aktivatoren und Inhibitoren nicht nachgewiesen. Hingegen kennt man derartige morphoregulatorische Stoffe aus dem Tierreich (z. B. vom Süsswasserpolyp *Hydra*).

Mechanisch kann eine Musterbildung durch ungleiche Zugwirkung ausgelöst werden. So entsteht das auffällig regelmäßige Muster der Blüten im Kopf der Sonnenblume *Helianthus annuus* durch ungleiche Dehnung der Oberfläche, welche die Orte der Blütenanlagen festlegt. Blattstellungsmuster können durch Applikation von Expansin, das die Zellwand lockert, verändert werden.

In den Blättern der C_4-Pflanzen erfolgt eine morphologische und funktionelle Differenzierung der Zelltypen von Mesophyll und Bündelscheide, der gewebsspezifische Genaktivierungen zugrunde liegen. Die erforderliche Positionsinformation geht vermutlich vom schon zuvor differenzierten Leitgewebe aus.

14.2 Regulationsvorgänge

Den Vorgängen der Determination und Differenzierung liegt – wie erwähnt – eine unterschiedliche Genexpression in den Geweben zugrunde. Diese ist auf unterschiedliche Muster der Genaktivitäten oder auf Folgevorgänge bei der Genexpression zurückzuführen; das Ergebnis ist ein quantitativ und qualitativ verschiedenes Proteinmuster der Zellen.

14.2.1 Differentielle Genaktivität

Das zeitlich und örtlich in der Pflanze unterschiedliche Muster aktiver Gene ist zu erkennen an der Zahl und Art der mRNA-Moleküle, die in einem Gewebe oder Organ vorkommen. Wurzelgewebe enthalten etwa 7000 verschiedene organspezifische mRNAs; in Antheren wurden ca. 11 000 organspezifische mRNAs nachgewiesen.

Das Muster der aktiven Gene der Zellen eines Gewebes zu einem bestimmten Zeitpunkt ist mitbestimmt durch vorhergegangene Genaktivitäten und beeinflusst seinerseits das Muster künftiger Genaktivitäten mit. So erfolgt die Determination der Zellen. Häufig sind die Aktivitätszustände von Genen durch Signale beeinflusst, die aus der Zelle selbst, von anderen Zellen (z. B. Phytohormone) oder aus der Umwelt (z. B. Licht) stammen können. Gene können unterschiedliche Abhängigkeit vom betrachteten Signal zeigen; man unterscheidet zu einem bestimmten Zeitpunkt:

- aktive Gene: unabhängig vom Signal aktiv
- inaktive Gene: unabhängig vom Signal inaktiv
- potenziell aktive Gene: zunächst inaktiv, werden unter dem Einfluss des Signals aktiv (Genaktivierung)
- potenziell inaktive Gene: zunächst aktiv, werden unter dem Einfluss des Signals inaktiv (Geninaktivierung).

Dass die Bildung unterschiedlicher mRNA-Moleküle tatsächlich zu einer unterschiedlichen Gestaltbildung (Morphogenese) führen kann, wurde zuerst bei Pfropfversuchen an der siphonalen Grünalge *Acetabularia* gezeigt (Abb. 14.5). Deren Arten bilden zunächst eine große Zelle mit einem im rhizoidartigen Basalteil lokalisierten Kern. Der apikale Pol weist anfänglich einen Haarwirtel auf; bei der Fortpflanzung entsteht dann ein gekammerter Hut, der artabhängig unterschiedliche Gestalt zeigt. Pfropft man Stielstücke junger Acetabularien (vor Einsetzen der Hutbildung) auf Basalteile anderer Arten, so wird jeweils die Hutform gebildet, die der Herkunft des Zellkerns entspricht. Die Information wandert dabei in Form von mRNA vom Kern zum apikalen Pol.

Transplantationsexperimente zu unterschiedlichen Zeitpunkten zeigen, dass die mRNA noch lange nach ihrer Synthese wirksam ist. Versuche, bei denen Kerne transplantiert wurden und solche, bei denen isolierte mRNA zugeführt wurde, bestätigen die Befunde. Die morphogenetisch wirksame mRNA codiert u. a. für Enzyme, die zum Aufbau von Zellwandpolysachariden erforderlich sind. Wie die Experimente weiter gezeigt haben, wird der Zeitpunkt der Hutbildung aber durch das Cytoplasma mitbestimmt.

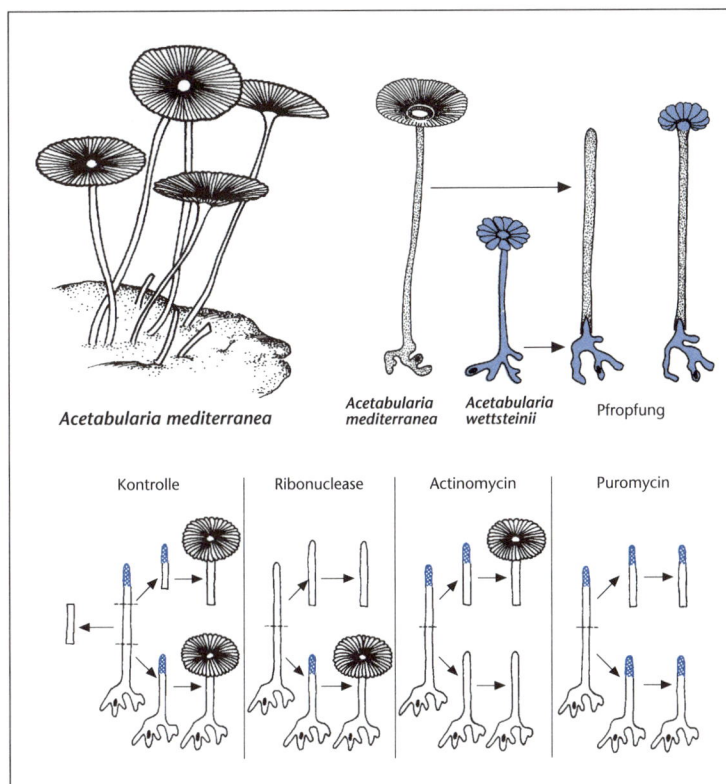

Abb. 14.5: Morphogenese bei *Acetabularia*. Links oben: Habitus von *Acetabularia mediterranea* (ca. 5 cm hoch). Rechts oben: Pfropfversuch: auf ein Rhizoid mit Zellkern von *Acetabularia wettsteinii* (Art mit kleinerem Hut) wird ein kern- und hutloses Stück («Stiel») von *Acetabularia mediterranea* gepfropft. Es entsteht dann ein Hut vom *A. wettsteinii*-Typus. Unten: Nachweis morphologischer Stoffe (blau) und von deren RNA-Natur. Kontrolle: Das apikale Ende eines Stieles bildet einen Hut entsprechend der vor der Trennung angereicherten mRNA; das untere, kernhaltige Teilstück bildet einen Hut aufgrund der Nachbildung von mRNA. – Durch Behandlung mit Ribonuklease wird die RNA in der Spitze zerstört. Das kernhaltige Teilstück kann RNA nachbilden, sodass ein Hut entsteht. – Actinomycin hemmt die RNA-Synthese; ein Hut wird nur am apikalen Ende gebildet, wo die RNA schon vorliegt. – Puromycin hemmt die Proteinsynthese und verhindert die Hutbildung trotz Vorhandensein von mRNA (nach LIBBERT).

14.2.2 Voraussetzungen der Regulationsvorgänge in der Zelle

Durch die membrangetrennten Reaktionsräume besitzt die Eukaryotenzelle eine starke Kompartimentierung (vgl. 3.2.2). Multienzymsysteme ermöglichen es, dass Reaktionsketten ablaufen, ohne dass Zwischenprodukte freigesetzt werden. Durch den Einbau ganzer Reaktionsketten in Membranen (Primärvorgänge der Photosynthese, Atmungskette) sind Reaktionen im weitgehend wasserfreien Milieu möglich. An Membranoberflächen lagern sich Enzymproteine an (an Membranen relativ stabil angelagerte Enzyme eines Stoffwechselweges werden als «Metabolon» bezeichnet); ebenso sind Enzyme und Ribonucleoprotein-Partikel an das Cytoskelett gebunden. Die räumliche Verteilung vieler Proteine im Cytoplasma ist daher nicht zufällig. Wie sie aber reguliert wird, ist bisher kaum bekannt. Diese topodynamische Regulation hat für Entwicklungsvorgänge vermutlich große Bedeutung; sie erhält die physiologischen Unterschiede in verschiedenen Bereichen des Cytoplasmas einer Zelle aufrecht. In der Zelle muss eine Signalübermittlung von der Oberfläche oder der Peripherie zum Kern hin sowie innerhalb des Cytoplasmas stattfinden. Dies geschieht durch chemische Signaltransduktion (vgl. 3.1.5), die oft mit einem Verstärker-Effekt verbunden ist. Da fortgesetzt eine Vielzahl von Signalen aus der Umgebung der Zelle eintreffen, müssen diese verrechnet werden: die Signalketten sind daher in komplexer Weise vernetzt.

14.2.3 Intrazelluläre Regulation

Die Regulationsvorgänge lassen sich gliedern in:
- Regulation der Art und Anzahl der Proteine. Sie erfolgt auf verschiedenen Ebenen: durch Regulation der Genaktivität (Transkription),

des RNA-Processing, der Translation, der posttranslationalen Veränderung von Proteinen und des Proteinabbaus.
- Regulation der Aktivität von Enzymmolekülen (vor allem durch allosterische Effekte).
- Regulation von Enzymreaktionen durch Veränderung der Konzentrationen von Stoffen, die an der Reaktion beteiligt sind (Metaboliten-Regulation; v.a. durch Konkurrenz um ein Substrat oder ein Coenzym).
- Regulation der Transportvorgänge an Membranen (durch Veränderung des Membranpotenzials, durch allosterische Beeinflussung von Membranproteinen, durch Phasenübergang der Lipidphase der Membran vom «flüssig-kristallinen» zum festen Zustand und umgekehrt).

Alle diese Vorgänge werden integriert durch Signaltransduktion. Genaue Kenntnisse der Genregulation (und damit der Proteinsynthese) sind nicht nur wichtig zur Aufklärung von Entwicklungsabläufen, sondern auch für die Biotechnologie von Bedeutung. Durch Eingriffe in die Regulation können Gene zur Über-Expression gebracht werden, sodass es zur Überproduktion entsprechender Proteine kommt, die dadurch einfacher gewonnen werden können.

14.2.3.1 Regulation der Art und Anzahl der Proteine

A. Vermehrung der Zahl identischer Gene

Sie erhöht die Ableserate je Zeiteinheit der betreffenden Gene und damit die Menge gebildeter mRNA. Eine Vermehrung aller Gene liegt vor bei der somatischen Polyploidie (vgl. 8.5.5.3); sie ist mit einer Zunahme der Zellgröße verbunden. Eine besondere Form ist die Endoploidie, wie sie im Suspensorgewebe mancher Arten vorliegt (z.B. *Phaseolus* ca. 8000fache Endoploidie); dabei werden die Chromosomen nicht getrennt, sodass Riesenchromosomen entstehen (vgl. 3.2.4.5). Bei manchen Polyploidisierungen wird ein kleiner Teil der DNA davon ausgenommen (Unterreplikation). Wichtiger sind Fälle, bei denen nur ein kleiner Anteil der DNA vermehrt wird. Durch diese **Genamplifikation** werden z.B. bei *Acetabularia* die Gene für die ribosomale RNA vermehrt, sodass bei ihrem Tätigwerden rasch sehr viel rRNA entsteht.

B. Regulation der Transkription bei Prokaryoten

Bei Prokaryoten ist der Ablauf der Aktivierung und Inaktivierung von Gruppen funktionell zusammengehöriger Gene gut bekannt. Diese Gene liegen häufig unmittelbar nebeneinander und bilden eine regulatorische Einheit, die als *Operon* bezeichnet wird. Eine einfache Regulation eines solchen Operons wird durch das von F. Jacob und J. Monod aufgestellte Modell beschrieben, das bei vielen bakteriellen Operons verwirklicht ist. Es sei am konkreten Fall des Lactose-Operons von *E. coli* erläutert (Abb. 14.6).

Die Enzyme, die den Abbau des Milchzuckers Lactose bei *E. coli* einleiten, werden nur gebildet, wenn Lactose im Nährmedium vorhanden ist (Induktion der Enzymsynthese durch Lactose). Es gibt aber Mutanten, welche die Enzyme auch bilden, wenn keine Lactose vorliegt und umgekehrt solche, die auch bei Gegenwart von Lactose die Enzyme nicht bilden können, obwohl die Gene für diese Enzyme nachweislich nicht verändert sind. Es ist also in diesen Fällen die Regulation der Genaktivität verändert. Die Ursache sind Mutationen eines Gens, das die Aktivität der Gene des Lactose-Abbaus und der Lactose-Aufnahme (das Lactose-Operon) reguliert. Dieses Gen codiert für ein Protein, das die Ablesung der Strukturgene des Lactose-Operons hemmt; man bezeichnet das Protein als **Repressor** und sein Gen als **Regulatorgen**. Dieses liegt getrennt vom Lactose-Operon (allerdings benachbart). Es wird nur selten abgelesen, sodass auch nur wenige Repressormoleküle in der Zelle vorhanden sind, von denen sich jeweils eines an eine Bindungsstelle in unmittelbarer Nachbarschaft der Strukturgene des Lactose-Operons an die DNA bindet. Diese Bindungsstelle wird als **Operator** bezeichnet. Wenn der Operator vom Repressor besetzt ist, kann keine RNA-Polymerase an der Startstelle der Transkription, dem Promotor-Bereich, gebunden werden. Die Gene werden also nicht abgelesen. (Das Regulatorgen besitzt einen «schwachen» Promotor, der nur selten mit der RNA-Polymerase in Reaktion tritt. Es muss daher seinerseits nicht reguliert werden.) Wenn Lactose vorhanden ist, wird dadurch die Raumstruktur der freien Repressor-Moleküle verändert (allosterische Reaktion); infolgedessen können diese nicht mehr mit dem Operator in Wechselwirkung treten. Da die freien Repressormoleküle und das gebundene in einem Gleichgewicht stehen, erfolgt irgendwann Ablösung und infolgedessen Inaktivierung auch dieses einen Moleküls. Damit ist die Blockie-

▶

Abb. 14.6: Genregulation bei Prokaryoten (Jacob-Monod-Modell) am Beispiel des Lactose-Operons von *Escherichia coli*. **a:** Zustand ohne Induktor; **b:** Zustand mit Induktor; **c:** Induktor wird entfernt; **d:** unter Berücksichtigung der zusätzlichen Wirkung einer positiven Kontrolle (Master-Regulation) durch das aktivierende Protein (CAP) (nach Knodel-Kull, verändert).

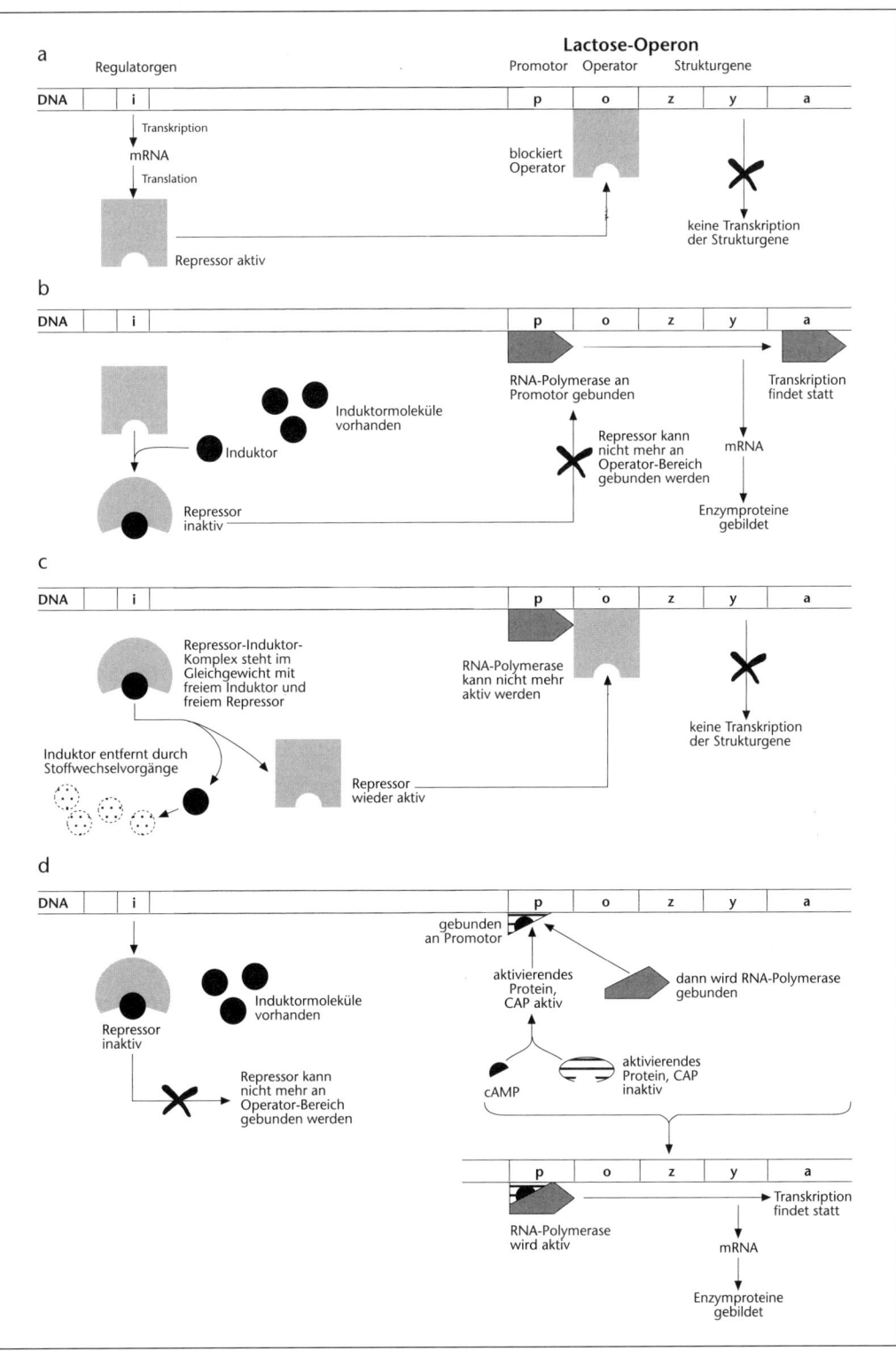

rung aufgehoben und die mRNA-Synthese kommt in Gang. Die Funktionseinheit aus Promotor, Operator und Strukturgenen bildet das Operon. Wenn ein Substrat (im Beispiel die Lactose) die Genaktivität auslöst, spricht man von Substratinduktion. Der umgekehrte Vorgang ist die Enzym-Repression: *E. coli* kann die Aminosäure Histidin aufbauen. Liegt im Nährmedium aber viel Histidin vor, so werden die Enzyme für die Histidinsynthese nicht mehr gebildet, weil das aufgenommene Histidin das Histidin-Operon inaktiviert. Hier liegt das Repressor-Protein zunächst inaktiv vor und wird erst durch Bindung von Histidin aktiviert. Es blockiert dann durch Reaktion mit dem Operatorbereich der DNA die weitere Bildung von mRNA der His-Gene. In ähnlicher Weise werden die Biosynthesewege anderer Aminosäuren reguliert.

Allgemein spricht man von einer **negativen Kontrolle** der Genaktivität, da durch Bindung des Repressor-Proteins die Transkription verhindert wird. Es sind auch Repressoren bekannt, die mehrere Bindungsstellen auf dem Bakterienchromosom besetzen und daher auch Gene unterschiedlicher Lokalisierung gleichzeitig inaktivieren («reprimieren») können.

Außerdem gibt es aber auch Mechanismen der **positiven Kontrolle**. Bei diesen wird im Promotor/Operator-Bereich zunächst ein aktivierendes Protein gebunden; erst dann tritt die RNA-Polymerase in Reaktion, sodass die Transkription beginnt. Solche Vorgänge spielen vor allem bei der übergeordneten Regulation mehrerer Operons eine Rolle. Ein Beispiel für ein aktivierendes Protein ist der CAP-Faktor (<u>C</u>atabolit-<u>A</u>ktivierendes-<u>P</u>rotein), der durch cyclisches 3′, 5′-Adenosinmonophosphat (cAMP) aktiviert wird und dann an die DNA bindet. Steht dem Bakterium viel Glucose zur Verfügung, so ist die cAMP-Menge in der Zelle gering; dann wird der CAP-Faktor abgelöst und die entsprechenden Operons (solche für Enzyme, die den Abbau anderer Kohlenhydrate durchführen, z. B. auch das Lactose-Operon) werden inaktiv. Ein derartiger Regulator wie der CAP-Faktor, der die Aktivität verschiedener Gene mehrerer Operons gleichzeitig beeinflusst, wird als Master-Regulator bezeichnet.

Eine andere Master-Regulation findet an der prokaryotischen RNA-Polymerase selbst statt. Sie besteht aus einem so genannten «core»-Enzym, an das zum Start der Transkription ein kleines Polypeptid, der σ-Faktor (Sigma-Faktor) gebunden wird. Dieser reguliert die Bindung des Enzyms an den Promotor. Es gibt nun unterschiedliche σ-Faktoren mit Promotor-Selektivität; dadurch wird eine Modulation der RNA-Polymerase möglich. Darüber hinaus kann die Aktivität von RNA-Polymerase (bei Prokaryoten und Eukaryoten) durch Phosphorylierung und Dephosphorylierung beeinflusst werden.

Bei den besprochenen Mechanismen wird jeweils der Start der Transkription reguliert. Es gibt aber auch eine Kontrolle über die Beendigung (Termination) der Transkription. Durch Bindung besonderer Proteine (Antiterminationsfaktoren) unterbleibt die Termination. Dieser Vorgang spielt bei der Phagenvermehrung nach Infektion von Bakterien eine Rolle. Eine andere Regulation durch eine vorzeitige Termination ist die Attenuation, die bei einigen Operons von *E. coli* auftritt. Beim Tryptophan-Operon befindet sich zwischen Promotor/Operatorregion und den Strukturgenen eine Leadersequenz (vgl. 8.6.5). In dieser liegt eine Terminationsstelle, hier sollte also die RNA-Polymerase die Synthese beenden. Dies geschieht auch in Gegenwart von Tryptophan. Fehlt dieses, so läuft die RNA-Bildung weiter. Die Leadersequenz kann auf der gebildeten mRNA unterschiedliche Sekundärstrukturen bilden; diese Sekundärstruktur aber legt fest, ob die Transkription weiterläuft und dadurch die nachfolgenden Strukturgene transkribiert werden. Die Sekundärstruktur wird ihrerseits beeinflusst über die sich an die RNA bindenden Ribosomen. Fehlt Tryptophan in der Zelle, so bleiben die Ribosomen «stehen», weil die Peptidkette nicht weitergebaut werden kann; sie veranlassen die RNA dann, die Sekundärstruktur anzunehmen, welche die «vorzeitige» Termination der Transkription verhindert.

C. Regulation der Transkription bei Eukaryoten

Vorgänge der Induktion und Repression, wie sie bei Prokaryoten durch das Jacob-Monod-Modell erklärt werden, gibt es auch bei höheren Pflanzen. Eine Induktion der Enzymsynthese durch das Substrat ist z. B. für Nitratreduktase, Thymidinkinase und Zimtsäurehydroxylase nachgewiesen. Manche Enzyminduktionen sind allerdings nur in bestimmten Entwicklungsstadien möglich; es gibt also eine übergeordnete zeitliche Kontrolle. Die Fähigkeit, auf einen einwirkenden Faktor reagieren zu können, wird als **Kompetenz** bezeichnet. Gemeinsam in gleicher Weise regulierte Gene bilden Synexpressions-Gruppen (z. B. Histone oder Regulationsproteine des Zellzyklus).

Da bei den Eukaryoten die funktionell zusammengehörigen Gene in der Regel keine Operons bilden, müssen die Regulationsvorgänge hier komplexer sein als bei den Prokaryoten. Der Regulationsmechanismus der Enzyminduktion ist sicherlich anders. Master-Regulatoren müssen bei Eukaryoten eine größere Bedeutung haben; sie setzen ganze Programme in Gang. Man unterscheidet bei Eukaryoten cis- und trans-wirksame Regulation. Eine cis-wirksame Kontrolle kommt zustande durch Nucleotidsequenzen, die auf dem gleichen DNA-Strang wie das regulierte Gen liegen. Dies sind außer den Promotor-Bereichen, an denen die RNA-Polymerase bindet, weitere Sequenzen, die – im Gegensatz zu den Promotoren – ganz unterschiedliche Anordnung haben können. Ihre Wirkung kommt vermutlich durch die Bindung regulatorischer Proteine zustande. Die Gene dieser Proteine sind in der Regel nicht auf dem gleichen DNA-Strang lokalisiert und die Proteine selbst daher trans-wirksame Faktoren.

Bei der Transkriptions-Regulation kann man unspezifische und spezifische Elemente unterscheiden. Unspezifische Regulationselemente sind:

- **Histone**: Damit die Transkription ablaufen kann, muss die DNA örtlich aus der in der Chromatide festgelegten Struktur heraustreten. An der dazu erforderlichen «Lockerung» der Nucleosomen wirken das Histon H1 sowie mehrere weitere Proteine, darunter eine Nucleosomen-ATPase, mit. Histon-Acetyltransferasen treten mit Aktivatoren (siehe unten) in Wechselwirkung; Histon-Deacetylasen können bei Gen-Inaktivierung mitwirken (vgl. auch 8.6.8). Eine Inaktivierung ganzer Chromosomen-Abschnitte (Bildung von Heterochromatin) ist mit einer stabileren Packung der Histone verknüpft.
- **Topoisomerase-Reaktion**: Beim Transkriptionsvorgang wird die Überschraubenstruktur der DNA verändert; sie muss daher durch ein besonderes Enzym (eine Topoisomerase) wieder hergestellt werden. Das Ausbleiben dieser Reaktion beeinflusst die Transkriptions-Aktivität. Die nachgewiesenen Veränderungen der Überschraubenstruktur setzen voraus, dass das Chromosom während der Transkription am Kernskelett (bzw. der Kernlamina) verankert ist. Wahrscheinlich hat jedes Chromosom im Kern einen spezifischen «Platz» und bildet festgelegte Schleifen (loops).
- **Methylierungsmuster von Basen der DNA**: Bei Eukaryoten hat das Methylierungsmuster von Basen regulatorische Bedeutung. Vor allem Bereiche mit viel methylierten Cytosin-Basen zeigen verringerte oder keine Transkriptionsaktivität (vgl. auch 8.5.7.5). Nach jeder DNA-Replikation wird durch spezifische Enzyme das Methylierungsmuster wieder hergestellt; bei Entwicklungsvorgängen kann es aber teilweise verändert werden.
- **Promotoren** sind DNA-Sequenzen, die einen bestimmten Abstand zum Transkriptions-Start haben müssen, um wirksam zu sein. Man bezeichnet den DNA-Bereich, in dem diese Sequenzen liegen, als Promotor-Bereich. Für die RNA-Polymerase II (synthetisiert die prä-mRNA) liegen die Promotoren «stromauf» vom Startpunkt; für die RNA-Polymerase III (bildet tRNAs) gibt es Promotoren «stromab» vom Start, also im transkribierten Bereich. Sequenzangaben beziehen sich dabei stets auf den zum transkribierten Strang komplementären Strang, da dessen Nucleotidsequenz von 5′ nach 3′ genauso abgelesen werden kann wie die gebildete RNA. Die Promotor-Bereiche und Promotor-Sequenzen und ihre Größe können mit Hilfe von Deletionsmutanten erkannt werden.

Die meisten Promotor-Bereiche besitzen einige bei den meisten Eukaryoten gleichartige, also hochkonservierte Abschnitte («Boxen»). Man findet zwischen 20 und 35 Basenpaaren stromauf des Transkriptionsstarts eine T- und A-reiche Sequenz, die TATA-Box (vgl. 8.6.2) und 40–100 Basenpaare vor dem Start eine CCAAT- (oder AGGA-)Box. Diese Sequenzen sind offenbar für die Bindung von RNA-Polymerase an die DNA von Bedeutung. An die TATA-Box wird zunächst der Transkriptionsfaktor TFIID (TATA-Bindeprotein) gebunden; dann treten weitere regulierende Proteine und die RNA-Polymerase in Reaktion (vgl. 8.6.2). An die CCAAT-Box bindet ein spezifisches Bindeprotein (CTF). Alle diese Proteine werden als generelle oder allgemeine Transkriptionsfaktoren bezeichnet.

Spezifische Regulationselemente (Abb. 14.7 c) sind für die Gewebespezifität der Transkription oder für deren Abhängigkeit von Umweltfaktoren sehr wichtig. Die Nucleotidsequenzen müssen, um als Kontrollelemente wirksam zu sein, cis-Stellung haben, aber ihre Entfernung vom Transkriptionsstart kann sehr groß (mehrere 1000 Basenpaare) sein. Auch wurde mit gentechnischen Methoden gezeigt, dass eine Veränderung der Entfernung ohne Einfluss auf die Wirksamkeit ist. Vielfach ist die Effektivität sogar unabhängig von der Richtung, in der sie in der DNA vorliegen. Sie treten mit regulatorischen, DNA-bindenden Proteinen in Wechselwirkung, die ihrerseits trans-wirksame Faktoren sind (spezifische Transkriptionsfaktoren).

Unter den regulatorischen Sequenzen gibt es solche, deren Vorliegen die Aktivität des Promotors und damit die Transkriptionsrate erhöht; man bezeichnet sie als **Enhancer** oder UAS (*upstream activating sequences*). Diejenigen mit entgegengesetzter, hemmender Wirkung nennt man **Silencer**. Beide liegen in manchen Fällen auch stromab vom regulierten Promotor (also

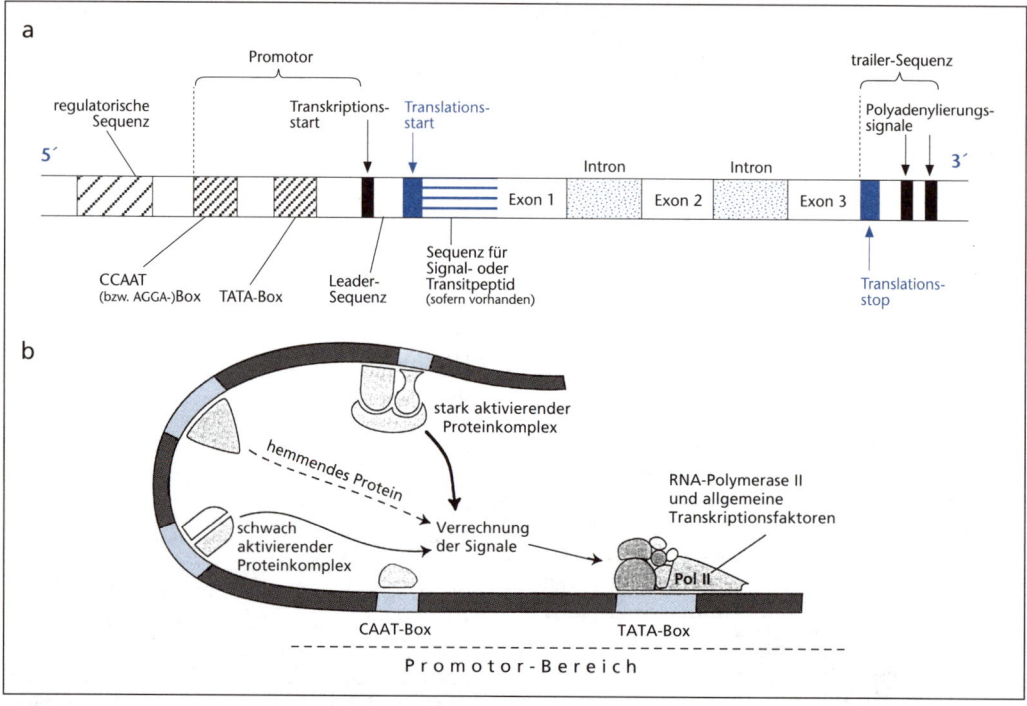

Abb. 14.7: Aufbau von eukaryotischen Genen und deren Regulationsbereiche. **a:** Schema des Aufbaus; **b:** Regulation der Transkription erfolgt durch zum Teil weit entfernte regulatorische Sequenzen (regulatorische Sequenzen sind blau dargestellt), an die DNA-bindende Proteine (trans-wirksame Faktoren) als Aktivatoren bzw. Inhibitoren gebunden werden. Die Signale der Faktoren werden verrechnet, und durch Kontakt kommt eine Wirkung auf den Initiationskomplex der Transkription zustande (nach CRIERSON u. COVEY sowie ALBERTS et al., verändert).

im Gen) oder sogar stromab von der codierenden Sequenz des Gens.

- **Aktivatoren** und **Repressoren** binden an die cis-Kontrollelemente und erhöhen bzw. verringern die Aktivität der kontrollierten Gene. Repressoren können aber auch im Promotor-Bereich binden oder durch ihre Wechselwirkung mit der DNA deren Struktur so verändern, dass die Transkription unmöglich wird.
- **Coaktivatoren** und **Corepressoren** binden nicht an die DNA, sondern treten mit Aktivator- oder Repressor-Proteinen in Wechselwirkung und verändern deren Wirksamkeit.

Durch das Zusammenwirken der verschiedenen Regulationsmöglichkeiten und die Kooperativität von Faktoren werden auch bei einer beschränkten Zahl an regulatorischen Proteinen (es sind etwa 150 verschiedene Transkriptionsfaktoren bekannt) viele verschiedene Expressionsmuster möglich sein (kombinatorische Kontrolle). Transkriptionsfaktoren mit stark aktivierender Wirkung werden, ausgelöst durch Ubiquitinierung, durch Proteasomen des Kerns rasch wieder abgebaut.

Die Transkriptionsrate hängt außerdem von der Promotorstärke ab. Im Mittel werden viele Gene gelegentlich und wenige sehr intensiv transkribiert. Kommt nun aufgrund einer Aktivierung ein Gen mit starkem Promotor dazu, so werden (bei gleichbleibender Konzentration der Bausteine und der Regulation) alle anderen aktiven Gene «benachteiligt». Diese generelle Aktivitätsveränderung ist kein Regulationsvorgang, sondern die Folge einer einzigen Genaktivierung.

Bei der *Hefe* findet man UAS, deren Mitwirkung bei der Anpassung der Hefe an Galactose als Nährsubstrat bekannt ist. Gene, welche die Verwertbarkeit von Galactose auslösen, besitzen eine 250 Basenpaare stromauf gelegene UAS, an die ein aktivierendes Protein (GAL 4) bindet. Dieses Protein besitzt einen DNA-bindenden Bereich und einen Aktivierungs-Bereich, der normalerweise von einem Inhibitorprotein bedeckt ist. Bei Gegenwart von Galactose wird dieses durch allosterische Reaktion so verändert, dass es nicht mehr an das GAL 4-Protein binden kann (vgl. Reaktion des Repressors bei Bakterien). Somit wird das GAL 4-Protein aktiv. Wahrscheinlich wirkt es über ein anderes, in Eukaryoten verbreitetes regulatorisches Protein, das seinerseits die RNA-Polymerase aktiviert.

In höheren Pflanzen wird die Aktivität verschiedener Gene durch Licht beeinflusst. Gut bekannt ist dies z. B. von den Genen für die kleine Untereinheit der Ribulosebisphosphatcarboxylase. Sie besitzen UAS, die ein Protein binden. Ferner können mehrere Gene einer Gengruppe, die für gleichartige Proteine gleicher Funktion codieren (z. B. für Isoenzyme) unterschiedlich reguliert sein. Dies wurde z. B. für α-Amylase und Phytochrom (vgl. 14.4.1.1) gezeigt. Solche Regulationsmechanismen erhöhen die Modifikabilität (Plastizität des Phänotypus) der Organismen.

DNA-bindende Proteine. Viele der trans-wirksamen Faktoren sind DNA-bindende Proteine. Bei diesen findet man wiederkehrende Strukturen, welche die Bindung an die DNA ermöglichen; danach wurden sie in Familien eingeteilt. Durch die Bindung des Proteins an die DNA erfolgen in beiden Komponenten Konformationsänderungen. Die meisten DNA-bindenden Proteine liegen als Dimere vor; dies ermöglicht Kooperativität und kann so die Sensitivität von Regulationsvorgängen erhöhen. Wichtige Strukturen DNA-bindender Proteine sind (Abb. 14.8):

- Helix-turn-Helix-Proteine (HTH): eine Protein-α-Helix passt in eine Furche der DNA-Doppelhelix und fungiert als Erkennungsregion. HTH-Motive sind häufig bei Transkriptionsfaktoren. Hierher gehören z. B. auch die Proteine mit Homöodomäne, der auf den zugehörigen Genen die Homöobox als charakteristische Nucleotidsequenz entspricht. Homöoboxen sind vor allem von den homöotischen Genen bekannt. Diese sind für die Musterbildung wichtig und legen die spezifische Ausgestaltung eines Organs (Organidentität) fest. (Bei homöotischen Mutanten wird daher ein Organ durch ein anderes ersetzt). Nicht alle homöotischen Gene besitzen die typische Homöobox; an deren Stelle kann z. B. auch die sogenannte MADS-Box treten. Gene mit MADS-Boxen regulieren die Blütenbildung (vgl. 14.5.2.5).

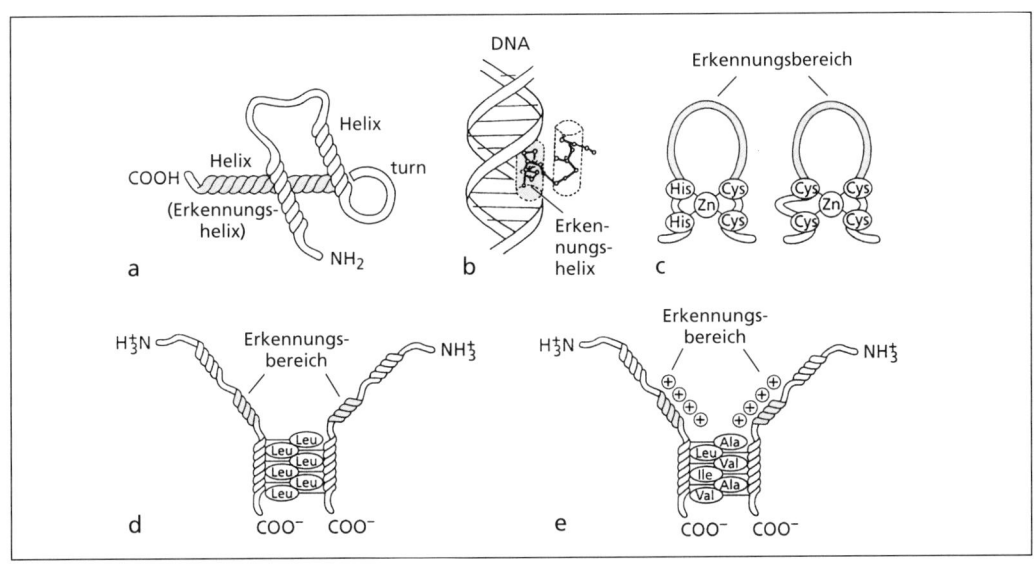

Abb. 14.8: Strukturprinzipien von DNA-bindenden regulatorischen Proteinen. Blau: Bereiche, die mit der DNA in Wechselwirkung treten. **a:** Helix-turn-Helix-Struktur (z. B. beim CAP-Protein; beim Transkriptionsfaktor für ribosomale 5S-RNA). Eine α-Helix des Proteins tritt mit der tiefen Rinne der DNA in Wechselwirkung, wie es **b** zeigt. Dimere Proteine enthalten zwei solcher Einheiten, die im Abstand von 3,4 nm mit der DNA in Wechselwirkung treten; **c:** Zink-Finger-Struktur (z. B. COP1-Protein in *Arabidopsis*). Die «Fingerstruktur» wird durch Komplexbildung zwischen Cystein(C)- oder Histidin-Resten mit dem Zink-Ion stabilisiert; die tatsächliche Raumstruktur des «Fingers» ist nicht wiedergegeben. Aminosäure-Seitenketten der Fingerstruktur treten mit der DNA in Wechselwirkung; **d:** Leucin-Reißverschluss-Struktur (z. B. beim Transkriptionsfaktor für Histon-Gene). Das Protein ist stets ein Dimeres, das durch Wechselwirkung einer größeren Zahl von Leucin(Leu)-Resten in Leucin-reichen Helix-Strukturen der beiden Untereinheiten entsteht. Die Wechselwirkung führt zur «Reißverschluss»-Struktur der beiden α-Helices. **e:** Basische Reißverschluss-Struktur (bZip). Sie enthält anstelle von Leucin andere hydrophobe Aminosäuren, die das Dimer stabilisieren. Die DNA-bindenden Domänen besitzen basische Aminosäuren (nach Taiz u. Zeiger).

- Zink-Finger-Strukturen: eine Protein-Schleife wird durch ein Zn-Ion stabilisiert. Beispiele: COP 1-Protein bei *Arabidopsis* (vgl. 14.4.1.1).
- Leucin-Reissverschluss (Zipper)-Struktur: zwei Helices des Dimeren stehen über zahlreiche Leucin-Reste untereinander in Wechselwirkung. Der Zusammenhalt des Dimeren kann auch durch andere hydrophobe Aminosäuren zustande kommen; die DNA-bindende Domäne enthält vor allem basische Aminosäuren. Es liegen dann basische Zipper (bZIP) vor. Ebenso gibt es basische Helix-loop-Helix-Strukturen (bHLH).
- HMG-Box-Struktur: HMG = *high mobility group*, da es kleine Proteine sind, die vor allem im Chromatin vorliegen. Eine Kombination einer HMG-Box mit einer Zink-Finger-Struktur liegt in einer Gruppe von Transkriptionsfaktoren vor, die als YABBY-Familie bezeichnet werden.
- Faltblatt-Helix-Struktur: die Erkennungsregion liegt in einem β-Faltblatt-Abschnitt (z. B. beim TATA-Bindeprotein).

Bei den Riesenchromosomen ist die Genaktivität lichtmikroskopisch zu erkennen. Durch die örtliche Bildung der Schleifen der vielen DNA-Stränge entsteht eine Aufblähung (puff). In den puff-Bereichen wird RNA synthetisiert. Das puff-Muster verändert sich im Lauf der Entwicklung, daran sind unmittelbar Veränderungen der Genaktivität abzulesen.

Eine Regulation des Abbaus der mRNA erfolgt über Poly-A-bindende Proteine und die Regulation von Ribonucleasen. Wird das Poly-A-bindende Protein abgelöst, so wird die RNA rasch angegriffen. Die Proteine der Histon-Gruppe – deren mRNAs keine Poly-A tragen – und das Tubulin beeinflussen unmittelbar den Abbau ihrer jeweiligen mRNA.

D. Regulation der Translation

Die mRNA der Prokaryoten ist kurzlebig (Halbwertszeit wenige Minuten). Bei Eukaryoten ist die Halbwertszeit viel größer (häufig im Stundenbereich), aber sehr unterschiedlich. Daher muss es bei Eukaryoten eine Regulation der Translation geben. Eine Reihe von RNA-bindenden Proteinen mit spezifischen RNA-Bindungs-Domänen sind bekannt. In manchen Geweben findet man langzeitig inaktivierte mRNA in Form besonderer mRNPs (sog. Informosomen), so z.B. in pflanzlichen Embryonen in den ruhenden Samen.

Bei Prokaryoten gibt es eine Regulation der Translation durch RNA-Moleküle, die eine zur mRNA komplementäre Sequenz aufweisen und daher mit dieser paaren, sodass sie nicht mehr mit Ribosomen in Reaktion treten kann (Antisense-RNA). Mit künstlich hergestellten Antisense-mRNA-Molekülen hat man bei Pflanzen Genexpressionen verhindert. In der Gentechnik wird dieses Verfahren durch Einbau von Genen für Antisense-RNA genutzt (vgl. 14.3.1.5). Eine Regulation der Translation kommt ferner zustande durch Aktivierung und Inaktivierung von Initiationsfaktoren der Proteinsynthese und durch Modifikation von ribosomalen Proteinen über Phosphorylierung bzw. Dephosphorylierung.

14.2.3.2 Posttranslationale Regulation

Geordnetes Zellgeschehen setzt eine richtige Lokalisierung der Proteine in den Zellkompartimenten voraus. Wie sie erreicht wird, ist bereits im Abschnitt 8.6.8 beschrieben. Die Aktivität vieler Proteine wird durch Phosphorylierung bzw. Dephosphorylierung reguliert (vgl. 8.6.7). Diese Art der Regulation findet man bei der Kontrolle von Transkription und Translation, bei der Signaltransduktion (vgl. 14.2.4) und bei Schlüsselenzymen des Stoffwechsels (z.B. bei der Rubisco, vgl. 10.1.2).

Die Abspaltung von bestimmten Peptiden kann eine inaktive Enzymvorstufe (das Proenzym) in das aktive Enzym umwandeln. Dies ist von tierischen Enzymen her gut bekannt (z.B. Trypsinogen → Trypsin), aber auch bei Pflanzen nachgewiesen. So wird die Lipase von *Ricinus*-Samen bei der Keimung durch eine Protease aus dem Proenzym freigesetzt (vgl. auch Bildung von Legumin aus Prolegumin, 8.6.7).

Die Regulation des Proteinabbaus durch Proteasen wurde in 11.3.3.3 beschrieben. Sie ist für den Zellstoffwechsel sehr wichtig, denn eine Veränderung der Enzymausstattung der Zelle setzt neben Proteinsynthese auch Proteinabbau voraus. Ein besonders intensiver Proteinabbau findet bei der Samenkeimung, der Alterung von Geweben und bei Einwirkung von Stressfaktoren (vgl. 14.4.6) statt.

14.2.3.3 Regulation der Aktivität von Enzymen

Diese Regulationsvorgänge kommen durch Effektormoleküle zustande, die mit dem Enzymmolekül in Wechselwirkung treten. Sie werden daher sehr rasch wirksam, während die das Proteinmuster beeinflussenden Regulationen eine längere Anlaufphase benötigen. Daher dienen Regulationen der Aktivität von Enzymmolekülen vor allem der raschen Stoffwechseleinstellung, jene der Veränderung der Enzymausstattung der Zelle vorwiegend der Entwicklungsregulation.

Für die Regulation des Stoffwechsels sind vor allem allosterische Effektoren (Inhibitoren oder Aktivatoren, vgl. 9.4.3) von Bedeutung. Wichtige regulierbare Enzyme (Schlüsselenzyme der Reaktionsketten) katalysieren im Stoffwechsel bevorzugt solche Reaktionen, deren Gleichgewicht weit auf einer Seite liegt, sodass sie nur in eine Richtung durchlaufen werden. Der Vorgang der Aktivierung des Enzyms durch induzierte Anpassung ans Substrat kann regulatorische Bedeutung haben, wenn das Enzym aus mehreren kooperativen Untereinheiten besteht.

Beeinflusst ein Substrat oder ein Produkt eine Enzymreaktion, wobei der Effekt nicht durch das Massenwirkungsgesetz zu erklären ist, so liegt meist eine allosterische Regulation vor. Betrachten wir die Phosphofructokinase (PFK)-Reaktion:

$$\text{Fructose-6-phosphat} + \text{ATP} \xrightarrow{\text{PFK}} \text{Fructose-bisphosphat} + \text{ADP}$$

Die PFK wird gehemmt, wenn eine Schwellenkonzentration von ATP überschritten wird. Hier hemmt also ein Substrat das Enzym seines eigenen Umsatzes. Durch Fructose-6-phosphat wird die PFK hingegen aktiviert (Substrataktivierung); ebenso durch Fructose-bisphosphat (Produktaktivierung). Eine komplexere Regulation liegt vor, wenn der Effektor der Reaktion an dieser nicht unmittelbar beteiligt ist.

Typische Fälle sind die

- **Endprodukthemmung** (negative Rückkopplung): das Endprodukt einer Reaktionskette hemmt hier einen früheren Schritt der Kette, wenn seine Konzentration über einen Schwellenwert ansteigt:

A ---> B ---> C ---> D ---> ..... F ---> G
↑   ┤
hemmt ─────────────────────────────┘

Beispiel: Hemmung von Phosphofructokinase durch Citrat (unter physiologischen Bedingungen ohne Bedeutung):

Fructose-6-phosphat ---> Fructosebisph. $\xrightarrow{\text{EMP}}$ TCC
                                                          ↖ Citrat ---↲
hemmt ───────────────────┘

Endprodukthemmungen sind von Aminosäure-Biosynthesewegen gut bekannt.

- **Ausgangssubstratektivierung** (Vorauskopplung): das Ausgangssubstrat aktiviert bei Konzentrationsanstieg einen der letzten Schritte einer Reaktionskette:

A ---> B ---> C ---> D ---> ..... F ---> G
└─────────────────────────────/aktiviert ↗

Beispiel: Stimulierung der Bildung von ADP-Glucose (und damit von Stärke) durch 3-Phosphoglycerinsäure (PGS) in Plastiden:

PGS ---> Triose-phosphat ---> ..... ---> Glucose-1-ph. ---> ADPG
└────────────────────────────────/aktiviert   ↓
                                                                              Stärke

Weitere, komplexe Regulationsvorgänge sind vor allem bei verzweigten Stoffwechselwegen von Bedeutung. Dies gilt besonders, wenn – wie stets in Prokaryoten – keine Kompartimentierung vorliegt. In solchen Fällen sind oft mehrere Isoenzyme für Schlüsselreaktionen erforderlich, die getrennt reguliert werden.

Die allosterische Regulation eines Enzyms ist in der Regel am sigmoidalen Verlauf der Kinetik zu erkennen (vgl. 9.4.3). Dies bedeutet, dass in einem bestimmten Konzentrationsbereich ein geringer Anstieg der Substratkonzentration zu einer starken Geschwindigkeitszunahme der Reaktion führt. Werden nun mehrere allosterisch regulierte Enzyme hintereinander geschaltet, so kann sich der Effekt verstärken und zu einer Alles- oder Nichts-Reaktion führen (Abb. 14.9).

Neben der allosterischen Regulation gibt es auch eine intrasterische Kontrolle im Bereich des aktiven Zentrums. Wichtig ist vor allem die Selbstregulation einiger Proteinkinasen. Deren Peptidkette weist Sequen-

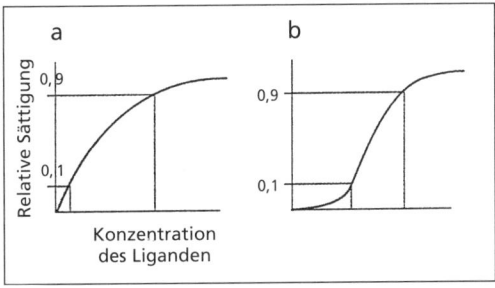

Abb. 14.9: Empfindlichkeit eines Proteins (z.B. Enzyms) gegenüber Veränderungen in der Ligandenkonzentration. Angegeben sind jeweils die Liganden-Konzentrationen die zu 10%iger bzw. 90%iger Absättigung der Reaktion führen. – Links: normale Empfindlichkeit, entsprechend der MICHAELIS-MENTEN-Kinetik. Rechts: erhöhte Empfindlichkeit, z.B. infolge allosterischer Regulation. Der Anstieg von 10% zu 90% Sättigung wird bei einer geringeren Zunahme der Liganden-Konzentration erreicht. Je steiler die sigmoidale Kurve verläuft, um so mehr nähert sich die Reaktion an eine Alles oder Nichts-Reaktion an.

zen auf, die dem jeweiligen Substrat ähnlich sind und die daher das eigene aktive Zentrum hemmen können.

14.2.3.4 Metaboliten-Regulation

Wenn mehrere Enzyme um ein Substrat konkurrieren (z.B. bei Verzweigung eines Stoffwechselweges), erfolgt eine Regulation durch die Konzentration der Enzyme und durch deren Umsatzleistung, die durch die MICHAELIS-Konstante bestimmt ist (stöchiometrische Regulation). Ein Beispiel: In Hefen wird Pyruvat entweder oxidativ decarboxyliert zu Acetyl-CoA (Atmung) oder nur decarboxyliert zu Acetaldehyd (Gärung). Die Enzyme haben unterschiedliche Affinität zum Pyruvat; bei geringer Konzentration dieses Substrats ist daher die Atmung stark bevorzugt, bei höherer Konzentration nimmt die Bildung von Acetaldehyd und damit das Ausmaß der Gärung zu.

Bei Enzymen, die von der Konzentration des ATP als einem Reaktionspartner abhängen, wirkt die *energy charge* (vgl. 9.2) der Zelle oder des Zellkompartiments regulierend ein. Bei Dehydrogenase-Reaktionen kann der Redox-Zustand des NAD/NADH- bzw. NADP/NADPH-Systems regulatorische Funktion haben.

14.2.4 Signaltransduktion in der Zelle

Zellen müssen fortlaufend Informationen über die Umgebungsverhältnisse erhalten. Dazu dienen Vorgänge der Signaltransduktion. Ein äußeres Signal kann eine Änderung einer physikalischen Größe (z.B. Licht, Temperatur) sein oder es können Moleküle (somit chemische Signale) sein, welche die Zelloberfläche erreichen. Bei Vielzellern unterscheidet man externe Signale (aus der Umwelt) und interne Signale (aus anderen Zellen bzw. Geweben des Organismus, bei Pflanzen vor allem Phytohormone).

Chemische Signale reagieren vielfach am Plasmalemma mit einem Rezeptorprotein; das gebundene externe Signal-Molekül ist dann dessen Ligand. Der Rezeptor gibt die Information in die Zelle weiter. Rezeptoren können auch im Zellinneren lokalisiert sein, wenn dieses vom Signal erreicht wird (z.B. Licht, manche kleine Moleküle). In der Zelle erfolgt nun eine Signaltransduktion über eine Folge von Reaktionen, wobei auch Verstärkungsvorgänge stattfinden können. Häufig verläuft der Signaltransfer zum Kern, in dem Veränderungen von Genaktivitäten erfolgen. Da auf eine Zelle gleichzeitig zahlreiche Signale einwirken, müssen diese fortlaufend verrechnet werden. Es kommt zum «crosstalk» zwischen Signalketten in einem zentralen Netzwerk des Informationstransfers, das man – in Analogie zum Rechner – als CPU (*central processing unit*) bezeichnet. Daher ist es verständlich, dass ein Signal mehrere Effekte auslösen kann und Reaktionen je nach Dauer und Intensität des Signals unterschiedlich sein können. Signalketten müssen hinreichend rasch wieder abgeschaltet werden, um eine erneute Signalübertragung zu erlauben.

An einer Signaltransduktion können Proteine als Rezeptoren und als Enzyme einer Reaktionskette beteiligt sein. Vielfach wirken kleine Moleküle als Signalüberträger (Botenstoffe, «Sekundär-Messenger») mit. Wenn Makromoleküle in der Signaltransduktion vorherrschen, findet oft eine Verstärkung statt; man spricht dann von Signalkaskaden.

Eine typische Signalkette beginnt mit einem Rezeptor, oft einem Membranprotein des Plasmalemmas. Auch Ionenkanäle können Rezeptorfunktion haben (Liganden-abhängige Kanäle).

14.2.4.1 Proteine in der Signaltransduktion

Proteinkinasen und Proteinphosphatasen kommen in zahlreichen Signalketten vor. Klassifiziert werden Proteinkinasen nach ihrer Spezifität (d.h. welche Aminosäure sie phosphorylieren). Bei Pflanzen sind viele Serin/Threonin-Kinasen bekannt, außerdem Tyrosin-Kinasen. Histidin-Kinasen sind vor allem an den «Zwei-Komponenten-Systemen» (siehe unten) beteiligt. Bei der Hefe sind 113 Proteinkinase-Gene (2% aller Gene) identifiziert worden. Viele Proteinkinasen erlangen ihre Spezifität durch Bindung regulatorischer Untereinheiten, welche die Lokalisierung in der Zelle und die Beeinflussbarkeit durch Metaboliten festlegen. Der Signal-Abschaltung dienen Proteinphosphatasen, deren Spezifität bisher nur in Einzelfällen bekannt ist.

– Serin-Threonin-Kinasen wirken in der CPU mit. Durch kleinmolekulare Komponenten reguliert werden Ca^{2+}-abhängige Kinasen (wirken z.B. auf Aquaporine, Ionenkanäle und verschiedene Enzyme), cGMP-abhängige Kinasen und Diacylglycerin (DAG) + Ca^{2+}-abhängige Kinasen (= Proteinkinasen C). Durch Reaktion mit einem anderen Protein werden z.B. reguliert: Cyclin-abhängige Proteinkinasen (CDK), Rezeptor-artige Kinasen (RLK) und Casein-Kinasen (CK1, CK2).

– Proteinkinasen mit doppelter Spezifität (für Ser/Thr und Tyr): MAPK-Gruppe (Mitogen aktivierte Protein-Kinase, vgl. unten).
– Tyrosinkinasen (PTK) werden aufgrund ihrer Lokalisierung in die Gruppen der rezeptorverknüpften und der intrazellulären Tyrosinkinasen gegliedert. Verschiedene Viren greifen über Tyrosinkinasen in die Regulation des Zellgeschehens ein.
– Histidinkinasen treten in **Zwei-Komponenten-Systemen** auf. Bei diesen erfolgt ein Phosphat-Transfer zwischen zwei verschiedenen Proteinen. Durch eine phosphattragende sensorische Kinase wird eine Asparaginsäure eines regulierenden Proteins phosphoryliert und so die Signalkette in Gang gesetzt. Die sensorische Kinase phosphoryliert sich dann wieder selbst (Autophosphorylierung) an einem Histidin-Rest. Zwei-Komponenten-Systeme sind zuerst aus Prokaryoten bekannt geworden. Bei Pflanzen kommen sie z. B. in Signalketten von Phytohormonen (Ethen und Cytokinine) vor; die Ethen-Rezeptoren sind Histidinkinasen.

Eine effektive Signalverstärkung erfolgt durch eine Hintereinander-Schaltung von Proteinkinasen, wie zuerst für Mikroorganismen und Tiere bei der Regulation der Mitose gezeigt wurde. Da die beteiligten Kinasen in der Regel homolog sind, wird diese Signalkaskade auch bei Pflanzen als MAP-Kinase-System bezeichnet (MAP = Mitogen aktiviertes Protein). Solche Kaskaden sind für Phytohormone (z. B. Wirkung von Ethen) und den Transfer von Stress-Signalen (Kälte, Parasitenbefall) nachgewiesen. Eine MAP-Kinase (MAPK) wird durch eine MAP-Kinase-kinase (MAPKK) aktiviert, diese wiederum durch eine MAPKKK, die ihrerseits durch das Rezeptorsystem aktiviert wird. Die MAPK phosphoryliert einen Transkriptionsfaktor.

G-Proteine. Sie haben zunächst GDP gebunden und sind dann inaktiv. Treten sie mit einem entsprechenden (G-Protein-gekoppelten) Rezeptor in Wechselwirkung, so wird das GDP gegen GTP ausgetauscht; dadurch erfolgt Aktivierung. Das GTP wird langsam gespalten, und das System inaktiviert sich dadurch wieder.

Man unterscheidet kleine G-Proteine (vor allem die Rho-Familie), die über einen Farnesylrest in der Membran verankert sind, und Heterotrimere G-Proteine (aus drei verschiedenen Untereinheiten), die über einen Fettsäurerest in die Membran gebunden sind. G-Proteine können durch Aktivierung von Phospholipasen mit den Signalstoffen DAG und IP_3 (vgl. 14.2.4.2) verknüpft sein.

Weitere regulatorische Proteine sind vor allem bei der Signalvernetzung wichtig, so z. B. die Gruppe der 14-3-3-Proteine (benannt nach Wanderungseigenschaften bei der Elektrophorese). Sie sind an der Regulation der Exocytose und des Zellzyklus sowie der Aktivität von Enzymen (Nitratreduktase, Saccharosephosphatsynthetase, P-H^+-ATPase) beteiligt.

14.2.4.2 Intrazelluläre Botenstoffe

Kleinmolekulare Signalstoffe diffundieren rasch in der Zelle und sind daher auch für die Vernetzung von Signalketten sehr wichtig.

Nucleotide für die Signaltransduktion sind GTP (vgl. 14.2.4.1) und das daraus durch eine Cyclase entstehende cyclische Guanosinmonophosphat cGMP, das verschiedene Proteinkinasen aktiviert. ATP ist für die Proteinkinasen als Substrat erforderlich. Bei Tieren und Pilzen entsteht aus ATP auch cyclisches Adenosinmonophosphat cAMP als Signalstoff. Aus NAD^+ kann cyclische Adenosindiphosphat-(cADP)-Ribose gebildet werden, die in den Ca^{2+}-Haushalt eingreift (vgl. unten).

Phosphatidylinositol-abhängige Signale: Das Membranlipid Phosphatidylinositol (PI) kann durch (ihrerseits regulierte) PI-Kinasen zu Phosphatidyl-inositol-4,5-bisphosphat (PIP_2) umgesetzt und dieses durch Phospholipase C zu Inositoltrisphosphat (IP_3) und Diacylglycerin (DAG) gespalten werden. IP_3 reguliert ATPasen, K^+-Kanäle sowie Phospholipase D und induziert als Ca^{2+}-Freisetzung im Cytosol. DAG aktiviert Proteinkinase C. Die Phospholipase D kann dann weitere Phospholipide spalten, wodurch über Phosphatidsäure weiteres DAG entsteht (IP_3-Kaskade).

Calcium-Ionen: Veränderungen der Ca^{2+}-Ionen-Konzentration gehören zu den wichtigsten informationsübertragenden Signalen in der Zelle. Daher wird die Ca^{2+}-Konzentration im Cytoplasma sehr genau (im Bereich 0,1 μM) reguliert. Ca^{2+}-Ionen sind in Cytoplasma, Vakuole und der Zellwand vorhanden. Im Cytoplasma ist das ER ein Ca^{2+}-Speicher.

Die Ca^{2+}-Konzentration wird reguliert durch Ca^{2+}-Kanäle bzw. -Pumpen in Plasmalemma, Tonoplast und ER-Membran. Dabei werden spannungsabhängige Ca^{2+}-Kanäle z.T. zusätzlich durch ein G-Protein beeinflusst. Ligandenabhängige Ca^{2+}-Kanäle können von IP_3, cADP-Ribose und Ca^{2+} selbst abhängig sein. Mechanosensitive Ca^{2+}-Kanäle werden durch das Cytoskelett beeinflusst. Überschüssiges Ca^{2+} wird durch Ca^{2+}-ATPasen rasch in die Vakuole oder den Zellwandraum transportiert und so der Ausgangszustand wiederhergestellt.

Ca^{2+}-Ionen wirken in der Zelle durch:
- Bindung an spezifische Ca^{2+}-bindende Proteine mit Regulatorfunktion (Ca-Signal-Decoder). Calmodulin im Cytoplasma bindet 4 Ca^{2+} und wird so aktiviert. Es tritt dann mit verschiedenen Enzymen und Proteinen des Cytoskeletts in Wechselwirkung. Annexine reagieren mit Membrankomponenten

und wirken so bei der Regulation der Exo- und der Endocytose mit. Calnexin ist ein Protein der ER-Membran und hat Chaperon-Funktion. Calreticulin im ER bindet an das Binding Protein (BiP; vgl. 8.6.8).
- Aktivierung bzw. Hemmung von Proteinkinasen und Proteinphosphatasen.

In der Zellwand stabilisiert Ca^{2+} die Pectinkomponenten durch Erhöhung des Vernetzungsgrades. Konzentrationswellen des Ca^{2+} können an Membranoberflächen entlang wandern; sie haben vermutlich regulatorische Funktion. Aufrechterhalten werden sie über das IP_3-System.

Eine irreversible Festlegung von überschüssigem Ca^{2+} erfolgt insbesondere bei Arten, die viel Ca^{2+} aufnehmen. In der Vakuole werden dann schwer lösliche Ca-Salze, bevorzugt Calciumoxalat, abgelagert (vgl. 3.2.5.2). Auch Pectinstoffe der Vakuole können Ca^{2+} binden. Bei manchen Pflanzenarten werden hohe Konzentrationen an löslichem Ca^{2+} in der Vakuole erreicht (calciotrophe Pflanzen).

Reaktive Sauerstoff-Spezies (ROS): Die Lebewesen mussten sich schon in der Frühzeit der Evolution an Sauerstoff adaptieren (vgl. 16.5.2). Da bei Vorhandensein von Sauerstoff stets auch geringe Mengen von ROS entstehen, konnten diese als Signale genutzt werden. Gleichzeitig wurde aber ein vielfach gesichertes System von Schutzmechanismen gegen eine zu hohe Konzentration derartiger reaktiver und stoffwechselschädlicher Teilchen entwickelt (vgl. 10.1.1.4). Das Cytoplasma hat normalerweise ein Redoxpotenzial von $E'^0 = -250$ bis -280 mV (NADPH: -315 mV; Glutathion: -240 mV). Steigt der Wert auf $E'^0 \geq -150$ mV an, so kommt es zu oxidativem Stress: die Konzentration der ROS wird zu hoch. ROS mit Signalfunktion sind vor allem O_2^- und O_2^{2-}; sie können z. B. die Ligninbildung und die Pathogen-Abwehr in Gang setzen (vgl. 14.4.6.4).

Stickstoffmonoxid NO, das seinerseits ein Radikal ist, kann mit ROS reagieren und daher deren Wirkung herabsetzen. Es wirkt aber auch selbst als Signal und hat dabei ähnliche Effekte wie ROS. NO entsteht durch die Wirkung von NO-Synthase aus Arginin.

14.2.4.3 Metabolit-Signale

Konzentrationsänderungen verschiedener Metabolite (vor allem Saccharose, Glucose, Nitrat) lösen Signaltransduktionsvorgänge aus. Diese Metabolite können daher zusammen mit Phytohormonen den Stoffwechselzustand von Zellen regulieren.

Nitrat wirkt auf Nitrataufnahme, Nitratreduktion und GOGAT-Weg (vgl. 11.3.2.1). So induziert es die Nitratreduktase, deren Aktivität dann durch Phosphorylierung/Dephosphorylierung sowie ein inhibitorisches 14-3-3-Protein reguliert wird. Nitrat hemmt ferner die Aktivität von Saccharosephosphatsynthase durch Aktivierung der Phosphorylierung des Enzyms. Diese «Nitrat-Regulation» ist für die Regulierung des C/N-Verhältnisses in Geweben und für die Allokation (vgl. 10.1.3) wichtig.

Die Konzentrationen von Saccharose und Glucose können über ein Proteinkinase-System Einfluss auf die Genregulation nehmen. Als Sensoren für Konzentrationsveränderungen dienen offenbar Zuckertransport-Systeme im Plasmalemma sowie die Hexokinase.

14.2.4.4 Regulation des Zellzyklus

Entsprechend seiner grundlegenden Bedeutung wird der Zellzyklus (vgl. 3.2.4.5 C) sehr genau reguliert, wobei es mehrfache Absicherungen gibt. Mutanten mit veränderter Regulation sind die *cdc-*(cell division cycle)-Mutanten. Zu den von diesen festgelegten über 50 CDC-Proteinen gehören:

- Cycline (Cyc): regulatorische Proteine, binden an
- Cyclinabhängige Kinasen (CDK; cdc-Kinasen)
- CDK-aktivierende Kinasen (CAK; phosphorylieren CDK)
- Cyclinabhängige Kinase-Inhibitoren (CKI oder CDI; z. B. p21).

In Pflanzen sind 4 Klassen von CDKs und 8 Gruppen regulatorischer Cycline nachgewiesen. CDK-Cyclin-Komplexe werden im Zellzyklus periodisch aktiviert und inaktiviert und wandern außerdem zwischen Kern und Cytosol. Sie stehen unter dem Einfluss von Signalketten, die von Phytohormonen und von Metaboliten ausgehen. Die Komplexe legen die Übergänge G_1/S und G_2/M fest. Beispielsweise erfolgt die Vorbereitung der S-Phase durch den Cyc D-CDK-Komplex, der durch eine CAK phosphoryliert wird. Dieses Signal löst dann die Phosphorylierung des Rb(Retinoblastom)-*related* Proteins RBR aus, wodurch ein Transkriptionsfaktor freigesetzt wird, der nun Genaktivierungen bewirkt. (Das RBR erhielt seinen Namen als Homologes des tierischen Retinoblastom-Proteins). In die Regulation greift aber auch der Proteinabbau ein. Die D-Cycline besitzen z. B. PEST-Sequenzen (vgl. 11.3.3.3); die Ubiquitinierung wird außerdem durch regulatorische Proteine, die Culline, gesteuert.

Bei DNA-Schädigung wird der Zellzyklus blockiert, sodass hinreichend Zeit für die DNA-Reparatur bleibt. DNA-Schäden (und einige andere Stresswirkungen) stabilisieren ein regulatorisches Protein p53, das normalerweise rasch abgebaut wird. Das p53 löst die Bildung eines 14-3-3-Proteins aus, das dann die Abwanderung eines Cyclin B1-CDK-Komplexes ins Cytoplasma verursacht.

14.2.4.5 Zelluläre Regulation

Signaltransduktionsvorgänge wirken sich auf zelluläre Prozesse aus. Das Cytoskelett wird durch Ca^{2+}

und ein kleines G-Protein (Rho) kontrolliert. Daher können chemische Signale in der Zelle in mechanische umgewandelt werden und umgekehrt. Im Plasmalemma werden Komponenten der extrazellulären Matrix (vor allem Arabogalactan-Proteine) durch Glykosyl-phosphatidyl-inositol und vielleicht auch über besondere Proteine mit dem Cytoskelett verknüpft. So kann ein mechanisches Signal von außen in die Zelle weitergegeben und dort in ein chemisches Signal umgewandelt werden.

Am Vesikeltransport wirkt das G-Protein Dynamin mit, das mit PIP_2 in Wechselwirkung tritt und über DAG reguliert wird. Auch der Transport in die Organellen wird durch Signale, die auf Transporter einwirken, beeinflusst. Unklar ist die Regulation der Durchgängigkeit der Plasmodesmen, die für einen potenziellen Transport von Makromolekülen (z. B. RNA) Bedeutung hat. Ca^{2+} ist daran beteiligt.

14.3 Innere Entwicklungsfaktoren

An der interzellulären Regulation in vielzelligen Pflanzen sind Phytohormone beteiligt. Sie üben ihre Effekte (ebenso wie tierische Hormone) in sehr geringen Konzentrationen (10^{-6} bis 10^{-8} molar) aus und werden in der Pflanze vom Bildungs- zum Wirkungsort teilweise über große Strecken transportiert, können aber andererseits – im Gegensatz zu vielen tierischen Hormonen – häufig auch im Gewebe ihrer Bildung selbst wirksam werden. Neben den Phytohormonen müssen weitere regulatorische Substanzen angenommen werden, wie z. B. der Sperreffekt (vgl. 14.1.3.3) zeigt. Es gibt lokal wandernde Signalstoffe und «Morphoregulatoren», denen man vor allem Wirkungen auf Nachbarzellen zuschreibt. Der Übergang zu den Phytohormonen ist aber fließend.

14.3.1 Phytohormone

Besondere hormonbildende Organe gibt es bei Pflanzen nicht; alle Phytohormone sind Gewebshormone. Ein bestimmtes Phytohormon kann an seinem Wirkungsort – den «Zielzellen» – in Abhängigkeit von der Vorgeschichte (z. B. dem Differenzierungszustand) dieser Zellen unterschiedliche Wirkungen haben. Wichtig sind dabei wohl vor allem die Zahl und Art der spezifischen Bindungsstellen für das jeweilige Hormon. Hormonrezeptoren sind bisher nur in einigen Fällen nachgewiesen worden. Gleiche Hormonmengen können in Zellen mit einer unterschiedlichen Zahl von Rezeptoren verschieden starke Wirkungen entfalten. Die Wirkung eines Phytohormons wird stets auch durch die anderen Hormone beeinflusst, setzt also deren Vorhandensein voraus. Von den Rezeptoren gehen Signalketten aus; da diese vernetzt sind und im Netzwerk eine Verrechnung erfolgt, können verschiedene Hormone auch gleichartige Wirkungen haben. Entscheidend sind oft die Mengenverhältnisse der Hormone. Ein Hormongradient kann außerdem Positionsinformation liefern. Der Ferntransport der Phytohormone erfolgt über die Leitgewebe, der Nahtransport in einem Gewebe von Zelle zu Zelle.

Von den lange bekannten Hormon-Gruppen (vgl. Abb. 14.10) haben die Auxine, Gibberelline und Cytokinine vorwiegend aktivierende Wirkungen, Abscisinsäure und Ethen (Ethylen) vor allem hemmende Effekte. Weitere wichtige Gruppen sind die Octadecanoide und Jasmonate sowie die Brassinosteroide. Signalstoffe wie Salicylsäure und etliche Peptide leiten über zu den als Elicitoren (vgl. 14.4.6.4) wirksamen Oligosaccharid-Molekülen und den bei der Regulation von Blattbewegungen beteiligten *leaf movement factors* (LMF) (vgl. 15.4.4). Pheromone sind hormonartige Stoffe, die auf andere Individuen der gleichen Art einwirken, so z. B. die bei Wasserpilzen und bei Algen verbreiteten Gametenlockstoffe (15.2.3).

Speicher- und Transportform von Hormonen sind oft Verbindungen, bei denen das Hormon mit einem Zucker, einer Aminosäure oder gelegentlich einem Peptid verknüpft ist (Konjugate). Durch Konjugation bzw. Dekonjugation kann die Menge eines aktiven Hormons rasch verändert werden.

14.3.1.1 Auxine

Die natürlichen Auxine sind Indolderivate; die wichtigste Verbindung ist die β-**Indolylessigsäure** (IES; IAA). Sie kommt in den Pflanzen in freier Form und in Form von Konjugaten vor.

Der Nachweis von Auxin erfolgt am einfachsten durch die fördernde Wirkung auf das Streckungswachstum der Coleoptile (Hafer-Coleoptiltest, Abb. 14.11). Der Test zeigt, dass die wachstumsfördernde Substanz relativ rasch

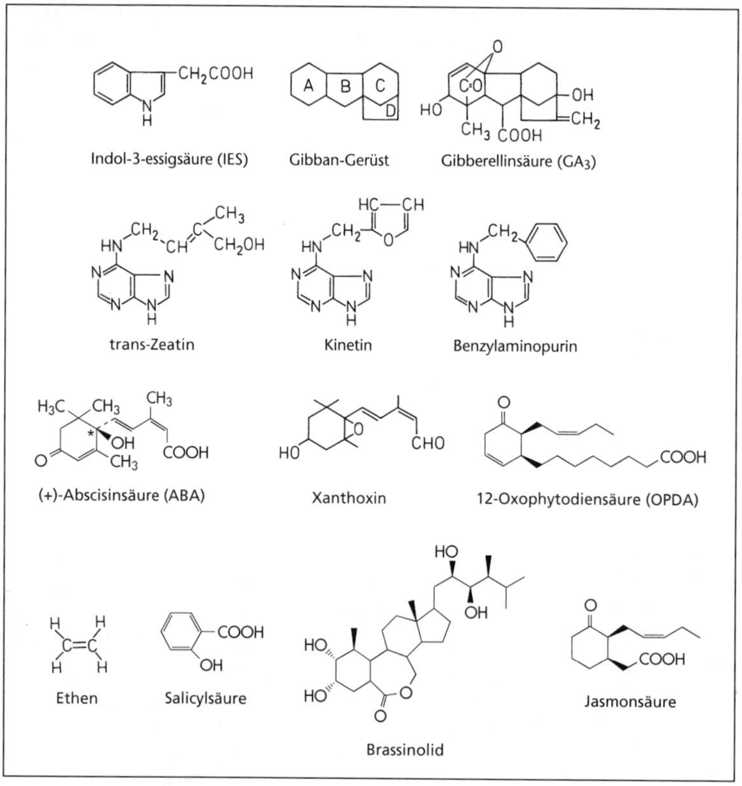

Abb. 14.10: Strukturen von Phytohormonen und mit diesen strukturell verwandten Verbindungen.

durch Agar diffundiert, somit ein kleines Molekül sein muss. Durch Zufuhr künstlicher IES lassen sich identische Effekte erzielen. Auxine werden vor allem in Meristemen und Blättern gebildet. In den Sprossachsen entsteht Auxin im Vegetationskegel (in der Coleoptile in deren Spitze). Es wird in den Parenchymzellen der Achse streng polar in basaler Richtung transportiert. Der Transport im Phloem erfolgt unpolar. Beim basipetalen Transport löst das Auxin das Streckungswachstum aus. Die gravitrope Krümmung von Pflanzenorganen (15.4.2) hängt von der Regulation des Auxintransportes ab.

Die Biosynthese der Auxine geht von der Aminosäure Tryptophan oder deren Vorstufen aus. Dabei existieren mehrere Wege, sodass die Bildung mehrfach abgesichert ist. Der Abbau erfolgt durch Auxinoxidasen. Diese benötigen zumeist Monophenole als Cofaktoren. Daher fördern diese den IES-Abbau und sind Antagonisten der Auxinwirkung. Hingegen hemmen o-Diphenole den Auxinabbau. Dadurch greifen Aromaten in Wachstumsprozesse ein. Bei Gegenwart geeigneter Katalysatoren (Flavine) verstärkt auch UV-Strahlung den Auxinabbau, wodurch es zu einer Verzwergung der Pflanzen kommen kann (Hochgebirge!).

Viele Auxinwirkungen zeigen konzentrationsabhängige Optimum-Kurven, so z.B. das Streckungswachstum (Abb. 14.11). Dabei liegt die optimale Konzentration in der Sprossachse viel höher als in der Wurzel. Daher wird die Anlage von Seitenwurzeln gefördert, aber deren Wachstum oft gehemmt. Für den Transport des Auxins durch das Plasmalemma gibt es Influx- und Efflux-Carrier. Deren ungleiche Verteilung führt zu dem basalen Transport. Der so erzeugte Auxin-Gradient liefert Positionsinformation für Determinationsvorgänge der Vegetationskegel. Rezeptoren für Auxin sind vermutlich im Plasmalemma, im Tonoplasten und in der ER-Membran lokalisiert; außerdem binden einige lösliche Enzyme Auxin.

Manche Wirkungen von Auxin treten rasch ein, andere erst nach einigen Stunden. Innerhalb von 5–60 min kommt es zur Veränderung von Genaktivitäten (über 20 auxinregulierte Gene sind bekannt). Beim auxininduzierten Streckungswachstum erfolgt zunächst eine Zellwandlockerung und dann eine rasche Wasseraufnahme in die Zelle, die eine noch un-

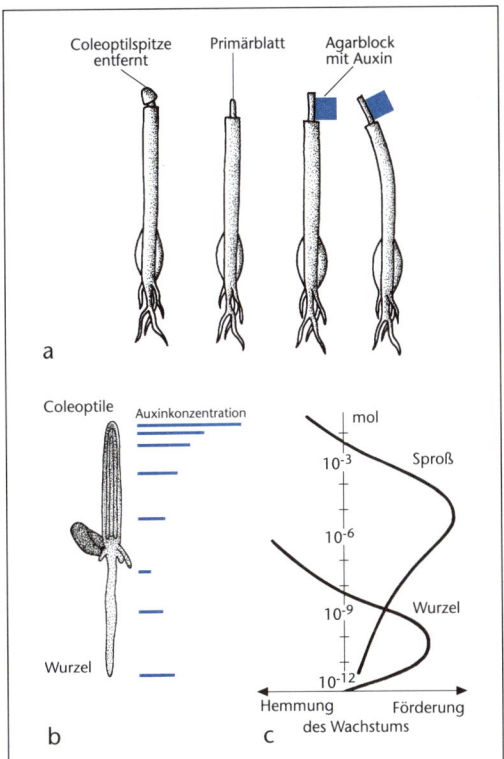

Abb. 14.11: Auxin im Haferkeimling. **a:** Krümmungstest, durchzuführen mit der dekapitierten Coleoptile. Ein einseitig aufgebrachter Agar-Block mit Auxin führt zu ungleichem Wachstum der beiden Flanken der Coleoptile (nach Mohr-Schopfer, verändert); **b:** Unterschiedliche Auxin-Konzentrationen in verschiedenen Teilen des Haferkeimlings; **c:** Abhängigkeit des Wachstums von Spross und Wurzel von der Auxin-Konzentration (nach dtv-Atlas Biologie, verändert).

Ähnlich wie die natürlichen Auxine wirken verschiedene synthetische Verbindungen. Zur Stecklingsbewurzelung wird in der Gärtnerei häufig Indolylbuttersäure eingesetzt, die auch als natürliches Auxin vorkommt. Die Verbindungen α-Naphtylessigsäure, 2,4-Dichlorphenoxyessigsäure (2,4-D) (vgl. Abb. 14.12) und 2,4,5-Trichlorphenoxyessigsäure wirken auxinartig, werden aber durch Auxinoxidasen nicht abgebaut. Ihre Konzentration erreicht daher leicht hemmende Werte; deshalb wurden sie als **Herbizide** genutzt. Dabei sind Monocotyle weniger empfindlich als Dicotyle, sodass bei geeigneter Dosierung Getreideäcker «unkrautfrei» gehalten werden. Bei der Herstellung von Trichlorphenoxyessigsäure entstehen als Nebenprodukte hochgiftige Tetrachlor-dibenzo-p-dioxine («Dioxin»). Fusicoccin, das Gift des parasitischen Pilzes *Fusicoccum*, ist chemisch völlig anders aufgebaut, wirkt aber physiologisch zum

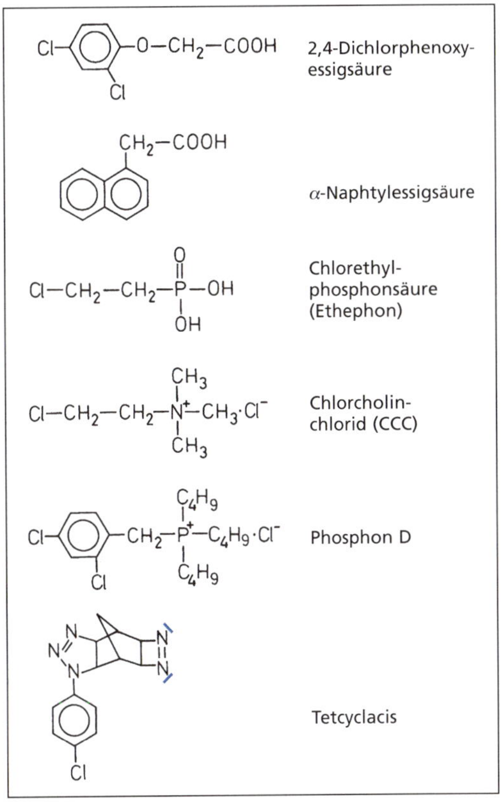

Abb. 14.12: Künstliche Wachstumsregulatoren: 2,4-Dichlorphenoxyessigsäure und α-Naphtylessigsäure wirken auxinartig, CCC, Phosphon D und Tetcyclacis hemmen die Gibberellinsynthese; aus Ethephon wird Ethen freigesetzt.

bekannte Registrierung der Turgoränderung voraussetzt. Die Zellwandlockerung kommt vor allem durch eine pH-abhängige Erhöhung der Aktivität von Expansinen (vgl. 3.2.5.4.D) zustande. Die dazu erforderliche Steigerung der Aktivität der H^+-ATPase des Plasmalemmas wird über eine Signalkette mit einem G-Protein gesteuert. Die Zellwandlockerung erfolgt nicht in allen Geweben gleichmäßig, sodass es zu Veränderungen der Zug-Druck-Verhältnisse kommt, die für Musterbildungen relevant sind. – Die Aktivierung einiger auxinregulierter Gene (z. B. von Glutathion-S-Transferasen) erfolgt offenbar durch Aktivierung von Transkriptionsfaktoren; bei anderen dürfte der proteasomale Abbau von Repressoren durch Auxin reguliert sein. Über diesen Mechanismus greift Auxin vermutlich auch in die Regulation des Zellzyklus (vgl. 14.2.4.4) ein.

Teil auxinartig, weil es eine Protonenpumpe des Plasmalemmas beeinflusst.

14.3.1.2 Gibberelline

Die Gibberelline sind Diterpenoid-Abkömmlinge mit einem charakteristischen Grundgerüst aus mehreren Ringen, dem Gibban-Skelett. Derzeit sind über 120 Gibberelline (GA) bekannt, davon ist etwa 1/4 physiologisch aktiv; die anderen sind Speicherformen und Vorstufen. In der Pflanze kommen in der Regel mehrere Gibberelline vor. Zu den verbreitetsten gehört die Gibberellinsäure GA_3.

Gibberelline werden in jungen Geweben gebildet; der Transport erfolgt in Leitgeweben und im Parenchym weitgehend unpolar.

Gibberelline fördern das Wachstum, dabei steigt die Wachstumsrate mit der Gibberellinkonzentration (keine Optimumskurve der Wirkung!). Ihren Namen erhielten die Gibberelline nach einem parasitischen Pilz *Gibberella* (heute zu *Fusarium*), der durch die Abgabe solcher Stoffe bei Reispflanzen ein abnormes Wachstum verursacht. Bei deren Untersuchung wurden die Gibberelline entdeckt.

Von verschiedenen Arten sind Gibberellin-Mangelmutanten bekannt (z.B. Zwergmais), bei anderen Zwergformen ist die Empfindlichkeit gegenüber Gibberellin herabgesetzt (z.B. infolge geringerer Wirksamkeit von Komponenten der Signalketten, etwa bei Zwergerbsen). Bei Zufuhr von Gibberellin im Überschuss zeigen beide normales Wachstum. Wenn hingegen die Signaltransduktion völlig unterbrochen ist, hat eine Gibberellingabe keine Wirkung.

Gibberelline können Ruhezustände von Knospen und Samen aufheben und die Bildung von Früchten ohne eine Samenentwicklung (Parthenokarpie) auslösen. In Winterknospen nimmt im Spätwinter die Menge freier Gibberelline zu, wodurch die Wirkung der Hemmstoffe in der Knospe überwunden wird, sodass die Knospe treiben kann.

Die Förderung der Samenkeimung wurde bei der Gerste genau untersucht. Mit einsetzender Keimung wird Gibberellin gebildet und in die Aleuronzellen transportiert. Dort induziert es die Bildung verschiedener Enzyme, darunter der α-Amylase, die dann ins Endosperm abgegeben wird und dort die Reservestärke abbaut. Nach Entfernen des Embryos hat die Zufuhr von Gibberellin zum embryofreien Gerstenkorn die gleiche Wirkung. Dabei läuft eine ganze Kette von Reaktionen ab. Bereits wenige Minuten nach Gibberellin-Zufuhr werden Enzyme der Membranlipid-Synthese aktiv und nach einigen Stunden ist eine Vermehrung des ER zu erkennen. Nun setzt die Bildung und Sekretion von zellwanderweichenden Hydrolasen und von α-Amylasen (12–20 Std. nach Gibberellin-Zufuhr) ein. An den Riesenchromosomen der Suspensoren von *Phaseolus* wurde gezeigt, dass durch Gibberellin-Zufuhr Gene aktiviert werden (puff-Bildung). Wie die molekulare Untersuchung ergab, induziert hier ein heterotrimeres G-Protein zwei Signalketten. Ein Ca^{2+}-unabhängiges Signal führt zur Induktion eines spezifischen Transkriptionsfaktors, der an eine regulatorische Sequenz (Gibberellin-*response* Element TAACAAA) von α-Amylase- und Aquaporin-Genen bindet. Ein Ca^{2+}-abhängiges Signal führt zur Aktivierung von Calmodulin und dann von Proteinkinasen, durch die auch eine Vernetzung mit einer Phytochrom-Signalkette (vgl. 14.4.1) erfolgt. Signalketten von Gibberellin können aber auch in posttranslationale Vorgänge (Glykosylierung von Glykoproteinen) eingreifen.

Die Gibberellin-Biosynthese wird durch Stoffe ganz unterschiedlichen Baus gehemmt, so durch Chlorcholinchlorid (CCC), Amo 1618, Phosphon D (vgl. Abb. 14.12). Diese wirken daher als Antigibberelline und führen zur Verzwergung von Pflanzen. Sie werden im Zierpflanzen- und Getreideanbau verwendet. Bei Getreide wird dadurch weniger Stroh produziert und die Lagertendenz ist auch bei hoher N-Zufuhr geringer. Der Wachstumshemmer Tetcyclacis hemmt Cytochrom P_{450} (vgl. 10.7) und dadurch die Synthese von Gibberellinen und Sterolen sowie in etwas höherer Konzentration den Aromatenstoffwechsel.

14.3.1.3 Cytokinine

Die in Pflanzen vorkommenden Cytokinine sind Adeninderivate, die an der NH_2-Gruppe des C_6 eine unpolare Seitenkette tragen (Abb. 14.9). Wichtige natürliche Cytokinine sind Zeatin (zuerst aus Mais gewonnen), Dihydrozeatin und Isopentenyladenin (IPA).

In Geweben höherer Pflanzen findet man 3–8 verschiedene Cytokinine; außer den freien Purin-Heterozyklen auch deren Riboside und Ribotide sowie O-Glykoside. Diese sind vorwiegend Transport- und Speicherformen. In Experimenten werden häufig künstliche Cytokinine eingesetzt, vor allem Kinetin (chemisches Abbauprodukt von Adenin aus DNA) und Benzylaminopurin. In der Pflanze werden Cytokinine bevorzugt in Wurzeln gebildet und zu den oberirdischen Organen transportiert. Der Abbau wird durch eine Cytokinin-oxidase eingeleitet, welche die unpolare Seitenkette abspaltet.

Cytokinine sind leicht zu erkennen an der fördernden Wirkung auf die Zellteilung bei Kallus-

und Zellkulturen; darauf beruht ihr Name. Als Test ist auch die Hemmung der Alterung und damit der Vergilbung isolierter Blätter geeignet. Cytokinine fördern Wachstums- und Zellteilungsvorgänge, brechen die Keimruhe von Samen, hemmen die Alterung von Geweben, erhöhen die Stress-Resistenz und beeinflussen die Differenzierung (nachgewiesen bei Moosen). Zusammen mit Auxin regulieren sie durch Beeinflussung der Knospen die Verzweigung von Pflanzen (vgl. 14.3.1). Viele Cytokinin-Effekte zeigen ähnlich jenen der Auxine Optimumskurven. Die Alterungshemmung hängt mit der Retentions- und Attraktionswirkung zusammen. Darunter versteht man, dass viele kleinmolekulare Stoffe, vor allem N-haltige Verbindungen, an Orten hoher Cytokininkonzentration festgehalten werden oder sogar dorthin wandern. Offenbar wirken Cytokinine auf Transportvorgänge am Plasmalemma. Die Alterungshemmung geht aber auch darauf zurück, dass Cytokinine manche Proteinabbauvorgänge sowie den Abbau von Membranlipiden hemmen können.

Zumindest eine Signalkette von Cytokinin beginnt mit einer Histidin-Kinase. Ein G-Protein und Ca^{2+} sind an der Signaltransduktion beteiligt. Die Förderung der Zellteilung kommt durch Signaltransduktion auf Cycline und CKIs (vgl. 14.2.4.4) zustande.

Bei transgenen Pflanzen mit einem stark erhöhten Cytokinin-Gehalt ist das Differenzierungsmuster nicht verändert; die absolute Cytokinin-Menge hat auf die Musterbildung also keinen Einfluss.

Einige der modifizierten Nucleotide von tRNA-Molekülen haben Cytokinin-Aktivität. Dies hat nichts mit der Hormonwirkung zu tun; allerdings werden vermutlich beim Abbau von tRNA diese Bausteine als Cytokinine verfügbar.

14.3.1.4 Abscisinsäure

Abscisinsäure (ABA) ist ein Sesquiterpenoid (Abb. 14.10). Vorwiegend entsteht sie beim Carotinoidabbau über die Zwischenverbindung Xanthoxin. ABA wird oft als «Stress-Hormon» bezeichnet, da ihre Konzentration im Gewebe bei Einwirkung von Stressfaktoren (v. a. Wassermangel, Ionen, auch Verletzungen) ansteigt. Die Bildung von ABA erfolgt vor allem im Blattgewebe; daneben aber auch in Wurzeln. Der Transport ist unpolar. Der Abbau wird durch eine Hydroxylase (Cytochrom P_{450}-Monooxygenase) eingeleitet.

Abscisinsäure löst Knospen- und Samenruhe sowie Fruchtfall aus, hemmt die Keimung und die Zellstreckung und fördert den Spaltöffnungs-Verschluss. Die beiden letztgenannten Effekte führen zu einer Anpassung an Wassermangel. (Infolge der verringerten Zellstreckung bleiben die Zellen kleiner und Gewebe werden xeromorpher.) ABA-Mangelmutanten sind dementsprechend sehr dürreempfindlich. Abscisinsäure ist ferner bei der Samenreifung an der Embryogenese beteiligt.

Rezeptoren für ABA sind im Plasmalemma und im Cytoplasma nachgewiesen. Die Signaltransduktion wurde vor allem bei Schließzellen untersucht. Sie verläuft über cADP-Ribose (vgl. 14.2.4.2), die auf den Ca^{2+}-Haushalt wirkt und dadurch über mindestens eine Proteinkinase ABA-regulierte Gene aktiviert. Durch Ca^{2+} sowie eine Ca^{2+}-unabhängige Signalkette (über eine Protein-Farnesyl-Transferase) wird ein Anionenkanal reguliert. Der Anionen-Ausstrom zieht einen K^+-Abstrom nach sich, und die Spaltöffnung schließt.

Gene, die durch ABA kontrolliert werden, haben häufig Beziehungen zu Alterungsvorgängen und Stressreaktionen. Durch den Transport von ABA aus Wurzeln in die Blätter kann bei Dürre ein Spaltenschluss ausgelöst werden, bevor der Wassermangel in den Blättern direkt bemerkbar wird (vgl. 12.4.3). Die Wirksamkeit dieser Regulation hat Einfluss auf die Dürreresistenz der Pflanze (vgl. 14.4.6.2).

Bei Algen und Lebermoosen tritt neben die Abscisinsäure die Lunularsäure.

14.3.1.5 Ethen (Ethylen)

Dieses «**Reifungshormon**» – der einfachste ungesättigte Kohlenwasserstoff – hat eine Sonderstellung unter den Hormonen: es ist gasförmig, wirkt daher auch auf andere Individuen ein und besitzt somit Pheromon-Eigenschaften. Ethen wird vor allem von alternden Geweben und reifenden Früchten gebildet, entsteht in geringer Menge aber wohl in allen Geweben und ist offenbar für die Ausrichtung der Pflanze im Schwerkraftfeld (Gravitropismus, vgl. 15.4.2) erforderlich.

Die Biosynthese erfolgt aus aktivem Methionin (vgl. 11.3.2.3) über die Zwischenstufe 1-Aminocyclopropyl-1-carbonsäure (ACC). Der Abbau wird durch eine Monooxygenase eingeleitet. Auch ein nichtoxidativer Abbau ist als Nebenweg bekannt; dabei entsteht Blausäure HCN. ACC-Konjugate dienen als Speicherform für Ethen.

Ethen fördert die Reifung von Früchten und die Bildung von Trenngewebe und damit die Abtrennung von Blättern und hemmt das Austreiben von Knospen. Bei manchen Arten (z. B. Ananas) wird die Blütenbildung gefördert. Da Früchte Ethen bilden, werden dadurch auch benachbarte zur Reifung angeregt. Man setzt daher Ethen zur geplanten Reifung eingelagerter Früchte ein; heute allerdings nicht mehr durch Begasung, sondern durch Anwendung von Ethen-Abspaltern (z. B. Ethephon = Chlorethylphosphonsäure), die auch auf Plantagen anwendbar sind (in Ananaskulturen zur Blühinduktion, auf Tabakfeldern zur Blattalterung).

Für Ethen wurden bei *Arabidopsis* 5 Rezeptoren gefunden. Sie bilden Zwei-Komponenten-Systeme (vgl. 14.2.4.1) mit Histidin-Kinase-Aktivität. Bei Gegenwart von Ethen wird durch Aktivierung eines Rezeptors eine konstitutive Signalkette gestoppt. Sie enthält wahrscheinlich eine Proteinkinase-Kaskade und führt zur Inaktivierung eines Signalproteins (EIN2). Dieses wird also bei Wirkung von Ethen tätig und aktiviert Transkriptionsfaktoren, sodass die Ethen-*response*-Gene aktiv werden.

Die Fruchtreifung kann mit Hilfe gentechnischer Methoden auf verschiedenen Wegen gehemmt werden. Ein Verfahren beruht auf dem Einbau eines Gens (aus einem Bakterium) für ein ACC-abbauendes Enzym. Die Ethenbildung wird dann stark verringert und die Fruchtreifung verzögert. Eine andere Methode wendet die Antisense-RNA-Technik (vgl. 14.2.3.1) an. Man stellt ein Gen für Antisense-RNA zur mRNA eines Enzyms des Ethen-Syntheseweges her und baut dieses Gen ein. Durch die Bildung der Antisense-RNA wird die mRNA blockiert, die Translation unterbleibt und es entsteht kein Ethen mehr. Durch Ethen-Zufuhr wird die Reifung der Früchte zum gewünschten Zeitpunkt erreicht. Dies wurde z. B. bei Tomaten erprobt. Bei der *never-ripe*-Tomate ist hingegen der erforderliche Ethen-Rezeptor mutiert, und Ethen hat keinerlei Wirkung. Bei einer anderen Mutante ist eine Proteinkinase der Signalkette inaktiv, sodass auch ohne Ethen das EIN2-Protein tätig ist; die Ethen-Wirkungen sind konstitutiv geworden.

14.3.1.6 Octadecanoide und Jasmonate

Octadecanoide und die daraus gebildeten Jasmonate sind Derivate der Linolensäure. Sie entstehen bei Verletzung (Fraß, Angriff von Pathogenen) der Pflanzen, dienen aber auch der Weiterleitung mechanischer Stimuli (vgl. 15.4.4) und in einigen Fällen der Wachstumsregulation (z. B. bei der Knollenbildung der Kartoffel). Die eigentlich aktive Verbindung ist vielfach die 12-Oxophytodiensäure (OPDA, vgl. Abb. 14.10). Besser bekannt sind Jasmonsäure und das flüchtige Methyljasmonat, die durch β-Oxidationsschritte aus einer OPDA-Vorstufe entstehen und zum Teil ähnlich wie Abscisinsäure wirken.

Jasmonsäure induziert die Expression von Genen, zum Teil wohl über eine Regulation des proteasomalen Repressor-Abbaus. Dazu gehören Gene von Proteaseinhibitoren (vgl. 14.4.6.4) ebenso wie solche von Enzymen des Sekundärstoffwechsels. Wird z. B. Tabak von herbivoren Insekten befallen, so führen Jasmonat-induzierte Signalketten zu einer verstärkten Nicotin-Synthese. Für nicht befallene Pflanzen wäre dies nachteilig, da bei intensiver Nicotinbildung weniger Samen gebildet werden können. Die Induzierbarkeit der Nicotinbildung ist also für die energetische Kosten/Nutzen-Bilanz der Pflanzen vorteilhaft.

14.3.1.7 Brassinosteroide

Diese Gruppe von Sterolen ist zuerst bei *Brassica* gefunden worden; bekanntester Vertreter ist das Brassinolid. Mittlerweile sind etwa 60 derartige Verbindungen bekannt. Strukturmerkmal ist der Lacton-Ring anstelle des carbozyklischen Rings B anderer Steroide (Abb. 14.10). Die Biosynthese erfolgt über Squalen und Campesterol. Brassinosteroide wirken auf Wachstum, Zellwandbildung und die Regulation der circadianen Rhythmik. Rezeptor ist wahrscheinlich eine membrangebundene Proteinkinase. Wechselwirkungen mit Signalketten anderer Phytohormone und von Phytochrom sind bekannt.

14.3.1.8 Weitere hormonartige Stoffe

Salicylsäure entsteht aus *trans*-Zimtsäure. Sie wurde zuerst als Signalstoff der Regulation der Wärmeproduktion im Araceen-Spadix aufgefunden (vgl. 10.6.4.1). Der Transport erfolgt im Phloem. Salicylsäure kann Katalasen inaktivieren und so reaktive Sauerstoff-Spezies (ROS) vermehren (vgl. 14.2.4.2). Dies ist für die Ausbildung der systemischen Pathogen-Resistenz (vgl. 14.4.6.4) von Bedeutung. Salicylsäure kann aber auch die Jasmonatbildung hemmen.

Polyamine (Putrescin, Spermin, Spermidin, Abb. 14.13), die im Stoffwechsel aus Arginin gebildet werden, wirken auf Membranen, greifen in Entwicklungsvorgänge und in Stressreaktion ein. Die wirksamen Konzentrationen liegen deutlich höher als bei

$$H_3\overset{\oplus}{N} - (CH_2)_4 - \overset{\oplus}{N}H_3 \quad \text{Putrescin}$$

$$H_3\overset{\oplus}{N} - (CH_2)_3 - \overset{\oplus}{N}H_2 - (CH_2)_4 - \overset{\oplus}{N}H_3 \quad \text{Spermidin}$$

$$H_3\overset{\oplus}{N} - (CH_2)_3 - \overset{\oplus}{N}H_2 - (CH_2)_4 - \overset{\oplus}{N}H_2 - (CH_2)_3 - \overset{\oplus}{N}H_3 \quad \text{Spermin}$$

Abb. 14.13: Struktur der Polyamine. Bei neutralem pH sind sie protoniert und können als Polykationen an Polyanionen binden (z. B. an Nucleinsäuren und Phospholipide).

echten Hormonen; die Primärwirkung ist vielleicht eine (stöchiometrische?) Wechselwirkung mit Ionenkanälen.

Peptide sind als Hormone bzw. Signalstoffe von Pflanzen bisher nur in geringer Zahl identifiziert. **Systemin** ist ein Peptid aus 18 Aminosäuren, das als Signal der systemischen Abwehr Gene aktiviert. Es wird aus einem Polypeptid Prosystemin freigesetzt und im Phloem transportiert. In den Zielzellen wirkt es wahrscheinlich über den Octadecanoid-Stoffwechsel (Bildung von Jasmonsäure). Das **ENOD40**-Peptid ist ein Wachstumsregulator, der zuerst bei der Knöllchenbildung der Leguminosen gefunden wurde. **Phytosulfokine** sind sulfatierte Oligopeptide (4 oder 5 Aminosäuren), die in Zellkulturen gefunden wurden und die Zellteilung fördern.

14.3.1.9 Zusammenarbeit der Hormone

Da die Signalketten der verschiedenen Hormone untereinander vernetzt sind (vgl. 14.2.4), wirken sie in jeder Zielzelle zusammen. Die Regulation von Entwicklungsvorgängen durch dieses Zusammenwirken von Hormonen ist in einigen Fällen bekannt.

Ein Beispiel ist die **Apikaldominanz**. Darunter versteht man, dass der endständige Vegetationskegel das Austreiben der nahegelegenen Seitenknospen verhindert. Wenn der terminale Vegetationskegel entfernt wird, treibt der höchstgelegene seitliche Vegetationskegel aus und übernimmt die Funktion des ursprünglichen. (Entfernt man den jeweils endständigen Vegetationskegel immer wieder, so verbuscht die Pflanze; Hecken werden daher dichter, wenn sie öfter geschnitten werden.) Trägt man an die Stelle des entfernten terminalen Vegetationskegels Auxin auf, so unterbleibt das Austreiben der Seitenknospen, weil es durch das abwärts wandernde Auxin verhindert wird. Eine Beteiligung von Ethen an dieser Regulation ist strittig. Durch Cytokinine kann die Apikaldominanz aber in vielen Fällen aufgehoben werden. Verschiedene parasitische Pilze und Bakterien verursachen so die Bildung sogenannter Hexenbesen. Dabei treiben unter dem Einfluss von Cytokininen, die der Parasit bildet, viele Knospen aus, sodass ein Gewirr von Seitentrieben auf engstem Raum entsteht. Diese Missbildungen leiten zu den Gallen (vgl. 14.3.3) über.

Das Zusammenwirken der Hormone ist auch bei einfachen Differenzierungsvorgängen zu erkennen. Zu ihrer Untersuchung bedient man sich mit Vorteil der Gewebekulturen (meist Kalluskulturen), die ein einfacheres System bilden als die intakte Pflanze. In Kalluskulturen werden Wurzel- und Sprossanlagen in Abhängigkeit von der Auxin- und der Cytokinin-Konzentration gebildet (Abb. 14.14). Bei der Ausdifferenzierung von Bast und Holz sind Auxine und Gibberelline wirksam. An der Entstehung des Trenngewebes (Abb. 14.15) zur Einleitung des (herbstlichen) Blattfalls sind Auxine, Ethen und Abscisinsäure beteiligt. Es handelt sich dabei um einen aktiven, mit Proteinsynthese verknüpften Differenzierungsvorgang, der durch Ethen gefördert wird. Bei mitteleuropäischen Arten ist die abnehmende Tageslänge im Spätsommer eine Voraussetzung für diese Regulation.

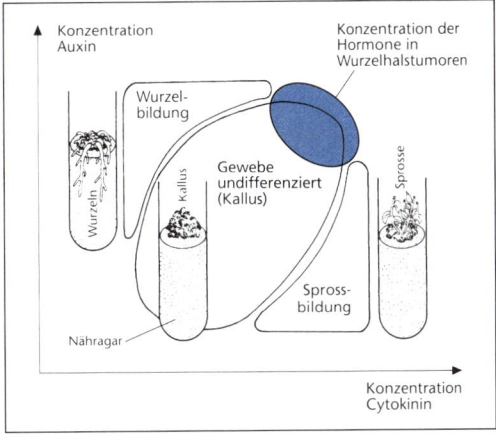

Abb. 14.14: Abhängigkeit des Wachstums und der Organbildung in einem Kallusgewebe von Tabak von der Auxin- und Cytokinin-Zufuhr. Die Organbildung wird vor allem vom Konzentrationsverhältnis der beiden Phytohormone bestimmt. In den Wurzelhalstumoren (vgl. Abschnitt 14.6.1) sind die Konzentrationen beider Hormone sehr hoch; es kommt zu ungehemmtem Wachstum und dadurch zur Tumorbildung (teilweise nach MOHR-SCHOPFER, verändert).

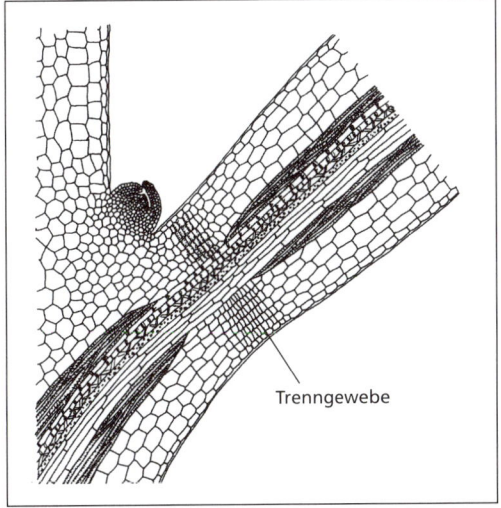

Abb. 14.15: Trenngewebe im Blattstiel einer dicotylen Pflanze (nach LOVELESS).

Gewebekulturen von Pflanzen bedürfen zum Gedeihen der fortlaufenden Zufuhr von Phytohormonen. Dabei bestehen aber Unterschiede. So muss Tabakblatt-Geweben ein Cytokinin zur Verfügung gestellt werden; Gewebe aus der Sprossrinde von Tabak sind hingegen Cytokinin-autotroph. Wenn man aus einzelnen Zellen beider Gewebekulturen wieder ganze Pflanzen heranzieht und daraus erneut Gewebekulturen anlegt, so zeigen diese die gleiche Cytokinin-Abhängigkeit. Diese wird also während der Ontogenese durch Differenzierung festgelegt. Abkömmlinge von Cytokinin-bedürftigen Zellen (also einer Pflanze, die aus Blattzellen angezogen wurde) werden in der Sprossrinde Cytokinin-autotroph und ebenso gilt das Umgekehrte. Dieser Vorgang heißt Transdetermination. Das Markgewebe der Tabaksprosse ist normalerweise Cytokinin-bedürftig. Gelegentlich gewinnt es aber bei mehrfachem Überimpfen, vor allem bei reichlicher Cytokinin-Zufuhr in den Kulturen, die Fähigkeit zur eigenen Cytokinin-Bildung. Dieser Übergang zur Cytokinin-Autotrophie heißt **Habituation**. Sie kann in entsprechender Weise auch für Auxin-Autotrophie stattfinden. Habituierte Kalli verlieren manchmal die Fähigkeit, Meristemzentren zu bilden; sie werden dann zu Tumorgewebe.

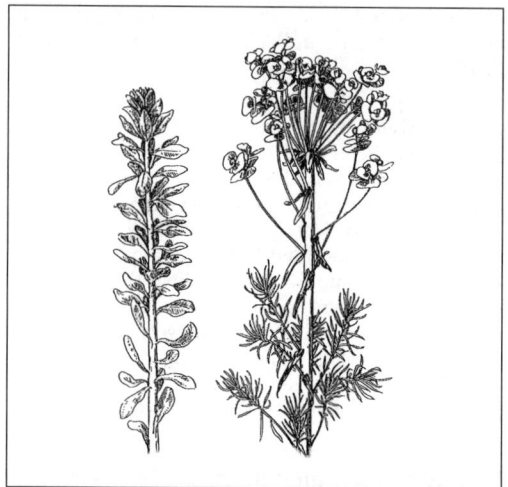

Abb. 14.16: Organoide Gallbildung bei der Zypressenwolfsmilch *Euphorbia cyparissias*. Rechts normaler Sproß mit Blüten, links befallen vom Rostpilz *Uromyces pisi* mit veränderter Blattgestalt und Fehlen von Verzweigungen und Blüten (nach KÜSTER).

14.3.2 Morphoregulatoren

Morphoregulatoren sind bisher sicher nur bei Tieren und Schleimpilzen identifiziert. Bei Pflanzen haben vermutlich RNA-Moleküle eine morphoregulatorische Funktion, da sie durch Plasmodesmen transportiert werden. Neuerdings ist auch ihr Ferntransport im Phloem in der Diskussion.

Beim Schleimpilz *Dictyostelium* ist die Gestaltbildung relativ gut untersucht. Einzelne Zellen wandern unter dem Einfluss von cAMP, das von Zellen bei Nahrungsmangel abgegeben wird, aufeinander zu und treten zu einem Aggregat-Plasmodium zusammen (vgl. 15.2.3). Die Einzelzellen besitzen in der Membran einen cAMP-Rezeptor, der gemäß dem Entwicklungsprogramm gebildet wird. Er ist mit G-Proteinen (vgl. 14.2.4.1) verknüpft. Die Sporangien- und Sporenbildung wird durch einen anderen Morphoregulator induziert.

14.3.3 Gallbildungen

Gallen sind Bildungen unter Gestaltveränderung von Organen oder auch nur von einzelnen Geweben, die im normalen Bauplan der Pflanze nicht vorgesehen sind. Sie entstehen durch die Wirkung von Phytohormonen oder von Morphoregulatoren. Ihre Bildung wird durch Bakterien, Pilze oder Tiere ausgelöst, die entsprechende Stoffe produzieren und abgeben. Organoide Gallen sind veränderte Pflanzenorgane; hierzu gehören z. B. die schon erwähnten Hexenbesen, die Rosengallen und die unter dem Einfluss des Erbsenrostpilzes stark veränderte Gestalt der Zypressenwolfsmilch (Abb. 14.16). Viele Tiere (Gallmücken, Gallwespen, Gallläuse, Gallmilben) verursachen in Zusammenhang mit der Eiablage Gewebswucherungen (histoide Gallen, z. B. Galläpfel der Eiche), die oft den Bedürfnissen des sich entwickelnden Tieres besonders angepasst sind.

14.3.4 Gegenseitige Erkennung von Zellen

Die gegenseitige Erkennung von Zellen hat bei Pflanzen geringere Bedeutung als bei Tieren, da in der Regel Zellwände vorhanden sind und benachbarte Zellen von ihrer Entstehung an durch Plasmodesmen verbunden sind. Die Zell-Zell-Erkennung ist bei Pflanzen von Bedeutung.

- bei der Befruchtung: es darf nur eine Verschmelzung verschiedengeschlechtlicher Gameten erfolgen (vgl. 7.1.3). Bei Blütenpflanzen erkennen sich schon beim Wachstum des Pollenschlauchs durchs Griffelgewebe (vgl. 7.3.1) die Zellen gegenseitig. Bei *Fucus* ist ein Spermien-Rezeptor in der Membran der Eizelle und ein Eizell-Rezeptor auf dem Spermium nachgewiesen. Von *Chlamydomonas* sind Rezeptoren der + und – Gameten bekannt.
- bei Zellfusionen, wie sie z. B. bei Schleimpilzen erfolgen
- bei Pfropfungen
- bei Symbiosen, z. B. heften sich die Rhizobien bei der Ausbildung der Symbiose mit den Leguminosen-Wurzeln (vgl. 11.3.1.1) zunächst an die Zell-

wand an, anschließend findet ein Erkennungsvorgang am Plasmalemma der Wurzelzelle statt. Ähnliche Prozesse laufen auch bei einer Infektion der Pflanze (z. B. durch Pilze) ab.

Für die Erkennung von Zelloberflächen entscheidend sind offenbar Glykoproteine (Lectine) als Rezeptoren im Plasmalemma.

14.4 Äußere Entwicklungsfaktoren

Die Umwelt modifiziert den Entwicklungsablauf der Pflanze im Rahmen der möglichen Reaktionsbreite (der Reaktionsnorm). Gestaltbildungen, die streng genetisch festgelegt sind, bezeichnet man als Automorphosen, modifikatorisch regulierte heißen Heteromorphosen. Von den Umweltfaktoren sind Licht und Temperatur besonders wichtig. Bei Mangel oder Überschuss können Umweltfaktoren zu Stressfaktoren werden.

14.4.1 Licht

Hält man Keimpflanzen oder austreibende Kartoffelknollen im Dunkeln, so bleiben die Sprossachsen bleich, bilden langgestreckte Internodien mit wenig Festigungsgewebe und sehr kleinen Blättchen (Abb. 14.17). Diese Erscheinung heißt Vergeilung oder **Etiolement**. Man kann sie durch kurze Lichteinwirkung verhindern. Dann erfolgt eine normale Gestaltbildung der Pflanzen, die aber bleich bleiben, weil die gegebene Lichtmenge zur (lichtabhängigen!) Chlorophyllbildung nicht ausreicht. Photosynthese kann daher nicht stattfinden. Der Einfluss des Lichtes auf die Gestaltbildung (Photomorphogenese) muss also von der Photosynthese unabhängig sein. Die durch die Photomorphogenese entstehenden «normalen» Merkmale der Pflanze (am Licht) heißen **Photomorphosen**. Damit sie zustande kommen, muss Licht von der Pflanze absorbiert werden; es muss also dafür mindestens ein spezifisches Pigment vorhanden sein. Um dieses zu finden, nimmt man Wirkungsspektren für die Photomorphogenese der einzelnen Merkmale auf. Es zeigt sich, dass Etiolement vor allem durch Rotlicht verhindert wird; in anderen Fällen kann auch Blaulicht oder sogar UV-Strahlung Photomorphosen hervorrufen. Dafür gibt es unterschiedliche Photorezeptoren. Da sich deren Wirkungsspektren überlappen, kann die Pflanze das ganze relevante Spektrum wahrnehmen. Am besten bekannt ist die photomorphogenetische Wirkung von Rotlicht. Die hierfür verantwortlichen Photorezeptoren sind die Phytochrome.

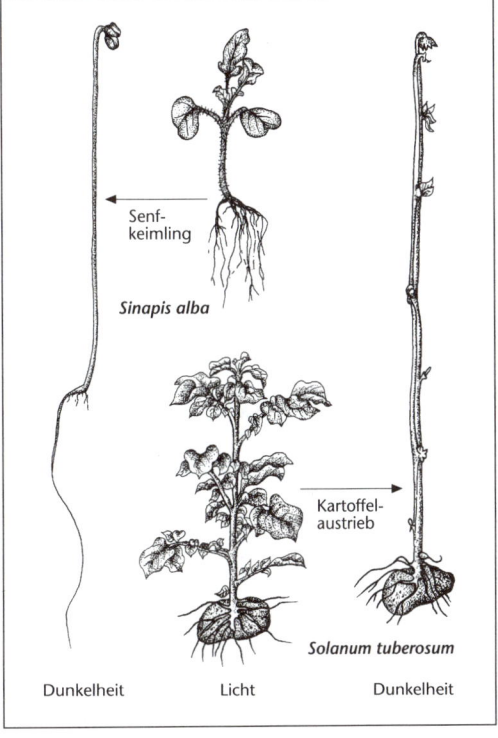

Abb. 14.17: Etiolement (Vergeilung). Links etiolierter Senfkeimling, rechts etiolierte Kartoffelpflanze; in der Mitte der Lichtkeimling des Senfs (*Sinapis alba*) und eine am Licht gewachsene Kartoffel (*Solanum tuberosum*) (nach MOHR-SCHOPFER, verändert).

14.4.1.1 Phytochrome und ihre Wirkungen

Aus Versuchen mit unterschiedlichen Lichtintensitäten ist zu entnehmen, dass der Energieinhalt des Lichtes keinen Einfluss auf die Photomorphogenese hat. Das von den Phytochromen absorbierte Licht hat nur eine Signalfunktion; es wirkt als Information und löst bestimmte Signalketten in der Zelle aus, liefert aber nicht die Energie dafür.

Phytochrome sind dimere Chromoproteine mit Untereinheiten von etwa 125 kD. Jedes Monomer besitzt als Farbstoffkomponente ein offenkettiges Tetrapyrrol-System, das Phytochromobilin (Abb. 14.18), das nahe dem Aminoende kovalent gebunden ist. Nahe dem Carboxylende befindet sich die Signaltransduktionsdomäne. Durch Absorption von Rotlicht geht die P_r-Form in die dunkelrot absorbierende aktive P_{fr}-Form über. Einwirkung von dunkelrotem Licht liefert das inaktive P_r zurück. Daher können Phytochrome als molekulare Lichtschalter wirken:

P_r (Hellrot-Form)	Absorptionsmaximum um 660 nm (hellrot), inaktive Form, in reinem Zustand bläulich
P_{fr} (Dunkelrot-Form)	Absorptionsmaximum um 730 nm (dunkelrot), aktive Form, in reinem Zustand gelbgrün

Bei der Biosynthese entsteht P_r; der Abbau geht von P_{fr} aus und erfolgt bei verschiedenen Phytochromen unterschiedlich rasch. Lichtlabil ist das Phytochrom A. Es wird bei Dunkelheit (in etiolierten Geweben) akkumuliert und am Licht rasch abgebaut. Die anderen Phytochrome (B, C, D, E) sind lichtstabil und zeigen daher stets Photoreversibilität. Am besten untersucht ist Phytochrom B, das am Licht den größten Mengenanteil hat. Da sich die Absorptionsspektren von P_r und P_{fr} überlappen, hängt das Photogleichgewicht $\varphi_\lambda = [P_{fr}]/[P_{total}]$ von der Wellenlänge ab ($\varphi_{660} \approx 0{,}8$; $\varphi_{730} \leq 0{,}02$). Um die phytochromabhängigen Photomorphosen hervorzubringen, reicht aber ein kleiner Anteil aktiven Phytochroms P_{fr} aus.

Zu diesen gehört z. B. die Verhinderung des Etiolements, die Auslösung der Keimung bei Lichtkeimern (bestimmte Pflanzenarten keimen nur nach Einwirkung von Licht, so z. B. der Kopfsalat *Lactuca sativa*), die Induktion von Enzymen und die Hemmung anderer. Für die Auslösung der Keimung kann durch ein Bestrahlungsprogramm besonders leicht gezeigt werden, dass nur das zuletzt gegebene Licht (Hellrot bzw. Dunkelrot) entscheidet (solange die Keimung noch nicht in Gang gekommen ist). Wie bei einem Lichtschalter bestimmt also der letzte Schaltvorgang den Effekt.

Phytochrome kommen im Cytosol und im Zellkern vor. Es ist bekannt, dass sie mit Rezeptorproteinen in Wechselwirkung treten und über Signalketten die Aktivierung und Inaktivierung von Genen auslösen.

Enzyminduktion durch P_{fr} ist für Phenylalanin-Ammoniaklyase (PAL), das Schlüsselenzym der Aromatensynthese, gut untersucht; eine Enzymrepression durch aktives Phytochrom erfährt z. B. die Lipoxygenase.

Das lichtlabile Phytochrom A wird naturgemäß schon durch sehr geringe Lichtintensitäten ($< 10^{-3}$ µmol HR-Quanten · m^{-2}) aktiviert (*very low fluence* = VLF-Reaktion). Ein φ-Wert von wenig mehr als 0,02

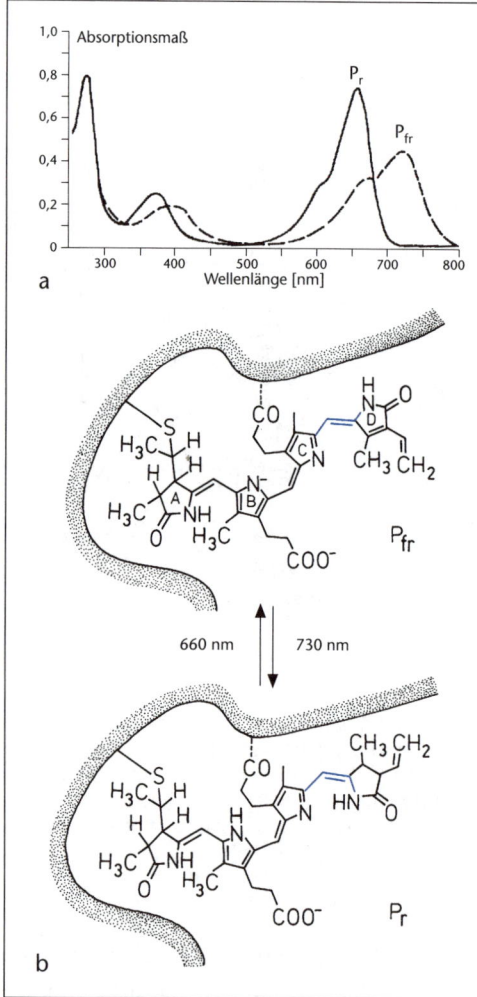

Abb. 14.18: Phytochrom. **a:** Absorptionsspektren von extrahiertem Hafer-Phytochrom nach Bestrahlung mit Licht von 740 nm (P_r) und von 600 nm (P_{fr}) (aus Strasburger); **b:** Chromophor des Phytochroms: Tetrapyrrol-System, gebunden ans Protein. In P_{fr} liegt zwischen Pyrrol-Ring C und D eine trans-, in P_r eine cis-Struktur vor. Durch die cis-trans-Isomerisierung (Photoisomerisierung) erfolgen starke Konformationsänderungen des Proteins (nach Hock).

reicht aus, um Effekte auszulösen. Daher ist die VLF-Reaktion durch Dunkelrot-Strahlung nicht umkehrbar. Durch diese Reaktion kann z. B. ein Keimling, der sich noch im Boden befindet, das Licht wahrnehmen.

Phytochrom B erfordert zur Aktivierung etwas höhere Lichtintensitäten ($>10^{-1}$ µmol Quanten · m^{-2}); man spricht von *low fluence response* (LFR). Phytochrom B ist das für die meisten reversiblen Phytochrom-Reaktionen verantwortliche Pigment; es induziert Lichtkeimung und Keimlingsentwicklung. Von Phytochrom B und D wird das von Nachbarpflanzen reflektierte Rot- und Dunkelrot-Licht wahrgenommen (Veränderung von φ) und so das Wachstum (Vermeidung zu starker Beschattung, Größe der Blattfläche) reguliert. In den Abendstunden sinkt φ ab. Gibt man dann Hellrot-Licht, so führt dies zur Wachstumssteigerung.

Bei fortlaufender Einwirkung höherer Lichtintensitäten über mehrere Stunden (>10 µmol · m^{-2}) kommt es zu einer weiteren Phytochrom-Reaktion, die als *high irradiance response* (HIR) bezeichnet wird. Dabei können sowohl Phytochrom A wie Phytochrom B wirksam werden. Phytochrom A löst die HIR aufgrund seiner Eigenschaften bei 720 nm aus. Diese Dunkelrot-HIR ist nicht DR-reversibel. Phytochrom B ist Regulator der Hellrot-HIR. HIR-Reaktionen werden bereits durch kurze Dunkelphasen verhindert bzw. unterbrochen. Eine durch Phy A induzierte HIR-Reaktion ist die Anthocyanbildung in (etiolierten) Keimlingen.

Signaltransduktion der Phytochrome: Bisher sind 3 Proteine bekannt, die mit den Phytochromen A und B reagieren. Das Protein PKS1 liegt im Cytoplasma vor und wird durch Phytochrom phosphoryliert. Phytochrome haben Ser/Thr-Kinase-Aktivität und können sich auch selbst phosphorylieren. Sowohl im Cytosol wie im Kern kommt NDPK2 (eine Nucleosiddiphosphatkinase) vor; über die Signalkette weiß man noch nichts. Phytochrom A und B wandern vom Cytoplasma in den Kern und reagieren dort mit dem Transkriptionsfaktor PIF3. Dieser bindet dann an eine G-Box im Regulationsbereich von Genen und löst so die Bildung weiterer spezifischer Transkriptionsfaktoren aus (Abb. 14.19). Es gibt aber auch eine PIF-unabhängige Genregulation durch Phytochrome.

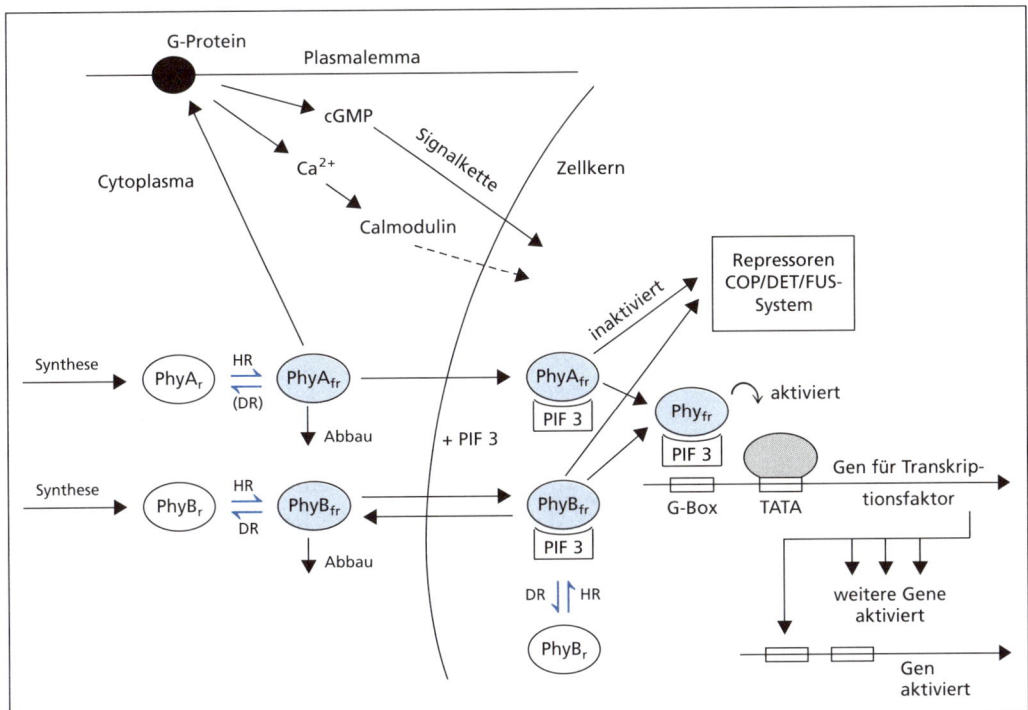

Abb. 14.19: Wirkungsweise von Phytochrom A und B. Die inaktiven Formen (Phy$_r$) werden durch hellrotes Licht (HR) in die aktiven Formen (Phy$_{fr}$) umgewandelt, die in den Kern wandern und dort an das Protein PIF 3 binden. Dadurch werden Repressoren des COP/DET/FUS-Systems inaktiv und zumindest ein Gen für einen Transkriptionsfaktor aktiviert. Dieser Transkriptionsfaktor löst Aktivität weiterer Gene aus. Phy A kann außerdem über eine andere Signaltransduktion unter Beteiligung eines G-Proteins wirksam werden. – Durch Absorption von dunkelrotem Licht (DR) wird Phy$_{fr}$ wieder zum inaktiven Phy$_r$ umgesetzt.

So steht die Phytochrom A-induzierte Anthocyanbildung unter Kontrolle eines G-Proteins und von cGMP. Signal-Vernetzung unter Beteiligung von Ca^{2+} und Calmodulin stellt die Verbindung zu Phytohormon-Signalen her. Bei der Ergrünung von Geweben ist ferner ein Signaltransfer zwischen Plastid und Kern erforderlich.

Zum genregulatorischen Bereich der Phytochrom-Wirkungen gehört ferner das COP/DET/FUS-System. Es wurde benannt nach regulatorischen Proteinen mit Repressorfunktion, denen die entsprechend bezeichneten Gene zugrunde liegen. Durch Phytochrome werden die Repressoren inaktiviert. Einige dieser Proteine sind in einem stabilen regulatorischen Komplex vereinigt, dem COP 9-Komplex oder *Signalosom*. Dieser wurde auch in Tieren nachgewiesen. Er besitzt Strukturähnlichkeiten zum 19S-Regulator des Proteasoms (vgl. 11.3.3.3) und zu einem Initiationsfaktor der Translation (eIF3).

Nicht alle Effekte von Phytochrom sind durch Veränderungen von Genaktivitäten zu erklären. So wird bei der Mimose durch Dunkelrotbestrahlung vor dem Abdunkeln der Übergang der Blätter in die sogenannte Schlafstellung verzögert. Die Inaktivierung des Phytochroms führt hier rasch über das Ca^{2+}/Calmodulin-System zu einer Veränderung von Membraneigenschaften (Photomodulation). Zusammengefasst: Phytochrome zeigen multiple Primärreaktionen, multiple zelluläre Lokalisation, multiple Kontrolle bei der Regulation von Genaktivitäten und haben multiple physiologische Aufgaben.

14.4.1.2 Wirkungen von Blaulicht und UV-Strahlung

Blaulichteffekte sind weiter verbreitet als die Wirkungen des Rotlichtes, die weitgehend auf Pflanzen beschränkt sind. Für Blaulicht- und UV-A-Strahlung (Bereich 400–320 nm) gibt es mehrere Rezeptoren. Weit verbreitet sind die Cryptochrome, von denen 2 näher charakterisiert sind (CRY 1 und CRY 2). Als Chromophore besitzen sie ein Flavinsystem (Absorptionsmaxima 480 und 450 nm) sowie ein Pterin, das im UV absorbiert (Maximum um 370 nm). Das Protein ist homolog zu bakteriellen Photolyasen.

Ein anderer Blaulichtrezeptor ist für die phototropen Reaktionen verantwortlich (Phototropin, vgl. 15.4.1), an denen ferner Zeaxanthin mit beteiligt sein kann. Das Zeaxanthin der Schließzell-Chloroplasten ist der Rezeptor für die Blaulicht-Effekte der Spaltöffnungsregulation. Durch eine nicht bekannte Signaltransduktion wird im Cytoplasma eine Proteinkinase aktiviert, die ihrerseits die P-H^+-ATPase aktiviert und so den Ionentransport reguliert.

Das Cryptochrom-System ist an der Kontrolle der Plastiden-Differenzierung beteiligt und reguliert die Morphogenese von Pilzen und von Farnprothallien. Ferner ist es äußerer Zeitgeber für die Regulation der circadianen Rhythmik (vgl. 14.5.7.2); diese Funktion haben auch Cryptochrome der Tiere. Cryptochrome stehen mit Phytochromen in komplexer Wechselwirkung, die für die Regulation des Wachstums am natürlichen Standort wichtig ist. Die Verrechnung der Signale erfolgt wahrscheinlich über das COP/DET/FUS-System.

Für die UV-B-Strahlung (320–290 nm) gibt es einen UV-B-Rezeptor (Absorptionsmax. 295 nm). Da Proteine und Nucleinsäuren UV-B-Strahlung absorbieren und dadurch eine Schädigung der Zellen erfolgt, muss die Strahlung wirksam abgeschirmt werden. Dies erfolgt durch Aromaten (Flavonoide, oft vor allem Anthocyane), die in den Epidermiszellen akkumuliert werden. Der UV-B-Rezeptor induziert die Aromatensynthese, die aber außerdem sowohl durch Cryptochrom als auch durch Phytochrom kontrolliert wird. Diese mehrfache Absicherung belegt die Wichtigkeit dieser Schutzstoffe. Bei einem Anstieg der UV-B-Strahlung infolge der Schädigung der Ozon-Schutzschicht müssen Pflanzen mehr Flavonoide und andere Aromaten produzieren; dies hat Konsequenzen für die Produktionsleistung von Nutzpflanzen und generell für ökologische Beziehungen.

14.4.2 Temperatur

Alle Stoffwechselreaktionen (außer den photochemischen Reaktionen) sind temperaturabhängig. Mit ansteigender Temperatur nimmt die Reaktionsgeschwindigkeit zu; im Durchschnitt liegt der Q_{10}-Wert bei 2 (d.h. Erhöhung der Temperatur um 10 °C führt zur Verdopplung der Reaktionsgeschwindigkeit). Die Stoffwechselvorgänge sind nun aber durch Enzyme katalysiert und diese werden bei höheren Temperaturen geschädigt und schließlich denaturiert. Daher gibt es ein Temperaturoptimum des Stoffwechsels. Dieses liegt bei mitteleuropäischen Pflanzen meist um 25–30 °C; verschiedene Entwicklungsstadien einer Pflanze können aber unterschiedliche Optima aufweisen. Bei der Optimaltemperatur sind Stoffproduktion und Wachstumsrate am höchsten. Damit Wachstum überhaupt erfolgen kann, muss ein bestimmtes Temperaturminimum überschritten sein; ebenso gibt es ein Temperaturmaximum des Wachstums (Abb. 14.20). Diese Kardinalpunkte des Wachstums sind artverschieden und hängen innerhalb einer gewissen Breite auch von der Vorgeschichte der Pflanze ab. Häufig ist für das Wachstum der Pflanzen ein Wechsel von

14.4.3 Schwerkraft

Die Schwerkraft ist überall auf der Erde wirksam; ihre Effekte auf die Entwicklung sind daher nur in Experimenten festzustellen, in denen die Richtung des Schwerefeldes verändert wird. Am einfachsten erfolgt dies durch eine fortgesetzte langsame Drehung der Pflanze um eine horizontale Achse (vgl. 15.4.2).

Gestaltbildungen durch die Schwerkraft nennt man **Gravimorphosen**. Dazu gehören: die Ausbildung von Zug- und Druckholz (vgl. 15.4.2), die Entstehung der Dorsiventralität der Seitenäste von Nadelbäumen und bei manchen Arten die Ausbildung zygomorpher Blüten. So lassen sich bei Gladiolen durch die erwähnte Rotation radiäre Blüten erzeugen.

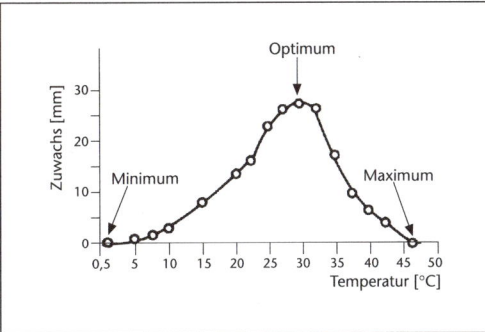

Abb. 14.20: Längenzuwachs einer Wurzel der Lupine (*Lupinus luteus*) bei verschiedenen Temperaturen im Verlauf von 24 Stunden (aus STRASBURGER).

höherer Tagestemperatur und niedriger Nachttemperatur vorteilhaft. Die Kardinalpunkte sind zu unterscheiden von den Grenzen der Temperaturresistenz (vgl. 14.4.6.1), die angeben, bis zu welchen Temperaturgrenzen die Pflanzen überleben.

Gestaltbildungen, die als Temperatureffekte anzusehen sind, nennt man **Thermomorphosen**. Bei niedriger Temperatur ist das Internodienwachstum gehemmt; die Pflanzen bleiben kleiner. Bei verschiedenen Tropenpflanzen (z.B. Orchideen) erfolgt eine Blütenbildung erst nach einer Abkühlung, wie sie durch starke Regenfälle nach einer trockenen Zeit zustande kommt. Das Farbmuster mancher Blüten (z.B. *Petunia*-Sorten, Stiefmütterchen) ist von der Temperatur während der Blütenanlage abhängig. Eine besondere Art von Temperaturabhängigkeit der Blütenbildung liegt bei der Vernalisation vor (vgl. 14.5.1.2).

14.4.4 Chemische Einflüsse auf die Entwicklung

Sie werden als **Chemomorphosen** bezeichnet. Bei Wasserpflanzen ist die Bildung unterschiedlicher Blattformen von Unterwasser- und Schwimmblättern durch die jeweilige Umgebung festgelegt. Durch verschiedene Chemikalien können Gestaltänderungen von Pflanzen ausgelöst werden (z.B. durch Phenylborsäure und Morphactine; auch durch verschiedene Herbizide). Besondere Gestaltausbildungen unter Wassermangel in Zusammenhang mit der Dürreanpassung gehören zu den Stresseffekten (vgl. 14.4.6.2).

14.4.5 Mechanische Wirkungen

Wind, aber auch schon Berührungsreize, können eine Gestaltveränderung von Pflanzen auslösen. Durch Windlast (zu prüfen in Windkanal-Versuchen) bleiben die Pflanzen kleiner und bilden mehr Festigungsgewebe. Diese **Thigmomorphosen** kommt durch die Aktivierung von *touch-induced* Genen (*TCH*) zustande. Sie werden 10–30 min nach der Stimulation aktiv und führen zu Wachstumshemmung. An der Signalkette sind Ca^{2+} und Calmodulin beteiligt. Bei Windstössen wird rasch Ca^{2+} aus dem ER freigesetzt, wie man mit transgenen Tabakpflanzen nachwies, die bei dieser Ca^{2+}-Freisetzung Chemilumineszenz zeigen.

14.4.6 Stressphysiologie

Unter Stress versteht man eine ungewöhnliche Belastung eines Organismus durch einen Umweltfaktor (Stressfaktor). Dabei kann in vielen Fällen sowohl Mangel als auch ein Übermaß des Faktors zu Stress führen (z.B. Umweltfaktoren

Tab. 14-1: Kardinalpunkte des Wachstums und Resistenzgrenzwerte am Beispiel Roggen

Temperaturoptimum des Wachstums	+25 °C
Temperaturminimum des Wachstums	+1 °C
Temperaturmaximum des Wachstums	ca. +30 °C
Kältetod (im Winter)	bei ca. −30 °C
Hitzetod	bei ca. +45 °C

Licht: Stress durch Lichtmangel oder durch zu hohe Lichtintensität, Umweltfaktor Temperatur: Stress durch Kälte und durch Hitze).

Die Reaktion auf Stress wird als Stressantwort bezeichnet. Sie erfolgt auf verschiedenen Ebenen der pflanzlichen Organisation, vom Bereich biochemischer und biophysikalischer Vorgänge bis hin zum Niveau der Gestaltveränderung (Morphogenese). Von den zu beobachtenden Effekten dienen manche der Stabilisierung der Pflanze und ihres Stoffwechsels; sie sind adaptiv und erhöhen die Resistenz (**Stressantwort** i.e.S.). Häufig kann man adaptive Veränderungen auf Ebene der Zelle von jenen des Gesamtorganismus (der systemischen Antwort) unterscheiden. Andere Effekte sind ohne Bedeutung für die Fitness der Pflanze und wieder andere sind Stress-induzierte Störungen. Die letzteren bleiben bei kurzer Stresseinwirkung oft latent. In vielen Fällen sind die nach Einwirkung eines Stressfaktors beobachteten Veränderungen nicht mit Sicherheit einem dieser Bereiche zuzuordnen. Eindeutig ist dies nur dann, wenn von einer Art unterschiedliche Genotypen mit verschiedener Stressempfindlichkeit für Experimente zur Verfügung stehen. An ihrem Standort sind Pflanzen immer wieder einem Stress ausgesetzt. Daher müssen sie einen Teil der Stoffproduktion für die Beseitigung von Schäden und für Schutzmaßnahmen (Akklimatisierung, Resistenzentwicklung) aufwenden. Dieser Anteil wird auf 20–40% geschätzt.

Adaptive Veränderungen können in der Pflanze unterschiedlichen Bestand haben. Kurzzeitige Effekte sind beispielsweise die Anpassungen von Stoffwechselvorgängen; sie erfolgen modulatorisch (vgl. 10.1.3.1). Modifikatorische Veränderungen liegen vor, wenn die Ontogenese beeinflusst wird. Schließlich kann auch eine evolutive Anpassung stattfinden, die es Pflanzenarten ermöglicht, unter Extrembedingungen zu existieren (z.B. erbliche Adaption an Wassermangel bei Sukkulenten, Epiphyten und Wüstenpflanzen; Anpassung von Halophyten).

Bei der Resistenz gegenüber einem Stressfaktor unterscheidet man zwei verschiedene Möglichkeiten:

- Schutzmaßnahmen, die zur **Vermeidung** (*avoidance*) der Stress-Situation in den Zellen führen;
- Erhöhung der Widerstandsfähigkeit des Protoplasten (der protoplasmatischen Resistenz), die zur **Toleranz** gegenüber der Stress-Situation führt.

Außerdem ist die Dauer der Einwirkung eines Stressfaktors wichtig (Abb. 14.21). Die Stressantwort beginnt in der Regel mit einer «Alarmphase». In der Folge findet entweder durch adaptive Veränderungen («Abhärtung» = Entwicklung von Resistenz und somit Erhöhung der Widerstandskraft) eine physiologische Stabilisierung statt oder aber es kommt – bei zu starkem Stress – zur akuten Schädigung. Akute Schäden nach nur kurzer Stresswirkung können oftmals repariert werden (es liegt Reparaturfähigkeit vor). Bei langdauernder Einwirkung des Stressfaktors kann auch bei adaptierten Pflanzen infolge zu hoher physiologischer Belas-

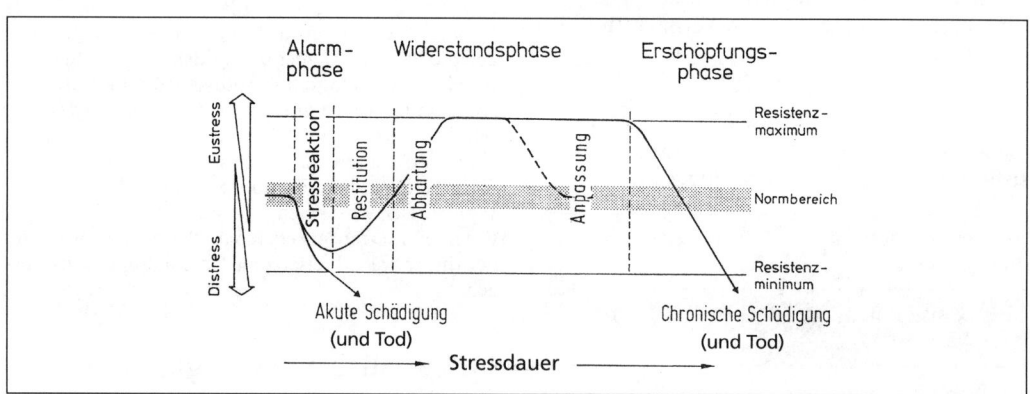

Abb. 14.21: Phasenmodell des Stressgeschehens nach Selye und Stocker. Ein Stressfaktor löst eine Stressreaktion aus (Alarmphase), die durch Gegenreaktionen aufgefangen werden kann (Restitution). Vielfach kommt es zu einer erhöhten Stress-Resistenz durch Abhärtung. Ist die Störung durch den Stressfaktor zu stark, so kann eine akute Schädigung und schließlich der Tod eintreten. Hält sie zu lange an, so kann eine chronische Schädigung erfolgen (aus Larcher).

tung eine Schädigung erfolgen (Erschöpfung). Allmähliche Anpassung der Pflanzen führt in der Regel zu einer höheren Resistenz als dies bei plötzlicher Stresswirkung möglich ist. Das Fehlen von jeglichem Stress kann bei Pflanzen zu einer Abwehrschwäche («Verweichlichung») führen. Aus diesem Grunde sind Gewächshauspflanzen häufig weniger resistent als Freilandpflanzen.

Durch Stress werden in Pflanzen adaptiv eine Reihe von Proteinen vermehrt; man nennt sie **Stressproteine**. Viele davon wurden zuerst nach Hitzestress beobachtet und daher Hitzeschock-Proteine (HSP) genannt. Es zeigte sich dann, dass die meisten HSP Chaperon-Funktion haben (vgl. 8.6.7).

Für die systemische Antwort ist eine Weiterleitung der Information über den Stress wichtig. Sie erfolgt durch Signalstoffe und Hormone (Salicylsäure, Systemin, Octadecanoide bzw. Jasmonate, Abscisinsäure; auch Elicitor-Oligosaccharide) sowie über Reaktive Sauerstoff-Spezies (ROS), die bei stressinduzierter Schädigung oft vermehrt und daher als Signal (vgl. 14.2.4.2) wirksam werden, aber zugleich durch radikalische Reaktionen Schäden verursachen können. Da ROS in der Regel bei Störungen der Photosynthese vermehrt entstehen, sind viele Stress-Schäden am Licht stärker ausgeprägt als bei Dunkelheit. Im Rahmen der Photosynthese gibt es eine mehrfache Absicherung gegenüber Schäden durch zu hohe Lichtintensitäten (photooxidativer Stress, vgl. 10.1.1.4).

Lokal wird oxidativer Stress in der Zelle durch Antioxidantien vermieden oder zumindest verringert. Als hydrophiles System sind Ascorbat/Glutathion wirksam (vgl. 10.1.1.4), als lipophile membranschützende Verbindungen die Tocopherole (insbesondere α-Tocopherol), die ihrerseits über Glutathion regeneriert werden können. Ist dieser Membranschutz nicht hinreichend effektiv, so entstehen sowohl durch nichtenzymatische Oxidation wie durch Lipoxygenase-Wirkung Fettsäure-Hydroperoxide, die zu Jasmonat abgebaut werden, das dann als Signalstoff andere Organe über die eingetretene Schädigung informiert.

Kommt es zu einem weiteren Anstieg der ROS in den Zellen, so wird dadurch vielfach der programmierte Zelltod (PCD, vgl. 14.5.5) ausgelöst. Ist die ROS-Menge noch höher, so sterben die Zellen unmittelbar ab (Nekrose).

Es gibt Organismen, die permanent unter Extrembedingungen leben. Diese Extremophilen sind fast stets Prokaryoten, meist Archaea. Außer den thermophilen bzw. hyperthermophilen Arten (vgl. Tab. 14-2) gibt es psychrophile (leben bei ≤0 °C), barophile (leben bei sehr hohen Drücken, z. B. in der Tiefsee), acidophile und alkalophile (bei extrem pH-Werten) und halophile (z. B. in gesättigten Salzlösungen, z. B. *Halobacterium*). Spezifische Anpassungen der Extremophilen können für eine biotechnische Nutzung von Interesse sein.

14.4.6.1 Temperaturstress

Gegenüber dem Kältestress entwickeln Pflanzen eine Kälteresistenz, gegenüber dem Hitzestress eine Hitzeresistenz, beide in artabhängig sehr verschiedenem Ausmaß.

Hitzestress: Bei höheren Pflanzen kommt es bei Temperaturen ab 45–50 °C (bei Schattenpflanzen oft schon bei niedrigeren Werten) zu einer Hitzeschädigung, weil Denaturierungs- und Membranschädigungseffekte rascher wirksam werden als die Reparatur erfolgt und weil es infolge starker Wasserabgabe zu einer Entwässerung der Gewebe kommen kann. Selbst bei sehr gut hitzeadaptierten Eukaryoten liegt die obere Temperaturgrenze bei etwa 60 °C.

Das höchste bekannte Temperaturoptimum unter den Blütenpflanzen besitzt *Tidestromia* (im Death Valley, Kalifornien) mit 47 °C. Einige thermophile und hyperthermophile Prokaryoten sind in Tabelle 14-2 aufgeführt. An ihrer Thermostabilität ist eine hohe Hitzestabilität von Proteinen und – bei vielen Archaea – eine hohe Membranstabilität infolge der Ether-Struktur von Lipiden (die dann keine echte *bilayer* bilden!) beteiligt. Hitzestabile Proteine sind biotechnisch interessant; so z. B. die für die PCR eingesetzte Taq-Polymerase (vgl. 8.5.6).

Gegenüber den Hitzeschäden schützen sich die höheren Pflanzen in unterschiedlichem Maße durch Ausbildung der Hitzeresistenz. Als Vermeidungsmechanismus sind wirksam: die Bildung stark reflektierender Oberflächen (glän-

Tab. 14-2: Temperaturmaxima thermophiler und hyperthermophiler Prokaryoten

Cyanobakterien (*Synechococcus*)	um 75 °C
Eubakterien (*Thermotoga*)	um 90 °C
• in Form der Dauerstadien («Sporen») überleben Bakterien z. T. auch	über 100 °C
Archaebakterien	bis über 100 °C
• *Pyrodictium* (von Vulcano) Temperaturoptimum	105 °C
Temperaturmaximum	110 °C
• *Methanopyrus* (aus heißen Tiefseequellen) wächst noch bei	110 °C

zende, glatte Cuticula; weiße, tote Haare), wärmeisolierende Schichten (Haarfilz) und die Kühlung durch Transpiration. Die Ausbildung plasmatischer Toleranz steht in engem Zusammenhang mit der verstärkten Bildung der HSP, die ab 40 °C einsetzt. Insbesondere ein Protein aus der HSP-100-Gruppe dürfte für die Ausbildung hoher Hitzeresistenz wichtig sein. Bei hoher Temperatur werden Hitzestress-Transkriptionsfaktoren (HSF) aktiviert; sie lösen die verstärkte HSP-Bildung aus.

Kältestress: Bei abnehmenden Temperaturen passen die Pflanzen ihren Stoffwechsel durch Veränderungen des Isoenzymmusters und der Membranbausteine an. Die Membranen müssen stabil bleiben und auch bei niedriger Temperatur die Transportvorgänge gewährleisten. Eine Veränderung der Lipidzusammensetzung (mehr ungesättigte Fettsäuren) führt zur Absenkung der Phasenübergangstemperatur, sodass die Membran im flüssig-kristallinen Zustand bleibt. Die Pflanze erreicht damit eine «Erkältungsresistenz». Manche Arten, vor allem der Tropen, sind zu diesen Veränderungen nicht in der Lage und werden deshalb schon durch Temperaturen oberhalb 0 °C (oft zwischen 10° und 5 °C) geschädigt (*chilling injury*). Dafür sind vor allem Störungen in Membranen verantwortlich.

Bei Pflanzen, die erst unterhalb 0 °C geschädigt werden, kann man verschiedene Gruppen unterscheiden. Gefrierempfindliche Pflanzen sind nur durch das Ausbleiben von Eisbildung geschützt und haben daher eine nur geringe Frostresistenz. Bei einer Eisbildung in den Zellen zerreißen Membranen, und die Zelle geht zugrunde.

Bei gefriertoleranten Arten erfolgt die Eisbildung von den Zellwänden ausgehend in die Interzellularen hinein. Den Zellen wird dabei Wasser entzogen infolge des sinkenden Wasserpotenzials an den Orten der Eisbildung. Eine Abhärtung stellt sicher, dass die Eisbildung extrazellulär stattfindet. Durch abnehmende Temperaturen wird der Wasserentzug immer stärker; daher kommt es zur Frosttrocknis, die zu Schädigung und Tod der Zelle führen kann. Die meisten krautigen Arten entwickeln daher nur eine begrenzte Frosthärte (bei Weizen ohne Abhärtung −5 °C; nach Abhärtung <−20 °C), während bei vielen winterharten Holzpflanzen die Härtung weit unter −30 °C reicht. Dabei kommt es zu starker Unterkühlbarkeit von Geweben. Manche Arten ertragen nach Kältehärtung eine völlige Protoplasma-Entwässerung und können dann ohne Schädigung auf −196 °C abgekühlt werden (z. B. Birken, Weiden, Zitterpappel). Trockene Samen sind infolge ihrer Wasserarmut extrem kälteresistent und können bei −196 °C über sehr lange Zeit keimfähig gehalten werden.

Gegenüber den möglichen Frostschäden schützt sich die Pflanze durch Ausbildung der Frostresistenz (die durch Härtung erhöht wird), an der Mechanismen der Vermeidung und der Toleranz beteiligt sind. Der Vermeidung dienen:

- Abschirmung von Geweben gegenüber Auskühlung und Frosteinwirkung
- Unterkühlbarkeit durch Fehlen von Kristallisationskeimen, abhängig von der Zellwandbeschaffenheit.

Diese beiden Mechanismen sind vor allem bei Pflanzen wirksam, die stets nur kurzzeitigen Frösten ausgesetzt sind (z. B. in tropischen Hochgebirgen).

- Gefrierpunktserniedrigung durch Erhöhung der Zellsaftkonzentration und Vermehrung osmotisch wirksamer (kompatibler) Stoffe im Cytoplasma. Sie macht nur wenige Grad aus; da aber die Zellwand-Flüssigkeit erheblich verdünnter ist, beginnt die Eisbildung dann stets extrazellulär.

Dieser Vorgang leitet über zu den Mechanismen der plasmatischen Toleranz. Dazu gehören erhebliche Membranveränderungen. Durch eine Vermehrung ungesättigter Fettsäuren vor allem in Phosphatidylcholin und Phosphatidylethanolamin wird die Phasenübergangstemperatur von Membranen stark herabgesetzt. Eingriffe, die zu verstärkter Bildung mehrfach ungesättigter Fettsäuren führen, erhöhen daher oftmals die Kälteresistenz. Der Toleranz dienen ferner Kältestressproteine. Bei *Arabidopsis* kennt man etwa 25 «Frostresistenz-Gene», die durch einen gemeinsamen Transkriptionsfaktor reguliert werden. Zu den Genprodukten gehören Proteine und Glykoproteine mit Schutzwirkung («*antifreeze*»-Proteine), die teils an Membranen binden, teils im Cytosol den Unterkühlungszustand stabilisieren. Wenigstens eines dieser Proteine gehört zur Gruppe der Dehydrine, die vor allem auch bei Dürre vermehrt werden.

Die Frostresistenz zeigt bei ausdauernden Arten gemäßigter Klimate in der Regel einen Jahresgang (Abb. 14.22). Die *Kältehärtung* wird bei Holzpflanzen durch die abnehmende Tageslänge im Herbst induziert (erste Härtungs-

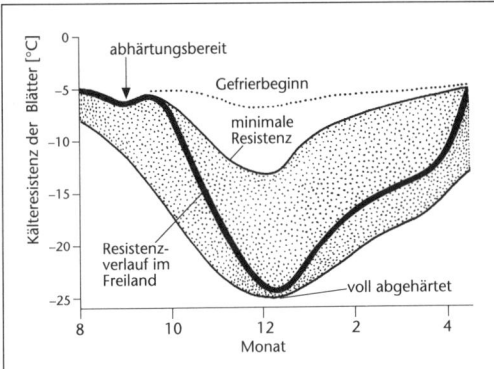

Abb. 14.22: Jahreszeitlicher Verlauf der Kälteresistenz der Alpenrose *Rhododendron ferrugineum*. Das punktierte Feld gibt die Spanne zwischen minimaler Resistenz (nach mehrtägigem Aufenthalt in einem warmen Raum) und maximaler Resistenz (durch stufenweise Kälteabhärtung) an. Zwischen diesen Grenzen liegt in Abhängigkeit von der Witterung die aktuelle Kälteresistenz der Pflanzen am natürlichen Standort (nach LARCHER, verändert).

phase), aber erst durch die Einwirkung von Temperaturen unter 0 °C voll ausgebildet (zweite Härtungsphase).

Die Regulation über die Tageslänge (Photoperiode) ist sicherer als eine rein temperaturabhängige es wäre, da die herbstlichen Temperaturschwankungen oft unregelmäßig ablaufen. Bei Anstieg der Temperaturen im Frühjahr erfolgt eine Enthärtung. Kommt es danach noch zu stärkeren Frösten (Spätfröste), so ist deren Schadwirkung infolge der Auswirkungen der Eisbildung besonders groß.

In Interzellularen kommen Bakterien (z. B. *Pseudomonas syringae*) vor, die ein Protein produzieren, das als Keim für die Eisbildung wirkt. Entfernt man das zugrunde liegende Gen bzw. verhindert dessen Aktivität, so bewirken die entsprechenden Bakterienstämme keine Eisbildung, und Pflanzen mit solchen «Eis-minus»-Bakterien sind gegenüber kurzzeitigen Frösten widerstandsfähiger.

Die Kältehärtung bedarf der Eingriffe ins Signalnetz der Zelle, wobei vor allem Abscisinsäure und die Ca^{2+}-Regulation beteiligt sind.

Kühlt man Pflanzengewebe extrem rasch (500 K/sec) ab, so erstarrt es schlagartig unter Erhaltung aller Strukturen, da keine Eiskristalle entstehen können. Wenn man ebenso rasch auftaut, können die Gewebe nicht geschädigt werden. Darauf beruht die Gefrierkonservierung von Zell- und Gewebekulturen.

14.4.6.2 Dürrestress

Unzureichende Wasserversorgung führt zum Dürrestress der Pflanze. Auch hier gibt es die Strategien der Vermeidung von Trockenschäden und der Toleranz, die durch eine Dürre- oder Trockenhärtung erhöht werden kann. Der Vermeidung dienen anatomische (z. B. Sukkulenz) und physiologische (z. B. CAM, vgl. 10.1.3.1) Anpassungen sowie die Bildung kompatibler Osmotika (vgl. 3.5.7). Toleranz kann bei einigen Arten bis zur völligen Austrocknungsfähigkeit gehen (sekundär poikilohydre Arten, vgl. 4.1.2). Die Dürrehärtung zur Erhöhung der Toleranz kommt durch Vermehrung von Stressproteinen zustande. Von *Arabidopsis* sind zahlreiche dürreinduzierte Gene bekannt; einige davon codieren für Chaperone bzw. HSPs. Ein spezifisches Dürrestressprotein ist das 24kD-Osmotin. Sehr hydrophile Stressproteine sind die Dehydrine, die auch bei der Samenreifung entstehen und den Embryo austrocknungsfähig machen. So wird das poikilohydre Stadium der Pflanze im reifen Samen stabilisiert. Viele Wüstenpflanzen nutzen dies für eine Strategie der Flucht vor der Dürre: als kurzlebige Annuelle überdauern sie lange Trockenzeiten in Form der poikilohydren Samen.

Trockenhärtung erhöht auch die Kälteresistenz der Pflanzen, sofern der Schutz vor Frosttrocknis entscheidend ist. Die Regulation der Trockenhärtung erfolgt durch ein Zusammenwirken hydraulischer Signale (Abnahme des Wasserpotenzials) und chemischer Signale (Abscisinsäure, Jasmonate). Für die Langzeitregulation sind vor allem die Wasserverhältnisse im Boden bestimmend, während die Kurzzeitregulation im einzelnen Blatt autonom erfolgt.

14.4.6.3 Andere abiotische Stressfaktoren

Wasserüberschuss wirkt sich vor allem auf Wurzeln aus, die bei längerer Überflutung unter Sauerstoffmangel leiden. Manche Arten können ihren katabolischen Stoffwechsel auf Gärungsvorgänge umstellen, laufen dann aber Gefahr, dass das gebildete Ethanol die Zellen schädigt.

Einem Stress durch Schwermetall-Ionen können viele Arten durch Phytochelatin-Bildung begegnen (vgl. 11.3.3.1). An hohe Ionenkonzentrationen sind Halophyten angepasst (vgl. 12.4.5).

14.4.6.4 Stress durch Parasitenbefall

Pflanzenparasiten – und unter diesen vor allem parasitische Pilze – verringern die Produktionsleistung von Nutzpflanzen erheblich. Weltweit beträgt der Verlust an Hauptnahrungsmitteln dadurch etwa 13%. Eine gezielte Verbesserung des Pflanzenschutzes setzt voraus, dass man die Veränderungen kennt, die beim Parasitenbefall eintreten.

Pflanzenpathogene Organismen sezernieren in der Regel hydrolytische Enzyme, die lokal die Zellwand der Pflanze auflösen. Entstehende Zellwandfragmente wirken lokal als Signale; man bezeichnet sie als Elicitoren. Die Erkennung dieser Signale erfolgt durch Rezeptoren im Plasmalemma; diesen liegen Resistenzgene zugrunde. Bei Insektenfraß oder Verwundung entstehen keine Elicitoren, sondern es wird infolge der Gewebsverletzung Systemin oder/und Jasmonat gebildet; diese können auch rasch über größere Strecken transportiert werden; sie wirken systemisch. Die Pflanze vermag so unterschiedliche Stressoren zu unterscheiden.

In den Zellen werden über Signaltransduktion Abwehrreaktionen ausgelöst. Auch bei einer zunächst örtlichen Reaktion wird die Information in der Regel durch Signalstoffe weitergeleitet, sodass eine systemische Antwort zustande kommt.

Lokal kann programmierter Zelltod (vgl. 14.5.5) zu einem Absterben von Zellen führen. Eine starke Schädigung von Zellen kann auch durch eine hohe Konzentration an reaktiven O-Spezies (ROS) das sofortige Absterben von Zellen (Nekrose) auslösen. In beiden Fällen kann sich der pathogene Organismus nicht weiter ausbreiten; es liegt eine *hypersensitive Reaktion* vor. Da die Signalketten vielfach vernetzt sind, wirkt sich die Induktion einer Antwort-Reaktion rasch auch auf andere Vorgänge aus.

Elicitoren entstehen zunächst durch die Abbauvorgänge in den Pflanzenzellwänden. Diese *endogenen* Elicitoren sind verzweigtkettige Oligosaccharide aus 7–15 Zuckerbausteinen; sie werden auch als Oligosaccharide bezeichnet. Sie können (in ähnlicher Konzentration wie Phytohormone) Wachstumsvorgänge fördern bzw. hemmen und werden im Xylem transportiert, sodass sie als Signalstoffe wirksam werden können. Auch Glykopeptide mit 12–14 Zuckerresten wirken als Elicitoren. Elicitoren werden an Rezeptoren gebunden und lösen dadurch Signalketten aus, die zu verschiedenen Abwehrreaktionen führen; so zur Bildung von Protease-Inhibitoren, von Phytoalexinen und von Hydrolasen, die aus den angegriffenen Wirtszellen freigesetzt werden. Solche Hydrolasen greifen die Pilz-Zellwände an, und es entstehen Zellwand-Fragmente, die nun als *exogene* (da vom Pilz stammende) Elicitoren wiederum Signale auslösen. Die Elicitoren können örtlich Zellwandperoxidasen stimulieren, sodass rasch eine erste Abwehrreaktion in Gang kommt.

Rezeptoren sind die Produkte von Resistenzgenen. Über 20 verschiedene Resistenzgene mit unterschiedlicher Erkennungsspezifität gegen bakterielle, virale und Pilz-Pathogene sind bekannt. Ist ein Resistenzgen infolge Mutation inaktiv, so wird der Organismus gegenüber dem entsprechenden Pathogen anfällig. Das mutierte Allel wird als Virulenz-Allel bezeichnet. Einige der Rezeptoren haben Proteinkinase-Aktivität, einige andere sind Ionenkanäle. Durch die Rezeptoren wird die Signaltransduktion in der Zelle ausgelöst. An den Signalketten sind G-Proteine, Proteinkinasen, das IP_3-System und Ca^{2+} beteiligt.

Die **lokale Antwort** führt vielfach zur Bildung von Salicylsäure und einer raschen Vermehrung von Reaktiven Sauerstoff-Spezies (ROS). Dieser *oxidative burst* hat meist den programmierten Zelltod und somit die hypersensitive Reaktion zur Folge. Unterbleibt er, so ist auch die Weiterleitung der Signale (z. B. durch Salicylsäure) schwach, sodass es zur Erkrankung infolge Ausbreitung des Pathogens kommt. Die Signaltransduktion über makroskopische Strecken, ausgehend von Salicylat, führt zur **systemischen Antwort**. Zahlreiche (>20) Gene von *pathogenesis related proteins* (PR-Proteine) werden exprimiert, wobei ein Aktivator NIM1 den Repressor dieser Gene inaktiviert. Zur Abwehr gehört ferner die Bildung von Protease-Inhibitoren und von Phytoalexinen sowie eine verstärkte Synthese von Zellwandkomponenten (Lignin, Kallose). Eine systemische Reaktion kann auch durch Systemin, Jasmonat oder Ethen ausgelöst werden. Diese ist von Salicylsäure unabhängig; es sind sogar wechselseitige Hemmeffekte von Salicylsäure und Jasmonat bekannt. Dennoch kommt es zu ähnlichen Abwehrreaktionen.

Phytoalexine sind kleinmolekulare, antibiotisch wirkende Stoffe, die verschiedenen Stoffklassen entstammen können (z. B. Flavonoide, Isoflavonoide, Stilbenderivate, Terpenoide, Alkaloide). Für aromatische Phytoalexine wurde gezeigt, wie sie durch die Veränderung des Aromatenstoffwechsels unter dem Einfluss des Parasiten gebildet werden. Phytoalexine häufen sich an den Infektionsorten an und verhindern das Wachstum bzw. die Vermehrung des Parasiten. Sie sind aber für die Pflanzenzellen auch giftig und führen so zu deren Absterben. Die Phytoalexin-Bildung kann auch durch andere Stressfaktoren ausgelöst werden (z. B. Strahlenschäden, mechanische Verletzung) und in absterbenden Geweben sogar ohne Stresseinwirkung stattfinden (z. B. in absterbendem Holz).

Weitere spezifische Abwehrstoffe sind die Blatt-Thionine. Diese Cystein-reichen Polypeptide findet man vor allem in Epidermis-Zellwänden. Gegen Virus-Infektionen wirksam sind die Ribosomen-inaktivierenden Proteine (RIP). Diese sind Glykoproteine mit einer Aktivität als Adenosin-glykosidasen und spalten aus rRNA Adenosin heraus.

Bei der Kultupflanzenzüchtung wurde häufig mit der Geschmacksverbesserung die Sekundärstoffmenge und die Fähigkeit zur Phytoalexin-Bildung verringert. Als Folge einer dadurch verringerten Resistenz muss der Mensch intensiveren Pflanzenschutz betreiben. Eine verbesserte Resistenz gegenüber Viren kann man über transgene Pflanzen erreichen. Wenn man Gene für Virus-Hüllproteine in der Pflanze exprimiert, so entsteht häufig eine Resistenz gegenüber dem entsprechenden Virus. Das Bakterium *Bacillus thuringiensis* produziert ein Protein (Endotoxin), das für Insekten giftig ist. Der Einbau des zugehörigen *Bacillus*-Gens in Pflanzen führt zu deren Resistenz gegen pflanzenfressende oder saugende Schadinsekten und kann so helfen, unspezifische chemische Insektizide zu vermeiden.

14.5 Entwicklung und Rhythmik

Bei einer Blütenpflanze entsteht aus der befruchteten Eizelle ein Embryo, der in Samen dann in eine Ruhepause (**Dormanz**) eintritt. Nach der Abtrennung vom Mutterorganismus und der Verbreitung erfolgt die Keimung und damit der Übergang zu hoher physiologischer Aktivität; der Keimling wächst heran und bildet das vegetative Stadium. Dann kommt es zur Blütenbildung; es entstehen wieder Samenanlagen und infolge der Befruchtung wird ein neuer Embryo gebildet. Der Tod der Mutterpflanze erfolgt nach einer unterschiedlichen Zahl von Blütenbildungen (vgl. 7.2.2). Diese Vorgänge sind Teile einer langzeitigen Entwicklungsrhythmik. In Pflanzen gibt es – wie in allen Eukaryoten – außerdem rhythmische Vorgänge mit kürzerer Periodendauer (z. B. tagesperiodische Prozesse).

Durch die Anwendung molekulargenetischer Methoden werden die den Entwicklungsvorgängen zugrunde liegenden Gene fortlaufend vollständiger bekannt. Die Organbildung wird durch eine Reihe von Transkriptionsfaktoren reguliert, die hierarchisch strukturiert sind (Kaskaden der Genaktivität). Den Transkriptionsfaktoren liegen vielfach homöotische Gene (vgl. 14.2.3.1) zugrunde. Häufig sind Entwicklungsvorgänge dadurch abgesichert, dass mehrere funktionell redundante Gene die Morphogenese festlegen. Eine Mutation in einem dieser Gene hat dann keine phänotypischen Auswirkungen.

14.5.1 Vegetative Entwicklung

In den Sprossachsen wird die Meristem-Aktivität durch drei Gruppen von Genen festgelegt. Für einige der Gene ist Homologie zu Genen der Entwicklungsregulation bei Tieren nachgewiesen. Gene der Gruppe I regeln die Erhaltung des Meristems. Diese *knox*-Gene besitzen eine Homöobox. Gene der Gruppe II legen die Blatthöckerbildung und -entwicklung fest. Gene der Gruppe III (*clavata*-Gruppe) codieren offenbar für Komponenten von Signalketten; sie bestimmen das Verhältnis von meristematischen zu sich determinierenden Zellen. Bei der Initiation der Blatthöcker spielt eine Aktivierung von Expansinen in der Zellwand eine wichtige Rolle. An der Ausbildung der Blattgestalt sind einige *knox*-Gene beteiligt; ihre Aktivität wird durch das Genprodukt des Gens *phantastica* gehemmt. Für die Ausbildung der Dorsiventralität des Blattes sind offenbar Gene der Gruppe I verantwortlich, die zur YABBY-Familie (vgl. 14.2.3.1) gehören.

14.5.2 Blütenbildung

14.5.2.1 Blühinduktion

Voraussetzung für die Blütenbildung ist eine Umstimmung des Vegetationskegels, sodass dieser anstelle der Laubblattanlagen nun die Blattorgane der Blüte bildet. Dabei verändert sich das Proteinmuster der Zellen erheblich. Man bezeichnet diesen Vorgang der Determination als Blühinduktion. Ist sie vollzogen, so läuft die Differenzierung ab.

Die Blühinduktion erfolgt in einer bestimmten Zeitspanne, der Induktionsperiode. Sie erfordert in vielen Fällen bestimmte Temperatur- und/oder Lichtverhältnisse; diese erforderlichen Umweltbedingungen nennt man induktive Bedingungen. Außerdem spielt oft die Verfügbarkeit von Kohlenhydraten eine Rolle.

Nicht blühinduzierte Pflanzen können in manchen Fällen durch ein blühendes Pfropfreis der gleichen Art oder sogar einer anderen Art zum Blühen gebracht werden. Daraus ist zu schließen, dass ein Induktionsstoff vom Pfropfreis zur nicht-blühinduzierten Pflanze übertragen wurde. Dieser nicht bekannte Induktionsstoff wird als Blühhormon (Florigen) bezeichnet. Andere Pfropfversuche legen nahe, dass auch ein Blühhemmstoff (Anti-Florigen) übertragen werden kann.

14.5.2.2 Vernalisation

Bei verschiedenen Pflanzen (z. B. Wintergetreide) muss während der vegetativen Entwicklung Kälte einwirken, damit mehrere Monate danach Blüten (und somit Früchte) überhaupt angelegt werden können. Diese Kälteeinwirkung nennt man Vernalisation. Sie kann bei verschiedenen Arten zu unterschiedlichen Zeiten erfolgen (z. B. beim Winterroggen ab dem Embryonalstadium und bis zur Ausbildung der jungen Sprosse auf dem Acker). Vernalisationsbedürftig sind auch viele zweijährige Arten, die erst im zweiten Jahr Blüten bilden (Möhre, Sellerie, Kohl, Zuckerrübe) sowie Blütenknospen mancher Holzpflanzen (z. B. Pfirsich). Die erforderliche Vernalisationstemperatur liegt in der Regel bei +3 °C bis +5 °C, manchmal bis +10 °C. Sie muss längere Zeit einwirken, damit später die Blütenbildung rasch zustande kommt. Beim Winterroggen hat eine Vernalisationsdauer von mehr als drei Wochen keinen zusätzlichen Effekt mehr.

14.5.2.3 Photoperiodismus und Blütenbildung

Es gibt Pflanzen, bei denen die Blühinduktion nur erfolgt, wenn sie für eine bestimmte Zeit bei einer Tageslänge gehalten werden, die kürzer ist als ein bestimmter Grenzwert (= kritische Tageslänge, artverschieden 10–14 h). Man nennt sie Kurztagpflanzen (KTP). Ebenso sind Arten bekannt, die zur Blühinduktion eine Tageslänge von mehr als 12–15 Stunden benötigen (Langtag-Bedingungen); sie heißen Langtagpflanzen (LTP). Außerdem gibt es aber viele tagneutrale Arten, bei denen die Tageslänge (Photoperiode) keinen Einfluss auf die Blütenbildung hat. Genauere Untersuchungen ergaben, dass bei manchen Arten die induktive Tageslänge unbedingt eingehalten werden muss (obligate oder qualitative LTP und KTP, Abb. 14.23), hingegen bei anderen die Blütenbildung bei nicht induktiven Bedingungen nur stark verzögert ist (fakultative oder quantitative LTP und KTP). Die Zahl der zur Blühinduktion erforderlichen Tage mit induktiver Photoperiode ist artverschieden und reicht von 1 bis über 20 Kurz- bzw. Langtage.

Die Tageslängen-Abhängigkeit der Pflanzen ist eine Anpassung an Umweltverhältnisse; in den Tropen findet man daher viele Kurztagpflanzen und in höheren Breiten bevorzugt Langtagpflanzen.

In Versuchen wurde gezeigt, dass es ausreicht, *ein* Blatt der Pflanze unter der induktiven Bedingung zu halten, um die Blühinduktion zu erreichen. Die Wahrnehmung der Photoperiode erfolgt also durch Blätter; über das «Blühhormon» wird die Information dem Vegetationskegel zugeleitet. Die hierbei beobachtete Transportgeschwindigkeit ist aber gering (2–4 mm/h), sodass ein Transport im Phloem nicht wahrscheinlich ist.

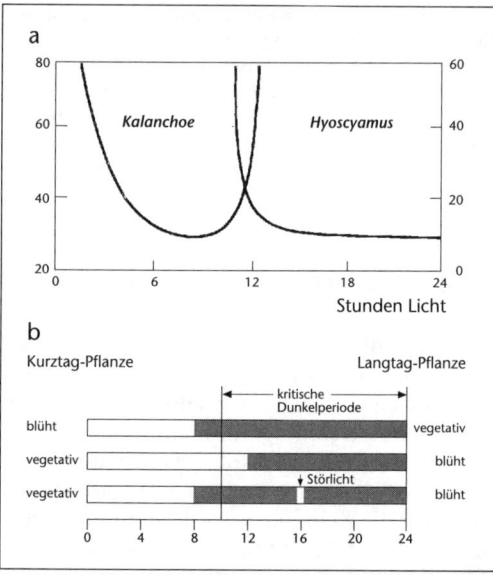

Abb. 14.23: a: Entwicklung der Blüten bei einer Kurztagpflanze (*Kalanchoe*) und einer Langtagpflanze (*Hyoscyamus*) in Abhängigkeit von der Dauer der täglichen Belichtung in Stunden. Ordinate: (links) Tage bis zum Sichtbarwerden des Blütenstandes bei *Kalanchoe*; (rechts) Tage bis zum Treiben des Blütensprosses bei *Hyoscyamus* (aus STRASBURGER); **b:** Wirkung von Störlicht während der Dunkelperiode auf die Blütenbildung von Kurztagpflanzen (KTP) und Langtagpflanzen (LTP) (aus STRASBURGER).

Unterbricht man bei KTP die Dunkelzeit durch eine Lichtphase, so unterbleibt die Blühinduktion, auch wenn die Dauer der Lichteinwirkung insgesamt viel kürzer ist als die kritische Tageslänge. Licht während der Dunkelphase wirkt als «Störlicht». Für die Blühinduktion ist also die ungestörte Dunkelphase erforderlich. Bei manchen KTP verhindern schon wenige Minuten Störlicht eine Blütenbildung völlig. Bei LTP kann man umgekehrt durch Störlicht unter Kurztag-Bedingungen eine Blütenbildung auslösen. Diese Möglichkeiten, Blütenbildung zu verhindern bzw. zu induzieren, spielen in der gärtnerischen Praxis eine Rolle.

Untersucht man das Störlicht auf sein Wirkungsspektrum, so kann man erkennen, welcher Lichtrezeptor in der Pflanze für die Wahrnehmung der Photoperiode verantwortlich ist.

Tab. 14-3: Beispiele für Kurztagpflanzen (KTP) und Langtagpflanzen (LTP)

KTP	LTP
obligate: • *Nicotiana tabacum*, Sorte Maryland Mammoth • *Chrysanthemum indicum* • *Euphorbia pulcherrima* • *Glycine max* • *Kalanchoe blossfeldiana*	obligate: • *Nicotiana sylvestris* • *Hyoscyamus niger* • *Lactuca sativa* (einige Sorten) • *Spinacia oleracea*
fakultative: • *Nicotiana tomentosiformis* • *Dahlia variabilis* • *Gossypium hirsutum*	fakultative: • *Nicotiana alata* • *Pisum sativum* • *Arabidopsis thaliana*
tagneutral: • *Nicotiana rustica* • *Nicotiana tabacum*, Sorte Samsun	

Man findet das Wirkungsspektrum von Phytochrom. Eine Dunkelrot-Bestrahlung am Ende der Störlichtphase verhindert, dass das Störlicht sich auswirkt. Die Photoperiode wird also über den Aktivitätszustand des Phytochroms wahrgenommen. Die Lichtintensität spielt dabei keine Rolle, sofern ein Schwellenwert überschritten ist. Phytochrom ist bei vielen Arten an der Signalkette der Blühinduktion beteiligt; allerdings gibt es auch Arten, bei denen Blaulicht wirksam ist.

14.5.2.4 Weitere photoperiodisch gesteuerte Vorgänge

Die Photoperiode greift auch in andere Entwicklungsvorgänge ein. Die abnehmende Tageslänge im Herbst induziert bei vielen Arten die Kältehärtung (14.4.5.1) und die Bildung von Trenngewebe, die den Blattfall auslöst. In der Nähe von Straßenlaternen beobachtet man daher häufig einen verzögerten Blattfall. Photoperiodisch kontrolliert können ferner sein: die Ausbildung von Speicherorganen, Beginn und Ende von Ruheperioden und sogar tagesperiodische Mengenschwankungen von Sekundärstoffen (z. B. bei Alkaloiden nachgewiesen).

14.5.2.5 Regulation der Blüten- und Embryobildung

Die hierarchisch strukturierte Regulation der Blühinduktion und Blütenbildung ist vor allem bei *Arabidopsis* und dem Löwenmäulchen *Antirrhinum* gut untersucht. Es existiert eine Abfolge von Gruppen regulierender Gene. Auf fast jeder Stufe besteht Redundanz und sind auch hemmende Gene vorhanden, sodass ein robustes regulatorisches Netzwerk vorliegt, das die Blütenbildung zur richtigen Zeit sicherstellt. Man unterscheidet

- *Blühzeitpunkts-* oder *Heterochronie-Gene*: sie werden durch Blühinduktion aktiv und legen zusammen mit Regulationsgenen des vegetativen Sprossmeristems die Ausbildung des Blütenstandes fest.
- *Meristemidentitätsgene*: ihre Aktivität bestimmt den Übergang zum reproduktiven Meristem, abgesichert durch negative und positive Rückkopplungen der Genaktivität. Einige dieser Gene regulieren auch die Laubblatt-Entwicklung; dies ist infolge der Herkunft der Blütenteile aus Blättern (Sporophyllen) nicht erstaunlich. Das Gen *leafy* codiert für einen Transkriptionsfaktor, der mehrere Organidentitäts-Gene aktiviert. Transgene Pflanzen mit *leafy*-Überexpression blühen schon im Jugendstadium. Das Gen *TFL1* (*terminal flower*) verhindert die Expression anderer Meristemidentitätsgene, sodass die Sprossachse weiter wachsen kann. Inaktivierung durch Mutation führt bei *Arabidopsis* zur Bildung einer endständigen Blüte (geschlossener Blütenstand).
- *Kataster-Gene*: sie begrenzen die räumliche Wirksamkeit anderer Gene. So bestimmen sie die Abstände zwischen den Blüten und legen den Bereich fest, in dem die Gene für die Bildung der einzelnen Blütenorgane tätig werden. Dadurch steuern sie z. B. die Ausbildung der Blütensymmetrie.
- *Organidentitäts-Gene*: diese homöotischen Gene legen die Bildung der einzelnen Blütenorgane fest. Man kennt 3 Gruppen, die als A, B, C unterschieden werden. Viele besitzen eine MADS-Box (vgl. 14.2.3.1), die zeigt, dass es sich um DNA-bindende Proteine handelt. Mutanten besitzen eine gestörte Musterbildung innerhalb der Blüte. Die Aktivität von Organidentitäts-Genen wird durch jene der Meristemidentitäts-Gene reguliert, wobei außerdem «Zwischen-Gene» (ebenfalls MADS-Box-

Gene) beteiligt sind. Die Trennung der Funktionen ist nicht scharf; es gibt Meristemidentitäts-Gene, die auch als Organidentitäts-Gene wirken. Die Gene der Gruppe A regulieren die Ausbildung von Kelch- und Kronblättern; jene der Gruppe B die Entstehung von Kronblättern und Staubblättern und die der Gruppe C die Bildung von Staub- und Fruchtblättern. Deren jeweilige Ausgestaltung bedarf noch der Aktivität weiterer nachgeordneter Gene. Bei einer Mutante, in der alle drei Gruppen funktionsunfähig sind, hat die Blüte das Aussehen einer vegetativen Knospe. Baut man gentechnisch die jeweiligen Gruppen in verschiedenen Kombinationen ein, so entstehen in unterschiedlicher Weise unvollständige «Blüten» (z. B. liefert A+C ohne B 2 Kelchblattkreise + 2 Fruchtblattkreise). Auf diese Weise konnten die erwähnten Funktionen der Gengruppen identifiziert werden.

Die Blühzeitpunkts-Gene ihrerseits werden kontrolliert durch Vernalisation, Photoperiode und Phytohormone (v.a. Gibberellin). Außerdem gibt es eine autonome Aktivierung. Durch die verschiedenen Faktoren werden unterschiedliche Signalketten aktiviert, die auf den Ebenen der Blühzeitpunkts-Gene sowie der Regulation der Meristemidentitäts-Gene integriert werden.

Mutationen von Meristemidentitäts-Genen können zu Gestaltveränderungen führen. Durch den Ausfall der Gene *CAL* und *AP1* entsteht bei *Arabidopsis* ein blumenkohlartiger Blütenstand (infolge der Redundanz müssen beide ausfallen). Wahrscheinlich liegt beim Blumenkohl ein analoger Fall vor. Auch andere Kohlsorten (vgl. Abb. 16.1) verdanken wenigen Mutationsschritten ihre jeweilige Gestalt. Für die Bildung einer zygomorphen Blüte sind ebenfalls nur 2 Gene verantwortlich. Bei *Linaria* reicht die durch Hypermethylierung ausgelöste Inaktivierung eines Gens aus, um die Bildung radiärer Blüten zu verursachen (vgl. 8.5.7.5).

Für die Bildung der Samenanlage ist eine Abfolge von Genaktivitäten relativ gut bekannt. Da solche Gene auch die Stoffspeicherung regulieren, ist die Kenntnis ihrer Aktivitätsphasen insbesondere bei Nutzpflanzen wichtig. Die Bildung des Embryos in der Samenanlage wird bei *Arabidopsis* durch etwa 50 Gene gesteuert. Das Apikal-Basal-Muster wird durch 9 homöotische Gene festgelegt; das radiale Muster durch einige weitere. Die Zellen des sich entwickelnden Meristems erhalten dadurch die Positionsinformation, die nachgeordnete Gene reguliert. Zusammen mit einigen Genen für spezifische Gestaltbildung (z.B. *mickey* für Größe der Cotyledonen) wird so der Aufbau des Embryos und damit auch die Körpergrundgestalt des Keimlings und der Pflanze festgelegt.

Bei *Arabidopsis* wird das Gen *medea* im Embryosack schon vor der Befruchtung exprimiert und ist danach an der Regulation des Embryowachstums beteiligt. Das männliche Allel hat dabei keinen Einfluss. Bei der Mutante stirbt der Embryo ab. *Medea* belegt somit das Vorkommen von Maternalen-Effekt-Genen bei Pflanzen.

Während der Embryo-Entwicklung sollen insgesamt etwa 20 000 verschiedene Gene aktiv sein. Die Zahl aktiver Gene bleibt im Verlauf der Embryogenese etwa gleich. Bei Tieren ist dies anders; z.B. nimmt beim Seeigel vom Gastrula-Stadium an die Zahl aktiver Gene ab.

14.5.3 Bildung der Samen und Früchte

Die Samen- und Fruchtbildung beginnt häufig schon vor der Befruchtung, wenn die Bestäubung stattgefunden hat und das Pollenschlauchwachstum erfolgt. So kommt es zum Fruchtansatz; auslösender Faktor ist vor allem ein hoher Auxingehalt des Pollens. Das weitere Frucht- bzw. Diasporen-Wachstum ist dann zumeist von der erfolgten Befruchtung abhängig. Hierbei sind Phytohormone wirksam, die von den sich entwickelnden Samenanlagen abgegeben werden. Durch Auxin oder Gibberellin kann daher bei manchen Arten eine Fruchtbildung ohne Befruchtung (**Parthenokarpie**) hervorgerufen werden (z.B. bei Paprika, Gurke, Feige). Die Entwicklung des Embryos in der Samenanlage ist korreliert mit der Ausbildung von Nährgewebe.

Beim Übergang des Embryos in die Ruhephase und der gleichzeitigen Fruchtreifung sind die räumlich getrennten Vorgänge ebenfalls zeitlich korreliert; hieran sind Phytohormone beteiligt. Die Dormanz des Samens wird durch eine Zunahme der hemmenden Hormone und anderer stoffwechselhemmender Stoffe (Inhibitoren) ausgelöst. Außerdem nimmt der Wassergehalt stark ab; der Same geht in einen poikilohydren Zustand über. Dies erfodert die Bildung spezifischer Proteine (z.B. der Dehydrine, vgl. 14.4.5.2). Die Samen mancher Arten werden zwar wasserarm, aber nicht austrocknungsfähig (z.B. Kakao; recalcitrante oder austrocknungssensitive Samen). In fleischigen Früchten bilden sich Keimungshemmstoffe, da sonst die gegebenen Bedingungen (Feuchtigkeit und nährstoffreiches Milieu) zur Keimung der gerade ausgereiften Samen führen könnten. So werden in Tomatenfrüchten aromatische Verbindungen (Kaffeesäure, Ferulasäure) als Hemmstoffe gebildet; in der Hagebutte wird Abscisinsäure angehäuft.

Die Fruchtreifung ist mit Alterungsvorgängen verbunden. Oft erfolgt durch den Chlorophyllabbau und die Bildung anderer Farbstoffe ein Farbwechsel; die

Frucht wird dadurch auffällig für potenzielle Verbreiter. Dem gleichen Zweck kann die Bildung von Duft- und Aromastoffen dienen. Durch Zunahme des Zuckergehalts kann die Frucht süß und so zur Nahrungsquelle der Verbreiter werden.

Viele Früchte zeigen in der Reifungsphase eine vorübergehend stark erhöhte Atmungsrate (**Klimakterium**); in dieser Zeit der Stoffwechselumstimmung ist auch die Ethenbildung besonders hoch.

14.5.4 Aktivitätswechsel ausdauernder Arten

Die Stoffwechselaktivität der ausdauernden Arten ist an die sich verändernden Klimabedingungen angepasst. In Mitteleuropa stellen sich diese Pflanzen auf eine winterliche **Ruhepause** ein, die in ihrem Ausmaß weitgehend durch die Umweltbedingungen erzwungen ist (aitionome Ruhe). Demgegenüber ist die Ruhephase von Samen primär stets genetisch festgelegt (autonome Ruhe). Die Knospenruhe der ausdauernden Pflanzen wird im Herbst durch die abnehmende Tageslänge induziert und ist anfangs nicht temperaturabhängig, sondern nur durch das genetische Programm (also endogen) vorgegeben. Im Spätwinter besteht die Ruhe dann aber aitionom fort: bringt man Zweige in die Wärme, so treiben sie. Oft wird das Ende der autonomen Ruhepause im Winter durch tiefe Temperaturen ausgelöst (dieser Vorgang ist mit der Vernalisation vergleichbar). Der Zeitpunkt des Übergangs zur aitionomen Ruhe ist bei verschiedenen Arten unterschiedlich.

Seneszenz wird durch ein aktives Umschalten des Stoffwechsels ausgelöst. Hormonell reguliert kommt es zur Aktivierung verschiedener Gene; es entstehen *senescence related proteins* (SRP). Durch ROS wird die Seneszenz verstärkt. Die Photosyntheseleistung geht zurück, Chlorophyllabbau setzt ein (vgl. 10.6.1.3) und die Plastiden werden zu Gerontoplasten umgebildet. Bei der herbstlichen Blattalterung wird der UV-Schutz aufrechterhalten, solange noch lebende Zellen vorhanden sind. So kommt die Herbstfärbung zustande (gelb durch Carotinoide, rot durch Anthocyane, braun durch Aromaten und schwarz durch polymerisierende Chinone).

14.5.5 Programmierter Zelltod

Der programmierte Zelltod (PCD, auch Apoptose genannt) ist ein normaler Vorgang im Rahmen pflanzlicher Entwicklungsvorgänge:
– bei der Bildung der Xylemelemente und des Sklerenchyms
– bei der Bildung lysigener Interzellularen
– bei der Alterung von Blütenblättern
– bei der Ernährung der Pollenkörner durch Tapetumzellen
– bei der Reifung der Endospermzellen im Mehlkörper von Getreide
– bei der hypersensitiven Reaktion der Pathogenabwehr (vgl. 14.4.5.4)

Morphologisch ist der PCD zu erkennen an Membranzerfall, Schrumpfen des Cytoplasmas und einer Veränderung des Kerns, in dem die DNA fragmentiert wird. Physiologisch sind die Exposition von Phosphatidylserin und seine Freisetzung aus der Membran, die Aktivierung einer Gruppe von Proteasen (Caspasen = <u>C</u>ysteinyl-<u>asp</u>artat-spezifische Proteasen) und ein ungeregelter Ca^{2+}-Influx charakteristisch. Vielfach wird auch der proteasomale Proteinabbau unkontrolliert verstärkt; dadurch können z.B. im sich differenzierenden Xylem die Aminosäuren einer neuen Nutzung zugeführt werden.

Der PCD kann durch äußere Signale (Ethen, Salicylsäure, ROS, NO) induziert werden; jedoch bedarf es einer Kompetenz der Zellen. Ungeklärt ist, wie die intrazellulären Reaktionsketten aktiviert werden. Sehr früh erfolgt eine Freisetzung von Cytochrom c aus den Mitochondrien durch eine Erweiterung des Porinkomplexes der äußeren Mitochondrien-Membran. Die Signaltransduktion wird durch reaktive O-Spezies intensiviert und kann ihrerseits den *oxidative burst* auslösen. Bei sehr hohen Konzentrationen an ROS kommt es zum sofortigen Zelltod; es entsteht eine Nekrose. Umgekehrt kann man die herbstliche Seneszenz als einen sehr langsamen programmierten Zelltod ansehen. Die Vorgänge, die das Absterben von Zellen regulieren, sind also nicht alternativ, sondern bilden ein Kontinuum.

14.5.6 Keimruhe und Keimung

14.5.6.1 Keimfähigkeit

Bei manchen Arten sind die Samen vom Zeitpunkt der Verbreitung ab keimfähig. In anderen Fällen hingegen wird zunächst eine Keimruhe (Zeit der **Dormanz**) eingeschaltet. Sie kann verschiedene Ursachen haben:

- der Embryo ist noch nicht so weit ausgebildet, dass die Keimung erfolgen kann;
- die Wand der Diaspore (Samenschale, Fruchtwand) ist zunächst wasserundurchlässig. Erst nach einer Alterung oder der Einwirkung von Mikroorganismen ist Quellung möglich. Durch Anritzen oder Schwefelsäure-Behandlung lässt sich die Keimung stark beschleunigen;

- in der Diaspore sind Keimungshemmstoffe (oft ABA) enthalten. Wenn diese ausgewaschen oder abgebaut worden sind, erfolgt die Keimung.

Samen bleiben verschieden lang keimfähig: bei vielen tropischen Arten sowie Weiden und Pappeln nur wenige Monate, bei Getreidearten einige Jahre bis Jahrzehnte, bei zahlreichen Wüstenpflanzen noch länger. Tiefgefrorene Samen behalten ihre Keimfähigkeit über sehr lange Zeit; auf diese Weise werden heute gefährdete oder für die Züchtung wichtige Pflanzen konserviert.

Durch die Quellung (vgl. 3.5.4) wird die Keimung eingeleitet; die Stoffwechselvorgänge kommen dabei rasch in Gang. So beginnt z. B. bei Weizenembryonen die RNA-Synthese schon etwa 30 min nach Quellungsbeginn. Die für den Fortgang der Keimung erforderliche Energie wird durch Veratmung von Reservestoffen geliefert, erfordert also Sauerstoff.

14.5.6.2 Umweltfaktoren und Keimung

Bei manchen Arten wird die Keimung durch **Licht** gefördert (Lichtkeimer, z. B. Kopfsalat, Sellerie, Kümmel, Preißelbeere); andere keimen nur bei Dunkelheit (Dunkelkeimer, z. B. Cichorie, Efeu, Kürbis, Stiefmütterchen). Das Licht wirkt sowohl über Phytochrom B (vgl. 14.4.1.1) als auch über Cryptochrom.

Die **Temperatur** nimmt bei vielen Arten Einfluss. Die Optimaltemperatur der Keimung ist artspezifisch unterschiedlich, bei Pflanzen kalter Klimate liegt sie oft tiefer als bei solchen warmer Gegenden (evolutive Anpassung). Besondere Wirkungen tiefer Temperaturen sind:

- Stratifikation: Samen (Embryo) benötigt während oder nach der Quellung eine Zeit lang niedrige Temperaturen (0°–5°C, manchmal nur <10°C), um sich normal weiter zu entwickeln.
- Frostkeimung: Samen benötigt während der Keimruhe eine Frostphase, um später keimen zu können.

Infolge der Bedeutung einer zureichenden **Wasserversorgung** für die Keimung gibt es bei Pflanzen von Trockengebieten oft besondere Regulationsmechanismen. Häufig erfolgt die Keimung nur, wenn die Niederschläge ausgiebig genug waren. Nur dann sind nämlich die Inhibitoren völlig ausgewaschen. Außerdem sind oft mehrere Mechanismen der Keimhemmung gleichzeitig entwickelt, sodass stets nicht keimende Samen in der Diasporenbank (Samenbank) im Boden verbleiben. Auch wenn alle Jungpflanzen später einer Dürre zum Opfer fallen sollten, käme es nicht zum Aussterben der Population.

14.5.6.3 Mobilisierung der Reservestoffe

Bei der Keimung werden die Speicherstoffe abgebaut. Eine wichtige regulatorische Funktion hat die Ca^{2+}-Mobilisierung. Die Reservestoffe dienen der Ernährung und dem Aufbau des Keimlings, bis dessen Photosynthese so leistungsfähig ist, dass er autotroph wird. Die Chloroplastendifferenzierung wird durch ein vom Kern ausgehendes Signal induziert; die Regulation erfolgt durch Phytohormone und das Licht, das über Phytochrom und Cryptochrom wirkt. Die Mobilisierung der Reservestoffe erfolgt vor allem durch Hydrolasen. Diese sind zum Teil in inaktiver Form im Samen erhalten, zum Teil werden sie auch neu gebildet (vgl. 14.3.1.2).

14.5.7 Rhythmik

Die Entwicklungsvorgänge in der Pflanze laufen rhythmisch ab. Neben diesen Rhythmen mit sehr langer Periodendauer gibt es solche mit kürzeren Perioden (Periode = Zeit zwischen zwei gleichen Zuständen), die leichter zu beobachten sind.

Sehr rasch verläuft z. B. die Rotationsbewegung der Seitenblättchen der Leguminose *Desmodium gyrans* (Periode im min-Bereich; Abb. 14.21a); eine Tagesrhythmik zeigen die sogenannten Schlafbewegungen vieler Blätter (s. u.) sowie Öffnungs- und Schließbewegungen von Blüten zu artabhängig unterschiedlichen Tageszeiten. Wie schon LINNÉ feststellte, kann man daraus die Uhrzeit grob erkennen; darauf beruht seine Blumenuhr. Eine gezeitenabhängige Aktivitätsrhythmik findet man bei vielen Organismen der Meeresküste; eine Lunarrhythmik (entsprechend der Mondphase von 29 Tagen) tritt ebenfalls bei Meeresorganismen auf (z. B. Gameten-Freisetzung der Braunalge *Dictyota*) und eine auffällige Jahresrhythmik beobachtet man bei sommergrünen Holzpflanzen Mitteleuropas. Hält man diese unter konstanten Klima- und Lichtbedingungen, so findet weiterhin ein Laubfall statt, der nun allerdings nicht mehr durch die Umweltbedingungen exakt reguliert wird, sodass zeitliche Verschiebungen des Aktivitätswechsels eintreten.

Der jahresperiodische Rhythmus hat einerseits genetische Grundlagen (die im Verlauf der Evolution sich auch der Umweltrhythmik angepasst haben) und ist andererseits durch die Umweltfaktoren modifiziert. So ist die Pflanze optimal an den jahreszeitlichen Klimawechsel angepasst. Auch bei den tagesperiodischen Rhythmen bestehen Wechselbeziehungen zwischen genetischer Grundlage und Umwelteinflüssen.

14.5.7.1 Circadiane Rhythmik

Die Primärblätter der Bohne haben tags eine andere Stellung als nachts (Abb. 14.24; so genannte Schlafbewegung). Die Bewegung kann man aufzeichnen. Man stellt fest, dass sie dem Tag/Nacht-Rhythmus folgt und somit eine Periodenlänge von 24 h besitzt. Was geschieht nun, wenn man die Pflanzen bei konstanten Umweltbedingungen (d.h. Dauerdunkel oder Dauerlicht geringer Intensität) hält? Schon 1729 wurde bei einem entsprechenden Versuch mit der Mimose *Mimosa pudica* festgestellt, dass die Blattbewegungen bei Dauerdunkel weiterlaufen. Genauere Untersuchungen zeigen, dass sich die Periodenlänge ändert und die Amplitude oft gedämpft wird. Bei der Feuerbohne stellt sich eine Periodenlänge um 28 h ein, die dann konstant bleibt. Andere tagesperiodische Bewegungen, z.B. der Blütenblätter von *Kalanchoe*, verhalten sich ganz entsprechend. Die Periodenlänge stellt sich bei Fehlen von Veränderungen in der Umwelt auf einen artspezifischen Wert zwischen 21 h und 28 h ein, ist aber bei einer Art (bzw. Rasse, Sorte) stets gleich. Man bezeichnet solche Rhythmen als circadian (= etwa mit Tageslänge). Die Konstanz, Artabhängigkeit und Erblichkeit der Periodenlänge spricht für deren genetische Festlegung: die circadiane Rhythmik ist endogen.

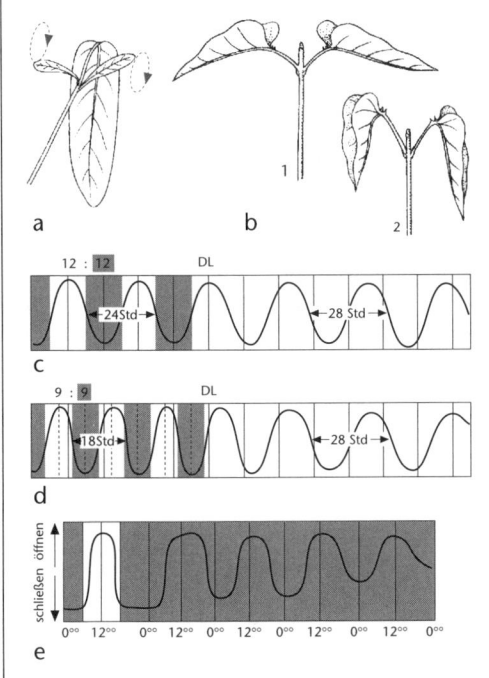

Abb. 14.24: Rhythmik bei Blattbewegungen. a: *Desmodium gyrans*: rhythmisches Senken (schnell) und Heben (langsam) der beiden seitlichen Fiederblättchen; Periodenlänge wenige Minuten. b: Primärblätter der Feuerbohne (*Phaseolus coccineus*) in Tagstellung (1) und Nachtstellung (2). c: Bei Übergang von 12-stündigem Licht-Dunkel-Wechsel zum Dauerschwachlicht (DL) kommt bei den Primärblättern der Bohne anstelle der 24-Stunden-Rhythmik die endogene Rhythmik mit einer Periode von 28 Stunden zum Vorschein. d: Wenn zunächst ein 9-stündiger Licht-Dunkel-Wechsel vorliegt, zeigen die Primärblätter eine 18-Stunden-Rhythmik; bei Übergang zum Dauerschwachlicht kommt wiederum die endogene Rhythmik zum Vorschein; e: Weiterlaufen der Blütenblattbewegungen von *Kalanchoe blossfeldiana* bei Dauerdunkelheit mit Veränderung der Periodendauer und Abnahme der Amplitude (a bis d nach JACOB-JÄGER-OHMANN, verändert; e aus STRASBURGER).

Wenn die Bewegungen konstante Periodenlänge zeigen, so muss ihnen ein Zeitmessvorgang in der Pflanze zugrunde liegen. Diesen nennt man die «innere» oder «**physiologische**» **Uhr** oder auch «endogene Rhythmik». Sie wird bei den einzelnen Vorgängen, z.B. den Blattbewegungen, als endogener Rhythmus erkennbar. Auch Stoffwechselvorgänge zeigen endogene Rhythmen, wenn Proteine einen endogenen Synthese- oder Aktivitätsrhythmus aufweisen. Die endogene Rhythmik ist schon lange auch von Einzellern bekannt (z. B. Lichtaussendung des marinen Dinoflagellaten *Gonyaulax*). Neuerdings wurde sie auch bei Cyanobakterien festgestellt, ist also nicht nur eine Eigenschaft aller Eukaryoten.

Wenn die Umwelt einen Rhythmus von 24 h Periodenlänge (Tag/Nacht-Rhythmus) aufweist, so wird die circadiane Rhythmik auf diesen äußeren «Zeitgeber» eingestellt; sie wird phasenmoduliert. Fällt der äußere Zeitgeber weg, so kommt die endogene Rhythmik zum Vorschein. Lässt man im Experiment einen äußeren Zeitgeber mit anderer Periodenlänge einwirken, so wird das circadiane System mit diesem «verstellt». Bei Kulturen einzelliger Algen kann man so den Entwicklungsrhythmus der Zellen synchronisieren und dadurch zu einer Synchronkultur gelangen. Hat man Pflanzen (z.B. Keimlinge) unter völlig konstanten Bedingungen angezogen, so ist häufig eine einmalige Veränderung in der Umwelt (z. B. kurze Veränderung der

Lichtintensität) erforderlich, um die endogene Rhythmik in Gang zu setzen.

Bei der photoperiodischen Blühinduktion erfolgt ebenfalls eine Zeitmessung, da die Pflanze die Länge der Licht- bzw. Dunkelphase mit etwas «vergleichen» muss. Auch hierfür ist die endogene Rhythmik verantwortlich. Dies lässt sich unmittelbar daran erkennen, dass das Störlicht, das die Blühinduktion verhindert, zu unterschiedlichen Zeiten der Dunkelphase verschieden stark wirksam ist.

14.5.7.2 Molekularer Mechanismus der inneren Uhr

Da die endogene Rhythmik genetisch festgelegt ist, muss sie durch die Aktivität von Genen realisiert werden. Von *Drosophila*, dem Pilz *Neurospora* und von Cyanobakterien sind einige regulierende Gene des zentralen Schrittmachersystems (der «inneren Uhr») bekannt. Sie sind nicht homolog; offenbar ist die genetische Basis der endogenen Rhythmik im Evolutionsvorgang mehrfach getrennt entstanden. Für das autonome Schrittmachersystem hat man derzeit folgende Vorstellungen (Abb. 14.25): ein Uhr-Gen wird aktiv, durch Transkription und Translation entsteht ein Uhr-Protein. Dieses wird phosphoryliert, wandert dann (mit Verzögerung) in den Kern und reguliert als hemmender Transkriptionsfaktor die Ablesung des Uhr-Gens, also seine eigene Bildung. Der Abbau des Uhr-Proteins erfolgt reguliert am Proteasom; daher nimmt die Menge allmählich ab, und die Transkription des Uhr-Gens kommt wieder in Gang. Es gibt Hinweise, dass der Schrittmacher durch Vernetzung mehrerer solcher Systeme (mehrere Uhr-Gene) abgesichert ist, also Redundanz besteht. Die resultierende circadiane Rhythmik ergibt sich dann als Systemeigenschaft.

Die «Nachstellung» der Rhythmik durch den äußeren Zeitgeber «Licht» erfordert eine Input-Signaltransduktion. Als Rezeptor ist vor allem Cryptochrom 1 (vgl. 14.4.1.2) wirksam; die Signalkette wird aber auch durch Cryptochrom 2 und Phytochrom B beeinflusst: die innere Uhr ist ins Signalnetz der Zelle eingebunden. Auch lichtunabhängige Wege des Signal-Inputs sind bekannt. Durch das Uhr-Protein bzw. die Uhr-Proteine werden weitere Gene unmittelbar oder mittelbar aktiviert; die daraus resultierenden Signalketten verursachen dann die beobachtbaren circadianen Rhythmen (Output). Das Modell liefert noch keine zureichende Erklärung für die weitgehende Temperaturunabhängigkeit der circadianen Rhythmik.

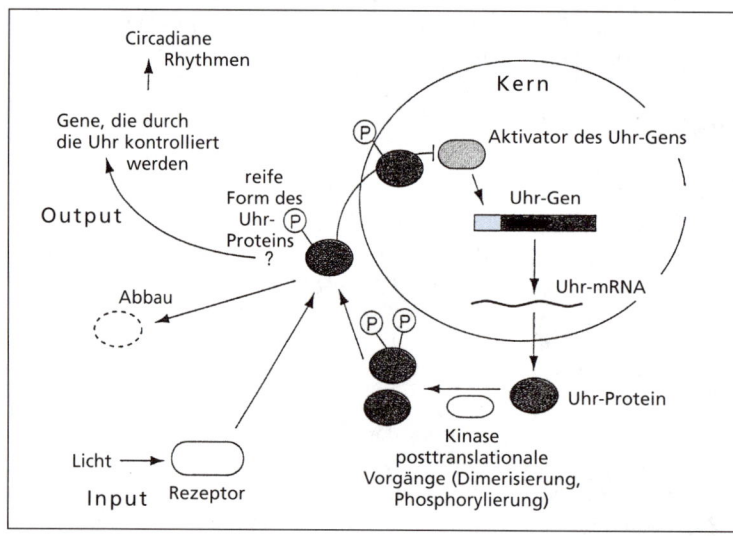

Abb. 14.25: Modell der Inneren Uhr. Vereinfachend ist nur ein Uhr-Gen dargestellt, das durch Transkription und Translation ein entsprechendes Uhr-Protein liefert. Dieses wird posttranslational verändert, z. B. durch eine Proteinkinase phosphoryliert, und wirkt in der aktiven Form als Transkriptionshemmer seines eigenen Gens (des Uhr-Gens) (nach KONDO u. ISHIURA).

14.6 Tumoren

Tumoren sind gekennzeichnet durch ein desorganisiertes und ungehemmtes Wachstum von Zellen. Der Vorgang der Tumorbildung ist irreversibel; eine Tumorzelle kehrt nicht wieder in den normalen Zustand zurück. Pflanzentumoren entstehen entweder durch Infektion (Infektionstumoren) oder bei einer Kombination nicht verträglicher Erbanlagen in Artbastarden (genetische Tumoren; z. B. beim Bastard *Nicotiana glauca* × *langsdorffii*). In bestimmten Entwicklungsstadien dieser Bastarde entstehen (zumindest bei kleinen Verletzungen) Tumoren, weil infolge verstärkter Cytokinin-Bildung normale Wachstumskorrelationen gestört sind.

14.6.1 Infektionstumoren

Von großer Bedeutung, auch in der Praxis, sind die Infektionstumoren. Sie entstehen bei höheren Pflanzen v. a. durch eine Infektion mit *Agrobacterium tumefaciens*. Das im Boden lebende Bakterium dringt durch kleine Verletzungen in die Pflanze ein, vermehrt sich dort und löst Gewebswucherungen, die **Crowngall-Tumoren**, aus (Abb. 14.26). Sie liegen vor allem im Wurzelhals, können aber auch in anderen Pflanzenteilen auftreten. In den Tumorzellen sind häufig keine Bakterien enthalten. Die Untersuchungen ergaben, dass die Tumorinduktion durch eine besondere DNA erfolgt, die in den Bakterien-Zellen in einem Plasmid (mit ca. 200 kB) vorliegt, das als T_i-*Plasmid* (*tumor inducing*) bezeichnet wird. Neben den tumorauslösenden sind auch andere Gene auf dem Plasmid lokalisiert (Abb. 14.27).

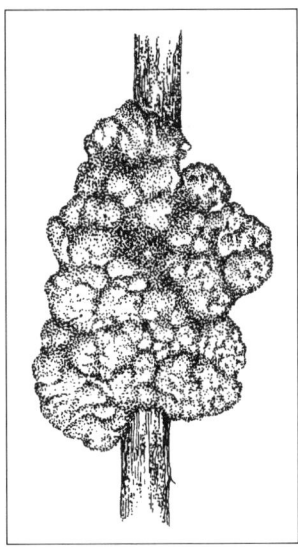

Abb. 14.26: Infektionstumor («Wurzelhalsgalle») an der Sprossachse einer Sonnenblume; hervorgerufen durch Infektion mit *Agrobacterium tumefaciens* (nach MOHR-SCHOPFER).

Wenn das Bakterium in die Pflanze eingedrungen ist, produziert diese Aromaten (Flavonoide oder Acetosyringon als Elicitoren, vgl. 14.4.5.4). In der Bakterienmembran befindet sich der entsprechende Rezeptor, das Vir A-Protein (vir für Virulenz). Dieses aktiviert ein Vir G-Protein, das dann die Aktivierung weiterer *vir*-Gene auf dem T_i-Plasmid auslöst. Deren Produkte mobilisieren nun einen Teil der Plasmid-DNA (die T-DNA) und transferieren sie in das Genom der Wirtszelle.

Das Vir D2-Protein ist eine Endonuclease, welche die T-DNA aus dem Plasmid trennt und sich an ihr 5'-Ende heftet. Das Vir E2-Protein ist ein SSB-Protein (vgl. 8.5.4), das den Einzelstrang der T-DNA herauslöst und stabilisiert, sodass das Plasmid durch Reparatursynthese wieder vervollständigt werden kann. Das Vir B-Protein bildet einen Kanal durch die Bakterienwand, durch den die T-DNA mit Vir D2 und Vir E2 hindurchgeschleust wird. Diese Proteine tragen ein Kern-Lokalisierungs-Signal; die DNA gelangt also in den Zellkern der Wirtszelle. Dort wird sie durch irreguläre Rekombination eingebaut. Noch unklar ist der Durchtritt durch die pflanzliche Zellwand.

Die Gene der T-DNA werden nun in der Wirtszelle tätig. Unter ihnen sind die tumorauslösenden Gene; die Pflanzenzelle ist zur Tumorzelle geworden. Das Bakterium ist dafür nicht mehr erforderlich.

Das Tumorwachstum wird durch drei Gene induziert, deren Produkte die Bildung von Auxinen und Cytokininen ermöglichen; die Zellen werden somit von der Hormonzufuhr unabhängig, und es kommt zu ungehemmtem Wachstum (vgl. Abb. 14.14). Werden die drei Gene entfernt, so kann das Plasmid bzw. die T-DNA keine Tumorbildung mehr auslösen: das Plasmid ist «entschärft». Weitere Gene der T-DNA sind für die Bildung besonderer Aminosäurederivate (Opine: Octopin oder Nopalin) verantwortlich, die der Ernährung der Bakterien dienen.

Der Vorgang der Infektion durch T-DNA weist Ähnlichkeiten zur Bakterienkonjugation (vgl. 8.5.5.1) auf; ein evolutiver Zusammenhang ist anzunehmen. Die Knöllchenbildung nach Eindringen von *Rhizobium* in Leguminosenwurzeln wird durch Gene hervorgerufen, die auf einem Plasmid der *Rhizobium*-Zellen lokalisiert sind und auch hier wird die Aktivität dieser *nod*-Gene durch Aromaten der Wirtszellen ausgelöst (vgl. 11.3.1.1). Die Induktion ist also gleichartig wie beim Crowngall-Tumor.

14.6.2 Anwendung des T_i-Plasmids

Der Einbau der T-DNA ins Genom der Wirtszelle kann zur Übertragung von Fremdgenen genutzt werden. Das T_i-Plasmid dient als **Vektor** (vgl. 8.8). Man verwendet dazu entschärfte Plasmide (ohne die tumorauslösenden Gene). Dann wird das gewünschte Gen mit Promotor in den

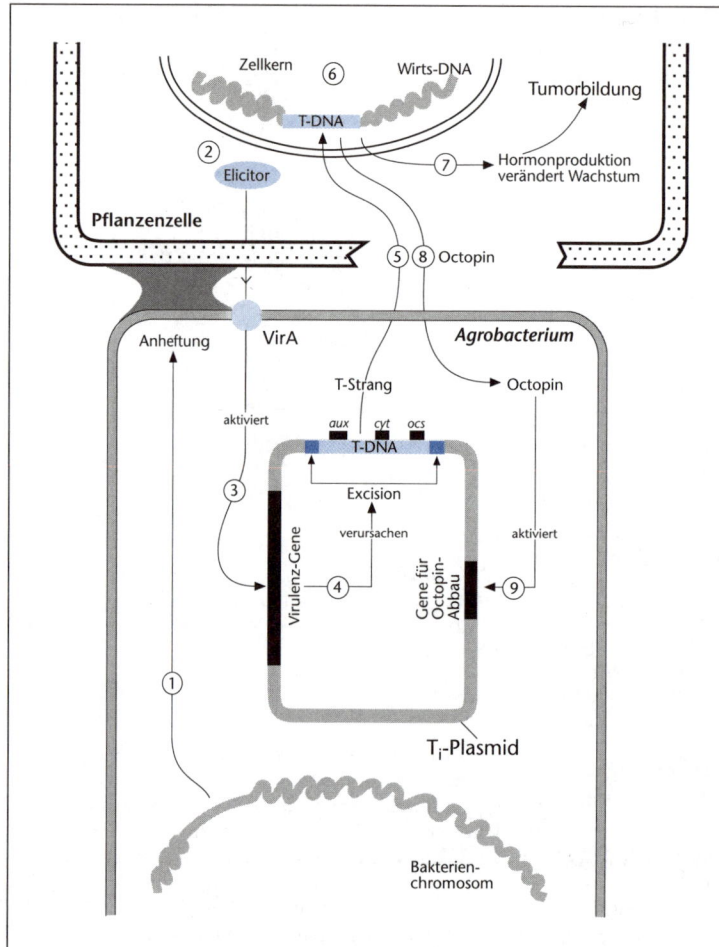

Abb. 14.27: *Agrobacterium*, T_i-Plasmid und dessen Anwendung in der Gentechnik: Übersicht über die Vorgänge bei der Transformation der Pflanzenzellen durch einen *Agrobacterium*-Stamm, der Octopin als Nährstoff verwendet; vereinfacht. (1) *Agrobacterium* heftet sich an Zellwände der Pflanze an. (2) Verwundete Pflanzenzellen geben einen Elicitor ab, der in der Bakterienmembran an das Protein VirA gebunden wird, wodurch in der Bakterienzelle Virulenz-Gene aktiviert werden (3). (4) Dadurch wird die T-DNA mobilisiert und dann (5) in die Kern-DNA der Wirtszelle eingebaut (6). (7) Die Tätigkeit von Genen der T-DNA führt zur Produktion von Phytohormonen und dadurch zu ungehemmtem Wachstum; ein Tumor entsteht. (8) Ebenso wird die Bildung von Octopin veranlasst, das in *Agrobacterium*-Zellen die Gene für Octopin-Abbau aktiviert.

T-Bereich des Plasmids zusammen mit einem selektierbaren Markergen (z. B. Resistenzgen für ein Antibiotikum, versehen mit pflanzlicher Regulationssequenz) eingebaut. Wird das veränderte Plasmid in Pflanzenzellen verbracht, so wird die T-DNA ins Genom integriert (Abb. 14.28). Der erfolgreiche Gentransfer wird auf der Ebene der Zellen bzw. Kalli durch Prüfung der Antibiotikum-Resistenz festgestellt, und aus den transgenen Zellen zieht man Pflanzen heran. In anderen Fällen erfolgt die Selektion der Transformanten erst bei den herangezogenen Pflanzen.

Infolge ihrer großen Bedeutung gibt es heute mehrere unterschiedliche *Agrobacterium*-Vektor-Systeme. Wird z. B. der Replikations-*origin* aus *E. coli* ins Plasmid eingebaut, so kann eine rasche Vermehrung des Plasmids in diesem Bakterium durchgeführt werden. Häufig werden binäre Vektor-Systeme eingesetzt, bei denen die Funktionen des T_i-Plasmids auf zwei Plasmide verteilt sind.

Der Nachweis erfolgreichen Gentransfers findet auf vier Ebenen statt:

- phänotypisch: das veränderte/neue Merkmal muss nachweisbar sein. Oft ist die Expression des transferierten Markergens leichter festzustellen;
- formalgenetisch: bei Kreuzungsexperimenten ist beim Einbau des Fremdgens in die Kern-DNA eine Vererbung entsprechend den MENDELschen Regeln zu fordern;
- biochemisch/physiologisch: die Expression des transferierten Gens ist biochemisch nachzuweisen (z. B. durch Enzymtest);
- molekular: das Fremdgen ist durch DNA-Analyse (z. B. SOUTHERN-blot, PCR; vgl. 8.5.6) nachzuweisen.

Die Verfahren, mit Hilfe des T_i-Plasmids transgene Pflanzen zu erzeugen, findet in der Grundlagenforschung umfangreiche Anwendung. Ent-

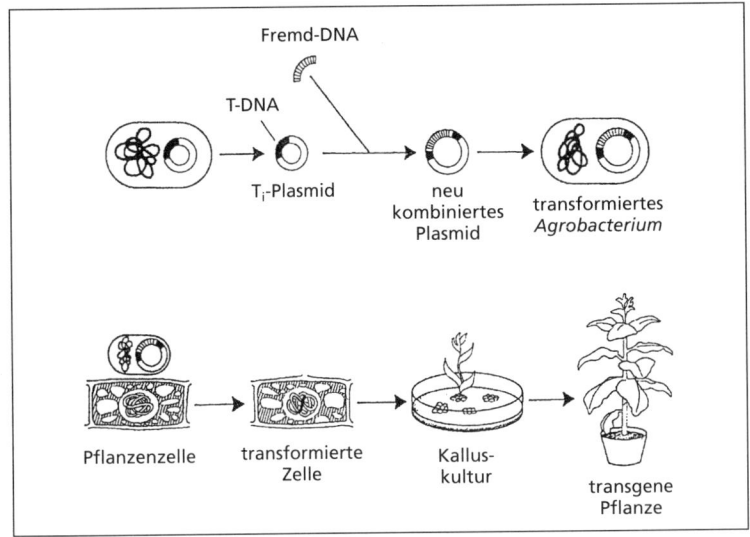

Abb. 14.28: Erzeugung einer transgenen Pflanze mit Hilfe des *Agrobacterium tumefaciens* – Gentransfer-Systems (nach PÜHLER).

scheidende Fortschritte der pflanzlichen Entwicklungsphysiologie sind auf diesem Wege erzielt worden. Außerdem wurden hunderte transgener Kulturpflanzen-Sorten hergestellt, die gegenüber pathogenen Viren, Pilzen, Bakterien oder Insekten resistent sind, ebenso solche, die wertvolle technische Rohstoffe oder Pharmazeutika liefern können. Mit verbesserter Kenntnis der Wirkung von Stressfaktoren dürfte es auch gelingen, durch diese Methodik die Resistenz von Nutzpflanzen gegenüber Kälte, Hitze, Dürre usw. zu erhöhen.

Transgener Tabak, der kleinmolekulare Fructane bildet, zeigt erhöhte Dürreresistenz. Eine derartige Fructanproduktion (allerdings nicht im Tabak) könnte auch einer günstigen Gewinnung von Fructose-Süssstoff dienen. In Tabak wurden Antikörper-codierende Gene aus Säugern exprimiert und so Antikörper in der Pflanze produziert. Eine Nutzung solcher durch *antibody-farming* gewonnenen «*plantibodies*» ist möglich. Bei den Industrierohstoffen gibt es erfolgreiche Strukturveränderungen von Stärke, Lignin und Fetten bzw. Fettsäuren, die eine verbesserte Nutzung erlauben. Auch neue Produkte können in Pflanzen hergestellt werden: es ist z. B. möglich, die Gene für die Bildung von Polyhydroxyalkanoaten (vor allem Polyhydroxybuttersäure, PHB) aus Bakterien in Raps tätig werden zu lassen, sodass dieser biologisch gut abbaubare Kunststoffe liefern kann.

Die Opine veranlassen in *Agrobacterium* die Bildung eines Homoserin-Derivates, das die Konjugation fördert, sodass die jeweiligen T_i-Plasmide vermehrt auf andere Stämme übertragen werden. Durch Homoserin-Derivate wird aber generell bei vielen gramnegativen Bakterien offenbar über die Regulation von Genaktivitäten die Populationsdichte kontrolliert. Die Konzentration eines jeweils spezifischen N-Acylhomoserin-lactons (AHL) wird von allen Individuen einer «Art» gemessen und dadurch die Teilungsrate geregelt. Wenn man in transgenen Pflanzen spezifische AHL produzieren ließe, sollten damit die Populationen vorteilhafter Bakterien (z. B. an Wurzeloberflächen) kontrollierbar sein.

15 Bewegungen

15.1 Bewegung und Reizbarkeit bei Pflanzen

Bewegungsvorgänge sind auch bei Pflanzen weit verbreitet: Einzeller zeigen vielfach einen aktiven Ortswechsel (**Lokomotion**), die ortsfesten höheren Pflanzen zumindest Bewegungen infolge von Wachstumsprozessen, außerdem treten häufig Bewegungen von Organen auf (z. B. tagesperiodische Bewegungen von Blättern, vgl. 14.5.5.1; Öffnen von Früchten usw.). Wie die Plasmaströmung (vgl. 3.2.4.3) erkennen lässt, gibt es auch intrazelluläre Bewegungen.

Freie Ortsbewegungen, die vor allem bei Einzellern (aber z. B. auch bei Spermatozoiden von Moosen und Farnpflanzen) auftreten, bezeichnet man als **Taxien** (Sing. Taxie, gesprochen Taxí). Bewegungsvorgänge sind entweder endogener Natur und heißen dann autonome Bewegungen; oder aber sie sind durch einen äußeren Reiz (z. B. durch Licht) ausgelöst und werden dann als induzierte = aitionome oder Reiz-Bewegungen bezeichnet. Autonome Bewegungen können durch periodisch veränderliche Umweltbedingungen synchronisiert werden, so die circadianen Bewegungen von Blättern und Blütenblättern durch den Hell-/Dunkel-Wechsel (vgl. 14.5.7.1).

Bei den Reizbewegungen werden zwei Gruppen unterschieden:

- Bewegung ist durch den Reiz ausgelöst, aber von dessen Richtung unabhängig und durch die Anatomie der Pflanze festgelegt (z. B. Spaltöffnungsbewegung): nastische Bewegung oder **Nastie**.
- Bewegung ist durch den Reiz ausgelöst und ihre Richtung durch die Reizrichtung festgelegt (z. B. Wachstumsbewegung einer Sprossachse zum Licht hin): tropistische Bewegung oder **Tropismus**.

Bei tropistischen und taktischen Reizen wirkt die Veränderung eines reizauslösenden äußeren Faktors im Raum als Reizursache, bei phobischen Reizen ist die zeitliche Veränderung und bei kinetischen Reizen ist die Intensität des Außenfaktors allein wirksam.

Reiz ist eine auf den Organismus auftreffende Information, die vom Organismus wahrgenommen (perzipiert) wird und in diesem eine messbare Veränderung verursacht. Dieser Reizerfolg in den perzipierenden Zellen (und vielfach dann in weiteren Zellen) wird als «Erregungsfähigkeit des Protoplasmas» bezeichnet. Durch den Reiz werden Signalketten und dadurch Stoffwechselvorgänge in Gang gesetzt. Die Informationsübertragung ist stets mit einem Energietransfer verbunden; die Energiemenge ist aber gering und hat nur eine auslösende Wirkung. Allerdings muss ein Schwellenwert der zugeführten Energie überschritten sein, um eine Reaktion auszulösen (Reizschwelle). Die eintretende Reizreaktion ist

- entweder von der Reizstärke (d. h. der zugeführten Energiemenge) unabhängig («Alles-oder-Nichts»-Reaktion)
- oder von der Reizstärke und der Dauer der Reizwirkung abhängig.

Die erste Reaktion auf einen Reiz ist fast immer eine Veränderung des Membranpotenzials (12.4.4) der perzipierenden Zelle. Wenn in weiterer Folge eine Bewegung zustande kommt, so stammt die hierfür erforderliche Energie nicht aus dem Reiz!

Bei **Reizbewegungen** ist zu unterscheiden: Reizaufnahme (Perzeption) und Reizreaktion; zwischen beiden kann eine Erregungsleitung eingeschaltet sein. Die Reizperzeption (Reizbarkeit) ist eine Grundeigenschaft der lebenden Zelle. So ist z. B. die Berührung eines Blattes ein Reiz, der von Blattzellen wahrgenommen wird. Die Reizperzeption erfordert Rezeptoren: Lichtreize werden durch Photorezeptoren, chemische Reize durch Chemorezeptoren, mechanische Reize durch Mechanorezeptoren wahrgenommen usw.

Die Erregungsleitung ist daran zu erkennen, dass bei einer örtlichen Reizung des Plasmalemmas der Erregungsvorgang nicht auf die gereizte Stelle beschränkt bleibt, sondern sich über die ganze Zelle ausbreitet, dann im Symplasten auf Nachbarzellen übergreift und sich über eine gewisse Entfernung ausdehnt. Die Erregungsleitung erfolgt hauptsächlich auf elektrischem Wege (Membranpotenzial-Änderungen), kann aber auch chemisch durch Signalstoffe vermittelt werden, wie z. B. die *leaf movement factors* (LMF) (15.4.4) zeigen. Diese kleinmolekularen Signalstoffe werden im Leitgewebe transportiert; sie wirken durch Veränderung von Membraneigenschaften.

Damit eine Bewegung als Reizreaktion resultiert, müssen Zellen bzw. Gewebe dafür geeignete Einrichtungen aufweisen (z. B. können bei der Mimose durch ein Blattgelenk Turgorveränderungen in Bewegung umgesetzt werden). Die Bewegung wird nach einer Latenzzeit (unterschiedlicher Länge) erkennbar. Die Latenzzeit ist definiert als die Zeit zwischen Reizbeginn und Reaktionsbeginn. In anderen Fällen erkennt man die Reizbarkeit nur an den Vorgängen in den Zellen, z. B. an der Änderung des Membranpotenzials (vgl. dazu 12.4.4).

Nach der Reizreaktion folgt eine Erholungsphase (Refraktärzeit), in der zunächst keine weitere Reaktion mehr eintreten kann (absolutes Refraktärstadium; in dieser Zeit beginnt die Zelle, die strukturellen und physiologischen Bedingungen für eine erneute Reizreaktion wieder herzustellen); später ist eine weitere Reaktion deutlich schwächer als normal (relatives Refraktärstadium). Nach Ende der Refraktärzeit ist dann die ursprüngliche Reaktionsfähigkeit wieder hergestellt.

15.2 Intrazelluläre Bewegungen und Bewegungen von Zellen

15.2.1 Intrazelluläre Bewegungen

Sie sind – vorwiegend als autonome Bewegungen – bei Pflanzen weit verbreitet und kommen durch Motorproteine zustande. In grünen Geweben ist die Bewegung von Chloroplasten in Abhängigkeit von der Lichtintensität eine wichtige aitionome Bewegung.

Die **Plasmaströmung** in Pflanzenzellen (vgl. 3.2.4.3) kommt durch die Wirkung des Actin-Myosin-Systems zustande; das Motorprotein Myosin fungiert hierbei als Ca^{2+}-abhängige ATPase. Das periphere Ectoplasma mit den corticalen Mikrotubuli nimmt an der Bewegung nicht teil. An der Bewegung von Zellorganellen in der Zelle sind aber auch Mikrotubuli zusammen mit Kinesinen als Motorproteinen beteiligt. Die Plasmaströmung erfolgt vorwiegend autonom, kann aber auch induzierbar sein (z. B. bei *Vallisneria* durch Licht, was man als Photodinese bezeichnet). Ferner kann die autonome Bewegung durch chemische Reize verändert werden; z. B. wird durch Histidin-Zufuhr ihre Geschwindigkeit erhöht (Chemodinese), ebenso durch Wärme (Thermodinese).

Chloroplasten zeigen lichtabhängige Bewegungen. Bei der Grünalge *Mougeotia* wird der plattenförmige Chloroplast bei geringer Lichtintensität so eingeregelt, dass er das Licht optimal nutzt; bei hoher Lichtintensität nimmt er hingegen eine Kantenstellung ein, sodass eine Lichtschädigung vermieden wird. Die Bewegung kommt über das Actin-Myosin-System zustande und erfolgt innerhalb von 30–60 min. Als Photorezeptor ist bei Schwachlicht das Phytochrom wirksam; bei hoher Lichtintensität wirkt wahrscheinlich zusätzlich ein Blaulichtrezeptor mit. Bei den Kormophyten werden die Chloroplastenbewegungen offenbar nur über Blaulicht ausgelöst.

15.2.2 Mechanismen der Zellbewegungen

Am verbreitetsten sind Bewegungen von Zellen mit Hilfe von Geißeln. Sie kommen bei einzelligen Algen und Pilzen vor, verursachen aber auch die Bewegungen von Zoosporen und Gameten (Spermatozoiden). Bei Prokaryoten können die Flagellen (Bakteriengeißeln) aktive Bewegungen von Zellen hervorrufen.

Die **Geißelbewegung** (vgl. 3.2.4.3) erfolgt unter ATP-Spaltung durch Dynein. Sie treibt die Zelle mit einer Geschwindigkeit von 50–200 µm/s voran. Die Mechanik der Geißelbewegung zeigt im Detail mancherlei Unterschiede. Die Bewegung des Zellkörpers erfolgt oft schraubig. So führt bei *Chlamydomonas* der «Ruderschlag» der beiden Geißeln zu einer langsamen Drehung der Zelle um ihre Längsachse, weil die Geißeln bei ihrer Bewegung nicht in einer Ebene verbleiben (vgl. Abb. 15.1).

In den **Flagellen** der Prokaryoten (vgl. 3.3) wird der Protonengradient an der Zellmembran (die pmf, vgl. 9.6.2) unmittelbar in eine Rotationsbewegung umge-

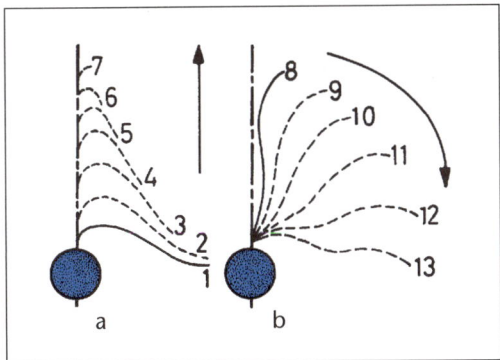

Abb. 15.1: Geißelschlag bei dem Flagellaten *Monas*. **a:** Vorholen der Geißel; **b:** aktiver Schlag (nach STRASBURGER).

setzt. Die Bewegung ist also nicht ATP-abhängig. Die Drehung der ganzen Flagelle erfolgt durch die Rotation des Basalkörpers in der Membran. Rotationsrichtung und -umkehr werden durch zelluläre Signale gesteuert. Das *Flagellin* der Flagelle bildet eine linksgängige Schraubenstruktur. Erfolgt die Drehung gleichsinnig, so führt dies zu einer gerichteten Schwimmbewegung. Dreht sich die Flagelle rechtsgängig (im Uhrzeigersinn), so entstehen Zugkräfte im Proteinstrang und die Schraubenstruktur wird deformiert. Insbesondere bei Vorliegen mehrerer Flagellen kommt es dann zu einer Taumelbewegung. Wenn die Drehrichtungen alternieren, wechseln eine Schwimmphase (bei *E. coli* 1–2 sec) und eine Taumelphase (0,1–0,2 sec) ab, wobei während der letzteren ein zufälliger Kurswechsel zustande kommt.

Amöboide Bewegungen (z. B. bei Schleimpilzen) kommen durch ein Vorstrecken von Plasmateilen in Form von *Pseudopodien* («Scheinfüßchen») zustande, in die das Plasma hineinverlagert wird. Dies wird erreicht durch eine Kontraktion im «hinteren» Bereich der Zelle, die durch das Actin-Myosin-System hervorgerufen ist.

Tab. 15-1: Geschwindigkeiten intrazellulärer Bewegungen

Plasmaströmung von *Physarum* (Schleimpilz)	bis 1000 µm/sec
Plasmaströmung von *Nitella* (Grünalge)	ca. 80 µm/sec
Chromosomenbewegung in der Anaphase (Durchschnitt)	ca. 0,02 µm/sec

Gleitbewegungen gibt es bei einigen Prokaryoten und etlichen Algen. Bei der «Schwingalge» *Oscillatoria* (Cyanobakterium) befinden sich im äußeren Wandbereich schraubig angeordnete Proteinfibrillen, die an der Bewegung beteiligt sind. Bei den Eukaryoten wird ein ähnlicher Mechanismus für die Diatomeen angenommen; hinzu kommt eine Strömung von Plasma durch die Raphe (ein Längsspalt im Kieselpanzer der pennaten Diatomeen).

15.2.3 Freie Ortsbewegungen (Taxien)

Viele einzellige Algen bewegen sich zum Licht hin; diese Bewegung ist eine positive **Photo-Topotaxis** (positiv, da zur Reizquelle hin). In manchen Fällen erfolgt bei sehr hoher Lichtintensität eine Bewegung vom Licht weg. Die Einstellung der Bewegungsrichtung erfolgt durch Regulieren des Geißelschlags.

Bei *Euglena* liegt der Photorezeptor benachbart zur Geißelbasis und heißt daher Paraflagellarkörper. Bei seitlichem Lichteinfall wird infolge der schraubigen Bewegung der Zelle der Photorezeptor durch den pigmentreichen Augenfleck (Stigma) periodisch beschattet (Abb. 15.2). Bei jeder Beschattung ändert sich der Kurs in Richtung auf die Augenfleckseite zu. Daraus resultiert dann eine Bewegung zur Lichtquelle hin. Bei hoher Lichtintensität kehrt sich der Geißelschlag um; dadurch erfolgt nach dem gleichen Prinzip die Bewegung von der Lichtquelle weg. Da auch Zellen ohne Stigma sich zum Licht orientieren, muss es noch eine andere Regulation geben. Sie beruht auf der Orientierung der Moleküle des Photorezeptors

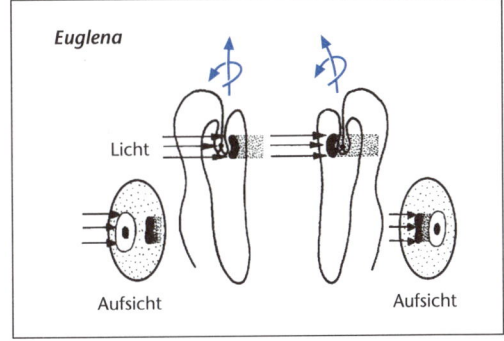

Abb. 15.2: *Euglena*-Zelle bei seitlicher Belichtung. Infolge der Drehbewegung wird der Photorezeptor an der Geißelbasis durch das Stigma (Augenfleck) periodisch beschattet (rechts), was durch Veränderung des Geißelschlags eine Wendung nach links (Pfeil) zur Folge hat (nach STRASBURGER).

(wahrscheinlich ein Flavoprotein). Durch deren optische Anisotropie werden zwei Richtungen bevorzugt. Die Lichtperzeption setzt eine Signalkette in Gang; dadurch wird eine Ca^{2+}-regulierte Bewegung der Geißeln ausgelöst. Das Licht hat bei *Euglena* aber außerdem Einfluss auf die Bewegungsgeschwindigkeit. Dieser Effekt wird als Photokinese bezeichnet; er kommt über die Photosynthese zustande: bei höherer Lichtintensität steht mehr Energie für die Bewegung zur Verfügung.

Bei *Chlamydomonas* und *Volvox* kommt die Photo-Topotaxis in ähnlicher Weise zustande; der Augenfleck wirkt hier als Reflektor, der Licht auf den Photorezeptor Rhodopsin im Plasmalemma (und der Chloroplastenhülle?) wirft. Dieser beeinflusst Ionenkanäle, dadurch den Ca^{2+}-Transport und so die Geißelbewegung.

Bei der Phototaxis von *Halobacterium* sind drei verschiedene Sensor-Rhodopsine als Rezeptoren wirksam; die sich anschließende Signalkaskade führt zur Aktivierung der Flagellen-Bewegung.

Bei einer plötzlichen Helligkeitsänderung beobachtet man bei zahlreichen Arten (z.B. *Euglena, Chlamydomonas*, Diatomeen, auch verschiedene Bakterien) einen Wechsel in der Bewegungsrichtung. Da dieser «Schreckreaktion» eine zeitliche Veränderung des auslösenden Faktors zugrundeliegt, ist sie eine phobische Reaktion; man nennt sie **Photo-Phobotaxis** oder «Lichtschockresponse». Sie ist keine gerichtete Bewegung, sondern beruht auf immer neuen Versuchen der Organismen, in den Bereich optimaler Lichtintensität zu gelangen. Bei Diatomeen ist die plötzlich veränderte Photosyntheseleistung der auslösende Faktor. Die Signalkette ist bei verschiedenen Organismen unterschiedlich.

Chemo-Topotaxis ist die Fähigkeit beweglicher Zellen, höhere oder geringere Konzentrationen eines Stoffes aufzusuchen. Die Ansammlung von Organismen in einem ihnen zusagenden Milieu (z.B. mit bestimmtem pH-Wert) erfolgt durch **Chemo-Phobotaxis.** Die Wahrnehmung kommt durch Rezeptoren (Chemosensoren) zustande. Dabei handelt es sich um Proteine, die an der Zelloberfläche exponiert sind. Bei *E. coli* sind über 20 Rezeptoren für Stoffe bekannt, die positive Chemo-Topotaxis auslösen (z.B. Zucker, einige Aminosäuren) und mehr als 10 Rezeptoren für solche Stoffe, die eine Fluchtbewegung auslösen (sog. «Repellents», z.B. Fettsäuren, verschiedene Aromaten). An den Signalketten vom Rezeptor zu den Flagellen sind Protein-Methylierungen beteiligt. Werden Lebewesen durch höheren Sauerstoffgehalt im Wasser angelockt (vgl. 10.1.1.1), so spricht man von positiver **Aerotaxis.**

Durch chemotaktische Bewegungen gelangen Einzeller zur Nahrung bzw. in geeignetes Milieu.

Sie dienen aber außerdem der Sicherung der Fortpflanzung; in vielen Fällen werden Gameten chemotaktisch durch Gametenlockstoffe (Gamone) angelockt. Diese gehören zur Gruppe der Pheromone. Zumeist werden die Gamone von den weiblichen Gameten abgegeben und locken die männlichen an.

Von Braunalgen sind mehrere solcher Sexuallockstoffe bekannt geworden, die zum Teil einzeln, bei vielen Arten aber als Stoffgemische wirksam sind. Viele entstehen aus C_{20}-Fettsäuren. Die besonders wirksamen Pheromone sind zum Teil instabile Cyclopropyl-Verbindungen (Abb. 15.3). Vom Wasserpilz *Allomyces* ist der Sexuallockstoff Sirenin (ein Sesquiterpenoid) bekannt (Abb. 15.3). Bei einigen Laubmoosen werden die Spermatozoiden durch Saccharose von der Eizelle angelockt; bei Bärlappen ist Citrat und bei einigen Farnen Malat + Ca^{2+} der Spermatozoid-Lockstoff.

Die Aggregation der amöboid beweglichen Zellen des Schleimpilzes *Dictyostelium* zum Aggregat-Plasmodium kommt durch chemotaktische Anlockung zustande. Als Signal wirkt dabei das cyclische Adenosinmonophosphat (cAMP), das von einzelnen Amöben abgegeben wird. Das cAMP-Signal wird von Rezeptoren in den Membranen anderer Zellen wahrgenommen und führt dazu, dass diese Zellen nun auch cAMP freisetzen und sich ihrerseits zum Ort der höchsten cAMP-Konzentration bewegen, wo dann das Plasmodium entsteht.

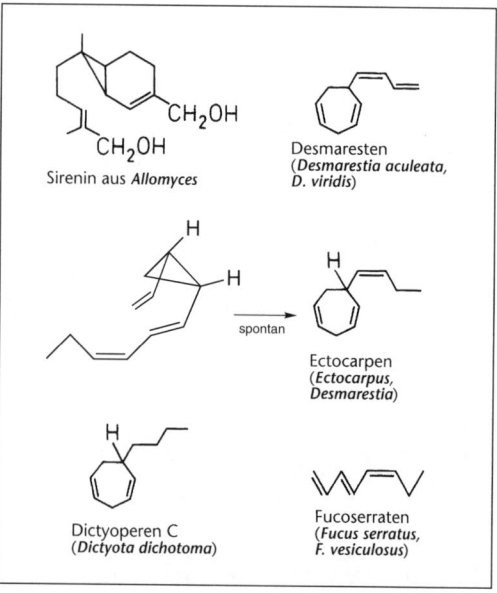

Abb. 15.3: Gamone (Pheromone) des Pilzes *Allomyces* (Sirenin) und einiger Braunalgen (aus LIBBERT).

Bei einigen Bakterien erfolgt eine Bewegungssteuerung durch das Erdmagnetfeld (**Magnetotaxis**). Sie besitzen in der Zelle eine Kette von Magnetitkriställchen (Fe_3O_4, «Magnetosomen»), die – vergleichbar einer Kompassnadel – die Wahrnehmung des Magnetfeldes und dadurch die Einregelung der Zelle erlauben. Infolge der vertikalen Komponente des Erdmagnetfeldes kommt es zu einer Bewegung in den Schlammboden eines Gewässers hinein, wo diese Bakterien geeignete Lebensbedingungen finden.

15.3 Bewegungsmechanismen der vielzelligen Pflanzen

Bei den Tieren ist der intrazelluläre Bewegungsmechanismus des Actin-Myosin-Systems durch die Ausbildung der Muskulatur zur alleinigen Grundlage der Bewegung der höher organisierten Vielzeller geworden. Bei Pflanzen liegt demgegenüber eine Vielfalt von Bewegungsmechanismen vor. Das Vorliegen der Zellwände verhinderte allerdings die Evolution eines muskelartigen Bewegungssystems; stattdessen wurde der Turgor der Zellen und seine Veränderung zur Basis von Bewegungen, die zum Teil reversibel sind und von der Pflanze reguliert werden. Dies zeigt das Beispiel der Spaltöffnungsbewegung (vgl. 12.4.3). Andere Bewegungen beruhen allein auf physikalischen Vorgängen (z. B. der Quellung von Zellwänden); sie werden als mechanische Bewegungen bezeichnet.

15.3.1 Mechanische Bewegungen

15.3.1.1 Quellungsbewegungen

Sie kommen durch Veränderung des Quellungszustandes von Zellwänden zustande. Wenn die kapillaren (intermicellaren und interfibrillaren) Räume einer Zellwand in verschiedenen Raumrichtungen unterschiedlich groß sind (Anisotropie der Zellwand, vgl. 3.2.5.4), so führt dies bei Wasseraufnahme zu einer ungleichmäßigen Volumenzunahme. Sind Schichten verschiedener Quellbarkeit miteinander verbunden, so entstehen Spannungen. Diese suchen sich durch Bewegungen auszugleichen. Die Wandschicht mit dem geringsten Dehnungsvermögen bildet hierbei das Widerlager.

Die Bewegung kann beruhen auf der Quellung (Feuchtkrümmung) oder der Entquellung (Trockenkrümmung). Beides sind physikalische Vorgänge, die bei toten Zellen bzw. Geweben in gleicher Weise stattfinden. Der Quellungsvorgang ist reversibel, die Quellungsbewegung kann aber irreversibel sein, wenn sich bei oder nach der Bewegung das Gewebe verändert. Quellungsbewegungen stehen insbesondere im Dienst der Verbreitung von Früchten, Samen, Sporen und Pollen.

Ein Beispiel für eine Quellungsbewegung ist die Öffnung der Peristomzähne der Sporenkapseln von Laubmoosen, die zu einem Ausstreuen der Sporen und so zu deren Verbreitung führt. Die Peristomzähne bestehen aus den verdickten Wänden zweier Zellschichten. Die zugehörigen Zellen sind abgestorben, die dünnen Wände kollabiert oder verlorengegangen. Die Hauptquellungsrichtungen der verdickten Wände verlaufen senkrecht zueinander. Bei *Funaria* erfolgt innerseits Längs-, außen Querdehnung. Bei Austrocknung werden die Peristomzähne daher nach außen gebogen, sodass die Sporen bevorzugt bei trockenem Wetter ausgestreut und durch den Wind verbreitet werden. Bei Feuchtigkeitsaufnahme verschließen die Zähne durch Biegung nach innen die Kapselöffnung weitgehend. Die Bewegung kann sich in Abhängigkeit von der Luftfeuchte mehrfach wiederholen.

Bei vielen Fruchtkapseln entstehen durch Austrocknung der Zellwände Zugkräfte, die zum Aufreißen führen (Abb. 15.4). Dieser Vorgang ist nicht reversibel. Bei den Zapfen der Kieferngewächse (Pinaceae, z. B.: Kiefer, Fichte, Tanne) besitzen die einzelnen Schuppenkomplexe außen eine Zellschicht mit quellbaren Wänden. Die Zapfen schließen sich daher bei Feuchtigkeit und öffnen sich bei Trockenheit.

Bei der «Rose von Jericho» (*Anastatica hierochuntica*), einer vorderasiatischen Wüstenpflanze (Abb. 15.4), biegen sich bei Feuchtigkeit die oft schon abgestorbenen Sprossachsen nach außen, wodurch die ausgereiften Früchte zugänglich werden. Bei hinreichend Niederschlag werden Samen ausgeschwemmt und keimen dann. Bei der «Falschen Rose von Jericho» (*Selaginella lepidophylla*) aus mittelamerikanischen Trockengebieten legen sich infolge von Quellungsbewegungen die zunächst nach innen gekrümmten Sprossachsen flach auf den Boden, sodass bei Feuchtigkeit eine lebhafte Assimilation erfolgen kann.

Die Ausschleuderung von Samen aus Streufrüchten kann ebenfalls durch Quellungsbewegungen zustande kommen. In diesen Fällen wird die Bewegung anfänglich durch einen anatomischen Widerstand verhindert, bis die Spannung zu groß wird und dann zu einer plötzlichen Reaktion führt.

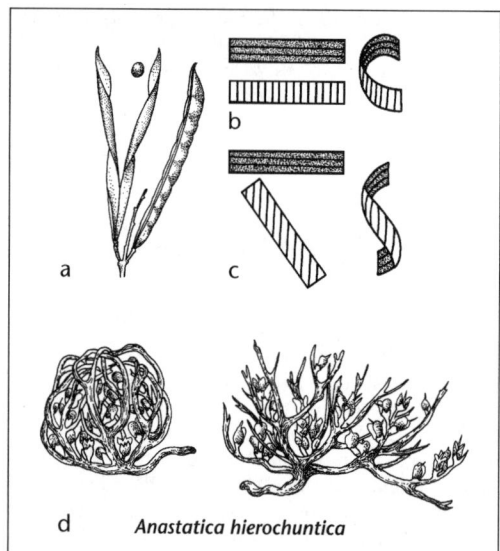

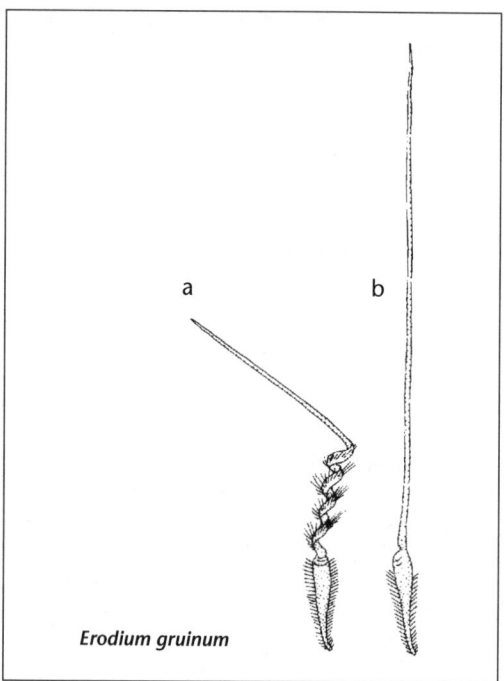

Abb. 15.4: Quellungsvorgänge. **a:** bei einer Leguminosen-Frucht: geschlossene und aufspringende Hülse; **b, c:** Modelle aus zwei in verschiedenen Faserrichtungen geschnittenen Papierstreifen, die übereinander geklebt wurden und nach Austrocknung sich einrollen, bei b einfache Einrollung, bei c gedrehte Einrollung (Torsion; nach STOCKER); **d:** Rose von Jericho, *Anastatica hierochuntica*. Das vertrocknete tote Sprosssystem des Kreuzblütlers öffnet sich bei Feuchtigkeitszutritt durch Quellung; die Früchte werden zugänglich und entlassen die Samen (nach STOCKER).

Abb. 15.5: Quellungsbewegung bei Geraniaceen. Teilfrüchte des Reiherschnabels *Erodium*, **a:** in trockenem, **b:** in feuchtem Zustand.

Die Teilfrüchte des Storchschnabels (*Geranium*) können sich zunächst nicht entsprechend ihrer Entquellung einrollen, weil die Mittelachse der Frucht dies verhindert. Löst sich die Teilfrucht dann an der Basis ab, so wird der darin befindliche Samen durch eine rasche Entspannungsbewegung ausgeschleudert. Beim Reiherschnabel (*Erodium*) entsteht durch Wasserabgabe in den langen Fruchtschnäbeln eine Spannung. Da die Zellwände hier schraubige Texturen besitzen, kommt es zu einer entsprechenden Einrollung der Fruchtschnäbel und die Teilfrüchte springen ab (Abb. 15.5). Auf der Erde dreht sich bei Feuchtigkeitswechsel der schraubige Abschnitt des Fruchtschnabels ein und bohrt so die Teilfrucht in den Boden hinein. Ähnlich wirkt beim Federgras (*Stipa*) die lange, schraubige Granne.

15.3.1.2 Kohäsionsbewegungen

Voraussetzung für das Eintreten von Kohäsionsbewegungen ist das Vorliegen von (lebenden) Zellen mit großen Vakuolen oder von toten, wassererfüllten Zellen, die gegen die Umgebung relativ gut abgedichtet sind. Bei einer Wasserabgabe infolge Verdunstung kommt es dann zu einer Volumenverringerung der Zellen, wenn keine Luft von außen eindringt. Dünne Zellwände werden dadurch nach innen gezogen, verdickte Wände widerstehen dem Zug. Dadurch können nach Überwinden eines Widerstandes Bewegungen ausgelöst werden, die in der Regel autonom sind.

Auf dem Kohäsionsmechanismus beruht die Öffnung der Farnsporangien (Abb. 15.6). Neben den dünnwandigen Stomium-Zellen sind daran vor allem die Anulus-Zellen beteiligt. Der *Anulus* besteht aus einer durchgehenden Reihe von Zellen, deren Innen- und Seitenwände verdickt und deren Außenwände dünn sind. Im reifen Sporangium sind diese Zellen tot und wassererfüllt. Verdunstet Wasser, so werden die Außenwände nach innen gezogen. Infolge der so entstandenen Zugspannung reißt das Stomium an den dünnsten Stellen auf und die Anulus-Zellreihe krümmt sich bei weiterem Wasserverlust allmählich rückwärts; das Sporangium öffnet sich. Durch weiteren Wasserentzug nimmt die Spannung zu, bis die Kohäsionskräfte überwun-

15.3 Bewegungsmechanismen der vielzelligen Pflanzen · 417

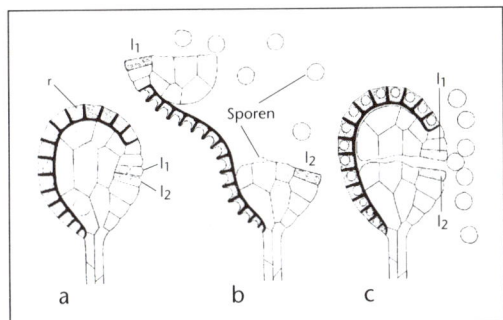

Abb. 15.6: Kohäsionsbewegung beim Farnsporangium (*Dryopteris*). **a:** noch geschlossenes Sporangium; **b:** Aufreißen am Peristomium. Die Zellen des Anulus r werden durch Kohäsionszug des Wassers zusammengebogen; **c:** Endzustand nach dem Zurückschnellen. Infolge des Eindringens von Luftblasen wird die Spannung im Anulus plötzlich aufgehoben. l_1, l_2 sind die dünnwandigen Peristomiumzellen (nach STOCKER).

15.3.2 Bewegungen unter Beteiligung der Protoplasten

15.3.2.1 Wiederholbare Turgorbewegungen

Sie kommen durch Veränderung des Turgors von Zellen zustande. Bei Turgorabnahme verringert sich das Zellvolumen, bei Turgorzunahme vergrößert es sich. Sind Zellen mit dehnungsfähigen Zellwänden vorhanden, so kann eine Bewegung resultieren. Turgorbewegungen verlaufen langsam, wenn sie durch Veränderungen des potenziellen osmotischen Drucks zustande kommen; dies ist z.B. bei der Spaltöffnungsbewegung der Fall. Es können rasche Bewegungen sein, wenn sich die Membranpermeabilität für Ionen und/oder Moleküle kurzzeitig stark verändert.

Eine rasche Turgorbewegung beobachtet man an den Blättern von *Mimosa pudica* («Sinnpflanze», Abb. 15.8). Auf einen Berührungs- oder Verletzungsreiz hin falten sich die Fiederblättchen nach einer Latenzzeit von 0,1–1 sec zusammen, die sekundären Stiele (Rhachen der Teilblätter) nähern sich und der Blattstiel klappt nach unten. Die Bewegung erfolgt an Blattgelenken (Pulvini) des Blattstiels, der Fiederblätter und der Basis der einzelnen Fiederchen. In diesen liegen große, dünnwandige Parenchymzellen und die Leitbündel treten dort zu einem zentralen Strang zusammen. In den Parenchymzellen kommt es zu einer Membrandepolarisation und dadurch zu einem K^+- und Cl^--Austritt durch Ionenkanäle; der Turgor sinkt rasch. Außerdem wird Saccharose aus den Siebröhren in den Apoplasten transportiert, sodass die Parenchymzellen zusätzlich Wasser abgeben, das in die Wände und Interzellularen übertritt. Die Blattgelenke erscheinen dadurch dunkler grün. Während der Refraktärzeit (15–20 min) bauen die H^+-ATPasen des Plasmalemmas einen Protonengradienten auf, sodass die K^+-Influx-Kanäle aktiv werden. Der Turgor der Parenchymzellen steigt, und schließlich wird die ursprüngliche Ionenverteilung wieder erreicht.

den werden, so dass sich im verringerten Zell-Lumen ein Gasraum bildet. Dies geschieht in vielen der Anulus-Zellen nahezu gleichzeitig und infolgedessen schlägt der Anulus rasch zurück, wobei die Sporen ausgeschleudert werden.

Bei der Öffnung der Pollensäcke (7.2.7.3) verhält sich das Endothecium wie der Anulus der Farnsporangien und führt so zum Aufreißen. Eine rasche Rückbewegung findet hier aber nicht statt.

Bei Roll- und Faltblättern (Abb. 15.7) befinden sich auf der einen Blattseite Parenchymzellen, die stark schrumpfen können, und auf der Gegenseite Sklerenchymgewebe als Widerlager. Daher finden Kohäsionsbewegungen statt.

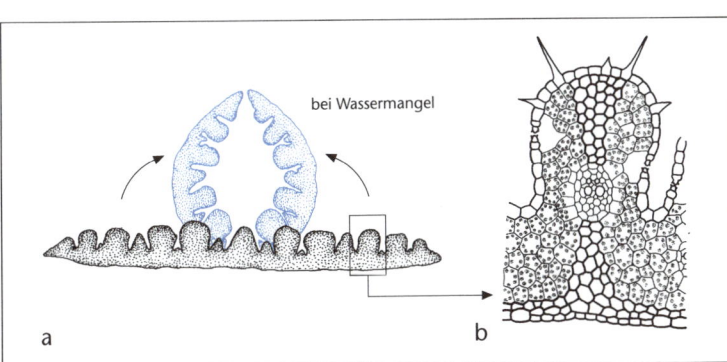

Abb. 15.7: Kohäsionsbewegungen beim Rollblatt eines Grases (*Stipia*). Im Ausschnitt: Verteilung der dünnwandigen Parenchym- und der dickwandigen Sklerenchymzellen. Die Spaltöffnungen liegen oberseits; bei Trockenheit rollt sich das Blatt infolge Schrumpfens der Parenchymzellen ein (blau) (nach STOCKER).

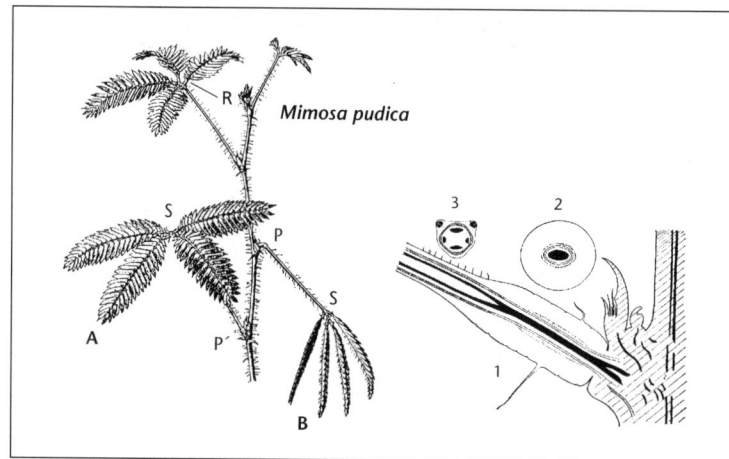

Abb. 15.8: Mimose *Mimosa pudica*. Links Spross, Blatt A in ungereiztem Zustand, Blatt B nach erfolgter Bewegung. P und P': Gelenke (Pulvini) der Blattstiele; S: Gelenke der Fiederstrahlen (= Rhachis, R) Rechts Blattstielgelenk mit Leitbündelverlauf im Längsschnitt (1) und in Querschnitten (2, 3). Im Bereich des Gelenks vereinigen sich die Leitbündel zu einem zentralen Strang (2) (aus STRASBURGER).

Bei *Samanea* wird eine tagesperiodische Turgor-Bewegung der Blätter durch K^+-Kanäle reguliert, deren Aktivität eine endogen gesteuerte Rhythmik zeigt. Bei *Desmodium gyrans* bewegen sich die Seitenblättchen des Blattes infolge einer rhythmischen Turgoränderung fortlaufend (Abb. 14.24).

Turgorbewegungen sind auch viele Staubblattbewegungen (z. B. bei der Berberitze und bei der Zimmerlinde *Sparmannia*). Sie werden durch Berührung ausgelöst und führen dazu, dass das blütenbesuchende Insekt mit Pollen bestreut wird. Bei *Mimulus* reagieren die Narbenlappen bei Erschütterung durch Turgorbewegung und streifen vom Insekt Pollen ab. Die Öffnung der Grasblüte durch Anschwellen der Lodiculae beruht ebenfalls auf einer Turgorbewegung, die allerdings langsamer abläuft. Unter den langsamen Turgorbewegungen ist die Spaltöffnungsbewegung am besten untersucht (vgl. 12.4.3). Sie wird vor allem durch CO_2-Konzentration in den Interzellularen und durch die Luftfeuchtigkeit reguliert, aber Blaulicht ist als Regulator ebenfalls wirksam. Da unter konstanten Umweltbedingungen rhythmische Stomatabewegungen stattfinden, gibt es auch eine endogene Steuerung der Bewegung.

15.3.2.2 Schleuder- und Explosionsbewegungen

Sie sind Folge einer hohen Turgeszenz von Zellen und beruhen nicht auf reversiblen Turgoränderungen. Bei der Bewegung wird die Gewebespannung durch Zerstörung hochturgeszenter Zellen abgebaut. Daher ist der Vorgang irreversibel. Die Bewegung erfolgt normalerweise auch ohne äußeren Reiz (Abb. 15.9).

Die Entleerung der Ascosporen bei vielen Ascomyceten erfolgt durch eine Schleuderbewegung. Die Turgeszenz des Ascus steigt mit der Reife immer mehr an, bis die Ascus-Wand schließlich an einer präformierten Stelle aufreißt. Infolge der plötzlichen Druckentlastung werden die Ascosporen zusammen mit dem Plasma der Ascus-Zelle ausgeschleudert. Beim Zygomycet *Pilobolus* wird das Sporangium vom Sporangienträger bis zu 2 m weit geschleudert. Letzterer bildet unter dem Sporangium eine Blase, die bei der Reife aufreißt.

Die Ausschleuderung der Samen (7.4.7.1) aus den Beerenfrüchten von *Ecballium elaterium* (Spritzgurke, im Mittelmeergebiet) erfolgt durch eine Explosionsbewegung. Die Peripherie der Früchte besteht aus dickwandigen Zellen, die als Widerlager wirken. Die Samen sind in das dünnwandige Endokarp eingelagert, in dessen Zellen der Turgor bis ca. 1,5 MPa ansteigt. Bei der Reife löst sich der Stiel und dadurch reißt die Frucht auf, sodass die Samen mehrere Meter weit geschleudert werden.

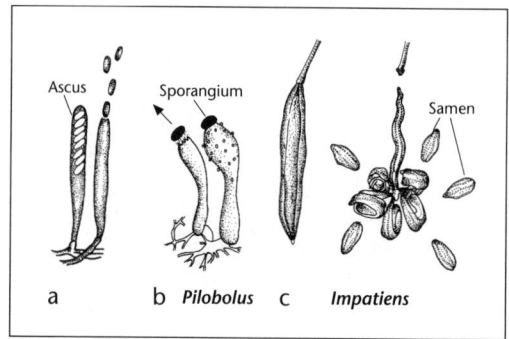

Abb. 15.9: Schleuderbewegungen. **a:** Ascus eines Ascomyceten; **b:** *Pilobolus*, schleudert Sporangium ab; **c:** Springkraut *Impatiens noli-tangere*, reife und explodierende Frucht (nach MÄGDEFRAU und STOCKER).

Ein anderer Mechanismus liegt bei den Springkraut (*Impatiens*)-Arten vor. Hier wirkt die äußere Fruchtwand als Schwellgewebe, das eine Turgeszenz von ca. 2 MPa erreicht. – Bei Urticaceen (z. B. der einheimischen Brennnessel *Urtica dioica*) werden die Pollen aus den Antheren ausgeschleudert. Die Antheren sind hier zunächst mit der Basis der Filamente verwachsen. Zum Zeitpunkt der Reife der Pollen erfolgt die Ablösung und es kommt zu einer schlagartigen Streckung.

15.3.2.3 Wachstumsbewegungen

Sie beruhen auf dem Streckungswachstum von Zellen, das stets mit Turgorveränderungen verbunden ist. Als Bewegung i.e.S. werden sie nur angesehen, wenn eine Richtungsänderung der wachsenden Pflanzenteile stattfindet.

Durch ungleiche Streckung der Zellen auf den beiden Flanken einer Achse erfolgt eine Krümmung in der Richtung, in der die Zellen sich weniger gestreckt haben. Da die Zellstreckung vor allem durch Auxine reguliert wird, sind die Wachstumsbewegungen in erster Linie durch deren Ungleichverteilung hervorgerufen. In Sprossachsen kann eine Zone stärkerer Zellstreckung schraubig angeordnet sein; dies führt zu einer Drehbewegung (Torsionsbewegung) der Achse. Führt dies zu kreisenden Bewegungen von Sprossspitzen (z. B. bei Windensprossen) oder von Ranken, so spricht man von *Circumnutationen*. Bei den Ranken werden sie oft als «Suchbewegungen» bezeichnet. Diese autonomen Bewegungen der Ranken enden, sobald ein geeigneter Halt gefunden wird. Der Berührungsreiz induziert dann eine Krümmungsbewegung (als Wachstumsbewegung) und die Ranke verankert sich. Mechanische Reizung führt auch zur Aktivierung bestimmter Gene (touch-Gene; vgl. 14.4.5).

15.4 Reizbewegungen vielzelliger Pflanzen

Umweltfaktoren, die Bewegungen induzieren, sind vor allem Strahlung (Licht), Schwerkraft, chemische und mechanische Wirkungen sowie Temperaturänderungen. Sie können bei Vielzellern zu nastischen und tropistischen Bewegungen führen (zur Definition von Tropismen und Nastien vgl. 15.1). Die Tropismen sind vorwiegend Wachstumsbewegungen und können daher nur in wachstumsfähigen Pflanzenteilen auftreten. Bei den Tropismen sind positive Reaktionen (zur Reizquelle hin), negative Reaktionen (von der Reizquelle weg) und plagiotrope Reaktionen (im Winkel zur Reizquelle, Winkel aber nicht 0° und nicht 180°) zu unterscheiden. Beträgt bei einer plagiotropen Reaktion der Winkel 90°, so spricht man von transversaler Reaktion (oder Diatropismus).

15.4.1 Wirkungen von Strahlung

Lichtwirkungen auf Bewegungsvorgänge sind experimentell gut zugänglich und daher seit langem untersucht. Wie Entwicklungsvorgänge werden auch Bewegungen nicht nur durch sichtbares Licht, sondern auch durch langwellige UV-Strahlung induziert. Um einen Erregungsvorgang auszulösen, muss die Strahlung in der Zelle durch einen Photorezeptor absorbiert werden. Außerdem wird aber in vielen Fällen die Energie für die Bewegung durch die Photosynthese zur Verfügung gestellt, sodass das Licht dann eine doppelte Funktion als Informations- und als Energiequelle hat.

Photonastien (Abb. 15.10) liegen bei der lichtabhängigen Öffnungs- und Schließbewegung von Blüten oder Blütenständen (z. B. Korbblütlern) vor. Auch die Spaltöffnungsbewegung kann durch Licht gesteuert und damit photonastisch sein; hierbei ist Blaulicht wirksam. Die Spaltöffnungsweite wird allerdings hauptsächlich durch andere Faktoren reguliert: CO_2-Konzentration (Chemonastie) und Luftfeuchte (Hygronastie), ferner auch noch durch die Temperatur (Thermonastie).

Phototropismus (Abb. 15.10) führt zur Krümmung von Organen durch Wachstumsbewegungen bei einseitiger Lichteinstrahlung. Sprossachsen krümmen sich zum Licht hin (positiv phototrop), Wurzeln können negativ phototrop reagieren oder sich indifferent verhalten und Blätter reagieren oft transversal phototrop, so dass die Blattfläche zu optimalem Lichtgenuss gelangt. Diese Reaktionen der Pflanze sind ökologisch sinnvolle Anpassungen. Die phototrope Reaktion wurde zuerst bei Hafer-Koleoptilen genauer untersucht. Bei sehr geringen Lichtintensitäten (es genügen 10^{-11} Quanten/cm^2) krümmen sie sich zum Licht hin (positiv phototrop).

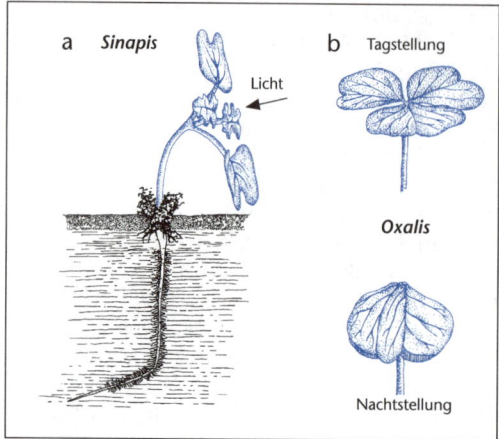

Abb. 15.10: Photonastie und Phototropismus. **a:** Phototropismus beim Senfkeimling in Wasserkultur. Lichteinfall von rechts. Sprossachse positiv, Wurzel negativ phototrop; **b:** Photonastie beim Blatt des Sauerklees *Oxalis acetosella*, oben Tagstellung, unten Nachtstellung (die aber bei direkter Sonnenbestrahlung infolge Turgorverlust auch eingenommen wird).

Steigert man die Lichtintensität, so beobachtet man eine negativ phototrope Reaktion, bei noch höheren Intensitäten, die dem Tageslicht entsprechen, aber wieder eine positive (zweite positive Krümmung). Die positive Krümmung kommt dadurch zustande, daß auf der lichtabgewandten Seite mehr Auxin wandert, sodass dort das Wachstum verstärkt ist. Ein Rezeptor der positiven Reaktion ist der Blaulicht-Rezeptor Phototropin, der bei *Arabidopsis* identifiziert wurde. Es ist ein im Plasmalemma lokalisiertes Flavoprotein, das bei Aktivierung Autophosphorylierung zeigt (Photokinase NPH1) und so eine Signalkette in Gang setzt. An der zweiten positiven Krümmung der Koleoptile ist aber auch Zeaxanthin als Pigment beteiligt. Es sind auch Fälle bekannt, bei denen Phytochrom als Photorezeptor wirkt. Unter Rotlicht entwickelt sich bei Farnen aus der Spore ein fädiges Prothallium, dessen Apikalzelle als Scheitelzelle das Wachstum bestimmt. Wird diese von einer Seite bestrahlt, so krümmt sie sich infolge einer aktiven Vorwölbung auf der belichteten Seite zum Licht hin. Hierbei ist das Phytochrom als Rezeptor wirksam. Wird polarisiertes Licht eingestrahlt, so reagieren die Zellen auf dessen Schwingungsebene («Polarotropismus»). Das fädige Protonema nimmt eine bestimmte Stellung zur Schwingungsebene des Lichtes ein. Als Solstitialbewegungen bezeichnet man die tagesrhythmischen Wachstumsbewegungen von Pflanzen oder Pflanzenteilen zum Licht hin (z. B. bei Sonnenblumen).

Bestrahlt man Koleoptilen oder Dicotylen-Keimlinge aus zwei verschiedenen Richtungen (die nicht einen Winkel von 180° einschließen) mit verschiedenen Lichtintensitäten, so erfolgt eine Krümmung in Richtung der Resultante, die sich im Kräfteparallelogramm aus Richtung und Reizstärke der beiden Lichtreize ergibt (Resultantenregel für Reizbewegungen, Abb. 15.11). Es gibt aber auch Phototropismen, die dieser Regel nicht gehorchen. So zeigt der Sporangienträger von *Pilobolus* positiven Phototropismus und krümmt sich stets zur stärksten Lichtquelle hin.

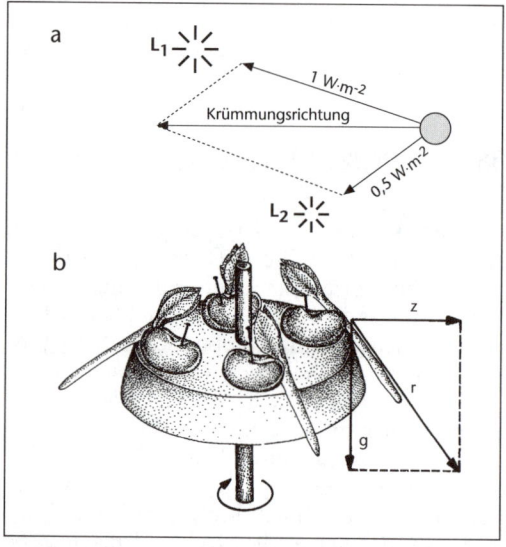

Abb. 15.11: Resultantenregel für Reizbewegungen. **a:** Phototrope Krümmung nach der Resultantenregel bei gleichzeitiger Belichtung mit verschieden starken Lichtquellen. Die Bestrahlungsstärken, die jede der Lichtquellen allein erzeugen, sind als Vektoren des Kräfteparallelogramms wiedergegeben; **b:** Bei gleichzeitiger Einwirkung einer Zentrifugalbeschleunigung z und der Erdbeschleunigung g folgt die Wachstumsrichtung der Keimwurzel der Resultante r (nach STRASBURGER, verändert).

15.4.2 Wirkungen der Schwerkraft

Das Schwerkraftfeld der Erde beeinflusst das Wachstum der Pflanzen. Dieser Effekt heißt **Gravitropismus** (Geotropismus). Die Hauptwurzel wächst in Richtung des Schwerkraftvektors, ist also positiv gravitrop. Die Sprossachse wächst entgegengesetzt, somit negativ gravitrop. Diese Ausrichtung ist von Bedeutung für Pflanzen, die sich an steilen Hängen befinden: die Achsen wachsen senkrecht nach oben in Richtung des Lotes und nicht etwa senkrecht zur Erdoberfläche. Bei Hangrutschungen richten sich die Achsen wieder auf. Dies gilt auch für Baumstämme und führt hier zum «*Baumknie*». Dabei reagieren vor allem die Zellen des Cambiums auf den Schwerkraftreiz.

Da die Schwerkraft auf der Erde überall wirkt, muss man ihren Einfluss im Experiment nachweisen. Er ist leicht zu erkennen, wenn man eine junge Pflanze horizontal legt. Die Sprossachse biegt sich alsbald nach oben, die Hauptwurzel nach unten. Ursache ist eine unterschiedliche Förderung des Streckungswachstums. Dass es sich dabei um eine Wirkung der Schwerkraft handelt, kann man beweisen, wenn man diese allseitig wirken lässt, indem man die Pflanze in horizontaler Lage langsam um ihre Achse dreht (ca. 1 Umdrehung/10 min, auf dem *Klinostat*, Abb. 15.12). Unter dieser Bedingung erfolgt keine gravitrope Reaktion. Bringt man die Pflanzen auf einen Zentrifugalapparat, sodass das Schwerefeld von der Zentrifugalkraft überlagert wird, so ist die Richtung von Wurzel- und Sprosswachstum entsprechend der Resultante des Kräfteparallelogramms bestimmt (Abb. 15.11). – Neuerdings liegen auch Untersuchungen unter reduzierter Schwerkraft aus Weltraumlabors vor. Solche Mikrogravitations-Experimente (bei $< 10^{-4}$ g, wird von der Pflanze nicht wahrgenommen) sind wichtig, da von Pflanzen auf Klinostaten oft Ethen freigesetzt wird, ein Hinweis auf Stress.

Da das Schwerkraftfeld auf alle Zellen gleichermaßen einwirkt, ist seine Perzeption nur schwer festzustellen. Vermutlich wird durch Masseteilchen die Polarität von Zellen beeinflusst. In der Wurzel erfolgt die Perzeption nur in der Kalyptra, wie man durch deren Amputation zeigen kann. Die Kalyptra-Zellen enthalten Amyloplasten, die sich im Schwerkraftfeld verlagern und so zur Reizperzeption in ähnlicher Weise beitragen wie Statolithen in Gleichgewichtsorganen bei Tieren. Man bezeichnet sie daher als Statolithenstärke. Sie wirken auf das ER und auf mechanosensitive Ionenkanäle und können dadurch die Bildung von stofflichen Gradienten hervorrufen. An der Signalkette sind Ca^{2+} und Inositoltrisphosphat IP_3 beteiligt. Die Vermittlung zur Streckungszone ist aber unklar.

In jungen Sprossachsen sollen die Stärkekörner in den Stärkescheiden, in Grashalmen jene in Zellen der Knoten als Statolithen wirksam sein. In den Sprossachsen ist die Veränderung des Auxintransports am Gravitropismus beteiligt. Infolgedessen zeigen auxinregulierte mRNA-Moleküle eine asymmetrische Verteilung. Der Auxin-vermittelten Reaktion muss aber die Perzeption und eine primäre Reaktion vorausgehen, die man erkennt, wenn Pflanzen bei niedriger Temperatur (+2°C) gehalten werden. Dann findet die Perzeption statt, aber die Krümmungsbewegung setzt erst nach dem Erwärmen ein. In horizontal wachsenden Seitenachsen (Ästen) ist der Auxingehalt unterseits höher. Dies führt bei Gymnospermen zur Druckholzbildung. Bei Laubhölzern entsteht Zugholz an den Orten geringer Auxinkonzentration, also oberseits.

Blätter wachsen meist senkrecht zur Richtung des Schwerkraft-Vektors (Transversal-Gravitropismus). Bedingt ist diese durch eine negativ

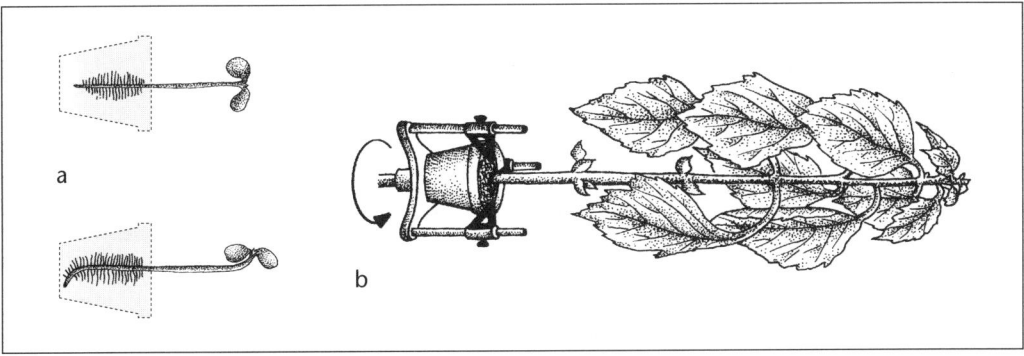

Abb. 15.12: Gravitropismus. **a:** Schema der gravitropen Reaktion einer horizontal gelegten Keimpflanze; **b:** Horizontal gelegte, am Klinostaten langsam um ihre Längsachse rotierende Pflanze. Das Wegfallen der einseitigen Schwerkraftwirkung führt zum Ausbleiben einer negativ gravitropen Krümmung des Sprosses und zur Epinastie der Blätter, die nicht mehr durch negativen Gravitropismus kompensiert wird (nach STRASBURGER).

gravitrope Reaktion verbunden mit einem stärkeren Wachstum der Organoberseite (Epinastie, Abb. 15.12). Die beiden Vorgänge lassen sich trennen, wenn man die Pflanzen horizontal auf dem Klinostaten hält. Die Epinastie wirkt dann weiter und die Blätter krümmen sich sprossachsenabwärts.

Gelegentlich wird die gravitrope Reaktion im Verlauf der Entwicklung oder umweltbedingt verändert. So ist die junge Blütenknospe vom Mohn (*Papaver*) zunächst negativ, später positiv und die offene Blüte wieder negativ geotrop.

15.4.3 Chemische Wirkungen

Wurzeln zeigen vielfach **Chemotropismus**; sie wachsen bei schlechter Wasserversorgung entgegen dem Konzentrationsgefälle des Wassers im Boden und so in Bereiche mit besserer Wasserverfügbarkeit. Vor allem in Trockengebieten ist dies von Bedeutung für das Fortkommen der Pflanzen. Baumwurzeln finden auch kleinere Defekte an Wasserleitungen, dringen in diese ein und verzweigen sich stark, sodass «Wuzelzöpfe» entstehen. – Unter mikrogravitativen Bedingungen (15.4.2) konnte nachgewiesen werden, dass Pflanzenwurzeln auch auf Sauerstoff reagieren («Oxytropismus»).

Pilzhyphen reagieren ebenfalls positiv chemotrop und wachsen in Richtung höherer Konzentration von Nährstoffen. Keimlinge des Vollparasiten *Cuscuta* wachsen auf die Wirtspflanze zu; als Ursache ist eine chemotrope Reaktion anzunehmen.

Beim Pilz *Achlya* ist die Ausbildung und die Wachstumsrichtung von gametangienbildenden Hyphen (Sexualhyphen) chemotrop gesteuert. Hyphen weiblicher Pflanzen bilden ein Steroid Antheridiol, das als Morphogen und Sexuallockstoff (Gamon i.w.S) wirkt und im männlichen Thallus das Entstehen von Antheridien-Anlagen induziert, die zum weiblichen Thallus hinwachsen. Die Antheridien-Anlagen produzieren dann ein weiteres Gamon Oogoniol, das in weiblichen Hyphen die Oogonienbildung induziert.

Chemonastien sind von Insektivoren gut bekannt. Die Rand-Tentakeln des Sonnentaus (*Drosera*) krümmen sich einwärts, wenn das Insekt auf der Blattfläche im Fangschleim hängengeblieben ist. Die kleinen Flächententakel krümmen sich hingegen stets zur Reizquelle hin, reagieren also chemotrop (Abb. 13.4). Die Bewegung wird durch lösliche N-Verbindungen, Phosphat- und Na^+-Ionen ausgelöst. – Eine chemonastische Bewegung ist auch die Hygronastie der Spaltöffnungen.

15.4.4 Mechanische Wirkungen

Ranken reagieren bei Berührung einer geeigneten Unterlage mit einer Wachstumsbewegung. Diese ist eine Reaktion auf den Berührungsreiz und läuft – abhängig von der Pflanzenart – entweder als **Thigmonastie** (Haptonastie) oder als **Thigmotropismus** (Haptotropismus) ab.

Bei der Zaunrübe *Bryonia* ist die wachsende Ranke zunächst weitgehend gestreckt und führt autonome Circumnutations-Bewegungen aus. Wird ein Berührungsreiz wahrgenommen, so krümmt sich die Rankenspitze rasch nach unten ein und wächst infolge einer stärkeren Zellstreckung auf der Rankenoberseite um die Stütze herum (Nastie). Hat die Ranke sich fest verankert, so kommt es im basalen Teil zu einer schraubig angeordneten Zellstreckung und dadurch zur Torsion. Danach setzt die Sklerenchymbildung in der Ranke ein (Abb. 15.13).

Die Krümmung der Ranke kann durch Bestreichen der Unterseite mit einem rauhen Holzstab ausgelöst werden; schon nach wenigen Minuten setzt dann auf der Oberseite die Zellstreckung ein. Mit einem glatten Glasstab oder einem Wasserstrahl gelingt die Reizung hingegen nicht. Die Reizperzeption erfolgt in den

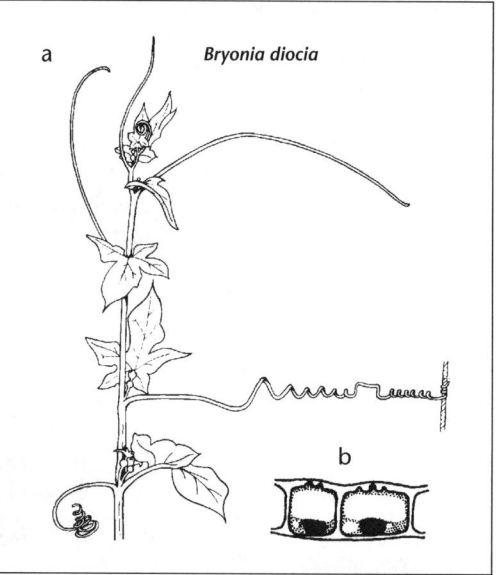

Abb. 15.13: Ranken der Zaunrübe *Bryonia dioica*. **a:** Spross mit Ranken in verschiedenen Entwicklungsstadien. Oben eine Ranke, die Suchbewegungen ausführt. In der Mitte eine Ranke nach dem Erfassen einer Stütze (mit «Umkehrpunkt»); **b:** Epidermis der Ranke, Außenwand mit dünnwandigen Bereichen, die der Wahrnehmung des Berührungsreizes dienen (Fühltüpfel) (aus STRASBURGER).

Epidermiszellen, deren äußere Zellwände örtlich sehr dünn sind. Solche «Fühltüpfel» gibt es aber nicht bei allen Ranken. Die thigmonastische Perzeption löst ein Aktionspotenzial aus, und es entsteht der Signalstoff 12-Oxo-phytodiensäure, ein Octadecanoid der Jasmonsäure-Biosynthese. Auch Jasmonat und Methyljasmonat lösen die Einrollung der Ranke aus. Da Jasmonate flüchtig sind, kann so von der Pflanze eine Einrollung freier Ranken induziert werden. Die Zellstreckung auf der Rankenoberseite kommt dann durch Auxin zustande.

Eine nastische Bewegung auf Berührungsreize (Haptonastie), Erschütterungen (Seismonastie) oder Verletzung (Traumatonastie) ist von *Mimosa pudica* gut bekannt. Sie läuft als Turgorbewegung ab (15.3.2.1). Auch durch Licht kann die Bewegung beeinflusst werden (Photonastie), wobei Phytochrom der Rezeptor ist (vgl. 14.4.1.1), außerdem läuft sie autonom mit circadianem Rhythmus als «Schlafbewegung» ab. Eine solche nyktinastische Bewegung gibt es bei verschiedenen Leguminosen. Die Erregungsleitung erfolgt über größere Strecken. Der Vorgang ist temperaturabhängig; bei einem Verletzungsreiz erreicht die Erregungsleitung bei der optimalen Temperatur von 28 °C bis zu 10 cm/s. Einfache Berührungsreize werden mit < 5 cm/s geleitet. Bei der Erregungsleitung wirken chemischer Signaltransfer und elektrische Signalweitergabe über Aktionspotenziale von 140–180 mV (vgl. 12.4.4), die durch Siebröhren geleitet werden, zusammen. Die langsamen elektrischen Signale werden im Bereich der Gelenke durch chemischen Signaltransfer weitergegeben. Die raschen elektrischen Signale zeigen Aktionspotenziale von 1–2 s Dauer und einer Refraktärzeit um 5 s. Am chemischen Signaltransfer sind Stoffe beteiligt, die Membranpermeabilitäten verändern, sodass Änderungen des Turgors die Folge sind. Diese *leaf movement factors* (LMF) wurden bei Leguminosen untersucht und erwiesen sich als artspezifisch; die wirksamen Konzentrationen liegen bei $<10^{-6}$ M. Oft sind Stoffgemische am wirksamsten. Man unterscheidet *leaf opening substances* (LOS) und *leaf closing substances* (LCS); das Konzentrationsverhältnis beider verändert sich im Tagesverlauf. LCS der nyktinastischen Bewegung bei der Mimose ist ein Gentisinsäure-β-glucosid.

Seismonastisch sind auch Staubblatt- und Narbenbewegungen im Dienste der Fortpflanzung, für die in 15.3.2.1 Beispiele aufgeführt sind.

Bei der Venusfliegenfalle *Dionaea* besitzt jede Blatthälfte drei Sinneshaare, die den Berührungsreiz perzipieren. Erfolgen zwei Reizungen, so klappt das Blatt mit einer Latenzzeit von nur 0,002 s zusammen; die Erregungsleitung (Aktionspotenzial von ca. 100 mV) erreicht hier 6–20 cm/s und damit die höchste bei Pflanzen beobachtete Geschwindigkeit. Die Refraktärzeit beträgt aber etwa 2 s. Die Bewegung kommt zustande durch einen Zusammenbruch der Semipermeabilität auf der Blattoberseite im Bereich der Mittelrippe. Dort nimmt daher der Turgor rasch ab; gleichzeitig steigt er in den Zellen auf der Unterseite an. Dieser raschen Turgorbewegung folgt eine langsame Wachstumsbewegung, die durch das Tätig werden einer Protonenpumpe in Gang kommt und den Verschluss der beiden Blatthälften verstärkt. Die Rückkehr des Blattes in den offenen Zustand dauert einige Stunden, sofern keine Beute eingeschlossen wurde; andernfalls so lange, bis diese verdaut ist (chemonastischer Effekt).

15.4.5 Wirkungen der Temperatur

Aufgrund von Temperaturdifferenzen kann eine Krümmung von Pflanzenorganen eintreten (**Thermotropismus**). Dies kann bei Haferkoleoptilen untersucht werden. Sie krümmen sich bei einseitiger Erwärmung zur Wärmequelle hin. Zur Durchführung dieses Experiments müssen die Haferkeimlinge in ein flüssiges Agarmedium eingeschlossen werden, da an der Luft die bei einseitiger Wärmezufuhr eintretende Veränderung der Luftfeuchtigkeit auch perzipiert wird; es wäre dann nicht zu unterscheiden, welches die Ursache der Krümmungsbewegung ist.

Thermonastien sind von Blüten und Blättern bekannt. Blüten öffnen sich bei Temperaturanstieg und schließen sich wieder bei Temperaturabnahme (z.B. bei *Crocus*, Tulpe). Von dieser Tatsache machen Blumenverkäufer häufig Gebrauch. Im optimalen Bereich genügt oft eine Temperaturdifferenz von weniger als 1°, um die Bewegung auszulösen. Die Blütenblätter zeigen zumeist Wachstumsbewegungen; bei der Tulpe verlängern sich bei einmaligem Öffnen und Schließen die Perigonblätter um etwa 7%. Das Gesamtwachstum während der Lebensdauer der Blüte kann bis zu 100% betragen. Eine temperaturabhängige Laubblatt-Bewegung beobachtet man z.B. bei den Teilblättchen von Sauerklee (*Oxalis*), die so eine zu starke Erwärmung verhindern.

16 Evolution

Die Lehre von der Evolution der Organismen ist eine der grundlegenden Theorien der Biologie. Evolution ist die stammesgeschichtliche Entwicklung der Lebewesen (**Phylogenie**) von einfachen zu hochorganisierten Formen. Die Evolutionslehre umfasst drei Teilbereiche:

- Sammlung der Beobachtungen und Experimente, die zum Nachweis des Evolutionsvorgangs dienen;
- kausale Erklärung der Evolution durch Erforschung der Ursachenkomplexe (= Evolutionsfaktoren);
- Aufklärung der Abstammungsverhältnisse und Aufstellung von Stammbäumen.

16.1 Nachweis der Evolution

Eine große Zahl von Beobachtungen und Erkenntnissen erlauben den Schluss, dass eine Evolution der Lebewesen stattgefunden hat.

16.1.1 Baupläne der Lebewesen und ihr Vergleich

Alle Lebewesen besitzen einen bestimmten Bauplan, der durch Vererbung auf die Nachkommen weitergegeben wird. Die Entwicklung der Lebewesen aus einzelnen Zellen (der befruchteten Eizelle; bei Pflanzen im Experiment vielfach auch aus einzelnen Körperzellen, vgl. 14.1.3.1) zeigt, dass der Bauplan vollständig in jeder Zelle enthalten ist. Die Erkenntnisse der Genetik und der Entwicklungsphysiologie führen zu dem Schluss, dass die Information für den Aufbau des Organismus im Genom festgelegt ist.

Vergleicht man die Baupläne verschiedener Pflanzengruppen (und ebenso Tiergruppen) untereinander, so erkennt man Bauähnlichkeiten und unterschiedliche Abwandlungen von Grundbauplänen. So besitzen z.B. alle Kormophyten die Kormus-Gliederung mit Sprossachse, Blatt und Wurzel; jedoch können diese Grundbestandteile unterschiedlich abgewandelt sein (vgl. 6.5.2). Organe mit dem gleichen Grundbauplan bezeichnet man als **homolog** (vgl. 1.3.1.2). Wenn man die Baupläne der heute existierenden Organismen und ihre Abwandlungen kennt, kann man die als Fossilien gefundenen Überreste von Organismen früherer Zeiten zuordnen und ihnen so einen Platz im System der Lebewesen geben. Alle Fossilreste von Tieren wie Pflanzen werden nach diesem Verfahren durch Erforschung von Homologien eingeordnet.

Die Ergebnisse der Genetik zeigen, dass die Übereinstimmung in den Bauplänen bei den heutigen Arten auf gleichartige Anteile an genetischer Information, d.h. auf hohe Ähnlichkeiten in den Nucleotidsequenzen der DNA, zurückzuführen ist. Da zwischen verschiedenen Arten, die sich nicht kreuzen lassen, heute keine Übertragung genetischer Information erfolgen kann, muss man folgern, dass gemeinsame Anteile der DNA und die daraus resultierenden gleichartigen Merkmale auf einen gemeinsamen Vorfahren zurückgehen.

16.1.2 Beobachtungen an Populationen

Beobachtungen an Populationen liefern ein plausibles Modell, wie aus einem gemeinsamen Vorfahren Lebewesen von abweichender Gestalt entstehen konnten.

Lebewesen erzeugen in der Regel viel mehr Nachkommen, als im gegebenen Lebensraum auf Dauer existieren können. Daher muss ein Teil von ihnen zugrundegehen oder darf zumindest seinerseits keine Nachkommen haben. Beobachtungen zeigen, dass die Auswahl der auf Dauer überlebenden Nachkommen nicht zufällig ist, sondern von den Eigenschaften der Organismen abhängt. Die Nachkommen eines Elternpaares sind nicht unter sich gleich, sondern zeigen genetische (durch unterschiedliche Allele hervorgerufene) Variabilität. In der ganzen Population einer Art ist diese Variabilität noch viel größer. Außerdem treten immer wieder neue Mutationen auf. Von diesen sind zwar die meisten nachteilig und verschwinden (wenigstens im Phänotyp) wieder, aber einzelne bleiben erhalten und können sich sogar allmählich in der Population durchsetzen. Diese Beobachtungen erlauben Schlüsse auf das Auswahlverfahren, das festlegt, welche der Nachkommen überleben. Es besteht eine *Konkurrenz* der einzelnen Individuen um Wuchsorte, Wasserverfügbarkeit, Licht, Blütenbesuch durch Bestäuber u. v. a. Viele der erblichen Merkmale mit Variabilität beeinflussen die Wettbewerbsfähigkeit der Individuen und dadurch haben einige mehr Nachkommen als andere. Die Folge davon ist eine Verschiebung der Häufigkeit der verschiedenen Allele bestimmter Gene; damit verändert sich die genetische Zusammensetzung der Population. Dies aber ist **Evolution**.

Die Veränderung der genetischen Zusammensetzung einer Population kommt durch die etwas unterschiedliche Angepasstheit der Individuen an die gegebene Umwelt zustande. Diese Angepasstheit verursacht den unterschiedlichen Fortpflanzungserfolg, der dazu führt, dass bestimmte Merkmale bevorzugt und andere benachteiligt sind. Die Merkmale oder Merkmalskomplexe werden also bewertet. Die genetische Information unterscheidet sich dadurch wesentlich von der nachrichtentechnischen Größe Information; genetische Information ist nicht durch eine bestimmte Informationsmenge (Zahl der bits) gekennzeichnet, sondern auch durch ihren Informationswert.

Die Veränderungen der genetischen Zusammensetzung einer Population beruhen auf statistischen Gesetzmäßigkeiten und sind daher nur für hinreichend große Populationen einigermaßen genau zu erkennen und zu berechnen. In der Evolutionsforschung muss man deshalb stets von den Populationen ausgehen und bei quantitativen Überlegungen für kleine Populationen auch den Zufallseinflüssen Rechnung tragen.

Der Wert der genetischen Information korreliert für viele Gene mit der Angepasstheit der Individuen an ihren Lebensraum. Diese Angepasstheit nennt man **Fitness** der Individuen. Sie kann nicht unmittelbar gemessen werden. Unterschiedliche Fitness hat aber unterschiedliche Nachkommenzahl zur Folge und wird daher im Nachhinein über diese Größe auch messbar.

Eine solche quantitative Angabe darf nicht zu dem Irrtum verleiten, die Fitness sei durch die Zahl der Nachkommen definiert, denn dies wäre eine Tautologie!

Die Veränderung der genetischen Zusammensetzung einer Population im Verlauf eines längeren Zeitraums nennt man **Rassenwandel**. Er ist bei Organismen mit kurzer Generationsdauer experimentell zu beobachten, so bei Mikroorganismen, einjährigen Pflanzen (z. B. *Arabidopsis*) und Tieren mit kurzer Lebenszeit (z. B. *Drosophila*). Wird eine Population durch ein Ereignis so aufgetrennt, dass zwei Teilpopulationen entstehen, die sich nicht mehr vermischen können, so geht der Wandel in diesen Teilpopulationen unabhängig weiter und die Populationen entwickeln sich immer mehr auseinander: es bilden sich *Rassen*. Durch Züchtung (künstliche Selektion) entstanden bei verschiedenen Nutzpflanzenarten außerordentlich unterschiedliche Gestalten der Rassen. Als Beispiel sind in Abb. 16.1 einige Sorten des Kohls *Brassica oleracea* dargestellt. Entsteht nun durch einen weiteren Mutationsschritt eine Kreuzungsbarriere, so liegen getrennte Arten (anfangs Schwesterarten) vor. Dieser Vorgang ist bei Mikroorganismen direkt beobachtet worden. Bei höheren Pflanzen spielen Polyploidisierung und Bildung von Alloploid-Bastarden (vgl. 8.5.5.3) für die Entstehung von Kreuzungsbarrieren und somit von neuen Arten eine wichtige Rolle. Solche Vorgänge sind auch experimentell überprüft worden. Der Vorgang der Evolution ist bis zur Bildung neuer Arten also direkt zu beobachten. Man bezeichnet diese unmittelbar prüfbare Evolution manchmal als «Mikroevolution».

Fassen wir diese Befunde zusammen, so können wir feststellen, dass Lebewesen durch Abstammungszusammenhänge miteinander verknüpft sind.

16.1.3 Stammbaumforschung

Wenn man Abstammungszusammenhänge annimmt, so können diese im einzelnen dadurch erforscht werden, dass man möglichst viele Homologien untersucht. Alle Eigenschaften und Merkmale der Organismen, die erblich sind (also auf Gene zurückgehen), liefern Daten zur Erkennung von Abstammungsverhältnissen.

Seit dem Beginn der Evolutionsforschung wurden Merkmale der Anatomie und Morphologie herangezogen; schon früh folgten solche der Ontogenese und Fortpflanzung, dann Merk-

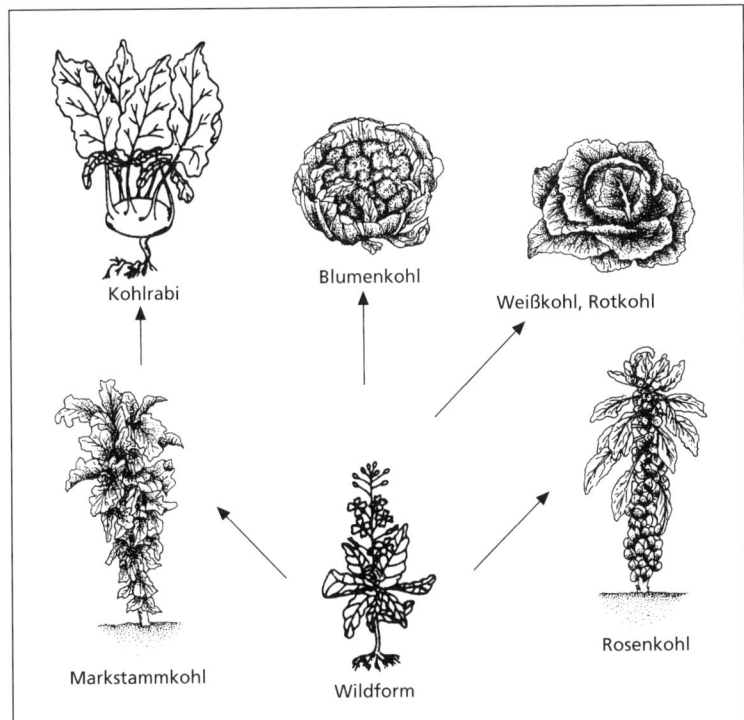

Abb. 16.1: Entstehung verschiedener Rassen des Kohls aus der Ausgangsform. Die Gestalt der verschiedenen, durch künstliche Selektion erzeugten Kohlsorten ist außerordentlich unterschiedlich.

male der Physiologie. Heute stehen darüber hinaus molekularbiologisch fassbare Aminosäuresequenzen von Proteinen und insbesondere Nucleotidsequenzen von DNA bzw. RNA für Vergleichsuntersuchungen zur Verfügung.

Diese Stammbaumforschung liefert keine zusätzlichen «Beweise» für das Abstammungs-Prinzip, da dessen Gültigkeit vorausgesetzt wird. Sie bestätigt aber in jedem konkreten Fall, dass die Hypothese der Evolution widerspruchsfrei angewendet werden kann. Das Prinzip der Evolution und seine Anwendbarkeit in der Stammbaumforschung ist aufgrund seiner Bewährung in unzähligen Einzelfällen eine abgeschlossene naturwissenschaftliche Theorie. Deren Anwendung zur Aufklärung von Abstammungsverhältnissen bei Pflanzen- und Tierarten erfolgt fortlaufend und ist ein bedeutender, noch lange nicht abgeschlossener Forschungszweig der Biologie.

Die so begründete Theorie der Evolution ist für die gesamte Biologie von großem Vorteil. Ergebnisse aus allen Teilgebieten der Biologie sind auf dieser Grundlage leichter zu interpretieren und unter einem einheitlichen übergeordneten Gesichtspunkt zusammenzufassen. So wird die Lehre von der Evolution der Organismen zu einer Theorie, welche für die Vereinheitlichung der Biologie Entscheidendes leistet. («Nichts in der Biologie ergibt einen Sinn, es sei denn im Lichte der Evolution.» Th. DOBZHANSKY). Nur auf der Grundlage der Evolutionstheorie kann man eine nicht willkürliche Systematik der Organismen begründen; das natürliche System soll die Abstammungsverhältnisse möglichst gut wiedergeben (vgl. 1.3.1.2).

Läßt man nur monophyletische Taxa zu, so erhält man eine **cladistische Systematik**. Berücksichtigt man auch morphologische Entwicklungen (und sieht z.B. die Landpflanzen deshalb nicht als eine Teilgruppe der Grünalgen an), so ergibt sich eine **phyletische Systematik** (vgl. 1.3.1).

Die Stammbaumforschung ist stets auf Homologien als Quellen angewiesen. Quellen für ausgestorbene Lebewesen sind ausschließlich die Fossilien. Aus ihnen erfahren wir beispielsweise, welche Gewächse in den Steinkohlenwäldern der Karbonzeit lebten und wie sie aussahen.

Die **Fossilien** zeigen darüber hinaus, dass im Verlauf der Erdgeschichte zunächst nur Prokaryoten, dann einzellige Eukaryoten und danach erst Vielzeller auftraten. Ebenso lässt sich feststellen, dass die ersten Landpflanzen im Silur vorkamen; bei den Landpflanzen lässt sich aus den Fossilien eine zeitliche Abfolge Psilophyten (Nacktfarne) – Pteridophyten (echte Farnpflanzen) – Gymnospermen – Angiospermen eindeutig belegen. Die Evolution hat also von einfachen zu zunehmend komplizierter gebauten Lebewesen geführt. Dieser Vorgang wird als «Höherentwicklung» oder Anagenese bezeichnet.

Die geschilderten Feststellungen führen zu der weitergehenden Annahme, dass die experimentell abgesicherten Befunde über den Ablauf der Mikroevolution verallgemeinert und auf den Gesamtvorgang der Evolution übertragen werden dürfen. Die Faktoren, welche die Mikroevolution verursachen, sind – zusammen mit Umweltveränderungen – beim gesamten Evolutionsprozess wirksam gewesen. Damit hat man eine kausale Erklärung für den Evolutionsvorgang; sie wurde in ähnlicher Form erstmals durch CHARLES DARWIN gegeben. Die Faktoren, welche die Mikroevolution zustandebringen, sind auch zur Erklärung des ganzen Evolutionsvorgangs ausreichend. Wir wissen aber nicht, ob wir alle Evolutionsfaktoren kennen. Die kausale Evolutionstheorie ist eine hinreichende, aber nicht notwendigerweise eine vollständige Theorie (und damit eine unabgeschlossene naturwissenschaftliche Theorie). Vergleichende Genomik und Proteomik (vgl. 8.10) werden zeigen, wie die Evolutionsfaktoren auf der molekularen Ebene zusammenwirken. Die Erforschung der Ursachen des konkreten Evolutionsablaufes wird durch Ergebnisse der Geowissenschaften über die Bewegung der Kontinentalplatten, über Meeresspiegelschwankungen und die Entwicklung des globalen Klimas möglich.

16.2 Evolutionsfaktoren

Die Gesamtheit der Allele aller Individuen einer Population bilden den **Genpool** dieser Population. In einer idealen Population bleiben die prozentualen Häufigkeiten der Allele im Genpool (die Allelenfrequenzen) über die Generationenfolge hinweg unverändert. Dies ist die Grundregel der Populationsgenetik (HARDY-WEINBERG-Gesetz). Solche idealen Populationen müssen z. B. praktisch unendlich groß sein und es dürfen in ihnen keine Mutationen vorkommen (weil sonst ein neues Allel hinzukommt). In der Natur gibt es keine idealen Populationen. Jede Abweichung aber verändert den Genpool im Laufe der Zeit und dies bedeutet einen kleinen Evolutionsschritt. Die einzelnen Ursachenkomplexe, die zu den Evolutionsschritten führen, heißen Evolutionsfaktoren. Die wirksamen Faktoren sind: Mutation, genetische Rekombination, Selektion, Gendrift, genetische Separation.

Mutationen führen zu Veränderungen der genetischen Information. Sie werden durch genetische Rekombination (zufallsbedingte Verteilung der väterlichen und mütterlichen Chromosomen und Crossover bei der Meiose sowie Neukombination bei der Befruchtung) im Genpool fortgesetzt neu verteilt. Die Bewertung der Varianten der genetischen Information erfolgt durch **Selektion**. Den besonders in kleinen Populationen wirksamen Zufallseffekten trägt man durch den Faktor **Gendrift** (Allelendrift) Rechnung. Die im Zusammenhang mit der Isolation von Populationen stehende genetische Separation verursacht die bleibende Auftrennung von Genpools und damit die Bildung neuer Arten.

16.2.1 Mutationen

Mutationen erzeugen durch die Veränderung von genetischer Information die genetische Variabilität. Die verschiedenen Formen von Mutationen mit ihren sehr unterschiedlichen Auswirkungen wurden in 8.5.7 behandelt. Die neuen Varianten, die sich im Phänotyp ausprägen, werden dann durch den Vorgang der Selektion «erprobt». Die Mutationsraten sind bei verschiedenen Genen eines Organismus unterschiedlich; bei Eukaryoten wird im Mittel bei der DNA-Replikation ein Nucleotid auf 10^9 replizierte definitiv falsch eingebaut (Rate der Punktmutationen). Hat eine Art 10^5 Gene, so rechnet man im Durchschnitt mit einer Mutation je gebildetem Gamet. Weil die Zahl der Gene im Organismus hoch ist und weil auch meist die Zahl der Individuen einer Population groß ist, ergibt sich insgesamt eine beträchtliche Zahl von Neumutationen, die fortlaufend auftreten. Die meisten Mutationen sind nachteilig oder wertlos; aber auch vorteilhafte kommen immer wieder vor (z. B. entstehen bei Bakterien antibiotikaresistente Mutanten immer wieder und bei Blütenpflanzen solche, die infolge besserer Abwehrfunktionen gegenüber bestimmten Parasiten weniger empfindlich sind). Die Mutationsrate selbst ist nicht konstant, sondern wird durch Veränderungen an sogenannten «Mutatorgenen» beeinflusst. Dies sind z. B. Gene des DNA-Reparatursystems. Durch Stressfaktoren kann die Mutationsrate ansteigen; dabei spielen auch Aktivierungen von Transposons (mobilen genetischen Elementen, vgl. 8.5.7.4) eine Rolle.

Die Pflanzen besitzen im Gegensatz zu den Tieren keine Keimbahn; Mutationen, die im Meristem des Vegetationskegels bis zur Bildung der Blütenteile eintreten, gelangen in die nächste Generation. Andererseits werden infolge von Mutationen gestörte Zellen im Vegetationskegel auch verdrängt und so ausgeschaltet.

16.2.2 Genetische Rekombination

Dieser Vorgang spielt sich bei der Meiose und der Befruchtung ab und erhöht die genetische Variabilität beträchtlich. Daher wurde die Meiose und damit die sexuelle Fortpflanzung nach ihrer Entstehung von fast allen Organismen beibehalten. Verringert wird die genetische Variabilität durch fortgesetzte Selbstbefruchtung (Autogamie) oder durch Verlust der zweigeschlechtlichen Fortpflanzung (d.h. Übergang zur Parthenogenese). Die genetische Rekombination liefert ständig neue Genkombinationen und damit Phänotypen, die der Selektion unterliegen und so «durchprobiert» werden. Infolge der Rekombination würde auch bei einem Ausbleiben von Mutationen die Evolution so lange weitergehen, bis die besten Genkombinationen erreicht wären. Da aber Mutabilität besteht und somit ständig neue Mutanten auftreten, gibt es niemals für längere Zeit eine «beste» Genkombination.

Genetische Rekombination zwischen verschiedenen Taxa liegt beim horizontalen Gentransfer vor. Dieser erfolgt

- im Verlauf der Etablierung von Cytosymbiosen («Wanderung» von Genen der Mitochondrien und Plastiden in den Kern, vgl. 3.4);
- beim Transfer einzelner Gene oder von Genomteilen über Viren oder Bakterien. Der Vorgang ist durch weitgehende Übereinstimmung von Nucleotidsequenzen zu belegen (so ist z. B. ein Thioredoxin von Kormophyten bakteriellen Ursprungs).

16.2.3 Selektion

Die fortgesetzte Bildung neuer Mutanten müsste zu einer allmählichen Zunahme der genetischen Variabilität einer Population führen. Beobachtungen zeigen aber, dass diese über lange Zeit hinweg im Mittel etwa gleich bleibt. Es erfolgt also eine Auswahl (Selektion) der genetischen Varianten, die erhalten bleiben. Dieser Selektion unterliegt jeweils das Individuum (der Phänotyp), nicht etwa das einzelne Allel! Die Selektion beruht auf der unterschiedlichen Angepasstheit von Individuen und ist daher stark von den Umweltbedingungen abhängig (abiotische Faktoren: Klima, Wasserverfügbarkeit, Lichtverhältnisse usw.; biotische Faktoren: Parasiten, Fressfeinde). Folge der Selektion ist eine unterschiedliche Nachkommenzahl; daran ist sie zu erkennen und auch quantitativ zu messen.

Mutanten können einen negativen oder einen positiven Selektionswert haben, aber dieser ist nur beim Individuum festzustellen und auf dessen jeweilige Umwelt bezogen (Beispiel: Wie groß der Selektionsvorteil einer Pflanze mit C_4-Dicarbonsäureweg ist, hängt stark von den Licht-, Wasser-, Temperatur- und CO_2-Verhältnissen an ihrem Standort ab, vgl. 10.1.3). Da die Selektion am Individuum angreift und dessen verschiedene Organe in der Regel mehrere Funktionen erfüllen, kann fast nie eine optimale Leistung bezüglich einer einzelnen Funktion erreicht werden: die Selektion optimiert einen Kompromiss.

Selektion kann sein (vgl. Abb. 16.2):

- **stabilisierend**: extreme Formen werden eliminiert; die genotypische und phänotypische Variabilität der Population wird dadurch weitgehend konstant gehalten.
- **transformierend** (gerichtet): bei Änderung der Umweltbedingungen werden an die neuen Verhältnisse besser angepasste Mutanten begünstigt; dadurch verändert sich die Population. Auch eine Veränderung der genetischen Variationsbreite kann stattfinden. Von dieser Form der Selektion wird bei der Pflanzen- und Tierzüchtung gezielt Gebrauch gemacht.
- **aufspaltend**: werden die anfänglich häufigsten Formen stark dezimiert (z.B. durch Parasitenbefall), während die extremen Formen sich vermehren, so kann es zur Aufspaltung der Population kommen.

Selektion findet naturgemäß nicht nur bezüglich der leicht erkennbaren Gestaltmerkmale statt, sondern muss auch zu einer immer besseren Nutzung der zur Verfügung stehenden Energie führen. Die Energieumsetzung in den Organismen verläuft also möglichst effektiv; auch Stoffwechselvorgänge unterliegen der Selektion.

Wirkungen der Selektion. Selektion kann dazu führen, dass Fressfeinde (herbivore Tiere) getäuscht werden. So gibt es in Australien Misteln der Gattung *Amyema* auf *Eucalyptus*-Arten. Sie bilden Blätter aus, die jenen der Wirtsart gleichen, aber natürlich nicht wie diese etherische Öle enthalten und andererseits hohe N-Gehalte aufweisen. Sie wären also für die Pflanzenfresser eine ausgezeichnete Nahrung, sind aber durch die Schutzgestalt (Mimikry) gut geschützt. Mimikry-Phänomene im Rahmen der Tierbestäubung wurden in 7.2.9.2 dargestellt.

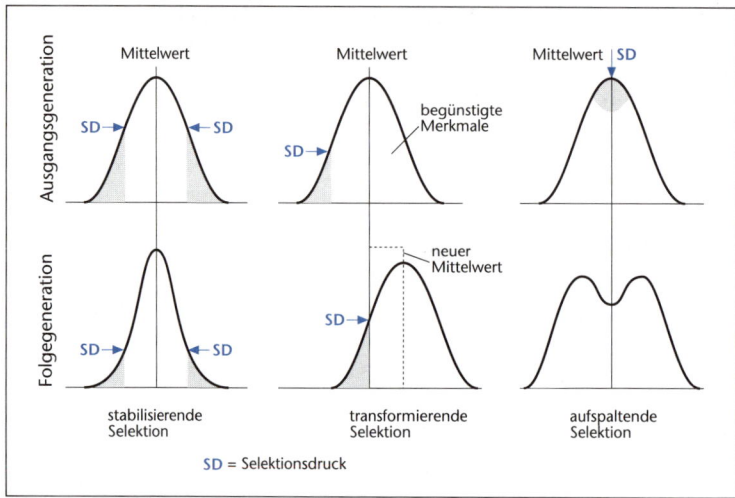

Abb. 16.2: Stabilisierende, transformierende und aufspaltende Selektion. Gerastert: die Varianten, die infolge der Selektion am stärksten dezimiert werden (nach KULL, verändert).

Über längere Zeit gleichartig wirkende abiotische Selektionsfaktoren führen dazu, dass gleiche oder ähnliche Gestalten und auch gleiche physiologische Vorgänge zustande kommen. Als Beispiel seien die zahlreichen Konvergenzen bei Stamm- bzw. Blattsukkulenten und die vielfache (getrennte!) Evolution des CAM genannt.

Die Selektion führt ferner zu einer Anpassung der Fortpflanzungsstrategie der Art. Eine Art, die ausschließlich in einem jeweils nur kurzzeitig existierenden Biotop (z. B. Kahlschlag, Ruderalfläche) zusagende Lebensbedingungen findet, wird dann besonders erfolgreich sein, wenn sie sich rasch vermehrt und viele Nachkommen hat, von denen einige wieder einen entsprechenden Lebensraum finden. Die Selektion wirkt also in Richtung auf eine hohe Vermehrungsrate und Ausbreitungsfähigkeit. Die Vermehrungsrate tritt in der Wachstumsgleichung einer Population (3.2.1.4) als Größe r auf; die Selektion wirkt als *r-Selektion*. In sehr stabilen Lebensräumen (naturnaher Wald) findet man hingegen Arten mit Populationen, die über lange Zeit konstant bleiben. Die Zahl der Individuen ist vor allem durch die Kapazität K des Lebensraums bestimmt und für die Erhaltung der Art ist in erster Linie die Konkurrenzfähigkeit entscheidend; die Selektion wirkt als *K-Selektion*. Vielfach zeigen Arten eines Lebensraums alle Übergänge von vorherrschender r-Selektion («Ausbreitungstypen») bis zu vorherrschender K-Selektion («Platzhaltertypen»); der jeweilige Typus lässt sich immer nur im Vergleich zu den anderen Arten in einem Lebensraum festlegen (vgl. 6.5.3). Bei Arten, die sich durch eine besonders hohe Widerstandsfähigkeit gegenüber vielen Stressfaktoren auszeichnet, wird manchmal von S-Selektion gesprochen.

16.2.4 Gendrift

Mit dem Faktor Gendrift (Allelendrift) trägt man den stets auftretenden Zufallsereignissen Rechnung. Der Zufall ist umso wirksamer, je kleiner eine Population ist. In sehr kleinen Populationen oder bei einer plötzlichen starken Abnahme der Populationsgröße können Allele unabhängig vom Selektionswert zufallsbedingt erhalten bleiben oder verloren gehen. Wenn anschließend die Populationsgröße wieder zunimmt, so erfolgt meist eine ausgeprägte transformierende Selektion. Dieser Vorgang dürfte für die Artbildung bei Blütenpflanzen, insbesondere in isolierten Lebensräumen, von erheblicher Bedeutung gewesen sein.

16.2.5 Aufspaltung von Genpools (genetische Separation)

Die Aufspaltung von Genpools oder «aufspaltende Evolution» führt zur Bildung neuer Arten aus einer Ausgangs- oder Stammart. Entscheidend ist (in der Regel) die Ausbildung einer Kreuzungsbarriere, die beim Zusammentreffen von Individuen der (Teil-)Populationen eine Entstehung fruchtbarer Nachkommen verhindert. Mit der Ausbildung der Kreuzungsbarriere infolge eines Mutationsschrittes ist die genetische Separation vollzogen.

Geographische Isolation: Der häufigste Fall einer Genpool-Spaltung beruht auf einer räumlichen Auftrennung der Population. Sie erfolgt entweder dadurch, dass eine nicht überwindbare Schranke entsteht (z. B. Bildung eines Meeresarms oder einer Wüste, Versumpfung oder Vereisung eines Gebiets) oder dadurch, dass isolierte Gebiete (z. B. Inseln) von wenigen Individuen einer Art besiedelt werden (z. B. über Samen, die durch den Wind auf die Insel gelangen oder durch vom Sturm dorthin verschlagene Vögel). Die wenigen «Gründerindividuen» bilden eine Population, in der anfangs Gendrift wirksam ist. Sie vermehren sich dann stark und die Evolution verläuft von jener der ursprünglichen Population völlig getrennt.

In allen Fällen geographischer Isolation werden in den getrennten Populationen unterschiedliche Mutationen eintreten und die Selektion wird etwas verschieden wirken. Es entstehen dadurch zunächst verschiedene Rassen oder Unterarten. Ist eine definitive Kreuzungsbarriere gebildet, so liegen getrennte Arten vor (allopatrische Artbildung). Gelangen diese Arten später infolge von Wanderungen in das gleiche Gebiet, so ist keine Vermischung mehr möglich. Die Ausbildung der Kreuzungsbarriere erfolgt in der Regel lokal; neue Arten entstehen kaum durch Veränderungen des Genpools einer großen Population einer Rasse. Die Kreuzungsbarriere entsteht eher zufällig und ist nicht von der Dauer der Isolation abhängig. So haben die Platanen-Arten Europas und des östlichen Nordamerikas trotz einer Trennung seit über 30 Millionen Jahren keine Barriere entwickelt und bilden deshalb fruchtbare Bastarde (die bei uns als Straßenbäume überall zu finden sind). Diese Arten bleiben nur deshalb getrennt, weil sie normalerweise geographisch voneinander isoliert sind. Nach genetischer Definition sind sie keine echten Arten.

Ökologische Isolation: Eine Auftrennung der Genpools ist auch als Folge der Besiedlung eines Biotops mit abweichenden Umweltverhältnissen möglich. Voraussetzung dafür ist, dass Mutationen erfolgt sind, die diese Besiedlung ermöglichen. Nach erfolgter genetischer Separation können solche Arten im gleichen geographischen Raum als vikariierende (sich gegenseitig je nach Standortbedingungen vertretende) Arten auftreten (z. B. *Rhododendron hirsutum* und *Rh. ferrugineum* in den Alpen, vgl. 12.4.5). Das Galmei-Veilchen (*Viola guestphalica*) besiedelt schwermetallhaltige Böden in Ost-Westfalen und bildete als isolierte Population eine eigene Art.

Genetische Isolation: Entsteht zunächst infolge einer Mutation eine Kreuzungsbarriere, sodass der Genaustausch mit anderen Individuen der Population nahezu oder völlig unterbunden wird, so spricht man von genetischer Isolation. Sie spielt bei der Evolution von Pflanzenarten eine wichtige Rolle. Aus einem einzigen mutierten Individuum kann nämlich durch vegetative Vermehrung eine ganze Population entstehen. Die Evolution einer neuen Art kann unter dieser Voraussetzung sogar im Lebensraum der Ausgangsart erfolgen (sympatrische Artbildung).

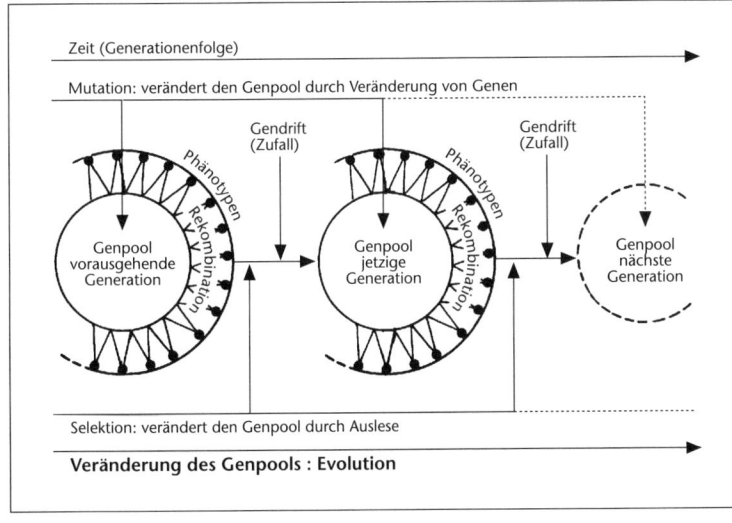

Abb. 16.3: Zusammenwirken von Evolutionsfaktoren, schematisch (nach Kull, verändert).

Eine genetische Isolation erfolgt bei Pflanzen vor allem durch Polyploidisierung; in vielen Pflanzengattungen gibt es daher polyploide und allopolyploide Arten (vgl. 8.5.5.3). Nach den Befunden der Cytogenetik dürften fast ein Drittel aller Angiospermen-Arten auf diesem Weg entstanden sein. Da Polyploide von jedem Gen mehr als zwei Allele besitzen, ist häufig die genetische Variabilität der Individuen größer und deshalb die Fähigkeit zur Anpassung an ungünstige Standorte stärker ausgeprägt. So ist es zu verstehen, dass im europäischen Raum der Anteil der Polyploiden in den Floren mit zunehmender geographischer Breite ansteigt (Algerien 38%, Mitteleuropa 50%, Spitzbergen 76%).

Introgression, ein Transfer von Genen einer Art in den Genpool einer anderen durch Hybridisierung infolge einer unvollständigen Kreuzungsbarriere (und nachfolgender Rückkreuzung) spielt nach molekularbiologischen Befunden für die Evolution von Kormophyten eine nennenswerte Rolle (hingegen vermutlich nicht bei Tieren).

16.3 Einige Prinzipien des Evolutionsvorgangs

Coevolution. Die Organismen sind durch eine Vielzahl ökologischer Beziehungen miteinander verknüpft. Daher muss sich jede evolutive Veränderung einer Art auf viele andere Arten auswirken, deren biotische Umwelt dadurch verändert wird, wodurch nun wieder bestimmte Evolutionsvorgänge bei diesen Arten begünstigt sind. Die hieraus resultierende Tendenz zu immer weiteren Evolutionsprozessen unter gegenseitiger ökologischer Anpassung von Arten wird als Coevolution bezeichnet. Evolution ist fast stets auch Coevolution.

Bildet z. B. eine Pflanzenpopulation vermehrt Alkaloide, so werden ihre Fressfeinde auf andere Futterpflanzen ausweichen. Die Zahl der alkaloidreichen Pflanzenindividuen steigt somit an. Entwickeln nun unter den Fressfeinden einige Individuen eine höhere Alkaloid-Verträglichkeit, so werden diese und ihre Nachkommen zum bevorzugten Herbivor der alkaloidreichen Pflanzen. Bei letzteren hat nun jede evolutive Veränderung, welche die Herbivoren wieder zurückdrängt (z. B. Bildung eines zusätzlichen Nebenalkaloids, das die Fressfeinde nicht vertragen), einen hohen Selektionsvorteil.

Interessante Fälle von Coevolution sind die Anpassungen zwischen den Blüten vieler Angiospermen und den bestäubenden Tieren (vgl. 7.2.9.2). Die besonderen Blütenanpassungen und Anpassungen von Insekten an bestimmte Blütentypen haben wesentlich zur Artenvielfalt der Angiospermen einerseits und verschiedener Insektenordnungen andererseits beigetragen.

Interdependenz und rudimentäre Organe. Alle Veränderungen in der Evolution müssen so erfolgen, dass die Organismen lebensfähig bleiben. Daher besteht eine Interdependenz (wechselseitige Abhängigkeit) zwischen den verschiedenen Organen. Aus dem gleichen Grund verbleiben vielfach Reste früherer Organisationsstufen (Baupläne), auch wenn diese gar nicht mehr erforderlich wären; sie sind dann rudimentär geworden. Manchmal sind sie besonders bei Jugend- oder früheren Entwicklungsstadien nachzuweisen. Dies ist der Kern der «biogenetischen Regel», wonach in der Ontogenese frühere Stadien der Phylogenese durchlaufen werden.

Unumkehrbarkeit der Evolution. Evolutionsabläufe sind in der Regel nicht umkehrbar. Frühere, aufgegebene Strukturen und Lebensformen können nicht durch eine Rückentwicklung wieder erreicht werden, sondern nur auf neuen Wegen.

Einige Algen sind durch Verlust der Plastiden farblos geworden. Dies kann kompensiert werden durch neue intrazelluläre Symbiosen mit Cyanobakterien (so bei den *Glaucophyta*) oder mit eukaryotischen Algenzellen (vgl. 4.2.2). Der Verlust des sekundären Dickenwachstums in einem frühen Stadium der Monocotylen-Evolution führte dazu, dass einige Arten später eine neue Form sekundären Dickenwachstums («anomales» Dickenwachstum, vgl. 6.2.4.5) entwickelten. Die an trockene Standorte angepassten Kakteen bilden keine Blätter mehr; bei Arten, die wieder an feuchtere Standorte übergegangen sind, wurden Sprosse blattartig ausgebildet (z. B. *Phyllocactus*) und ersetzen Blätter funktionell.

Konstruktive Notwendigkeiten. Die Materialeigenschaften und konstruktiven Möglichkeiten des Pflanzenkörpers («Sachzwänge») beeinflussen Evolutionsabläufe. Ein Baum, dessen Blatt- und Zweigmasse durch das Wachstum jährlich zunimmt, muss einen Stamm haben, dessen Tragleistung ansteigen kann (sekundäres Dickenwachstum!). Der Stamm kann daher nicht beliebig schlank sein; der Bautypus des Palmenstamms ohne ein sekundäres Dickenwachstum ist nur bei (weitgehend) unverzweigten Schopfbäumen möglich.

16.4 Transspezifische Evolution

Evolutionsvorgänge, die zur Bildung neuer Rassen und Arten führen, können unmittelbar beobachtet werden. Eine Evolution, die zu größeren Unterschieden und so zur Bildung höherer Taxa (neuer Familien, Reihen oder Klassen) führt, ist als ein langandauernder Vorgang nicht direkt zu beobachten. Eine große Zahl von Indizien ermöglicht es aber, diese transspezifische (über die Stufe der Species = Art hinausgehende) Evolution als eine Abfolge hintereinander geschalteter Artbildungsvorgänge zu beschreiben. Alle neuen Taxa müssen zuerst als neue Arten entstanden sein. In manchen Fällen verlaufen die Artbildungen in einer geologisch gesehen relativ kurzen Zeitspanne (von wenigen Millionen Jahren), sodass eine neue Gruppe höherer systematischer Ranges «plötzlich» und oft mit zahlreichen Arten in Erscheinung tritt.

16.4.1 Indizien für die transspezifische Evolution

Die zeitliche Extrapolation aufgrund des beobachteten Rassenwandels zeigt, dass in der Erdgeschichte hinreichend Zeit für die Entstehung neuer Formen zur Verfügung stand.

Manche Fossilien sind am einfachsten als Ausgangs- oder Frühformen einer Gruppe von Organismen zu deuten. So bilden Vertreter der ursprünglichen Nacktfarne (Psilophytina; nachgewiesen von Silur bis Ende Mitteldevon) die Stammgruppe der Kormophyten. Verschiedene Fossilreste sind als Übergangsformen zwischen den ursprünglichen Formen und den Gruppen der Bärlappartigen (Lycopodiophytina), Schachtelhalmen (Equisetopsida) und echten Farnen (Filicopsida) aufzufassen; die Grenze zwischen den Psilophyten und diesen Gruppen kann daher nicht scharf festgelegt werden. Genau das ist aber zu erwarten, wenn die neuen Organisationsformen der Bärlapp-Sprosse, Schachtelhalm-Wirtel und der Farne mit Wedelblättern durch allmähliche Umbildung der Ausgangsform(en) entstanden. Ursprüngliche Psilophyten (eine paraphyletische Gruppe; z. B. *Horneophyton* und *Aglaophyton* noch ohne echte Leitbündel; *Cooksonia*) zeigen neben Merkmalen der Ur-Landpflanzen auch noch solche ihrer phylogenetischen Vorläufer, die zu den Grünalgen im weiteren Sinne gehört haben müssen; so haben sie z. B. keine echten Wurzeln, gabelig verzweigte stielrunde Telome und so wenig entwickelte Festigungselemente, dass ein aufrechtes Wachstum nur bei partieller Stützung von außen durch umgebendes Wasser möglich war. Solche Zwischenformen werden oft als «Mosaiktypen» bezeichnet. Wären allerdings die ursprünglichen Psilophyten nicht Ahnen der Kormophyten geworden, sondern ohne Nachkommen ausgestorben, so würde man diese Formen systematisch als eine etwas abweichende Gruppe der Grünalgen ansehen.

Bei den Pflanzen sind unterschiedliche Evolution und Evolutionsgeschwindigkeiten einzelner Organe (Mosaikevolution) häufig. Nahe verwandte Arten haben sich so an verschiedene Umwelten angepasst. Der Übergang von holzigen zu krautigen Formen erfolgte bei den Blütenpflanzen vielfach, da es hierzu nur einer Verschiebung der Entwicklungsphasen bedurfte: entstehen bereits auf dem noch unverholzten ursprünglichen Jugendstadium Blüten und Früchte, so kann eine krautige Lebensform gebildet werden. Umgekehrt können aus nur schwach verholzten Stauden auch wieder große Sträucher und Bäume hervorgehen (K-Selektion). Bei Pflanzen spielt ferner die vegetative Vermehrung eine wichtige Rolle; sie kann in manchen Fällen dauernd überwiegen. Dadurch können viele Arten für sie ungünstige Bedingungen über lange Zeit (Jahrzehnte!) als dormantes Stadium (z. B. als noch lebende Wurzeln) überdauern.

16.4.2 Entstehung und Ausbreitung neuer Organisationsformen

Selektiv neutrale oder zunächst sogar schwach nachteilige Gene und Genkombinationen können bei Umweltänderung vorteilhaft werden oder sogar das Eindringen in einen neuen Lebensraum ermöglichen. Man spricht von

Präadaptation, weil die Möglichkeit zur Anpassung an andere Umweltverhältnisse schon im Genpool vorliegt. Präadaptationen können sich insbesondere in den Genpools diploider Arten akkumulieren, denn bei diesen werden rezessive Allele der Heterozygoten von der Selektion nicht erfasst. Im Genpool sind daher stets Allele vorhanden, die für weitere mögliche Anpassungen vorteilhaft sind. Entsteht nun eine bestimmte Allelenkombination, die eine andere Nutzung der Umwelt ermöglicht, so entgehen deren Träger weitgehend der Konkurrenz. Sie erzeugen also mehr Nachkommen, bei denen Mutationen, die sich in gleicher Richtung auswirken, zu Selektionsvorteilen führen. Infolge des Anwachsens der Populationen wird dann aber auch im neubesiedelten Lebensraum alsbald die Konkurrenz zunehmen. Dadurch wird eine Aufteilung des Lebensraums unter mehrere Populationen mit unterschiedlichen Anpassungen eintreten und dieser Vorgang wird sich fortsetzen, sodass mehrere Arten entstehen. Bei diesen geht nun aber der Aufteilungsprozess in gleicher Weise weiter: die ersten Arten werden zu den Ausgangsformen für eigene Evolutionslinien. Die Entstehung und frühe Evolution der Landpflanzen zeigt solche Vorgänge deutlich. Stets muss das Vorliegen von Präadaptationen als wichtige Voraussetzung derartiger Evolutionsabläufe angesehen werden. Wenn zahlreiche Arten rasch entstehen, die dann den neuen Lebensraum unter sich aufteilen, weil sie ihn in unterschiedlicher Weise nutzen, so spricht man von **adaptiver Radiation.**

Der Nachweis der Präadaptationen ist am einfachsten bei Mikroorganismen zu führen: ein schon klassisches Beispiel ist der **Fluktuationstest** von LURIA und DELBRÜCK (Abb. 16.4). Eine Bakterienkultur wird in zwei gleiche Ansätze mit je etwa 1000 Bakterien geteilt. Die eine Hälfte wird weiter auf 50 Kulturgefäße aufgeteilt, die andere bleibt ungeteilt. Nach einer Vermehrungsphase bringt man den Inhalt der kleinen Kulturen jeweils auf Agarplatten mit einem Antibiotikum aus und den Inhalt der großen Kontrollkultur verteilt man auf die gleiche Anzahl von Platten mit demselben Antibiotikum. Nur antibiotikumresistente Bakterien können Kolonien auf den Platten bilden. Bei den kleinen Kulturen findet man eine stark schwankende (fluktuierende) Zahl solcher Kolonien, weil einige der entsprechenden Kulturen nur wenige oder gar keine resistenten Individuen enthielten. Aus der Kontrollkultur erhält man auf allen Platten im Durchschnitt gleich viele Kolonien. Hätte erst das Antibiotikum die Bildung der resistenten Formen induziert, so müssten diese überall in ungefähr glei-

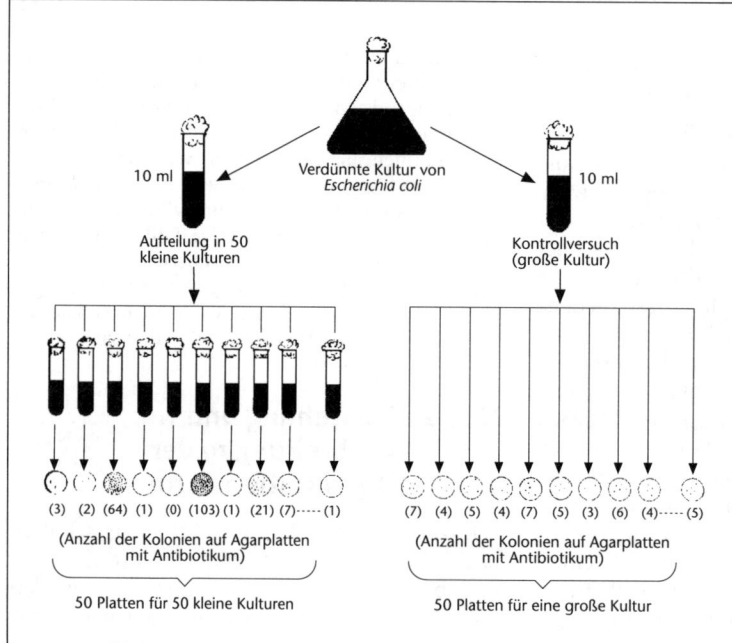

Abb. 16.4: Nachweis der Präadaptation (Anwesenheit resistenter Bakterien von Versuchsbeginn an), im Fluktationstest von LURIA und DELBRÜCK (nach KULL).

cher Zahl auftreten. Wenn hingegen die Mutanten schon vorher da waren, so ist deren Verteilung auf die 50 kleinen Kulturen dem Zufall überlassen.

Für die Praxis zeigt der Test, dass sich bei Bakterien bei entsprechender Wirkung der Selektion (Gegenwart des Antibiotikums) resistente Stämme rasch durchsetzen können, weil die Resistenz präadaptiv vorhanden ist.

Wie oben erwähnt, werden nachteilige rezessive Allele bei Heterozygoten häufig von der Selektion nicht erfasst und bleiben daher im Genpool über viele Generationen erhalten. Aus diesen Gründen sind evolutive Anpassungsfähigkeit und Evolutionsgeschwindigkeit bei Diploiden in der Regel höher. Im Verlauf der Evolution der Pflanzen wurde deshalb in den Generationswechseln die diploide Phase zunehmend wichtiger; dies lässt sich in den Evolutionslinien der Braunalgen, der Grünalgen/Landpflanzen und der Pilze (hier als Dikaryophase) feststellen (vgl. 7.1.3.3).

Im Genpool einer ganzen Population kann die Zahl der Allele eines Gens infolge vielfacher Abwandlungen durch unterschiedliche Mutationen sehr groß werden. Daher können viele Genkombinationen «durchprobiert» werden; andererseits aber liegen viele schwach nachteilige Allele vor. Sie bilden die «genetische Bürde» (*genetic load*) der Population, weil sie den optimalen Anpassungszustand der Population an die augenblicklichen Umweltbedingungen verhindern. Als das genetische Reservoir, dem die Präadaptationen entstammen, ist die genetische Bürde aber Voraussetzung dafür, dass sich die Populationen an veränderte Umweltbedingungen anpassen können.

Größere Veränderungen im Bau der Organismen erfolgen häufig unter **Funktionswechsel**. Dabei übernimmt eine Struktur zunächst eine zusätzliche Aufgabe. So entsteht eine «Mehrfachfunktion»; die zweite Aufgabe wird dann vorherrschend und löst die ursprüngliche Funktion schließlich ab. Bei jedem Funktionswechsel werden die vorhandenen Bauelemente genutzt und die augenblickliche Funktion (bzw. mehrere Funktionen!) wird weitgehend optimiert. Es erfolgt keine Umbildung auf ein vorgegebenes Ziel hin; der Evolutionsvorgang verläuft opportunistisch, nicht teleologisch!

Eine verbesserte Nutzung der Umwelt und dadurch eine verringerte Konkurrenz wird häufig durch die Ausbildung von **Symbiosen** erreicht. Als Beispiele wurden die Entstehung der Eukaryotenzelle (Endosymbionten-Theorie; vgl. 3.4) und die zahlreiche Blütenpflanzen wichtige Mykorrhiza (vgl. 13.3.3) dargestellt. In der Gruppe der Chromista liegen Symbiosesysteme zwischen einer eukaryotischen farblosen Wirtszelle und einer als Endosymbiont aufgenommenen autotrophen (plastidenhaltigen) Eukaryotenzelle vor (vgl. 4.2.2). Leguminosen vermögen durch die Symbiose mit Knöllchenbakterien (vgl. 11.3.1.1) auf N-freien Böden zu wachsen. Die riffbildenden Korallen benötigen Algensymbionten aus der Gruppe der Dinophyta, um ihr Kalkskelett aufbauen zu können. Die Riffbildung ist ihrerseits wiederum Voraussetzung für die Entstehung des komplexen Ökosystems «Korallenriff».

In der Evolution der Tiere haben mehrfach in der Erdgeschichte Vorgänge eines Massen-Aussterbens (**Massen-Extinktion**) Platz für eine rasche Evolution neuer Organismengruppen gemacht. So hätte die ausgeprägte Evolution der Säugetiere im frühen Tertiär ohne das Aussterben der Großreptilien am Ende der Kreidezeit vermutlich nicht stattgefunden. Bei den Pflanzen sind Massenaussterben infolge ihrer Fähigkeit zur vegetativen Vermehrung und eines langen Überlebens im dormanten Zustand (Diasporen-Bank im Boden) nicht in größerem Ausmaß eingetreten. Es gibt bei den Pflanzen auch eine beträchtliche Anzahl «lebender Fossilien». Darunter versteht man Formen, die unter ziemlich konstant gebliebener Umwelt über lange geologische Zeiträume hinweg keine Gestaltveränderung erfahren haben (z. B. *Ginkgo*, *Metasequoia*, Cycadeen, auch verschiedene Algen).

16.4.3 Anagenese (Höherentwicklung)

Konkurrenzvermeidung durch Besiedlung abweichender oder neuer Lebensräume ist ein wichtiger Faktor der transspezifischen Evolution. Dieser Vorgang führt aufgrund der Gesetzmäßigkeiten der Evolution auch zur Entstehung komplexerer Organisationsformen; ein Prozeß, den man als Anagenese (oder Höherentwicklung) bezeichnet. Betrachten wir die Evolution der Landpflanzen: schon die unter partieller Wasserbedeckung an der Küste gewachsenen ersten Nacktfarne entgingen durch Besiedelung dieses Lebensraumes der Konkurrenz und hatten dadurch einen Selektionsvorteil. Sie hatten aber auch Nachteile: es mussten Festigungsgewebe zum Erreichen von Eigenstabilität und eine Cuticula zur Verhinderung zu starker Wasserverluste ausgebildet werden. Ein Teil des photosynthetischen Stoffgewinns war dafür aufzuwenden; dies war möglich, weil es an den neubesiedelten Standorten noch keine Konkurrenz gab. Mit dem endgültigen Übergang aufs feste

Land musste ein Wurzelsystem zur Wasseraufnahme, ein Leitgewebe und eine gute Regulation der Spaltöffnungen hinzukommen. Auch dafür war Energie erforderlich.

Nach der Besiedlung des Landes entstand eine Konkurrenz zwischen verschiedenen Landpflanzen und damit wurde eine Anpassung an immer trockenere Standorte begünstigt. Schon früh bildeten sich bei den Pteridophyten verschiedene Wuchsformen und später wiederholte sich dies bei den Angiospermen in größerem Ausmaß. Bei den verschiedenen Gruppen der Pteridophyten entstanden mehrfach getrennt baumartige Organisationstypen. Bei diesen muss viel Energie in den Aufbau der tragenden und selbst nicht produktiven Masse investiert werden, aber es steht dafür ein großer, vorher nicht nutzbarer Raum zum Energiegewinn durch die Photosynthese der Blätter zur Verfügung.

Die Entstehung der höher organisierten, komplexen Formen führte aber nicht zum völligen Aussterben der einfacheren, weil einfacher organisierte vielfach andere Anforderungen an die Umwelt stellen und die Konkurrenz zwischen ihnen und den komplexeren nicht total ist. Allerdings verändern sich die einfacher gebauten Organismen auch oder werden auf spezielle Lebensräume zurückgedrängt (so z. B. viele Archaea).

Bei der Anagenese musste die Menge (und auch der Wert!) der genetischen Information zunehmen, da die Codierung komplexer Strukturen mehr Information erfordert. Bakterien besitzen $< 10^6 - 10^7$ Nucleotidpaare, Wirbeltiere um 10^9 Nucleotidpaare je (haploides) Genom; bei Kormophyten schwankt die Genomgröße sehr stark (von weniger als 10^8 bis über 10^{11} Nucleotidpaare; vgl. Tab. 3-2). Diese starke Schwankung geht auf eine hohe Redundanz der genetischen Information und die Anhäufung nicht informationstragender repetitiver Sequenzen zurück; darin ist die Zunahme der Informationsmenge «versteckt». Der Anstieg der genetischen Information und ihres Wertes muss auf die Abwandlung der DNA durch die Mutationen zurückzuführen sein. Die Zunahme der Menge erfolgt wohl in erster Linie durch eine Vermehrung von Nucleotidsequenzen infolge fehlerhafter Rekombinationen (Abb. 16.5). Verdoppelte Sequenzen sind dann Ausgangsmaterial für vielerlei Veränderungen. Wenn die Sequenzen nicht abgelesen werden, unterliegen sie auch nicht der Selektion.

Die molekulare Evolutionsforschung prüft die Nucleotidsequenz von Genen auf Homologie. Bei homologen Genen kann man die Übereinstimmung in Prozent Sequenzidentität angeben. Man muss unterscheiden zwischen

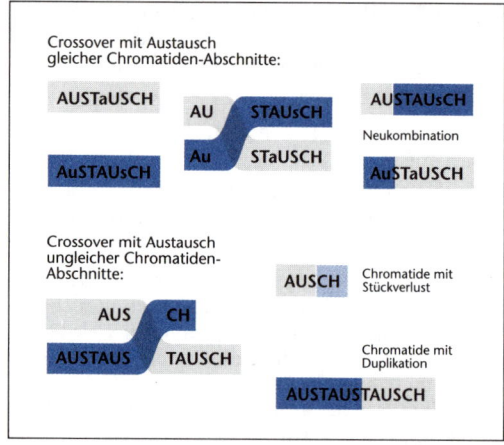

Abb. 16.5: Verdoppelung eines Chromosomenabschnitts durch ungleiches (nichthomologes) Crossover als Modell der Duplikation von Genabschnitten, Genen oder Gengruppen.

- Homologie eines untersuchten Gens bei verschiedenen Arten: Orthologie
- Homologie in einer Genfamilie, die durch Genduplikation(en) eines Ausgangsgens entstanden ist (auch innerhalb einer Art): Paralogie.

Wenn in einem Taxon bei einigen Arten die homologen Gene ortholog sind, bei anderen Arten aber ursprünglich paraloge Gene eine entsprechende Funktion übernommen haben, ist dies nicht ohne weiteres zu erkennen und kann zu Fehlern in Stammbäumen führen.

Befunde der molekularen Evolutionsforschung können von Ergebnissen der klassischen Homologie-Forschung auch abweichen, weil Mutationen in wenigen Entwicklungsgenen (morphogenetischen Genen; z. B. der Blüte, vgl. 14.5.2.5) große Effekte auf die Gestaltbildung haben, so dass z. B. eine molekularbiologisch nicht gerechtfertigte Einordnung in eine andere Gattung erfolgt.

Bei den meisten Mutationen bleibt der Informationswert konstant oder nimmt ab (es entsteht etwas «Schlechteres»), gelegentlich aber steigt er an. Dies führt dazu, dass nun ein neues «bestes» System vorliegt, an dem die anderen gemessen werden und das sich nun auf Kosten auch der vorher bestangepassten Individuen vermehrt. Nach dem Prinzip: «Das Bessere ist des Guten Feind» läuft dieser **Optimierungsvorgang** immer weiter. Die «schlechteren» Individuen fallen zu größeren Anteilen durch das Sieb der Selektion, die «besseren» bilden somit bevorzugt das Ausgangsmaterial für den nächsten Evolutionsschritt, der mit einer erneuten Wert-Zunahme der genetischen Information einhergeht. So können sich im Einzelfall unwahrscheinliche Vorgänge manifestieren und werden fortgesetzt aneinander gereiht, während die viel häufigeren Vorgänge eines Verlustes wertvoller Information durch die Selektion ausgesiebt werden. So kommt es über zahllose kleine Evolutionsschritte zum «Turmbau der Unwahrscheinlichkeit», der Entstehung höchst komplexer Lebensformen.

16.5 Entstehung des Lebens und Evolution des Pflanzenreiches

16.5.1 Entstehung des Lebens auf der Erde (Biogenese)

16.5.1.1 Chemische Evolution

Die erste feste Erdkruste dürfte vor ungefähr 4,5 Milliarden Jahren entstanden sein; die ältesten bekannten Fossilien haben ein Alter von etwa 3,5 Milliarden Jahren. Bis vor etwa 4,1 Milliarden Jahren verhinderte das fortgesetzte Auftreffen von Großmeteoriten einen Evolutionsprozess. Für die Entstehung des Lebens steht also ein Zeitraum von 500–600 Millionen Jahren zur Verfügung – so lange wie die Dauer der Erdgeschichte seit dem Kambrium (Phanerozoikum). Hinweise auf die Entstehung und frühe Evolution der Lebewesen erhielt man aus Experimenten unter den Bedingungen der damaligen Erdatmosphäre (Simulationsexperimente), aus Erkenntnissen der Molekularbiologie und aus dem Wissen über Strukturen und Stoffwechselvorgänge der verschiedenen Prokaryoten. Dazu kommen die Fossilreste aus dem Präkambrium. Diese geologische Epoche umfasst etwa 5/6 der ganzen Erdgeschichte; sie endet mit dem reichlichen Auftreten von Vielzellern vor etwa 543 Millionen Jahren (Beginn des Kambriums).

Die Atmosphäre, die nach Entstehung der Erde für lange Zeit stabil war, enthielt keinen freien Sauerstoff. Das zeigen damals gebildete Mineralien, in denen kein oxidiertes Eisen oder Uran vorkommt. Ein Vergleich mit den Atmosphären unserer Nachbarplaneten bestätigt dies; es lag eine Atmosphäre vor mit reichlich Kohlendioxid und Wasserdampf, ferner Stickstoff, Kohlenmonoxid sowie Ammoniak, Schwefelwasserstoff und Methan. Der bei der Bildung der Erde vorhandene Wasserstoff entwich rasch in den Weltraum. Nach der Bildung von flüssigem Wasser lagen im Urozean gelöst Phosphat-, Silikat- und Metallionen vor. Zwischen den einzelnen Komponenten fanden vor allem in der Gasphase Reaktionen statt. Als Energiequellen dienten die Sonnenstrahlung, elektrische Entladungen (Gewitter), die Strahlung der radioaktiven Isotope und vulkanische Erscheinungen. In der Atmosphäre entstanden so viele verschiedene organische Verbindungen, die dann auch in die Urozeane gelangten. In zahlreichen Simulationsexperimenten wurde gezeigt, dass sich vielerlei Aminosäuren, Nucleotidbausteine, Carbonsäuren und Zucker bilden konnten. In den Meeren lagen organische Stoffe in Lösung vor; da sie metastabil sind, wurden sie aber auch fortlaufend abgebaut. Eine höhere Konzentrierung («Ursuppe») ist daher unwahrscheinlich. Nur an absorbierenden Oberflächen von Tonmineralien und anderen Kristallen konnten Synthesevorgänge überwiegen («Urpizza»).

Geeignet sind insbesondere Kristalle, an deren Oberfläche unter den Verhältnissen der Urozeane durch chemische Reaktionen Energie freigesetzt werden konnte. Dies ist unter anaeroben Bedingungen bei Gegenwart von Schwefelwasserstoff an Pyrit möglich (Wächtershäuser-Modell). (Schwefelwasserstoff entsteht im Tiefseevulkanismus an den mittelozeanischen Schwellen auch heute und ist dort Energiequelle für chemosynthetische Bakterien). Durch Umsetzung von FeS zu Pyrit wurden Reduktionsäquivalente verfügbar, die einer CO_2-Reduktion zu Carbonsäuren dienen konnten. Mit Ammoniak entstanden auch Aminosäuren. So kommt an Pyritoberflächen ein «Protometabolismus» in Gang. Weitere Reaktionen konnten Fettsäuren liefern, die sich dann in einer «Membran» anordneten. So entstanden an den Kristalloberflächen oder um Pyritkriställchen herum membranbegrenzte Reaktionsräume, in denen die Konzentration organischer Stoffe anstieg. Pyritoberflächen adsorbieren vor allem organische Verbindungen mit negativer Ladung; dadurch kamen auch Kondensationsreaktionen unter Bildung von **Makromolekülen** zustande. Nach diesem Modell ist also der Stoffwechsel älter als das Leben; er beginnt in einer Eisen-Schwefel-Welt mit einer früh entstandenen Autotrophie. Viele sehr alte Enzyme und Redoxsysteme nutzen bis heute Eisen und Schwefel (z. B. Ferredoxin, CoA).

Für die Entstehung der Stereospezifität der Moleküle gibt es hypothetische Vorstellungen; dabei ist letztlich das Prinzip der Nichterhaltung der Parität im atomaren Bereich bestimmend. Es wirkt sich über Strahlung auf die Stabilität von Molekülen aus (Verstärker-Effekt).

In den membranumschlossenen Räumen entstanden vermutlich vielerlei Polymere aus Aminosäuren. Solche kann man auch experimentell unter verschiedenen Bedingungen herstellen; dabei ist die Verknüpfung vorwiegend peptidisch. Unter diesen «Proteinoiden» gibt es solche mit katalytischen Wirksamkeiten, die allerdings gegenüber den Leistungen von Enzymen aus Lebewesen viel geringer sind. Aus Nucleotiden (anfangs vielleicht nur Purinnucleotide, da nur diese leicht abiotisch entstehen) wurden Oligonucleotide unterschiedlicher Zusammensetzung und Struktur gebildet. Manche davon konnten sich durch nichtenzymatische Replikation vermehren und dann durch kovalente Verknüpfung von mehreren Oligonucleotiden auch verlängern.

16.5.1.2 Von Makromolekülen zu Protobionten

Entscheidend für die weitere Evolution ist der Erwerb der Fähigkeit zur identischen Replikation ganzer Einheiten. Diese setzt voraus, dass sich ein informationstragendes System bildete. Nur dadurch kann das einmal Erreichte bewahrt und an Nachkommen weitergegeben (vererbt) werden. Auch sind in einem informationstragenden System gelegentlich Veränderungen («Mutationen») möglich, sodass Neues – unter Umständen mit günstigeren Eigenschaften – entsteht. Das System muss außerdem verknüpft sein mit einem primitiven Stoffwechsel, denn nur auf diese Weise können aus der Umgebung Stoffe aufgenommen und umgesetzt werden, sodass Bausteine und Energie für die Selbsterhaltung und Selbstvermehrung zur Verfügung stehen. Ein System, das als Vorstufe eines Lebewesens (einer Zelle) angesehen werden kann, muss also die Eigenschaften der **Selbstvermehrung**, des **Stoffwechsels** und der **Mutabilität** aufweisen.

Unter der Vielzahl gebildeter Oligonucleotide waren diejenigen bevorzugt, die ihre eigene Replikation katalysieren konnten. An einem Strang lagerten sich komplementäre Nucleotide an und wurden durch die Katalyse zu einem neuen Strang verknüpft. Diese Oligonucleotide konnten sich also vermehren und dabei immer mehr Nucleotidbausteine an sich ziehen. Durch diese Selektion zwischen Molekülen wurde der Übergang von einer «prä-RNA-Welt» (mit Oligonucleotiden verschiedener Strukturen) zu einer **RNA-Welt** vollzogen. Die Existenz von Ribozymen (vgl. 8.6), die heute noch in Lebewesen als «molekulare Fossilien» auftreten, belegt katalytische Funktionen von RNA. Auch sind viele Coenzyme Ribonucleotide (CoA, NAD, FMN). In Experimenten künstlich selektionierte RNA-Moleküle können eine RNA-Replikation katalysieren. In der RNA-Welt lagen zunächst RNA-Moleküle von 50–100 Nucleotiden vor. Sie waren Informationsträger und konnten enzymatische Funktionen haben; dabei war auch Arbeitsteilung möglich. Da die Replikation häufig fehlerhaft verlief, erzeugte ein Molekül immer wieder neue Varianten (Mutanten), mit denen es dann selbst in Wettbewerb trat, sodass Selektion wirksam wurde. Man spricht von Quasi-Spezies-Verteilung, weil sie jener der DNA in einem Genpool entspricht. Einen hohen Selektionsvorteil hatte die Evolution einer von der RNA abhängigen Peptidsynthese, denn erst dadurch wurde sichergestellt, dass stets gleichartige Peptide/Proteine als Katalysatoren vorhanden waren. Dass bis heute bei der Proteinsynthese im Ribosom RNA-Moleküle entscheidende katalytische Funktionen haben, belegt diesen Evolutionsschritt. Es entstand ein zunächst sicher ungenauer genetischer Code, der dann ebenso wie der Translationsvorgang fortlaufend verbessert wurde. Die gebildeten Peptide bzw. Proteine erwiesen sich als anpassungfähigere Katalysatoren; die Reaktionen des Protometabolismus blieben erhalten und wurden zum Metabolismus.

Durch die Arbeitsteilung zwischen RNA-Molekülen als Informationsträgern und Proteinen als Katalysatoren entstand die **RNA-Protein-Welt** mit einem rückgekoppelten Reaktionszyklus: RNA-Moleküle katalysierten die Bildung von Proteinen, und unter diesen waren solche, die eine Replikation der RNA katalysierten. Ein derartiges Zusammenwirken von Nucleinsäure-Replikation und Proteinsynthese wurde von EIGEN als **Hyperzyklus** bezeichnet. Eine Verbesserung im Hyperzyklus führt zwangsläufig zu einem Selektionsvorteil.

Im Verlauf dieser Entwicklung wurden die membranumschlossenen Einheiten von den Pyritkriställchen unabhängig. Zwischen den Einheiten kam es zur Konkurrenz und damit zur Selektion zwischen morphologischen Einheiten, die nun als **Protobionten** zu bezeichnen sind.

In einem weiteren Evolutionsschritt wurde DNA zum Informationsträger (DNA ist chemisch stabiler als RNA) und die RNA hauptsächlich auf eine Vermittler-Funktion beschränkt.

Vergleichende Untersuchungen zeigen, dass alle Lebewesen der Erde bestimmte Grundmerkmale des Stoffwechsels gemeinsam haben: Gene sind stets DNA-Sequenzen; Proteine katalysieren als Enzyme den Stoffwechsel aller Zellen; als rasch verfügbare Energiequelle wird ATP verwendet. Die Synthese der RNA und der Proteine, die Prinzipien der ATP-Bildung und andere grundlegende Stoffwechselvorgänge sind in allen Organismen gleichartig. Dies zeigt, dass alle Organismen einen gemeinsamen Ursprung haben, also auf einen bestimmten Typus von Protobionten zurückgehen. Dieser **Cenancestor** (letzter gemeinsamer Vorfahr aller heutigen Organismen) war prokaryotisch, wahrscheinlich hyperthermophil und vermutlich chemoautotroph.

16.5.2 Evolution des Stoffwechsels

Energiequelle für die Protobionten waren zunächst wohl die erwähnten Reaktionen unter Nutzung von H_2S; die ersten Organismen waren chemoautotroph. Außerdem konnten die örtlich gebildeten organischen Verbindungen in Protobionten abgebaut werden. Schon früh muss das ATP-System als Energielieferant für den Zellstoffwechsel entstanden sein. Die anfängliche Lipidmembran war weitgehend protonendicht und ermöglichte auch keinen Ionentransport. Daher mußten Transportsysteme entstehen, die einen Protonengradienten zur ATP-Bildung nutzten und umgekehrt ATP zum Ionentransport. Für thermophile Prokaryoten an heißen H_2S-Quellen war die Wahrnehmung der Wärmestrahlung wichtig. Dafür sind Pigmente vorteilhaft (heutige Bacteriochlorophylle absorbieren bis fast 900 nm!), die sich dann auch als geeignet zur Nutzung von Lichtenergie erwiesen. Es entstand eine fakultative Photosynthese mit H_2S als Elektronendonator. Verschiedene Organismengruppen entwickelten unterschiedliche Reaktionszentren. Eine Zusammenschaltung der beiden Reaktionszentren nach genetischer Fusion ermöglichte eine Photosynthese mit Wasserspaltung, die infolge der beliebigen Verfügbarkeit des Wassers einen hohen Selektionsvorteil hatte. Damit setzte vor mehr als 2,5 Milliarden Jahren die Bildung von Sauerstoff ein. Dieser wurde anfangs durch die Bildung von sauerstoffreichen Mineralien (z. B. von Fe^{3+}) gebunden, dann begann er sich im Wasser (zunächst in der Umgebung von O_2-produzierenden Zellen) und schließlich in der Atmosphäre anzusammeln.

Da viele der zunächst vorhandenen Organismen an die Gegenwart von freiem Sauerstoff (einem reaktionsfähigen Molekül!) nicht angepasst waren, hatte dies auf die weitere Evolution einen großen Einfluss. Vermutlich starben viele Arten aus. In der Zeit, in der die Sauerstoffkonzentration gering blieb, konnten sich aber in einer Anzahl von Organismen Entgiftungssysteme für O_2 und dessen partielle Reduktionsprodukte (O_2^-, O_2^{2-}) entwickeln und solche Lebewesen konnten dann den Sauerstoff im Vorgang der Zellatmung sogar zum Energiegewinn nutzen. Sauerstoff-Entgiftungssysteme sind aber bis heute in jeder Zelle vorhanden, und auch als Stress-Signal ist Sauerstoff von Bedeutung (vgl. 14.4.6). Mit dem Auftreten des freien Sauerstoffs veränderten sich die Möglichkeiten des Energiestoffwechsels grundlegend: am energieärmsten waren von nun an oxidierte Stoffe. Die Zellatmung ermöglichte heterotrophen Zellen bzw. Organismen einen hohen Energiegewinn. Die obligaten Anaerobier wurden auf wenige Lebensräume zurückgedrängt. Da die Stickstoff-Fixierung nur unter Sauerstoff-Ausschluss arbeitet, mussten sich die N_2-Fixierer durch besondere Schutzmechanismen hieran anpassen (z. B. Bildung der dickwandigen Heterocysten, vgl. 11.3.1.1).

16.5.3 Evolution des Pflanzenreichs

Die Fossilreste des Präkambriums zeigen, dass es über lange Zeit nur Prokaryoten gab. Deren Evolution verlief sehr langsam (Fehlen von Sexualität). Erst vor etwa 1,5–1,3 Milliarden Jahren tauchen Formen auf, die man aufgrund der Zellgröße und -gestalt als eukaryotische Algen ansieht. Mehrzellige Rotalgen und Grünalgen sind ab etwa 900 Millionen Jahren nachgewiesen. (Zur Entstehung der Eukaryoten-Zelle vgl. 3.4 sowie 4.1). Mit der Evolution der Sexualität erfolgte fortgesetzte genetische Rekombination und der Evolutionsprozess wurde dadurch erheblich beschleunigt. Vor etwa 545/530 Millionen Jahren setzt die Entfaltung eines reichen Pflanzen- und Tierlebens ein, mit der man das Phanerozoikum beginnen lässt.

Solange es nur Prokaryoten gab, konnten sich nur ganz einfache Räuber-Beute-Systeme (mit räuberischen Bakterien) bilden. Viele der Cyanobakterien wuchsen zu vergleichsweise großen Zellfäden heran; sie wurden von anderen Bakterien nicht gefressen und ihre organische Substanz wurde erst nach ihrem Tod über die Destruenten (Bakterien) wieder in den Stoffwechsel eingeschleust. Mit dem Auftreten heterotropher einzelliger Eukaryoten wurden die Ökosysteme komplizierter: nun gab es echte Herbivore, die teils freischwebende Cyanobakterien verzehrten, teils festsitzende Rasen abweideten. Infolge dieser unterschiedlichen Ernährungsweise wurde die Evolution heterotropher Eukaryoten in verschiedenen Richtungen gelenkt: neben freischwimmenden begeißelten Formen entstanden amöboid bewegliche. Nun ist die Evolution von Arten eines trophischen Niveaus durch den Selektionsdruck mitbestimmt, der durch die Fressfeinde ausgeübt wird. Die Artbildung bei den Heterotrophen muss sich also auf die Artbildung bei den Autotrophen auswirken. Als autotrophe Eukaryoten entstanden die verschiedenen Algengruppen. Bei diesen traten neben den gut beweglichen begeißelten Formen früh Organisationsformen mit festen Zellwänden und damit höherer Stabilität (capsale Organisation) auf (vgl. 4.1.1).

Unter den heterotrophen Einzellern entstanden echte Räuber. Bei diesen hatte eine Größenzunahme einen beträchtlichen Selektionsvorteil; sie konnten dadurch größere Nahrungsbrocken (Beuteorganismen) aufnehmen. Es entstanden vielzellige Tiere. Deren Auftreten musste wiederum den Selektionsdruck bei den Algen erhöhen und vielzelligen Formen einen Vorteil bringen, so dass diese in mehreren Evolutionslinien große Bedeutung gewannen.

Die Zahl der Stoffwechselvorgänge ist bei den Vielzellern nicht viel größer als bei Einzellern. Hingegen wird die Regulation der Entwicklung (Differenzierungsprogramm) komplizierter und daher werden immer umfangreichere regulatorische DNA-Bereiche erforderlich. Alle Kormophyten besitzen z. B. MADS-Box-Gene (vgl. 14.5.2.5) zur Regulation der Entwicklung.

Im Kambrium und Ordovizium war die Pflanzenwelt auf das Wasser beschränkt. Auf dem Festland gab es aber an zeitweilig feuchten Orten Prokaryoten, vor allem Cyanobakterien. Im Silur (440-410 Mill. Jahre) erschienen die ersten Landpflanzen (vgl. 4.1.2), die in der paraphyletischen Gruppe Psilophyten (Nacktfarne) zusammengefasst werden. Sie waren zunächst sehr klein und nur durch den Turgor stabilisiert; sehr bald entstand aber Festigungsgewebe. Gegen Ende des Silurs tauchen ursprüngliche Vertreter der Gruppe *Lyco(podio)phytina* auf, zu denen wohl *Cooksonia* gehört, und parallel dazu erste Vertreter der *Euphyllophytina* (bei denen Blättchen aus Telomenden entstehen), die sich zu Schachtelhalmen mit Mikrophyllen und Farnen mit Makrophyllen entwickeln. In allen Gruppen erfolgte adaptive Radiation (vgl. 16.4.1). Bis gegen Ende des Unterdevons blieben die Pflanzen klein. Mit der Ausbreitung der Pflanzendecke über das Festland sank der CO_2-Gehalt der Atmosphäre ab; die CO_2-Aufnahme wurde durch die Ausbildung größerer Blattflächen der Makrophylle gesichert. Ab Mitteldevon entstanden unter geeigneten klimatischen Bedingungen in stabilen Lebensräumen (sodass sich K-Strategen entwickeln konnten!) bei den verschiedenen Gruppen etwa gleichzeitig Bäume. Baumförmig waren auch die Progymnospermen im Oberdevon (Vorfahren der Gymnospermen, hierzu *Archaeopteris*). Die Gymnospermen trennten sich früh in mindestens zwei getrennte Evolutionslinien auf. Im Karbon sind sie vor allem durch die Pteridospermen (Samenfarne, *Lyginopteridopsida*) vertreten, unter denen auch Lianen waren. Im Karbon lag Mitteleuropa im tropischen Klimagürtel, sodass hier die Steinkohlenwälder üppig gediehen, viel C als Kohle festgelegt wurde und sich so die CO_2-Abnahme der Atmosphäre fortsetzte. Dies führte zu einer globalen Abkühlung, und auf der Südhalbkugel kam es im Oberkarbon zu Vereisungen (permokarbone Eiszeit). Im tropischen Steinkohlenwald vegetationsbestimmend waren Bäume aus der Bärlapp-Verwandtschaft (*Sigillaria* = Siegelbäume; *Lepidodendron* = Schuppenbäume) und die Klasse der Schachtelhalme (*Calamites*). Die Bärlapp-Bäume hatten einen geringen Xylem- und großen Rinden-Anteil («Rindenbäume») und wuchsen vermutlich rasch.

Im Perm kam es durch die Bewegung der kontinentalen Platten zur Ausbildung einer einheitlichen Landmasse Pangäa. Dadurch wurden die Verhältnisse in weiten Gebieten arid. Dementsprechend hatten nun die Gymnospermen einen Selektionsvorteil, da bei ihnen der kleine empfindliche Gametophyt seine Selbständigkeit verloren hatte und die Befruchtung nicht mehr unter Mitwirkung von atmosphärischem Wasser stattfindet (vgl. 7.1.3.4 u. 7.2.4). Da die gametophytische Generation getrenntgeschlechtlich ist, muss eine Verbreitung der Pollenkörner vom Bildungsort bis in die Nähe des weiblichen Gametophyten stattfinden: dieser Vorgang der Bestäubung geht nunmehr der Befruchtung voraus. Im Perm erscheinen auch die ersten Pflanzen mit Tracheen, offenbar als Anpassung des Wasserleitgewebes an die ariden Bedingungen. Viele Farnpflanzen starben aus; die Vegetation änderte ihr Gesicht. Man lässt daher im Perm das Mesophytikum (Zeit der Gymnospermen-Vorherrschaft) beginnen, welches das Paläophytikum (Zeit der Farnpflanzen) ablöst.

Die Entwicklung der Vegetation belegt, dass für den Evolutionsprozess im Großen entschei-

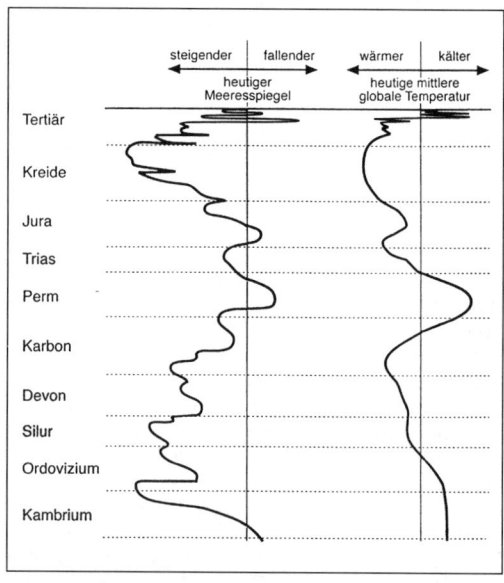

Abb. 16.6: Meeresspiegelschwankungen und globale Temperaturveränderungen im Verlaufe des Phanerozoikums (nach SEYFRIED u.a.)

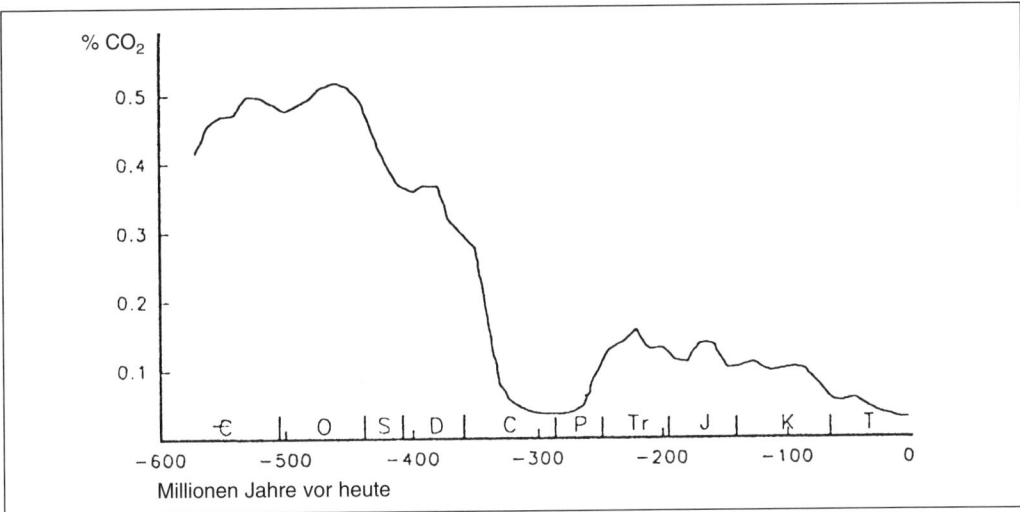

Abb. 16.7: Veränderungen des CO_2-Gehaltes der Erdatmosphäre im Verlaufe des Phanerozoikums. Die Perioden der Erdgeschichte sind durch Buchstaben angegeben (vgl. Abb. 16.6; $\u20ac$ = Kambrium, C = Karbon) (aus GRAHAM u.a.)

dende Faktoren sind: Plattenbewegungen (globale Tektonik), Meeresspiegelschwankungen, globale Temperaturverhältnisse und CO_2-Gehalt der Atmosphäre; wobei diese Faktoren wechselweise voneinander abhängig sind (Abb. 16.6 u. 16.7).

In der Trias tauchen die ersten Benettiteen auf. Diese Gymnospermen mit Zwitterblüten werden als Schwestergruppe der Angiospermen angesehen. Daher müssen gleichzeitig deren Vorfahren entstanden sein; sie sind allerdings bisher nicht durch Fossilien belegt. Solche tauchen erst ab Unterkreide auf. Die ältesten bekannten Angiospermen waren kleine, wenig verholzte und krautige Formen an feuchten Orten und hatten einfache Blüten mit Tierbestäubung. In der Unterkreide entstanden mehrere Gruppen der *Magnoliopsida* und *Liliopsida*. Die zunehmende Bedeutung von Pflanzenfressern (vor allem Insekten) führte durch Coevolution zur Bildung einer großen Zahl von Sekundärstoffen als Fraßschutz.

Ab der Wende Unterkreide/Oberkreide werden die Angiospermen regional vegetationsbestimmend und breiten sich dann unter Anpassung an sehr verschiedene Umweltbedingungen immer weiter aus, sodass man mit der Oberkreide das Neophytikum (Zeit der Angiospermen) beginnen lässt. Die ältesten Gruppen konnten in der Unterkreide noch alle Erdteile erreichen. Mit der Auftrennung des großen Südkontinents Gondwana in die Teile Südamerika, Afrika, Madagaskar, Indien, Australien und Antarktika erfolgte die weitere Evolution auf getrennten Wegen. Dadurch blieben Familien (und Reihen), die später entstanden, auf einzelne Gebiete (Kontinente oder Inseln) beschränkt. Es spielte sich häufig eine adaptive Radiation auf der Ebene von Familien oder Gattungen ab. So entstanden die heutigen Florenreiche und Florenregionen der Erde. Im Verlauf des Tertiärs nahm der CO_2-Gehalt der Atmosphäre ab (vgl. Abb. 16.7). Dadurch entstanden – jeweils mehrfach in getrennten Evolutionslinien – die CO_2-Pumpmechanismen der C_4-Pflanzen und bei Anpassung an Wassermangel der CAM-Stoffwechsel (vgl. 10.1.3.1). Die ökologische Anpassung der Arten an unterschiedliche Umweltbedingungen und die Konkurrenzverhältnisse sind bestimmend für die klimatischen Vegetationszonen der Erde, die man als Zonobiome bezeichnet. Man unterscheidet 9 Zonobiome: 1. Immergrüne tropische Wälder; 2. Savannen, Buschländer und laubwerfende tropische Wälder; 3. Heiße Wüsten und Halbwüsten; 4. Hartlaubvegetation (mediterrane Vegetation); 5. Immergrüne Wälder der temperierten Zone (Lorbeerwälder); 6. Sommergrüne Laubwälder; 7. Steppen und kalte Wüsten; 8. Boreale Nadelwälder (Taiga); 9. Tundren. In den Gebirgen jedes Zonobioms ist eine Höhenzonierung der Vegetation ausgebildet (Orobiome).

Weiterführende Literatur

Literatur vor 1980 ist nur in Ausnahmefällen angegeben. Auf Zeitschriftenaufsätze und Reviews wird nicht verwiesen; man findet entsprechende Angaben in vielen der umfangreicheren Lehrbücher, z. B. im Lehrbuch der Botanik für Hochschulen (Strasburger).

1. Nachschlagewerke

Borriss, H. , Libbert, E.: Wörterbücher der Biologie: Pflanzenphysiologie. Stuttgart, 1985.

Dietrich, G., Stöcker, F. W.: Fachlexikon ABC Biologie. 7. Aufl., Thun, 1986.

Ellenberg, H.: Zeigerwerte von Pflanzen in Mitteleuropa. Göttingen, 1991.

Engler, A.: Syllabus der Pflanzenfamilien. 2 Bde., 12. Aufl., Melchior, H., Werdermann, E. (Hrsg.), Berlin, 1954, 1964.

Flindt, R.: Biologie in Zahlen. 5. Aufl., Heidelberg, 2000.

Hegnauer, R.: Chemotaxonomie der Pflanzen. Stuttgart, ab 1962.

Jahn, I. (Hrsg.): Geschichte der Biologie. 3. Aufl., Stuttgart, 2000.

Kuttler, W. (Hrsg.): Handbuch zur Ökologie. 2. Aufl., Berlin, 1995.

Lexikon der Biochemie und Molekularbiologie. 3 Bände, 2 Ergänzungsbände. Heidelberg, 1990–1995.

Lexikon der Biologie. 10 Bände und 2 Ergänzungsbände. Neue Ausgabe, Heidelberg, 1994/1995.

Michal, G. (Hrsg.): Biochemical pathways. Biochemie-Atlas, Heidelberg, 1999.

Natho, G., Müller, C., Schmidt, H.: Wörterbuch der Biologie: Morphologie und Systematik der Pflanzen. 2 Bde., Stuttgart, 1990.

Schubert, R., Wagner, G.: Botanisches Wörterbuch. 11. Aufl., Stuttgart, 1993.

Vogel, G., Angermann, H.: dtv-Atlas zur Biologie. 3 Bände. 8. Aufl., München, 1994.

Vogellehner, D.: Botanische Terminologie und Nomenklatur. 2. Aufl., Stuttgart, 1983.

Wagenitz, G.: Wörterbuch der Botanik. Jena, 1996.

Zander, R.: Handwörterbuch der Pflanzennamen. Bearb. Von W. Erhardt, E. Götz u.a., 16. Aufl., Stuttgart, 2000.

2. Lehrbücher für mehrere Teilgebiete sowie Zellbiologie und Ökologie

Alberts, B., Bray, D., Lewis, J., Raff, M., Roberts, K., Watson, J. D.: Molekularbiologie der Zelle. 3. Aufl., Weinheim, 1995.

Ax, P.: Systematik in der Biologie. Stuttgart – New York, 1988.

Begon, M. E., Harper, J. L., Townsend, C. R.: Ökologie. Heidelberg, 1998.

Bick, H.: Ökologie. 3. Aufl., Stuttgart, 1998.

Cox, C. B., Moore, P. D.: Einführung in die Biogeographie. Stuttgart – New York, 1987.

Frey, W., Lösch, R.: Lehrbuch der Geobotanik. Stuttgart, 1998.

Galler, J.: Lehrbuch Umweltschutz. Landsberg, 1999.

Gerlach, D.: Das Lichtmikroskop. 2. Aufl., Stuttgart,1985.

Gunning, B. E. S., Steer, M. W.: Bildatlas zur Biologie der Pflanzenzelle. 4. Aufl., Stuttgart, 1996.

Haller, B., Probst, W.: Botanische Exkursionen. Band I und II, 2. Aufl., Stuttgart, 1983/1989.

Harris, N., Oparka, K. J. (eds.): Plant cell biology. A practical approach. Oxford, 1994.

Karp, G.: Cell and molecular biology. Concepts and experiments. New York, 1996.

Kleinig, H., Maier, U.: Zellbiologie. 4. Aufl., Stuttgart, 1999.

Klötzli, F.: Ökosysteme. 3. Aufl., Stuttgart, 1993.

Lehrbuch der Botanik für Hochschulen. Begr. v. E. Strasburger et al., hrsg. von F. Ehrendorfer, H. Ziegler, A. Bresinsky, P. Sitte. 34. Aufl., Stuttgart, 1998.

Lengeler, J. W., Drews, G., Schlegel, H. G.: Biology of the prokaryotes. Stuttgart, 1999.

Lodish, H., Baltimore, D., Berk, A., Zipursky, S. L., Matsudaira, P., Darnell, J.: Molekulare Zellbiologie. Berlin, 1996.

Lodish, H., Berk, A., Zipursky, S. L., Matsudaira, P., Baltimore, D., Darnell, J.: Molecular cell biology. 4th ed., New York, 2000.

Mägdefrau, K.: Geschichte der Botanik. 2. Aufl., Stuttgart, 1992.

Mayr, E.: Die Entwicklung der Biologischen Gedankenwelt. Berlin, 1984.

Neumann, K. H.: Pflanzliche Zell- und Gewebekulturen. Stuttgart, 1995.

Odum, E. P., Overbeck, J.: Ökologie. 3. Aufl., Stuttgart, 1999.

Plattner, H., Zingsheim, H. P.: Elektronenmikroskopische Methodik in der Zell- und Molekularbiologie. Stuttgart, 1987.

Plattner, H., Hentschel, J.: Taschenlehrbuch Zellbiologie. Stuttgart, 1997.

Raven, P., Evert, R. F., Curtis, H.: Biologie der Pflanzen. 2. Aufl., Berlin, 1988.

Remmert, H.: Ökologie. 5. Aufl., Berlin, 1992.

Rensing, L., Cornelius, G.: Grundlagen der Zellbiologie. Stuttgart, 1998.

Robenek, H. (Hrsg.): Mikroskopie in Forschung und Praxis. Darmstadt, 1995.

Schlegel, H. G.: Allgemeine Mikrobiologie. 7. Aufl., Stuttgart, 1992.

Sengbusch, P. von: Botanik. Hamburg, 1989.

Sperelakis, N.: Cell physiology. Source book. 2nd ed., New York, 1999.

Sudhaus, W., Rehfeld, K.: Einführung in die Phylogenetik und Systematik. Stuttgart, 1992.

Steubing, L., Schwantes, H. O.: Ökologische Botanik. Heidelberg, 1981.

Walter, H.: Allgemeine Geobotanik. 3. Aufl., Stuttgart, 1986.

Walter, H., Breckle, S.-W.: Vegetation und Klimazonen. 7. Aufl., Stuttgart, 1999.

Walter, H., Breckle, S.-W.: Ökologie der Erde. 4 Bde., tlw. 2. Aufl., Stuttgart, 1991–1994.

3. Chemische und physikalische Grundlagen

Ackermann, T.: Physikalische Biochemie. Berlin, 1992.

Adam, G., Läuger, P., Stark, G.: Physikalische Chemie und Biophysik. 2. Aufl., Berlin, 1988.

Bergethon, P. R.: The physical basis of biochemistry. Berlin, 1998.

Biophysik. Hrsg. von W. Hoppe, W. Lohmann, H. Markl, H. Ziegler. 2. Aufl., Berlin, 1982.

Branden, C., Tooze, J.: Introduction to protein structure. New York, 1991.

Fersht, A.: Structure and mechanism in protein science. New York, 1998.

Fuhrhop, J.-H.: Bio-organische Chemie. Stuttgart, 1982.

Habermehl, G., Hammann, P.: Naturstoffchemie. Berlin, 1992.

Hames, B. D., Hooper, N. M., Houghton, J. D.: Instant notes in biochemistry. Oxford, 1997.

Kaim, W., Schwederski, B.: Bioanorganische Chemie. Stuttgart, 1991.

Lehmann, J.: Chemie der Kohlenhydrate: Monosaccharide und Derivate. Stuttgart, 1976.

Lehninger, A. L., Nelson, D. L., Cox, M. M.: Prinzipien der Biochemie. 2. Aufl., Heidelberg, 1994.

Lippard, D. J., Berg, J. M.: Prinicples of bioinorganic chemistry. Uni. Sci. Books, 1994.

Nuhn, P.: Naturstoffchemie. 2. Aufl., Stuttgart, 1990.

Stryer, L.: Biochemie. 4. Aufl., Heidelberg, 1996.

Voet, D., Voet, J. G.: Biochemie. Weinheim, 1992.

Voet, D., Voet, J. G., Pratt, Ch. W.: Fundamentals of Biochemistry. New York, 1999.

4. Anatomie und Morphologie (einschl. reproduktive Phase)

Bell, A. D.: Illustrierte Morphologie der Blütenpflanzen. Stuttgart, 1994.

Braun, H.: Bau und Leben der Bäume. 3. erw. Aufl., Freiburg, 1992.

Braune, W., Leman, A., Taubert, H.: Pflanzenanatomisches Praktikum I u. II. 8. bzw. 4. Aufl., Stuttgart, 1999.

Corner, E. J. H.: The life of plants. London, 1965.

Esau, K.: Pflanzenanatomie. Stuttgart, 1969.

Eschrich, W.: Funktionelle Pflanzenanatomie. Berlin, 1995.

Faegri, K., Iversen, J.: Textbook of pollen analysis. 4th ed., Chichester, 1989.

Fahn, A.: Plant anatomy. 4th ed., Oxford, 1990.

Givnish, T. J. (ed.): On the economy of plant form and function. Cambridge, 1986.

Heß, D.: Die Blüte. Stuttgart, 1983.

Jurzitza, G.: Anatomie der Samenpflanzen. Stuttgart, 1987.

Kaussmann, B., Schiewer, U.: Funktionelle Morphologie und Anatomie der Pflanzen. Stuttgart, 1989.

Niklas, K. J.: Plant biomechanics: an engineering approach to plant form and function. Chicago, 1992.

Rauh, W.: Morphologie der Nutzpflanzen. Wiesbaden, Nachdruck, 1994.

Romberger, J. A., Hejnowicz, Z., Hill, J. F.: Plant structrure: function and development. Berlin, 1993.

Straka, H.: Pollen- und Sporenkunde, eine Einführung in die Palynologie. Stuttgart,1975.

Troll, W.: Vergleichende Morphologie der höheren Pflanzen. 3 Teile. Berlin, Neudruck mit Register: Königstein/Taunus, 1967.

Troll, W.: Praktische Einführung in die Pflanzenmorphologie. 2 Bände. Jena, 1954/1957.

Vogellehner, D.: Baupläne der Pflanzen. Freiburg, 1981.

Wagenführ, R.: Anatomie des Holzes. 4. Aufl., Leipzig, 1989.

Weberling, F.: Morphologie der Blüten und der Blütenstände. Stuttgart, 1981.

5. Physiologie

Davies, P. J. (ed.): Plant Hormones. 2nd ed., Dordrecht, 1995.

Dennis, D. T., Turpin, D. H., Lefebrve, D. D., Langzell, D. B.: Plant metabolism. 2nd ed., Harlow, 1997.

Dey, P. M., Harborne, J. B. (eds.): Plant biochemistry. 1997.

Fosket, D. E.: Plant growth and development. New York, 1994.

Gottschalk, G.: Bacterial Metabolism. 2nd ed., Berlin, 1985.

Häder, D. P. (Hrsg.): Photosynthese. Stuttgart, 1999.

Harborne, J. B.: Ökologische Biochemie. Heidelberg, 1995.

Harris, D. A.: Bioenergetics at a glance. Oxford, 1995.

Haupt, W.: Bewegungsphysiologie der Pflanzen. Stuttgart, 1977.

Heldt, H. W.: Pflanzenbiochemie. 2. Aufl. Heidelberg, 1999.

Heß, D.: Pflanzenphysiologie. 10. Aufl., Stuttgart,1999.

Howell, St. H.: Molecular genetics of plant development. Cambridge, 1998.

Kindl, H.: Biochemie der Pflanzen. 4. Aufl., Berlin, 1994.

Kinzel, H.: Pflanzenökologie und Mineralstoffwechsel. Stuttgart, 1982.

Kinzel, H.: Stoffwechsel der Zelle. 2. Aufl., Stuttgart, 1989.

De Kok, L. J., Stulen, I., Rennenberg, H., Brunold, C., Rauser, W. E.: Sulfur nutrition and assimilation in higher plants. The Hague, 1993.

Krauss, G.: Biochemie der Regulation und Signaltransduktion. Weinheim, 1997.

Kutschera, U.: Kurzes Lehrbuch der Pflanzenphysiologie. Wiesbaden, 1995.

Lambers, H., Chapin III, F. S., Pons, T. L.: Plant physiological ecology. Berlin, 1998.

Larcher, W.: Ökophysiologie der Pflanzen. 5. Aufl., Stuttgart, 1994.

Lea, P. J., Leegood, R. C.: Plant biochemistry and molecular biology. Chichester, 1993.

Libbert, E.: Lehrbuch der Pflanzenphysiologie. 5. Aufl., Jena, 1993.

Luckner, M.: Secondary metabolism in microorganisms, plants and animals. Jena, 1984.

Luckner, M., Mothes, K., Schütte, H. R.: Biochemistry of alkaloids. Berlin, 1983.

Lüttge, U., Higinbotham, N.: Transport in plants. Berlin, 1979.

Lüttge, U.: Physiological ecology of tropical plants. Berlin, 1997.

Lyr, H., Fiedler, H. J., Tranquillini, W. (Hrsg.): Physiologie und Ökologie der Gehölze. Jena, 1992.

Marschner, H.: Mineral nutrition of higher plants. 2nd ed., London, 1993.

Mengel, K.: Ernährung und Stoffwechsel der Pflanze. 7. Aufl., Stuttgart, 1991.

Müntz, K.: Stickstoffmetabolismus der Pflanzen. Stuttgart, 1984.

Nicholls, D. G., Ferguson, S. J.: Bioenergetics. 2nd ed., New York, 1992.

Nobel, P. S.: Biophysical plant physiology and ecology. San Francisco, 1991.

Richter, G.: Biochemie der Pflanzen. Stuttgart – New York, 1996.

Richter, G.: Stoffwechselphysiologie der Pflanzen. 6. Aufl., Stutgart, 1998.

Schlee, D.: Ökologische Biochemie. 2. Aufl., Jena, 1992.

Schopfer, P.: Experimentelle Pflanzenphysiologie. Bd. 1: Einführung in die Methoden. Berlin, 1986.

Schopfer, P., Brennicke, A.: Pflanzenphysiologie. 5. Aufl., Berlin, 1999.

Taiz, L., Zeiger, E.: Physiologie der Pflanzen. Heidelberg, 2000.

Vance, D. E., Vance, J. E. (eds.): Biochemistry of lipids. 1991.

Ward, Z.-M., Schroeder, Willmer, C., Fricker, M. (eds.): Stomata. 2nd ed., London, 1995.

Werner, D.: Pflanzliche und mikrobielle Symbiosen. Stuttgart, 1987.

Westhoff, P., Jeske, H., Kloppstech, K., Linz, G.: Molekulare Entwicklungsbiologie. Stuttgart, 1996.

Willert, v., D. J., Matyssek, R., Herppich, W.: Experimentelle Pflanzenökologie: Grundlagen und Anwendung. Stuttgart, 1994.

Wolpert, L., Beddington, R., Brockes, J., Jessell, T., Lawrence, Pl., Meyerowitz, E.: Principles of development. London, 1998.

Zeiger, E., Farquhar, G. D., Colan, I. R.: Stomatal function. Stanford, 1987.

6. Genetik und Molekularbiologie

Bielka, H., Börner, T.: Molekulare Biologie der Zelle. Jena, 1995.

Freifelder, D.: Molecular Biology. 2nd ed., Boston, 1987.

Gassen, H. G., Minol, K. (Hrsg.): Gentechnik. 4. Aufl., Stuttgart, 1996.

Günther, E.: Lehrbuch der Genetik. 6. Aufl., Jena, 1991.

Hagemann, R.: Allgemeine Genetik. 4. Aufl., Jena, 1999.

Hemleben, V.: Molekularbiologie der Pflanzen. Stuttgart, 1990.

Hennig, W.: Genetik. 2. Aufl., Berlin, 1998.

Kaudewitz, F.: Genetik. 2. Aufl., Stuttgart, 1992.

Knippers, R.: Molekulare Genetik. 7. Aufl., Stuttgart, 1997.

Lewin, B.: Genes VII. Oxford, 2000.

Potrykus, I., Spangenberg, G.: Gene transfer to plants. Berlin, 1995.

Setlow, J. K. (ed.): Genetic engineering. Plenum, New York, 1993.

Seyffert, W. (Hrsg.): Lehrbuch der Genetik. Stuttgart, 1998.

Singer, M., Berg, P.: Gene und Genome. Heidelberg, 1992.

Smith, J. M.: Evolutionsgenetik. Stuttgart, 1992.

Sperlich, D.: Populationsgenetik. 2. Aufl., Stuttgart, 1988.

Turner, P. C., McLennan, A. G., Bats, A. D., White, M. R. H.: Instant notes in molecular biology. Oxford, 1997.

Twyman, R. M.: Advanced molecular biology. A concise reference. Oxford, 1998.

Watson, J. D., Hopkins, N. H., Roberts, J. W., Steitz, J. A., Weiner, A. M.: Molecular biology of the gene. 2 vols., 4th ed., Menlo Park, 1987.

7. Biotechnologie

Diekmann, H., Metz, H.: Grundlagen und Praxis der Biotechnologie. Stuttgart, 1991.

Endress, R.: Plant cell biotechnology. Berlin, 1994.

Glick, B. R., Pasternak, J. H.: Molekulare Biotechnologie. Heidelberg, 1995.

Heß, D.: Biotechnologie der Pflanzen. Stuttgart, 1992.

Köhler, M., Hofmann, K.: Grundriß der Biotechnologie. München, 1992.

Trevan, M. D.: Biotechnologie: die biologischen Grundlagen. Berlin, 1993.

8. Evolution, Paläobotanik

de Duve, C.: Ursprung des Lebens. Präbiotische Evolution und die Entstehung der Zelle. Heidelberg, 1984.

De Duve, C.: Aus Staub geboren. Leben als kosmische Zwangsläufigkeit. Heidelberg, 1995.

Ebeling, W., Feistel, R.: Chaos und Kosmos. Prinzipien der Evolution. Heidelberg, 1994.

Erben, H. K.: Evolution. Stuttgart, 1990.

Futuyma, D. J.: Evolutionary biology. 3rd ed., Sunderland, 1998.

Futuyma, D. J.: Evolutionsbiologie. Basel, 1990.

Gottlieb, L. D., Jain, S. K. (eds.): Plant evolutionary biology. 3rd ed., London, 1988.

Grant, V.: Plant speciation. 2nd ed., New York, 1981.

Haken, H., Haken-Krell, M.: Entstehung biologischer Information und Ordnung. Darmstadt, 1989.

Hennig, W.: Phylogenetische Systematik. Berlin, 1982.

Kämpfe, L.: Evolution und Stammesgeschichte der Organismen. 3. Aufl., Stuttgart, 1992.

Kenrick, P., Crane, P. R.: The origin and early diversification of land plants. Washington, 1997.

Klaus, W.: Einführung in die Paläobotanik. 2 Bde., Wien, 1986/1987.

Kull, U., Ramm, E., Reiner, R. (Hrsg.): Evolution und Optimierung. Stuttgart, 1995.

Li, W.-H., Graur, D.: Fundamentals of molecular evolution. Sunderland, 1991.

Niklas, K. J.: The evolutionary biology of plants. Chicago, 1997.

Page, R. D. M., Holmes, E. C.: Molecular evolution. Oxford, 1998.

Schaarschmidt, F.: Paläobotanik I/II. Mannheim, 1968.

Selander, R. K., Clark, A. G., Whittam, T. S. (eds.): Evolution at the molecular level. Sunderland, 1991.

Siewing, R. (Hrsg.): Evolution. 3. Aufl., Stuttgart, 1987.

Smith, M. J., Szathmáry, E.: Evolution. Prozesse, Mechanismen, Modelle. Heidelberg, 1996.

Stewart, W. N., Rothwell, G. W.: Paleobotany and the evolution of plants. 2nd ed., Cambridge, 1993.

Storch, V., Welsch, U.: Evolution. 6. Aufl., München, 1989.

Taylor, Th. N.: Paleobotany. New York, 1981.

Traverse, A.: Paleopalynology. Boston, 1988.

Zimmermann, W.: Die Phylogenie der Pflanzen. 2. Aufl., Stuttgart, 1959.

9. Systematik; Angewandte Botanik

Esser, K.: Kryptogamen. 3. Aufl., Berlin, 2000.

Franke, W.: Nutzpflanzenkunde. 6. Aufl., Stuttgart, 1997.

Frohne, D., Jensen, U.: Systematik des Pflanzenreichs. 5. Aufl., Stuttgart, 1998.

Hock, B., Elstner, E. F.: Schadwirkungen auf Pflanzen – Lehrbuch der Pflanzentoxikologie. 3. Aufl., Heidelberg, 1995.

Van den Hoek, Ch., Jahns, H. M., Maren, D. G.: Algen. Stuttgart, 1993.

Van den Hoek, Ch., Maren, D. G., Jahns, H. M.: Algae: an introduction to phycology. Cambridge, 1996.

Judd, W., Campbell, Ch. S., Kellogg, E. A., Stevens, P. F.: Plant systematics. A phylogenetic approach. Sunderland, 1999.

Körber-Grohne, U.: Nutzpflanzen in Deutschland. 2. Aufl., Stuttgart, 1988.

Weberling, F., Schwantes, H. O.: Pflanzensystematik. 7. Aufl., Stuttgart, 2000.

Register

AAA-Protease 244
AAA-Proteine 254
ABC-Transporter 254
Abhärtung 394
Abietinsäure 324
Ableger 163
Abrin 335
Absalzung 168
Abschlussgewebe 98, 103
Abscisinsäure 382, 385
Absonderungsgewebe 113
Absorptionsgewebe 98, 103
Abteilung 6
Abzyme 259
Acetabularia 95, 368 f
Acetaldehyd 300
Acetalstruktur 17
Acetogenin 344
Acetyl-CoA 299
Acetyl-glucosamin 20
N-Acetylglucosamin 82
N-Acetylmuraminsäure 82
Achäne 205 f
achlamydeische Blüte 192
Aconitat 301
Acridin 230
Actinfilament 47
α-Actinin 47
Actinomycin C 240
Acyl-carrier-Protein (ACP) 316
adaptive Radiation 434
Adenin 26
Adenosin 27
Adenosin-5′-phosphosulfat (APS) 333
Adenosintriphosphat 27, 253
Adventiv-Embryonie 204
Adventivknospe 136
Adventivspross 136
Adventivwurzel 154
Aerenchym 102 f
Aerotaxis 414
AFS (*apparent free space*) 353
Agar 315
Aglykon 315
Agrobacterium 247, 408
Ähre 189
aitionome Reizbewegungen 411
aitionome Ruhe 403
Akkrustation 78

Akkumulator-Pflanzen 351
akroplast 138
Akrotonie 133
Aktinostele 124
Aktionspotenzial 355 f
aktiver Acetaldehyd 298
aktiver Transport 262
aktives Isopren 13, 322
aktives Methionin 329
Aktivierungsenergie 256
akzessorische Pigmente 269
Alanin 21
Alarmphase 394
Albumin 335
Albuminzellen 110
Aldolase 281, 292
Aldose 15
Aleuron 69
Aleuronkörner 69
Aleuronschicht 69, 203
Alginsäure 315
Alismatidae 8
Alkaloide 68, 338
alkoholische Gärung 299
Allantoin 332 f
Allantoinsäure 332 f
Allel 211
Allelendrift 430
Allelenfrequenzen 428
Allelopathie 350
Alles-oder-Nichts-Gesetz 355
Alles-oder-Nichts-Reaktion 377
Allochorie 207
Allogamie 197
Allokation 283, 327, 380
allopatrische Artbildung 431
Allopolyploidie 232
allorhize (heterogene) Bewurzelung 155
allosterische Regulation 259, 377
alternative Endoxidase 306
Amanita-Peptide 335
α-Amanitin 234, 240, 335
Amaryllideen-Typ 104 f
Amidpflanzen 332
Amine 331
Aminoacyl-tRNA 238 f
γ-Aminobuttersäure (GABA) 329

Aminocyclopropan-carbonsäure (ACC) 329, 332, 385
Aminoende 23
Aminogruppe 20
5-Aminolävulinsäure 302
Aminopeptidasen 336
Aminosäure-Familien 329
Aminosäuren 20, 327, 331
Aminosäureoxidasen 307
Aminosäuresequenz 23
Aminotransferasen 328
Aminozucker 16, 292
Ammoniak 325
Ammoniakentgiftung 325, 332
Ammoniumassimilation 327
amöboide Bewegungen 413
amphibolische Sequenzen 260
amphipathisch 13
amphipolar 13
amphistomatisch 140
Amylase 314
Amylopectin 19 f, 313
Amyloplasten 66 f
Amylose 18 f, 313
anabolische Sequenzen 260
anaerobe Atmung 306
anaerobe Organismen 295
Anagenese 427, 435
Analogie 4
Anaphase 61
anaplerotische CO_2-Fixierung 302
anaplerotische Sequenzen 260
Anastatica hierochuntica 415 f
anatrope Samenanlage 196
Androeceum 186, 192
Anemochorie 207 f
Anemogamie 197
Aneuploidie 232
Angiospermen 8
Anhydrobase 341
animaler Pol 93
Anisogamie 176 f
Anisomycin 240
Anisophyllie 147
Annexine 379
Annuelle 170 f
Annulus 416
anomales Dickenwachstum 133
Anomere 16

Anpassungen 283
Anregungsvorgang 270
Antennen-Systeme 270
Antheraxanthin 279
Anthere 186, 192 f
Antheridienstand 98
Antheridiol 422
Antheridium 177
Anthese 192
Anthocyan 341
Anthocyanidin 341 f
Anthokladien 188
Anthoxanthum 340
Anthranilsäure 331
Anthropochorie 209
Antibiotika 240
antibody-farming 409
Anticodon 219, 235 f
Anti-Florigen 399
antifreeze-Proteine 396
antiklin 120
Antikörper-Enzym 259
Anti-Matsch-Tomate 315
Antimetabolite 357
Antioxidantien 395
Antipodenzellen 200 f
Antiport 261
Antisense-RNA 235, 376
Apertur 194
Apex 101
Apfelfrüchte 205 f
Äpfelsäure 301
Aphiden-Technik 349
Apikaldominanz 136, 387
Apikalmeristem 101, 119
Apiose 293
Aplanosporen 175
Apogamie 204
apokarper Fruchtknoten 195
Apomixis 203
apomorph 5
Apoplast 39, 345
apoplastische Belader 349
apoplastischer Transport 345
Apoptose 403
Aposporie 203
appressed membranes 276
Aquaporine 46, 85, 261
äquifaciales Blatt 141
Arabidopsis 248
Arabogalactan-Proteine 73
Araboxylane 73
Arachidonsäure 13
Arbutin 340
Archaea 6, 79
Archegonien 181
Archezoa 6
Architekturmodelle 137
Arealkunde 3
Arecidae 8
Areolen 169

Arginin 21, 329
Arillus 203
Aristolochia-Typus 125
Armpalisaden 141, 144
Arogensäure 329, 331
Aromatenstoffwechsel 340
aromatische Aminosäuren 329
Arsenat 306
Art 3, 5 f
Aschengehalt 351
Ascorbat 279, 293
Ascosporen 177
Ascus 177, 418
Asparagin 21, 332
Asparaginsäure 21
Aspartat-Familie 330
Assimilation 265
Assimilationsleistung 283
Assimilationsparenchym 103
Assimilationsstärke 70
Assimilationswurzeln 158
Assimilatoren 98
assimilatory power 279
Asteridae 8
Astrosklereiden 108
asymmetrische Blüten 187
Ataktostele 124
Atemhöhle 105
Atemöffnungen 97 f
Atemwurzeln 167
Atmungsintensität 308
Atmungskette 305
Atmungsrate 288, 308
ATP 253
ATP-Bildung 63, 277
Atrazin 278
Atrichoblasten 151
atrope Samenanlage 196
Attenuation 372
Attrappenbildung 198
aufspaltende Selektion 429 f
Augenfleck 413
Ausbreitungstypen 172
Ausgangssubstrataktivierung 377
Ausläufersprosse 163
Ausscheidungsgewebe 113
Austrocknungsstreuer 208
Autapomorphie 5
Autochorie 207
Autogamie 197
Autolyse 54
Automorphose 389
autonome Bewegungen 411
autonome Ruhe 403
Autosomen 218
autotroph 9
Auxine 381
Auxinoxidasen 382
Auxotrophie 357
Auxozygote 176
AVERY 219

axenische Kultur 40
axile Placentation 195
Azotobacter 326

Bacillus thuringiensis 399
Bacteria 6
Bacula 194
Bakterien 79
Bakteriengeißel 81 f
Bakterienkonjugation 227
Bakterien-Zellwand 82
Bakteriochlorophyll 289
Bakteriophagen 220 f
Bakteriorhodopsin 290
Balata 33
Balg 205 f
Balsame 322
Balttprimordien 138
Bärlappartige 99
β-Barrel („Faß")-Struktur 25
Basalkörper 49
Basenaustausch-Mutationen 230
Basenpaarungen 28
basiplast 139
basische Aminosäuren 20
basische Proteine 25
basische Zipper 375 f
Basitonie 133
Bast 125, 130
Basta 328
Bastarde 215
Bastfasern 110
Bastparenchym 110
Bastrübe 154, 162
Baumknie 421
Baumwolle 105, 109
Baustoffwechsel 251
Bedecktsamer 8
Beere 204 f
β-bends 24
Benettiteen 191, 441
Benthos 91
Benzylaminopurin 382
Bernsteinsäure 301
Bestäubung 197
Bestockung 136
Betalaine 339
Betanin 339
Betriebsstoffwechsel 251
Biegesteifigkeit 123
bienne Arten 188
bifaciales Blatt 141
bikollaterale Leitbündel 111
bilayer 13 f, 44
Bildungsgewebe 102
binäre Nomenklatur 5
Binding Protein (BiP) 242
Biogas 291
biogene Amine 331
biogenetische Regel 432
Biogeosphäre 1

Bioinformatik 5, 248
biologisch wichtige Elemente 11
biologische Oxidation 293
Biomembran 44
Biomodellierung 137
Biosphäre 1
Biotechnologie 3
Biotin 316, 357
Biozönose 2
bitegmische Samenanlage 196
Bivalente 178
Blasenhaare 105
Blattadern 138
Blattaldehyd 319
Blattalterung 403
Blattanlagen 119, 138
Blattbewegungen 405
Blattepidermis 140
Blattfall 148
Blattflächenindex 288
Blattfolge 147
Blattgelenk 146
Blattgrund 138, 144
Blatthöcker 138, 399
Blattkissen 143
Blattlücke 123
Blattmosaik 146
Blatt-Panaschierung 245
Blattprimordien 119
Blattranke 164 f
Blattrosette 134
Blattscheide 138, 144
Blattspreite 138 f
Blattspur 122
Blattstellung 134 f
Blattstiel 138, 144
Blattsukkulenten 159
Blatt-Thioneine 398
Blattwachstum 138
Blaualgen 6, 79
Blaulichteffekte 392
Blühhormon 399
Blühinduktion 399
Blühzeitpunkt-Gene 401
Blume 198
Blumenkohl-Mosaikvirus 220
Blumenuhr 199, 404
Blüte 186
Blütenboden 186
Blütendiagramm 187
Blütenfarbstoffe 68
Blütengrundriss 187
Blütenhülle 186
Blütenpflanzen 8
Blütenstände 188
Blütensymmetrie 187
Blutvarietäten 68
Bodenzeiger 351
Boehmeria 109
Borat 315, 351
Borke 107, 131 f

Botenstoff 33
Boxen 373
Brakteen 147, 189
branching enzyme 314
Brassinosteroide 382, 386
Braunalgen 97
Brefeldin A 54, 343 f
Brennhaar 106
Brenztraubensäure 297
Brettwurzel 165
Brocchinia 361
Bromelain 337
Bromeliaceen 105
BROWNsche Molekularbewegung 85
Bruchfrüchte 205 f
Brunnenlebermoos 97
Brutknöllchen 163, 175
Brutknospe 175
Brutkörper 174
Brutspross 163
Bruttophotosynthese 283
Brutzwiebel 163
Bruyère-Holz 351
Bryophyta 6
Bulbillen 175
Buttersäuregärung 300

CAAT-Box 234
Calamites 440
calciotrophe Pflanzen 380
Calcium-Ionen 379
Calciumoxalat 69
Calciumsulfat 69
Calmodulin 25, 379
Calnexin 242, 380
Calreticulin 242, 380
CALVIN 279
CALVIN-BENSON-Zyklus 279 f
Calyptra 149, 151
Calyptrogen 149 f
Calyx 186
Cambium 111, 120, 125 f
cAMP 372
Campesterol 324
CAM-Pflanzen 286
Campher 322, 324
CAM-Weg 286
Canavanin 357
CAP-Faktor 372
Capsid 220
Capsomere 220
cap-Struktur 236
Carbamoylphosphat 328
Carboanhydrase 285
2-Carboxyarabitol-1-phosphat 281
Carboxylende 23
Carboxylierung 280
Carboxypeptidasen 336
Cardia-glykoside 324

Cardiolipin 63
Carnivoren 168, 361 f
Carotine 268
Carotinoid 13, 268, 322, 324
Carraghen 315
Carrier 261
Caruncula 203
Caryophyllidae 8
CASPARY'scher Streif 107, 348
Caspasen 336, 403
Cassave 113
Catalpol 316
Catechine 342 f
Catechingerbstoffe 342
Catecholoxidasen 307
Cauliflorie 136
Cauloid 97
Cavitation 349
CCAAT-Box 373
CCA-Ende 235
CDC-Proteine 380
CDK 380
CDK-aktivierende Kinasen 380
Cellobiose 17 f
Cellulase 315
Cellulose 18, 71, 315
Cellulose-Synthase 72, 315
Cenancestor 438
centi-Morgan 215
central processing unit 378
Centrin 49
Centriol 49
Centromer 57
Centroplasma 60
Cephalosporine 83, 335
Cephalotus 362
Cerebrosid 14
Cerid 321
Certation 218
Chalaza 196
Chalazogamie 200
Chalkon 342
Chalkonsynthase 342
Chamaephyten 170 f
Chaperone 240 f
Chaperonin 44, 242
Charophyceae 97
chemische Arbeit 254
chemisches Potenzial 253
Chemonastie 419, 422
Chemodinese 412
Chemolithotrophie 290
Chemomorphose 393
Chemo-Phobotaxis 414
Chemosynthese 290
Chemotaxonomie 4
Chemo-Topotaxis 414
Chemotropismus 422
Chiasma 178
Chicle 322
chilling injury 396

Chimären 174, 365
Chinasäure 304, 331
Chinolin-Alkaloide 338
Chinolizidin-Alkaloide 338
Chinonkörper 307
Chinovose 321
chiral 15
Chiralitätszentrum 16
Chiropterogamie 198
Chitin 18, 71, 315
Chlamydomonas 94
Chloramphenicol 240
Chlorarachniophyta 93
Chlorcholinchlorid (CCC) 383 f
Chlorenchym 103, 121
Chloroperoxidasen 308
Chlorophyll-Dimere 273
Chlorophylle 30, 267
Chlorophyta 8, 93 f
Chloroplast 38, 64 f
Cholesterol 324
Chondriom 211
chorikarper Fruchtknoten 195
Chorisminsäure 329
Chorologie 3
Chromatide 57
Chromatiden-tetraden 178
Chromatin 56
Chromatophoren 64
Chromista 94
Chromonemata 60
Chromoplasten 64, 66 f
Chromoprotein 26
Chromosomen 56 f, 59
Chromosomen-Mutationen 231
Chromosomen-Segregation 177
Chrysolaminarin 314
Cilien 48
Cinchona-Alkaloide 339
Cinnamoyl-CoA 340
circadiane Rhythmik 405
Circumnutationen 419
cis-Golgi-Netz 52
cis-trans-Test 231
Cistron 230 f
cis-wirksame Kontrolle 372
Citrat 301
Citratsynthase 25, 301
Citratzyklus 300 f
Citrullin 329
cladistisch 5
cladistische Systematik 427
Cladophora 96
Clathrin 52, 55
clavata-Gene 399
Claviceps 96
Cluster 12
CO_2-Fixierung 280
CO_2-Gehalt, der Erdatmosphäre 441
CO_2-Kompensationspunkt 288

Coaktivator 374
coated pit 55
coated vesicle 52
Coatomere 51, 54
Coccolithophoriden 35
Codein 339
Codogen 219
Codon 219
Coenobien 95
Coenoblast 39, 95
coenokarper Fruchtknoten 195
Coenzym 257
Coenzym A 298 f
Coenzym F 329
Coenzym Q 304
Coevolution 199, 432
Coffein 339
coiled coil-Struktur 25
Colchicin 47, 339
Coleoptile 118
Coleorrhiza 118
Columella 194 f
Commelindae 8
complementary-DNA 234
Concanavalin A 336
Coniferen-Nadel 143
Coniferophytina 8
Coniferylalkohol 31, 342 f
Cooksonia 99, 440
COP/DET/FUS-System 392
Corepressor 374
Corolle 186
Corpus 119
CORRENS 213
corticale Mikrotubuli 48, 61
C_3-Pflanzen 284
C_4-Pflanzen 284, 287
Crassulaceen-Säurestoffwechsel (CAM) 287
CRICK 29
Cristae 63
Crossover 178, 215
crosstalk 378
Crowngall-Tumoren 407
Cryptochrom 392, 406
Cryptophyta 93
Culline 380
Cumarin 340, 342
p-Cumarsäure 342
p-Cumarylalkohol 31, 342 f
Cupula 207
Cuticula 78, 103
cuticuläre Transpiration 345
Cutin 103, 321
Cutis 106
Cyanellen 93
Cyanhydrine 340
Cyanidin 342
Cyanid-resistenter Nebenweg 306
Cyanobakterien 6, 79

cyanogene Glykoside 340
Cyanophora 84
Cyathium 189
Cybride 41, 248
Cycadophytina 8, 191
Cycline 380
cyclische Adenosindiphosphat-Ribose 379
cyclische Photophosphorylierung 277
cyclisches Adenosinmonophosphat (cAMP) 372, 414
cyclisches Guanosinmonophosphat 379
Cyclitol 293
Cycloheximid 240
Cyclophiline 242
Cyclosporin 335
cymöse Blütenstände 188, 190
Cystein 21, 329, 344
Cystein-Proteasen 336
Cystolith 79
Cytochalasin B 47
Cytochrom 25, 30, 304
Cytochrom b_6/f-Komplex 275
Cytochrom c 32, 304
Cytochrom P_{450} 307, 335
Cytochromoxidase 304
Cytogenetik 4
Cytogonie 173
Cytokinine 384
Cytologie 2 f
Cytoplasma 43
Cytorrhyse 89
Cytosin 26
Cytoskelett 46
Cytosol 37, 43
Cytosymbiose 6, 83

Darlingtonia 362
DARWIN 428
Dattel 73
Daucus 66
Dauergewebe 101
Dauermodifikationen 213
DCMU 275, 278
DE VRIES 213
debranching enzymes 314
Deckblatt 119, 188
Deckelkapsel 206
Dedifferenzierung 365
Dedoublement 193
Defensine 336
Dehydrine 396 f
Dehydroascorbat 279
Dekrement 355
DELBRÜCK 434
Delesseria 96
Deletion 231
Delphinidin 342
Dendrochronologie 130

Denitrifikation 306
dense vesicles 55
Dentrifikation 333
Deplasmolyse 89
Dermatogen 119, 149f
Desaturase 318
Desmodium gyrans 404, 418
Desmotubulus 52
Desoxyribonucleinsäure 26, 28, 211
1-Desoxyxylulose-5-phosphat (DOXP) 322
Desoxyxylulose-phosphat-Weg 323
Desoxyzucker 16
Destruenten 9
Desulfurikation 306, 334
Determination 364f
Determinationszone 119, 149
Diacylglycerin 379
Diakinese 178
Diaspore 204
Diatropismus 419
C_4-Dicarbonsäureweg 285
Dichasium 137, 190
2,4-Dichlorphenoxyessigsäure 383
Dichlorphenyl-dimethylharnstoff 278
Dichogamie 197
Dichtegradienten-Zentrifugation 40
Dicotyle 8
Dictyosom 38, 43, 52
Dictyostelium 95
Differenzierung 2, 363f
Differenzierungsprogramm 440
Differenzierungszone 119, 149
Diffusion 85, 261
Digalactosyl-diglycerid 321
Digitalis-Glykosid 316
Diglycerid 319
Dikaryophase 176
Dilatationswachstum 125, 131
Dimethylallyldiphosphat 322f
Dimethylsulfid 334
Dimethylsulfoniopropionat 90, 329, 334
2,4-Dinitrophenol 306
Dinophyta 94
Dionaea 361f, 423
Dioxin 383
Dioxygenase 307
Diözie 197
Dipeptid 20
Diphenoloxidase 307
diplogenotypische Geschlechtsbestimmung 218
Diplo-Haplonten-Typ 179
diploid 57
Diplonten-Typ 179f
Diplosporie 204

Diplotän 178
Disaccharid 17, 311
Dissimilation 293
Distichie 135
Disulfidbrücke 24
disymmetrische (bilateral-symmetrische) Blüte 187
Diterpenoide 322, 324
diurnaler Säurerhythmus 286f
Diuron 278
Divergenzwinkel 134
DNA 26, 28, 211
DNA-bindende Proteine 375
DNA-Helicasen 224
DNA-Polymerasen 224
DNA-Sequenzierung 228
DNA-Struktur 29
DNA-Viren 220
DOBZHANSKY 427
Dolde 189f
Dolichyl-phosphate 322
Domäne 6, 24, 241
Domatium 170
Donnan-Gleichgewicht 353
Doppelhelix 28, 30
doppelte Befruchtung 201
Dormanz 399, 402
Dormanz-Kallose 110
Dornblätter 169
Dornpolster 170
D1-Protein 274
Drachenbaum 133
Drosera 361f, 422
Drosophyllum 361
Druckfestigkeit 127, 130
Druckholz 130, 421
Druckpotenzial 87
Drüsen 113f
Drüsenepithel 114
Drüsengewebe 113
Drüsenhaare 105, 114
Duftdrüsen 114
Dunkelkeimer 404
Dunkelreaktionen der Photosynthese 279
Durchlasszellen 106, 151
durchwachsene Blüte 192
Dürrestress 397
Dynamin 381
Dynein 48
Dysploidie 232

Ecballium 418
Eckenkollenchym 108
Ectexine 194
Ectoenzyme 260
Edaphon 8
Effluxkanal 263, 353
Eiapparat 200
ein Gen- ein Enzym-Beziehung 233

Ein-Faktor-Kreuzung 214
Einkeimblättrige 8
Einzelfrüchte 205
Einzeller 6
Eisenbakterien 290
Eisenchlorose 352
Eisen-Schwefel-Welt 437
Eis-minus-Bakterien 397
Eiweißzellen 110
Eizelle 177, 200
ekkrin 350
ektotrophe Mykorrhiza 360
Elaioplasten 66
Elaiosomen 203
Elastizität 87, 107
elektrogene Kopplung 263
Elektronenmikroskop 39
Elektronentransport 272f, 304
Elektroporation 247
Elementarfibrille 71
Elementarmembran 44
Elemente 11
Elfenbeinpalme 73
Elicitoren 398
Elongase-System 318
Elongationsfaktoren 239
Elysia 84
EMBDEN-MEYERHOF-PARNAS-Abbau 296, 298
Embryo 117, 201f
Embryo-Entwicklung 402
Embryosack 183, 186, 194, 196, 200f
Emergenzen 105f
EMERSON-Effekt 271
EMP 296
Enantiomere 15
endergonisch 252
Endexine 194
Endoamylasen 314
Endocyanom 84, 93
Endocytose 55
Endodermin 78, 107
Endodermis 106f, 121, 150f
Endoenzyme 260
endogene Rhythmik 405
Endokarp 204
Endonucleasen 222
Endopeptidasen 336
Endoplasmatisches Reticulum 43, 50
Endoploidie 370
Endosomen 55
Endosperm 203
Endosymbionten-Theorie 83f
Endosymbiose 6, 83
Endothecium 193
Endotoxin 399
Endoxidation 304
Endozoische Verbreitung 208
Endprodukthemmung 377

energetische Kopplung 253
Energiedissipation 260
energiereiche Phosphatbindungen 254
Energieschema, Elektronentransportkette 305
Energiewanderung 270
ENGEKMANN'scher Bakterienversuch 269
Enhancer 373
ENOD40-Peptid 387
Entgiftung von Xenobiotika 334
Enthalpieänderung 251
Entkoppler 277, 306
ENTNER-DOUDOROFF-Abbau 296
Entropie 251
Entwicklungsrhythmik 399
envelope 42
Enzym-Induktion 372
Enzym-Repression 372
Enzym-Substrat-Komplex 257f
Ephedrin 339
Ephemere 170
epidermales Wassergewebe 141
Epidermis 103, 144
epigäische Keimung 117
epigenetische Muster 233
epigenetisches System 37
Epikotyl 117
Epimerisierung 292
Epinastie 421f
Epiphyt 166
Epistasie 217
epistomatisch 140
Epithemhydathoden 114
Epithilone 47
Epitonie 134
epizoische Verbreitung 209
ergastische Gebilde 41
Ergosterol 324
Erica arborea 351
Ericaceen-Mykorrhiza 361
Erkältungsresistenz 396
erleichterte Diffusion 261f
Erodium 416
Erregungsleitung 412, 423
Ersatzfasern 128
Erschöpfungsphase 394
Erstarkungswachstum 120
erweiterte Bündel 140
Erythromycin 240, 344
Erzlaugung 290
Essigbakterien 300
Etagenhaare 105
Ethanol 299f
Ethen 329, 382, 385
Ethephon 383, 386
etherische Öle 322
Ethidiumbromid 230
Etiolement 389

Etioplast 66
Euanthien-Hypothese 191
Eubakterien 6, 79
Eucyte 36, 81
Eu-Dicotyle 8
Euglenophyta 94
Eukaryota 5f, 36
Euphorbia cyparissias 388
Euphyllophytina 440
Euploidie 232
euryök 156
Eustele 124
eusynkarper Fruchtknoten 195
Evaporationsrate 345
Evolutionsfaktoren 428
Evolutionslehre 3
Evolutionstrend 99, 189
Excisionsreparatur 230
exergonisch 252
Exine 193
Exkretion 113, 350
Exkretionsgewebe 113f
Exoamylasen 314
Exocytose 55
Exodermis 106, 140, 151
Exoenzyme 260
Exokarp 204
Exon 235
Exonucleasen 222
Exopeptidasen 336
Expansine 73, 77, 364
Explosionsbewegungen 418
Exportine 244
Extensine 73
extrachromosomale Vererbung 245
extrafaszikulärer Transport 345
extraflorale Nektarien 114
extrazelluläre Matrix 70
Extremophile 395

Fächel 190
F-Actin 47
Fadenthallus 96
σ-Faktor 234
fakultative Heterotrophie 361
Fallenblumen 199
β-Faltblatt 23f
Faltblatt-Helix-Struktur 376
Farnesol 324
Farnesyl-diphosphat 323
Farnsporangien 416
Faser 109
Fasertextur 75
Fasertracheiden 111
Faserzellschicht 193
faszikulärer Transport 345
faszikuläres Cambium 125
F-ATPase 277f, 305
Fäulnis 358
Federgras 416

Fensterpflanzen 160
Ferntransport, von Wasser 348
Ferredoxin 274, 276
Ferritin 352
Festigungsgewebe 98, 107
Fette 12, 316, 319
Fettmobilisierung 319
Fettsäure-Abbau 318
Fettsäure-Biosynthese 316f
Feuchtkrümmung 415
Feuchtluftpflanzen 156
Fibonacci-Reihe 135
Ficin 337
fiedernervige Blätter 139
Filament 186, 192f
Filialgeneration 215
Filiform-Apparat 200
Filzhaare 105
Fitness 426
Flächenwachstum 77
Flachsröste 74
Flachsprosse 158
Flachwurzler 155
Flagellaten 6, 93
Flagelle 412
Flagellin 81, 413
Flavinadenindinucleotid 274
Flavinenzyme 304
Flavinnucleotide 256
Flavone 341f
Flavonoide 340f
Flavonole 341f
Flavylium-Kation 341
Flechten 8, 359
Flechtgewebe 96
Fließgleichgewicht 260
flip-flop 45
Flippase 45, 321
florale Nektarien 114
Florenreiche 441
Florideenstärke 70
Florigen 399
fluid-mosaic-Modell 44
Fluktuationstest 434
Fluoreszenz 270
Fluoreszenzmessungen 277
Foldasen 240
Folgeblätter 147
Folgemeristem 101
Folsäure 357
Fossilien 427
F-Plasmid 223, 227
Fragmentation 173
Frankia 325
freie Enthalpie 251
freie Kombinierbarkeit, der Gene 216
freier Diffusionsraum 353
Fremdbestäubung 197
Frosthärte 396
Frostkeimung 404

Frostresistenz 396
Frosttrocknis 157, 396
Frucht 204
Fruchtblatt 183, 186, 194
Fruchtformen 206
Fruchtknoten 192, 194f
Fruchtreifung 402
Fructane 312
Fructose-1,6-bisphosphat 281
Fructose-2,6-bisphosphat 297
Frühholz 127, 129
Fucoxanthin 268
Fucus 97
Fühltüpfel 422
Fumarat 301
Fungi 6
Funiculus 196
Funktionswechsel 435
Furanose 16
Fuselöle 331
Fusicoccin 262, 383
Futter-Täuschblumen 198

G-Actin 46
GAL-4-Protein 375
Galactinol 293, 312f
Galactoglycerid 14, 321
Galactomannan 315
Galacturonan 315
Galacturonsäure 20
Galium odoratum 340
Gallen 388
Gallussäure 331, 343
Gametangiogamie 176f
Gameten 173
Gametophyt 179
Gamocyste 177
Gamogonie 173
Gamon 414, 422
Gamophyllie 145
Ganzrosettenpflanzen 134
Gärungen 295, 299
Gasembolie 349
Gasvakuole 79
Gaswechselmessung 266
Gattung 5f
GC-Boxen 234
Gefäßbündelscheide 112
Gefäße 111
Gefäßpflanzen 8
geflügelte Stängel 145
gefüllte Blüten 191
Gehäuse 35f
Gehilfinnenzellen 200
Geißelbewegung 412
Geißel 48
Geißelschlag 413
Geleitzellen 109f
Geminiviren 220
Genaktivität 368
Genamplifikation 370

Genbank 227
Genbibliothek 227f
Gendrift 430
Gen 211
Generationswechsel 173, 179f
generative Zelle 199
genetic load 435
genetische Bürde 435
genetische Isolation 431
genetische Rekombination 429
genetische Tumoren 406
Genexpression 368
Genkarte 215, 229
Genklonierung 227
Genkopplung 215
Genlisea 362
Gen-Locus 211
Genmutationen 229
Genom 211
Genomik 248
Genom-Mutationen 232
genotypische Geschlechtsbestimmung 217
Genotypus 211
Genpool 428
Genregulation 370
Gentechnik 246
Gentisinsäure 340
Genüberlappung 220
Geobotanik 3
geographische Isolation 431
Geokarpie 208
Geophyten 170
Geotropismus 420
Geranyl-diphosphat 323
Gerbstoffe 68, 79, 107, 343
Gerontoplasten 66
Gerontosomen 54
Geschlechtsbestimmung 217
Geschlechtschromosomen 218
Getreidekorn 118, 203
Gewebe 101
Gewebekulturen 365
Gewebelehre 2
Gewebe-Quotienten 141
Gewebespannung 90, 107
Gewebethallus 97
Gibban 384
Gibberelline 384
Gibberellinsäure 382
glattes ER 38, 50
Glaucophyta 93
Gleitbewegungen 413
Gleitfallen 362
Gliadine 335
Gliederhülse 205f
Gliederschote 206
Globoide 69
globuläre Proteine 24
Globuline 335
Glucane 18

Glucofructane 312
Glucomannane 315
Gluconeogenese 303
Gluconsäure 16
Glucosamin 16
Glucosinolate 68, 340
Glucuronidase (GUS) 247
Glucuronsäure 16
Glutamat-dehydrogenase 328
Glutamat-Familie 330
Glutamin 21
Glutaminsäure 21, 328
Glutaminsynthetase 328
γ-Glutamylpeptide 335
Glutamyl-tRNA 302
Glutathion 279, 334
Glutathion-S-Transferasen 335
Gluteline 335
Glycerin 13, 297
Glycerinaldehyd 15
Glycerinaldehydphosphat 280
Glycin 21, 282, 329
Glykogen 70, 313
Glykolatoxidase 307
Glykolipide 13, 44, 321
Glykolsäure 282
Glykolyse 296, 298
Glykopeptid-Antibiotika 335
Glykoproteine 26, 45, 243
Glykoside 68, 315
glykosidische Bindung 17
Glykosyl-phosphatidyl-inositol 321, 381
Glyoxylatzyklus 303
Glyoxylsäure 282
Glyoxysomen 54, 303
Gnetopsida 8
GOETHE 4
GOGAT-Weg 328
GOLDMAN-Gleichung 355
Golgi-Apparat 52
Gonen 176
Gonidien-Schicht 360
Gossypium 105
G-Proteine 37, 54, 379
GRAM-Färbung 83
Gramicidin S 335
Graminan-Typus 312
Gramineen-Typ 104f
Grana 65
granulokrin 350
Gravimorphose 393
Gravitropismus 420f
Green Fluorescent Protein (GFP) 247, 308
Grenzplasmolyse 89
Griffel 194
große Periode des Wachstums 364
Grünalgen 8, 93f, 97
Gründerindividuen 431

Grundgewebe 102
Grundplasma 37, 43
Grünfluoreszierendes Protein 247, 308
Gruppenübertragungspotenzial 254
Guanidinogruppe 21
Guanin 26
Gummen 129, 315
Gummi arabicum 315
Guttapercha 33, 322
Guttation 114, 347
Gymnospermen 8
Gymnospermen-Typ 104
Gynoeceum 186, 194

Haare 105 f
Habituation 388
Hadrom 109
hadrozentrisch 111
Hafer-Coleoptiltest 381
Haftwasser 347
Haftwurzeln 164 f
Halbacetal 15 f
Halbrosettenpflanzen 134
Halbschmarotzer 358
Halbsträucher 170
Halophyten 168, 356
Häm-Eisen-System 302, 304
Hämin 31
Handelskork 132
Hanf 109
Hanfröste 74
hapaxanthe Pflanzen 188
haplogenotypische Geschlechts-
  bestimmung 217
haploid 57
Haploidenzüchtung 232
Haplonten-Typ 179 f
Haptonastie 422 f
Haptotropismus 422
HARDY-WEINBERG-Gesetz 428
Harnstoff 325
Hartbast 130
Hartholz 128
HARTIG'sches Netz 360
Hartlaub 142, 160
Harze 322
Harzkanäle 115, 143 f
Haushalts-Gene 234
Haustorien 168, 358
HAWORTH-Schreibweise 16
heat shock Proteine (HSP) 241
HECHT'sche Fäden 89
Helix 19
α-Helix 23 f
Helix-turn-Helix-Proteine 25, 375
Helleborus-Typ 104 f
Helophyten 157
Hemicellulosen 18, 72, 315

Hemiepiphyten 166
Hemikryptophyten 170 f
Hemiparasiten 358 f
Heptosen 15
Herbizide 275, 383
Heritabilität 213
Herkogamie 197
heterobares Blatt 141
Heterobathmie 5
heterochlamydeische Blüte 192
Heterochromatin 57
Heterochronie-Gene 401
Heterocysten 326
heterogenetische Induktion 365
Heteroglykane 18
Heterokontophyta 94
heteromorpher Generations-
  wechsel 181
Heteromorphosen 389
heterophasischer Generations-
  wechsel 181
Heterophyllie 147
Heteropolysaccharide 18
Heterosid 315
Heterosis-Effekt 246
Heterosomen 218
Heterosporie 182
Heterostylie 197
Heterotrimere G-Proteine 379
Heterotrophie 9, 357
heterotypische Inflorszenzen 190
heterozygot 215
Hevea brasiliensis 113, 322
Hexenbesen 136, 387
Hexosane 72
Hexosemonophosphat-Abbau 296
Hexosen 15
Hfr-Zellen 227
high irradiance response (HIR) 391
Hill-Reaktion 273
Hilum 202
Histamin 332
Histidin 21
Histidin-Kinasen 378
Histogene 149
Histologie 2
Histone 25, 56, 223, 373
Hitzeschock-Proteine 395
Hitzestress 395
HMG-Box 376
Hochblätter 147
Hoftüpfel 75
Hologamie 176
holokrin 350
Holoparasiten 358 f
Holz 125, 130
Holzfasern 111
Holzknolle 162

Holzparenchym 111
Holzrübe 154, 162
Holzstoff 78
homobares Blatt 141
homochlamydeische Blüte 192
Homoglykan 18
homoiogenetische Induktion 365
homoiohydre Pflanzen 92
homologe Rekombination 226
Homologie 4, 425
Homöobox 375
Homöodomäne 375
Homopolysaccharide 18
homorhiz 155
Homoserin-Derivate 409
homotypische Infloreszenz 190
homozygot 215
Honigblätter 193
HOOKE, R. 35
Hopanoide 13
horizontaler Gentransfer 429
Hormon-Konjugate 381
Hülse 205 f
hyalin 39
Hybride 215
Hydathoden 105, 114
Hydratation 12
Hydrathüllen 12
Hydratisierung 12
hydraulischer Widerstand 348
Hydrenchym 103
Hydrochinon 342
Hydrochorie 208
Hydrogamie 197
Hydrogenase 276, 291
Hydrolasen 115, 260
hydrophobe Wechselwirkung 12, 24, 45
Hydrophyten 156
Hydropoten 107
Hydroskelett 103
Hydrosystem 126
Hydroxylasen 307
Hydroxyl-Radikal 279
Hydroxynitril-Lyasen 340
Hydroxyprolin 329
Hydroxypropionat-Zyklus 289
Hygromorphie 142
Hygronastie 419
Hygrophyten 156
Hyperakkumulatoren 351
hypersensitive Reaktion 398
Hyperthermophile 395
hypertonisches Medium 89
Hyperzyklus 438
Hypnozygote 176
Hypodermis 106, 121, 141, 144
hypogäische Keimung 117
Hypokotyl 117
Hypokotylknolle 162
Hypophyse 149

hypostomatisch 140
Hypotonie 134
hypotonisches Medium 89

Idioblasten 101, 113
Idiotypus 211
Imidazolring 21
Importin 244
in vitro 40
Indol-3-essigsäure 381f
Indol-Alkaloide 338
β-Indolylessigsäure 381
Indolylbuttersäure 383
Induktion 367
induzierte Reizbewegungen 411
Infektionsschlauch 326f
Infektionstumor 407
Infektionstumoren 406
Infloreszenzen 188
Influxkanal 263
Informationsarbeit 254
Informosomen 376
Ingwer 113
Inhibitoren 258
Initialzellen 119
Initiationsfaktoren 239
Initiationsvorgang 234
Inkompatibilität 197, 218
Inkrustation 78
Inkurvation 99
Inositoltrisphosphat 379
Insektivoren 115, 361
Insertions-Elemente 233
intectate Pollen 194
Integument 183, 186
Intein 245
interchromosomale Rekombination 177, 215
Intercutis 106
Interdependenz 432
interfaszikuläres Cambium 122, 125
interfibrilläre Räume 72
interkalare Wachstumszonen 120
Interkalatoren 230
Intermediäre Filamente 46
Intermicellar-Räume 71
Internodialwurzeln 154
Internodien 120
Interpetiolarstipel 145
Interzellularen 102
Intine 193
intrachromosomale Rekombination 178, 215
intracisternaler Reaktionsraum 43
Introgression 432
Intron 223, 235
Inulin-Typus 312f
Inversion 231
Invertase 312

Investitionstypus 283
Involucrum 191
Involutionsformen 327
Iod-Stärke-Färbung 19, 70
Ionenaufnahme 352
Ionenaustauschvorgänge 352
Ionengehalt 351
Ionenkanäle 263
Ionenverfügbarkeit 356
Iridoid-Glykosid 316
Isoalloxazin-Ring 274
Isochinolin-Alkaloide 338
Isocitrat 301
Isocitratlyase 303
isoelektrischer Punkt 20, 25
Isoenzyme 260
Isogamie 176
Isoleucin 21
Isomerasen 260
Isopentenyladenin 384
Isopentenyldiphosphat 322f
Isopren 322, 350
Isoprenoide 13, 322
isosmotisch 86
Isothiocyanat 340
isotonisch 86
Isotopen-Diskriminierung 286

JACOB-MONOD-Modell 370
Jahresrhythmik 404
Jahrring 122, 127, 129
Jasmonat 382, 386
Jugendanthocyane 343
Jungendblätter 147
Jute 109

Kalkabscheidung 288
Kalkalgen 79
kalkmeidende Arten 356
Kalksinter 288
Kallose 75, 110, 315
Kallus 40, 364f
Kalorimetrie 251
Kälteresistenz 397
Kältestress 396
Kalyptra 421
kampylotrope Samenanlagen 196
Kanäle 261f
Kanamycin 240
Kannenfallen 362
Kapillarwasser 347
Kapok 109
Kapsel 83, 204f
Kardinalpunkte 156, 392f
Karotte 66
Karpell 186, 194
Karyogamie 176
Karyon 55
Karyoplasma 56
Karyopse 203, 205f
Karyotyp 57

Katalase 307f
katalytische Triade 336
Kataster-Gene 401
K^+-Aufnahme 353
Kaugummi 322
Kautschukbaum 113
Kautschuk 13, 33, 322, 324
KAUTSKY-Effekt 277
Keimblätter 117, 147
Keimfähigkeit 404
Keimruhe 403
Keimung 117
Keimungshemmstoffe 402
Keimwurzel 149
Kelch 186
Kelchblätter 186, 192
Kernäquivalent 37
Kernholz 130
Kernhülle 56
Kernlamina 56
Kernlokalisierungssignal 244
Kernphasenwechsel 179
Kern-Plasma-Relation 56
Kernporen-Komplex 56
Kernresonanz-Spektroskopie 26
Kernskelett 56
Kernspindel 60
Kerogen 13
2-Keto-3-desoxy-6-phosphogluconat-Weg 296
Ketoacyl-ACP-Synthase (KAS) 317
α-Ketoglutarat 301
Ketosen 15
Kettenabbruchverfahren 228
Kettenkonformation 23
Kieselalgen 35
Kieselpanzer 35
Kieselsäure 69, 79
kiloDalton 11
Kinesin 48, 412
Kinetin 382, 384
Kinetochor 57
Kinetosom 49
Kirromycin 240
Kladodien 158
Klappfallen 361
Klasse 5f
Klausenfrucht 205f
Kleber-Eiweiß 335
Klebkörper 194
klebrige Enden 222
Kleeblattmodell 235
kleine cytoplasmatische RNA (scRNA) 29
kleine Kern-RNA (uRNA) 29
Kletterpflanzen 164
Klettfrüchte 209
Klimakterium 403
Klimmhaare 105
Klinostat 421

Klon 173, 213
Knallgasbakterien 291
Knallgasreaktion 304
Kniewurzeln 167
knock-out-Pflanzen 247
Knorpelkollenchym 108
Knospenruhe 403
Knoten 120
knox-Gene 399
Kohäsionsbewegungen 416
Kohäsionstheorie 348
Kohlenhydrate 15
Kohlenstoff-Heterotrophie 357
Koklenstoff-Kreislauf 266
Kolben 190
kollaterale Leitbündel 111f
Kollenchym 108, 121
Kompartimentierung 39
kompatible Osmotika 90
Kompensationspunkt 283
Kompetenz 372
kompetitiv 258
konfokale Mikroskopie 39
Konformasen 240, 242
Konidien 175
Konjugation 227
konjugierte Doppelbindungen 270
Konkurrenz 156, 426
Konnektiv 192f
Konstruktionsanalogien 124
konstruktive Notwendigkeiten 432
Konsumenten 9
Konvergenz 4, 430
konzentrische Leitbündel 111
Köpfchen 189f
Kopulation 176
Korkcambium 107, 131
Korkeiche 132
Korksubstanz 78
Korkwarzen 131
Korkzellen 78, 107, 131
Kormophyten 8, 91, 98
Kormusgliederung 91
Korrelation 136, 366
Kotyledonen 117, 147
Kranzanatomie 284f
Kräuterkunde 1
Krebs-Zyklus 300
Kreuzungsversuch 213
Kristalle 68f
Kristallite 70f
kristallöse Chromoplasten 66
Kristallzellen 113
Kronblätter 186, 191f
Krone 186
Kronröhre 196
Krümmungstest 383
Kryoskopie 89
Kryptogamen 8

Kryptophyten 170
K-Selektion 430
K-Strategie 172
Kurztagpflanzen 400f
Kurztriebe 133f
Kurzzellen 140

Laccasen 307
Lactatdehydrogenase 299
Lactose-Operon 370f
Lage des Fruchtknotens 196
Lagerpflanzen 8, 91
Lakunen 102f
Lambda-Phage 221
Lamina 138f
laminale Placentation 195
Laminarin 314
Lamine 46
Landpflanzen 6, 93
Langtagpflanzen 400f
Langtriebe 133f
Langzellen 140
Lasso-Struktur 237
Latenzzeit 412
Lateralmeristem 139
Lathraea 359
Laubaustrieb 349
Laubholz 128
Laubmoose 97
leader-Sequenz 238
leaf area index (LAI) 288
lebende Fossilien 435
Lebensdauer, Blätter 148
Lebensformen 8
Lebensform-Typen 170
Lebensgemeinschaft 2
Lebermoose 97
Lecithin 13
Lectine 335
Leerlauf-CAM 287
Leghämoglobin 327
Legumin 244, 335
Lein 109
Leitbündel 109, 111, 119, 121
Leitbündelscheide 112, 121
Leitbündel-Typen 111f
Leitgewebe 98, 109
Leitparenchym 103
Lenticellen 131
Lepidodendron 440
leptokaul 134
Leptom 109
Leptotän 177
leptozentrisch 112
Letal-Faktoren 217
Leucanthocanidine 343
Leuchtbakterien 308
Leucin 21
Leucin-Reissverschluss-Struktur 375f
Leucosin 335

Leukanthocyanidine 342
Leukoplasten 64, 66f
Lianen 133, 164
Libriformfasern 111, 128
Lichenes 8
Lichtatmung 282
Lichthölzer 284
Lichtkeimer 404
Licht-Kompensationspunkt 287
Lichtmikroskopie 39
Lichtreaktionen 266
Lichtsammelsysteme 271, 278
ligandenabhängige Kanäle 264
Ligase 226, 260
light harvesting complex 271, 278
Lignifizierung 78
Lignin 30f, 78, 98, 343
Lignotuber 162
Ligula 107, 145
Liliidae 8
Liliopsida 8
Limonen 324
LINNÉ, C. von 5
Linolensäure 13
Linolsäure 12f
Lipasen 319
Lipid-Doppelschicht 44
Lipide 12
Lipid-Transfer-Proteine 321
Lipidvakuole 54, 67, 69
Lipochitooligosaccharide 326f
Liponsäure 298
Lipoprotein 26
Lipoxygenasen 319
Lithocysten 79
logistische Gleichung 41
log-Phase 41
Lokomotion 411
Lokomotionssystem 9
Loop 24
Lorbeer 113
Lösungsströmung 350
low fluence response (LFR) 391
Luciferase 308
Luciferin 307
Lückenkollenchym 108
Luftalgen 92
Luftwurzeln 155, 166
Lunarrhythmik 404
Lunularsäure 385
LURIA 434
Lutein 268
Lyasen 260
Lycopodiophytina 99, 440
Lyse 220
lysigen 102
lysigene Exkretbehälter 113
Lysin 21
lysogen 221
Lysosom 54, 336
lytischer Zyklus 221

lytisches Kompartiment 54
L1-Zellschicht 119

Macis 203
MADS-Box 375, 401
Magnetotaxis 367
Magnoliidae 8
Magnoliophytina 8
Magnoliopsida 8
Makrogamet 177
Makrolide 344
Makromoleküle 11, 32
Makrophylle 137
Malat 285, 301
Malat-Enzym 302
Malonyl-CoA 316f
Maltose 17
Malvidin 342
Manganbakterien 290
Mangelsymptome 351
Mangrove 168
Maniok 113
Mannane 73
MAP-Kinase 379
Marchantia 97
marginale Initialen 138
marginale Placentation 195
Mark 123
Markergene 247
Markhöhle 122
Markparenchym 121f, 152
Marksklerenchym 152
Markstrahl 120, 122, 125
Maserung 128
Massen-Extinktion 435
Massenströmung 350
Massenwirkungsgesetz 253
Massulae 194
Master-Regulator 372
Maternale-Effekt-Gene 402
Matrixpotenzial 89
mechanische Arbeit 254
mechanosensitive Kanäle 264
Medianstipel 145
Meeresleuchttierchen 308
Meeresspiegelschwankungen 440
Megagamet 177
Megagametogenese 200
Megaprothallium 182
Megaspore 182
Megasporogenese 200
Megasporophyll 183
MEHLER-Peroxidase 279
MEHLER-Reaktion 279
Mehlkörper 202f
mehrkernige Zellen 60
Mehrzeller 1
Meiose 173, 177
Meiospore 175
Melanin 307

Melilotus 340
Membranfluss 54
Membranlipide 54
Membranpotenzial 355
Membranproteine 45
Membran-Recycling 55
MENDEL, G. 213
MENDEL'sche Regeln 216
Menthol 322, 324
Meristem 101f
Meristemidentitätsgene 401
Meristemkulturen 365
Meristemoide 101
Merogamie 176
Mesembryanthemum crystallinum 287
meso-Inositol 293
Mesokarp 204
Mesophyll 139
Mesophyllquotient 141
Mesophyten 157
Mesophytikum 440
Mesosomen 79
Mesotonie 133
Messenger-RNA (mRNA) 29
Metaboliten-Regulation 378
Metabolit-Signale 380
Metabolon 300, 369
Metalloprotein 26
Metamorphose 4, 156
Metaphase 60f
Metaphloem 120
Metaxylem 120
Methanbildner 291
Methanopyrus 395
Methionin 21, 332
Methionin-Synthese 329
Methionin-Zyklus 332
Methylierungen 329
Methylierungsmuster 373
Methyljasmonat 386
Mevalonat-Weg 323
Mevalonsäure 322f
Micellen 71
MICHAELIS-Konstante 258
MICHAELIS-MENTEN-Kinetik 258
Microbodies 53, 319
Mikroarray-Technik 249
Mikroevolution 426
Mikrofibrillen 71f
Mikrofilamente 42, 46
Mikrogamet 177
Mikrogametogenese 200
Mikrogravitation 421
Mikroinjektion der DNA 247
Mikronährelemente 11, 351
Mikrophyll 137
Mikroprothallium 182
Mikropyle 183
Mikrorelief 103

Mikrosomen 55
Mikrosporen 182, 193
Mikrosporogenese 200
Mikrosporophyll 183, 192
Mikrotubuli 42, 46f
Mikrotubuli-assoziierte Proteine 48
Mikrotubulus-organisierende Zentren 48
Milchröhren 113
Milchsäuregärung 299
Mimikry 429
Mimosa pudica 405, 417f, 423
Mineralisierung 69, 79, 148
Minimumfaktor 283
Mistel 168f, 359
mitochondriale DNA 63, 211
Mitochondrien 37f, 42, 63
Mitochondrien-Matrix 63
Mitogen aktiviertes Protein 379
Mitose 60f
Mitospore 175
Mittellamelle 73
mittelständiger Fruchtknoten 196
Mixotrophie 357
Mnium-Typ 104f
Mobilitätsproteine 75
Modell
 der inneren Uhr 406
 des Repli(ko)soms 225
 von GIERER und MEINHARDT 368
Modifikabilität 212
Modifikationen 212
modifizierte Basen 26
modularer Bau 10
Moduln 137
MOHL, H. von 35
Molekularbiologie 3
monochasial 136, 190
monochlamydeische Blüte 192
Monocotyle 8
Monodehydroascorbat 279
Monogalactosyldiglycerid 321
monolayer 13f
monomerer Fruchtknoten 194
Monooxygenasen 307
Monophylum 5
monopodial 136
Monosaccharide 15
Monoterpenoide 322, 324
Monözie 197
Moose 6, 97
MORGAN-Einheit 215
Morphactine 393
Morphin-Alkaloide 339
Morphogenese 363, 369
Morphologie 2
Morphoregulation 381, 388
Mosaiktypen 433

Motiv-Datenbanken 25
Motorproteine 46, 48, 412
movement-Proteine 349
mtDNA-Moleküle 245
Muginsäuren 352
Multienzymkomplex 44, 260
Multinetz-Wachstum 77
multiple Allele 211
multivesikuläre Körper 55
Murein 82
Muropeptid 82
Muskatblüte 203
Muster 365
Musterbildung 368
Mutagene 229
Mutante 211
Mutasen 292
Mutation 211, 229, 428
Mutationsraten 428
Mutatorgene 428
Mutterkornpilz 96
Mycobiont 359
Mycota 6
Mykorrhiza 360
Mykosen 358
mykotroph 360
Myosin 48, 412
Myrmekochorie 209
Myrosinase 340
Myxomycota 95
Myxotesta 202

Nacktfarne 440
Nacktsamer 8
NAD 27, 255
Nadelholz 127
NADP 27, 255
NADP-Reduktase 276
NÄGELI 71
Nährstoffspeicherung 203
Nahrungsketten 9
Naphthochinon 343
α-Naphtylessigsäure 383
Narbe 186, 194
Nastie 411
natürliches System 4
Nebenalkaloide 339
Nebenatmung 307
Nebenblätter 138, 145
Nebenzellen 104f
negative Kontrolle 372
negative Rückkopplung 377
Nekrose 398, 403
Nektar 198
Nektarien 114
Neomycin 240
Neotenie 199
Nepenthes 362
NERNST'sches Gesetz 256
Nettophotosynthese 283, 287
Nexine 48

nichtcyclische Photophosphorylierung 277
Nicht-Häm-Eisen-Proteine 274, 304
Nicht-Histon-Proteine 56
nichthomologe Rekombination 226
nichtplasmatischer Reaktionsraum 43
Nickel-Porphyrin 291
Nicotin 339
Nicotinamidadenin-dinucleotid 27, 256
Niederblätter 147
nif-Gene 327
Nitratatmung 306
Nitratreduktase 327
Nitrat-regulation 380
Nitrifikation 333
nitrifizierende Bakterien 290
Nitritreduktase 327
Nitrobacter 290
Nitrogenase 326
Nitrosomonas 290
Nitrospira 290
Noctiluca 308
Nod-Faktoren 326
Nodien 120
Nodulin-Gene 327
NO-Synthase 380
Nucellus 183, 186, 194, 202
nucleäre Endospermbildung 201
nucleare Lamina 56
Nucleinsäure-Hybridisierung 222
Nucleinsäuren (Polynucleotide) 26f, 32
Nucleoid 79
Nucleolus 38, 56
Nucleolus-Organisator 57
Nucleomorph 93
Nucleoprotein 26
Nucleosid 27
Nucleosomen 57f
Nucleosomen-ATPase 373
Nucleotidaustausche 229
Nucleotide 26f
Nucleotidstoffwechsel 337
Nucleus 55
Nuss 204f
Nussverband 205, 207
Nymphaeidae 8

Oberblatt 138
Oberflächenantigene 83
Oberflächenlipide 316, 321
oberständiger Fruchtknoten 196
Ochrea 145f
Octadecanoid 386, 423
Octosen 15
offene Leitbündel 111

offene Nervatur 139
Offenes Leseraster 249
Öffnungsfrüchte 205
OH-Radikale 279
OKAZAKI-Stücke 224
Ökologie 3
ökologische Isolation 431
ökologische Nische 156
ökologische Potenz 156
Ökophysiologie 3
Ökosystem 2
Oleosine 54
Oleosomen 54, 67, 69
Oligosaccharide 17, 312
Oligosaccharine 398
Ölsäure 13
Ölzellen 113
Onsäuren 16
Ontogenese 3
Oogamie 176f
Oogoniol 422
Oogonium 177
Oospore 176
open reading frame 249
Operator 223, 370f
Operon 370
Opine 407
Opisthobranchier 84
Opium 113
Opiumalkaloide 339
Optimierungsvorgang 436
Orchideen-Mykorrhiza 361
Ordnung 5
Organidentitäts-Gene 401
Organisationstypen 6
organoide Galle 388
origin 226
Origin-Erkennungs-Proteinkomplex 226
Ornithin 329
Ornithogamie 198
Orobiom 441
Orotsäure 337
Orthologie 242, 436
Orthostiche 134
orthotrop 133
orthotrope Samenanlagen 196
ortsspezifische Mutagenese 230
Oscillatoria 413
Osmolarität 86
Osmometermodell 86f
Osmophoren 114, 198
Osmoregulation 90, 93
Osmose 86
Osmotin 397
osmotische Zustandgrößen 88
osmotischer Druck 86
osmotisches Potenzial 87
Oxalacetat 301
Oxalacetat-Familie 330
Oxalat 282, 293, 303

Oxalsuccinat 301
Oxidasen 307
oxidative burst 398, 403
α-Oxidation 319
β-Oxidation 318
oxidative Decarboxylierung 298
Oxidativer Pentosephosphat-
   zyklus (PPC) 296 f
oxidativer Stress 279, 395
Oxidoreduktasen 260
α-Oxoglutarat 301
Oxoglutarat-Familie 330
Oxophytodiensäure 382, 386, 423
Oxygenasen 307
Oxytropismus 422
Ozon 289

Paarkernphase 176
pachykaul 134
Pachytän 178
Paclitaxel 47, 322
Paeonidin 342
Paläobotanik 3
Paläophytikum 440
palindromische Sequenzen 222
Palisadenparenchym 103, 140 f
Palmitinsäure 13
Palynologie 4
p-Aminobenzoesäure 357
Panaschierung 267
Pandorina 94
Pantothensäure 299
Panzer 35 f
Panzerbeeren 205
Papain 337
Papaverin 339
Pappus 208
Paraffin-Kohlenwasserstoffe 321
parakarper Fruchtknoten 195
parallelnervige Blätter 139
Paralogie 242, 436
paraphyletisch 5
Paraquat 278
Parasexualität 227
Parasiten 99, 358
Parasorbosid 344
parasynkarper Fruchtknoten 195
Parenchym 35, 102
Parentalgeneration 215
Parthenogenese 173, 204
Parthenokarpie 205, 402
partition 276
passiver Transport 261
patch-clamp-Technik 263
pathogenesis related proteins 398
PCD 403
Pectin 20
Pectinasen 315
Pectinesterasen 315
Pectinsäure 72
Pectinstoffe 72, 315

Pelargonidin 342
Pellicula 36, 93
Pelorie 189
peltate Blätter 145
Penicilline 83, 335
Pentastichie 135
Pentosane 72
Pentosen 15
PEP 297
PEP-Carboxylase 285
Peptid-Antibiotika 335
Peptidbindung 22
Peptide 20
Peptidebene 22
Peptidyl-Disulfid-Isomerasen 242
Peptidyl-Prolyl-cis-trans-Isome-
   rasen 242
Pepzyme 259
perennierend 188
Perianth 186
Peribacteroid-Membran 327
Periblem 149, 151
Pericambium 152
Periderm 107, 131
Perigon 186
Perikarp 204
periklin 120
Periode 404
Perisperm 202 f
Perizykel 150, 152
Permeation 261
Peroxid-Anion 279
Peroxidasen 307
Peroxisom (Microbody) 38, 53,
   282, 319
Peroxyacetylnitrat 289
PEST-Sequenzen 337
Petalen 186
Petiolus 138
petite-Mutanten 245
Petunidin 342
Pfahlwurzel 155
Pfeffer 86
Pflanzensoziologie 3
Pflanzentumoren 406
Pflanzenzüchtung 3
PFP 296
Pfropfbastarde 174
Pfropfung 174, 365
Phaeophytin 267
Phaephorbid 302
Phagen 220
Phalloidin 47
Phanerogamen 8
Phanerophyten 170 f
Phanerozoikum 437
Phänotypus 212
Phäophytin 273
Phasenkontrast 39
Phasenmodell, des Stressgesche-
   hens 394

Phasenübergang 46
Phellem 107, 131
Phelloderm 107
Phellogen 107, 131
Phenolat-Anion 341
Phenylalanin 21, 30, 329, 331
Phenylalanin-ammonium-lyase
   (PAL) 329
Phenylborsäure 393
Phenylpropanderivate 340
Pheromone 177, 381, 414
π-Zellen 151
Phlein-Typus 312 f
Phlobaphene 107
Phloem 109
Phloemprimanen 120
Phloem-Protein 110
Phosphatide 13, 321
Phosphatidsäure 319
Phosphatidylcholin 13 f, 321
Phosphatidylinositol 321, 379
Phosphat-Translokator 291
Phosphinothricin 328
3′-Phosphoadenosin-5′-phospho-
   sulfat (PAPS) 333
Phosphodiester-Bindung 28
Phosphoenolpyruvat 297
Phosphofructokinase 25, 296
3-Phosphoglycerinsäure 280 f,
   297
Phospholipase D 379
Phospholipasen 321
Phospholipide 13, 44, 321
Phospholipid-Transferproteine
   52
Phosphon D 383
photochemischer Smog 289
Photodissipation 287
Photoinhibition 279
Photoisomerisierung 390
Photokinase NPH1 420
Photokinese 414
Photolyase 230
Photomodulation 392
Photomorphogenese 389
Photonastien 419 f
Photoperiode 400 f
Photo-Phobotaxis 414
Photophosphorylierung 277
photoprotektive Reaktionen 279
Photoreaktivierung 230
Photorespiration 282
Photosynthese 265, 269
   Energieschema 275
   Halobacterium 290
   Primärreaktionen 272
   Sekundärvorgänge 279
   Strukturkomplexe 278
   Umweltfaktoren 287
   von Eubakterien 289
Photosyntheserate 266 f, 288

Photosysteme 272f, 278
Photo-Topotaxis 413
Phototropin 392, 420
Phototropismus 419f
Phragmoplast 76
Phragmoplasten-Typ 76
Phycobiline 268
Phycobiont 359
Phycoerythrine 268
Phycoplast 76
phyletische Systematik 427
Phyllochinon 274
Phyllodien 158
Phylloide 97
Phyllokladien 158
Phyllotaxis 134
Phylogenie 425
Phylum 6
Physcomitrella 247
physikalische Genkarte 228
Physiologie 3
physiologische Uhr 405
Phytin 69, 293
Phytinsäure 293
Phytoalexine 398
Phytochelatine 335, 351
Phytochemie 4
Phytochrom 268, 302, 389f
Phytochromobilin 390
Phytohämagglutin 336
Phytohormone 381f
Phytol 322
Phyto-*mining* 351
Phytoncid 319
Phytoremedation 351
Phytosiderophore 352
Phytosphingosin 13f, 321
Phytosulfokine 387
Pilobolus 418
Pilus 81
Pilze 6
Pinguicula 361
Piperidae 8
Piperidin-Alkaloide 338
Pistill 194
Placenta 194
Placentationstypen 195
Placoderm 35f
plagiotrop 133
Planation 99
Plankton 8, 91
Planosporen 175
plantibodies 409
Plaques 220
Plasmalemma 42
Plasmaströmung 48, 412
plasmatischer Reaktionsraum 43
Plasmawachstum 77, 363
Plasmide 79, 223
Plasmodesmen 39, 75f

Plasmodium 39, 95
Plasmogamie 176
Plasmolyse 89
Plasmon 211
Plastiden 37, 42, 64
Plastiden-DNA 64, 245
Plastiden-Formen 65
Plastiden-Genom 211
Plastidenhülle 94
Plastochinon 273f
Plastochrome 68
Plastochron 119
Plastocyanin 25, 275
Plastoglobuli 66
Plastom 64, 211
Plattenkollenchym 108
Platykladien 158
Platzhaltertypen 172
Plectenchym 96
Plectostele 124
Pleiochasium 137, 190
Pleiotropie 217
Pleodorina 94
Plerom 149f, 152
plesiomorph 5
Plumula 117f
plurienne Arten 188
Pneumatophoren 167
Podostemaceen 99
poikilohydre Pflanzen 92
polare Lipide 316, 319
Polarisationskreuz 70
Polarisationsmikroskop 70
Polarität 93, 366f
Polarotropismus 420
pollakanthe Pflanzen 188
Pollenanalyse 194
Pollenkitt 194
Pollenkorn 183, 193, 199
Pollennahrung 198
Pollensack 183, 193
Pollenschlauch 184, 199
Pollentypen 194
Pollinarium 194
Pollinium 194
Poly-(ADP-Ribose) 230
Poly-A-Kette 236
Polyalkohole 16
Polyamine 329, 386
Polyandrie 192
Polyaromaten (Lignin) 32
Polyenergide 39
Polyethylenglykol 41
Polyfructane 312f
Polygalacturonasen 315
Polygenie 217
Polyhydroxyalkanoate 409
Polyketide 343
Polymerase-Ketten-Reaktion 228
polymerer Fruchtknoten 195

Polynucleotide 26
Polynucleotid-Synthese 225
Polypeptide 20
Polyphänie 217
Polyphenoloxidasen 307
polyphyletisch 5
Polyploidie 60, 232, 432
Polyprenolphosphate 336
Polysaccharide 17, 311
Polysiphonia 96
Polysomen 49, 240
Polystele 124
polytäne Chromosomen 60
Polyterpene 32f
Polyubiquitinierung 336
Population 2, 4
Porenkapsel 206
Porogamie 200
Porometer 347
Porphobilinogen 302
Porphyrin 31, 304
Porphyrin-Synthese 302
Porus 104
Positionseffekt 367
positive Kontrolle 372
Postreduktion 178f
Postreplikationsreparatur 230
potenzieller osmotischer Druck 87
Präadaptation 433f
Präferenz 156
Präkambrium 437
Präprophase-Band 60f
Präprotein 244
Präreduktion 178f
Prenyltransferasen 323
prepattern 367
Prephenat 331
PRIBNOW-Box 234
primär aktiver Transport 262
Primärblätter 147
primäre Aminierung 327
primäre Rinde 121
primäres Abschlussgewebe 103
primäres Dickenwachstum 120
primäres Endosperm 184
primäres Meristem 101
Primärstoffwechsel 311
Primärstruktur 23
Primär-Terpenoide 322
Primärwand 74, 77
Primase 225
Primer 313
Primosom 225
Procambium 119f
processing 235f
Prochlorophyten 6
Produktaktivierung 377
Produzenten 9
Proembryo 201
Proenzym 376

Profilin 47
programmierter Zelltod 403
Progymnospermen 8
Prokaryota 5, 36
Prokaryotenzelle 79, 81
Prolamellarkörper 66
Prolamine 335
Prolepsis 136
Prolin 21, 329
Promeristem 101
promiskuöse DNA 246
Promitochondrien 63
Promotor 223, 234, 247, 371, 373
proofreading 226, 239f
Prophagen 221
Prophase 60f
Propionsäuregärung 300
Proplastiden 64
Proprotein 244
prosenchymatische Zellen 35
prosthetische Gruppe 257
Protandrie 198
Protease-Inhibitoren 335, 398
Proteasen 336f
Proteasom 44, 336f
protein bodies 69
protein engineering 248, 258
Protein-Acylierung 244
Protein-Design 26
Proteine (Polypeptide) 32, 20, 23, 335
14-3-3-Proteine 379
Proteinfaltung 240
Protein-Hydroxylierung 244
Proteinkinasen 244, 378
Protein-Methylierung 244
proteinogene Aminosäuren 20
Proteinoide 438
Proteinoplasten 66
Protein p53 380
Proteinphosphatasen 378
Protein-Phosphorylierung 244
Protein-Prenylierung 244
Protein-Sortiervorgang 243
Protein-Spleissen 245
Proteinstruktur 23
Proteinvakuolen 69
Proteoglykane 73
Proteoid-Wurzeln 168
Proteom 249
Prothallium 182
Protista 6
Protizität 262
Protoalkaloide 339
Protobionten 438
Protochlorophyllid 302
Protocyte 36, 79, 81
Protocyte und Eucyte, Vergleich 80
Protoderm 103, 119, 149

Protofilamente 48
Protometabolismus 437
proton motive force 262
Protonema 182
Protonen-ATPasen 262
Protonengradient 262f, 306
Protonenpumpe 262
Protopectin 72f
Protophloem 119
Protophyten 91, 93
protoplasmatische Resistenz 394
Protoplasten 35, 41, 364
Protoplasten-Technik 247
Protoporphyrin IX 302
Protostele 99, 118, 123f
Protoxylem 119
Prozessivitätsfaktoren 224
PR-Proteine 398
Pseudanthium 189
Pseudoalkaloide 339
pseudocyclische Phosphorylierung 279
Pseudogene 223
Pseudomonas 397
Pseudoparenchym 96
Pseudoplasmodien 95
Pseudopodien 413
Psilophyten 98, 440
ptDNA 245
Pteridin 327
Pteridophyta 6
Pteridophyten-Typ 104
puff 60, 376
Pullulanase 314
Pulpa 204
pulsierende Vakuole 55
Pulvinus 146
Pumpen 261f
Punktmutationen 229
Purin-Alkaloide 339
Purinnucleotide 337
Purin-Ring 26
Puromycin 240f
Purpurmembran 290
Putrescin 386
Pyranose 16
Pyrenoid 65f
Pyridin-Alkaloide 338
Pyridoxalphosphat 328
Pyrimidinnucleotide 337
Pyrimidin-Ring 26
Pyrodictium 395
Pyron 344
Pyrophyten 170
Pyrrol 30f, 302
Pyruvat 297f
Pyruvatcarboxylase 302
Pyruvatdecarboxylase-dehydrogenase 298
Pyruvat-Familie 330
Pyruvat-Phosphat-Dikinase 285

Qualitätskontrolle 55, 242
Quantenbedarf 270
Quantenstromdichte 287
Quartärstruktur 24
Quasi-Spezies-Verteilung 438
Quellung 43, 88
Quellungs-Anisotropie 72
Quellungsbewegungen 415f
quenching 277
Quertracheiden 126
quiescent center 119, 149
Q-Zyklus 275, 306

racemöse Blütenstände 188
racemöse Infloreszenz 189
radiale Leitbündel 112
radiäre Blüten 187
radiäre Leitbündel 112, 152
Radicula 117
Raffinose 17, 312f
Rafflesiaceen 99
Ramie 109
Randblüten 189
Randmeristem 139
random globule 241
Ranke 422
Rankenkletterer 165
Ranunculidae 8
Raphide 69
Raseneisenerz 291
Rassenwandel 426
Raster-Elektronenmikroskopie 39
Rasterkraftmikroskop 40
Rastermutation 230
Räuber-Beute-Systeme 439
rauhes ER 38, 49
Raumstruktur 26
Reaktionsholz 130
Reaktionsnorm 212
Reaktionswärme 251
Reaktionszentrum 270
Reaktive Sauerstoff-Spezies (ROS) 279, 380, 395, 398
recalcitrante Samen 402
Rec-Proteine 221
red drop 269, 271
Redox-Reaktionen 255
Redox-Systeme 274
Reduktion 99
Reduktionsäquivalente 255
Reduktionsteilung 173, 177
reduktiver Pentosephosphat-Zyklus 279
reduktiver Tricarbonsäurezyklus 289
Redundanz der genetischen Information 436
Refraktärzeit 356, 412
Regeneration 367
Regressionen 99

Regulation
  Atmungskette 306
  der Transkription 374
  Stomatabewegung 354
Regulationselemente 373
Regulatorgen 370f
Reich 6
Reifeteilung 177
Reifungshormon 385
Reihe 5f
Reiherschnabel 416
reine Linie 213
Reinkultur 40
Reiz 411
Reizperzeption 411
Reizschwelle 355, 411
rekombinante DNA 246
Rekombinanten 214
Rekombination 226
Repellents 414
repetitive Sequenzen 223
Replikation der DNA 225
Replikationsgabel 224f
Replikon 226
Replum 195
Reportergene 247
Repressor 370f, 374
Reservelipide 319
Reserveproteine 335
Reservestärke 70, 313
Resistenzgene 398
Respirationskontroll-Index 306
Respirationsquotient 308
Restitution 365
Restmeristem 101
Restriktions-Endonucleasen 222
Restriktions-Fragmentlängen-
  Polymorphien 228
Resultantenregel 420
Retentionswirkung 385
(Retinoblastom)-*related* Protein 380
Retrotransport 54
Retro-Transposon 233
Reverse Transkriptase 234
Revertase 234
Rezeptor 37, 398, 411
Rezeptorprotein 378
reziproke Kreuzung 215
Reziprozitätsregel 216
RFLP-Methode 228
Rhachis 139
Rhamnogalacturonane 315
L-Rhamnose 72
rhexigen 102
Rhizobium 325
Rhizodermis 106, 149, 51
Rhizoid 149
Rhizom 160f
Rhizosphäre 151, 350
Rhizostiche 154

Rhizothamnien 168
Rhododendron 397
Rhodopsin 290
Rho-Familie 379
Rhynia 98f
Rhythmik 404f
Riboflavin 274
Ribonuclease 25
Ribonucleinsäuren 26
Ribonucleoproteinpartikel (RNP) 44, 237
Ribosom 42, 44, 49f
ribosomale RNA (rRNA) 29, 236
Ribosomen-inaktivierende Proteine 398
Ribozym 239, 257
Ribulosebisphosphat 280f
Ribulosebisphosphat-carboxy-lase-oxygenase 281
Ricin 335
Ricinus-Typus 125
Riesenchromosomen 60, 370
RIESKE-Faktor 275
Rifamycin 240
Rinde 122
Rindenbäume 132
Rindenparenchym 121
Ringelborke 132f
ringporiges Holz 129
Ringtextur 75
Ringtracheiden 111
Rispe 190
RNA 26
RNA-Edierung 246
RNA-Polymerase II 234
RNA-Primer 225
RNA-Viren 220
RNA-Welt 438
RNP 44
Rohrzucker 291, 312
Rollblätter 143, 417
Röntgenstrukturanalyse 26
Roridula 361
ROS 380
Rose von Jericho 160, 415f
Rosette 134
Rosetten-Komplex 72, 315
Rosidae 8
Rosopsida 8
ROSSMANN-FOLD 25
Rotfäule-Pilze 78
R-Plasmid 223, 227
RQ 308
r-Selektion 430
r-Strategie 172
Rüben 154, 162
Rübenzucker 312
Rubisco 281
Rubisco-Aktivase 282
Rückkreuzung 216
Rückmutation 230

Ruheknospen 136
ruhende Knospen 136
ruhendes Zentrum 119, 149
Ruhepause 403
Ruhepotenzial 355
Rutensprosse 158

Saccharomyces 299
Saccharose 17f, 291, 312
Saccharosegalactoside 312
Saccharosephosphatsynthase 312
Saccharosesynthase 312
Saccoderm 74
Sacculus 82
S-Adenosyl-Methionin 329, 332
Safran 198
Saftdruckstreuer 208
Saftfrüchte 204
Safthaare 106, 204
Salicylsäure 306, 340, 382, 386, 398
Salzdrüsen 115, 168
Salzhaare 168
Salzsukkulenz 168
Salztoleranz 356
Samanea 418
Samen 203
Samenanlage 183, 186
Samenanlagen-typen 196
Samenbank 208
Samenbildung 201
Samenfarne 8
Samenhaare 105
Samenmantel 203
Samennabel 202
Samenpflanzen 8
Samenruhe 202
Samenschale 201f
Samenschwiele 203
Sammelbalg 206
Sammelfrüchte 205f
Saponin 324
Saprophyten 358
Sarkotesta 202
Sarracenia 361
Satelliten-Chromosomen 57
Sauerstoff-Elektrode 308
Saugfallen 361
Saughaare 105
Saugspannung 87
saure Aminosäuren 20
saure Proteine 25
saurer Regen 356
Schalenzwiebel 161f
Schattenblätter 142f
Schattenhölzer 288
Schattenpflanze 287
Scheinstamm 138
Scheitelgrube 120
Scheitelkante 97, 139
Scheitelmeristem 119

Scheitelzelle 96f
Schildblatt 145f
Schildchen 118
Schildhaar 105
Schirmchenalge 95
Schirmrispe 190
schizogen 102
schizogene Exkretbehälter 115
Schlankheitsgrad 123
Schlauchblätter 146
SCHLEIDEN 35
Schleimgänge 115
Schleimpilze 95
Schleimstoffe 315
Schleuderbewegungen 418
Schließfrüchte 204f
Schließhaut 75f
Schließzellen 104f
Schlüsselenzyme 377
SCHOLANDER-Druckkammer 349
Schössling 155
Schote 205f
Schraubel 190
Schraubenalge 96
Schraubentextur 75
Schraubentracheide 111
Schreckreaktion 414
Schuppenborke 132f
Schuppenhaar 105
Schuppenrhizom 161
Schuppenwurz 359
Schuppenzwiebel 161f
Schwachlicht-Chloroplasten 284
Schwammparenchym 103, 140f
SCHWANN 35
Schwebeeinrichtungen 208
Schwefelbakterien 289f
Schwefeldioxid 289
Schwefel-Kreislauf 334
Schwesterart 5
Schwimmpflanzen 157
screening 228
Scutellum 118
Sedimentationskonstante 40
Seebälle 293
Seekreide 79
Seismonastie 423
Seitenwurzelbildung 154
Sekretion 113
sekundär aktiver Transport 262f
Sekundär-Carotinoide 269
sekundäre Endodermis 151
sekundäre Endosymbiose 84
sekundäre Markstrahlen 125
sekundäre Pflanzenstoffe 68
sekundäre Plasmodesmen 75
sekundäre Rinde 125, 130
sekundärer Embryosack 200f
sekundäres Abschlussgewebe 103
sekundäres Dickenwachstum 125

sekundäres Endosperm 201
sekundäres Meristem 101
Sekundärstoffe 33, 68, 311
Sekundärstoffwechsel 311
Sekundärstruktur 24
Sekundär-Terpenoide 322
Sekundärwand 74
Sekundärwand-Cellulose 75
Sekundärwand-Schichtung 75
Selaginella 415
Selbstableger 208
Selbstbestäubung 197
selbstkompartimentierende Organellen 44
Selbstspleißen 236
Selbststerilität 197
Selbststerilitätsgene 218
Selbstung 213
Selektion 4, 429
selektive Permeabilität 46, 85
Selenocystein 220
selfassembly 42
semikonservativer Replikationsmodus 224
semikontinuierliche Replikation 224
Semipermeabilität 46, 85
senescence related proteins 403
Seneszenz 403
Senföle 340
Senker 168
Sepalen 186
Serin 21, 282, 329
Serin/Threonin-Kinasen 378
Serin-Familie 330
Serin-Proteasen 336
Serpentin-Pflanzen 351
Sesquiterpenoide 322, 324
Sesselform 16
Sesterterpenoide 322
Sexine 194
Sexuallockstoffe 177
Sexual-Täuschblumen 198
Seychellen-Nuß 203
Shikimisäure 304
Shikimisäure-Weg 329, 331, 340
Shikonin 343
SHINE-DALGARNO-Sequenz 239
short cytoplasmatic RNA 235
short nuclear RNA 235
Shuttle 292
Sichel 190
Sickerwasser 347
Siebparenchym 110
Siebplatten 109f
Siebröhren 109f
Siebzellen 110
Signaltransduktion 37
Sigillaria (Siegelbäume) 440
Sigma-Faktor 372

Signalkaskaden 378
Signalosom 392
Signalpeptidase 242
Signal-Recognition-Partikel (SRP) 44, 242f
Signalsequenz 242
Signalstoff 381
Signaltransduktion 369, 378
Silencer 373
Sinapylalkohol 31, 342f
single strand binding Protein 224
single-copy DNA 223
Singulett-Sauerstoff 279
Sink 349
siphonale Organisation 95
siphonocladal 95
Siphonogamie 184, 200
Siphonostele 124
Sippe 5
Sirenin 414
Sirohäm 327
Sisalfaser 109
Sitosterol 15, 324
Sklereiden 108
Sklerenchym 108, 122
Sklerenchymfasern 108f
Sklerophylle 142, 160
Sklerotesta 202
SNAP-Protein 51
SNARE-SNAP-System 51, 54
Solstitialbewegungen 420
somaklonale Variation 364
somatische Embryogenese 364
somatische Hybridisierung 248
somatische Mutationen 229
somatische Polyploidie 60
Somatogamie 177
Sonnenblätter 142f
Sonnenpflanzen 287
Sonnentau 362, 422
Soral 174
Soredie 174
Soret-Bande 32
Sorus 183
SOS-Reparatur 230
Southern-blotting 228
Spacer 223
Spaltfrüchte 205f
Spaltkapsel 206
Spaltöffnungen 98, 104
Spaltöffnungsbewegung 346, 354, 418
Spaltöffnungs-Muster 366
Spaltöffnungstypen 104f
spannungsabhängige Kanäle 264
Sparertypus 283
Spätholz 127, 129
Species 6
Speicherparenchym 103
Speichersprosse 160
Speichervakuolen 54, 67

Spenderstamm 227
Spermatien 177
Spermatogonium 177
Spermatophyta 8
Spermatozoid 177
Spermazelle 177, 199
Spermidin 386
Spermin 386
Sperreffekt 366
spezifischer Transport 261
Sphärosomen 54, 69
S-Phase 58 f
Sphingolipide 13, 321
Sphingosin 13, 321
Spiegelbild-Isomere 15
Spindel 139
Spindelapparat 60
Spindelhaare 105
Spirodistichie 135
Spirogyra 96
Spirre 190
Spleissen (der RNA) 236
Spleissosom 237
Splintholz 129
Sporangien 175
Sporen 98, 175
Sporenkapsel 181
Sporoderm 78, 193
sporogenes Meristem 192
Sporogon 181
Sporophyll 182
Sporophyllstand 184
Sporophyt 179
Sporopollenin 78, 98, 193
Spreizklimmer 164
Springbrunnen-Typus 96
springende Gene 232
Springkraut 419
Spritzgurke 418
sprossbürtige Wurzeln 149, 154
Sprossdornen 169
Sprossknolle 161
Sprossknospe 117
Sprossparasiten 359
Sprossranken 165
Sprossrübe 162
Sprosssukkulenten 159
Spurenelemente 351
Squalen 322, 324
S-Selektion 430
stabilisierende Selektion 429 f
Stacheln 106, 169
Stachyose 312 f
stacking forces 30
Stamina 186, 192
Staminodien 193
Stammbaum 5, 426
Stammsukkulenten 159
Stapelkräfte 30
Stärke 18 f, 69, 291, 313
Stärkekörner 66, 70

Stärkephosphorylase 313 f
Stärkescheide 112, 121
Stärkesynthase 313
Starklicht-Chloroplasten 284
Start-Codon 220
stationäre Phase 41
Statolithenstärke 151, 421
Staubbeutel 192
Staubblatt 183, 186, 193
Staubblattbewegungen 418
Stauden 137
Stearinsäure 13
Stecklinge 174
Steinfrucht 204, 206
Steinzellen 108
Stelärtheorie 118, 123 f
Stele 118
Stelzwurzeln 165
Stempel 194
stenök 156
Steppenläufer 208
Stereom 107
Sternhaare 105
Sternparenchym 103
Steroidalkaloide 339
Steroide 13, 322
Sterol 13, 15, 44, 322
Stickoxide 289, 325
Stickstoff-Assimilation 328
Stickstoffdüngung 325
Stickstoff-Fixierung 325 f
Stickstoffgehalt 324
Stickstoff-Kreislauf 333
Stickstoff-Mangel 325
Stickstoffmonoxid NO 380
Stickstoffspeicherung 332
Stickstoffversorgung 324
sticky ends 222
Stigma 186, 194, 413
Stigmasterol 324
Stipa 416
Stipeln 138, 145, 147
stöchiometrische Regulation 378
Stoffproduktion 265, 283
Stolonen 163
Stomata 98, 104, 140
Stomataindex 141
stomatäre Transpiration 345
Stomatawiderstand 347
Stopp-Codon 220
Storchschnabel 416
Störlicht 400
STRASBURGER-Zellen 110
Stratifikation 404
Sträucher 137
Streckungswachstum 77, 363, 382
Streckungszone 149
Streifenborke 132 f
Streptomycin 240
Stress 393 f

Stress-Hormon 385
Stressproteine 395
Streufrüchte 204, 206
Streusalz-Schäden 353
Streutextur 74
Stroma 64
Stroma (Matrix) Thylakoide 65
Stromatolithen 288
Strophiolen 203
Strukturgene 223, 371
Strukturmotive 25
Stützwurzeln 166
Stylus 194
Suberin 78, 322
Suberinisierung 78
submarginale Initialen 138
Substitutions-Mutationen 230
Substrataktivierung 377
Substratinduktion 372
Substratkettenphosphorylierung 297 f
Substratspezifität 257
Succinat 301
Succinatdehydrogenase 304
Succinyl-CoA 301
Suchbewegungen 419
Sucrose 17, 312
Sukkulenten 159
Sulfatassimilation 334
Sulfatatmung 306, 334
Sulfatgruppen-Donator 333
Sulfat-Reduktion 332
Sulfitreduktase 334
Sulfolipide 321
Sulfonamide 357
Sumpfpflanzen 157
Supercoil 223
Superhelix 223
Superoxid-Anion 279
Superoxid-Dismutase (SOD) 279
Suppline 357
Suspensor 201 f
Svedberg-Einheit 40
Syllepsis 136
Symbiose 359, 435
Symbiosom 326
sympatrische Artbildung 431
Symplast 39, 345
symplastische Belader 350
symplastischer Transport 345
sympodial 136
Symport 261
synanthrope Arten 209
Synapsis 177
Synchronkultur 41, 405
Synergide 200 f
Synexpressions-Gruppen 372
Synfloreszenz 189
Syngamie 173, 176
synkarper Fruchtknoten 195
Synthasen 260

Synthetasen 260
System 1
Systematik 3
Systemin 387
systemische Antwort 395, 398

Tabakmosaikvirus 220
Tapetum 193
Taq-Polymerase 228
TATA-Box 234, 373
Täuschblumen 198
Taxie 411
Taxol 47, 322, 324
Taxon 5
Tectum 194
Teichonsäure 83
Teilungswachstum 363
Telom 99
Telomerase 226
Telomere 57, 226
Telophase 61
Temperaturoptimum 288, 392
temperent 221
Tensegritäts-Struktur 48
Tentakeln 106
Tepalen 186
Terminalblüte 188
Termination 234, 240
Terpenoide 13, 316, 322
tertiäre Endodermis 151
Tertiärstruktur 24
Tertiärwand 74
Testa 201f
Tetcylacis 383f
Tetracyclin 240, 343f
Tetrahydrofolsäure 329
Tetrapyrrol-System 30, 302
Thallophyten 8, 91
Thallus 95
Theka 193
Theobromin 339
Thermodinese 412
Thermomorphosen 393
Thermonastie 419
thermophile Prokaryoten 395
Thermotoga 395
Thermotropismus 423
Therophyten 170f
Thiamin 357
Thiamindiphosphat 298
Thigmomorphosen 393
Thigmonastie 422
Thigmotropismus 422
Thiokinase 318
Thioredoxin 282
Threonin 21
Thylakoide 65
Thyllen 111, 129
Thymin 26
Thymol 324, 341
Thyrsus 190

TIC-Transportsystem 244
Tierbestäubung 198
Tigogenin 324
Tilia-Typus 125
TIM 244
Tocopherole 395
TOC-Transportsystem 244
Toleranz 394
Toleranzbereiche 156
TOM 244
Tonoplast 42
topodynamische Regulation 369
Topoisomerase 224, 273
Torsionsbewegung 419
Torus 76
Totipotenz 364f
touch-induced Gene 393
Toxine 358
T_i-Plasmid 247, 407
Tracheen 111
Tracheiden 111
Tracheophyta 8
Tragblatt 119, 188
Trampelkletten 209
Transaldolasen 292
Transaminasen 328
Transaminierung 327f
Transdetermination 388
Transduktion 222
Transferasen 260
Transfer-Protein 45
transfer-RNA (tRNA) 25, 29, 235
Transferzellen 112
Transformation 219
Transfusionsgewebe 143f
transgene Pflanzen 246, 409
trans-Golgi-Netz 53
trans-Hexenal 319
transitorische Stärke 70
Transitpeptide 244
Transketolase 281, 292
Transkription 37, 233f, 237
Transkriptionsfaktoren 234, 391
Transkriptionsrate 374
Translation 37, 238, 243
Translokation 231
Translokatoren 261f
Translokon 242f, 337
Transmembran-Helix 45
Transmembranproteine 45
Transmissionsgewebe 194
Transpiration 98, 345f
Transpirationskoeffizient 346
Transpirationsschutz 157
Transpirationsstrom 348
Transport, im Phloem 349
Transportarbeit 254
Transportmetabolite 349
Transportproteine 46
Transposons 232
transspezifische Evolution 433

Transversal-Gravitropismus 421
trans-wirksame Kontrolle 373
trapping center 270
Traube 189
Traumatonastie 423

treadmilling 48
Trehalose 17, 312
Trenngewebe 148, 387
Triacylglycerole 12, 316
Tricarbonsäurezyklus (TCC) 300f
Trichlorphenoxyessigsäure 383
Trichoblasten 151
Trichome 105
Trichomhydathoden 114
Trichterblätter 146
Trichterzellen 140f
Triglyceride 316
Triose-Familie 330
Triosen 15
Triosephosphat 280
Triosephosphat-Isomerase 25
Tripeptid 20
Triplett 219
Trisaccharid 17, 311
Tristichie 135
Triterpenoide 324
Trockenfrüchte 204
Trockenkrümmung 415
Tropan-Alkaloide 338
Trophophylle 182
Tropismus 411, 419
Tropolon-Alkaloid 339
Tropomyosin 47
Tropophyten 157, 160
Trugdolde 190
Tryptophan 21, 329
Tryptophan-Operon 372
TSCHERMAK 213
Tubulin 47
Tumoren 406
Tunica 119
Tüpfel 38, 75f
Tüpfelkanäle 108
Tüpfeltracheiden 111
Turgor 93, 103
Turgorbewegungen 417
Turgordruck 87
Turionen 175
Tyrosin 21, 329, 331
Tyrosin-Kinasen 378

UAS (*upstream activating sequences*) 373
Übergangstyp 104
Übergangszustand 257
Übergipfelung 99, 118
Überpflanzen 166
Überwinterungsknospen 175
Ubichinone 304f

Ubiquitin 336
Uhr-Gen 406
Ulothrix 96
Ultrazentrifuge 40
Umbellularia 318
Unbenetzbarkeit 103
ungesättigte Fettsäuren 12
ungeschlechtliche Fortpflanzung 173
ungleiches Crossover 226
unidentified open RF 249
unifaciales Blatt 141
Uniformitätsregel 216
Uniport 261
unitegmische Samenanlage 196
Unterabteilung 6
Unterblatt 138
Unterklasse 6
unterständiger Fruchtknoten 196
untranslated region 238
Unumkehrbarkeit der Evolution 432
Uracil 26
URAS 308
Ureide 332
URF 249
Urmark 119
Urmeristem 101
Urnenblätter 167
Uronsäuren 16, 293
Urrinde 119
Ursuppe 437
Urtica 106
Utricularia 361
UV-B-Rezeptor 392
UV-Mal 198

vaginal 147
Vakuole 37 f, 66
Vakuolenfarbstoffe 68
Vakuom 37, 66
Valin 21
VA-Mykorrhiza 361
VAN DER WAALS-Kräfte 24
VAN'T HOFF 86
Variabilität 212
Vegetationskegel 118 f, 149
Vegetationskunde 3
vegetative Fortpflanzung 173
vegetative Zelle 199
vegetativer Pol 93
Vektor 246, 407
Velamen radicum 107, 166 f
Ventralmeristem 139
Venusfliegenfalle 361 f, 423
Verbascose 312 f
Verbundbau 73, 78, 123
Verdauungsdrüse 114 f
Vererbung 2, 211
Vererbungsregeln 213
Vergeilung 389

Verholzung 78, 98
Verkernung 130
Verkorkung 78
Verlaubung des Blattgrundes 145
Vermehrung 2
Vermeidung (*avoidance*) 394
Vernalisation 400
Verwachsung 99
Verwandtschaftsforschung 4
Verweichlichung 395
very low fluence (VLF)-Reaktion 390
Verzweigung 136
Vesikel 43
Vesikel-Transport 51, 54
vesikulär-arbusculäre Mykorrhiza 361
Vielzelligkeit 91
vikariierende Arten 356, 431
Vinblastin 47
Violaxanthin 268, 279
VIRCHOW 36
Viren 37
vir-Gene 407
Virion 220
Viroide 222
Virulenz-Allel 398
Viscum 359
Vitamin A 268
Vitamin C 279
Vitamin K 274
Vitamine 357
Viviparie 175
Vollschmarotzer 358
Volumenströmung 350
Volvox 94 f
Vorauskopplung 377
Vorblätter 147, 188
Vorläuferspitzen 138
Vormuster 367

Wachsester 321
Wachssubstanzen 78, 103, 321
Wachstum 363
Wachstumsbewegungen 419
Wachstumsfaktoren 357
Wachstumsgeschwindigkeit 363
Wachstumsgleichung 40
Wachstumskurve 41
WÄCHTERSHÄUSER 437
Waldmeister 340
Wanddruck 87
Wannenform 16
WARBURG-Technik 308
Wärmeenergie 251
Wärmetönung 251
Wasser 11, 289
Wasseraufnahme 347 f
Wassergewebe 103
Wasserkapazität 347
Wasserökonomie-Koeffizient 289

Wasserpflanzen 157
Wasserpotenzial ϕ_W 86 f
Wasserpotenzialgefälle 346
Wasserschlauch 361
Wasserspaltung 273
Wasserstoffbrücken 12, 24
Wasserstoffelektrode 255
Wasser-Wasser-Zyklus 279
WATSON 29
wechselständig 134
Weichholz 128
Weinsäure 293
Weißfäule-Pilze 78
Welken 90, 103
Welwitschia 139
Wickel 190
Widerstandsphase 394
Wimpern 48
Windbestäubung 197
Windesprosse 164
Wirkungsspektrum 268 f
Wirkungsspezifität 257
wirtelig 134
Wobble-Base 235
Wobble-Hypothese 236
Wollhaare 105
Wuchsformen 137
Wundatmung 309
Wundheilung 133
Wundkallus 133
Würgerfeige 166
Wurzel 98, 149, 348
Wurzeldornen 170
Wurzeldruck 348
Wurzelhaare 151, 347
Wurzelhals 152
Wurzelhalsgalle 407
Wurzelhaube 149, 151
Wurzelhaustorien 168
Wurzelkletterer 165
Wurzelknöllchen 168, 326
Wurzelknollen 162 f
Wurzelknospe 117
Wurzelparasiten 359
Wurzelperiderm 153
Wurzelplastiden 66
Wurzelranken 165
Wurzelrinde 150 f
Wurzelrübe 162
Wurzelspross-Bildung 154
Wurzelsukkulenten 160
Wurzeltaschen 151
Wurzelzöpfe 422
Wuzelhaarzone 149 f

Xanthophylle 268
Xanthophyll-Zyklus 279
Xanthoxin 382, 385
Xenobiotika 334
Xeromorphie 142
Xerophyten 157

Xylan 73
Xylem 109, 111
Xylem-Blutungssaft 349
Xylemprimanen 119
Xyloglucane 73
Xyloglucan-endotransglycosylase 77

YABBY-Familie 376, 399
YANG-Zyklus 329
yeast artificial chromosome, YAC 228

Zapfen 184, 190, 415
Zeatin 382, 384
Zeaxanthin 268, 279, 392
Zellatmung 63
Zellbiologie 3
Zelle 35
zellfreies System 40
Zellhybride 41
Zellkern 38, 41, 55
Zellkolonien 95
Zellkultur 40, 365
Zellmembran 37, 42
Zellmodelle 41
Zellorganellen 37

Zellphysiologie 3
Zellplatte 76
Zellsaft 67, 93
Zellsaftvakuole 68
Zellsprossung 173 f
Zellsuspensionskultur 365
Zelltheorie 1, 35
zelluläre Endospermbildung 201
Zellwand 35, 38, 70 f
Zellwand-Lockerung 77
Zellwand-Matrix 55, 71
Zellwand-Polysaccharide 314
Zellwandproteine 73
Zellwandschleime 73
Zell-Zell-Erkennung 388
Zellzyklus 58 f
Zentralspalt 104 f
Zentralzylinder 122, 150 f
Zentrifugation 40
Zerfallfrüchte 205
zerstreutporiges Holz 129
Zimtsäure 340, 342
Zink-Finger-Struktur 375 f
Zinnkraut 104
Zoidiogamie 198
Zonobiome 441
Zoochorie 207 f

Zoosporen 175
Z-Schema 275
Zucker 15
Zuckeralkohole 16, 292 f
Zuckernucleotide 292
Zuckerphosphate 292
Zugfestigkeit 130, 348
Zugholz 130, 421
Zugwurzeln 166
Zustandsgröße 251
Zwei-Faktor-Kreuzung 214, 217
Zweiglücke 123
Zweigspur 123
Zweikeimblättrige 8
Zwei-Komponenten-Systeme 379
Zwergsträucher 137, 170
Zwiebeln 162
Zwischen-Gene 401
Zwitterionen 20
zygomorphe Blüten 187
Zygophyllum stapfii 351
Zygotän 178
Zygote 176
Zygotenfrucht 181
Zymomonas 299 f
Zypressenwolfsmilch 388

Weitere Botanik-Lehrbücher

2 Bände im Paket nur DM 98,-!!

Wolfram Braune / Alfred Leman / Hans Taubert
■ Pflanzenanatomisches Praktikum Band I und II

Dieses zweibändige Werk bietet das notwendige theoretische und praktische Wissen für das Grundpraktikum Botanik, an welchem jeder Biologiestudent in den ersten Semestern teilnimmt. Auch Studierende der Pharmazie und der Landwirtschaft greifen in ihren Praktika mit Vorliebe auf dieses didaktisch ausgefeilte Werk zurück.

Seit Jahrzehnten erprobt, verbessert und bewährt, ist die direkte Gegenüberstellung von Mikrophoto und Zeichnung.

Bd. I: Zur Einführung in die
Anatomie der Samenpflanzen
8. Aufl.1999, 360 S., Br. · DM 58,-/öS 424,-/sFr 52,50
ISBN 3-8274-0923-3

Bd. II: Zur Einführung in den
Bau, die Fortpflanzung und Ontogenie der
niederen Pflanzen, der Bakterien und Pilze
4. Aufl.1999, 270 S., Br. · DM 58,-/öS 424,-/sFr 52,50
ISBN 3-8274-0924-1

Im Paket: Band I und II nur DM 98,-/öS 716,-/sFr 89,-
ISBN 3-8274-0162-3

Lincoln Taiz / Eduardo Zeiger
■ Physiologie der Pflanzen

Dieses reich illustrierte Lehrbuch zeichnet sich durch seine Verbindung der klassischen Pflanzenphysiologie mit modernen, aktuellen Ansätzen aus; es verbindet die Untersuchungen zur Funktion der Pflanze mit den Gebieten der Genregulation und molekularen Genetik, der Zellbiologie und Signaltransduktion sowie der Bioenergetik. Ein starker Schwerpunkt liegt auf dem Gebiet der Pflanzenhormone.
Mit ca. 250 Fotos, mehr als 500 Grafiken sowie einer Vielzahl präziser Merksätze!

1999, 773 S., 250 s/w Abb.
Br.: DM 98,-/öS 716,-/sFr 89,-
ISBN 3-8274-0537-8
Geb.: DM 148,-/öS 1081,-/sFr 131,- · ISBN 3-8274-0538-6

Hans W. Heldt
■ Pflanzenbiochemie

Hans-Walter Heldt, einer der renommiertesten deutschen Pflanzenbiochemiker, spannt in diesem an deutschen Universitäten bereits bestens eingeführten Lehrbuch den Bogen von der Photosynthese über Primär- und Sekundärstoffwechsel sowie Phytohormone bis hin zu aktuellen Themen wie Molekulargenetik und Gentechnik.

Kompetenz und Aktualität, klare Darstellung und gute Verständlichkeit - das sind die Kennzeichen dieses Lehrbuches. Mit sorgfältig erstellten zweifarbigen Abbildungen erfüllt es einen hohen didaktischen Anspruch und reiht sich unter die besten Biochemie-Lehrbücher.

2. Aufl. 1999, 598 S.
Br.: DM 88,-/öS 643,-/sFr 80,-, ISBN 3-8274-0492-4
Geb.: DM 138,-/öS 1.008,-/sFr 122,- · ISBN 3-8274-0493-2

Mehr Information!

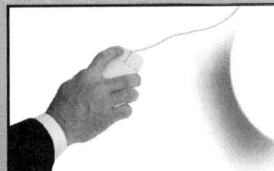

Willkommen bei
www.spektrum-verlag.de
Ausführliche Informationen, Probeseiten u. v. m.